PRACTICAL ATOMIC SPECTROMETRY

实用原子光谱分析

• 邓 勃 主编 • 何洪巨 尹 洧 副主编

第二版

化学工业出版社

· 北 京 ·

内 容 简 介

原子光谱分析技术已广泛地应用于各类样品的元素分析，原子光谱分析仪器已成为现代分析检测实验室必备的测试工具。《实用原子光谱分析》（第二版）由基础与应用两部分组成。在基础部分系统地介绍了原子光谱分析的原理、仪器、分析技术（包括各类样品的前处理技术、测试数据的统计处理、分析结果的评价方法等），概要地介绍了原子光谱分析近年来的进展。在应用部分，分章介绍了原子发射光谱、原子吸收光谱和原子荧光光谱分析在地质（矿）、材料、化工、轻工、精细化工、商检、环境、食品、生物、医药等各个领域分析样品的一般特点，对分析检测的要求，样品制备和测定技术，并列举典型实例详加介绍，以供读者参考与借鉴。

《实用原子光谱分析》（第二版）理论与实际紧密结合，内容丰富，实用性强，文字表述流畅，可读性好。本书可供在相关领域从事分析检测的科技人员和实验人员、高等院校相关专业的师生参考，也可作为分析检验人员职业培训的教学参考书。

图书在版编目（CIP）数据

实用原子光谱分析/邓勃主编. —2 版. —北京：化学工业出版社，2020.12

ISBN 978-7-122-37540-7

Ⅰ.①实… Ⅱ.①邓… Ⅲ.①原子光谱-光谱分析-高等学校-教材 Ⅳ.①O657.31

中国版本图书馆 CIP 数据核字（2020）第 153620 号

责任编辑：杜进祥　　文字编辑：向　东
责任校对：宋　玮　　装帧设计：韩　飞

出版发行：化学工业出版社（北京市东城区青年湖南街 13 号　邮政编码 100011）
印　　装：北京建宏印刷有限公司
787mm×1092mm　1/16　印张 42½　彩插 1　字数 1108 千字　2021 年 1 月北京第 2 版第 1 次印刷

购书咨询：010-64518888　　售后服务：010-64518899
网　　址：http://www.cip.com.cn
凡购买本书，如有缺损质量问题，本社销售中心负责调换。

定　　价：188.00 元

《实用原子光谱分析》(第二版)
编写人员

主　　编　邓　勃

副 主 编　何洪巨　尹　洧

编写人员　(按姓氏汉语拼音为序)

邓　勃　清华大学化学系
丁明玉　清华大学化学系
冯先进　北矿检测技术有限公司
高　峰　中国海关科学技术研究中心
高　苹　中国农业科学院蔬菜花卉研究所
韩南银　北京大学药学院
何洪巨　国家蔬菜工程技术研究中心
李　梅　国家地质实验测试中心
李国英　北京鲁美科思仪器设备有限公司
李玉珍　中国钢研科技集团有限公司
刘　鑫　中国海关科学技术研究中心
刘海涛　北京海光仪器有限公司
刘霁欣　中国农业科学院农业质量标准与检测技术研究所
刘丽萍　北京市疾病预防控制中心
刘明钟　北京吉天仪器有限公司
毛雪飞　中国农业科学院农业质量标准与检测技术研究所
施洪钧　中国科学院物理研究所
孙宏伟　北京同洲维普科技有限公司
谭　茜　上海屹尧仪器科技发展有限公司
王红梅　中国环境科学研究院
许俊玉　国家地质实验测试中心
尹　洧　北京市化学工业研究院
赵　萍　北京宝德仪器有限公司
郑国经　北京首钢冶金研究院
郑清林　北京普析通用仪器有限责任公司
竺朝山　北京市化学工业研究院
祖文川　北京市理化分析测试中心

前言

原子光谱包括原子发射光谱（AES）、原子吸收光谱（AAS）和原子荧光光谱（AFS）。三种原子光谱的共同点都是原子外层电子在能级之间跃迁的结果，但跃迁方式不同，AES 属于自发发射跃迁，AAS 属于受激吸收跃迁，AFS 的激发同于 AAS，属于受激吸收跃迁，其发射同于 AES，是自发发射跃迁。由于三种原子光谱产生的机理不同，据此建立的三种原子光谱分析方法各有特点、优势与适用范围，但都已在科学技术的各领域得到了广泛的应用，AES、AAS 和 AFS 仪器已是各类现代化检测和分析实验室必备的测试仪器。随着这三种原子光谱分析仪器性能不断改善和自动化，新分析技术的研发和出现，分析方法的完善和发展，应用领域还将进一步扩大，分析的精密度和准确度还将进一步改善与提高。

原子光谱分析在我国发展迅速，每年有大批新人加入到原子光谱分析队伍需要进行培训，已在岗的分析人员亦需不断提高自身的技术水平，对相关的学习和参考资料需求量非常大。多年来，国内出版过多种 AES、AAS 和 AFS 方面的专著或译著，基本上都是偏重于其中某一种原子光谱分析技术，同时兼顾这三种技术的专著尚属少见。2013 年，化学工业出版社根据市场需求情况，邀请我们编写兼顾这三种原子光谱分析技术、适合于自学参考、实用性较强的原子光谱分析图书。编者也认为，能尽己之力为读者提供一本合适的自学、进修提高的参考书是非常有意义的社会公益事业，决定应化学工业出版社之约，合作编写了《实用原子光谱分析》（第一版）一书。该书发行后，市场销售情况良好，这从一个侧面反映了社会对这类图书的需求。该书出版后第二年，2014 年获得了中国石油和化学工业优秀出版物奖 · 图书奖二等奖。

自本书第一版问世以来，无论原子光谱仪器、分析技术、分析方法都有了新的进展，应用领域亦在不断扩展，本着与时俱进的精神，有必要将近年来原子光谱分析的新进展反映到本书中来，决定对《实用原子光谱分析》（第一版）进行修订与补充，作为本书的第二版，以飨读者。本书以工厂、研究所、学校以及相关部门实验室中从事实际检验工作的分析人员为基本对象，也兼顾从事分析检测的科技人员的需要。

本书共分为 17 章。各章撰稿人员如下：第 1 章　绪论（邓勃、李玉珍），第 2 章　原子发射光谱分析的基本原理和技术（郑国经），第 3 章　原子吸收光谱分析的基本原理和技术（孙宏伟、李梅），第 4 章　原子荧光光谱分析的基本原理和技术（刘霁欣、冯先进，刘明钟），第 5 章　原子光谱联用技术（刘霁欣、毛雪飞），第 6 章　原子光谱分析样品前处理（丁明玉），第 7 章　原子光谱分析的质量控制与数据统计处理（邓勃），第 8 章　原子光谱分析在地质领域中的应用（许俊玉），第 9 章　原子光谱在材料分析中的应用（施洪钧、高苹），第 10 章　原子光谱在精细化工产品分析中的应用（刘鑫、李国英），第 11 章　原子光谱在轻工产品分析与商检中的应用（高峰、谭茜），第 12 章　原子光谱在化工产品分析中的应用（尹洧、竺朝山），第 13 章　原子光谱分析在环境领域中的应用（郑清林、王红梅），第 14 章　原子光谱在食品分析中的应用（何洪巨、高苹），第 15 章　原子光谱分析在生物领域中的应用（刘丽萍），第 16 章　原子光谱分析在医药领域中的应用（韩南银），第 17 章　原子光谱在元素形态分析中的应用（赵萍、祖文川、刘海涛）。书稿初稿拟就之后，由主编与副主编进行初审，编委之间交叉互审。最终由主编邓勃教授统稿和定稿。

参加本书编写工作的人员来自高等院校、科研院所与分析仪器生产厂家。多是在本领域工作多年有经验的老同志，少数是正在原子光谱分析第一线从事实际工作的中青年分析工作者。由于我们学识和能力有限，书中不足和不妥之处在所难免，衷心欢迎各位专家与读者批评指正。

在本书的编写过程中，引用了国内外大量公开发表的资料，也沿用了第一版书的一些资料，在此谨向文献的原编著者表示感谢。本书能顺利出版，要感谢化学工业出版社的支持和各位编辑为本书的出版所付出的辛勤劳动。

在本书撰稿和出版过程中，北京普析通用仪器有限责任公司、北京海光仪器有限公司等为本书撰稿、审稿提供了宝贵的支持和热情的帮助，在本书出版之际，谨向他们表示衷心的感谢。

编者

2020 年 3 月于北京

目录

·第 1 章·

绪 论

1.1 原子光谱分析法建立简述

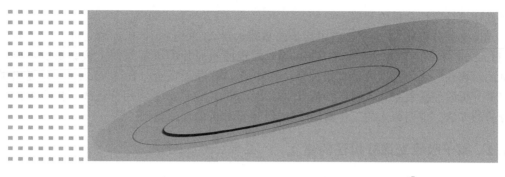

原子光谱（atomic spectrum，AS）是原子外层电子在不同能级之间跃迁产生的光谱，包括原子发射光谱（atomic emission spectrum，AES）、原子吸收光谱（atomic absorption spectrum，AAS）和原子荧光光谱（atomic fluorescence spectrum，AFS）。

按照爱因斯坦的辐射量子理论，三种原子光谱的共同点都是原子外层电子在能级之间跃迁的结果，但跃迁方式不同。AES 属于自发发射跃迁（spontaneous emission transition），光谱发射是各向同性的；AAS 属于受激吸收跃迁（stimulated absorption transition）；原子荧光产生的过程，荧光激发类同于 AAS，是受激吸收跃迁，荧光发射类同于 AES，是各向同性的自发发射跃迁，当激发光源停止辐照后，原子荧光发射立即停止。由于三种原子光谱产生的机理有所不同，据此所建立的三种原子光谱分析方法各有特点和所长，各有最适宜的应用范围，应用上是相互补充，但都得到了广泛的应用，已成为各类现代化分析检测实验室必备的常规测试手段。

1.1.1 原子发射光谱分析法的建立

1666 年，牛顿（I. Newton）进行了一个关键性实验，让太阳光（白光）通过窗板上的小孔，经安置在入口处一个玻璃棱镜折射到室内对面的墙上，展开为各种颜色的光谱。牛顿通过实验揭示了原子光谱的本质。

1859 年，克希霍夫（G. R. Kirchhoff）和本生（R. W. Bunsen）在研究碱金属和碱土金属后得出结论：处于不同化合物中的同一种元素，即使所使用火焰类型和火焰温度不同，或在火焰中发生了化学变化，都不影响元素特征谱线的位置，指出通过光谱分析发现新元素的可能性。随后于 1860 年和 1861 年在研究火焰光谱时，发现了新元素 Cs 和 Ru。其他学者相继发现了 Tl、In、Ga、He 等新元素。因此，可以认为，克希霍夫和本生的工作是历史上用原子光谱进行定性分析的开端。

光谱定量分析在 19 世纪已有了初步的基础，到 20 世纪 30 年代逐渐完善。1890 年胡特（F. Hurter）和德利菲尔德（V. C. Drifield）发现照相底片的黑度与产生该影像所对应的曝光量的对数在一定的范围内呈直线关系。1930 年，苏联罗马金（Б. А. Ломакин）提出了光谱定量分析的经验关系式，同年沙依贝（G. Scheibe）也提出了利用分析线对黑度差进行定量分析的方法。他们两人的工作奠定了 AES 定量分析的理论基础。

1.1.2 原子吸收光谱分析法的建立

1802 年沃朗斯顿（W. H. Wollaston）和 1814 年夫琅霍弗（J. Fraunhofer）分别用玻璃棱镜研究太阳光、烛光和电火花光谱时，发现光谱中某些锐利的亮线和暗线。1859 年克希霍夫（G. R. Kirchhoff）指出，夫琅霍弗注意到在火焰光谱中有两条亮线，与太阳光谱中两条暗线的位置是精确一致的。因此，他得出结论，太阳光谱中的暗线，是 Na 发射的谱线通过太阳较冷的外围大气圈时被 Na 原子吸收的结果，科学地解释了原子吸收光谱的产生。

1905 年，伍德（R. W. Wood）用汞放电灯辐照汞蒸气，在屏幕上出现了汞光束吸收所形成的阴影，证实了原子吸收光谱的产生。1939 年伍德逊（T. T. Woodson）第一次测定了空气中元素 Hg 的含量。1953 年澳大利亚瓦尔西（A. Walsh）提出原子吸收光谱分析法，并于 1954 年在墨尔本物理研究所展览会上展出了第一台火焰原子吸收光谱仪。1955 年瓦尔西与荷兰学者阿肯麦德（C. T. J. Alkemade）和米拉芝（J. M. W. Milatz）分别独立地发表了原子吸收光谱分析论文，开创了火焰原子吸收光谱法（flame atomic absorption spectrometry，FAAS）。1959 年苏联学者里沃夫（Б. В. Львов，其英文译名为 B. V. L'vov）开创了石墨炉电热原子吸收光谱法（graphite furnace atomic absorption spectrometry，GFAAS）。

1.1.3 原子荧光光谱分析法的建立

1905 年，伍德（R. W. Wood）用含有氯化钠的气体火焰为光源，辐照抽真空的试管内装有的 Na 蒸气，成功地激发了 Na 原子共振荧光 D 线，1912 年用石英汞弧灯辐照 Hg 蒸气观察到了 Hg 253.7nm 荧光发射。1923 年尼科尔斯（E. L. Nichols）与霍韦斯（H. L. Howes）报道了 Ca、Sr、Ba、Li、Na 的火焰原子荧光。

1964 年温弗德纳（J. D. Winefordner）等第一次成功地应用 AFS 测定了 Zn、Cd、Hg，导出了荧光发射强度与火焰中原子浓度之间关系的基本方程。AFS 许多主要工作都是由美国佛罗里达州立大学 Winefordner 与英国伦敦帝国学院 West 教授研究小组完成的，他们为推动 AFS 的发展做出了重大的贡献。

1.2 原子光谱法发展历程的简要回顾

在本书第一版绪论中（2013 年版），对原子光谱的发现、原子光谱分析建立以及早期的发展有过比较详细的介绍。读者要了解原子光谱分析法详细的发展过程，请参阅《实用原子光谱分析》（第一版）绪论。

1.2.1 原子发射光谱法发展历程

原子发射光谱分析法是最早发展起来的原子光谱分析技术。20 世纪 50 年代，为解决核材料与高纯材料的纯度分析，美国斯克里布纳（B. F. Scribner）等研发了载体蒸馏光谱分析技术[1]，苏联札依杰里（Зайдель）等研发了蒸发法光谱分析技术[2]。1958年，沈联芳等用溶液干渣-交流电弧法完成了稀土元素和钍的混合物中10种稀土元素的光谱定量分析[3]，1983年沈瑞平研发了一种加罩电极载体蒸馏和电弧浓缩相结合的光谱分析方法，可在同一根电极上分组连续测定易挥发元素、中等挥发元素、难挥发元素等37种元素，将电弧光谱分析的潜力发挥到了一个新的水平[4]。

1961年里德（T. B. Reed）研发了一种从石英管切向通入Ar或含Ar混合冷却气的三层同心石英管结构的炬管，获得了外观类似火焰的稳定的感应耦合等离子体炬（induction coupled plasma torch，ICP）。格雷菲尔德（S. Greenfield）、韦德（R. H. Wendt）和法塞尔（V. A. Fassel）等将ICP成功应用于原子发射光谱分析（AES）。AES从此步入了一个快速发展的ICP-AES新阶段。国内对ICP光源的研发始于20世纪70年代，1973年北京化学试剂研究所许国勤等人，用一台2.5kW高频加热设备改装成ICP发生器，1977年铁岭电子仪器厂研发、生产的我国首台商品ICP发生器面世。1980年黄本立等在国内开展了ICP光源的相关研究[5]。20世纪90年代ICP分析技术在我国得到了迅速发展。

在AES中，气体进样一直受到原子光谱分析工作者的关注和重视。1972年，布莱曼（Braman）等首次采用$NaBH_4$发生了AsH_3、SbH_3，由He载带通过$CaSO_4$干燥管进入直流辉光放电检测器，测量As 228.8nm和Sb 252.5nm发射线强度，测定了天然水与海洋污泥中的As和Sb，检出限分别达到0.5ng和1.0ng[6]。1987年黄本立等研发了一种新型的能将粒度较大的气溶胶捕集的气动雾化-氢化物发生系统，生成氢化物的元素的检出限比通常的雾化系统提高了20倍[7]；1998年又研发了圆环形雾化室，比Fassel-Scott雾化室具有更高的气溶胶的发生和传输效率[8]。江祖成等系统地研究了氟化电热蒸发进样技术，提出了悬浮体氟化辅助电热蒸发（ETV）ICP-AES直接测定难溶元素和稀土元素新方法。采用聚四氟乙烯（PTFE）为氟化剂，显著地改善了难熔元素和中等挥发元素的检出限。ETV已成为一种很有发展潜力的痕量元素分析技术[9]。

1962年布雷克（F. Brech）在第10届国际光谱学会议上首次提出了采用红宝石微波激射器诱导产生等离子体用于光谱化学分析，开发出激光诱导击穿光谱（laser-induced breakdown spectroscopy，LIBS）新技术[10]。

1968年格里姆（W. Grimm）研发了辉光放电光源，用于金属合金、半导体和绝缘材料及金属逐层分析[11]。1979年，徐升美等建立了用辉光放电光源对金属表面进行逐层定量分析的新技术[12]。弓振斌等研究了强短脉冲供电时空心阴极灯的放电特性和放电机制、对离子线和原子线强度的影响，组装了强短脉冲供电辉光放电发射光谱实验系统[13]。

1978年汤普逊（M. Thompson）等用氢化物发生（HG）ICP-AES联用技术测定As、Sb、Bi、Se、Te，灵敏度提高了一个数量级以上[14]。同年温莎（D. L. Windsor）等开发了气相色谱-电感耦合等离子体原子发射光谱（GC-ICP-AES）联用技术，能同时检测气相色谱流出液中C、H、S、P、I、B和Si等7种非金属元素[15]。弗雷利（D. M. Fraley）[16]、加斯特（C. H. Gast）[17]等分别开发了高效液相色谱-电感耦合等离子体原子发射光谱联用技术（HPLC-ICP-AES），分析元素形态，为原子发射光谱法开拓了新的应用领域。

1984年陈新坤等提出了一种与IUPAC所推荐的检出限定义相一致的ICP摄谱法检出限的测定和计算方法，可以使乳剂特性曲线充分线性化[18]。张展霞等用计算机模拟了不同分辨率条件下的光谱干扰，研究了光谱干扰和背景的计算机化学计量学校正方法[19,20]。

1985年金钦汉等率先提出了微波等离子体炬（microwave plasma torch，MPT）新型光源[21]，并成功地实现MPT与HPLC联用，检测水样中无机元素[22]。黄业茹等将MPT用作气相色谱检测器，研究了元素响应值与化合物结构的关系[23]。

21世纪初，王海舟等自主开发了单次火花放电光谱高速采集技术和光谱数字解析技术、无预燃连续激发同步扫描定位技术，开创了火花源发射光谱金属原位分析新技术，首次采用统计解析的方法定量表征材料的偏析度、疏松度、夹杂物分布等指标[24]。

1.2.2 原子吸收光谱法发展历程

原子吸收光谱分析于1955年面世，20世纪60年代国内才开始起步。邓勃对原子吸收光谱2004年以前的发展历程有较详细介绍[25]。

L'vov最早提出了升温原子化过程中自由原子浓度变化的动力学方程[26]。Sturgeon详细讨论了碳棒原子化器内自由原子浓度变化的动力学与吸光度峰值测量法和积分测量法，富勒（C. W. Fuller）提出了恒温条件下的原子化模型。

我国学者在原子吸收光谱分析基础研究领域发表了许多高水平的论文[27]。徐腾等建立了原子化过程动力学模型，该模型有效地消除了R. E. Sturgeon和S. Akman法所得到的Arrehenius图的非线性。严秀平等提出了一套测定电热原子吸收光谱法中等温和升温原子形成过程的反应级数、速率常数、活化能等动力学参数的新方法。周南根等从理论上推导出了定量描述原子化加热速率与峰值吸光度之间的关系式。在恒温条件下，峰值吸光度仅由自由原子生成速率 k_1 和消失速率 k_2 决定。当 $k_1 \gg k_2$ 时，获得最大的吸收峰值 A_m 正比于总原子数 N_0。钟展环在研究石墨炉内自由原子形成机理时，推导出了吸光度与自由原子生成速率常数 k_1、自由原子消失速率常数 k_2 的关系式与一个新参数相对摩尔灵敏度（RMS/%）来评价各类方法中的原子化效率。郑衍生等推导了恒温炉内原子相对消失速度方程，提出了一种原子蒸气消失过程的模型，推导了原子化效率 β 公式，指出热管壁吸附影响原子化效率。黄卓尔等在L'vov模型的基础上，综合考虑谱线展宽对吸收谱线轮廓的影响，结合光源发射线轮廓，建立了计算塞曼石墨炉原子吸收光谱分析中特征质量的通用方法。

孙汉文等提出了一种基于信号强度随时间变化的新型导数测量技术用于原子光谱分析，通过对常规原子光谱输出信号的测试和计算机拟合处理，提出了原子光谱信号的导数模型，建立了导数原子发射光谱和导数原子吸收光谱分析的理论基础和测量技术[28]。

在20世纪70～90年代，AAS快速发展是与原子吸收光谱分析技术的研发和各种实用新技术的不断出现是密不可分的。

流动注射进样（flow injection sampling）是一种高效微量动态进样技术，是原子吸收光谱分析进样技术的一个重要进展。1979年沃尔夫（W. R. Wolf）和史特沃德（K. K. Stewart）首次实现了流动注射-火焰原子吸收光谱的联用[29]，1982年阿斯特罗姆（O. Astrom）将流动注射应用于氢化物发生，实现了FI-CVG-AAS谱分析联用[30]，1983年丹尼尔逊（L. G. Danielsson）和诺德（L. Nord）首次将流动注射应用于电热石墨炉原子吸收光谱分析[31]。1990年Ruzicka等提出顺序注射（sequential injection，SI）新技术。我国方肇伦院士对流动注射-原子吸收光谱联用技术进行过系统研究，对流动注射的发展做出了重要的贡献，并出版了英文专著[32]。

蒸气发生（vapour generation）进样是原子吸收光谱分析法中高效的进样方法。目前应用最为广泛的蒸气发生法是氢化物发生法。1969年霍拉克（W. Holak）首先用氢化物发生法生成 AsH_3 测定了As[33]。1973年昆德逊（E. J. Kundson）等开发了氢化物发生-石墨炉原子吸收光谱法（HG-GFAAS）[34]。郭小伟等自行设计了一种新型喷雾器，可以同时吸入样品溶液与 KBH_4 溶液。用这种喷雾器发生 BiH_3、SbH_3、SeH_2 和 TeH_2，直接引入火焰原子化器测定，灵敏度可以提高一个数量级[35]。1982年布舍纳（I. S. Busheina）等用硼氢化物还原In生成挥发性In化合物，突破了过去用氢化物发生法只能测定元素周期表第ⅣA、

ⅤA、ⅥA、ⅡB族元素Ge、Sn、Pb、As、Sb、Bi、Se、Te及Hg等9种元素的局限[36]。

化学改进技术是一种在线化学处理技术，既利用了常规化学处理的优点，又避免了常规化学处理费时费力、操作繁琐、试样易被玷污和损失的缺点。1972年艾迪格（R. D. Ediger）等提出了基体改进剂（matrix modifier）技术，用硝酸铵为基体改进剂消除氯化钠对测定Cu和Cd的干扰［根据IUPAC的建议，现在使用化学改进剂（chemical modifier）一词］[37]。1979年单孝全和倪哲明等在国际上率先提出用钯化学改进剂稳定Hg，将灰化温度提高到500℃，不经任何处理即可直接测定废水中的Hg[38]。钯现已发展成为通用型化学改进剂，获得了十分广泛的应用。1992年舒特勒（I. L. Shuttler）等开发了持久化学改进剂（permanent chemical modifier），加入一次基体改进剂可以使用多次甚至几百次[39]。持久化学改进剂技术是化学改进技术近来的一个重要发展。

背景是原子光谱分析主要干扰源之一。莫胜钧等详细地研究了氯化物和硝酸盐背景吸收的波长、温度和时间特性，背景吸收与分析信号的出现时间有时有差异，利用时间分辨的方法避免背景干扰[40]。寿曼立等推导了谱线自吸原子吸收光谱分析的基本公式，讨论了谱线自吸扣背景的特点[41]。何华焜等提出了基于光源发射线轮廓不同波长处的吸收系数不同，利用二者的差值完成背景校正的新方法[42]。1983年史密斯（S. B. Smith）和希夫捷（G. M. Jr Hieftje）提出了自吸效应校正背景技术。

缝管原子捕集是提高火焰原子吸收光谱分析灵敏度的有效方法。黄淦泉等对缝管原子捕集进行了多方面的研究，认为采用贫燃火焰高效捕集和富燃火焰瞬间释放原子化，是缝管原子捕集-AAS法获得高灵敏度的关键[43]。

AAS与色谱的联用是分析元素形态最有效的方法之一。1966年科尔布（B. Kolb）等首先采用GC-FAAS分析了汽油中的烷基铅[44]。1974年西格（D. A. Segar）又首次使用GC-GFAAS测定了汽油中有机铅化合物[45]。1976年瓦隆（J. C. VanLoon）等首先提出用石英炉作为色谱-原子吸收光谱联用装置的原子化器，开发了色谱-石英炉原子吸收光谱法(GC-QFAAS)[46]。蒋守规等用AAS顺序测定了邻近水环境大气中的$(CH_3)_2Se$、$(CH_3)_2Se_2$、$(CH_3)_2SeO_2$，首次在生态环境中追踪到了硒的甲基化合物，从而发现在生态环境中存在硒甲基化过程[47]。白文敏等用石英原子化器测定了大气和汽油中烷基铅的$(CH_3)_4Pb$、$(C_2H_5)_4Pb$、$(CH_3)_2(C_2H_5)_2Pb$、$(CH_3)_3(C_2H_5)Pb$、$(C_2H_5)_3(CH_3)Pb$五种化学形态[48]。何滨等用$NaBH_4$衍生反应将汞化物转化为甲基汞氢化物，石英纤维固相微萃取甲基汞，然后将石英纤维插入毛细管气相色谱温度为200℃的进样口进行解吸后测定生物或沉积物样品的甲基汞[49]。

无标分析（standardless analysis），是使用稳定温度平台石墨炉（stabilized temperature platform furnace，STPF）原子化技术有效地消除基体干扰，可以使用被测元素纯溶液标准系列进行校正和定量。1978年L'vov首先提出平台原子化（platform atomization）技术[50]。W. Slavin在里沃夫工作的基础上提出了稳定温度平台石墨炉（stabilized temperature platform furnace，STPF）原子化技术[51]。L'vov使用精确的物理常数计算了35种元素的特征量m_0，大多数元素的特征质量理论值与实验值之比在0.85±0.10以上。W. Frech等研究了三种原子化器用时空等温两步原子化器测定与计算了17种元素的特征质量，得到m_{0cal}和m_{0exp}的比值分别是0.98±0.20、1.04±0.30和0.87±0.32[52]。马怡载等用热解涂层管和峰面积法测得Yb的特征质量实验值m_{0exp}接近1.07pg的理论计算值m_{0cal}[53]。

化学计量学的应用受到关注。邓勃等对实验优化设计与分析结果的综合评价进行过多方面的探索。建立了一种新改进单纯形优化方法和模糊综合评价值作为单纯形优化指标[54,55]，提出用信息容量综合评价法作为综合评价原子吸收光谱分析方法和分析结果的综合指标[56]。

1.2.3 原子荧光光谱法发展历程

1969年胡塞（Ch. A. M. Hussein）和尼克勒斯（G. Nickless）首先采用ICP作为AFS的激发光源，空气-乙炔火焰为原子化器[57]。1971年德顿（M. B. Denton）和弗莱瑟（L. M. Fraser）首先将染料激光用作原子荧光的激发光源。1976年蒙塔赛（A. Montaser）等采用ICP为原子荧光光谱的原子化器，无极放电灯为激发光源[58]。C. A. M. Hussein与G. Nickles最早提出将ICP用作原子荧光的激发光源[59]。1974年楚基（K. Tsujii）和库伽（K. Kuga）首先将氢化物发生进样技术引入AFS，用Zn还原As发生AsH_3，引入Ar-H_2扩散火焰，非色散原子荧光光谱法测定As[60]。

1975年，杜文虎著文向国内介绍原子荧光光谱分析，用自行研制的非色散冷原子测汞仪测定了河水和工业废水、粮食、土壤、岩矿与鱼肉中的痕量Hg[61]。1982年以后，各国学者将能发生挥发性化合物的元素范围扩大到周期表中第ⅣA、ⅤA和ⅥA族元素和Hg以外元素In、Tl、Cd、Ag、Au、Cu、Zn、Cr(Ⅲ)和Ni等[62]。杜莱沃（A. D'Ulivo）用乙基化试剂四乙基硼酸钠（$NaBEt_4$）将水样中Cd转化为挥发性化合物，用无色散AFS氩氢小火焰原子化，测定水样中的Cd[63]。

1977年严龙（J. C. Yan Loon）等最先提出GC-AFS联用技术，采用氮屏蔽空气-乙炔火焰原子化器，进行多元素同时测定[64]。柯（Ke C B）等实现了一种新型的火焰激光增强电离和火焰激光诱导检测器与GC联用，用于有机锡化合物检测[65]。

1977年中国科学院上海冶金研究所与上海市机械制造工艺研究所合作研制成功了双道非色散原子荧光光谱分析仪，用于铸铁与合金中Zn、Cd、Mg、Co、Ni、Fe和Mn的测定[66]。1979年郭小伟等最早研制了单道氢化物无色散原子荧光光谱仪，采用瞬间法发生氢化物，石英炉Ar-H_2火焰原子化，微波激发碘化物无极放电灯激发荧光，测定了痕量As、Sb、Bi、Se、Te和Hg，在国内开创了氢化物发生-原子荧光光谱法[67]；1983年又研制了双道氢化物无色散原子荧光光谱仪，用于测定矿物和岩石中的痕量As、Sb、Bi、Hg、Se和Te[68]；1995年又提出了一种断续流动氢化物发生进样新技术。用特殊设计的细分电路驱动的高精度步进电机带动蠕动泵，计算机控制泵转速和转动时间准确吸入一定量的样品溶液与$NaBH_4$送入混合模块发生挥发性物种。通过控制取样时间可实现不同量的进样，单标样制作校正曲线，采用慢速和短时间采样，可对含量高的样品进行测定；采用高速和较长时间采样，又可测定痕量或超痕量组分；仪器处在“断续流动”状态，大大地节省了样品及试剂[69]。

Glick等将可拆卸的辉光放电光源用于沉积在石墨和铜棒阴极上的分析溶液的原子化，In原子从阴极表面被氮激光泵输送的脉冲频率双染料激光溅射、原子化与激发，测量非共振原子荧光[70]。弓振斌等研制了一种低背景噪声脉冲辉光放电作为原子储存器用于激光诱导原子荧光光谱分析。试液在用作空心的石墨电极上干燥，在带有水冷阴极支架内的流动气体辉光放电产生原子蒸气，染料激光引发启动开关线路产生辉光放电，放电停止后100ps进行荧光测量，在这一黑暗期间背景发射可以忽略不计，而原子总数最大，检出限对Pb和Ir分别是100pg/mL和6ng/mL[71]。

张绍雨等发现以ICP为原子化器，用强短脉冲供电空心阴极灯激发离子荧光比原子荧光强得多，Ba离子荧光检出限改善了2个数量级以上，Sr离子荧光检出限改善了1.5个数量级，Eu和Yb离子荧光检出限改善了近1个数量级[72]。Xie等用强短脉冲供电的Se空心阴极灯，脉冲宽度只有0.5～7μs，峰电流达到3A，激发能力强，流动注射-氢化物发生-原子荧光光谱测定 Se。荧光信号增强 30 倍以上，检出限改善 5 倍[73]。

1998 年陶世权等首次建立了以 FL300E 型脉冲染料激光器为激发光源，电热石墨棒为原子化器的激光原子荧光光谱分析实验装置[74]，并用该装置测定了东海大陆架海洋沉积物中的金，检出限为 5pg/mL（绝对检出量 10^{-13}g）[75]，测定南极冰雪样品中的铅含量，检出限达到 0.2×10^{-12}g/mL[76]。

1.3 原子光谱分析法的进展概述

1.3.1 原子发射光谱分析法的进展

1.3.1.1 介质阻挡放电微等离子体

新型光源的研发与应用一直是原子光谱工作者感兴趣的课题。2002 年 Miclea 将介质阻挡放电（dielectric barrier discharge，DBD）引入光谱分析领域用作卤代烃检测器。DBD 是一种结构简单、体积小、能耗气耗低，可在常温常压下工作的新型微等离子体。李永辉等通过介质阻挡放电的氮分子振动谱线测得电子温度，越靠近极板振动温度越低，极板中间温度最高，变化范围为 2600～3000K[77]。李森等使用斯塔克展宽效应计算了掺杂少量氩气的氮气放电气体大气压射频介质阻挡放电等离子体放电通道的电子密度。当放电输入功率由 138W 增加至 248W，电子密度由 4.038×10^{15}个/cm^3 升高至 4.75×10^{15}个/cm^3[78]。

高密度的活性电子和高气体温度使 DBD 对样品具有很强的解离能力和激发能力，可形成自由基、离子、原子和各种激发态粒子。用作激发光源以开发小型化、便携式、现场检测仪器的前景很受人们的青睐。

He 等研发了一种液膜介电阻挡放电（LFDBD）原子激发源，由一个铜电极、一个钨丝电极以及它们之间的载片组成。载片既是阻挡介质又是样品平台。试样溶液滴在样品平台上形成一层薄膜，当在两电极上施加高压交流电，在液膜与钨丝电极尖端产生微等离子体，激发原子的特征谱线。测定 Na、K、Cu、Zn 和 Cd 的检出限，从 0.6ng（Na）到 6ng（Zn）。该系统的优点是不需要输送系统；所需样品量≤80μL，低功率，不需惰性气体，方便用于现场检测[79]。Krahling 等以钨丝作固体电极，1mol/L HNO_3溶液作为液体电极，在石英毛细管中形成脉冲式放电，产生液体电极介质阻挡放电等离子体（LE-DBD），激发金属元素原子发射光谱并进行检测。对包括碱金属、碱土金属、过渡金属、稀有金属在内的 23 种元素进行了测定[80]。

在通常的 DBD-AES 法中，测定 As 信号强度是在一个长时间内的积分信号。由于等离子体的脉冲特性，在每一次放电周期噪声都叠加到真实信号上，为避免发生这种情况，Burhenn 等在研究中用一个装置在改进的单色器上的快门选控 iCCD 相机收集 DBD 发射的光信号，只以单色的 2D 分辨图的形式记录 As 的发射信号。iCCD 相机的纳秒时间分辨只在放电激发 As 的时间点提供信息，只积分 As 发射信号，使 As 发射信号从背景信号分出来，使 As 的检出限达到 93pg/mL，校正曲线的动态线性范围达 4 个数量级。本法对 As 在 DBD 微等离子体内原子化和激发机理研究以及超痕量 As 的例行测定都有潜力[81]。

Jiang 等使用一种热辅助 DBD-AES 分析系统，先移取很小体积的液体样品注入小型钨丝电热原子化/蒸发器，升温除去溶剂和基体，蒸发分析物，再引入 DBD 内原子化。节省了分析物在 DBD 微等离子体内消耗的能量，改善了检测能力。Cd 和 Zn 的检出限分别是 0.08μg/L（0.008ng）和 24μg/L（0.24ng）[82]。Zhu 等开发了由一个石英管和一个钨棒作内电极与铜线圈外电极组成的结构简单、功耗与气耗量小的 DBD。产生的 AsH_3 先经浓 H_2SO_4 干燥后再引入 DBD，激发 As 193.7nm 进行检测，As 的测定检出限达到 4.8μg/L。有望发展成为廉价、便携、特定元素专用原子发射光谱仪器[83]。

Han 等构建了一种能激发碳原子线的 DBD 微等离子体碳原子发射光谱装置，用作通用、灵敏的 GC 检测器测定挥发性含碳化合物。轴向 DBD 放置在加热箱内，提高等离子体操作温度到 300℃以增强 C 193nm 的发射强度。从 GC 淋洗出来的含碳化合物在加热的 DBD 内被分解、原子化和激发原子发射线。测定了一系列挥发性含碳化合物，绝对检出限是 0.120～28ng。此种新型通用检测器，能检测用 FID 难以检测的含碳化合物[84]。Zhang 等用 DBD 微等离子体作为 Cl、Br 和 I 同时测定的激发光源，氯化物在 6mol/L H_2SO_4 介质中与 0.1mol/L $KMnO_4$ 反应在线蒸发，溴化物和碘化物在 0.5mol/L H_2SO_4 介质中与 0.02mol/L $KMnO_4$ 反应在线蒸发，卤素蒸气随后由 He 气流引入管式 DBD 激发室激发，小型 CCD 光谱仪检测 Cl 837nm、Br 827nm 和 I 905nm[85]。Yu 等开发了一种用来筛查环境水中的溴化物和溴酸盐污染的手提式 DBD-AES 系统。溴化物在线氧化为 Br，原位发生挥发性 Br。He 气将 Br 蒸气载入 DBD 内在 3.7kV 进行激发，在光谱仪近红外区 CCD 检测。类似的，溴酸盐的测定也是先预还原为溴化物，再氧化为 Br。分析 1mL 试样，检出限是 0.014mg/L。分析紫菜标准参考物质 GBW10023，测定值与标准值符合得很好。筛查一系列环境水样中痕量溴化物和溴酸盐，加标回收率是 95%～107%[86]。

Lin 等先用 $NaBH_4$ 将 Hg 衍生为挥发性形态，用多孔碳顶空固相微萃取预富集，GC-DBD-AES 分析大米中 Hg 的形态。测定 Hg^{2+}、CH_3Hg^+ 和 $CH_3CH_2Hg^+$ 的检出限分别是 0.5μg/kg、0.75μg/kg 和 1.0μg/kg。分析大米样品，回收率是 90%～105%。装置体积小、功率低，用气量小以及多孔碳顶空固相微萃取有效地萃取 Hg 形态，有可能与小型 GC 联用发展为现场 Hg 形态分析技术[87]。

1.3.1.2 激光激发光源

激光诱导击穿光谱（laser-induced breakdown spectroscopy，LIBS）是采用脉冲激光为激发光源的新型发射光谱分析技术。1962 年由布雷克（F. Brech）提出。多数情况下无需对样品进行预处理，对样品损坏很小或无破坏，分析灵敏度高。采用小体积的激光器与光谱仪组成便携式分析系统可用于现场分析，实现原位、在线、实时检测。可分析气体、固体、液体样品，尤其是难溶物质的分析。LIBS 技术在痕量元素分析、环境污染实时监测等领域中有良好的应用前景。

Gaubeur 等用适量 1-十一醇和甲醇从样品溶液内微萃取金属离子与 1-(2-吡啶偶氮)-2-萘酚（PAN）形成的螯合物，以 DLLME-LIBS 与 DLLME-ICP-AES 两种方法分别预富集和测定 Cd、Co、Ni、Pb、Zn，分析饮用水标准参考物质，测定值与标准值一致性很好[88]。

Giacomo 等用纳米增强激光诱导击穿光谱（NELIBS）分析微液滴中每毫升亚微克浓度水平的元素。电磁场局部增强的激光烧蚀效应能增强光发射信号 1 个数量级，使 NELIBS 的绝对检出限达到几皮克 Pb 和 0.2pg Ag。将水、蛋白质和人血清微液滴沉积在玻璃底物上的 Au 纳米粒子上，Ag 328.1nm、Li 670.8nm 和 Pb 405.7nm 的发射强度比常规的 LIBS 都增强了。增强的原因是因激光电磁场与纳米表面细胞质基因诱导的电磁场耦合引起的[89]。

郭红丽等以 1064nm 的纳秒脉冲激光作为激发光源，采用高分辨中阶梯光栅光谱仪配合 ICCD 构建高分辨光学系统，分析四川盆地某井 2396～3428m 不同深度处的 5 个典型碳质页岩样品，同时获取碳质页岩中主量元素 Si、Al、Fe、Ca、Mg、K 和痕量元素 Cu、Cr、Ni、Sr、Mn、Ti、Rb 等 22 种元素的 350 条发射谱线。采用主成分分析法获得主成分（PCA）

二维图，识别不同类别碳质页岩样品，实现定性分析。LIBS技术与PCA法结合可为碳质页岩岩性快速的分类、页岩气开采和评估提供强有力的工具[90]。章婷婷等设计并构建了一套远程LIBS系统，提出了一种远程探测岩石主要元素含量的方法。根据岩石的主要元素Si、Al、Ca、Fe、Si、Mg、Na特征谱线，应用偏最小二乘算法建立岩石成分定量分析模型，用六种国标岩石对模型进行检验，预测岩石Si和Al元素含量，平均误差分别为9.4%和9.6%[91]。

辛勇等基于LIBS技术自主研制的液态金属成分在线分析仪，可在线监测冶金工业现场中熔融金属的组分含量，测量精密度、准确度都能满足工业现场要求[92]。用Ar屏蔽空气中二氧化碳，共线双脉冲LIBS测定合金钢样品中的碳，内标法定量，检测限由206μg/g降低至110μg/g。双脉冲二次激发可以进一步有效地减弱实验条件波动带来的影响[93]。

郭志卫等将压片式水泥与不经过任何预处理的水泥粉末直接放入物料盒内，用LIBS测定水泥中Ca、Si、Al、Fe、Mg五种元素，对光谱数据进行归一化和主成分分析，分别建立偏最小二乘（PLS）和支持向量回归（SVR）两种定量分析模型。粉末状水泥直接测量与压片式测量的精度接近，用LIBS技术直接在线测量水泥粉末状样品是可行的[94]。

孟德硕等根据不同土壤在相同实验条件下产生的等离子体温度存在较大差异，影响原子光谱线的强度，可以作为土壤分类的重要依据。根据LIBS测定土壤中Si、Fe、Al、Mg、Ca和Ti光谱强度，应用主成分分析获得三个主成分值作为神经网络反向传播的输入量，对7种土类的25个样品进行了快速鉴别分类，为土壤普查和合理利用提供了一种新的技术[95]。赵懿滢等应用LIBS技术，结合化学计量学方法，实现了对未经硫熏、轻度硫熏和重度硫熏的浙贝母中药材的快速鉴别[96]。

刘津等获取奶粉压片样品在200～750nm波段Mg的LIBS光谱，采用竞争性自适应重加权算法（CARS）对波长变量进行优选，用偏最小二乘（PLS）法建立奶粉中Mg含量的预测模型，优于原始光谱所建立的PLS模型。LIBS结合CARS变量优选可以定量检测奶粉中的Mg。CARS方法能简化预测模型及提高预测模型的稳定性[97]。罗子奕等利用青菜样品中的Cd的LIBS特征光谱，基于样条（Spline）基线校正后的单变量定标法和PLS均能定量地预测青菜中Cd含量。PLS定标模型性能更优，预测平均相对误差为2.56%[98]。

元素氟的激发效率低，直接进样测定有困难。Alvarez-Llamas等用常压空气LIBS检测CaF 529.10～542.19nm分子发射带的方法测定固体样品中的痕量F。使用CaF发射带比使用F原子线检测，测定F的检出限改善了一个数量级以上，检出限（3*s*）约为1100μg/g。分析已知F含量1056μg/g的牙膏粉，用标准加入法外推得到测定值与名义值很好一致[99]。

1.3.1.3 辉光放电光源

辉光放电-原子发射光谱是一种新型的快速、高效、实时在线的元素分析方法。Zhang等加入0.15%阳离子表面活性剂十六烷基三甲基氯化铵［$C_{16}H_{33}(CH_3)_3NCl$(CTAC)］到试液中，改变了电解质溶液的表面张力和黏度，使溶液阴极辉光放电-原子发射光谱（SCGD-AES）测定Cd、Hg、Pb和Cr的原子发射线的净强度分别增加了2.1倍、4.8倍、6.6倍和2.6倍，检出限分别达到1.0ng/mL、7.0ng/mL、2.0ng/mL和42ng/mL。分析人发、河流沉积物标准参考物质，测定值与标准参考物质标准值很好一致[100]。

邹慧君等建立了悬浮液进样-SCGD-AES测定高纯氮化硅粉体中的Al、Ca、Co、Fe、K、Mg、Mn、Na、Ni等9种痕量杂质元素的方法。用标准的水溶液建立校正曲线定量，得到各种元素的检出限是0.2～53mg/kg，RSD是1.1%～5.0%。分析氮化硅标准参考物质ERM-ED101，测定值与标准参考物质标准值吻合[101]。胡维铸等采用9种不同梯度Zr量的中低合金钢标准样品绘制校正曲线，直流辉光放电原子发射光谱法测定中低合金钢标样中的 Zr，测定值与标准值基本一致，RSD（$n=11$）为 0.72%～1.7%，符合仪器推荐测量 RSD 小于 3%的要求[102]。

郑培超等使用溶液阴极辉光放电与三台不同入射狭缝和分辨率的便携式光谱仪对溶液中的 Mn 离子进行了检测。三台便携式光谱仪在连续一段时间内测量 Mn 光谱线强度，检出限分别为 42.8μg/L、65.1μg/L、33.8μg/L，RSD 分别为 0.59%、0.61%、0.80%，稳定性良好。测定标准物质中的 Mn，测量误差是 0.02%～2.1%，加标回收率为 97%～99%。溶液阴极辉光放电结合便携式原子发射光谱仪可用于水体中痕量重金属元素 Mn 的精确检测[103]。Yang 等在 8W 低功率和低 Ar 气消耗量的小型直流常压辉光放电（APGD）等离子体激发光源的基础上，研发了一种微型原子发射光谱仪，用来灵敏地测定水样中的 As。用氢化物还原法将水样中的 As 还原为 AsH_3，传输到 APGD 光源激发光谱，用 CCD 检测器检测。检出限是 0.25μg/L，校正曲线的动态线性范围达 3 个数量级。方法已成功地用于标准参考物质 GBW08605 与各种水样分析，仪器稳定性好、成本低、分析速度快，可用于现场分析[104]。由钨阴极与钛管阳极构成的低功率（10W）小型常压辉光放电（APGD）光源结合氢化物发生系统 AES 灵敏测定水样中的 Sb。Sb 离子，首先与 KBH_4 反应转化为 SbH_3，引入 APGD 光源激发和微型光谱仪 CCD 检测。检出限和定量限分别是 0.14mg/L 和 0.5mg/L，HG-APGD-AES 系统提供了很好的重复性（RSD＜1.5%）。方法已成功应用于分析标准参考物质与某些地下水样品，加标回收率是 90.9%～100.7%[105]。杨春等将含 Fe 溶液与甲酸混合后引入紫外（UV）灯反应生成 Fe 的挥发性物种，然后被载气带入到常压辉光放电 APGD 激发并由微型光谱仪检测 Fe 249.8nm 的发射信号，检出限是 2μg/L。多次测定 RSD（$n=9$）为 2.5%，稳定性良好。分析标准参考物质（GSB07-1188-2000），测定值与参考值很好一致[106]。

1.3.1.4 微波和电弧激发光源

Schwartz 等研发了一种新型的在 2.45GHz 微波频率工作的常压等离子体，称为微波维持电感耦合等离子体（MICAP）。用先进陶瓷技术制造的介电共振腔与由微波炉产生的微波场耦合维持等离子体，不需水冷。在共振腔内微波场诱生极化电流，产生一个正交电磁场，类似于在常规的 ICP 负载线圈内电流产生的电磁场。这个电磁场能够在空气或 N_2 气氛中维持环形等离子体，很容易接受从常规同心石英管雾化器和雾化室来的气溶胶试样，得到的检出限是（0.03～70）$\times 10^{-9}$。MICAP 对有机溶剂显示良好的负载能力，能接受高达 3%（质量分数）浓度的盐类溶液。使用介质共振腔的优点是没有净电势，消除了电容耦合的可能性，改善了等离子体的均匀性[107]。Matusiewicz 等研究了新型超声喷雾（USN）和多模式进样系统（MSIS）的协同作用。超声喷雾器提供微升级试样到石英振荡器，在 MSIS 雾化室的进口将液体转化为气溶胶。Ar 载气将从 MSIS 所发生的元素形态和从 USN 产生的气溶胶迁移和运送到微波诱导等离子体（MIP），AES 同时测定 As、Bi、Ge、Sb、Se、Sn、Hg、Ba、Ca、Li、Mg 和 Sr，峰高测量法的检出限（$3s$）分别是 0.3ng/mL、1.5ng/mL、1.9ng/mL、0.5ng/mL、1.7ng/mL、0.6ng/mL、0.8ng/mL、9.0ng/mL、1.6ng/mL、1.9ng/mL、2.2ng/mL 和 2.9ng/mL，RSD 是 5%～9%。分析 4 个标准参考物质，水标准溶液校正，测定值与标准值的一致性很好[108]。Matusiewicz 等建立了带有电容耦合 Ar 微波微等离子体（μCMP）作为激发源与化学蒸气发生（CVG）进样的小型发射光谱仪。同时测定痕量氢化物生成元素 As、Sb、Se 与冷蒸气发生元素 Hg，检出限，按 3σ 标准计算（峰高测量方式）分别是 3.8ng/mL、3.0ng/mL、1.4ng/mL 和 1.5ng/mL。用标准加入法分析

200μL 三个不同基体组成的标准参考物质，测定值与标准值在置信度 95%水平是很好一致的[109]。梁维新等用表面具有特异性吸附性能的多孔状结构的微球离子印迹聚合物（IIPMs）装填成固相萃取柱，对样品中 Pb^{2+} 呈现单分子层吸附富集，最大富集倍数为 250 倍，用 5% HNO_3洗脱，微波等离子体发射光谱法测定 Pb。固相萃取柱可重复利用 12 次以上。测定地表水中痕量 Pb^{2+} 的检出限为 0.26μg/L，加标回收率为 92.4%～98.8%[110]。

肖细炼等选择基体组分与样品相类似的岩石、土壤、水系沉积物和矿石等 14 种国家一级地球化学标准物质作为标准系列，Ge 为内标元素，用二次方程拟合校正曲线，交流电弧光电直读发射光谱测定地球化学样品中 Ag、B、Sn。选用一级激发电流 3A，起弧 3s 后升到二级激发电流 15A，保持 22s，检出限分别为 0.016μg/g、0.63μg/g、0.32μg/g[111]。王鹤龄等配制了以氟化铝、聚三氟氯乙烯等氟化效率较高的化合物为主要成分的固体缓冲剂，高温条件下氟离子与难挥发元素发生化学反应降低其激发温度，用碱金属控制较低的电弧温度，采用固体进样电弧直读发射光谱法实现一次制样同时分析地球化学样品中 14 种易挥发和难挥发元素[112]。

1.3.1.5 固体直接进样

固体进样是一种快速分析固体试样的方法。省去了麻烦费时的样品消解、预分离富集过程，避免了被测组分损失和玷污，减少了化学试剂的使用，有利于环保和保护操作人员健康。但固体直接进样标样来源有时会遇到困难，尽管如此，分析人员对固体直接进样仍然乐此不疲。近来固体热蒸发、激光烧蚀固体进样发展较快。

张锁慧等用激光剥蚀（LA）中低合金钢样，以基体元素 Fe 274.9nm 为内标线校正信号的漂移，ICP-AES 直接测定中低合金钢中 Al、As、B、C、Co、Cr、Cu、Mn、Mo、Nb、Ni、P、S、Sb、Si、Sn、Ti、V、W、Zr 等 20 种元素。各元素的检出限比较低，能满足中低合金钢的测定要求。除个别元素在个别样品中的测定结果偏差稍大外，其他元素的测定值与认定值一致[113]。

Bauer 等提出用固体直接进样电热蒸发（ETV)-ICP-AES 测定煤中硫形态。在 Ar 气氛中控制煤热分解，有可能测定煤中不同的硫形态和元素硫。ETV-ICP-AES 有很好的准确度和精密度（RSD≤6%），方法已用来测定阿尔贡地区优质煤中的硫形态。方法简便、节省时间和费用，适合于对煤形态特性的快速鉴定，很大程度上可以自动化和用于过程控制分析[114]。Kenichi 设计了一种 ICP-AES 直接测定金属纳米粉末和细粉样品中 Cl 的钨舟炉样品池的 ETV 系统。粉状或粒状样品放入小钨样品池精确称重，加入 KBH_4的水或乙醇溶液，样品放置在 ETV 设备的样品池内。分析物蒸发，由 Ar 和 H_2 载气流引入 ICP-AES。由于分析物引入 ICP 之前已从基体分离出来，等离子体的放电能量集中激发 Cl 原子，获得的检出限是 170ng/g Cl，进样频率近 30 次/h。成功分析了 Fe_2O_3、Cu，Ag 和 Au 纳米粉以及 Ag、Au 金属细粉样品[115]。测定 Ag 纳米粒中的 Si、P、S，样品全部蒸发能同时测定 Ag 基体。Ag 纳米粒子足够纯，杂质量对样品量的贡献可以忽略不计。对于每份测定样品量进行估计即可，不必用微量天平称量，简化了 ETV 装置，省去了麻烦的称量操作，也不必对样品进行预处理或预消解。分析频率是 35 次/h。分析纳米粒子和悬浮液进样得到的测定值与通常进行称量样品所得到的测定值是一致的。这种方法对快速筛查，特别对工业应用是有用的[116]。固体直接进样电热蒸发（ETV）-ICP-AES 快速分析糯米粉，免去了费时的酸消解及因此引起的分析物损失与玷污。然而为避免等离子体熄灭，能够引入的样品量受到限制，进样量为 4mg。由于引入了电热蒸发前的水气溶胶，提高了等离子体的稳定性，能增加进样量到 8mg（固体样品），同时又不熄灭等离子体。与通常的 ETV 相比，用现在的方法测定三个不同商标牌号的糯米粉中的 Al、As、Ca、Cd、Co、Cr、Cu、Fe、Hg、Mg、Mo、Pb、Se、Zn 等，不仅改善了检出限，而且可用干燥的水溶液标准样品进行校正，因此提高了固体进样 ETV-ICP-AES 的实用性[117]。

1.3.1.6 光化学蒸气发生进样

光化学蒸气发生（PCVG）进样是在低分子量有机酸（如甲酸、乙酸、丙酸）存在下，由紫外（UV）辐射或可见光（Vis）诱导产生自由基还原发生被测元素蒸气，引入原子光谱仪器进行检测。与常规的四硼氢化物化学蒸气发生（THB-CVG）相比，PCVG 有更强的还原能力，无污染，过程稳定，过渡金属元素的干扰少，信噪比好。

Coutinho 等使用 19W 低压汞灯 Hg 254nm 和 Hg 185nm 辐照 pH＝3.3 的 50％甲酸介质内 Co(Ⅱ) 溶液 10s，以 Co(Ⅰ) 238.892nm 为分析线，ICP-AES 测定生物样品中的 Co。发生效率达到（42±2)％，灵敏度比气动雾化改善 27 倍。使用更长的辐照时间，将样品稀释 50 倍以上，可以消除基体、硝酸盐和其他离子的干扰。用标准加入法分析标准参考物质 TORT-2 和 TORT-3，回收率达到了 90％～110％[118]。Cai 等分别用 HNO_3 与 HNO_3＋H_2O_2 微波消解人发、紫菜标准参考物质，经 717 阴离子交换树脂柱除去硝酸盐。样液流经同轴石英管 UV 反应器的中心通道，能在有限的同心管之间的圆筒形空间内有效地接受均匀的 UV 辐照，Ni^{2+}在 UV 辐照下与甲酸反应产生 $Ni(CO)_4$。蒸气发生效率约为 60％。溶液中产生的羰基由 Ar 载入 DBD 激发室激发 Ni 232.0nm，由 CCD 检测，检出限是 1.3μg/L。分析标准参考物质证实了 DBD-AES 系统的可行性。对于 Fe、Co 等元素，也可以用类似的 PVG-DBD-AES 法进行测定。氢化物发生伴随产生大量的氢气熄灭 DBD，金属羰基发生完全避免了微等离子体熄灭的问题[119]。

Zhang 等研发了一种利用光化学蒸气发生和点放电分别作为进样和激发光源稳定的 AES 技术用来灵敏测定 Hg、Fe、Ni、Co。当含有甲酸的样品溶液在光化学反应器内受到 UV 辐照时，发生 Hg 冷蒸气和 Fe、Ni、Co 挥发性物种，随后从液相分离，传输到微等离子体检测它们的原子发射线。检测限分别是 0.10μg/L、10μg/L、0.20μg/L、4.5μg/L。同通常的微等离子体 AES 相比，方法不仅扩宽了测定应用元素的范围，而且对 Hg 和 Ni 的检出限分别改善了 2 倍和 7 倍。通过分析标准参考物质证实了方法的可靠性。分析 3 个实际水样，加标回收率是 93％～111％[120]。

Covaci 等在甲酸介质中，从固体样品提取 Hg，用 10mL HCOOH 于 50℃超声辅助提取 200mg 低压冻干样品 3h，提取率达到 98％～100％。随后在 0.6mol/L HCOOH 介质内在线发生 Hg 冷蒸气，并为金丝微收集器在线捕集。结合电容耦合等离子体炬，使用低分辨率微型光谱仪高灵敏测定水和食品中的总 Hg。在低功率 15W 和 Ar 气流量 100mL/min 记录 Hg 253.652nm 发射信号，测定总 Hg 的检出限，对溶液分别是 3.5ng/L（不富集）和 0.1ng/L（富集），对固体样品分别是 9mg/kg 和 0.25mg/kg。方法适合分析各种不同基体的样品[121]。

1.3.1.7 流动注射进样

流动注射进样（flow injection sampling）是一种高效微量动态进样技术，加快了分析速度，减小了试样用量和试样被玷污的可能性。

Li 等研发的赖氨酸改性的介孔二氧化硅固相萃取微柱对 Hg 具有良好的吸附容量，富集系数达到 42。用 10％硫脲的 0.2mol/L HNO_3溶液以 2.0mL/min 的流速淋洗 Hg^{2+}，流动注射-溶液阴极辉光放电（FI-SCGD)-AES 测定水溶液样品中的 Hg^{2+}，检出限是 0.75μg/L，分析人发标样和河流沉积物标样，证实了方法的可靠性[122]。

用［1,5-双(2-吡啶基)-3-磺基苯基亚甲基］硫代碳酰肼（PSTH-MNPs）改性的涂覆磁性纳米粒子的二氧化硅（MNP）作为固相萃取的吸附剂，从环境水样中分离与富集Pd、Cr、Mn、Zn、Cd、Hg、As、Sb、Bi、Cu、Pt、Sn、Se、Co等14种痕量元素，富集倍数是1～385.5。多模式样品引入系统（MSIS）用于化学蒸气发生、分离、进样与样品气溶胶引入ICP-AES系统。在线SPE-CVG-ICP-AES系统用来测定海水、湖水、河水标准参考物质中的前述的金属元素证实了方法的可靠性。方法优点是非常稳定，操作简便、自动化、选择性好、经济和灵敏。可同时测定上述14种元素，检出限是0.01～11.30mg/L，RSD是1%～7%，分析频率约为13次/h，节省了分析时间、试剂和样品[123]。

Ma等研发了一种基于在线流动注射固相萃取（SPE）分离-溶液阴极辉光放电-原子发射光谱（SCGD-AES）测定水溶液样品中的Cr(Ⅵ)的新技术。在pH=5，Cr(Ⅵ)富集在经赖氨酸改性的介孔二氧化硅（Fmoc-SBA-15）上，用0.1mol/L NH_4OH 淋洗Cr(Ⅵ)，富集系数为91，检出限为0.75mg/L。测定100mg/L Cr(Ⅵ)，RSD（$n=9$）是4.2%[124]。

Covaci等研发了一个基于两次液-液萃取与UV光化学蒸气发生电容耦合等离子体炬AES测定海产品中甲基汞的非色谱法。在47% HBr溶液内用甲苯萃取 CH_3Hg^+，1%半胱氨酸水溶液反萃取。在0.6mol/L HCOOH介质内流动注射UV光还原 CH_3Hg^+ 发生Hg蒸气，用15W低功率、100mL/min低Ar消耗量、低分辨率、经济型小型光谱仪的微等离子体炬检测Hg 253.652nm发射线。检出限和定量限分别是2μg/kg和6μg/kg，RSD是2.7%～9.4%，准确度是(99±8)%，满足欧盟定量测定Hg的法规要求。分析标准参考物质和12个试验样品在95%置信水平上证实了方法测定痕量 CH_3Hg^+ 的真实性和可靠性[125]。

1.3.2 原子吸收光谱分析法的进展

1.3.2.1 微等离子体原子化器

Kratzer等用二甲基二氯硅烷对DBD原子化器的内表面进行改性以后，测定Bi的灵敏度改善了2～4倍，这种结构的DBD在元素的预富集方面有着较大潜力与应用前景。但得到的Bi检出限是1.1ng/mL，比石英管原子化器得到的检出限0.16ng/mL略差，其原因是DBD的光程短、原子化效率较低（只有加热石英管原子化器的65%）和/或自由原子较快的衰变造成的[126]。Duben等通过优化 SeH_2 在DBD原子化器内的原子化条件，测定Se的检出限是0.24ng/mL，比外部加热的石英多功能原子化器得到的检出限0.15ng/mL略差。用两个DBD原子化器在同一天测定10ng/mL Se标准溶液，得到平均信号值没有显著性差异，用同一个DBD原子化器在4个月内的22d测定10ng/mL Se标准溶液，平均灵敏度是(0.33±0.02)s/ng Se，表明DDB原子化器具有很好的长期重复性[127]。

Novák等用平面DBD作为CVG-AAS原子化器，用 N_2（不是空气）、H_2 和He为放电气体的DBD都能产生自由As原子。从气液分离器沿顺流放置NaOH小珠填充的干燥管，阻止残余气溶胶和湿气传入DBD，能改善响应值25%。DBD与多功能微火焰石英管原子化器的原子化效率一样，灵敏度相同，检出限十分相近，但DBD抵抗来自Sb、Se、Bi其他氢化物形成元素的干扰能力强1个数量级。加入 O_2 到Ar等离子体内，导致 AsH_3 在DBD原子化器光束内定量滞留，富集效率为100%。关闭 O_2 后 AsH_3 全部释放出来立即原子化，预富集300s，使检出限降低到0.01ng/mL As[128]。

1.3.2.2 固体进样

Kelestemur 等用固体进样高分辨连续光源石墨炉原子吸收光谱法（SS-GFAAS）测定玻璃样品中的 Pb，用 NIST 玻璃标准参考物质 SRM 612 研究和优化各种实验与仪器参数。$Pd(NO_3)_2+Mg(NO_3)_2$ 为化学改进剂，测定 Pb 205.328nm 检出限是 11.2pg；测定 283.060nm 检出限是 201.6pg。用 SS-GFAAS 测定两个不同的玻璃样品中的 Pb，分别用 Pb 标准水溶液与固体标准（NIST SRM 612）进行校正，结果一致，说明 SS-GFAAS 法测定玻璃中 Pb 是可靠的。优点是用样量小（30～100μg），不需使用有毒有害的化学试剂溶解玻璃样品[129]。

Hande 等用固体进样高分辨连续光源石墨炉原子吸收光谱法测定各种面粉样品中的 Pb 浓度。因为直接分析样品，消除了样品消解带来的危险和缺点。用手动进样器直接将固体样品加到涂 Zr 石墨管的平台上，在平台上干燥，称重，加入 Pd 化学改进剂。在 800℃热解，2200℃原子化。在各种面粉参考物质与标准水溶液中 Pb 的灵敏度没有显著性差异。因此可用标准水溶液有效地进行校正。Pb 的绝对检出限和特征质量分别是 7.2pg 和 90pg[130]。以 Pd 为化学改进剂，使用标准水溶液进行校正，固体进样高分辨连续光源电热石墨炉原子吸收光谱法快速测定口红中的 Cd，检出限和特征质量分别为 5.0pg 和 2.8pg[131]。用高分辨连续光源原子吸收光谱仪固体进样，通过在石墨炉内所发生的 CaF_2 分子吸收测定了某些鱼和海产品如贻贝、乌贼和虾中的总氟浓度。鱼片和海产品在 110℃干燥，切碎，放置在平台上，试样量不超过 1.2mg，用固体进样工具将样品与 20μg Ca 一起放进石墨炉内进行测定。F 的绝对检出限和特征质量分别是 0.28ng 和 0.14ng[132]。

徐鹏等采用配置横向加热石墨炉、全自动固体石墨舟进样器的 Zeenit 650P 型原子吸收光谱仪直接固体进样，以 $Pd(NO_3)_2+Mg(NO_3)_2$ 为化学改进剂测定 As、Cd、Zn、Sn 和 Hg，以 $NH_4H_2PO_4$ 作为化学改进剂测定 Pb、Cr、Cu 和 Mn，检出限均低于 0.122ng。分析国家标准物质，测定值与标准值相吻合[133]。

1.3.2.3 化学蒸气发生进样

蒸气发生进样是将被测元素先转化为气态物种，而后引入原子化器中原子化。进样效率高，一般不受原试样基体的干扰，能获得很低的检出限和很高的灵敏度。最早出现的是化学蒸气发生仍在广泛使用，以后又发展了电化学还原蒸气发生、光化学蒸气发生进样。

蒋小良等用浓硝酸和过氧化氢微波消解粉碎后的大米样品，在微型 T-石英管原子化器内用 $NaBH_4$ 发生氢化物，将氢化物发生反应控制在几十微升体积，AAS 测定大米中 Pb，显著提高了检测的灵敏度和分析效率。检出限为 0.05μg/L，加标回收率在 96.8%～103.8%[134]。Zhang 等将 Cd^{2+} 非选择性高效吸附在阳离子交换纤维上，用 0.3mol/L KI 淋洗，在线选择性地洗脱吸附的 Cd^{2+}，实现与其他金属离子的分离。随后用 $HCl+NaBH_4$ 与淋洗液在线发生 Cd 蒸气。消除了除 Pb^{2+} 之外的大多数金属离子的干扰，Pb^{2+} 通过与 $BaSO_4$ 共沉淀除去。AAS 在线测定 Cd 的灵敏度得到很大的改善，样品负载 120s（相当消耗 24mL 样液），检出限（3*s*）达到 0.6ng/L。测定沉积物和鱼样中的 Cd，测定值与标准值很好一致。分析消解的鱼样和水样中的 Cd，平均回收率分别是（98.7±1.0）%和（92±3）%，RSD 分别是 1.5%和 4%[135]。

1.3.2.4 电化学还原蒸气发生进样

电化学还原蒸气发生（ECVG）是在电化学发生池内通过电极反应发生氢化物和汞蒸

气，直接导入原子化器检测的一种环境友好的绿色气体进样技术。与硼氢化物化学蒸气发生相比，除了支持电解质以外，不需使用大量的化学试剂，蒸气发生效率受待测元素氧化态的影响相对较小。

Arbab-Zavar 用一个以流动注射模式工作的新型电化学氢化物发生（ECHG）系统结合电加热石英管原子化器（QTA）AAS 测定 Cd。用 Plackett-Burman 实验设计筛查影响分析信号的重要参数，用中心组合设计优化重要参数。检出限（3s，n=9）是 0.51ng/mL Cd，测定 20ng/mL Cd，RSD（n=9）是 6.5%。分析标准参考物质，测定值与标准值显示了很好的一致性，方法已成功用于自来水中 Cd 的测定[136]。Novakova 等用流通式电化学发生 Cd 挥发物，在石墨炉原子化器内原位捕集。试验了 Pt、Pb 和 Ti 三种阴极材料与 HCl、H_2SO_4、HCOOH 和 NaCl 4 种可能适用的电解质溶液。发现 0.5mol/L HCl 和 2.0mol/L H_2SO_4分别做阳极和阴极电解液是最合适的，在 5×10^{-4}mol/L Triton X-100 存在下，使用 1.5A 电流电化学发生 Cd 挥发物并原位富集。用一根熔融石英管与石墨原子化器的自动进样装置相连，将发生的 Cd 挥发物引入石墨炉测定。浓度检出限是 1.0ng/mL，绝对检出限 1.5ng[137]。

1.3.2.5 光化学蒸气发生进样

在乙酸介质中使用由 20W 低压 UV 源构成的薄膜发生器光化学发生 Cd 的挥发性形态。用 Ar 气将挥发性产物载入 900℃石英管原子化器（低于 700℃没有信号），加入 10%的 H_2 到 Ar 载气中。UV 发生效率超过 90%。检出限是 2mg/L，RSD 是 30%[138]。Silva 等在低分子量有机酸存在下用 UV 辐照乙醇生物燃料样品，光化学蒸气发生与原子吸收光谱联用（PCVG-AAS）测定总 Hg（无机 Hg）、有机 Hg 形态（Hg^{2+}、CH_3Hg^+、$CH_3CH_2Hg^+$），检出限是 0.05～0.09mg/L，加标回收率是 91%～107%，方法灵敏、简便（无需预处理）和绿色[139]。Jesus 将石脑油和石油冷凝物样品制成微乳液，与丙醇-1 和少量的水预混合，通过光化学反应器。光化学发生蒸气引入石英池，AAS 测定 Hg，检出限是 0.6μg/L。有机汞和无机汞的特征质量（以 Hg 计）分别是 2.0ng 和 2.4ng。丙醇-1 本身就能有效地促进 Hg 蒸气产生，无需再加入低分子量有机酸。有机汞和无机汞的灵敏度之间没有显著性差异。相继 3 次连续测定的 RSD 是 1%～5%，无机汞和有机汞的加标回收率是 92%～113%。方法简便快速，化学试剂用量少，属于“绿色”检测技术[140]。光化学蒸气发生 ETAAS（电热原子化原子吸收光谱）测定汽油中的 Hg，样品制成汽油和丙醇-2 混合溶液，高效流过 19W 光化学蒸气发生器，发生的 Hg^0 原位捕集于石墨管内的还原 Pd 上。加入到样品中的无机汞和有机汞标准的响应没有明显的差异。检出限和特征质量分别是 0.1μg/L 和 0.6ng，加标回收率是 90%～97%，方法快速、有效、绿色，对无机和有机 Hg 都有响应[141]。

1.3.2.6 流动注射进样

申东方等用 $NaHCO_3$ 于 600℃灼烧大米样品，用 HCl 溶解。将 pH=7.0 的样品溶液以 3.9mL/min 速率通过自制的磁芯-硫脲壳聚糖固定相填充微柱，流动注射在线分离富集大米样液中的痕量 Cd，用硫脲溶液洗脱，FAAS 测定洗脱液中 Cd^{2+}。采样 120s，检出限（3s）为 2.5ng/mL，加标回收率是 96.0%～104.2%[142]。

Guerrero 等用 1,5-双(2-吡啶基）亚甲基硫代对称二氨基脲功能化的介孔二氧化硅新纳米吸附剂填充小柱，流动注射螯合吸附分离和预富集 Hg，在优化条件下预富集 120s，富集倍数是 4，结合在线化学蒸气发生 ETAAS 精密而准确地测定 Hg，检出限是 0.008μg/L。

测定 0.2μg/L 和 1μg/L Hg，RSD 分别是 3.0%和 2.6%。进样频率约为 18 次/h。分析了湖泊和河流沉积物标准参考物质，测定值与标准值一致。方法优点是消耗试剂和样品量小[143]。王中瑗等建立了流动注射空气混合吸附预富集于编结反应器（KR），二次气体分隔洗脱法与 FAAS 联用测定海洋生物样中的痕量 Pb。在预富集步骤，空气、螯合剂和 Pb 溶液在线混合，引入空气大大提高了 Pb 的螯合物在 KR 内壁的吸附效果。在洗脱前，通入一段空气流，在洗脱过程进行到第 5 秒时输入 1s 空气流作为间隔，两段空气流的引入，大大降低了被分析物在洗脱液中的分散，提高了浓集倍数，同时保证了洗脱的完全。测定 Pb 的检出限（3*s*）是 2.2μg/L。测定鳝鱼、对虾、虾蛄、鲟鱼、舌鳎和贻贝标准物中的 Pb 含量，加标回收率为 93.5%～96.4%；RSD 为 0.52%～3.0%。与微柱的低寿命、高反压相比，KR 反压小，耐酸耐碱，寿命几乎无限长，对蠕动泵的要求很低，不易造成溶液渗漏等问题[144]。

张宏康等建立了流动注射不等流速在线预富集与火焰原子吸收光谱联用测定大米中痕量 Cd 的新方法。在样品溶液流速不变的情况下，降低螯合剂流速，大大提高了吸附预富集效果，富集倍数由传统方法的 9.0 提高到 14.7。此外增加剩余样品溶液的排空步骤，保证了每次试验的准确性和重复性。在进样流速 6.0mL/min、进样时间 60s 的条件下，测定 15μg/L 的 Cd，检出限（3*s*）为 0.68μg/L，进样频率为 37 次/h。以 0.01%（φ）三乙醇胺（TEA）为掩蔽剂，大米中 Cd 的回收率为 94.5%～97.8%[145]。Oliveira 等在 pH＝2.5～7.5 Sb(Ⅲ）离子被 $SiO_2/Al_2O_3/SnO_2$ 选择性吸附，预富集倍数为 136，用 0.1%（ρ）1-半胱氨酸处理样品以前测定总 Sb，Sb(Ⅴ）形态浓度由总 Sb 和 Sb(Ⅲ）之差求得。检出限是 0.17μg/L，方法的准确度由加标回收率与分析标准参考物质证实[146]。

Suquila 等基于以 2-羟乙基甲基丙烯酸酯与牛血清改性的 Cu 印迹的聚（烯丙基硫脲）离子印迹聚合物（IIP-HEMA-BSA）作为限制进入材料，排斥牛奶样品蛋白质，建立了一种新型在线固相预富集 Cu^{2+} 的 FIA-FAAS 测定方法。在 pH 4.5，经以 7.6mL/min 流速通过填充了 50.0mg IIP-HEMA-BSA 的微柱，接着用 1.00mol/L HCl 逆流淋洗进入 FAAS 检测。富集倍数是 24，检出限是 1.1μg/L，进样频率是 20 次/h。方法的准确度通过 ETAAS 测定微波消解样液中的 Cu^{2+} 加标回收率检验。方法已成功用于牛奶样品中 Cu 的测定。只需调节 pH 与预富集步骤。首次证明了用 IIP-HEMA-BSA 从生物样品提取 Cu^{2+} 同时除去大分子的潜力。与通常的微波辅助酸消解方法相比，所提出的萃取方法简便、快速、低成本[147]。

1.3.3 原子荧光光谱分析法的进展

1.3.3.1 微等离子体原子化器

常压介质阻挡放电（DBD）微等离子体作为激发光源最先用于 AES 测定环境水中的溴化物和溴酸盐，以后又用作 AAS、AFS 的原子化器以及辅助原子蒸气发生。

Yang 等以石英管为 Cu 丝内电极与 Cu 箔外电极间的阻挡介质，在两电极间施加交流高压点燃与维持等离子体。由雾化器产生的样品溶液气溶胶与掺有 Ar 的 H_2 混合气流过石英管产生等离子体，辅助化学蒸气发生 AsH_3、TeH_2、SbH_3 和 SeH_2，由 AFS 进行测定，绝对检出限分别是 0.6ng、1.0ng、1.4ng 和 1.2ng。与四硼氢化物发生氢化物相比，最吸引人的是微量进样、无需使用大量还原/氧化试剂、氢化物发生效率高、低能耗、环境友好等，有望应用于便携式光谱仪[148]。Mao 等在 DBD 反应器内，使用 40mL/min O_2 和 600mL/min Ar

混合载气，分析河水、湖水和海水样品，捕获效率达到98%～103%，富集倍数为8。在释放AsH_3之前，将Ar载气从气液分离器的上气流改变为下气流输入，消除可能的水蒸气干扰。为了释放AsH_3，用200mL/min H_2取代O_2，放电电压调到9.5kV。通过精确控制AsH_3捕获与释放，建立了AFS测定地表水中超痕量As的方法。检出限低至1.0ng/L，分析标准参考物质中的As，测定值与标准值很好一致。DBD可作为原子光谱分析测定As的预富集工具[149]。

杨萌等用DBD低温等离子体剥蚀ABS塑料固体样品，产生的Hg蒸气引入到AFS测定，检出限（3*s*，*n*=11）为0.91mg/kg，RSD（*n*=7）为1.9%～2.3%。分析ABS标准参考物质GBW（E）081637，测定值与标准值及ICP-MS及CVG-AFS测定值很好一致，本方法可作为直接检测固体样品中元素的新型分析技术[150]。在聚偏二氟乙烯（PVDF）膜上注样1～2μL，风干后，用DBD探针、AFS直接检测膜上痕量Cd。风干物中Co对Cd的荧光有增敏作用，在Co/Cd(质量比）为1～2时，Cd的分析灵敏度提高了约8倍。测定Cd的检出限为0.127ng。分析实际样品，测定值与ICP-MS的测定结果一致。方法适合于微量样品分析，可以作为研制小型化AFS仪器的借鉴[151]。

在多孔石墨管电热蒸发器内添加石墨粉，钨丝阱在线捕获原子，直接固体进样AFS测定了扇贝样品中痕量Cd。检出限（3*s*）为0.0045ng，回收率为94.0%～107%。该分析方法是一种无需消解、免化学试剂、绿色、安全环保的分析方法，适用于扇贝中Cd的直接、快速、准确测定[152]。Zhu等建立了一个新型介电阻挡放电等离子体Zn化学蒸气发生（DBD-CVG）方法。在H_2存在下溶液中的Zn^{2+}容易被DBD转化为Zn蒸气，AFS检测。检出限是0.2μg/L。1mg/L的共存离子没有可察觉的基体干扰，当共存离子量达到10mg/L则严重地降低Zn蒸气发生效率。分析标准参考物质GSB 07-1184-2000中的Zn，测定值与标准值很好一致。避免了使用不稳定的四硼氢化物还原剂和高纯度酸，提供了一个绿色发生Zn蒸气的方法[153]。Li等用非离子表面活性剂（NIS）改善DBD诱发化学蒸气发生的性能。加入Triton X-114使Cd和Hg化学蒸气发生的荧光信号分别改善5.4倍和5.1倍，Cd与Hg的检出限分别达到2.4ng/L与4.5ng/L。信号增强的机理推测是NIS提高了反应动力学并改善了挥发形态从溶液中的传输效率。分析了模拟天然水样、标准参考物质证实了方法的可行性[154]。

1.3.3.2 化学蒸气发生进样

Pelcova等采用薄膜内扩散梯度技术（DGT）与液相色谱-冷蒸气发生AFS联用同时定量分析Hg^{2+}、CH_3Hg^+、$C_2H_5Hg^+$和$C_6H_5Hg^+$汞的四种形态。经过琼脂糖扩散层之后，Hg形态积聚在含有巯基功能基的离子交换树脂（Duolite GT73和Ambersep GT74）的树脂凝胶内，用HCl微波辅助萃取分别从树脂凝胶内分离Hg形态，萃取效率高于95.0%。用含有6.2%甲醇+0.05% 2-巯基乙醇+0.02mol/L乙酸铵的流动相从50μm球形颗粒硅胶（Zorbax C_{18}）反相柱上淋洗，淋洗过程中逐步增加甲醇含量到第16分钟达到80%，淋洗分离Hg形态。用DGT积聚24h，CH_3Hg^+、Hg^{2+}、$C_2H_5Hg^+$、$C_6H_5Hg^+$的检出限分别是38ng/L、13ng/L、34ng/L和30ng/L[155]。

采用比表面积优化的金丝结球固定在石英管内的方式，用稀硝酸浸泡煮沸活化。用HNO_3、$K_2S_2O_8$将Hg全部转化为Hg^{2+}，再用$SnCl_2$还原生成Hg蒸气，由Ar载出，经气液分离后捕汞管捕集。载气将捕汞管快速升温解吸出的Hg蒸气带入AFS进行荧光强度峰面积检测。检出限0.0051μg/L，加标回收率84.9%～126.0%[156]。

江晖等用H_3PO_4萃取污泥样品消解液中的As。以5%HCl为载流将液相色谱分离得到的分析物质带入氢化物发生器，KBH_4还原发生氢化物，$Ar-H_2-O_2$火焰原子化，AFS检测，分析了污泥中As(Ⅲ)、一甲基砷（MMA）、二甲基砷（DMA）、As(Ⅴ)和砷甜菜碱（AsB）5种砷形态，检出限（以As计）分别为0.3μg/L、2.1μg/L、1.4μg/L、1.1μg/L和0.7μg/L。5种砷形态可在10min内完成分离和测定。方法前处理便捷，重复性好，为环境污泥中As形态分析提供了技术基础[157]。用HNO_3溶样、H_2SO_4除去Pb基体，同时控制溶液酸度避免Sb水解，以KBH_4-KOH混合液为还原剂发生氢化物，一次溶样用HG-AFS同时测定样品中As和Sb，检出限分别为0.0005μg/L和0.0007μg/L。样品中的共存元素不干扰测定。测定铅锭实际样品中As和Sb，测定值与国家标准方法测定值基本一致[158]。在约100℃用$HCl-HNO_3$将样品中的As全部溶出，以Ni基体匹配法绘制校正曲线克服Ni基体干扰，实现了Hg-AFS对DD6单晶镍基高温合金样品中As的测定。检出限（$3s$，$n=11$）为2×10^{-5}μg/mL。分析6个DD6单晶Ni基高温合金样品，测得结果与高流速辉光放电质谱法基本一致[159]。用NaOH溶液溶解高硅铝合金样品，用HCl调节试液酸度约为2%，以2% HCl(φ)为载流，$KBH_4-K_3[Fe(CN)_6]$-NaOH溶液为还原剂发生PbH_4，AFS测定Pb。检出限（$3s$，$n=11$）为0.33μg/g。分析高硅铝合金标样，测定值与标准样品的给定值相符[160]。

丁冬梅等在自动控温石墨消解仪内常压、100℃下用王水消解土壤样品，自然沉降或离心分离，取上清试液在酸性介质中用KBH_4产生AsH_3、SeH_4、SbH_3和Hg^0，在$Ar-H_2$火焰中AFS测定As、Sb、Se、Bi，加标回收率是94%～108%。测定土壤标准物质GBW 07425中的Hg、As、Se、Bi、Sb，3次重复测定的平均值都分别在其标准值的不确定度范围内[161]。刘晓燕等用$KClO_4-HNO_3-HF-H_2SO_4$-HCl溶样体系代替了$KClO_4-HNO_3-H_2SO_4$-王水体系溶解银精矿样，在5%(φ)HCl介质中，以硫脲-抗坏血酸为预还原剂，KBH_4发生BiH_3，AFS测定。检出限为2×10^{-5}μg/mL。银精矿中主要共存元素的最大含量对Bi测定的干扰均可忽略，回收率为99%～102%。测定结果与FAAS和ICP-AES的结果基本一致[162]。

Zhang等在甲酸钠存在下于约500℃高温分解样品产生挥发性Cd形态。加入硫脲能提高Cd蒸气发生效率，消除Cu的干扰。绝对与浓度检出限分别是0.38ng与2.2ng/mL。分析环境水样标准参考物质中的痕量Cd，测定值与标准值很好一致[163]。Valfredo等基于As(Ⅲ)与APDC（吡咯烷二硫化氨基甲酸铵）选择性反应生成螯合物，在聚四氟乙烯微柱上吸附在线预富集海水中无机As，用2mol/L HCl溶液淋洗。应用多参数两水平全析因实验设计优化预富集条件。测定As(Ⅲ)的检出限和定量限分别是0.02μg/L和0.07μg/L。在酸性介质中用硫脲还原As(Ⅴ)后测定总As，检出限和定量限分别达到0.03μg/L和0.09μg/L。用本法成功分析了5个海水样的As形态[164]。

Wen等使用固体还原剂四氢化锂铝（$LiAlH_4$）、无水$SnCl_2$或四硼氢化物（THB）在室温离子液体（RTIL）非水介质内发生氢化物与Hg蒸气。分析物首先从大体积水相萃入RTIL介质，再直接与固体还原剂混合发生分析物挥发性形态，输送到AFS检测。三种还原剂全都能还原Hg(Ⅱ)为Hg蒸气，只有THB能产生As(Ⅲ)和Sb(Ⅲ)的挥发性形态。与通常在水溶液内的冷蒸气发生相比，使用RTIL和固体还原剂效率更高、灵敏度更高，过渡金属和贵金属的干扰更小，检出限更好，As、Hg和Sb绝对检出限分别改善了62倍、24倍和96倍。方法已成功用于几个固体、水和人发标准参考物质中超痕量Hg和As的测定[165]。

1.3.3.3 电化学还原蒸气发生进样

祖文川等选择0.5mol/L H_2SO_4为阴、阳极的支持电解质电化学还原发生Hg蒸气，由

Ar 直接导入原子化器，AFS 测定带鱼、黄鱼、鱿鱼和海虾等海产品消解液中的总 Hg。检出限为 2.8ng/L，加标回收率是 91.2%～98.7%[166]。用自制电化学流通池测定 CH_3Hg^+，通过电解还原从玻碳阴极表面发生的汞蒸气，AFS 检测，检出限是 1.88×10^{-3}ng/mL，重复测定 2ng/mL 标准溶液，RSD（$n=6$）是 2.0%。测定市售海产品中的 CH_3Hg^+，加标回收率是 87.6%～103.6%，RSD（$n=6$）<5%[167]。Shi 将沉积在玻碳电极上的 Au 粒子（Au/GCE）首次应用于电化学蒸气发生（ECVG），对 Hg 特别对甲基汞（CH_3Hg^+）水溶液电化学转化过程具有良好的催化性能。通过控制 ECVG 电解质参数，CH_3Hg^+ 与 Hg^{2+} 原子荧光信号之间显示明显的差别。根据 Hg^{2+} 与 CH_3Hg^+ 在改性电极上电化学反应行为的明显差异，首次建立一个新颖准确的“绿色”Hg 形态分析方法。Hg^{2+} 与 CH_3Hg^+ 的检出限，对液体样品分别是 5.3ng/L 和 4.4ng/L，对固体样品分别是 0.53pg/mg 和 0.44pg/mg。分析标准参考物质与某些鱼样以及水样中的 Hg 证实了方法的准确度和可行性[168]。从甲基汞发生汞蒸气，玻碳是最好的阴极材料。使用自制的电化学流通池，通过电解还原从玻碳阴极的表面发生 Hg 蒸气，由 AFS 检测。不需用 HPLC 预分离，不用还原剂，甲基汞直接电化学还原原子化，比传统的 HPLC-UV-AFS 法有更好的灵敏度。甲基汞的检出限是 1.88×10^{-3}ng/mL。测定海产品实际样品中的甲基汞，加标回收率是 87.6%～103.6%，RSD（$n=6$）<5%[169]。

杨清华等首次采用水为阳极电解液，在固体聚合物电化学氢化物发生池内发生 AsH_3，具有使用寿命长（可连续使用一周）、稳定性良好、方法灵敏度高、环境污染少等优点。测定尿中 As 的检出限为 0.0058μg/L，对随机抽取的 3 份样品进行加标回收试验，回收率为 96%～107%[170]。

用新型碳糊电极电化学氢化物发生进样结合 AFS 测定 Se，在 L-半胱氨酸改性碳糊电极（CMCPE）上 Se(Ⅳ) 能有效地转化为 SeH_2，此前未见报道。Se(Ⅳ) 在碳糊电极上发生 SeH_2 的发生效率几乎达到化学氢化物发生效率的 90%。从 CMCPE 得到的响应值分别是从 Pb 和石墨电极上得到响应值的 2 倍和 3 倍。CMCPE 的寿命和稳定性优于 L-半胱氨酸或用共价键合制造的石墨电极。在优化条件下，检出限是 0.065μg/L Se(Ⅳ)，RSD 是 2.2%[171]。

1.3.3.4 光诱导蒸气发生进样

Zheng 等系统研究了 As、Sb、Bi、Te、Sn、Pb、Cd 等 7 种氢化物形成元素的 UV-PCVG 及其在 AFS 检测中的应用。在低分子量甲酸、乙酸或丙酸存在下，用 UV 辐照分析物的水溶液使被测元素转化为氢化物，引入 AFS 进行测定。检出限对 Te、Bi、Sb 和 As 分别低至 0.08ng/mL、0.1ng/mL、0.2ng/mL 和 0.5ng/mL。值得注意的是，TiO_2 纳米颗粒结合 UV 辐照显著地提高了用 KBH_4/$NaBH_4$ 不能生成氢化物的 Se(Ⅵ) 和 Te(Ⅵ) 氢化物发生的效率。PCVG 比 HG 更能抗过渡金属元素产生的干扰，有利于分析复杂基体样品[172]。

Li 等第一次报道了用 Ag-TiO_2 和 Ag-ZrO_2 的光催化蒸气发生（PCVG）体系有效引入样品以进一步改进 AFS 测定的灵敏度。在这里导带电子用作“还原剂”还原包括 Se(Ⅵ) 在内的 Se 形态直接转化为 SeH_2，从样品基体中分离和随后更有效的原子化/离子化。这两个 PCVG 体系均有助于克服在大多数 KBH_4/OH^-（$-H^+$）体系中遇到的 Se(Ⅵ) 很难转化为 SeH_2 的问题，除非事先进行预还原。使用 AFS 流动注射模式，Se(Ⅳ)、Se(Ⅵ)、硒代胱氨酸（SeCys）和硒代蛋氨酸（SeMet）4 种典型 Se 形态的检出限（3s），对（UV/Ag-TiO_2-HCOOH）和（UV/ZrO_2-HCOOH 体系）分别低至 1.2ng/mL、1.8ng/mL、7.4ng/mL、0.9ng/mL 和 0.7ng/mL、1.0ng/mL、4.2ng/mL、0.5ng/mL，分析标准物质

GBW(E)080395 和 SELM-1 证实方法的可行性[173]。

Wang 等第一次研究了用三价铁作为 As(Ⅲ) 紫外蒸气发生（UVG）的增强剂，AFS 测定地表水中的超痕量无机 As。用 15mg/L $FeCl_3$、20%乙酸＋4%甲酸，UV 辐照 30s，Ar/H_2 流速 200mL/min，AsH_3的 UVG 发生效率最大提高近 10 倍。检出限达到 0.05μg/L，加标回收率是 92%～98%，RSD（$n=11$）是 2.0%。方法已成功用于自来水、河水和湖水中无机 As 的测定，分析 3 个水样标准参考物质，测定值全都在标准值的范围内[174]。

1.3.3.5 流动注射进样

Santana 等报道了一种多注射泵流动注射分析（MSFIA）系统，多注射泵模块通过同步马达控制四路注射泵，注射泵三向电磁阀控制液体进入反应器或流回储液器。结合 HG-AFS 实现了对微量样品中 As、Sb 和 Se 的顺序测定。用标准的水溶液进行校正。As、Sb 的检出限和定量限都分别是 0.04μg/L 和 0.14μg/L，Se 的检出限、定量限分别是 0.14μg/L 和 0.37μg/L。通过分析桃树叶标准参考物质 SRM 1547 和加标回收率试验证实了方法的准确性[175]。Junior 等用 MSFIA 系统，包含 8 个端口的阀上实验室平台，实现了土壤中的 Sb(Ⅲ)、Sb(Ⅴ) 与三甲基 Sb(Ⅴ) 的在线 HG-AFS 自动测定。用 KI 和抗坏血酸还原 Sb(Ⅴ) 为 Sb(Ⅲ) 测定总 Sb。Dowex 50W-X8 树脂柱保留 Sb 无机形态，以 8-羟基喹啉掩蔽 Sb(Ⅴ)，使用相同的树脂柱萃取有机 Sb 形态之后定量 Sb(Ⅲ)，由总 Sb 与总无机 Sb 之差求出三甲基 Sb(Ⅴ) 含量，由总无机 Sb 与 Sb(Ⅲ) 之差求得 Sb(Ⅴ) 含量。使用 $NaBH_4$还原发生氢化物完成测定。检出限和定量限分别是 0.9ng/g 和 3.1ng/g，测定 5.0μg/L Sb，RSD 是 3.2%。通过分析土壤标准参考物质、合成样加标回收试验证实了测定的准确性。方法已用于从不同地点采集的 13 个实际土壤样分析[176]。

Serra 等研发了一种新型使用非色谱技术测定 Se 形态的自动 MSFIA 系统，分析亚硒酸盐、硒代蛋氨酸、硒酸盐。用 UV 辐射氧化硒代蛋氨酸为亚硒酸，硒酸盐在碱性介质和卤化物存在下被 UV 辐射还原为亚硒酸盐。用 HG-AFS 进行检测。亚硒酸盐、硒代蛋氨酸、硒酸盐的检出限分别达到 0.11mg/L、0.12mg/L 和 0.13mg/L。分析环境水样，加标回收率接近 100%[177]。

1.4 非色谱形态分析技术

元素形态分析（analysis of elemental speciation）是原子光谱分析的一个热点，通常都是原子光谱与色谱技术联用来完成，近来出现了一种非色谱形态分析新技术。所谓非色谱形态分析是指没有色谱参与形态分离，而用电化学蒸气发生[169,171]、光化学蒸气发生[177]结合原子光谱检测完成元素形态分析。三个形态丰富的元素 Hg[125,139,167]、As、Se[177]都可用非色谱技术进行形态分析。

Zhang 等用电化学蒸气发生与 AFS 联用测定生物材料中的超痕量无机汞（Hg^{2+}）和甲基汞（CH_3Hg^+）。CH_3Hg^+和 Hg^{2+}在 L-半胱氨酸（Cys）改性石墨阴极上能有效地转化为 Hg 蒸气。在 0.2A 低电流只有 Hg^{2+}能有效地转化为 Hg 蒸气，而在 2.2A 高电流时，CH_3Hg^+和 Hg^{2+}均能有效地还原。通过控制电流第一次成功地建立了一个准确而灵敏的测定 Hg 形态的非色谱方法，测定水溶液中 Hg^{2+}和 CH_3Hg^+的检出限（3s）分别是 0.098μg/L 和 0.073μg/L，方法的准确度经分析标准参考物质（NRC-DORM-2）与某些海产品已予证实[178]。Yang 等用 L-半胱氨酸（Cys）和谷胱甘肽（GSH）对石墨阴极改性，As 的电化学氢化物发生（EHG）行为在改性阴极上有了很大的变化，这一点过去未见报道。在 GSH 改性石墨电极（GSH/GE）上施加 0.4A 电流，亚砷酸盐［As(Ⅲ)］在电极上选择性与定量地转化为 AsH_3。在 Cys 改性石墨电极上施加 0.6A 电流，As(Ⅲ) 和砷酸盐［As(Ⅴ)］选择性与有效地转化为 AsH_3，而一甲基砷酸（MMA）和二甲基砷酸（DMA）不转化或只有较小部分转化为氢化物。改变分析条件，也可以分析总 As(tAs) 和 DMA。因此，建立了一个用改性石墨电极 EHG 进样与 AFS 联用准确、选择性测定 As 形态的非色谱方法。水溶液中的 As(Ⅲ)、iAs（无机砷）和 tAs 的检出限（3*s*）分别是 0.25μg/L、0.22μg/L 和 0.10μg/L。方法的准确度经分析标准参考物质（SRM 1568a）得到证实[179]。Lu 等用非色谱形态分析技术，EHG 与 AFS 联用测定中草药（CHM）中的超痕量亚砷酸［As(Ⅲ)］和总 As。在 L-半胱氨酸（Cys）改性的碳糊电极（CMCPE）上 As(Ⅲ) 能有效地转化为 AsH_3。砷酸盐［As(Ⅴ)］、MMA 和 DMA 在施加<1.0A 电流时不转化或只有较小部分转化为氢化物。与常规的石墨电极相比，CMCPE 具有更好的稳定性、灵敏度与抗干扰能力。在优化条件下，tAs 和 As(Ⅲ) 的检出限分别是 0.087μg/L 和 0.095μg/L[180]。

Han 等建立了一个顺序浊点萃取 HG-AFS 测定水样中 Hg 形态的方法。用非离子表面活性剂 Triton X-114 为萃取剂，分 2 步萃取：先用 KI 和甲基绿螯合萃取分离 Hg^{2+}，而后用吡咯烷二硫氨基甲酸铵螯合萃取分离 CH_3Hg^+，同时用溴化剂将 CH_3Hg^+ 转化为 Hg^{2+}。在 AFS 测定之前，加入 0.4mL 消泡剂之后，用 5%(*φ*)HCl 分别稀释顺序得到的两个富表面活性剂相。Hg^{2+} 和 CH_3Hg^+ 的富集倍数分别是 15.1 和 11.2，检出限分别是 0.007μg/L 和 0.018μg/L。方法已成功用于水样中痕量 Hg^{2+} 和 CH_3Hg^+ 的测定，回收率为 95%～104%[181]。

1.5 “绿色”样品处理技术的兴起

多年来，发展高效、快速、环境友好的“绿色”样品处理技术受到了原子光谱分析工作者特别的关注。

1.5.1 固相微萃取

固相微萃取（solid phase microextraction，SPME）是在固相萃取（SPE）基础上发展起来的一种“绿色”样品处理技术。萃取相体积很小，富集倍数大，易于与检测仪器联用，易实现自动化。1990 年由加拿大 Waterloo 大学的学者 Arthur 和 Pawliszyn 首次提出。

Barbosa 等用牛血清白蛋白（BSA）修饰碳纳米管（CNT）表层，形成限制型碳纳米管（RACNT）吸附剂，用戊二醛作为交联剂将 BSA 氨基之间内部链接使 BSA 层固定。当蛋白质样品经过 RACNT，人血清样品蛋白质和 BSA 被电离负离子静电排斥，RACNT 表面蛋白质键不与样品蛋白质相互作用，只选择性吸附 Cd^{2+}。热喷雾火焰石墨炉原子吸收光谱测定 Cd 的检出限和定量限分别是 0.24μg/L 和 0.80μg/L。测定人血清样品，回收率为85.0%～112.0%。无需对样品预处理，直接成功测定了 6 个人血清样品中的 Cd^{2+}[182]。用 RACNT 直接从人血清中提取 Pb^{2+}。吸附 Pb^{2+} 的最大容量为 34.5mg/g，富集倍数是 5.5。检出限低至 2.1μg/L，日内和日间 RSD<8.1%。分析人血清蛋白，加标回收率是 89.4%～107.3%[183]。

Asiabi 等首次使用电化学控制管内固相微萃取 HG-AAS 测定水体中无机 Se 形态。用电沉积方法在不锈钢管内表面建立了由掺有聚乙烯乙二醇二甲基丙烯酸酯（EGDMA）的聚吡咯（PPy）组成的纳米结构复合涂层，以提高萃取水样中无机 Se 形态的效率。检出限可达到 0.004μg/L。室内和室间 RSD（$n=5$）分别是 2.0%～2.5%和 2.7%～3.2%。在天然水中通常共存的离子不干扰测定[184]。

周慧君等将合成的双硫腙改性氧化石墨烯/壳聚糖复合微球制成小型固相萃取柱富集 Hg，吸附率大于 90%，富集倍数为 22。用硫脲-HNO_3 混合溶液洗脱，洗脱率大于 95%。在线富集 AFS 测定地质样品中的痕量 Hg，检出限为 0.0019μg/L。测定土壤和沉积物国家标准物质样品，测定值与标准值的相对误差<±13%。本法具有灵敏度高、操作简单、快速等特点[185]。余洋等在 0.02mol/L NaOH 弱碱性溶液中，用 SiO_2 微球定量吸附 Ag(Ⅰ)，富集倍数为 50。硫脲-HCl 混合液快速定量洗脱，FAAS 测定 Ag，检出限（3s）为 0.59μg/L，测定水样中痕量 Ag(Ⅰ)，加标回收率在 95.0%～104.0%范围[186]。

分子印迹聚合物（molecularly imprinted polymer，MIP）是一种性能优良的固相微萃取材料，对模板分子（离子）具有高选择性甚至专一的识别功能。金属离子印迹聚合物引入痕量和超痕量分析是分离预富集的重要进展。黄水波等以 Cd^{2+} 为模板，在碳纳米管表面制备出一种新型磁性 Cd^{2+} 印迹聚合物（MWNTs/MIP）。磁性印迹材料对 Cd^{2+} 最大吸附量为 16.96mg/g。Cd^{2+}/Cu^{2+}、Cd^{2+}/Ni^{2+}、Cd^{2+}/Pb^{2+} 和 Cd^{2+}/Cr^{3+} 的相对选择因子分别是 2.03、2.35、2.16 和 2.13。AAS 测定东北大米、泰国米和特价大米提取液中的 Cd^{2+}，检出限（3s）是 6.3ng/L，加标回收率为 98.3%～100.9%[187]。Fayazi 等用新合成的纳米结构粒状 Tl(Ⅰ) 离子印迹聚合物测定水样中的痕量 Tl(Ⅰ)，对 Tl(Ⅰ) 的最大吸附容量是 18.3mg/g，富集倍数是 100。重复测定 0.1μg/L Tl(Ⅰ)，RSD（$n=8$）是 4.0%。已成功用于各种水样与标准参考物质中 Tl(Ⅰ) 的检测[188]。

1.5.2 浊点萃取

浊点萃取（cloud point extraction，CPE），是基于非离子型表面活性剂溶液的浊点现象和胶束增溶效应而建立的一种环境友好的“绿色”萃取技术。富集倍数高，避免了使用对环境、人体有害的有机溶剂。1978 年由 Watanabe 等首先提出。

田言付等在 pH=7.7 条件下，用 PAN 螯合 Cr(Ⅲ)，而不螯合 Cr(Ⅵ)，实现了环境水样中 Cr(Ⅲ) 与 Cr(Ⅵ) 的分别测定。Cr(Ⅲ) 富集倍数为 20。测定 Cr(Ⅲ) 标准溶液，检出限达到 5.74μg/L。已成功用于自来水、河水、温泉水、工厂污水中的 Cr 形态分析[189]。谭妙瑜等建立了浊点萃取-AFS 测定水产品中 As 形态的新方法。在 pH 4.6，As(Ⅲ) 与吡咯烷二硫代氨基甲酸铵（APDC）生成疏水性螯合物，在 40℃恒温水浴放置 15min 后，离心分相。在冰水浴中冷却使螯合物进入 Triton X-114 表面活性剂相，富集倍数为 9.3。加入消泡剂溶液，AFS 测定 As(Ⅲ)，检出限为 0.009μg/L，加标回收率为95.8%～104.3%。方法已成功应用于水产品中 As 的形态分析[190]。刘江辉等采用 5-溴-2-吡啶偶氮-5-二乙氨基苯酚为螯合剂、Triton-100 为萃取剂，调节 pH 9.0，在 75℃水浴上加热 20min 浊点萃取 Tl(Ⅲ)，ETAAS 测定尿样中的 Tl，检出限为 0.028μg/L。测定 0.5μg/L Tl，加标回收率为82.7%～113.1%[191]。Sayed 等用 1-(2-吡啶偶氮)-2-萘酚（PAN）螯合 Pb(Ⅱ)，用 Triton X-114 浊点萃取预富集 Pb(Ⅱ)，富集倍数是 30。FAAS 测定 Pb(Ⅱ) 的检出限（3s）是 5.27ng/mL[192]。

1.5.3 分散液-液微萃取

分散液-液微萃取（dispersive liquid-liquid microextraction，DLLME）是由 Assadi 等于 2006 年提出的一种新型微萃取技术。使用微量注射器将微升级萃取剂快速注入含有分散剂的样液内，在分散剂-水相内形成萃取剂微珠，悬浮于样液内，增大了有机萃取剂和样液之间的接触面，使目标化合物迅速萃入萃取剂微珠内，提高了萃取效率和富集倍数。萃取相可直接进样原子光谱仪，对目标化合物进行测定。DLLME是一种有发展前途的环境友好的绿色分离富集技术。Jahromi等第一次将DLLME和ETAAS联用，测定了水样中的Cd。

Fiorentini等用一个简便、高效、不需离心的磁性离子液体MIL-DLLME与ETAAS联用测定蜂蜜中超痕量Cd。在pH=0.5用二乙基硫代磷酸铵（DDTP）螯合Cd(Ⅱ)，随后用四氯铁酸三己基［十四（烷）基］膦和乙腈分散剂萃取。用磁体从水相分离含有分析物的磁离子液体，用稀HNO_3从磁离子液体相反萃取Cd，直接注入ETAAS测定。萃取效率是93%，富集倍数是112。检出限是0.4ng/L Cd，测定2μg/L Cd，RSD（$n=10$）是3.8%。这是第一次报道这种磁离子液体与DLLME联用，成功测定了不同蜂蜜样品中的痕量Cd[193]。Wang等使用涡流振荡器上下摇动辅助磁性离子液体1-丁基-3-甲基咪唑四氯高铁酸盐从水溶液中萃取Se(Ⅳ)与2,3-二氨基萘的螯合物。在试管周围的外磁场作用下。含有目标分析物的磁性离子液体聚集在试管的底部。ETAAS测定大米中无机硒，检出限是0.018μg/L。测定Se(Ⅳ)，再现性（$n=10$）<3.0%，分析3个标准参考物质中的无机Se，都得到了满意的结果[194]。

Liang等分别用DDTC与Cu(Ⅱ)反应生成Cu-DDTC螯合物，在pH=6条件下，于30℃水浴加热5min，MeHg从Cu-DDTC中取代Cu(Ⅱ)，形成稳定性更高的MeHg-DDTC螯合物。用微量注射器将CCl_4萃取剂和CH_3OH分散剂溶液快速注入试液内，形成大量CCl_4微珠，MeHg-DDTC螯合物被萃入CCl_4微珠内得到富集，富集倍数达到81。用微量注射器从离心管底部移取MeHg-DDTC螯合物注入石墨炉，ETAAS测定MeHg。检出限是13.6ng/L（以Hg计），方法已成功用于某些环境样品中痕量MeHg的测定[195]。

袁辉等以APDC为螯合剂，离子液体1-己基-3-甲基-咪唑六氟磷酸盐（[Hmim][PF6]）为萃取剂，乙醇为分散剂，DLLME-ETAAS测定尿中的Cd。用正交表$L_9(3^3)$安排实验，对实验参数条件进行优化。测定Cd的检出限为0.13%μg/L，加标回收率为95.2%～107.5%。该法简便、灵敏，适用于职业接触人群及正常人群尿样中Cd的快速测定[196]。杜军良等以N-正丁烷基苯并噻唑六氟磷酸盐离子液体为萃取剂，乙腈为分散剂，萃取富集痕量Cu离子，用HNO_3反萃取，FAAS测定，方法检出限为0.18μg/L，RSD为1.1%。测定矿泉水和绿茶中Cu，加标回收率为98.5%～105.1%。与传统的离子液体萃取FAAS测定重金属相比，该方法无需加入螯合剂，所用离子液体用量少，仅需0.18g，绿色环保，方法简单、快速、灵敏且具有良好的抗干扰能力[197]。

Giakisikli等研发了一个简便全自动在线磁搅拌辅助注射器内实验室（lab-in-syringe，LIS）液液微萃取方法。过程包括注射器内金属离子与螯合剂的反应，分析物微萃取，萃取物传输到ETAAS定量检测。用120μL萃取溶剂，富集倍数是80。分析全过程耗时240s。检出限和RSD分别是5.7ng/L和3.3%。分析标准参考物质与水样，加标回收实验都得到了满意的结果[198]。

1.5.4 单滴微萃取

单滴微萃取（single-drop microextraction，SDME），是将微升级有机萃取剂液滴悬挂在微量注射器的针头尖端或直接浸入样液内萃取金属离子络合物或螯合物，萃取效率高，富集倍数大，便于与后续检测方法实现联用，是分离和富集痕量金属离子、有机化合物的有效方法。

Jorge 等用超声辅助单滴微萃取高分辨连续光源 AAS 测定植物油中的 Cd，用超声辅助代替机械搅拌获得最好的萃取效率。用两水平全析因设计研究从植物油中萃取 Cd 的优化条件。定量限是 7.0ng/kg，加标回收率是 90%～115%。与样品酸消解后进行分析的结果进行成对 t-检验，在 95%置信水平下没有显著性差异[199]。

Mitani 等研发了一个全自动顶空单滴微萃取注射器实验室平台-ETAAS 在线蒸气发生系统。精确计量样品和 $SnCl_2$ 溶液体积，在减压环境下以密闭方式在微量注射器内发生 Hg 蒸气，排除了 Hg 蒸气损失的可能性。释放的 Hg 蒸气通过形成汞齐捕集在细分散的 Pd 水溶液微滴的表面，富集倍数是 75。在整个预富集阶段减压条件会提高萃取速度，缩短分析时间，增加进样频率。检出限是 0.48mg/L。通过分析标准参考物质 IAEA-350 和 BCR278-R 以及环境水样证实了方法的可行性[200]。Šrámková 等用直接浸入式单滴微萃取饮用水中 Pb。分析在自动注射泵空腔内进行，注射器上下放置，允许使用比水密度大的氯仿进行萃取，磁搅拌棒放在注射器内，均匀混合水相，使液滴内部在瞬间受到搅动以提高萃取效率。使用注射器作萃取室，保持低的搅拌速度，避免了微液珠聚集。一个 60μL 的液滴，检出限是 23nmol/L。用于饮用水中 Pb 的例行分析时间＜6min[201]。

1.6 展望

近年来，电感耦合等离子体质谱（ICP-MS）技术的迅速发展与日益广泛的应用，原子光谱分析法虽然受到了一定的挑战，但并没有动摇原子光谱分析法在各研究与分析检测领域的重要地位，作为痕量元素分析的有效手段，仍然发挥着重要的作用，原子光谱仪器依然是现代分析检测实验室必备的测试仪器。

原子光谱分析技术和仪器的未来发展，取决于社会的需求与整个科技发展水平。现代人们对环境保护、食品安全、人身健康和安全、突发事件的处置等都非常关注，需要有满足这些方面要求的检测仪器和检测技术，而科学技术发展水平又能提供这种可能性，这就决定了未来原子光谱分析的发展方向。

(1) 仪器性能向多功能化方向发展。这里所讲的多功能是广义的，如由单一元素测定到多元素同时测定，由实验室分析到现场分析和遥测，由离线分析到在线控制、实时和原位分析，从得到单一分析信息到同时获得多种信息等。AES 全谱仪器、金属原位分析技术和金属原位分析仪、激光诱导击穿光谱的发展，高分辨连续光源 AAS 多元素同时测定或顺序扫描技术与仪器的研发，都是很好的例证。实时在线背景校正技术、原位富集技术、固体进样技术应该受到更多的关注，这对分析复杂样品特别是复杂样品中超痕量元素测定具有重要意义。

(2) 发展联用技术。联用技术包括原子光谱与流动注射、蒸气发生、各种色谱技术的联用，在提高进样效率、在线分离或原位富集、形态分析等方面具有重要作用，是原子光谱分析今后发展的热点之一。元素的价态、形态和赋存状态的分析，对揭示微量元素的营养效果、毒性、在生态环境中和生物体内的迁移转化过程都是必不可少的。形态分析比元素总量分析要复杂得多，要求分析方法有很强的分离能力与很高的检测灵敏度。色谱-原子光谱联用综合了色谱的高分离效率与原子光谱检测的专一性和高灵敏度的优点，是分析元素形态最有效的手段。

(3) 发展小型化、便携式专用仪器及相关技术。研发新型光源如高性能连续光源、新型微等离子体光源及小型激光光源，小功率低能耗、低温小体积的原子化器如介质阻挡放电原子化器、钨丝原子化器，使用体积小巧的固态检测器，应用微流控技术、光纤技术等，在此基础上研发耐用、操作方便的适用于样品现场、实时检测的小型、便携式原子光谱仪器。在环境保护、食品安全、医疗保健、刑侦、突发事件的处置方面有着广阔的应用前景。

（4）充分利用国内的现有条件，从国内实际需要出发，针对环境监测、食品安全、生物医药等行业的需求，研发简便的专用型、快检型仪器及其相关技术，可以简化仪器结构，有利于提高仪器的可靠性、延长使用寿命、降低成本、减少维修工作，有利于向广大的基层单位推广。

（5）在原子光谱分析中，样品处理是不可避免的，研发新型高效的"绿色"样品前处理技术及其与原子光谱仪器的联用方式应该受到重视。一项好的样品处理技术既可以提高与改善分析质量、节约分析成本、加快分析速度，又可以减少环境污染，有利于保护分析人员的健康。

参考文献

[1] Scribner B F, Mullin H R. 载体蒸馏法光谱分析及其在铀基物质分析上的应用．原子能译丛，1962，3：216-225.

[2] 关景素，张正男．蒸发法光谱分析．北京：科学出版社，1961.

[3] 沈联芳，程建华，黄本立，等．稀土元素与钍的混合物的光谱定量分析（溶液法）．化学学报，1958，24（4）：286-293.

[4] 沈瑞平．区域化探样品中37种元素的加罩电极光谱同时测定．地质评论，1983，29（1）：87-97.

[5] 黄本立．吴绍祖，王素文，等．感耦等离子体光源的研究．分析化学，1980，8（5）：416-421.

[6] Braman R S, Justen L L, Foreback C C. Direct volatilization-spectral emission type detection system for nanogram amounts of arsenic and antimony. Anal Chem，1972，44（13）：2195-2199.

[7] Huang Benli, Zhang Zhuoyong, Zeng Xianjin. A new nebulizer-hydride generator system for simultaneous multielement inductively coupled plasma-atomic emission spectrometry. Spectrochim Acta，1987，42B（1-2）：129-137.

[8] Liu Jian, Huang Benli, Zeng Xianjin. Donut-shaped spray chamber for inductively coupled plasma spectrometry. Spectrochimi Acta，1998，53B（10）：1469-1474.

[9] 梅二文，江祖成，廖振环．钨丝电热蒸发进样-电感耦合等离子体光谱分析测定痕量元素的研究．分析化学，1992，20（8）：932-935.

[10] 马艺闻，杜振辉，孟繁莉，等．激光诱导击穿光谱技术应用动态．分析仪器，2010（3）：9-14.

[11] Grimm W. Eine neue glimmentladungslampe für die optische Emissions spektral analyse. Spectrochim. Acta，1968，23B（7）：443-454.

[12] 徐升美，张功杼，张洪度，等．辉光放电发射光谱逐层分析技术及其在铝合金涂层分析中的应用．金属学报，1979，15（1）：126-134.

[13] 弓振斌，杨芃原，林跃河，等．强短脉冲供电时空心阴极灯的放电特性研究．高等学校化学学报，1995，16（7）：1037-1039.

[14] Thompson M, Pahlavanpour B, Walton S J, et al. Simultaneous determination of trace concentrations of arsenic, antimony, bismuth, selenium and tellurium in aqueous solution by introduction the gaseous hydrides into an inductively coupled plasma source for emission spectrometry. Analyst，1978，103（1227）：568-579；103（1228）：705-713.

[15] Windsor D L, Denton M B. Evaluation of inductively coupled plasma optical emission spectrometry as a method for elemental analysis of organic compounds. Appl Spectrosc，1978，32（4）：366-371.

[16] Fraley D M, Yales D, Monahan S E. Inductively coupled plasma emission spectrometric detection of simulated high performance liquid chromatographic peaks. Anal Chem，1979，51（13）：2225-2229.

[17] Gast C H, Kraak J C, Poppe H, et al. Capabilities of on-line element-specific detection in high-per-

formance liquid chromatography using an inductively coupled argon plasma emission source detector. J chromatography，1979，185：549-561.

[18] 陈新坤，黄志荣，壮凌，等. ICP摄谱检出限和背景噪声分布特性的实验研究. 分析化学，1985，13（12）：912-917.

[19] 孙大海，张展霞，钱浩雯. ICP-AES中光谱干扰的计算机模拟 Ⅱ. 有效谱线轮廓宽度的计算. 光谱学与光谱分析，1991，11（2）：28-33.

[20] 马晓国，张展霞. 用小波变换方法进行ICP-AES分析信号的背景校正. 光谱学与光谱分析，2000，20（4）：507-509.

[21] 金钦汉，杨广德，于爱民. 一种新型的等离子体光源. 吉林大学自然科学学报，1985（1）：90-92.

[22] 于爱民，赵晓君，金钦汉，等. 高效液相色谱-微波等离子体炬发射光谱联用研究. 吉林大学自然科学学报，1996（4）：79-82.

[23] 黄业茹，俞惟乐. 气相色谱-微波等离子体发射光谱研究 Ⅱ. 元素响应值与化合物结构的关系，色谱，1991，9（3）：141-148.

[24] 王海舟，杨志军，陈吉文，等. 金属原位分析系统. 中国冶金，2002（6）：20-22.

[25] 邓勃. 原子吸收光谱分析的原理、技术和应用. 北京：清华大学出版社，2004.

[26] L'vov B V. Progress in Atomic absorption spectrometry employing flame and graphite cuvette. Pure and Applied Chemistry，1970，23（1）：11-35.

[27] 邓勃. 我国原子吸收光谱分析基础研究的进展. 现代科学仪器，2000，增刊（庆祝中国原子吸收光谱仪商品上市三十周年纪念专辑）：10-18.

[28] 孙汉文. 导数原子光谱分析新技术研究进展. 光谱学与光谱分析，2003，23（2）：386-390.

[29] Wolf W R，Stewart K K. Automated multiple flow injection analysis for flame atomic absorption spectrometry. Anal Chem，1979，51（8）：1201-1205.

[30] Astrom O. Flow injection analysis for determination of bismuth by atomic absorption spectrometry with hydride generation. Anal Chem，1982，54（2）：190-193.

[31] Danielsson L G，Nord L. Sample workup for atomic absorption spectrometry using flow injection extraction. Anal Proc，1983，20（6）：298.

[32] Fang Zhaolun. Flow Injection Atomic Absorption Sectrometry. Chichester：John Wiley & Sons，1995.

[33] Holak W. Gas-sampling technique for arsenic determination by atomic absorption spectrophotometry. Anal Chem，1969，41：1712-1713.

[34] Kundson E J，Christian G D. Flameless atomic absorption determination of volatile hydrides. Anal Lett，1973，6（12）：1039-1054.

[35] 郭小伟，王升章. 双毛细管喷雾器——一种新型的适用于原子吸收分析的喷雾器. 分析化学，1981，9（3）：258-263.

[36] Busheina I S，Headridge J B. Determination of indium by hydride generation and atomic absorption spectrometry. Talanta，1982，29（6）：519-520.

[37] Ediger R D，Peterson G E，Kerber J D. Aplication of the graphite furnace to saline water analysis. Atom. Absorp. Newslett，1974，13（3）：61-64.

[38] 单孝全，倪哲明. 基体改进效应应用于石墨炉原子吸收测定汞. 化学学报，1979，37（4）：261-266.

[39] Shuttler I L，Feuerstein M，Schlemmer G. Long-term Stability of a Mixed Palladium-Iridium Trapping Reagent for ln Situ Hydride Trapping Within a Graphite Electrothermal Atomizer. J Anal Atom Spectrom，1992，7：1299-1301.

[40] 汤又文，莫胜钧. 石墨炉原子吸收光谱法中氯化铒和硝酸铒的背景吸收特性研究. 分析试验室，1998，17（3）：63-66.

[41] 寿曼立，邵宏翔. 谱线自蚀-AAS法测定土壤中的镉. 光谱学与光谱分析，1990，10（6）：41-44.

[42] 何华焜，谢永松. LPDA技术在石墨炉原子吸收光谱分析中的应用研究——Ⅱ、一种新的背景校正方法. 分析测试通报，1992，11（2）：1-6.

[43] 黄淦泉，李云清．开缝石英管原子化技术的改进．高等学校化学学报，1992，13（8）：1057-1059.

[44] Kolk B，Kemmner G，Schleser F H，et al. Elementspezifische anzeige gas chromatographisch getrennter metallverbindungen mittels atom-absorptions-spektroskopie（AAS）. Fresenius'Z Anal Chem，1966，221：166-175.

[45] Segar D A. Flameless atomic absorption gas chromatography. Anal Lett，1974，7（1）：89-95.

[46] VanLoon J C，Radziuk B. A quartz T-tube furnace-atomic absorption spectroscopy system for metal speciation studies. Can J Spectrosc，1976，21（2）：46-50.

[47] Jiang S，Robberecht H，Adams F. Identification and determination of alkylselenide compounds in environmental air. Atoms Environ，1983，17（1）：111-114.

[48] 白文敏，冯锐，王鹤泉．用色谱-原子吸收光谱联用体系对汽油中烷基铅形态及含量的研究．分析化学，1985，13（11）：861-863.

[49] He Bin，Jiang Guibin，Ni Zheming. Determination of methylmercury in biological samples and sediments by capillary gas chromatography coupled with atomic absorption spectrometry after hydride derivatization and solid phase microextraction. J Anal At Spectrom，1998，13（10）：1141-1144.

[50] Львов Б В，Пелива Л А. Атомно-абсорбционное опредение фосфора с атомизатором HGA при испарении пробы с водимого в нагретую печь зонда. Ж. Аналит. Хим.，1978，33（8）：1572-1575.

[51] Slavin W，Manning D C，Carnrick G R. The stabilized temperature platform furnace. At Spectrosc，1981，2（5）：137-143.

[52] Frech W，Baxter D C，Lundberg E. Spatial and temporal non-isothermality as limiting factor for absolute analysis by graphite furnace atomic absorption spectrometry. J Anal At Spectrom，1988，3（1）：21-25.

[53] 马怡载，孙涤君．用热解涂层石墨测镱的研究．光谱学与光谱分析，1991，11（1）：53-59.

[54] 蔡小嘉，邓勃，白文敏．一种新改进单纯形优化方法．高等学校化学学报，1991，12（8）：1015-1017.

[55] 邓勃，蔡小嘉，白文敏．用模糊综合评价值作为单纯形优化指标．分析化学，1991，19（7）：839-842.

[56] 邓勃．一个综合评价分析方法的函数．分析化学，1989，17（5）：415-418.

[57] Epstein M S，Nickdel Omenetto S N，et al. Inductively-coupled argon plamas as an excitation source for flame atomic fluorescence spectrometry. Anal Chem，1979，51（13）：2071-2079.

[58] Montaser A，Fassel V K. Inductively-coupled plamas as atmization cell for atomic fluorescence spectrometry. Anal Chem，1976，48（11）：1490-1499.

[59] 蒙塔瑟 A，戈莱特利 D W. 感耦等离子体在原子光谱分析法中的应用．陈隆懋，等译．北京：人民卫生出版社，1992：249-252.

[60] Tsujii K，Kuga K. The determination of arsenic by non-dispersive atomic fluorescence spectrometry with a gas sampling technique. Anal Chim Acta，1974，72（1）：85-90.

[61] 李蓁，赵昆，杜文虎，等．冷原子荧光光度法测定粮食、土壤、矿物岩石中的痕量汞．分析化学，1977，5（4）：250-251.

[62] Guo X W. Guo X M. Studies on the reaction between cadmium and potassium tetrahydroborate in aqueous solution and its application in atomic fluorescence spectrometry. Anal Chim Acta，1995，310（2）：377-385.

[63] D'Ulivo A，Chen Y W. Determination of cadmium in aqueous samples by vapour generation with sodium tetraethylborate reagent. J Anal Atom Spectrom，1989，4（4）：319-322.

[64] Yan Loon J C，Lichwa J，Radziuk B. Non-dispersive atomic fluorescence spectroscopy，a new detector for chromatography. J Chromatogr A，1977，136（2）：301-305.

[65] Ke C B，Su K D，Lin K C. Laser-enhanced ionizationand laser induced atomic fluorescence as element-specific detection methods for chromatography Analysis. Application to organotin analysis. J Chromatogr A，2001，921（2）：247-253.

[66] 中国科学院上海冶金研究所，上海市机械制造工艺研究所．双道非色散原子荧光光度计的研制．化学学报，1977，35（1，2）：79-85.

[67] 郭小伟，杨密云．氢化物-非色散原子荧光法在分析中的应用．分析化学，1980，8（5）：466-470.

[68] 郭小伟，杨密云，吴堂，等．双道氢化物非色散原子荧光光谱仪的研制．光谱学与光谱分析，1983，3（2）：124-129.

[69] Guo Xiao-Wei，Guo Xu-Ming. Determination of cadmiun at ultratrace levels by cold vapour atomic absorption spectrometry. J Anal At Spectrom，1995，10（11）：987-991.

[70] Glick M，Smith B W，Winefordner J D. Lsaer-excited atomic fluorescence in a pulesed hollow cathode glow discharge. Anal Chem，1990，62（2）：157-161.

[71] 弓振斌，杨芃原，林跃河，等．强短脉冲供电时空心阴极灯的放电特性研究．高等学校化学学报，1995，16（7）：1037-1039.

[72] 张绍雨，黄本立，弓振斌．加长矩管中 Ca、Sr、Ba、Eu、Yb 的强短脉冲供电空心阴极灯激发电感耦合等离子体离子/原子荧光光谱．光谱学与光谱分析，2001，21（5）：632-636.

[73] Xie Y Z，Huang B L，Gong Z B，et al. Use of high current microsecond pulsed hollow cathode Lamp in hydride generation atomic fluorescence spectrometry. Can J Applied Spectroscop，1996，41（6）：149-153.

[74] 陶世权，黄久斌，马万云，等．激光原子荧光光谱分析仪及其分析性能．岩矿测试，1998，17（4）：264-267.

[75] 薛猛，林琴如，马万云，等．激光激发原子荧光光谱方法在海洋沉积物样品痕量金分析中的应用研究．光谱学与光谱分析，1996，16（3）：83-87.

[76] 薛猛，陈飚延，文克玲，等．用激光激发原子荧光光谱仪测定南极冰雪样品中的铅含量．分析化学，1997，25（5）：497-500.

[77] 李永辉，王军涛．介质阻挡放电等离子体的温度测量．北华航天工业学院学报，2011，21（4）：4-5.

[78] 李森，刘忠伟，陈强，等．使用斯塔克展宽计算大气压射频介质阻挡放电氮气等离子体的电子密度．光谱学与光谱分析，2012，32（1）：33-36.

[79] He Qian，Zhu Zhenli，Hu Shenghong，et al. Elemental Determination of Microsamples by Liquid Film Dielectric Barrier Discharge Atomic Emission Spectrometry. Anal Chem，2012，84（9）：4179-4184.

[80] Krahling T，Michels A，Geisler S，et al. Investigations into Modeling and Further Estimation of Detection Limits of the Liquid Electrode Dielectric Barrier Discharge. Anal Chem，2014，86（12）：5822-5828.

[81] Burhenn S，Kratzer J，Svoboda M，et al. Spatially and Temporally Resolved Detection of Arsenic in a Capillary Dielectric Barrier Discharge by Hydride Generation High-Resolved Optical Emission Spectrometry. Anal Chem，2018，90（5）：3424-3429.

[82] Jiang Xiaoming，Chen Yi，Zheng Chengbin，et al. Electrothermal Vaporization for Universal Liquid Sample Introduction to Dielectric Barrier Discharge Microplasma for Portable Atomic Emission Spectrometry. Anal Chem，2014，86（11）：5220-5224.

[83] Zhu Z，He H，He D，et al. Evaluation of a new dielectric barrier discharge excitation source for the determination of arsenic with atomic emission spectrometry. Talanta，2014，122：234-239.

[84] Han B J，Jiang X M，Hou X D，et al. Dielectric Barrier Discharge Carbon Atomic Emission Spectrometer：Universal GC Detector for Volatile Carbon-Containing Compounds. Anal Chem，2014，86（1）：936-942.

[85] Zhang Deng-Ji，Cai Yi，Chen Ming-Li，et al. Dielectric barrier discharge-optical emission spectrometry for the simultaneous determination of halogens. J Anal At Spectrom，2016，31：398-405.

[86] Yu Y L，Cai Y，Chen M L，et al. Development of a miniature dielectric barrier discharge-optical emission spectrometric system for bromide and bromate screening in environmental water samples. Anal Chim Acta，2014，809：30-36.

[87] Lin Y，Yang Y，Li Y，et al. Ultrasensitive speciation analysis of mercury in rice by headspace solid phase microextraction using porous carbons and gas chromatography-dielectric barrier discharge optical

emission spectrometry. Environmental science & technology, 2016, 50 (5): 2468-2476.
[88] Gaubeur I, Aguirre M A, Kovachev N, et al. Dispersive liquid-liquid microextraction combined with laser-induced breakdown spectrometry and inductively coupled plasma optical emission spectrometry to elemental analysis. Microchem J, 2015, 121: 219-226.
[89] Giacomo A, Koral C, Valenza G, et al. Nanoparticle Enhanced Laser-Induced Breakdown Spectroscopy for Microdrop Analysis at sub ppm Level. Anal Chem, 2016, 88 (10): 5251-5257.
[90] 郭红丽，林庆宇，王帅，等．高分辨激光诱导击穿光谱技术用于碳质页岩光谱特征分析．分析化学，2016，44 (11)：1639-1645.
[91] 章婷婷，舒嵘，刘鹏希，等．远程激光诱导击穿光谱技术分析岩石元素成分．光谱学与光谱分析，2017，37 (2)：594-598.
[92] 辛勇，李洋，蔡振荣，等．激光诱导击穿光谱液态金属成分在线分析仪在线监测熔融铝液中元素成分．冶金分析，2019，39 (1)：15-20.
[93] 李磊，牛鸿飞，林京君，等．共线 DP-LIBS 低碳合金钢中碳元素定量分析．光谱学与光谱分析，2018，38 (9)：2951-2956.
[94] 郭志卫，孙兰香，张鹏，等．基于 LIBS 技术的水泥粉末在线成分分析．光谱学与光谱分析，2019，39 (1)：278-283.
[95] 孟德硕，赵南京，马明俊，等．基于激光诱导击穿光谱技术的土壤快速分类方法研究．光谱学与光谱分析，2017，37 (1)：241-246.
[96] 赵懿滢，朱素素，何娟，等．激光诱导击穿光谱鉴别硫熏浙贝母．光谱学与光谱分析，2018，38 (11)：3558-3562.
[97] 刘津，许文丽，孙通，等．激光诱导击穿光谱结合 CARS 变量选择方法定量检测奶粉中的镁．分析试验室，2018，37 (1)：1-6.
[98] 罗子奕，黄林，刘木华，等．激光诱导击穿光谱法测定青菜中 Cd. 分析试验室，2018，37 (12)：1384-1388.
[99] Alvarez-Llamas C, Pisonero J, Bordel N. Quantification of fluorine traces in solid samples using CaF molecular emission bands in atmospheric air Laser-Induced Breakdown Spectroscopy Spectrochim Acta, 2016, 123B: 157-162.
[100] Zhang Zhen, Wang Zheng, Li Qing, et al. Determination of trace heavy metals in environmental and biological samples by solution cathode glow discharge-atomic emission spectrometry and addition of ionic surfactants for improved sensitivity. Talanta, 2014, 119: 613-619.
[101] 邹慧君，汪正，李青，等．悬浮液进样-液体阴极辉光放电原子发射光谱法测定高纯氮化硅粉体中微量杂质．分析化学，2017，45 (7)：973-979.
[102] 胡维铸．唐语，燕际军．直流辉光放电原子发射光谱法测定中低合金钢中锆．冶金分析，2018，38 (8)：16-20.
[103] 郑培超，唐鹏飞，王金梅，等．基于便携式光谱仪的溶液阴极辉光放电发射光谱检测水体中的锰．光谱学与光谱分析，2018，38 (5)：1567-1571.
[104] Yang C, He D, Zhu Z, et al. Battery-Operated Atomic Emission Analyzer for Waterborne Arsenic Based on Atmospheric Pressure Glow Discharge Excitation Source. Anal Chem, 2017, 89 (6): 3694-3701.
[105] Zhu Z, Yang C, Yu P W, et al. Determination of antimony in water samples by hydride generation coupled with atmospheric pressure glow discharge atomic emission spectrometry. J Anal At Spectrom, 2019, 34 (2): 331-337.
[106] 杨春，姚思琪，郑洪涛，等．常压辉光放电微等离子体激发源与光化学蒸气发生联用检测水体中的痕量铁．光谱学与光谱分析，2019，39 (5)：1355-1371.
[107] Schwartz A J, Cheung Y, Jevtic J, et al. New inductively coupled plasma for atomic spectrometry: the microwave-sustained inductively coupled, atmospheric-pressure plasma. J Anal At Spectrom,

2016，31（2）：440-449.

［108］ Matusiewicz H，Slachcinski M. Ultrasonic Nebulization，Multimode Sample Introduction System for Simultaneous Determination of Hydride-Forming，Cold Vapor，and Non-Hydride-Forming Elements by Microwave-Induced Plasma Spectrometry. Spectrosc Lett，2014，47：415-426.

［109］ Matusiewicz H，Ślachciński M，et al. Trace determination of Hg，together with As，Sb，Se by miniaturizedoptical emission spectrometry integrated with chemical vapor generation and capacitively coupled argon microwave miniplasma discharge. Spectrochim Acta，2017，133：52-59.

［110］ 梁维新，潘佳钏，宋玉梅，等．基于离子印迹聚合物微球固相萃取/微波等离子体发射光谱法测定地表水中痕量铅．分析测试学报，2018，37（8）：919-924.

［111］ 肖细炼，王亚夫，陈燕波，等．交流电弧光电直读发射光谱法测定地球化学样品中银硼锡．冶金分析，2018，38（7）：27-32.

［112］ 王鹤龄，李光一，曲少鹏，等．氟化物固体缓冲剂-交流电弧直读发射光谱法测定化探样品中易挥发与难挥发微量元素．岩矿测试，2017，36（4）：367-373.

［113］ 张锁慧，周韵，楚民生，等．激光剥蚀-电感耦合等离子体发射光谱法在中低合金钢分析中的应用研究．冶金分析，2013，33（8）：12-18.

［114］ Bauer D，VogtT，Klingger M，et al. Direct Determination of Sulfur Species in Coals from the Argonne Premium Sample Program by Solid Sampling Electrothermal Vaporization Inductively Coupled Plasma Optical Emission Spectrometry. Anal Chem，2014，86（20）：10380-10388.

［115］ Kenichi Nakata，Bunji Hashimoto，Hiroshi Uchihara，et al. Direct solid sampling system for electrothermal vaporization and its application to the determination of chlorine in nanopowder samples by inductively coupled plasma optical emission spectroscopy. Talanta，2015，138：279-284.

［116］ Kenichi Nakata，Yasuaki Okamoto，Syoji Ishizaka，et al. Spectrometric estimation of sample amount in aliquot for a direct solid sampling system and its application to the determination of trace impurities in silver nanoparticles by ETV-ICP-OES. Talanta，2016，150：434-439.

［117］ Sadiq Nausheen，Huang Lily，Kaveh Farhad，et al. Solid sampling ETV-ICPOES coupled to a nebulization/pre-evaporation system for direct elemental analysis of glutinous rice by external calibration with standard solutions. Food Chemistry，2017，237：1-6 to the determination of trace impurities in silver nanoparticles by ETV-ICP-OES. Talanta，2016，150：434-439.

［118］ Coutinho H Jesus，Grinberg P，Sturgeon R E J. System optimization for determination of cobalt in biological samples by ICP-OES using photochemical vapor generation. J Anal At Spectrom，2016，31（8）：1590-1604.

［119］ Cai Y，Li S，Dou S，at al. Metal Carbonyl Vapor Generation Coupled with Dielectric Barrier Discharge To Avoid Plasma Quench for Optical Emission Spectrometry. Anal Chem，2015，87（2）：1366-1372.

［120］ Zhang S，Luo H，Peng M，et al. Determination of Hg，Fe，Ni，and Co by Miniaturized Optical Emission Spectrometry Integrated with Flow Injection Photochemical Vapor Generation and Point Discharge. Anal Chem，2015，87（21）：10712-10717.

［121］ Covaci E，Senila M，Tanaselia C，et al. A highly sensitive eco-scale method for mercury determination in water and food using photochemical vapor generation and miniaturized instrumentation for capacitively coupled plasma microtorch optical emission spectrometry. Analytical Atomic Spectrometry，2018，33（5）：799-808.

［122］ Li Qing，Zhang Zhen，Wang Zheng. Determination of Hg^{2+} by on-line separation and pre-concentration with atmospheric-pressure solution-cathode glow discharge atomic emission spectrometry. Anal Chim Acta，2014，845：7-14.

［123］ Guerrero M M L，Alonso E V，Pavon J M C，et al. Simultaneous determination of chemical vapour generation forming elements（As，Bi，Sb，Se，Sn，Cd，Pt，Pd，Hg）and non-chemical vapour forming elements (Cu, Cr, Mn, Zn, Co) by ICP-OES. J Anal At Spectrom, 2016, 31 (4): 975-984.

[124] Ma Jiaxian, Wang Zheng, Li Qing, et al. On-line separation and preconcentration of hexavalent chromium on a novel mesoporous silica adsorbent with determination by solution-cathode glow discharge-atomic emission spectrometry. J Anal Atomic Spectrom, 2014, 29 (12); 2315-2322.

[125] Covaci E, Senila M, Ponta, M, et al. Methylmercury determination in seafood by photochemical vapor generation capacitively coupled plasma microtorch optical emission spectrometry. Talanta, 2017, 170: 464-472.

[126] Kratzer J, Boušek J, Sturgeon R E, et al. Determination of Bismuth by Dielectric Barrier Discharge Atomic Absorption Spectrometry Coupled with Hydride Generation: Method Optimization and Evaluation of Analytical Performance. Anal Chem, 2014, 86 (19): 9620-9625.

[127] Duben O, Boušek J, Dědina J, et al. Dielectric barrier discharge plasma atomizer for hydride generation atomic absorption spectrometry-Performance evaluation for selenium. Spectrochim Acta Part B, 2015, 111: 57-63.

[128] Novák Petr, Dědina J, Kratzer J. Preconcentration and Atomization of Arsane in a Dielectric Barrier Discharge with Detection by Atomic Absorption Spectrometry. Anal Chem, 2016, 88 (11): 6064-6070.

[129] Kelestemur S, Özcan M. Determination of Pb in glasses by direct solid sampling and high-resolution continuum source graphite furnace atomic absorption spectrometry: method development and analyses of glass samples. Microchemical Journal, 2015, 118: 55-61.

[130] Hande Tinas, Nil Ozbek, Suleyman Akman. Determination of lead in flour samples directly by solid sampling high resolution continuum source graphite furnace atomic absorption spectrometry. Spectrochim Acta Part B, 2018, 140: 73-75.

[131] Hande Tinas, Nil Ozbek, Suleyman Akman. Method development for the determination of cadmium in lipsticks directly by solid sampling high-resolution continuum source graphite furnace atomic absorption spectrometry. Microchem J, 2018, 138: 318-320.

[132] Nil Ozbek. Suleyman Akman Application of Solid Sampling for the Determination of Total Fluorine in Fish and Seafood by High-Resolution Continuum Source Graphite Furnace Molecular Absorption Spectrometry. Analytical Letters, 2018, 51 (17): 2776-2789.

[133] 徐鹏，干青柏，姜雅红．固体进样-石墨炉原子吸收光谱法测定土壤中重金属．分析试验室，2015，34 (5): 554-557.

[134] 蒋小良，胡佳文，吴茵琪，等．微波消解氢化物发生原子吸收光谱法测定大米中铅．中国无机分析化学，2014，4 (1): 1-4.

[135] Zhang Yanlin, Samuel B Adeloju. Coupling of non-selective adsorption with selective elution for novel in-line separation and detection of cadmium by vapour generation atomic absorption spectrometry. Talanta, 2015, 137: 148-155.

[136] Arbab-Zavar M H, Chamsaz M, Youssefi A, et al. Multivariate optimization on flow-injection electrochemical hydride generation atomic absorption spectrometry of cadmium. Talanta, 2012, 97: 229-234.

[137] Novakova E, Rychlovsky P, Resslerova T, et al. Electrochemical generation of volatile form of cadmium and its in situ trapping in a graphite furnace Spectrochim. Acta Part B, 2016, 117: 42-48.

[138] Nóbrega J A, Sturgeon R E, Grinberg P, et al. UV photochemical generation of volatile cadmium species. J Anal At Spectrom, 2011, 26: 2519-2523.

[139] Silva C S, Oreste E Q, Nunes A M, et al. Determination of mercury in ethanol biofuel by photochemical vapor. generation. J Anal At Spectrom, 2012. 27: 689-694.

[140] Jesus A, Zmozinski A V, Vieira M A, et al. Determination of mercury in naphtha and petroleum con-

densate by photochemical vapor generation atomic absorption spectrometry. Microchem J，2013，110：227-232.

［141］ Jesus A，Sturgeon R E，Liu J X，et al. Determination of mercury in gasoline by photochemical vapor generation coupled to graphite furnace atomic absorption spectrometry. Microchemical Journal，2014，117：100-105.

［142］ 申东方，周方钦，王珍．磁芯-硫脲壳聚糖微柱在线流动注射-原子吸收光谱法测定大米中痕量镉．分析科学学报，2015，31（1）：28-32.

［143］ Guerrero M M López，Cordero M T Siles，Alonso E Vereda，et al. Cold vapour generation electrothermal atomic absorption spectrometry and solid phase extraction based on a new nanosorbent for sensitive Hg determination in environmental samples（sea water and river water）. Microchemical Journal，2017，132：274-279.

［144］ 王中瑗，张宏康，倪志鑫，等．FI-Kr-FAAS空气混合吸附二次气体分隔洗脱法测定海洋生物样中的痕量铅．光谱学与光谱分析，2016，38（11）：3578-3582.

［145］ 张宏康，王中瑗，劳翠莹，等．快速分离富集火焰原子吸收测定大米中的痕量镉．中国食品学报，2017，17（1）：217-223.

［146］ Oliveira L L G，Ferreira G O，Suquila F A C，et al. Development of new analytical method for preconcentration/speciation of inorganic antimony in bottled mineral water using FIA-HG AAS system and $SiO_2/Al_2O_3/SnO_2$ ternary oxide. Food Chem，2019，294：405-413.

［147］ Suquila F A C，Tarley C R T. Performance of restricted access copper-imprintedpoly（allylthiourea）in an on-line preconcentration and sample clean-up FIA-FAAS system for copper determination in milk samples. Talanta，2019，202：460-468.

［148］ Yang M，Xue J，Li M，et al. Low temperature hydrogen plasm assisted chemical vapor generation for Atomic Fluorescence Spectrometry. Talanta，2014，126：1-7.

［149］ Mao Xuefei，Qi Yuehan，Huang Junwei，et al. Ambient-Temperature Trap/Release of Arsenic by Dielectric Barrier Discharge and Its Application to Ultratrace Arsenic Determination in Surface Water Followed by Atomic Fluorescence Spectrometry. Anal Chem，2016，88（7）：4147-4152.

［150］ 杨萌，薛蛟，李铭，等．低温等离子体原子荧光光谱法直接测定固体样品中的汞．分析化学，2012，40（8）：1164-1168.

［151］ 李铭，李健，陈帅，等．低温等离子体探针-原子荧光光谱法检测镉元素的方法研究．分析仪器，2017（2）：53-57.

［152］ 刘婷，何涛，孙梦寅，等．固体直接进样原子荧光光谱法测定扇贝中镉．食品工业科技，2016，37（15）：313-315.

［153］ Zhu Z，Liu L，Li Y，et al. Cold vapor generation of Zn based on dielectric barrier discharge induced plasma chemical process for the determination of water samples by atomic fluorescence spectrometry. Analy Bioanal Chem，2014，406（29）：7523-7531.

［154］ Li Yixiao，Zhu Zhenli，Zheng Hongtao，et al. Significant signal enhancement of dielectric barrier discharge plasma induced vapor generation by using non-ionic surfactants for determination of mercury and cadmium by atomic fluorescence spectrometry. J Anal At Spectrom，2016，31（2）：383-389.

［155］ Pelcova P，Docekalova H，Kleckerova A. Determination of mercury species by the diffusive gradient in thin film technique and liquid chromatography-atomic fluorescence spectrometry after microwave extraction. Anal Chim Acta，2015，866：21-26.

［156］ 黄海萍，李琴，邹雄伟．在线便携式冷原子荧光汞水质分析仪的开发及应用．分析仪器，2017（3）：9-14.

［157］ 江晖，廖天宇，李广鹏，等．利用 LC-AFS 与 ICP-OES 测定污泥中砷形态及总砷含量．分析测试学报，2018，37（9）：1034-1039.

［158］ 李颜君，杨占菊，董更福，等．氢化物发生-原子荧光光谱法同时测定铅锭中砷锑．冶金分析，

2017，37（11）：75-79.
[159] 高颂，庞晓辉，张艳．氢化物发生-原子荧光光谱法测定DD6单晶镍基高温合金中砷．冶金分析，2018，38（2）：59-61.
[160] 薛宁．氢化物发生-原子荧光光谱法测定高硅铝合金中的铅．分析试验室，2016，35（12）：1474-1476.
[161] 丁冬梅，张赞，王记鲁，等．自动控温石墨消解仪溶样-原子荧光法测定土壤中重金属．分析试验室，2016，35（9）：1108-1110.
[162] 刘晓燕，罗江波．氢化物发生-原子荧光光谱法测定银精矿中铋．冶金分析，2019，39（3）：1-6.
[163] Zhang J Y，Fang J L，Duan X C. Determination of cadmium in water samples by fast pyrolysis-chemical vapor generation atomic fluorescence spectrometry. Spectrochim. Acta Part B，2016，122：52-55.
[164] Valfredo A Lemos，Sergio L C Ferreira，Jailson B de Andrade. An online preconcentration system for speciation analysis of arsenic in seawater by hydride generation flame atomic absorption spectrometry. Microchemical Journal，2018，143：175-180.
[165] Wen X D，Gao Y，Wu P，et al. Chemical vapor generation from an ionic liquids using a solid reductant：determination of Hg，As and Sb by atomic fluorescence pectrometry. J Anal At Spectrom，2016，31（2）：415-422.
[166] 祖文川，汪正浩．电化学还原气态进样-原子荧光光谱法测定海产品中总汞．分析试验室，2015，34（8）：926-929.
[167] Zu Wenchuan，Wang Zhenghao. Ultra-trace determination of methylmercuy in seafood by atomic fluorescence spectrometry coupled with electrochemical cold vapor generation. Journal of hazardous materials，2016，304：467-473.
[168] Shi Meng-Ting，Yang Xin-An，Qin Li-Ming，et al. Highly efficient electrocatalytic vapor generation of methylmercury based on the gold particles deposited glassy carbon electrode：A typical application for sensitive mercury speciation analysis in fish samples. Analy Chim Acta，2018，1025：58-68.
[169] Zu W C，Wang Z H. Ultra-trace determination of methylmercury in seafood by atomic fluorescence spectrometry coupled with electrochemical cold vapor generation. J Hazard Mater，2016 304：467-473.
[170] 杨清华，戴志英，陈锋．电化学氢化物发生-原子荧光光谱法测定尿中砷的含量．理化检验（化学分册），2016，52（3）：345-347.
[171] Liu L，Yang X A，Lu X P，et al. Sensitive determination of Se(Ⅳ) and tSe in rice and water samples using L-cysteine modified carbon paste electrode based electrolytic hydride generation and AFS analysis. Talanta，2017，171：90-100.
[172] Zheng Chengbin，Ma Qian，Wu Li，et al. UV photochemical vapor generation-atomic fluorescence spectrometric determination of conventional hydride generation elements. Microchemical Journal，2010，95（1）：32-37.
[173] Li H，Luo Y，Li Z，et al. Nanosemiconductor-Based Photocatalytic Vapor Generation Systems for Subsequent Selenium Determination and Speciation with Atomic Fluorescence Spectrometry and Inductively Coupled Plasma Mass Spectrometry. Anal Chem，2012，84（6）：2974-2981.
[174] Wang Y L，Lin L L，Liu J X，et al. Ferric ion induced enhancement of ultravioletvapour generation coupled with atomic fluorescence spectrometry for the determination of ultratrace inorganic arsenic in surface water. Analyst，2016，141（4）：1530-1536.
[175] Santana F A，Portugal L A，Serra A M，et al. Development of a MSFIA system for sequential determination of antimony，arsenic and selenium using hydride generation atomic fluorescence spectrometry. Talanta，2016，156-157：29-33.
[176] Junior M M S，Portugal L A，Aerra A M，et al. On line automated system for the determination of Sb(Ⅴ)，Sb(Ⅲ)，thrimethyl antimony(Ⅴ) and total antimony in soil employing multisyringe flow injec-

tion analysis coupled to HG-AFS. Talanta，2017，165：502-507.

［177］ Serra A M，Estela J M，Cerda V. AMSFIA system for selenium speciation by atomic fluorescence spectrometry. J Anal At Spectrom，2012，27：1858-1862.

［178］ Zhang W B，Yang X A，Dong Y P，et al. Speciation of Inorganic- and Methyl-Mercury in Biological Matrixes by Electrochemical Vapor Generation from an L-Cysteine Modified Graphite Electrode with Atomic Fluorescence Spectrometry Detection. Anal Chem，2012，84（21）：9199-9207.

［179］ Yang Xin-An，Lu Xiao-Ping，Liu Lin，et al. Selective Determination Of Four arsenic species In rice and water samples By modified graphite electrode-based electrolytic hydride generation coupled with atomic fluorescence spectrometry. Talanta，2016，159：127-136.

［180］ Lu X P，Yang X A，Liu L，et al. Selective and sensitive determination of As(Ⅲ) and tAs in Chinese herbal medicine samples using L-cysteine modified carbon paste electrode-based electrolytic hydride generation and AFS analysis. Talanta，2017，165：258-266.

［181］ Zheng Han，Hong Jiajia，Luo Xingling，et al. Combination of sequential cloud point extraction and hydride generation atomic fluorescence spectrometry for preconcentration and determination of inorganic and methyl mercury in water samples. Microchemical Journal，2019，145：806-812.

［182］ Barbosa A F，Barbosa V M P，Bettini J. Restricted access carbon nanotubes for direct extraction of cadmium from human serum samples followed by atomic absorption spectrometry analysis. Talanta，2015，131：213-222.

［183］ Barbosa V M P，Barbosa A F，Bettini J，et al. Direct extraction of lead（Ⅱ）from untreated human blood serum using restricted access carbon nanotubes and its determination by atomic absorption spectrometry. Talanta，2016，147：478-484.

［184］ Asiabi H，Yamini Y，Seidi S，et al. On-line electrochemically controlled in-tube solid phase microextraction of inorganic selenium followed by hydride generation atomic absorption spectrometry. Anal Chim Acta，2016，922：37-47.

［185］ 周慧君，帅琴，黄云杰，等．双硫腙改性氧化石墨烯/壳聚糖复合微球固相萃取在线富集-原子荧光光谱法测定地质样品中痕量汞．岩矿测试，2017，36（5）：474-480.

［186］ 余洋，彭晓凤，王华文，等．SiO_2 微球固相萃取-火焰原子吸收光谱法测定水样中痕量 Ag(Ⅰ)．分析科学学报，2015，31（2）：198-202.

［187］ 黄水波，张朝晖，周必武，等．磁性碳纳米管表面新型镉离子印迹聚合物制备及其对大米中的镉离子富集．应用化学，2015（11）：1299-1306.

［188］ Fayazi M，Ghanei-Motlagh M，Taher M A，et al. Synthesis and application of a novel nanostructured ion-imprinted polymer for the preconcentration and determination of thallium（Ⅰ）ions in water samples. Journal of Hazardous Materials，2016，309：27-36.

［189］ 田言付，程浩川，贾春玲，等．浊点萃取-火焰原子吸收光谱法分析水样中铬的存在形态．化学分析计量，2014，23（2）：39-42.

［190］ 谭妙瑜，孔冰原，林畅琪，等．浊点萃取-原子荧光光谱法测定水产品中砷形态．分析试验室，2016（2）：146-149.

［191］ 刘江辉，周乐舟．浊点萃取-石墨炉原子吸收光谱法测定尿液中痕量铊．江苏预防医学，2018，5（5）：543-545.

［192］ Sayed Zia Mohammadi，Tayebeh Shamspur，Daryoush Afzali，et al. Applicability of cloud point extraction for the separation trace amount of lead ion in environmental and biological samples prior to determination by flame atomic absorption spectrometry. Arabian Journal of Chemistry，2016，9：610-615.

［193］ Fiorentini E F，Escudero L B，Wuilloud R G. Magnetic ionic liquid-based dispersive liquid-liquid microextraction technique for preconcentration and ultra-trace determination of Cd in honey. Anal Bioanal Chem，2018，410（19）：4715-4723.

[194] Wang Xiaojun, Chen Pengcao, et al. Selenium Speciation in Rice Samples by Magnetic Ionic Liquid-Based Up-and-Down-Shaker-Assisted Dispersive Liquid-Liquid Microextraction Coupled to Graphite Furnace Atomic Absorption Spectrometry. Food Analytical Methods, 2017, 10 (6): 1653-1660.

[195] Liang P, Kang C, Mo Y. One-step displacement dispersive liquid-liquid microextraction coupled with graphite furnace atomic absorption spectrometry for the selective determination of methylmercury in environmental samples. Talanta, 2016: 149: 1-5.

[196] 袁辉，宋世震，孙婷婷，等．离子液体分散液液微萃取-石墨炉原子吸收光谱法测定尿中镉．现代预防医学，2018，45 (12): 2237-2240.

[197] 杜军良，周玉，何海艳，等．离子液体萃取-火焰原子吸收光谱法测定痕量铜．化学试剂，2016，38 (4): 331-334.

[198] Giakisikli G, Anthemidis A N. An automatic stirring-assisted liquid-liquid microextraction system based on lab-in-syringe platform for on-line atomic spectrometric determination of trace metals. Talanta, 2017, 166: 364-368.

[199] Jorge S Almeida, Taiana A Anunciação, Geovani C Brandão, et al. Ultrasound-assisted single-drop microextraction for the determination of cadmium in vegetable oils using high-resolution continuum source electrothermal atomic absorption Spectrometry. At Spectros, 2015, 107B: 159-163.

[200] Mitani C, Kotzamanidou A, Anthemidis A N. Automated headspace single drop microextraction via a lab-in-syringe platform for mercury electrothermal atomic absorption spectrometric determination after in situ vapor generation. J Anal At Spectrom, 2014, 29: 1491-1498.

[201] Šrámková Ivama H, Horstkotte Burkhard, Fikarová Kateřina, et al. Direct-immersion single-drop microextraction and in-drop stirring microextraction for the determination of nanomolar concentration of lead using automated Lab-in-Syringe technique. Talant, 2018, 184: 162-172.

·第 2 章·

原子发射光谱分析的基本原理和技术

2.1 概述

原子发射光谱法（atomic emission spectrometry，AES）是根据原子核外电子受激，跃迁辐射该元素的特征谱线所提供的信息来进行元素定性、定量分析，具有快速多元素同时测定的优点，是最为常用的元素分析技术。

在原子光谱分析的发展过程中，随着技术的进步，它经由看谱镜、摄谱仪、光电光谱仪，到各种类型的直读光谱仪、等离子体光谱仪和激光光谱仪，开发了多种实用而有效的分析仪器，波长应用范围拓展到远紫外区和近红外区（130～1000nm），可直接测定碳、硫、氩和氟、氯、溴等卤族元素及各种金属元素，以及快速测定金属材料中的氮、氢、氧等气体成分。仪器的分辨率不断得到提高（实际分辨率可达到 0.005nm），可用于复杂样品的直接测定。由于激发光源的不同，形成了多种类型的原子发射光谱分析技术，如火花/电弧发射光谱法、等离子体发射光谱法、辉光放电光谱法以及激光光谱法等不同特点的分析方法和仪器，使原子发射光谱分析的应用从常量元素测定扩展到高含量元素分析、痕量元素分析；从宏观成分分析扩展到微观成分分析、夹杂物相分析、表面分析、逐层分析、化学成分分布分析及元素状态分析。在应用领域方面，从传统的材料分析扩展到监控水质、土壤、空气污染状况的环境分析，以及海洋、太空探测中的遥感分析等方面。如今，原子发射光谱分析技术在采矿、冶金、石油、燃料化学、机械制造、农业、食品工业、生物医学、生命科学、核能以及环保等领域发挥着重要的作用。

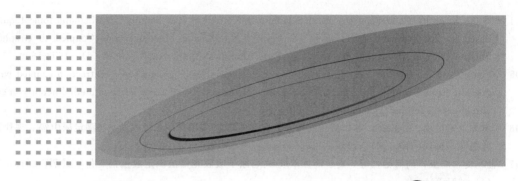

2.2 原子发射光谱的产生和特性

2.2.1 原子发射光谱的产生[1,2]

原子由原子核及核外电子组成，原子核外的电子在不同能量轨道运动时处于不同的能级，其能量的变化呈量子化。当原子外层电子由高能级向低能级跃迁时，以辐射的形式释放多余的能量而发射光谱。所发射的谱线对该原子是特征的，其波长由式(2-1) 决定，

$$\lambda=\frac{hc}{E_2-E_1} \tag{2-1}$$

式中，λ 为波长，nm；h 为普朗克常数；c 为光速；E_2、E_1分别为高能级与低能级的能量，eV。

2.2.2 原子发射光谱的基本特性[3]

原子光谱只涉及原子核外层电子的跃迁，相应的能量变化 ΔE 一般为 1～20eV，波长范围在 100～1000nm。一般只有基态原子蒸气的激发才能形成对分析有用的原子发射光谱。如果基态原子电离并被激发，形成具有足够强度的离子光谱，也可以用于定性和定量分析。

光谱谱线的数目、波长、轮廓及其宽度、强度，以及谱线的精细结构是原子光谱的基本特性。下面就轮廓及其宽度、谱线的精细结构和谱线强度分别做简要的介绍。

2.2.2.1 谱线的物理轮廓

根据波尔（Bohr）频率条件和能级的不连续性，电子在原子能级之间的跃迁产生电磁辐射，谱线的能量在理论上应该是单一的。但是，无论是原子的发射谱线或吸收谱线均非单一频率，而是具有一定的频率范围，导致谱线的外形轮廓具有一定的宽度。所谓谱线轮廓即是指谱线的强度按频率或波长的分布，如图 2-1 所示。

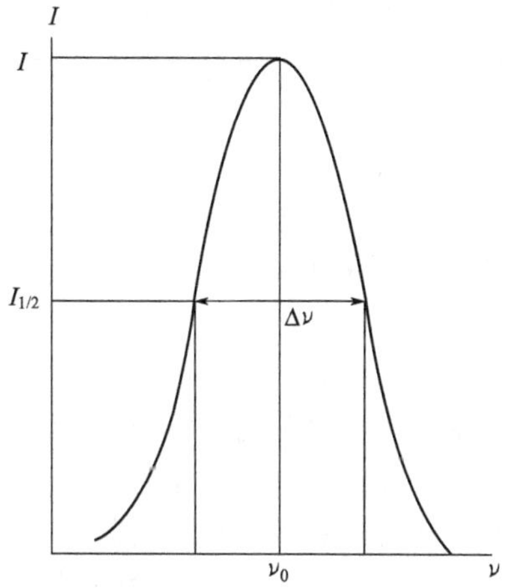

图 2-1 谱线的轮廓

由图 2-1 可知，谱线强度 I 是频率 ν 的函数。通常以中心频率 ν_0 和谱线半宽度 $\Delta\nu$ 表征谱线的轮廓。当以波长表示时，则分别记为 λ_0 和 $\Delta\lambda$。谱线的半宽度越小，则越接近单色光。普通分辨率的光谱仪不足以观察到谱线的物理轮廓，只有在高分辨率的仪器上才能显示出谱线固有的物理轮廓。

在谱线表和光谱分析文献上，常用下列的符号来表示谱线轮廓的外观特征：w 表示宽线；h 表示模糊线；s 表示向短波扩散的扩散线；l 表示向长波扩散的扩散线；R、r 表示自吸或自蚀的谱线；c 表示复杂线或多重线；d 表示双线；t 表示三重线；hfs 表示超精细结构。

2.2.2.2 谱线的物理宽度

在 Grotrian 能级图上，能级是一条有确定能量值的线，并没有宽度。当激发态原子的平均寿命有一定值时，能级宽度 $\Delta E\neq0$，谱线就呈现一定的宽度，这是谱线的物理宽度。谱线在物理学意义上的宽度与轮廓，不同于通常在光谱仪焦面上摄得或描迹得到的谱线的宽度与轮廓。它与原子结构及光源的温度、场强有关，谱线的物理轮廓对于理解原子光谱分析中谱线之间关系的机理是必要的。

谱线的物理宽度或是光谱仪焦面上的谱线实际宽度，通常是以峰值强度的一半处所涵盖的波长范围或频率范围来度量。称为“半宽度”或“半峰宽”，简称宽度，以 $\Delta\lambda$ 或 $\Delta\nu$ 标

记，有时也用 $\Delta\lambda_{1/2}$ 或 $\Delta\nu_{1/2}$ 标记。文献上用 HMLW（half-maximum line width）或 HILW（half-intensity line width）表示。特殊情况下以峰高 1/10 所覆盖的波长范围表示，则标记为 $\Delta\lambda_{1/10}$。

2.2.2.3 影响谱线轮廓与宽度的因素

谱线的宽度由谱线的自然宽度、热展宽、碰撞展宽、自吸展宽、共振展宽、电致展宽、磁致展宽等因素决定。

(1) 自然宽度

原子发射光谱并不是严格的单色的线状光谱，而是具有一定的宽度和轮廓，称为自然宽度。

谱线的自然宽度是与发生跃迁的能级有限寿命相关联，处于激发态的原子自发跃迁回到基态，有一定的寿命。对激发态原子的群体，其平均寿命为 $\Delta\tau$。根据量子力学的计算，若原子在能态 E 上平均时间为 t，则根据海森堡（Heisenberg）测不准原理将有一个能量不确定值 E。当两个具有一定能量宽度的能级之间发生跃迁时，产生的谱线的自然宽度由两能级的有效寿命决定：

$$\Delta\nu_{\mathrm{N}}=\frac{1}{2\pi}\left(\frac{1}{\tau_1}+\frac{1}{\tau_2}\right) \tag{2-2}$$

对于共振线，是激发态到基态的跃迁，基态是稳定的，其寿命可视为无限长，谱线的自然宽度只由激发态的有效寿命 τ 决定：

$$\Delta\nu_{\mathrm{N}}\geqslant\frac{1}{2\pi\tau} \tag{2-3}$$

激发态原子的平均寿命 τ 约为 10^{-8}s，$\Delta\nu_{\mathrm{N}}$ 约为 $10^{7}\mathrm{s}^{-1}$，换算为波长约为 10^{-5}nm。因此，谱线的自然宽度一般在 $10^{-6}\sim10^{-5}$nm，与其他导致谱线展宽的因素相比几乎可以忽略不计。

(2) 热展宽——多普勒宽度

原子化器中发光的原子处于无序热运动中，当发光的原子与检测器之间有相对运动时，检测器接收到的原子发光的频率会随着相对运动速度的不同而有所改变。如果发光的原子运动方向背离检测器，则检测器接收到的光波频率较静止原子所发的光的频率低，反之，如果发光的原子运动方向向着检测器，则检测器接收到的光波频率较静止原子所发的光的频率高，这种现象称为光波的多普勒效应（Doppler effect）。朝向或背向检测器以最大速度运动的原子显示出最大的频率变化，垂直于检测器方向运动的原子没有频率变化，其余方向运动的原子产生各不相同程度的频率变化。

多普勒展宽随原子量增加而减小，但随温度增加而加宽。光源温度愈高，元素原子量愈小，谱线波长愈长时，多普勒展宽就愈显著。这种展宽约为 $10^{-4}\sim10^{-3}$nm。在电弧激发光源中热展宽要比自然宽度大 $10^{2}\sim10^{3}$ 倍。

(3) 碰撞展宽——洛伦茨宽度

原子或离子在光源等离子体中与其他粒子如分子、原子、离子、电子等发生碰撞使粒子之间发生能量传递，致使激发态猝灭，寿命缩短，频率变化增大，从而使谱线展宽。与同种原子碰撞时引起的展宽称霍尔兹马克（Holtzmark）展宽；与不同种类原子或分子碰撞引起的展宽称洛伦茨（Lorentz）展宽。其中，洛伦茨展宽较为明显，可达到 10^{-3}nm 左右。

在 ICP 光谱分析中，多普勒展宽及洛伦茨展宽是主要的展宽因素，由这两种效应形成的谱线总轮廓称为沃依特（Voigt）轮廓，其宽度在 $10^{-4}\sim10^{-3}$nm。

此外，还有因激发态原子与同种基态原子碰撞而引起的谱线的共振展宽，外电场的作用下使谱线发生分裂或增宽引起的电致展宽，外磁场的存在使能级和谱线发生分裂引起的磁致展宽（塞曼效应）等，但在发射光谱中这些展宽因素对谱线的宽度和轮廓影响很小，谱线的宽度主要是由多普勒展宽和碰撞展宽两因素决定。

（4）自吸展宽

发射光源的等离子体都具有一定的体积，其温度及原子浓度的分布是不均匀的，从等离子体光源中心发出的原子（离子）辐射，通过光源外围温度较低的区域时，被处于基态的同类粒子所吸收，使实际观测到的谱线强度减弱而轮廓却相应地展宽，此种现象称为自吸和自吸展宽。自吸收过程使光谱线的强度减弱且破坏了在等离子区中辐射强度与粒子浓度间的关系（见图 2-2）。

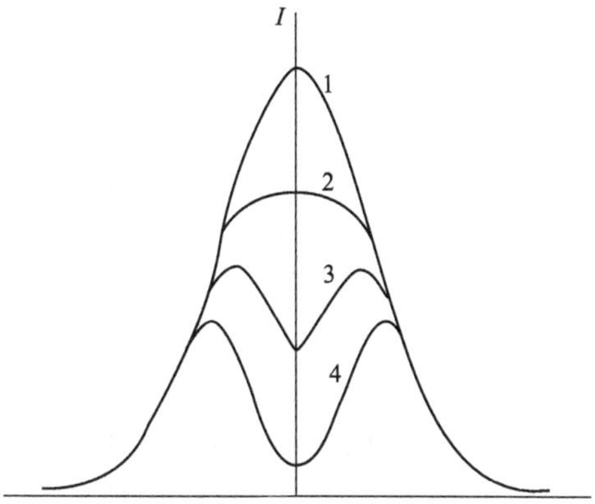

图 2-2　谱线有自吸时的轮廓

1—无自吸；2—有自吸；
3—自蚀；4—严重自蚀

在光谱分析常用的光源等离子体中，较低温区域的基态原子浓度较大，最容易发生自吸的当然是跃迁至最低激发能级的共振跃迁，因而通常共振线的自吸最为显著。由于等离子体中心区域温度高，粒子的运动速度快，因此发射谱线的 Doppler 展宽比温度较低的外围的吸收层所产生的吸收线的宽度要大，所以自吸总是表现为对谱线中央处的强度影响大，对谱线的两翼影响小。图 2-2 可以看到，随着原子浓度增大，自吸现象逐渐趋于明显，当原子浓度进一步增大，中心波长附近的振幅发生严重自蚀，中心部分强度甚至消失，如同分裂为两条谱线一样，这种现象称为自蚀。谱线的自吸使谱线强度与原子在等离子体中的浓度的关系发生变化。使校正曲线在高浓度部分弯向浓度轴，斜率降低。

谱线的自吸和自蚀特性在谱线表上记为 R（reversed）。谱线的自蚀和双线（doublet）记为 d，外观上易于弄错，如 MIT 表中 Rh 3692、Rh 3700 都标记为 d，实际是自蚀线；而 Rh 3713 标为 R，实际是双线。共振线有显著的自吸特性，某些非共振线、离子线也表现自吸特性。

（5）谱线的超精细结构

原子光谱的单条谱线在高分辨率光谱条件下可以观察到某些谱线由靠得非常近的几条谱线组成，这是谱线的超精细结构。例如 Cu 324.7nm 由波长为 324.735nm 和 324.757nm 两组分组成，两组分的强度比为 0.8∶1.0；In 285.814nm 由波长为 285.805nm、285.808nm、285.818nm、285.821nm 四组分组成，强度比为 1.0∶0.8∶0.6∶1.0；有的谱线甚至有更复杂的结构。

这种谱线的超精细结构或超精细分裂（hyperfine structure 或 hyperfine splitting，文献上记为 HFS），由原子核自旋与核外电子自旋的相互作用或由原子的同位素效应产生，是谱线本身的特征，与外场存在与否无关。若组分与组分的分裂比轮廓宽度大，则组分与组分在高分辨率光谱仪上可观察到相互分离或部分重叠，若分裂比轮廓宽度小，组分轮廓合并，光谱仪分辨率不管多高，都不能进一步观察到组分分裂。通常的分光系统只具有中等分辨率，不能区分超精细结构，谱线强度是各组分强度的总和。

2.2.3 谱线的强度及影响因素[3]

2.2.3.1 谱线强度

谱线强度是光谱定量分析的依据。辐射的谱线强度,与处在 j 态的原子数目,$j \rightarrow i$ 的跃迁概率以及辐射光子的能量 ($h\nu_{ji}$) 有关。

当体系处于热力学平衡状态时,原子在能级上的布居数,服从 Boltzman 分布。

$$\frac{N_j}{N_i}=\frac{g_j}{g_i}e^{-\frac{E_j-E_i}{kT}} \tag{2-4}$$

式中,N_j、N_i为高、低能级的原子数;g_j、g_i为 j 能级、i 能级的统计权重;E_j、E_i为 j 能级、i 能级的激发能;K 为玻尔兹曼常数,1.381×10^{-23}J/K;T 为光源的激发温度。

当低能级为基态 N_0时,$E_i=0$,则激发态的原子数可表示为

$$N_j=\frac{g_j}{g_i}N_0e^{-\frac{E_j}{kT}} \tag{2-5}$$

按照爱因斯坦辐射量子理论,谱线发射的净强度为

$$I_{ji}=A_{ji}h\nu_{ji}N_j+B_{ji}\rho(\nu)h\nu_{ji}N_j-B_{ij}\rho(\nu)h\nu_{ji}N_i \tag{2-6}$$

式中,A_{ji}为 j→i 跃迁的概率;B_{ji}为受激发射系数;B_{ij}为吸收跃迁系数,$\rho(\nu)$ 为辐射能量密度。

$$A_{ji}=(8\pi h\nu^3/c^3)B_{ji} \tag{2-7}$$

$$g_iB_{ij}=g_jB_{ji} \tag{2-8}$$

在统计权重相同的两个能级中,一个外来光子引起的受激发射概率与吸收跃迁概率是相等的,当 $g_j=g_i$时,$B_{ji}=B_{ij}$,同时在热力学平衡状态时,处于高能级 E_j的布居数 N_j远小于低能级 E_i的布居数 N_i,因此在一般情况下,$B_{ji}\rho(\nu)$ 远小于 A_{ji},受激发射可以忽略不计,此时:

$$I_{ji}=A_{ji}h\nu_{ji}N_j-B_{ij}\rho(\nu)h\nu_{ji}N_i \tag{2-9}$$

式(2-9) 的第二项决定光谱自吸收程度,当无自吸收时:

$$I_{ji}=A_{ji}h\nu_{ji}N_j \tag{2-10}$$

将式(2-5) 代入式(2-10),得到原子谱线的强度:

$$I_{ji}=A_{ji}h\nu_{ji}\frac{g_j}{G}Ne^{-\frac{E_j}{kT}} \tag{2-11}$$

式中,N 为处于各种状态的原子总数;G 为原子的配分函数。

对于火花及 ICP 光源,常采用离子线,相应于式(2-11),则离子谱线的强度为:

$$I_{ji}^{+}=A_{ji}^{+}h\nu_{ji}^{+}\frac{g_j}{G}Ne^{-\frac{E_j^{+}}{kT}} \tag{2-12}$$

式中,带"+"号的物理量为离子的相应物理量。

在发射光谱分析中,通常将式(2-11) 或式(2-12) 简写为

$$I=\alpha\beta c \tag{2-13}$$

式中,c 为试样中某元素的含量;α 为被测元素转化为自由原子或离子的效率系数,$\alpha=\frac{N}{c}$或$\frac{N^+}{c}$;β 为激发系数,$\beta=A_{ji}h\nu_{ji}\frac{g_j}{G}Ne^{-\frac{E_j}{kT}}$或$\beta=A_{ji}^{+}h\nu_{ji}^{+}\frac{g_j^{+}}{G^{+}}N^{+}e^{-\frac{E_j^{+}}{kT}}$。

各种原子的跃迁概率及统计权重可以在化学分析手册中查到[3]。

由此可见，谱线的发射强度与许多因素有关，但对于给定的谱线，A_{ji}、g_j、ν_{ji}，G（或 g_i）及 E_j 均为定值，谱线强度只与 N（或 N^+）及 T 有关。在给定的等离子体条件下，T 是定值，则谱线强度仅与原子（或离子）的浓度有关，这就是光谱定量分析的理论依据。

在发射光谱分析的激发光源中，不同光源温度不同，在温度低时，应考虑分子的离解；而在温度高时，应考虑原子的电离。在电弧中，可以认为等离子体主要是原子及一次电离离子组成，在电火花和 ICP 中，还有高次电离离子。在大气压力下，这种等离子体中粒子具有同一温度的特性，达到某种热力学平衡，在此条件下，原子的激发主要是由于热激发。在辉光放电光源中，原子的激发将主要是电激发。常用的电弧或电火花光源，温度比较高，还需考虑原子的电离。

2.2.3.2　影响谱线强度的因素

从上述的式(2-11) 和式(2-12) 中可以看到，激发态和基态的统计权重、激发温度、激发电位以及等离子体的基本参量电子浓度，都对谱线强度有重要影响。

温度位于指数项，谱线强度对温度的影响非常敏感，对原子谱线与离子谱线的影响情况则有所不同。对原子谱线而言，随着温度升高，谱线强度增大、原子的电离度也增加，导致中性原子浓度降低，使原子谱线强度下降，离子谱线增强，故谱线的强度与温度的关系取决于这两种相反作用的综合结果。

元素发射谱线强度的不同，与元素的原子激发电位不同有关。在温度一定时，激发电位越高，处于该能量状态的原子数越少，谱线强度越小。因此，激发电位最低的共振线通常是强度最大的谱线。

在实际分析中，元素在激发光源中的总原子数（N）决定于试样中该元素的浓度，谱线强度也受试样组成的影响。在固定条件下，观测区中该粒子的浓度与试样中该元素的浓度成正比。对于给定的谱线，在固定条件下，谱线强度与试样中该元素浓度成正比：

$$I = ac \tag{2-14}$$

式中，a 包括了谱线的常数及各项受温度影响的参量。只有在严格固定的条件下，a 才是一个定值，谱线强度才与试样中元素浓度成正比关系。

经验表明，即使试样中被测元素的浓度相等，在相同的实验条件下，同一谱线的发射强度因试样的化学组成及试样结构状态不同而异。引起谱线强度发生变化的原因是非常复杂的，目前还难以用完整的数学方程加以表达。与分析样品组成有关的影响，主要体现在：

① 影响蒸发过程。试样的组成或物理状态影响待测元素的蒸发速度、化学反应过程、进入观测区的量及化合物的形式，使待测元素在观测区中的原子和离子浓度、空间分布及其在光源中停留的时间发生变化。

② 影响激发过程。样品的组分不同影响光谱激发条件，使观测区等离子体总组成、电子浓度及光源的温度改变，影响解离平衡和电离平衡，引起电离度的变化，使待测原子（或离子）的浓度发生改变，进而影响谱线强度。这种现象在电弧光源中表现得尤其突出。

③ 影响化学反应过程。样品的组成不同使待测元素与其他共存组分（包括阴离子，非金属）发生不同的化学反应（例如形成难分解或易挥发的化合物），从而改变待测元素在观测区的总粒子浓度及自由原子的浓度或其分布等。

总之，从影响谱线强度的三要素（温度、电子浓度、分析物的浓度）出发，可对试样组成的影响进行定性的推测。深入地考察试样组成对谱线强度的影响，是光谱定量分析中经常要考虑的问题。

2.2.4 原子发射光谱分析[4,5]

2.2.4.1 光谱定性与半定量分析

发射光谱定性分析可以根据元素特征谱线的灵敏线、最后线来确定，现代光谱仪器特别是全谱型仪器的出现，光谱定性分析已经可以通过全谱波长扫描很方便地进行，由仪器的软件直接显示和记录。

光谱半定量分析可以给出试样中所含的元素及其含量的近似值。它以谱线数目或谱线强度为依据，常用的光谱半定量分析方法有谱线强度比较法、谱线呈现法、均称线对法和加权因子法等。

谱线强度比较法是将试样中某元素的谱线强度，与已知的参考强度进行比较，以确定该元素的含量。谱线呈现法是基于被测元素的谱线数目随着样品中待测元素含量的增加而增多。在固定的工作条件下，用递增标样系列激发光谱，把相应的谱线，编成一个谱线呈现表。在测定时，按同样条件激发光谱，利用谱线呈现表，估计出试样中元素的含量。均称线对法多用于摄谱法中，选用一条或数条分析线与一些内参比线组成若干个均称线组，将分析样品按确定的条件摄谱后，观察所得光谱中分析线与内参比线的黑度（或强度），找出黑度（或强度）相等的均称线对，即可确定样品中分析元素的含量。

加权因子法是在相同的工作条件下，某元素的谱线强度是试样中该元素相对含量的函数，可以用经验公式表示为：

$$c_i=\frac{F_i(R_i)}{\sum_{i=1}^{n}R_i} \tag{2-15}$$

式中，c_i 为试样中元素 i 的相对含量；R_i 为元素 i 的特征谱线的相对强度；ΣR_i 为所有待测元素谱线相对强度的总和；F_i 为分析元素的加权因子。

在确定的条件下，某元素的某一根谱线的加权因子为一常数。通过事先对标样的实验，以确定各个待测元素的加权因子。在分析试样时，只需测出试样光谱中各元素分析线的相对强度，利用已确定的加权因子，即可计算出各元素的相对含量。

2.2.4.2 光谱定量分析

光谱定量分析是根据样品中被测元素的谱线强度来准确确定该元素的含量。

（1）光谱定量分析的基本关系式

元素的谱线强度与元素含量的关系是光谱定量分析的依据，可用罗马金-沙义柏（Lormakin-Scherbe）经验公式表示：

$$I=Ac^B \tag{2-16}$$

式中，I 为谱线强度；c 为元素含量；A 为发射系数；B 为自吸系数。

若对式(2-16) 取对数，则得到光谱定量分析的基本关系式

$$\lg I=B\lg c+\lg A \tag{2-17}$$

以 $\lg I$ 对 $\lg c$ 作图，在一定的浓度范围内为一条直线。

（2）内标法光谱定量分析的原理

为了提高定量分析的准确度，通常测量谱线的相对强度。即在被分析元素中选一根谱线为分析线，在基体元素或定量加入的其他元素谱线中选一根谱线为内标线，分别测量分析线

与内标线的强度，求出它们的比值。因为内标元素的含量是固定的，该比值只随试样中被测元素含量变化而变化，不受实验条件变化的影响。这种测量谱线相对强度的方法，称为内标法。

根据式(2-17)，分析线和内标线的强度分别为

$$\lg I = B\lg c + \lg A$$

$$\lg I_0 = B_0\lg c_0 + \lg A_0 \tag{2-18}$$

因内标元素的含量 c_0 是固定的，两式相减得

$$\lg\frac{I}{I_0} = B\lg c + \lg\frac{A}{A_0 c_0^{B_0}} \tag{2-19}$$

$$\lg R = B\lg c + \lg A' \tag{2-20}$$

式中，$R = I/I_0$ 为线对的相对强度；$A' = \dfrac{A}{A_0 c_0^{B_0}}$ 为常数。

式(2-20) 是内标法定量关系式，用标样系列摄谱，可绘制 $\lg R$-$\lg c$ 校正曲线。在分析时，测得试样中线对的相对强度，即可由校正曲线查得分析元素含量。

(3) 光谱定量分析方法

① 标准曲线法　光谱定量分析中最基本和最常用的一种方法。用含有已知被测元素浓度的标样制作校正曲线，然后由该校正曲线读出分析结果。由于标样与试样的光谱同时记录或摄于同一个感光板上，避免了光源、记录系统、感光板性质等一系列条件的变化给分析结果带来的系统误差，从而保证了分析结果的准确度。

② 标准加入法　在试样中加入一定量的被测元素，以求出试样中的未知含量的方法。该法无需制备标准样品，可最大限度避免标样与试样组成不一致造成的基体干扰，对微量样品的分析尤为适用。

由内标法光谱定量分析公式 $R = Kc^B$ 可知，当自吸系数 $B \approx 1$ 时，$R = Kc$。设样品中原始浓度为 c_x，加入量 Δc 分别为 c_1，c_2、c_3…，故加入“标准”后，

$$R = I_x/I_R = Kc = K(c_x + \Delta c) = Kc_x + K\Delta c \tag{2-21}$$

以 R 对 c 作图，可得一直线，将其外推与 c 轴相交（$R=0$ 处），其截距的绝对值即为 c_x。

此法适用于复杂物质中痕量组分的测定，对高含量组分的测定，因存在自吸，B 不等于 1，外推法的结果不准确。

③ 浓度直读法　在光电光谱分析中，根据所测电压值的大小来确定元素的含量。在含量较低时，被测元素浓度与电压的关系，可用下式表示：

$$c = \alpha + \beta V + \gamma V^2 \tag{2-22}$$

式中，c 为元素浓度；V 为积分电容器电压之读数；α、β、γ 为待定常数，可通过实验用三个标准样品来确定。

在实际分析时，只要测出各样品中被测元素的 V 值及干扰值，便可自动校准干扰，直接读出分析物的浓度，并由打印机自动打印出分析结果。此法的主要特点是分析速度快，自动化程度高。

2.2.5　发射光谱分析的干扰[5]

2.2.5.1　光谱谱线的干扰及校正

发射光谱分析由于元素发射光谱的多重性和共存元素的多谱线性，存在谱线重叠干扰和

背景干扰等问题。而谱线重叠干扰是发射光谱分析的主要干扰，所以要求发射光谱仪器的分光系统要有足够高的分辨率，以尽量减少谱线的重叠干扰。

（1）谱线的重叠干扰　谱线的重叠现象主要取决于分析线和干扰线之间的波长差、光谱仪的色散率和分辨率、入射及出射狭缝的宽度、被测元素和干扰元素的浓度以及它们的谱线的强度。这种干扰可以用干扰系数法进行校正。但因重叠情况不同，引起的误差也不一样。

通常谱线的重叠现象大致可以分为三种类型，如图 2-3 中（a）、（b）、（c）所示。

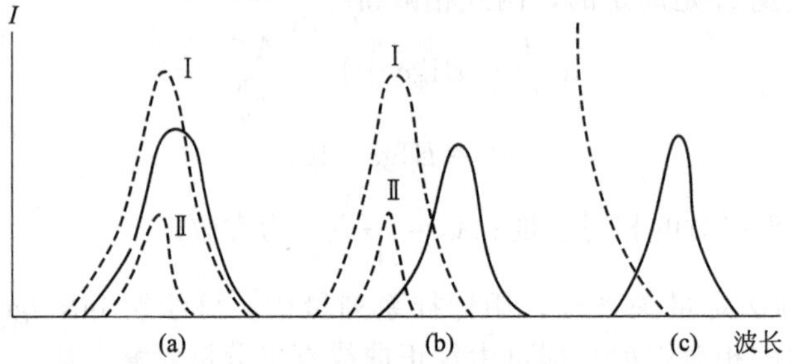

图 2-3　谱线的重叠干扰

实线为元素分析线，虚线为干扰线

① 谱线基本重叠干扰，如图 2-3(a) 所示。当分析线强度大而干扰线强度小［如图 2-3(a) 中Ⅱ］时，可以进行干扰校正，若干扰线强度很大［如图 2-3(a) 中Ⅰ］，则校正的效果很差。

② 谱线部分重叠干扰，如图 2-3(b) 所示。分析线与干扰线基本分开，但谱线重叠发生在分析线的边缘部分，可以采用干扰系数法进行校正。

③ 强邻近线的干扰，如图 2-3(c) 所示。在分析线附近有一根强干扰线。虽然干扰线和分析线的峰值波长相差较大，没有发生重叠。但由于干扰线的强度很大，以致谱线尾翼与分析线呈现部分重叠干扰。这种干扰一般仍可用校正系数进行校正。但当干扰线很强，分析线几乎被淹没在强峰的侧峰坡上时，校正误差很大，甚至得不到正确的结果。

（2）谱线干扰的校正　光谱分析时多谱线元素的分析谱线均存在不同程度的谱线干扰，可以通过选择不受干扰的谱线为分析线，或采用高分辨率的仪器，使分析线与干扰谱线尽量分开。带有计算机系统的仪器具有背景校正、谱线干扰校正功能，如内标校正法、元素间干扰系数校正法等。对于多道同时型仪器采用实时谱线干扰校正方法，通过计算机软件自动进行谱线干扰校正。

干扰系数校正（IEC）法，通过校正因数 K 对干扰元素给测定元素的干扰加以校正。K 值是指 1%含量或 1μg/g 浓度的干扰元素在被测元素的分析线上所产生的相当于被测元素的含量（%）或浓度（g/g）的干扰量。

在实验过程中，通过干扰元素对测定元素的干扰系数 K 值，输入计算机后，当干扰元素的浓度 c_n 同时被准确测出时，就可得到被测元素准确的浓度 c_m。

$$c_m = c'_m - Kc_n \tag{2-23}$$

式中，c_m 为待测元素 m 的真实浓度；c'_m 为待测元素 m 的表观浓度；c_n 为干扰元素 n 的实际浓度；K 为 n 元素对 m 元素的干扰系数。

（3）干扰校正系数的测定　干扰系数校正（IEC）法校正系数 K 值是通过实验测出，实验仪器不同，分辨率不同，测出的干扰系数值会有所不同。干扰元素 n 对分析元素 m 的干扰校正因数 K 值可用式(2-24) 求得，

$$K_{n,m}=A_{m,n}/c_n \tag{2-24}$$

式中，c_n为干扰元素 n 的含量（%）或浓度（g/g）；$A_{m,n}$为某一已知浓度的干扰元素 n 在元素 m 分析线上所产生的谱线（或背景）干扰量，以被测定元素 m 的含量（%）或浓度（g/g）表示。

在测定系数 K 时，要求 n 元素标准物中不能含有被干扰元素 m。若干扰元素浓度 c_n很高，测得 K 值很大，则校正结果的误差会很大。

在相同分辨率的仪器上，绝大多数元素的 K 值为一常数，不随干扰元素浓度的变化而变化。但实验表明，某些干扰元素的浓度变化时，K 值也会变化。当样品中基体元素的含量变化比较大时，有些元素的 K 值也会发生变化，即干扰关系呈非线性曲线。引起 K 值变化的原因是多方面的，其主要原因可能是由于大量的基体元素进入等离子体光源后改变了激发条件。因此，各元素的 K 值有一定的适用范围。针对不同的分析样品，通过实际测出的 K 值才是可用的。

在实际分析时，样品是由多种元素组合而成的，共存元素相互之间存在着交互效应，因此由单一干扰元素测得的 K 值，不能用于存在基体的实际样品。应该采用不含被测元素的合成试样（"基体空白"）溶液测定的 K 值才是可用的。

现代的直读光谱仪，由于仪器的分辨率有很大的提高，元素之间的谱线干扰得到很大的改善，同时采用高配置计算机进行数据处理，干扰校正和扣背景可以自动进行，提高了光谱干扰校正的精确程度。

2.2.5.2　光谱背景的干扰及扣除

（1）光谱背景的来源　炽热电极头及一些炽热固体炭颗粒发射的连续光谱、在光源中生成的双原子分子辐射的带状光谱、分析线旁的散射光、光学系统的杂散光以及检测器的本底信号、落入被测元素分析线的通道内形成谱线背景，这些均对分析线产生背景干扰。复合分子光谱和散射光生成的物理机理虽然不同，但对分析结果的干扰影响和一般的背景相似。这种背景干扰，也可用一般扣背景方法校正。

（2）光谱背景的影响　背景增加会降低谱线-背景比值，影响检出限。分析线有背景时，会使校正曲线低浓度区出现弯曲现象，斜率降低；内标线有背景时，会使校正曲线平移。

（3）光谱背景的扣除　谱线的总强度是谱线强度与背景强度之和。光谱背景的扣除，就是从总强度中减去背景强度，即

$$I_a=I_{a+b}-I_b \tag{2-25}$$

式中，I_a为纯分析线强度；I_{a+b}为有背景存在时的分析线总强度；I_b为背景强度。

在实际光谱定量分析中，在摄谱法中，为简化手续，常借助光谱背景扣除表来扣除背景。普遍采用的背景扣除表有 D 表和 M 表[6]。

现代的光电光谱仪器，均有背景校正功能，可以采用背景校正器或在线实时扣背景设置，通过仪器的软件功能直接进行背景校正。

2.3　原子发射光谱仪器

常见的原子发射光谱仪器有火花放电/电弧直读发射光谱仪、ICP/MP 原子发射光谱仪和辉光放电及激光诱导光谱仪等。在分析精度、灵敏度、速度、仪器性能等方面虽各有不同，然而发射光谱分析的原理、仪器结构框架是完全相似的。发射光谱仪器通常包括激发光源、色散系统（单色器）和检测系统三个主要部分。摄谱分析仪器还应包括观察光谱、测定

波长和强度的专用仪器，现代光电直读仪器则还有控制系统及数据处理的计算机系统。发射光谱分析仪的框图，如图 2-4 所示。

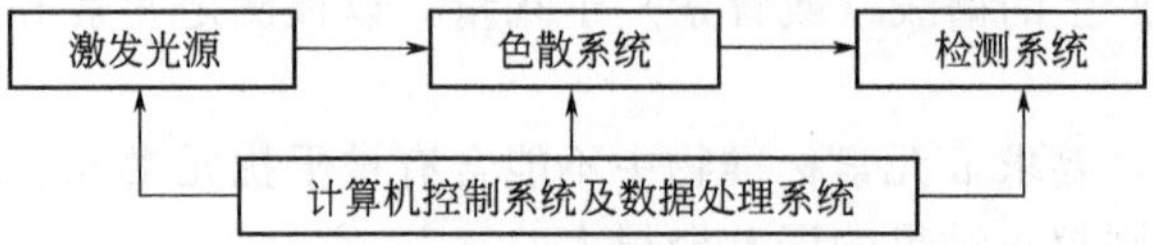

图 2-4　原子发射光谱仪框图

2.3.1　激发光源

激发光源的作用是向试样提供一定的能量，促使样品蒸发、原子化（和电离）和产生发射光谱。对光源性能的要求：

① 有足够的激发能量。

② 灵敏度要高。元素浓度微小的变化，相应的谱线强度有明显的变化。

③ 有良好的稳定性和重现性。

④ 检出能力强，检出限低。

⑤ 光源本身的光谱简单，连续背景发射强度小，被测元素发射信号强，信背比好。

⑥ 产生光谱自吸效应小，分析的线性动态范围宽。

⑦ 设备构造简单，操作容易、安全，易于调试，维修方便。

现在已经使用的激发光源有：火焰，直流、交流电弧，火花放电，直流等离子体喷焰（DCP），电感耦合等离子炬（ICP），微波等离子炬（MPT），辉光放电（Grimm 灯），激光光源（LIBS）等。各种常用发射光谱激发光源的性能及其应用范围归纳于表 2-1。

表 2-1　常用光源性能比较

光源	蒸发温度	激发温度/K	蒸发能力	激发能力	稳定性	灵敏度	应用范围
火焰	高	2000～3000	大	小	差	低	碱金属、碱土金属
直流电弧	高	4000～7000	大	小	差	高	矿物、难挥发元素
交流电弧	中等	4000～7000	中	中	较好	高	矿物、合金低含量
火花放电	较低	10000	小	大	高	中	难激发、高含量
等离子体炬	很高	4000～7000	小	大	很好	高	大多数元素定量
激光	很高	10000	小	大	好	很高	微区、不导电试样

2.3.1.1　电弧光源

电弧光源是在两个电极之间加上直流或交流电，通电形成电弧放电，将电极上的分析物进行蒸发、原子化和激发。是原子发射光谱仪器应用得最早的电激发光源之一，适合于粉末样品的直接分析。分为直流电弧和交流电弧。

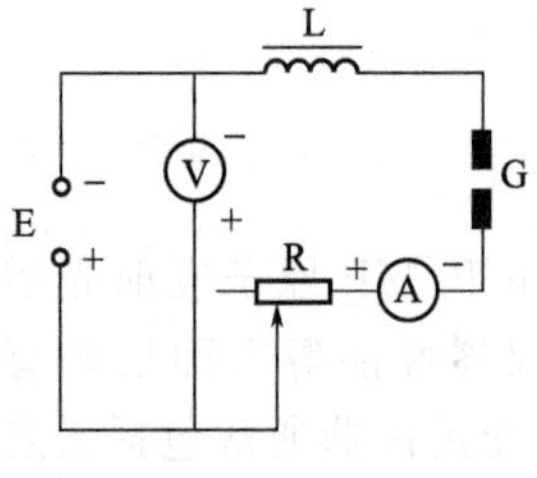

图 2-5　直流电弧发生器

（1）直流电弧光源　直流电弧发生器如图 2-5 所示。它由一个电压为 220～380V、电流为 5～30A 的直流电源，一个铁芯自感线圈和一个镇流电阻所组成。装有试样的下电极置于分析间隙 G 处，通过使上下电极接触通电引燃电弧，引燃电弧后使两电极相距 4～6mm，就形成了电弧光源。从阴极端发射出的热电子流，高速穿过分析间隙而飞向阳极，冲击阳极形成灼热的阳极斑，使阳极温度达 3800K、阴极温度达 3000K。试样在电极表面蒸发和原子化。产生的原子与电子碰撞，再次产生的电子奔向阳极，正离子则冲击阴极又使阴极发射电子。该过程连续不断地进行，使电弧不灭。弧焰温度（激发温度）约为 4000～7000K，电弧温度取决于弧柱中元素的电离电位和浓度。

直流电弧的特点是电极温度高，蒸发能力强，分析的绝对灵敏度高，常用于定性分析及难熔矿石中低含量组分的定量测定。缺点是弧焰不够稳定，分析精密度差，谱线容易发生自吸现象。

(2) 交流电弧光源　交流电弧发生器如图 2-6 所示，它是由高频引弧电路和低压电弧电路组成。220V 的交流电通过变压器 B_1 使电压升至 3000V 左右，通过电感 L_1 向电容器 C_1 充电，当电压升至放电盘 G_1 击穿电压时，放电盘击穿，此时 C_1 通过电感 L_1 放电，在 L_1C_1 回路中产生高频振荡电流（振荡的速度由放电盘的距离和电阻 R_1 的充电速度来控制，使半周只振荡一次）。高频振荡电流经高频变压器 B_2 耦合到低压电弧回路，并升压至 10kV，通过隔直电容器 C_2，使分析间隙 G 的空气电离，形成导电通道。低压电流沿着已造成电离的空气通道，通过 G 引燃电弧。当电压降至低于维持电弧放电所需的电压时，弧焰熄灭。此时，第二个半周又开始，该高频电流在每半周使电弧重新点燃一次，维持弧焰不熄灭。应用可调电阻 R_2 调节交流电弧电流。

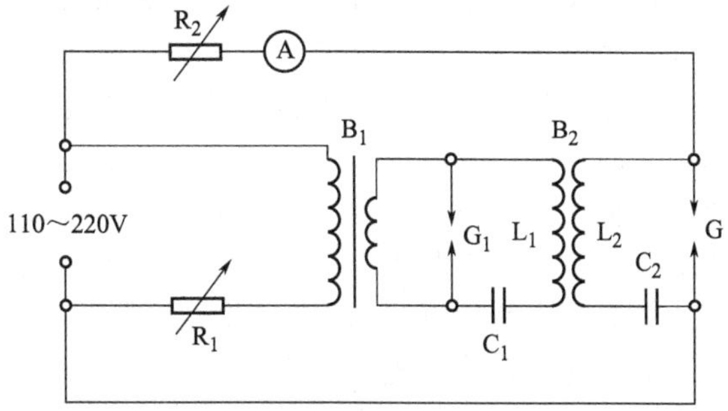

图 2-6　交流电弧发生器

交流电弧光源特点是相对于火花光源电极温度高、蒸发量大、检出限好，分析精度相对于直流电弧要好，但分析线性动态范围则要窄。该光源用于地质试样、粉末和固体样品直接分析，效果颇佳。

2.3.1.2　火花放电光源

火花放电或称电火花光源是一种通过电容放电方式，在电极之间发生不连续的气体放电。由导电管道和电极物质蒸气喷射焰炬两者所构成，其形状呈明亮、曲折而分叉的细丝状，如图 2-7 所示。管道和焰炬不同，放电管道一般在放电击穿阶段形成，其中气体强烈电离，以维持放电；焰炬一般是在低压放电阶段形成的，是发射光谱的主要区域。根据电容充电电压的高低，可分为高压火花放电光源、低压火花放电光源及控制火花放电光源等类型。

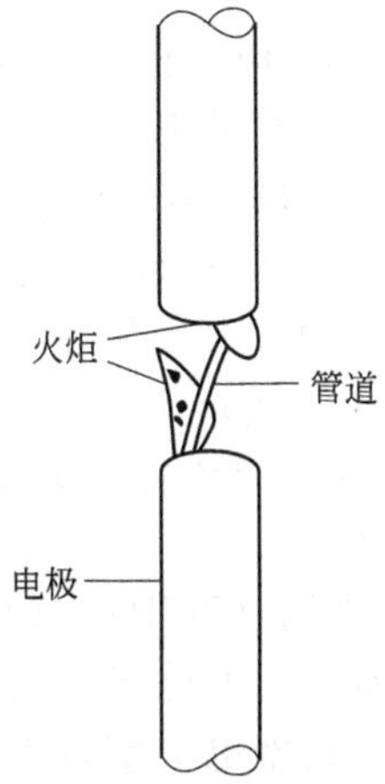

图 2-7　火花放电光源示意图

普通火花放电随放电间隙、电极形状、样品温度、表面光洁度以及样品氧化情况的变化而发生很大的变化，严重影响分析的稳定性。为了提高对不同试样的激发能力，相继发展了控制火花放电、整流火花放电、高频火花放电、类弧火花放电、低电压低电容火花放电、多性能火花放电等不同类型的火花放电激发光源，以适应各种试样的分析要求，保证火花放电发射光谱的分析重现性。

(1) 高压火花放电光源　采用高电压、低电容的高压火花放电，其放电电压直接受到分析间隙的影响。采用控制火花放电的方式，如通过静止间隙控制、转动间隙控制和电子线路控制等火花放电形式，可提高火花放电光源的稳定性与再现性。

一种采用电子控制的全波控波火花放电光源，通过供给引燃电路中闸流管栅极脉冲数来提高放电重复频率，并通过控制放电波形来提高放电精度和激发能量。这种光源可控波形放电，放电时间可通过脉冲触发信号的宽度来控制，因而放电精度比一般的高压火花放电提高2～4倍，信噪比高，检出限低，常用于金属与合金材料中高含量元素的测定。

(2) 低压火花高速放电光源　采用低电压、大电容的低压火花放电，是一种每秒放电达300～400次的高速放电的低压火花放电光源。此种光源由直流电源、引燃电路、主放电电压稳定电路及放电电路四部分组成。对难激发的元素具有较高的测定灵敏度。

(3) 高能预火花放电光源　又称多级光谱激发光源，它是一种电压不高，但电流上升速度很快的电容放电光源，属于新型的中压火花光源。由计算机控制的控制电路，脉冲形成网络和引燃回路三部分组成。主要特点是放电时放电电流及放电能量受线路中电容所控制，由于放电能量大，可对一些难激发样品进行预处理，消除由于冶炼过程造成的不同结构对试样分析结果的影响，有利于提高分析结果的重现性，为目前所普遍采用。

为了提高火花放电光源的分析能力和长期稳定性，还推出了各种多功能火花放电光源，火花加电弧的复合放电光源。

火花放电光源的主要优点是：①与电弧相比，有较好的稳定性，用于定量分析有较好的再现性；②谱线自吸比较小，线性关系较好；③温度高，可用于作难激发元素的分析；④电极头温度比电弧低，可用于作低熔点的金属及合金的分析，以及长时间的分析。

主要缺点是：①灵敏度较差，不利于痕量元素的分析测定；②光谱背景较大，特别是在紫外区域更为严重；③用于定量分析时，由于影响火花放电光源稳定性的因素较多，因此必须采用内标法以提高测定的精密度；④预燃和曝光时间较长，影响分析速度。

火花放电光源适用于金属材料、导电固体样品的直接分析，目前直读光谱仪器，主要采用火花放电光源，广泛应用于冶金炉前分析和机械制造工艺控制分析。

2.3.1.3 等离子体光源

等离子体是一种电离度大于0.1%的电离气体，由电子、离子、原子和分子等组成，其中电子数目和离子数目基本相等，整体呈现电中性。现代光谱分析上所指的等离子体光源，大致可分为下列三大类型：直流等离子体，直流等离子体喷焰（direct current plasma jet，DCP）；高频等离子体，包括高频电容耦合等离子体（capacitive coupled plasma，CCP）和高频电感耦合等离子体（inductively coupled plasma，ICP）；微波等离子体，包括电容耦合微波等离子体（capacitive coupled microwave plasma，CMP）和微波感生等离子体（microwave inluced plasma，MIP）。

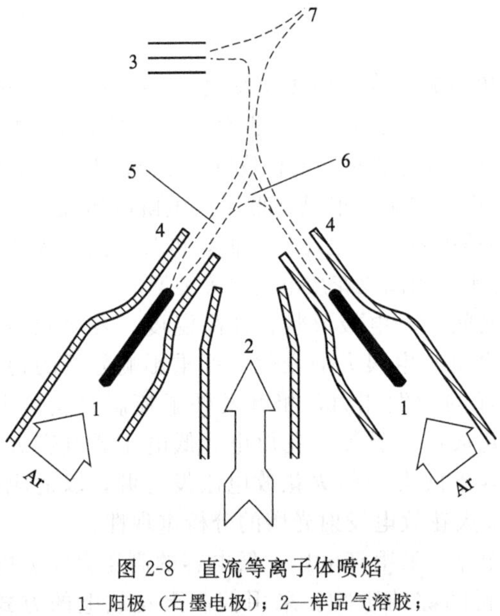

图 2-8　直流等离子体喷焰

1—阳极（石墨电极）；2—样品气溶胶；3—阴极（钨电极）；4—陶瓷套筒；5—电流“核心”；6—分析区；7—尾焰

(1) 直流等离子体喷焰（DCP）　DCP实际上是一种被气体压缩了的大电流直流电弧。DCP装置类型很多，根据电极配置方式可分为垂直式双电极DCP，“倒V形”双电极DCP及“倒Y形”三电极DCP（如图2-8

所示）三类。DCP 的主要优点是设备费用和运转费用比 ICP 低，氩气消耗约为 ICP 的 1/3，适用于难挥发元素、铂族元素和稀土元素的分析。但分析精度较差，基体效应较大，对大多元素的检出限比 ICP 约差0.5～1 个数量级。

（2）电感耦合等离子炬（ICP） ICP 是应用较广的一种等离子体光源。ICP 是利用电磁感应高频加热原理，在高频电场作用下，使流经石英炬管的工作气体电离而形成能自持的稳定等离子体。ICP 装置由高频发生器、进样系统和等离子炬管三部分组成。高频发生器又称 RF 电源，频率通常采用 27.12MHz 或 40.68MHz。进样系统可以溶液进样、气态样品进样和固体进样。通常将溶液雾化为气溶胶进样，主要有气动雾化法和超声雾化法两种。等离子炬管，由三根同心石英管组合而成，外管通入冷却气，中管通入辅助气，内管通入载气把样品气溶胶引入 ICP，以氩气为工作气体。在 ICP 光源中，由于高频电流的趋肤效应和载气流的涡流效应，等离子体的中心形成一个暗区，使等离子体的横截面如同面包圈状的环状结构而有利于样品的引入（如图 2-9 所示）。

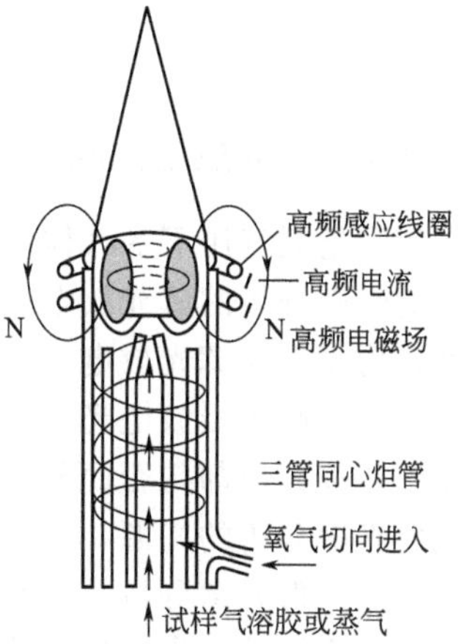

图 2-9 ICP 的环状结构

由于这种等离子体的高温——高于任何火焰或电弧、火花光源的温度，可以很好地去溶剂化、蒸发试样、元素原子化（电离）和激发，作为原子发射光谱光源，具有优异的分析性能而得到广泛的应用。同时，ICP 光源的环状结构有利于从等离子体中心通道进样并维持火焰的稳定，且使样品在中心通道停留时间达 2～3ms，中心通道温度约为 7000～8000K，有利于使试样完全蒸发并原子化，达到很高的原子化效率，因而检出限低，分析灵敏度高。ICP 光源又是一种光薄光源，自吸现象小，线性动态范围宽达 5～6 个数量级，可同时测定高、中、低含量及痕量组分。ICP 系无电极放电，无电极玷污。长时间稳定性好，无需频繁重校正。所以，ICP 光源是一个接近于理想的光谱光源，能分析所有元素，不改变操作条件即可进行主、次、痕量元素的同时或快速顺序测定，能适用于固、液、气态样品分析，且所需样品前处理工作量少，有可接受的分析精度和准确度，分析速度快、可自动化，在很多领域得到广泛的应用。

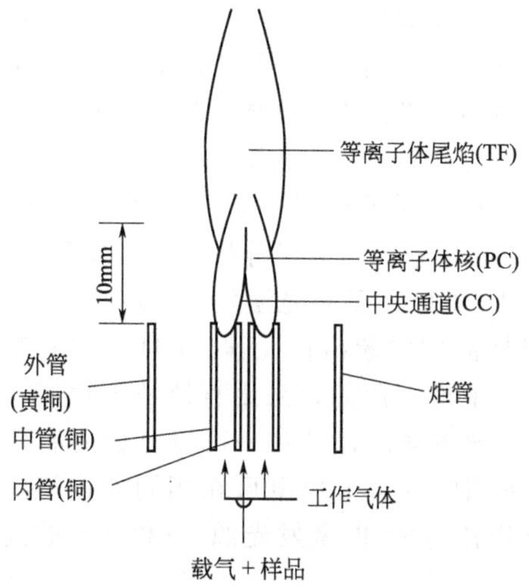

图 2-10 MPT 放电结构

（3）微波等离子炬（MPT） 采用微波（频率 100MHz～100GHz）电源形成微波等离子体激发源，亦属于无极放电等离子体光源。按照微波等离子体形成的方法和装置结构的不同可分为 CMP 和 MIP，大多数 MIP 对于溶液样品的承受能力都不高，CMP 虽然对溶液样品的承受能力较高，但是也有因中心电极烧蚀而致等离子体被污染的缺点。因此未形成如同 ICP 光源那样有效的元素分析仪器。

1985 年，我国吉林大学金钦汉等[7]发明了一种新的获得微波等离子体的器件——微波等离子炬（microwave plasma torch，MPT），其炬管结构及形成的等离子体焰炬如图 2-10 所示。是微波等离子体光源研究中的“突破性进展”，出现了一类具有很好分析性能的 MPT-AES

仪器。

MPT 光源中的炬管与 ICP 光源相似，也是由三个同轴管（初始以紫铜或黄铜管）构成，MPT 放电是在炬管端部的中管和内管间形成并向外扩展的等离子体，呈火炬形，明显地分成 3 个区域：等离子体核（PC）、中央通道（CC）和等离子体尾焰（TF）。主要靠中管引入的工作气体维持，当样品气溶胶从内管引入时，不会明显改变等离子体的工作状态[8]。这一结构的 MPT 独特之处在于等离子体中央通道的存在，明显地改善了微波等离子体对样品气溶胶和分子组分的承受能力，使其对溶液样品气溶胶及含微粒气溶胶气态样品的直接引入，具有优越的分析性能。推动了微波等离子体光谱分析的发展，并开始出现商品仪器[9]。

随着大功率微波等离子体光谱仪器的出现，市场上出现了 MP-4100/4200 型、MPT-X1000 等千瓦级微波等离子体光谱仪器，作为通用型的无机元素分析仪器获得很好的应用[10]。

2.3.1.4 辉光放电光源

辉光是低气压下的气体放电现象。辉光放电可分为直流辉光放电和高频辉光放电等。用于发射光谱分析的辉光放电光源，有空心阴极放电光源和格里姆（Grimm）辉光放电光源两种，均属直流辉光放电。

(1) 空心阴极放电光源　空心阴极放电光源是将阴极制成空心圆筒状的低压气体辉光放电光源，按其冷却与否而分为冷空心阴极光源和热空心阴极光源两类。热空心阴极光源则用作发射光谱分析的光源，常用来测定痕量易挥发、难激发的元素，冷空心阴极光源通常用于同位素的发射光谱分析。空心阴极光源现多以空心阴极灯的形式应用于原子吸收光谱分析。有关空心阴极放电光源的详情，请参见本书第 3 章“3.2.3 辐射光源”。

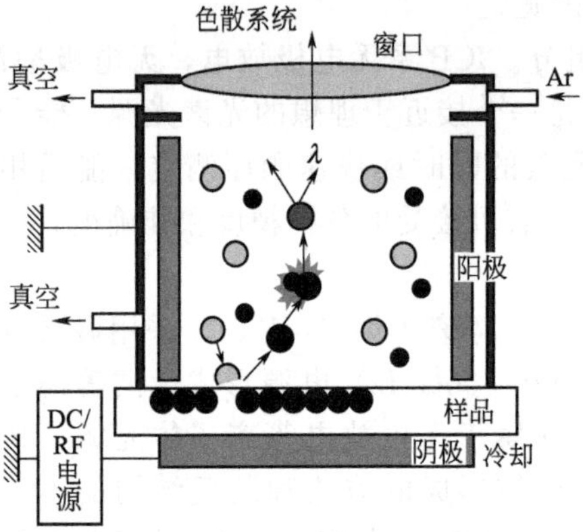

图 2-11　格里姆辉光放电光源

(2) 格里姆（Grimm）辉光放电光源　格里姆辉光放电光源是用于现代辉光放电光谱仪的光源。格里姆辉光放电光源与空心阴极放电光源的不同之处是将平板状试样的表面磨平，与阴极紧贴作为阴极的一部分，共同成为一个环形阴极，阳极部分的前端制成圆筒状，伸入环形阴极内，阳极的另一端用石英片封口（图 2-11）。这种光源是以反常辉光放电的形式工作，其最主要优点是基体效应小，适于对试样进行表面和逐层分析，也可对高含量试样主体成分进行准确测定。

辉光放电（GD）可用作 AES 的激发光源、AAS 和 AFS 的原子化器以及 MS 的离子化源。由于它具有较高的稳定性，且能直接用于固体样品的成分分析和逐层分析而受到重视。GD 可用于溶液分析，但其最大的优势应是分析固体样品。GD 用于激光激发 AFS 的原子化器的方法（GD-LE-AFS）有很低的检出限，可测微量样品中的超痕量元素。GD 通常有直流（dc）、射频（rf）和脉冲（p）三种放电模式。dc-GD 是最常用的，采用直流放电模式，可分析导体样品。rf-GD 采用射频放电模式，可分析非导体样品，是唯一可以分析所有固体（导体、半导体、绝缘体）的 GD 放电模式。p-DG 采用脉冲直流放电可在相同的平均功率下，获得比 dc 放电更高的峰电流，微秒脉冲 GD 已用作 AES 的激发光源[11]和 MS 的离子化源，获得了较好的结果。

辉光放电光源可以用于元素含量分析，而最大的优势在于可以对薄层进行分析，通过控制溅射率进行逐层分析。虽然有许多优点，但也存在着明显的不足。主要表现为辉光放电发光弱，影响该法的检出限；预燃时间比火花长，影响分析速度；在做表层、逐层分析时，分辨率还不够高等缺点。这些不足可以通过提高样品的溅射率和样品原子的激发、离子化方法，来改善检出限和缩短预燃时间；通过改善溅射均匀性，提高表层、逐层分析中的层间分辨率。通过各种增强方法可以提高分析性能，磁增强可增强 GD 的溅射和激发能力，而微波增强 GD 虽不能增强溅射能力，但可大大增强激发能力，改善溅射表面的平整性[12]，有利于进行分层分析。

近年来，辉光放电分析技术有了较大发展，特别是射频辉光放电的出现，大大降低了分析检出限。射频辉光放电克服了原有直流辉光放电只能分析金属块状样品的缺点，可以分析半导体、玻璃和陶瓷材料等。与火花光源相比，大多数元素的检出限都要低 2 个数量级，基体效应也比火花光源小。固体样品的直接分析虽然是分析化学发展的重要方向，但制备或得到固体标准样品的困难是这方面发展所遇到的最大难题。

2.3.1.5　激光激发光源

激光是一种高亮度、单色性好、方向性好和相干性好等特点的激发光源。当激光束照射到分析样品上时，能量被样品表面吸收，物质的分子发生振动发热并将热量传入样品内部，使光斑处的温度骤然升至 10000K，物质发生熔融、蒸发，在瞬间原子化并受激发射出特征光谱。因此，激光作为原子发射光谱的激发光源和激光剥蚀固体进样器而在光谱分析中得到应用[13]。

利用激光束的高能量将样品表面熔融、蒸发，可以作为固体进样装置用于 ICP 光谱分析，称为激光剥蚀等离子体原子发射光谱（laser ablation inductively coupled plasma atomic emission spectrometry，LA-ICP-AES）分析，如图 2-12 所示。

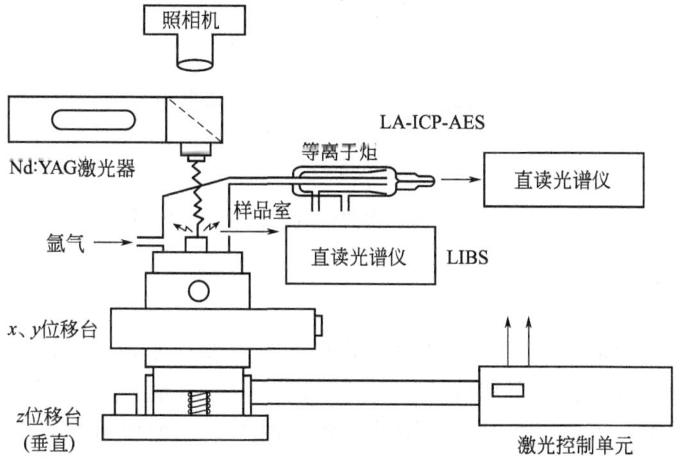

图 2-12　激光剥蚀等离子体原子发射光谱分析示意图

（1）激光显微光源　由于激光激发的光斑直径只有 10～300μm，因此可用于微区分析的光源。这种激光显微光源由激光器与光学显微镜组成的发射光谱分析仪，称为激光显微发射光谱仪（LMES），俗称激光探针。与电子探针和离子探针相比，激光探针具有费用低廉、装置简单、操作维修方便等优点。

（2）激光诱导等离子体光源　当高强度的脉冲激光被聚焦到物质上，它所产生的辐射强度超过了物质的解离阈值就会在局部产生等离子体，称作激光诱导等离子体。用光谱仪直接收集样品表面等离子体产生的发射谱线信号强度进行定量分析，称为激光诱导击穿光谱法(laser induced breakdown spectroscopy 或 laser induced plasma spectroscopy，LIBS 或 LIPS)[14]。

2.3.2 单色器

单色器的主要作用是将从光源发射出来的具有各种波长的辐射能按波长顺序展开，以获得光谱。它主要由五个部件组成：①入射狭缝；②准直装置，即能使辐射束成平行光线传播到透镜或反射镜；③色散装置，用棱镜或光栅使不同波长的辐射以不同的角度分开；④聚焦透镜或凹面反射镜，使每个单色光束在单色器的出口曲面上成像；⑤出射狭缝，将光谱引出，进入检测器。这些部件的材料由所使用的波长区域而定。

根据色散元件的不同，光谱仪单色器分为棱镜分光和衍射光栅分光两大类，如图 2-13 所示。

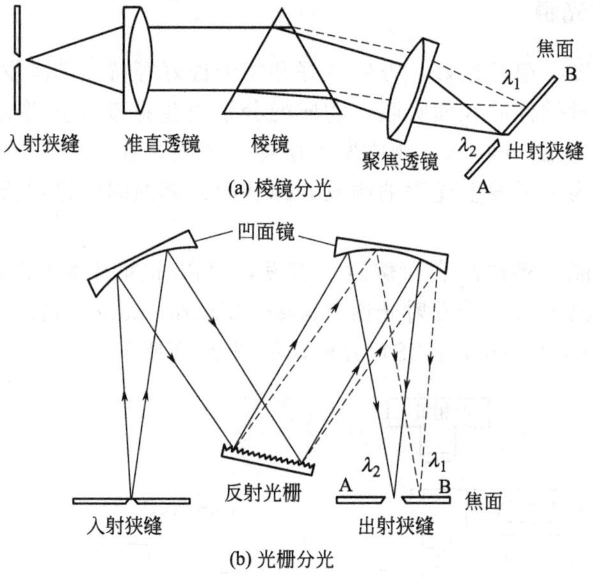

图 2-13 棱镜分光和衍射光栅分光单色器

2.3.2.1 棱镜分光

棱镜分光是利用棱镜对不同波长辐射的折射率不同进行分光。棱镜能够用来色散紫外、可见和红外光区的辐射。根据所用棱镜材料的不同，分为玻璃棱镜、石英棱镜或萤石棱镜。原子光谱仪常用的是石英棱镜。常见棱镜的结构有两种，一种顶角为 60°，一般是用一块材料制成。当采用晶体石英时，棱镜是由两个 30°的棱镜粘合而成，这类棱镜称为 Cornu 棱镜。另一种是具有反射背面的 30°棱镜，称为 Littow 棱镜。光在同一界面上发生了两次折射；故其性能特征类似于 60°棱镜。棱镜的色散率随波长而变，在短波的色散大于长波。

近代原子发射光谱仪器绝大多数采用光栅分光，棱镜仅在中阶梯光栅-棱镜双单色器系统中应用。

2.3.2.2 光栅分光

光栅分光是利用光的衍射现象进行分光。光栅分为透射光栅和反射光栅。光谱仪器主要采用反射光栅作为色散元件。光栅按制造工艺可分为机刻光栅和全息光栅，后者利用单色激光的双光束干涉图样制作，可以得到面积足够大的等距、等宽的清晰干涉条纹，制造出高刻线密度，色散性能好的各种形面光栅，现在已成为光谱仪器的主要色散元件。

（1）光栅公式　由物理光学得知，光栅光谱的产生是多狭缝干涉和单狭缝衍射二者联合作用的结果。多狭缝干涉决定光谱线的空间位置，单狭缝衍射决定各级光谱线的相对强度。光栅的分光原理如图 2-14 所示。

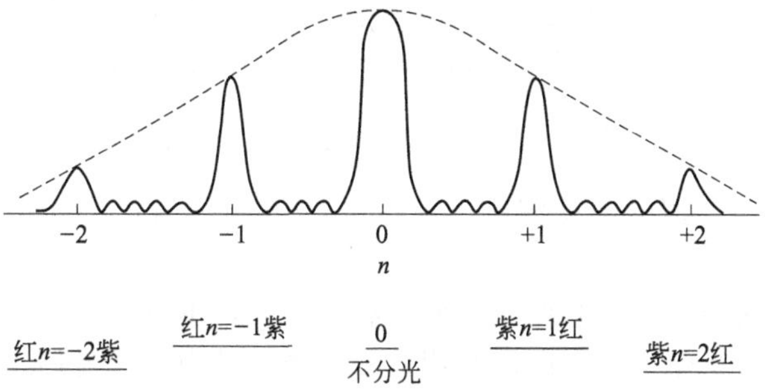

图 2-14　多缝干涉与单缝衍射合成图

光栅的色散作用可由光栅方程来说明：

$$d(\sin\phi \pm \sin\theta) = n\lambda \tag{2-26}$$

式中，ϕ 为入射角，是入射光和光栅平面法线的夹角；θ 为衍射角，是衍射光和光栅平面法线的夹角；λ 为入射光的波长；d 为光栅常数，是相邻两刻线间的距离；n 为光谱级次，其值可取 ± 1，± 2，…。

当 ϕ 和 θ 角在法线的同侧时，式(2-14）取正值；在法线异侧时，式(2-14）取负值。

由式（2-14）可以看出：当一束平行的复合光以一定的入射角照射光栅平面时，对于给定的光谱级次，衍射角随波长的增长而增大，即产生光的色散。当级次 $n=0$ 时，则有 $\theta=-\phi$，即零级光谱不起色散作用。当 $n_1\lambda_1=n_2\lambda_2$ 时，就会出现谱线重叠现象，如：$\lambda_1=600\text{nm}$ 的一级谱线，同 $\lambda_2=300\text{nm}$ 的二级谱线以及 $\lambda_3=200\text{nm}$ 的三级谱线出现在同一个方向上。一般来说，具有色散作用的一级谱线强度最强。高级次谱线常用加滤光片的方法除去，如玻璃可以消除大部分可见光的干扰。从光栅公式可以看出通过提高光栅的刻线密度或利用高谱级谱线可以提高光栅的色散率。

（2）定向光栅　又称闪耀光栅。从图 2-14 可以看出，光栅能量几乎 80%集中在没有分光的零级光谱，而有分光作用的各级光谱能量则很小。为了改善这种情况，近代光栅采用定向闪耀的办法，即采用专门磨制的刻画刀，或采用离子刻蚀技术，将光栅刻制成沟槽面与光栅平面成一确定角度的定向闪耀光栅，使衍射的辐射强度集中在所需要的波长范围内。

图 2-15 是定向光栅的锯齿结构和分光示意图。闪耀光栅有两条法线，一条为光栅平面法线 M，另一条为槽面的法线 M'。光栅光滑刻面与光栅平面的夹角 i 称为闪耀角。图 2-15 中 ϕ 和 θ 角是光束对光栅平面的入射角和衍射角，在闪耀光栅上所产生的衍射图形仍由光栅方程决定，因此零级光谱仍在 $\theta=-\phi$ 方向。α 和 β 角称为光束对槽平面的入射角和衍射角，衍射图形的最大值在 $\beta=-\alpha$ 方向，与零级光谱 $\theta=-\phi$ 的方向不再重合，即光强最大值从零级光谱移到某一级光谱上去了。

当入射光 A 垂直于光栅平面时，则 $\alpha=i$，在 $\beta=i$ 处光强最大，即在 B 方向衍射的谱线具有最大的辐射强度，称为闪耀波长 λ_b。其值由闪耀角决定，即

$$n\lambda_{b(n)} = 2d\sin i \tag{2-27}$$

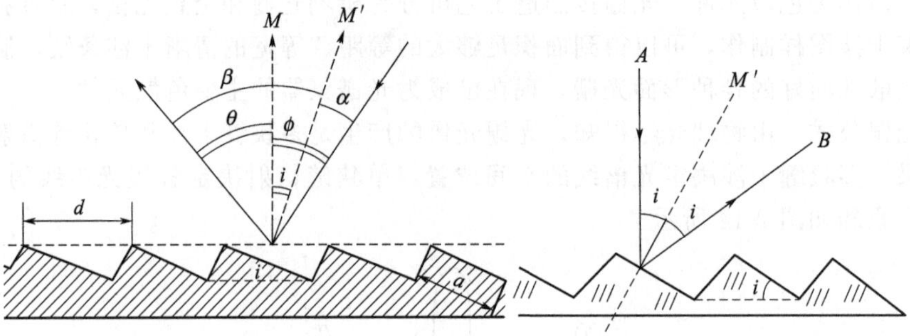

图 2-15 闪耀光栅和闪耀波长示意图

式中，$\lambda_{b(n)}$是 n 级光谱的闪耀波长。从式(2-27) 可以看出，闪耀角 i 越小，闪耀波长λ_b就越短。

(3) 几种典型的光栅 根据光栅光学面形状的不同，可分为平面光栅和凹面光栅；现代光谱分析上常用的反射光栅主要有凹面光栅、平面光栅及中阶梯光栅。

① 凹面光栅 凹面反射光栅是在球面反射镜上沿其弦刻出等间距、等宽度的平行刻痕线。凹面光栅既能起分光作用，同时又通过其凹面代替聚焦物镜将光线聚焦于出口狭缝，因减少了光学表面的数量，增加了达到凹面单色器的能量。凹面光栅分光成像在罗兰圆上，可以在罗兰圆上记录多条谱线。因而多用在多道仪器上。

② 平面光栅 平面反射光栅是在平面基板上刻划很多等间隔、等宽的平行刻纹。增加光栅刻线密度可以提高光栅的色散率。然而，增加平面光栅的刻线数，虽提高了仪器的色散与分辨能力，但工作波长范围随光栅刻数的增加而相应缩小。光栅刻线数与光谱波长范围关系见表 2-2。平面光栅多用在扫面型仪器上。

表 2-2 光栅刻线数与光谱波长范围关系

光栅刻线数/mm	2400	3600	4300	4960
光谱范围/nm	160～800	160～510	160～420	160～372
实际分辨率/nm	≈0.01	≈0.006	≈0.005	≈0.0045

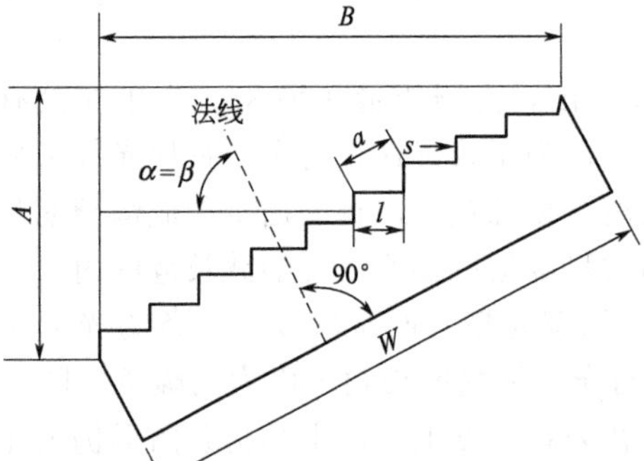

图 2-16 中阶梯光栅示意图

③ 中阶梯光栅 刻线密度小（<100 刻线/mm），刻槽深度大（为数微米），刻槽为直角阶梯形状，其宽度比高度大几倍，且比入射波长大 10～200 倍，称为中阶梯光栅（echelle），图 2-16 是中阶梯光栅示意图。

中阶梯光栅的刻槽密度较小（如 8～80 条/mm），闪耀角大，主要用于高谱级（例如 n 等于几十至一二百）谱线的分光。对可见紫外光谱区工作级次达 40～120 级，通过交叉色散的原理，使谱线色散方向和谱级散开方向正交，在焦面上形成一个二维色散图像。所形成二维光谱色散图像占据焦面的面积小，非常适宜采用面阵式固体检测器检测谱线。由于中阶梯光栅具有大色散高分辨本领、高光强、波长范围宽，使仪器结构更加紧凑，与面阵式固体检测器相结合，可以实现多谱线同时测定，已在现代光谱仪器上得到广泛应用。

(4) 光栅装置　光栅装置是指将入射狭缝、准光镜、光栅、成像物镜和出射狭缝等部件装置成光谱仪的型式。光栅装置类型很多，常用的有平面光栅装置和凹面光栅装置。

① 平面光栅装置　采用平面光栅的分光装置，有垂直对称式平面光栅装置，又称艾伯特-法斯提（Ebert-Fastic）装置，是平面光栅光电光谱仪中常用的，还有水平对称式装置，又称切尔尼-特纳（Czerny-Turner）装置，主要用于单道扫描型平面光栅光谱仪。Czerny-Turner 光栅装置的原理见图 2-17。

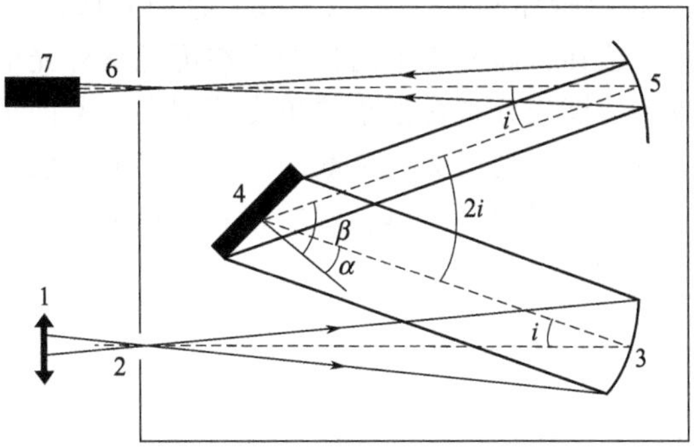

图 2-17　Czerny-Turner 光栅装置原理

1—聚焦镜；2—入射狭缝；3—准直凹面镜；4—旋转平面光栅；5—聚焦凹面镜；6—出射狭缝；7—检测器

光源经过聚焦物镜照射到入射狭缝上，狭缝成为光源的光点，而狭缝位置放置在准直的凹面镜焦点上，准直镜反射的光平行照射到平面光栅上，经平面光栅的衍射作用，使复合光经分光形成单色光，单色光再经凹面聚焦镜聚焦到出口狭缝，通过出口狭缝，单色光直接照射到检测器。检测器可以是光电倍增管或 CTD。如果用计算机改变旋转平面光栅的平台的角度，即入射光的角度发生改变，出射光角度也随之发生改变，这样在出口狭缝就能得到从短波长至长波长一个系列的光谱。

② 凹面光栅装置　自从罗兰提出凹面光栅有关罗兰圆成像理论之后，出现了凹面光栅装置，如罗兰（Rowland）装置、帕邢-龙格（Paschen-Runge）装置和瓦兹渥斯（Wadswooth）装置等。凹面光栅既是色散元件，又具准光及聚焦作用。这类装置结构简单，使用波长范围宽，已广泛应用于真空型多道直读光量计。

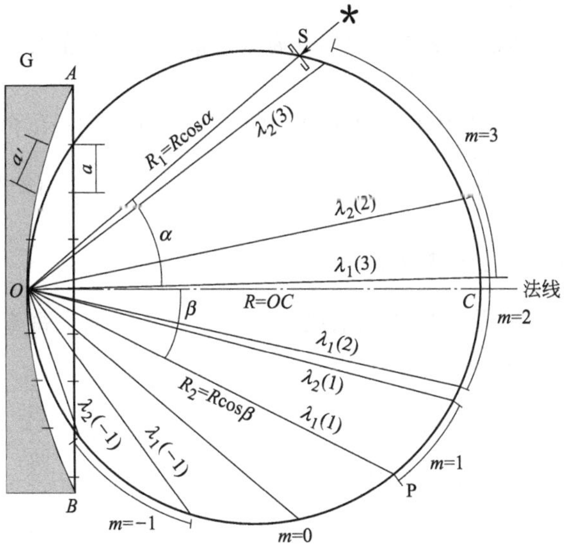

图 2-18　帕邢-龙格型凹面光栅装置分光原理

G—凹面光栅；S—入射狭缝；$R=OC$—光栅曲率半径

这种装置的原理如图 2-18 所示，光栅 G、狭缝 S 和光谱检测器 P 都固定在罗兰圆的圆形轨道上不动，凹面光栅的曲率半径等于罗兰圆的直径。由于不必移动就可以得到波长范围很宽的光谱，正级光谱和负级光谱均可以采用。可以用一条刻有出射狭缝的长带置于罗兰圆上，以便在出射狭缝处安放多个检测器，进行谱线强度的测量。

帕邢-龙格分光装置的像散性比罗兰型装置要小，一般可装有两个狭缝或两个以上的入射狭缝，对于不同的工作波段，只要选择适当的入射狭缝或反射镜位置，即改变入射角，如在短波段时使用较小入射角，长波段时使用较大入射角，便可使该波段像散减少。因此，它成为现在多道直读光谱仪器最常使用的色散装置。

③ 中阶梯光栅-棱镜双色散装置中阶梯光栅闪耀角大，可以利用高谱级的谱线进行分光测量，达到提高分辨率的目的，在可见紫外光谱区采用工作级次达40～120级，由于众多衍射级次的谱线分布在很小的角度范围内，不同级次的谱线重叠较严重。为了将不同级次的重叠谱线分开，利用交叉色散的原理，使谱线色散方向和谱级散开方向正交，在焦面上形成一个二维色散图像。简单有效的方式是在中阶梯光栅光路的前方或后方安置一个辅助色散元件（大多是棱镜），如图2-19所示。

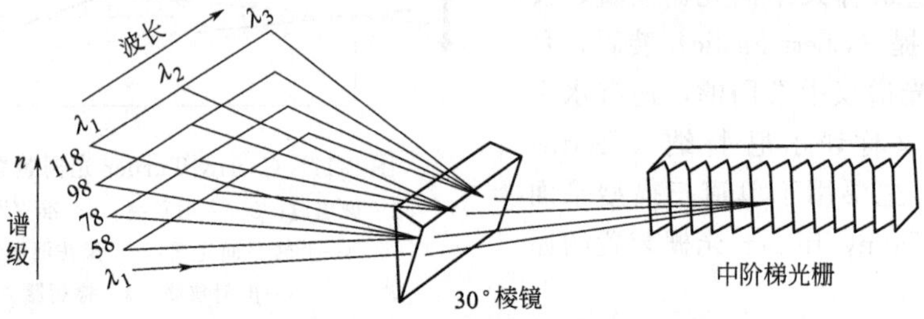

图2-19 中阶梯光栅-棱镜二维光谱色散图

用中阶梯光栅和棱镜作色散元件构成的双色散系统，其中一个单色器用中阶梯光栅作色散元件，能得到大衍射角高级次角色散率大的谱线。另一个单色器采用石英棱镜将不同级次间重叠区分离开并对相应级次谱线进行色散。

由于二维光谱色散图像占据焦面的面积小，非常适宜于面阵式固体检测器检测谱线。由于中阶梯光栅具有大色散高分辨本领、高光强、波长范围宽阔，使仪器结构变得紧凑，不仅改变了仪器的传统光学结构，与面阵式固体检测器相结合，可实现多谱线的同时测定。为现代光谱仪器所采用，被称为“全谱直读”仪器。

（5）光栅单色器的性能指标　表征单色器的光学质量的指标有线色散率、谱线的分辨能力及聚光本领。

① 线色散率　是指在焦面上波长相差dλ的两条光线被分开的距离dl，用D表示。

$$D=\frac{\mathrm{d}l}{\mathrm{d}\lambda}=F\frac{\mathrm{d}\theta}{\mathrm{d}\lambda}=\frac{Fn}{d\cos\theta} \tag{2-28}$$

式中，F为物镜的焦距；$\frac{\mathrm{d}\theta}{\mathrm{d}\lambda}$为角色散；$n$为光谱级数。

在实际工作中，常用倒线色散率D^{-1}表征单色器的色散能力。它是指在焦面上每毫米距离内所容纳的波长数，单位是nm/mm或Å/mm。

$$D^{-1}=\frac{\mathrm{d}\lambda}{\mathrm{d}\theta}=\frac{d\cos\theta}{nF} \tag{2-29}$$

当θ很小（小于20°）时，$\cos\theta\approx1$，则式(2-29)可以近似的写成

$$D^{-1}=\frac{d}{nF} \tag{2-30}$$

由式(2-30)可以看出，当衍射角θ较小时，光栅的倒线色散率是一个常数，不随波长而变化，近似于均匀色散，这将大大简化了光栅的设计。

② 分辨能力　单色器的分辨能力是表示仪器分辨相邻两条谱线的能力。根据瑞利(Rayleigh)准则，在波长相近的两条谱线中，当一条谱线波长的极大值正好落在另一谱线波长的极小值上时，则认为这两条线是可分辨的（图2-20）。

分辨能力R可以用式(2-31)确定，

$$R=\lambda/\Delta\lambda \tag{2-31}$$

式中，λ 是两谱线的平均波长；$\Delta\lambda$ 是这两波长的差。对光栅来说，其分辨能力可用式(2-32) 表示，

$$R=\lambda/\Delta\lambda=nN \tag{2-32}$$

式中，n 是衍射的级次；N 是受照射的刻线数。刻线数愈多，级次愈高，光栅的分辨能力也就愈大。光栅在紫外可见光区的分辨能力为 $10^3\sim10^4$。

③ 聚光本领　通常用 f 数来表示单色器收集来自入射狭缝辐射的能力。

$$f=F/d \tag{2-33}$$

式中，F 为准直镜的焦距；d 为准直镜的直径。

一个光学仪器的聚光本领是随着 f 数平方而减小。大多数单色器的 f 数在 1～10 范围内。

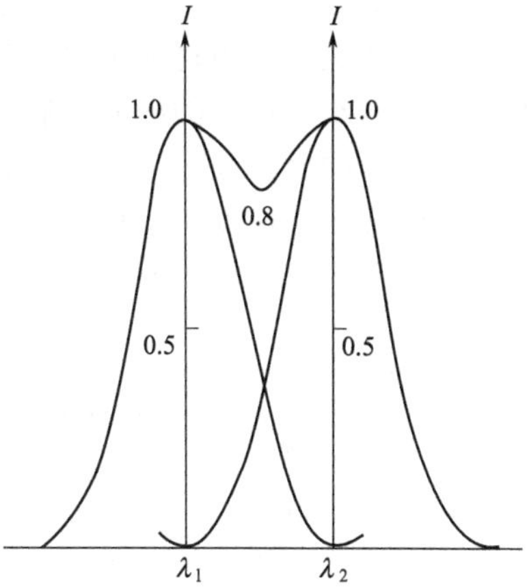

图 2-20　根据 Rayleigh 准则可分辨的两条线

2.3.3　检测系统

2.3.3.1　摄谱检测系统

经过单色器后的谱线可以用眼睛或照相干板为检测器，以看谱镜、看谱计或映谱仪进行观测可作定性分析或半定量分析。经典的摄谱法通过感光板记录光谱，用映谱仪显示和测微光度计测量谱片上光谱图像的黑度进行定量分析。光谱干板是最早使用的多道检测器，放在光谱仪的焦平面上可同时记录光谱中的所有谱线。对某些光谱板的乳剂而言，光子少到10～100 个时都能灵敏响应。由于在显影、定影以及将乳剂的黑度转换为辐射的强度时需要冗长时间，限制了这种检测器的应用。摄谱法目前仍有一定的应用范围。

2.3.3.2　光电检测器

现代光谱仪器的主要检测手段是采用光电元件将光谱信号转换为电信号。原子光谱使用的辐射转换器是能对光子产生响应的光子检测器，称为光电检测器。某些光电检测器的活性表面既可吸收辐射能引起电子的发射又可增加光电流，如光电倍增管；而另外的一种类型是辐射引起电子进入导带，检测是基于被加强的光电导，如固体检测器。光子检测器广泛用于检测紫外、可见和近红外辐射。作为一个理想的光电检测器，应具有高灵敏度、高信噪比、响应速度快，噪声低，并且在整个分析波长范围内有恒定的响应。产生电信号与光束的辐射功率呈正比。在没有辐射时，其输出应为零。

用作光电检测器的可以有：①光伏打电池，它是让辐射能在半导体层和金属之间产生电流，广泛用于简单的便携式仪器中；②真空光电管，辐射引起光敏固体表面发射电子，产生的光电流容易放大；③光电倍增管，它除有一个接收辐射后能发射电子的光敏表面外，另外还有一系列能接受光敏表面发射电子的表面，并且在每经过一个表面后，电子流就放大一次；④光导电检测器，通过半导体在吸收辐射后会产生电子和空穴，从而使导电性能增加；⑤硅二极管，在这里，光子可使一反相偏置 pn 结的传导性增加。

传统光谱仪大多采用光电倍增管（PMT)，其工作原理及电路如图 2-21 所示。在光电倍增管的阴极和阳极之间施加约 1000V 的直流电压，在每个相邻电极之间有 50～100V 的电位差。当光照射在阴极上时，光敏物质发射电子，首先被电场加速，落在第一个倍增极上，

并击出更多的二次电子，这些二次电子又被电场加速，落在第二个倍增极上，击出更多的二次电子。依次类推。当这一过程经过 9 次之后，每个光子已可形成 10^6～10^7 个电子，最后都被阳极所收集，产生的电流随后用电子学方法加以放大和测量。光电倍增管不仅起到光电的转换作用，同时还起着电流放大的作用。光电倍增管对紫外和可见光区均有很高的灵敏度，有极快的响应速度。但热发射电子产生的暗电流，限制了光电倍增管灵敏度的提高。而且一个 PMT 只能检测一条谱线，限制了应用效率。

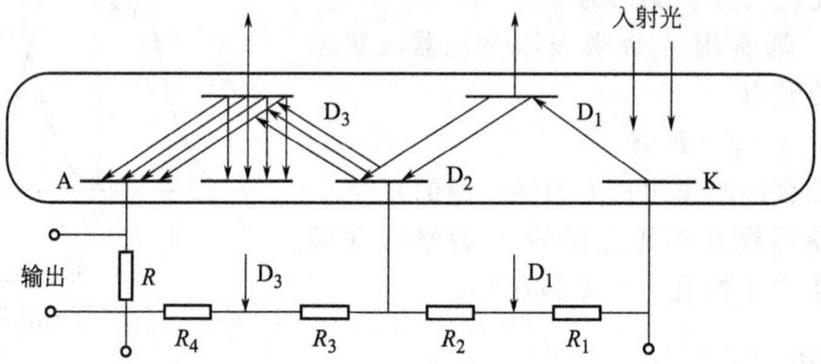

图 2-21 光电倍增管示意图

K—光阴极；D_1,D_2,D_3—次级电子发射级；A—阳极；R,R_1,R_2,R_3,R_4—电阻

现代光谱仪器大多采用固体检测器（CTD），其已经成为 PMT 的换代产品。

2.3.3.3 固体检测器

当前光谱仪中使用的固体检测器有光电二极管阵列（photodiode arrays，PDA）、电荷注入器件（charge-injection devices，CID）和电荷耦合器件（charge-coupled devices，CCD）及图像传感器 CMOS（complementary metal oxide semiconductor）等。因后三种器件是将电荷从收集区转移到检测区后完成测定，故又称为电荷转移器件。

光电二极管阵列的每一个光敏元件都是由小的硅二极管（反向偏置 pn 结）组成，光敏元件多以线阵排列在检测器的表面，其性能如灵敏度、线性范围和信噪比，虽不及光电倍增管，但光敏元件体积很小，像元以线阵列式排列可对分析谱线及其邻近线进行同时测量。电荷转移器件的光敏元件可以做成线阵式或面阵式，通常面阵式的像元排列成含若干行和列的平面，使之可以在中阶梯光谱仪中同时记录一张完整的二维光谱图。其突出的特点是以电荷作为信号，通过集中检测器表面不同部位上的光生电荷，并在短暂的周期内测定累计电荷量，在检测微弱光强时，有很好的灵敏度。集成度高对谱线有很好的分辨率。光生电荷的产生与入射光的波长及强度有关。测定光照中产生的电荷量有两种方法，一种是测定电荷从一个电极下移动到另一个电极下时产生的电压改变；另一种是将电荷移到敏感放大器中测量，前者称为电荷注入器件，后者称为电荷耦合器件。

固体检测器具有量子效率高（可达 90%）、光谱响应范围宽（165～1000nm）、暗电流小、灵敏度高、信噪比较高、线性动态范围大（5～7 个数量级）的特点，且属于高集成度的电子元件，有利于多谱线同时测定，也是当前全谱型直读仪器的主流检测器。

2.3.4 信号处理和控制系统

2.3.4.1 电控系统

由检测器得到谱线信息需要进行定量化处理，信号处理器可放大检测器的输出信号，把信号从直流变成交流（或相反），改变信号的相位，滤掉不需要的成分，执行某些信号的数学运算，如微分、积分或对数转换。

通常，光电检测器的输出采用模拟技术处理和显示，将由检测器出来的平均电流、电位等放大、记录或显示。与模拟技术比较，数字化技术有更多的优点。它包括：改善信噪比和低辐射强度的灵敏度；提高测量精度；降低光电倍增管电压和温度的敏感性；进行信号采集、放大、运算及程序自动控制。

对于现场型及便携式仪器，多应用光纤技术。光纤可以作为分析仪器的传感器。分析物在吸收、反射、荧光或者发光上产生的变化可以通过光纤传送到检测器。一般来说，光纤传感器简单、价廉且易微型化。

2.3.4.2　数据处理及计算机软件

在光电检测的仪器中，采用微电子控制板及电子计算机进行分析程序控制及数据处理。运用数字技术已成为现代仪器必选的方法，通过计算机将光谱仪器分析过程以文件管理、数据采集、数据处理等操作软件形式，实现光谱信号的采集、处理、标定、设置等[15]。将光谱信号向数字化转变，促使仪器实现了“信息化”“数字化”，在物理层（PHL）和处理层（PL）上达到完善的地步，计算机软件的功能使光谱仪器向操作“傻瓜化”、功能“智能化”发展，显示出分析仪器的优越功能。

2.4　原子发射光谱分析方法

2.4.1　火花/电弧原子发射光谱分析法

以火花、电弧为激发光源的原子发射光谱分析法，可以对固体试样直接进行快速分析测定。早期均采用摄谱法，通过测微光度计测量照相干板的谱线黑度的方式进行定量分析，现在已经普遍使用直读光谱仪，以测定结果直接显示的方式进行快速测定。已经成为冶金炉前分析及机械制造工艺控制分析的主要手段。火花光源直读光谱仪器，应用于固体金属材料的成分分析，电弧为光源直读光谱仪器，主要应用于固体粉末及非金属材料分析。仪器的主要结构框图如图 2-22 所示。

2.4.1.1　火花放电光谱分析对样品的要求

火花放电光谱分析采用块状试样直接测定，因此分析样品应保证均匀、无缩孔和裂纹，铸态样品的制取应将钢水注入规定的模具中，钢材取样应选取具有代表性部位。火花放电光谱分析样品取样、制样对不同材料有专门的要求。如金属与合金的分析试样，一般有铸取的试样和锻轧加工过的试样。被测元素谱线强度受试样形状、大小和激发面积大小等的影响。试样形状与大小影响光源中试样的温度，从而影响各成分进入放电区的量，致使谱线的强度发生变化。因此，应使用相同的方法制备分析试样和标准试样，并使分析试样和标准试样的形状、大小尺寸应当保持一致。分析金属或合金、成品或半成品的机件或材料，相应的标准方法对制样都有规定，应严格按照有关规定制样，定量分析时最好是采用同一状态的标准样品制作校正曲线。

对于不能送到实验室内的大型物件，现时最为便捷的方法是采用移动式或便携式光谱仪进行分析，但分析精度和准确度上受一定的限制。也可采用迁移取样法解决巨型物件分析的取样问题，用基于放电时一个电极的物质向另一个电极迁移的现象制成的取样器来取样，取样电极

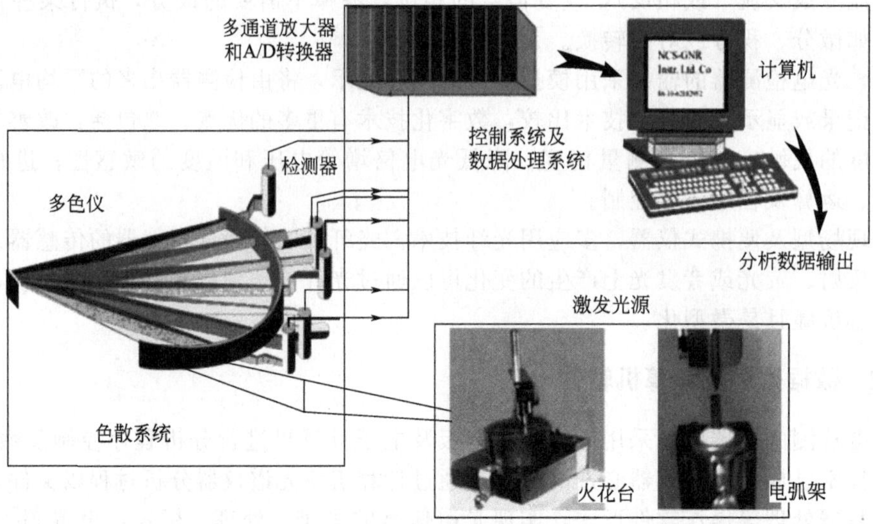

图 2-22　火花/电弧直读光谱仪

的表面受到放电作用的结果，覆盖了一层薄的试样物质，用这个覆盖有试样物质的取样电极和另一个辅助电极组成一对电极在光源作用下进行分析。迁移取样法也可以应用于金属镀层、机件的内表面等的成分分析。迁移取样法的分析准确度大打折扣，多作为定性或半定量分析。

2.4.1.2　火花放电光谱分析的标准化及控制样品

火花放电光谱分析是一种相对分析方法，需要一套与分析样品类型相近的标准样品进行标准化。因此分析过程需要有标准样品、标准化样品和控制样品，用于整个分析过程的标准校正和质量控制。

（1）标准样品　制作校正曲线用的标准样品，其化学成分和物理性质应与分析样品相近似，分析元素含量应保持适当的梯度，分析元素的含量应用准确可靠的方法定值。其组成和冶炼过程最好要和分析样品近似。

（2）标准化样品　为修正由于仪器随时间变化而引起的测量值对校正曲线的偏离，通常用1～2个样品对仪器进行标准化，以保证直接利用原始校正曲线求出准确结果。直读光谱分析中将这种样品称为标准化样品。标准化样品应是非常均匀并要求有适当的含量，可以从标准样品中选出，也可以专门冶炼。当使用两点标准化时，其含量分别取每种元素校正曲线上限和下限附近的含量。

（3）控制样品　控制样品是与分析样品有相似的冶金加工过程和化学成分，用于对分析样品测定结果进行校正的样品。应定期用标准化样品对仪器进行校准，校准的时间间隔取决于仪器的稳定性。控制样品一般是自制的，可取自熔融状金属铸模成型或金属成品。市售的控制样品有时会受到因与分析样品的冶炼过程和分析方法不同的影响。

（4）分析样品　分析样品必须根据分析目的，在能代表平均化学成分的部位进行取样。制备时要充分注意切割和研磨对样品的玷污。特别是由研磨材料引起的玷污，应根据分析目的选择合适的研磨材料及其粒度。分析样品表面要磨到一定的光洁度。

2.4.1.3　火花放电光谱分析的有关问题

（1）试样预处理　分析样品、标准化样品、控制样品等必须经过预处理后才能在仪器上测量。样品一般预处理方法：钢样需在砂轮或磨盘上研磨，磨料为 Al_2O_3、SiO_2、ZrO_2，粒度通常为 36～60 目；铸铁样可以在砂纸或磨盘上打磨，但“白口化”后样品非常硬，需用砂轮磨制。

在进行平均成分含量的测定时，加工好的作光谱分析的试样表面，不能有肉眼见得到的裂缝和疏松等现象，不能用磨钢样的砂轮打磨铜电极。因铜性软，则陷在砂轮表面空隙中的铜粉无法清除，会污染钢样的加工面。

(2) 选择辅助电极　火花放电光谱分析时，通常将分析样品作为一个电极，用其他导电材料作为对电极。随着具体分析要求，可选用银、钨、铜纯金属、碳或石墨或其他合适的材料做对电极。对电极的顶端一般磨成半球形，或采用带截面的圆锥形。顶端形状如图 2-23 所示。对电极直径一般为 1～8mm，长 30～150mm。

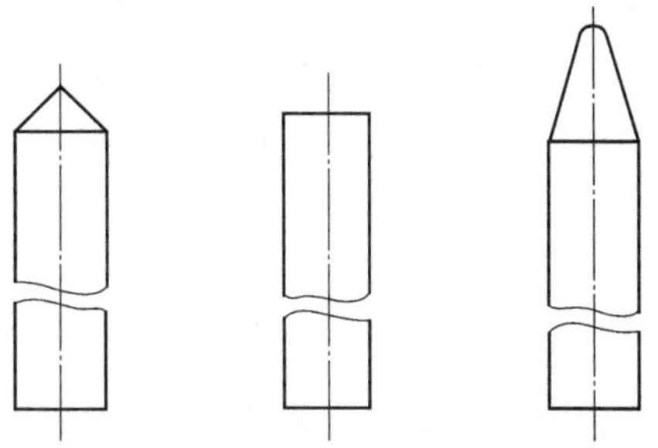
(a) 圆锥形　(b) 圆柱形　(c) 带半球顶端的圆锥形

图 2-23　对电极形状示意图

在进行钢铁材料的光谱分析时，以往习惯用纯铜或纯石墨作对电极，但用真空直读光谱仪分析钢中碳、磷、硫及其他合金元素时，在氩气氛中激发试样，采用直径 3mm 的钨棒作对电极，由于用的是单向放电光源，钨电极消耗很少，无须经常修磨（大约分析 100～150 个试样后才需修磨），只在每个试样分析后以细毛刷拂拭即可。

(3) 设定电极间隙距离　电极间隙的距离通过试验选定，一经选定之后，就必须保持不变。一般采用 1～4mm。两电极之间的弧光或电火花的亮度都随着电极间隙距离的增大而增加，但这并不一定就等于试样中元素谱线强度的增强。当用脉冲性质的光源时，脉冲时间长短影响金属或合金试样表面的蒸发速度。

(4) 预燃　试样中各元素辐射的谱线强度并不是在试样一经激发便立刻达到稳定值，须经过一段时间以后，方能趋于稳定不变。因此，在光谱定量分析时，必须等待分析元素的谱线的强度稳定以后开始曝光，测其积分强度，以保证分析结果的准确度。从接通光源的那一瞬间到开始曝光的这一段时间称为预燃时间。对于每一种金属或合金，在制定分析方法时，应该通过试验，绘制谱线强度随激发时间的变化曲线——预燃曲线，确定预燃时间与用内标法分析时分析线对相对强度保持稳定的最长曝光时间，判断光源激发条件是否适当。预燃曲线的形状与不同元素及所选用的分析线有关，也受对电极材料、放电间隙的气氛、试样激发温度等的影响。特别是当试样在空气中激发时氧化作用对预燃过程的影响较大。因此现在的火花光谱仪器激发台均采用氩气保护氛围。做钢铁的分析时，火花光源的预燃时间约需几秒到 1min；分析有色金属有时需更长的预燃时间。但实际分析时，有时宁愿牺牲一些分析准确度以提高分析速度，不采用长的预燃时间。

当采用火花原位统计分布分析时，则不需要预燃，通过二维扫描采集发射光强度，进行统计分析测定。

(5) 控制气氛　试样在不同的气氛中激发，不仅影响元素的预燃曲线，也是为了避免空气中的氧气对位于远紫外区谱线的吸收。用真空光电直读光谱仪分析钢中碳、磷、硫及其合金元素，要用 200nm 以下的远紫外光区的谱线，同样要在氩气氛中进行激发。使用氩保护气氛，还可以减弱背景，改善信噪比，提高分析灵敏度，减少第三元素影响，分析许多不同合金中的元素，甚至可用同一条校正曲线。

(6) 第三元素和样品组织结构的影响　在很多情况下，第三元素的影响主要是谱线的重叠干扰。当含量较高时也会影响预燃曲线，样品组织结构的变化，也要影响预燃曲线，当钢中含大量碳时，结构的影响表现得特别强烈。避免第三元素影响的基本办法，是采用与分析试样成分相同的标准试样作校正曲线进行分析。在直读光谱仪中可用干扰系数校正法加以校正。解决样品组织结构影响的办法，是用与分析试样相同组织结构的标样进行分析。

（7）仪器光学性能检查　光谱仪的光学系统随着周围环境的变化其光学性质会发生微小的变化，要定期对光学系统进行检查。多道型仪器必须是每条分析线对准其出射狭缝的中心位置。实际操作过程中是采用仪器的描迹功能对光学系统进行检查，在实验过程中可以利用描迹曲线的对称性，找到描迹曲线的最大值。如图 2-24 所示。直读光谱仪由计算机软件进行描迹，具有多通道同时描迹的功能，可以同时对多个通道进行描迹。通常软件描迹除了用描迹曲线显示之外，还提供了实时强度显示。现代高端的火花光谱直读仪器，均配有自动描迹功能，可以通过计算机软件的设定自动进行。

2.4.1.4　电弧直读光谱仪及其分析操作

电弧发射光谱分析法主要是应用于粉末样品的直接分析。电弧直读光谱仪，与火花直读仪器结构基本相同，差别仅在激发光源的发生器和激发台，由电弧发生器和石墨电极台组成。仪器的操作与火花光谱法也相似，由于激发台不同，需要采用带孔的石墨电极，并将粉末样品装填于石墨电极的孔穴中，以另一根带尖端的石墨棒为对电极，接通交流或直流电弧发生器，经直流引弧或高频引弧后，进行电弧放电（图 2-25），将电极孔穴中的样品蒸气原子化，并激发出被测元素的光谱，由光电转换系统接收和计算机数据处理，进行浓度直读。

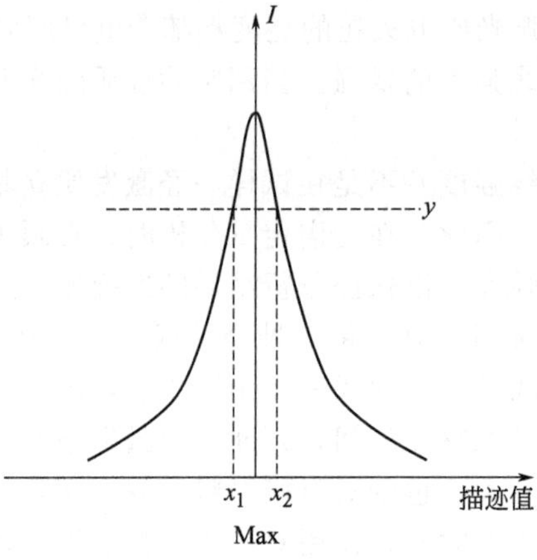

图 2-24　描迹曲线

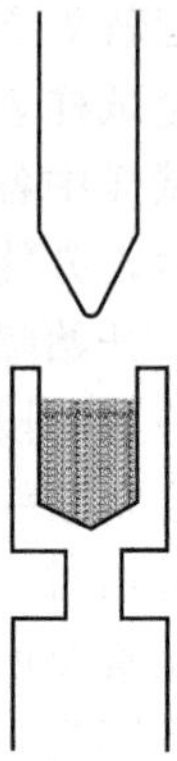

图 2-25　电弧激发

电弧光谱分析的标准化，必须采用粉状标准样品，在与样品分析的相同条件下进行电弧激发制作校正曲线。标准样品可以采用现成的有证标准物质系列。

常规分析可以用合成法制备标准样品：选用不含待测元素的基体物质制成粉末，按比例称取待测元素化合物的粉末混合均匀，制成合成的标准系列样品。在岩矿样品分析中，没有现成标准样品，常常采用这种方式制备分析用的标准物。对于痕量成分的分析，可以称取一定量的不含待测元素的基体物质，将其溶解于溶液中，按比例分别加入待测元素的标准溶液混匀，稀释至需要的浓度，即可制成合成标准溶液，再将其蒸干，在一定温度下灼烧成干燥粉状物，研磨成均匀的粉状标准样品。纯金属中杂质成分分析的标准样品系列多采用这种方法制备。

2.4.1.5　电弧光谱分析的相关问题

电弧直读光谱仪主要用于非导电物体，如粉末样品及非金属物料中的成分含量的快速测定。为难熔（溶）金属钨、钼、铌、锆氧化物，玻璃，陶瓷，耐火材料等粉末材料中杂质元素的测定提供快速分析方法。

（1）粉末试样的处理　用电弧直读仪器进行分析，由于采用粉末样品，必须预先将样品粉碎并磨制成具有一定粒度（一般不大于 0.125mm，即 120 目）的粉状试样，必要时还需加入缓冲剂和载体并充分混匀，才能装填于电极杯中进行电弧激发。

（2）电极选择　电弧法主要用于分析不导电的粉末样品，需要将样品粉末装在能导电的装样电极内，再用一根导电的电极作为对电极，组成电弧激发台。通常采用质地较软，易于机械加工，导电、导热性良好的石墨作电极。电极端温度低。石墨 3600℃开始升华。

不同的电极形状，显著地影响电极头的温度和电极温度的纵向分布，影响粉末样品的激发状态，是影响电弧分析性能的主要因素。图 2-26 为电弧法分析时采用的各种不同类型电极，通过选用形状不同的电极可以控制电极头的温度，以适应于不同类型样品和不同元素的分析测定。

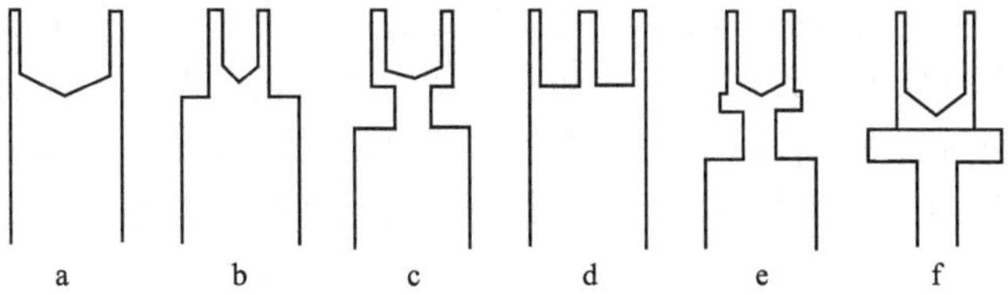

图 2-26　各种形状的装样电极

装样电极由石墨电极车制，装样的孔穴大小及深度不同，具有不同的分析效果。在相同电弧放电条件下，电极孔径越大、孔壁越厚，电极头的温度就越低，反之，温度越高。图 2-26 中 a 型电极头温度比 b 型的低；c 型电极带细颈，减小了热传导，电极温度则更高；d 型电极孔穴中带有极芯，以提高电弧燃烧的稳定性；e 型电极带有小台阶用于电弧浓缩法，用以增强基体元素与难挥发元素之间的分馏效应。在进行微粒矿物或微量样品分析时，常采用小孔径电极，以提高电极温度，加速元素的蒸发，提高了被测元素谱线强度与背景的比值。为了提高电极温度，有时用带有电极台的 f 型电极，杯状的装样电极置于石墨电极台上，在起弧时，装样电极与电极台之间因存在较大的接触电阻，产生火花放电，使电极温度急剧上升，试样迅速熔化、蒸发，被测元素与基体元素之间产生分馏效应，可使某些元素的检出限降低约两个数量级。还有用于多元素连续测定的加罩电极，由于减少了电极孔穴中原子蒸气的扩散损失，提高了被测元素的有效蒸发系数。它将载体蒸馏法、直接燃烧法和电弧浓缩法合理地组合，达到多元素分组连续测定的目的。

电极形状不同，还将影响电弧燃烧的稳定性。一般来讲，电极头越小，燃弧越稳定。锥形电极比平头柱状电极形成的燃弧更稳定。带有小气孔的锥形电极可以获得更稳定的电弧等离子体。

（3）蒸发曲线　电极孔穴中的试样在起弧以后很快呈熔融状态，试样中各种物质按其熔点和沸点，依次蒸发而进入放电间隙。此时，有些物质不经液态直接升华，有些物质在未达到其沸点时便分解，氧化还原或转化为另一种状态，并按新生成物质的沸点高低依次蒸发。各元素按其不同蒸发特性，按顺序进入放电间隙的现象称为分馏效应。图 2-27 显示出在弧燃过程中不同元素不同的蒸发行为，有的元素在弧燃初期即开始蒸发（如图中 S 元素），有

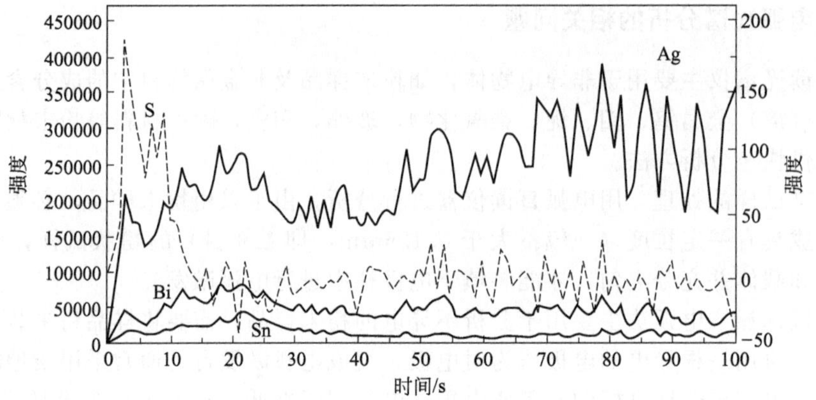

图 2-27 不同元素的电弧蒸发曲线

Ag 335.289nm；S 180.731nm；Bi 306.772nm；Sn 283.999nm

的则在弧燃后期才达到最大蒸发（如图中 Ag 元素）。

分析物质在燃弧过程中的蒸发行为，决定了元素谱线的强度。被测元素的谱线强度随燃弧时间而不断改变，不可能采取瞬时强度的测定方法，只能采取积分强度的方法进行光谱测量。因此，创造一个使分析元素谱线强度基本保持不变的燃弧条件，或使分析元素有规律地进入光源，将有助于测量再现性的提高。增加单位时间的谱线强度、缩短曝光时间，可有效地降低被测元素的检出限。为了消除或减少共存组分对谱线强度的影响，或防止谱线自吸，可以适当减小有关元素的蒸发速度，以降低弧焰中这些元素的浓度。用电弧直读仪器测量，可以通过仪器的软件操作，在不同时间对不同元素进行积分测量，得到很好的测定结果。

（4）光谱载体和缓冲剂及控制气氛　为了加速被测元素的蒸发，粉末样品的分析常常需要在试样中加入载体或缓冲剂，参与电弧放电过程中的化学反应，以促进被分析物质蒸发、原子化和激发。例如，很难挥发的铌、钽和钨在适当的氯化物存在下，能生成易挥发的氯化铌、氯化钽和氯化钨；在测定易挥发元素时，常常采用碘化铵作为反应剂，使被测元素生成更容易挥发的碘化物，等等。

通常用碳粉为载体以增加粉末样品的导电性，配以适当比例的非化学活性及参与高温反应的化学活性试剂等的均匀混合物作为缓冲剂，在大气下或适当辅助气体保护下稳定电弧放电。常用的载体和缓冲剂可在分析手册中查到[16]。

2.4.2 微波等离子体原子发射光谱分析

2.4.2.1 MPT-AES 仪器的结构及工作条件

MPT-AES 仪器由微波发生器、气体控制单元及进样系统、微波等离子炬管、分光检测系统和电子计算机等 5 部分组成。其进样系统、光路系统与 ICP 光谱仪相似。

以商品仪器 Agilent MP 4100 型为例，该仪器采用了大功率（1kW）的工业级磁控管作为微波发生器，通过微波导波技术以磁场耦合的方式，在氮气下工作，形成与 ICP 相似的等离子炬焰，采用的侧视等离子体结构，通过磁场耦合微波能量形成等离子体，但无需水冷耦合线圈。可以在廉价的氮气下运行，而不一定需要费用高的氩气。仪器的光学结构如图 2-28 所示。为单道扫描通用型仪器，光栅装置为切尔尼-特纳型，色散元件为全息衍射光栅，刻线 2400 线/mm，焦距 600mm；波长范围 180nm～800nm；CCD 检测器。进样方式采用

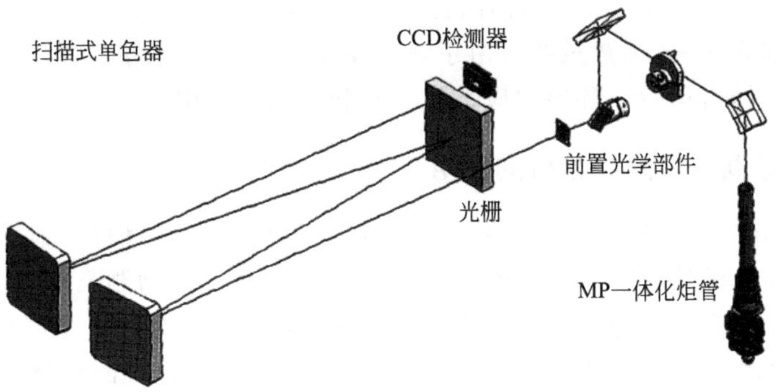

图 2-28　MPT-AES 光学结构简图

同心雾化器和旋流雾化室；耐氢氟酸进样系统采用惰性炬管＋惰性 Neb 雾化器和内衬 PTFE 雾化室；用于有机进样系统则采用 3 道蠕动泵＋Neb 雾化器＋双道旋流雾化室；带有多种样品引入系统，可在分析常规元素的同时发生氢化物，使用薄膜氢化物发生技术，一次分析完成氢化法元素和常规元素的同时测量，操作比较简便。

2.4.2.2　MPT-AES 的分析性能及特点

MPT 为一种开放型谐振腔。形成类似火焰等离子体，在很宽的微波功率范围和 He、Ar 或 N_2 气流中都易于点燃和维持。与 ICP 相似，也具有中央通道，样品的承受能力比传统 MIP 高，基体效应也明显减小，对溶液样品气溶胶及含微粒气溶胶气态样品可以直接进行分析。溶液样品也可以经传统的雾化器借蠕动泵的帮助引入。可在低功率微波电源（50～200W）和低气体流量（约 1～2L/min）下工作，在常压下获得氩、氦、氮或空气等多种气体的等离子体。在以 He 气氛工作时还可激发卤素和其他非金属元素。

MPT 的电子密度比 ICP 要低，原子化能力与 ICP 相同，离子化激发能力比 ICP 低，其等离子体的温度接近于 5000℃，高于 AAS 原子化温度，低于 ICP 等离子炬的温度。元素谱线中仅有原子线，而无离子线，谱线数目相对较少，谱线干扰也相对减小些。分析性能较 ICP 稍差，千瓦级高功率 MPT 才具有与 ICP 相近的分析性能，与传统侧视的 ICP-AES 检出限很接近，以现在千瓦级商品仪器 MP-4100 为例，其检出限比较见表 2-3。

表 2-3　MPT-AES、FAAS 和垂直 ICP-AES 测定部分元素的检出限　　单位：mg/L

元素	FAAS	垂直 ICP-AES	MPT-AES
Au	10	3	0.9
Ca	1	0.06	0.05
Co	5	1	2
K	3	4	0.2
Li	2	1	0.03
Mg	0.3	0.04	0.09
Pd	10	70	0.5
Pt	100	30	6
Si	300	3	2
Sn	100	7	7
Sr	2	0.05	0.08
Ti	100	0.3	3
V	100	0.7	0.4

可以看出：MPT-AES 分析的检出限优于 FAAS，大部分元素可达到 ICP-AES 的水平；线性范围多数元素在 3～4 个数量级。由于该仪器是在氮气下运行，可以采用压缩空气配上除氧装置提供氮气即可运行，环境适应性强，有利于推广应用。

2.4.2.3 微波等离子体光谱分析的应用

MPT 已有应用于钢铁和有色金属等金属材料，无机和有机材料，地质岩石和矿物，环境样品土壤、水体、固体废物、大气飘尘，生物化学样品，生物制品，食品和饮料，粮食，蔬菜，农畜产品，海产品，化工产品，核燃料和核材料以及信息和电子产品等不同领域的实例。MPT-AES 仪器除了在水溶液样品中有很好的分析能力外，同时也能很好地用于有机样品直接分析、氢化物发生元素分析和贵金属元素分析，对汽油、柴油、石油类有机样品，不需要消解直接进样就能分析，减少了样品消解的过程和样品玷污的机会。随着千瓦级 MPT-AES 仪器的商品化发展，MPT 原子发射光谱分析应用范围不断得到扩展[17]。

2.4.3 辉光放电原子发射光谱分析

2.4.3.1 辉光放电原子发射光谱仪

辉光放电原子发射光谱分析是基于惰性气体在低气压下放电的一种分析技术。辉光放电光源具有稳定性很高、元素间影响很小、谱线自吸小、背景低等优点，可用于各种材料成分分析和深度分析[18]。

辉光放电原子光谱分析仪器的主体结构、色散系统和检测系统与火花直读仪器相似，差别在于样品激发台是在低真空下工作，需要有抽真空和充低压氩气的一套专用供气系统，并根据放电类型配备不同的激发源发生器（直流或射频）等[19]。

辉光放电原子发射光谱分析（GD-AES）与其他光谱分析方法相比，在成分分析方面最突出的优点是分析样品时基体效应小，具有低能级激发、谱线宽度窄、谱线干扰小和自吸收效应小等特点。所以能同时分析不同组织结构和基体的样品，线性动态范围宽达 10 个数量级，同时在分析中不易受到其他元素的干扰，在分析高含量元素方面也有很好的精密度。所以可用于不同类型铸铁成分分析和高含量元素、不同基体中元素的测定。例如，采用 GD-AES 对 Al 含量高达 30%以上的锌铝合金标准样品进行测定，无论是对高含量元素还是较低含量元素，都具有良好的准确度和精密度。

在辉光放电过程中，样品原子不断地被逐层剥离，随着溅射过程的进行，光谱信息所反映的化学组成也由表及里，可以用于深度分析。深度分辨率可达到小于 1nm，分析深度由 nm 级至 300μm 以上，分析速度可达 1～100μm/min。可以在几分钟内分析得到 10μm 以内的所有元素沿深度方向的连续分布信息，已成为一种表面、薄膜、复杂涂/镀层和逐层分析的重要手段。

2.4.3.2 仪器使用及操作要求

定期检查仪器的性能，保证辉光放电光谱仪器处于正常工作状态。保持实验室的温度和湿度的恒定。根据仪器说明书中的规定用校准样品建立仪器工作条件。在选定的放电条件下，测定样品的溅射率，通过监测相关的谱线强度与连续背景或等离子体气体谱线的强度比，考察样品溅射和辉光等离子体组成的稳定性，确定合适的辉光溅射速度。检查样品的溅射坑和光源的真空示值，对放电气体的质量和真空系统的密闭性进行评估。清洁阳极表面，保持阳极与样品表面间正确的间隙（0.2mm左右）。

由于氧分子在200nm以下有很强的吸收带，所以光路系统（多色仪或单色仪）需要抽真空或在其中充入高纯氮气或氩气。此外，还需提供充足的高纯工作气体（Ar）和动力气体（给顶样气缸等活动部件提供动力的压缩空气或氮气）。

开机后需要稳定2h以上才能进行样品分析。采用辉光放电原子发射光谱对样品进行分析，需要注意以下几个问题：

(1) 标准系列样品和校准样品　建立校正曲线应尽量选择在化学组成和冶金处理过程上尽可能地与被测样品接近的校准样品。校准样品与被分析样品的组成或结构相差较大时，应对样品的溅射率进行修正。校准样品中各元素的浓度范围应涵盖被分析样品的浓度范围。还应考虑是否存在与样品或放电气体相关的谱线干扰，背景发射及其瞬时涨落对分析结果的影响。深度分析时需选择适当的溅射速率和数据采集速率。

(2) 对样品制备的要求　用于辉光放电原子发射光谱分析的样品通常要求用平板状或圆盘状块样，大小要符合仪器或分析的要求，样品的直径一般在10～100mm之间比较合适。样品表面要求平整光滑，以使样品台O形密封圈贴紧样品，保证样品与辉光放电光源间的密封。

对于进行成分分析的样品，表面可以进行适当的加工处理，去除样品表面的玷污；固体粉末样品需预先将其压制成块。对于进行表面逐层分析的样品，需对样品表面进行清洁，又要对样品表面进行保护，以免破坏样品表面而导致表面信息的丧失，样品表面是金属（如镀锌板、镀锡板）时，可用酒精擦洗表面污物，有的样品表面有一层有机保护膜（如彩涂板），就不能用有机溶剂进行清洗，而要用清水洗净，然后用软纸擦干。

2.4.3.3 辉光光谱测量技术

(1) 成分分析　辉光光谱用于材料的成分分析：一是固体样品的成分分析[20]；二是样品镀层深度的成分分布分析[21]。由于辉光放电属于低气压放电，受基体和共存元素的干扰小，自吸收小，背景低，适于低含量成分的测定。

选择与被测样品基体相同或至少相似的标准样品建立校正曲线，实验点数目不能少于6个。样品测定和建立校正曲线时的测定条件保持一致。

由于实验条件的变化（如温度、压力、氩气流量、氩气纯度、电流电压、样品的制样等的变化），校正曲线会发生漂移，需要定期进行漂移校正。可采用两点校正或单点校正（也称局部校正）。

① 两点校正　通过校正曲线高点和低点的含量而达到对整条曲线的校正。实验中分别激发高标与低标含量样品，得到相应的含量实验值，然后与原校正曲线上高标含量和低标含量值相比较，联立方程求解得出相应的系数，最后用该系数对曲线进行整体校正。

② 局部校正　通过一个点的含量来对校正曲线的局部进行校正，实验中再次激发单个校正样品，得到其含量实验值，然后与曲线上的相应含量进行比较，求得校正系数，然后依据此校正系数对整条工作曲线进行校正。单点校正只是使在该点附近由校正曲线求得的含量的准确度有所提高，不适用于由校正曲线求得其他位置的含量的校正。

(2) 深度分析[22,23]　辉光放电光谱深度分析中，元素的光谱信号强度不仅与元素在样品中的含量成正比，还与样品的溅射速度有关。

用辉光放电光谱进行深度分析得到的是镀层样品成分所对应的谱线强度与溅射时间的相互关系，所以需要将谱线强度定量转化为相应成分的含量，以及将溅射时间定量转化为溅射深度，如图2-29所示。

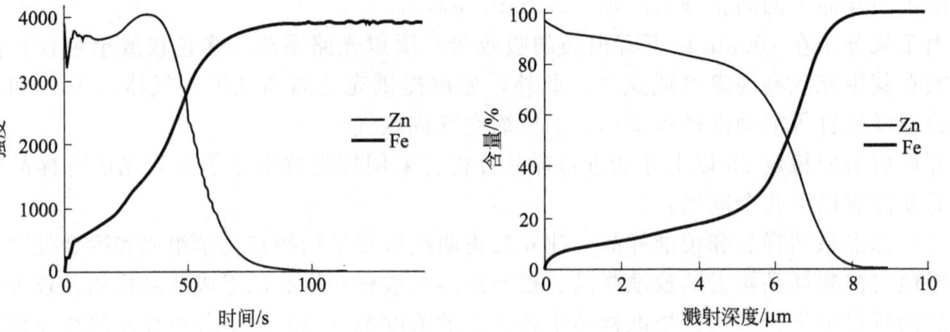

图 2-29 镀 Zn 钢板的定性和定量深度

对于非均质样品深度分析的强度与浓度的相互转换，即使用同种基体的标准样品在相同的分析条件下建立校正曲线，也不能如成分分析一样进行。由于深度分析样品的基体随深度的变化不断发生改变，均匀样品单一基体的校正曲线无法满足其要求。同时仪器分析的参数如电流、电压也随深度分析过程中基体的不断变化而相应发生改变，这些变化在定量过程中也需要进行校正。对于时间与深度的转化，由于样品的非均质性，样品的溅射速度也随着溅射深度的不同而不断发生变化，不容易通过测定相应的均匀样品来模拟和校正。

对于辉光放电光谱深度分析的定量转换方法有很多种，如 SIMR 法、IRSID 法、BHP 法等，目前商品化的 GD-AES 普遍采用的方法是瑞典金属研究所 A. Bengtson 等人提出的 SIMR 方法[24]。

使用校正曲线进行深度分析的定量时，需要测定较多元素含量和基体不同的校准样品。在 SIMR 方法中，使用溅射速度校正强度来校正由于样品不同的溅射速度所造成的校正曲线中样品数据点的分散性。选定已知溅射速度的参考物，一般都选用低合金样品，因为低合金有大量商业标准样品，并且其溅射速度与其他物质相比也比较居中。这种溅射速度校正强度校正曲线定量转化法的优越性在于它只需均匀块状标准样品，而这种标准样品大量存在。

其校准方法也可以分析元素的谱线强度 I_i 为横坐标，分析元素的含量 c_i 为纵坐标，建立校正曲线。校正公式

$$c_i = aI_i + b \tag{2-34}$$

式中，c_i 为样品中分析元素 i 的含量；I_i 为样品中分析元素 i 的谱线强度；a 为校准曲线的斜率；b 为背景等效浓度。

GD-AES 作为深度分析方法，在金属合金镀层、工艺处理层、纳米级薄层、有机涂层等材料表面分析方面都有很好的应用。

2.4.4 激光原子光谱分析

激光是 20 世纪的重大发明，它是基于受激发射放大原理而产生的一种相干光辐射，具有极高的亮度、极好的单色性和相干性。可以对固体样品直接激发进行光谱测定，称为激光诱导击穿光谱（LIBS）或激光诱导等离子体光谱（LIPS）分析技术。由于其激发斑点很小、溅射能力强，可用于薄、细样品截面上成分分布的快速测定。

2.4.4.1 激光诱导击穿光谱分析

激光诱导击穿光谱分析的原理，如图 2-30 所示。

LIBS 发射谱线的形成过程可分为三个步骤：

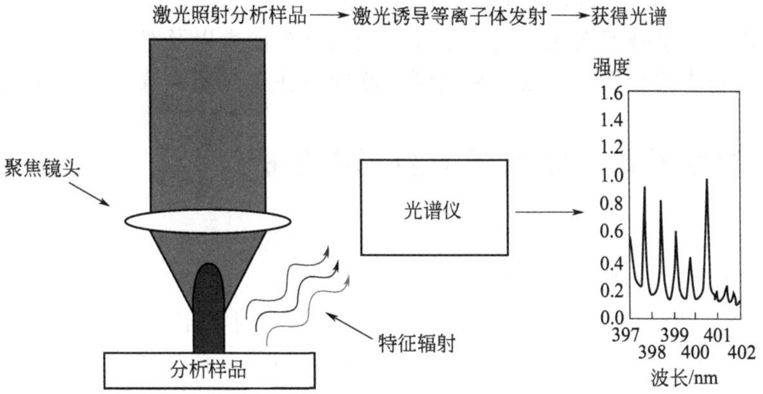

图 2-30　激光诱导击穿光谱分析的原理

① 高能量的激光照射到分析样品上时，能量被样品表面吸收，物质的分子发生振动变热并将热量传入样品内部，使光斑处的温度骤然升至 10000K，少量样品发生熔融、蒸发，瞬间原子化，由于多光子电离与样品表面热量散发使部分电子获得能量，发生电离产生等离子体。

② 韧致辐射与电子-离子复合导致宽带发射，形成连续背景，该过程需几百纳秒。

③ 等离子体中各元素发射原子谱线，谱线强度与元素浓度成正比。该过程通常持续几微秒，是进行元素定量分析的重要环节。

与传统的光谱分析手段相比较，LIBS 的优势在于：无须烦琐的样品前处理过程，分析速度快；样品损失少；对样品尺寸、形状及物理性质要求不严格，可分析不规则样品；可分析导体、非导体材料，难熔材料；可测定固态、液态、气态样品；具有高灵敏度与高空间分辨率，可进行原位微区分析，提供物质微观化学成分和结构的信息；可进行样品中痕量元素分析、现场分析以及高温、恶劣环境下的远程分析等，最早应用于环境污染监测，现已广泛应用于环境、地质、冶金、燃料能源，核工业、材料、生物医药等领域。结合样品的表面扫描分析技术，可望实现大尺度范围内各元素成分及其状态的定量分布分析，特别适宜于艺术品、珍宝的分析鉴定，在深空探测中表现出独特的遥感探测能力，极大地拓宽了光谱分析的应用范围，是目前极为活跃也是很有发展前景的光谱分析技术。

激光诱导击穿光谱分析作为一种新的定量分析技术，由于存在光谱的重复性低，在提高激光诱导等离子光谱信号信噪比及提高光谱信号的可重复性、降低基体效应等不利因素影响，采用双脉冲或多脉冲增强、放电脉冲再激发、空间限域、磁场束缚和微波辅助等增强方法，不断提高定量化分析的精确度。同时光谱信号信噪比的增强可降低对激光器输出能量的要求，有效降低了激光诱导击穿光谱集成系统的成本，因此近年来 LIBS 分析技术和仪器得到迅速发展[25]，正在向更多应用领域拓展[26,27]。

2.4.4.2　激光诱导原位光谱分析[28]

LIBS 的元素光谱分析技术，具有多元素分析能力、原位与大面积样本扫描成像能力，在材料原位统计分布分析上的应用，成为一门有用的技术，具有广泛的应用前景。我国已经研制成功首台 LIBS OPA-100 激光原位分析仪，采用高功率 Nd:YAG 脉冲激光器作光源产生激光诱导等离子体，并带有大范围的二维扫描装置，可以对元素成分和状态进行分布分析，通过对多元素异常激光光谱信号的联合解析，可以分析夹杂物种类和含量，为新材料研制以及新工艺研究提供检控手段。已经在国内钢厂现场中对钢材的冷轧板、镀锌板等板材进行激光原位分析，得到很好的应用效果。

激光诱导击穿光谱技术在光源的稳定性、空间分辨能力以及对于痕量元素的检测能力仍嫌不足，有待进一步改进提高，近年来受到广泛的关注，出现大量研究及应用文献。

2.5 电感耦合等离子体原子发射光谱分析[29]

ICP-AES 法出现于 20 世纪 60 年代，70 年代获得迅速发展。1975 年国际纯粹与应用化学联合会（IUPAC）将电感耦合等离子体发射光谱分析法推荐作为专用术语，简称为 ICP-AES 或 ICP-OES。该法既具有原子发射光谱法多元素同时测定的优点，又具有原子吸收光谱法溶液进样的灵活性和稳定性，成为元素分析最通用的分析技术之一。近半个世纪以来，在 ICP-AES 仪器的灵敏度、稳定性，分析精密度、准确度和快速、自动化等方面，特别是 ICP 仪器的商品化使 ICP 分析技术得到快速发展和广泛应用。随着固态数字化高频发生器、炬管双向观测技术、激光烧蚀固体直接进样技术的引用，中阶梯光栅-棱镜双色散光学系统、计算机技术的引入和强大的软件功能，仪器的自动控制和智能化，光谱信息的实时处理，使 ICP-AES 分析技术达到高灵敏度、更高稳定性、高分辨率的高端发展阶段 在主、次、痕量成分的多元素同时测定，固、液、气态样品的直接分析方面都有很好的效果，在各个分析领域中被广泛应用。

2.5.1 等离子体光源概述

2.5.1.1 等离子体

等离子体（plasma）在近代物理学中是物质的第四种状态。等离子态是一种由自由电子和带电离子为主要成分的物质形态，是一种在一定程度上被电离了的气体，其导电能力达到充分电离气体的程度，而其中电子和阳离子的浓度处于平衡状态，宏观上呈电中性，故称为等离子态，或称“超气态”。

等离子体按其温度可以分为高温等离子体和低温等离子体。当等离子的温度达到 10^6～10^8K 时，气体中的所有分子、原子完全离解和电离，这种等离子体称为高温等离子体。当温度低于 10^5K 时气体仅部分电离，称为低温等离子体，此时气体的电离度约为 0.1%～1%，其最高温度不超过 10^5K。在高频电磁场的作用下，形成的等离子体可以达到很高的温度，成为一个具有良好的蒸发-原子化-激发-电离性能的光谱光源。

2.5.1.2 光谱分析的等离子体光源

光谱分析的光源都属低温等离子体，在实际应用中低温等离子体呈现为热等离子体和冷等离子体。当气体压力为常压时，粒子密度较大，电子浓度高，平均自由程小，电子和重粒子之间碰撞频繁，电子的动能可传递给重粒子（原子和分子）。这样，各种粒子（电子、正离子、原子和分子）的热运动动能趋于接近，整个气体接近或达到热力学平衡状态，气体的温度和电子温度相等，这种等离子体称为热等离子体；当在气体放电系统的气体压力和电子浓度低时，则电子与重粒子碰撞的机会少，电子从电场中得到的动能不易与重粒子交换，重粒子的动能较低，即气体的温度较低，这样的等离子体处于非热力学平衡状态，叫作冷等离子体。Ar-ICP 光源有热等离子体的性质，也有偏离热等离子的特性。光谱分析用的辉光放电灯、空心阴极灯内的等离子体都属于冷等离子体。

原子发射光谱的产生是原子在激发光源中通过碰撞与激发而发生的。在激发光源中，试样经历一系列过程：分析试样的组分被蒸发为气体分子，气体分子获得能量而被解离为原子，部分原子电离为离子，形成包含有分子、原子、离子、电子等各种气态离子的集合体，因为这种气体中除含有中性原子和分子外，还含有大量的离子和电子，而且带正电荷的阳离子和带负电荷的电子数相等，使集合体宏观上呈电中性，处于类似于等离子体的状态。因此，从广义上讲，光谱分析中电弧（arc）放电、火花（spark）放电和某些类型的火焰光源，也属于等离子体光源。但是在光谱分析中，通常仅将外观上类似火焰一类的放电光源称为等离子体光源。所以，通常不将电弧、火花放电光源称为等离子体光源；而一般的火焰不是放电光源也不列入等离子体光源。

2.5.1.3　等离子体光源的特点

光谱分析中的各类等离子体光源，都各有自身的特点和局限性，DCP、ICP 是具有较大体积的光源，约几立方厘米，功率在 0.5kW 至几千瓦；MPT 是小体积光源，一般＜$0.1cm^3$，功率在几百瓦，随着功率的提高才能达到 ICP 的程度。各类等离子体光源共同的优点是：

① 具有较高的蒸发、原子化、离子化和激发能力，许多元素有很灵敏的离子线。

② 稳定性好。稳定性与化学火焰相当，优于电弧和火花放电光源。分析精密度可与湿式化学法相比。

③ 样品组成的影响（基体效应）小。因为一般是在惰性气氛下工作，工作温度极高，所以有利于难激发元素的测定，且避免了碳电弧放电时产生的 CN 带、火花放电时产生的空气带状光谱的影响。

等离子体发射光谱光源中最具实用价值的是常压下射频（RF）和微波（MW）等离子体光源，得到了推广应用。前者为 ICP-AES 仪器，后者为 MPT-AES 仪器，成为了通用型元素分析商品仪器。

2.5.2　ICP 光源的物理化学特性

2.5.2.1　ICP 等离子炬的产生

高频发生器产生固定频率的高频电（一般多为 27～50MHz，1～2.5kW）经过由通以冷却水的铜管绕成的线圈（一般为 2～3 匝），对由三层同心石英管组成的 ICP 炬管进行高频感应加热。三层同心的 ICP 炬管其外管通以 Ar 气，以切线方向引入，称为冷却气。它使等离子体火焰离开外管内壁，以免烧坏石英管（石英在 1600℃软化），起到冷却炬管的作用，同时这部分气体也参加电离，形成等离子体焰炬，因而也有将其称为等离子气。中管通以 Ar 气，起维持并抬高等离子体焰炬的作用，称为辅助气（双管式炬管则没有此气）。内管为 1～2mm 的细管（石英或氧化锆管）做成，通以 Ar 气称为载气，将试样引入等离子体中。

三层同心的石英炬管放在感应线圈中，当高频电流通过铜管线圈时，在炬管中产生轴向高频磁场，先用微电火花引燃，以产生载流子（电子和阳离子），所产生的载流子立即被高频电磁场以相反的方向加速，高速运动与气体分子相碰撞，使更多的气体电离，达到相当的电导率时，在气体垂直于磁场方向的截面上就会产生一个呈闭合圆形回路的涡流来。这个涡流瞬间使气体（Ar 气）形成一个很高温度（达约 10000K）的等离子体火焰。而此时整个 ICP 炬管系统就好像一个变压器：感应线圈是初级线圈，等离子体就相当于只有一匝的次级

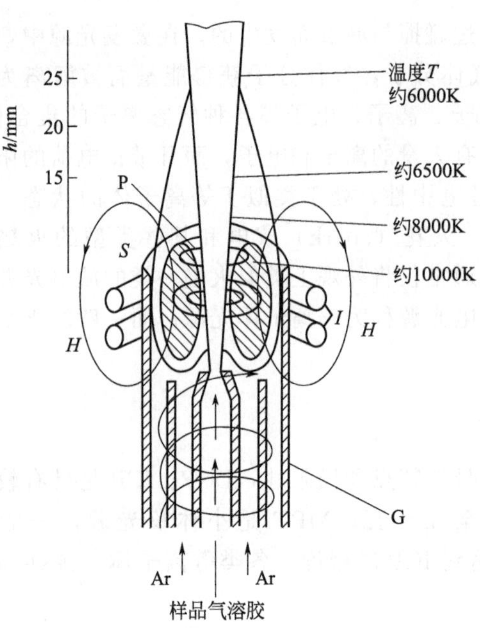

图 2-31　ICP 等离子体焰炬的温度分布
I—高频电流；H—交变磁场；S—感应线圈；
P—涡流；G—等离子炬管

线圈。高频电能就通过电感耦合到等离子体，使 ICP 放电维持不灭。这就是所谓的电感耦合等离子体（如图 2-31 所示）。

当载气将雾化了的试样通过等离子体时，被高温的等离子体间接加热至 6000～7000K，发生原子化、电离、激发，产生发射光谱。

ICP 的工作气体选用单原子气体氩气，而不是采用氮气或空气等其他分子气体，是从其电阻率、热容、热导率、离解能和电离能等物理性质上考虑，氩气最有利于等离子体焰炬的生成，易形成稳定的等离子体，所需的功率较低，即通常所说的易于“点火”。形成的氩等离子体温度较高，光谱背景低，具有很好的分析性能，可获得较高灵敏度，很好的检出限。现在的商品 ICP 仪器均采用 Ar 等离子体作为激发光源。Ar 气的纯度一般要求在 99.95%～99.99%。缺点是氩气消耗量较大。

典型的 ICP 是一个非常强的、白炽不透明的“核”，其上部有一个类似火焰的尾巴。核心伸展到管口上数毫米处，发射出连续光谱以及叠加在其上的 Ar 谱线（连续光谱是由 Ar 或其他离子同电子复合时产生的）。在核心以上 10～30mm 处等离子体呈透明状，几乎没有背景发射。光谱观察常常在电感线圈之上 15～20mm 处进行。

2.5.2.2　ICP 的放电温度和电子密度及其空间分布

ICP 的放电温度和电子密度是一个光谱分析光源十分重要的参数。它与耦合到等离子体的功率、高频放电频率和炬管结构，以及工作气体的种类和流量等因素有关。

（1）入射功率和功耗　ICP 高频电源耦合到等离子体上的那部分功率，称为入射功率。这部分功率消耗在工作气体加热、电离、溶剂加热和离解；样品蒸发；热辐射和光学辐射（主要指背景）等上面。通常情况下，光辐射所造成的功耗是很小的，常常不及 10%。一般讲：增大功率，炬管壁热传导和光学辐射的消耗增大，而气体受热的功耗增大则不明显，因此过大增加功率不能有效提高等离子体的温度。提高频率，光辐射部分的功率可能减小，而管壁热传导损耗将增加。

工作气流对功率平衡也有较明显的影响，增大外管气流对减小炬管壁热传导功耗有利，增大载气流量对减小炬管壁热传导功耗有利。

（2）ICP 放电温度　它与入射功率、高频频率、炬管结构（限制等离子体半径）等因素密切相关。增大功率将使等离子体温度升高，等离子体积增大；增大频率则可能使等离子体温度降低，等离子体积也有扩大的倾向。当功率及频率达到某一数值后，等离子体的温度随功率和频率的变化便变得不显著，而等离子体半径的减小将使其温度升高。

（3）温度及电子密度的空间分布　在 ICP 放电中，不同空间位置的等离子体温度和电子密度是很不相同的，分别参见图 2-31 和图 2-32。

ICP 分析区温度为 4000～6500K，与电弧放电的温度（4000～7000K）相近。ICP 放电的电

子密度高达 10^{15} 个/cm^3，比一般电弧放电要高 2 个数量级。即使引入 1mg/mL 易电离元素，所释放出的电子密度在 ICP 中也只有 10^{12} 个/cm^3，电离引起的影响是很小的。温度和电子密度在空间分布的不均匀性，使得在不同的观察高度，显示不同的分析特性，为 ICP-AES 分析中针对不同样品、不同元素选择最佳测定条件提供了可能性。

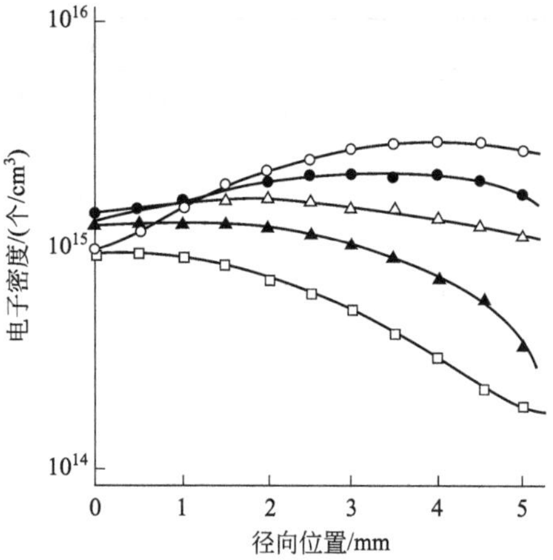

图 2-32　不同观察高度下电子密度的径向分布

○ 5mm；● 10mm；△ 15mm；▲ 20mm；□ 25mm

2.5.2.3　ICP 光源的分析特性

由于 ICP 光源的特点，为 ICP-AES 提供了优良的分析特性，归结起来有：很好的蒸发、原子化/离子化和激发能力；基体效应、自吸效应和一般化学干扰小；校正曲线的线性动态范围宽达 5～6 个数量级；可以直接对固、液、气态样品进样分析；具有同时测定多元素和高、中、低含量及痕量组分的能力；分析速度快；适用于测定的元素多，且具有良好的灵敏度和检出限。表 2-4 列出了用 ICP-AES 测定各种元素的检出限，并同时列出了火焰、石墨炉 AAS 法及 ICP-MS 法的检出限，以资比较。由表 2-4 可以看出 ICP-AES 分析法经过 20 多年来的发展，提高了近 1 个数量级，不少元素已接近或达到石墨炉原子吸收分析法的检出限。

表 2-4　ICP-AES 与几种分析方法检出限的比较[30]　　单位：g/L

元素	AAS		ICP-AES		ICP-MS
	F-AAS	GF-AAS	D. L. 80①	D. L. 99②	
Ag	1.5	0.01	6.6	0.3	0.003
Al	45	0.1	22	0.2	0.006
As	30	0.2	50	0.9	0.006
Au	9	0.1	16	0.6	0.001
B	1000	20	4.5	0.3	0.09
Ba	15	0.35	1.2	0.04	0.002
Be	1.5	0.003	0.25	0.05	0.03
Bi	30	0.25	21	2.6	0.0005
Ca	1.5	0.01	0.18	0.02	0.5
Cd	0.8	0.008	2.4	0.09	0.003
Ce	—	—	50	2.0	0.0004
Co	9	0.15	5.0	0.2	0.0009
Cr	3	0.03	4.0	0.2	0.02
Cs	15	0.04	—	—	0.0005
Cu	1.5	0.04	2.3	0.2	0.003
Fe	5	0.1	1.7	0.2	0.4
Ga	50	0.1	21	4.0	0.001
Ge	100	3	17	6.0	0.003
Hf	300	—	11	3.3	0.0006

续表

元素	AAS		ICP-AES		ICP-MS
	F-AAS	GF-AAS	D. L. 80①	D. L. 99②	
Hg	50	0.6	25	0.5	0.004
In	30	0.04	59	9.0	0.0005
Ir	900	3.0	25	5.0	0.0006
K	3	0.008	60	0.2	1
La	2000	—	9.4	1.0	0.0005
Li	0.8	0.06	1.8	0.2	0.027
Mg	0.1	0.004	0.14	0.01	0.007
Mn	0.8	0.02	1.3	0.04	0.002
Mo	30	0.08	7.4	0.2	0.003
Na	0.3	—	29	0.5	0.03
Nb	1500	—	39	5.0	0.0009
Ni	5	0.3	9.4	0.3	0.005
Os	120	—	0.34	0.13	—
P	21000	0.3	73	1.5	0.3
Pb	10	0.06	40	1.5	0.001
Pd	10	0.8	40	3.0	0.0009
Pt	6	1	28	4.7	0.002
Rb	3	0.03	—	30	0.003
Re	600	—	57	3.3	0.0006
Rh	6	0.8	40	5.0	0.0008
Ru	60	—	28	6.0	0.002
S	—	—	30	9.0	70
Sb	30	0.15	17	2.0	0.001
Sc	30	6	—	0.09	0.015
Se	100	0.3	70	1.5	0.06
Si	90	1.0	9	1.5	0.7
Sn	50	0.2	25	1.3	0.002
Sr	3	0.025	0.4	0.01	0.0008
Ta	1500	—	24	5.3	0.0006
Te	30	0.1	39	10	0.01
Th	—	—	61	5.4	0.0003
Ti	75	0.35	3.5	0.05	0.006
Tl	15	0.15	39	1.0	0.0005
U	15000	—	240	15	0.0003
V	20	0.1	4.6	0.2	0.002
W	1500	—	28	2.0	0.001
Y	75	—	3.2	0.3	0.0009
Zn	1.5	0.01	1.7	0.1	0.003
Zr	450	—	6.6	0.3	0.004

① 为 20 世纪 80 年代文献 [31] 上所发表的数据。

② 为 20 世纪 90 年代末商品仪器所提供的最好水平。

2.5.3 ICP 光谱仪的结构与操作

ICP-AES 光谱仪由高频发生器、炬管、等离子体供气系统、样品引入系统、光学系统、测量系统和计算机系统组成。

2.5.3.1 高频发生器

高频发生器是产生有固定频率的高频电源。高频发生器的作用是向等离子炬管上感应线圈提供高频电流。

对高频发生器的主要要求是：输出功率和频率应尽可能稳定，长时间工作无功率漂移，功率转换效率高。特别是发生器的输出功率必须有极好的稳定性，频率的变动一般要求≤0.1%，输出功率变化必须小于±0.05%。

高频发生器按振荡形式分为“自激”式发生器（电子管自激振荡）和“它激”式石英稳频发生器（晶体控制振荡）。

“自激”式发生器由一个电子管、LC 振荡回路和整流电源组成。由一个发射管同时完成振荡、激励和功放等功能，结构简单，匹配速度快，传输效率高，维修容易。

“它激”式发生器由石英稳频发生器与晶体（石英晶体）振荡器、倍频、激励、功放等部分组成。主要优点是振荡频率恒定，功率稳定，转换效率高，抗干扰能力较强，结构比“自激”式发生器要复杂。

现代商品化仪器大多采用全固态射频电源，使用大功率晶体管自激振荡、固态电路，整个发生器主体固化在一块高集成化的线路板上，结构紧凑，仪器体积小，无功率管等发热部件，使高频发生器的可靠性、稳定性及能量耦合效率得到提高。

ICP 采用的 RF 发生器频率一般为 27.12MHz 或 40.68MHz，是标准工业频率振荡器 6.78MHz 的 4 倍或 6 倍值，均有很好的分析性能。采用 40.68MHz，ICP 容易“点火”，形成的等离子体温度较低而电子密度增加，背景连续光谱减小，信噪比高，检出限得到改善。采用 27.12MHz，炬焰温度较高，对难挥发、难激发元素的分析灵敏度较高。

RF 发生器的输出功率，大多采用低功率，一般为 1～1.5kW，反射功率一般要求小于 10W，越小越好。接地电阻越小越好，一般以不超过 4Ω 为宜。

2.5.3.2 炬管、工作气体和气路

应用最广的 ICP 的炬管是 Fassel 型炬管［图 2-33，(a) 为 Boumans、(b) 和 (c) 为 Fassel、(d) 为 Greenfield 使用的炬管］。常规炬管的外管内径为 18～20mm，通“冷却气”Ar 10～15L/min；中管外径为 16～18mm，通“辅助气”Ar 0～1L/min，内管直径为 1～2mm，通“载气”Ar 0.5～1L/min。有的仪器还在内管下部样品气溶胶入口处，加上切向进气（Ar）的“护套气”，以减少记忆效应，能正常分析 30%NaCl 溶液，大大改善了碱金属的检测下限。

目前各仪器上配用的 ICP 炬管有可拆卸式和整体式两种。整体式炬管精度要好些，但清洗维护不方便。可拆卸炬管清洗维护则方便得多。

ICP 的炬管氩气均采用大气量，经近几年来的改进，氩气量在 8～10L/min 即有很好的分析性能，也出现过节气型的小炬管，Ar 气消耗量仅为 5～6L/min，但焰炬弱小，分析性能不及常规炬管。

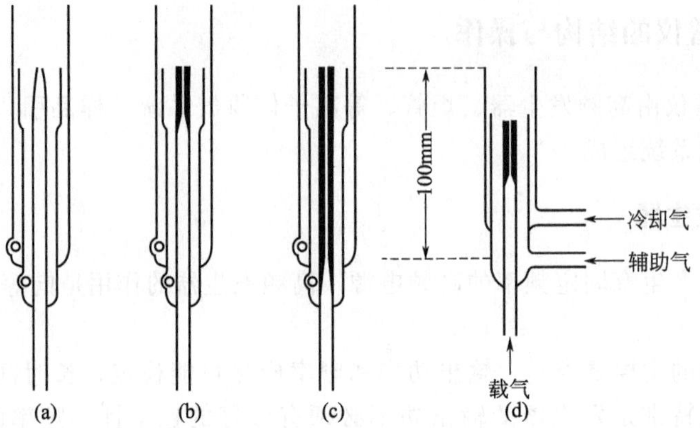

图 2-33　ICP 炬管及工作气体

2.5.3.3　进样系统

ICP 进样系统有三种方式：①溶液雾化进样；②气体进样；③固体超微粒进样。一般以溶液雾化进样为主。固体超微粒进样的分析性能尚待提高，还没得到普遍应用。

ICP 仪器常规采用溶液进样。溶液气溶胶进样装置由雾化器和雾室组成。

(1) 雾化器　最常用的雾化器有气动雾化器和超声雾化器。商品仪器中常用的有：

① 同心气动雾化器　又称迈哈德（Meinhard）雾化器，由硼硅酸盐玻璃吹制而成（图 2-34）。该雾化器利用通过喷嘴小孔的高速气流产生的负压提升液体，并将其粉碎成微细的气溶胶，雾化率为 1%～3%。为了保证等离子焰炬的稳定，溶液提升量一般控制在 0.5～1.5mL/min。对高盐（超过 4mg/mL）样液进样，气流特性随时间而变化，易堵塞，不耐氢氟酸腐蚀。耐氢氟酸腐蚀的雾化器系由聚三氟氯化乙烯制成外管，铂-铱合金制成毛细管，雾化器装在聚四氟乙烯制的雾室中。

② 直角型气动雾化器　直角型气动雾化器见图 2-35，成雾机理与同心气动雾化器相同。直角气动雾化器可调节，耐氢氟酸，高盐溶液进样不易堵。雾化效率是 1%～3%。

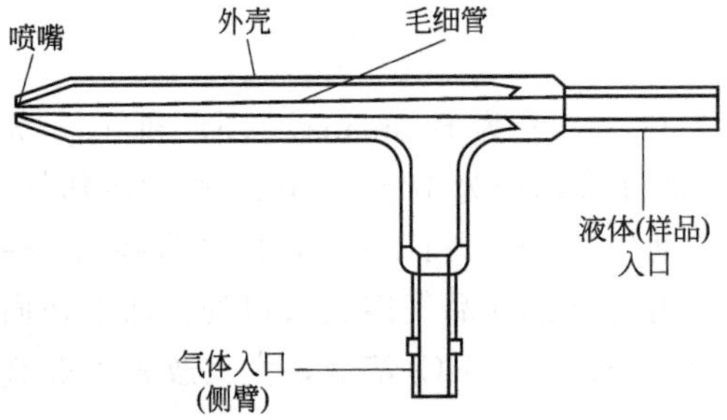

图 2-34　同心气动雾化器

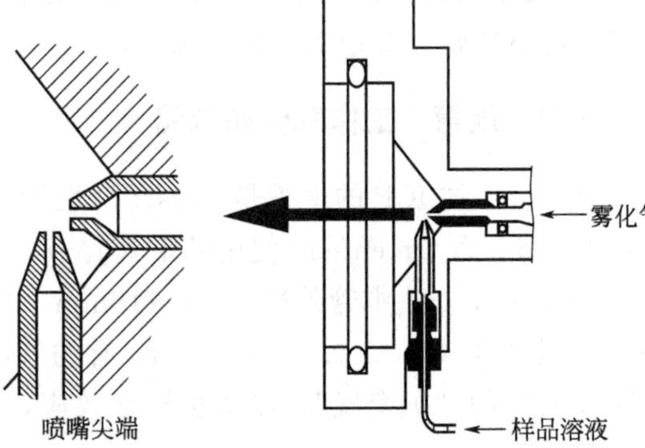

图 2-35　直角型气动雾化器示意图

③ 高盐雾化器（Babington 雾化器）　高盐雾化器也叫 V 形槽雾化器，基本结构与试液雾化原理如图 2-36(a) 所示。

当溶液用蠕动泵通过输液管送到雾化器基板上，让溶液沿倾斜的基板（或沟槽）自由流下，在溶液流经的通路上有一小孔，载气从背面小孔处喷出将溶液雾化。由于喷口处不断有

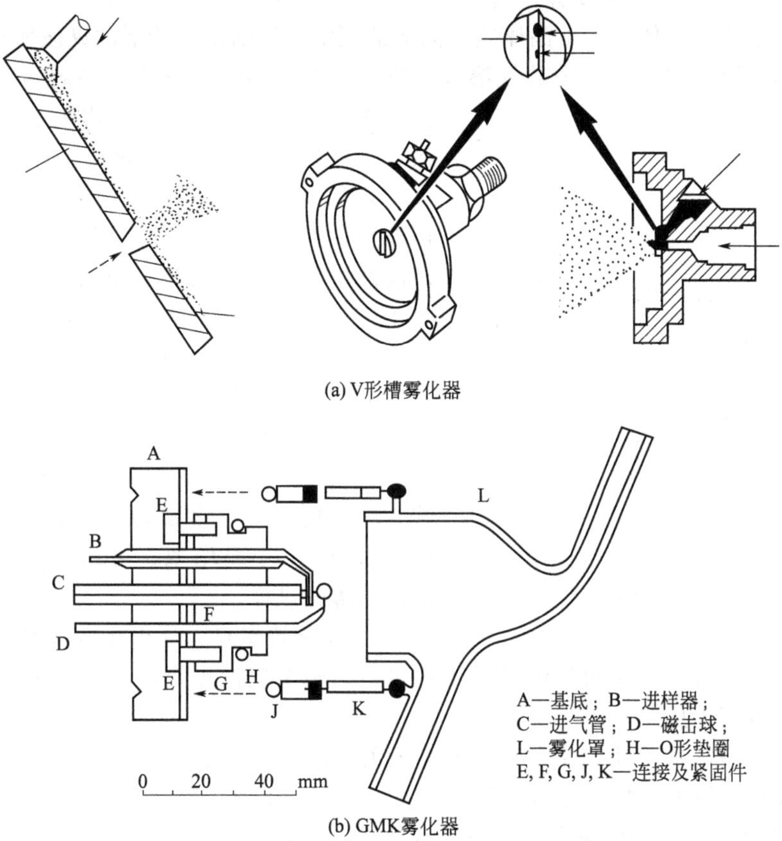

图 2-36　高盐雾化器结构和雾化原理

溶液流过，不会形成盐的沉积，所以可承担高盐溶液的雾化。

商品化的 Babington 雾化器是 Labtest Equipment 公司生产的高盐雾化器，称为 GMK 型雾化器，其结构如图 2-36(b) 所示。雾化效率可达 2%～4%，比一般气动雾化器高。试液中钠浓度在 2.5～100g/L 范围变化时，其进样效率也变化不大。试液中盐类浓度高达 250g/L NaCl 还可以正常工作。

GMK 型雾化器的检出限比气功雾化器好，测量精密度与气功雾化器相似，记忆效应比气动雾化器小，分析样品之间清洗时间缩短，是一种性能优秀的雾化装置。

④ 双铂栅网雾化器　双铂栅网雾化器是另一种改型 Babington 雾化器，如图 2-37 所示。

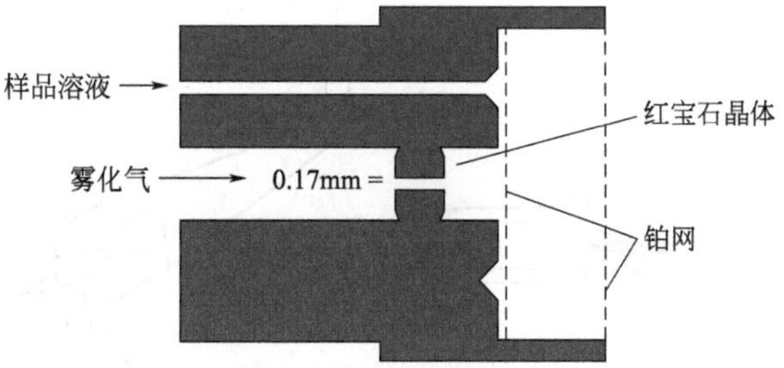

图 2-37　双铂栅网雾化器

双铂栅网雾化器的主体是用聚四氟乙烯材质制成，溶液试样的进样管从垂直方向进入，雾化气从水平方向进气。它的改进是在喷口前加装了两层可以调节之间距离的铂网，其网孔为 100 目。当载气从小孔喷出将试液雾化时，经过已调节最佳距离的双层铂网，使雾化的气溶胶更进一步细化，既具有耐高盐的能力，又能降低分析检出限，是一种很好的雾化器。

⑤ 超声波雾化器　超声波雾化器产生频率在200kHz～10MHz的超声波，驱动压电晶体振荡。当试液流经晶体时，由晶体表面向溶液至空气界面垂直传播的纵波所产生的压力使液面破碎、雾化形成细小、均匀的气溶胶。所产生的气溶胶平均直径与超声波振荡频率有关。雾化效率可达10%，检出限下降1～1.5数量级，个别元素下降2个数量级。

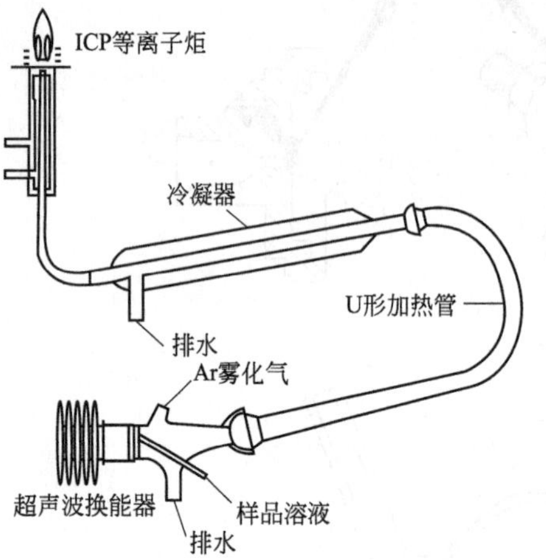

图2-38　超声波雾化器结构示意图

以常用商品超声波雾化器的U-5000AT型超声波雾化器为例，其结构如图2-38所示。它由超声波发生器和去溶剂装置组成。超声波振动频率为1.4MHz，功率35W，超声波换能器由金属铝散热片冷却，去溶剂加热温度为140℃，冷却除去溶剂的温度为5℃。

超声波雾化器的特点：

a. 装置上无进样毛细管，也无小孔径进气管，试液提升量是由蠕动泵控制，黏度、试样密度等影响小，不易堵塞，可用于高盐分溶液或悬浮液的雾化进样。

b. 雾化效率高，分析元素和基体元素谱线强度增强，有时需要考虑谱线和基体背景干扰等。当碱金属浓度高时，需要考虑平时ICP分析中很少见的电离干扰。

c. 换能器上气溶胶产生速率与载气流量无关，因而气溶胶产生速率及载气可独立选择。产生的气溶胶粒度更细，粒度分布更均匀，去溶剂和原子化将更易进行。

d. 超声波雾化器记忆效应大，精密度不如气动雾化器。

(2) 雾室　雾室的作用是使载气突然改变方向，让粒度小的气溶胶跟随气流一起进入等离子体，而较大（直径大于10μm）的液滴由于惯性较大，不能迅速转向而撞击在雾室壁上，聚集在一起向下流，排入废液收集容器，阻止它们进入等离子体中，以免过度冷却等离子体和产生噪声。

ICP进样系统的雾室有双筒雾室和带撞击球的锥形雾室及目前常见旋流雾室，见图2-39。传统的雾室为双管雾室和带撞击球的锥形雾室[图2-39(a)、(b)]，后者利用气溶胶与撞击球的碰撞使气溶胶更细化。目前商品仪器采用较多的是旋流雾室，雾化气从圆锥体中部的切线方向喷入雾化室，气溶胶沿切线方向在雾室中盘旋，将大雾滴抛向器壁，形成液滴汇

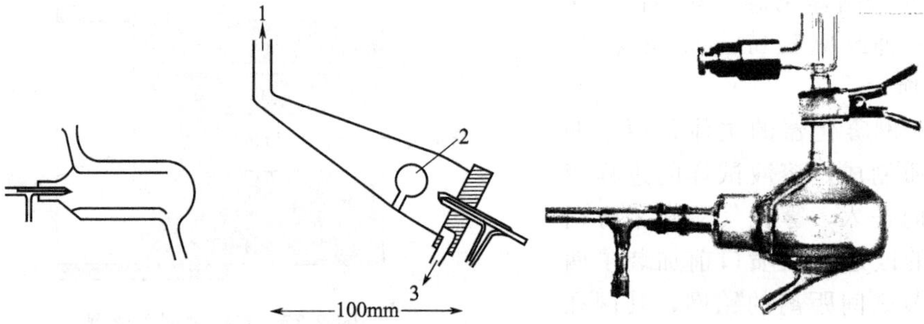

(a) 双管雾室　(b) 带撞击球的锥形雾室　(c) 旋流雾室

图2-39　雾室

1—雾室通向等离子炬管出口；2—撞击球；3—排液管

聚于底部的废液管排出，小雾滴则形成紧密的旋流气溶胶由原来切线方向成同轴旋流向锥形雾室的顶部小管进入炬管［图 2-39(c)］，具有高效、快速和记忆效应小的特点。

通常雾室多采用硅质玻璃制成，不耐氢氟酸腐蚀。耐氢氟酸雾室则采用耐热、耐腐蚀的聚氟塑料制成，机械强度大不易破碎。

2.5.3.4 光学系统

ICP 光源属于富线光谱光源，要求仪器有高的分辨率，光学系统用多色仪或单色仪。在 ICP-AES 仪器上用的光栅以反射光栅为主，常用的为平面反射闪耀光栅、凹面反射光栅与中阶梯光栅。

(1) 光栅实际分辨率　关于光栅的类型、色散率、分辨率的介绍，详见本书“2.3.2.2 光栅分光”。在该节中论及的分辨率是光谱仪的理论分辨率，而更为使用者关注的是仪器的实际分辨率 R_S。光栅的理论分辨率是在不考虑光谱仪入射狭缝几何宽度、成像系统的光学像差、检测器分辨率及谱线本身具有的宽度，通过衍射作用计算求出的。通常仪器的实际分辨率只能达到理论分辨率的 60%～80%。实际分辨率可由仪器实测方法求出，通过测量谱线轮廓半宽度的方法来计算分辨率。通常用仪器的波长扫描功能，在分析线 λ_0 的附近由 λ_1 到 λ_2 进行波长扫描，记录其谱峰轮廓，测定峰高一半处的峰宽，计算仪器的实际分辨率，用 nm 表示。如图 2-40 所示。

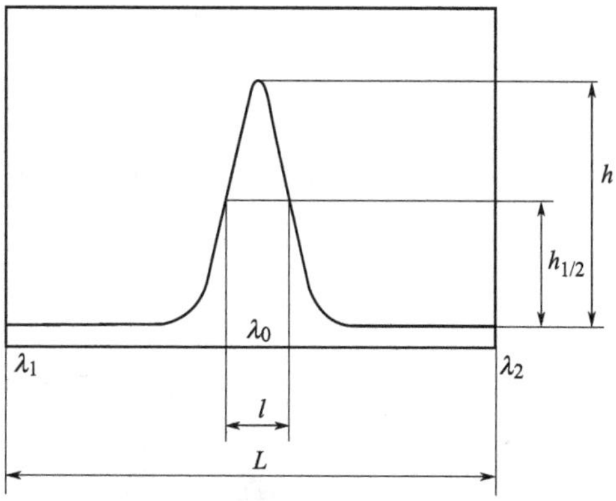

图 2-40　实际分辨率示意图

高分辨率对抑制光谱干扰更显重要。但光栅刻线密度越高，分析用的光谱范围越窄。商品仪器上由于使用不同刻线密度的全息光栅，因此仪器具有不同的分辨率和不同的波长适用范围。不同刻线密度的光栅与适用分析谱线范围及仪器所能达到的实际分辨率见表 2 2。

有的商品仪器采用两块不同刻线密度的背靠背旋转光栅，可以覆盖 165～800nm 全部光谱范围，既具有高分辨率而又不过于增加光学系统的复杂性。

(2) 光栅装置　光栅装置是指将入射狭缝、准光镜、光栅、成像物镜和出射狭缝等光学部件组装成光谱仪的形式。光栅装置类型很多，常用的有平面光栅装置和凹面光栅装置，以及中阶梯光栅双色散装置。详见“2.3.2.2 光栅分光”的“(4) 光栅装置”内容。在此不再重复叙述。

使用 Paschen-Runge 多道装置和 Czerny-Turner 扫描单色器组合在一起的分光装置的商品仪器具有多道仪器的稳定性，同时又具有扫描型仪器的灵活性。其光学结构如图 2-41 所示。

中阶梯光栅双色散装置采用中阶梯光栅-棱镜交叉色散的分光装置，产生二维光谱，使所有的谱线在一个平面上按波长和谱级排列，中阶梯光栅-棱镜交叉色散的原理参见图 2-19。中阶梯光栅-棱镜交叉色散的光路图与二维光谱图分别见图 2-42 和图 2-43。

采用面阵式固体检测器，可以同时检测多种元素的多条谱线，具有多道仪器的功能，在一个面阵上几乎可以将所有元素的谱线显示出来，因此这种仪器通常被称为“全谱”型仪器。

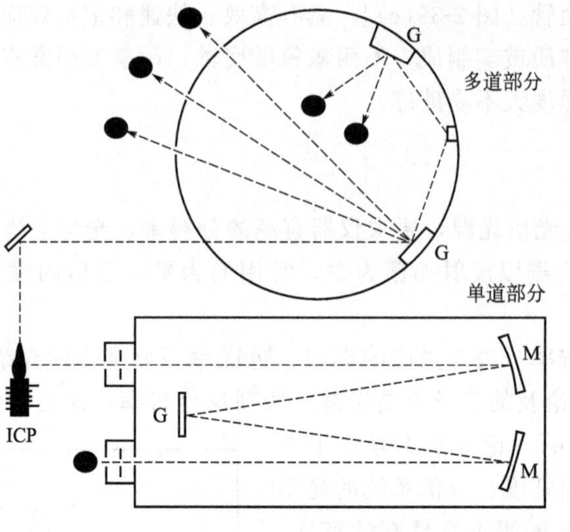

图 2-41 结合型仪器的光学装置

ICP—光源；M—反射镜；多道部分 G—凹面光栅；单道部分 G—平面光栅

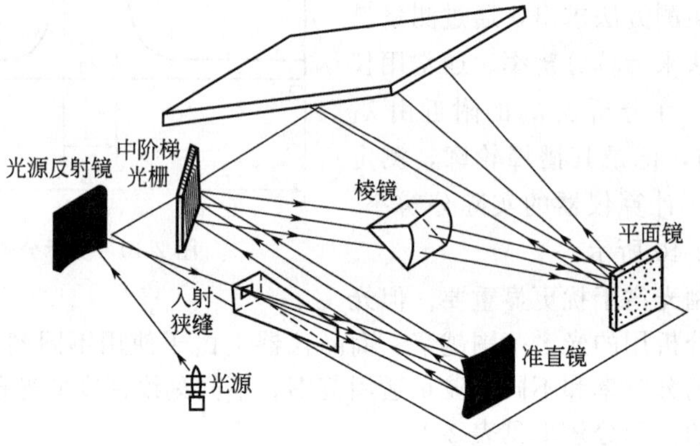

图 2-42 中阶梯光栅-棱镜交叉色散的光路图

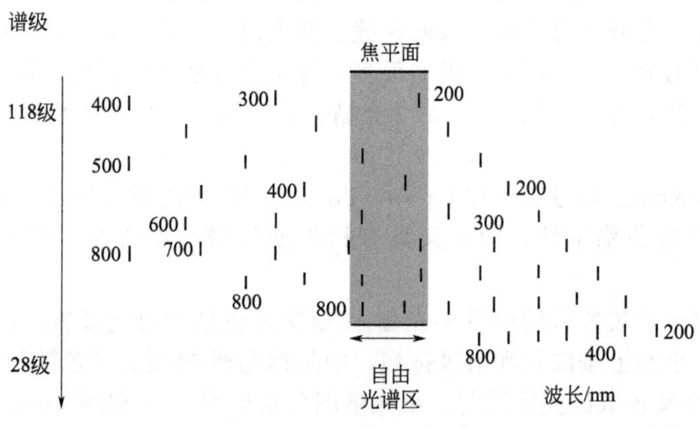

图 2-43 二维光谱图

2.5.3.5　检测系统

（1）光电倍增管　光电倍增管在紫外和可见光区均有很高的灵敏度、极快的响应速度，在多道 ICP-AES 仪器中被普遍采用。热发射电子产生的暗电流噪声，限制了光电倍增管的灵敏度。近年来，发展了一种高动态范围的 PMT 检测器（HDD），它可以随光谱信号的强弱由计算机实时高速自动调节增益，配合快速扫描方法可以采集更多的光谱信息，检测动态范围达 5×10^9。利用这种高动态范围检测器及其快速信号采集电路，可通过高速扫描采集全部谱图，并保有全波段均衡的分辨率。

（2）固体检测器　固态检测器（CTD）在 ICP 光谱仪器上得到广泛应用，特别是在全谱直读光谱仪中已成为主流元件。现代已被采用的固态检测器，主要有电荷耦合式检测器（CCD）、电荷注入式检测器（CID）及图像传感器（CMOS）。高集成元件的固体检测器 CCD/CID 已成为光谱仪器的主流检测器，而且其检测性能和信号处理能力等方面仍在不断提升和改进，并通过工艺创新推出 CMOS 作为固态成像器件在光谱仪器中推广应用。

CCD 二维检测器属通用型器件，面阵式的 CCD 每个检测器包含上百万个以上的像素，可同时检测 120～800nm 波长范围内的谱线；也有采用分段式的 CCD 检测器（SCD），在 13mm×19mm 面积上预留有 6000 个感光点，可同时检测 5000 条以上的谱线。线阵式的 CCD 检测器，可用于扫描型仪器，也可多个排列于罗兰圆上，组成全谱型的多道仪器。面阵列式的 CID 在 28mm×28mm 的芯片上可以有上百万个检测单元，覆盖 167～1050nm 波长范围。

CMOS 为互补金属氧化物场效应管作为图像传感器，与电荷耦合器件（CCD）图像传感器，工作原理没有本质区别，因其高集成度，使其在性能上与 CCD 形成互补之势 CMOS 图像传感器通常由像敏单元阵列、行驱动器、列驱动器、时序控制逻辑、AD 转换器、数据总线输出接口、控制接口等几部分组成，这几部分通常都被集成在同一块硅片上。CMOS 与 CCD 图像传感器的结构、工作方式如图 2-44 所示[32]。

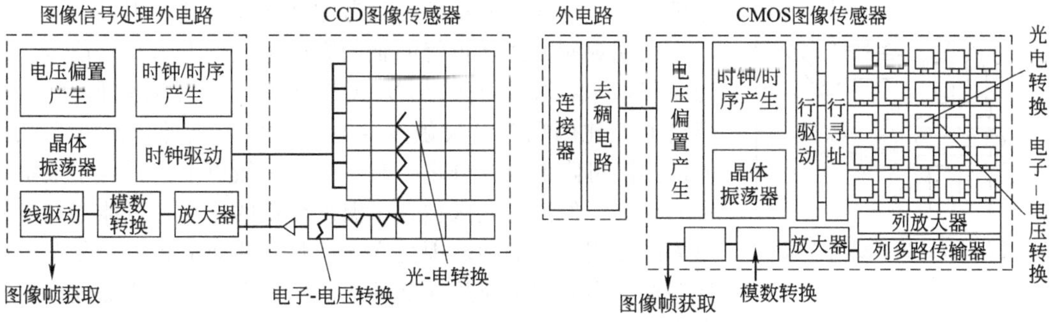

图 2-44　CCD 与 CMOS 图像传感器工作原理

可以看出：CCD 图像传感器工作时曝光后光子通过像元转换为电子电荷包，电子电荷包顺序转移到共同的输出端，再由外部放大器将大小不同的电荷包转换为电压信号，需要外电路进一步处理图像信号；而 CMOS 图像传感器工作时光子转换为电子后直接在每个像元中完成电子电荷-电压转换，图像信号可以在芯片内部完成，外围电路简单。在光信号接收转换处理和读取速度上，要比现在仪器上流行的 CCD/CID 固体检测器要快捷和有效。在已经出现的商品仪器上，2016 年美国匹兹堡会议上展出的 ICP 仪器新品 PRODIGY PLUS 显现出其读取速度是传统 CCD 检测器速度的 10 倍，线性范围能提高 10 倍以上；检测器信号控制不再使用速度较慢的寻址以太网通信，使得 ICP-AES 的检测速度更快，并可以增加信号的灵敏度和稳定性等效果。同时增加了卤素检测波段，使得检测波长扩展到 135～1100nm 范围。

当前 CCD 由于灵敏度高、噪声低、成像性能优越，仍属图像传感器的主流。但随着集成电路设计技术和工艺水平的提高，CMOS 图像传感器过去存在的缺点已得到克服，而它固有的像元内放大、列并行结构，以及深亚微米 CMOS 处理等独有的优点，以及高度集成化，更是 CCD 器件所无法比拟的，使得 CMOS 图像传感器在光谱仪器上的应用呈发展趋势[33]。作为光谱仪器的一种新检测器器件，CMOS 图像传感器输出的数字信号可以直接进行处理；促进光谱仪器向高灵敏度、高分辨率、宽动态范围、集成化、数字化、智能化及小型化的发展，将会成为图像传感器中具有优势的器件。

CCD、CID 及 CMOS 等固态检测器，具有量子效率高（可达 90%）、光谱响应范围宽（165～1000nm）、暗电流小、灵敏度高、信噪比较高、线性动态范围大（5～7 个数量级）的特点。而且是超小型的、大规模集成的元件，大大缩短了分光系统的焦距（可缩短到 0.4m），使仪器体积大为缩小。随着固体检测器制造工艺技术的发展，技术性能不断提升，CCD 已经成为通用固体检测器，而 CMOS 图像成像技术也呈现出创新的发展势头。

2.5.3.6 观测方式

ICP-AES 观测方式可以采用侧视观测和端视观测两种方式（如图 2-45 所示）。侧视观测又称径向观测（radially viewed），端视观测又称轴向观测（axially viewed）。

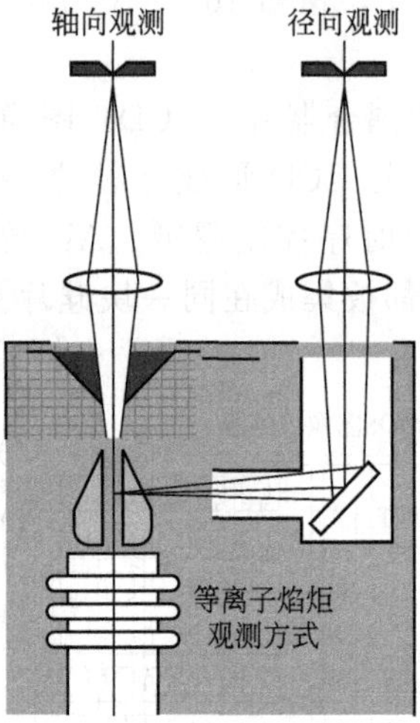

图 2-45 ICP 观测方式

常规仪器多采用侧视方式，采光区及测光高度可以调节，稳定性好，线性范围可达到 5 个数量级以上；侧视观测方式因受光谱仪入射狭缝高度的限制，仅能利用等离子体通道的一部分发射光。因此，在侧视 ICP 光源中，由于不同元素或不同谱线的发射强度的峰值处在不同高度，观测高度又是一个重要分析参数，选择分析条件必须考虑观测高度这一因素。

端视观测方式从炬管的轴向方向来观测发射光谱信号，采光面积增大，比常规的侧视 ICP 有更长的观测光程。因此，端视 ICP 比侧视 ICP 灵敏度要高、检出限更低，使 ICP 光源的检测限可降低至几分之一至一个数量级以上，适合于痕量元素的测定。但因观测区包含了温度较低的尾焰，可能存在自吸因素而使测定的线性范围变窄，而且基体效应也更为复杂。并且等离子高温尾焰对采光部件的影响，需要有相应处理尾焰的适当措施，需采用侧吹气体保护或加装接口锥加以保护。

端视和侧视 ICP 光源中各种元素的发射强度沿高度或轴向的分布不尽相同。可以看出侧视中的峰值位置各不相同，选择分析条件必须考虑这一因素。而在端视光源中沿轴向高度的分布，它们的峰值位置几乎相同。较为严重的电离干扰效应，多数情况下两种等离子体的电离干扰效应大致类似，其差别是在侧视中可找到一个不发生干扰的观测高度（通常称为零干扰点）。

初期的轴向观测 ICP-AES 仪器采用水平炬管，需双向交替观测。实际应用发现，炬管水平放置不是最佳配置，水平炬管在运行中易产生盐分、炭粒的凝结和水滴，效果不够理想。现时的高端 ICP-AES 仪器均采用垂直炬管，双向同时观测的配置（图 2-46）[34]。炬管垂直放置，可防止上述缺点，并能提高分析有机样品和高盐样品的稳定性。双向观测方式可借助智能光学组件实现双向观测同时进行，不影响测定速度，并可通过软件运作，作多种测定方式组合，扩展测定的线性动态范围，有利于多元素同时由低含量到高含量的一次完成测定，并已获得很好的应用效果[35]。

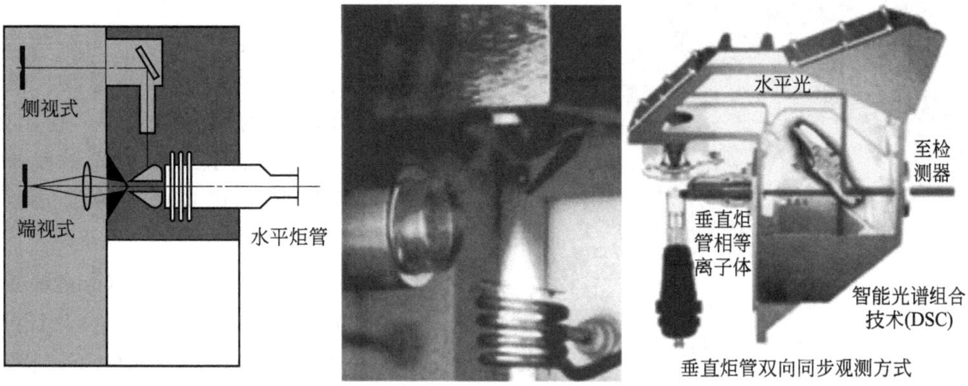

水平炬管双向观测　　　　垂直炬管双向观测

图 2-46　ICP-AES 仪器双向观测技术

2.5.4　几种典型的 ICP 发射光谱仪

2.5.4.1　顺序扫描光谱仪

顺序扫描光谱仪应用高刻线平面光栅切尔尼-特纳分光装置，依靠计算机控制精密的步进电动机转动光栅的转速，使光栅高速传动到恰好比预选波长小的地方。然后，光栅传动装置再慢慢移动进行精密的扫描，跨越并超过预测的波峰位置，同时在每一点上进行短时间积分。再将测得数据拟合到峰形的特定数学模式中，即可算出波峰（如果有的话）的真实位置和最大强度。在波峰两侧的预选波长处估算出波峰下面的光谱背景值。测量完毕后，单色仪转到为下一个元素确定的波长处，重复上述过程。依次按所选定元素顺序进行测定。ICP 发射光谱的线宽一般在 0.005～0.03nm，要准确测量谱线峰值强度，要求光栅驱动机构定位精度≤0.001nm。用步进电动机控制光栅转动，由于不可避免的机械不稳定性和热不稳定性，难以精确地做到转到波峰上立即对谱线强度进行测定。

仪器顺序扫描的另一种是采用固定光栅，用计算机控制检测器在罗兰圆上移动来实现波长扫描。这种方式可以精确控制检测器到达每一选定波长处后，可立即进行峰值积分测量采集数据，无需旋转寻峰。具有与多道型 ICP-AES 一样的精密度与准确度。但这种方式受到如何精确选定波长位置等问题的限制，已经很少采用。

顺序扫描速度很快，2min 内可采集从 160～800nm 范围内全部谱线，实现扫描式全谱直读。

2.5.4.2　中阶梯分光-固态检测器的光谱仪

采用中阶梯光栅-棱镜交叉色散系统和固态检测器，使所有的谱线在一个平面上按波长和谱级排列，产生二维光谱。光学系统的焦距较短（≤0.5m），结构紧凑，有较好的光学稳定性，可以利用高谱级的谱线来提高分辨率（通常使用 30～150 级的光谱）。典型的中阶梯分光-固态检测器的光谱仪参见图 2-47。

图 2-47　罗兰圆装置＋多个 CCD 线阵检测器

当前典型的商品仪器，标准分辨率为 0.010nm，最高分辨率达到 0.005nm（200nm）。

2.5.4.3　多道分光-固态检测器的光谱仪

采用凹面光栅分光系统与 CCD 检测器结合构成的多通道仪器具有很多特点，尤其测定波长处在超紫外光区域（＜190nm）的非金属元素，检出限低，抗光谱干扰能力强，是其他 ICP 发射光谱仪难以得到的。用 CCD 检测的多通道 ICP 光谱仪如图 2-47 所示。

光谱仪的分光系统采用 Paschen-Rung 装置，三光栅的刻线分别为 3600 线/mm（2 个）、1800 线/mm（1 个）。在罗兰圆上装 32 块线阵 CCD 检测器，覆盖 130～770nm 波长范围。零级光谱经反射镜作为虚拟的入射狭缝，投射在第二个光栅上，用于检测分析线波长＞460nm 长波段的元素。为了测定波长＜190nm 的元素谱线，采用充氩气的紫外光学室。同时在等离子体和分光器的界面，用 0.5L/min 的氩气吹扫，使 ICP 仪器的分析波长范围可以扩展到 130nm 和 800nm。这种装置结构与火花直读多道仪器相同，由于采用高刻线光栅分光，分辨率高，且在整个分析波长范围内其分辨率是均匀的，又具有线阵固体检测器可同时检测更多谱线和可同时测定背景的优点。

2.5.5　ICP 分析的干扰与克服

ICP-AES 分析方法也存在干扰，必须加以克服才能得到准确的结果。根据干扰的来源可以分为光谱干扰（包括连续背景干扰）和非光谱干扰（包括化学干扰、电离干扰和由溶液的黏度、密度、表面张力、气态原子扩散迁移过程的变化引起的物理干扰）。由于 ICP 的高温和很高的电子密度，化学干扰和电离干扰通常是很轻微的。只有当易电离元素大量存在时，才需考虑电离干扰。ICP 光谱分析中存在的主要干扰为光谱干扰和基体效应。

2.5.5.1　ICP 的光谱干扰及校正

关于光谱干扰的来源及校正请参阅 2.2.5.1“(2) 谱线干扰的校正”的介绍。在此就 ICP 光谱分析中干扰校正做些补充说明。

常规 ICP 分析中最简便和实用的干扰校正方法是采用基体匹配法，但需要预先知道样品基体元素含量，特别是干扰较大的元素的准确含量。冶金分析中常常采用相同基体的合金试样建立校正曲线进行校正，还结合使用 *K* 系数校正法进行校正。

多道仪器可采用多谱图校正技术，以自动地校正光谱干扰。已有 CCD 全谱仪器推出“MSF”多组分谱图拟合技术、快速自动曲线拟合技术（fast automated curve-fitting technique，FACT）等实时谱线干扰校正技术。FACT 的原理是以高斯分布数学模式对被测物和干扰物的谱图进行最小二乘法线性回归，实时在线解谱，实时扣除谱线干扰，并同时进行背景校正。

对于光谱干扰的校正，通常的商品仪器均备有离峰校正法及 *K* 系数法，由计算机软件自动进行。离峰扣背景校正法，只能消除连续背景、杂散光的影响，对谱线重叠干扰却无能为力。K 系数校正法对两者均能校正。但要准确计算好校正系数，当干扰元素含量较高、测量偏差又较大时，则校准误差较大。

2.5.5.2　基体效应及消除

在溶液分析中由于溶液中酸及试剂浓度的含量不同，也呈现出干扰效应，如酸效应、盐效应等，通常归为基体效应。基体效应产生的影响表现为：

① 降低雾化率和影响分析过程。溶液中酸浓度以及溶解固体量增加，使溶液的密度、黏度、表面张力增大，雾化率降低，分析元素的信号强度也随之降低。各种无机酸的影响按以下次序递增：$HCl < HNO_3 < HClO_4 < H_2SO_4 < H_3PO_4$。因此 ICP 分析溶液制备一般都不用磷酸和硫酸作介质，而用盐酸和硝酸或高氯酸。

② 基体成分的变化影响分析元素的激发过程，从而影响其信号输出。例如大量钾、钠、镁和钙的存在能使背景增加，使其他分析元素的信号受到抑制。其基体效应按下列次序增加：$K < Na < Mg < Ca$。

总的来说，ICP-AES 分析的基体效应相对较小，只要溶液的酸浓度及溶解固体量保持在一定的合适浓度下，基体效应是可以克服的。克服基体效应最有效的办法是使标准溶液系列与试样溶液进行基体匹配。内标法也是一种好办法。

2.5.5.3　非光谱干扰及消除

ICP 光谱分析中非光谱干扰，主要来自物理干扰（凝聚态干扰和气态干扰），化学干扰和电离干扰较小。雾化去溶干扰是 ICP-AES 中的一种重要干扰，引起试液吸入速率、雾化效率、去溶分数及气溶胶粒度大小及其分布。挥发和原子化干扰影响颗粒物在 ICP 中的分布及停留时间，在较高的等离子观测区域挥发干扰较小。

非光谱干扰的减小和消除，可以通过正确选择操作参数如功率、载气流速、观测高度等以及分析溶液的基体匹配来补偿和消除。

2.5.6　ICP-AES 分析技术的进展

（1）商品仪器的功能不断提高，应用领域不断扩大[34]　20 世纪 80～90 年代是 ICP 分析技术和仪器的高速发展时期，进入 21 世纪以来，ICP-AES 进入快速推广应用时期。固体检测器取代光电倍增管检测器，逐渐成为主流，出现了快速扫描式和全谱型 ICP-AES 光谱仪器。近年来 ICP-AES 仪器功能的提高体现在：

等离子体的高频电源采用全固态数字式 RF 发生器，仪器结构紧凑、运行稳定；炬管采用垂直配置，双向同时观测[35]；采用固体检测器具有高灵敏度、高集成化，更好的像素分辨率和超宽的波长接收能力；强大的计算机软件可一次读取采集全部波长信息，同时采集多条谱线及背景信息，一次测定可记录并存储所有元素分析谱线的测量数据，使仪器具有“全谱全读”的分析模式和高通量快速检测功能。ICP 全谱仪器的数字化处理技术，已可将每个样品中所有元素的所有谱线全部记录、储存下来，随时调用进行再分析、再处理，发展成为样品分析的“指纹”技术。

（2）ICP-AES 分析的检出限已达最佳状态，测量精度不断提高　大多元素的分析灵敏度可在 0.01～5ng/g（10^{-9}级）水平；仪器波长应用范围可拓宽至 130～1100nm，从远紫外光区到近红外区的谱线；仪器分辨率达到 pm 级，中阶梯型仪器的光学分辨率在 200nm 处达到 0.002nm；采用凹面光栅-罗兰圆架构的全谱型仪器的光学分辨率也达到 3pm，在全波长范围保持色散均匀；仪器的短期稳定性可在≤0.5%、长期稳定性≤1.0%，能很好适用于各种含量水平的测定要求。

（3）ICP-AES分析技术的进步

① 等离子体光谱光源在技术上仍在发展[36]。等离子体光源的优良分析性能，使其得到越来越广泛的应用，但等离子体光源工作气体的消耗量大，一直是其软肋，降气降耗一直是等离子体光源研究热点之一。随着技术的发展，通过改进等离子体炬管结构和高频能量耦合方式，达到降低ICP光源工作气体氩气的耗气量，出现平板式等离子体，在相同的高频功率条件下，不需水冷的等离子体。已有商品仪器氩气消耗量降低至8L/min，仍具有常规ICP光源检出限的ICP光源。

② 研发进样效率高、记忆效应小的新型雾化器和进样技术，如直接和炬管相接合的进样雾化器（DIHEN），提高连续进样时谱峰的分辨能力，开发形态分析技术，发展商品化固体直接进样的激光烧蚀进样装置。

③ 研究微型等离子体激发源，促进等离子体发射光谱仪器的微型化[37]。随着微电子技术、微机电系统（MEMS）技术、固态光检测高集成化及其相关技术的发展，光谱仪器小型化与微型化成为发展趋势。已经出现的几种微型激发源的研究有：微型直流等离子体源（M-DCPS），微型电感耦合等离子体源（M-ICPS），射频电容耦合微等离子体源，交流介质阻挡放电（DBD）微等离子体源，微型直流空心阴极微等离子体源，还有射频电晕放电微等离子体源。M-ICPS采用微加工技术制作成一种微型ICP激发源，有基于MEMS工艺的微型ICP激发源、基于PCB工艺的ICP激发源、平面带螺旋天线的微型ICP源等形式，这些微激发源体积、氩气消耗量、驱动功率均为常规ICP源的数百分之一。发射光谱仪器光学结构与元器件集成化的推动下，其激发光源的微型化，已成为原子发射光谱仪器微型化的重要一环。

原子发射光谱作为研究最早、应用最广的光谱分析技术，至今原子发射光谱分析仪器的市场依然呈现持续、稳定增长的趋势。进入21世纪以来，火花电弧、等离子体、辉光光谱、激光光谱等AES分析仪器已经处于分析性能及制造技术成熟，商品化程度很高的局面，但仍在稳步发展，不断有创新技术、新型仪器推出，将AES仪器向更高灵敏度、高选择性、高准确度，向高分析通量、数字化和智能化等方面稳步发展。作为无机元素检测最有效、最灵敏的分析技术之一，在材料科学、生命科学、环境科学等相关学科领域中的应用始终是其他分析技术无法取代的，在国民经济各个领域发挥了巨大作用[38]。

参考文献

[1] 钱振彭，黄本立，等．发射光谱分析．北京：冶金工业出版社，1977.

[2] 邱德仁．原子光谱分析．上海：复旦大学出版社，2002.

[3] 郑国经．分析化学手册//3A原子光谱分析．3版．北京：化学工业出版社，2016：59.

[4] 陈新坤．原子发射光谱分析原理．天津：天津科学技术出版社，1991.

[5] 郑国经，计子华，余兴．原子发射光谱分析技术及应用．北京：化学工业出版社，2010.

[6] 赵玉海．发射光谱分析背景扣除速查表．北京：国防工业出版社，1980：116.

[7] 金钦汉，杨广德，于爱民．一种新型的等离子体光源．吉林大学自然科学学报，1985（1）：90-91.

[8] Jin Qinhan，Chu Zhu，Matthew W，et al. A microwave plasma torch assembly for atomic emission spectrometry. Spectrochim Acta，1991. 46B（3）：417-430.

[9] Jin Qinhan，Duan Yixing，Olivares J A. Development and investigation of microwave plasma techniques in analytical atomic spectrometry. Spectrochim Acta，1997，52B（2）：131-161.

［10］ 金伟，于丙文，朱旦，等．一种原子光谱分析用新激发光源——千瓦级微波等离子体炬（kW-MPT）．高等学校化学学报，2015，36（11）：2157-2159.
［11］ Harrison W W，Hang Wei，Yan Xiaowei，et al，Temporal Considerations With a Microsecond Pulsed Glow Discharge. J Anal At Spectrom，1997，12（9）：891-896.
［12］ Duan Yixiang，Li Yimu，Du Zhaohui，et al. Instrumentation and Fundamental Studies on Glow Discharge-Microwave-Induced Plasma（GD-MIP）Tandem Source for Optical Emission Spectrometry. Appl Spectrosc，1996，50（8）：977-984.
［13］ 陈金忠，郑杰，梁军录，等．ICP 光源的激光烧蚀固体样品引入方法进展．光谱学与光谱分析，2009，29（10）：2843-2847.
［14］ 侯冠宇，王平，佟存柱．激光诱导击穿光谱技术及应用研究进展．中国光学，2013，6（4）：490-500.
［15］ 刘冬梅，潘永刚，张燃，等．数字光谱分析仪的应用软件设计．长春理工大学学报（自然科学版）．2012，35（3）：64-67.
［16］ 郑国经．分析化学手册//3A 原子光谱分析．3 版．北京：化学工业出版社，2016：407.
［17］ 宁婉华，李丽华，张金生，等．微波等离子体炬原子发射光谱（MPT-AES）的应用研究进展．应用化工，2017，46（1）：184-187.
［18］ 余兴．辉光放电光谱的应用进展．分析仪器，2010（6）：1-5.
［19］ 余兴，罗剑秋，陈永彦，等．国内辉光放电光谱仪的研制．分析仪器，2011（6）：9-15.
［20］ 张毅，陈英颖，张志颖．辉光放电光谱法在钢铁成分分析中的应用．冶金分析，2002，22（1）：66-68.
［21］ 于媛君，高品，邓军华，等．辉光放电发射光谱法测定钢板镀锌层中铅镉铬．冶金分析，2015，35（9）：1-7.
［22］ Nelis T，Payling R. Glow discharge optical emission spectroscopy：a practical guide. Athenaeum Press Ltd，Gateshead & Wear，Tyne & Wear，UK：2003.
［23］ 余兴．辉光放电光谱法在深度分析上的应用现状．中国无机分析化学，2011，1（1）：53-60.
［24］ Bengtson A. Quantitative depth profile analysis by glow discharge. Spectrochim Acta Part B，1994，49：411-429.
［25］ 林庆宇，段忆翔．激光诱导击穿光谱：从实验平台到现场仪器．分析化学，2017，45（9）：1405-1414.
［26］ 于巧玲，张毅驰．激光诱导击穿光谱技术在重金属检测中的应用．化工技术与开发，2018，47（10）：27-30.
［27］ 瞿丞，贺稚非，李洪军．激光诱导击穿光谱技术在食品分析中的应用研究进展．食品与发酵工业，2019，45（2）260-268.
［28］ 陈吉文，王海舟．低合金钢连铸方坯的原位统计分布分析研究（英文）．冶金分析（Metallurgical Analysis），2007，27（9）：1-6.
［29］ 郑国经．电感耦合等离子体原子发射光谱分析技术．北京：中国质检出版社 & 中国标准出版社，2011.
［30］ 王海舟．冶金分析前沿//3. ICP-AES 分析技术的发展及其在冶金分析中的应用．北京：科学出版社，2004：42-43.
［31］ Winge R K，Fassel V A，Peterson V J，et al. Inductively Coupled Plasma Atomic Emission Spectroscopy. An Atlas of Spectral information. Amsterdam：Elsevier，1984.
［32］ 熊平．CCD 与 CMOS 图像传感器特点比较．半导体光电，2004，25（1）：1-4，42.
［33］ 解宁，丁毅，王欣，等．应用于高光谱成像的 CMOS 图像传感器．仪表技术与传感器，2015（7）：7-9，13.
［34］ 郑国经．电感耦合等离子体原子发射光谱分析仪器与方法的新进展．冶金分析，2014，34（11）：1-10.

[35] John Cauduro，AndrewRyan. 使用 Agilent 5100 同步垂直双向观测 ICP-OES 按照 US EPA 200.7 方法对水中痕量元素进行超快速测定．环境化学，2015，34 (3)：593-595.
[36] 辛仁轩．等离子体光谱光源技术的进展．中国无机分析化学，2019，9 (1)：18-27.
[37] 王永清，王占友，周颖昌，等．微型等离子体光谱仪激发源的研究与进展．冶金分析，2010，30 (1)：17-23.
[38] 郑国经．原子发射光谱仪器的发展、现状及技术动向．现代科学仪器，2017 (4)：23-36.

·第 3 章·

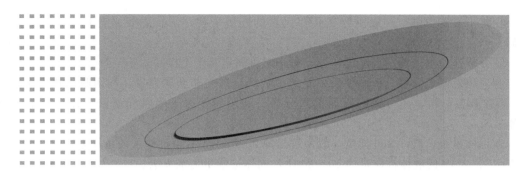

原子吸收光谱分析的基本原理和技术

3.1 原子吸收光谱分析

原子吸收现象早在1802年就被沃拉斯顿（W. H. Wollaston）在研究太阳光谱时发现了，但作为一种实用的现代仪器分析方法——原子吸收光谱分析法出现在1955年。当年，澳大利亚科学家瓦尔西（A. Walsh）[1]与荷兰科学家阿肯麦德（C. T. J. Alkemade）和米拉芝（J. M. W. Milatz）[2]分别独立地发表了原子吸收光谱分析论文，开创了火焰原子吸收光谱（flame atomic absorption spectrometry，FAAS）分析法。1959年俄罗斯学者里沃夫（Б. В. Львов）发表了著名论文《在石墨炉内完全蒸发样品原子吸收光谱的研究》[3]，开创了石墨炉电热原子吸收光谱（graphite furnace atomic absorption spectrometry，GF-AAS）分析法。1963年黄本立院士[4]和张展霞教授[5]分别著文向国内同行介绍了原子吸收光谱分析法。1964年，黄本立院士等将蔡司Ⅲ型滤光片式火焰光度计改装为一台简易原子吸收光谱装置，测定了溶液中的钠，研究了三种醇类对分析信号的影响机理，这是我国学者最早发表的原子吸收光谱分析的研究论文[6,7]，从此开启了我国原子吸收光谱分析法发展的航程。

3.1.1 原子吸收光谱分析的特点

原子吸收光谱分析法，又称原子吸收分光光度法，是基于从光源发出的被测元素特征辐射通过元素的原子蒸气时被其基态原子吸收，由辐射的减弱程度测定元素含量的一种现代仪器分析方法。

原子吸收光谱分析法的优点：

① 检出限低。火焰原子吸收光谱法的检出限可达到ng/mL级，石墨炉原子吸收光谱法的检出限可达到10^{-14}～10^{-13}g。

② 选择性好。原子吸收光谱是元素的固有特征。

③ 精密度高。相对标准偏差一般可达到1%，最好可以达到0.2%。

④ 抗干扰能力强。一般不存在共存元素的光谱干扰，干扰主要来自化学干扰和基体干扰。

⑤ 分析速度快。使用自动进样器，每小时可测定几十个样品。

⑥ 应用范围广。可分析周期表中绝大多数的金属与非金属元素，利用联用技术可以进行元素的形态分析，还可以进行同位素分析。利用间接原子吸收光谱法可以分析有机化合物。

⑦ 用样量小。FAAS 进样量一般为每分钟 2～6mL，微量进样法的进样量可以小到10～50μL。GF-AAS 的液体进样量为 10～30μL，固体进样量为毫克级。

⑧ 仪器设备相对简单，操作简便。

不足之处是：主要用于单元素的定量分析；校正曲线的动态线性范围较窄，通常为 2 个数量级。

3.1.2 原子吸收光谱的产生和特性[8]

3.1.2.1 原子吸收光谱的产生

原子通常处于能量最低的基态。当辐射通过原子蒸气，且辐射频率相应于原子中的电子由基态跃迁到较高能态所需能量的频率时，原子从入射辐射中吸收能量，发生共振吸收，产生原子吸收光谱。

在通常火焰与电热石墨炉条件下，原子吸收光谱是电子在原子基态和第一激发态之间跃迁的结果，原子对辐射频率的吸收是有选择性的。各原子具有自身所特有的能级结构，产生特征的原子吸收光谱。原子吸收光谱通常位于光谱的紫外和可见区。

原子吸收光谱的波长和频率由产生跃迁的两能级的能量差 ΔE 决定：

$$\Delta E = h\nu = \frac{hc}{\lambda} \tag{3-1}$$

式中，ΔE 是两能级的能量差，eV（$1\text{eV}=1.6021892\times10^{-19}\text{J}$）；$\lambda$ 是波长，nm；ν 是频率，s^{-1}；c 是光速，cm/s；h 是普朗克常数。

原子光谱波长是进行光谱定性分析的依据。在大多数情况下，原子吸收光谱与原子发射光谱的波长是相同的，但由于原子吸收线与原子发射线的谱线轮廓不完全相同，两者的中心波长位置有时并不一致。

元素谱线的数目取决于原子能级的数目。在原子吸收光谱中，仅考虑由基态到第一激发态的跃迁，原子吸收谱线的数目很少，在原子吸收光谱分析中，一般不存在光谱干扰。

3.1.2.2 原子吸收光谱的谱线轮廓

原子吸收谱线也如原子发射谱线一样，并不是严格几何意义上的线，而是占据着有限的相当窄的频率范围，即有一定的宽度。各单色光强度随频率（或波长）的变化曲线，即为谱线轮廓。表示吸收线轮廓特征的参数是吸收线的中心频率（或中心波长）和吸收线的半宽度。中心频率或波长是指最大吸收系数所对应的频率和波长。光谱线的宽度，是指最大吸收系数一半处的谱线轮廓上两点间所跨越的频率（或波长），称为谱线的半宽度，以 $\Delta\nu_{1/2}$（或 $\Delta\lambda_{1/2}$）表示。它由谱线的自然宽度、多普勒展宽、洛伦茨展宽、霍尔兹马克展宽、自吸展宽、斯塔克展宽和塞曼展宽共同决定。

（1）自然宽度　谱线的自然宽度由激发态的有限寿命产生。在原子发射光谱中，高能级激发态原子可以跃迁回到低能态或基态，因此，除共振线之外，发射线的自然宽度由两能级的有效寿命决定。而在原子吸收光谱中，原子吸收线是原子吸收辐射后由基态跃迁到第一激发态的共振线，因基态原子是稳定的，其寿命可视为无限长，因此，吸收线的自然宽度仅与第一激发态原子的平均寿命 τ 有关。激发态原子的平均寿命 τ 约为 10^{-8}s，根据海森堡测不准原理，换算为波长 $\Delta\lambda_N$ 约为 10^{-5}nm 量级。它与其他因素引起的展宽相比，可以忽略不计。谱线自然宽度的线型函数为洛伦茨（Lorentz）函数。

（2）多普勒展宽　由发光原子的随机热运动产生。检测器接收到的不同运动方向和速度原子所发的光波频率是不同的，如果发光原子运动方向背离检测器，则检测器接收到的光波频率较静止原子所发的光的频率低，反之，如果发光原子运动方向朝向检测器，则接收到的光波频率较静止原子所发的光的频率高，此称多普勒效应，由此引起谱线的展宽，称为谱线的多普勒展宽（或称热展宽）。吸收线的多普勒半宽度还受到原子化器内吸收原子随机热运动的影响。多普勒半宽度正比于温度的平方根。在通常的火焰原子化条件下，$\Delta\lambda_D$ 值约为 $5\times10^{-5}\sim5\times10^{-4}$nm 量级，比谱线自然宽度大约两个数量级。原子吸收线宽度主要由多普勒宽度决定。多普勒线型函数是高斯函数。

（3）碰撞展宽　在原子化器中，原子与不同种类的局外粒子（原子、离子和分子等）发生非弹性碰撞，引起原子的运动状态发生改变。使碰撞前后的辐射能量和相位发生变化，在碰撞的瞬间使辐射过程中断，导致激发态原子寿命缩短，引起谱线展宽。分析原子与气体中的局外粒子（原子、离子和分子等）相互碰撞引起的谱线展宽，称为洛伦茨展宽；同种分析原子之间相互碰撞引起的展宽，称为霍尔兹马克展宽，又称为共振展宽。碰撞展宽的程度随局外气体的压力和性质而改变，故又称为压力展宽。碰撞展宽谱线的线型函数是洛伦茨函数。碰撞展宽 $\Delta\nu_c$ 与碰撞寿命 τ_c 成反比，由于 τ_c 远小于激发态原子的平均寿命 τ，所以，谱线的碰撞展宽 $\Delta\nu_c$ 远大于谱线的自然宽度 $\Delta\nu_N$。

（4）场致变宽　场致变宽包括电场效应引起的斯塔克展宽和磁场效应引起的塞曼展宽。斯塔克展宽是由于在电场作用下原子的电子能级产生分裂的结果，塞曼展宽是由于在强磁场中谱线分裂所引起的展宽。在通常的原子吸收光谱分析条件下可以不予考虑。塞曼扣背景技术正是利用塞曼展宽（谱线分裂）的原理而实现的。在常压和温度 1000～3000K 条件下，吸收线的轮廓主要受多普勒和洛伦茨效应共同控制。谱线的线型函数既不是单一的高斯型，也不是单一的洛伦茨型。多普勒效应主要控制谱线线型的中心部分，洛伦茨效应主要控制谱线线型的两翼。这时谱线线型为综合展宽线型——弗高特（Voigt）线型。

（5）自吸收展宽　光源在某区域发射的光子，在其通过温度较低的光路时，被处于基态的同类原子所吸收，致使实际观测到的谱线强度减弱而轮廓增宽，此种现象称为自吸和自吸展宽。由于在发射线中心波长处具有最大的吸收系数，当一条谱线发生自吸收时，中心波长的强度低于其两翼，称为自吸。在极端的情况下，一条谱线分裂为两条谱线，此称为自蚀。

在原子吸收光谱中，无论在锐线光源还是连续光源高分辨力分光系统条件下，对谱线宽度的认识都很重要，因为大多数分析性能，包括分析灵敏度、光谱干扰、校正曲线动态线性范围和背景校正性能等，都需要考虑通过分光系统后被检测器观察到的光源发射谱线轮廓与吸收谱线轮廓的影响。

有关谱线轮廓的讨论，读者还可参见本书第 2 章“2.2.2.3 影响谱线轮廓与宽度的因素”相关内容。

3.1.2.3　原子吸收光谱的强度

原子吸收线的强度是指单位时间内单位吸收体积分析原子吸收辐射的总能量。在原子吸收光谱分析中，仅涉及基态原子对入射辐射的吸收。吸收辐射的总能量 I_a 等于单位时间内基态原子吸收的光子数，亦即产生受激跃迁的基态原子数 dN_0，乘以光子的能量 $h\nu$。根据爱因斯坦受激吸收关系式，有

$$I_a = dN_0 h\nu = B_{0j}\rho_\nu N_0 h\nu \tag{3-2}$$

式中，B_{0j}是受激吸收系数；ρ_ν 是入射辐射密度；N_0 是单位体积内的基态原子数。通过分析原子吸收介质前的入射辐射能量

$$I_0 = c\rho_\nu \tag{3-3}$$

式中，c 是光速。分析原子对入射辐射的吸收率为

$$\frac{I_a}{I_0} = \frac{h\nu}{c}B_{0j}N_0 \tag{3-4}$$

3.1.3 原子吸收光谱分析的定量关系[8]

3.1.3.1 原子吸收光谱分析的基本关系式

在吸收层很薄时通过吸收层的入射辐射密度（ρ_ν）可视为常数，则总吸收强度为

$$I_a = c\rho_\nu \int k_\nu d\nu \tag{3-5}$$

式中，c 是光速；k_ν 是分析原子对频率为 ν 的辐射的吸收系数；$\int k_\nu d\nu$ 是在频率 $d\nu$ 范围内的积分吸收系数。结合式(3-2) 和式(3-5)，有

$$\int k_\nu d\nu = \frac{B_{0j}}{c}N_0 h\nu \tag{3-6}$$

对于基态和第一激发态，根据爱因斯坦的辐射量子理论，自发发射系数 A_{i0} 与受激吸收系数 B_{0j}之比为

$$\frac{A_{i0}}{B_{0j}} = \frac{8\pi h\nu^3}{c^3}\frac{g_0}{g_i} \tag{3-7}$$

根据拉登堡关系式，自发发射系数 A_{i0} 为

$$A_{i0} = \frac{8\pi e^2}{\lambda^2 mc}\frac{g_0}{g_i}f_{0j} \tag{3-8}$$

将式(3-7) 和式(3-8) 代入式(3-6)，得到

$$\int k_\nu d\nu = \frac{\pi e^2}{mc}f_{0j}N_0 \tag{3-9}$$

式中，e 为电子电荷；m 为电子的质量；g_0 为基态原子的统计权重；g_i 为激发态原子的统计权重；f_{0j} 为吸收振子强度，表示能被入射辐射激发的每个原子的平均电子数，它表示分析原子对指定频率的吸收能力。只要测定了积分吸收系数，就可以确定吸收层内分析原子数 N_0。要准确地测得积分吸收系数，必须对宽度只有约 0.00X nm 的吸收谱线轮廓进行扫描，需要使用高分辨率的分光系统。

在通常的原子吸收光谱分析条件下，吸收谱线轮廓主要由多普勒展宽效应决定，在 $\nu = \nu_0$ 时，多普勒线型函数有极大值 $k_D(\nu_0)$。对于非归一化的谱线轮廓，积分吸收系数 $\int k_\nu d\nu$ 乘以 $k_D(\nu_0)$，即为峰值吸收系数 k_0。由此，可以用测量峰值吸收系数 k_0 代替对积分吸收系数的测量。峰值吸收系数 k_0

$$k_0 = k_D(\nu_0)\int k_\nu \mathrm{d}\nu_0 = k_D(\nu_0)\frac{\pi e^2}{mc} f_{0j} N \tag{3-10}$$

在讨论多普勒展宽时知道，多普勒线型函数是以原子吸收频率 ν_0 为中心对称的高斯型函数。根据高斯函数半宽度与峰高的关系，得到多普勒宽度 $\Delta\nu_D$ 和极大值 $k_D(\nu_0)$ 之间的关系式：

$$k_D(\nu_0) = \frac{2}{\Delta\nu_D}\sqrt{\frac{\ln 2}{\pi}} \tag{3-11}$$

将式(3-11) 代入式(3-10)，得到

$$k_0 = \frac{2}{\Delta\nu_D}\sqrt{\frac{\ln 2}{\pi}}\frac{\pi e^2}{mc} f_{0j} N_0 \tag{3-12}$$

由式(3-12) 可知，峰值吸收系数 k_0 与吸收层内的原子数 N_0 成正比。使用锐线光源可以方便地实现峰值吸收系数 k_0 的测量。

3.1.3.2　原子吸收光谱分析的实用关系式

在原子吸收光谱实际分析工作中，并不是直接去测量峰值吸收系数 k_0，也不是测定吸收层内的原子数 N_0，而是通过测量吸光度 A 测定试样中被测元素的含量 c。因此，需进一步将式(3-12) 改变为实用关系式。

根据 Lambert 吸收定律，

$$I = I_0 e^{-k_\nu L} \tag{3-13}$$

式中，I_0 是入射辐射强度；I 是透过原子吸收层后的辐射强度；L 是原子吸收层厚度；k_ν 是对频率为 ν 的辐射吸收系数。在实际分析工作中，使用锐线光源实际测量的仍是在一有限光谱通带范围内的吸收强度。通过仪器分光系统投射到分析原子吸收层的入射辐射强度为 I_0，

$$I_0 = \int_0^{\Delta\nu} I_\nu \mathrm{d}\nu \tag{3-14}$$

经过厚度为 L 的分析原子吸收层之后的透射辐射强度为

$$I_0 = \int_0^{\Delta\nu} I_\nu e^{-k_\nu L} \mathrm{d}\nu \tag{3-15}$$

根据吸光度 A 的定义，

$$A = \lg\frac{I_0}{I} = \lg\frac{\int_0^{\Delta\nu} I_\nu \mathrm{d}\nu}{\int_0^{\Delta\nu} I_\nu e^{-k_\nu L}\mathrm{d}\nu} = \lg\frac{\int_0^{\Delta\nu} I_\nu \mathrm{d}\nu}{e^{-k_\nu L}\int_0^{\Delta\nu} I_\nu \mathrm{d}\nu} = 0.4343 k_\nu L \tag{3-16}$$

在原子发射线中心频率 ν_0 很窄的 $\Delta\nu$ 频率范围内，k_ν 随频率的变化很小，可以近似地视为常数。当 $\Delta\nu \to 0$，$k_\nu \to k_0$。因此，在光源线宽非常窄的情况下，式(3-16) 可以改写为

$$A = 0.4343 k_0 L \tag{3-17}$$

将式(3-12) 代入式(3-17)，得到

$$A = 0.4343\frac{2}{\Delta\nu_D}\sqrt{\frac{\ln 2}{\pi}}\frac{\pi e^2}{mc} f_{0j} N_0 L \tag{3-18}$$

在通常火焰和石墨炉原子化器的原子化温度高约 3000K 的条件下，按照玻尔兹曼分布，处于激发态的原子数 N_j 是很少的，与基态原子数 N_0 相比，可以忽略不计。某些元素激发态与基态原子数之比值 N_j/N_0 列于表 3-1。除了强烈电离的碱金属和碱土金属元素之外，实际上可以将基态原子数 N_0 视为等于总原子数 N，这时关系式(3-18) 可以写为

$$A=0.4343\frac{2}{\Delta\nu_{D}}\sqrt{\frac{\ln 2}{\pi}}\frac{\pi e^{2}}{mc}f_{0j}NL \tag{3-19}$$

在式(3-19) 中，只涉及气相中分析原子对入射辐射的光吸收过程，而不涉及样品中有关被测元素转化为气相中自由原子的任何过程。而在实际分析工作中，要求测定的是试样中被测元素的含量 c。要实现测定先需在原子化器内将被测元素经过多步化学反应转化为自由原子，这个转化过程是复杂的，经常受到多方面的干扰。现假定在确定的实验条件下，蒸气相中的原子数 N 与试样中被测元素的含量 c 成正比：

$$N=\beta c \tag{3-20}$$

式中，β 是试样中被测元素转化为自由原子的系数，表征被测元素的原子化效率，取决于试样和元素的性质及实验条件。将式(3-20) 代入式(3-19)，得到

$$A=0.4343\frac{2}{\Delta\nu_{D}}\sqrt{\frac{\ln 2}{\pi}}\frac{\pi e^{2}}{mc}f_{0j}L\beta c \tag{3-21}$$

在实验条件确定时，对于特定的被测元素，式(3-21) 右侧除了被测元素的含量 c 之外，其他各项为常数，于是得到

$$A=Kc \tag{3-22}$$

式中，K 是与实验条件有关的参数。式(3-22) 表明，吸光度与试样中被测元素含量成正比。这是原子吸收光谱分析的实用关系式。因为 K 是与实验条件有关的参数，因此，必须使用校正曲线法进行原子吸收光谱的定量分析。

表 3-1 某些元素激发态与基态原子数之比值 N_j/N_0

共振线/nm	g_i/g_0	激发能/eV	N_j/N_0	
			2000K	3000K
Na 589.0	2	2.104	0.99×10^{-5}	5.83×10^{-4}
Sr 467.0	3	2.690	4.99×10^{-7}	9.07×10^{-5}
Ca 422.7	3	2.932	1.22×10^{-7}	3.55×10^{-5}
Fe 372.0		3.382	2.99×10^{-9}	1.31×10^{-6}
Ag 328.1	2	3.778	6.03×10^{-10}	8.99×10^{-7}
Cu 324.8	2	3.817	4.82×10^{-10}	6.65×10^{-7}
Mg 285.2	3	4.346	3.35×10^{-11}	1.50×10^{-7}
Pb 283.3	3	4.375	2.83×10^{-11}	1.34×10^{-7}
Zn 213.9	3	5.795	7.45×10^{-15}	5.50×10^{-10}

3.1.3.3 影响原子吸收光谱分析的因素

在推导原子吸收光谱定量分析实用关系式(3-21) 和式(3-22) 时，涉及两个基本过程：试样中被测元素转化为自由原子的化学过程和蒸气相中自由原子对辐射吸收的物理过程。化学过程比物理过程要复杂得多，影响化学过程比影响物理过程的因素更多。下面分别对这两个过程进行讨论。

(1) 原子化过程的影响　在推导原子吸收光谱定量分析的实用关系式(3-21) 和式(3-22) 时假定了一个基本条件：在确定的实验条件下，蒸气相中的原子数 N 与试样中被测元素的含量 c 成正比，即 β 在确定的实验条件下是一个常数。从实践中知道，原子化效率对实验条件非常敏感，即使是同一元素，处于不同试样中，由于基体特性和其他共存元素的影

响，使得被测元素的原子化效率有时差别很大。加之原子吸收光谱分析法是一种在高温条件下的动态测量过程，因此，在实际分析工作中，由于实验条件的变动引起测定结果的波动是不可避免的。这是影响原子吸收光谱分析的准确度和精密度的主要因素。为了获得满意的分析结果，必须对分析条件进行优化，并在整个校正过程中始终保持实验条件的稳定性和一致性。应该指出的是，测定一种试样中某一元素的最佳条件，未必对另一种试样中同一元素的测定也是适用的。现在原子吸收光谱仪器中，厂家为用户所提供的预先存储在数据库内各元素的分析条件，多半都是用纯溶液样品得到的，没有考虑基体和共存组分的影响，只能作为选择实际样品分析条件的参考。分析人员必须针对具体分析对象，寻求测定某一元素的最佳条件。

事实上，由于原子化效率随温度与被测元素存在的形态、基体特性、共存组分而变化，必须对 β 经常进行校正。因此，用原子吸收光谱法进行测定时，必须使用校正曲线法。鉴于原子化效率对被测元素存在的形态、基体特性、共存组分变化的敏感性，应使用与试样中被测元素存在的形态、基体特性、共存组分相匹配的标准物质来制作校正曲线。

前面已经指出，原子吸收光谱分析法是一种在高温条件下的动态测量过程，特别是采用峰值测量方式，校正曲线的斜率或截距易发生变动或两者同时发生变动。因此，在原子吸收光谱分析中不宜采用固定校正曲线，而应在分析试样的同时在完全相同的条件下制作校正曲线和测定试样。有些分析人员为避免每日制作校正曲线的麻烦，常使用单个标准试样重新进行测定，根据新测得的吸光度值对原校正曲线进行校正，以便将原校正曲线用于新的试样测定。由于测定的波动性大，用一个标准试样的测定值来定位校正曲线具有很大的随机性，况且单点也不能确定一条校正曲线的位置。因此，这种做法是不合理和不可取的。

（2）辐射吸收过程的影响　辐射吸收过程是一个物理过程。当使用空心阴极灯锐线光源，在灯电流不是很大时，光源发射线远小于原子吸收线的宽度，在原子发射线中心频率 ν_0 的很窄的 $\Delta\nu$ 频率范围内，k_ν 随频率的变化很小，测得的吸光度可近似地认为是峰值吸光度。随着空心阴极灯的灯电流增大，自吸展宽和多普勒展宽效应增强，光源发射线展宽，对于低熔点金属 Cd、Zn 和 Pb 等元素空心阴极灯，光源发射线和原子吸收线宽度几乎达到同一数量级，使测得的峰值吸光度明显地减小，导致标准曲线严重弯曲。图 3-1 是使用不同灯电流时所得到的镉的校正曲线。

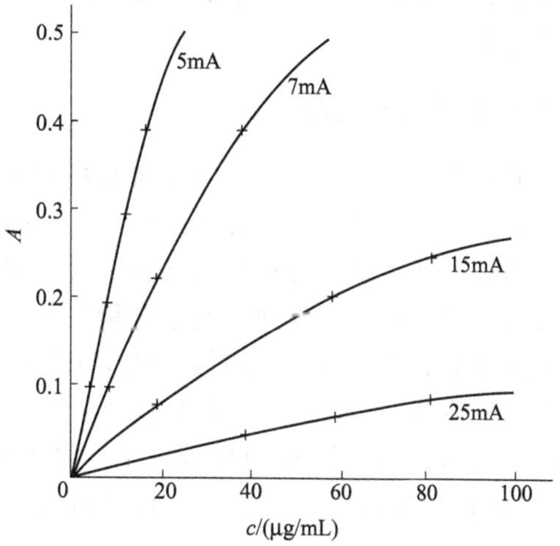

图 3-1　不同灯电流下 Cd 228.8nm 的校正曲线

在入射辐射中，当不存在非吸收辐射时，测得的吸光度 $A=\lg\frac{I_0}{I}$，当有非吸收辐射（如连续背景辐射、空心阴极灯内稀有填充气体与灯支持材料以及其他杂质发射的辐射等）i_0 进入光谱通带内，测定吸光度 $A'=\lg\frac{I_0+i_0}{I+i_0}$，$A'$小于 A。i_0 在整个入射辐射中所占比例越大，A'比 A 小得越多。非吸收辐射 i_0 的存在，使测得的吸光度减小，校正曲线弯曲。

在通常原子吸收光谱分析条件下，分析原子浓度都很低，这与在推导吸收关系式(3-22)时假定分析原子浓度很低（或吸收层很薄）和入射辐射密度 ρ_ν 不变的条件是一致的，这说明原子吸收光谱法主要用于痕量和超痕量元素分析。但随着吸收介质内分析原子浓度增大，不能将入射辐射密度 ρ_ν 视为不变，而且谱线共振展宽效应增大，导致峰值吸光度减小，造成校正曲线弯向浓度轴。由此可知，原子吸收光谱分析的校正曲线线性范围不会很宽，一般约为 2 个数量级。

在通常的原子吸收条件下，可以忽略激发态原子和元素电离的影响，但对于低电离电位元素，特别是在高温下不能忽略电离对基态原子数的影响。表 3-2 列出了碱金属元素在空气-乙炔火焰中的电离度。电离度随温度升高而增大，在一定温度下，随元素浓度增加而减小。元素电离的影响导致校正曲线弯向纵轴。

表 3-2 碱金属元素在空气-乙炔火焰中的电离度

元素	电离电位/eV	电离度/%
Li	5.390	5
Na	5.138	15
K	4.339	50
Rb	4.176	63
Cs	3.893	82

3.1.4 原子吸收光谱分析的定量方法

原子吸收光谱分析是一种动态分析方法，用校正曲线进行定量。常用的定量方法有标准曲线法、标准加入法（包括简易加标法）和浓度直读法。在这些方法中，标准曲线法是最基本的定量方法。

3.1.4.1 标准曲线法[9]

原子吸收光谱分析是一种相对测量方法，不能由分析信号的大小直接获得被测元素的含量，需通过一个关系式将分析信号与被测元素的含量关联起来。校正曲线就是用来将分析信号（即吸光度）转换为被测元素含量（或浓度）的“转换器”，此转换过程称为校正。之所以要进行校正，是因为同一元素含量在不同的试验条件下所得到的分析信号强度是不同的。校正曲线的制作方法是，用标准物质配制标准溶液系列，在标准化条件下，测定各标准样品的吸光度值 A_i，以吸光度值 $A_i(i=1,2,3,\cdots)$ 对被测元素的含量 c_i $(i=1,2,3,\cdots)$ 建立校正曲线 $A=f(c)$，在同样条件下，测定样品的吸光度值 A_x，根据被测元素的吸光度值 A_x 从校正曲线求得其含量 c_x。校正曲线如图 3-2 所示。

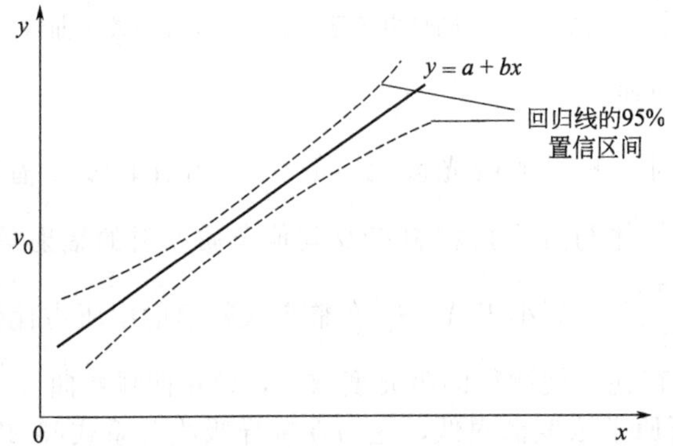

图 3-2 校正曲线

校正曲线的质量直接影响校正效果和样品测定结果的准确度。正确制作一条高质量的校正曲线是非常重要的，为此需要：①合理地设计校正曲线；②分析信号的准确测定；③正确地绘制校正曲线。有关如何正确制作校正曲线问题，请参阅本书第 7 章 7.2.3 节。

3.1.4.2 标准加入法

前面谈到，标准系列与样品基体的精确匹配是制备良好校正曲线的必要条件，分析结果的准确度直接依赖于标准样品和未知样品物理化学性质的相似性。在实际的分析过程中，样品的基体、组成和浓度千变万化，要找到完全与样品组成相匹配的标准物质并不容易，特别是对于复杂基体样品就更困难。试样物理化学性质的变化，引起喷雾效率、气溶胶粒子粒径分布、原子化效率、基体效应、背景和干扰情况的改变，导致测定误差的增加。标准加入法可以自动进行基体匹配，补偿样品基体的物理和化学干扰，提高测定的准确度。

标准加入法的操作如下：分取几份等量的被测试样，在其中分别加入 0、c_1、c_2、c_3、c_4、c_5 等不同量的被测定元素标准溶液，依次在标准化条件下测定它们的吸光度值 A_i（$i=0,1,2,3,4,5$），制作吸光度值对加入量的校正曲线（见图 3-3），校正曲线不通过原点。加入量的大小，要求 c_1 接近于试样中被测元素含量 c_0 的两倍，c_2 是 c_0 的 3～4 倍，c_5 必须仍在校正曲线的动态线性范围内。从理论上讲，在不存在或校正了背景吸收的情况下，如果试样中不含有被测定元素，校正曲线理应通过原点。现在校正曲线不通过原点，说明试样中含有被测元素，其含量的多少与截距大小的吸光度值相对应。将校正曲线外延与横坐标相交，原点至交点的距离，即为试样中被测元素的含量 c_x。

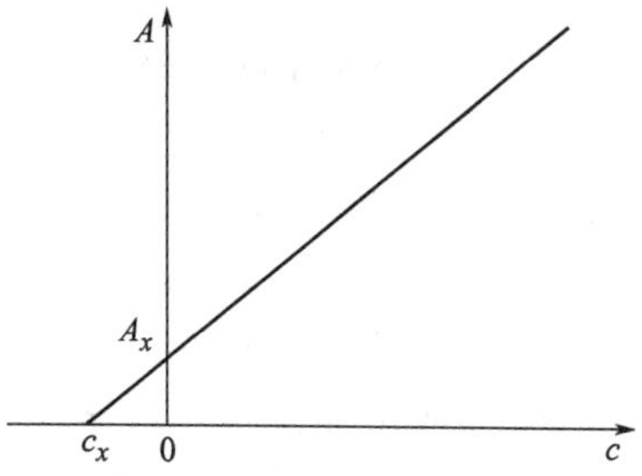

图 3-3 标准加入法的校正曲线

标准加入法所依据的原理是吸光度的加和性。从这一原理考虑，要求：①不能存在相对系统误差，即试样的基体效应不得随被测元素含量对干扰组分含量比值改变而改变；②必须扣除背景和“空白”值；③校正曲线是线性的。

简易加标法是选择同一类样品中的一个作为基体配制一条校正曲线，同一类样品中的其他样品即可使用这条校正曲线。它的作用与标准加入法一样能消除基体效应，特点是为一个样品配制一条校正曲线，改变为同一类样品配制一条校正曲线。

3.1.4.3 浓度直读法

不少原子吸收光谱仪器都可进行浓度直读。浓度直读法的基础是标准曲线法。先用一个标样定标，由该定标点与原点绘制校正曲线，存于仪器内。以后测定试样时，仪器自动地根据测得的样品吸光度值由预存在仪器内的校正曲线换算为浓度值显示在仪器上。浓度直读法测定的准确度，直接依赖于校正曲线稳定性，且要求测得的试样吸光度值必须落在校正曲线上。前面已经提到，吸光度测量是一种动态测量，实验条件的变化，不可避免地引起吸光度值的变化，因此测定的准确度不易保证。根据最小二乘线性回归原理，平均值所在的实验点 $(\overline{x},\overline{A})$ 一定落在校正曲线上，试样中被测元素含量或浓度偏离校正曲线线性范围的平均值 $\overline{x}$ 越远，$\overline{A}$ 偏离校正曲线的可能性越大，测定结果的误差越大。由此可见，浓度直读法定量的准确度要逊于校正曲线法和标准加入法。浓度直读法的优点是快速。

3.2 原子吸收光谱仪器

3.2.1 概述

原子吸收分光光度计（atomic absorption spectrophotometer，AAS），是基于蒸气相中被测元素的基态原子对其共振辐射的吸收强度来测定试样中该元素含量的一种光谱分析仪器。原子吸收分光光度计以其应用广泛，定量准确，结构简单，操作简便，价格低廉等特点得到了广泛的应用。

Walsh 提出的原子吸收光谱法的理论基础为：使用锐线光源（空心阴极灯）代替连续光源、用吸收谱线的峰值吸收代替积分吸收、基态原子的浓度和它对特征辐射的吸收符合吸收定律。

原子吸收分光光度计经过中外科学工作者 60 多年的努力，取得了长足的进步。特别是 20 世纪 90 年代以后，随着计算机技术及半导体技术的迅速发展，一系列新技术、新器件的应用，将 AAS 等分析仪器推向了一个新的阶段。

1961 年美国 Perkin Elmer 公司推出了 214 型原子吸收分光光度计[10]，拉开了商用 AAS 仪器的序幕。美国 Varian 公司、澳大利亚 GBC 公司也先后开始了商用 AAS 之旅。在我国，1970 年由北京科学仪器厂与北京矿冶研究院、北京有色金属研究院合作研制的WFD-Y1 型原子吸收分光光度计成为我国首台实用仪器，改进型 WFD-Y2 型 1972 年通过鉴定，1974 年由北京第二光学仪器厂［北京北分瑞利分析仪器（集团）有限责任公司前身］实现商品化，从此拉开了我国 AAS 仪器商品化的序幕。我国第一台石墨炉原子吸收分光光度计由北京第二光学仪器厂和马怡载、陶继华、于家翘诸位先生合作于 1975 年研制成功，后因数显软件、石墨管材料、石墨炉电源等主要部件性能不稳定等原因没能形成批量生产，后经改进以 WFX-1B 型原子吸收光谱仪于 1980 年开始批量生产[11,12]。

20 世纪 80～90 年代，集成电路、单片微处理器、个人微机及图像传感器等新技术的大量运用，推动了分析仪器的技术进步。主要表现在：以集成电路取代分离元件，减小了体积，降低了功耗；以数字运算取代模拟对数放大，提高了运算精度；单片微处理器的应用提高了自动化程度；个人微机的使用加强了数据处理能力；固态图像检测器的使用，使多元素同时分析更加方便。这方面国外最具代表性的仪器有美国 Thermo-Elemental 公司的 Solaar 系列、美国 Perkin Elmer 公司的 AAnalyst 系列及 SIMAA 6000、澳大利亚 GBC 公司的 Avanta 系列。作为现代 AAS 仪器的主要特点表现为：自动化程度高，包括多光源自动切换、波长自动寻峰、狭缝自动切换、气路自动控制、原子化器自动切换、自动进样等；集成包括氘灯、自吸收、塞曼效应等多种背景校正功能；大量开发应用新技术，包括横向加热石墨炉、高阻值石墨管、纵向塞曼背景校正、中阶梯光栅、CCD 检测器、多元素灯、石墨炉可视系统等。

进入 21 世纪，AAS 并没有被 ICP-AES 全面替代，相反由于技术的进步，AAS 以其方便灵活、定量准确、检出限低、价格相对便宜等特点，在环境污染检测、食品安全检测、生命科学中微量元素及重金属污染检测方面得到了广泛的应用，在我国 AAS 的年市场量超过 4000 台。

21 世纪的 AAS 不但在外观、功能、性能方面有了很大提高，新技术的应用上更加开放。这方面首推德国耶拿分析仪器股份公司的 contrAA300 连续光源火焰原子吸收光谱仪，这是全球第一台商品化连续光源原子吸收光谱仪。该仪器采用高聚焦短弧氙灯（连续光源）作光源，该光源从紫外到近红外（189～900nm）都有强的辐射，能满足所有元素的测量需求，且不需要更换元素灯。contrAA300 采用了高分辨率的中阶梯光栅单色器，经色散后所得谱线宽度可达 pm 级，检测器采用了线阵 CCD 检测器，从而可获得吸收谱线轮廓及周边各种光谱的分析信息，可以顺序扫描进行多元素测定。2016 年，德国耶拿又推出了最新一代高分辨连续光源原子吸收光谱仪 contrAA800，contrAA800 将火焰与石墨炉原子化器并联设计，并可自动定位、调整高度和水平位置，优化分析条件。contrAA800 可扩展氢化物技术、固体直接进样和氢化物石墨炉联用技术。使用连续光源的原子吸收光谱仪可以顺序扫描进行多元素测定，现在，将这种系统称为高分辨连续光源原子吸收光谱仪（HR-CS-AAS）简称为连续光源原子吸收光谱仪（CS-AAS），而将传统使用线光源的原子吸收称为线光源原子吸收光谱仪（LS-AAS）。

2011 年美国 Perkin Elmer 公司推出的 PinAAcle 900 型 AAS 仪器，该仪器采用光纤技术，实现实时双光束的同时使仪器结构更加紧凑简约。横向加热等温平台石墨炉（STPF）技术，纵向塞曼背景校正技术，双固态检测器双光束实时检测等技术的应用将 AAS 仪器技术推向了一个新的平台。

2012 年日本日立公司推出了 ZA3000 系列原子吸收分光光度计，主要特点是火焰石墨炉串联，双光电倍增管实时双光束检测，实现了无需机械部件移动快速切换，无时间差的实时检测和背景校正功能；石墨炉采用高阻值双孔石墨管与双塞曼和双检测器相结合，真正实现了在同一时间、同一测量波长、同一观察部位的精确测量和准确的背景校正；全内置石墨炉自动进样器，更加适合在开放性实验室分析超微量样品；语音自动导航和全信息分析软件能对样品分析的全过程（进样、干燥、灰化、原子化、净化、冷却）提供实时监控；通过通信数据线接口可与 GC、LC 联机实现形态和价态分析。

2015 年俄罗斯鲁美科斯公司的 MGA1000 将高频塞曼背景校正引入原子吸收光谱仪器中，采用了准双光路设计，高强度无极放电灯（HFHCL）及空心阴极灯（HCL）光源的辐射，经过一个起偏器、一个声光调制器和一个 1/4 玻片等偏振器件，在进入原子化器时，形成了一个调制频率为 20kHz/50kHz 的 $P_{\parallel}$ $P_{\perp}$ 偏振光，瞬时升温高达 4500～7000℃/s，减少了挥发损失，有效地提高了原子化效率和仪器的长期稳定性。

另外，美国赛默飞世尔科技公司的 ice3500 对称双光束光学系统、日本岛津公司 AA7000 紧凑的立体光路、美国安捷伦公司 AA Duo 的双原子化系统同时工作，代表了当前原子吸收分光光度计的最新技术。

我国原子吸收光谱仪走了应用创新的道路，展现出了具有中国自身特色的崭新一代原子吸收光谱仪器。如北京普析通用与清华大学合作开发的 AS-90 砷元素形态分析仪采用 HPLC-HG-AAS 联用技术，开拓了 AAS 用于元素形态分析的商用化道路。北分瑞利除将富氧空气-乙炔火焰专利技术应用于 AAS 外，于 2010 年推出了 WFX-910 便携式水质中重金属快速测定仪，采用新型电热原子化器、高性能 CCD 检测器，实现了 AAS 仪器便携式小型化，同时实现了多元素同时分析。2013 年，北京东西分析仪器有限公司收购了世界著名光谱仪器厂商澳大利亚 GBC 科学仪器公司，走出了国产仪器国际化的道路，该事件被评为“2013 年中国科学仪器行业十大新闻”之一。原子吸收分光光度计是我国国产化最好的分析仪器之一，多次获得 BCEIA 金奖（详见表 3-3）。

表 3-3　历届获 BCEIA 金奖的原子吸收光谱仪器

获奖仪器	获奖单位	获奖年份
WFX-1F2 原子吸收分光光度计	北京第二光学仪器厂	1989 年第三届
3500 原子吸收分光光度计	上海分析仪器厂	1993 年第五届
WFX-110 型原子吸收分光光度计	北京瑞利仪器有限公司	1997 年第七届
TAS-986 型原子吸收分光光度计	北京市通用仪器设备公司	1997 年第七届
CAAM-2001 型原子吸收光谱仪	北京浩天晖科贸有限公司	2003 年第十届
AS-90 型砷元素形态分析仪	北京普析通用仪器有限责任公司	2005 年第十一届
WFX-810 型塞曼原子吸收分光光度计	北京瑞利分析仪器公司	2007 年第十二届

续表

获奖仪器	获奖单位	获奖年份
SP-3803 型原子吸收分光光度计	上海光谱仪器有限公司	2007 年第十二届
SP-3880AA 原子吸收分光光度计	上海光谱仪器有限公司	2009 年第十三届
LAB600 原子吸收分光光度计	沈阳华光精密仪器有限公司	2009 年第十三届
WFX-910 便携式原子吸收光谱仪	北京瑞利分析仪器(集团)有限责任公司	2011 年第十四届

注：第一届和第二届 BCEIA 没有设国产仪器 BCEIA 金奖。

3.2.2 原子吸收光谱仪结构原理

原子吸收光谱仪主机通常由五个部分组成，分别为辐射光源、原子化器、单色器、检测与控制系统及数据处理系统。图 3-4 为仪器的原理框图。图 3-5 是 LS-AAS 和 CS-AAS 的工作原理示意图。

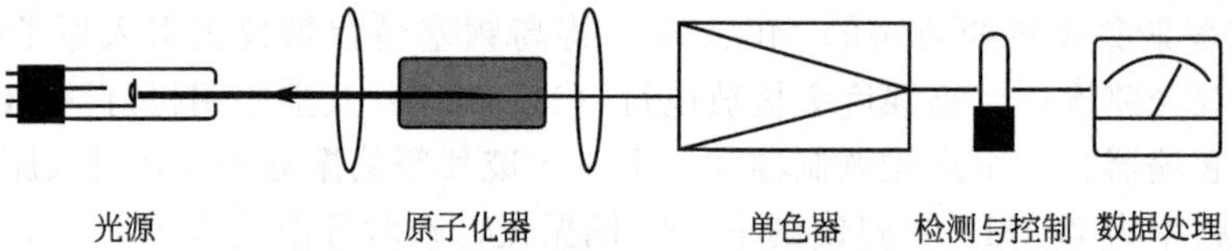

图 3-4 原子吸收光谱仪原理框图

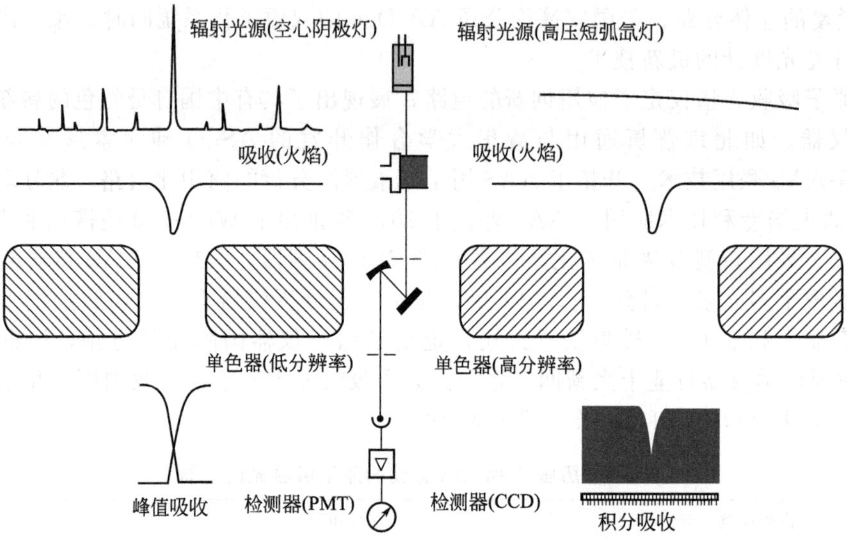

图 3-5 LS-AAS 与 CS-AAS 的工作原理示意图

LS-AAS 的工作方式：锐线光源（空心阴极灯）发出元素的特征谱线，经过原子化器为被测元素吸收，测量样品蒸气对锐线光源特征谱线的吸收，确定被测元素原子的浓度。

CS-AAS 的工作方式：氙灯所辐射的连续谱线经过原子化器为被测元素原子蒸气吸收后，由高分辨率单色器（DEMON 系统）分光后获得被测元素吸收谱线波长周围的光谱，然后在 CCD 检测器的各个像素点上分别记录入射辐射光谱能量的变化，转换后，描绘为吸收谱线的轮廓。

原子吸收光谱分析中为消除样品测定时的背景干扰，背景校正装置几乎是现代 AAS 必不可缺的部件。特别是石墨炉原子化器的应用，对痕量、超痕量元素分析时背景干扰尤其严重。因此，各厂家对 AAS 的背景校正技术非常重视，而且不同的背景校正技术也成为 AAS 分类的一种标准。目前，LS-AAS 商品仪器常用的背景校正装置有氘灯背景校正（或称连续光源法背景校正）装置，空心阴极灯自吸收背景校正装置，塞曼效应背景校正装置。而 CS-AAS 仪器，由于结合使用连续光源高分辨系统和 CCD 检测器，很容易观察到分析线两侧的背景吸收情况，通过特定的数据处理软件即可很好地进行实时背景校正，而无须增加专门的背景校正装置。

3.2.3　辐射光源

目前，AAS 采用的辐射光源有锐线光源和连续光源。锐线光源主要有空心阴极灯、高强度空心阴极灯、无极放电灯，连续光源一般用高压短弧氙灯。

3.2.3.1　空心阴极灯

(1) 空心阴极灯（hollow cathode lamps，HCL） 是一种产生原子锐线发射光谱的低压气体放电管，其阴极形状一般为空心圆柱，由被测元素的纯金属或其合金制成。空心阴极灯的阳极是一个金属环，通常由钛制成，表面有吸气材料，以保持灯内气体的纯净。灯的外壳为玻璃筒，工作在紫外区的，窗口由石英或透紫玻璃制成。管内抽成高真空，充入几百帕的低压惰性气体，通常是氖气或氩气。图 3-6 为空心阴极灯的示意图。现在约 70 多种元素可制成商品化的空心阴极灯。

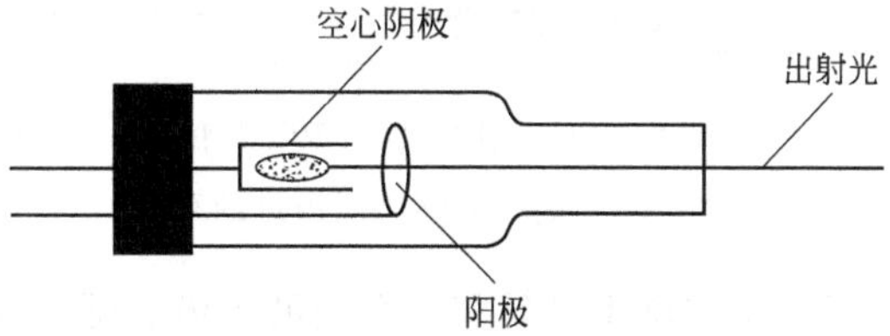

图 3-6　空心阴极灯示意图

空心阴极灯是一种特殊的低压辉光放电灯，当阴极与阳极间施加 300～500V 高压，极间形成一电场，电子在电场作用下，由阴极向阳极运动，并与充入的惰性气体分子发生碰撞，使惰性气体分子电离，气体的正离子以极高的速度向阴极运动，并撞击阴极内壁，引起阴极物质溅射，溅射出的阴极元素的原子在空心阴极内形成原子云，原子进一步与气体离子撞击后被激发至高能态，处于高能态的原子很不稳定，会自发回到基态，在由激发态回到基态时以光的形式释放出多余的能量。激发光子的能量等于该原子的激发态与基态的能量差，因此从空心阴极灯射出激发光的波长严格等于该元素原子的吸收波长。高能级的碰撞还能产生离子线，在空心阴极灯的光谱辐射中，除阴极元素的光谱外，还有内充气体、杂质元素及阴极支撑金属材料的光谱。

灯的发射强度由灯电流的大小决定。增大灯电流时发射强度增大，仪器光电倍增管的负高压降低，光电倍增管产生的散粒（光子）噪声的影响降低，从而提高了信噪比。但当工作电流过大时，阴极表面溅射增加，产生密度较大的原子蒸气，自吸现象增强，谱线变宽，反而使测量的检出限与线性指标变坏。同时随着溅射的加剧，加快了充入气体的消耗，使气体压强降低，缩短灯的寿命。对低熔点的金属，过大的电流会使阴极熔化。使用较小的灯电流，自吸现象减小，谱线宽度变窄，测量的灵敏度提高。使用较低的灯电流，光源的辐射强度减小，检测器需要较高的增益，同时电流过小放电也不正常，这时发射强度也不稳定，信噪比降低。合适的灯电流应由实验决定，由计算机控制的仪器大部分具有专家数据库，供选择灯电流做参考，在信噪比允许的情况下选用较小的灯电流对改善检出限及测量动态线性范围是有好处的，同时也能延长灯的使用寿命。

空心阴极灯达到稳定发射前的加热时间为预热时间。一般情况下空心阴极灯需要预热后才达到稳定，要求预热时间越短越好。灯刚刚点亮时，灯内的温度没达到平衡，自吸收状态也没达到稳定，所以即便是双光束仪器或塞曼背景校正的仪器也需要一定的预热时间。

元素灯的使用寿命以使用时间与使用电流的乘积总和计量，计量单位为毫安·时（mA·h）。一般元素灯寿命大于 5000mA·h；低熔点元素灯寿命相对较短，例如 As、Se 灯，只有 3000mA·h。通常以分析线能量降低到一半时的使用时间作为元素灯使用寿命的标准。

（2）多元素空心阴极灯　为了减少换灯的次数，人们研究开发了多种多元素空心阴极灯。这种灯的阴极是把几种不同的金属（通常为 2～7 种）做成圆环衬于支持电极内制成，也可用金属或金属化合物的粉末烧结在一起制成阴极。这种多元素空心阴极灯可以同时辐射多种元素的特征谱线，在更改测定元素时可以不更换光源。但是，并不是所有的元素都可以混合使用，因为某些元素的发射线太接近并互相干扰，通常 2 元素、3 元素可配合的元素种类很多，6～7 种元素制成的多元素灯就很少了，如 6 元素灯 Cr、Co、Cu、Fe、Mn、Mo 和 Cr、Co、Cu、Fe、Mn、Ni，7 元素灯 Al、Ca、Cu、Fe、Mg、Si、Zn。多元素灯的谱线强度和光谱特性一般都不如单元素灯。

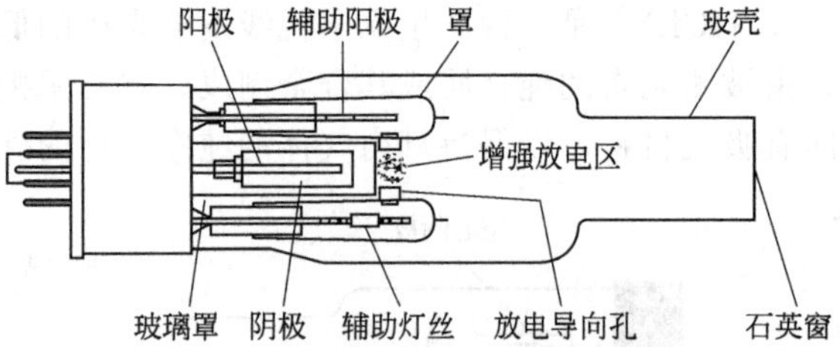

图 3-7　高强度空心阴极灯的结构

（3）高强度空心阴极灯　为提高光谱强度，有些仪器可以使用一种高强度空心阴极灯（high-intensity hollow cathode lamp），又称 Super Lamp 或 UltrAA Lamp。其结构如图 3-7 所示。

在普通空心阴极灯一个阴极和一个阳极的基础上，增加了一个能产生热电子发射的辅助灯丝和一个辅助阳极。辅助灯丝和辅助阳极间放电电流是恒定的，其作用是将阴极溅射出而位于阴极端口的原子云受到辅助激发。由于辅助放电的电压很低，只能激发低激发能的原子谱线，所产生的共振谱线较之普通空心阴极灯辐射强度提高几倍至十几倍。改善了信噪比和分析的检出限，提高了测定灵敏度，扩大了校正曲线的动态线性范围。也有多元素 UltrAA 灯提供。

这种高强度空心阴极灯的缺陷是供电电源复杂，除了主阴极和主阳极的电流控制，还有辅助灯丝的电流也需要控制，辅助灯丝和辅助阳极之间也需要经过起辉和恒流两个过程。

（4）高性能空心阴极灯　我国有色金属研究院研制了多种高性能空心阴极灯（high-performance hollow cathode lamp），最常用的一种采用桶状空心阴极，阳极在后、辅助阴极在前的结构，工作时无需灯丝加热电流，合理调整两个阴极的电流分配达到最佳发射效率。为区别一般的高强度空心阴极灯，称为高性能空心阴极灯，注册了多项中国实用新型专利和美国发明专利。简单应用时可通过电阻分压，给辅助阴极供电，为达到最佳性能可采取专用电源供电，电流比例可灵活分配。

在接近仪器工作波长范围的紫外波段，高性能空心阴极灯可提供高强度的辐射谱线，提高测定的信噪比。例如，用普通空心阴极灯测定 Ni，由于单色器的分辨本领所限不能很好地分开 232.0nm 的共振线与 231.9nm 非共振线，校正曲线动态线性范围很窄，曲线很快趋向弯曲。若改用高性能空心阴极灯，由于 232.0nm 的共振线强度大大增大，而 231.9nm 的非共振线相比之下可以忽略，结果大大地扩展了校正曲线的动态线性范围。在塞曼效应背景校正的仪器中，由于其对谱线自吸现象比较敏感，使用高强度灯也能有效扩展校正曲线的动态线性范围。

3.2.3.2 无极放电灯

无极放电灯（electrodeless discharge lamps，EDL）是在长 30～80mm、直径约 10mm 的石英管中，放入少量被测元素的化合物，通常是卤化物（如碘化物或溴化物），并充有几百帕的惰性气体，制成放电管。将放电管置于微波发生器的同步空腔谐振器中，微波便将放电管内的充入气体原子激发。随着放电进行，放电管温度升高，使金属卤化物蒸发和解离，被激发的载气原子和元素原子碰撞而使后者激发，发射出被测元素的特征光谱辐射。所以在无极放电灯中，经常是首先观察到充入气体的发射光谱，然后随着金属或卤化物的气化，再过渡到被测元素的光谱。

目前无极放电灯有 As、Bi、Cd、Cs、Ge、Hg、P、Pb、Rb、Ca、Sb、Se、Ti、Zn 等品种。无极放电灯的谱线光谱带宽窄、背景低、发射强度大、共振线的自吸小，寿命长。因此，无极放电灯特别适用于共振线在紫外区的易挥发元素的测定。微波无极放电灯的缺点是：稳定性差，无极放电灯价格高，还须专用电源，元素品种不全，在原子吸收的应用中仍受到了一定的限制。

3.2.3.3 氙灯

在连续光源高分辨原子吸收光谱仪（CS-AAS）中，用短弧氙灯连续光源替代传统原子吸收光谱仪的空心阴极灯。这种短弧氙灯（图 3-8）处于“热斑（Hot-Spot）”模式下工作，电极距离<1mm，发光点只有 200μm，有非常高的色温（10000K），并在整个光谱范围内（190～900nm）产生连续辐射，能量比一般氙灯大 10～100 倍。可满足 190～900nm 波长内所有元素的原子吸收测定需求，并可以选择任何一条谱线进行分析。另外，也能测定一些具有锐线分子光谱（PO，CS，…）的非金属元素。

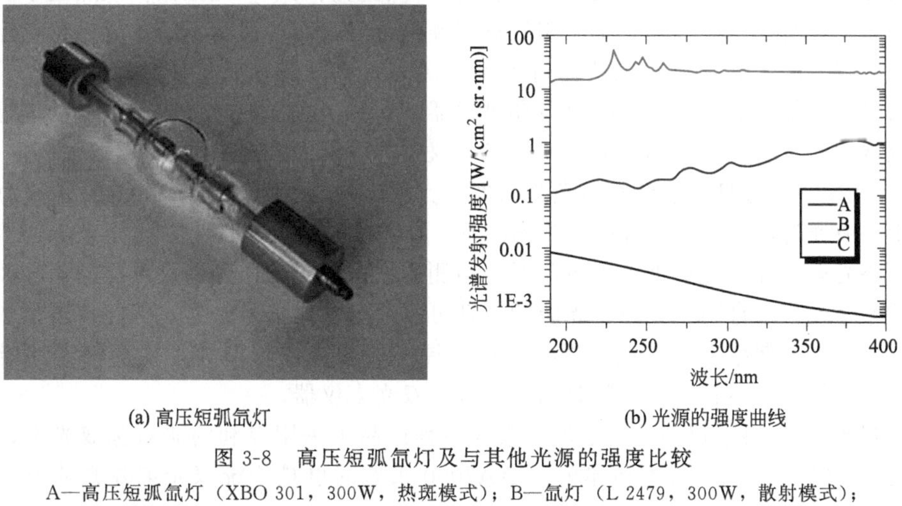

(a) 高压短弧氙灯　　　　(b) 光源的强度曲线

图 3-8　高压短弧氙灯及与其他光源的强度比较

A—高压短弧氙灯（XBO 301，300W，热斑模式）；B—氙灯（L 2479，300W，散射模式）；C—氘灯（MDO 620，30W）

3.2.4 光学系统

3.2.4.1 原子吸收光谱仪的外光路

原子吸收分光光度计外光路的作用是将元素灯的光汇聚，从原子化器的最佳位置通过原子化区，然后聚焦到单色器的入射狭缝。

商品原子吸收分光光度计的外光路各不相同，可简单地分为单光束和双光束两种类型。图 3-9 所示为两种类型的光学系统的原理简图。

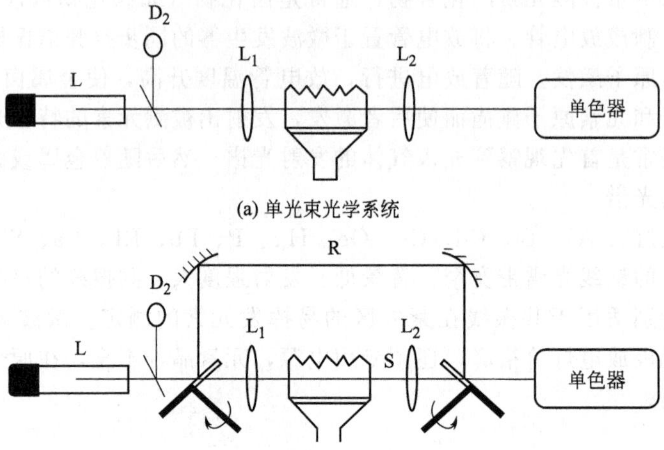

图 3-9 原子吸收光谱仪光学系统原理简图

图 3-9 中（a）为单光束仪器的光路原理图。这种光学系统以其结构简单，光能损失少而被广泛采用。元素灯（L）与氘灯（D_2）的光通过半透半反镜或旋转反射镜重合在一起，由聚光镜 L_1 聚光后通过原子化器，聚光镜 L_2 将通过原子化器的光聚光后射入单色器，单色器分光后取待测元素特征谱线进行测定，元素灯与氘灯通过电子控制分时测定实现氘灯背景校正功能。单光束系统的优点是光学系统简单，能量损失小，光强强。缺点是不能消除光源波动的影响，基线漂移较大，空心阴极灯要预热一定时间，待稳定后才能进行测定。近年来随着电子技术的发展，单光束仪器得到不断的完善和改进，使仪器的稳定性有了很大提高。尤其是微机技术的发展，再配合自动进样器，在每次进样的过程中可以自动进行基线校正，有效地消除了基线漂移的影响，使单光束仪器的性能大大提高。

图 3-9 中（b）为双光束仪器的光路原理图。用旋转切光器把光源输出的光分为两路光束，其中一束通过原子化器为样品光束 S，另一束绕过原子化器作为参比光束 R，然后用切光器把两路光束合并，交替地进入单色器。检测器根据同步信号分别检出样品信号及参比信号。由于两路光束来自同一光源，光源的波动可以通过参比信号补偿，因此仪器预热时间变短，并可以获得长期稳定的基线。近年来国外原子吸收光谱仪器为了提高仪器性能和竞争力，对双光束仪器关注有加，多数公司推出各类双光束仪器。

澳大利亚 GBC 科学仪器公司在原子吸收系列产品中采用专利的非对称双光束，可使样品光束的噪声降低 40%。日本岛津公司 AA7000 采取的也是传统双光束外光路设计，不过已经使用了 3D 光学设计，见图 3-10。

除了传统双光束光路，一些公司推出了 Stockdale 双光束仪器，这种方式的双光束早先见于英国 PayUnicam 公司关于 PU9200AA 的报道，德国耶拿公司 novAA400 型也采取了这种方式。其工作原理是在光束通过路径的原子化器前方和后方分别增加一块可以移动或转动的反射镜，反射镜离开光路时光束全部通过原子化器，反射镜移入光路时，光源辐射绕过原子化器完全进入单色器，并将此光信号作为参考光束，与样品光束分别测量运算。在测定时间内反复地将这对反射镜移入和离开光路，达到双光束的效果。这样的双光束系统不减少进

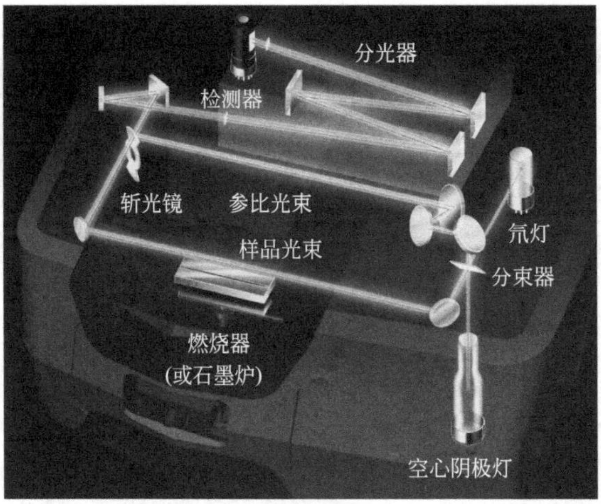

图 3-10　岛津 AA7000 双光束原子吸收光谱仪的光路示意

入分光系统的光能量，能获得较好的信噪比，对于缓慢的基线漂移有很好的补偿作用。图 3-11 是耶拿公司 novAA400 仪器的光路示意图，图中转向镜就是完成 Stockdale 双光束功能的关键部件。

赛默飞世尔科技公司的 M6 型原子吸收光谱仪和 iCE 3500 原子吸收光谱仪都采用这种方式。

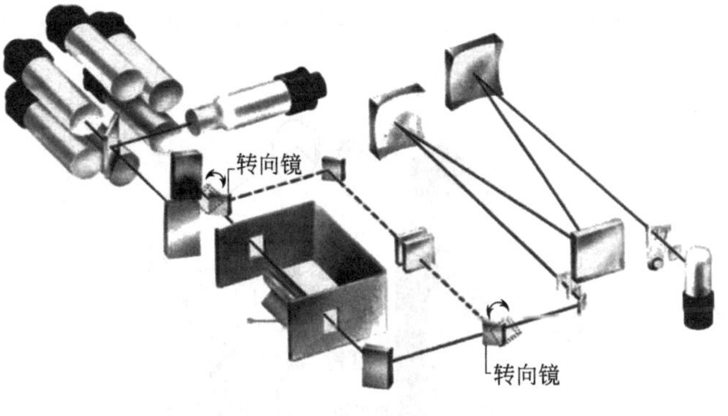

图 3-11　耶拿公司 novAA400 光谱仪的光路示意

美国 Perkin Elmer 公司 AAnalyst 600/800 原子吸收首先推出了光纤实时双光束系统，继而在新近推出的 PinAAcle900 原子吸收中得到更为出色和精妙的运用，见图 3-12。空心阴极灯和氘灯的辐射分别经过光纤，在光纤耦合器中混合，然后耦合器将其分为两束光，每束光中包含空心阴极灯和氘灯的辐射，分别经过并行放置的石墨炉原子化器和火焰原子化器。在两个原子化器光束传播路径的后方，经过反射镜又分别汇聚到两根光纤中，传输到单色器狭缝的不同部位。单色器内的抛物面镜将这两个光纤传输又经过色散的辐射汇聚到出口狭缝的不同部位。装在出口狭缝处的特制固态检测器分别测量两个光束中的空心阴极灯和氘灯的信号。在石墨炉原子吸收光谱测定时，经过火焰原子化器的光束作为参比光束；在火焰原子吸收光谱测定时，经过石墨炉的光束作为参比光束。两个光束中的空心阴极灯信号和氘灯信号不是由切光器分割而是由光纤分割，是从空间上把两组信号传递到检测器的不同部位，而不是在时间上分割传递到检测器上，因此信号脉冲相位完全相同，实现了实时双光束测量。高光通量的光学系统和固态检测器的结合，使得该仪器获得极佳的信噪比。

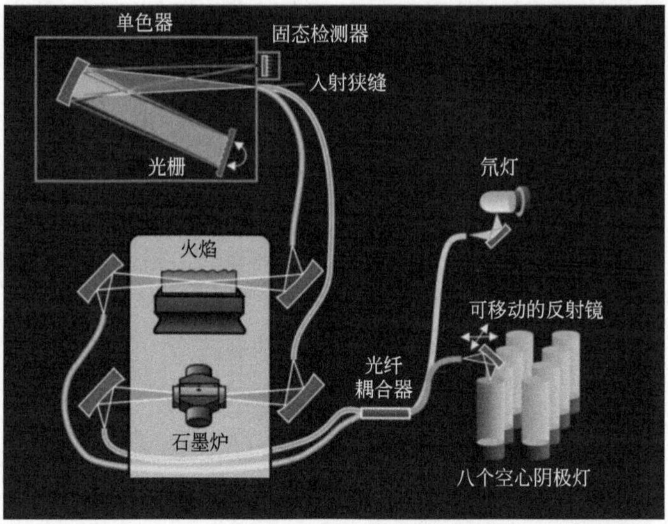

图 3-12 PinAAcle900 型原子吸收光谱仪光路示意

许多商品仪器为了在更换火焰和石墨炉测量时不移动原子化器而设计了串联一体机，例如日立 Z-2000 塞曼原子吸收光谱仪和耶拿公司 Zeenit700 原子吸收光谱仪。赛默飞世尔科技公司的 M6 型原子吸收光谱仪和 iCE 3500 原子吸收光谱仪将石墨炉和火焰分别置于仪器光源两侧（见图 3-13），光源置于两个原子化器中间，通过旋转前后两个光束选择器实现原子化器切换。该仪器还利用光束的切换实现了 Stockdale 双光束，并且使用了中阶梯光栅和棱镜交叉色散的分光系统，减小了仪器体积。

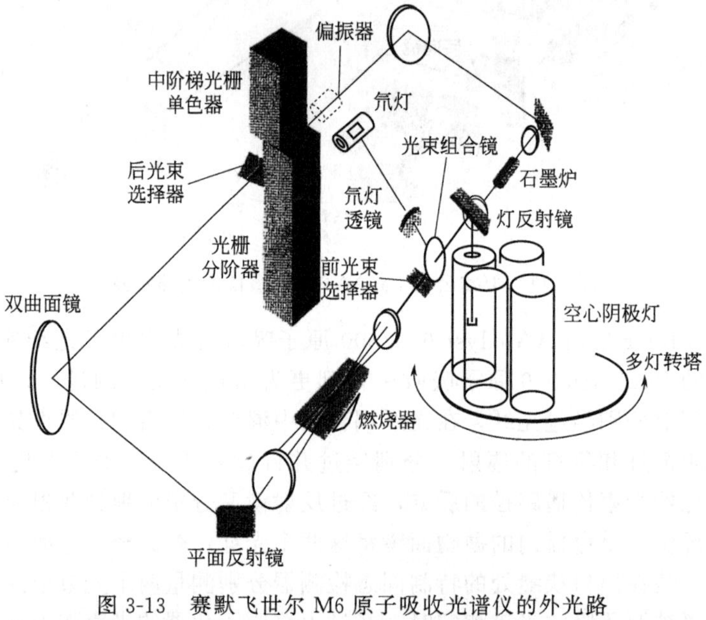

图 3-13 赛默飞世尔 M6 原子吸收光谱仪的外光路

北分瑞利分析仪器有限责任公司 WFX-810 原子吸收光谱仪采用了一种独特的双光源双原子化器一体结构，其光路如图 3-14 所示。火焰原子化器和石墨炉原子化器并列，不需要移动换位，其精准的位置保持长期稳定可靠。光束转换镜置于火焰原子化器和石墨炉原子化器之间；有两个光源转台，装有两组空心阴极灯，分别置于石墨炉和火焰的外侧，光源辐射各自通过不同的原子化器相向传递。旋转光束转换镜 M_1 的角度，将不同方向的光源辐射引入仪器后部的单色器，实现了火焰分析和石墨炉分析的切换。这种设计较之原子化器串联型原子吸收仪器，使用时光源辐射只通过一个原子化器，具有光程短、光能量利用充分的优点。较之于赛默飞世尔的 M6 原子吸收仪器，由于不需要再将通过旋转另一块光束切换器将光源辐射导入单色器，减少了动态光学元件，增加了仪器的稳定性。

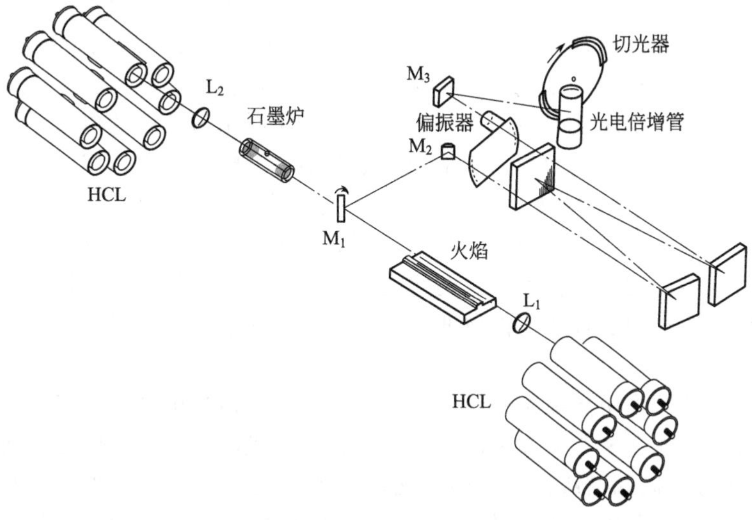

图 3-14　WFX-810 原子吸收光谱仪光学系统原理图

L_1,L_2—透镜；M_1—光束转换镜；M_2,M_3—反射镜

3.2.4.2　分光系统

单色器是用于从辐射光源的复合光中分离出被测元素分析线的部件。早期的单色器采用棱镜分光，现代光谱仪大多采用平面或凹面光栅单色器。20 世纪末，已有采用中阶梯光栅单色器的仪器推向市场，这种仪器分辨能力强、结构小巧，具有很强的发展潜力。

原子吸收分光光度计常用的光栅单色器有如图 3-15 中的几种类型。图 3-15 中（a）是利特洛（Littrow）型，（b）是艾伯特（Ebert）型，（c）是切尔尼-特纳（Czerny-Turner）型，（d）是濑谷-波冈型凹面光栅单色器。

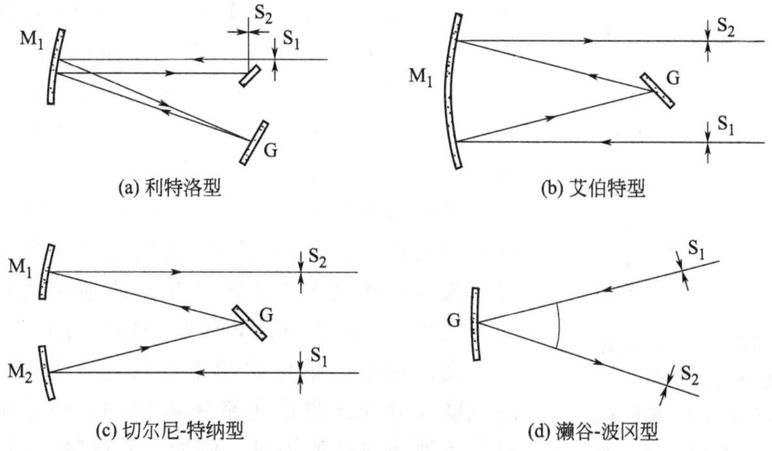

图 3-15　几种常用的单色器装置

利特洛型光栅单色器是一种自准直式装置，用一块凹面反射镜（M_1）同时作准直镜和成像物镜。光束从入射狭缝（S_1）入射至凹面反射镜变为平行光反射至光栅（G）上，被光栅色散后仍然折回凹面反射镜上聚焦成像，从出射狭缝（S_2）射出。这种装置结构简单，光路紧凑。但这种装置是不对称的，入射狭缝和出射狭缝位于光栅的同侧，反射镜引入的彗差使谱线不对称地变宽，减小离轴角会使这种彗差减小。

艾伯特型光栅单色器以一块大凹面镜的两半分别作为准直和成像物镜。艾伯特装置又分水平对称式和垂直对称式两种。图 3-15(b) 中所示为水平对称式，出射狭缝与入射狭缝位于光栅的两侧，从入射狭缝入射的光线投射至凹面反射镜的一侧，变为平行光反射至光栅上，经光栅色散后折回凹面反射镜的另一侧，然后聚焦在出射狭缝的焦面上。这种装置像差很小，因为准直镜的像差被成像物镜所抵消。把艾伯特型略加改进，用两个小凹面镜代替一个大的凹面镜，就是切尔尼-特纳型光栅单色器，为现代仪器所普遍采用。

凹面光栅单色器可以在一定的范围和条件下，只转动光栅，保持入射和出射狭缝不动，在出射狭缝处得到所需波长的精确聚焦的狭缝像。这种装置的优点是结构简单，缺点是像散很大。专门设计用于这种装置的消像散凹面全息光栅，使濑谷-波冈型装置的缺点得以克服，得到了广泛的应用。

中阶梯光栅单色器采用高级次光谱区工作，高级次光谱自由光谱区很小，为了将不同级次的重叠光谱分开，通常采取交叉色散（在中阶梯光栅光路的前方或后方增加一级辅助色散元件），使谱线色散方向和谱级散开方向正交，在焦面上形成一个二维色散图像。中阶梯光栅单色器结合面阵检测器能同时接收整个工作波段范围的光谱，可实现快速多元素同时测定。如 Perkin Elmer 公司的 SIMAA 6000 就是采用中阶梯光栅单色器仪器。

由预单色器（如棱镜，可防止不同级次的谱线重叠）和中阶梯光栅组成的分光系统，称为 DEMON（double echelle monochromator）分光系统。这种分光系统可以得到较高的光谱分辨率，不会有光谱级次重叠的问题，而且与固态成像检测器联用，可以在一段波长范围内得到极其丰富的光谱信息。

对于 CS-AAS 而言，高分辨分光系统是其核心部分，因为如果使用连续光源进行原子吸收测量，需要单色器的分辨力能与原子吸收谱线的宽度相当。图 3-16 为DEMON系统的分光示意图。自连续光源的辐射谱线由入射狭缝 1 和反射镜 2 经棱镜预单色器 3 进行初步分光后，再经反射镜和中间狭缝 4 由中阶梯光栅 5 进行色散，最后由 CCD 检测器 6 进行接收和信号转换。DEMON 系统的光学器件参数为：石英棱镜顶角为 25°，中阶梯光栅每毫米刻线数为 75，闪耀角 76°，面积 270mm×60mm；在 200nm 波长时光谱分辨力为 $\lambda/\Delta\lambda \geqslant 145000$，使用的线阵 CCD 检测器（像素 512×58；每个像素尺寸 24μm×24μm）相应的每个像素的光谱带宽<2pm。此外，为防止仪器在工作过程中的波长漂移，DEMON 系统通过采用氖灯多谱线同时波长定位和动态校正的方法对中阶梯光栅的位置进行动态的校正，以保证测定波长的准确性和重现性。

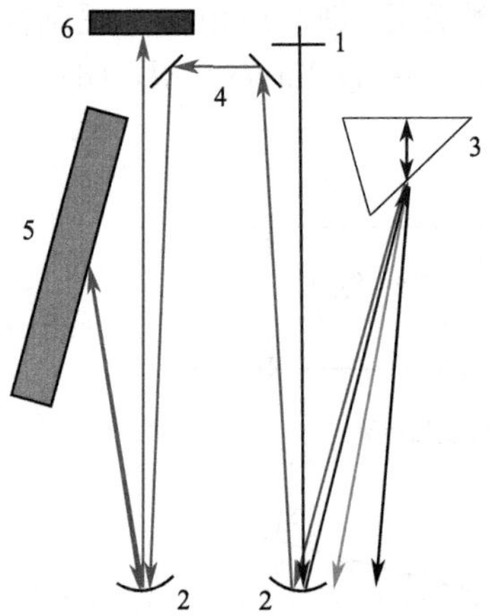

图 3-16　DEMON 系统的谱线分离示意图

1—入射狭缝（固定）；2—偏轴抛物镜；3—棱镜；4—反射镜中间狭缝（可调）；5—中阶梯光栅；6—CCD 线阵检测器

光谱带宽是单色器的重要指标，由入射、出射狭缝的宽度及分光元件的色散率确定的，更小的光谱带宽可更有效地滤除杂散辐射。例如，光谱带宽设置为 1nm 时，Ni 灯的 232.0nm（共振线）、231.6nm（非共振线）、

231.0nm（共振线）三条线同时进入检测系统，将使测定灵敏度明显降低，如果减小光谱带宽为 0.2nm，只允许 Ni 232.0nm 共振线进入检测系统，则分析灵敏度明显提高。

原子吸收常用的光谱带宽有 0.1nm、0.2nm、0.4nm、1.0nm、1.3nm 等几种。人们注意到，在一般状态下元素灯的共振辐射带宽小于 0.001nm，故狭缝宽度减半时，光通量也相应减半，而对于连续辐射，除光通量减半外，谱带宽度也要减半，因而在狭缝宽度减半时，能量衰减系数为 4。在有强烈的宽谱带发射光（例如分析钡元素时火焰或石墨管发射的炽热光）抵达光电倍增管时，狭缝宽度减至 1/2 可使杂散辐射减为 1/4，而光谱能量减至 1/2。为进一步控制杂散辐射，有的仪器采用狭缝高度可变的设计，在测量一些特殊元素（如钡、钙等）或使用石墨炉时可选用。值得提及的是，这种设计并不是通过减小光谱带宽来降低宽带辐射的杂散光，而是从光学成像角度考虑的。

3.2.5　检测系统

光谱仪器中，检测器用来完成光电信号的转换，即将光信号转换为电信号，为以后的信号处理做准备。AAS 仪器常用的检测器是光电倍增管。20 世纪 70 年代初期，随着 MOS 技术的成熟，光电二极管阵列（photodiode arrays，PDA）、电荷耦合器件（charge coupled devices，CCD）及电荷注入器件（charge injection devices，CID）（统称固态传感器）得到了发展。起初这种器件只用作图像传感器，20 世纪 90 年代，器件的性能大大提高，已有商品 AAS 使用这种器件。

3.2.5.1　光电倍增管

光电倍增管是一种多极的真空光电管，内部有电子倍增机构，内增益极高，是目前灵敏度最高、响应速度最快、动态范围最大的一种光电检测器，广泛应用于各种光谱仪器上。

光电倍增管由光窗、光电阴极、电子聚焦系统、电子倍增系统和阳极等 5 个部分组成。所以光电倍增管光谱特性的短波阈值取决于光窗材料，用于原子吸收仪器的光电倍增管的光窗材料常采用能透过紫外线的玻璃或熔融石英。光电阴极的作用是光电转换，接收入射光，向外发射光电子，光电倍增管的长波阈值取决于光电阴极材料，常用的阴极材料有 Sb-Cs、Sb-K-Cs、Sb-Na-K-Cs 等。前一级发射出来的电子在电场作用下加速并轰击第二级倍增极，发射次级电子，从而导致电子的倍增。阳极是用来收集最末一级倍增极发射出来的电子，典型的侧窗式光电倍增管的基本工作原理及外观如图 3-17 所示。

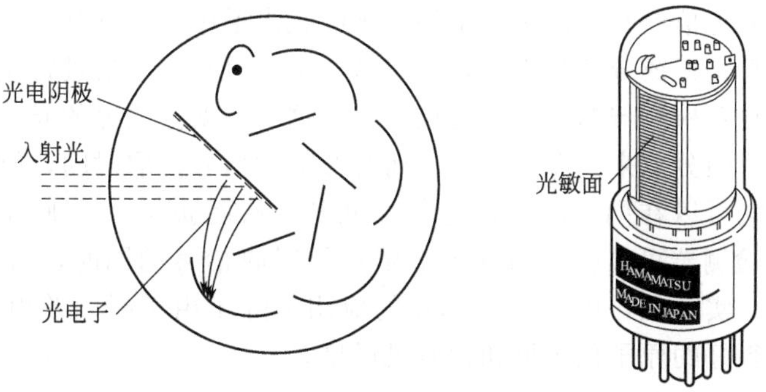

图 3-17　光电倍增管的工作原理图及外观

常用的光电倍增管有两种结构，分别为端窗式与侧窗式，其工作原理相同。端窗式从倍增管的顶部接收光，侧窗式从侧面接收光，目前光谱仪器中应用较广泛的是侧窗式光电倍增管，如日本滨松公司的 R928 及 R955，可测量 185～900nm 的光，被广泛应用于 AAS 仪器中。

光电倍增管由负高压供电，电压范围大致从 200～1000V，由于光电倍增管本身的放大倍数很大，需要极其稳定的供电电源。因光电倍增管等效为一个恒流源，其内阻极高，除了严格的光屏蔽也需要电磁屏蔽。

原子吸收光谱中，对应于不同的元素、不同的工作条件（例如：允许的灯电流，单色器的光谱通带），进入检测器的光能量相差几千倍，因此其电压调整范围很宽。当接收到的光能量低，就需使用高的光电倍增管供电电压，将使测定的信噪比变坏。因此，观察光电倍增管的电压变化，对检查和判断仪器的光学系统是否受到污染、元素灯是否损坏，很有参考作用。

3.2.5.2 双检测器

双检测器（两个完全匹配的光电倍增管）的应用很好地解决了检测过程中由于时间差引起的背景扣除的误差，这项技术最先应用于 Z-2000 系列 AAS 中，如图 3-18 所示。样品中的被测原子在导入磁场时，分析谱线中与磁场平行的偏振组分会被原子吸收，而与磁场垂直的偏振组分则不被原子吸收。另外，由分子和颗粒物散射所形成的背景吸收在磁场作用下不发生变化。对这两个偏光成分的测量值进行差减，背景吸收就被消除，而得到纯原子吸收信号。

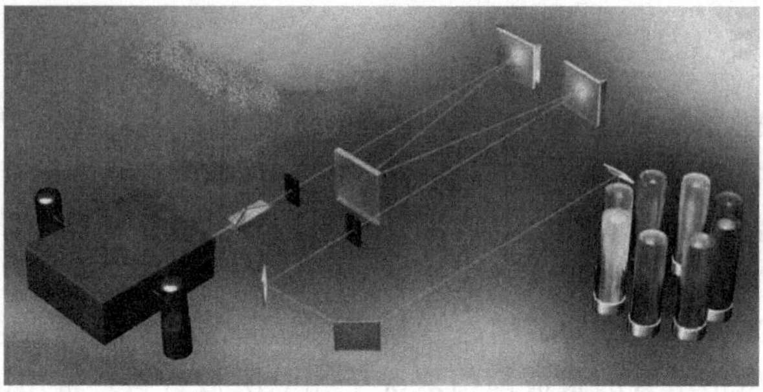

图 3-18　Z-2000 仪器应用两个检测器的光学系统

原子吸收测定中，多是利用时间分割方式交替读取数据后用差减法完成检测数据处理。图 3-19 给出了氘灯、交流塞曼和双检测器直流塞曼三种不同方法检测信号的处理方式。在使用一个检测器（光电倍增管）的偏振塞曼原子吸收光谱中，通常利用时间分割法交替读取平行偏振成分和垂直偏振成分的吸光度，并将这两个信号吸光度值进行差减运算，进行信号处理或背景校正。在双检测器的偏振塞曼仪器中，这两个偏振成分的光，由各自的光电倍增管检测，不需要用时间分割来读取数据，因而有 2 倍的信号读取时间，能获得更高的测定精度。更重要的是，它可以在同一时间进行信号处理，从而获得了精确的实时背景校正。图 3-19 中显示使用双检测器可以很轻易获得 2 倍原子吸收信号的同时，对原子化机理的研究和应用也是直接的。实际工作中两个检测器的应用消除了由于时间差引起的背景扣除的误差，为我们提供了很好的原子化图形和检测灵敏度。

3.2.5.3 固态检测器

在光谱仪器中常用的固态检测器有电荷耦合器件（CCD），电荷注入器件（CID），二极管阵列检测器（PDA）等几种。与光电倍增管不同的是固态检测器其光电转换是基于内光

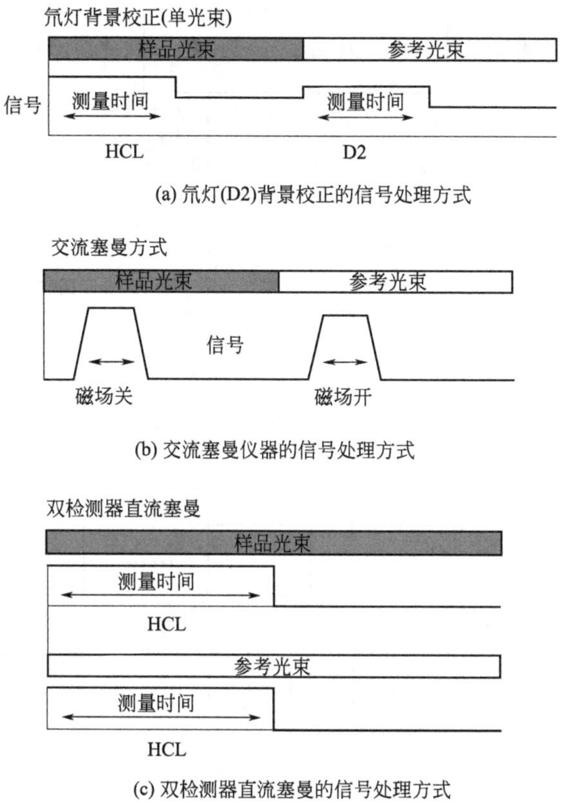

图 3-19　氘灯、交流塞曼、双检测器直流塞曼的信号处理模式

电效应，而光电倍增管是基于外光电效应。

根据感光元件的排列形式又分线阵和面阵两种。这种器件出现于 20 世纪 70 年代，80 年代后期在光谱仪器上的应用研究取得了进展，进入 90 年代在商品化仪器中已有使用。如美国海洋公司的小型紫外-可见光谱仪采用 PDA 或 CCD 作为接收器，可在 1s 内快速接收紫外-可见波段的光谱信息，美国 Perkin Elmer 公司在原子吸收光谱仪上使用了面阵 CCD，与中阶梯光栅单色器结合，实现了多元素同时测定。

固态检测器主要由光电转换元件及电信号读出电路两部分组成。光电转换元件是由按照一定规律排列的被称为像素的感光小单元组成，一般为硅光电二极管。将光电二极管通过不同的技术集成在一起形成线阵或面阵。不同种类的器件其电信号读出电路的制作工艺及信号读出方式各不相同，下面就光谱仪器常用的固态器件作一简介。

PDA 是将光电二极管阵列、扫描电路（数字移位寄存器）及晶体管开关电路集成在一起的，图 3-20 是典型的 PDA 内部结构示意图。扫描电路在开始脉冲（ϕ_{st}）及相位脉冲（ϕ_1，ϕ_2）的控制下，顺序打开晶体管开关电路寻址相应的光电二极管，并将信号输出。光电二极管工作是电荷积分模式，所以输出信号与曝光量（光强度×积分时间）成正比。

CCD 器件是在一块硅片上集成光电二极管阵列与电荷移位寄存器两部分。在积分周期内光电二极管阵列检测入射的光信号并产生与曝光量成比例的光生电荷，储存在势垒中，在移位周期光生电荷转移到 CCD 电荷移位寄存器并输出。其基本结构如图 3-21 所示。

图 3-21 中，光电二极管阵列与电荷移位寄存器分别由不同的脉冲驱动。图中 ϕ_n 为高电平时，各光电二极管为反相偏置，光生电子空穴对中的空穴被 p-n 结的内电场推斥，而电子

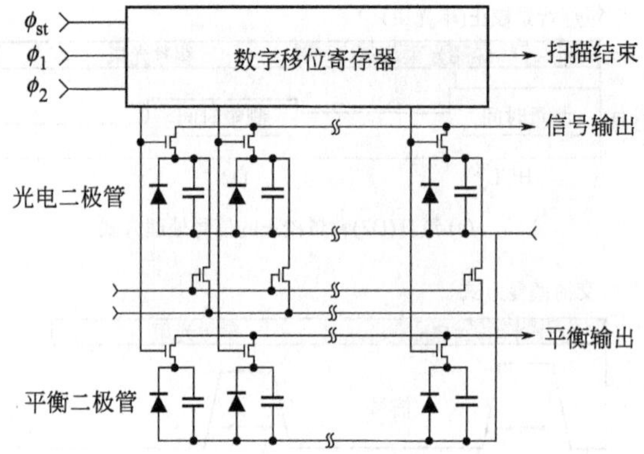

图 3-20　PDA 内部结构示意图

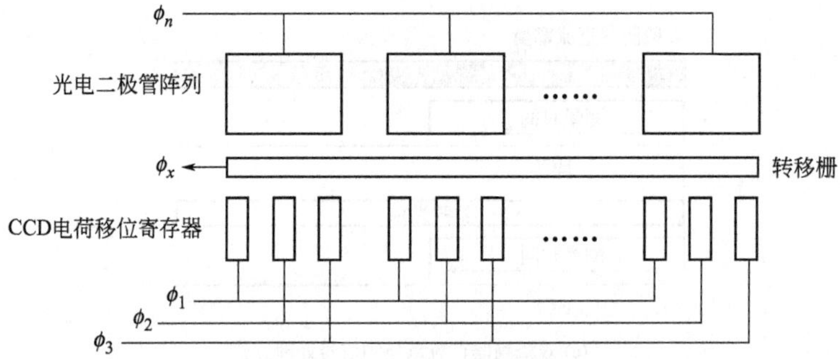

图 3-21　CCD 的基本结构示意图

则积存于 p-n 结的耗尽区中。在入射光的持续照射下，得到光生电荷的积累。转移栅接低电平时，使光电二极管阵列与电荷移位寄存器彼此隔离；转移栅接高电平时，使光电二极管阵列与电荷移位寄存器彼此导通，积累的光生电荷并行流入电荷移位寄存器中，接着在驱动脉冲的作用下，光生电荷按照在 CCD 中的空间顺序串行转移出去。

普通光栅（小阶梯光栅）单色器可在单色器的光谱面上采用线阵器件接收，为提高灵敏度可采用像元高度较大的 PDA 线阵器件（可达到 2.5mm）。由中阶梯光栅和棱镜分光系统产生的二维光谱，在焦平面上形成点状光谱，适合于采用 CCD、CID 这一类线阵或面阵检测器，兼具有光电法和摄谱法的优点，从而能最大限度地获取光谱信息，便于进行光谱干扰和谱线强度空间分布同时测量，有利于多谱图校正技术的采用，有效地消除光谱干扰，提高选择性和灵敏度，而且仪器的体积结构更为紧凑。

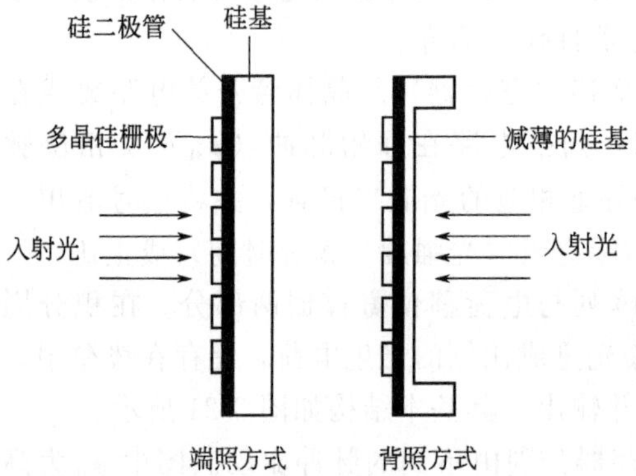

图 3-22　薄型背照 CCD 原理

耶拿公司 contrAA 系列使用薄型背照 CCD 器件，原理见图 3-22，普通的 CCD 光敏硅二极管附于硅基片上，正面是多晶硅栅极。薄型背照 CCD 器件本身只有数微米厚，将光敏二极管背面的硅基减薄，入射光从背面直接照射到二极管上，其光照响应率在紫外波段比面照方式提高 2～30 倍，在可见区域量子效率能提高到 80%以上。由于使用了薄型背照 CCD，在 contrAA 系列中高压短弧氙灯的光强能满足从 190～900nm 范围内全部波长的原子吸收测定的需要，只不过对应不同波长，光电信号的读取需要采用不同的积分时间进行控制。

Pekin Elmer 公司的 Analyst600/800 和 PinAAcle 900 原子吸收光谱仪器使用的是内置 CMOS 放大器的固态检测器，它可以适应于不同的狭缝宽度和高低狭缝，还能区分入射狭缝上、下部位分别对应于样品光束和参考光束的两个像。

现在的 CCD 器件已经能读到几个光子，动态范围也已经超过 16 位（bit）。随着半导体技术的不断发展，固态成像检测器的灵敏度、紫外特性、信噪比都在不断提高，固态成像光电检测器在 AAS 中取代光电倍增管是完全有可能的。

3.2.6 背景校正装置[13]

背景吸收是由分子吸收和光散射造成的。背景校正技术的原理是利用样品光束测量原子吸收及背景吸收的总吸收，测得的吸光度记为 A_s，利用参考光束测量背景吸收（也可能包括部分原子吸收），测得的吸光度记为 A_r，则：

$$A_s = A_{sa} + A_{sb} \tag{3-23}$$

$$A_r = A_{ra} + A_{rb} \tag{3-24}$$

式中，下标 a、b 分别表示分析原子吸收及背景吸收，经背景校正后测得的吸光度为

$$\begin{aligned} A &= A_s - A_r = (A_{sa} + A_{sb}) - (A_{ra} + A_{rb}) \\ &= (A_{sa} - A_{ra}) + (A_{sb} - A_{rb}) \end{aligned} \tag{3-25}$$

从式(3-25) 可以看出，要真实地反映样品的分析原子吸收，参比光束测得的原子吸收 A_{ra} 应尽可能小，参比光束测得的背景吸收应尽可能与样品光束测得的背景吸收相等。

理想的背景校正技术应满足：

① 样品光束与参考光束在原子化器中完全重合；

② 参考光束的波长与样品的分析线波长严格相等；

③ 测量样品信号及参考信号的时间同步。

由于各种背景校正装置的技术特点及适用范围各不相同，因此，现代 AAS 大部分具备一种或一种以上背景校正装置。以下，根据当今商用 AAS 的特点划分为氘灯类、塞曼类及连续光源仪器分别介绍各类仪器背景校正的特点。

3.2.6.1 氘灯法背景校正

氘灯背景校正是由柯蒂奥汉（S. R. Koirtyohann）和皮克特（E. E. Pickett）于 1965 年首先提出来的[14]。在氘灯背景校正方式中，元素灯的辐射作为样品光束，测量总的吸收信号（原子吸收与背景吸收之和），氘灯的辐射作为参考光束，用以测量背景吸收。其基本原理如图 3-23 所示。

图 3-23 中（a）、（b）、（c）为元素灯发射光谱，作为样品光束测量原子吸收及背景吸收的情况；（d）、（e）、（f）为氘灯的连续光谱，作为参考光束测量原子吸收及背景吸收的情况。背景是连续光谱的宽带吸收，它对元素灯的锐线辐射和连续光源辐射具有相同的吸收 $A_{sb}=A_{rb}$［图 3-23 中（c）、（f）］。

而原子吸收是锐线吸收，对元素灯的吸收为 A_{sa}［图 3-23 中（b）］，对参考光的连续辐射吸收则为：

$$A_{ra} = 2.4\frac{\Delta\lambda}{W}A_{sa} \tag{3-26}$$

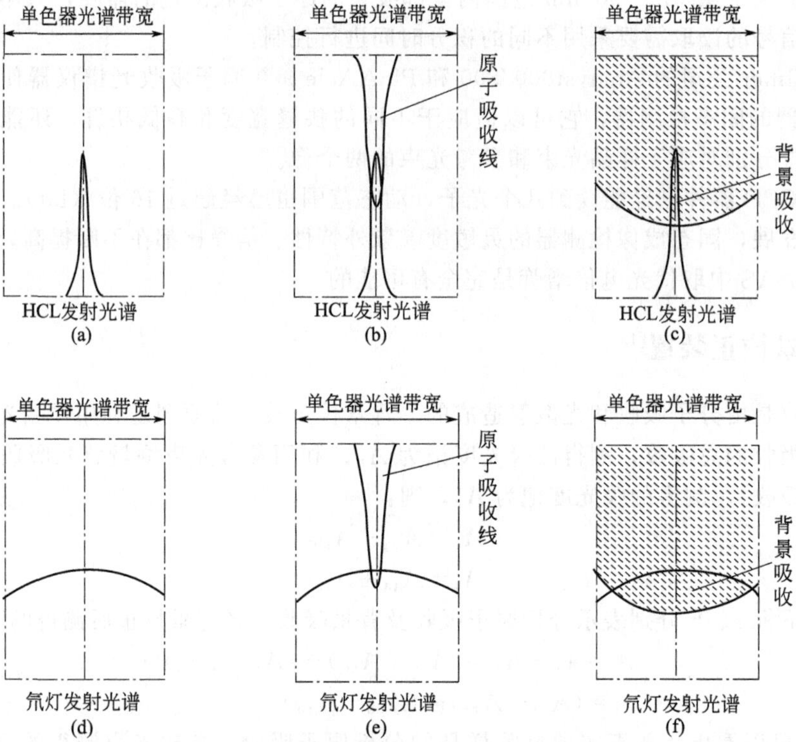

图 3-23 氘灯背景校正原理

式中，$\Delta\lambda$ 是以波长为单位分析线的洛伦兹半宽度；W 为单色器光谱带宽。

经校正后的吸光度为

$$A=A_{sa}\left(1-2.4\frac{\Delta\lambda}{W}\right) \tag{3-27}$$

式(3-27) 中，$\Delta\lambda$ 一般为 $10^{-2}\sim10^{-3}$nm，W 为 0.2～2.0nm，这样 $2.4\frac{\Delta\lambda}{W}$ 为 0.001～0.1 之间，即校正后的吸光度与未经校正的吸光度相差不大，而校正吸光度与背景吸收无关，因此实现了背景校正。

氘灯校正背景主要优点是对灵敏度的影响较小，从式(3-27) 得 $A_{ra}=0.001\sim0.1A_{sa}$，即校正后的吸光度降低 0.1%～10%，这比塞曼法和自吸收法都小。由于锐线光源和氘灯两个光源不易准确聚光于原子化器的同一部位，两种灯的光斑大小也不完全相同，故影响背景校正效果，容易出现校正不足或校正过度的现象。氘灯背景校正装置的结构如图 3-24 所示。

图 3-24 中（a）为透过型氘灯背景校正器，该装置使用的氘灯是中心有小孔的氘弧灯。元素灯的共振辐射由 L_1 会聚后通过氘灯中心的小孔，与氘灯辐射合并后由 L_2 会聚通过原子化器。氘灯与元素灯采用时间差脉冲点灯方式供电，仪器根据同步脉冲分时测量总吸收、背景吸收及原子吸收。

图 3-24 中（b）为反射型氘灯背景校正器。反射型背景校正器有两种模式。一种模式是用一个旋转切光器 M_1 将空心阴极灯和氘灯发出的辐射交替地通过原子化器，分时测量总吸收（空心阴极灯的辐射吸收信号）及背景吸收（氘灯的辐射吸收信号）。另一种模式，M_1 采用半透半反镜，元素灯的光透过 M_1，与氘灯的反射光合并进入原子化器，光源采用时间差脉冲点灯方式调制。

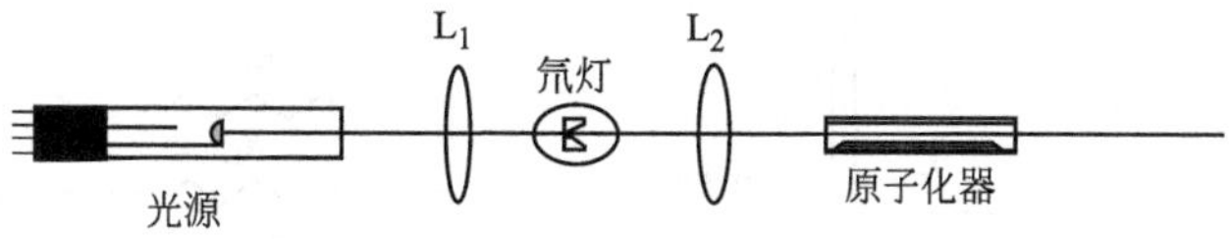

(a) 通过型氘灯背景校正器

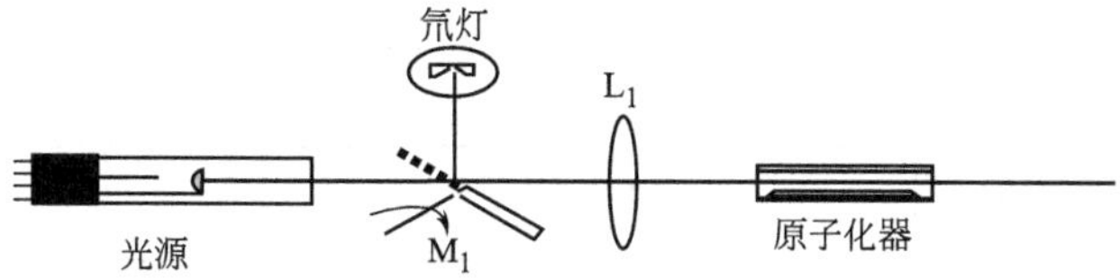

(b) 反射型氘灯背景校正器

图 3-24　氘灯背景校正装置

氘灯的工作波段为 190～360nm，超过 360nm 波长，氘灯的能量很低，发射噪声很大，不能进行背景校正。另外，在这个波段进行背景校正必须使用滤光片。防止 200～400nm 氘灯辐射的二级光谱进入检测器。

氘灯的额定工作电流为 300mA。AAS 的氘灯采用脉冲供电，其脉冲电流可以达到几安培，由于仪器的工作模式不同（占空比不同）平均工作电流亦不同，其显示电流也不相同，应参照使用说明书的要求设置电流，超过规定值会对氘灯及灯电路产生不良影响。

氘灯的发光面比空心阴极灯小，在原子化器上会形成大小不同的成像，对于火焰原子吸收，样品蒸气比较均匀，问题不是太大；而对于石墨炉分析，由于样品蒸气在光束通过的截面上极度不均匀，因此会造成背景校正的误差。

氘灯是连续光源，在仪器光谱通带范围内如果有共存元素的强烈吸收，会被误作为“背景”而从总吸光度内扣除，而这个共存元素的吸收因为使用锐线光源而并未观察到，造成的结果是背景校正过度，在没有被测元素时产生负吸光度信号。在石墨炉法分析中，由于分析灵敏度高，同样浓度的这类共存元素产生的吸光度远远大于在火焰法分析中产生的吸光度，因此，这种影响更为明显。

3.2.6.2　空心阴极灯自吸收法背景校正

自吸收法校正背景是利用大电流时空心阴极灯的发射谱线变宽产生自吸收，以此测量背景吸收。图 3-25 是空心阴极灯自吸收法背景校正装置的原理示意图。图 3-26 是空心阴极灯自吸收法校正背景的原理图。

图 3-25 中，主控制器通过 D/A 转换电路驱动灯电源电路点亮空心阴极灯 HCL，HCL 在不同的时间段（t_L及 t_H段）以不同的灯电流（I_L及 I_H）工作，光电倍增管（PMT）将光信号转换为电信号，主控制器通过同步电路控制运算放大器 AMP 在 t_L及 t_H段切换不同增益电阻 R_L及 R_H，将原子吸收信号与背景吸收信号分离以实现背景校正。

图 3-26 中，(a) 是空心阴极灯的电流波形，(b) 的上部为空心阴极灯窄脉冲电流 I_H的发射光谱，这是因为在大电流的激发下空心阴极里产生大量的原子云，原子间碰撞实现能量交换减弱了共振辐射，光谱带变宽，形成双峰。以此光束作为参考光束测量背景吸收及少量的原子吸收（I_H电流期间或多或少有部分共振辐射）。图 3-26 中 (c)、(d) 的上部所示为参考光测量背景吸收及部分原子吸收的情况。

宽脉冲电流 I_L因为电流较低产生的光谱发射为正常的共振辐射，以此光束作为样品光

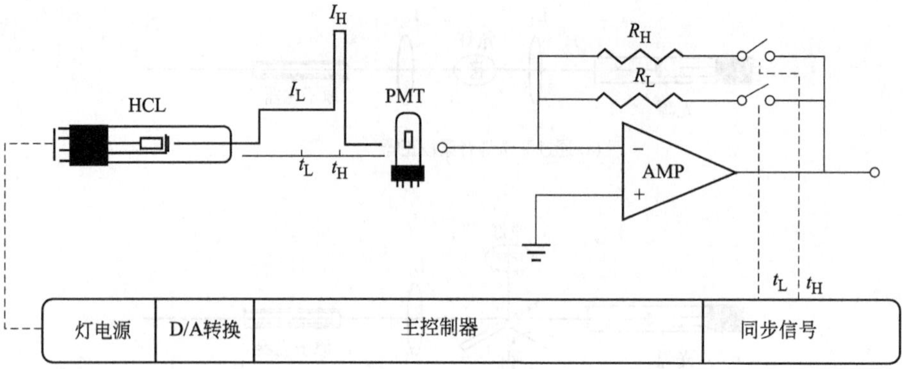

图 3-25　空心阴极灯自吸收背景校正装置原理

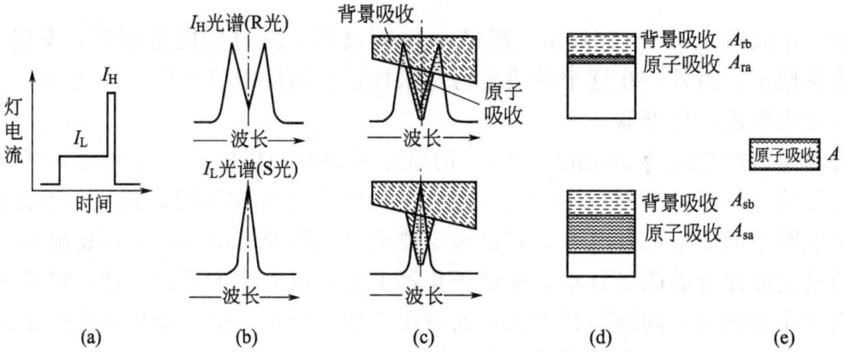

图 3-26　自吸收法背景校正原理

束，测量分析原子及背景的吸收信号，如图 3-26 中（b）、（c）、（d）的下部所示。样品光束的测量信号与参考光束的测量信号之差即为样品的原子吸收信号。

窄脉冲大电流 I_H是自吸收电流，峰值电流可设置为 300～600mA，宽脉冲小电流 I_L是正常测量电流。由于宽、窄脉冲的电流差别很大，因此光电信号的幅值相差也很大，前置信号放大器必须取不同的增益，以平衡信号的输出。

自吸收背景校正法的测定灵敏度与窄脉冲电流 I_H的大小有直接关系，I_H越大，自吸越严重测得的 A_{ra}越小，对灵敏度的影响就越小。

一些元素的谱线很容易自吸，因而对灵敏度影响小，如：锌、镉等元素。而另一些元素的谱线较难发生自吸，即使在较大的电流下测得的 A_{ra}仍较大，因而经过背景校正后灵敏度损失较大。

自吸收背景校正的主要优点是：①装置简单，除灯电流控制电路及软件外不需要任何的外加结构；②背景校正可在整个波段范围（190～900nm）实施；③用同一支空心阴极灯测量原子吸收及背景吸收，样品光束与参比光束基本相同，校正精度较高。另外，自吸收背景校正是在分析线邻近的两侧进行的，具有很好的波长吻合性，不仅不会发生如氘灯背景校正那样的“背景校正过度”现象，还能在一定场合克服一些邻近线的光谱干扰。

自吸收背景校正的不足是：不是所有的空心阴极灯都能产生良好的自吸发射谱线。低熔点元素在很低的电流下即产生自吸，高熔点元素在很高的电流下也不产生自吸，对这样一些元素测定，灵敏度损失严重，甚至不能测定。

鉴于以上几点，有人专门研究了自吸收用的空心阴极灯。也有人采用高强度空心阴极灯作背景校正，采取的措施是在窄脉冲时切断辅助阴极的供电，以提高自吸收能力，宽脉冲时增加辅助极电流，以使自吸收降至最小。在这种条件下，分析灵敏度得以提高，尤其是对那些通常工作电流下便发生自吸的元素，效果更好，如 Na 的测定。

大部分采用空心阴极灯自吸收法校正背景的 AAS 仪器都用氘灯背景校正装置作为补充，一些用自吸收背景校正法灵敏度较低的元素可以采用氘灯法校正背景。

3.2.6.3 塞曼效应法背景校正

1886 年荷兰物理学家塞曼发现光源在强磁场作用下产生光谱线分裂的现象，这种现象称为塞曼效应。与磁场施加于光源产生的塞曼效应（称正向塞曼效应）相同，当磁场施加在吸收池时，同样可观测到吸收线的磁致分裂，即逆向塞曼效应，亦称吸收线塞曼效应。图 3-27 是塞曼效应的基本原理。元素灯发出的特征谱线，经过光学起偏器调制后，被调制成一定频率周期的互相垂直的两束偏振光，在经过原子化器时，由于磁场的极化作用，偏振光发生塞曼效应，分裂成为 π、σ^- 和 σ^+ 三种偏振组分，横向的 π 组分偏振光（平行于磁场线方向）被待测原子、干扰分子以及原子化气体吸收，而纵向的 σ 组分偏振光（垂直于磁场线方向）则只被干扰分子和原子化气体吸收，而不被待测原子吸收，两种组分的能量差与待测原子的浓度成正比。

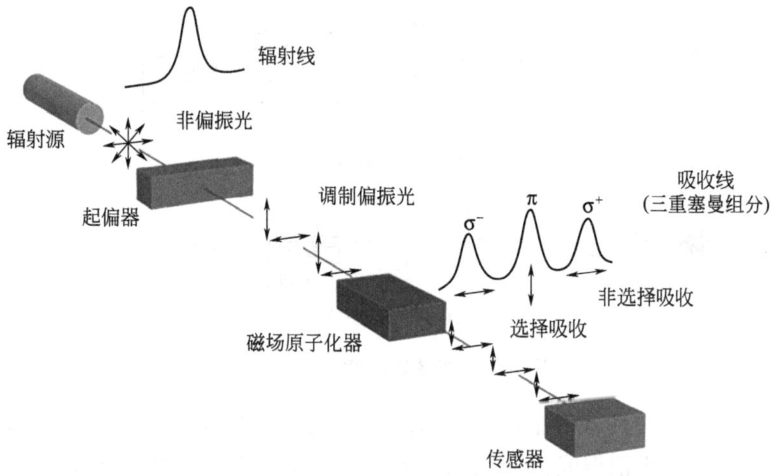

图 3-27 塞曼效应基本原理

塞曼效应按观察光谱线的方向不同又分为横向塞曼效应及纵向塞曼效应，垂直于磁场方向观察的是横向塞曼效应，平行于磁场方向观察的是纵向塞曼效应。横向塞曼效应得到三条具有线偏振的谱线，谱线的频率分别为 $\nu-\Delta\nu$，ν，$\nu+\Delta\nu$，中间频率未变化的谱线，其电向量的振动方向平行于磁场方向，称为 π 成分。其他两条谱线的频率变化分别为 $-\Delta\nu$ 及 $+\Delta\nu$，其电向量的振动方向垂直于磁场方向，称为 $\sigma^{\pm}$ 成分。而纵向塞曼效应则观察到频率分别为 $\nu+\Delta\nu$ 和 $\nu-\Delta\nu$ 的两条圆偏振光，前者为顺时针方向的圆偏振称左旋偏振光，后者为反时针方向的圆偏振称右旋偏振光，而中间频率不变的 π 成分消失。这是正常塞曼效应的例子。通常大多数元素原子能级结构是双重及多重态。对这些元素的塞曼效应观测发现，它们谱线的磁致分裂有着更复杂的现象，谱线分裂成多组 π 成分和 $\sigma^{\pm}$ 成分，这就是反常塞曼效应。

塞曼效应应用于原子吸收作背景校正可有多种方法。可将磁场施加于光源，也可将磁场施加于原子化器；可利用横向效应，也可利用纵向效应；可用恒定磁场，也可用交变磁场；

交变磁场又分固定磁场强度和可变磁场强度，等等。

由于条件限制，不是以上所有组合均可应用于原子吸收光谱仪。例如：纵向恒定磁场，由于没有 π 成分而无法测量样品的原子吸收而不能用来校正背景。施加于光源的塞曼效应在前期的研究中作了大量的工作，但由于需要的特殊光源目前也不普及，只在某些专用装置中获得了应用。如塞曼测汞仪，因为汞灯可以做得很小，能够获得较高的磁场强度。光源调制的另一个缺点是很难保证基线的长期稳定。目前商品化仪器应用较广的大多是施加于原子化器的塞曼效应背景校正装置，主要有 3 种调制形式，分别为横向恒定磁场、横向交变磁场和纵向交变磁场。图 3-28 为三种塞曼效应背景校正装置的示意图。

图 3-28 中（a）为横向恒定磁场装置，这种装置利用永久磁铁产生强磁场，它既可以应用于火焰原子化器，也可以应用于石墨炉原子化器。它是将光源的辐射交替进行偏振光调制，原子吸收线的 π 成分及 $\sigma^{\pm}$ 成分分别吸收不同偏振方向的辐射进行背景校正。

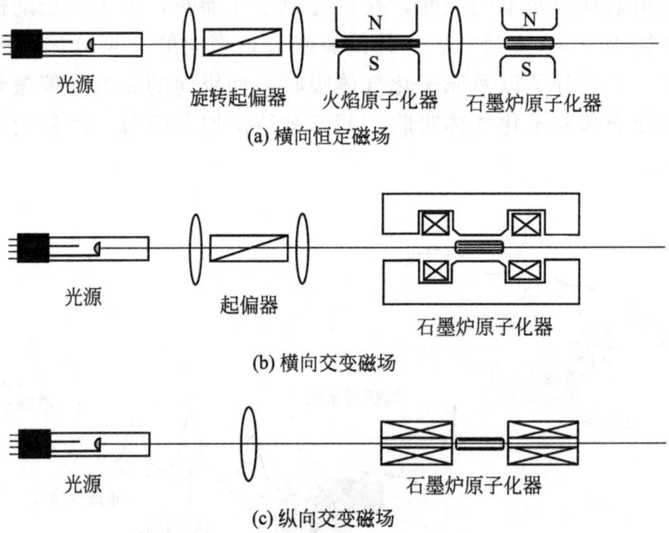

图 3-28　塞曼效应背景校正装置

利用光的矢量特性（只有偏振特性相同的光才能产生相互作用），引入旋转起偏器将光源发出的共振辐射变成线偏振光。假定磁场方向平行于纸面，当旋转起偏器转动到共振辐射偏振特性平行于纸面时，形成样品光束，测量分析原子吸收及背景吸收，因为原子吸收线的 π 成分的偏振特性与其相同，产生分析原子吸收；当旋转起偏器转动到共振辐射偏振特性垂直于纸面时，形成参考光束，测量背景吸收，因为原子吸收线的 $\sigma^{\pm}$ 成分与参考光的波长不同，不产生吸收，π 成分的偏振特性与参考光不同，也不产生样品吸收，而背景吸收通常是宽带的，不产生塞曼分裂，对样品及参考光束的吸收相同。两个光束产生的吸光度相减即得到净分析原子吸收产生的吸光度。

图 3-28(b) 为横向交变磁场施加于原子化器，起偏器只通过偏振面垂直于磁场偏振光，利用电磁铁产生交变磁场。磁场关闭时，与通常原子吸收一样测量分析原子吸收及背景吸收；磁场开启时，原子化器中的被测元素原子蒸气，其吸收线轮廓发生分裂（逆向塞曼效应），偏离中心波长的吸收线 $\sigma^{\pm}$ 成分对光源辐射不吸收，而背景吸收通常是宽带的，不产生塞曼分裂，对光源辐射产生吸收。两个吸光度相减，得到净原子吸收信号，实现了背景校正。

横向磁场置于原子化器都需要加入起偏器，这使得光源的光强至少减少 50%。而在恒定磁场［图 3-28(a)］方式下，吸收线塞曼分裂的产生也对共振光的吸收减弱，特别是对于谱线呈反常塞曼分裂的元素，因此这种背景校正装置存在的主要不足是损失灵敏度。

图 3-28 中（c）为纵向交变磁场装置，这种装置在磁场开启时，吸收线产生分裂形成 $\sigma^{\pm}$ 成分，此时元素灯的发射线只能测量背景吸收。在磁场为零时，吸收线不产生分裂，此时测量分析原子和背景吸收的总吸光度。总吸光度与背景吸光度之差即为分析原子的吸光度。因为纵向塞曼效应没有 π 成分，无需偏振镜，降低了光源的能量损耗，提高了测量信号的信噪比。很好地解决了光能量损失与灵敏度损失的缺陷。

为实施纵向塞曼效应，美国 Perkin Elmer 公司对石墨炉体结构做了改造，改纵向加热石墨管为横向加热石墨管［图 3-29(a)］，改横向磁场为纵向磁场［图 3-29(b)］，生产了 4100ZL 型横向加热纵向塞曼效应原子吸收光谱仪［背景校正见图 3-29(c)］，并在其最新的 Analyst800 及 SIMAA6100 等仪器上推广应用，取得了很好的效果。

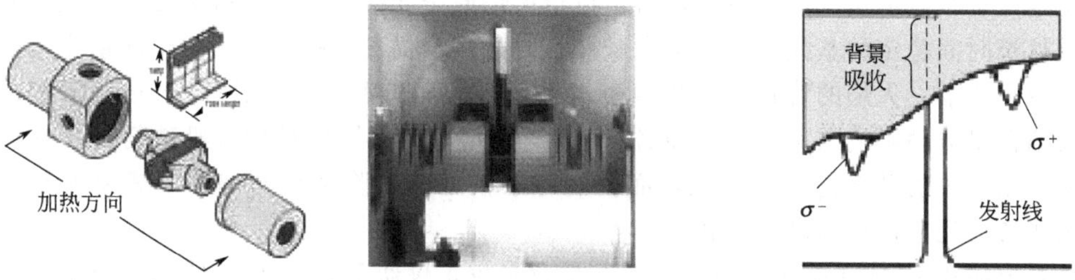

(a) 横向加热石墨管　(b) 塞曼石墨炉体　(c) 纵向塞曼背景校正

图 3-29　纵向塞曼效应背景校正装置

光源塞曼效应在测汞仪上得到了很好的应用，图 3-30 是 Lumex 的 RA915 测汞仪的塞曼原理示意图。汞无极放电灯置于永磁体 H 内，汞共振辐射被分为 π、σ^- 和 σ^+ 三种塞曼偏振组分，当辐射光沿着磁场方向传播时，平行于磁场方面的 π 组分不被观测到，只有 σ^- 组分中在汞吸收线剖面内的一部分进入光电探测器被检测到，而另一部分落在外界。当分析池中无汞原子时，两部分 σ 组分的强度是一样的；当分析池中有汞原子存在时，σ^- 组分的强度随着汞蒸气浓度的增加而降低。由于 σ 射线的光谱移动明显小于分子吸收波段的宽度和散

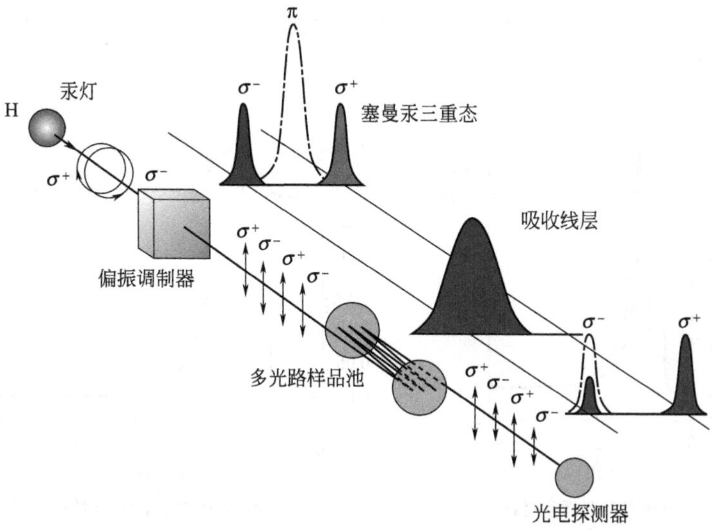

图 3-30　RA915 测汞仪的塞曼原理示意图

射范围，因此各干扰组分产生的背景吸收不影响仪器的读数。

通常塞曼背景校正装置的一个主要缺点是比常规仪器的线性动态范围小、灵敏度降低。为克服线性动态范围小的缺点，德国Jena公司开发了一种3磁场塞曼效应背景校正技术，可使测量的线性动态范围扩充一个数量级。日立公司则是利用石墨炉原子吸收信号的特点，开发了峰宽法拟合校正曲线，以扩大测量的线性动态范围。澳大利亚GBC科学仪器公司的Avanta Ultra Z原子吸收分光光度计磁感应强度在0.6～1.1T可以任意设定，对不同元素谱线的不同塞曼分裂情况使用不同的磁场强度，可有效地提高仪器的灵敏度和测定精密度。

塞曼效应背景校正法在进行背景测量和总吸收测量时使用同一光源，又在同一波长下进行测量，因此也不会发生如氘灯背景校正那样的“背景校正过度”现象，还能在一定场合克服一些邻近线的光谱干扰。另外，由于不受光源的限制，背景校正适合于整个波长范围。

恒定磁场很容易用于火焰原子化器，也给火焰原子光谱分析带来很多便利，最主要的是可以获得长时间稳定的基线，在测定大量样品时显然会提高效率。由于两个测量光束同时通过火焰原子化器，火焰的背景吸收噪声也被降低，因而有利于波长位于200nm附近，信噪比受火焰背景波动影响的元素，例如Zn、Ni的测定等。火焰中吸喷有机试剂时，有机物的分解使火焰气体的助燃比发生变化，而塞曼背景校正能扣除基线的偏移，减少了测定的误差。这些特性还应该得到进一步利用。

日立公司在2004年推出了双检测器塞曼背景校正仪器Z-2000型，使用两个完全匹配的光电倍增管，分别接受光源中偏振面平行于磁场和偏振面垂直于磁场的偏振方向的辐射，测量原子吸收线的π成分及$\sigma^{\pm}$成分，实现背景校正。该方案，可以保证在同一波长、同一测量空间、同一时间（实时）进行背景校正。

事实上，背景校正中两个光束的时间差引起的误差，在快速变化而又与原子吸收信号产生时间相近的背景信号的校正中会带来明显的误差，尤其是在石墨炉快速升温的条件下。原有的背景内插技术远远解决不了背景校正中的时间差引起的误差，为此一些仪器还用了专门的计算方法对迅速变化的背景信号和总吸收信号拟合出两者的峰值，进行计算求得净原子吸收信号。

图3-31(a)给出了Z-5000检测5.00μg/mL Al时原子吸收信号的谱图，明显的有时间差引起的误差存在；图3-31(b)给出了Z-2000检测5.00μg/mL Al时的原子吸收信号的谱图，无时间差引起的误差。

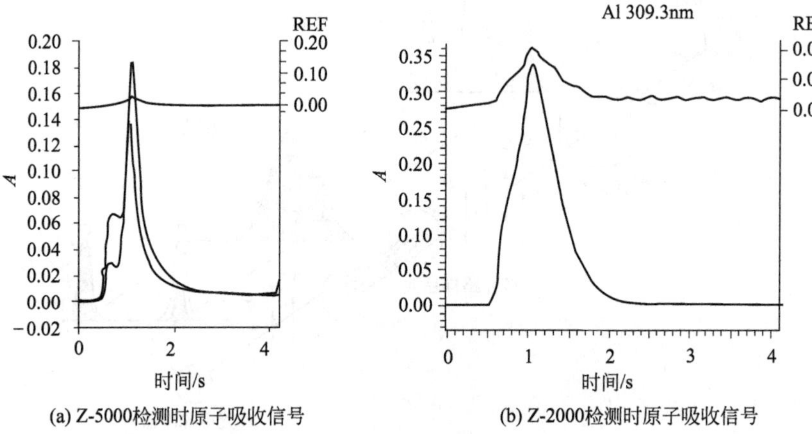

图3-31 双检测器同时背景校正的实例

3.2.6.4 连续光源高分辨率法背景校正

与传统的 LS-AAS 相比，CS-AAS 中不需要使用其他附属的背景校正装置，这主要是由于 CS-AAS 中的 CCD 检测器能同时记录分析谱线轮廓及其两侧一定波长范围内的光谱和背景吸收信息，利用这些信息进行背景校正具有优异的性能[15]。

背景吸收通常又分为连续背景吸收和非连续背景吸收。连续背景主要指灯能量漂移和跳跃、原子化器的散射和宽带吸收等。非连续背景主要与共存元素、基体元素吸收和基体分子吸收有关。

CS-AAS 可以选择分析谱线两侧的一些像素点作为“背景校正像素点”（background correction pixels，BCP）对连续背景进行有效的校正。利用所选择吸收谱线及其两侧的背景校正像素点，分别记录空白溶液（或参比溶液）的光谱强度和被测元素的光谱强度，将两者的比值作为校正因子，然后利用校正因子对分析谱线上的连续背景进行扣除、校正。手动选择校正像素点要得到精确的连续背景校正，需要选择较多的背景校正像素点，另外所选择像素点的吸收信号波动不能过大，否则会影响校正结果的准确性。

另一种连续背景校正的方法是自动进行的，首先将所记录的全部吸收光谱分为若干个单元，利用最小二乘法对每个单元中的吸光度进行拟合得出最小值，然后以这些最小值作为采集点进行多项式拟合。这种方法对“斜坡”式的背景进行校正，可以使基线达到水平状态。

使用“参比光谱”将使参比和样品能量谱图标准化，从而得到波长时间基线图，以校正一些来自光源散射或原子化器散射一类不随时间变化的具有相对稳定光谱曲线的背景。如图 3-32 所示。

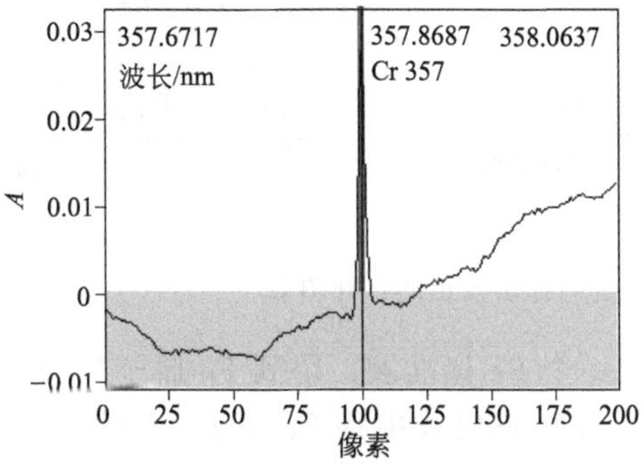

(a) 不带参比光谱的吸收光谱

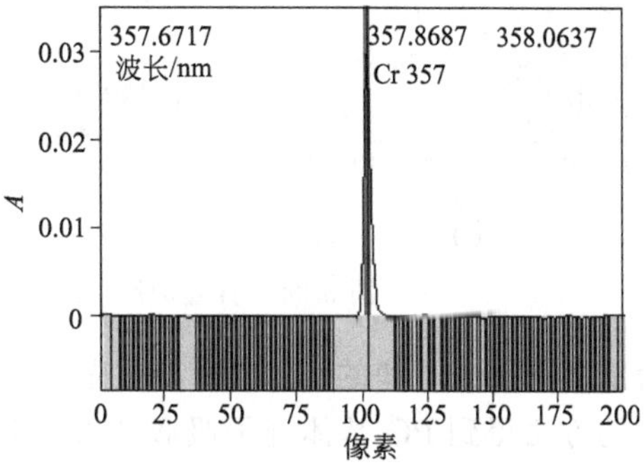

(b) 带参比光谱的吸收光谱

图 3-32　连续光谱干扰背景的参比光谱校正

当连续背景通过上述的“背景校正像素点”方法（或线性最小二乘拟合多项式法）有效的校正之后，其他的一些光谱干扰利用 CS-AAS 的特点也可以进行有效的校正。

由于 CS-AAS 的双单色器分光系统具有较高的光谱分辨率及线阵 CCD 对吸收信息记录的可视性，除了谱线重叠之外的分子吸收的精细结构和被测物中其他共存元素的原子吸收（吸收线与分析线波长差大于 0.008nm 时），一般都是“可见”的和可分离的，即在大多数情况下从吸收光谱图上是可以实现光谱分离的，无需进行校正。

比如测量 Fe 中 Cu 的含量时，Fe 的谱线 324.60nm 对 Cu 的 324.75nm 在传统原子吸收光谱带宽中无法分开（光谱通带最小 0.2nm），Fe 324.60nm 谱线将对 Cu 的测量有干扰，而在高分辨连续光源原子吸收中两条谱线能清楚地分辨开来，因此 Fe 324.60nm 谱线对 Cu 324.75nm 测量就没有影响。如图 3-33 所示。

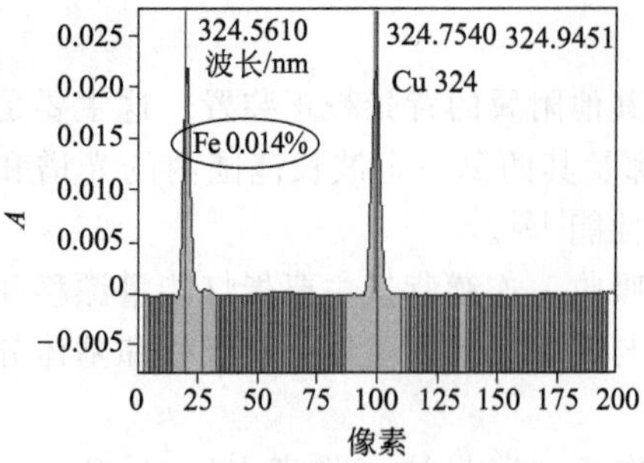

图 3-33　CS-AAS 中 Fe 324.60nm 和 Cu 324.75nm 的分辨

非连续背景中，如果原子线直接叠加到分析波长上了，则需使用内标元素校正法（IEC）。这种校正方法需要采用与干扰元素相邻近的谱线，并且在检测的光谱带宽内进行测量。直接光谱叠加包括基体原子谱线的叠加和基体分子吸收的叠加。如果在样品和参比光谱中都有的光谱叠加，可选择采用“永久结构背景校正”和“参比光谱校正”来消除其干扰。如果光谱叠加只有在样品测量过程中才产生时，这时就需要每个干扰的“校正光谱”（分子吸收光谱和基体原子吸收光谱）。比如石墨炉测量 As 时，PO 基体分子和 Fe 原子谱线（193nm）的吸收对 As 测量有干扰。

当没有采用 IEC 校正模式时，As 谱线杂乱无章，无法读数，如图 3-34 所示，图 3-34(a) 是其中一个像素点观察到的吸收曲线，横坐标称为“光谱数”实际上是测量周期数，除以测量频率就是时间（从图 3-33 可见该仪器测量频率是每秒 30 次）；图 3-34(b) 为某时刻各像素点测到的吸收信号；图 3-34(c) 是吸收信号的三维图。

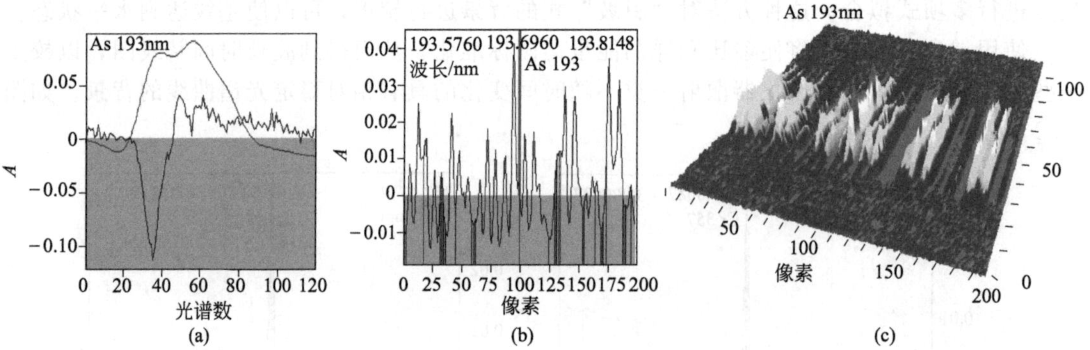

图 3-34　石墨炉测 As 时未经过内标法校正的各种图谱

为了获得一条干净的 As 谱线，首先需测试一个 Fe 标准液，得到 Fe 原子的吸收谱线，用同样的方法得到 PO 基体分子吸收谱线，然后在校正模式中将 Fe 原子的吸收谱线和 PO 基体分子吸收谱线都设为“校正谱线”。这样在 As 的测试中将自动扣除 Fe 原子的吸收谱线和 PO 基体分子吸收谱线，从而得到一条非常干净、漂亮的 As 峰谱线图。如图 3-35 所示。图 3-35(a) 是其中一个像素点观察到的吸收曲线（横坐标是时间），图（b）为某时刻各像

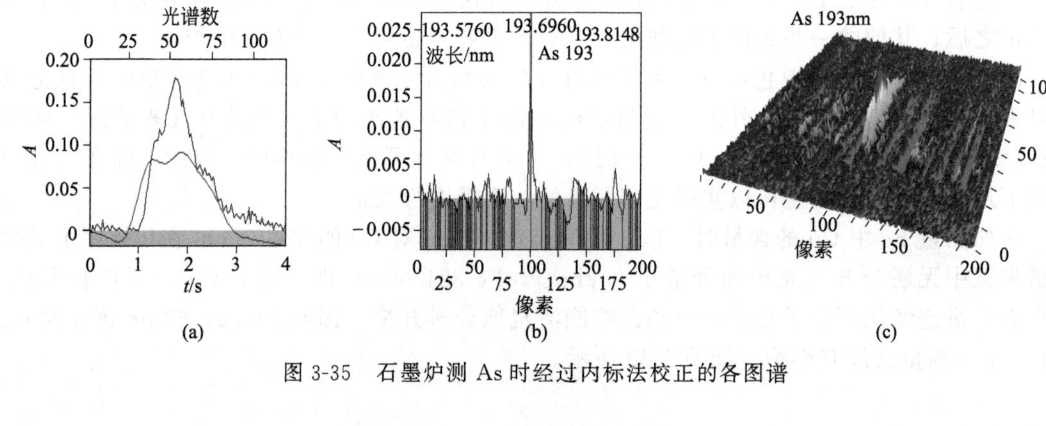

图 3-35　石墨炉测 As 时经过内标法校正的各图谱

素点测到的吸收信号，图（c）是吸收信号的三维图。

3.2.7 自动进样装置

自动进样器是为提高分析的准确度和分析速度，实现仪器的自动化而研制的附件或标准件。现代AAS通常配置有火焰自动进样器、石墨炉自动进样器或石墨炉固体进样器等。

3.2.7.1 火焰自动进样器

原子吸收光谱的火焰分析法采用手动进样时，吸收信号在火焰中一般只需要1～2s即可达到平衡，稳定连续3次读取数据的时间也仅为3～6s，这样分析一个样品的时间很短，且结果稳定准确，因此火焰分析大多采用手动进样的方式。

简单的火焰法自动进样器只具有进样功能。自动进样器的采样臂由仪器主机软件控制，可以随意到达各个欲采样的位置。预先设置好取样毛细管在样品杯和专用杯中的浸入深度，并可通过控制软件予以更改。样品盘和采样臂由步进电机驱动。采样臂以XY型或转盘型转动取样，进样杯体积为25mL或50mL。

日立公司开发的SSC-400智能型火焰自动进样器（见图3-36）可以随机进样并能够按使用者指定的位置测量样品。分析者可随时自行插入和删除样品，这个特点可减少测量时间和样品损耗，并可进行多元素顺序自动测量。测量完成后燃烧头清洗、火焰切断、关灯、关机等都自动进行。这种进样器最大的特点是可以进行简单的样品预处理，在待分析的样品中自动加酸、加化学改进剂，自动进行样品稀释、混匀、振荡、萃取等功能。

图3-36 SSC-400智能型火焰自动进样器

3.2.7.2 石墨炉自动进样器

石墨炉分析中两次测定之间的时间间隔为3～5min，人工进样的工作效率与测定精度与操作人员的熟练程度关系极大。因此，石墨炉自动进样器的开发更早而且更为引人注目。Perkin Elmer公司1976年开发的AS-1型自动进样器曾列为当年美国100项科技奖之一。随着石墨炉分析的逐渐成熟，自动控制技术、计算机技术的迅速扩展使石墨炉自动进样器取得了长足的发展，已成为原子吸收光谱仪器的标准附件、现代石墨炉分析的必需装置。

大多数石墨炉自动进样器采用转盘型样品盘，外挂于石墨炉前方。在计算机软件的控制下，实现定点定位，自动注入不同体积的样品、加入化学改进剂、自动稀释、利用标准储备溶液自动配制标准溶液系列、进行标准加入法测定等多种功能。可以加入数种化学改进剂，可以根据不同样品的分析要求，预先将化学改进剂混入样品溶液，也可以在石墨管内按照不同的顺序加入样品和化学改进剂。这些处理步骤减轻了劳动强度，也减少了操作误差，提高了分析精度、分析速度，实现了全自动测量。自动进样器参数可以事先设置，与仪器操作软件结合，可以进行质量控制（QC），在设定的相关系数要求和误差范围条件下，由计算机软件判别，剔除不符合要求的测定数据或者进行重新测定。还可以做加标回收测定，保证样品测定的准确度。自动进样器通过编号或命名将样品和样品盘位置直接联系起来，通过计算机软件直接进行浓度校正，直接进入数据后期编辑处理和打印报表。

日立Z-2000AAS光谱仪采用内置石墨炉自动进样器，使样品在进样器毛细管中的停留时间最短，样品被玷污的概率更低。检测样品时关闭样品盖，通风系统提供的内气流直接使自动进样器的样品盘处在一个极小的负压状态，这个负压使样品具备了三重保护的功能，即样品与样品之间受负压的影响气流方向一致而无交叉污染，样品与环境阻隔无污染，样品对操作人员无危害。这个功能为食品、医药及高污染、高挥发样品的检测提供了很大方便，使这类样品的直接进样分析成为可能。

内置型自动进样器同时给出了针对不同样品进样的五挡五速自动调节功能，样品的冷注入和加热注入功能，使用标准储备溶液自动配制标准溶液系列，五种化学改进剂的加入和简单的样品预处理功能等，使其更适合生物、医药、食品、石化等样品直接分析。比如，石脑油样品的挥发性很强，对这类样品做预处理会带来样品的流失和玷污，只有直接进样才能保证样品分析的准确性。

3.2.7.3 石墨炉固体进样器

在社会不断进步的今天，人们对食品及各类物质的品质要求越来越高，各种标准对需要检测的各元素的限量指标也越来越严格。传统的各种消解方法，需要用到的各种各样的酸和化学试剂，对实验人员存在一定的危害性。消解过程繁杂、时间长，甚至占了整个分析过程2/3以上的时间，而且这个过程也是最容易引入污染，造成被测组分丢失，带来误差。不管采用何种样品消解方式，均需要进行一定倍数的稀释，使浓度、含量很低的样品无法检出。由德国耶拿公司推出的直接固体进样技术，只需将固体进行粉碎研磨，即可上机测定。由于省去了样品前处理过程，因此很好地消除了样品前处理过程中由于试剂不纯、容器不干净或其他的因素带来的误差。同时，样品不需要稀释，大大地改善了测定的检出限。

3.2.8 软件

计算机技术是原子吸收商品仪器飞速发展的重要外动力，特别是石墨炉原子吸收光谱分析，人们永远会记得使用计算机后显示石墨炉原子化信号曲线带来的激动。随着计算机技术的发展，现代仪器大部分采用通用个人微机（PC）及单片微处理器（MCU）控制，软件作为仪器必不可少的组成部分，发挥了越来越重要的作用。如今，软件也成为衡量仪器水平的重要因素之一。绝大部分商品原子吸收仪器都使用 Windows 操作系统。各仪器生产厂家投入大量力量研究开发仪器的控制及数据处理软件，使得仪器的操作高度自动化，数据处理功能非常丰富。而且在近代微软“面向对象编程（OOP）”方法的影响下，软件本身让操作者能完全直接理解操作程序，语音导航系统更是无需说明书即可操作仪器。

3.2.8.1 自动控制功能

仪器控制系统的功能是控制和协调光谱仪各部件工作。现代光谱仪大部分采用单片机或通用 PC 机控制，有着极高的自动化功能，甚至完全实现自动控制，如 TAS-990 原子吸收光谱仪除电源开关外全部实现了自动控制，包括波长自动控制、自动寻峰波长定位，自动设置光谱带宽，燃气流量的大小及最佳助燃比的自动控制，自动调整负高压、灯电流，自动能量平衡，自动点火和自动熄火保护，自动设定最佳火焰位置，自动选择最佳分析条件，自动选择元素灯，自动切换火焰和石墨炉原子化器，可实现对仪器多种部件的细微调整等。软件方面也是最大限度地实现自动功能，包括以下方面。

（1）向导功能　提供样品设置向导、参数设置向导、打印报表向导等。使用者根据向导的提示一步一步顺序操作即可完成测定任务。如 AAWin 的样品设置向导提供四步操作提示，第一步：设置校正方法、校正曲线、浓度单位等；第二步：设置标准样品数量及浓度；第三步：设置是否进行空白校正、灵敏度校正等；第四步：设置被测样品数量、编号、配制数据等。操作完成后即可进入样品测量过程。

(2) 自动测量　连接自动进样器后，设置自动操作程序，仪器可由软件控制自动进行空白校正、灵敏度校正、标准样品测试、样品测试、数据处理并输出结果。

(3) 专家数据库功能　元素的选择可用鼠标在元素周期表上点选，即可提供元素测量方法、原子序号、原子量、特征谱线、干燥爆沸预警、灰化温度、原子化温度、化学改进剂使用种类和用量、燃气流量等专家数据。

(4) 在线帮助　帮助功能可通过目录、索引、对话框及功能键提供仪器硬件安装、操作、维修及安全等操作的详细说明。有的软件还提供多媒体操作教程，视频维护保养程序，几乎无需任何使用说明书即可操作仪器。具有连接 Internet 功能的计算机，还可直接登录公司网站，获取 Internet 远程在线帮助。

3.2.8.2　信号处理过程

在原子吸收的操作系统中，最基本的信号处理过程是：接收 A/D 变换的数据，进行对数变换、零点平衡、背景校正计算，对于火焰法测定，计算一个测量周期内的时间平均，对于石墨炉法测定，计算峰高和积分吸光度。

(1) 信号的平滑　噪声是仪器分析中无法避免的问题。原子吸收最重要的噪声来自原子化器，最终的噪声是光源辐射传到检测器的光子噪声。各种噪声具有明显的频谱特征。在火焰测定时，依靠常规的 RC 滤波过程可以很有效地降低测定的噪声，改善测定精度。而在石墨炉测定时，由于吸收信号随时间变化很迅速，其瞬态特征有极其丰富的分析信息。所以，大部分原子吸收软件采用了 Savitzky-golay 方法，在移动的时间窗内的数据用最小二乘法拟合成一个抛物线，用这样经过平滑的数据替换数据窗中心的值，保留甚至某种程度上更真实地反映了石墨炉原子吸收信号的时间特性，尽管这种方式在积分吸光度计算中并不显现其优越性。

(2) 背景内插技术　许多背景校正装置在测量总吸收和测量背景吸收之间存在时间差，对于背景信号和原子吸收信号重叠的样品很可能产生校止误差，在样品浓度很低时影响更大，在快速升温的石墨炉条件下尤为如此。一些仪器在背景校正计算时采用背景内插技术，将总吸收信号减去前后两侧的背景信号的平均值，以减少背景校正时间差带来的影响。更优良的方法是将背景信号和总吸收信号分别进行 S-G 平滑后进行背景校正的计算。

对于使用 CCD 固态检测器的 CS-AAS，对 CCD 的每一个像素点都要进行数据采集、运算，其背景校正的计算方法与 LS-AAS 是不同的。

3.2.8.3　校正曲线

原子光谱的定量分析几乎离不开校正曲线。在测量未知样品前，首先应进行标准样品的测试，制作校正曲线，然后测试未知样品，按照校正曲线进行定量。因此，校正曲线的制作是软件的重要组成部分。在理想的情况下，校正曲线是一条通过原点的直线。但在通常的情况下，校正曲线并非在整个浓度范围内都呈线性，尤其在高浓度区间已严重弯曲，低浓度并不通过零点。造成校正曲线不过零的原因有：试剂空白溶液一般不只是纯的去离子水，有时含有一定的酸及其他试剂，难免不引入痕量分析元素；基体空白溶液，这是试样制备和预处理过程中引入的组分，尤其为消除背景干扰外加的化学改进剂，难免不引入少许分析元素；另外，仪器的噪声、漂移也是引起校正曲线不过零的原因。因为被测元素含量或浓度低于检出限，不能获得定量结果，因此校正曲线通常不能过原点。在这种情况下只能标明校正曲线动态线性范围上限是 x，而不能写校正曲线的动态线性范围是 $0\sim x$ mg/L（或μg/mL）。引起校正曲线弯曲的原因更多，如非吸收线的影响、原子化条件的影响、光源性质影响、背景校正装置的使用等。因此，现代仪器大部分都采用计算机进行控制及数据处理，在样品测量过程中可定时或间隔一定测量次数插入空白样或质控样测量，以校正空白值或灵敏度。对校正曲线可采用不同的拟合方法，以最大限度地减小计算误差，拓展线性动态范围。

最常用的校正曲线拟合方程是线性方程和多项式方程。一些公司根据长年积累的经验开发出自己独特的拟合方程，例如 Perkin Elmer 的三系数方程：$c=\dfrac{K_1A+K_3A^2}{K_2A-1}$；Varian 的多项式方程：$\dfrac{A}{c}=K_1+K_2A+K_3A^2$，$\dfrac{A^2}{c^2}=K_1A^2+K_2A+K_3$ 等，其中 A 为吸光度；c 为浓度。这些校正曲线拟合方程有时候更能适合较宽的浓度范围。

对于各种拟合方程还可以进行自动加权处理，通常是在低浓度点，或者空白点进行加权，以降低在校正曲线低浓度端的校正误差。关于校正曲线的拟合方程还有很多议题可以研究讨论。

3.2.8.4 测量结果输出

软件可以对样品进行浓度校正、含量计算，得到结果，提供多种测量结果的输出方式，如打印输出、数据存盘、剪贴板粘贴及文件导出以及远程传输等。

打印输出是最常用的测量结果输出形式。优良的软件可提供输出报告的编辑排版和预览功能。输出报告应包括仪器型号、样品名称、测量条件、图形、操作者及测试日期等信息。

为方便报告、论文的编制，软件应提供数据导出和剪贴板功能，可将测量的数据导出为文本文件（纯文本文件，可被大部分文字编辑软件编辑）、Word 文件及 Excel 文件格式，使用者可根据需要选择欲复制的文本或图形，将测量数据或图形粘贴到其他应用文件中。

3.2.8.5 石墨炉温度程序的优化

由于仪器自动化程度越来越高，特别是石墨炉自动进样器功能的完善。促使一些繁琐的工作由计算机软件和自动进样器来完成，典型的就是石墨炉加热参数的优化。以单因素轮换优化法为例，灰化阶段的优化方法是：固定一个原子化温度，设定试验的灰化温度间隔，仪器自动用不同的灰化温度测定样品，测出原子吸收的吸光度，得到背景吸光度与灰化温度的关系，继而选定最佳的灰化温度；原子化温度优化，在上一步骤确定的最佳灰化温度基础上，设定试验的原子化温度间隔，仪器自动用不同的原子化温度测定样品，测出样品的吸光度、背景吸光度，得到测定的 RSD 与原子化温度的关系，选定最佳的原子化温度。最后还可以以相同的方法确定最佳的干燥起始温度，所对应的是在相对最佳灰化温度和最佳原子化温度下，不同干燥阶段起始温度对测量结果和 RSD 的影响，这是单因素轮换优化法，只能获得局部优化结果。contrAA800 仪器通过设定灰化/原子化温度，设定优化的起始温度和温度间隔软件自动运行程序，根据吸光度分别得到的灰化温度和原子化温度的拐点，由此确定最佳的升温程序。这种用实验设计的方法进行优化可以得到全局最优的结果，为检测疑难样品提供了解决方案。

3.2.8.6 分析质量控制

分析质量控制软件主要实现以下功能：

① 校正曲线相关系数的控制，检查做校正曲线时是否达到规定的要求。

② 样品测定精密度控制，重复测定样品是否达到规定的精密度。

③ 质控试样分析。按照一定的间隔测试质控样品，检查质控试样分析的结果是否合格。

④ 对未知样品的测定加入一定量的标准溶液，进行加标回收率检查。

所有这些检查，发现不合格情况，操作者可以按预先选择的方法进行处理，包括停止、继续并做标记、重置斜率并继续、重新校正所有受影响的样品、对异常点重新测试或直接删除异常点等方式。

随着计算机技术和软件技术的飞速发展，原子吸收的软件会越来越完善、功能越来越强大。

3.3 仪器的安装及检验维护

3.3.1 安装条件

3.3.1.1 环境要求

原子吸收分光光度计是实验室精密仪器设备，良好的环境有利于仪器的准确测量及延长仪器使用寿命。实验室应设置在无强电磁场和热辐射源的地方，不宜建在会产生剧烈振动的设备和车间附近。实验室内应保持清洁，适宜温度在15～30℃，且室温变化幅度控制在2℃/h以内，空气相对湿度不大于75%，无结露，建议配置空调和除湿机。仪器应避免日光直射、烟尘、污浊气流及水蒸气的影响，防止腐蚀性气体及强电磁场干扰。

实验台应坚固稳定，台面平整。为便于操作与维修，实验台四周应留出足够的空间。

仪器上方应安装排风设备，排风量的大小应能调节，风量过大会影响火焰的稳定性，风量过小有害气体不能完全排出，空气-乙炔火焰最小排风量为$6m^3/min$，氧化亚氮-乙炔火焰最小排风量为$8m^3/min$。抽风口位于仪器燃烧器的正上方，邻近抽风口的下方应设有一尺寸大于仪器排气口的挡板，以防止通风管道内的尘埃落入原子化器，而有害气体又能沿着挡板与排风管道之间的空当排出。因火焰温度很高，建议采用不锈钢或其他金属材料作为排风管道，不推荐使用抽油烟机。

废液应集入实验台下靠近仪器的一个大塑料瓶中。废液中酸气和有害气体由敞口逸出，会对操作人员和仪器设备造成危害，通常是将排液管通过盖上的孔深入液下直到瓶底。该容器应敞口，不得加盖，不得放入密闭的橱中，容器内和周围务必自由通风，不宜使用玻璃容器。

3.3.1.2 电源要求

实验室应配有380V三相五线制电源，除三相火线外应具备零线与保护地线，保护地线接地电阻应小于0.1Ω（采用截面积不小于$2.5mm^2$的黄绿线接地）。配电箱的容量根据AAS的功率匹配，一般单火焰仪器应不小于1.5kV·A，火焰/石墨炉仪器不小于7.5～10kV·A。为防止触电及短路等事故应安装剩余电流动作断路器。

为减少干扰及均衡三相电流，仪器主机、计算机的电源应与石墨炉电源、空压机和冷却循环水装置分相使用。对每相电源的要求为电压220V±22V，频率50Hz±1Hz。

3.3.1.3 气源要求

AAS使用的气体包括空气、乙炔、氧化亚氮、氩气等。除空气外都应采用高纯瓶装气体，有些瓶装气属高压易燃气体，使用时应注意以下事项：

① 高压气瓶必须分类保管，直立放置并固定稳妥，气瓶要远离热源，避免曝晒和强烈振动，一般实验室内存放气瓶量不宜超过两瓶。

② 高压气瓶上选用的减压器要按气体分类专用，安装时螺旋扣要旋紧，防止泄漏；开关减压器和开关阀时，动作必须缓慢；使用时应先旋动开关阀，后开减压器；用完，先关闭开关阀，放尽余气后，再关减压器。切不可只关减压器，不关开关阀。

③ 使用高压气瓶时，操作人员应站在与气瓶接口处垂直的位置上。操作时严禁敲打撞击，并经常检查有无漏气，应注意压力表读数，一般气体应留有 0.2～0.3MPa 的压力，乙炔气瓶应大于 0.6MPa，避免低压时丙酮进入燃气管道造成仪器损坏。

④ 各种气瓶必须定期进行技术检查。充装一般气体的气瓶三年检验一次，如在使用中发现有严重腐蚀或严重损伤时，应提前进行检验。不得使用标识不清、磕碰严重的钢瓶。

注意：不得用火焰作检漏试验，请用肥皂水。

(1) 乙炔　乙炔气的出口压力应在 0.06～0.1MPa 之间，纯度 99.9%。乙炔瓶储存、使用时必须直立，不能卧放，其原因有四点：①乙炔瓶装有填料和溶剂（丙酮），卧放使用时，丙酮易随乙炔气流出进入火焰，降低燃烧温度而影响使用，同时会产生回火而引发乙炔钢瓶爆炸。②乙炔瓶卧放时，易滚动，瓶与瓶、瓶与其他物体易受到撞击，形成激发能源，导致乙炔瓶事故的发生。③乙炔瓶配有防震胶圈，其目的是防止在装卸、运输、使用中相互碰撞。胶圈是绝缘材料，卧放等于将乙炔瓶放在电绝缘体上，致使气瓶上产生的静电不能向大地扩散，聚集在瓶体上，易产生静电火花，当有乙炔气泄漏时，极易造成燃烧和爆炸事故。④使用时乙炔瓶瓶阀上装有减压器、阻火器，连接有胶管，因卧放易滚动，滚动时易损坏减压器、阻火器或拉脱胶管，造成乙炔气泄放，导致燃烧爆炸。基于以上原因，故乙炔瓶必须直立。

注意：乙炔绝不允许与纯的铜、银或汞直接接触，因为可能生成爆炸性的乙炔化合物，绝不允许用铜管输送乙炔，黄铜接头中含铜量应低于 65%。

(2) 氧化亚氮　氧化亚氮又称笑气，是氧化亚氮-乙炔火焰的氧化剂。氧化亚氮-乙炔火焰的燃烧速度为 160cm/s，温度可达 2800℃。氧化亚氮-乙炔火焰是目前唯一获得了广泛应用的高温化学火焰。

为了保证安全，氧化亚氮-乙炔火焰一般采用短缝燃烧器，在正常燃烧系统的辅助入气口处导入氧化亚氮，在正常的空气-乙炔火焰建立后才使氧化亚氮进入，建立氧化亚氮-乙炔火焰。关闭时顺序相反，先停止氧化亚氮，使火焰恢复到空气-乙炔火焰状态，再按照正常的次序熄灭火焰。也有一些系统用氧化亚氮兼作载气，而不作为辅助气体引入。这些系统先以空气建立火焰，然后加入氧化亚氮，缓慢减小空气流量，使火焰进入氧化亚氮-乙炔火焰。熄灭过程则相反，先打开空气开关，然后慢慢减小氧化亚氮流量，使火焰恢复到空气乙炔火焰状态，再熄灭火焰。

笑气的出口压力应与空气的出口压力相等，纯度应大于 99.0%。

(3) 氩气　氩气是石墨炉原子化器的保护气或者氢化物发生装置的载气。大量的应用表明纯度大于 99.99%即可。

(4) 空气　AAS 厂家一般随机配套空气压缩机。国产 AAS 大量使用的玻璃雾化器，压力一般在 0.25MPa 左右，流量 6～12L/min；进口仪器压力一般在 0.35～0.45MPa 之间，流量 15～25L/min。AAS 应选择无油静音连续工作的空压机。

注意：压缩机启动瞬间电流很大，容易造成电磁干扰，对 AAS 的测量产生影响，压缩机的频繁启动也会缩短压缩机的寿命。

3.3.1.4 冷却水要求

AAS 中冷却水主要用于冷却石墨炉原子化器，不同厂家的仪器对循环水流量、压力、水质等有不同的需求，请根据仪器推荐的实验室条件选定合格的冷却液循环机。虽然，有些仪器用自来水及普通冷水机也能临时工作，但是，从环保及对仪器保护的角度考虑，选择厂家指定的或正规厂商优化配置的冷却液循环机是最经济与安全的。由于 AAS 石墨炉炉体小、温度高、循环流道细，故对冷却液循环机的压力、流量及水质都有很高的要求。

对循环液通常要求应无微生物滋生，无悬浮颗粒及沉淀物，pH 值范围 6.5～7.5，硬度不超过 250mg/L，循环压力 0.1～0.4MPa，循环流量 1～5L/min，制冷量不小于 1600W。

冷却液循环机最好采用不锈钢水箱、不锈钢蒸发器及不锈钢水泵（或工程塑料水泵），这样可使用去离子水作为循环液，可避免冷却水道结垢。为保持水质长期不变质，应选用带过滤装置的冷却液循环机，过滤装置应安装于仪器前部，以方便观察及时更换过滤芯。冷却循环液温度可设置为 20～30℃，以石墨炉窗片不结露为好。温度控制稳定性应达到±1℃，高精度的±0.1℃更好。因为，不同的冷却温度可能对干燥温度有影响，以导致测量误差。冷却液循环机是制冷设备，因此，安装时周围要留有一定空间（请参照图 3-37）。图 3-37 中的 C2 型冷却液循环机，设备前部装有过滤装置，方便观察水质滤芯脏污情况，提示及时更换滤芯，顶部大开口不锈钢水箱，能够直观看到水质情况，可方便清洗水桶及蒸发器，是专为高端仪器设备开发的专用冷却液循环机。

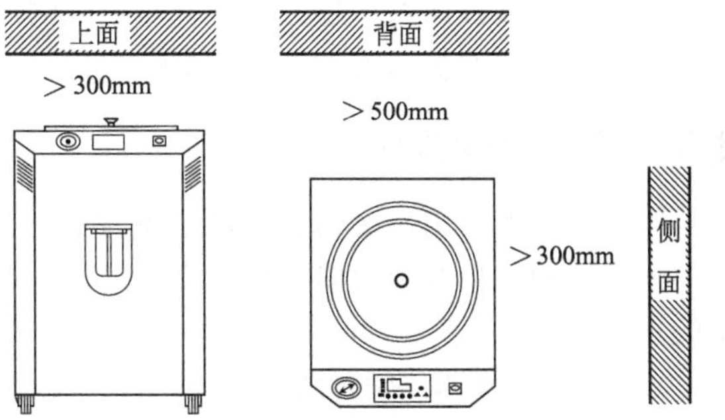

图 3-37 冷却液循环机的安装空间

3.3.2 仪器的检验标准和方法

原子吸收分光光度计用于分析物质中元素的含量，在环保、食品安全、医药卫生等各行业发挥了重要的作用。如 2012 年毒胶囊事件，正是 AAS 检测出胶囊中铬超标，为药物安全筑起了一道安全屏障。因此，AAS 工作是否正常，测量准确度、稳定性等指标是否满足要求，是分析检测人员必须了解的。下面对 AAS 的日常检验给出了一些参考方法。

3.3.2.1 计量检定规程与行业标准

AAS 仪器是我国法定的计量器具，AAS 的生产需要取得国家质量监督检验检疫总局核发的计量器具许可证。在使用过程中应具有我国省市级计量管理部门核发的检定证书。

现行有效的计量检定规程是：JJG 694—2009《原子吸收分光光度计》（以下简称为规程）[16]，国家标准为 GB/T 21187—2007《原子吸收分光光度计》（以下简称为国标）[17]。国标规定了仪器厂家取得计量认证的检验规范；规程规定了日常使用中的年度检定规范。日常使用 AAS 仪器的检定周期为 2 年，仪器检定应严格按照计量检定规程及国家标准由权威部门执行。在仪器使用过程中，当发现性能不稳定或工作不可靠，可自行检验相应指标确认仪器的工作状态是否正常。当确认仪器出现问题时应请厂家或专业机构维修，维修后的仪器应通过计量检定部门的鉴定并取得鉴定证书。

3.3.2.2 波长示值误差与重复性

通常提到的波长准确度在规程中的标准称谓是“波长示值误差”，规程与国标中规定仪器的波长示值误差不应超过±0.5nm，波长重复性不大于0.3nm。

测试方法：选取光谱带宽为0.2nm，在Hg 253.7nm、365.0nm、435.8nm、546.1nm、724.5nm、871.6nm谱线中，从短波至长波均匀选择3～5条谱线，进行单向3次扫描，读出各谱线能量的峰值视为波长值。3次测量的平均值与波长值之差即为波长示值误差。3次测量中最大值与最小值之差，即为波长重复性。

现代仪器大多具有自动寻峰功能，选择要测量的元素及谱线后仪器自动扫描HCL的特定谱线，并将单色器定位于谱峰能量最大值的位置。因此，现代仪器对波长示值误差的要求并不高，只要波长误差不超过仪器自动寻峰的波长范围即可。因此，规程中规定自动寻峰的仪器可以不测定波长示值误差及重复性指标。

3.3.2.3 测量重复性

测量重复性常用多次测量值的标准偏差（SD）及相对标准偏差（RSD）表示。由于样品的浓度不同，相对标准偏差更能反映仪器的真实情况，由此常用相对标准偏差表示仪器测量的重复性。

大部分由计算机控制的仪器测量结束后会直接计算出SD和RSD。如果仪器没有给出计算结果可利用式(3-28）计算SD，式(3-29）计算RSD：

$$\mathrm{SD}=\sqrt{\frac{1}{n-1}\sum_{i=1}^{n}(A_i-\overline{A})^2} \tag{3-28}$$

$$\mathrm{RSD}=\frac{\mathrm{SD}}{\overline{A}}\times 100\% \tag{3-29}$$

式中，n是测量次数；A_i是每次测量的吸光度值；$\overline{A}$是n次测量吸光度的平均值。

国标中规定仪器火焰法测量铜溶液的精密度RSD＜1.0%，石墨炉法测量铜溶液的精密度RSD＜4%。规程规定仪器火焰法测量铜溶液的精密度RSD＜1.5%，石墨炉法测量镉溶液的精密度RSD＜5%。

火焰法检测重复性：用铜灯将仪器的各项参数调试到最佳状态，在Cu 324.7nm处寻峰，交替测量质量浓度为2.0μg/mL的铜溶液（溶液浓度以能产生0.1～0.3吸光度值为好）和空白溶液11次（国标中规定为7次）。按式(3-29）计算RSD即为仪器火焰法测量铜溶液的重复性。

石墨炉法检测重复性：选用铜灯（规程中规定为镉），光谱带宽0.2nm，将仪器其他各项参数调到石墨炉最佳工作状态，对铜灯在Cu 324.7nm处寻峰，对质量浓度为20ng/mL的铜标准溶液，进样量为20μL（或10μL）连续进行7次吸光度测量，取平均值$\overline{A}$。按式(3-29）计算RSD即为仪器石墨炉法测量铜溶液的重复性。

具有自动进样器的仪器，可采用自动进样器进样，以减少人为误差，提高测试精密度。人工进样时，对进样器、进样头及操作等要求较严，需进行专门训练，否则容易引起测量误差。

3.3.2.4 检出限和灵敏度

原子吸收分析中的检出限是指产生一个能确证在样品中存在某元素分析信号所需要的最

小浓度或质量，常以空白溶液测量标准偏差的3倍所对应样品的浓度或质量作为检出限。检出限指标考核了仪器噪声和灵敏度两个指标，能够比较全面地表征仪器的检出能力。

灵敏度有两种表征方法，分别为特征浓度及特征质量。特征浓度用于衡量火焰法等连续进样测量方法的灵敏度，特征质量用于衡量石墨炉法等断续进样测量方法的灵敏度。规定能产生1%吸收即0.0044吸光度所需要的被测元素的浓度或质量，分别称为特征浓度或特征质量，单位为μg/mL或pg。

公式(3-30)、式(3-31) 是火焰法检出限和特征浓度的计算式，式(3-32)、式(3-33) 是石墨炉法检出限和特征质量的计算式。可以看出检出限与特征量之间的相似关系，不同之处是检出限与测量噪声（标准偏差）相关、而特征质量与测量噪声无关。

$$C_{\mathrm{L}}=\frac{3\sigma c}{\overline{A}} \tag{3-30}$$

$$C_{\mathrm{c}}=\frac{0.0044c}{\overline{A}} \tag{3-31}$$

$$Q_{\mathrm{L}}=\frac{3\sigma cV}{\overline{A}} \tag{3-32}$$

$$Q_{\mathrm{c}}=\frac{0.0044cV}{\overline{A}} \tag{3-33}$$

式中，c 是标准溶液浓度；V 是进样量；$\overline{A}$ 是吸光度平均值；σ 是空白溶液多次测量的标准偏差SD，用式(3-28) 计算。

火焰法测定检出限与特征浓度：选择Cu 324.8nm谱线，光谱带宽0.2nm，将仪器其他各项参数调到火焰最佳工作状态，用空白溶液调零后，对铜质量浓度为2.0μg/mL的标准溶液连续进行11次吸光度测量，取平均值$\overline{A}$。对空白溶液连续进行11次吸光度测量，按式(3-28) 计算其标准偏差SD，按式(3-30) 计算出铜的检出限，按式(3-31) 计算出铜的特征浓度。

石墨炉法测定检出限与特征质量：选择Cu 324.8nm谱线，光谱带宽0.2nm，将仪器其他各项参数调到石墨炉最佳工作状态，对空白溶液连续进行7次吸光度测量，按式(3-28) 计算标准偏差σ；对铜浓度为20ng/mL的标准溶液，进样量为20μL（或10μL）连续进行7次吸光度测量，计算平均值$\overline{A}$，按式(3-32) 计算出铜的检出限，按式(3-33) 计算出铜的特征质量。

规程中规定了火焰法测量铜溶液的检出限为0.02μg/mL，规定了石墨炉法测量镉溶液的检出限为4pg；国标中给出火焰法测量铜溶液的检出限≤0.008μg/mL（塞曼仪器为≤0.01μg/mL)，石墨炉法测量铜溶液的检出限25pg（塞曼仪器为30pg)。

3.3.2.5　背景校正能力

仪器的背景校正性能用背景校正能力来评价。国标规定氘灯法在背景吸收近于1.0吸光度时，仪器应具有30倍以上的背景校正能力；自吸背景校正法和塞曼效应背景校正法，在背景吸收值接近1.0吸光度时，背景校正能力应不小于60倍。规程中没有对背景校正方法做限制。

国标法采用铅空心阴极灯测试，规程中采用镉空心阴极灯测试。

火焰法背景校正能力检查：将仪器的各项参数调整到最佳状态（参考数据：光谱通带为0.2nm，灯电流为2～3mA)，在Cd 228.8nm处寻峰，调零后将紫外区中性滤光片（能产生

1吸光度的吸收）插入光路，读取无背景校正时的吸光度 A_1。然后将仪器置于背景校正工作状态。调零后，再将中性滤光片插入光路，读出背景校正后的吸光度 A_2，计算 A_1/A_2 值，即为背景校正能力。

石墨炉法背景校正能力检查：将仪器的各项参数调整到最佳状态（参考数据：光谱通带为0.2nm，灯电流为2～3mA），在Cd 228.8nm处寻峰，用微量进样器向石墨炉注入氯化钠溶液，读出仪器无背景校正时的吸光度 A_1（溶液的注入量使 $A_1 \approx 1.0$）。然后将仪器置于背景校正工作状态，再向石墨炉注入等量的氯化钠溶液，读出背景校正后的吸光度 A_2，计算 A_1/A_2 值，即为背景校正能力。

3.3.3 仪器的日常维护和保养

3.3.3.1 一般保养

原子吸收分光光度计是一种高精密的光学仪器，合理的维护与保养能延长仪器的使用寿命。日常维护保养的内容：

① 乙炔气是易爆可燃性气体，一定要注意合理使用与维护。基本要求请参考“3.3.1.3 气源要求”，日常请检查乙炔钢瓶初级压力不能低于0.6MPa，低于0.6MPa请及时更换钢瓶。为了避免乙炔气管路中的气体残留，可在分析工作完成之后，保持火焰燃烧，在这种状态下将乙炔气钢瓶总阀门关闭，让火焰自然熄灭，然后再关闭仪器电源。

② 液封及废液检查，液封缺液可导致回火，点火前一定要检查液封，发现缺液应马上填补。必须保持液封和排液管排液通畅。及时清理废液，避免废液溢出、酸液挥发，请每天检查废液并及时处理。

③ 燃烧头保养，燃烧头狭缝上不应有任何沉积物，这些沉积物可能引起燃烧头堵塞，使雾化室内压力增大，使液封盒中的液体被压出导致回火。燃烧头狭缝上的沉积物还可造成火焰不稳，影响测量结果。

从火焰的形状能够判断燃烧头的清洁情况，良好的燃烧头火焰为蓝色呈矩形稳定燃烧，当出现锯齿状火焰并带有黄色或其他杂色时，说明燃烧头已脏，应及时清洁。清洁燃烧头最简单的方式是用硬纸板或竹牙签沿燃烧缝轻轻来回刮几次，一般残渣会刮掉。注意切不可用刀片、锉刀等硬物直接刮燃烧缝，这样容易损伤燃烧缝。如果刮除法不能解决问题，请将燃烧头卸下用超声波进行清洗。洗涤液中添加少许清洗剂，效果更好，清洗后要用大量清水冲洗干净。超声波不能清洗干净或没有超声波，可采用5%的稀盐酸或硝酸浸泡过夜，然后冲洗干净，一般能解决问题。注意，有些燃烧头不是全钛的，只有缝板是纯钛的，酸液浸泡时请将燃烧头倒置，让酸液只浸泡钛板。解决燃烧头堵塞问题，关键是保养。测完样品后再在燃烧的情况下，吸喷大量的蒸馏水清洗，一般就不会出现堵塞的问题，勤打扫也能避免严重堵塞。

仪器雾化室、雾化器、燃烧头和管路连接处的O形密封圈，随着使用时间的延长会出现老化现象，请经常检查这些密封圈。如果发现任何老化、过于松动的现象，必须及时更换。

④ 空压机的保养。室内湿度较大时，长期连续使用仪器的进气管容易积水，积水后火焰不稳影响测量。因此，请务必在分析过程中经常放水，在完成分析之后将空气压缩机储气罐中的气体放空，避免空压机中积存大量水分。如果管路中已经积水，请先将空压机中的积水放掉，然后将喷头的进气管卸下，用手堵住管口，等压力上来后快速放开，重复几次可将

管路中的积水全部排出。油润滑空压机的空气中不但含水而且含油，油进入仪器气路后很难清洗，应尽量淘汰含油空压机。

⑤ 长时间不用的仪器1～2个月应开机一次，以驱除仪器内部的潮气，让电子元器件保持良好的工作状态。尤其是电解电容，经常通电可防止电解液干涸。

3.3.3.2 光学系统的维护

设计良好的仪器其单色器部分是全密封的。在干燥、洁净的实验室中可以使用多年，一般不需维护，尤其是单色器部分，非专业人员请不要随便打开单色器，打开后会破坏单色器的密封，进入灰尘，降低仪器的光学性能，缩短仪器寿命。在潮湿、有腐蚀性气体污染的实验室中光学系统会受污染，严重的甚至会出现光栅发霉等现象，当发现仪器光学性能下降，调节外光路无法解决问题时，请联系厂家维修。

仪器光学部分的外光路不是密封的，一般1～2年应保养一次，主要是清除光学镜片上的灰尘，可用洗耳球吹除表面的灰尘。具有二氧化硅保护膜的镜片，可用脱脂棉签蘸乙醇乙醚混合液清洗，擦拭时沿同一方向轻轻滑动棉签，每次更换一支棉签，切不可反复用力擦拭。

仪器的原子化器是暴露在外面的，需经常清洁。原子化器两端的石英窗，可用蘸有乙醇的脱脂棉球擦拭。

3.3.3.3 元素灯的使用与维护

元素灯是AAS的关键部件，正确的使用与维护不但能延长元素灯的使用寿命，同时也能提高测试指标。在使用时要注意如下几点：

① 制造商已规定了灯的最大使用电流及推荐工作电流，使用时不得超过最大额定电流，否则会使阴极材料大量溅射、热蒸发或阴极熔化，缩短寿命，甚至永久性损坏。一般应选用最大工作电流的1/3～2/3，选择灯电流的原则，以灯能向仪器提供足够能量的前提下，尽量用较小的工作电流。

② 空心阴极灯若长期搁置不用将会很缓慢地漏气、灯芯零部件放气等而不能正常使用，所以每隔3～4个月，应将不常用的灯通电点燃2～3h，以保障灯的性能，延长寿命。

③ 正常灯阴极口外为橙红色氖光。如发现辉光颜色变淡（灯内有少许氢、氧、氮气体的影响）、发射强度降低、噪声增加时，把灯的极性反接，在规定的最大电流下点燃30min，多数灯的性能可以恢复。如这样处理后灯的性能仍不能恢复，应及时更换灯。要注意的是，碱金属和除镁以外的碱土金属灯不可反向处理。

④ 取放或拆卸灯时，应拿灯座，不要拿灯管，以防灯管破裂或污染窗口，导致光能量下降。如窗口有油污、手印或其他污物，可用脱脂棉蘸上1∶3的无水乙醇和乙醚的混合液轻轻擦拭。

⑤ 对于低熔点、易挥发元素灯，应避免大电流、长时间连续使用。使用完毕后必须待灯管冷却后再移动，移动时保持窗口朝上，以防止阴极灯内元素倒出。

3.3.3.4 石墨管的使用与维护

装石墨管之前应将石墨锥与石墨管接触处用酒精棉棒进行清洁处理。

新石墨管首次使用应进行空烧，空烧结束应检查空烧效果，吸收值应接近零。石墨管批次之间会有差异，换新石墨管后，应先进行被测元素的干燥、灰化及原子化温度和时间的选择性试验，确认最佳升温程序。

开始新测试前应检查石墨管，尤其是内壁及平台，有破损或麻点的不能使用。

调节自动进样器毛细管插进石墨管内的深度，以液滴下端刚刚接触到石墨管的平台或内壁，而同时液滴上端也脱离进样毛细管为准。

被测样品溶液应尽量避免含有高氯酸、硫酸等强氧化性介质，否则对石墨管的破坏很严重。尤其是用氢氟酸分解样品后用高氯酸赶酸操作，必须将高氯酸清除干净，否则就会出现校正曲线开始测得很好，测样品溶液时很快就出现吸收值相差很大、数据无法使用的情况。

3.3.3.5 仪器使用中的常见故障及排除

由于各厂家仪器结构不同，故障及排除方法也不尽相同，出现无法解决的疑难问题应尽快与厂家联系，尤其涉及安全问题时，不应自行解决。

(1) 灯不亮　仪器使用一段时间后出现元素灯点不亮。首先更换一支灯试一下，如能点亮，说明灯已坏，需更换新灯。如更换一支灯后仍不亮，可更换一个灯的插座，如果亮了，说明灯插座有接触不良或断线的可能。如更换灯插座仍不亮，需检查空心阴极灯的供电电源，请与厂家联系。

(2) 灯能量低（光强信号弱）　仪器出现能量低。首先检查仪器的原子化器是否挡光，如果挡光，请将原子化器位置调整好；检查灯的波长设置是否正确或调整正确；手动调节波长的仪器显示的波长值与实际的波长偏差较大应校准波长显示值；检查元素灯是否严重老化，严重老化的元素灯应及时更换。长时间搁置不用的元素灯也容易漏气老化。检查石英窗是否严重污染。如以上检查均正常，可能是放大电路或负高压电路故障造成的，请通知厂家维修。

(3) 火焰测试灵敏度低、信号不稳　在做火焰测试时出现灵敏度低，应首先检查火焰原子化器是否被污染，吸喷去离子水火焰应是淡蓝色的，如出现其他颜色则应清洗火焰原子化器，最好使用超声波振荡器清洗。灵敏度低、信号不稳一般是火焰雾化器没调好，请参考厂家提供的雾化器维修手册或说明书，必要时检查喷雾器的提升量，一般是每分钟 3～6mL。提升量太大信号不稳定，太小灵敏度低。

(4) 石墨炉升温程序不工作　石墨炉分析时需要通冷却水，自动化程度高的仪器都有水压监测装置，如使用的冷却水压力或流量不够，石墨炉升温程序不工作。长时间使用硬度较高的自来水，会堵塞冷却水循环管道，即使自来水有足够的压力，也无足够的流量打开水压监测装置，致使仪器工作不正常。检查冷却水的回水流量应大于 1L/min，否则请检查、维修相关部件。用石墨炉分析时，为保护石墨管，需给仪器提供氩气，自动化程度高的仪器都设有气压监测装置，如气体压力不够石墨炉升温程序也不能正常工作，请确认气压。

(5) 气路不通　自动化程度较高的仪器使用电磁阀及质量流量计控制燃气及空气的流量。出现燃气或空气不通的情况，主要原因是使用的燃气或空气不纯造成的。如压缩空气中有水或油；没使用高纯乙炔，使电磁阀堵塞或失灵。如仪器使用的是可拆卸电磁阀可拆开清洗；如仪器使用的是全密封电磁阀，则要更换新的电磁阀。使用浮子流量计的仪器，流量计中如进了油，会使流量计中的浮子难以浮起而堵塞气路，应拆下流量计清洗。为保护设备建议选用无油空压机。

3.4 原子化技术

3.4.1 火焰原子化

在原子吸收光谱法中，火焰原子化器经过几十年的研究发展目前已经相当成熟，也是应用最为广泛的原子化器之一。其优点是操作简便、分析速度快、分析精度好、背景干扰较小等。目前原子吸收仪器几乎全部使用预混合型火焰原子化器，由雾化器、预混合室、燃烧器组成（图 3-38）。燃气与助燃气在进入燃烧器之前已充分混合，产生层流火焰，燃烧稳定，噪声小，吸收光程长。

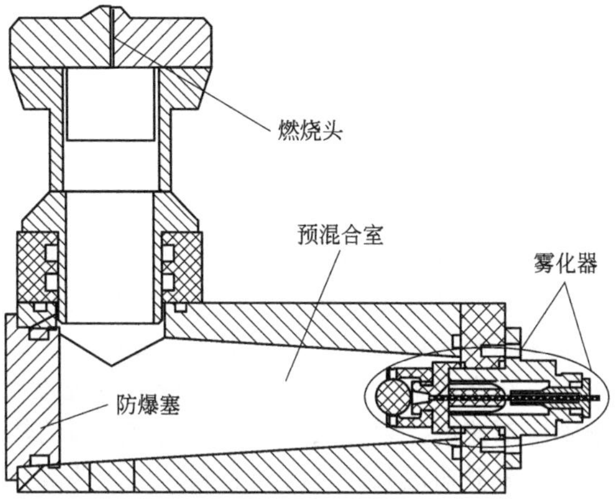

图 3-38 预混合型火焰原子化器结构图

火焰原子化全过程包括样品溶液的吸喷雾化、脱溶剂、熔融、蒸发、解离或还原等。图 3-39 表示了原子化的全过程，右边的文字表示过程，左边的文字表示样品的状态，其中从气溶胶状态开始就进入火焰的不同区域。

3.4.1.1 吸喷雾化

试液的吸喷雾化效果受雾化器结构、溶液性质及吸喷条件等因素影响。雾化器是火焰原子吸收光谱仪器的关键部件之一。仪器的灵敏度在很大程度上取决于雾化器的工作状态。目前的商品仪器采用带文丘里节流嘴的同心气动雾化器。雾化效率和雾珠、气溶胶直径大小取决于毛细管喷口和节流嘴端面的相对位置和同心度，同心度越好，雾化效率越高。实验结果表明，试液的表面张力对吸喷速率的影响较小，而黏度的影响较大。此外，毛细管长度和液面的相对高度对吸喷速率也有一定影响。因此，制备试液时应选用黏度较小的溶液介质，而在检测时应保持液面高度一致和使用同一长度的吸液毛细管。特别应当指出的是，火焰中原子的密度仅在一定范围内随吸喷速率的提高而增加。过分提高吸喷速率可能降低雾化效率和火焰温度而不利于原子化。在相同条件下，有机溶剂的吸喷量较水溶液大，雾珠和气溶胶直径也较小，有利于脱溶剂。因为大多数

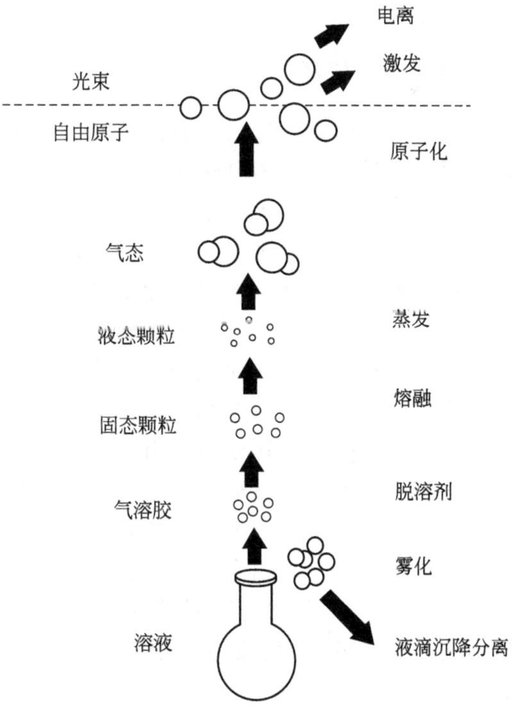

图 3-39 火焰原子化过程

有机溶剂的表面张力和黏度比水小。

通过实验可以测出吸喷量和雾化率。在仪器已经调好并点火燃烧的情况下吸喷一定量（A）的水溶液，收集其废液量（B），记下吸喷时间（t）。则单位时间的吸喷量 $Q=A/t$，雾化率 $f=(A-B)/A$。根据工作经验，一般 $Q=3\sim6$mL/min 比较合适，f 在10%以上为好，此时的灵敏度比较高。目前国内仪器厂家多采用吴庭照教授研制的出厂时已调节好的一体化的玻璃喷嘴，使用者不需要再调节，装上去即可使用。

3.4.1.2 脱溶剂

要使被测元素在火焰中原子化，首先的过程是试液雾化后在火焰中脱溶剂，脱溶剂越快，在单位时间内就会有更多的干气溶胶熔融、蒸发变为分子蒸气，也就是有可能提供更多的分子解离为基态原子。所以雾滴脱溶剂是与原子吸收分析灵敏度直接相关的。

雾珠和气溶胶脱掉本身溶剂的过程主要决定于雾珠和气溶胶的粒径大小，溶液的性质及脱溶剂温度。雾珠在雾化室和燃烧器内的传输过程中已部分脱去溶剂，当到达火焰时，雾珠完全脱去溶剂变成干气溶胶。在室温下，雾珠和气溶胶脱溶剂速度受蒸气的扩散过程控制。在火焰中，雾珠和气溶胶脱溶剂速度主要受火焰气体和气溶胶间的热传导所控制。由于有机溶剂的饱和蒸气压较水为大，故对缩短脱溶剂时间有利。可燃性溶剂的加入，可提高火焰的温度和缩短脱溶剂时间。影响脱溶剂的主要因素是雾珠和气溶胶粒径。气溶胶大小对灵敏度影响很大。因此，要求雾化器产生的雾珠和气溶胶的粒径尽量细、分布均匀，粗雾珠在进入火焰前应予除去。

3.4.1.3 熔融与蒸发

雾滴经过脱溶剂干燥后，有的可能直接由干燥雾滴升华为分子蒸气。但绝大多数情形是经过熔融，由液态蒸发为分子蒸气。

一般来说，雾滴越大熔融需要的时间则越长，火焰温度越高则熔融时间越短。通常被测物电价高、分子量小，键能也往往较大，则这种被测物的雾滴也较难熔融。从这一点来看，对于变价元素，往往低价的灵敏度要高一些，这就是原子吸收中的价态效应。例如，对铬进行测定时，发现三价铬比六价的灵敏度高。

当雾滴熔融之后，在火焰中继续获得能量蒸发为分子蒸气。熔融的雾滴蒸发的时间越短，对原子吸收分析就越有利。粒子越小，越利于蒸发。直径小于 10μm 的粒子，在到达分析区时已能全部蒸发并转变为自由原子；当粒子半径过大时，则只能部分蒸发而不能形成自由原子。蒸发一个熔融态粒子所需的时间，与粒子半径的二次方成正比。粒子半径越小，蒸发时间越短，对原子吸收灵敏度越有利。

以上讨论可见，雾滴大小直接影响它的脱溶剂、熔融、蒸发，最终影响光路中的基态原子浓度。由于脱溶剂等过程都与雾滴半径的二次方相关，所以，雾滴颗粒大小的变化，就能明显影响分析的灵敏度。因此，致力于改进雾化器的性能，对提高分析的灵敏度是很有成效的。

3.4.1.4 原子化

对于火焰原子吸收分析法，试样中被测元素在火焰中产生的基态原子浓度越高，则该火焰原子化能力越强。火焰的原子化能力，主要表现为热（温度）及化学反应能力。这里称的化学反应能力，是指在火焰中试样与火焰中的产物或半分解产物之间的化学反应过程促使原子化的能力。

不同的火焰对于样品原子化的能力是不一样的。通常火焰温度较高而且化学反应能较大，则这种火焰原子化能力较好。但是，有的元素由于电离能及激发能都较低，在高温时可能产生过多的离子和激发态原子，基态原子浓度反而下降。使用哪一种火焰要根据被测样品的性质决定。

火焰原子吸收分析法通常使用预混合火焰，预混合火焰的结构，大致可划分为四个区。燃气同助燃气在雾化室中混合后，从燃烧器口喷出，首先至预热区，预热至着火温度而开始燃烧。在预热区的上端，就是第一反应区，通常有一个呈蓝色的焰心。燃气与助燃气在这个区域进行着复杂的燃烧反应，该区燃烧不充分，半分解产物多，温度未达到最高点，通常很少用这一区域作为吸收区进行分析工作。但对于易原子化、干扰效应小的碱金属，可以在该区进行测定。

紧接着第一反应区的上方是内焰区，高度较小，约为第一反应区高度的一半，这种高度将随火焰的中性、贫燃及富燃类型而有变化。在这一区域温度达到最高点，是主要应用于原子吸收分析的火焰区。

在内焰区的上端，就是第二反应区，又称外焰区或尾焰区。燃气在该区反应充分，温度逐渐下降，由于空气的渗入，氧化性增强，被解离的基态原子又开始重新在这一区域形成化合物。因此，这一区域不宜用于实际原子吸收分析工作。

原子吸收分析所使用的火焰，还随着所使用的燃料及助燃气体性质不同而不同。在日常分析工作中，最常用的有两类，即碳氢火焰及氢气火焰。碳氢火焰有天然气-空气、天然气-氧气、乙炔-空气、乙炔-氧气、乙炔-氧化亚氮等。氢气火焰有氢气-空气、氢气-氧气、氢气-卤素气等。它们中的每一种燃气-助燃气组合，又随比例不同而表现出性质方面的显著差异。

碳氢火焰中，应用最广的是乙炔-空气火焰。乙炔-空气火焰之所以有较好的原子化能力：一是它的温度较高；二是在燃烧过程中产生的半分解产物如 CO^*、CH^* 及未在上述反应式中表示出来的 C^* 等，它们在火焰中构成还原气氛，特别是富燃火焰，这些半分解产物很丰富。它们对于易形成单氧化物的难离解元素的原子化，具有很好的效果，因为它们能在火焰中抢夺单氧化物中的氧，使被测金属原子化。

调整乙炔-空气火焰中燃气与助燃气的比例可形成贫燃、化学计量、富燃三种特性的火焰，化学计量火焰中乙炔-空气比约为 1∶4（不同仪器有差异，需要试验确定），减少乙炔为贫燃、增加乙炔为富燃。对于不易形成难离解氧化物的元素，通常都采用化学计量火焰；对于易电离的元素如碱金属等用贫燃更好；富燃中含有较多的原子碳、CH 基，因而氧原子浓度低，对测量易形成难离解氧化物的元素较有利。

乙炔-氧化亚氮火焰有较高的温度，适当的燃烧速度，特别是其富燃火焰又具有良好的还原特性。火焰中除了 C^*、CO^*，CH^* 半分解产物之外，还有如 CN^* 及 NH^* 等成分，它们具有强烈的还原性，能够有效地抢夺金属氧化物中的氧，有利于原子化，这种火焰还因为温度较高，能排除许多化学干扰。但是该火焰发射背景较强，噪声大。

翁永和等开发的富氧空气-乙炔火焰原子化技术，也可用于高温元素测定，优点是耗气量小，火焰稳定、安全，温度在 2300～2950℃范围内可调，对不同元素可选择最佳原子化温度条件，已成功用于商品化仪器[18]。

要强调的一点是，火焰的性质常常受喷雾试液的影响而改变很大。例如，若在测试之前为化学计量火焰，当试样中含有有机溶剂时，则火焰可能变为富燃了。若溶液中含有铵盐，或含有硫氮等有机物，则火焰性质变化更为复杂。因此，可以探索利用测试溶液的变化，使火焰性质变得使某种或某些被测元素原子化效率更高，从而可以提高灵敏度。

火焰原子化的干扰中，迁移干扰发生在样品雾化阶段，凝聚相的干扰发生在熔融和蒸发过程中（例如：Al 对 Ca，Mg 的干扰）。原子吸收的干扰主要发生在气相中，共存物破坏了解离平衡，使得被测元素未被完全原子化；电离电位较低的碱金属和碱土金属易发生基态原子电离，产生电离干扰。

3.4.2 电热石墨炉原子化

电热石墨炉法是最重要的原子化方法之一。1959 年，苏联学者 L’vov 利用石墨电极加热的石墨坩埚，将试样原子化，开辟了原子吸收光谱分析方法发展的新途径。20 世纪 60～70 年代，各国陆续开发出了各种电热原子化装置，如石墨炉、石墨棒、石墨杯、钽舟、各种耐高温的金属以及石英管等，20 世纪 70 年代美国 Perkin Elmer 公司首先推出了配有马斯曼（Massmann）石墨炉的商品化原子吸收光谱分析仪器。1978 年，L’vov 又提出平台原子化技术[19]，在一定程度上解决了石墨炉温度空间分布不均匀的问题。1979 年我国科学家倪哲明等首次使用钯作为化学改进剂进行石墨炉原子吸收分析，并在其后发展成为最有效的通用化学改进剂。美国 Perkin Elmer 公司首先实现了 L’vov 平台的商品化，Slavin 在平台原子化的基础上，并将一系列改进技术应用于石墨炉原子化，提出了“稳温平台石墨炉”原子化技术，简称 STPF 技术[20]。

此后，石墨炉原子吸收在地质、环境、生命科学、食品安全等各个领域得到了广泛的应用。1986 年，L’vov 发表了著名文章《石墨炉原子吸收光谱法——通向绝对分析之路》标志着石墨炉原子吸收光谱法的发展进入了一个新阶段。

3.4.2.1 石墨炉原子化器的结构

以 Perkin Elmer 公司 HGA 系列石墨炉为例，如图 3-40 所示。

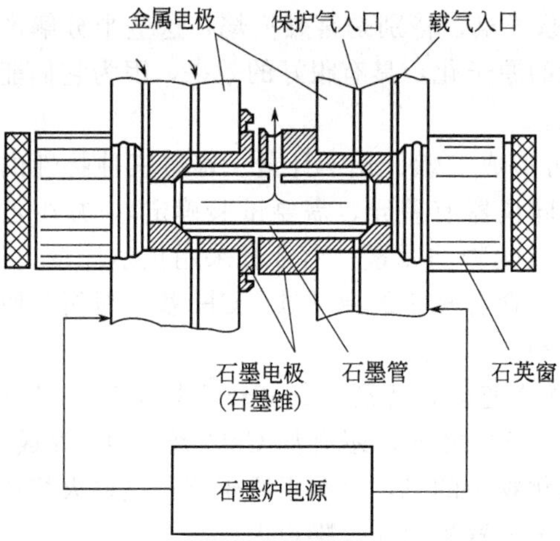

图 3-40 HGA 系列石墨炉结构示意

炉的两端是金属电极，通过大电缆连接到石墨炉电源。两个金属电极中间紧密装配着石墨电极（又称石墨锥），其作用是使石墨管和金属电极良好接触，因为仅靠气压或者弹簧压力很难让石墨管和金属电极接触好，石墨锥一方面和金属电极紧密接触，另一方面夹紧石墨管，能让加热大电流通过石墨管，而石墨电极和石墨管之间的接触电阻可以相对较小而且稳定。石墨电极把石墨管罩住，其间流通着惰性保护气体，将石墨管与外界的空气隔离。两个石墨电极之间是石墨管，管长度 28mm、外径 8mm、内径 6mm，管中央有一向上的小孔，直径约为 1.5～2.0mm，用以注入液体样品，并作为样品蒸气的排放口。石墨管内同样通过惰性气体，通常称为载气（carry gas）。为了防止高温烧毁石墨炉，并保证使石墨管在一个测定周期后迅速冷却，通常在石墨炉金属电极上装有冷却水管。金属电极的通光部分使用石英窗，使管内载气由石墨管两端向管中心流动，携带样品蒸气从进样孔中逸出。

在不同的加热阶段，石墨管以不同的电流加热，在原子化阶段，为了加快升温速率，获得快速而密集的原子蒸气，通常使用快速升温，一般是由光学温度控制来实现。

管内载气可以帮助排放分析过程中的烟雾，保持石墨管内的还原气氛。为了提高测定灵敏度，往往在原子化阶段停气。

几微升到几十微升的样品由进样口注入石墨管，沉积于石墨管壁，在石墨炉加热过程中，样品经过干燥、灰化，继而原子化。

石墨作为原子化器材料有其必然性：除了其强烈的还原性外，还有很好的温度特性，很小的热胀系数，约为 $10^{-6}K^{-1}$，约为一般金属的几十分之一到几分之一；抗拉强度随温度升高而增加，因而具有很好的耐热冲击性，比一般耐热氧化物高两个数量级，其在 α-面的热导率是Cu的30倍。值得关注的是石墨的电阻率，因为普通石墨管电阻极小，通常需要400～600A的电流才能使石墨管升至3000℃，这对石墨炉原子化器的结构要求极高，而且电能被浪费在各个接触点上。

高阻值石墨管最先应用于日立Z-2000系列原子吸收光谱仪中，石墨管的阻值在30～33mΩ。使用高阻值石墨管可以在小的加热电流下工作，由于加热电流值低，内置变压器与石墨炉连接使用了实心电缆，各接触点和电缆中的损耗降低。石墨炉体最大功率升温时，升温速率达到2600℃/s，提高灵敏度的同时给出极好的检测稳定性和重现性，结合异型石墨管的使用降低了基体干扰的程度，极大地提高了石墨管的使用寿命。

3.4.2.2　石墨炉原子化的特点

与火焰原子化法相比，石墨炉原子化法的特点在于：

① 分析绝对灵敏度高。测定的特征质量最好可以达到 10^{-14}g。这是因为试样直接引入石墨管内，几乎全部试样都参与吸收，且在惰性气氛保护下于强还原性介质内原子化，有利于难熔氧化物的分解和自由原子的形成，自由原子在石墨管内平均停留时间长，在管内能积累较高浓度的自由原子。

② 用样量小。通常固体试样为0.1～10mg，液体试样为5～50μL。因此，石墨炉原子化法特别适用于微量试样（例如生物试样）的分析。

③ 可分析固体和气体试样。因为是直接进样也就减少了试样的物理性质对测定的影响，而且也为直接分析固体试样及悬浮液进样提供了可能，同时也为氢化物发生气体进样提供了机会。

④ 可用纯标准试样来分析不同组成的试样。排除了通常在火焰原子化法中所存在的火焰组分与被测组分之间的相互作用，减少了因此而引起的化学干扰。而且由于试样完全蒸发也减少了局外组分对测定的影响，测定结果几乎与试样组成无关，这样就提供了用纯标准试样来分析不同组成的试样的可能性。

⑤ 可以分析共振吸收线位于紫外区的元素。可以直接测定共振吸收线位于紫外区的非金属元素碘、磷、硫等，其测定的特征浓度分别达 3×10^{-11}g、3×10^{-12}g、1×10^{-10}g。

⑥ 可在原子化器里处理试样。采用分析程序控制，可以选择性蒸发除去试样中某些成分，改变基体组成，有利于消除基体和其他组分的干扰，并且具有分析黏性液态试样的能力。在原子化器里处理试样的方法已经常用于有机材料、无机材料的分析以及环境试样、纯材料中痕量元素的分析。

⑦ 较火焰法安全，可用于放射性及有毒物质的分析。石墨炉高温原子化器在工作中比火焰原子化系统安全，并且能在密闭的条件下操作。适用于放射性材料和有毒物质的分析。

3.4.2.3　石墨炉原子化过程和机理

被测元素在石墨炉中的反应比火焰内要复杂得多，许多学者对石墨炉原子化理论进行了深入研究，大多数学者使用化学热力学理论和化学动力学理论来研究和解释石墨炉原子化发生的反应过程[21]。在样液干燥之后，在石墨炉内主要发生以下三种反应。

(1) 热解反应　高温石墨炉内的热解反应分为三种类型。

① 氧化物解离型，被测物首先转化为氧化物，气态氧化物随即热解出自由原子。如硝酸盐反应。

$$M(NO_3)_x(s,l) \longrightarrow M(NO_3)_x(s) \longrightarrow MO(s) + NO_2(g)$$

$$\downarrow$$

$$MO(g) \longrightarrow M(g) + \frac{1}{2}O_2$$

气相中氧化物的解离程度取决于温度和氧气的分压，在热力学平衡条件下，氧气的分压受如下反应的制约。

$$2C + O_2 \rightleftharpoons 2CO$$

$$2CO + O_2 \rightleftharpoons 2CO_2$$

在温度为 3000K 时，氧气的分压也不超过 10^{-8}atm（1atm＝101325Pa）。因此，石墨炉原子化条件是有利于 MO 和 MOH 这类化合物完全解离的。如 Ag、Bi、Cd、Mg、Mn、Zn 等的原子化过程属于这种氧化物解离型。

② 氯化物解离型，许多元素的金属氯化物具有热稳定性，在加热时氯化物很容易蒸发，再通过氧化而成的氧化物热解而解离。

③ 硫化物解离型，硫酸盐可以分解成氧化物而后解离，也可以分解成硫化物而后解离。

(2) 还原反应　石墨炉内有较强的碳还原气氛，使一些金属氧化物或由硝酸盐热解而来的氧化物，以及由某些金属氯化物氧化而成的氧化物被碳还原产生自由原子。即

$$MO(s,g) + C(g) \rightleftharpoons M(g) + CO(g)$$

如 Co、Cu、Cr、Cs、Fe、K、Li、Mo、Na、Ni、Pb、Rb、Sb、Sn 等元素就是通过还原反应而原子化。以铅为例：$Pb(NO_3)_2$ 和 $PbCl_2$ 在低于铅的原子出现温度（1040K）进行干燥、灰化时，$Pb(NO_3)_2$ 热解产物和 $PbCl_2$ 氧化为氧化物。

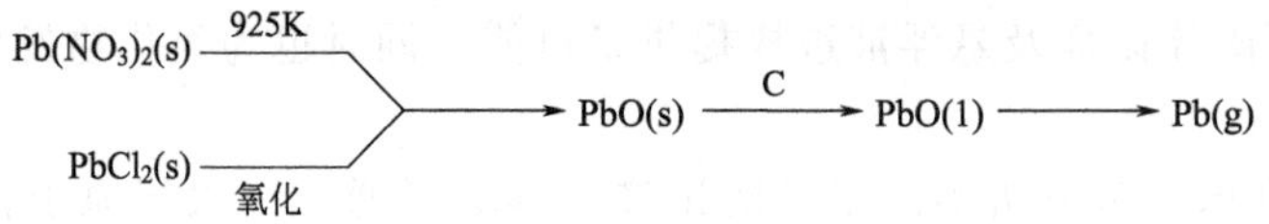

当分析试样热解成氧化物时，原子化过程究竟属于氧化物解离还是氧化物还原，可根据被测元素原子出现的温度，氧化物与碳反应的自由能的正负来推断，若自由能为正，则不属于还原反应，只有当自由能为负时，还原反应才有可能发生。

(3) 碳化物的生成反应　某些金属元素在石墨炉内的高温作用下，易生成稳定的碳化物，

$$MO(s,l) + 2C(s) \rightleftharpoons MC(s) + CO(g)$$

金属元素碳化物非常稳定，甚至在极高温下（约 3400℃）也不能完全解离。B、Hf、Nb、Si、Ta、V、W、Zr 等元素易生成稳定的碳化物，难于用石墨炉原子吸收光谱法测定。如要用石墨炉测定，必须采用石墨炉改性技术和化学改进剂技术方能进行。

被测元素在高温石墨炉里的反应及其原子化机理是极其复杂的。需根据被测元素和相应化合物的熔点、沸点、分解温度、反应自由能以及灰化曲线和原子化曲线，采用 X 射线衍射、电子能谱、扫描电子显微镜、分子光谱等现代分析仪器综合进行研究。邓勃等用 X 射线衍射分析（XRD）、X 射线光电子能谱分析（XPS）、俄歇电子能谱分析（AES）、石墨炉原子吸收光谱（GF-AAS）、分子吸收光谱（MAS）与扫描电子显微镜（SEM）等现代分析仪器手段

系统地研究了周期表中 Au(ⅠB)，Sr(ⅡA)，Cd(ⅡB)，La，Sm，Eu(ⅢB)，Al(ⅢA)，Ge，Sn，Pb(ⅣA)，V(ⅤB)，Sb，Bi(ⅤA)，Cr，Mo(ⅥB)，Mn(ⅦB)，Fe，Co，Ni，Pt（Ⅷ）等各族 20 个代表性元素的原子化机理[22]。

3.4.2.4　石墨炉相关技术的发展

石墨炉原子化存在的主要问题是石墨炉内温度分布的不均匀性与管内的气相升温滞后于管壁升温。样品从温度较高的管壁蒸发到温度较低的气相中，造成热解离过程的失控。图 3-41 表示了 Massmann 石墨炉温度的分布变化，图 3-42 则表示了石墨管内气相温度对管壁温度的时间延迟。

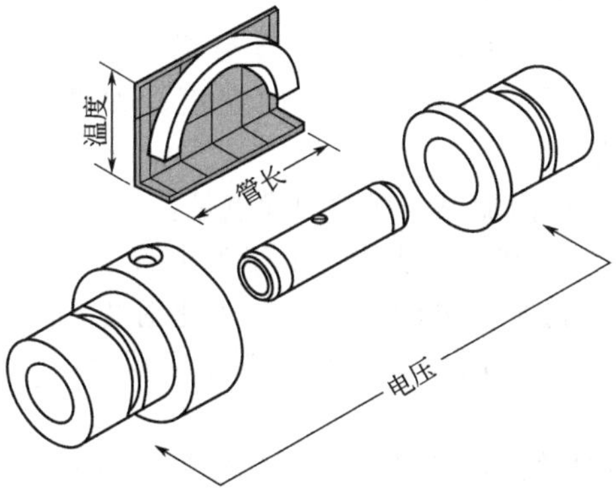

图 3-41　Massmann 石墨炉的温度分布

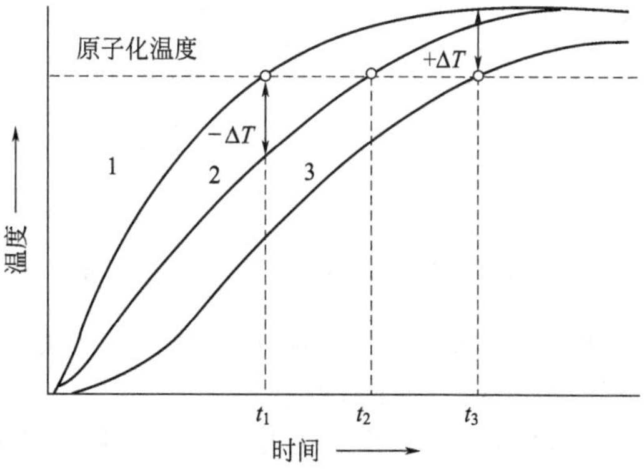

图 3-42　石墨管内气相温度的时间延迟特性

1—管壁温度；2—气相温度；3—平台温度

为了解决 Massmann 石墨炉在原子吸收分析中存在的问题，发展了一些相关的新技术，主要包括：L'vov 平台原子化技术，横向加热石墨炉技术以及使用化学改进剂等。

（1）L'vov 平台原子化技术　将一全热解石墨片置于石墨管炉中，与管壁紧密接触，见图 3-43。图中平台尺寸为长 15mm、宽 4mm、厚 1mm。中间有一凹槽，深 0.5mm、长 13mm、宽 2mm，能容纳 50μL 试样。

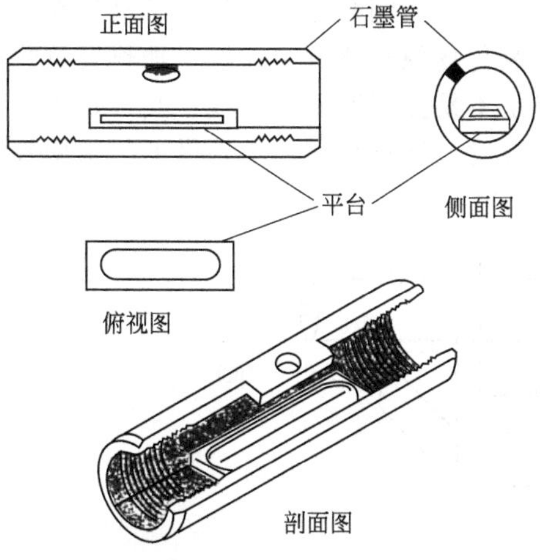

图 3-43　L'vov 平台石墨管

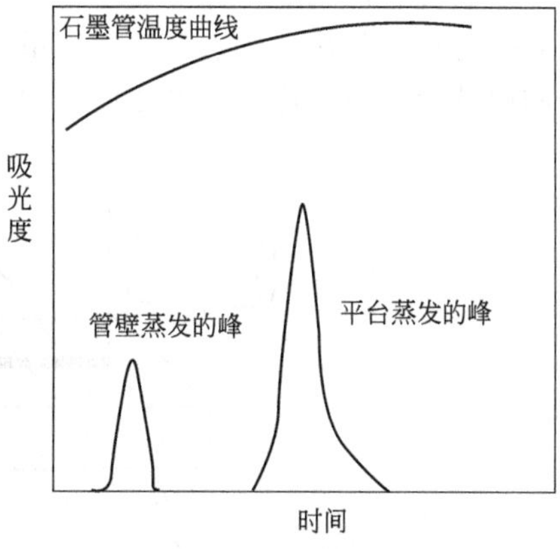

图 3-44　管壁与平台原子化原子吸收信号的比较

由于平台上试样加热滞后，当平台上的试样蒸发时，石墨管内空间的温度早已达到比较高而且比较稳定的温度，使被测元素化合物在近似等温条件下实现原子化，有利于减轻或消除干扰，提高分析灵敏度。图 3-44 是试样在平台上蒸发时和从管壁蒸发产生的吸收信号的比较，后者吸收信号产生了时间延迟。

（2）横向加热石墨炉技术　1990 年 Perkin Elmer 公司推出 4100 型横向加热石墨炉，管子的形状似十字形，置于封闭状石墨锥体中，在石墨管通电接触端通氩气保护石墨管的外部，石墨管光轴方向两端通入氩气保护石墨管，并控制管内氩气流量。横向加热石墨炉克服了纵向加热石墨炉温度分布的不均匀性所造成的温度梯度。横向加热石墨炉通电后整个石墨管沿光束方向几乎是同时达到所要求的温度。如图 3-45 所示。

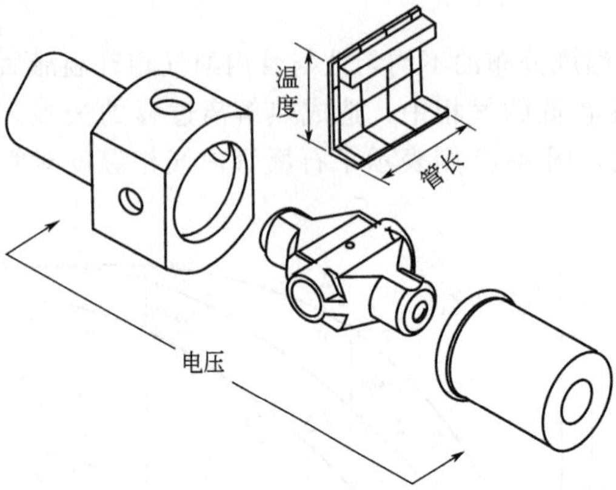

图 3-45　横向加热石墨管温度分布示意图

横向加热石墨炉的优点是：

① 基体干扰小。由于整个管子几乎同时达到所要求的温度，原子化时更容易达到解离平衡。另外，在纵向加热中发生的基体分子在管子两端低温区的冷凝效应减弱，减少了基体所带来的分子吸收。

② 降低了元素原子化温度。由于是整个管子同时达到所要求的原子化温度，没有温度梯度的影响，所以有许多元素原子化温度都有所下降，其中 Pt 下降了 450℃，可见采用横向加热石墨炉可大大延长石墨管的使用寿命。

③ 横向加热平台石墨炉测定易形成碳化物的元素时，较纵向加热石墨炉所产生的记忆效应要小。

3.4.3　石英管原子化

石英管原子化主要用于蒸气发生法氢化物原子化。还原反应产生的氢化物由载气通过 T 形石英管的进样端导入石英管原子化器。图 3-46 是石英管原子化器的示意图，氢化物在加热的石英管内原子化，为避免氢化物在石英管两端燃烧，同时能够延长原子蒸气在管内的停留时间，从石英管两端引入保护气，这样可提高氢化物原子化测定性能。加热石英管有两种模式，其一是火焰加热，优点是装置简单，缺点是不易控制原子化温度；其二是用缠绕在石英管外的电热丝加热，优点是可方便控制原子化温度，缺点是需要单独供电，结构较复杂。

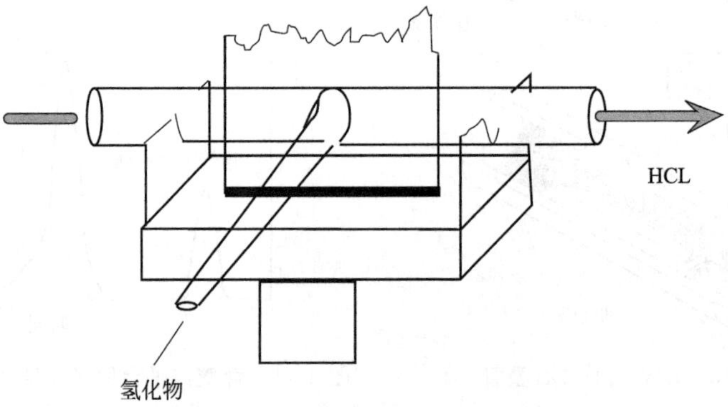

图 3-46　火焰加热石英管式炉

1969 年 Holak 首先将氢化物发生石英管原子化用于原子吸收测定砷。而后，使用硼氢化钾作为还原剂发生氢化物，很快就将测定元素扩大到 As、Sb、Bi、Ge、Sn、Pb、Se、Te 8 种元素，应用日益广泛，目前已经发展成为原子吸收的一个重要原子化方式，在地质、冶金、材料、环境、食品、中西药、化妆品样品分析中已有了相当广泛的应用，已有不少方法成为国家标准分析方法。

Welz 等将电热石英管升温到 1000℃，在纯氩气氛中通入 AsH_3，没有 As 的吸收信号，通入 H_2 后发生原子化，当有 O_2 存在时，600℃就可达到最佳灵敏度。认为氢化物在石英管中原子化不是热分解，而是自由基碰撞的结果，其中 H_2 不可缺少，而 O_2 的存在有助于产生氢自由基，反应如下：

$$H\cdot + O_2 \xlongequal{\quad} OH\cdot + O\cdot$$

$$O\cdot + H_2 \xlongequal{\quad} OH\cdot + H\cdot$$

$$OH\cdot + H_2 \xlongequal{\quad} H_2O + H\cdot$$

硒的氢化物原子化，按如下反应进行：

$$SeH_2 + H\cdot \longrightarrow SeH + H_2$$

$$SeH + H\cdot \longrightarrow Se^0 + H_2$$

此时，过程中 H· 的多少决定氢化物的原子化效率。Evans 等认为，氢化物沸点低、易分解，只要温度足够高，氢化物会直接热解形成自由原子，氢化物在石英管中热解原子化按下式进行：

$$MH_n \xrightarrow{\triangle} MH_{n-1} + \frac{1}{2}H_2$$

$$MH \xrightarrow{\triangle} M^0 + \frac{1}{2}H_2$$

采用电热石英管原子化，在一定条件下，氢化物的原子化同时存在自由基碰撞和热分解过程，而不是单一作用。将预处理石英管、镀膜石英管与常规石英管原子化效率进行对比，表明 AsH_3、SnH_4 的原子化在石英管表面进行，氢化物的原子化不一定是直接热解或自由基碰撞的简单过程，还存在中间化合物形成的复杂过程。

3.4.4 低温原子化

低温原子化法也称化学原子化法，或称冷蒸气原子化法，其温度由室温到数百度之间，此法只适用于汞的测定。汞是易于气化的金属，在室温下汞的蒸气压非常高（20℃时约为 0.0016mbar，1mbar＝100Pa），并以单原子状态存在。采用此法进行测定前，先将试样进行必要预处理，使汞完全蒸发出来，然后将汞蒸气导入气体流动吸收池内，进行测定。低温原子化法测定汞，常用的有两种方法，即加热气化法和还原气化法。

加热气化法是将试样中的汞转变为双硫腙螯合物加以富集，然后，将其加热分解产生汞蒸气，用泵把汞蒸气导入气体流动吸收池内，测定其吸光度。这种方法多用来测定鱼、肉和体内脏器官等生物组织中的汞。空气中的汞也常用此法测定。当空气中汞含量为微量时，可通过金丝富集，而后加热金丝释放汞蒸气，导入吸收池内进行测定。

还原气化法是先将试样中的汞转化为二价汞离子，再用还原剂氯化亚锡或硼氢化钠（钾）将二价汞离子还原为汞，产生的汞蒸气用泵抽吸到气体流动吸收池内进行测定。还原气化法更多用来测定工厂排放的废水以及海水、河水等液体试样中的汞。

由于氯化亚锡不能把键合在有机化合物中的汞还原成汞，因此，如果要测定试样中的总汞量，在还原之前应该将试样中的有机汞转变成无机汞。天然水中的汞在一定程度上是以稳定的有机汞共生体存在，其污染的危害性也比无机汞严重。通常采用强氧化方法，例如，采用硫酸-高锰酸盐蒸煮方法，将试样中的有机汞转变成无机汞。过量的氧化剂用盐酸羟胺除去，然后，用氯化亚锡将汞离子还原成汞。图 3-47 所示为冷蒸气测汞的装置示意图。在 Hg 253.7nm 共振线处水蒸气也吸收辐射光，因此，应该避免水蒸气进入吸收管。除使用凝集器外，也可以在反应瓶和吸收管之间的气体管道内放入干燥剂。

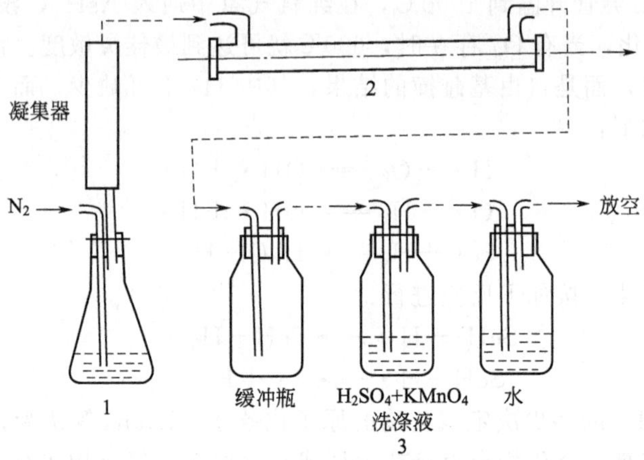

图 3-47 冷蒸气测汞法装置

1—反应瓶；2—吸收管；3—废气处理系统

3.5 原子吸收光谱分析技术

3.5.1 化学改进技术

石墨炉原子吸收一般比火焰原子吸收的绝对灵敏度高 3 个数量级，由于灵敏度高在分析测试中出现许多干扰问题，特别是生物和环境样品中痕量金属元素的测定中，基体干扰很严重。消除干扰的方法主要有背景校正技术、石墨管改性技术、预分离富集技术、基体改进技术等，这些技术可在一定范围内不同程度地消除基体干扰，提高测定灵敏度和改善精密度。

化学改进技术（chemical modification technique）是指在样品处理或样品测试过程中通过化学方法（通常是加入一定量的特种试剂）对原子化器或样品进行改进，提高分析性能的一种化学方法。化学改进技术是一种在线化学处理技术，既利用了常规化学处理的优点，又避免了常规化学处理费时、费力、操作繁琐、易玷污和损失的缺点。

3.5.1.1 基体改进剂

基体改进技术是指在试样中加入一种或多种化学物质，通过与基体或分析物反应以改变基体或分析物、或同时改变基体和分析物在原子化的过程中的行为，消除基体组分对分析物测定影响的一种技术。其作用是：①使基体转化为易挥发的化学形态，以便在热解、灰化阶段除去。②使分析元素转化为更为稳定的化学形态，防止灰化过程中的损失。③使分析物转化为比基体更易挥发的化学形态先于基体测定，避免干扰。④使样品中分析物各种化学形态转化为单一的形态，以便进行校正和提高灵敏度。

1972 年 R. D. Ediger 等在原子吸收分析中使用硝酸铵作为基体改进剂来消除氯化钠基体对测定铜和镉的干扰。氯化钠是难挥发的化合物（沸点 1430℃），加入硝酸铵之后，NH_4NO_3 与

NaCl 反应，生成易挥发的 NH_4Cl（335℃升华）和 $NaNO_3$（熔点 307℃）同时被除去，从而消除了 NaCl 对测定铜和镉的干扰。

1979 年倪哲明和单孝全等在国际上率先提出用钯化学改进剂稳定汞，允许灰化温度高达 500℃，比应用硫化铵所能达到的灰化温度高 200℃，不需要经任何处理即可直接测定废水中的痕量汞[23]，钯现已发展成为通用性的化学改进剂，获得国际同行的高度评价，倪哲明被誉为“钯基体改进剂之母”。常用的基体改进剂包括无机类、有机类及复合化学改进剂。

（1）无机类改进剂　最常用的无机化学改进剂有硝酸钯、氯化钯、硝酸镁、硝酸钙、硝酸镍、硝酸铵、磷酸氢二铵和磷酸二氢铵等。

（2）有机类改进剂　最常用的有机化学改进剂有抗坏血酸、酒石酸、柠檬酸、草酸、EDTA 及其盐，以及表面活性剂如 Triton X-100 等。

（3）复合化学改进剂　结合了两种化学改进剂的特点，可以取得更好的改进效果。复合改进剂可以是由两种金属（如铜和镍复合基体改进剂用于测定钨酸铵中痕量铝）、两种无机盐（硝酸钯和硝酸钙、硝酸钯和硝酸镁、氯化钯＋硝酸镁）、或无机盐与有机化合物（如硝酸钯＋Triton X-100，）组成复合化学改进剂。

3.5.1.2　石墨管改性

原子吸收光谱分析用的石墨管都是选用高强度、高密度、高纯度的“三高”石墨加工而成，即便是“三高”石墨由于其多孔性，在原子化过程中待测元素会随着石墨管温度的变化对分析物产生吸附或解吸，造成测量结果的不稳定，也可造成在不同样品测定时的交叉污染，这引起了人们对石墨管改性的兴趣。在 2000℃左右向石墨管内通入 10％甲烷＋90％ N_2，可在石墨管壁形成热解碳涂层，经过这种化学气相沉积形成涂层的石墨管称为热解涂层石墨管。这是原子吸收光谱分析最常用的一种石墨管。马怡载等对多种石墨管包括普通石墨管、热解涂层石墨管、全热解石墨管、热解石墨平台的分析特性进行过系统的研究，测定了稀土元素等 21 种元素的特征质量值[24]。

用难熔金属盐溶液处理石墨管，在石墨管内形成类金属碳化物、共价型碳化物、类盐共价金属碳化物薄层，以改善石墨管表面特性，包括耐高温性能、抗氧化性、抗酸性、催化性能和表面结构，增加或减少石墨对分析物、基体组分的反应活性。提高测定灵敏度，抑制和消除基体干扰，消除记忆效应和延长石墨管寿命。由于碳化物改性石墨管的优异特性和易于制备，在实际工作中获得了广泛的应用。

持久化学改进技术（permanent modification technique）的出现，是石墨管化学改性技术的一个重要发展。对石墨管进行一次改性处理，可使改性后的石墨管使用多次甚至上千次。由 I. L. Shuttler 等提出，注入 50μg Pd＋50μg Ir 到横向加热石墨原子化器的 L’vov 平台上，经加热程序处理，获得持久改进效果，用 HG-GFAAS 测定 As、Bi 和 Se，平台使用寿命达 300 次[25]。

以 250μg W＋200μg Rh，改性石墨管测定生物材料和沉积物消化液中的 Cd，使用寿命达 300～350 次，石墨管寿命可延长到 1450 次[26]。

制备持久化学改性石墨管通常有两种方法。①涂层溶液注入法：将涂层溶液注入石墨炉中，设定石墨炉原子化条件，使其在高温下形成碳化物涂层，反复进行几次可得到较好的涂层效果。该方法简单易行，一次只能处理一支管子，效率不高。②浸渍法：一般用含金属元素 5％左右的金属盐溶液浸泡石墨管，最好在密封容器内，用真空泵减压以赶出石墨管缝隙中的空气，为提高涂层效果可以加入 1％～2％的草酸，浸渍 1.5～2h 后取出石墨管放在阴凉干燥处自然风干，然后在鼓风干燥箱中 105℃干燥 2h，在石墨炉中进行原子化程序即可完成热解涂层。浸渍法程序较复杂，涂层用的金属量大，但该法一次可以涂层大量石墨管，效率高。

可能用作持久化学改进剂的元素，包括高熔点贵金属 Ir、Pd、Pt、Rh、Ru，生成难熔化合物的“似金属”Hf、Mo、Nb、Re、Ta、Ti、V、W、Zr 及生成“共价”碳化物的元素 B、Si 等。中等挥发性的贵金属 Ag、Au、Pd 不能单独用作持久化学改进剂，只有与其他低挥发性金属形成金属共熔物如 Pd-Ir、Pd-Rh 和 Au-Rh，或在碳化物涂层表面结合形成 Pd-Zr、Pd-W 间的键提高其热稳定性之后才能用作持久化学改进剂。

改性石墨管改变了石墨管的表面性质，提高了它在原子化条件下的反应活性，增强了抗干扰能力，降低了分析物形成碳化物的速度，有利于消除基体干扰。持久化学改进技术有着明显的优越性和发展潜力，但也显示出某些缺点和限制，改性石墨管的管与管之间重复性差，为避免和减少化学改进剂的损失，通常使用的热解、原子化和净化温度较低，稳定性过度，出现双峰或多峰等。

3.5.2 蒸气发生技术

蒸气发生技术是通过化学反应等方法，将待测元素转化为气态物质，引入原子光谱仪器进行测定的方法，包括汞蒸气发生法、氢化物发生法和挥发性化合物发生法等几种方法。蒸气发生技术有着进样效率高（甚至高达 100%）、基体分离效果好等特点。有些方法对元素的形态价态还有一定的选择性，可进行形态分析。蒸气发生装置简单、易实现自动化，也能够与色谱实现联用，一直是原子光谱分析领域的研究热点。

3.5.2.1 汞蒸气发生法

汞蒸气发生冷原子吸收法是很多样品中汞含量测定的标准方法。该方法利用汞原子蒸气对 Hg 253.7nm 谱线具有特征吸收，在一定范围内，吸收值与汞蒸气浓度成正比。汞蒸气发生原子吸收分光光度法测汞大约有三类方法。

（1）冷原子吸收分光光度法　国家环境保护标准 HJ 597—2011 给出了水质冷原子吸收分光光度法总汞的测定方法，GB/T 5009.17—2014《食品安全国家标准　食品中总汞及有机汞的测定》中第二法也给出了冷原子吸收光谱法。首先，在硫酸-硝酸介质及加热条件下，用高锰酸钾和过硫酸钾将试样消解，使样品中汞全部转化为二价汞，用盐酸羟胺还原过剩的氧化剂，再用氯化亚锡将二价汞还原成金属态，在室温下通入空气或氮气，将元素汞气化，载入原子吸收测汞仪，测量吸收值，求得试样中汞含量。该法因无需加热就可以测定，故称为冷原子吸收法（在使用中，一般将吸收池稍微加热，以除去水蒸气等）。方法中氯化亚锡溶液配制比较繁琐，易沾污玻璃器皿不易清洗，产生的酸雾对人体有害且必须现用现配，采用次亚磷酸钠溶液代替氯化亚锡，可减少对人体的伤害，提高灵敏度及扩展动态线性范围。汞蒸气发生冷原子吸收分光光度法是当前测汞的最主要方法，除食品、水样外，经改进后可用于化妆品、人血、人尿、矿物重晶石等很多样品的分析。

（2）氢化物发生-原子吸收分光光度法　氢化物发生器几乎是现代 AAS 的标配附件，虽然称为氢化物发生器，但在测定汞元素时，样品是以汞蒸气状态呈现的，故也列入蒸气发生法。测定时，样品经消化后，由载流液（1%～3%的盐酸）载入反应器与还原剂硼氢化钠（20～30g/L，4.0mL/min）反应，产生汞原子蒸气，由载气（通常为氩气，参考流量为50～100mL/min）将其导入石英管原子化器中进行测定。该法广泛应用于食品、土壤、水样、化妆品及生物血液中汞的测定。该法具有高灵敏度、低检出限、操作简单、基体干扰少等特点，而且，无需专用仪器只需一氢化物发生器附件即可实现，大受原子吸收光谱分析工作者欢迎。

（3）热分解汞齐化直接测汞法　USEPA 7473—2007 对该方法进行了描述。固体或液体样品在分解炉中被干燥及分解，分解产物通过氧气直接被输送到还原炉，氧化物、卤素及氮、硫氧化物被捕获，剩下的分解产物被带入汞齐化管，当所有的剩余气体及分解产物都通过齐化管后，汞齐化器被充分加热释放汞蒸气，载气将汞蒸气带入吸收池中测定 Hg 253.7nm 的吸光度（峰高或峰面积）可测定汞含量。此方法多用于土壤、沉淀物、沉积物及废水或地下水中汞的含量测定。

热分解汞齐直接测汞法的优点是无需样品前处理，许多固体、液体样品都可直接进样测试，每个样品总的分析时间不超过 10min，由于无需样品处理，比用冷原子蒸气技术得到的结果更准确。

3.5.2.2 氢化物发生法

砷、硒、碲、锑、铋、铅、锡、锗等元素的分析线都处于近紫外区，在常规火焰中多存在严重背景吸收，石墨炉分析时基体干扰与灰化损失比较严重。通常这些元素含量又低、基体复杂，需经分离与富集，鉴于这些元素能容易生成挥发的氢化物，可以借此进行基体分离，实现分析测定。

As、Se、Sb 等元素的水溶液在酸性条件下与强还原剂 KBH_4 或 $NaBH_4$ 反应，生成气态氢化物，由氩气载入石英管原子化器中原子化，测量其吸光度可对元素进行定量。

以 As 为例，硼氢化物在酸性介质中可生成活泼的新生态 H_2，

$$BH_4^- + H^+ + 3H_2O \longrightarrow 6H + H_3BO_3 + H_2\uparrow$$

$$BH_4^- + H^+ + 3H_2O \longrightarrow H_3BO_3 + 4H_2\uparrow$$

与 As 反应生成氢化物，

$$As^{3+} + 3H \longrightarrow AsH_3 (H^+ \text{过量})$$

所产生的氢化砷气体由载气送入 T 形石英吸收池，通过火焰或电炉丝加热的方式使其原子化而实现测定。

反应体系中，硼氢化物在酸性条件下分解很快，为此常在其溶液中加入少许 NaOH 使之稳定。合理控制酸碱度是选择合适的反应条件之一。不同元素的氢化物形成反应需要的适宜的酸度是不同的，主要决定于生成物的稳定常数和反应速度。酸度太低，反应不完全；酸度过高，促使还原剂大量分解，产生大量氢气，且减少了氢化物在原子化器中的停留时间。因此，氢化物发生法测定中要合理选择载液的酸度、还原剂的浓度、载气的流速以及石英管原子化器的温度等指标。

各厂家的氢化物发生装置根据其进样方式大致分为直接模式、连续流动模式和流动注射模式等。经过多年的发展，氢化物发生 AAS 法取得了巨大的进步，氢化物发生法已成为原子吸收光谱分析的重要组成部分，氢化物发生器现已成为 AAS 必不可少的配件。氢化物发生法的特点：

① 通过化学方法将待测元素转化为气态蒸气，引入原子化器的效率高，甚至达到 100%，分析灵敏度得以提高；

② 形成氢化物后，分析物与基体分离，富集了分析元素，降低或消除了基体干扰；

③ 对待测元素的存在形式以及价态有一定的选择性，也促进了 AAS 与色谱的联用技术发展，为元素的形态及价态分析奠定了基础。

3.5.2.3 挥发性化合物发生法

传统氢化物发生只用来测定周期表第ⅣA、ⅤA、ⅥA 和ⅡB 族的元素 Ge、Sn、Pb、

As、Sb、Bi、Se、Te及Hg等9种元素。1982年L. S. Busheina等将氢化物发生法扩展到In，用硼氢化物还原In生成挥发性铟化合物；1984年严杜等将蒸气发生法扩展用于Tl的测定，得到了Tl的挥发性化合物。郭小伟等在断续流动反应器内在硫脲和钴存在下，用硼氢化钾（钠）还原镉生成挥发性化合物，冷蒸气AAS测定Cd的检出限达到20pg/mL（3σ），并将所建立的方法成功地用于环境和生物标准物质的分析[27]。如今已知过渡金属及贵金属如Cd、Cu、Zn、Ni、Ti、Au、Ag、Co、Pd、Pt、Rh等元素都能产生挥发性化合物。沈宇等评述了化学蒸气发生进样技术在原子光谱分析中的应用进展[28]。

光化学蒸气发生（PCVG)-AAS测定汽油中的Hg，样品制成汽油和丙醇-2混合溶液，高效流过19W光化学蒸气发生器，发生的Hg^0原位捕集于石墨管内的还原Pd上进行测定[29]。检出限和特征质量分别是0.1μg/L和0.6ng。加标回收率是90%～97%。无机和有机Hg的响应没有明显的差异。

3.5.3 缝管原子捕集技术

原子捕集技术是提高火焰原子吸收光谱分析灵敏度的有效途径，通过在火焰中富集被测原子和延长原子在原子化器中的停留时间，以提高测定的灵敏度。缝管原子捕集有水冷石英管和开缝石英管捕集，后者装置简单、操作方便，得到了广泛的研究应用。

缝管原子捕集通常有单缝与双缝两种技术。单缝石英管（或不锈钢管）是架在火焰原子化器上方的一根圆形单缝管，石英管开缝与燃烧头开缝平行对齐，高度间距3～5mm。双缝原子捕集器不锈钢管，上下各开一缝，架在燃烧头上方1～3mm的位置，可前后上下移动。缝管的尺寸、位置对测定结果有着不同影响，是主要研究参数。单缝管灵敏度较双缝管好，但测定的重现性不如双缝管，且记忆效应大；双缝管重现性好，记忆效应小。采用贫燃火焰高效捕集和富燃火焰瞬间释放原子化，是缝管原子捕集-AAS法获得高灵敏度的关键[30]。

对石英缝管的内壁进行改性以涂钽改性效果最好，灵敏度提高了1650倍。钽以Ta_2O_5形式存在石英缝管表面，铅以氧化态捕集在石英表面，以Pb^{2+}捕集在钽涂层表面[31]。元素在缝管中的捕集机理各不相同，Ag和Bi以金属形式捕集，直接从熔融物蒸发原子化；Cd、Cu、In、Ni、Sb、Zn分别以CdO、Cu_2O、In_2O_3、NiO、Sb_6O_{13}、ZnO形式捕集，Co和Ga分别以$CoSiO_4$和$GaSiO_4$形式捕集，Pb以Pb_2SiO_4形式捕集，捕集物在乙炔流量突然增大的瞬间在高温气体撞击下溅射原子化，或在高温升温的瞬间化学键断裂原子化。元素在捕集管内延迟时间t_A与捕集物熔点（锌除外）或元素熔点之间（铟除外）具有良好的线性关系。解离能大于4.2eV的氧化物，难于在捕集温度下解离，因此不适合用缝管原子捕集法测定[32]。

缝管原子捕集法已成功用于血清中的Cu和Zn的测定，火药烟晕中的痕量Sb和Pb的测定，As、Sb、Te元素的价态分析。

3.5.4 制样和进样技术

在使用仪器进行样品测试前，往往需要对样品进行制备，这个过程也称为样品前处理。前处理过程包括样品分解、样品净化及富集等过程。

样品分解是目标组分从固体或半固体样品基体中释放出来，并将其转移到溶液或气相中的一个过程。样品分解往往涉及样品基体的破坏，容易造成目标组分的损失。因此，选择合理的样品分解技术对测定结果有着至关重要的影响。样品分解方法很多，包括索氏提取、平板电热炉消解、石墨电热炉消解、微波消解及超临界流体萃取等。

样品净化及富集是制样技术中的重要和内容最丰富的环节，采用各种分离技术将目标组分与基体、干扰物质分离和富集的过程。制样和进样方面的最重要进展：广泛使用微波消解技术；开发新型‘绿色’微萃取分离富集技术；广泛使用在线富集技术。详细的制样技术请参考本书第6章。

3.5.4.1 流动注射在线富集与进样

在线富集可以加快分析速度，避免试样被玷污，减少环境污染。在线富集包括流动注射在线富集、氢化物原位富集和火焰缝管捕集。有关火焰缝管捕集请参阅本章3.5.3节。

流动注射是一种高效在线分离富集与微量动态进样技术。方肇伦等成功将流动注射(FI)与FAAS、GF-AAS联用，建立了流动注射在线共沉淀、在线离子交换、在线螯合萃取、在线树脂吸附、在线氢化物发生等多种在线富集痕量元素的方法。采用编结反应器(knotted reactor)解决了共沉淀痕量组分时沉淀量较大所带来的问题；发展第二代流动注射技术-顺序注射（sequential injection，SI)，大幅度减少了样品和试剂的消耗量，克服了流动注射法中由于泵管的脉动及长期使用磨损造成的流速不稳定，提高了仪器的长期稳定性和分析的精密度。方肇伦等在发展流动注射-原子吸收光谱及在线富集方面开展了系统的研究，对流动注射技术的发展做出了重要的贡献[33]。

尽管GF-AAS有很高的检测能力，但对于许多样品中的痕量元素仍很难直接进行测定，这是由于方法的检测能力所限及较大的基体干扰造成的。解决这一难题的一个方便途径是通过流动注射在线分离与富集和GF-AAS联机。孙晓娟用DDTC络合水中的铅，通过C_{18}键合硅胶微柱吸附预富集河水和海水中的痕量铅，富集倍数为64，用80μL甲醇洗脱，定量导入石墨炉原子化器测定，无基体干扰，不必使用基体改进剂[34]。苏星光等将流动注射在线预富集系统与石墨炉原子吸收光谱法联用，以C_{18}反相键合硅胶为柱材料，以DDTC为螯合剂，乙醇为洗脱液，以固定体积洗脱方式测定了Cd、Cu和Fe，富集倍数分别为40、29和18[35]。邓世林等将新鲜蛋清、蛋黄与经搅拌混匀后的全蛋样品，用浓HNO_3和浓$HClO_4$加热消化至试样溶液清亮无色，用流动注射氢化物发生器将在线发生硒的氢化物，载入电热石英管原子化器测定，硒的检出限达0.25μg/L[36]。

郭金英等在可控温加热板上45℃加热除尽葡萄酒样中的酒精，用HNO_3与H_2O_2微波消解红葡萄酒试样，在8%盐酸介质中，经碘化钾-抗坏血酸预还原，硼氢化钾发生氢化砷，由氩气流引入原子化器测定砷[37]。申东方等用$NaHCO_3$于600℃灼烧大米样品，HCl溶解。调节样品溶液pH=7.0，以3.9mL/min速率通过自制的磁芯-硫脲壳聚糖固定相填充微柱中，采样120s，以0.5mol/L HNO_3-0.1mol/L硫脲作为洗脱液洗脱，流动注射在线分离富集与FAAS联用测定大米中的痕量Cd^{2+}。检出限（3σ）为2.5ng/mL，RSD（$c=1.0\mu g/mL$，$n=7$）为0.79%，加标回收率在96.0%～104.2%。校正曲线动态线性范围为0.02～1.20μg/mL，$r=0.9922$[38]。

3.5.4.2 氢化物原位富集与进样

氢化物原位富集（concentration in site)，也称原位捕集（in site trapping)，是将发生的氢化物，在线富集在修饰过的石墨炉或石墨平台表面，然后升温快速原子化，消除了氢化物发生动力学对信号的影响，显著地改善测定的灵敏度和精密度。有关氢化物发生及蒸气发生技术请参见本章3.5.2.2。将氢化物原位富集在涂覆钯、锆、金等石墨管内表面后再原子化，直接进样测定能显著地提高进样效率。在氢化物发生过程中能有效地实现被测元素与样品基体的分离，改善测定的灵敏度和精密度，是氢化物发生原子吸收的一个重要进展。

卫碧文等采用三毛细管微型在线氢化发生技术和装置，HG-ETAAS法测定纺织品中的痕量 As、Sb。采用酒石酸和 KI 混合掩蔽剂可抑制 Co、Sn 对 As、Ni 对 Sb 的干扰[39]。孙银生等用微型氢化物发生法在 KBH_4 还原剂中加入 NaOH，进样 0.8mL 即可得到满意结果[40]。蒋小良等采用双毛细管微型在线氢化物发生装置，测定皮革中痕量砷，检出限为 0.015μg/L[41]。

3.5.4.3 乳化液进样

用乳化剂将样品制成乳化液直接吸喷入火焰原子化器进行原子吸收光谱测定。乳浊液进样技术操作简便，三十几分钟即可完成称样、乳浊液及试样配制等试样处理全过程，因此得到了广泛的研究与应用。

高海燕用 0.2% HNO_3 +0.2% Triton X-100 稀释液超声乳化牛奶试样，乳化液进样石墨炉原子吸收法直接测定铬[42]。刘全德等测试休闲食品中 Cu、Al、Cr、Cd、Pb 等 5 种金属元素时，采用不完全消解，正丁醇为助乳化剂，形成微乳液，采用连续光源 GF-AAS 进行测定，与微波消解法结果相近，加标回收率 96.4%～105.6%[43]。李超等以聚乙二醇辛基苯基醚为乳化剂，正戊醇为基础溶剂，乳浊液进样-GF-AAS 法快速测定变压器绝缘油中的铁、铜含量。黏稠状绝缘油样品可以无需预处理，直接进样测定。测得 Fe 和 Cu 的检出限分别为 1.37ng 和 0.78ng，RSD 为 4.6%～5.2%，加标回收率是 99.2%～101.6%[44]。Jesus 等将石脑油和石油冷凝物样品制成微乳液，与丙醇-1 和少量的水预混合，在光化学反应器内发生 Hg 蒸气引入石英池 AAS 测定 Hg。丙醇-1 能有效地促进 Hg 蒸气产生，检出限是 0.6μg/L。有机和无机汞的特征质量分别是 2.0ng 和 2.4ng（以 Hg 计）。3 次连续测定的 RSD 是 1%～5%，有机和无机汞的加标回收率是 92%～113%。方法简便快速，化学试剂用量少，属于“绿色”化学[45]。

3.5.4.4 固体悬浮液进样

悬浮液进样（suspension sampling）分析固体样品有许多优点：①无需样品消解，避免了酸碱溶液对人体及环境损害，减少了对待测样品的玷污与损失；②无需进行化学前处理，减少了试剂使用，降低了分析成本，缩短了分析时间；③样品处于悬浮液状态，分布较均匀，可用标准溶液校正；④消耗样品量少。因此，固体悬浮液进样技术得到了广泛的应用。

刘志明用琼脂悬浮剂和硝酸，充分混合振荡将过 100 目筛的土壤样品制成悬浮液，以硝酸钯为化学改进剂，恒温平台石墨炉原子吸收法直接进样测定铅[46]。林立等用含有 Triton X-100 的硝酸溶液把膏霜类化妆品样品制成悬浮液，直接进样 GF-AAS 测定铅[47]。邵坤等以琼脂为悬浮剂，将常温下为固体、不溶于水和酸碱的松香制成悬浮液。选择硝酸钯为化学改进剂，提高砷的灰化温度到 1100℃。直接用标准水溶液进行校正，悬浮液进样石墨炉原子吸收光谱法直接测定松香中的微量砷[48]。

3.6 原子吸收光谱应用简述

多年来，原子吸收光谱分析在各个领域内获得了广泛的应用。为适应不同分析对象的要求，开发出了数以万计的分析方法，每种元素在每种物质中都有许多种分析方法，很多方法已经被列入国家或行业的标准分析方法。本书第 8～17 章按行业及领域分类做了介绍，详细内容请参考本书第 8～17 章。本章仅对近年来原子吸收光谱的某些应用进展做一概述。

3.6.1　直接原子吸收光谱分析

3.6.1.1　高分辨连续光源的应用

高分辨连续光源原子吸收光谱（HR-CS-AAS）分辨率高、分析速度快、背景校正好、光谱信息多，能实现多元素的顺序测定，应用日益广泛。

刘聪等用微波消解蛤蚧样品，HR-CS-AAS 顺序测定蛤蚧头、躯干、尾、四肢等不同部位中的 Cu、Fe、Zn、Mn、Ni、Cr 等，检出限是 0.3～13.2μg/g，加标回收率是 76.7%～100.0%，校正曲线动态线性范围是 0.05～2.00mg/L，相关系数 $r \geqslant 0.9993$。较之常规锐线光源原子吸收光谱法在保证分析准确度的同时，大大提高了分析效率[49]。

Kowalewska 等用高分辨连续光源和锐线光源火焰原子吸收（HR-CS-FAAS 和 LS-FAAS）测定无铅航空汽油和汽车汽油中的 Pb。汽油溶于甲基异丁酮内，使用 HR-CS-FAAS，在 Pb 217.001nm 和 Pb 283.306nm 邻近记录到由 OH 基团吸收产生的结构背景（BG），直接重叠在 Pb 217.001nm 线上，但强度非常弱。在 Pb 283.306nm，结构背景是由存在于火焰内的 OH 基团吸收造成的，相当强，OH 谱带的强度取决于火焰特性和使用有机溶剂。用 HR-CS-FAAS 测定 Pb 283.306nm，用 5 个像素测定分析线，最好的检出限是 0.01mg/L Pb。用 LS-FAAS 有连续背景的影响，用 HR-CS-FAAS 则没有[50]。用高分辨连续光源 GF-AAS 测定全血样品中 Se、Cr、Mn、Co、Ni、Cd 和 Pb，得到了最高的信号强度与分析信号的稳定性。由于改进了装置，在石墨炉温度程序中的热解阶段用小的氩气流速和最大的空气流速，以增强氧化条件更好地除去基体。使用欧盟痕量元素标准参考物质全血 L-1 证实了方法的准确度和精密度，研发的方法已应用于整形外科的志愿者病人血液样品中痕量元素测定[51]。

3.6.1.2　新材料新技术的应用

石墨烯是一种新型的碳纳米材料，比表面积很大、耐高温、化学稳定性好、机械强度高和生产成本低等。苑鹤等用磁性石墨烯吸附剂作为固相吸附剂富集环境水样中的痕量铜，AAS 测定，可以方便地在外加磁场作用下进行导向或分离，而不需要额外的离心或过滤程序。方法操作简单、快速，富集效率高，对环境友好[52]。王芹等以 Fe_3O_4-多壁碳纳米管-壳聚糖（Fe_3O_4-MWCNT-CS）磁性纳米粒子为吸附剂填装于固相萃取柱中，分离工业废水中的 Cu^{2+}，用 0.5mol/L HCl 以 10μL/s 的流量进行洗脱，Cu^{2+} 的富集倍数达 40，FAAS 测定 Cu^{2+}，检出限为 0.012μg/L。加标回收率是 98.9%～102%，RSD（$n=3$）＜4%，Cu^{2+} 的线性范围为 0.1～30.0μg/L[53]。用一层牛血清白蛋白（BSA）修饰碳纳米管表层，形成称为限制通道的碳纳米管（RACNT）。能直接从未处理的人血清中提取 Pb^{2+}，而除去所有的血清蛋白。RACNT 具有 100% 排除血清蛋白的能力，最大的吸附 Pb^{2+} 容量为 34.5mg/g。用填充 RACNT 的微柱用于在线固相萃取与热喷雾火焰原子吸收光谱联用，测定 Pb^{2+}，检出限低至 2.1μg/L，富集系数是 5.5，日内和日间测定值的 RSD＜8.1%，分析未处理的人血清蛋白，加标回收率是 89.4%～107.3%[54]。

3.6.1.3　绿色萃取技术

浊点萃取、分散液液微萃取、固相微萃取等是近年出现的新的环保型分离富集技术，与原子吸收光谱结合，是一种新型有效的测定技术，已广泛应用于环境、生物样品中痕量金属离子的测定。

谢发之等以8-羟基喹啉为螯合剂，利用正辛醇显著降低Triton X-400的浊点温度，提高8-羟基喹啉-铟螯合物的热稳定性和协同萃取效应，定量萃取铟，直接利用火焰原子吸收光谱法测定环境水样和沉积物样品中痕量铟[55]。以2-(5-溴-2-吡啶偶氮)-5-二甲氨基苯胺(5-Br-PADMA)为螯合剂，Triton X-114为萃取剂，浊点萃取-GF-AAS测定超痕量Cu(Ⅱ)。检出限为0.17ng/mL，RSD为3.1%（$n=10$），富集因子为48，加标回收率是97.0%～102.0%。方法的线性范围为0.05～4.0ng/mL[56]。

一步取代液-液微萃取（D-DLLME）与GF-AAS联用选择性测定甲基汞，Cu(Ⅱ)与二乙基二硫代氨基甲酸盐（DDTC）反应生成Cu-DDTC螯合物，因MeHg-DDTC的稳定性高于Cu-DDTC，MeHg能从Cu-DDTC取代Cu。在pH=6，以甲醇为分散剂，用CCl_4分散液-液微萃取富集MeHg，与无机汞分离，富集倍数为81。GF-AAS测定甲基汞的检出限为13.6ng/L（以Hg计）。测定1.0μg/L甲基汞标准溶液的RSD（$n=7$）为4.3%，加标回收率为98.6%～104%。校正曲线动态线性范围为0.05～10μg/L。共存的金属离子与低DDTC稳定性螯合物可能的干扰很好地被消除而无需加任何的掩蔽剂。方法已成功用于某些环境样品中痕量MeHg的测定[57]。

王许诺等使用C_8固相萃取柱，固相萃取-GF-AAS测定海水中的Pb、Cd、Cu，检出限（3σ，$n=11$）分别为0.66μg/L、0.023μg/L和0.48μg/L，标准偏差分别为4.0%、0.84%和4.4%；加标回收率分别为102%、96.0%和97.3%。线性动态范围上限分别为100μg/L、100μg/L与4μg/L，相关系数$r=0.9993$。方法能有效克服海水中复杂基体干扰问题[58]。以吡咯烷基二硫代甲酸铵和二乙氨基二硫代甲酸钠为螯合剂，采用商品化的固相萃取柱，分离海水中的Cd、Cu、Pb、Ni和Zn，AAS测定其含量。检出限分别为0.02μg/L、2.6μg/L、0.06μg/L、0.18μg/L、0.3μg/L，RSD<5%，加标回收率为93.8%～104%。校正曲线的相关性较好（$r>0.999$），Cd、Zn的校正曲线线性范围上限分别为4μg/L和100μg/L，Pb、Cu、Ni的线性范围上限为40μg/L[59]。

韩木先等以双硫腙为螯合剂，用离子液体1-丁基-3-甲基咪唑六氟磷酸盐萃取硫酸锌口服液中的Zn，FAAS法测定。检出限（3σ，$n=19$）为0.69μg/L。校正曲线动态线性范围（ρ）是0.1～2.0mg/L，相关系数$r=0.9998$。测定硫酸锌口服液样品中的Zn，测定值与药典方法测定值相符。加标回收率是98.5%～101%，RSD（$n=5$）是1.9%～2.8%[60]。

3.6.2 元素形态分析

元素形态分析（analysis of elemental speciation）通常包括价态分析、化学形态分析与元素赋存态分析。

田言付等在pH=7.7条件下，用螯合剂1-(2-吡啶偶氮)-2-萘酚（PAN）与Cr(Ⅲ)反应生成螯合物[不与Cr(Ⅵ)反应]，浊点萃取实现了环境水样品中Cr(Ⅲ)与Cr(Ⅵ)的分别测定。在最佳条件下，Cr的富集倍数为20倍。检出限为5.74μg/L。Cr(Ⅲ)校正曲线的动态线性范围（ρ）是0.005～1.0mg/L，线性相关系数$r=0.9998$。测定0.30mg/L的Cr(Ⅲ)标准溶液，RSD（$n=11$）为2.9%，加标回收率为90.0%～106.5%[61]。

王中瑗等先用FAAS测出Fe(Ⅱ)和Fe(Ⅲ)的总浓度，再通过流动注射编结反应器预富集FAAS检测所得到的富集系数（EF）的差异，由Fe(Ⅱ)和Fe(Ⅲ)校正曲线的斜率比求出Fe(Ⅱ)和Fe(Ⅲ)的浓度比值，算出Fe(Ⅱ)和Fe(Ⅲ)各自的浓度，从而实现在非分离状态下Fe(Ⅱ)和Fe(Ⅲ)的价态分析。Fe(Ⅱ)和Fe(Ⅲ)的检出限（3σ，$n=13$）分别是 2.3μg/L 和 12.1μg/L。分析实际水样测定值与用邻菲啰啉分光光度法的测定值相一致，RSD（$n=11$）<3.8%[62]。

Yan 用 30μm 孔径的滤纸、4μm 孔径的玻璃磨砂漏斗和 0.45μm 的滤膜过滤腐乳废水和腐乳汁。用 0.1mol/L HCl 调节 pH 为 4，超声 5min，选择性萃取硒化合物。用外磁场移去吸附了硒化合物的 5-磺基水杨酸修饰的磁性纳米颗粒（SSA-SMNP）。用 0.5mL 0.5mol/L Na_2CO_3洗脱 SSA-SMNP，用外磁场移去洗脱后的 SSA-SMNP，毛细管电泳（CE）分离富集 Se(Ⅵ)、Se(Ⅳ)、SeMet 和 $SeCys_2$，富集倍数分别是 21、29、18 和 12。GF-AAS 测定 Se(Ⅵ)、Se(Ⅳ)、SeMet 和 $SeCys_2$，检出限（3σ，$n=11$）分别为 0.18ng/mL、0.17ng/mL、0.54ng/mL 和 0.49ng/mL；不使用 SSA-SMNP 时，检出限分别为 3.2ng/mL、2.5ng/mL、6.3ng/mL、5.2ng/mL。校正曲线动态线性范围分别为0.5～200ng/mL、0.5～200ng/mL、2～500ng/mL 和 2～1000ng/mL（$r>0.9993$）。分析废水和果汁，加标回收率为99.14%～104.5%[63]。

古君平等将烘干、研磨、过筛的烟叶在（100±1)℃下烘干 2h，测定样品含水量。用消解液（10mL HNO_3＋4mL H_2O_2）微波消解样品，消解溶液用于重金属总量测定。用去离子水超声提取烟叶试样 1h，上层清液用于重金属水溶态含量测定。以 Tessier 逐级提取法获取 5 种形态的重金属，用 1mol/L（pH＝7.0±0.2）$MgCl_2$ 溶液超声提取 1h，清液用于重金属离子交换态测定。用（pH＝5.0±0.2）NaAc 溶液超声提取不溶物 1h，清液用于重金属碳酸盐结合态测定；用 $NH_2OH \cdot HCl$、25%HAc 提取，清液用于重金属铁锰氧化物结合态测定，用 HNO_3-H_2O_2 溶液超声提取 0.5h 后，再用 20% HNO_3溶解的 NH_4Ac 超声提取，清液用于重金属有机结合态测定。将提取有机结合态的不溶物于 80℃烘干，称重，微波消解，用于重金属残渣态测定。光谱通带 Mn 为 0.4nm，Cu、Zn、Cd、Pb 为 1.3nm，Cr 为 0.2nm。Cd、Cr、Pb 的灰化温度依次为 300℃、700℃、400℃，原子化温度依次为 1500℃、2600℃、2000℃。FAAS 测定 Mn、Cu、Zn 的检出限依次为 3.0μg/L、3.1μg/L 和 2.0μg/L，线性相关系数 r^2 依次为 0.9998、0.9995 和 0.9988；ETAAS 测定 Cd、Cr、Pb 的检出限依次为 1.29μg/L、0.16μg/L 和 2.77μg/L，线性相关系数 r^2 依次为 0.9912、0.9990、0.9989[64]。

陈坚等用 HNO_3-HF 微波消解沉积物样品，提取重金属全量，BCR 三步法提取沉积物样品中的重金属酸溶态、可还原态、可氧化态和残渣态等，各种赋存形态中的 As、Cd、Pb、Cr、Cu、Mn、Zn、Ni、Co，GF-AAS 测定。重金属全量测定误差为−4.58%～7.33%，BCR 形态测定误差为−7.9%～11.6%，各重金属形态之和提取率为 88.96%～109.36%，符合质控误差范围要求[65]。杨琳等采用 0.1mol/L 盐酸浸提土壤中有效态钴，以甲基红为络合剂，Triton X-114为非离子表面活性剂，浊点萃取富集有效态钴，FAAS 测定钴含量[66]。

3.6.3　间接原子吸收光谱分析

左旋多巴是一种很重要的神经递质。乔月纯等在 pH＝6.0 溶液中，左旋多巴中的羟基（—OH）还原 Cu(Ⅱ) 到 Cu(Ⅰ)，Cu(Ⅰ) 与 SCN^- 反应生成 CuSCN 沉淀。通过测定溶液中剩余 Cu(Ⅱ)，可以间接测定左旋多巴的含量。检出限（3σ）为 0.038μg/mL。校正曲线动态线性范围是 0.08～6.80μg/mL，相关系数 $r=0.9998$。该法可用于药物及血清中左旋多巴含量的测定[67]。

冯玲等利用醛基与斐林试剂（含铜离子和酒石酸钾钠的碱性溶液）在沸水浴中反应 30min 生成氧化亚铜沉淀，或与银氨溶液（含银离子的氨性溶液）在 50℃水浴中反应 15min 生成单质银沉淀。两种沉淀分别用 6mol/L 盐酸溶液和 6mol/L 硝酸溶液溶解，FAAS 测定反应中定量释出的铜量或银量，间接测定甲醛含量。Cu 和 Ag 校正曲线动态线性范围上限（ρ）分别是 7.000mg/L 和 6.000mg/L，相关系数分别为 0.9962 和 0.9993。分析铜、银标准溶液，试样溶液中加入 1.000mg/L Cu 或 Ag，加标回收率分别为 99.6%～101% 和 81.9%～84.2%。方法已用于小扒皮鱼、鸡翅尖、抽肠虾仁和雪花啤酒中甲醛含量测定[68]。以稀硝酸溶解氧化锌烟尘样品，向样品溶液中加入过量 Ag^+ 标准溶液，溶液中的微量 Cl^- 与 Ag^+ 形成氯化银胶体，加热煮沸溶液使氯化银胶体迅速凝聚沉淀。用 FAAS 测定滤液中剩余的 Ag^+，间接得出氧化锌烟尘中的氯含量。测定烟化炉氧化锌烟尘和回转窑氧化锌烟尘中氯的含量，测定值与氯化银比浊法测定值基本一致，RSD（$n=5$）为 0.65%～0.89%，加标回收率为 99%～101%[69]。

在 pH 9.0～10.0 的碱性介质中，铜盐与以还原糖反应生成氧化亚铜沉淀，经离心分离后用硝酸溶解沉淀，FAAS 测定反应中定量析出的 Cu，按葡萄糖与 Cu(Ⅱ) 的量比为 1∶2 间接计算还原糖含量。方法的检出限（3S/N）为 1.0mg/L，Cu 校正曲线动态线性范围上限（ρ）是 5.0mg/L，相关系数 $r=0.9999$，加标回收率在 98.0%～100%，RSD（$n=6$）<4.0%[70]。

参考文献

[1] Walsh A. The application of atomic absorption spectra to chemical analysis. Spectrochimica Acta Part B, 1955, 7 (2): 108-117.

[2] Alkemade C T J, Milatz J M W. A double-beam method of spectral selection with flames. Appl Sci Res Sec B, 1955, 4 (4): 289-299.

[3] Львов БВ. Исследование атомных спектровпоглощения путем полного испарения вещества в графитовой кювете. Инженер Физ Жу р, 1959, 2 (2): 44-52.

[4] 黄本立．原子吸收光谱在化学分析上的应用．科学仪器，1963，1 (1)：1-7.

[5] 张展霞．原子吸收光谱分析．化学通报，1963 (7)：52-54.

[6] 黄本立，裴蔼丽，王俊德．原子吸收光谱法测定溶液中的钠．中国科学院应用化学所集刊，1964，(12)：28-34.

[7] 黄本立，裴蔼丽，王俊德．原子吸收光谱法及火焰光度法测定钠时几种醇类溶剂的影响．物理学报，1966，22 (7)，733-742.

[8] 邓勃．原子吸收光谱分析的原理、技术和应用．北京：清华大学出版社，2004：12-62.

[9] 邓勃．分析测试数据的统计处理方法．北京：清华大学出版社，1995：106-128.

[10] McDonell H G. Evolution of Analytical Instrumentation The Perkin-Elmer Story. Pittsburgh Conference Paper No. 379. The 31st Pittsburgh Conference on Analytical Chemistry and Applied Spectroscopy. 1980：11-13.

[11] 章诒学．中国原子吸收光谱仪器的发展．现代科学仪器，2000 (增刊)：6-9.

[12] 章怡学，何华焜，陈江韩．原子吸收光谱仪．北京：化学工业出版社，2007：1，160-163.

[13] 杨啸涛，何华焜，彭润中，等．原子吸收光谱中的背景校正技术．北京：北京大学出版社，2006.

[14] Koirtyohann S R, Pickett E E. Background correction in long path atomic absorption spectrometry. Anal Chem, 1965, 37 (4): 601-603.

[15] 赵泰．连续光源原子吸收光谱仪．现代仪器，2005，11 (3)：58-60.

[16] JJG 694—2009 原子吸收分光光度计．

[17] GB/T 21187—2007 原子吸收分光光度计．

[18] 翁永和，魏继中，马光正，等．富氧空气乙炔火焰原子吸收光谱法测铝的研究．分析化学，1990，18 (1)：72-74.

[19] Львов Б В, Пелива Л А. Атомноабсорбционное опредение фосфорас атомизаторомHGA при испарении

пробы с вводимого в нагретую печь зонда. Ж Аналит Хим，1978，33（8）：1572-1575.

［20］ Slavin W，Manning D C，Carnrick G R. The stabilized temperature platform furnace. At Spectrosc，1981，2（5）：137-143.

［21］ 富勒 C W. 电热原子化原子吸收光谱分析．李述信，译．北京：冶金工业出版社，1979：25-32.

［22］ 邓勃．石墨炉原子吸收光谱中化学改进技术的进展．现代科学仪器．2008（1）：100-115.

［23］ 单孝全，倪哲明．基体改进效应应用于石墨炉原子吸收测定汞．化学学报，1979，37（4）：261-266.

［24］ 马怡载，张文涛，徐国珍．热解石墨涂层石墨管在石墨炉原子吸收中的应用．分析化学，1980，8（5）：462-466.

［25］ Shuttler I L，Feuerstein M，Schlemmer G. Long-term stability of a mixed palladium＋iridium trapping reagent for in situ hydride trapping within a graphite electrothermal atomizer. J Aanal Atom Spectrom，1992，7（8）：1299-1301.

［26］ Éder C L，Fernando B Jr，Francisco J K. The use of tungsten-rhodium permanent chemical modifier for cadmium determination in decomposed samples of biological materials and sediments by electrothermal atomic absorption spectrometry. Anal Chim Acta，2000，409（1-2）：267-274.

［27］ Guo Xiao-Wei，Guo Xu-Ming. Determination of cadmiun at ultratrace levels by cold vapour atomic absorption spectrometry. J Anal At Spectrom，1995，10（11）：987-991.

［28］ 沈宇，刘坤，郭跃安，等．化学蒸气发生进样技术在原子光谱分析应用中的进展．理化检验-化学分册，2018，54（10）：1225-1233.

［29］ Jesus A，Sturgeon R E，Liu J X，et al. Determination of mercury in gasoline by photochemical vapor generation coupled to graphite furnace atomic absorption spectrometry. Microchemical Journal，2014，117：100-105.

［30］ 黄淦泉，李云清．开缝石英管原子化技术的改进．高等学校化学学报，1992，13（8）：1057-1059.

［31］ Demirtas I，Bakirdere S，Ataman O Y. Lead determination at ng/mL level by flame atomic absorption spectrometry using a tantalum coated slotted quartz tube atom trap. Talanta，2015，138：218-224.

［32］ 杨海燕，黄淦泉，钱沙华．缝管原子捕集法中的原子化机理．分析化学，1997，25（2）：185-188.

［33］ Fang Zhaolun. Flow injection atomic spectrometry. Chichster：John Wiley & Sons，1995.

［34］ 孙晓娟．微柱流动注射在线预浓集与电热原子吸收光谱法的全自动联用．分析科学学报，1997，13（1）：34-37.

［35］ 苏星光，张寒琦，金钦汉，等．流动注射在线分离富集与石墨炉原子吸收光谱法联用的研究．分析化学，1998，26（6）：715-718

［36］ 邓世林，李新凤，郭小林．流动注射氢化物发生原子吸收光谱法测定禽蛋中的硒．光谱学与光谱分析，2013，30（3）：809-811.

［37］ 郭金英，李丽、任国艳，等．红葡萄酒中砷含量的流动注射氢化物原子吸收法检测．农业机械学报，2013，44（5）：183-186.

［38］ 申东方，周方钦，王珍．磁芯-硫脲壳聚糖微柱在线流动注射-原子吸收光谱法测定大米中痕量镉．分析科学学报，2015，31（1）：28-32.

［39］ 卫碧文，缪俊文，张宁，等．微型氢化物发生-原子吸收光谱法测定纺织品中的痕量砷和锑．分析试验室，2009，28（3）：92-95.

［40］ 孙银生，连福龙．微型氢化物发生原子吸收光谱法测定地质物料中痕量银．科技创新导报，2010，20：12-13.

［41］ 蒋小良，扈艳红，黄钧，等．微型氢化物发生-原子吸收光谱法测定皮革中痕量砷．西部皮革，2011，33（12）：47-50.

［42］ 高海燕．乳浊液进样-石墨炉原子吸收法快速测定牛奶中的铬．福建分析测试，2013，22（5）：32-35.

［43］ 刘全德，等．不完全消化-微乳液进样-HR-CS GFAAS 测定休闲食品中 5 种金属元素．食品科学，2014，35（24）：277-281.

［44］ 李超，冯翠萍，杜彦镔，等．乳浊液进样-GFAAS法测定变压器绝缘油中铁、铜含量．分析试验室，2016，35（3）：274-276.
［45］ Jesus A，Zmozinski A V，Vieira M A，et al. Determination of mercury in naphtha and petroleum condensate by photochemical vapor generation atomic absorption spectrometry. Microchem J，2013，110：227-232.
［46］ 刘志明．悬浮进样-恒温平台石墨炉原子吸收法直接测定土壤中铅．中国卫生检验杂志，2013，23（6）：1395-1396.
［47］ 林立，姚继军，杨仁康，等．悬浮进样-石墨炉原子吸收光谱法直接测定化妆品中的铅．岩矿测试，2013，32（4）：644-648.
［48］ 邵坤，易建春，雷勇，等．悬浮液进样-基体改进石墨炉原子吸收法直接测定松香中微量砷．分析科学学报，2013，29（4）：569-572.
［49］ 刘聪，祖文川，武彦文，等．连续光源原子吸收光谱法顺序测定蛤蚧中6种金属元素．食品安全质量检测学报．2015，6（9）：3401-3404.
［50］ Kowalewska Z，Laskowska H，Gzylewski M，et al. Application of high-resolution continuum source flame atomic absorption spectrometry to reveal，evaluate and overcome certain spectral effects in Pb determination of unleaded gasoline. Spectrochim Acta，2017，132 B：26-36.
［51］ Wojciak-Kosior M，Szwerc W，Strzemski M，et al. Optimization of high-resolution continuum source graphite furnace atomic absorption spectrometry for direct analysis of selected trace elements in whole blood samples Talanta，2017，165：351-356.
［52］ 苑鹤，王卫娜，吴秋华．磁性石墨烯固相萃取-原子吸收法测定环境水样中的痕量铜．分析测试学报，2013，32（1）：69-73.
［53］ 王芹，汪怡，王露，等．磁性固相萃取-火焰原子吸收光谱法测定工业废水中的Cu^{2+}．理化检验-化学分册，2016，52（1）：15-18.
［54］ Pereira Barbosa V M，Barbosa A F，Bettini J，et al. Direct extraction of lead(Ⅱ) from untreated human blood serum using restricted access carbon nanotubes and its determination by atomic absorption spectrometry. Talanta，2016，147：478-484.
［55］ 谢发之，张峰君，宣寒，等．正辛醇诱导低温浊点萃取-FAAS测定环境样品中痕量铟．分析试验室，2014，33（3）：273-276.
［56］ 杨晓慧，杨龙虎，霍燕燕等．2-(5-溴-2-吡啶偶氮)-5-二甲氨基苯胺浊点萃取-石墨炉原子吸收光谱法测定水中痕量Cu（Ⅱ）．分析科学学报，2015，31（1）：107-110.
［57］ Liang P，Kang C，Mo Y. One-step displacement dispersive liquid-liquid microextraction coupled with graphite furnace atomic absorption spectrometry for the selective determination of methylmercury in environmental samples. Talanta，2016，149：1-5.
［58］ 王许诺，王增焕，陈瑛娜．固相萃取-石墨炉原子吸收法测定海水中铅、镉和铜．分析试验室，2016，35（10）：1157-1160.
［59］ 王增焕，王许诺，谷阳光，等．疏水性螯合物固相萃取-原子吸收光谱法测定海水中5种重金属．岩矿测试，2017，36（4）：360-366.
［60］ 韩木先，田浩，李豪瑞，等．双硫腙-离子液体萃取-原子吸收光谱法测定复杂体系样品中锌．理化检验-化学分册，2014，50（3）：338-340.
［61］ 田言付，程浩川，贾春玲，等．浊点萃取-火焰原子吸收光谱法分析水样中铬的存在形态．化学分析计量，2014，23（2）：39-42.
［62］ 王中瑗，张宏康，方宏达．流动注射编结反应器火焰原子吸收光谱法测定水样中三价铁和二价铁．冶金分析，2012，32（4）：57-61.
［63］ Yan Lizhen，Deng Biyang，Shen Caiying，et al. Selenium speciation using capillary electrophoresis coupled with modified electrothermal atomic absorption spectrometry after selective extraction with 5-sulfosalicylic acid functionalized magnetic nanoparticles. Journal of Chromatography A，2015，1395：

173-179.

[64] 古君平，胡静，周朗君，等．原子吸收光谱法测定烟叶中的重金属总量及形态分析．分析测试学报，2015，34（1）：111-114.

[65] 陈坚，廖建波，韦朝海．微波消解-石墨炉原子吸收法测定沉积物中重金属的全量及形态．分析试验室，2014，33（7）：803-807.

[66] 杨琳，李雪蕾，王相舒，等．浊点萃取-火焰原子吸收光谱法测定土壤中的有效态钴．岩矿测试，2013，32（5）：775-779.

[67] 乔月纯，占海红，刘礼涛．原子吸收光谱法测定药物及血清样品中左旋多巴．分析科学学报，2012，2（5）：665-667.

[68] 冯玲，陈丽娟，罗荻，等．原子吸收光谱法间接测定食品中甲醛含量．理化检验-化学分册，2012，48（11）：1315-1317.

[69] 王亚健，张利波，彭金辉，等．火焰原子吸收光谱法间接测定氧化锌烟尘中氯．冶金分析，2013，33（7）：41-44.

[70] 莫超群，召涛，郭红莉，等．原子吸收光谱法间接测定葡萄糖注射液中的还原糖．理化检验-化学分册，2012，48（11）：1238-1240.

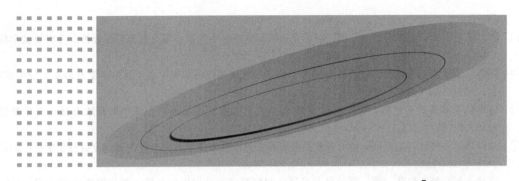

·第 4 章·

原子荧光光谱分析的基本原理和技术

4.1 原子荧光光谱的产生和特性

4.1.1 原子荧光的产生

原子荧光光谱的本质是以光辐射激发的原子发射光谱，一般情况下，气态自由原子处于基态，当吸收激发光源发出的一定频率的辐射能量后，原子由基态跃迁至高能态，即激发状态。处于激发态的原子很不稳定，在极短的时间（$\approx 10^{-8}$s）内即会自发地释放能量返回到基态。若以辐射的形式释放能量，则所发射的特征光即为原子荧光。如图 4-1 所示。由图可知，原子荧光的产生既有原子吸收过程，又有原子发射过程，是两种过程的综合效果。原子荧光是光致发光，也称二次发光，所以当激发光源停止照射之后，再发射过程立即停止。

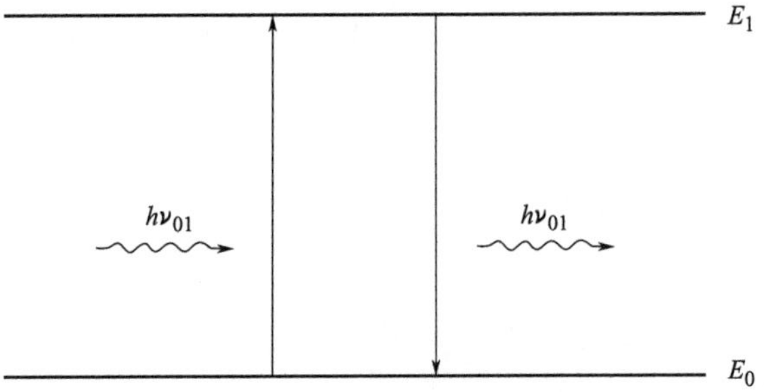

图 4-1　原子荧光光谱的产生

4.1.2 原子荧光的类型

原子荧光现象自发现以来，已观察到多种类型的原子荧光，一般来说，在分析上应用的最基本形式主要有共振荧光、非共振荧光、敏化荧光和多光子荧光等。

4.1.2.1　共振荧光

共振荧光是指发射荧光波长与激发波长相同的荧光，如图 4-2a 所示。由于对应原子的激发态和基态之间共振跃迁的概率一般比其他跃迁的概率大得多，所以共振跃迁产生的谱线是最有用的分析谱线。锌、镍和铅原子分别吸收和发射 213.86nm、232.00nm 和 283.31nm 共振线就是共振荧光的典型例子。

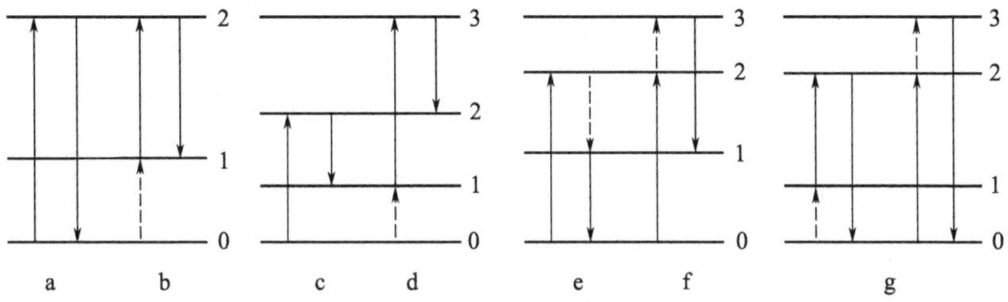

图 4-2　原子荧光光谱的类型

a—共振荧光；b—热助共振荧光；c—直跃线荧光；d—热助直跃线荧光；

e—阶跃线荧光；f—热助阶跃线荧光；g—反斯托克斯荧光

当原子处于由热激发产生的较低的亚稳能级，则共振荧光也可从亚稳能级上产生（见图 4-2b）：即原子先经热激发跃迁到亚稳能级，再通过吸收激发光源中适宜的非共振线后被进一步激发，然后再发射出相同波长的共振荧光，这一过程产生的荧光被称为热助（thermally assisted）共振荧光，也有人建议称为“激发态共振荧光”。铟和镓原子分别吸收并再发射 451.13nm 和 417.21nm 线，就是这种例子。

4.1.2.2　非共振荧光

非共振荧光是指激发波长与发射波长不同的荧光，主要分为斯托克斯（Stokes）和反斯托克斯（anti-Stokes）荧光两类。

(1) 斯托克斯荧光　当发射荧光波长比激发光波长长时，即为斯托克斯荧光，按斯托克斯荧光产生的机理不同，又可分为直跃线荧光和阶跃线荧光。

① 直跃线荧光　直跃线荧光是指荧光谱线和激发谱线的高能级相同的荧光。原子受到光辐射激发，从基态跃迁到较高的激发态，然后直接跃迁到能量高于基态的亚稳态能级，发射出波长比激发光波长要长的原子荧光（见图 4-2c）。如，处于基态的铅原子吸收 283.31nm 谱线后发射 405.78nm 和 722.90nm 谱线；铊、铟和镓的基态原子分别吸收 377.55nm、410.18nm 和 403.30nm 谱线而发射 535.05nm、451.13nm 和 417.21nm 谱线。

类似的，当原子处于由热激发产生的较低亚稳能级，再通过吸收非共振线而激发的直跃线荧光称为热助直跃线荧光（见图 4-2d）。

② 阶跃线荧光　阶跃线荧光是指当发射谱线和激发谱线的高能级不同时所产生的荧光，也分为正常阶跃线荧光和热助阶跃线荧光两类。

正常阶跃线荧光是指原子被激发到第一激发态以上的高能态后，首先由于碰撞引起无辐射跃迁到某一较低激发态，然后再辐射跃迁到更低能态（通常为基态）所产生的荧光（见图 4-2e）。如钠原子吸收 330.30nm 谱线被激发后，发射出 589.00nm 的荧光谱线，即属于正常阶跃线荧光；铅 368.35nm 荧光谱线是低能级非基态时的正常阶跃荧光的例子。

热助阶跃线荧光是指被光辐照激发的原子进一步热激发到较高的激发态，然后再辐射跃迁到低能态所产生的荧光（见图 4-2f）。只有存在两个或两个以上的能级，且能量差小到足以通过吸收热能由低能级向高能级跃迁时，才能发生热助阶跃线荧光。

（2）反斯托克斯荧光　反斯托克斯荧光是指荧光谱线波长比激发谱线波长短的荧光。光子能量的不足通常由热能所补充，因而也称为“热助荧光”。

自由原子吸收热能跃迁到比基态稍高的能级上，再吸收光辐射激发到较高的能级，最后辐射跃迁至基态时；或处于基态的原子激发到较高的能级，再吸收热能跃迁到更高的能态，最后以辐射跃迁至基态时，就产生反斯托克斯荧光（见图 4-2g）。如铟原子被热激发到较低亚稳能级，再吸收 451.13nm 的辐射进一步激发，最后跃迁至基态发射 410.18nm 的荧光；铬原子吸收 359.35nm 的辐射被激发后，再热激发到更高能态，最后发射出很强的 357.87nm、359.35nm 和 360.53nm 三重线。

应该指出，通常反斯托克斯荧光往往伴随有特定波长的共振荧光。

4.1.2.3　敏化荧光

敏化荧光是指被照射激发的原子或分子（给予体）通过碰撞退激发的同时将自身能量转移给分析原子（接受体）而使之激发，之后激发态受体原子通过辐射去激发而发射出的荧光。其过程可表示如下：

$$A+h\nu \longrightarrow A^*$$
$$A^*+M \longrightarrow A+M^*+\Delta$$
$$M^* \longrightarrow M+h\nu'$$

式中，A 为给予体；M 为接受体。

给予体主要是通过碰撞去激发，所以当其浓度较低时（如在火焰中），观察不到敏化原子荧光；仅在某些非火焰原子化器中给予体可达到很高浓度时，才能观察到敏化荧光。如，铊和高浓度的汞蒸气相混合，通过 Hg 253.65nm 照射激发汞原子进而激发铊原子，可观察到 Tl 377.57nm 和 Tl 535.05nm 的敏化荧光。

4.1.2.4　多光子荧光

多光子荧光是指原子吸收两个（或两个以上）相同光子的能量跃迁到激发态，随后以辐射跃迁形式退激发所产生的荧光。因此，对双光子荧光来说，其荧光波长为激发波长的 1/2。

4.1.3　各类原子荧光的应用

在原子荧光光谱分析中，共振荧光强度最高，是最重要的测量信号，应用也最普遍；当采用高强度的激发光源（如激光）时，所有的非共振荧光，特别是直跃线荧光也是很有用的；而敏化荧光和多光子荧光由于强度很低，在分析中很少应用。在实际的分析应用中，非共振荧光比共振荧光更具优越性，原因在于此时荧光波长与激发光波长不同，可通过色散系统与激发谱线分离，达到消除严重的散射光干扰的目的。另外，通过测量那些低能级非基态的非共振荧光谱线，还可克服因自吸效应所带来的影响。表 4-1 列出了部分元素常用原子荧光谱线。

表 4-1　部分元素常用原子荧光谱线

元素	波长/nm	能级/eV	光源相对强度	荧光相对强度
Ag	328.07	0～3.778	100	100
	338.29	0～3.664	59	56
Al	309.27	0.014～4.020	100	24
	309.28			
	396.15	0.014～3.143	78	100
	394.40	0～3.143	52	50
As	193.76	0～6.398		40
	234.98	1.313～6.588		>100
Au	242.80	0～5.105	100	100
	267.60	0～4.632	96	52
Be	234.86	共振荧光		
Bi	302.46	1.914～6.012	50	100
	306.77	0～4.040	28	54
Ca	422.67	共振荧光		
Cd	228.80	共振荧光		
	326.11			
Co	240.73	0～5.149	91	100
Cu	324.75	0～3.817	100	100
	327.40	0～3.786	64	50
Fe	248.33	0～4.991	49	100
Ga	403.30	共振荧光		
	417.21	直跃线荧光		
Ge	265.12	0.17～4.850	100	100
	265.16	0～4.674		
Hg	253.65	共振荧光		
In	410.18	共振荧光		
Mg	285.21	共振荧光		
Mn	279.48	0～4.433	14	100
	403.08	0～3.073	100	22
Mo	313.26	0～3.957	100	100
Ni	232.00	0～5.342	32	100
Pb	217.00	0～5.712	15	16
	283.31	0～4.375	79	68
	405.78	1.320～4.375	100	100
Pd	247.67	0～5.005	8	5
	34.046	0.814～4.454	100	100

续表

元素	波长/nm	能级/eV	光源相对强度	荧光相对强度
Sb	217.58	0～5.696	63	100
	231.15	0～5.362	87	60
	259.81	1.222～5.992	100	19
	259.81	1.055～5.826		
Se	203.99	0.427～6.323	42	100
	196.09	0～6.323	8	67
Si	251.43	0～4.929	100	100
	251.61	0.028～4.953		
Sn	286.33	0～4.329	>100	>100
	303.41	0.210～4.295	>100	>100
Te	214.27	0～5.783	29	100
Tl	377.57	0～3.283	100	100
Zn	213.86	共振荧光		

4.2 原子荧光光谱分析的定量关系

4.2.1 荧光强度与被测物浓度之间的关系

原子荧光光谱分析法是用激发光源照射含有一定浓度分析元素的原子蒸气，使基态原子跃迁到激发态，然后去激发回到较低能态或基态发出原子荧光，通过测定原子荧光的强度求得样品中分析元素含量的分析方法。

当原子吸收某一频率的光能，被激发至特定的能级后发出荧光，且在荧光池中不被重新吸收，整个荧光池处于检测器可观测到的立体角之内，则发射频率为 ν 的原子荧光强度 $I_{f\nu}$ 与被吸收的频率为 ν 的激发光强度 $I_{a\nu}$ 和原子荧光量子效率 ϕ 之间有如下关系：

$$I_{f\nu}=\phi I_{a\nu} \tag{4-1}$$

考虑到 $I_{a\nu}$ 与入射光强度 $I_{0\nu}$ 之间符合吸收定律

$$I_{a\nu}=I_{0\nu}(1-e^{-K_\nu LN_0}) \tag{4-2}$$

式中，k_ν 为频率 ν 的峰值吸收系数；L 为吸收光程；N_0 为单位长度内基态原子数。故有

$$I_{f\nu}=\phi I_{0\nu}(1-e^{-K_\nu LN_0}) \tag{4-3}$$

将式(4-3) 中的指数按泰勒级数展开，有

$$I_{f\nu}=\phi I_{0\nu}\left[K_\nu LN_0-\frac{(K_\nu LN_0)^2}{2!}+\frac{(K_\nu LN_0)^3}{3!}\cdots\right] \tag{4-4}$$

当 N_0 很小时，方括弧内第二项和更高项可以忽略，原子荧光强度可简化为

$$I_{f\nu}=\phi I_{0\nu}K_\nu LN_0 \tag{4-5}$$

式(4-5) 是原子荧光定量分析的基本关系式。此时 $I_{f\nu}$ 与 N_0 成正比，这表明原子荧光光谱分析仅适用于低含量的测定。测定的灵敏度与峰值吸收系数 k_ν、吸收光程 L、量子效率 ϕ 和激发光强度 $I_{0\nu}$ 有关。

在原子荧光分析中更加重要的是积分吸收系数 K 和总吸收系数 A，在近似理想情况下，

这几个系数有如下关系：

$$K=\int K_{\nu}\mathrm{d}\nu \tag{4-6}$$

$$A=LK=L\int K_{\nu}\mathrm{d}\nu \tag{4-7}$$

对式（4-5）积分可得

$$I_{\mathrm{f}}=\int I_{\mathrm{f}\nu}\mathrm{d}\nu=\phi LN_0\int I_{\mathrm{a}\nu}k_{\nu}\mathrm{d}\nu$$

$$=\phi LN_0I_0\int k_{\nu}\mathrm{d}\nu=\phi AI_0N_0 \tag{4-8}$$

式中，I_{f} 为原子荧光的积分强度；I_0 为激发光源的积分强度；N_0为原子蒸气中单位长度内分析元素的原子总数。

在原子荧光分析中样品通常需经化学处理制备成溶液，再通过导入机构以气态或气溶胶形式引入原子化器，在原子化器中形成原子蒸气。原子化器的各种因素都会影响原子蒸气中单位长度内的原子总数 N_0，当仪器条件和测定条件固定时，N_0与分析元素浓度 c 成正比。

式(4-8）中所包括的各种参数都是恒定的，则原子荧光强度仅与样品中分析元素的原子浓度呈简单的线性关系。

$$I_{\mathrm{f}}=\alpha c \tag{4-9}$$

式中，α 在固定的实验条件下是一个常数。

上面讨论的原子荧光光谱分析的基本方程式，仅仅适用于低浓度元素的原子荧光分析。随着原子浓度的增加，由于谱线展宽效应（主要是多普勒展宽和洛伦茨展宽）、自吸、散射等因素的影响变得不可忽略，使校正曲线出现弯曲。

4.2.2 荧光猝灭与荧光量子效率

4.2.2.1 荧光猝灭

激发态原子寿命是十分短暂的，当它以光辐射的方式去激时将发出原子荧光。若与其他粒子，如颗粒、分子、原子或电子发生非弹性碰撞而丧失能量，产生非辐射去激过程，则会使原子荧光减弱或完全不发生，这种现象称为荧光的猝灭现象。原子荧光猝灭的程度取决于原子化器内的气氛，对分子而言其中原子数越少，分子体积越小，荧光猝灭程度就越低，如氩气气氛中原子荧光的猝灭就较弱。更详细的内容见本章的“4.6.6 荧光猝灭干扰”。

原子荧光猝灭有下列几种类型：

（1）与自由原子碰撞　　$M^{*}+X \longrightarrow M+X$

M^{*}是激发态原子，M 和 X 为中性原子。

（2）与分子碰撞　　$M^{*}+AB \longrightarrow M+AB$

这是造成原子荧光猝灭的主要原因，AB 是猝灭分子，如火焰燃烧的产物。

（3）与电子碰撞　　$M^{*}+e^{-} \longrightarrow M+e^{-\prime}$

此反应主要发生在离子焰中，$e^{-\prime}$是高速电子。

（4）与自由原子碰撞后，形成不同的激发态

$$M^{*}+A \longrightarrow M^{\star}+A$$

M^{*}与 $M^{\star}$为原子 M 的不同激发态。

（5）与分子碰撞后，形成不同的激发态

$$M^{*} + AB = M^{✿} + AB$$

（6）化学猝灭反应　　$M^{*} + AB = M + A\cdot + B\cdot$

AB 为火焰中存在的分子，A·、B·为相对稳定的自由基。

4.2.2.2 荧光量子效率

为了衡量荧光猝灭程度，提出了荧光量子效率 ϕ 的概念，并定义为

$$\phi = \frac{\phi_f}{\phi_a} \tag{4-10}$$

式中，ϕ_f 为单位时间发生的荧光能量；ϕ_a 为单位时间吸收的光能量。

4.2.3 原子荧光的饱和效应

由方程式(4-8) 可见，原子荧光强度 I_f 与激发光源强度 I_0 成正比。但实验发现，式(4-8) 只在一定的激发光源强度范围内适用。例如，脉冲染料激光器作光源时，可提供 $10^4 \sim 10^7 W/(cm^2 \cdot nm)$ 的辐照度，在这么强的光源辐照之下，有可能显著改变分析物原子的能态分布，基态原子数大大减少，多数基态或低能态原子被激发到高能态，此时，对光源的吸收达到饱和进而出现荧光饱和状态，称为饱和荧光。原子荧光的强度不再随光源辐射强度的增加而增加，方程式(4-8) 不再成立。所以企图通过无限制增加光源辐射强度来增加荧光强度是不可能的。

4.3 原子荧光光谱仪器

原子荧光光谱法的测量过程示意于图 4-3 中，由图可知，含有分析元素 M 的固体样品（$M_{固}$）在经过前处理形成样品溶液（$M_{液}$），之后转化为气态或气溶胶（$M_{气}$）形式导入原子化器中实现原子化，形成的自由原子（M）被光源发射的光激发，激发态自由原子在退激发的过程中发射的原子荧光，被检测器接收，转化成分析信号。目前的原子荧光仪器包含样品导入、原子化、光源和检测器四个部分。

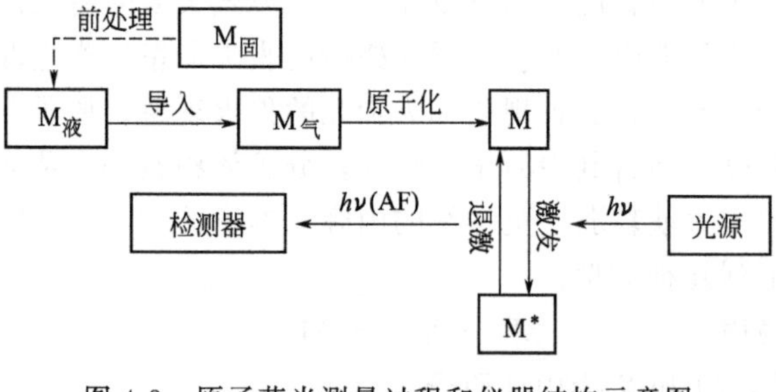

图 4-3　原子荧光测量过程和仪器结构示意图

4.3.1 原子荧光光谱仪器中的专用部件

图 4-3 示出了原子荧光仪器的几大部件，与原子吸收仪器非常相似，主要的部件也大多可与原子吸收仪器通用，这里就不再赘述，本节主要讨论一些原子荧光专用的部件。

4.3.1.1 氩氢扩散火焰原子化器

现在的原子荧光仪器主要用于检测较易原子化的氢化物或汞，所以大多使用了温度较低

的氩氢扩散火焰原子化器。该类原子化器不额外导入助燃气体，而是依靠空气扩散进入原子化器顶部，与 Ar 载带的过量氢气形成火焰，其两种常见原子化器结构示意于图 4-4 中，差别在于是否在火焰外部引入屏蔽气。当被测元素的自由原子非常容易被氧化时，屏蔽式原子化器有一定的优势，如测 Sb 时屏蔽式原子化器的灵敏度会显著高于非屏蔽式。氩氢扩散火焰原子化器的共同特点是：温度较低，大约 700℃，操作安全方便；火焰中含有大量 H· 自由基，有利于氢化物的快速原子化；结构简单，死体积小，所以分析物的传输效率也较高；紫外区背景辐射较低、物理和化学干扰小、重现性好。

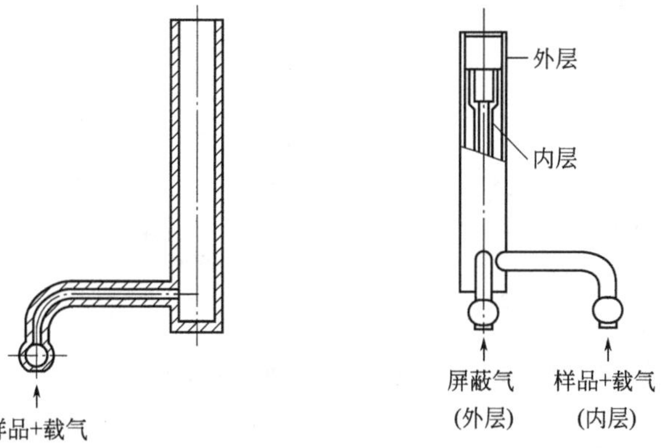

(a) 单层炉芯(非屏蔽式)原子化器　　(b) 双层炉芯(屏蔽式)原子化器

图 4-4　常见氩氢扩散火焰原子化器结构示意图

4.3.1.2　原子荧光专用高性能空心阴极灯及其供电方式

大多数原子荧光与原子吸收仪器均使用空心阴极灯作为光源，且均可使用双阴极（高性能）灯来提高光源的强度，但原子荧光使用的专用空心阴极灯中阴极到光窗的距离要远高于原子吸收使用的。从前文中原子荧光的测量原理可知，原子荧光的测量灵敏度随光强的增加而增加，为提高灵敏度，原子荧光采用了大电流低占空比脉冲供电的方式来点亮空心阴极灯（见图 4-5），其特点在于：不进行测量时，空心阴极灯仅维持一个很小的电流 i_0；进行测量时，空心阴极灯会以较低占空比脉冲点亮，但单次点亮的电流 i_1 很高，使得其瞬时发射很强的特征光用于激发荧光，这样既能得到较高的光强，又可以使得空心阴极灯在较低的平均电流下工作延长其寿命。由于此种方式下空心阴极灯瞬时电流较高，溅射相对严重，所以必须增大光窗与阴极的间距以保证其寿命，另外较长的间距也与原子荧光的检测光路相匹配。

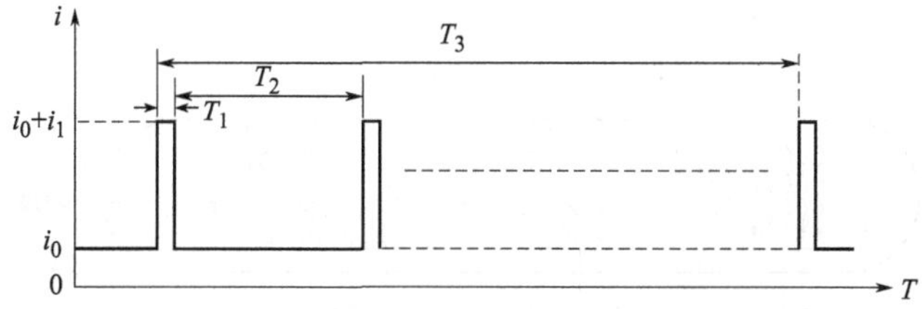

图 4-5　空心阴极灯大电流脉冲供电方式示意图

T_1—脉冲点灯宽度即占度；T_2—脉冲关闭时间即空度；T_3—采样周期

4.3.1.3　无色散检测光路

由于原子荧光谱线简单，光谱干扰极小，所以当前的原子荧光仪器大多采用无色散检测光路，商用仪器中常用的两种光路示意于图4-6中，其中双道方式在国内仪器中使用，而单道方式则由英国PS Analytial公司使用。两者的共同特点是均采用了100～120mm的光程，均采取了一定的措施抑制杂散光。所不同的是为照顾到通道数，所以双道光路采用了45°检测。另外两者抑制杂散光的方法也有差异，双道光路由于采用了45°检测方式，杂散光的影响相对较大，所以用45°斜向上的反射光窗减少杂散光，而单道光路是垂直检测，杂散光很小，加入滤光片则主要是为了消除OH的发射干扰。总体来说两种光路均有较好的效果，单道光路加入滤光片后会更好地改善信噪比，但由于深紫外滤光片价格较高、透过率较差，所以也要付出造价提高和光强损失的代价。

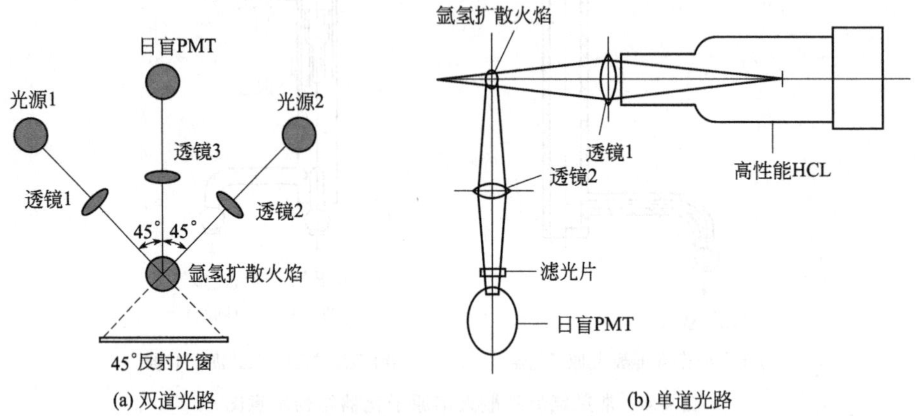

图4-6　商用原子荧光仪器光路示意图

4.3.1.4 日盲光电倍增管检测器

原子化器产生的自由原子受激发光源照射以后发出荧光，通过光电倍增管（图4-7）将光信号转变成电信号。光电倍增管由光电阴极、若干倍增极和阳极三部分组成，其中光电阴极是由半导体光电材料制成，有光入射就会在光电阴极上打出光电子；倍增极数目在4～14个不等，在各倍增电极上加上电压可使光电子得到倍增；阳极收集电子，外电路形成电流输出，其输出电流与入射光强成正比。光电倍增管上得到的电信号通过前置放大器、主放大器、积分器、模数转换器等系列信号接收和数据处理电路，最后被单片机采集，并通过标准串口实时将数据上传给系统机，由系统机对数据进行处理和计算。原子荧光仪器所用的光电倍增管均为日盲（光谱波长小于310nm，AFS通常使用190～310nm）光电倍增管，其信号强、光干扰小，缺点是造价较高。

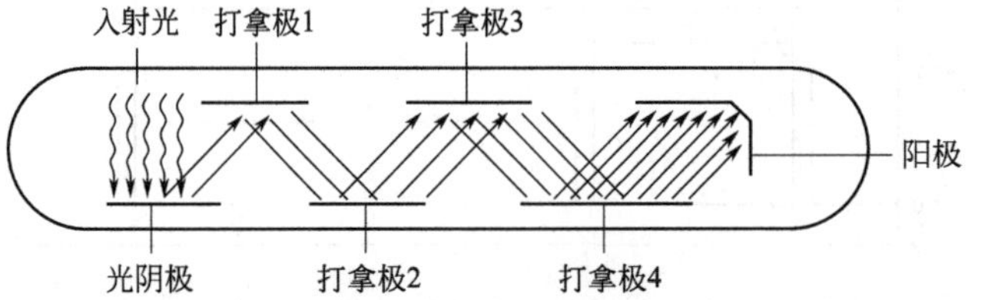

图4-7　光电倍增管示意图

4.3.2 典型原子荧光光谱仪器结构

当前原子荧光仪器的具体结构示意于图4-8中，其中以氢化物/冷蒸气发生方式实现样品的导入，氩氢扩散火焰原子化器实现被测元素的原子化，自由原子被空心阴极灯激发后发射的原子荧光，以无色散光路被光电倍增管接收，获得原子荧光信号。

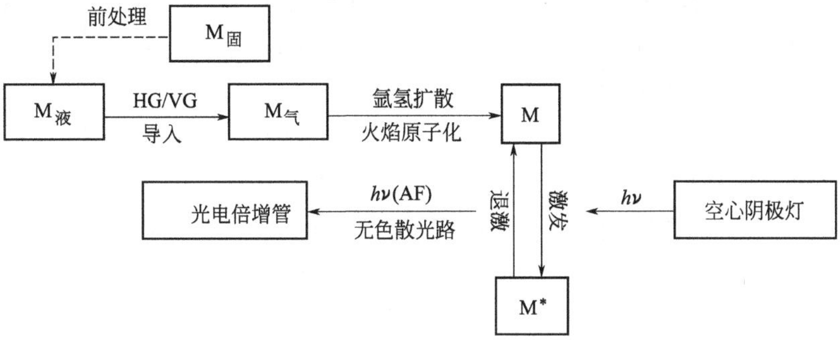

图 4-8　当前原子荧光仪器结构示意图

4.4　蒸气发生样品导入技术

4.4.1　蒸气发生概述

氢化物发生（hydride generation，HG）/冷蒸气发生（cold vapor generation，CVG）-无色散原子荧光光谱（non-dispersion atomic fluorescence spectrometry，NDAFS）分析法是原子荧光光谱分析法的一个分支，也是商品化最为成功的原子荧光光谱分析法，现已成为常用的原子光谱检测方法之一。

4.4.1.1　方法的特点

蒸气发生原子荧光法的特点是：①采用 HG/CVG 进样系统将分析元素导入；②分析元素激发态原子发射的原子荧光不经分光直接检测。这两个特点带来了以下优点：①分析元素能与大量可引起干扰的基体分离，几乎可以完全消除基体干扰；②进样效率接近 100%，远高于喷雾样品导入方式的进样效率（喷雾进样效率一般约为 10%～15%）；③具有形态、价态选择性，可以通过调控反应条件实现形态、价态分析；④光程短，因而光损失少，所以灵敏度较高；⑤测量的是一个区带中所有谱线的强度和，与测量单一谱线强度相比具有更高的灵敏度；⑥大大简化了光路，不必使用复杂、庞大的色散系统，降低了仪器故障率，并为仪器小型化和便携化提供了可能。

4.4.1.2　方法的使用范围

蒸气发生原子荧光法这两个特点同时也限制了它的应用范围：①分析元素必须能够生成氢化物或挥发性化合物，且生成物的稳定时间必须足以将其送入原子化器；②采用 ND 检测方式要求用于检测的光谱带必须避开原子化器（常用 $Ar-H_2$ 扩散火焰原子化器）和日光的背景谱带，日盲区（190～310nm）正好能够满足这一要求，所以 HG/CVG-NDAFS 可测元素必须有落在日盲区内的较强原子荧光谱线。表 4-2 中给出了部分氢化物的物理性质。由表 4-2 可知ⅠA、ⅡA 族元素生成离子型氢化物，沸点高，无挥发性，生成热为负值，难分解，所以不能以 HG/CVG AFS 检测；ⅦA 族元素虽能生成低沸点的挥发性共价氢化物，但其氢化物生成热为负值，较为稳定，难以被 $Ar-H_2$ 火焰原子化，所以也不能以 HG/CVG-AFS 检测。

表 4-2 部分氢化物的物理性质

所属族	氢化物	键类型	生成热/(kJ/mol)	熔点/℃	沸点/℃	水中溶解度
ⅠA	NaH	离子型	−56.3	425(分解)	—	分解燃烧
ⅠA	KH	离子型	−57.7	417(分解)	—	分解
ⅡA	CaH_2	离子型	−174	1000	—	分解
ⅡA	BaH_2	离子型	−189.9	675(分解)	—	—
ⅦA	HCl	共价型	−92.3	−114.2	−85.1	72g/100mL
ⅦA	HBr	共价型	−36.4	−86.9	−66.7	193g/100mL
ⅣA	GeH_4	共价型	90.4	−164.8	−88.1	微溶
ⅣA	SnH_4	共价型	162.7	−150	−52	—
ⅣA	PbH_4	共价型	249.7	—	−13	—
ⅤA	AsH_3	共价型	66.5	−116.9	−62.5	28mL/100mL
ⅤA	SbH_3	共价型	145.1	−91.5	−18.4	20mL/100mL
ⅤA	BiH_3	共价型	277.8	−67	16.8	无稳定溶液
ⅥA	H_2Se	共价型	85.7	−65.7	−41.3	220mL/100mL
ⅥA	H_2Te	共价型	154.3	−51	−23	可溶，分解

ⅣA、ⅤA、ⅥA 族较重元素（As、Sb、Bi、Se、Ge、Pb、Sn、Te）和ⅡB 族 Zn 可以生成挥发性的共价氢化物，且溶解性并不太高，有利于借助载气流从液相中分离，并可方便地将其导入原子化器或激发光源之中，是测定这些元素的最佳样品引入方式；且这些氢化物的生成热为正值，稳定性较差，非常适宜用低温 Ar-H_2 火焰原子化；最后这些元素都有落在日盲区的共振原子荧光谱线（见表 4-3），所以这些元素非常适于采用 HG-ND-AFS 进行定量光谱测量。除这些元素以外，ⅡB 族的 Cd、Hg 能直接生成气态原子，即所谓的冷蒸气发生（CVG），发生出的气态原子被载气带出并被光源激发，且其原子荧光主谱线也落在日盲区范围内，能采用与 HG-ND-AFS 相似的方式检测。

表 4-3 元素的共振原子荧光谱线

元素	Ge	Sn	Pb	As	Sb	Bi	Se	Te	Zn	Cd	Hg
谱线/nm	265.1	286.3	283.3	193.7	217.6	306.8	196.0	214.3	213.9	228.8	253.7

虽然原子吸收光谱法也能测定这些元素，但灵敏度较低，其主要原因是空气对日盲区段光有吸收，对长光程的原子吸收影响显著，特别是 190～200nm 的 As、Se 谱线损失更大，所以 HG/CVG-NDAFS 在测定这些元素方面有其优越性。

HG-NDAFS 和 CVG-NDAFS 除原子化装置外，对仪器的要求完全相同，可在同一台仪器上实现。NDAFS 技术相对较为成熟，变化不大，只是在电路的稳定性和集成度上有些改进。而 HG/CVG 系统则借助流动注射的发展而取得了长足的进步，从间歇（batch mode）发展到连续流动（continuous-flow）、断续流动（intermittent-flow mode）、流动注射（flow injection）直到最新的顺序注射模式（sequential injection mode）。

4.4.2 蒸气发生方法

氢化物发生/冷蒸气发生法是利用还原剂将样品溶液中的待测组分还原为挥发性物种，

包括氢化物、冷原子蒸气和其他挥发性物种，然后借助载气流将其导入原子光谱分析系统进行测量。1969 年澳大利亚的霍拉克（Holak）[1] 首先利用 $Zn+H^+$ 体系和 As 反应（Marsh 反应）发生出砷化氢，并将其捕集在液氮冷阱中，然后将其加热并用氮气流将挥发出的砷化氢引入空气-乙炔焰中进行原子吸收测量，开创了氢化物发生-原子光谱分析技术。随后，许多化学工作者致力于研究不同的还原体系，见于报道的有金属-酸还原体系、硼氢化物-酸还原体系和电化学还原体系，下面分别进行介绍。

4.4.2.1　金属-酸还原体系

最早见于报道的是 Marsh 反应，其方程式如下：

$$Zn+2H^+ \longrightarrow Zn^{2+}+2H\cdot$$

$$6H\cdot+AsO_3^{3-} \longrightarrow AsH_3\uparrow+3OH^-$$

$$8H\cdot+AsO_4^{3-} \longrightarrow AsH_3\uparrow+H_2O+3OH^-$$

式中，H· 为初生态氢。

此反应速度很慢，约需 10min 方能反应完全，所以必须借助捕集器收集才能用于测定。之后，Fernahdez 曾报道用盐酸-碘化钾-氯化亚锡-锌体系发生砷、锑、硒的氢化物，不但扩大了适用元素的范围，且将反应时间缩短为 4～5min。此体系中碘化钾、氯化亚锡的作用是将 As(Ⅴ)、Sb(Ⅴ)、Se(Ⅵ) 预还原为 As(Ⅲ)、Sb(Ⅲ) 和 Se(Ⅳ)，促进这些元素与 H· 的反应。除此之外，Goulden 等发现可以使用铝粉水浆代替上述体系中锌；Pollock 等发现采用三氯化钛-盐酸-镁体系不仅可以发生 AsH_3、SeH_2 而且可以发生 BiH_3、TeH_2。

尽管金属-酸体系不断得到改进，但其有着一些难以克服的缺点：①能发生氢化物的元素较少；②包括预还原在内的时间过长，难以实现自动化；③干扰较为严重，所以这一方法并未得到普遍应用。

4.4.2.2　硼氢化物-酸体系

1972 年，Braman 等[2] 首次采用硼氢化钠代替金属作为还原剂发生了 AsH_3、SbH_3，进行直流辉光光谱测量。Schmidt 等用硼氢化钠发生了砷、锑、铋、硒的氢化物，用氩-氢焰进行测定。随后 Pollock、Thompson 等分别用这种方法测定了锗、铅、锡和碲，并相继应用于 AFS 和 ICP-AFS 等分析技术，使硼氢化物-酸体系可用于测定 As、Sb、Bi、Ge、Sn、Pb、Se、Te 等 8 种元素，随后的研究，又扩展到 Hg、Zn、Cd 等元素。与使用锌粉相比，硼氢化钠作为还原剂制备氢化物最具有实用意义，一方面，这是因为反应可在室温条件下迅速进行，为自动化提供了可能；另一方面，硼氢化物-酸体系适用的元素数目更多，干扰程度更轻，所以硼氢化钠的应用是氢化物反应进样方式发展中的重要阶段。

硼氢化物-酸体系生成氢化物的总反应可以描述为：

$$mBH_4^-+3mH_2O+4E^{m+} \longrightarrow mH_3BO_3+4EH_n\uparrow+2(m-n)H_2\uparrow+3mH^+$$

人们对硼氢化物-酸体系的早期认识，完全借鉴于金属-酸体系，1979 年 Robbins 等[3] 提出了“新生态氢”机理，认为氢化物发生分为两步进行，其一是 BH_4^- 水解产生 H·，其二 H· 与 E^{m+} 反应生成 EH_n，分别是：

$$BH_4^-+H^++3H_2O \longrightarrow H_3BO_3+8H\cdot$$

和

$$(m+n)\ H\cdot+E^{m+} \longrightarrow EH_n+mH^+$$

该机理虽然直观、简单，但与下面的实验事实相矛盾：文献考察了水解释放氢气速度比BH_4^-慢5～6个数量级的X—BH_3（X＝NH_3、*tert*-butyl NH_2），当用于发生氢化物时，D'Ulivo等[4]发现X—BH_3等发生SnH_4、SbH_3和BiH_3时速度与BH_4^-速度相近，这与先经过水解产生新生态氢（步骤一）的机理明显矛盾。另外，文献［5］采用D同位素示踪法探究了BD_4^-和H^+发生氢化物的反应产物，对Bi、Sb而言，在使用BD_4^-时，无论何种反应条件下，得到的几乎是100％的BiD_3和SbD_3；对As、Ge、Sn而言，产物随反应条件的变化而略有差异，但AsD_3、GeD_4、SnD_4是主要产物；而Se则不论在何种反应条件下得到的均是100％的H_2Se。这更说明氢化物的发生未经过新生态氢过程，否则BD_4^-生成的新生态氢中H和D应各占一半，产生的氢化物中H和D的比例也应该相近，而不会得到上述结果。能对上述结果给出合理解释的机理只能是氢化物发生元素和BH_4^-直接发生了反应，可能的化学方程式为：

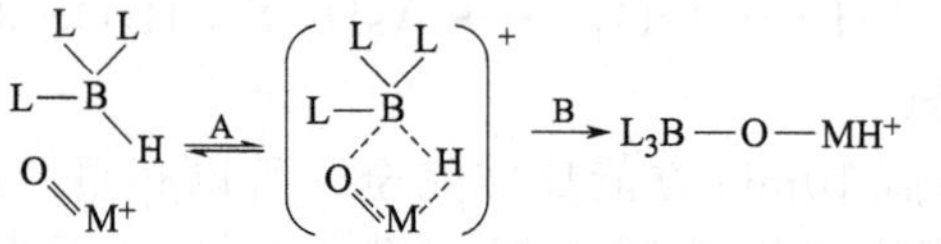

其中反应A为L_3B—H（式中L可以是H、CN或NH_2等配体）和M═O发生反应形成一个四元环状过渡态，反应B为过渡态重排后将H原子交换到M上形成氢化物。当溶液中存在其他配体Y时，M可形成其他配合物，使上述反应变为：

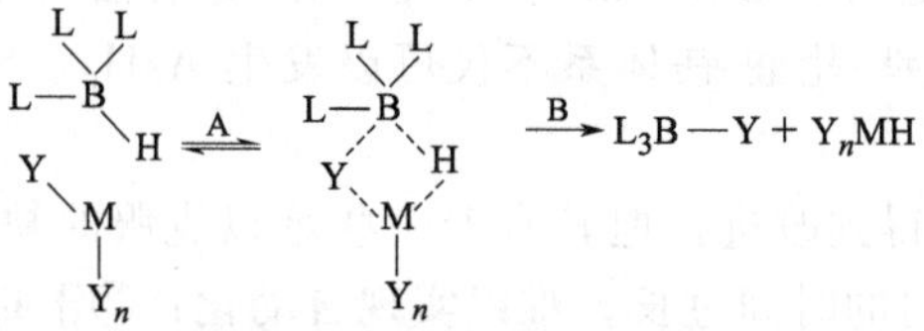

从上述两反应式可知，生成氢化物中的氢完全来自于L_3BH中，所以与BD_4^-生成的产物中不含有H。另外，产生的氢化物会与水中的H^+发生交换，随着在水中的溶解度不同，而使得其中的部分氢或全部氢变为水中的H，电离度越高，这种交换就越彻底，所以Se与BD_4^-反应得到的产物完全为H_2Se而非D_2Se。

4.4.2.3 电化学还原体系

1977年Rigin等[6]把传统的电化学氢化物发生技术引入原子光谱进行了砷和锡的测定。由于采用间断式氢化物发生，发生效率较低，未能被广泛采用。1990年，Lin等[7]首次报道了流动注射电化学氢化物发生新技术，把电化学氢化物发生的元素范围扩展至As、Sb、Se等元素，大大提高了发生效率。由于采用了流动注射技术使得电化学氢化物发生法的干扰大大降低，使实际样品分析成为可能。近年来，Denkhaus等[8]曾讨论过电化学氢化物发生的机理，李淑萍等[9]曾对该领域工作做过一个较为全面的综述。

电化学氢化物发生有一些特点，下面分别讨论：

（1）电极材料的选择 大量文献表明电化学氢化物发生效率与电极材料关系密切，基本表现为氢过电位较高的电极材料有利于发生氢化物，其可能的原因如下：

电解释放氢的电极反应可分为三步：①分别是吸附氢原子的生成反应（Volmer反应）；②在吸附氢原子上的第二个质子反应（Heyrovsky反应）；③两个吸附氢原子结合生成H_2的放电反应（Tafel反应）。

$$H^+ + M + e^- \longrightarrow M—H \tag{4-11}$$

$$H^+ + M—H + e^- \longrightarrow H_2 + M \quad (4\text{-}12)$$

$$M—H + M—H \longrightarrow H_2 + 2M \quad (4\text{-}13)$$

要提高氢化物发生效率，则需要提高反应式(4-11) 的速率，同时降低反应式(4-12)、式(4-13) 的反应速率。氢过电位较大的电极材料（如 Hg、Zn、Pb 等），可提供较大的氢过电位，从而增大了氢化物形成时的动力学速率；也可以提高吸附氢原子的寿命，减慢了游离的氢自由基生成氢气的过程式(4-12)、式(4-13)，而为氢自由基提供了较大的机会与分析元素离子接触，进而结合成氢化物。实验表明，两方面的因素可能同时存在，但何者更为重要，尚需进一步研究。

(2) 电化学氢化物发生体系的干扰　电化学氢化物发生法中，过渡金属离子的干扰远轻于硼氢化物体系，但在硼氢化物体系中被认为不造成干扰的元素如 Ca 和 Fe，在 As、Sb、Se、Sn 的电化学氢化物发生中却造成较大正干扰（Ca）和负干扰（Fe），同时氢化物发生元素之间的相互干扰也比硼氢化物更为严重。所以对电化学氢化物发生法的干扰情况需要引起足够注意。

4.4.2.4 紫外光化学蒸气发生

紫外光化学蒸气发生是近年来出现的一种氢化物发生方法，Sturgeon 等[10,11]较全面地综述了该方法的原理、应用和进展。其原理是利用小分子量有机物（如甲酸、乙酸、丙酸、丙二酸和乙醇等）在紫外光的作用下产生自由基［见反应式(4-14)～式(4-16)］，这些自由基再与相应元素反应生成挥发性物质［见反应式(4-17)、式(4-18)］，部分的紫外发生元素的相应产物见表 4-4 中。

$$R—COOH \xrightarrow{h\nu} R\cdot + \cdot COOH \longrightarrow RH + CO_2 \quad (4\text{-}14)$$

$$RCO—OH \xrightarrow{h\nu} RCO\cdot + \cdot OH \longrightarrow CO + ROH \quad (4\text{-}15)$$

$$RCO\cdot + \cdot OH \xrightarrow{h\nu} CO\cdot + ROH \quad (4\text{-}16)$$

$$nR\cdot + M(OH)_n \longrightarrow MR_n + n\cdot OH \quad (4\text{-}17)$$

$$nCO\cdot + M(OH)_n \longrightarrow M(CO)_n + n\cdot OH \quad (4\text{-}18)$$

式中，$R = C_nH_{2n+1}$，$n = 0, 1, 2\cdots$。

从式(4-16)、式(4-17) 中可知，紫外光化学发生的产物与传统的氢化物发生有较大区别，不仅可以是氢化物（由甲酸反应得到），还可以是甲基化产物或乙基化产物等，这都得到了质谱的证明。值得注意的是：当反应体系中加入 10mmol/L 的 $NaNO_3$后，产物由原来的甲基硒变成了羰基硒。可能的原因是：通常状况下有机酸在紫外照射下分解时，反应式(4-14) 的速率远大于反应式(4-16)，造成 $[R\cdot] \gg [CO\cdot]$，所以烷基化反应式(4-17) 的产物 MR_n 为主产物；当在体系中加入 NO_3^- 或 H_2O_2，这些物质在紫外照射下分解会显著提高 $[HO\cdot]$，加快反应式(4-16) 的进行，造成 $[R\cdot] \ll [CO\cdot]$，促使羰基化反应式(4-18) 的产物 $M(CO)_n$ 成为主产物。

除此之外，不同的元素、不同的有机酸，甚至不同的有机酸浓度都会对发生产物造成影响，具体结果见图 4-9。另外，较高的分析元素浓度需要更长的紫外光照射时间，才能达到较好的发生效果，但当分析元素浓度达到 100mg/L 以上时，在紫外光照射时非常容易产生单质元素，而不是发生元素挥发性化合物。

这种发生方式的特点在于：①不使用传统的还原剂，仅需使用少量有机酸，降低了成本，减少了污染；②紫外光蒸气发生体系中过渡金属，特别是 Co、Ni 等由于不发生烷基化反应，其引起的干扰大大降低，但对特殊反应仍有一定影响，如 Co、Ni 对 Pb，Fe 对 As，

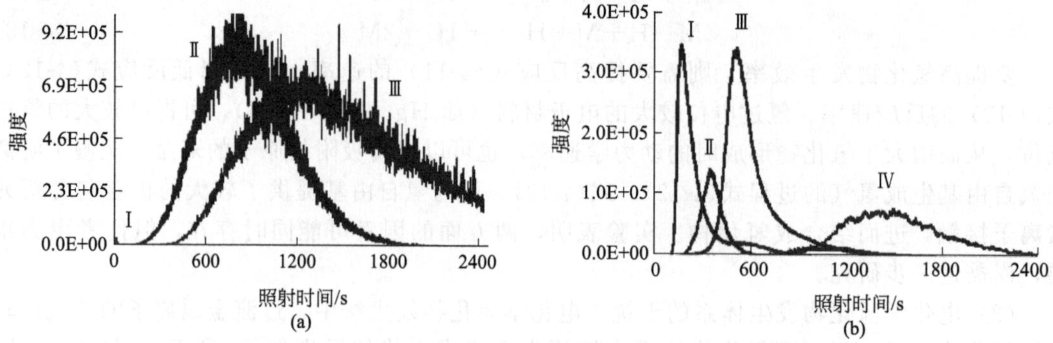

图 4-9 不同条件下紫外光化学蒸气发生的产物-时间图

(a) [As]=5ng/mL，Ⅰ：[HCOOH] =4.6mol/L；Ⅱ：[CH_3COOH]=3.2mol/L；Ⅲ：[CH_3CH_2COOH]=6.5mol/L。
(b) Ⅰ、Ⅱ：[Te]=5ng/mL，[CH_3CH_2COOH] 分别为 0.13mol/L 和 0.026mol/L；
Ⅲ、Ⅳ：[Sb]=5ng/mL，[CH_3CH_2COOH] 分别为 0.13mol/L 和 0.026mol/L

Cu 对 Cl 的紫外发生均存在一定程度的增敏效应；③由于可与 Fe、Co、Ni、等生成羰基化合物、与卤素形成卤代烃，故显著地扩充了蒸气发生的应用范围；④由于反应中涉及自由基反应，所以易于消耗自由基的物质，如 NO_3^-、H_2O_2、I^-、Br^- 和一些有机物等会造成不同程度的干扰；⑤此种发生挥发物方式产氢量较低，特别是使用除甲酸以外的有机酸时几乎不产生氢，在应用于 AAS 或 AFS 时往往需要补加 H_2，以提供足够的 H· 满足原子化的要求。

表 4-4 部分紫外发生元素的主要产物

元素形态	小分子有机酸介质中产物			备注
	甲酸	乙酸	丙酸	
Hg(Ⅱ)	Hg^0	Hg^0	Hg^0	
CH_3HgCl	Hg^0	Hg^0	Hg^0	
Se(Ⅳ)	SeH_2	$Se(CH_3)_2$	$Se(C_2H_5)_2$	Se(Ⅵ)需经纳米 TiO_2 辅助还原
As(Ⅲ/Ⅴ)	AsH_3	$As(CH_3)_3$	$As(C_2H_5)_3$	
Ni(Ⅱ)	$Ni(CO)_4$	$Ni(CO)_4$	$Ni(CO)_4$	
Fe(Ⅱ/Ⅲ)	$Fe(CO)_5$	$Fe(CO)_5$	$Fe(CO)_5$	
Co(Ⅱ)	$Co(CO)_4H$	—	—	
I(—Ⅰ)	HI	CH_3I	C_2H_5I	
Br(—Ⅰ)	HBr	CH_3Br	C_2H_5Br	
Cl(—Ⅰ)	HCl	CH_3Cl	—	

注：以上结果经顶空直接取样或冷阱富集后以气相色谱-质谱测得。

另外，不同的波长对紫外发生也有不同的效果，如 Qin 等[12]发现 185nm 的紫外光具有最强的紫外发生能力；Chen 等[13]发现在 0.4%的 2-氨基苯甲酸和 20%甲酸混合溶液中，311nm 下仅有无机汞能够紫外发生，说明紫外发生也和化学蒸气发生一样具备形态分离的潜力，而且仅需切换波长，使用更为方便。

总体而言，紫外发生与原子荧光的结合已经有了一些有趣的应用，但受到灵敏度的限制，目前较为实用的还是 Hg 和 Se，这两种元素已经基本达到了化学蒸气发生的灵敏度；

其次，Fe、Co、Ni 也有较高的灵敏度，故也有一定的应用前景。但紫外发生会受到有机物和阴离子的较强干扰，必须加以处理；另外，使用紫外发生时，除汞以外还需补充 H_2，以满足后续原子化的需求。

4.4.2.5 氢化物（冷蒸气）发生的酸性模式及碱性模式

前面已经介绍了可用于氢化物发生反应的几种体系，本节讨论氢化物发生的模式，这里所谓模式是指发生氢化物时的初始状态，而不涉及反应的最终状态，所以无论是“酸式模式”还是“碱性模式”，其反应的最终产物都是相同的，包括反应废液的酸度也是相同的。这两种模式的最大区别在于“酸性模式”下，分析元素存在于酸性溶液中，与碱性的还原剂发生反应生成氢化物；而在“碱性模式”下，分析元素溶解于碱性的还原剂中，与酸性溶液发生反应生成氢化物。

由于样品前处理大多在酸性条件下完成，所以采用“酸性模式”发生氢化物更为方便和常见，但这种模式下，Ⅷ族和ⅠB族的元素会对氢化物发生反应造成较为明显的干扰；而在“碱性模式”下，干扰元素往往会生成沉淀而与两性的氢化物发生元素相分离，所以此种方式可以显著地减小干扰，特别是对于一些复杂基体的样品，“碱性模式”更为有利。

“碱性模式”发生氢化物消除干扰的本质是通过碱性条件下将干扰元素转化为沉淀使之与分析元素分离，其操作的关键在于必须在尽量完全沉淀干扰元素的同时，减少沉淀对分析元素的夹带和吸附。所以需注意以下几点：①样品应调节到弱碱性，碱性不足时干扰元素沉淀不完全，碱性过强时又会使 Co、Fe、Ag 等干扰元素部分溶解；②在调节样品酸碱性时，为生成不易夹带分析元素的大晶粒沉淀，最好在加热状态下，逐滴加入稀碱液，并不断搅拌，沉淀结束后，可稍稍放置陈化后再进行下一步操作；③尽量避免生成极易夹带分析元素的胶状沉淀，如可在溶液中加入 2%的三乙醇胺以抑制胶状的 $Fe(OH)_3$ 生成，从而避免对分析元素的夹带。

4.4.2.6 其他蒸气发生法

除氢化物发生和冷蒸气发生法之外，还有很多其他蒸气发生方法，Sturgeon 等[14]曾经对此做过综述，并给出了常压、室温条件下可发生蒸气的元素及其发生方式（见图 4-10）。由图可知：首先，能够发生挥发性化合物的元素范围已经大幅扩大；其次，烷基化发生、羰基化发生、卤化物发生、氧化物发生、分子蒸气发生、螯合发生及超声、微波、放电、光诱导发生等都能在常压、室温下进行。

虽然能够发生挥发性化合物的元素的范围已经很大，但其中只有少部分真正能够实际应用：如铜、银、金、铟、铊的氢化物发生，锗的卤化物发生等[15]。主要原因有以下几方面：①发生物的毒性太高，如镍与一氧化碳反应生成高毒性的挥发性羰基镍，难以实际应用；②发生效率不高，如曾报道过 Ni 的蒸气发生方法，其检出限可以达到 0.5ng/mL，灵敏度仅略高于喷雾法；③一些元素存在多种蒸气发生方法，发生效率各不相同，如砷、锗都可以在室温下发生氢化物和卤化物，但对砷而言氢化物的发生效率更高，而锗则相反[15]，而锗的卤化物发生反应干扰更小，更有利于应用于复杂基体样品的分析；④一些元素在发生挥发性化合物时，需要其他元素的促进才能获得较高的发生效率，如 Cd-Co，Zn-Ni，Tl-Se 等体系。

4.4.3 蒸气发生在线富集技术

氢化物（冷蒸气）发生技术本身实际就是一种分离富集技术，2000 年郭旭明等[16]曾综

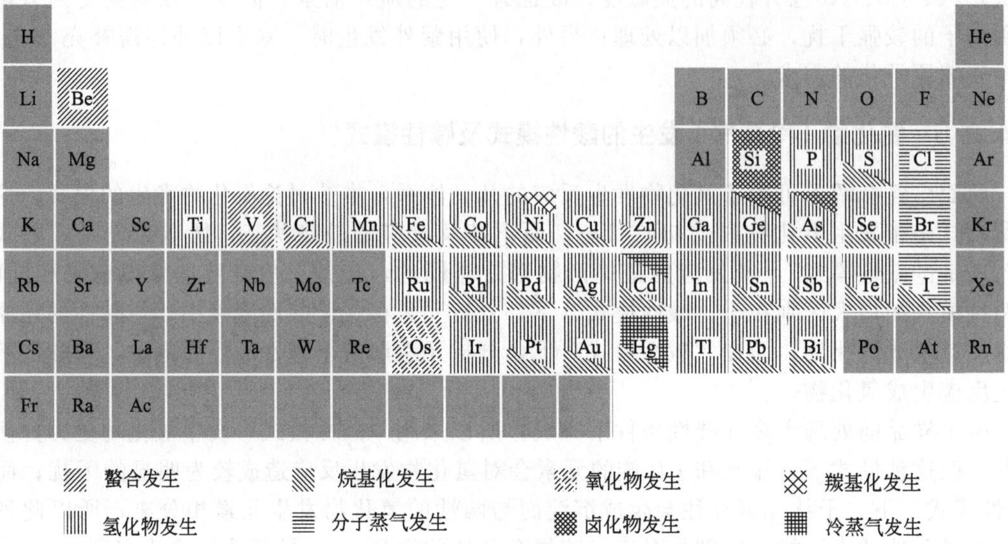

图 4-10 常压、室温条件下可发生挥发性化合物的元素及其发生方式

述过该领域内一些进展。氢化物气相分离富集技术的主要目的有如下几点：①可获得更低的检出限，特别是采用冷阱法或热表面原位捕集法，能够显著降低检出限；②可以消除 CVG/HG-NDAFS 测量中的气相干扰；③一般来说，CVG/HG 反应中液相干扰的严重程度并不完全决定于干扰元素与可形成氢化物元素的比例，而更取决于被分析溶液中干扰元素的浓度，因此，采用将样品稀释、减少干扰元素浓度到一个“安全”值，再通过气相富集，则可不降低分析方法灵敏度的同时大大减少液相干扰的程度；④可以利用在气相富集时化学或物理过程的差异进行分析元素的形态、价态测定。目前，见于文献报道的分离富集方法主要有气球收集法、溶液吸收法、固体吸附法、液氮冷却捕集法、热表面原位捕集法、放电捕获法等几类，其中气球收集法、溶液吸收法、固体吸附法等方法由于富集效率差或难于操作，现已基本废弃，下面就对其他几类富集方法分别介绍。

4.4.3.1 冷阱捕集法

冷阱捕集法是将氢化物收集于低温冷阱中，捕集后再加热放出进行检测。此法优点在于仅有氢化物被捕集，大量氢气直接排空，相当于进行了很大比例的浓缩。另外，捕集器多用可快速加热的不锈钢材料制成，在加热后可迅速释出氢化物，从而得到非常高的灵敏度（采用峰高测量方式时），所以又称为“冷聚焦”法。如果采取程序升温的办法，还可以根据沸点不同实现同一元素氢化物的形态分析以及不同元素氢化物的分别分析，这将在后文形态分析中作详细介绍。

冷阱捕集法是 1969 年由 Holak[1] 首次把 HG 法引入原子光谱分析测 As 时引入的，其最初目的与气球收集法相同，也是为了解决 Zn-酸体系中氢化物发生较慢的问题，当 BH_4^--酸体系的出现后也发生萎缩。但此法其富集倍数高，在超痕量分析中仍有使用，特别是用于等离子体发射光谱测定中，由于能有效分离氢气、稳定等离子体焰，所以可稳定基线，进一步改善检出限。除此之外，由于冷阱法的样品前处理工作比较简单、方便，在形态分析中仍还占有一席之地，如 Chen 等[17] 采用二极管制冷器达到了 −30℃ 左右的低温，并利用该冷阱选择性地捕获了有机砷的氢化物（沸点均 > 2℃），而使无机砷的氢化物 AsH_3（沸点 −55℃）溢出，从而实现了对无机砷的快速分离、检测。

4.4.3.2　热表面捕集法

热表面捕集法是先将氢化物捕集在加热的表面上，然后再升温释放进行后续检测的一种技术，多用于电热原子吸收光谱分析（ETAAS），又因其配接的 ETAAS 仪器不同，细分为基于 T 形管的捕集技术和基于石墨炉的捕集技术两种方法。基于 T 形管的捕集技术［原理见图 4-11(a)］捕集区位于其下部，与原子化区不重合，其捕集过程是利用热石英壁吸附生成的氢化物，待捕集完成后快速升温释放后吹入 T 形管上部原子化区检测。基于石墨炉的捕集技术［原理见图 4-11(b)］捕集区与原子化区重合，氢化物在较低温度预热的石墨管上热分解沉积、吸附富集，之后升温原子化检测。由于这一技术属于原位捕集，因此分析元素不会损失，所以可大大改善测定的检出限。氢化物发生-石墨炉原位富集方法可能是到目前为止氢化物的气相富集技术在原子光谱分析中应用最为成功的例子。近年来发表了大量氢化物原位捕获的文章，捕获元素几乎涵盖了所有氢化物发生元素，Dedina 等[18]还通过放射性示踪的方法研究了 Sb 的捕获机理，目前大多数工作还是在原子吸收光谱上进行的，但原子荧光光谱也应具有类似性质。

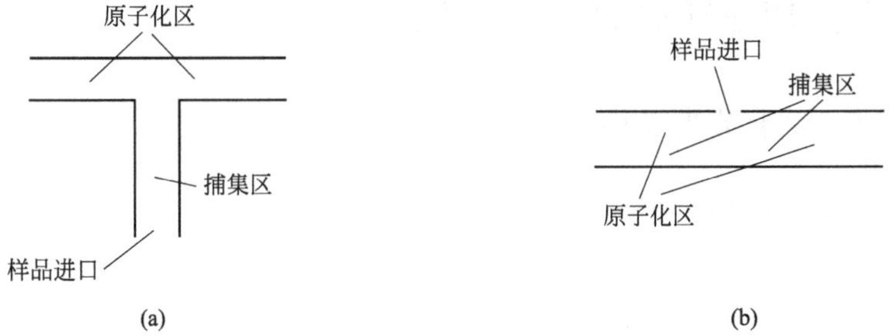

图 4-11　热表面捕集法原理示意图

(a) 基于 T 形管的捕集技术；(b) 基于石墨炉的捕集技术

4.4.3.3　放电捕获法

常用的气相富集法大多是在低温捕获、高温释放，所以会产生以下问题：①热滞后，变温器件通常热容较大，有显著的热滞后，而使温度切换变慢，导致释放峰拖尾，减弱了富集效果；②温度梯度，温度场还不可避免地会存在梯度，这种梯度会造成释放物的部分残留；③使用寿命短，释放时使用的较高温度会显著影响富集器的寿命。为避免温度切换式富集的上述问题，Qi 等[19,20]搭建了一款同轴型双石英介质层介质阻挡放电（DBD）捕获/释放装置［见图 4-12(a)］，该装置在含有氧气或空气的氧化性气氛中放电，可实现对 As 氢化物的完全捕获；捕获后的 As 可在含有氢气的还原性气氛中通过放电完全释放，可实现 8 倍以上的富集。通过对捕获器表面分析可知，As 在石英表面是以砷酸盐的形式被捕获的，而释放时则很可能是以 As 的纳米原子簇形式逸出的。经过优化后，As 的释放时间可以缩短到 0.3s 以内［见图 4-12(b)］，使得该方法不但能提高检测的相对灵敏度，还可提高绝对检测灵敏度 3～5 倍。由于 DBD 是一种低温非平衡态的等离子体，所以其功耗通常≤20W，表观温度为常温，故可完全避免热滞后、温度梯度问题，使用寿命也会较长，所以该装置是一种简单、高效、易于小型化的气相富集装置，值得在分析仪器和环境保护应用领域中深入研究。

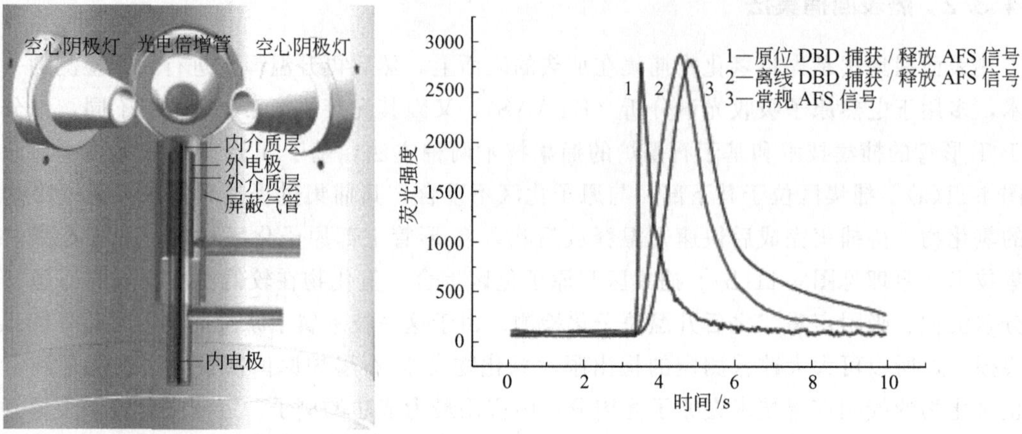

(a) 原位 DBD 富集装置　　(b) 不同释放条件下的原子荧光信号

图 4-12　DBD 富集装置及效果

4.5　蒸气发生-原子荧光光谱分析技术

4.5.1　蒸气发生-原子荧光光谱分析的实现

氢化物发生的方法可按图 4-13 进行分类。

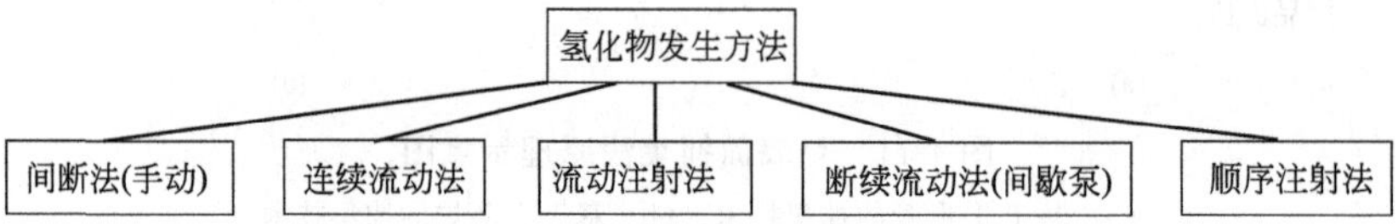

图 4-13　氢化物发生方法的分类

4.5.1.1　间断氢化物（冷蒸气）发生法

在直接传输法中，溶液中所发生的氢化物直接传输到原子化器。这类方法应用得最为广泛。早期的 AFS 仪器均采取间断法（手动，见图 4-14），在发生器中先加入一定量的样品溶液，然后加入硼氢化钠溶液发生氢化物。优点是装置简单，但较难自动化。由于它所测得的原子荧光信号与许多因素有关（如氢化物传输效率，发生器与样品体积，载气流量以及硼氢化钠流量等）。因此，在实际操作中要保证得到高灵敏度及较好的重复性就必须控制好上述各影响因素。

4.5.1.2　连续流动氢化物（冷蒸气）发生法

连续流动法的原理图示于图 4-15 中，在连续流动法中，酸化后的样品及硼氢化钠溶液均以不同的流速被泵入混合器中反应，反应产生的气液混合物经气液分离器分离，废液被排出，含有氢化物的气体送至原子化器中原子化和检测。这种方法可得到连续信号，此法样品和试剂消耗量都较大，常规测量中较少采用，多用于联用测量中，将在形态分析部分中做较为详细的介绍。

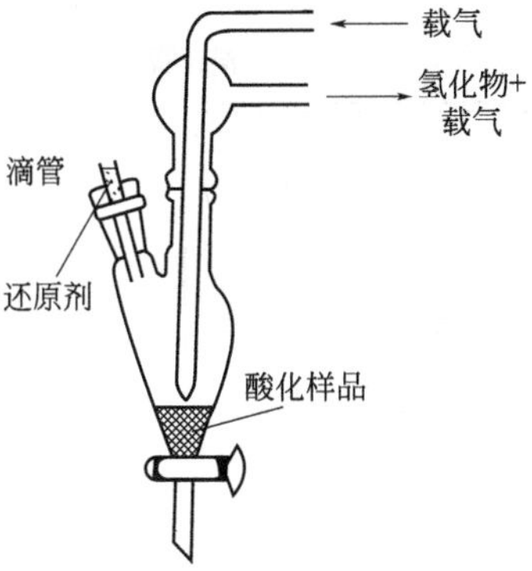

图 4-14　手动氢化物发生装置

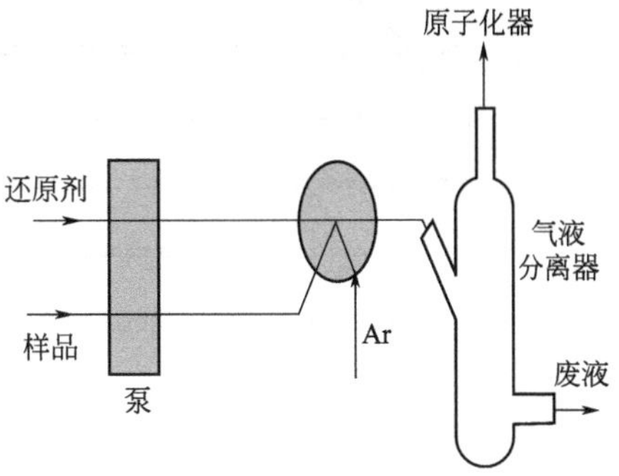

图 4-15　连续流动法原理图

4.5.1.3　流动注射氢化物（冷蒸气）发生法

流动注射法与连续流动法类似，但样品是通过采样阀进行“采样”“注射”切换（见图 4-16）。由于样品是间隔输送到反应器中，因而所得的信号为峰形信号，这与连续流动法不同。此方法分析速度较快，但需要在流路中加入采样阀，增加了故障点。目前英国 P. S. Analysis 公司的仪器采用这种进样方式。

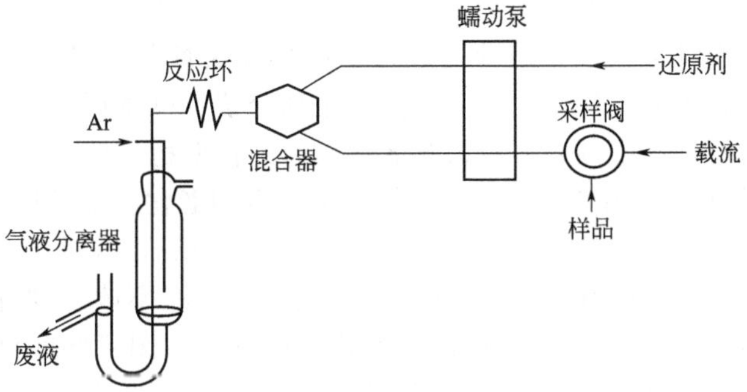

图 4-16　流动注射法原理图

4.5.1.4　断续流动氢化物（冷蒸气）发生法

断续流动是一种介于连续流动和流动注射之间的技术，最早由郭小伟等[21]提出，其原理示意于图 4-17 中。其工作分为两个步骤，首先用蠕动泵分别泵入样品和还原剂，进样量小于混合器前的管路容积，稍经停顿并将进样管换入载流中，再运行蠕动泵执行测量步，则可以得到峰形信号，信号峰的面积不但与样品的浓度相关，且与进样量相关，所以理想状况下可以通过控制进样时间来实现不同量的进样（示意于图 4-18），从而达到自动配制标准曲线的目的。

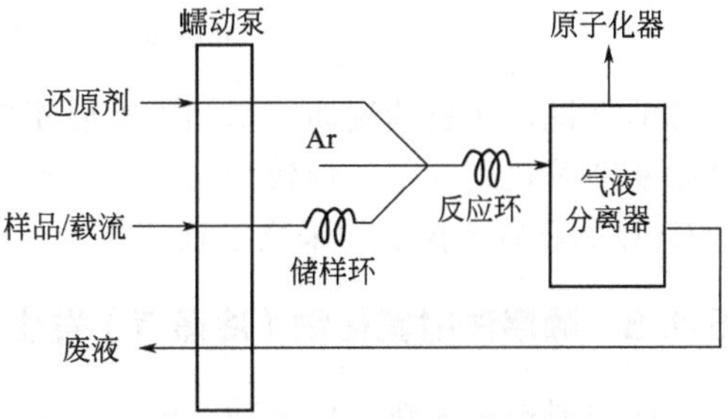

图 4-17　断续流动法原理图[86]

在实际使用中，断续流动法使用的蠕动泵是一种脉动进样方式，会造成短期取样量稳定性差，导致图 4-19(a) 中所示的取样不准，造成无法自动配制校正曲线；另外，由

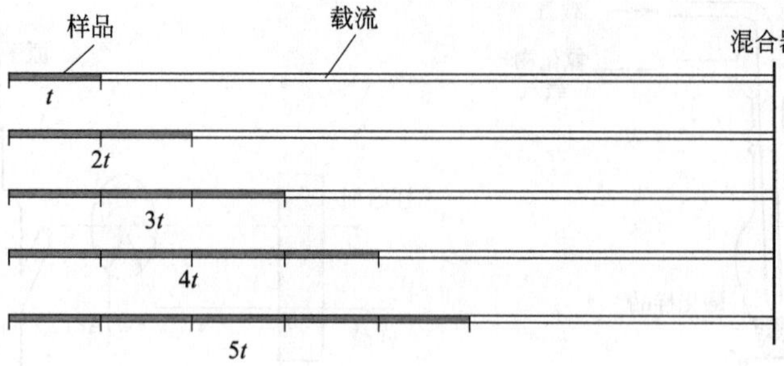

图 4-18 理想状况下断续流动实现自动配制标准曲线示意图

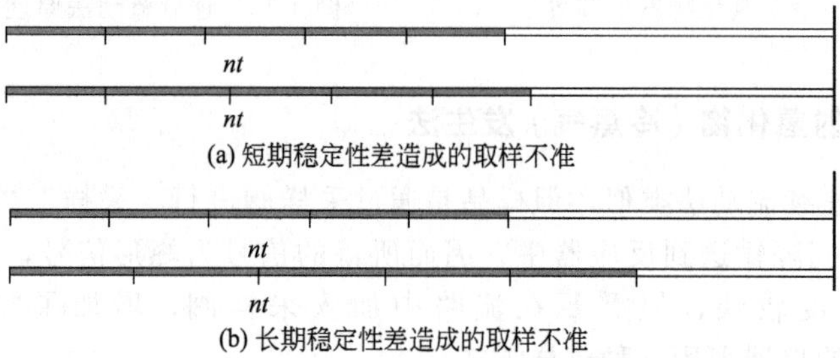

图 4-19 蠕动泵进样造成的取样不准

于蠕动泵管在长期使用时会因泵管疲劳造成长期取样稳定性差，导致图 4-19(b) 中所示的取样不准，导致校正曲线无法长期使用。虽然使用细分技术可将短期稳定性差的缺陷基本消除，能够实现校正曲线自动配制，但由泵管老化引起的长期稳定性差的缺陷则无法解决，实验表明，约 20min 的连续使用就可能造成泵管较为严重的老化，使其进样量偏差达到 2%以上，所以断续流动法所得到的校正曲线的使用时间应<20min，这对大多数用户而言非常不便。为了解决这一问题，刘明钟等[22]改进了断续流动法，在不改变硬件的基础上，提出了间歇泵进样方式，图 4-20 中示出了两种进样方式的区别，由图可知间歇泵进样采用过量进样方式，进样步结束后管路完全被样品充满，所以其进样量仅决定于管路体积，完全避免了蠕动泵带来的进样偏差。

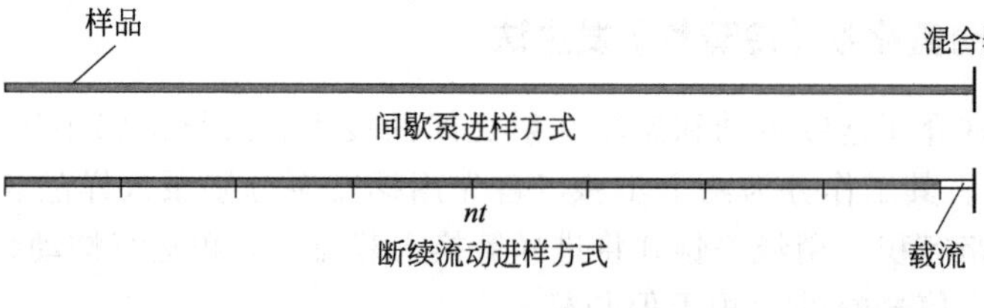

图 4-20 间歇泵进样方式和断续流动进样方式的比较

总的来说，在断续流动法基础上发展而来的间歇泵法克服了连续进样浪费试液、流动注射装置复杂等缺点，是一种较为合理的自动式的氢化物发生进样技术，目前国内大多数中档 HG/CVG-NDAFS 仪器均采用了这一技术。

4.5.1.5 顺序注射氢化物（冷蒸气）发生法

顺序注射被称为新一代流动注射，由于采用注射泵替代蠕动泵，它克服了蠕动泵的脉动以及泵管长期使用老化从而引起信号漂移的问题，使仪器检出限得到较大改进。另外，顺序注射体系中，还原剂和样品的进样量可以准确地任意调节，所以能够实现校正曲线的自动配制。最后顺序注射体系中，样品和还原剂的比例调节非常方便，对铅、镉等氢化物发生条件要求严格的元素可以很快调节到最佳状态。

顺序注射原子荧光流路有两种：流路Ⅰ由 Semenova 提出［见图 4-21(a)］[23]，其中使用了一个注射泵，还原剂和样品通过多位阀注入储样环，并在其中混合反应，产物被载流推出，经气液分离后由 Ar 带出并与 H_2 混合后由 AFS 检测。流路Ⅱ由王建华等提出［见图 4-21(b)］[24]，其中有两个注射泵，分别推动样品和还原剂，样品通过多位阀加入，并在储样环中与载流均匀混合，混合液与还原剂通过混合器反应，反应产物经气液分离后由 Ar 带入 AFS 检测。

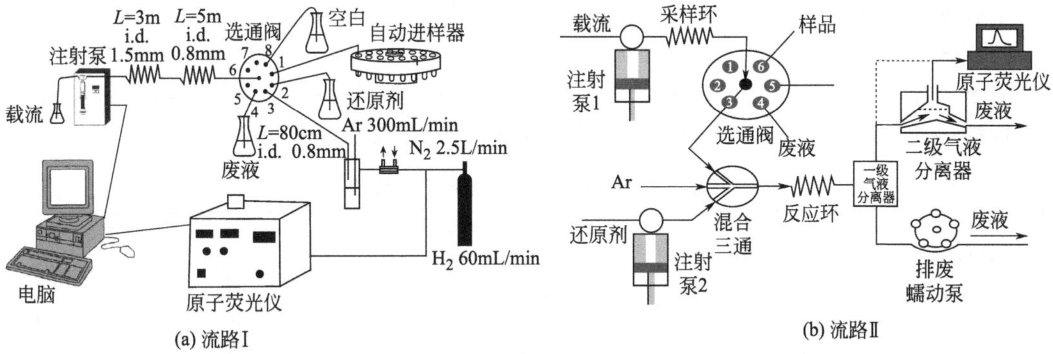

图 4-21　两种顺序注射进样方式流路示意图

为什么同样的进样方式会出现两种完全不同的流路呢（图 4-22）？这实际是对 HG-AFS 的理解不同造成的，流路Ⅰ靠补加 H_2 来维持 Ar-H_2 扩散火焰原子化器正常运行，故其还原剂浓度在 0.5g/L 左右，相应其氢化物发生过程中并不明显产气，不会干扰反应。当样品和还原剂混合反应时，理想状态下将形成包含少量微小气泡的均一的混合溶液，如图 4-22(b) 所示，测量可以正常进行。流路Ⅱ的 Ar-H_2 扩散火焰原子化器完全由氢化物发生反应产生的 H_2 维持，还原剂浓度在 10g/L 左右，当样品和还原剂混合反应时，理想状态下将形成被大量气泡隔开的均一的混合溶液，如图 4-22(f) 所示，测量可以正常进行。当在流路Ⅰ中使用高浓度还原剂时，会在样品和还原剂的界面上生成大量气泡，将两者完全隔离中止反应，如图 4-22(c) 所示，测量不能正常进行；当在流路Ⅱ中使用低浓度还原剂时，理想状态下仍能形成包含少量微小气泡的均一的混合溶液，如图 4-22(e) 所示，测量可以正常进行。从以上分析可知，流路Ⅱ的通用性好于流路Ⅰ，所以在实际应用中主要采用流路Ⅱ。

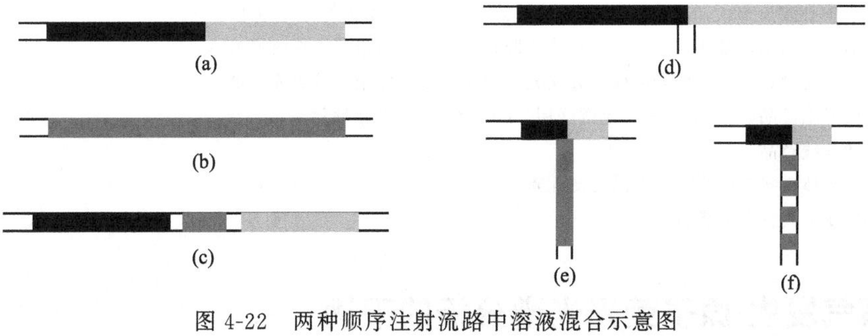

图 4-22　两种顺序注射流路中溶液混合示意图

(a) 流路Ⅰ，混合前；(b) 流路Ⅰ，低浓度还原剂混合后；(c) 流路Ⅰ，高浓度还原剂混合后；(d) 流路Ⅱ，混合前；(e) 流路Ⅱ，低浓度还原剂混合后；(f) 流路Ⅱ，高浓度还原剂混合后

4.5.2 典型原子荧光光谱仪器

目前，典型的原子荧光仪器可分为：原子荧光光谱仪、原子荧光联用仪和原子荧光专用仪器三类。其中原子荧光光谱仪发展较早，光源大多采用了高性能空心阴极灯，部分测汞专用仪器使用了低压汞灯光源。原子化器大多使用了低温氩氢扩散火焰原子化器，部分测汞专用仪器使用了常温检测池。光路基本都采用了无色散结构，部分厂家为降低火焰中·OH 的发射加入了窄带滤光片，而使用低压汞灯光源的部分仪器为降低散射光干扰使用了长光程。检测器都使用了日盲光电倍增管。仪器最主要的区别在于样品导入方式，目前还在使用的主要有基于蠕动泵的断续流动和间歇泵方式，及基于注射泵的顺序注射方式。联用仪器在本书第 5 章有详细论述，这里就不再重复。专用仪器中最常见的是各式测汞仪（包括在线仪器），其结构原理与通用仪器类似，只是加入了金阱作为富集或采样装置。近年来出现的电热直接进样原子荧光专用仪器凭借其免前处理、操作简单快捷也逐渐引起了重视，将在后文 4.8 节中做详细论述。表 4-5 简单比较了各主要厂家的原子荧光技术，供读者参考。

表 4-5 国内外原子荧光产品对比表

公司	测量元素	光路					衍生产品		
		光源①	光程	滤片②	检测③	避光④	联用⑤	在线⑥	固体⑦
PSA	Hg	LPML	约 5cm	无	敞开	部分	LC	气体	Hg
	As,Se,Sb,Bi,Te	HCL	约 5cm	有	敞开	部分	LC	液流(As)	无
Aurora	11 种元素	HCL	约 5cm	无	敞开	部分	无	无	无
Brooksrand	Hg	LPML	约 5cm	无	封闭	完全	GC	无	无
Jena	Hg	LPML	约 20cm	无	封闭	完全	无	无	无
吉天	11 种元素	HCL	约 5cm	无	敞开	部分	LC	无	Hg,Cd
海光	11 种元素	HCL	约 5cm	无	敞开	部分	LC	无	无
瑞利	11 种元素	HCL	约 5cm	无	敞开	部分	LC	无	无
普析	11 种元素	HCL	约 5cm	无	敞开	部分	无	无	无
金索坤	11 种元素	HCL	约 5cm	无	敞开	部分	无	无	无
优选⑧	Hg	LPML	约 20cm	无	封闭	完全	LC	气、液	有
	Cd、Zn	笔形	约 20cm	无	封闭	完全	LC	气、液	有
	其余元素	HCL	约 5cm	有	敞开	部分	LC	液	有

① LPML—低压汞灯；HCL—空心阴极灯。
② 加入元素中心波长±10nm 附近的滤光片，消除氩氢扩散火焰中的 OH 发射干扰。
③ 检测流通池的结构，敞开式指检测点在流通腔外，封闭式指检测点在流通腔内。
④ 指光路的避光设计，部分指光路仅部分避光，完全指光路完全与外界光隔离。
⑤ 指衍生的联用产品，LC 指与液相色谱联用，GC 指与气相色谱联用。
⑥ 指衍生的在线产品。
⑦ 指衍生的固体直接进样测定仪器的可测元素。
⑧ 优选的原子荧光仪器应具备的特性。

4.6 蒸气发生-原子荧光光谱分析的干扰

氢化物发生-原子荧光法是 As、Bi、Hg 等有害元素分析中常用的一种方法，特别是在我国，已经建立了相应的国家标准、行业标准、地方标准方法。这是因为 HG-AFS 测定具有灵敏度高、干扰少的优点。虽然 HG-AFS 法的干扰，特别是基体干扰相对较轻，但仍然存在一定的干扰，可能造成显著的测量误差，甚至使测量结果完全失效。要想有效地消除这些干扰，必须了解干扰现象的本质，才能采取有效的消除干扰的方法。本章根据前人对氢化物原子荧光光谱法、氢化物原子吸收光谱法、氢化物原子发射光谱法和氢化物分光光度法的研究成果，对 HG-AFS 分析中干扰机理进行较为详细的介绍，力图正确地解释干扰现象，采取有效的方法减小和消除干扰。

4.6.1　干扰的分类

Dedina[25] 曾对氢化物发生-原子吸收（HG-AAS）法中的干扰作了系统的分类（见图 4-23），主要分为液相干扰和气相干扰两大类。液相干扰产生在氢化物形成或从样品溶液中逸出的过程中，是由于氢化物发生速度的改变（发生动力学干扰）或是发生效率的改变。气相干扰一般在氢化物传输过程中或在原子化器中产生，因此又可分为传输过程干扰和原子化器中的干扰。传输过程的干扰发生在氢化物从样品溶液到原子化器的途中，包括分析元素氢化物的传输速度变化所引起的传输动力学干扰、传输损失所引起的传输效率干扰。原子化器中的干扰包括自由基（主要是氢自由基）数量及分析元素原子的衰减所引起的干扰，其中产生自由基干扰的原因是干扰元素争夺自由基，使其数量不够用来使分析元素原子化，产生分析元素衰减的原因是干扰元素加速了光路中游离的分析元素原子的衰减。所谓“记忆性”干扰系指某种元素在造成前一次气相干扰之后，即使在以后的试液中不含该元素，干扰也继续存在。

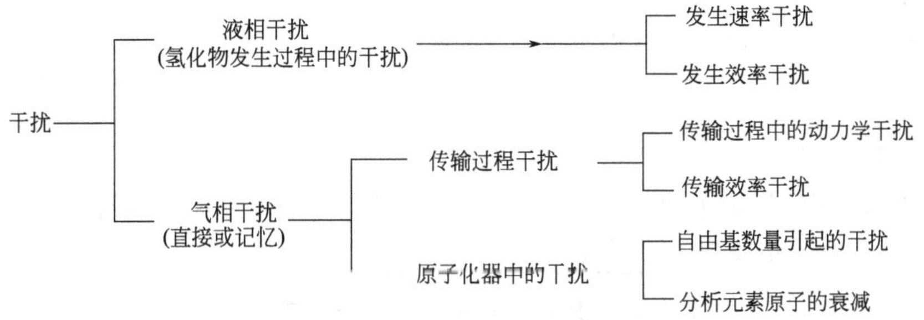

图 4-23　HG-AAS 中干扰的分类

由于 HG-AFS 和 HG-AAS 无论是在 HG 的样品导入过程，还是在后续的原子化过程中，都非常类似，所以上述 HG-AAS 的干扰分类对 HG-AFS 依然适用。但同时，HG-AFS 又有一些自身的特殊性，还存在较轻微的光谱干扰和荧光猝灭干扰。下面就分别对这些干扰进行介绍。

4.6.2　干扰的判别

要想有效地克服干扰，必须首先对干扰的种类进行判定。光谱干扰和荧光猝灭干扰一般程度较轻也较易判断。液相和气相干扰相对更为重要和严重，判断这两种干扰的方法有同位素示踪法和双发生器法。

4.6.2.1　同位素示踪法

Dedina 曾用示踪原子的方法来判别 Sn、As、Sb、Bi、Te、Pb、Hg 对 Se 的干扰[25]，用 ^{75}Se 和 $NaBH_4$ 发生氢化物之后，样品溶液与清洗的去离子水一同转移至测定的小瓶中，然后测定其放射性，并算出溶液中残留的^{75}Se量。在另外的实验中将填有活性炭的塑料管代替原子化器装在发生器的出口处，然后用同样方法测定活性炭吸收的$^{75}SeH_4$的放射性，由此算出Se发生的量。如果在某种条件下溶液中残留的Se量很大，则说明该情况下有较严重的液相干扰；反之，如果活性炭收集物中Se含量较大，则说明该条件下有较严重的气相干扰。实验发现Hg和Pb对Se测定无干扰，只有As和Bi对Se测定有液相干扰，Sn、As、Sb、Bi和Te对Se测定有很强的气相干扰。这种方法比较直观，但是，由于采用了示踪原子，一般实验室中较难实现。

4.6.2.2 双发生器法

郭小伟等[26]报道了一种用双发生器判别氢化物法中气相干扰的简易方法。将两个性能基本一致的发生器的出口相连接再引入原子化器中，实验时分三个步骤：

① A发生器加入分析元素M及干扰元素N，B发生器中加入空白溶液，测得信号值为$A_{合}$；

② A发生器加入分析元素M，B发生器中加干扰元素N，测得信号为$A_{分}$；

③ A发生器加分析元素M，B发生器中加空白溶液，测得信号为$A_{标}$。

根据测量的结果即可判断干扰属于气相干扰还是液相干扰，判断的准则见表4-6。

表4-6 双发生器法的判断准则

情况	实验结果	判断结论
1	$A_{合}=A_{分}=A_{标}$	N对M无干扰
2	$A_{标}=A_{分}, A_{分}>A_{合}$	N对M为液相干扰
3	$A_{标}>A_{分}, A_{分}=A_{合}$	N对M为气相干扰
4	$A_{标}>A_{分}>A_{合}$	N对M为气相干扰及液相干扰

以As对Sb的干扰为例，用双发生器法测得的结果列于表4-7，根据表4-6的判断准则，可见As对Sb的干扰主要为气相干扰。

表4-7 双发生器法判断砷对锑的干扰

实验	A发生器	B发生器	荧光强度
1	0.2μg Sb	空白溶液	$A_{标}=360$
2	0.2μg Sb	10μg As	$A_{分}=270$
3	0.2μg Sb，10μg As	空白溶液	$A_{合}=260$

最近，有人提出用不同连接方式的连续流动的装置来研究氢化物法中的干扰，其原理与上述的双发生器法类似，只是以两个混合单元来代替两个发生器而已。

4.6.3 液相干扰

4.6.3.1 液相干扰的产生和机理

根据对液相干扰的分类，液相干扰实际包括两个部分：液相干扰物改变了分析元素氢化物的发生效率，称为发生效率干扰；液相干扰物改变了分析元素氢化物的发生速度，称为发生速度干扰。大多数情况下氢化物发生反应速度较快，所以前者是主要影响因素，但对于一些氢化物发生元素的高价态，如 As(Ⅴ)、Sb(Ⅴ) 等，其发生速度较慢，也会出现发生速度干扰。对于发生效度干扰，又可能有如下几种情况，现分别予以介绍。

(1) 干扰离子竞争试剂造成的液相干扰　干扰离子与分析元素竞争氢化物发生试剂，造成氢化物发生试剂不足，可能引起氢化物发生效率下降。如在 Co^{2+}、Fe^{2+} 和 Pb^{2+} 存在时，加入 $NaBH_4$ 就会有黑色沉淀出现，说明这些元素消耗了部分 $NaBH_4$，会使其有效浓度降低，可能使分析元素的氢化物发生反应不充分，造成干扰。

(2) 氧化反应造成的液相干扰　元素的氢化物发生的能力与其价态密切相关，特别是 Se、Te 的高价态几乎没有氢化物发生能力，则一些有氧化性的物质对氢化物发生过程造成干扰就可能由此引起。

(3) 干扰离子造成的液相干扰　Se、Te 等元素的氢化物通过溶液时有可能被液相中的干扰元素（过渡金属）离子所捕获生成难溶的化合物或稳定的复合物，造成其氢化物的发生效率降低。

(4) 干扰离子反应生成的微粒造成的液相干扰　在氢化物发生反应中，很多干扰离子都会与 $NaBH_4$ 发生反应生成金属或硼化物的小颗粒，这些小颗粒既可能引起与氢化物发生元素的共沉淀，也可能吸附氢化物并使其接触分解或发生其他协同作用，导致氢化物的发生速度减慢或完全停止。Kirkbright 等[27]注意到当存在镍、钯、铂时，加还原剂后会形成非常细的分散沉淀，并使砷的信号显著受到抑制。他们还指出，镍和其他Ⅷ族元素是氢化作用催化剂，能大量吸收氢气，因此分散的金属微粒可能捕集和分解氢化物造成显著的液相干扰，这一假设通过测砷时加入镍粉会使信号完全抑制的现象得以证实。

在实际的氢化物发生过程中，上述几种过程都可能出现，但究竟哪种过程更为重要？可以通过实验来判断，当增加 $NaBH_4$ 浓度，使 $NaBH_4$ 相对于待分析物是大量过量时，仍不能消除液相干扰，说明竞争试剂造成的液相干扰只可能是非常次要的原因。氧化反应造成的干扰相对较为特殊，也不会是引起液相干扰的主要因素。为了验证上述所提到的后两种干扰哪种更为重要。Welz 等[28]将发生出的氢化物导入一个含有 Cu、Co、Ni、Fe 干扰元素离子的酸性溶液中，由于干扰金属离子不与 $NaBH_4$ 溶液接触，溶液中仅含有干扰元素的离子，不存在干扰离子反应生成的小颗粒，在此种条件下虽然仍存在干扰，但其程度大大降低，这说明干扰离子的直接作用也不是造成液相干扰的主要原因。经过排除，只能是由干扰离子反应生成的小颗粒造成了主要的液相干扰，特别是这些小颗粒和生成的氢化物之间发生的气固相反应可能是液相干扰的最主要来源。这也得到了其他大量实验结果的支持，基本上成了对液相干扰成因的共识。

4.6.3.2　液相干扰的具体表现

(1) 反应速度造成的干扰　Fleming 等[29]报道过在测定钢中 Sb 时，加入碘化物将 Sb(Ⅴ) 还原为 Sb(Ⅲ)，大部分干扰消失了。这个实验现象引起了 Welz 等[30]的注意，他们研究了 Co、Ni、Fe 对不同价态砷的干扰，发现过渡金属元素对测定 As(Ⅴ) 的干扰比对 As(Ⅲ) 严重得多，同时用记录仪记录到 As(Ⅴ) 的发生氢化物比 As(Ⅲ) 慢，对这些现象他们的解释为由于 As(Ⅴ) 的氢化物形成比 As(Ⅲ) 慢一段时间，而在这段时间内干扰金属的沉淀将更加完全，因而带来更大干扰。这就进一步支持了气-固反应的干扰机理。Welz 等[31]还报道了测定砷和硒时，Fe(Ⅲ) 有减轻镍干扰的作用。

根据电化学电位：

$$Fe^{3+} + e^- \longrightarrow Fe^{2+} \qquad +0.77V$$
$$Ni^{2+} + 2e^- \longrightarrow Ni \qquad -0.23V$$

$$Fe^{2+}+2e^{-} = Fe \quad -0.41V$$

Fe^{3+}将比Ni^{2+}优先还原为Fe^{2+}，从而阻滞或减慢了镍金属沉淀的生成，因而减小了气-固反应的干扰。

（2）酸度造成的干扰　许多文献均报道了酸度对干扰有很大的影响，并发现适当地增加酸度可减小过渡金属的干扰。Kirkbright 解释为酸度增加可以增加干扰元素金属的溶解度，从而使干扰降低[27]。Welz 通过实验也得出了同样的结论[28]，并且指出：许多人提出的加浓硝酸到 0.5mol/L 盐酸中可以降低Ⅷ族、ⅠB族元素存在时对测定硒的干扰，也支持了上述解释，因为这些干扰元素在硝酸与盐酸的混酸溶液中有很好的溶解度。

实际上，酸度不单是增加金属微粒的溶解度，而且直接决定还原反应的电位。Jackwerth[32]曾指出下列反应：

$$BH_4^- + 8OH^- \longrightarrow H_2BO_3^- + 5H_2O + 8e^-$$

的标准电位在－1.24～1.57V之间。在 pH＝5～6 时，用$NaBH_4$可定量沉淀铅。

除了整个反应体系中的酸度会造成较大影响外，溶液局部的酸度变化也会造成干扰，特别是氢化物发生-原子荧光光谱法测定时需要产生大量的氢气来维持原子化器的 $Ar\text{-}H_2$ 焰，所以其氢化物发生反应较为剧烈，易引起局部 pH 过高，造成干扰。袁园等[33]考察了柠檬酸抑制Ni^{2+}对 Se 氢化物发生-原子荧光测量干扰的机理，发现在低酸度、高浓度KBH_4条件下柠檬酸的抗干扰效果并不明显；而在高酸度、低浓度KBH_4条件下柠檬酸才有较明显的抗干扰效果。但从理论上讲，此时柠檬酸完全不电离，几乎没有络合能力，同样酸度条件下的Ni^{2+}和柠檬酸的混合溶液的吸收光谱也证明不存在 Ni 的柠檬酸根络合物。袁园等还发现H_3PO_4、酒石酸、草酸、甲酸等在同样条件下都有较好的抑制Ni^{2+}干扰的能力。据此，推测这种干扰可能来自剧烈反应造成的局部 pH 过高，而使Ni^{2+}转化为具有干扰能力的沉淀物，所以加入弱酸可以抑制这一现象的发生。孙汉文等[34]在以柠檬酸抑制Ni^{2+}对 As 的干扰时也报道了类似机理。

（3）阴离子造成的干扰　对于某些阴离子主要是NO_3^-的干扰作用曾有过广泛的报道，但很少有人详细地解释干扰的机理。Brown 等[35]通过研究指出，NO_3^-对AsH_3和H_2Se的发生没有很大的抑制作用，真正有抑制作用的是当样品溶解在硝酸时产生的低氧化态。当溶液中存在Cu^{2+}时，NO_3^-的干扰可被显著放大，这主要是由以下两个反应造成的：Cu^{2+}被过量BH_4^-还原生成的 Cu 微粒；Cu 微粒催化了NO_3^-和BH_4^-之间的反应，产生了大量的NO_x，造成了更严重的干扰。解决这一干扰可以通过加入氨基磺酸消除NO_x来实现。

$$Cu^{2+}(0.5\times10^{-6}) + BH_4^-(\text{过量}) \longrightarrow \text{催化剂}$$

（催化剂＝还原生成的铜微粒）

$$NO_3^- + BH_4^-(\text{过量}) \xrightarrow{\text{催化剂}} NO_2^-, NO_2, NO, \cdots, +Cu^{2+}$$

（4）可形成氢化物元素的相互干扰和自干扰　Verlinden 等[36]研究 As、Ge、Bi、Te、Sn 及 Sb 等元素对测定硒的干扰，指出主要是由于干扰元素与硒的竞争还原引起的，同时又提出有些元素与硒在液相生成难溶的硒化物。如当铋存在时，可能形成$BiSe_2$的沉淀。

除了可形成氢化物的元素在液相中的相互干扰之外，D'Ulivo 等报道了高浓度的 Te 自身也能对其氢化物发生过程产生较严重的干扰[37]。在使用 0.2g/L 的$NaBH_4$为还原剂时，Te 的标准曲线向浓度轴严重弯曲（见图 4-24），对 1μg/L Te 氢化物发生后的废液以 He-Ne 激光器照射，有丁达尔现象发生，说明 Te 曲线的弯曲是因为生成 Te 微粒，Te 微粒催化H_2Te分解造成的自干扰所致。随$NaBH_4$浓度增加这种干扰逐渐减轻，可能是由于$NaBH_4$浓度增加造成产氢量大大增加，缩短了H_2Te与含有 Te 微粒与液相的接触时间，使得

H_2Te 的催化分解量减少所致。另外，D'Ulivo 等发现 KI 可以抑制这种自干扰现象，可能是由于生成了 TeI_5^- 或 TeI_6^-，显著抑制了 Te(Ⅳ) 被 $NaBH_4$ 还原为 Te 的反应，图 4-24(b) 中显示使用含有 3.0mol/L KI 的还原剂得到的标准曲线，其弯曲得到了显著的抑制。

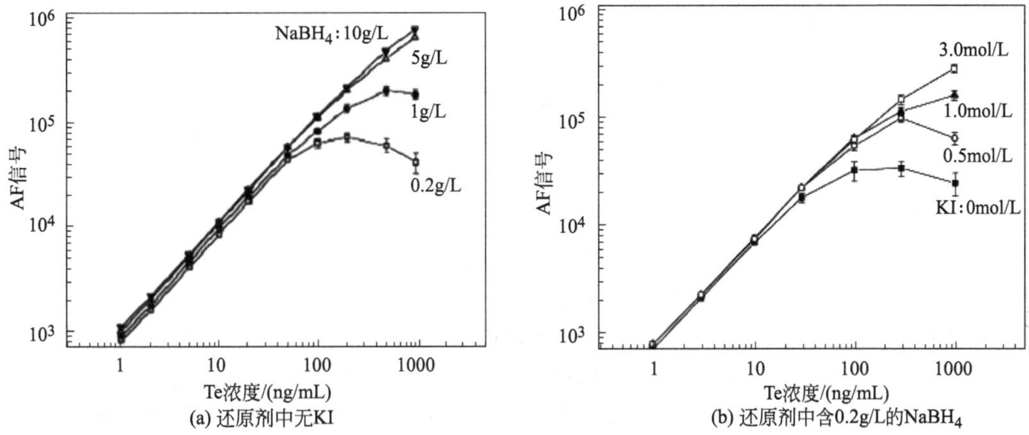

图 4-24 使用不同还原剂得到的 Te 的原子荧光标准曲线

(5) 汞齐化反应引起的液相干扰 Chen 等[38]报道了一种由汞齐化反应引起的液相干扰，这种干扰从原理上讲与传统的液相干扰非常类似，也是由还原生成的金属微粒造成的，所不同之处在于这些金属微粒是通过汞齐化反应来抑制 Hg 原子的传输，造成干扰的主要是一些有较强汞齐化能力的贵金属离子，由于汞齐化反应几乎定量完成，即便是通常干扰很小的冷蒸气测汞方式，也会造成严重的干扰。Chen 等发现在使用 10^{-5}mol/L 的 KBH_4 作为还原剂测 Hg 时，Ag^+ 对测量有较大的干扰，推测这种干扰可能是被 KBH_4 还原的金属 Ag 与 Hg 形成汞齐造成的。通过加大溶液中卤离子浓度，抑制 Ag^+ 的还原，可降低干扰。

除了上述干扰外，Bax 等[39]通过连续流动的装置进行实验后认为，金属离子还原后所形成微粒对硼氢化钠的分解有催化作用，他们认为这是造成液相干扰的原因之一。

4.6.3.3 液相干扰的克服

① 许多研究工作表明，对于某些干扰元素，加入络合剂是一种很好的消除干扰的办法。络合剂与干扰元素形成稳定的络合物，降低了它的氧化-还原电位，硼氢化钠能将其还原为元素态（或减少还原的程度），从而有效地消除干扰。有关这方面的一些实例参见表 4-8。

表 4-8 氢化物法中消除干扰的一些实例

测定元素	干扰元素	加入试剂	测定方法
As,Se	Cu,Co,Ni,Fe	EDTA	MECA
Bi	Ni	EDTA	AAS
As	Ni	KCNS	AAS
Te	Cu,Au	硫脲	AFS
Bi	Cu	硫脲	AFS
Bi	Cu	KI	AAS
As	Ni	1,10-邻菲啰啉、氨基硫脲	

续表

测定元素	干扰元素	加入试剂	测定方法
	Cu,Co,Ni 等	8-羟基喹啉	AAS
As	Cu	$K_4[Fe(CN)_6]$	MECA
Sn	Cu,Ni,Fe	硫脲-抗坏血酸	AFS

注：MECA 为分子空腔发射分析法，可供参考。

② 由于溶液中金属微粒会产生较严重的干扰，适当地增加酸度可以加大金属微粒的溶解度，从而较好地克服某些金属的干扰。与此同时，硼氢化钠还原反应的电位强烈依赖于pH，酸度低时，可以被还原的元素较多，引起的干扰也较严重。Berndt 等[40]在测定纯铅中的砷时，酸度增加至 6mol/L 盐酸，铅的允许存在量可达 10mg，而当酸度降低到 0.5mol/L 盐酸时，铅的允许存在量降低至 1μg。Jackwerth 等指出[32]，当 pH＝5～6 时，可以用硼氢化钠来定量沉淀铅，这个实例充分说明酸度的影响。

③ 降低硼氢化钠的浓度。由于 HG-AFS 以硼氢化钾产氢支持扩散火焰，所以硼氢化钾用量远高于待测元素所需，则通常无干扰离子竞争硼氢化钾造成的液相干扰，其主要液相干扰来源于干扰元素与硼氢化钾反应生成的金属或硼化物颗粒对氢化物的吸附或分解，故此时硼氢化钠的浓度愈大愈容易引起液相干扰。因此，应在保证可以满足正常原子化所需氢气的情况下，尽可能采用较低的硼氢化钠浓度，而不是像一些较老的文献所介绍的采取增加硼氢化钠浓度的办法，如袁园等在柠檬酸存在下，采用较低浓度的硼氢化钠溶液可完全消除镍对硒的干扰。

④ 在某些情况下，加入氧化-还原电位高于干扰离子的元素可以减慢干扰元素金属的生成速度，从而可以明显地克服一些金属离子的干扰。Verlinden 等[36]发现 10 倍的铋即可干扰硒的测定。三价铁盐存在时，铋的容许量可以大大提高，三价铁盐也可以减小铜及镍对其他可形成氢化物元素测定的干扰。

⑤ 改变氢化物发生的方式是克服氢化物法中液相干扰的重要途径。例如采用连续流动（或断续流动）方式来发生氢化物时的液相干扰要比间断法少得多。文献中曾报道过在氢化物发生-流动注射分析中，铜、镍等元素对铋的干扰大大减弱。因此，这些年来，连续流动、断续流动（间歇泵法）以及顺序注射先后与氢化物原子荧光光谱法结合，取得了成功。氢化物法甚至有可能用来测定纯铜及纯镍中的可形成氢化物元素。

⑥ 通过化学反应改变干扰元素的价态。氢化物元素之间的干扰有时除了气相干扰之外还有可能是液相干扰。此时可以改变某些干扰元素的价态。例如可将 Se(Ⅳ) 氧化至 Se(Ⅵ) 从而消除其干扰。文献中曾报道过用羟胺或肼将高价硒还原为元素态硒而消除其干扰。这类方法也可用于气相干扰的消除。

⑦ 分离干扰元素，在分析样品中被测元素含量低于检出限或共存元素较复杂的情况下，可以考虑分离与富集的方法。例如海水或废水中微量砷的测定可以用氢氧化铁沉淀的方法来捕集，从而得到富集并与共存元素分离。Aznarez 等将锑萃取富集到有机相后，直接在有机相中进行氢化物法的测定[41]，有一定的新意。

4.6.4 气相干扰

气相干扰是由于挥发性的氢化物引起的，一般是指可形成氢化物元素之间在传输及原子化过程中的相互干扰，特别是在原子化过程中的干扰更为常见和重要。由于传输过程中的干扰相对较轻，且普遍较弱，在此不作具体讨论；而原子化过程中造成的气相干扰较为严重，且普适性较强，所以在此将重点讨论。

4.6.4.1　氢化物原子化的机理

由于氢化物发生法的气相干扰主要由原子化过程引起，所以有必要对氢化物的原子化过程先做一个简要介绍。氢化物的原子化过程，长期以来一直有热解原子化和自由基碰撞原子化两种说法，下面分别加以介绍。

（1）热解原子化　早期认为氢化物沸点低、易分解，只要有足够高温氢化物会直接热解形成自由气态原子。Evans 等[42]提出氢化物在石英管中热解原子化按下式进行：

$$MH_n \xrightarrow{\triangle} MH_{n-1} + \frac{1}{2}H_2$$

$$MH \xrightarrow{\triangle} M^0 + \frac{1}{2}H_2$$

但是，这种机理存在一些难以解释的矛盾，其中第一个事实就是温度本身，虽然在加热石英管中 800℃才能使砷或硒的氢化物原子化，但在石墨炉中却要 1700～1800℃才能使砷或硒的氢化物原子化。第二个事实是加氧或空气到载气中可以增加灵敏度，在未加热石英管原子化器内燃烧最佳氢氧比为 5∶1 的富氢-氧焰（或富氢-空气焰）中可得到最高的灵敏度。第三个事实是石英池表面对可形成氢化物元素所得到的信号有明显的影响。

（2）自由基碰撞原子化　Dedina 等[43]首先研究了在未加热石英管内的冷氢氧焰中硒化氢的原子化过程，指出硒化氢的原子化不是由于热分解，而是由于火焰反应区内自由基所致，在火焰反应区内存在下列反应，

$$H\cdot + O_2 \longrightarrow \cdot OH + O$$

$$H_2 + O \longrightarrow OH + H\cdot$$

$$\cdot OH + H_2 \longrightarrow H_2O + H\cdot$$

从而产生大量的 H·，硒化氢很可能是与大量存在的 H·进行下列两步连续的反应而原子化的。

$$SeH_4 + H\cdot \longrightarrow \cdot SeH + 2H_2$$

或

$$SeH_2 + H\cdot \longrightarrow \cdot SeH + H_2$$

$$\cdot SeH + H\cdot \longrightarrow Se + H_2$$

Welz 等[44]曾推论在电加热石英管中砷和硒也应发生同样的原子化机理，并经过仔细的实验研究后指出，气态氢化物在加热石英池中的原子化，也是由于 H·碰撞所致。在石英池表面有“催化层”存在时，将大大加速消耗 H·的反应，使 H·浓度减小，并导致灵敏度的显著下降；氢不存在时，砷化氢，可能也包括其他可形成氢化物元素，在加热石英管中热分解而不被原子化，砷最可能形成的物质为 As_2 和 As_4。由此可见，H·在氢化物的原子化过程中起到了决定性的作用，因而，有关气相干扰的机理将与氢自由基（H·）的浓度密切相关。

在氢化物发生-原子荧光法中，反应所生成的氢化物连同氢气通过电加热石英管，然后在石英管开口端形成氩氢焰，实际上原子化是在氩氢焰中进行的。用 L'vov 双线法对火焰温度的测量表明，在荧光最强处火焰温度不到 1000℃，而且不管氢化物的离解能是多是少，各种可形成氢化物元素几乎都在同一高度有最强的荧光辐射，这些事实表明在氢化物发生-原子荧光光谱法中，H·的存在仍然是原子化过程中重要的因素。随着观察高度的提高，不同元素的荧光信号逐步降低，降低的速度明显地决定于该元素氧化物的离解能，这就说明在火焰上部周围空气中的氧积极地参与了化学反应。因而，从消除干扰的角度来看，在原子荧

光光谱法中应选择 H・最丰富的区域来进行分析。

(3) 氢化物的原子化机理 赵一兵等[45,46]利用石英管电热原子化条件，仔细研究了 H_2、O_2 和空气对氢化物分解的影响，指出在一定条件下，氢化物的原子化同时存在自由基碰撞和热分解过程，而不是单一作用。他们还进一步研究了原子化器表面在原子化过程中的作用。将预处理石英管和镀膜石英管与常规石英管原子化效率进行对比，结果表明，AsH_3、SnH_4的原子化在石英管表面进行，而 SeH_2 的原子化可能是气相反应。值得指出的是，在一定条件下，氢化物的原子化不一定是直接热解或自由基碰撞的简单过程，还存在中间化合物形成的复杂过程，如 Welz 发现有下列反应存在[44]：

$$As_2 + H \longrightarrow AsH + As^0,\quad AsH + H \longrightarrow As^0 + H_2$$

综上所述，采用加热石英管原子化方式，无论是将其置于化学火焰中加热，还是缠绕电炉丝加热，由于实验条件不同及氢化物发生元素性质的差异，相应氢化物原子化机理不尽相同，热分解或自由基碰撞作用可能同时不同程度地存在，而且还可能有石英管表面的作用和更复杂的中间过程。

4.6.4.2 气相干扰的产生和机理

根据对氢化物原子化机理的分析可知，原子化过程中产生的气相干扰主要是由于原子浓度减少造成的，其可能的原因不外乎两种，一种是抑制了原子态的生成；另一种是加速了原子态的消耗，下面就分别来讨论这两种过程。

(1) H・损耗造成的干扰 Welz[44]研究了 Se(Ⅳ) 和 As(Ⅲ，Ⅴ) 的气相干扰，发现 Se 对 As 的信号抑制比 As 对 Se 的干扰严重，且 As(Ⅲ) 对 Se 的干扰比 As(Ⅴ) 对 Se 的干扰严重。记录到的信号反映出峰速度的顺序为 Se(Ⅳ)、As(Ⅲ)、As(Ⅴ)。根据以上现象，他们用自由基碰撞的机理对其进行了解释，指出在电加热石英管原子化器中 H・缺乏，Se 发生氢化物快，比发生氢化物慢的 As 先消耗一定量的 H・，因此 Se 对 As 的干扰比 As 对 Se 的干扰严重。另外，As(Ⅲ) 比 As(Ⅴ) 发生氢化物快，在测定 Se 时可以比 As(Ⅴ) 早进入原子化器与 Se 竞争 H・，所以对 Se 的信号有较大的抑制。

Dedina 的研究结果也显示 Sn、As、Sb、Bi 对 Se 的气相干扰也是由于消耗了 H・的缘故[25]。并提出两个可能的机理：①干扰成分在管子进口部位附着，改变了管口的表面性质，加速了 H・的复合速度，造成 H・浓度的衰减；②干扰成分在管内消耗了 H・，造成了 H・浓度的衰减。Dedina 根据以下两点事实判断前一种机理可能更为重要：①从化学角度来讲，不同的可形成氢化物的元素消耗 H・的能力相差不大，所以如果后一种机理为主要过程，则它们所产生的干扰应该相差不大，事实则刚好相反，不同干扰元素之间的差别极大；②气相干扰有很大的记忆性，后一种机理对此无法解释。

(2) 自由原子损耗造成的干扰 讨论氢化物的原子化机理时已经提到，自由原子之间可能结合为一些分子，造成原子浓度下降，形成气相干扰。Verlinden 等[36]发现当 Sb 或 Ge 存在时测定 Se，会产生气相干扰，同时伴有灰白色或黄色沉积物出现，据此认为这种气相干扰是形成化合物造成的，灰白色的沉积物可能是 Sb_2Se_2，黄色的沉积物可能是 $GeSe_2$。考虑到氢化物发生元素的浓度都很低，相互之间作用的可能性较小，所以这种衰减作用可能并非主要因素。

自由原子的另一种衰减方式是与气相中的氧等成分生成氧化物，通过仔细研究各种元素原子荧光信号随观察高度衰减的情况，发现衰减的速度决定于该元素的氧化物离解能，这就证明氧化物的形成是原子浓度衰减的重要原因之一。用分子发射的方法也可观察到火焰高部位有某些氧化物的分子发射光谱，例如 AsO 的光谱。近期 D'Ulivo 等人发现试剂中溶解的 O_2 会对氢化物发生-原子吸收光谱测量产生干扰[47]，图 4-25 中示出了被 N_2 和 O_2 所饱和的试剂在不同蠕动泵速下的原子吸收信号。如果不存在干扰，则原子吸收信号应该随泵速增加而线性增加，使用 N_2 饱和的试剂得到的结果都符合这一规律。而使用 O_2 饱和的试剂，则只有 Se 的信号符合这一规律，Sb 和 As 的曲线都显著下弯，这说明被试剂带入的溶解 O_2 造成了显著的干扰。这种干扰是在原子吸收光谱测量中产生的，与荧光猝灭现象无关，而更可能是由于试剂带入的残留氧消耗了火焰中的自由原子之故。这种干扰可以通过改进原子化器来减轻或消除。

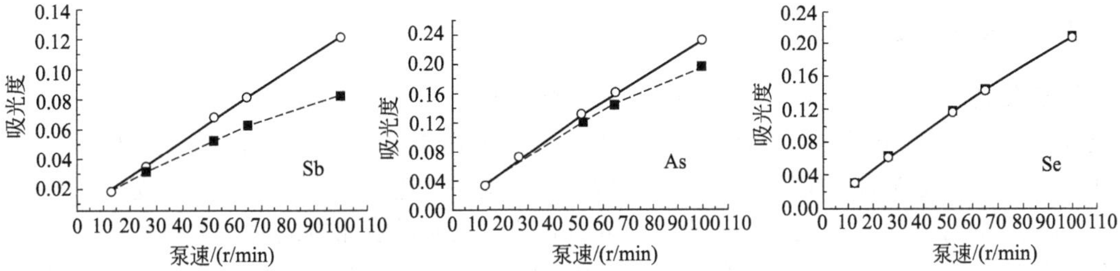

图 4-25　不同蠕动泵速下 Sb、As、Se 的 HG-AAS 信号

■ O_2 饱和的试剂；○ N_2 饱和的试剂

4.6.4.3　气相干扰的克服

关于气相干扰的克服，目前研究得还不太多，因此，将这方面的一些可能性，进行比较详尽的讨论。

克服气相干扰总的指导思想应当是：第一，在干扰元素的氢化物未发生之前千方百计地不让它转化为氢化物（或推迟发生）；第二，干扰元素的氢化物一旦发生出来，在传输过程中应尽量减少其传输效率，或改变其传输速率，使其与被干扰氢化物得到分离；第三，进入原子化器时，应当充分地供给 H·（或提高温度）以保证分析元素的原子化不受干扰元素的影响，同时应防止原子浓度的衰减。下面将分别对各阶段可能采取的一些措施作一些探讨。

（1）发生阶段　可以采取一些克服液相干扰的措施，使可形成氢化物的干扰元素不能转化为氢化物或减慢其发生速度。例如 Welz[44] 加铜盐以克服硒对砷的干扰就是利用有铜存在时，硒化氢几乎不产生实现的。

（2）传输阶段　从氢化物发生到进入原子化器这段时间内可能采取的措施有：①让发生的氢化物通过一个气相色谱柱，设法将干扰元素与分析元素稍稍分开，使二者进入原子化器的时间不同，分析元素能够比干扰元素提前进入原子化器，干扰就有可能消除；②各种氢化物的热稳定性并不相同，对传输管道的某一段进行适当加热将某些氢化物分解；③设法找到一种可以破坏或吸收干扰元素氢化物，而又不影响分析元素发生的氢化物气泡通过的溶液或吸附剂，将干扰元素分离。

（3）原子化阶段　主要是要保证被测元素的充分原子化，并在最大程度上减少原子浓度的衰减。要保证被测元素的充分原子化，可以通过选择最佳的原子化环境来实现。例如采用 ICP 作为原子化器的氢化物-原子荧光光谱法中，各种氢化物元素之间的干扰大大减少。在目前通常采用的氢-氩焰中则必须选择最佳的原子化环境。如前所述，氢-氩焰的温度并不高，氢化物的原子化可能与 H· 的存在有关，因而必须仔细研究和选择最佳部位（即 H· 最多处）来进行原子荧光检测。根据前面所述，原子浓度的衰减主要是由于形成氧化物，所以，要避免这种干扰就要尽量减少分析元素氢化物和氧气的接触，在 Ar-H_2 火焰外层添加屏蔽气是一种较好的解决方式。

4.6.5 光谱干扰

氢化物发生-原子荧光测量中，由于荧光谱线简单，所以光谱干扰较少，而且程度也较轻，大多数情况可以忽略不计，但在某些特殊情况下，也需要考虑，下面分别进行讨论。

4.6.5.1 谱线重叠干扰

原子荧光的谱线相对简单，并且能够发生氢化物的元素种类相对较少，所以一般认为，氢化物发生-原子荧光测量中不存在谱线重叠干扰。但据李刚报道[48]，Bi 对 Hg 的测量存在光谱干扰，尤其是在 Bi 浓度远高于 Hg 浓度时，会对 Hg 造成较为明显的正干扰。该干扰是因为 Bi 被 Hg 灯发射光所激发，发出 253.66nm 的弱荧光谱线而造成的。文中提出该干扰可以采用数学计算，或冷 Hg 蒸气测量（采用 $SnCl_2$ 或很低浓度 KBH_4 作为还原剂）的方法得以消除。

4.6.5.2 ·OH 的发射干扰

现有的氢化物发生-原子荧光测量中被测光不经色散，直接被日盲光电倍增管所检测。被载气带出的 H_2O 在原子化器中分解产生·OH，·OH 在 306nm 和 320nm 处的强发射峰也在日盲光电倍增管的检测范围内，所以·OH 会对测量造成一定的干扰。消除这一干扰可以通过降低进入原子化器的被测气中的水汽含量，或在光路中加入滤光片来实现，显然前一种方法更为直接有效。

4.6.5.3 有机化合物吸收干扰

Morita 等[49]报道不饱和或芳香化合物在日盲区内存在吸收谱线，会干扰氢化物发生-原子荧光或原子吸收测量，要消除这些干扰必须在样品的前处理过程中尽量除去这些有机物。

4.6.6 荧光猝灭干扰

荧光猝灭现象是激发态原子的一种非辐射去激发过程，该现象会造成原子荧光信号显著下降，甚至完全消失，所以在原子荧光测量中必须尽量避免。某种物质对特定元素的荧光猝灭与两者之间的碰撞密切相关，所以该物质与分析元素的碰撞截面，也称为猝灭截面，很好地反映了该物质对该分析元素的猝灭特性，猝灭截面越大，该物质对该分析元素的荧光猝灭就越强。荧光猝灭效应可以由以下因素引起。

4.6.6.1 载气的干扰

表 4-9 中列出了几种常见气体的猝灭截面，从表中可知，Ar 的猝灭截面很小，非常适合作为原子荧光测量的载气。N_2、O_2 都有较大的荧光猝灭截面，所以采取屏蔽式原子化器隔绝空气可以大大降低荧光猝灭，增加原子荧光测量的稳定性和灵敏度。

表 4-9 常见气体的猝灭截面

元素	光谱项	猝灭截面×10^2/nm^2								温度/K
		H_2	H_2O	O_2	N_2	CO	CO_2	Ar	He	
Li	$2^2p_{1/2 \cdot 3/2}$	5.2	1.9	—	6.8	12.6	9.2	≤0.3	—	1400
Na	$3^2p_{1/2 \cdot 3/2}$	2.9	0.5	12.3	7.0	11.9	17.0	≤0.1	≤0.1	1400
K	$4^2p_{1/2 \cdot 3/2}$	1.0	0.9	15.5	5.6	12.4	21.4	≤0.2	≤0.08	1400
K	$5^2p_{1/2 \cdot 3/2}$	19.1	4.8	—	14.3	—	—	—	—	2000
Rb	$5^2p_{1/2 \cdot 3/2}$	0.6	1.3	25.0	6.1	11.8	24.0	≤0.3	—	1400
Rb	$5^2p_{3/2}$	1.0	—	—	13.7	—	—	—	—	340
Cs	$6^2p_{1/2 \cdot 3/2}$	1.8	5.6	—	25.1	—	—	—	—	1400
Tl	$7^2s_{1/2}$	0.03	1.8	13.2	6.4	13.6	32.5	≤0.1	≤0.12	1400
Pb	$6p7s^3p_1$	0.4	8.0	15.0	5.7	13.0	29.0	≈0.0	≈0.0	1400
Hg	2^3p_1	8.0	—	20.0	<0.3	6.5	5.0	—	—	300

4.6.6.2 水汽的干扰

在氢化物发生-原子荧光测量中，被载气带入原子化器中的 H_2O 也有较大的猝灭截面，所以常需在原子化器之前加上一个脱水装置，来降低进入原子化器的分析气体中的水汽含量，减少由 H_2O 引起的荧光猝灭。

4.6.6.3 阴离子的干扰

在样品前处理过程中可能会引入 NO_2^-（消解过程）或 CO_3^{2-}（形态分析的萃取过程）等阴离子，这些阴离子在氢化物发生过程中会产生 NO_x 和 CO_2 气体，它们也都有较大的猝灭截面，会引起严重的荧光猝灭，所以在氢化物发生-原子荧光测量时，要求将前处理过程中引入的 CO_3^{2-} 和 NO_2^- 尽量赶尽，否则就会带来严重的荧光猝灭效应。

4.6.6.4 H_2 的干扰

从表 4-9 中知 H_2 也有较大的猝灭截面，特别是对 Hg 的 2^3p_1 光谱项，其猝灭截面高达 $8.0 \times 10^{-2} nm^2$，说明 H_2 能够造成显著的荧光猝灭，所以在测 Hg 时不产生或极少产生 H_2 的冷 Hg 蒸气法（采用 $SnCl_2$ 或很低浓度 KBH_4 作为还原剂）能显著降低荧光猝灭效应。

4.6.6.5 低沸点有机物的干扰

在氢化物发生-原子荧光测量中，在前处理过程可能会带入一些低沸点的有机物，如苯、乙醇、丙酮等，它们也有较高的猝灭截面，会造成严重的荧光猝灭，干扰测定，5ng/mL 的 Hg 溶液中加入 0.05%和 0.1%（体积分数）的苯会使其荧光值分别降低 20%和 40%。所以，在前处理过程中必须尽量减少低沸点的有机物含量，特别是对于形态分析采用大量有机溶剂提取被测组分时，更是需要将有机溶剂赶尽。

实际样品中的干扰可能是上述干扰的组合，必须根据具体情况来分别判断，然后找出相应抑制干扰的方法，最终消除干扰。当然，最直接、有效的干扰消除手段还是对样品进行适当的前处理，使干扰物和分析元素分离，这才是消除干扰的最彻底的方法。

4.7 蒸气发生-原子荧光测量要点

4.7.1 测量通则

HG/CVG-NDAFS测量中的影响因素很多，其中一些属于共性因素，较为重要的有：①在NDAFS测量中水对测量结果有很大影响，主要有以下原因：水分子会引起严重的荧光猝灭[49]；水分子在原子化器中可生成·OH，而·OH在日盲区段内存在发射谱带[3]；光路中的小水滴会造成光源光的散射，提高了测量背景。②NO_x和一些挥发性有机物分子会引起极为严重的荧光猝灭[35,49]，造成测量灵敏度急剧下降，特别是测汞时由于汞的挥发损失温度很低，所以无法赶尽残酸，往往会在消解液中残留大量的NO_x和NO_2^-，这些物质都会显著干扰Hg的测量，王晓芳等[50]对其做了仔细评估，并采用氨基磺酸混合水浴加热的方法消除了这些干扰。③过渡元素和贵金属元素会对HG/CVG反应造成干扰，这种干扰可在高酸度、低BH_4^-浓度条件下得到缓解。除此之外，HG/CVG-NDAFS测量中还有一些特异性的影响因素，下面就分别进行讨论。

4.7.2 形态、价态歧视的解决

HG-NDAFS测As最大的问题来自于实际样品中As的多种形态，这些形态的HG能力相差很大，其中As(Ⅲ)的HG能力最强，一甲基胂（MMA）、二甲基胂（DMA）次之，As(Ⅴ)、三甲基胂氧化物（TMAO）、对氨基苯胂酸（*p*-ASA）、砷糖（AsS）只有较弱的HG能力，而3-硝基-4-羟基苯胂酸（roxarsone）、胂甜菜碱（AsB）、胂胆碱（AsC）等则完全没有氢化物发生能力。这就要求在进行总As含量测定时，必须要把这些形态完全转化为灵敏度最高的As(Ⅲ)，这需要经过消解和预还原两个步骤。样品消解时需注意的是AsB，其大量存在于海生动物体内，化学性质非常稳定，必须在高温强氧化剂的作用下才能无机化[51]，所以采用HG-NDAFS测量海产品中总As时干灰化法[52]，或在H_2SO_4存在下以HNO_3+HClO_4消解[53]才能获得较好的回收率。预还原时可以采用的预还原剂有KI＋硫脲、硫脲＋抗坏血酸或L-半胱氨酸几种。KI＋硫脲需在高酸度条件下使用[54]，预还原速度较快，此体系中KI主要起预还原作用，硫脲则用于消除KI作用后生成的干扰物I_3^-。硫脲＋抗坏血酸与KI＋硫脲类似，只是预还原速度较慢，一般要保持0.5h以上。L-半胱氨酸则与上述体系差异较大，其预还原是在低酸度下实现的[55]，且还原速度较快。对于常规测量，使用最广的预还原体系还是硫脲＋抗坏血酸，预还原时间以30min以上为宜，预还原速度受温度影响较大，如室温低于15℃时，应延长放置时间或置于60℃以上的水浴中适当保温，以加速还原。

Sb与As属同族元素，基本化学性质非常类似，但Sb的形态与As相比则要少得多，最为常见的形态仅有Sb(Ⅴ)和Sb(Ⅲ)两种，与As不同，Sb(Ⅲ)和Sb(Ⅴ)的HG能力基本相当，但当溶液中存在有机配体时，Sb(Ⅲ)的HG能力基本不受影响，而Sb(Ⅴ)的配合物则基本没有HG能力，所以在不能确定溶液中完全不含有机配体（或彻底消解）时，HG-AFS测量之前也需要进行预还原，以避免可能存在的Sb(Ⅴ)配合物对发生氢化物带来的不良影响[56]，使用的预还原试剂也类似。对于常规测量，使用最广的预还原体系还是硫脲＋抗坏血酸，预还原时间以30min以上为宜。除此之外，SbH_3的生成受室温影响较大，室温低于15℃时其生成速度及稳定性均有大幅度下降，故最好于实验室安装空调，保证正

常室温以利 Sb 元素的测定。

Se 也是一种形态非常丰富的元素，并且 Se 在生物体中具有较高的重要性，是一种非常重要的抗氧化剂。其常见形态有 Se(Ⅳ)、Se(Ⅵ)、硒脲（SeU）和多种硒代氨基酸，包括硒代胱氨酸（SeCys）、硒代蛋氨酸（SeMet）、甲基硒代胱氨酸（SeMeCys）。所以 Se 的测量存在与 As 类似的问题，但 Se 的各种形态中除 Se(Ⅵ）不能直接 HG 之外，其他形态都有一定的 HG 能力。由于 Se(Ⅵ）很易被强还原剂还原为 Se^0，造成样品损失，所以 Se(Ⅵ）不可用测 As 使用的预还原剂还原为 Se(Ⅳ)[57]，可在 6mol/L 以上的 HCl 中加热预还原，或采用所谓碱式预还原的方法转化为 Se(Ⅳ)。

汞也是一种形态众多的元素，其中较为常见的形态有：甲基汞、乙基汞、苯基汞和无机汞。其中甲基汞毒性最高，且广泛存在于汞污染水域的水产品中，著名的环境污染事件“水俣病”就是由甲基汞引起的。乙基汞和苯基汞曾经作为杀虫剂使用，毒性低于甲基汞，重要性也相对较低。采用色谱分离与原子荧光联用检测汞形态的方法将在后面详细讨论，在此主要讨论非色谱检测甲基汞和无机汞的方法。利用前处理手段分别检测总汞和无机汞，以两者的差值作为甲基汞的含量。常用检测方法有两种，一种是液相法，另一种是气相法。液相法是基于冷蒸气发生方法，实验证明，冷蒸气发生条件下甲基汞不能形成汞蒸气，所以不能被检测，此时测得的即是无机汞，而经消解后可测得总汞，两者之差即为甲基汞的含量。上述方法可使用 $KMnO_4$、$KBrO_3/KBr$、$K_2S_2O_8$ 离线或在线消解[58,59]有机汞，或不使用其他试剂仅以较高强度紫外光、较长时间照射消解[60]有机汞。气相法[61]则是采用类似热汞法的发生条件，发生物在不同温度的原子化器中原子化，由于甲基汞发生产物为氢化甲基汞，在低温时不能形成自由汞原子，所以低温下测得的是无机汞，而当温度升高到 600℃以上时，氢化甲基汞可完全分解为自由汞原子，此时测得的是总汞量，两者之差即为甲基汞含量。

4.7.3 酸度的调控

锡在强酸中形成氢化物的酸度范围很窄[62]，但加入部分弱酸或在弱酸介质中发生氢化物时，酸度范围可以显著变宽，在 HCl 中加入少量 L-半胱氨酸后，酸度范围大幅变宽，使得测量得以更好地完成，除 L-半胱氨酸以外，酒石酸、乙酸、巯基乙酸都能起到类似作用。

在使用 $K_3Fe(CN)_6$、KBH_4 和酸发生铅的氢化物时也需要注意形成氢化物时的酸度，其范围很窄，应严格控制标样的介质酸度及消解后的样品酸度，并通过调节硼氢化钾溶液的碱性（即调节氢氧化钾的用量）使反应后废液的 pH 值介于 7～8 之间。郭小伟等[63]通过加大还原剂中 KBH_4 和 NaOH 的浓度，拓宽了体系的可用酸度范围；刘霁欣等[64]在还原剂中引入了一定量的硼酸，使得在反应溶液中形成了硼酸/硼酸钾缓冲体系，很好地拓展了测铅时的酸度范围。

另外，像镉、锌等元素的挥化物发生反应也对酸度较为敏感，需要控制。

4.7.4 污染、损失的控制

在 HG-AFS 测定的元素中，Pb、Zn 属易污染元素，在其氢化物发生过程中用到的所有试剂几乎都可能因含有一定量的 Pb 而达不到使用的纯度，应注意检测试剂空白，以免因背景过高而干扰测定。Zn 则在汗液中大量存在，配制溶液过程中应注意汗液的玷污，也应注意来自其他方面的 Zn 污染。

Ge 的氯化物极易挥发，溶样时特别注意不要引入氯离子，最好采用 $HNO_3+H_3PO_4$ 溶样，最后赶尽 HNO_3，至出现 H_3PO_4白烟，避免 HNO_3带来的负干扰，同时确保某些食品（尤其是保健食品）中的有机锗消解完全。此外，消解温度应严格控制，以免 Ge 挥发损失。在 HG-AFS 检测过程中，磷酸有利于 Ge 的氢化物发生，可用优级纯的磷酸作其介质。

4.7.5 增敏与掩蔽

Pb 在直接氢化物发生时，灵敏度较低，而加入 $K_3Fe(CN)_6$[65]、$(NH_4)_2S_2O_8$[66]或亚硝基 R 盐[67]等试剂后可将其灵敏度提升上千倍，其中又以 $K_3Fe(CN)_6$最佳，所以往往在使用 HG-AFS 测定 Pb 时需要加入 $K_3Fe(CN)_6$。D'Ulivo 等[65]的研究表明，$K_3Fe(CN)_6$增敏的机理是与 KBH_4形成了活性中间体，造成了增敏。另外，$K_3Fe(CN)_6$还是 HG-AFS 测 Pb 时良好的掩蔽剂之一，仅比草酸略弱[68]，且不像草酸一样降低测 Pb 的灵敏度，所以对大多数样品可通过加大 $K_3Fe(CN)_6$浓度来降低干扰，其屏蔽干扰的原理是 $K_3Fe(CN)_6$可以和很多金属离子形成稳定络合物或沉淀[69]。采用 HG-AFS 测 Pb 时，$K_3Fe(CN)_6$既可加在酸性样品溶液中，也可加在碱性的还原剂中。当 $K_3Fe(CN)_6$加在酸性样品溶液中时，由于会与样品中的干扰离子发生反应，生成颜色各异的络合物或沉淀，有较好的掩蔽性能。当测量干扰较重的样品时，可将 $K_3Fe(CN)_6$加入样品溶液中，但必须尽快测量，否则会出现颜色变化或沉淀。而 $K_3Fe(CN)_6$加入还原剂中后，避免了与其他金属离子的接触，故能较长时间保存，实践表明碱性条件下加入 $K_3Fe(CN)_6$的还原剂可在 4℃保存 1 周左右。

As 是用 HG-NDAFS 最有效检测的元素，其氢化物发生随反应条件变化较小，虽然提高酸度可以略微增加 As 的测量灵敏度，但这种影响一般不大；HG-NDAFS 测 As 的干扰主要来自于贵金属，这些干扰可以被硫脲较好的掩蔽掉。

Sn 也受到其他过渡金属元素的干扰，特别是 Cu、Ni 的干扰尤重，测定时必须加入掩蔽剂来消除这些干扰，可用的掩蔽剂有 L-半胱氨酸[70]、硫脲-抗坏血酸[71]、酒石酸[72]、$K_3Fe(CN)_6$-草酸[73]等，其中硫脲-抗坏血酸虽然使用广泛，但可能降低灵敏度，所以后两者应该是更为理想的掩蔽剂。

4.7.6 冷蒸气和热蒸气发生

Hg 是 HG-AFS 测量的多种元素中非常特别的一种，其特别之处有两点：①非常容易还原生成单原子蒸气，使用 $SnCl_2$ 这样的弱还原剂也能使其完全还原；②其单原子蒸气化学稳定性极高，即便在较高温度也不会被氧化，所以很多含汞化合物可以通过燃烧来获得汞蒸气。正因为具备以上两个特点，所以汞可以通过三种方式进行蒸气发生：冷蒸气发生（冷汞）、普通蒸气发生（热汞）和燃烧发生。有关燃烧发生方式将在 4.8.2 部分介绍。

（1）冷蒸气发生方式　一种在液相中进行的化学蒸气发生方式，使用 $SnCl_2$ 或很低浓度（多为 0.05%）的 KBH_4或 $NaBH_4$为发生试剂，发生产物由载气直接引入原子光谱仪器检测。此种方式最大特点有三个：①此种发生方式非常温和，大多数过渡元素干扰离子在此条件下不产生液相干扰；②由于反应过程中基本不产生氢气，所以需要使载气与液体充分接触以保证汞的气液分离效率，当不进行气液分离时，甚至可以作为一种富集方式，但由于 Hg 在水中的溶解度太小，这种方式的穿透率较高，所以其富集倍数和富集量都不会太好；③由于发生产物直接测量，被载气带出的小水滴容易造成散射对测量产生影响，所以最好经过脱水处理后再进行测量。国外多采用价格昂贵的 Nafion 膜脱水[74]，国内则多对载气加热使液滴转化为蒸汽消除散射，也有利用旋风分离原理除水获得了较好的效果[75]。

（2）普通蒸气发生方式　也是一种在液相中进行的化学蒸气发生方式，使用 1%以上的

KBH_4或 $NaBH_4$为发生试剂，发生产物通常被载气带入 $Ar-H_2$ 火焰内测量。此种方法的优点在于与其他元素氢化物发生条件相同，可以同时测量。正因为这样，所以不可避免地也会受到过渡元素的干扰，需要加入硫脲、抗坏血酸之类来掩蔽干扰[76]。

4.8　非蒸气发生原子荧光光谱分析技术

虽然蒸气发生是目前原子荧光应用最为成功的样品导入技术，但也存在其他一些样品导入方法，如雾化法、燃烧法、电热法等；光源和分光系统也有其他的选择。这些技术往往可以扩大应用元素和适用样品的范围，是蒸气发生原子荧光的很好补充。

4.8.1　雾化-小火焰原子荧光法

除蒸气发生技术外，原子荧光还可以采用气动雾化方式导入样品，其中应用较为成功的是所谓小火焰原子荧光法，小火焰是指其亦采用阵列燃气-空气火焰作为原子化器[77]，但比火焰原子吸收的火焰要小，详见图 4-26。其所产生的多头火焰汇聚为一体，形成火焰中部的高温区，待测元素的气溶胶在此区域中原子化后，激发、退激产生原子荧光而得以检测。另外，与氢化物发生导入过程不同，雾化过程中会带入一些高熔点微粒，可能产生较强背景散射，要利用氘灯脉冲调制扣除背景：与目标元素光源分时检测，两信号经扣背景公式计算，得到背景扣除后的测量值。由于雾化进样效率较低，且阵列式火焰的大气流量对待测元素有所稀释，所以该方法在测量可蒸气发生元素时，灵敏度比蒸气发生法低，如小火焰测汞的检出限约为 2μg/L，灵敏度比蒸气发生方法差约 3 个数量级，故该方法主要用于非氢化物发生元素，如 Au、Ag 等；但 Cd 由于蒸气发生方法干扰太严重，所以使用小火焰原子荧光也有一定优势[78]。

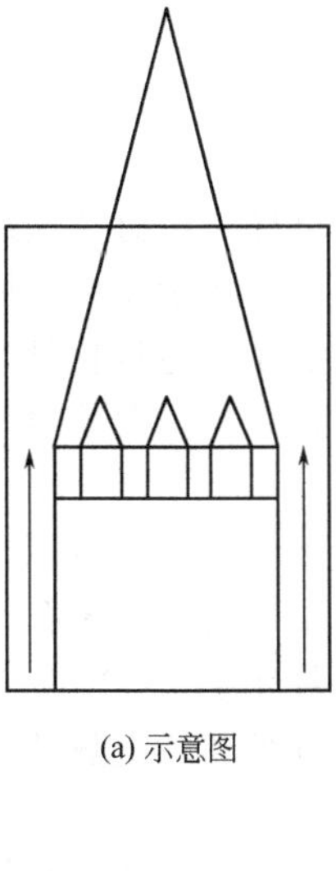

(a) 示意图

(b) 实物照片

图 4-26　阵列火焰原子化器

4.8.2　燃烧-原子荧光法测汞

燃烧发生汞蒸气[79,80]：是一种基于气固相反应的发生方式，也就是通常所谓的固体进样，其原理是含汞固相物在燃烧时可以将汞以原子态蒸气形式释放。燃烧发生方式的装置示意于图 4-27，图中样品燃烧炉恒温在 600～900℃，在其中通入空气或氧气将样品催化完全燃烧（多使用锰的氧化物作催化剂），产生的汞蒸气被载气带出可直接检测[79]或捕集后检测[80]。由于燃烧过程中产生大量其他气体，如 CO_2、H_2O 和少量 SO_2、NO_x 等不利于检测，所以贵金属捕集后检测更为常用，其原理是使汞在较低温度下与贵金属形成汞齐与其他气体分离，之后再加热至 700℃以上将汞释出，由载气带入检测器检测。要注意的是贵金属捕汞装置非常容易与卤化氢、SO_2、NO_x 等反应中毒失效，所以进入捕汞管之前需使用碱石灰或碱性溶液将其吸收避免贵金属中毒。另外，液态水会影响捕汞装置中汞齐的形成，需将水除去或将捕汞装置温度维持在 120～150℃之间，防止水汽凝结。目前燃烧发生多以原子吸收作为其检测器，并有商品仪器出售，捕汞-脱附原子荧光检测装置也已经商品化，近两年也出现了燃烧发生原子荧光测汞的商品仪器。

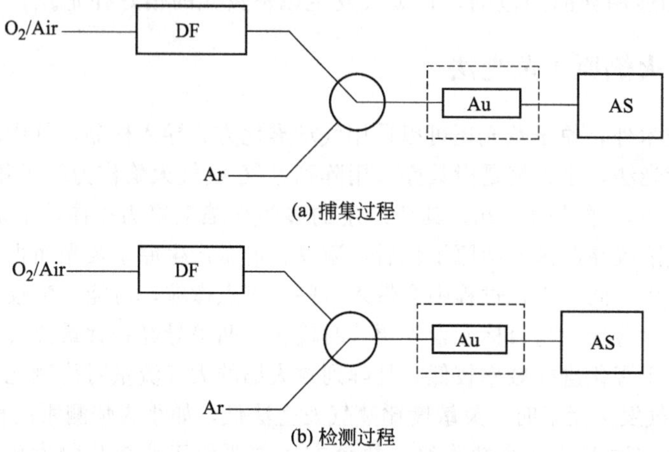

图 4-27 燃烧发生测汞装置示意图

DF—样品燃烧炉；Au—捕汞管；AS—原子光谱检测器

4.8.3 电热蒸发-原子荧光分析技术

由于自然存在的大量样品都以固体形式存在，所以固体进样是最有意义的测量方式，也是原子光谱测量的理想进样方式之一。但与目前常用的液体样品测量相比，固体样品测量面临两大难题，一个是样品的导入，液体可以通过喷雾形成气溶胶或通过化学反应形成气相小分子而实现导入，但这两条路线对固体样品都不可行。从文献中看，电热蒸发进样技术是目前最为可行的固体样品导入技术之一。

电热蒸发技术作为一种行之有效的样品导入手段，虽得到了广泛的应用，但受制于复杂的结构、巨大的能耗，难以在现场使用。多孔碳材料电热蒸发以新材料多孔石墨加工成电热元件，该材料具高电阻、高导热的特性，使得此种电热元件可在小于 500W 功率下实现样品中多种元素的电热蒸出，又无需专门的主动散热装置，这使得车载的电热蒸发样品导入成为可能，该技术已成功应用于直接进样测量仪中。

困扰着直接进样原子光谱技术的另一大难题是基体干扰，虽然在经过基体校正后可以得到减轻，如德国耶拿公司的连续光源[81]技术就将这一思想发挥到了极致，可以说是基体校正方法的“光辉顶点”，但这只是一个补救性技术，难以根本解决问题。要完全解决这一问题，固体测汞使用的原子阱捕获[80]技术给出了一个良好的启示，该技术将样品燃烧释出的原子态汞由载金吸附剂捕获而与基体分离，最后再加热释出捕获的汞进行检测。可惜的是这种方法长期以来被局限于汞的直接测定技术，未能应用于其他元素。冯礼等[82]利用钨丝阱“在线原子阱”实现了电热蒸出 Cd 的捕获，并已成功地实现了产业化。图 4-28(a) 给出的是直接电热蒸发得到的样品信号，除实线的镉信号外还存在很强的虚线干扰信号；图 4-28（b）是经"在线原子阱"捕获再释放后得到的信号，虚线干扰信号完全消除，实线 Cd 信号尖锐、对称，说明"在线原子阱"可有效消除电热蒸发带来的严重基体干扰。

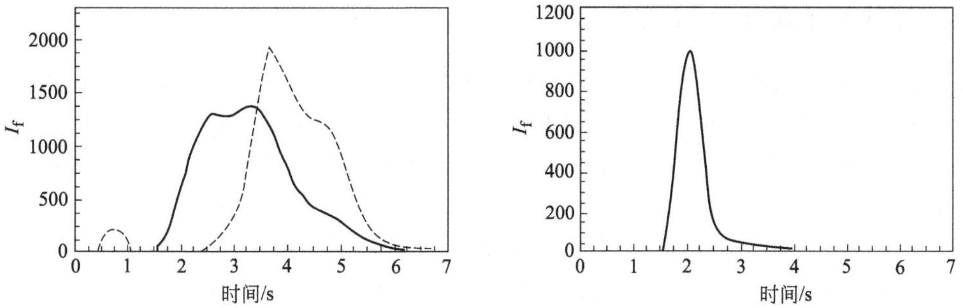

(a) 直接蒸发信号　　(b) 捕获再释放信号

图 4-28　电热蒸发测 Cd 信号

图 4-29 示意出了直接进样测 Cd 的原理，首先样品经过干燥脱去水分；之后通过在空气中灰化除去大部分有机质，形成灰白色残渣；残渣中待测的 Cd 在氩气中蒸出，同时还带出了大量蒸发基体；蒸出物经过特异性的钨丝捕集阱后 Cd 被定量捕获，而基体则完全被带出从而与分析元素实现了分离；最后再将钨丝上捕获的 Cd 加热蒸出来进行检测，得到了最终的信号。

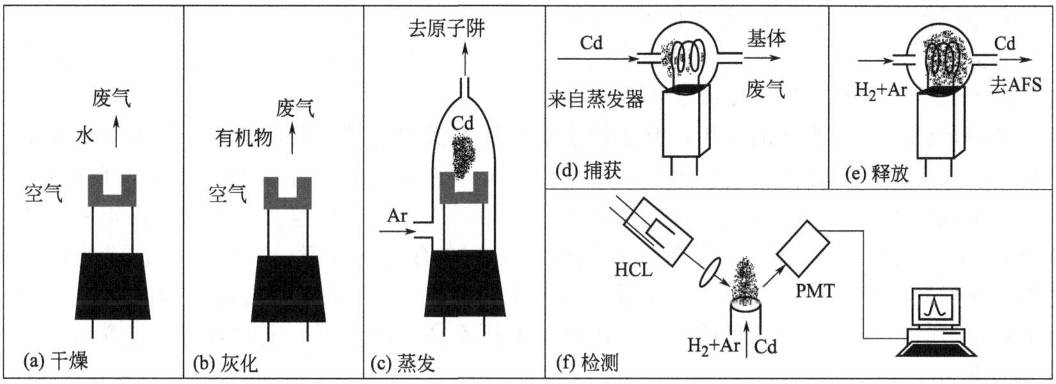

图 4-29　直接进样测 Cd 原理示意图

从上述的过程中，可以非常清晰地获得一个信息：由于分离了基体，所以样品的基体对测量没有任何影响。这一方面可以消除基体干扰，另一方面也隐含了这种测量的一个重要特性，即可以直接使用液体标样制作校正曲线，无需使用常规固体进样方法必需的"基体匹配"固体样品制作校正曲线（耶拿亦采用此法），这样不但可以降低测定结果不确定度，还可以大幅降低检测成本。

4.8.4　连续光源原子荧光光谱分析技术

高分辨连续光源与原子吸收结合取得了很好的效果，耶拿公司推出商品化的高分辨连续光源原子吸收仪得到了广泛的关注和认可，在原子荧光领域也出现了一些相应的尝试性工作，但并未应用于氢化物发生样品导入方式，这主要是由于连续光源的特点在于多元素同测和扣除背景，而氢化物发生样品导入方式不仅限制了同测元素范围，并且几乎没有背景干扰，所以几乎没有同时使用的可能。见于文献报道的连续光源原子荧光样品导入方式有辉光放电[83]、钨丝电热蒸发[84]和气动雾化[85]三种，分别使用短弧氙灯[83,84]或闪烁氙灯[83,86]作为激发光源，均采用了较为复杂的分光光路；其相对检出限均在亚 mg/L 量级，虽然能检测较多元素，但灵敏度有较大损失，丧失了常规原子荧光光谱法的高灵敏特性。

4.8.5 其他原子荧光分析技术

上述原子荧光技术得益于较高的性价比，均得到了产业化应用，还有一些原子荧光技术由于性价比不高，仅在科研中有少量应用，下面就一并做一个简单介绍。

首先是其他光源的应用，包括激光光源、ICP 光源和同步辐射光源。激光光源的强度很高，但目前的主要问题是该光源的谱线选择余地较小，常规的激光光源出射波长均与常用原子荧光波长不符，为获得可用波长的光源需要通过倍频、混频、受激拉曼散射或使用光参量激光器进行频率转换，而这些过程均会伴随激光能量的大幅损失，最终使得激光光源的光强并不能显著强于常规光源，但成本则远高于常规光源。ICP 光源是较强的锐线光源，仅从光源强度上看比日常使用的辉光放电光源要更高，但其使用成本和维护的复杂程度均与 ICP 光谱/质谱类似，仅作为光源使用性价比实在太低，故在商业上亦未有成功应用。同步辐射光源可发出连续的强光，其光强很高，但要用于原子荧光分析则需要高分辨的分光器件，且其使用成本太高，故仅见于极少数理论研究报道。

其次是其他原子化器的应用，其中报道较多的是以 ICP 或 MPT 作为原子荧光的原子化/离子化器，除可以用于原子荧光检测外，还可用于离子荧光的检测，Baird 公司还曾经推出相关商品仪器。但与上文介绍的小火焰原子荧光相似，ICP/MPT-AFS 也使用雾化进样，并且气流量还高于小火焰方式，其灵敏度比小火焰方式更差，接近于 ICP/MPT-AES，但成本甚至高于 ICP/MPT-AES，故该仪器很快就停产。

最后是色散检测系统的应用，其实原子荧光技术最初是带色散系统的，但由于其光谱非常简单，几乎没有光谱干扰，使得后期的工作在检测系统上进行了简化，取消了色散系统，这使得无色散系统性价比更高，且进光量大幅增加，信号的强度也有所增加。近年来，数字微镜 DMD 分光系统[87]用于原子荧光领域给出了一个有益的探索，此种分光方式使用了较大的狭缝以获得较高的通光量，又通过 DMD 与 PMT 的组合在不显著降低瞬时灵敏度的情况下获得了一定的分辨率，目前虽然检出灵敏度还不高，但具有一定的前景，装置示意图如图 4-30 所示。

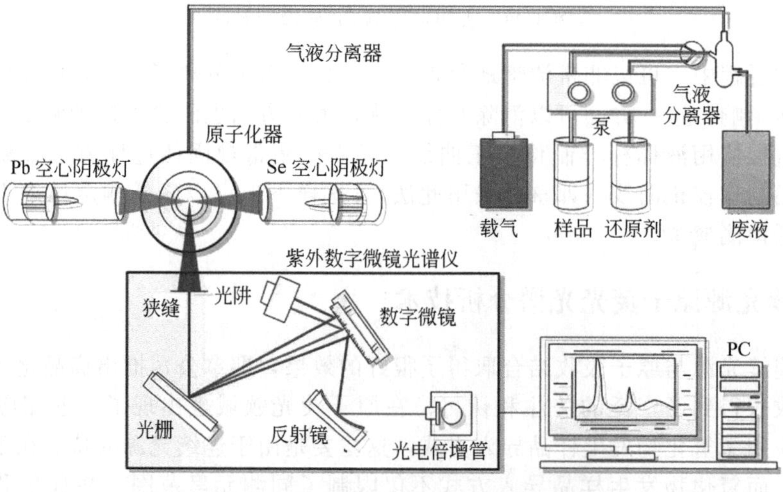

图 4-30 数字微镜原子荧光装置示意图

4.9 原子荧光光谱分析技术的展望

4.9.1 原子荧光技术的发展方向

目前，原子荧光光谱分析（AFS）已经获得了分析人员的公认，与原子吸收光谱分析（AAS）、原子发射光谱分析（AES）并列为原子光谱分析三个分支之一，在国内已获得了广泛的应用，在多种元素、多个领域中均建立了相关标准，其中多个分析方法还被作为具有法律效力的首选分析方法。在国外，由于电感耦合等离子体质谱（ICP-MS）的普及度较高，所以原子荧光技术并未普及，仅在测 Hg 方面得到了一定的认可，虽然 As、Se 等元素的测定方法也逐渐被接受，但仍然受到很大限制，而且这种趋势也正在向国内蔓延，如卫生部近期发布的食品国标中，测 As 的第一法就从原先 VG-AFS 改为了 ICP-MS，这说明 AFS 技术正在全方位受到 ICP-MS 技术的强大冲击，甚至可能从实验室中淡出。

要找到 AFS 技术的突破口，就必须从该技术的自身特点入手。与 AAS 和 AES 相比，AFS 的谱线相对简单，元素间谱线重叠较少，所以原子荧光光谱仪的光路系统通常无需色散系统，故 AFS 是上述光谱技术中小型化甚至微型化前景最好的一种。另外，AFS 的检测灵敏度很高，对某些元素已经接近 ICP-MS 的检测能力，所以可以用于食品、农产品、土壤、水、环境、大气等元素含量很低的样品的检测。

根据上述分析可以判定：AFS 技术的发展方向应该是向现场化甚至是在线检测领域发展。英国的 P. S. Analytical（PSA）和北京吉天仪器有限公司（吉天）已在这方面做出了很好的尝试。PSA 与吉天均实现了 Hg 的现场检测，PSA 还实现了 Hg 的在线监测和水中 As 的在线检测，吉天则实现了 Cd 的现场检测。可以预期，随着不断披露的大规模重金属污染事件，必然会加强对重金属的在线检测的需求，特别是原子荧光最为擅长的 As、Pb、Hg、Cd 这样的高危元素的检测，将是原子荧光技术走向现场化、小型化的最佳契机。

4.9.2 具体技术改进

为达到 AFS 仪器的现场化、在线化，就需要对现有 AFS 技术进行改进，主要有以下几个改进方面：

4.9.2.1 免消解、少试剂的样品导入技术

AFS 目前最主流的样品导入方式是蒸气发生方式，而该方式要求样品必须是经过消解的液态样品、且需使用大量试剂，这大大制约了 AFS 在现场的使用和检测速度，所以必须在这方面进行大幅度改进，以期达到现场直接进样检测的要求。目前的直接进样样品导入方式有：电热蒸发（ETV）、激光烧蚀（LA）、辉光放电（GD）等，其中最可能在现场使用的应该是 ETV，但最为成熟的 ETV 技术石墨炉（GF）又因其功耗高、结构复杂不适于现场应用，所以，必须开发新型 ETV 样品导入装置来满足现场直接进样的需求。文献报道的新型 ETV 装置中钨丝（TC）和多孔碳材料（PC）都具备了功耗低、结构简单的特点，有望应用于现场检测，其中 PC 还可直接进样 mg 级固体样品，前景更佳。除此之外，对于像地表水等基体简单的液体样品，可采用新兴的紫外光化学气相发生（UVCVG）样品导入技术代替现有的 VG 技术，实现样品导入，从而可以降低试剂消耗，避免精确的化学配比。

4.9.2.2 消除基体干扰

前文所述的ETV进样技术可以实现现场化的样品导入，但其不具备VG那样较强的基体分离能力，所以ETV在进样的同时还将引入大量的基体，而这将对后续的AFS测定带来致命的干扰，故消除基体干扰也是AFS实现现场化的前提之一，从某方面来说甚至可以说是最重要的前提。可在AFS仪器上使用的基体干扰消除技术有两种，一种是校正技术，另一种是在线基体分离技术。其中前者可适用于多种元素，但会大幅度增加仪器的复杂性，且只是一种补救技术，即便是采用目前最佳的连续光源校正方式，也很难对大量基体干扰严重的样品做出有效的检测，所以Jena基于连续光源的原子吸收测量固体样品时也要求进样量在0.1～1mg，像加工食品这样基体复杂的样品也难以测量。在线基体分离技术由于在检测前分离掉了基体，可从根本上消除基体干扰，即便是基体量大、干扰严重的样品也能够正常检测，应该是解决基体干扰的最佳手段，可惜的是目前仅有Hg、Cd的ETV进样在线基体分离技术，其他元素尚未见于报道，但很多元素的氢化物均可采用此种方式进行分离富集，这说明其他元素也有在线基体分离的可能，解决这些元素的ETV进样在线基体分离可能是近几年内AFS发展的重要内容之一。

4.9.2.3 仪器小型化

AFS从原理上来讲可以在很小的空间内实现，国外已有16开书本大小的AFS商品仪器，国内的商品化AFS仪器中也仅有1/6～1/4的空间用来实现AFS检测，大部分空间是被VG样品导入系统所占据，当改用了ETV进样方式之后，可将AFS尺寸大幅度缩小。AFS普遍使用的氩氢扩散火焰原子化器虽然其结构简单、原子化效率高，但其使用温度在600～700℃，要求光路元件与之必须保持一定的散热距离，妨碍了原子荧光的进一步小型化，并且由于原子荧光检测的日盲区紫外光在空气中衰减，所以也会损失一些灵敏度。这说明要进一步实现AFS的小型化，甚至微型化尚需对原子化系统、光学系统进行进一步的改进。张新荣等[88]进一步发展的低温等离子体原子化器及其配套检测光路在这方面作出了卓有成效的改进，该原子化器以声频（20kHz）高压（4.3～7.0kV）交流形成的介质阻挡放电形成的低温等离子体实现氢化物的原子化，使用温度仅70℃左右，这就允许光路变得更为紧凑，但在缩小体积的同时其检出限也相应降低至1/5～1/2倍。如能在此基础上进一步完善其供电系统和自身结构，其应用前景将一片大好。

另外，目前AFS使用空心阴极灯（HCL）光源和光电倍增管（PMT）检测器也都限制了AFS的进一步小型化，对光源和检测器的改进也势在必行。

4.9.2.4 提高灵敏度

AFS的最大特点之一就是其高灵敏度，这也是该技术存在的基本保证，所以进一步提高其检测灵敏度是AFS发展的永恒话题之一，特别是AFS联用技术，由于进样量更小，所以更需要进一步提高检测灵敏度。从原理上讲，AFS的灵敏度与光源强度成正比，所以提高光源强度、增加其稳定性对AFS意义重大。目前最接近实用的是厦门大学黄本立等[89]从20世纪90年代开始研究的微秒强脉冲供电HCL光源，其通过增加HCL的瞬时灯电流到安培级、点灯脉冲宽度降低到微秒级，而使得HCL瞬时发射强度大幅增强[90]，从而增加等离子体源中原子/离子荧光的信号强度，具体到原子荧光，由于该技术仅可增强As、Se等高电离能元素灯的原子发射，而对Pb这样的金属元素灯主要增强的是离子线，所以目前仅可用于As、Se、Sb元素的原子荧光信号增强，可改善灵敏度约0.5个数量级。其他的一些光源如激光光源、LED 光源、笔形灯、低压汞灯等光源也有研究或使用，但或者技术尚不成熟或者适用范围较窄，短期内仍然难以得到大规模应用。近年来非常热门的氙灯连续光源虽然也能在 AFS 上得以应用[83-86]，但由于氙灯连续光源在特征谱线上的发射强度仍远低于 HCL，所以会造成灵敏度的极大损失，这对 AFS 非常不利。

参考文献

[1] Holak W. Gas-sampling technique for arsenic determination by atomic absorption spectrophotometry. Anal Chem，1969，41 (12)：1712-1713.

[2] Braman R S，Justen L L，Foreback C C. Direct volatilization-spectral emission type detection system for nanogram amounts of arsenic and antimony. Anal Chem，1972，44 (13)：2195-2199.

[3] Robbins W B，Caruso J A. Development of hydride generation methods for atomic spectroscopic analysis. Anal Chem，1979，51 (8)：889A-898A.

[4] D'Ulivo A，Baiocchi C，Pitzalis E，et al. Chemical vapor generation for atomic spectrometry. A contribution to the comprehension of reaction mechanisms in the generation of volatile hydrides using borane complexes. Spectrochim Acta B，2004，59 (4)：471-486.

[5] D'Ulivo A，Loreti V，Onor M，et al. Chemical Vapor Generation Atomic Spectrometry Using Amineboranes and Cyanotrihydroborate(Ⅲ) Reagents. Anal Chem，2003，75 (11)：2591-2600.

[6] Rigin，V I，Verkhoturov G N. Atomic absorption determination of arsenic using prior electrochemical reduction. Zh Aanl Khim，1977，33：1966-1969.

[7] Lin Y H，Wang X R，Yuan D X，et al. Flow injection-electrochemical hydride generation technique for atomic absorption spectrometry. Invited Lecture J Anal At Spectrom，1992，7 (2)：287-291.

[8] Denkhaus E，Beck F，Bueschler P，et al. Electrolytic hydride generation atomic absorption spectrometry for the determination of antimony，arsenic，selenium，and tin-mechanistic aspects and figures of merit. Fresenius J Anal Chem，2001，370 (6)：735-743.

[9] 李淑萍，郭旭明，黄本立，等．电化学氢化物发生法的进展及其在原子光谱分析中的应用．分析化学，2001，29 (8)：967-970.

[10] Sturgeon R E，Grinberg P. Some speculations on the mechanisms of photochemical vapor generation. J Anal At Spectrom，2011，27 (2)：222-231.

[11] Leonori D，Sturgeon R E. A unified approach to mechanistic aspects of photochemical vapor generation. J Anal At Spectrm，2019，34：636-654.

[12] Qin D Y，Gao F，Zhang Z H，et al. Ultraviolet vapor generation atomic fluorescence spectrometric determination of mercury in natural water with enrichment by on-line solid phase extraction. Spectrochim Acta B，2013，88：10-14.

[13] Chen G Y，Lai B H，Mei N，et al. Mercury speciation by differential photochemical vapor generation at UV-B vs. UV-C wavelength. Spectrochim Acta B，2017，137：1～7.

[14] Sturgeon R E，Guo X，Mester Z. Chemical vapor generation：are further advances yet possible? Anal Bioanal Chem，2005，382 (4)：881-883.

[15] Guo X M，Guo X W. Interference-free atomic spectrometric method for the determination of trace amounts of germanium by utilizing the vaporization of germanium tetrachloride. Anal Chim Acta，1996，330 (2-3)：237-243.

[16] 郭旭明，郭小伟，黄本立．氢化物的气相富集及其在超痕量分析中的应用．光谱学与光谱分析，2000，20 (4)：533-536.

[17] Chen G Y，Lai B H，Mao X F，et al. Continuous arsine detection using a peltier-effect cryogenic trap to selectively trap methylated arsines. Anal Chem，2017，89：8678-8682.

[18] Kratzer J，Vobecky M，Dedina J. Stibine and bismuthine trapping in quartz tube atomizers for atomic

absorption spectrometry. Part 2: a radiotracer study. J Anal At Spectrom, 2009, 24 (9): 1222-1228.

[19] Mao X F, Qi Y H, Huang J W, et al. Ambient-temperature trap/release of arsenic by dielectric barrier discharge and its application to ultratrace arsenic determination in surface water followed by atomic fluorescence spectrometry. Anal Chem, 2016, 88: 4147-4152.

[20] Qi Y H, Mao X F, Liu J X, et al. In situ dielectric barrier discharge trap for ultrasensitive arsenic determination by atomic fluorescence spectrometry. Anal Chem, 2018, 90: 6332-6338.

[21] 郭小伟，郭旭明．断续流动氢化物发生法在 AAS/AFS 中的应用．光谱学与光谱分析，1995，15 (3)：97-101.

[22] 陈红军，刘明钟，陈志新，等．用于氢化物发生法的间歇泵进样装置．CN200320100041.5. 2003-10-08.

[23] Semenova N V, Bauza de Mirabob F M, Forteza R, et al. Sequential injection analysis system for total inorganic arsenic determination by hydride generation-atomic fluorescence spectrometry. Anal Chim Acta, 2000, 412 (1-2): 169-175.

[24] Wang J H, Yu Y L, Du Z, et al. A low cost and sensitive procedure for lead screening in human whole blood with sequential injection-hydride generation-atomic fluorescence spectrometry. J Anal At Spectrom, 2004, 19 (12): 1559-1563.

[25] Dedina J. Interference of volatile hydride-forming elements in selenium determination by atomic absorption spectrometry with hydride generation. Anal Chem, 1982, 54 (12): 2097-2102.

[26] 郭小伟，王升章．双发生器法——种判别氢化物中气相干扰的简易方法．第三届全国分析化学年会文集，1983：286-287.

[27] Kirkbright G F, Taddia M. Application of masking agents in minimizing interferences from some metal ions in the determination of arsenic by atomic absorption spectrometry with the hydride generation technique. Anal Chim Acta, 1978, 100 (1): 145-150.

[28] Welz B, Melcher M. Mechanisms of transition metal interferences in hydride generation atomic-absorption spectrometry. Part 1. Influence of cobalt, copper, iron and nickel on selenium determination. Analyst, 1984, 109 (5): 569-572.

[29] Fleming H D, Ide R G. Determination of volatile hydrideforming materials in steel by atomic absorption spectrometry. Anal Chim Acta, 1976, 83: 67-82.

[30] Welz B, Melcher M. Mechanisms of transition metal interferences in hydride generation atomic-absorption spectrometry. Part 2. Influence of the valency state of arsenic on the degree of signal depression caused by copper, iron and nickel. Analyst, 1984, 109 (5): 573-575.

[31] Welz B, Melcher M. Mechanisms of transition metal interferences in hydride generation atomic-absorption spectrometry. Part 3. Releasing effect of iron(Ⅲ) on nickel interference on arsenic and selenium. Analyst, 1984, 109 (5): 577-579.

[32] Jackwerth E, Hahn R, Musaick K. Anreicherung von spuren Ag, Au, Bi, Cu und Pd aus feinblei durch reduktives anfällen der matrix mit natriumboranat. Frsenius Z Anal Chem, 1979, 299 (5): 362-367.

[33] 袁园，郭小伟，童开源．氢化物原子荧光光谱中高浓度镍对硒测定的影响及其消除．分析化学，1998，26 (3)：259-262.

[34] 孙汉文，吕运开，张德强．用氢化物原子荧光光谱法测定蔬菜中的微量砷．河北大学学报（自然科学版），1999，19 (3)：246-251.

[35] Brown R M, Fry R C, Moyers J L. Interference by volatile nitrogen oxides and transition-metal catalysis in the preconcentration of arsenic and selenium as hydrides. Anal Chem, 1981, 53 (11): 1560-1566.

[36] Verlinden M, Deelstra H. Study of the effects of elements that form volatile hydrides on the determina-

tion of selenium by hydride generation atomic absorption spectrometry. Frsenius Z Anal Chem, 1979, 296 (4): 253-258.

[37] D'Ulivo A, Marcucci K, Bramanti E, et al. Studies in hydride generation atomic fluorescence determination of selenium and tellurium. Part 1. Self interference effect in hydrogen telluride generation and the effect of KI. Spectrochim Acta B, 2000, 55 (8): 1325-1336.

[38] Chen Y W, Tong J, D'Ulivo A, et al. Determination of mercury by continuous flow cold vapor atomic fluorescence spectrometry using micromolar concentration of sodium tetrahydroborate as reductant solution. Analyst, 2002, 127 (11): 1541-1546.

[39] Bax D, Agterdenbos J, Worrell E, et al. Spectrochim. The mechanism of transition metal interference in hydride generation atomic absorption spectrometry. Spectrochim Acta B, 1988, 43 (9-11): 1349-1354.

[40] Berndt H, Willmer P G, Jackwerth E. Determination of arsenic in lead and lead alloys. Fresenius Z Anal Chem, 1979, 296 (5): 377-379.

[41] Aznarez J, Palacious F, Ortega MS, et al. Extraction-atomic-absorption spectrophotometric determination of antimony by generation of its hydride in non-aqueous media. Analyst, 1984, 109 (2): 123-125.

[42] Evans W H, Jackson F J, Dellar D. Evaluation of a method for determination of total antimony, arsenic and tin in foodstuffs using measurement by atomic-absorption spectrophotometry with atomisation in a silica tube using the hydride generation technique. Analyst, 1979, 104 (1234): 16-34.

[43] Dedina J, Rubeska I. Hydride atomization in a cool hydrogen-oxygen flame burning in a quartz tube atomizer. Spectrochim Acta, 1980, 35B (3): 119-128.

[44] Welz B, Melcher M. Mutual interactions of elements in the hydride technique in atomic absorption spectrometry: Part 1. Influence of selenium on arsenic determination. Anal Chim Acta, 1981, 131 (1): 17-25.

[45] 赵一兵，李安模．原子吸收分析中共价氢化物原子化机理初探．光谱学与光谱分析，1987，7 (2)：41-45.

[46] 赵一兵，李安模．氢化物原子吸收机理的研究 I．H_2 和空气在氢化物原子化中的作用．分析化学，1988，16 (5)：415 418.

[47] D'Ulivo A, Dedina J, Lampugnani L. Effect of contamination by oxygen at trace level in miniature flame hydride atomizers. J Anal At Spectrom, 2005, 20 (1): 40-45.

[48] 李刚．HG-AFS 仪双道测定铋汞时的光谱干扰及其消除．矿物岩石，2000，20 (5)：102-104.

[49] Morita H, Tanaka H, Shimomura S. Atomic fluorescence spectrometry of mercury: principles and developments. Spectrochim Acta, 1995, 50B (1): 69-84.

[50] 王晓芳，刘霁欣，王晨，等．氢化物原子荧光法检测大米中汞存在的干扰及消除．中国卫生检验杂志，2011，21 (1)：55-58.

[51] Slejkovec Z, van Elteren J T, Woroniecka U D. Underestimation of the total arsenic concentration by hydride generation techniques as a consequence of the incomplete mineralization of arsenobetaine in acid digestion procedures. Anal Chim Acta, 2001, 443 (2): 277-282.

[52] Ybanez N, Cervera M L, Montoro R, et al. Comparison of dry mineralization and microwave-oven digestion for the determination of arsenic in mussel products by platform in furnace Zeeman-effect atomic absorption spectrometry. J Anal At Spectrom, 1991, 6 (5): 379-384.

[53] 陈晓红，金永高．氢化物-原子荧光法测定海产品中的砷．中国卫生检验杂志，2004，14 (6)：719-720.

[54] 徐淑坤，方肇伦．痕量砷流动注射在线还原氢化物发生原子吸收测定．分析实验室，1994，13 (2)：20-22.

[55] Le X C，Cullen W R，Reimer K J. Determination of urinary arsenic and impact of dietary arsenic intake. Talanta，1993，40（2）：185-193.

[56] 张新智，秦德元，乐爱山，等．用于高效液相色谱-原子荧光检测锑价态的接口装置：CN200920031836.2，2009-02-03.

[57] 徐芳．硒的化学形态与生物形态分析的新技术与新方法［D］．上海：复旦大学，2003.

[58] Sanchez-Uria J E，Sanz-Medel A. Inorganic and methylmercury speciation in environmental samples. Talanta，1998，47（3）：509-524.

[59] Segade S R，Tyson J F. Evaluation of two flow injection systems for mercury speciation analysis in fish tissue samples by slurry sampling cold vapor atomic absorption spectrometry. J Anal At Spectrom，2003，18（3）：268-273.

[60] Li H M，Zhang Y，Zheng C B. UV irradiation controlled cold vapor generation using $SnCl_2$ as reductant for mercury speciation. Anal Sci，2006，22（10）：1361-1365.

[61] Kaercher L E，Goldschmidt F，Paniz J N G，et al. Determination of inorganic and total mercury by vapor generation atomic absorption spectrometry using different temperatures of the measurement cell. Spectrochim Acta B，2005，60（5）：705-710.

[62] Chen H W，Yan W，Wu D X，et al. Determination of tin in steels by non-dispersive atomic fluorescence spectrometry coupled with flow-injection hydride generation in the presence of L-cysteine. Spectrochim Acta B，1996，51（14）：1829-1836.

[63] 李中玺，童开源，郭小伟．氢化物发生-原子荧光法直接测定锑及其化合物中的铅．岩矿测试，2001，20（4）：272-278.

[64] 刘霁欣，陈亨，秦德元，等．一种用氢化物发生-原子光谱法测量血铅含量的方法：CN200610003177.2，2006-02-22.

[65] D’Ulivo A，Onor M，Spiniello R，et al. Mechanisms involved in chemical vapor generation by aqueous tetra hydroborate(Ⅲ) derivatization-Role of hexacyanoferrate(Ⅲ) in plumbane generation. Spectrochim ACTA B，2008，63（8）：835-842.

[66] Jin K，Taga M. Determination of lead by continuous-flow hydride generation and atomic absorption spectrometry：Comparison of malic acid—dichromate，nitric acid—hydrogen peroxide and nitric acid—peroxodisulfate reaction matrices in combination with sodium tetrahydroborate Anal Chim ACTA，1982，143（1）：229-236.

[67] Lin X Z，Xu S K，Fang Z L. Determination of trace amounts of lead in biological-materials by flow-injection hydride-generation-AAS with sensitivity enhancements using nitroso-R-slat. At Spectrosc，1994，15（6）：229-233.

[68] 张佩瑜，胡志勇．铅的氢化物原子吸收光谱法研究及地球化学样品中铅的测定．分析化学，1987，15（5）：404-408.

[69] 陈寿椿．重要无机化学反应．3 版．北京：科学技术出版社，1994.

[70] Feng Y L，Narasaki H，Chen H Y，et al. Semi-automatic determination of tin in marine materials by continuous flow hydride generation inductively coupled plasma atomic emission spectrometry. Fresenius J Anal Chem，1997，357（7）：822-826.

[71] 李海明，杨少斌．氢化物发生-原子荧光光谱法测定铁矿石中微量锡．光谱实验室，2005，22（2）：372-375.

[72] 胡翼淇．流动注射-氢化物发生-原子吸收光谱法测钨制品粉末及水样中痕量锡．硬质合金，2003，23（2）：100-102.

[73] 蔡秋，龙梅立．氢化物原子荧光光谱法测定蔬菜罐头中的痕量锡．食品科学，2006，27（4）：198-201.

[74] Sundin N G，Tyson J F，Hanna C P，et al. The use of nafion dryer tubes for moisture removal in flow injection chemical vapor generation atomic absorption spectrometry. Spectrochim Acta B，1995，50（4-7）：

369-375.

[75] Wei C J, Liu J X. A new hydride generation system applied in determination of arsenic species with ion chromatography-hydride generation-atomic fluorescence spectrometry. Talanta, 2007, 73: 540-545.

[76] 皮中原，郝根培，王丽琴，等．氢化物发生-原子荧光光谱法测定土壤中痕量汞．煤质技术，2004 (4): 43-44.

[77] 高树林，李志华．用于火焰原子荧光光谱仪的阵列火焰汇聚式原子化器：CN2017211121846，2017-09-01.

[78] 周明慧，张洁琼，高树林，等．稀酸温和提取-火焰原子荧光光谱法快速测定谷物中镉的含量．分析实验室，2018，37：1389-1392.

[79] Southworth G R, Lindberg S E, Zhang H, et al. Fugitive mercury emissions from a chlor-alkali factory: Sources and fluxes to the atmosphere. Atoms Environ, 2004, 38 (4): 597-611.

[80] Panta Y M, Qian S Z, Cross C L, et al. Mercury content of whole cigarettes, cigars and chewing tobacco packets using pyrolysis atomic absorption spectrometry with gold amalgamation. J Anal Appl Pyrolysis, 2008, 83 (1): 7-11.

[81] Welz B, Borges D L G, Lepri F, et al. High-resolution continuum source electrothermal atomic absorption spectrometry—An analytical and diagnostic tool for trace analysis. Spectrochim Acta B, 2007, 62 (9): 873-883.

[82] Feng L, Liu J X. Solid sampling graphite fibre felt electrothermal atomic fluorescence spectrometry with tungsten coil atomic trap for the determination of cadmium in food samples. J Aanl At Spectrom, 2010, 25 (7): 1072-1078.

[83] Walden W O, Harrison W W, Smith B W, et al. Multi-element glow discharge atomic fluorescence using continuum sources. J Anal At Spectrom, 1994, 9 (9): 1039-1043.

[84] Gu J, Donati G L, Young C G, et al. Continuum source tungsten coil atomic fluorescence spectrometry. Appl Spectrosc, 2011, 65 (4): 382-385.

[85] 陈建刚，刘志高，杨啸涛，等．一种连续雾化型的高性能原子荧光发生装置：CN200920209375.3，2009-09-08.

[86] 杨啸涛，刘志高，陈建刚．一种原子荧光分析装置：CN201010247528.0，2010-08-06.

[87] Tao C, Li C S, Li Y C, et al. A UV digital micromirror spectrometer for dispersive AFS: spectral interference in simultaneous determination of Se and Pb. J Anal At Spectrom, 2018, 33: 2098-2106.

[88] Zhu Z L, Liu J X, Zhang S C, et al. Evaluation of a hydride generation-atomic fluorescence system for the determination of arsenic using a dielectric barrier discharge atomizer. Anal Chim Acta, 2008, 607 (2): 136-141.

[89] 达力，张绍雨，黄本立，等．等离子体原子荧光光谱仪激发光源空心阴极灯脉冲发生和信号处理控制系统的研制和评估．光谱学与光谱分析，1999，19 (3): 352-355.

[90] 张硕．氢化物发生原子荧光光谱分析中的微秒脉冲供电空心阴极灯激发光源．光谱学与光谱分析，2015，35：2412-2419.

·第 5 章·

原子光谱联用技术

5.1 概述

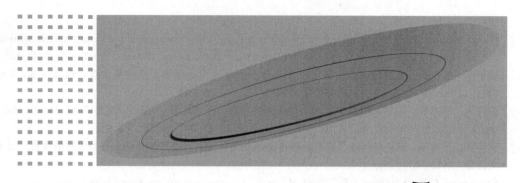

原子光谱技术具有灵敏度高、准确性好、干扰少、分析速度快等优点，在试样元素成分定性和定量分析中获得了广泛的应用。但由于原子光谱技术自身的特性，当分析样品基体过于复杂、被测定元素含量很低或需要分析元素形态时，用传统的原子光谱技术难以或不能解决问题。而原子光谱与其他技术如流动注射技术、氢化物发生技术、色谱技术等联用，却能有效地解决这些问题。不仅如此，还能提高原子光谱分析的灵敏度、选择性，降低检出限，加快分析速度，抑制和消除干扰，扩大分析应用范围，减少样品和试剂消耗。

原子光谱与色谱技术的联用出现最早，1966 年科尔布（Kolb）首先实现了气相色谱与火焰原子吸收光谱的联用，成功地分析了汽油中不同烷基铅化合物[1]，1974 年西格（Segar）又成功实现了气相色谱与石墨炉原子吸收光谱的联用，分析了汽油中有机铅化合物[2]。但由于当时技术的限制并未获得推广，直到近 20 年才得以获得广泛的应用，联用的色谱种类也扩展到了气相色谱、液相色谱、毛细管电泳、超临界流体色谱等几乎全部的色谱类型，目前已经成为元素形态分析的最佳选择。1979 年沃尔夫（Wolf）等[3]将流动注射进样技术引入火焰原子吸收光谱使检测速度提高了 2～3 倍，之后这种联用扩展到了各种原子光谱技术，特别是用于在线分离和富集方面，取得了很好的效果。原子光谱与蒸气发生技术的联用，特别是原子荧光光谱与蒸气发生技术的联用，目前已经成为了唯一的商用原子荧光仪器，每年都有上千台的销量，可以说是目前最为成功的原子光谱联用仪器之一。

原子光谱联用技术，在样品流量、进样时间、样品性状以及仪器的操作程序方面与单一的原子光谱技术有较大的差别，需要在联用技术中通过一些特殊的结构或部件即“接口”进行连接和匹配。由于接口部件承担着非常重要的功能，所以它往往是整个联用技术中最为重要的部分，决定着一个联用技术的成败。

通常的原子光谱仪器与流动注射仪均使用液态样品，这两种仪器的联用不但不需要接口，流动注射仪还经常被作为其他分析仪器与原子光谱仪器的接口来使用，特别是蒸气发生与原子光谱仪的联用，几乎完全依靠各种流动注射接口来实现连接。

色谱与原子光谱操作的介质可能相同（液相色谱、毛细管电泳），也可能不同（气相色谱、超临界流体色谱），但即便是操作介质相同，其流量也有一定的差异，所以色谱与原子光谱的联用大多需要接口部件的支持。

气相色谱与原子光谱联用时，由于原子光谱仪器大都需要使用载气，所以气相色谱与原子光谱的接口大多设计在载气流路上。这种接口主要是防止气相色谱流出物在接口吸附、冷凝造成被测物的损失，所以通常使用惰性材料，长度较短，且往往需要加热。

超临界流体色谱在很多方面都与气相色谱较为相似，最大的差别在于前者的操作压力较高，所以超临界流体色谱与原子光谱仪器的联用通常需要在气相色谱与原子光谱的联用接口上增加一个用于减压的节流器，对一些超临界气体耐受性较差的原子光谱技术还需要采用分流技术。

液相色谱与原子光谱操作流体均为液体，差别在于流量大小，通常液相色谱流量较小，而原子光谱则需要较大的流量，所以必须采用补液或其他的方法匹配流量。由于原子光谱常用喷雾方式进样，样品导入效率较低，在需要较高灵敏度或有较严重的基体干扰时，流动注射的蒸气发生接口将是较为理想的选择。对于一些不能连续导入液体进行检测的原子光谱技术，如电热原子吸收光谱技术，由于整个分析过程包括干燥、灰化、原子化和净化等多个步骤，需要对液相色谱的流出物进行缓冲处理，还需使两种技术从时间上加以匹配。

毛细管电泳技术与液相色谱相类似，只是流量更小，且需要构成完整的电回路，这就要求毛细管电泳与原子光谱的接口设计更为紧凑合理，确保流量匹配和高压电极的有效引入，以保证电泳分离的产物能够有效地传输到原子光谱检测器中。

原子光谱联用技术近年来已获得了长足的发展，多种联用仪器产品已经大量涌现，如氢化物发生-原子荧光光谱仪、高效液相色谱与原子吸收光谱联用仪、高效液相色谱与原子荧光光谱联用仪等，相关的各种标准方法也纷纷建立，其中一些已经开始实施。这些都标志着原子光谱联用技术已经从实验室走向了实际应用，甚至成为日常实验室检测手段，也标志着原子光谱联用技术进入了一个高速发展的阶段。作为原子光谱联用技术的核心“接口部件”仍将是今后联用技术发展的重点之一，各种新型接口的出现必将进一步提升原子光谱仪器的检测性能。从应用角度而言，原子光谱与各种色谱分离技术联用将是元素形态分析技术的不二选择，仍将是今后原子光谱联用技术的重点应用领域。开发更为方便、快捷、廉价的元素形态分析技术也将是原子光谱联用技术和仪器的重要研究方向。

5.2　原子光谱与流动注射联用

自 19 世纪以来，大多数化学测定一直沿用吸管、烧杯、容量瓶等工具和手工操作方法。这种经典的湿法化学分析不仅耗时、费力，效率低，而且精密性差，很不适应近代精密分析仪器的自动化及计算机快速处理测定数据的要求。流动注射分析（flow injection analysis，FIA）是 1975 年丹麦鲁茨斯卡（Ruzicka）和汉森（Hansen）等倡导的自动化学分析法[4]，他们将一定体积的试样注入到流动试剂（载流）中，保证了混合过程与反应时间的高度重现性，可在非平衡状态下高效率地完成试样的在线处理与测定，从而开创出了分析化学的一个全新领域。

有关流动注射分析的基本原理可参见有关专著[5,6]，本节仅简单介绍流动注射分析仪的基本构造及工作流程。流动注射分析仪的基本流程如图 5-1 所示。

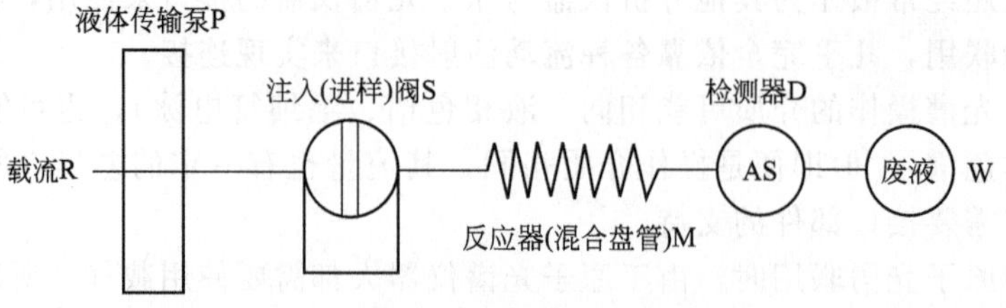

图 5-1 单道流动注射仪流路图

最简单的流动注射仪器由液体传输泵、注入阀、反应器、检测器及传输管道等组成。

(1) 液体传输泵 即动力装置，用于推动液体载流在直径约 2～3mm 的聚四氟乙烯管道中流动，将试样从试样容器里抽吸到进样阀的取样环内。

(2) 注入阀 即试样注入装置，也称进样阀，可以将样品注入到载流中而不中断载体流。早期使用注射器，现用 FIA 专用进样阀，或称注入阀、注射转换器。也有使用可改变试样体积的空气驱动试样注入阀等。

(3) 反应器 即传送装置，也称混合盘管。它将注入系统与检测系统连接起来，形状及大小各异。被注入到载流的试样称为“试样塞”，在管道内进行分散，与载流中的组分进行化学反应，形成可以检测的分析物质。

(4) 检测器 随与 FIA 联用的分析仪器不同而不同。当被测物质流过检测器时，检测器把被测物质的某种特性转换成可检测和记录的电信号。在本节所述的联用检测器就是各种原子光谱仪器。

(5) 记录系统 用以记录检测器输出的电信号，也可与计算机相接。

流动注射系统有多种形式，最简单的是单道流路系统。系统由一条管道组成，载液通过管道将试样导入原子光谱检测器。在双道和多道流路系统中，包括两条或多条管路，试液与反应试剂可以分别引入管道，在线混合并进行反应，反应产物随载流进入原子光谱检测器。为缩短分析周期，提高采样频率，还可以使用双泵推动方式，一个泵用来推动试样和试剂载流，另一个泵用来推动洗涤液，这样可以实现管路的在线清洗，提高分析速度。顺序注射（sequential injection）被称为第二代流动注射系统，其核心是一个多通道选向阀，与试样、试剂、检测器、稀释管、混合管、废液口等分别相连。检测过程中，按顺序从不同通道吸取一定体积的溶液带到储存管中，再反转流向推动储存的溶液，使之在管路中通过扩散发生化学反应，最终的反应产物被导入原子光谱检测器进行测定。在顺序注射技术之后，顺序注射-阀上实验室（sequential injection analysis-lab on valve，SIA-LOV）技术被称为第三代流动注射技术[7]，该技术将完成一类特定分析步骤所要求的全部操作单元均集成在一个多位选通阀上，包括中心控制管道、不同用途的工作管道以及微型流通池等，可进一步缩小仪器的体积。经过近 40 年的发展，流动注射技术已广泛应用于溶液分析的各个领域，原子光谱与流动注射联用是最为成功的应用范例之一。

原子光谱与流动注射联用带来的最大优点在于：①试样消耗量大幅减少，这对分析一些非常珍贵的生物样品，如血液、唾液、汗液等有重要意义；②对试样中盐分及黏度有高耐受性；③分析精度高，由于试样通过载流连续导入，反应状态稳定，而且进样阀取样体积准确，所以分析结果的相对标准偏差一般较小；④具备初步的价态、形态分析能力；⑤可实现在线分离富集，改进试样的分析性能。

需要注意的是，由于电热原子吸收光谱（ETAAS）不能进行连续测定，所以在 ETAAS 与流动注射联用时常需加入组分收集器，其常见结构示于图 5-2。图 5-2(a) 示出了全收集式收集器，此时流动注射流出的液体全部被收集后取样测量，这种方式可得到一个平均结果；图 5-2(b) 中示出了溢流式收集器，此时流动注射流出的溶液将被即时收集，此时测定的是一个相对实时的结果。

另外，有机溶剂的过量引入会引起 ICP 系统的扰动和等离子体的猝灭，从而不利于 ICP 系统的稳定。因此，在 FI 与 ICP-AES 联用时，洗脱剂要尽量避免使用有机溶剂。

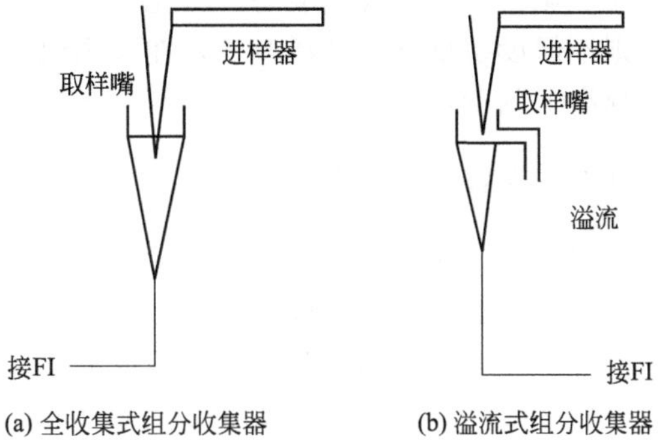

图 5-2　组分收集器

流动注射与原子光谱联用，可以改进和提高原子光谱仪器的分析功能。下面分别予以介绍。

5.2.1　改进和提高原子光谱分析性能的样品前处理技术

5.2.1.1　在线提取制样

BCR 萃取是 1993 年欧洲共同体标准物质局在综合已有的沉积物重金属元素提取方法的基础上，提出的三步顺序提取法，可获得不同状态的重金属含量。Rosas-Castor 等[8] 使用图 5-3 中的装置，装置中的微型泵和多位切换阀组成的流动注射系统实现了双锥形柱里土壤中砷的自动 BCR 三步萃取；并用了两个速度可编程的多针筒与三通阀组搭建的顺序注射流动系统实现了提取液中 As 的在线无机化、预还原及氢化物发生原子荧光法检测，从而测得了土壤中不同状态的 As 含量。整个测量分为八步，分别是在线连续萃取、土壤沥滤液装

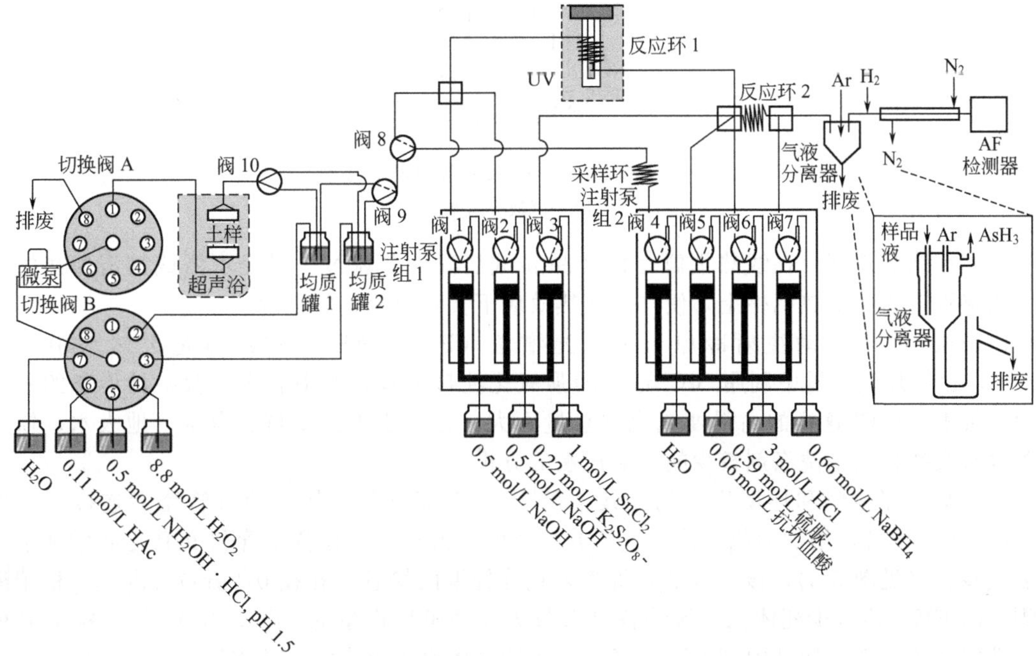

图 5-3　基于流动注射的 BCR 三步萃取系统装置

载、光氧化、氢化物发生准备、酸化、氢化物发生、砷测量、清洗。若采用手工顺序提取测量，则不但设备复杂而且耗时长，在采用组合流动注射系统后，整个过程可以完全自动化，显著提高了测量效率。

5.2.1.2 在线消解制样

在线消解是通过氧化反应使样品中的有机成分在酸和氧化剂的作用下分解，以便消除样品中有机成分的干扰。在线消解包括在线室温消解、在线热消解、在线微波消解、在线高温高压消解、在线紫外消解及在线超声消解等。

(1) 在线室温消解　Zhang 等[9]报道了一种室温在线有机汞消解方法，并将其应用于湖水中汞形态的自动分析。其结构示意图如图 5-4 所示。该方法采用顺序注射法制备样品，当检测总汞时，①先通过选通阀将不同阀位的样品/标样、HCl、Na_2S 溶液顺序吸入储存管线，再将混合液推入消解瓶中，在磁力搅拌下混匀；②之后和 $KMnO_4$ 溶液通过储存管线环注入消解瓶将有机汞转化为无机汞；③再通过储存管线将抗坏血酸注入消解瓶除去过量 $KMnO_4$ 以避免对后续蒸气发生反应的影响；④最后将混合液通过储存管线推出到反应环发生蒸气，实现总 Hg 的导入、检测。检测无机汞时则仅进行①，④两步，此时仅有无机汞被导入、检测，有机汞的含量可以通过总汞和无机汞的差值获得。

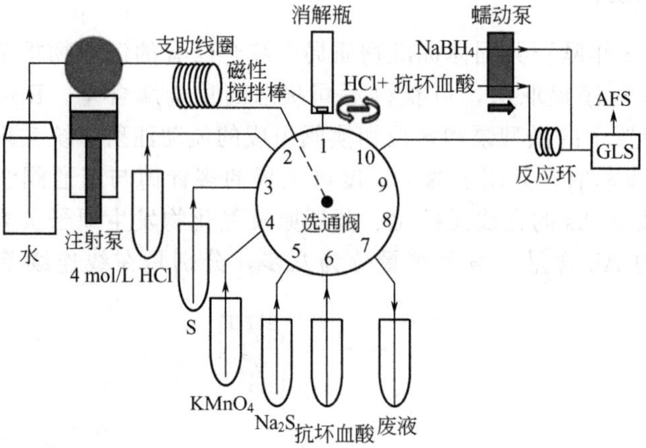

图 5-4　室温在线有机汞消解装置示意图

GLS—气液分离器

(2) 在线热消解　在线热消解是使样品和试剂混合并流过一段经水浴或油浴加热的管道，或将管道盘在电热铝棒上，使样品在热效应下实现有机物的消解。

Leopold 使用流动注射冷原子荧光光谱法（FI-CV-AFS）在线测定天然水中痕量 Hg[10]，在加热反应器中利用 BrCl 形成的强氧化性自由基将水中有机汞及各种形态的汞氧化为二价汞。BrCl 这样的高强度氧化剂总量不大，适用于天然水域、海水、地表水、饮用水等含有机物特别是洗涤剂较少的生活污水的分析。

Bian 研究了生物和环境样品的在线消解[11]，在配有加热体的消解管路后连接了一段 0.64μm 的备压管，增加消解管路中气体的溶解度。另外，还在备压管和 ICP 之间增加了一个去气装置（见图 5-5），该装置的外管为多孔性的聚丙烯管（孔径 0.2μm），内填一根聚醚醚酮（PEEK）棒减少死体积，该装置可有效去除消解后产生的 CO_2、NO_x 等干扰 ICP 的稳定性的气体，甚至样品中高流速、高碳含量的气体也可以去除。此方法适用于消解碳含量高的生物环境样品，含碳组分的去除率可达到 99%。

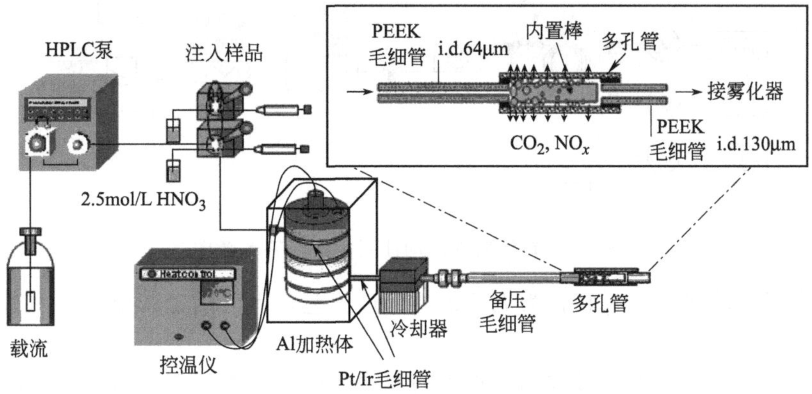

图 5-5　配有加热体的流动注射在线消解系统及除气装置示意图

（3）在线高温高压消解　Haiber 等研究了样品在 360℃高温和 30MPa 高压下的在线消解[12]，间接电加热的 Pt/Ir 毛细管在流动体系中允许消解时温度高达 360℃，备压 20～30MPa。高压确保了样品在消解过程中呈液态而不是气态，使消解后产生的 NO_x 和 CO_2 完全溶于液体中。该流路还结合了膜去溶（PTFE 微孔膜）的超声波雾化器，以去除消解产生的气体（CO_2、NO_x）。本法可以消解一些含有诸如玻璃粉末、矿物粉末等难消解的悬浮物、泥浆样品，还可以通过改变限流毛细管适应于其他低压流路或将一些消化单元模块组合使用。

（4）室温碱提取　Barbosa[13]研究了用于全血中总汞测定的四甲基氢氧化铵消解-流动注射冷原子吸收光谱法，在室温下使用四甲基氢氧化铵（TMAH）定量地提取各种汞形态，可以替代在线的微波辅助消解方法。

（5）电磁感应加热消解　交变电磁场对处于其中的金属内部的自由电子施加洛仑兹力或感生电场力，自由电子在力的作用下高速旋转形成涡流，产生焦耳热。因此，样品溶液流经交变电磁场消化柱时可实现快速升温，能量利用率高。韩素平等[14]将电磁感应加热装置和磁感应加热柱应用于有机汞的在线氧化消解，通过调节电流的大小改变电磁感应加热线圈的功率，进行有效控温，在较低功率（15W）时快速升温将有机汞氧化为无机汞。与传统在线加热设备相比，电磁感应炉成本低，安全性符合环保要求，并具有较高的热效率（约 93%）；同时，操作方便，易于控制消化温度和时间。上述方法已用于复杂的生物和环境样品中总汞含量分析。

（6）在线紫外消解　UV 分解有机物的机理为在汞灯照射下，诱导氧化剂（H_2O_2、TiO_2、HNO_3等）分解，产生各种激发态的自由基，分解有机物分子，最终全部转化为无机离子从而便于通过原子光谱仪器进行测定。

Chaparro 等采用在线紫外消解-氢化物发生原子荧光光谱法测定了金枪鱼肉样品中二甲基胂、无机砷和总砷[15]，通过样品完全消解测定总砷含量，通过紫外消解反应的差值来计算各种砷形态的含量。相对于传统的柱分离技术，本方法仅单独使用原子光谱仪器，仪器成本低、操作简便、耗时少，可用于多种环境和生物样品中总砷、无机砷和二甲基胂的测定。Han 等[16]利用高效灯内的紫外消解装置，在酸性 $Na_2S_2O_8$环境中将水中的全部有机物完全转化为 CO_2，并以 Ar 气吹扫到微型点放电装置中以发射光谱定量，不必使用常规测量中复杂、笨重的吹扫设备，使用便携式设备实现了环境水中总有机碳的快速测定。Leopold 等利用在线紫外/氧化（H_2O_2）技术测定天然水中痕量汞（见图 5-6）[17]，采用纳米金电极富集各种汞形态，一个样品仅需紫外氧化 6min 即可完全消解，样品量仅需 7mL。本方法成本

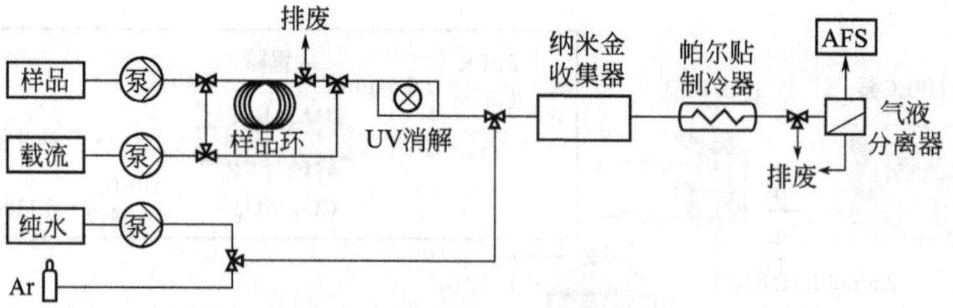

图 5-6 在线紫外流动注射消解流路示意图

低，避免了常规方法将有机汞转化为无机汞的繁琐工艺，也可用于其他样品中有机汞和无机汞的测定。

（7）在线微波消解 关于微波消解技术的原理，请参见本书第 6 章“6.2.2 湿法消解”。聚焦微波消解技术是将微波聚焦直接瞄准样品进行高效辐射，在常压下对样品进行消解。Quaresma 等[18]利用在线聚焦微波消化技术测定岩石样品中 Fe 的含量，聚焦微波腔内部插入一个聚四氟乙烯的反应器线圈，在此进行样品消解，这种技术的优点在于消解时间短，微波照射和微波能量可控性强，岩石样品在 90W 下微波照射 3.5min 就可充分消解，使分析速度大大加快；同时，污染少，样品和试剂用量少，生成残留物也较少。

（8）在线超声消解 超声消解主要是利用超声波在介质中的超声空化、自由基氧化、高温热解、超临界水氧化等效应，再与其他技术联用，可以更好地实现样品消解。Cespon-Romero 等利用流动注射超声波辅助消解技术测定了尿液中的痕量元素[19]。首先，利用停留模式对尿液样品进行在线超声波辅助消解，再将金属离子富集到螯合树脂上，洗脱后进行测定。本方法的优点在于：所需样品量少，试剂消耗少，且无需离心过滤分离等额外处理。

5.2.1.3 在线渗析制样

除了可以有效去除样品中的固体颗粒，在线渗析还具有对被测组分进行在线稀释和分离不同分子量组分的功能。Promchan 等[20]通过模拟胃肠消化使用动态连续渗析系统，测定了 Fe 的生物利用率（见图 5-7）。以牛奶样品为例，在整个分析过程中，该装置通过 ETAAS 自动监测渗析金属离子的浓度和渗析液的 pH 值，是一种低成本的金属离子渗析和生物利用率分析的有效工具。

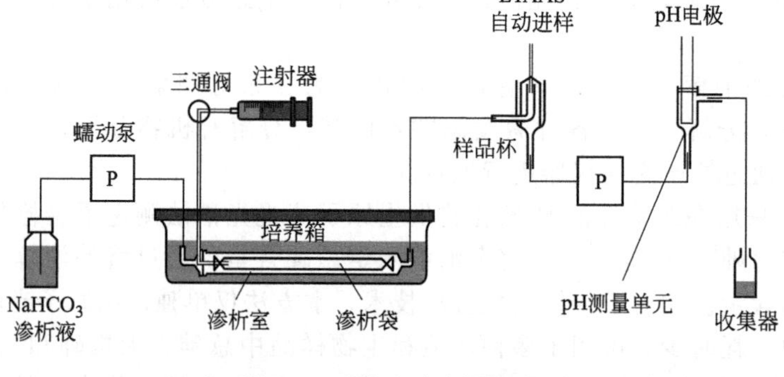

图 5-7 连续流动渗析流路

5.2.2 原子光谱分析的样品分离富集

分离富集是改善原子光谱分析性能的有效方法。用间歇式手工操作进行分离富集，繁琐、费时，无法适应原子光谱快速分析的要求，且极易引入污染，效率低。而流动注射在全封闭管路中自动进行，可以克服上述问题；同时，仪器操作和检测速度与通常的原子光谱分析相匹配，试剂消耗也很少，通常只有手工法的百分之几，所以在线分离富集是流动注射与原子光谱联用最成功的应用领域。

所有的物质分离富集本质上都是某种形式的相分离。流动注射实现分离富集就是在流动注射过程中可控地实现分析物相转移，相转移方式分为液-液相转移和液-固相转移，下面分别进行介绍。

5.2.2.1　流动注射在线液-液相转移

在线液-液相转移就是通过将待测物在互不相溶的两种液体中转移、分配的过程，也称为在线液-液萃取。在与原子光谱联用时，大多使用有机络合剂与被测的金属离子发生反应，生成憎水的有机络合物，萃入有机相进行分离富集，随后有机相直接进样检测或反萃后水相进样进行检测。实现分离功能时，水相和有机相的比例没有严格要求；而在使用富集功能时，水相和有机相的比例需要按富集倍数进行控制。

在液-液相转移系统中通常包括一个相混合器和一个相分离器。相混合器的作用是让含有被测物的一相与另一相充分接触，使得被测物在两相中充分转移、分配；相分离器的作用是使已完成被测物分配转移过程的两相分离，便于后续检测。相分离器可分为重力相分离器、膜分相器两种类型。

（1）重力相分离器　利用两相密度的差异来实现液-液分离的装置，图 5-8 给出了常见的几种重力分相器，混合液体流入后利用重力分为两相，较轻的有机相在上，较重的水相在下，之后有机相被抽出或流出进入原子光谱仪器中检测。这类分相器结构简单，但分相效果一般。

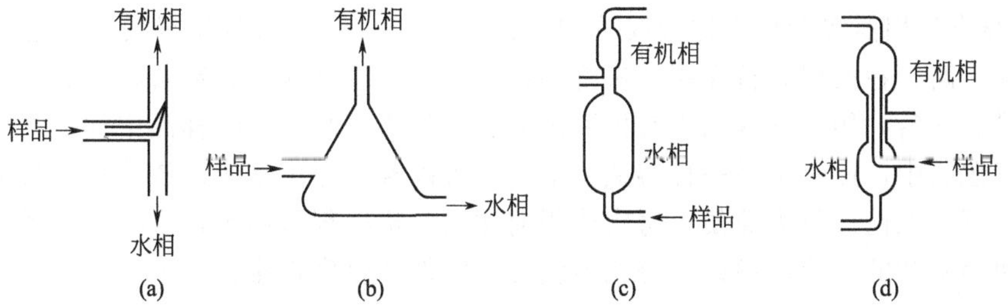

图 5-8　几种类型重力相分离器的结构示意图

（2）膜分相器　利用膜的特殊性质实现相分离的装置，分为常规膜分相器、支撑液膜分相器、润湿膜分相器等类型。

① 常规膜分相器（见图 5-9）最为简单，就是将一片憎水膜引入分相器中，混合样品中的有机相将穿过该憎水膜从上口流出，而水相则从下口流出。这类分相器分相效果较好，但

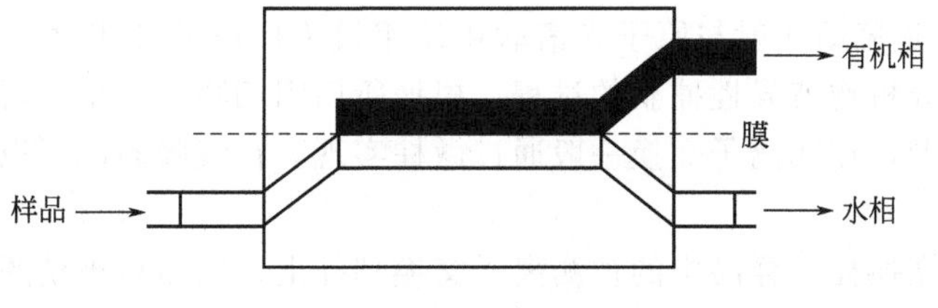

图 5-9　常规膜分相器示意图

膜的使用寿命较短，需要定期更换。

② 支撑液膜分相器通常使用在三相萃取体系中，其结构示意图见图 5-10。支撑液膜分相器的结构与常规膜相分离器类似，只是采用憎水的多孔载体代替了普通憎水膜，但在该分相器前没有相混合器，其功能结合到了分相器中。使用该分相器前，先将多孔载体用有机相完全浸润，这样在分相器上下腔体间就形成了一个被多孔载体支撑着的液膜，而两种水相分别在液膜两侧流过，使其中被分析组分通过而得到交换。该分相器有机溶剂用量少，避免了二次污染，不但经济而且环保；但其液膜寿命非常有限，特别是在使用极性有机溶剂形成液膜时，其寿命更为短暂；另外液体接触界面较小也会影响其交换速度，使用流速不能太高，获得较高富集倍数所需要的时间更长。

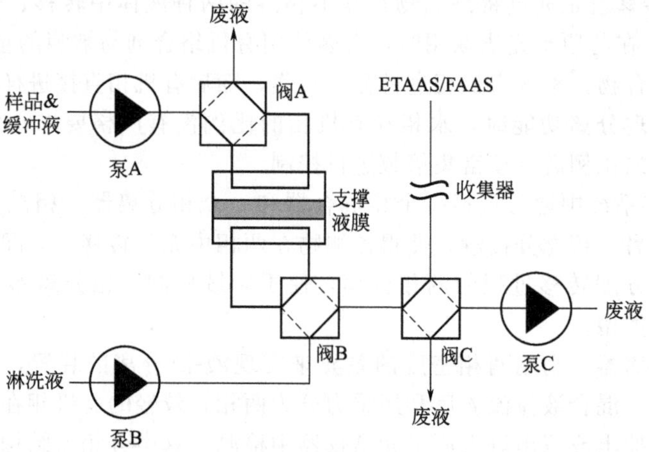

图 5-10　支撑液膜分相器结构示意图

③ 润湿膜分相器实际是支撑液膜分相器的衍生版。该分相器甚至没有固定的结构，只是一段憎水管路，在使用时首先用有机溶剂将整个憎水管路润湿，在管路表面形成一层有机物的润湿膜。之后，用空气或水将有机溶剂清除，再将样品引入时样品中的被测组分就会萃取到这层润湿膜中，此时用另一种溶液反萃，就可以实现分离富集。该分相器与支撑液膜分相器非常相近，但使用更为简便。每次使用前注入有机试剂可简单再生，一定程度上解决了支撑液膜使用寿命的问题，但该型分相器膜的稳定性和厚度很难控制。

5.2.2.2　流动注射在线液-固相转移

在线液-固相转移就是通过将被测物从液相（上样液）转移到固相的过程，包括在线液-固萃取、在线沉淀/共沉淀和在线电沉积等三类。由于原子光谱需要以液相导入样品，所以在与原子光谱联用时，还需要配接一个反向的过程，再将固体溶入另一个液相（洗脱液）中实现进样和检测。当实现分离功能时，上样液和洗脱液的比例没有严格要求；而在使用富集功能时，上样液和洗脱液的比例需要按富集倍数进行控制。

在线液-固萃取是流动注射与原子光谱联用使用最为广泛的技术之一，是指通过在线的固相将液相中的被分析物特异性捕获的过程。根据所用固相物的差别，可分为在线离子交换和在线吸附两种类型，在线离子交换一般通过微柱实现，在线吸附既可以通过微柱也可以通过编结反应器实现。

(1) 在线离子交换柱　样品中的被测离子交换到柱上，之后再被洗脱测定。交换柱既可以直接连接在流路中，还可以直接安装在 ETAAS 自动进样器的取样针上。样品溶液通过微交换柱被吸附，洗脱后直接测定，吸附和洗脱的液流方向相同，区带容易展宽。这可以通过将交换柱集成在采样阀上，形成所谓的环内柱（见图 5-11），此时吸附和洗脱流向相反，可以更好地抑制洗脱时的区带展宽；而更好的解决方式是在环内柱方式下使用锥形交换柱，从直径较小一端上样吸附，从直径较大的一端洗脱。

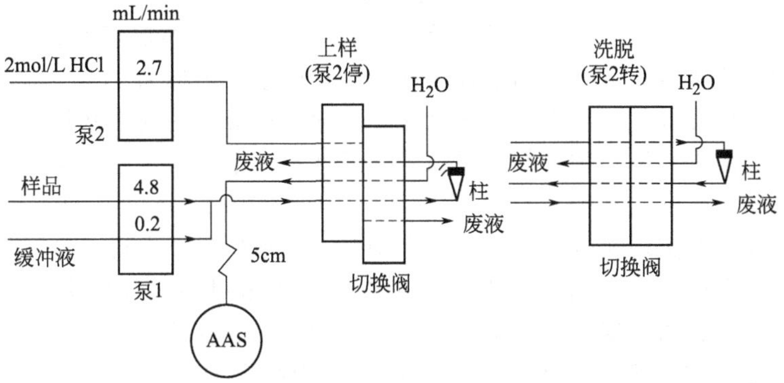

图 5-11 环内柱（锥形）方式流路示意图

交换柱的突出优点是易于操作，装置相对简单耐用。但填充柱内流体阻力较大，要求用较高质量的蠕动泵，管路连接也要较为紧密。洗脱时由于阻力大会造成区带展宽，可采用负压（吸力）洗脱的方式予以改善。同时柱填料也要求物理与化学性质稳定，易于吸附、洗脱和再生。这种方式的选择性不是太好，往往需要考虑其他同电性离子的干扰。

（2）在线吸附　这种方式是利用固体表面的特异性物理、化学吸附实现的液-固相分离，其特异性比离子交换方式更好。在线吸附可以通过两种方式实现，一种是柱上吸附，另一种是利用编结反应器的憎水表面实现在线吸附。

可装填在柱中的吸附剂有无机吸附材料类（如活性炭，硅胶，各种金属、非金属化合物等)、树脂类（如螯合树脂、螯合形成树脂)、聚合物类（纤维)、生物吸附剂、大分子类(冠醚、杯芳烃等)、低熔点溶剂吸附剂（苯、联苯、丙酮等)。树脂类是使用最多的吸附材料，其中螯合树脂是一类能与金属离子形成多配位络合物的交联功能高分子材料，在其功能基中存在具有未成对电子的 O、N、S、P 等原子，这些原子能以一对孤对电子与金属形成配位键，构成与小分子螯合物类似的稳定结构。螯合树脂中较重要的是萃淋树脂，它是将萃取剂键合在固体树脂类物质上而得到的一类吸附剂，萃淋树脂的优点是将萃取剂的高选择性与树脂填充柱的高效性相结合，克服了溶剂萃取对大量有机试剂带来的污染，以及易乳化和分相困难等缺点。除此之外，近年来，纳米材料凭借其比表面积大及机械强度高等优点，在用作吸附剂方面备受关注。如多壁碳纳米管、碳纳米纤维、磁纳米微粒等。其中，多壁碳纳米管常与其他纳米材料组成混合物或纳米复合物来作为吸附剂。Tarley 等[21]将多壁碳纳米管与聚乙烯基吡啶制成纳米复合物，并将其作为吸附剂实现了超痕量镉的富集。磁纳米微粒经常用作磁固相萃取的吸附剂，其中超顺磁性氧化铁纳米微粒具有磁场撤去后不保留磁性的特点，从而引起广泛关注。Wang 等[22]将氧化铁磁纳米粒子与磁多壁碳纳米管结合作为微柱，实现了镉的在线富集。除此之外，磁纳米粒子还经常进行涂层来使其能够适应具有复杂基质的样品。

除上述材料外，近年来，处理后的 3D 打印设备在重金属富集方面也受到了广泛关注。Mattio 等[23]通过向 3D 打印材料上“嫁接”含硫基团实现了汞的在线萃取。在该研究中 3D 打印材料的处理主要分为两步，首先 3D 打印树脂在经过光致聚合作用后通过与乙二胺的氨基化反应，在树脂材料上增加氨基官能团，之后二羧酸根 1,5-二苯基-3-硫卡巴腙通过其羧基与 3D 打印树脂上的氨基反应，从而被“嫁接”在树脂上。在酸性介质中，改造后的 3D 打印材料对汞的萃取率可达到 99%。

柱吸附还可实现流动注射浊点萃取（cloud point extraction，CPE）。CPE 是一种新兴的液-液萃取技术，它以中性或两性离子表面活性剂的胶束水溶液的溶解性和浊点现象为基础，通过改变实验参数（一般是温度）引发相分离。经物理手段分离后可获得两个透明的液相，其中体积很小的一相含绝大部分表面活性剂和很少量的水，被称为富表面活性剂相；另外一相是表面活性剂浓度接近临界胶束浓度的水相。溶解在溶液中的疏水性物质，包括疏水性有机物和金属离子的疏水性络合物，都可以与表面活性剂胶束的疏水基团结合，被萃取到富表面活性剂相，而与亲水性物质分离。以 FI 实现 CPE 的最大难点就在于表面活性剂相的分离，早期以离心和过滤实现相分离，但都不太理想。后来的研究发现水体系中非离子表面活性剂胶束可以吸附在硅胶表面这一特性，使用以硅胶为填料的微柱捕集含有被分析物的胶束，从而在不涉及相分离的情况下，实现了浊点萃取。除硅胶外，玻璃棉、棉纱、脱脂棉及玻璃纤维也能作为微柱的填料，实现对含有被分析物胶束的捕集。Durukan 等[24]将硅胶、玻璃棉及棉纱作为填料时的捕集效果进行了对比，发现棉纱的效果更好。随着纳米材料在分析化学中的使用，碳纳米管、聚合纳米纤维等材料由于其表面积大，吸附效果更好，可代替传统的柱填充材料，更好地实现含有被分析物胶束的捕集。如 Zahedi 等[25]对双壁碳纳米管及聚丙烯腈纳米纤维与传统的玻璃纤维及脱脂棉等填充物的捕集效果进行了对比，发现双壁碳纳米管及聚丙烯腈纳米纤维的回收率都高于玻璃纤维和脱脂棉。

取向性胶束色谱（admicellar chromatography）也可被用于柱吸附流动注射技术。取向性胶束（admicelle）是一种在一定极性的固-液界面上形成的表面活性剂双分子层结构，双分子层间存在着表面活性剂分子非极性端的相互作用，因此两分子层间就具有疏水的有序微环境，这就为金属的中性络合物等物质提供了溶剂化位点，有文献称这种功能结构为“二维溶剂”。这种固-液界面的双分子层膜结构与 Langmuir-Blodgett 膜在形状上有类似之处，但与之不同的是它所依靠的作用力不仅是 Langmuir 吸附，结构相对稳定。这种现象被 Barton 等[26]利用，发展了一种分离和预富集技术，他们称为取向性胶束色谱。其中，提供固-液界面的固体可以是氧化铝、氢氧化铁和硅胶等固体的颗粒，依靠电荷作用，阴、阳离子表面活性剂可分别在金属氧化物和硅胶表面形成取向性胶束。Nan 等[27]采用十六烷基三甲基溴化铵（CTAB）涂覆的硅胶填充制成微柱，用于处理 Cr(Ⅵ) 与吡咯烷二硫代甲酸（PDC）的络合物，在硅胶表面的 CTAB 二维溶液中富集，之后用乙腈洗脱检测。CTAB 二维溶液在线生成，避免了污染，同时也可以简单再生，避免了取向性胶束表面结构破坏造成的性能下降。

编结反应器（knotted reactor，KR）是通过在流动液体中制造相对较高的离心力，来增强反应器管壁与憎水的金属化合物的吸附作用，使之成为富集的装置。由于 KR 内流动的液体内阻比填充柱小得多，可使用较高的流速从而得到较高的富集效率；但由于液流依然有较大的层流成分，造成溶液与 KR 管壁接触不够充分，其吸附效率通常略低于柱吸附。编结反应器的实现方式主要有两种。一种是传统的由管壁较厚的聚四氟乙烯（PTFE）毛细管编结而成的三维转向反应器；另一种是由近年来受到广泛关注的 3D 打印技术制成的。Su[28]等使用了低成本的立体光刻 3D 打印技术，采用憎水树脂作为材料制造了一个紧凑的编结反应器来实现 Ag^+ 与 AgNPs 的定量评估。不同于常规的平面设备中将流动通道排列在 xy 平面上，3D 打印设备可以扩展到 z 平面，通过将单平面设计重塑成多层，从而既降低了 KR 的体积，而且同时还进一步降低了层流比例，提高了富集效率。与柱吸附相比，KR 的吸附效率往往较低。Li 等[29]提出了多步吸附预富集步骤（MSP），该方法是在总预富集时间保持恒定的情况下，将一个长的预富集步骤分成几个短的子步骤，使样品在 KR 上吸附和洗涤步骤反复循环，可将 KR 的吸附效率从单次的 47%提高到 92%，并利用 KR 实现了在线浊点萃取。

在线沉淀/共沉淀是在线通过反应使待测物以沉淀/共沉淀形式与液相分离的过程。沉淀/共沉淀法是公认的痕量分析重要的分离富集手段，但由于沉淀分离过程繁琐，样品消耗较大且易在操作中损失或玷污，因此在日常分析中应用十分有限。FI 在线沉淀/共沉淀很大程度上克服了这些缺点。利用液体在编结反应器中流动产生的离心力，使沉淀颗粒附着在 KR 管壁上，实现在线沉淀/共沉淀，其具有进行沉淀反应和收集沉淀物的双重作用。以 KR 代替滤器有以下优点：①KR 既作为沉淀反应的场所，又作为沉淀的收集器，其死体积小、分散度小、灵敏度高；②以开口管编结而成的 KR 代替滤器收集沉淀，体系的反压小，不易堵塞；③KR 可以长期使用，不必定期清洗。KR 管线的内径和长度对沉淀和共沉淀有着重要的影响，一般选择管内径为 0.5mm、长度适当的 KR。

在线电沉积是待测元素在一定电位下在电极表面沉积与液相脱离的过程，Cacho 等[30]在稀盐酸介质中利用镀金多孔玻碳电极表面电解富集水中 As，随后在稀硝酸中通电溶出，再通过 GF-AAS 测定。电解/溶出的过程可以通过恒电压的方式提高选择性，但恒电流的方式更为可靠，可根据实际需求选择。

5.2.3　改善原子光谱分析的其他功能

5.2.3.1　流动注射雾化技术

流动注射雾化技术是在雾化器中液体样品转化为气溶胶，其体积膨胀了 2～3 个数量级，不会造成显著的区带展宽，仍得到峰形信号，不同于连续流动雾化时的平台信号。其峰高虽有稍许降低，但进样量则可以大幅下降，相当于在维持分析灵敏度基本不变的情况下，大大减少了进样量，同时可以耐受更高盐度和更大黏度的样品。另外，此流路还可以很方便地与其他 FI 流路通过切换阀连接，实现更多的功能。

5.2.3.2　流动注射间接检测

流动注射间接检测技术是利用流动注射使被测物和特征元素发生作用，通过测得的特征元素含量去推算被测物含量，一般分为三种方式：①增敏法，将低灵敏度待测元素转化为高灵敏度特征元素以提高灵敏度；②残余法，改变可测特征元素量；③标记法，与特征元素定量反应再溶出。该方法要求被测物与特征元素的作用是高选择性的，否则就会造成较大的干扰。Zare-Dorabei 等[31]在 FI-FAAS 上增加了一个固相二氧化锰反应器来实现亚硫酸根的间接测定，其依据的是亚硫酸根与二氧化锰反应后会生成二价锰和硫酸根，通过测定二价锰的浓度便可推算出亚硫酸根的浓度。

5.2.3.3　流动注射校正

利用流动注射中样品区带相互扩散的原理，可对测量进行校正。以标准加入法为例，以试样溶液（c_s）作为载流，把不同浓度的标准溶液（c_x）间断地注入到该试样溶液的载流中，测定试样与标准溶液的吸光度差（ΔA），标准溶液浓度高于试样溶液时产生正峰，低于试样溶液时为负峰，对 ΔA 与 c_x 作图，如图 5-12 所示，由该图可算得样品中的被测物含量。

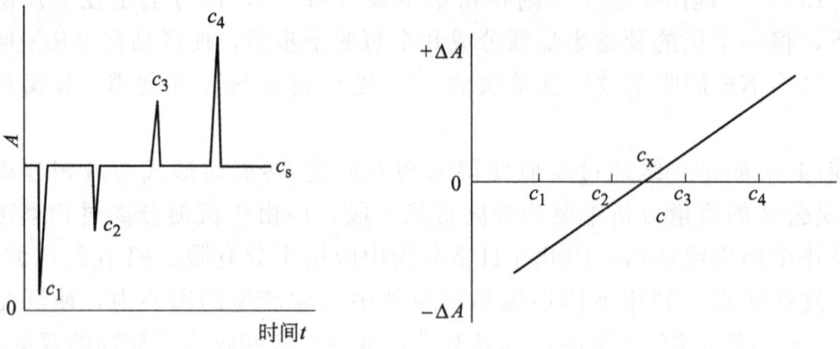

图 5-12 FIA-FAAS 标准加入法

标准加入法可以消除样品基体对测定的影响。

5.3 原子光谱与色谱联用

色谱与原子光谱的结合可充分利用色谱强大的分离能力和原子光谱的元素检测能力，可以说是目前最重要的原子光谱联用技术。近年来由于其在元素形态检测上的突出优点，得到了广泛的关注，下面分别介绍原子光谱技术与色谱的各种联用技术。

5.3.1 原子发射光谱与色谱联用

从 1965 年 McCormack 等[32]首次设计了基于等离子体原子发射光谱作为气相色谱（GC）检测器开始，直流等离子体（DCP）、微波等离子体（MWP）、电感耦合等离子体（ICP）以及电容耦合等离子体（CCP）等都曾与色谱进行联用，其中最受关注的是 ICP、MWP 与色谱的联用。

与 ICP 相比，MWP 可以在低功率下使用，不但可以使用 Ar、He 为工作气体，还可以使用 N_2 作为工作气体，这就使其运行成本大幅下降。因 MWP 使用功率较低，所以对水汽的承受能力也相应较弱，最多不超过约 30μg/min。它适合与水分含量较低的气相色谱联用，甚至发展成为了气相色谱的专用检测器之一。目前已开发出了高功率的 MWP，可以较好地解决水汽承受能力的问题。但与 ICP 相比，除可以使用 N_2 为工作气体外，并无突出优点，故与液相色谱（LC）联用的大多是 ICP。下面分别详细介绍这些联用技术。

5.3.1.1 原子发射光谱与气相色谱联用

气相色谱与微波等离子体-原子发射光谱联用，可以充分利用气相色谱良好的分离能力和原子发射光谱的元素检测能力，已发展成了气相色谱的专用检测器——原子发射光谱检测器（AED）。AED 属于光度学检测法，可检测金属元素，亦能高灵敏度地测定非金属元素。除此之外，该检测器还具有许多其他的应用。

（1）AED 具有与化合物形式无关的校正特性（compound-independent calibration，CIC） 这意味着 AED 存在一个恒定的元素响应因子（elemental response factor，ERF），该值只与特定元素有关，而与元素所处的化学环境无关，这样就可以用一种化合物中的 ERF 来对其他化合物中的该元素定值。实际上 AED 并不能做到严格意义上的 CIC，ERF 只是与化合物的关系较弱，通常对于 Br、Cl、F、I、N、P 和 S 的偏差＜20%；其原因应该在于 AED 的等离子体温度很高，所有化合物在这种条件下都将完全分解为原子，所以化合物的结构、特性将不会影响检测器的响应。但这种特性必须在严格保持同样的检测状态时才能达到，屏蔽气或载气流速的变化都会影响发射光强度，而且放电管的洁净程度也对其有较大的影响，几周的使用时间就可能造成C的响应因子变化15%。对于这些变化因素，最好通过内标校准的方式来进行控制。

（2）AED可测定未知化合物的经验式和分子式　这是CIC特性的直接延伸，即可将测得量的各元素发射强度比，按各自的ERF进行校正，最终得到元素含量比。通过对大量化合物的实验检测，验证表明该方法具有一定的可靠性，是质谱（MS）、傅里叶变换红外光谱（FT-IR）的有力补充。

（3）AED具备同位素测量的能力　由于一些轻元素同位素的发射光谱有较大差别，所以可以通过AED进行同位素测量。

（4）AED的间接检测　这是利用含有AED活性元素的化合物和其他分析物的特异反应，将一些响应较差的元素以高活性元素的方式检出，如石化产品中烷基苯酚的检测，可通过加入二茂铁甲酸与之发生特异反应，从而以铁来检测，这样石化产品中的宏量烃类不会对测量有任何干扰，从而得到非常清晰、干净的图谱。

目前用于产生微波等离子体的装置大致分为3类，分别是基于TM_{010}模的谐振腔和基于表面波传播原理的Surfatron的微波诱导等离子体（MIP），及基于电容耦合等离子体的微波等离子体炬（MPT）。MIP是在石英炬管中产生的，容易造成一些杂质的沉积；其放电条件与放电谐振腔内径及谐振腔内的电介质有关，且需用Tesla放电方可点燃等离子体。而MPT则完全在炬管外产生，不存在电极污染问题，也不会沉积样品，记忆效应不严重；另外，其样品的承受能力要强于MIP。对上述三种MWP的性能比较表明，MPT对样品的承受能力最强，且稳定性最好。但与ICP类似，MPT在与气相色谱联用时死体积略大于MIP。因此，目前商用的AED仍然使用了MIP结构。

HP（现Agilent）公司于1989年推出了第一台商品化AED检测器5921A，1997年又推出第二代商品化AED仪器2350A，该仪器采用移动光栅、固定二极管接收信号，检测速度大大提高，因将二极管置于光谱系统外，因此仅需用400mL/min的高纯氮气吹扫光谱系统，节省了大量的氮气。而目前商用的AED均采用氦等离子体，只消耗少量的氦。对不同元素的检测，还可选择不同的工作气体（H_2，O_2，含少量CH_4的N_2），使多种元素的检测灵敏度均得到提高。另外，在商品化的仪器中还通过本底校正、多点背景检测等方法提高了被测元素的选择性和定量的准确度，目前已可用于27种元素的测定。不少研究者利用GC-AED技术开展应用方法研究，如Kim等[33]利用GC-AED检测C和S的发射色谱图以表征石油重油馏分；Campillo等[34]利用顶空固相微萃取（HS-SPME）和GC联用技术分离蜂蜜和葡萄酒样品中的有机锡化合物，在MIP-AED和MS对比检测时，结果发现虽MIP-AED可表征更具特异性的色谱图，但MS检测器表现出更高的灵敏度。还有研究尝试将MPT-AED与GC联用，如Nakagama等[35]利用GC-MPT-AED的联用技术检测茴香硫醚和磷酸三乙酯中的S、P；师宇华等[36]利用GC-MPT-AED对有机化合物中Cl、Br、I元素的检测，结果证明其检测性能要优于GC-ICP-AED；随后师宇华等[37]又首次建立了气相色谱-微波等离子体炬原子发射光谱和离子化双检测器系统（GC-MPT-AED/ID），研究并确定了同时获得样品组分的原子发射和离子化信息的方法。这为化合物的定性、定量分析提供了更多的信息，还为复杂化合物的形态分析、检测器的响应特性以及样品离子化机理提供了新的方法和研究手段。

此外，近年来还报道了大量基于直流、交流、射频的微等离子体源，其体积更小、功耗更低，也较适合与气相色谱联用，其检测元素主要集中在卤素和硫的检测。例如，Han

等[38]利用含碳化合物可在介质阻挡放电（DBD）中分解、原子化并激发碳原子发射，将碳原子发射光谱仪（AES）与GC联用，用于检测挥发性碳化合物，实验结果表明甲醇、乙醇、1-丙醇、1-丁醇和1-戊醇等的检出限（LOD）为0.12～0.28ng，该装置还可用于检测气相色谱-火焰离子化检测器无法检测的HCHO、CO和CO_2，并且避免了传统技术中所使用的氢气。

Yang等[39]将GC与尖端放电微等离子体原子发射光谱仪（PD-AES）联用，用于分析头发中汞形态，与传统的GC-原子光谱联用仪器相比，PD-AES不仅结构紧凑、激发能力高、成本低、功率小，而且灵敏度更高。这些新型检测器已经表现出了一些良好的检测性能，但是低功耗等离子体的抗基体干扰能力会比ICP差很多，尤其是抗水能力，这种新型的气相色谱多元素检测器的商品化道路还很长。

5.3.1.2 原子发射光谱与液相色谱联用

ICP-AES和LC联用技术是高选择性分离与高灵敏度检测的结合，联用接口是该技术的最关键因素。一个理想的接口应该具备以下几点：①产生的气溶胶的平均粒径应很小，且分布范围窄；②能在较宽的液流范围内产生稳定的气溶胶；③适用于不同的介质（水及有机溶剂），所形成的气溶胶性质应相近；④传输效率高，分析信号的损失应尽量小；⑤在分离柱与雾化器之间的死体积应非常小，在1～2μL级，以保证不发生色谱峰展宽的现象；⑥雾化系统与色谱分离体系的溶液流速应相匹配；⑦操作简便，适合在线分离即时检测。

雾化接口是最常用的接口，是将经液相色谱分离后的被测样液先转化为气溶胶传输至ICP中，进而实现原子化、激发和检测。雾化接口的进样效率不受被测元素存在形式的影响，但缺点是导入效率较低。另一类常用接口是蒸气发生接口，如Qian等[40]研究了一种基于化学蒸气发生耦合辉光放电原子发射光谱法（CVG-GD-AES）的新型液相色谱检测器，用于测定食品中的有机锡（OTs）。该方法中OTs经LC色谱柱分离后，通过CVG转化为气溶胶进入原子化器，被GD激发后检测。该装置简单、紧凑、稳定、经济高效，可广泛应用于食品安全和检验行业。

常规雾化系统将液相色谱分离柱的流出液通过一毛细孔管连接至气动雾化器，在气液负压的作用下，于雾化器的喷嘴处产生高度分散的气溶胶。气溶胶的粒径大小与分布受雾化器的结构控制。常规雾化系统的缺点是雾化效率低；引入有机溶剂易造成ICP的不稳定和积炭；试剂和试样消耗量大；易产生“记忆效应”；被测物色谱峰展宽，降低了分辨率。微型雾化系统是LC和ICP或MWP联用技术发展的要求，正成为当今分析化学中的一个重要而令人感兴趣的研究课题。主要有四种类型：高效雾化器、微型同心雾化器、振荡毛细管雾化器和流动聚焦雾化器。

超声雾化形成气溶胶是基于超声波的空化作用。超声雾化器进样能够产生密度更大、粒径更均匀和更细的气溶胶，样品利用效率高。超声雾化效率可高达75%，而气动雾化进样仅为10%～15%。超声雾化进样的另一个优点是可以分别独立地控制气溶胶的粒径与密度，改变超声波频率可以控制气溶胶的粒径及其分布，调节气体流量可以改变气溶胶的密度。

热雾化是利用热来使溶液雾化的方法。热雾化系统最初是作为液相色谱和质谱的接口技术而提出，近几年被逐渐应用到ICP-AES及MPT-AES上。具体的做法是给不锈钢或石英毛细管加热，使其中的液体样品（主要是溶剂）部分汽化，剩余的液体依靠部分汽化产生的气体膨胀而被带出毛细管，形成细雾。使用铜块加热毛细管或在不锈钢毛细管上通电流直接加热，由于存在温度梯度，在快到达末端出口时，蒸气、液体已经混合均匀，这样喷出去的溶液颗粒小、均匀，分析性能有了显著改善。之后，又有人尝试了微波热喷雾，由于微波仅对毛细管中的溶剂加热，而石英毛细管管壁不吸收微波而温度较低，所以毛细管出口处就不易析出溶质。同时，由于微波加热造成的管内轴向温度梯度不明显，因而可以使用较粗的管径和较大的流速。另外，溶剂蒸发产生的气体和未蒸发的溶剂可更好地混合，能在毛细管出口处得到更均匀的雾滴，理论上来说产生的气溶胶直径分布会更窄。进样效率比气动雾化有大幅度提高，但精密度还不令人满意。

除上述样品雾化进样法外，还有使用需高压输液泵的高水压雾化器（hydraulic high pressure nebulization，HHPN），其使用压力很大，大部分雾滴是直接由压力形成的。另有高电压的电喷雾技术（electrospray，ESP），可在样品流速低至 10μL/min 的情况下工作，样品消耗量少，绝对检出限低。

为避免过量的溶剂对 ICP 的影响，除了冷凝去溶外，在雾化器和 ICP 炬管之间一般还要加入雾室和去溶结构。近年来发展的膜去溶技术通过在膜的另一侧抽空的方法除去溶剂，获得了较好的效果。

5.3.2 原子吸收光谱与色谱联用

5.3.2.1 引言

原子吸收光谱法（AAS）是一种高选择性和高灵敏度的光谱分析方法，但其自身一般只能分析某一元素的总量，不能分析被测元素的化学形态。当 AAS 与色谱联用时，可以利用色谱的分离能力对元素的各种化学形态进行定性和定量分析。

在很多情况下，例如分析石油产品、生物材料、工业废水和染料时，在待分析的混合物中，经常是含有几种或十几种不同的化合物，完全分离混合物样品中各种组分是十分复杂的过程。采用原子吸收光谱仪与色谱联用的技术，原子吸收光谱可以测定色谱分离出的各组分中元素含量。因此，对于多组分混合物中元素价态、形态、赋存态的测定，色谱-原子吸收光谱联用技术是十分有效的分析方法。

1966 年 Kolb 首先实现了火焰原子吸收光谱与气相色谱的联用，成功地分析了汽油中不同烷基铅化合物，这一技术直到 1970 年才被人们所认识，开始得到推广和应用。现在已发展出各种色谱-原子吸收光谱联用技术，诸如：气相色谱-火焰原子吸收法（GC-FAAS）；液相色谱-火焰原子吸收法（LC-FAAS）；气相色谱-石墨炉原子吸收法（GC-GFAAS）；高效液相色谱-石墨炉原子吸收法（HPLC-GFAAS）；气相色谱-石英炉原子吸收法（GC-QFAAS）；液相色谱-石英炉原子吸收法（LC-QFAAS）；气相色谱-冷原子吸收光谱法（GC-CVAAS）；液相色谱-冷原子吸收光谱法（LC-CVAAS）；离子色谱-石墨炉原子吸收法（IC-GFAAS）等。

色谱-原子吸收光谱联用技术已广泛应用于大气、水体、食品、生物等样品及工业、农业、医学、地质等领域中金属总量及其化学形态分析，可分析的元素达数十种，并且有关文献报道仍在逐年增加。

由于原子吸收光谱仪和色谱仪的联机在技术方面并不十分复杂，国内外许多实验室均以常规仪器进行自行组装，开展研究工作。目前，国内外已有原子吸收光谱-色谱联用商品仪器出售。原子吸收光谱-色谱联机一般由三部分组成：色谱仪、原子吸收光谱仪和接口，详见图 5-13 所示。接口是原子吸收光谱-色谱联用系统的关键部件，它随色谱的类型不同而有所不同。

原子吸收光谱与色谱联用技术的主要特点如下：

(1) 选择性好　由于色谱分离的效能好，原子吸收灵敏度高和选择性好，因而这种联用技术的色谱图清晰易辨。应用色谱-原子吸收光谱联用技术测定汽油中的烷基铅，无需进行样品预处理，测定每个样品约需 5min。对于每种烷基铅而言，其检出限均为 0.02μg/mL

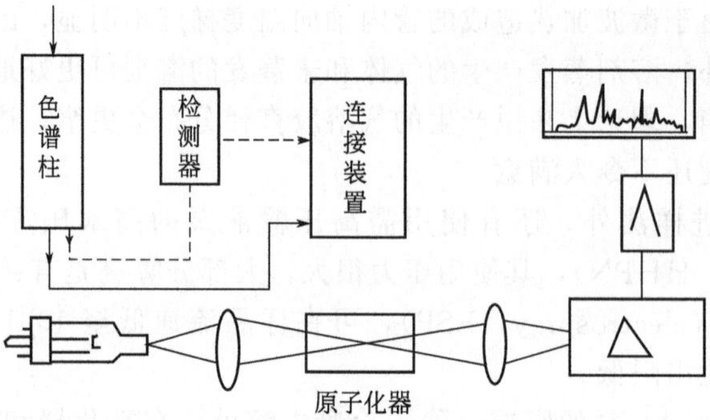

图 5-13 色谱-原子吸收联用系统

铅。HPLC-GFAAS 系统可以同时分离和测定磷酸三甲酯、磷酸三乙酯、磷酸二丁酯、亚磷酸三甲酯、磷酸三丁酯、磷酸三苯酯、磷酸三对甲苯酯和亚磷酸三苯酯等 8 种化合物；而用紫外检测系统则对前五种化合物无效，因为这几种化合物在 200～350nm 波长范围内无吸收。该 HPLC 系统还可以分离和测定三甲基胂酸钠、甲基胂酸二钠和对氨苯基胂酸，以及三苯基锡和三丁基锡；而用紫外检测系统仅能检测出其中的对氨苯基胂酸和三苯基锡。

(2) 适用于金属化学形态分析 随着环境科学的发展，无机元素化学形态分析已引起高度重视。环境中的重金属污染物的产生、迁移、转化、归趋及其与人体健康的关系，一直是环境科学的重要研究课题。由于元素的不同化学形态其毒性不同，如铬(Ⅵ)的毒性比铬(Ⅲ)的毒性大 100 倍。砷在水体中存在的化学形态不同，其毒性强弱各异，如 AsH_3＞亚砷酸盐＞As_2O_3＞砷酸盐＞五价胂酸＞砷化合物＞砷等。硒的毒性也与其化学形态有关，元素硒毒性很小，而亚硒酸钠、硒酸钠或硒化氢毒性很大。一般而言，硒酸盐的毒性稍低于亚硒酸盐，硒化氢毒性最大。所以，仅分析环境污染物和生物体中元素总量不足以说明其所产生的生物效应，也不能正确评价环境质量。此外，环境中的元素含量低，赋存化学形态多，基体和干扰因素复杂，所以要求分析方法不仅要灵敏度高，还要选择性好，一般的分析方法难于满足上述要求。以色谱为分离手段的各种原子吸收光谱联用技术，在元素化学形态分析中可以发挥重要作用。

色谱-石墨炉原子吸收光谱联用技术具有分析灵敏高的特点，是元素化学形态分析最有力的工具之一。石墨炉原子光谱与离子色谱联用能有效地测定水环境中砷的化学形态。例如，使用阳离子交换柱 Dowex 50W-X_8 和阴离子交换柱 Dowex AI-X_8，以石墨炉原子吸收光谱仪为检测器，可分离和测定水样中二甲基胂酸盐（DMA）、甲基胂酸盐（MMA）、砷(Ⅲ)和砷(Ⅴ)。石英炉原子吸收光谱与色谱联用也用于砷化学形态的测定。

5.3.2.2 火焰原子吸收光谱与色谱联用

一般而言，常规的气相色谱仪和液相色谱仪可不经任何改动即可与各种火焰原子吸收光谱仪相连，常规色谱仪的多数部件在联用系统中所起的作用基本不变。系统的联用需要根据分析成分的性质、基体的组成以及火焰原子化器的类型来选择合适的测定条件。常用的气相色谱柱为填充柱，色谱柱的固定相根据分析成分与基体组成及特性而定，流动相为氮气或氩气。火焰原子化器有空气-乙炔焰、一氧化二氮-乙炔焰和氧气-乙炔焰等气氛类型。

联用系统的进样方式有：

(1) 样品气流引入雾化室 用一段细金属管和一个“T”形接头将色谱柱的气流导入助燃气进入雾化室。特点是连接方式简单；色谱柱的气流被助燃气及燃气大量稀释，导致吸收信号峰形变宽，灵敏度降低。这种进样方式适用于待测元素含量高的试样测定，或灵敏度高的元素分析。

（2）样品气流引入燃烧器　为了克服上述方式带来的吸收信号峰形变宽的问题，可将色谱柱的气流直接引入燃烧器。方法是在燃烧器的底部或侧面打一小孔，焊接上一段金属毛细管，将色谱柱的气流由毛细管导入燃烧器，连接装置如图 5-14 所示。此外，为防止分析成分的冷凝，需要加热色谱柱和原子化器之间的连接管。

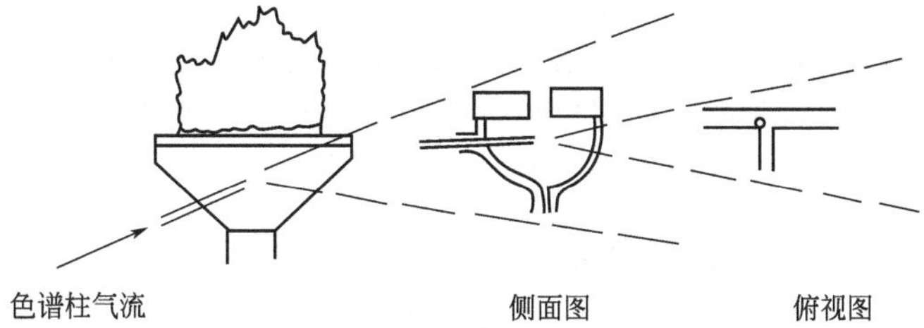

图 5-14　色谱柱与燃烧器的连接

该法的特点：可消除吸收信号峰形的展宽效应，提高分析灵敏度；由于来自色谱柱的气流流速小，对火焰稳定性无影响；但被分析成分易在连接管中沉积，加热连接管或使用不锈钢或钽连接管时烷基铅的沉积较小，而用氧化铝和二氧化硅连接管时沉积严重。

（3）样品气流引入火焰　将来自色谱柱的气流直接导入火焰，连接装置如图 5-15 所示。

该法的特点：避免了试样被气体稀释，降低了检出限；连接方式较为复杂。

总之，由于气相色谱分析仅限于易挥发和热稳定的化合物，因此火焰原子吸收光谱与气相色谱联用的应用范围受到限制。

液相色谱-火焰原子吸收光谱联用可弥补气相色谱-火焰原子吸收光谱联用的不足。液相色谱柱流出液的流量与原子吸收雾化器的试样提升速率比较接近，因此色谱柱与原子化器的连接也比较容易。若色谱柱流速与雾化提升速率相匹配，色谱柱和雾化器可通过雾化毛细管直接相连；若不匹配，则可采用补偿法、注射法或反压法连接。

（1）直接法　将色谱柱流出液直接导入雾化器的方法比较简单，常用于有机硅化合物和金属络合物的分析，该法的主要特点是：当原子吸收雾化器提升速率大时，可将其降低以避免产生后置柱低压区，但降低雾化提升速率，分析灵敏度也会降低；若色谱柱流速太低，不能被雾化提升速率所平衡，会导致原子吸收响应与柱流速之间呈现复杂的关系。

（2）补偿法　原子吸收雾化提升速率为 2～6mL/min，如果色谱柱流速低于 2mL/min，则引起后置柱低压区的产生。为克服这些缺点，可以用补偿法，如图 5-16 所示。通过补充一辅助液流（V_b）来平衡色谱柱流速（V_c）和雾化提升速率（V_n），以实现 $V_n=V_c+V_b$。

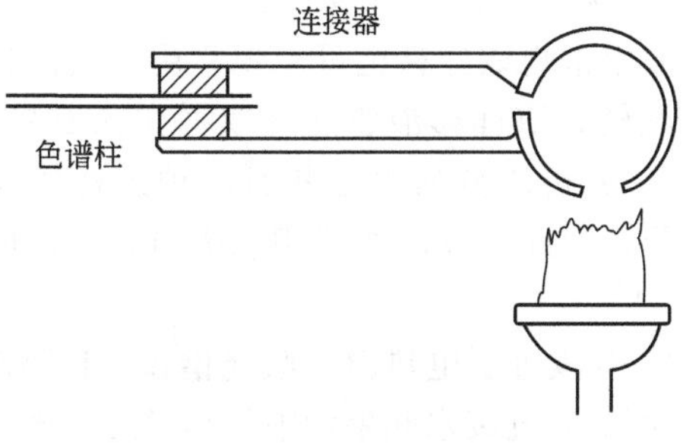

图 5-15　引入火焰式连接法

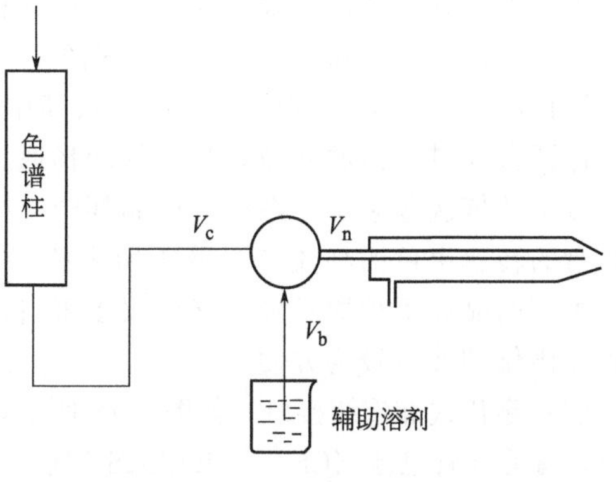

图 5-16　补偿法示意图

该法的主要特点是：雾化提升速率与色谱柱流速匹配，可以避免产生后置柱低压区；色谱柱流出液被溶剂流所稀释，降低了灵敏度；该法适用于仪器响应灵敏度高的元素或元素含量较高的试样。

（3）注射法　将色谱柱流出液收集在100μL锥形聚四氟乙烯小杯中，用AAS吸管从小杯中取样注入火焰。该法不受色谱柱流速与雾化提升速率之间差异的影响，能达到工作条件的匹配与最佳化。

（4）反压法　利用调节原子吸收光谱仪雾化器毛细管的方法，使气流通过毛细管时喷口处产生一种反压，液相色谱输液泵克服反压，驱动液体流动。利用此法可避免因稀释而降低灵敏度，并可改善雾珠特性和传输效率，有利于提高信噪比。

5.3.2.3　石墨炉原子吸收光谱与色谱联用

目前，石墨炉原子化器已广泛用作气相色谱、高效液相色谱，以及离子色谱的检测器，鉴别和测定大气、水体、生物等样品中的烷基铅、烷基胂、烷基锡、有机锰、有机铬以及某些金属在自然界和生物体中的分布。

气相色谱仪色谱柱的流出组分为气体，可通过载气气流与石墨炉原子化器直接连接。石墨炉原子吸收分析程序在进样后需经干燥、灰化、原子化和净化几个步骤，因而不能与液相色谱仪直接连接。已用的连接方式有多孔阀连接法和自动进样器连接法。

（1）多孔阀连接法　是通过多孔取样阀和注射阀将液相色谱仪和石墨炉原子吸收光谱仪连接起来，如图5-17所示。

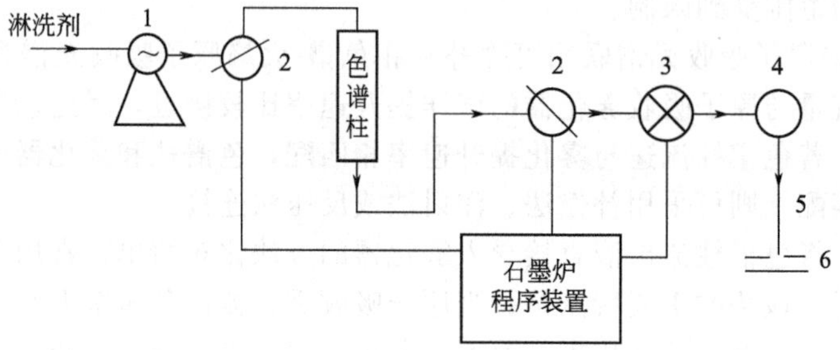

图5-17　LC-GFAAS多孔阀连接法

1—液相色谱泵；2—开关阀；3—多孔取样阀；4—注射阀；5—金属钽毛细管；6—石墨管注样孔

（2）自动进样器连接法　采用商品石墨炉自动进样器进行连接。液相色谱柱流出物经不锈钢毛细管通过HPLC的紫外检测器以后，用聚四氟乙烯毛细管从紫外检测器出口将洗提液流出物引入到一特制阱式聚四氟乙烯试样杯中。该试样杯放在自动进样盘上，使取样移液管重复自动地从杯中移取10～50μL试样注入石墨管中。阱式试样杯下端为中空螺丝接头导管，洗提液流出物从下方中空导管流入杯中，杯壁有侧支管，溢出多余试样。杯口呈喇叭形，保证自动进样器的移液管弧形移动畅通无阻。采用常规取样杯也可实现联用，仅需将色谱柱流出液依次分装于一系列的样品杯中。样品盘旋转，取样移液管逐杯取样注入石墨炉。样品盘的转速由色谱柱流速、分析所需样品的体积、分析成分的浓度和石墨炉进样体积而定。由于商品石墨炉原子吸收光谱仪多带自动进样器，因此，以此作液相色谱与石墨炉原子吸收光谱仪的接口较为方便。

（3）雾化式准连续接口　如图5-18所示，Yan等[41]改进了电热原子吸光谱仪（ETAAS）接口，将毛细管电泳（CE）与ETAAS串联，用于检测豆腐乳废水和果汁中的硒形态。该方法首先用5-磺基水杨酸改性的经二氧化硅涂覆后的磁性纳米颗粒对样品中硒形态进行富集和净

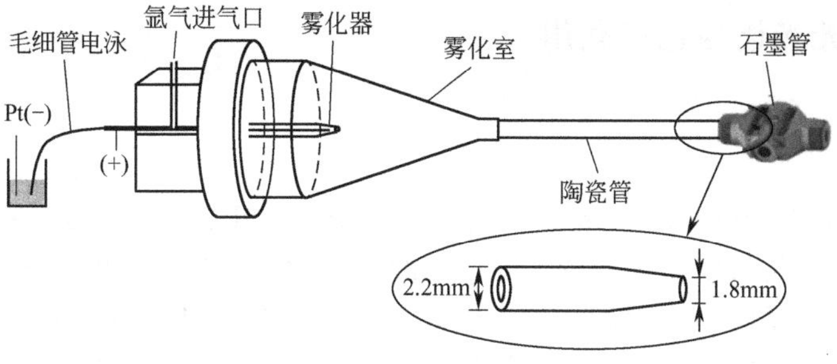

图 5-18　CE-ETAAS 连接示意图

化，Se(Ⅵ)、Se(Ⅳ)、SeMet 和 $SeCys_2$ 的富集因子分别为 21、29、18 和 12；之后用 CE 对各种硒形态进行分离，毛细管的流出液直接与雾化器相连作为与石墨炉原子吸收光谱仪的接口。雾化后的气溶胶经雾室除去大液滴后，又由石墨管加热的陶瓷管通过扩大的注样口将样品导入石墨管，最终在石墨管中原子化与检测。文中采用了导热较好的陶瓷管传输样品，由于其被石墨管加热而进一步降低了气溶胶的含水量进而提高了雾化进样效率。另外，石墨炉采用了断续加热的工作时序，平时工作在 300℃左右进行保温，在待测形态导入石墨管时间附近升温至 1900℃，以保证样品的完全原子化，使石墨炉工作在准连续方式。由于插入了 300℃的保温模式，亦无需进行强制水冷，简化了操作。这种方式有效利用了石墨炉的高灵敏度，又利用准连续方式显著延长了石墨炉的测定时长，很好地实现了与 CE 的联用，对 Se(Ⅵ)、Se(Ⅳ)，SeMet 和 $SeCys_2$ 均获得了不错的分离和检出效果。

5.3.2.4　石英炉原子吸收光谱与色谱联用

早在 1972 年 Gonzalez[42] 等就报道了用 GC-QFAAS 的方法，测定了鱼中氯化甲基汞和氯化乙基汞。白文敏等[43,44] 设计了多种石英炉形式，并尝试多种连接方式与气相色谱联用，用于测定烷基铅含量及其化学形态。石英炉原子吸收光谱法比火焰原子吸收光谱法灵敏度高，特别适用于气体样品，可与气相色谱柱直接连接。该项联用技术已用于分析土壤、大气、水、汽油等样品中铅的化学形态及其含量，分析砷酸和亚砷酸以及甲基胂酸、二甲基胂酸、三乙基胂、氨基苯胂酸等有机砷形态，分析甲基锡、乙基锡等有机锡，以及烷基硒、烷基汞等。例如，He 等[45] 建立了原位 HG-SPME-GC-AAS 系统测定土壤中的甲基汞、乙基汞和苯基汞，通过将挥发性较低的有机汞化合物衍生化为挥发性化合物，然后利用 GC 与毛细管柱分离，并通过电热石英炉原子吸收光谱（QFAAS）在线检测。

高效液相色谱-石英炉原子吸收光谱联用系统，以液相色谱柱与石英炉借助氢化物发生器连接，将色谱柱流出液导入氢化物发生器，依次产生各种有机锡化合物的相应氢化物，再引入石英炉原子化器，成功地测定了 Me_4Sn、Me_3SnCl、Me_2SnCl_2、$MeSnCl_3$、Et_4Sn、Et_3SnCl、Et_2SnCl_2 和 $EtSnCl_3$ 等 8 种有机锡化合物。此外，Linhart 等[46] 将反相 HPLC-紫外蒸气发生（UVG)-QFAAS 在线耦合，利用色谱分离有机汞和无机汞，柱后通过 UVG 将不同汞形态转化为冷蒸气（Hg^0），最后利用 QFAAS 进行检测。

离子色谱-石英炉原子吸收光谱联用系统，由自动采样器移取一定体积的试样，通过数控泵输入到离子色谱系统，以适当的流动相使不同的砷化合物经色谱柱彼此分离，向流出液中泵入适量的硼氢化钠溶液，将各种砷化物转化为相应的氢化物，通过气液分离器以后，将生成的气相氢化物导入石英炉原子化器，该方法可测定砷酸盐、亚砷酸盐和有机砷。

5.3.3 原子荧光光谱与色谱联用

5.3.3.1 引言

原子荧光光谱（atomic fluorescence spectroscopy，AFS）分析具有元素专一性和较高的分析灵敏度，但其自身没有元素价态或形态的分辨能力。当今分析化学不仅要求测定元素总量，而且要求对元素的不同价态、形态给出一个全面的分析结果，这就需要通过将 AFS 与各种分离技术联用来实现。冷阱分离和色谱分离是其中主要的两类联用分离技术，但冷阱的分离能力相对较低，且使用不便，近年来已较少应用；而色谱分离则因其使用灵活、分离能力强而得到了广泛的重视，成为当前与 AFS 联用的主流分离技术。

色谱与 AFS 联用的最大特点在于，对含有特定元素的化合物具有专一性和较高的灵敏度。Bramanti 等[47]比较了与色谱联用时 AFS 检测和紫外检测的结果，AFS 检测器对 Hg^{2+}、甲基汞、乙基汞、苯基汞四种汞形态都有很好的灵敏度，并且没有其他化合物的干扰；而紫外检测器仅能检测出乙基汞和苯基汞，且灵敏度较差，有机化合物干扰较为严重。

早在 1977 年，Van Loon 等[48]就已经开展了色谱和 AFS 联用的工作，但早期的 AFS 采用直接进样技术，虽然检测元素种类较多，但干扰严重、灵敏度低，并不能完全体现出 AFS 联用技术的优势，所以发展较慢。直到将蒸气发生进样技术引入到 AFS 之后，消除了基体干扰，大大提高了 AFS 检测的灵敏度，AFS 和色谱联用才得到了快速的发展，特别是液相色谱和 AFS 的联用，已经成为了检测 As、Se、Sb、Sn 等元素不同化学形态的常用手段之一，其检测能力甚至接近于价格昂贵的电感耦合等离子体质谱（ICP-MS）。

图 5-19 给出了常见的色谱、AFS 联用的各结构单元：前处理单元、色谱单元、接口单元、蒸气发生单元和 AFS 单元，其中前处理单元和蒸气发生单元是可选的，用以改进整套系统的分析性能，而其他单元则是必需的。在整个联用系统中，接口单元是其中最重要的部件，它的作用在于连接、匹配色谱单元和蒸气发生单元/AFS 单元，既要保证样品的无损导入，又要保证较小的死体积、抑制色谱峰的展宽。通常情况下，接口单元要具备以下功能：①必须确保色谱单元的流出物能够无损地通过接口单元。对于气相色谱而言，大多数情况下接口单元必须保温，以防高沸点的被分析物在接口单元冷凝造成损失。②色谱单元和蒸气发生单元/AFS 单元的流量通常是不匹配的，所以接口单元必须通过一些方法使二者达到匹配。③使用蒸气发生单元时，经常需要对被分析物进行后处理，以便蒸气发生反应能够顺利进行。

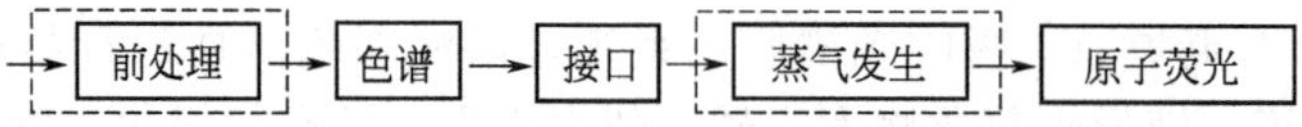

图 5-19 色谱-AFS 联用示意图

色谱、AFS 联用系统通常按色谱进行分类，大致可分为 AFS 与气相色谱联用、AFS 与液相色谱联用、AFS 与毛细管电泳联用三个大类。

5.3.3.2 原子荧光光谱与气相色谱联用

AFS 作为 GC 的检测器为元素形态分析提供了简单、高选择性和高灵敏度的检测手段，GC-AFS 甚至比 GC-MS 对部分元素的分析灵敏度更高，如 GC-AFS 测 Hg 的检出限在 pg 水平。与液相色谱（LC）连接 AFS 相比，GC 具有独特的优点，如高分辨率、良好的兼容性以适应不同类型的检测器和相对低的成本。目前，GC-AFS 已被用于分析各种生物和环境样品中痕量 Hg、Sn 和 Pb 等元素形态。

早期的 GC 与 AFS 的联用系统中没有明确的接口概念，通常是直接将 GC 流出物引入原子化器中，虽然使用方便，但缺乏相应的后处理功能。Van Loon 等[48]将 GC 流出物通过加热的不锈钢管直接引入燃烧器。引入燃烧器的管路被弯成适当角度，以保证 GC 流出物能够与空气-乙炔充分混合，得到的信号灵敏度虽然强于火焰原子吸收，但远不及石墨炉原子吸收光谱。此外，测量时还发现烷基铅会在加热的管路中分解沉积，沉积程度随样品浓度增大而增大，并与管路材质有关（沉积程度：石英＞铝＞不锈钢＞碳＞钽）。

Ke 等[49]搭建了一套 GC 和火焰激光诱导 AFS（flame laser-induced atomic fluorescence，LIAF）的联用装置用于检测烷基锡，其结构示意于图 5-20，检测过程的能级示于图 5-21。该方法用于检测的并非共振荧光，经过单色器分光后较好地避免散射光的影响，绝对检出限为 500pg，虽然强于火焰离子化检测器（flame ionization detection，FID），但仍差于通常的 GC 与无火焰原子吸收光谱联用。

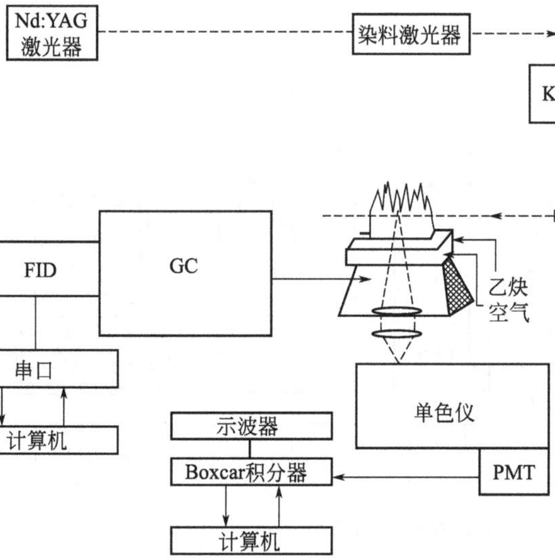

图 5-20　GC-LIAF 联用装置示意图

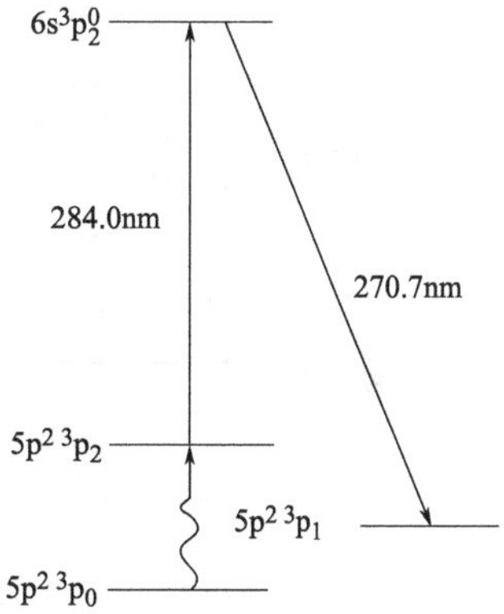

图 5-21　GC-LIAF 检测的能级图

将加热保温的 GC 分离毛细管直接插入 AFS 燃烧器中，避免了传输损失，采用微型 $Ar-H_2$ 扩散火焰作为原子化器，检测烷基硒、烷基铅和烷基锡的检出限分别为 10pg(Se)、30pg(Pb)、50pg(Sn)，其中 Pb、Sn 的检出限与文献报道的 GC-无火焰 AAS 相当，而 Se 的检出限降低至 1/15，说明使用微型 $Ar-H_2$ 扩散火焰原子化器的 AFS 与 GC 联用具备了一定的实用性。例如，Zeng 等[50]将 GC 与 AFS 直接通过 $Ar-H_2$ 火焰耦合集成为 GC-AFS 仪器，即 GC 柱的出口端直接置入 $Ar-H_2$ 火焰雾化器的底部，中间没有任何传输接口（图 5-22），这种设计结构简单紧凑、不增加死体积，并且有利于缩小色谱峰半峰宽。

Dietz 等[51]在测定酵母中的有机硒时，在气相色谱-原子荧光光谱（GC-AFS）联用装置前加入了固相微萃取（solid phase microextraction，SPME）装置，使得酵母悬浊液中的有机硒先被顶空 SPME 装置富集，之后在 GC 的进样器中脱附并经过 GC 分离，送入 AFS 检测。使用微型 $Ar-H_2$ 扩散火焰原子化器，并在火焰内部加入了折叠的 Pt 丝用以催化有机硒的分解和原子化，提高有机硒的检测能力。该方法检测二甲基硒（DMSe）、二乙基硒（DESe）和二甲基二硒（DMDSe）的检出限分别为 0.88μg/L、1.55μg/L 和 1.33μg/L。针对 SPME 释放水分所造成的信号降低现象，Gorecki 等[52]为 GC-AFS 系统配备了阀门和氩

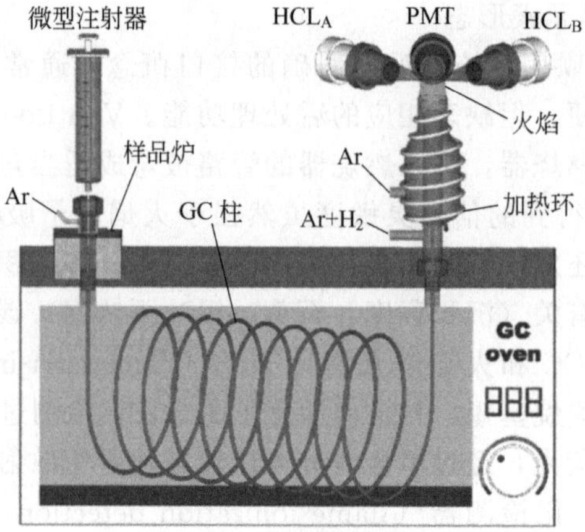

图 5-22 GC-AFS 仪器结构示意图

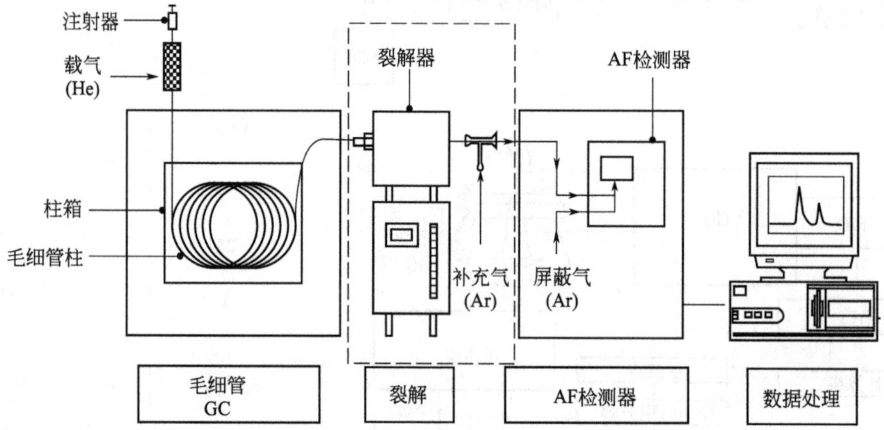

图 5-23 GC-AFS 联用测有机汞的装置示意图

气加热器，这也是首次尝试将水分去除程序应用于 SPME-GC-AFS 系统。

随着 GC-AFS 联用技术的发展，其在有机汞测量上表现出了较大的优势，得到了广泛的重视[53,54]，并出现了专用的接口。一种 GC-AFS 联用测有机汞的装置示意图见图 5-23，有机汞样品经 GC 分离后，被送入高温裂解单元分解为原子态的 Hg，之后补入 Ar 气，匹配 GC 和 AFS 之间的流量差，最后被载气带入 AFS 中检测。图 5-23 中虚线框里的高温裂解单元和补气部件就组成了一个完整的 GC-AFS 联用接口，该接口被广泛应用于 GC-AFS 测定有机汞的工作中。其中的高温裂解单元可采用加热到 800～900℃ 的石英管（200mm×ϕ2mm）来充当，保证有机汞能够完全转化为 Hg^0，以保证能在 AFS 中获得最高的灵敏度。GC-AFS 和 GC-ICP-MS 测定有机汞时具有相当的灵敏度和选择性，但 GC-AFS 由于运行成本低、操

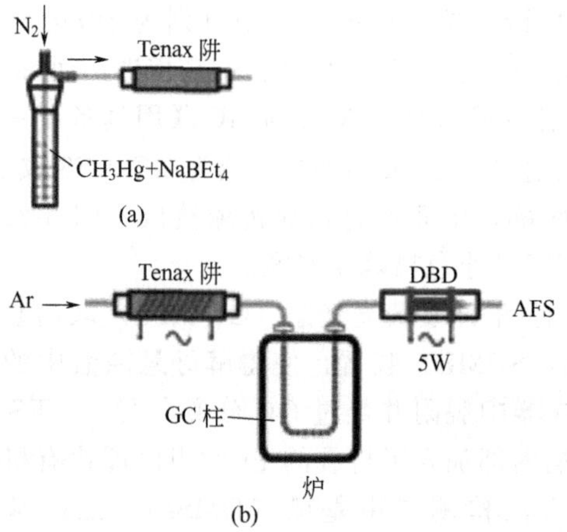

图 5-24 用于 GC-AFS 的 DBD 原子化器结构示意图

作简单，更有实用价值。Diez 等[54]又在 GC-AFS 前加入了 SPME，进一步加强了 GC-AFS 的分析性能。Ricardo 等[55]将涂覆不同碳纳米管的 Fe_3O_4 磁性纳米颗粒作为磁性固相萃取（MSPE)，实现了甲基汞的预浓缩（预浓缩系数 150 倍）和无机汞的去除。He 等[56]在 GC 分离和 AFS 检测之间使用 DBD 原子化器将 $CH_3HgC_2H_5$ 原子化为 Hg^0，而不是传统的热分解原子化器（图 5-24)，这种装置结构简单，可以在室温、低功耗（5W）下运行，DBD 是一种很有潜力的小型原子化器。

5.3.3.3　原子荧光光谱与液相色谱联用

液相色谱（liquid chromatograph，LC)，特别是高效液相色谱（high performance liquid chromatograph，HPLC）已经得到了广泛的应用。与 GC-AFS 联用不同，LC 的流出物不能直接进样用于 AFS 检测，早期的 LC-AFS 联用中大多使用喷雾进样的方法，将 LC 流出的被测物通过雾化器转化为气溶胶，之后带入火焰中检测，这种技术虽然能实现多元素检测，但由于严重的基体干扰，所以并未得到任何实际应用。若将样液中的被分析物通过化学反应转化为气相，即蒸气发生（vapor generation，VG）进样技术，则可以有效地消除基体干扰，显著地提高 AFS 的分析灵敏度，所以实际应用中占主导地位的几乎完全是 LC-VG-AFS 联用系统。

LC-AFS 接口的发展大致经历了两个阶段，第一阶段并没有明确的接口单元概念，仅是作为 VG 单元的一个进样通道，可以称为直接连接型接口。如图 5-25 所示，用于 As 形态测定的接口只是一个简单的三通，让 HPLC 流出物和 $NaBH_4$、HCl 在其中混合反应发生 AsH_3，运行于“加热冷却恒温浴”状态的超声雾化器作为其气液分离器，用 Ar 将 AsH_3 带入 AFS 仪器中进行检测。这类接口装置使用简单、稳定，在 VG 进样的联用装置中被广泛使用。虽然检出性能并不太好，但大都能满足常规需要。Marschner 等[57]对此类最简单的接口进行了优化，在使用特殊设计的气液分离器、改进了载气的加入方式，加入了助燃氢气、使用干燥剂并优化了氢化物发生反应的条件下，各形态砷的发生效率首次可达到 100%，大幅提高了 HPLC-VG-AFS 的检出能力，对四种可直接发生氢化物的砷形态获得了 2.0～4.8pg 的绝对检出限，非常接近于 HPLC-ICP-MS 的检测能力。该方法用于尿液中砷的形态分析，获得了准确的结果。

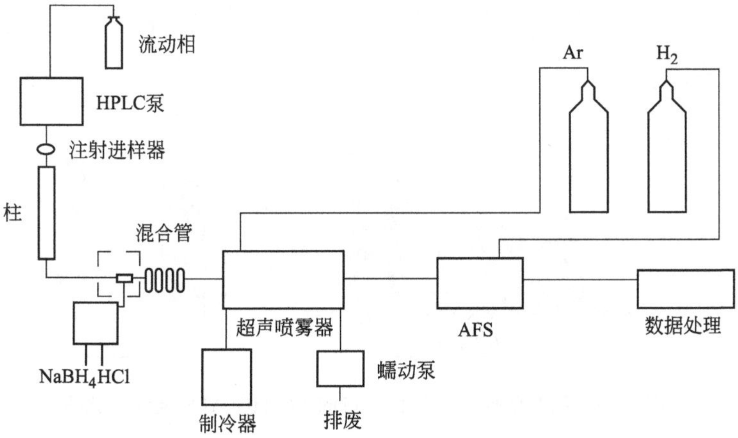

图 5-25　HPLC-VG-AFS 联用装置示意图

随着 LC-VG-AFS 研究的不断深入，要分析一些不能发生蒸气的化合物，或蒸气发生进样效率较低的化合物时，直接连接型接口就完全无能为力了，这就要求研制各种功能性接口。目前见于报道的主要有在线氧化接口、在线还原接口和在线发生接口三大类。

（1）在线氧化接口　在线氧化接口是在原有的三通之前加入一套在线氧化管路，主要用于处理一些 VG 进样效率较低（如硒代氨基酸）或不能 VG 进样（如胂甜菜碱、胂胆碱的有机分子）的有机物，经过在线氧化后，变成 VG 进样效率较高的无机物，再进行 AFS 检测，这样就扩大了整套联用装置的检测范围，提高了对某些化合物的检出能力。

对于一些较易消解的产物，在线氧化接口可以简化为一个引入强氧化剂的三通和完成后续氧化功能的一段反应管。Li 等[58]测量海产品中的甲基汞、乙基汞、苯基汞时就采取了这类简单接口，此类接口在很大程度上改善了有机汞的灵敏度，编结反应管对氧化效果有明显的作用，在室温下可以将各种有机汞的灵敏度提高到接近于无机汞。

对于一些难氧化的物质，不只需要使用强氧化剂，还需要额外注入能量，其中的一种方法是通过紫外光来照射样品，此种接口也被称为紫外在线氧化（亦称为紫外在线消解）接口。图 5-26 中示出了测定水样中多种 As 形态的 LC-HG-AFS 装置，图中 UV 部分就是一个典型的紫外在线消解接口。分析过程为：LC 流出液经三通与强氧化剂 $K_2S_2O_8$ 混合，混合液在紫外光的照射下由 $K_2S_2O_8$ 产生强氧化性的自由基，这些自由基将混合液中的有机砷成分完全降解，转化为无机砷，流入氢化物发生单元进一步转化为气相的 AsH_3，送入 AFS 检测。紫外在线氧化接口的特点是：氧化过程依靠紫外灯诱导产生的高氧化性自由基在常温下完成。紫外灯一般使用功率在 15W 以下的低压汞灯，氧化管路可以采用聚四氟乙烯或石英管。石英管路长度一般在 40cm 左右，基本不造成 LC 谱峰柱后展宽；PTFE 管路长度一般大于 4m，需要加入气泡间隔，防止严重的柱后展宽。紫外在线氧化接口的缺点在于紫外光能量难以调节，氧化过程不易调控。

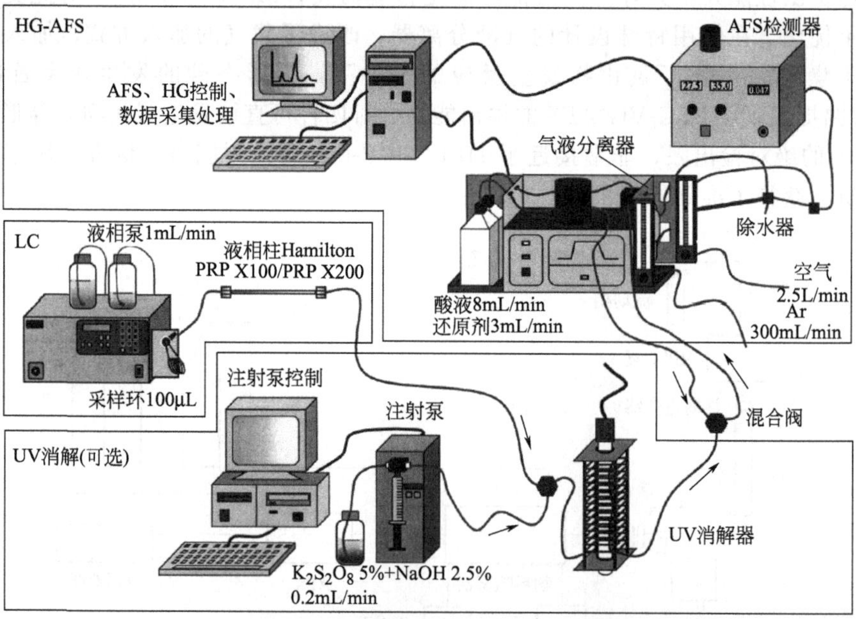

图 5-26　配有紫外在线氧化接口的 LC-HG-AFS 装置示意图

刘霁欣等[59]提出了一种新型的紫外接口，见图 5-27。在该接口中色谱流出液从进液口流入烧制在低压汞灯灯管内的石英管中，经高强度的紫外照射后，流出进行后续的氢化物发生反应。在该过程中，色谱流出液中的各种有机形态能在无消解助剂的条件下分解为相应的

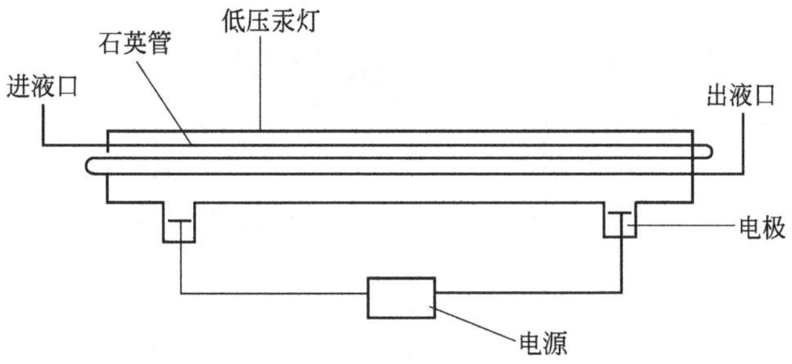

图 5-27　高强度紫外接口示意图

无机化合物，且分解过程基本不受流出液中基体的干扰。该接口可用于 As、Hg 等元素形态的检测，性能优于常规的紫外接口。

微波在线氧化接口也被广泛使用，顾名思义，这种接口通过微波提供能量来辅助化学氧化作用。图 5-28 示出了 Dumont 等[60]的用于测定有机硒的 LC-HG-AFS 装置，图中方框中示出了微波在线氧化接口。分析过程为：LC 流出液进入接口后，首先导入空气分隔液流，防止柱后展宽，再与 $KBrO_3$、KBr 混合用于产生高氧化性 Br_2，之后混合液流入放置于单模聚焦微波装置中的盘管中，微波照射功率 10W。在微波的作用下，有机硒成分完全降解转化为无机硒，再流过冷却浴降温后流入氢化物发生（HG）单元进一步转化为气相的 H_2Se，送入 AFS 检测。上述研究使用了单模聚焦式微波系统，但实际上使用家用微波炉（多模系统）也能达到类似效果，Ariza 等[61]用功率 350W 的家用微波炉改制的微波氧化接口也得到了不错的结果，只是能耗大大提高。微波在线氧化的特点是：氧化过程迅速、彻底，特别是使用单模聚焦微波系统时，微波功率可以精确控制到几瓦，能很好地调整氧化过程。其缺点是微波氧化过程会对液相加热，造成流路波动，必须通过加入冷却浴降温消除该波动，所以其管路较长，更容易造成柱后展宽。

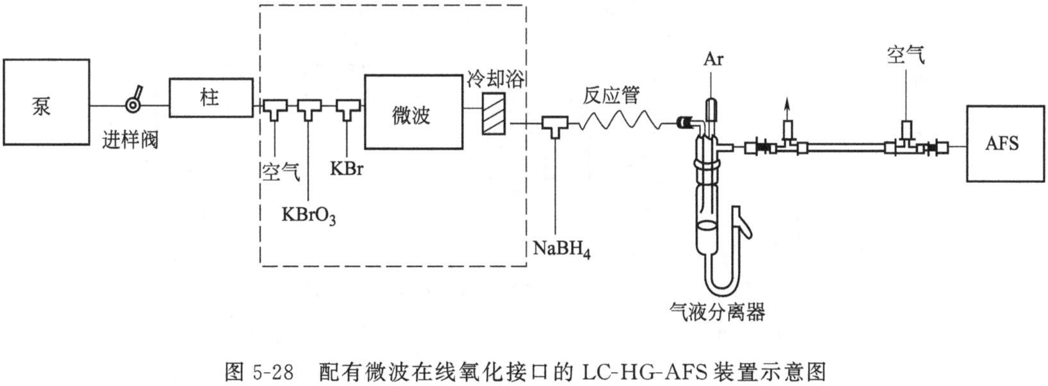

图 5-28　配有微波在线氧化接口的 LC-HG-AFS 装置示意图

Angeli 等[62]将聚焦微波与紫外照射相耦合，得到了氧化消解能力更强的联用接口（见图 5-29），在这种接口中不必使用消解试剂，就能将汞的一种高稳定形态完全消解，其消解能力与前文中的高强度紫外相当，但该接口较为复杂，成本也较高，实际应用的可能性较小。

(2) 在线还原接口　在线还原接口是在原有的三通之前加入一套在线还原管路，主要用于将一些难于 VG 进样的高价无机物还原为 VG 进样效率较高的低价态。如将 Se(Ⅵ)、Te(Ⅵ) 还原为 Se(Ⅳ)、Te(Ⅳ)。与发展较为成熟的在线氧化相比，在线还原技术出现较晚，Vilano 等[63]首次提出了用于 LC-AFS 联用系统的在线还原接口，不使用试剂，仅需将

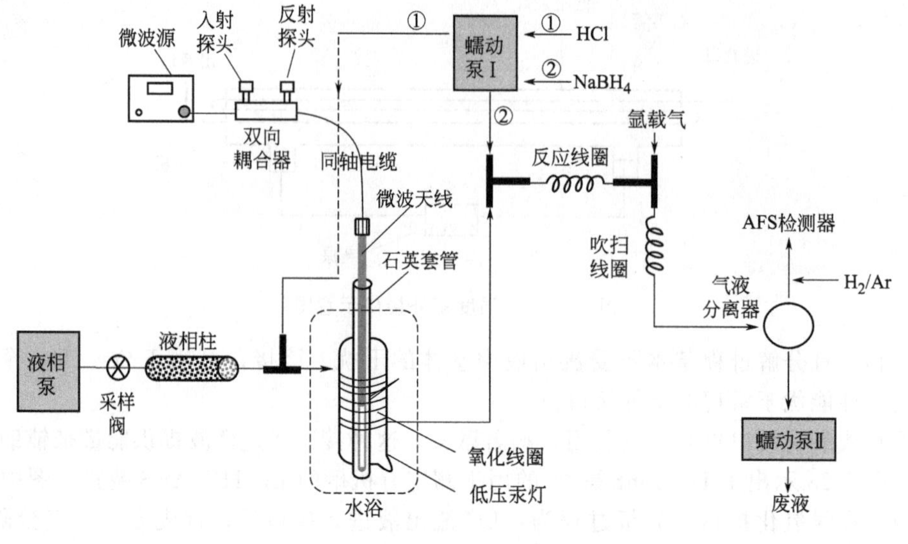

图 5-29 微波-紫外联用接口示意图

PTFE 管盘绕在紫外灯上，当含有 Se(Ⅵ) 的溶液流过后，经紫外光照射就可以转化为 Se(Ⅳ)。此外，Simon 等[64]在紫外照射前加入 KI 作为还原剂，可以更进一步提高 Se(Ⅵ) 和有机硒向 Se(Ⅳ) 的转化率，其装置见图 5-30。分析过程为：LC 流出液进入接口后与 0.1% KI 溶液混合后，I^- 被紫外激发为 I^{-*}，I^{-*} 将各种 Se 形态转化为 Se(Ⅳ)，Se(Ⅳ) 流入 HG 单元进一步转化为气相的 H_2Se，送入 AFS 检测。

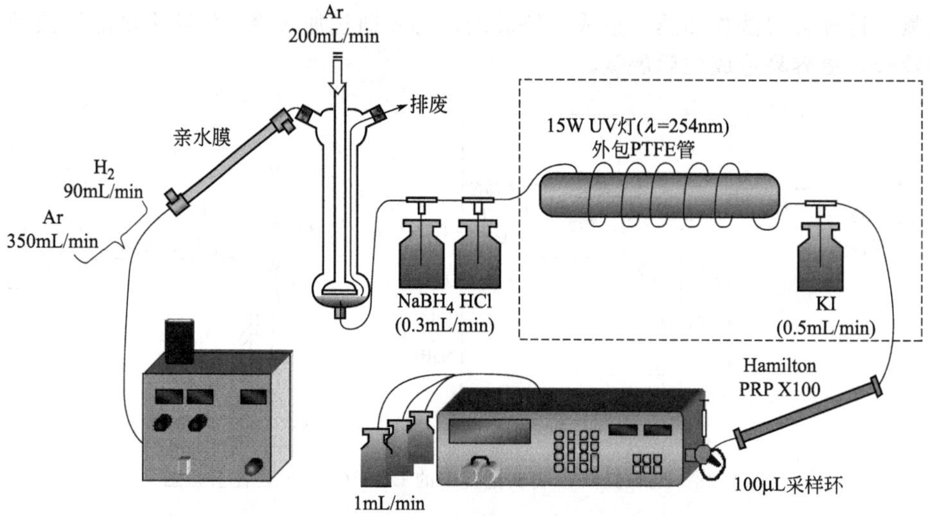

图 5-30 配有紫外在线还原接口的 LC-HG-AFS 装置示意图

近年来，有研究者尝试利用 DBD 技术来处理汞形态实现紫外接口相似的还原功能，如 Liu 等[65]构建了 DBD 装置作为 HPLC 与 CVG-AFS 的接口（图 5-31），实现了有机汞形态的消解和 Hg^{2+} 的还原，该方法绿色、低耗，是一种极具潜力的替代传统四氢硼酸盐 CVG 反应体系的方案。但是，DBD 对其他元素形态的转化能力还有待进一步研究。

Wang 等[66]开发出了一种基于纳米 TiO_2 的在线还原接口，该接口以内插涂覆 5 层纳米 TiO_2 玻璃纤维的石英管为主体，石英管前端接有三通，将 LC 流出物和 0.9mol/L 硫酸+

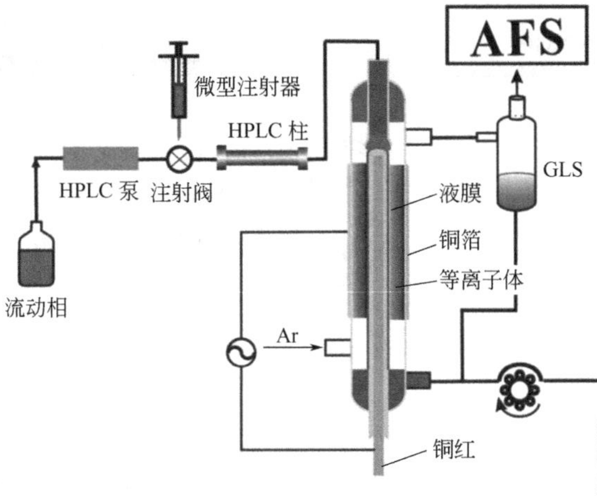

图 5-31 HPLC-DBD-CVG-AFS 装置的结构示意图

1.5mol/L 甲酸混合，混合液流经被紫外灯照射的石英管时，纳米 TiO_2 吸收紫外光催化甲酸还原 Se(Ⅵ) 为 Se(Ⅳ)，Se(Ⅳ) 流入 HG 单元进一步转化为气相的 H_2Se，送入 AFS 检测。该接口对 Se(Ⅵ) 的氢化物发生效率达到了 Se(Ⅳ) 的 53%左右，高出不加纳米 TiO_2 直接紫外照射处理两个数量级以上，说明该接口是非常成功的。

(3) 在线发生接口 上述两种接口虽然能实现在线的形态转化，仍需使用蒸气发生试剂。在线发生接口则将形态转化和蒸气发生融为一体，这类接口大多是基于一些特殊的蒸气发生技术。如 Yin 等[67]采用了基于紫外发生的接口，利用 C_{18} 柱 HPLC 流动相中的巯基乙醇在紫外光照射下与各种汞形态发生反应，实现了甲基汞、无机汞、乙基汞、苯基汞的在线直接发生氢化物，其发生效率，除无机汞略低外，其他汞形态基本达到了用硼氢化物的发生水平。Liu[68]采用了类似的紫外接口，利用了阳离子交换柱流动相中的 L-半胱氨酸和甲酸实现了无机汞和甲基汞的紫外发生，其无机汞的发生效率也达到了用硼氢化物还原的水平。He 等[69]用液体阴极辉光放电实现了汞形态的直接发生，发生效率也达到了硼氢化物还原的水平。Li 等[70]利用类似于高效紫外消解的装置，在灯内的石英管线中引入了纳米级 ZrO_2，实现了各种硒形态的紫外光化学直接发生，发生效率与硼氢化物还原的水平相当。

这些在线接口使用较为方便、小巧，非常适合仪器的小型化、现场化。但目前其适用范围有限，最常用的只有汞形态的发生，要想进一步拓宽其用途还有待于蒸气发生新技术的发展。

LC-AFS 联用中经常会使用到离子色谱柱，但通常的单根离子色谱柱无法同时分离阴、阳离子及中性物质，所以要同时分析某种元素的全部形态时，经常要采用多柱切换技术来实现。

图 5-32 是采用阴、阳离子交换柱切换 LC-AFS/AAS 系统测定海产品中 As 形态的装置示意图。样品被泵 1 输入的流动相带入 PRP X200 阳离子交换柱，阴离子和中性物在柱中不保留，死体积洗脱，此时切换阀在位 2，流出物直接进入 PRP X100 阴离子交换柱；4min 后切换阀转到位 1，此时阴离子和中性物已从 PRP X200 柱完全洗脱进入 PRP X100 柱，而所有阳离子仍未洗脱，此时两个色谱柱相对完全独立，分别出峰。此种柱切换装置将阳离子柱和阴离子柱结合，除一次进样外，基本上相当于两套装置在独立工作。该系统对 As 的各种形态都能较好地分离检测。

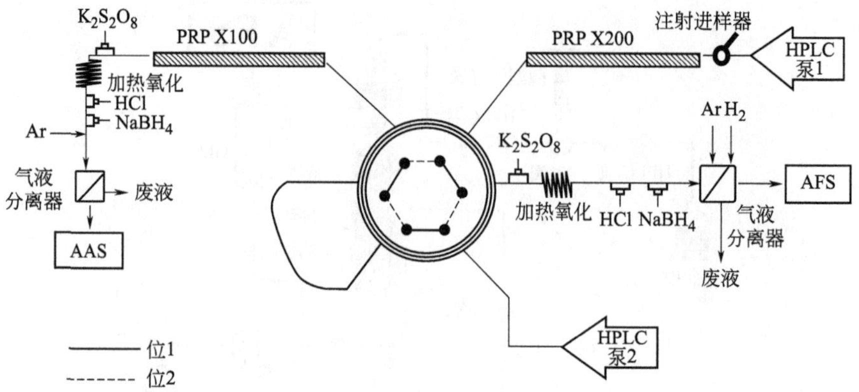

图 5-32　柱切换 LC-AFS/AAS 装置示意图（阴、阳离子柱切换）

图 5-33 是采用阴离子交换柱和 C_{18} 柱切换 LC-AFS 系统测定尿中 As 形态的装置示意图。样品被泵输入的流动相 1（H_2O）带入阴离子交换柱，阴离子被保留在柱上，阳离子和中性物死体积洗脱，此时切换阀在位 2，所以阳离子和中性物直接进入 C_{18} 柱，被分离后经微波在线氧化接口转化为无机硒后，流入 AFS 检测。当阳离子和中性物从 C_{18} 柱上全部被洗脱后，切换阀转到位 1，此时流动相改为 1g/L 的醋酸钠，保留在阴离子交换柱上的物质洗脱，被 AFS 检测。当阴离子完全洗脱后，采用 0.01% HNO_3 和 H_2O 清洗恢复阴离子交换柱。用该系统在 15min 内对硒代胱氨酸、硒代甲硫氨酸、乙基硒、硒(Ⅳ) 和硒(Ⅵ) 五种 Se 的形态实现了很好的分离检测。此种柱切换装置将 C_{18} 柱和阴离子交换柱完美结合，充分利用了两种分离柱的特性，只用一台高压泵、一套接口、一台 AFS、一次进样测定了五种性质不同的 Se 形态，具有很好的实用价值。

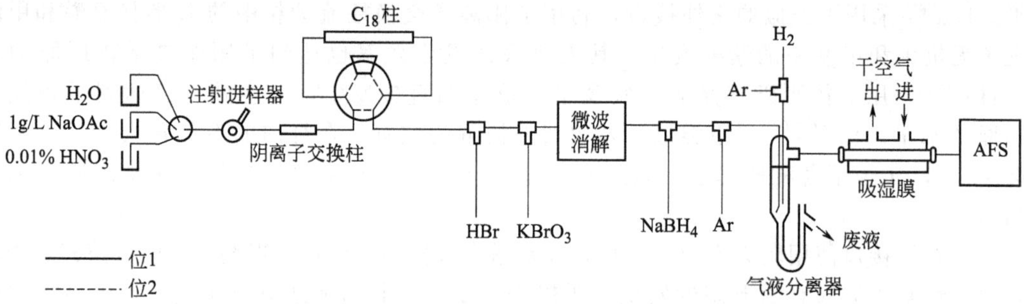

图 5-33　柱切换 LC-AFS 装置示意图（阴离子柱、C_{18} 柱切换）

5.3.3.4　原子荧光光谱与毛细管电泳联用

毛细管电泳（capillary electrophoresis，CE）是一种分辨率高、快速、试剂消耗量少以及对不同物质之间平衡扰动小的分离技术，与 AFS 联用可以获得选择性好、灵敏度高的分析系统。与其他色谱不同，CE 的流动相靠电渗流驱动，流量远小于 AFS 的进样流量，维持电渗流必须要形成电回路，所以 CE-AFS 联用的接口除了要能够匹配两者的流量外，还要在接口处引入电极，这就对 CE-AFS 的接口提出了比 GC-AFS 和 LC-AFS 更高的要求。

Yan 等对 CE-AFS 联用接口做了深入的研究[71]，图 5-34 示出了四通和六通两种接口结构，两者主要区别在于四通接口中不引入缓冲液，CE 流出液直接与修饰液（5% HCl）混合，Pt 电极直接插入混合接口处，5% HCl 构成电回路的一部分。六通接口中电回路与传

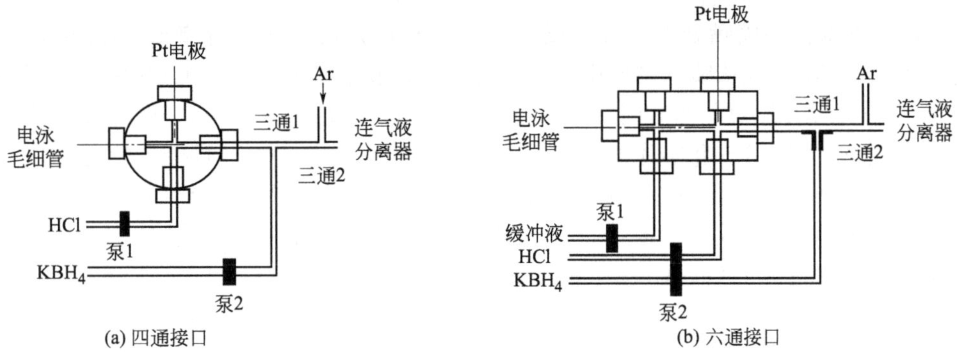

图 5-34 两种 CE-AFS 联用接口

统的 CE 相同，以缓冲液连接 CE 流出液和 Pt 电极构成电回路。当接口中三通 1 与三通 2 距离较长时，会对四通接口引起电源过电流保护，六通接口无信号的现象。上述现象的原因可能是：某些因素影响了 CE 通路中的液体流向，才会使四通接口的 5%HCl 中大量 Cl^- 倒灌入 CE 毛细管中，大大减小了电阻，造成电源过电流保护；六通接口由于使用了缓冲液，虽然缓冲液倒灌，也不会造成电源过电流保护，但被分析物不能流出，所以没有信号。究其原因，造成液体倒流的只能是三通 1 处发生的 VG 反应，由于此处产生大量气体，所以当其后续管路阻力较大时，就会造成反向压力，致使液体倒流。当取消三通 1 和三通 2 间连接管，并将三通 2 内径由 1mm 扩大到 2mm 后，两种接口都能正常工作。六通接口中缓冲液及其流速对分离并无显著影响，死体积较大。四通接口是更为理想的 CE-AFS 接口，毛细管出口与四通交叉点的间距会影响检测效果，间距为 0 时各物质峰明显展宽，而间距为 1～2.5mm 时有最佳的检测效果。Yan 等利用这一装置分别分析了 Se[72]、As[73] 和 Hg[74] 的不同形态，获得了好的检出限和重复性。

Yan 等在常规 CE 的基础上，进一步改进了 CE-AFS 联用装置，实现了基于芯片的 CE-AFS 联用[75,76]。联用装置的结构示意于图 5-35。进样时在缓冲液槽（700V）、样品槽（1000V）、样品排废槽（接地）上分别加不同电压，则样品可以通过电迁移方式定量进入分离通道，由图 5-35(a) 可知样品通道和排废通道没有交于同一点，而是错开了 200μm，这样可以提高进样量。分离时，将缓冲液槽电压提高到 3000V，修饰液槽接地，样品槽、样品排废槽同加 2100V（70%分离电压）电压防止样品泻入分离通道。在这种条件下样品会在分离通道中得到很好的分离，并与修饰液混合后流出芯片。芯片和气液分离器的接口结构示于

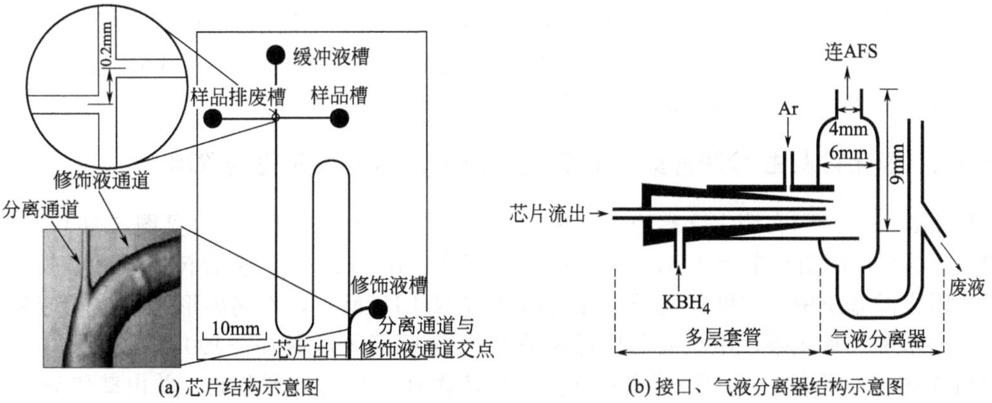

图 5-35 基于芯片的 CE-AFS 联用装置结构示意图

图 5-35(b)，该接口非常类似于一个喷雾器，只是喷雾器的两个进口分别流入芯片流出液和 KBH_4 溶液，两溶液在喷嘴处发生 VG 反应，压力直接释放入气液分离器（GLS），不会对前端造成反压，Ar 载气从喷嘴侧面引入，保证气相产物能被有效带入 GLS 中。为了维持蒸气发生反应的连续并缩短分离时间，芯片的各储液槽均比出口高 3mm，但这会影响到分离效果，可以通过调整 GLS 和芯片的相对高度来减弱这一效应，GLS 排废支管与储液槽齐平时效果最佳。另外，为了能够及时调控液位，获得较好的重复性，各储液槽均为敞开式，这与通常的 CE 芯片有所不同。该分离系统对 Hg^{2+} 和甲基汞的检出限分别为 53μg/L 和 161μg/L，接近或超过了 CE-ICP-MS 的检测能力。

5.4 其他联用技术

除流动注射、蒸气发生、气相/液相色谱、毛细管电泳可与原子光谱联用外，还有很多种技术可与原子光谱联用，以实现一些特殊功能。本节将介绍冷阱、超临界流体色谱、在线富集、微流控技术与原子光谱的联用，这些联用技术都能在某些领域解决一些特殊问题，也受到了一定的关注。其中，部分技术常与 ICP-MS 联用，但是由于本书主要介绍原子光谱相关的技术内容，因此涉及 ICP-MS 的内容在此不予介绍。

5.4.1 冷阱与原子光谱联用技术

冷阱捕集（cryotrapping，CT）是利用不同组分冷凝点和沸点的差异，在相对低温的材料表面上以凝结液化的方式来捕集气态分析物，然后逐渐加温使不同气态分析物挥发出来，从而达到分离的目的，所以冷阱装置多与蒸气发生技术配合使用。如不同形态砷经氢化物发生反应后，As（Ⅲ）和 As（Ⅴ）生成 AsH_3，MMA 生成 CH_3AsH_2，DMA 生成 $(CH_3)_2AsH$；上述砷的氢化物由载气（氦气）载带，进入浸在液氮中填充有硅藻土的 U 形玻璃管被低温捕集；然后加热 U 形玻璃管，不同砷形态的氢化物按其沸点［AsH_3 为 −55℃，CH_3AsH_2 为 2℃，$(CH_3)_2AsH$ 为 36.5℃，$(CH_3)_3As$ 为 52℃］的顺序依次释放出来，再由载气带入到原子光谱检测[77]。

冷阱装置常使用 U 形填充柱，材质有经过硅烷化处理的石英、玻璃、聚四氟乙烯（PTFE）或硫钝化不锈钢管。管内填充硅藻土、硅烷化的玻璃球、石英棉、涂布固定相的树脂微球等以增加接触面积[77-79]。冷却捕获处理时常浸入有液氮或液氩的杜瓦瓶中，或者直接使用帕尔贴效应的冷凝器等，直接使用毛细管冷阱（CCT）捕集也有报道。加热释放时，常使用缠绕在 U 形管外部的加热电阻丝，或者直接使用帕尔贴效应冷凝器进行加热。由于升温释放元素形态时必须连续分析，所以一般不能与间断进样的 ETAAS 联用，其他大多数连续分析的原子光谱技术都可与其联用。

5.4.1.1 氢化物发生-冷阱捕集-电感耦合等离子体-原子发射光谱联用

J. Narvaez 等[78]在测定含高浓度铜离子水中砷形态的方法研究中（见图 5-36），用乙酸铵将水样品的 pH 值调节至 4.5，再通过 20cm 长的 Muromac A-1 螯合树脂填充微柱，通过微柱吸附去除基质中高浓度铜离子，柱流出液与 $NaBH_4$ 反应，不同砷形态生成相应氢化物后，除去水和二氧化碳，用浸泡在杜瓦瓶液氮内的 U 形管冷阱在 −190℃下捕集 3min；最后取出并加热 U 形管，不同砷形态按沸点差异依次释放从而得到分离，并由载气导入 ICP-AES 测定。

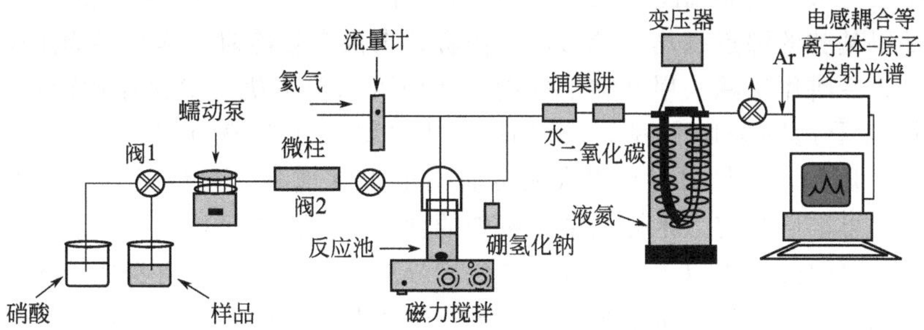

图 5-36 氢化物发生-冷阱捕集-电感耦合等离子体-原子发射光谱联用示意图

5.4.1.2 蒸气发生-毛细管冷阱捕集-微波诱导等离子体原子发射光谱联用

C. Dietz 等[80]采用毛细管冷阱捕集与微波等离子体原子发射光谱联用方法检测金枪鱼粉、牡蛎和污泥中的二甲基汞、甲基汞和无机汞，检出限分别为 6.0ng/L、0.95ng/L 和 1.25ng/L，其毛细管冷阱捕集的结构如图 5-37 所示。

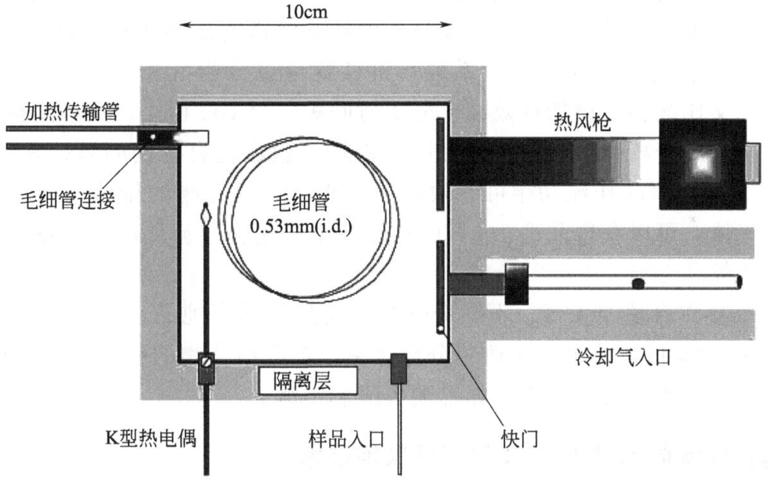

图 5-37 用于汞形态分析的毛细管冷阱捕集系统

毛细管冷阱捕集系统的主体为 10cm×10cm×4cm 的铜盒，内部装有连接样品入口的 25cm 毛细管和石棉隔离插座，在毛细管旁边设置 K 型热电偶并连接到控制单元以检测和控制温度，并在预冷气流旁边设置可控热风枪（2000W）。通过快门切换，可轮流进行冷捕获和热解吸，在－100℃下可完全实现各种汞形态的冷阱捕集，然后加热至 250℃可完全解吸。在这套系统中，汞形态得到良好分离且没有任何记忆效应。此外，C. Dietz 还将这套冷阱系统与原子吸收光谱联用[81]，用于测定金枪鱼干粉中的无机汞和甲基汞。

5.4.1.3 氢化物发生-冷阱捕集-原子吸收/原子荧光光谱联用

HG-CT 捕集与 AAS 或 AFS 联用，是一种使用较为普遍的检测可气化元素或元素形态的技术，前者 HG-CT-AAS 也是美国环境保护署（EPA）推荐的砷形态分析方法。用于 AAS 和 AFS 的冷阱装置结构简单、易于搭建、成本较低，在分析水样时具有一定的富集作用。Zhao 等[82]采用 HG-CT-AAS 测量了毛竹笋中的有机砷，并检出了三甲基胂氧化物（TMAO）。Chen 等[83]利用帕尔贴效应得到了简单、紧凑的冷阱装置，但由于受帕尔贴制冷方式单级降温<62℃的限制，所以该冷阱的工作温度不能达到 AsH_3 的沸点（－55℃），但可低于全部甲基胂的沸点（均>2℃），故作者并未像常规冷阱那样将各物质全部捕获再逐次释放，而是将冷阱用于除去甲基胂干扰物，从而可以使无机砷直接流过而得以用 AFS 准确检测。为提高干扰物去除效率，作者还在阱中填入了负载 15% OV3 的 Chromosorb W-AWDMCS 吸附剂，这样可进行多次测量而不至于阱饱和，避免了多次清阱，提高了使用效率；该装置可准确测定大米样品中无机砷的含量，检出限可达到 1.1ng/g。

冷阱捕集简单快捷，可以不使用复杂的色谱分离系统，但由于自身技术的特点在应用上也受到一定的限制，①由于冷阱捕集往往与蒸气发生共同使用，所以除了基体相对简单的水样、尿液等样品可以直接分析，其他样品则需要进行元素及形态提取前处理方能检测；②由于利用沸点进行程序升温分离，分离能力较弱，可用的元素形态种类较少；③对于产生同样气态产物的形态无法区分，如 As(Ⅲ) 和 As(Ⅴ) 均生成 AsH_3，则无法区分。

5.4.2 原子光谱与超临界流体色谱联用

超临界流体色谱（SFC）是以超临界流体为流动相，以固体或液体作固定相的分离技术，其原理是基于各化合物在两相间的分配系数不同而得到分离。所谓超临界流体是指高于临界压力和临界温度的一种物质状态，兼具有气体和液体的某些性质，如气体的低黏度和液体的高密度以及介于气液之间的扩散系数。SFC 既可以分析气相色谱难以处理的高沸点、难挥发的样品，又比液相色谱的柱效高、分离时间短。与 GC 相比，SFC 的操作温度低，有利于热不稳定物质的分离，避免了 GC 无法分析热不稳定化合物的问题，并且无需衍生化。与 LC 相比，SFC 用 CO_2 作流动相可有效降低有机溶剂废弃物的排放；流动相在进入光谱仪前已转化为气体，可以获得几乎 100%的传输效率；超临界流体的扩散系数高于液体，色谱效率比 LC 更高。

CO_2 因其临界点合适、无毒、不燃烧以及有商品化的高纯品，而成为 SFC 中最常用的流动相。但 CO_2 为非极性溶剂，为改善分离效率，提高络合物的稳定性，可在 SFC 流动相内添加少量极性有机溶剂或络合物，如乙酰丙酮和甲醇。

5.4.2.1 超临界流体色谱-原子发射光谱联用技术

SFC-AES 联用技术中需要考虑的主要因素是分析物的传输效率和 SFC 流动相对等离子体的干扰。分析物的传输是通过尽量缩短伴热传输管线，来避免流动相由超临界流体变成气体吸热而冷凝损失，通常 SFC 出口管会直接插入原子发射光谱激发源中。因 CO_2 可对激发源产生干扰，所以在 SFC-AES 联用技术中一般采用毛细管柱或微填充柱，采用常规填充柱时需进行分流，以降低载气用量。为匹配 SFC 流动相的高压和 AES 仪器的常压，二者之间需通过节流器减压。

传统的 MIP 对导入物质十分敏感，0.75mL/min 的 CO_2 会导致 100W 等离子体的不对称，18mL/min 的 CO_2 会熄灭等离子体。Bertoncini 等[84]利用分流技术解决了这一问题，如图 5-38 所示。整个接口装置由配有二极管阵列检测器（DAD）的气相色谱仪改装而成。SFC 柱出口、节流器和通向 DAD 的导管通过三通连接，以集成式节流器代替 GC 导管将气相色谱炉和 MIP 连接在一起。整个节流器直接插入到气相色谱炉和检测器间的导管内，出口直接进入放电管。导管温度可以控制在 90～450℃（取决于炉子和谐振腔的温度），CO_2 出节流器的流速为 7mL/min，只占总流量的 1%，从而大大消除了 SFC 流动相对 MIP 的干扰，但这是以牺牲 MIP-AES 分析灵敏度为代价的。还可采用类似的结构以四通将 SFC 柱出口、节流

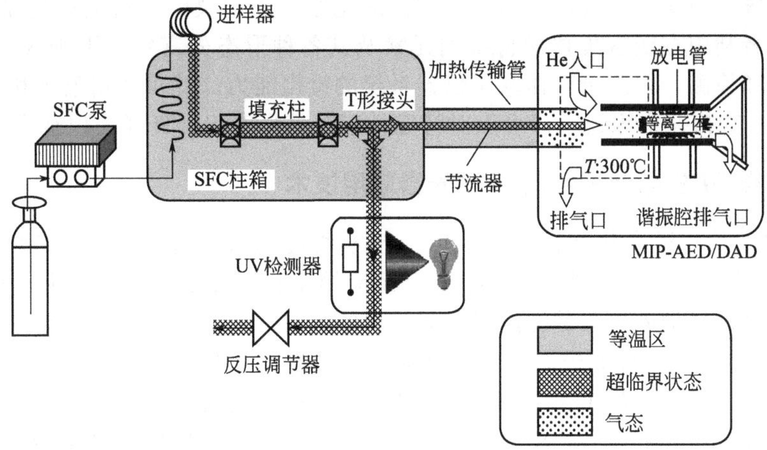

图 5-38　SFC-MIP-AED/DAD 双检测系统

器、DAD 及 FID 检测器接连起来，用来测定汽车润滑油添加剂中的 N、P 和 Zn[85]。与传统 MIP 相比，MPT 的抗干扰能力大幅度增强，耐受 CO_2 的流速可以达到 46mL/min 以上。

1987 年，Forbes 等率先报道了有关 SFC-ICP-AES 联用技术的研究工作，图 5-39 给出了 SFC-ICP-AES 接口示意图[86]。为避免被测物气化损失，色谱流出物直接通过一个插入炬管的套管接口（节流器）引入 ICP。ICP 的冷却气和辅助气用于产生正常的等离子体。在节流器前必须提供足够的热量，以避免流动相由超临界流体变成气体时吸热而冷凝，热导管、炬管底部和 SFC 炉的温度分别维持在 70℃、80～90℃和 60℃。

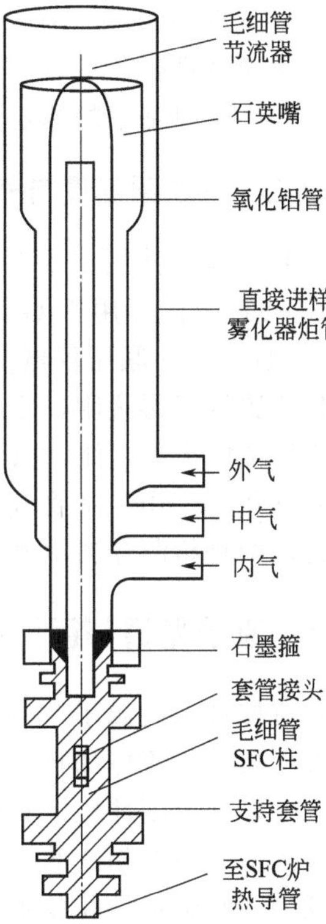

图 5-39　SFC-ICP-AES 接口示意图

5.4.2.2　超临界流体色谱-原子荧光光谱联用技术

Knochel 用 SFC-AFS 联用技术分析了有机汞化合物[87]。为匹配 SFC 与 AFS 的流速，须补入载气。为避免荧光猝灭，一般选择氩气作为载气较为适合。因 AFS 只能检测原子态的汞，分析有机汞时需在超临界状态将有机汞进行高温分解和原子化，再通过烧结节流器进入到原子荧光检测器。烧结节流器容易堵塞，每隔一段时间（约 100 次进样）需更换，而在节流器之后进行热分解原子化，有利于消除堵塞现象。CO_2 能引起汞的荧光猝灭，并不是最理想的 SFC 流体，而与 CO_2 具有相似临界性质的氙气（16.6℃和 5.84MPa），其不会导致汞荧光猝灭。但是氙气过于昂贵，难以实际应用。由于无机汞和甲基汞、乙基汞等单有机汞化合物的极性较高，不适于直接用 SFC 分离，必须首先将其转化为低极性的二乙基二硫代氨基甲酸钠（DDTC）络合物，再用 SFC 分离。

5.4.3　在线富集技术与色谱-原子光谱联用

正如前文介绍色谱与原子光谱联用时所提到的，元素形态分析对于原子光谱仪器的灵敏度有极高的要求，但实际上要显著提高现有商品化原子光谱仪的分析灵敏度是比较困难的，因此许多研究者利用在线富集技术将待测元素及其各种形态先富集，再进入色谱-原子光谱仪器进行分离和检测，以改善整体联用仪器系统的检出能力。针对液相色谱和气相色谱的进样特点，SPE、吹扫捕集等技术都可以对特定元素及其形态起到良好的预富集效果。

5.4.3.1 在线 SPE 与液相色谱-原子光谱联用技术

在线 SPE 又称在线净化和富集技术，该技术通过阀切换将 SPE 样品预处理系统和分离/检测系统集中在一个体系中，可与 LC 联用应用于各种元素形态的分析。对于在线 SPE 富集技术，富集材料是最为关键的因素，而常用的吸附材料主要有 C_{18}、离子交换树脂、纳米材料等。比如 C_{18} 是一种非极性材料，对汞没有保留，而 Hg 与 S 具有很强的结合性。因此，一般会用含硫络合剂如 L-半胱氨酸、2-巯基乙醇、双硫腙、APDC、DDTC 等对 C_{18} 填充柱进行预处理。Margetínová 等[88]通过 2-羟基苯硫酚对自制的 C_{18} SPE 微柱进行预处理，而汞与 2-羟基苯硫酚可以形成螯合物，然后采用甲醇溶液将其洗脱，再将洗脱液导入 HPLC-CV-AFS 体系分离测定，甲基汞、乙基汞、无机汞和苯基汞的检出限分别为 4.3μg/L、1.4μg/L、0.8μg/L 和 0.8μg/L。Brombach 等[89]合成了硫脲-硫代二氧化硅新型材料，其在 pH 值 1～6 时对甲基汞有极强的吸附能力。先用该材料对样品进行在线富集，再对其进行洗脱，洗脱液进行色谱分离后导入 AFS 检测。该方法不需要衍生，可以用于尿液、沉积物和生物样品中甲基汞的测定。

5.4.3.2 在线预富集与气相色谱-原子光谱联用技术

SPE 和吹扫捕集技术都可以用于 GC 与原子光谱联用的元素及形态预富集。与 LC 使用的在线 SPE 不同，用于 GC 的一般为顶空 SPE 技术。如，在本章 5.3.3.2 中介绍的 Dietz 等[80]在 GC-AFS 联用仪器前加入了 SPME 装置，使得酵母悬浊液样品中的有机硒先被顶空 SPME 装置富集再脱附，之后经过 GC 分离再由 AFS 检测。此外，吹扫捕集技术也是常用的 GC 预富集技术。如，Mao 等[90]将吹扫-捕集技术和苯基化作用结合起来，甲基汞和乙基汞经苯基化后，用毛细管气相色谱柱进行分离，该研究比较了与 AFS 和 ICP-MS 联用的检出能力，两种检测器对甲基汞和乙基汞的检出限相当，分别为 0.01ng/L 和 0.03ng/L。

5.4.4 原子光谱与微流控联用技术

微流控技术起源于 20 世纪 90 年代初，由于能够在具有微尺度的微通道网络中操纵微米或亚微米尺寸的流体和颗粒，又称为芯片实验室或微全分析系统（μTAS），微流控的重要特征之一是微尺度环境下具有独特的流体性质，如层流和液滴等。最简单的微流控芯片由一个微型沟道和与之相连的进/出样口组成，沟道截面的几何尺寸一般在几十到几百微米，沟道长度则在几毫米到几厘米之间。稍复杂一点的芯片可集成微反应池、微混合器和微分离结构；更强功能的芯片则可集成微泵、微阀、微探测器等功能单元。微流控系统体积小、可集成度高、成本低且可大批量生产，这一独特优势促进了该技术迅速发展，在分析化学、生物医学、疾病诊断、药物筛选、环境检测、食品安全等领域得到了广泛的应用。微流控技术与原子光谱联用可完成一些宏观流控中很难实现的功能，如利用微流控系统中更高的比表面积和更短的扩散距离实现高效、高速萃取；利用表面特性实现稳定的两相流动分离；利用微芯片上的流动聚焦实现单颗粒的包被和隔离等。通过微流控技术，传统的原子光谱仪器和方法可以进一步提高检测通量，减少样品和昂贵试剂的消耗，加快样品制备速度，同时可以降低分析成本。下面就对一些典型的微流控技术与原子光谱的联用加以详细介绍。

5.4.4.1　微芯片电泳与原子光谱联用

与短柱毛细管电泳（SC-CE）相比，微芯片电泳（MCE）可施加更高的电压，从而实现更快的分离；其分离通道可短至数厘米，故分离时间也更短。对于峰容量较小的样品，MCE 明显比毛细管电泳（CE）和短柱毛细管电泳（SC-CE）的分析效率高，分析成本也更低。而且 MCE 可通过集成在芯片上的二通、三通和四通很方便地与原子光谱仪器联用，联用接口死体积几乎为零。为减小 MCE 联用系统的死体积，Hui 等[91]在芯片上设计了一个交叉流雾化器作为接口（图 5-40），将 MCE 芯片的分离通道和雾化器直接连接，分离通道末端直接加入补充液流，并从正交方向引入雾化气将样品转化为气溶胶，气溶胶经垂直的圆柱形或气泡形玻璃雾化室除去大液滴后，导入 ICP-AES 中进行检测。当使用 pH＝4.0 的 60mmol/L 乙酸钠溶液作为缓冲液，该方法可在 30s 内实现 Ba^{2+} 和 Mg^{2+} 的分离、检测。

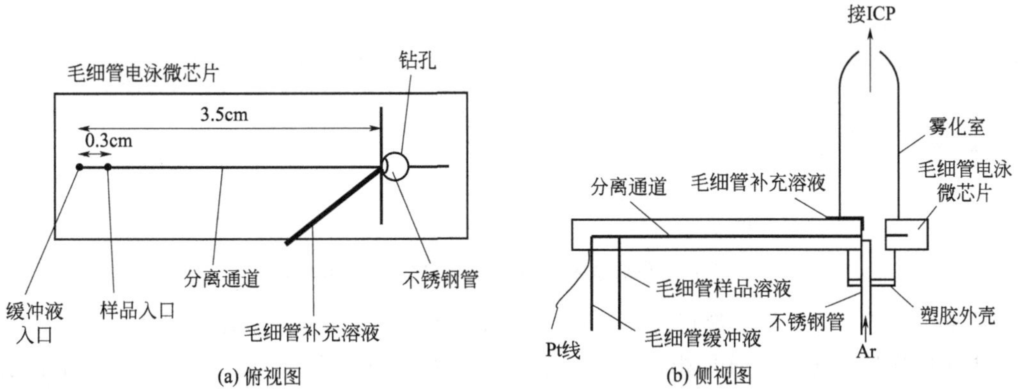

图 5-40　基于微芯片的 MCE-ICP-AES 接口示意图

5.4.4.2　微芯片固相萃取与原子光谱联用

微芯片固相萃取（cSPE）技术指在微流控芯片平台上完成 SPE 操作的一种微型化样品处理技术，具有分析速度快，样品、试剂消耗少，易与其他操作单元集成，可阵列化等优点。如，Do[92]将 cSPE 与液体电极等离子体（LEP）发射光谱集成在一个具有微泵的芯片上，其结构见图 5-41，由芯片的侧剖图［见图 5-41(a)］可知，整个芯片上集成了 SPE 腔、微泵和 LEP 层三个功能区。当样品加载在进口后，通过对微泵的主动阀［见图 5-41(b)］反复施加负压，就可在被动阀的配合下使样品断续流过 SPE 区，从而使其得到富集，之后在进口加载洗脱液，操作微泵就可使富集后的样品流出，进入 LEP 区［见图 5-41(c)］。当微泵停止操作后，对 LEP 区施加脉冲直流电压后，液体样品将汽化后被击穿，产生发射光谱，从而得以检测，由于此时 LEP 区将在被动阀的作用下与其他功能区完全隔离，避免了汽化产生的反压，提高了 LEP 的灵敏度。该系统可达到亚 10^{-9} 的检出限，灵敏度完全可以满足常规水样的检测，且其结构紧凑、功耗极低，非常适合在现场使用。

5.4.4.3　微芯片在线消解与原子光谱联用

当使用紫外辐射作为在线消解装置时，由于紫外光在溶液中的穿透深度非常有限，所以较薄的液层将具有更高的消解效率，与宏观流相比，微芯片上微米级的液层厚度可获得更高的样品处理效率，有利于解决宏观流控中在线紫外消解不完全的问题。Matusiewicz 等[93]基

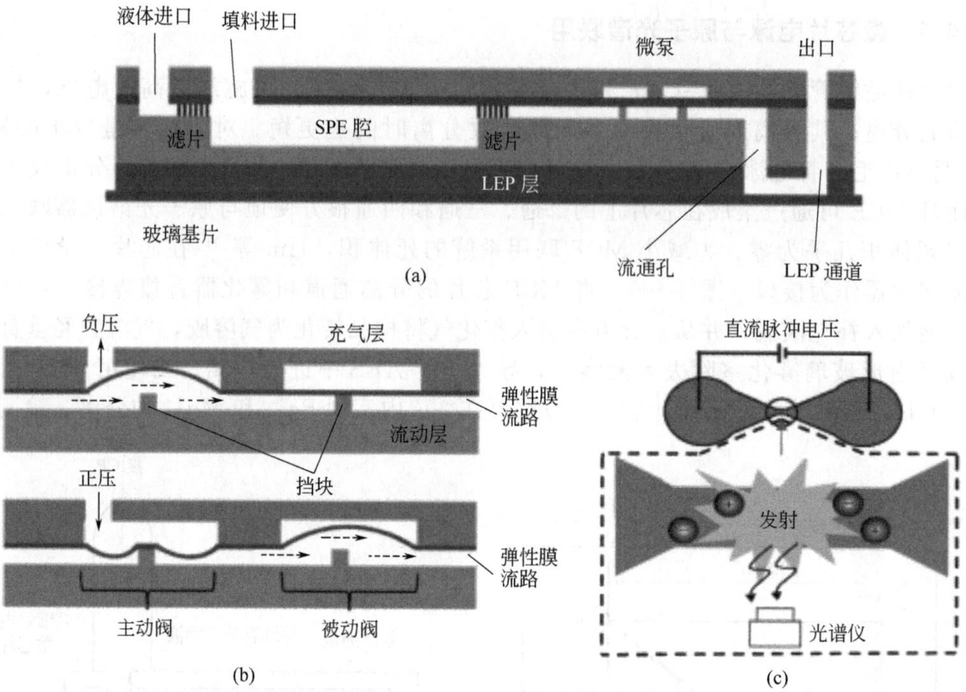

图 5-41 集成微泵的芯片 SPE 富集 LEP 装置图

于该原理开发了石英紫外消解反应器芯片（μchip-UV/MR），芯片上有两个独立通道，分别通过 PTFE 管与双通道注射泵相连，用于引入样品和硝酸。芯片与笔形汞灯紫外光源紧密贴合，芯片和紫外灯均用铝箔包裹以通过反射来增强芯片内的紫外照度。消解后的样品通过微型超声雾化器导入微波诱导等离子体原子发射光谱（MIP-AES），可用于人体体液和水样中痕量元素的测定。该方法辐照 15min 的消解效率可以达到 96%～99%，使用 MIP-AES 可以准确测定样品中 12 种元素含量。该技术的紫外辐射界面死体积小，雾化和传输效率高，处理时间短，样品和试剂消耗量小，非常适合分析珍贵的生物样品。

参考文献

［1］ Kolb B，Kemmner G，Schleser F H，et al. Elementspezifische anzeige gas-chromatographisch getrennter metallverbindungen mittels atom-absorptions-spektroskope（AAS）. Fresenius Z Anal Chem，1966，221（1）：166-175.

［2］ Segar D A. Flameless atomic absorption gas chromatography. Anal Lett，1974，7（1）：89-95.

［3］ Wolf W R，Stewart K K. Automated multiple flow injection analysis for flame atomic absorption spectrometry. Anal Chem，1979，51（8）：1201-1205.

［4］ Ruzicka J，Hansen E H. Flow injection analyses：Part Ⅰ. A new concept of fast continuous flow analysis. Anal Chim Acta，1975，78（1）：145-197.

［5］ 方肇伦，等. 流动注射分析法. 北京：科学出版社，1999.

［6］ Bevanda A M，Talic S，Ivankovic A. Flow injection analysis toward green analytical chemistry. Green Anal Chem，2019：299-323.

［7］ Wang J H，Hansen E H. Sequential injection lab-on-valve：the third generation of flow injection analysis. TRAC Trend Anal Chem，2003，22（4）：225-231.

［8］ Rosas-Castor J M，Portugal L，Ferrer L，et al. Arsenic fractionation in agriculture soil using an automated three-step sequential extraction method coupled to hydride generation-atomic fluorescence spectrometry. Anal Chim Acta, 2015, 874: 1-10.

[9] Zhang Y, Manuel M, Kolev S D. A novel on-line organic mercury digestion method combined with atomic fluorescence spectrometry for automatic mercury speciation. Talanta, 2018, 189: 220-224.

[10] Leopold, K, Harwardt L, Schuster M, et al. A new fully automated on-line digestion system for ultra trace analysis of mercury in natural waters by means of FI-CV-AFS. Talanta, 2008, 76 (2): 382-388.

[11] Bian Q Z, Jacob P, Berndt H, et al. Online flow digestion of biological and environmental samples for inductively coupled plasma-optical emission spectroscopy (ICP-OES). Anal Chim Acta, 2005, 538 (1-2): 323-329.

[12] Haiber S, Berndt H. A novel high-temperature (360 degrees C) /high-pressure (30 MPa) flow system for online sample digestion applied to ICP spectrometry. Fresenius J Anal Chem, 2000, 368 (1): 52-58.

[13] Barbosa F, Palmer C D, Parsons P J, et al. Determination of total mercury in whole blood by flow injection cold vapor atomic absorption spectrometry with room temperature digestion using tetramethylammonium hydroxide. J Anal At Spectrom, 2004, 19 (8): 1000-1005.

[14] 韩素平，淦五二，苏庆德. 电磁感应加热与原子荧光光谱联用测定海产品中的无机汞和有机汞. 分析化学，2007，35 (9)：1373-1376.

[15] Chaparro L L, Ferrer L, Cerda V, et al. Automated system for on-line determination of dimethylarsinic and inorganic arsenic by hydride generation-atomic fluorescence spectrometry. Anal Bioanal Chem, 2012, 404 (5): 1589-1595.

[16] Han B J, Jiang X M, Hou X D, et al. Miniaturized dielectric barrier discharge carbon atomic emission spectrometry with online microwave-assisted oxidation for determination of total organic carbon. Anal Chem, 2014, 86, 6214-6219.

[17] Leopold K, Zierhut A, Huber J. Ultra-trace determination of mercury in river waters after online UV digestion of humic matter. Anal BioAnal Chem, 2012, 403 (8): 2419-2428.

[18] Quaresma M C B, Cassella R J, de la Guardia M, et al. Rapid on-line sample dissolution assisted by focused microwave radiation for silicate analysis employing flame atomic absorption spectrometry: iron determination. Talanta, 2004, 62 (4): 807-811.

[19] Cespon-Romero R M, Yebra-Biurrun M C. Determination of trace metals in urine with an on-line ultrasound-assisted digestion system combined with a flow-injection preconcentration manifold coupled to flame atomic absorption spectrometry. Anal Chim Acta, 2008, 609 (2): 184-191.

[20] Promchan J, Shiowatana J. A dynamic continuous-flow dialysis system with on-line electrothermal atomic-absorption spectrometric and pH measurements for in-vitro determination of iron bioavailability by simulated gastrointestinal digestion. Anal Bioanal Chem, 2005, 382 (6): 1360-1367.

[21] Tarley C R T, Diniz K M, Suquila F A C, et al. Study on the performance of micro-flow injection preconcentration method on-line coupled to thermospray flame furnace AAS using MWCNTs wrapped with polyvinylpyridine nanocomposites as adsorbent. RSC Adv, 2017, 7 (31): 19296-19304.

[22] Wang L, Hang X, Chen Y, et al. Determination of cadmium by magnetic multiwalled carbon nanotube flow injection preconcentration and graphite furnace atomic absorption spectrometry. Anal Lett, 2016, 49 (6): 818-830.

[23] Mattio E, Ollivier N, Robert-Peillard F, et al. Modified 3D-printed device for mercury determination in waters. Anal Chim Acta, 2019, 1082 (15): 78-85.

[24] Durukan I, Sahin C A, Satıroglu N, et al. Determination of iron and copper in food samples by flow injection cloud point extraction flame atomic absorption spectrometry. Microchem J, 2011, 99 (1): 159-163.

[25] Zahedi M M, Monsef H. Flow injection-based cloud point extraction of phosalone and ethion in seawater

of Chabahar Bay and determination by high-performance liquid chromatography: study of use of carbon nanotube and nanofibers as a column filler in flow system. J Iran Chem Soc, 2017, 14 (5): 1099-1106.

[26] Barton J W, Fitzgerald T P, Lee C, et al. Admicellar chromatography: Separation and concentration of isomers using two-dimensional solvents. Sep Sci Technol, 1988, 23 (67): 637-660.

[27] Nan J, Yan X P. On-line dynamic two-dimensional admicelles solvent extraction coupled to electrothermal atomic absorption spectrometry for determination of chromium(Ⅵ) in drinking water. Anal Chim Acta, 2005, 536 (1-2): 207-212.

[28] Su C K, Hsieh M H, SunY C. Three-dimensional printed knotted reactors enabling highly sensitive differentiation of silver nanoparticles and ions aqueous environmental samples. Anal Chim Acta, 2016, 914: 110-116.

[29] Li Y, Jiang Y, Yan X P, et al. A flow injection on-line multiplexed sorption preconcentration procedure coupled with flame atomic absorption spectrometry for determination of trace lead in water, tea, and herb medicines. Anal Chem, 2002, 74 (5): 1075-1080.

[30] Cacho F, Lauko L, Manova A, et al. On-line electrochemical pre-concentration of arsenic on a gold coated porous carbon electrode for graphite furnace atomic absorption spectrometry. J Anal At Spectrom, 2012, 27 (4): 695-699.

[31] Zare-Dorabei R, Boroun S, Noroozifar M. Flow injection analysis-flame atomic absorption spectrometry system for indirect determination of sulfite after on-line reduction of solid-phase manganese(Ⅳ) dioxide reactor. Talanta, 2018, 178: 722-727.

[32] McCormack A J, Tong S C, Cooke W D. Sensitive selective gas chromatography detector based on emission spectrometry of organic compounds. Anal Chem, 1965, 37 (12): 1470-1414.

[33] Kim E, Cho E, Moon S, et al. Characterization of petroleum heavy oil fractions prepared by preparatory liquid chromatography with thin-layer chromatography, high-resolution mass spectrometry, and gas chromatography with an atomic emission detector. Energ Fuel, 2016, 30 (4): 2932-2940.

[34] Campillo N, Vinas P, Pen Alver R, et al. Solid-phase microextraction followed by gas chromatography for the speciation of organotin compounds in honey and wine samples: A comparison of atomic emission and mass spectrometry detectors. J Food Compo Anal, 2012, 25 (1): 66-73.

[35] Nakagama T, Shinohara K, Ughiyama S, et al. Preparation of atomic emission detector equipped with in-tube micro plasma torch and detection of sulfur and phosphorus organic compounds by gas chromatography. Bunseki Kagaku, 2016, 62 (3): 199-206.

[36] 师宇华，彭增辉，杨文军，等．气相色谱用微波等离子体炬原子发射光谱检测器的 Cl，Br，I 响应特性的研究．色谱，2000，18 (3)：237-240.

[37] 师宇华，吴立航，李红梅，等．气相色谱-微波等离子体炬双检测器及其气相色谱的响应特性．高等学校化学学报，2007，28 (10)：1842-1845.

[38] Han B J, Jiang X M, Hou X D, et al. Dielectric barrier discharge carbon atomic emission spectrometer: universal GC detector for volatile carbon-containing compounds. Anal Chem, 2014, 86 (1): 936-942.

[39] Yang Y, Tan Q, Lin Y, et al. Point discharge optical emission spectrometer as a gas hromatography (GC) detector for speciation analysis of mercury in human hair. Anal Chem, 2018, 90 (20): 11996-12003.

[40] Qian B, Zhao J, He Y, et al. A liquid chromatography detector based on continuous-flow chemical vapor generation coupled glow discharge atomic emission spectrometry: Determination of organotin compounds in food samples. J Chromatogr A, 2019, 1608: 460406.

[41] Yan L Z, Deng B Y, Shen C Y, et al. Selenium speciation using capillary electrophoresis coupled with modified electrothermal atomicabsorption spectrometry after selective extraction with 5-sulfosalicylic acid functional-

ized magneticnanoparticles. J Chromatogr A，2015，1395：173-179.
[42] Gonzalez J G，Ross R T. Interfacing of an atomic-absorption spectrometer with a gas-liquid chromatograph for determination of trace quantities of alkyl mecury-compounds in fish tissue. Anal Lett，1972，5（10）：683-683.
[43] 白文敏，冯锐，王鹤泉．用色谱-石英炉原子吸收光谱联用体系对汽油中烷基铅含量及化学形态的研究（Ⅱ）. 光谱学与光谱分析，1987，7（2）：46-49.
[44] 白文敏，汪宜．气相色谱/石英炉（Ⅲ型）原子吸收光谱联用及烷基铅化学形态分析的研究．光谱学与光谱分析，1994，14（1）：99-103.
[45] He B，Jiang G. Analysis of organomercuric species in soils from orchards and wheat fields by capillary gas chromatography on-line coupled with atomic absorption spectrometry after in situ hydride generation and headspace solid phase microextraction. Fresenius' J Anal Chem，1999，365（7）：615-618.
[46] Linhart O，Kolorosova-Mrazova A，Kratzer J，et al. Mercury speciation in fish by high-performance liquid chromatography（HPLC）and post-column ultraviolet（UV）-photochemical vapor generation（PVG）：Comparison of conventional line-source and high-resolution continuum source（HR-CS）atomic absorption spectrometry（AAS）. Anal Lett，2019，52（4）：613-632.
[47] Bramanti E，Lomonte C，Onor M，et al. Mercury speciation by liquid chromatography coupled with on-line chemical vapour generation and atomic fluorescence spectrometric detection（LC-CVGAFS）. Talanta，2005，66（3）：762-768.
[48] Van Loon J C，Lichwa J，Radziuk B. Non-dispersive atomic fluorescence spectroscopy，a new detector for chromatography. J Chromatogr A，1977，136：301-305.
[49] Ke C B，Su K D，Lin K C. Laser-enhanced ionization and laser-induced atomic fluorescence as element-specific detection methods for gas chromatography：Application to organotin analysis. J Chromatogr A，2001，921（2）：247-253.
[50] Zeng Y，Xu K L，Hou X D，et al. Compact integration of gas chromatographer and atomic fluorescence spectrometer for speciation analysis of trace alkyl metals/semimetals. Microchem J，2014，114：16-21.
[51] Dietz C，Landaluze J S，Ximenez-Embun P，et al. SPME-multicapillary GC coupled to different detection systems and applied to volatile organo-selenium speciation in yeast. J Anal At Spectrom，2004，19（2）：260-266.
[52] Gorecki J，Diez S，Macherzynski M，et al. Improvements and application of a modified gas chromatography atomic fluorescence spectroscopy method for routine determination of methylmercury in biota samples. Talanta，2013，115：675-680.
[53] Nevado J J B，Martin-Doimeadios R C R，Bernardo F J G，et al. Determination of mercury species in fish reference materials by gas chromatography-atomic fluorescence detection after closed-vessel microwave-assisted extraction. J Chromatogr A，2005，1093（1-2）：21-28.
[54] Diez S，Bayona J M. Determination of methylmercury in human hair by ethylation followed by headspace solid-phase microextraction-gas chromatography-cold-vapour atomic fluorescence spectrometry. J Chromatogr A，2002，963（1-2）：345-351.
[55] Ricardo A I C，Sanchez-Cachero A，Jimenez-Moreno M，et al. Carbon nanotubes magnetic hybrid nanocomposites for a rapid and selective preconcentration and clean-up of mercury species in water samples. Talanta，2018，179：442-447.
[56] He Q，Yu X K，Li Y B，et al. Dielectric barrier discharge induced atomization of gaseous methylethylmercury after $NaBEt_4$ derivatization with purge and trap preconcentration for methylmercury determination in seawater by GC-AFS. Microchem J，2018，141：148-154.
[57] Marschner K，Musil S，Dedina J. Achieving 100% efficient postcolumn hydride generation for as speciation analysis by atomic fluorescence spectrometry. Anal Chem，2016，88：4041-4047.

[58] Li Y, Yan X P, Dong L M, et al. Development of an ambient temperature post-column oxidation system for high-performance liquid chromatography on-line coupled with cold vapor atomic fluorescence spectrometry for mercury speciation in seafood. J Anal At Spectrom, 2005, 20 (5): 467-472.
[59] 刘霁欣，秦德元，赵立谦，等．新型紫外前处理装置：ZL201010597522.6，2010-12-20.
[60] Dumont E, De Cremer K, Van Hulle M, et al. Separation and detection of Se-compounds by ion pairing liquid chromatography-microwave assisted hydride generation-atomic fluorescence spectrometry. J Anal At Spectrom, 2004, 19 (1): 167-171.
[61] Ariza J L G, Bernal-Daza V, Villegas-Portero M J. Comparative study of the instrumental couplings of high performance liquid chromatography with microwave-assisted digestion hydride generation atomic fluorescence spectrometry and inductively coupled plasma mass spectrometry for chiral speciation of selenomethionine in breast and formula milk. Anal Chim Acta, 2004, 520 (1-2): 229-235.
[62] Angeli V, Ferrari C, Longo I, et al. Microwave-assisted photochemical reactor for the online oxidative decomposition and determination of *p*-hydroxymercurybenzoate and its thiolic complexes by cold vapor generation atomic fluorescence detection. Anal Chem, 2011, 83 (1): 338-343.
[63] Vilano M, Rubio R. Liquid chromatography-UV irradiation-hydride generation-atomic fluorescence spectrometry for selenium speciation. J Anal At Spectrom, 2000, 15 (2): 177-180.
[64] Simon S, Barats A, Pannier F, et al. Development of an on-line UV decomposition system for direct coupling of liquid chromatography to atomic-fluorescence spectrometry for selenium speciation analysis. Anal Bioanal Chem, 2005, 383 (4): 562-569.
[65] Liu Z F, Xing Z, Li Z Y, et al. The online coupling of high performance liquid chromatography with atomic fluorescence spectrometry based on dielectric barrier discharge induced chemical vapor generation for the speciation of mercury. J Anal At Spectrom, 2017, 32: 678-685.
[66] Wang Q Q, Liang J, Qiu J H, et al. Online pre-reduction of selenium(Ⅵ) with a newly designed UV/TiO_2 photocatalysis reduction device. J Anal At Spectrom, 2004, 19 (6): 715-716.
[67] Yin Y G, Liu J F, He B, et al. Mercury speciation by a high performance liquid chromatography—atomic fluorescence spectrometry hyphenated system with photo-induced chemical vapour generation reagent in the mobile phase. Microchim Acta, 2009, 167 (3-4): 289-295.
[68] Liu Q Y. Determination of mercury and methylmercury in seafood by ion chromatography using photo-induced chemical vapor generation atomic fluorescence spectrometric detection. Microchem J, 2010, 95 (2): 255-258.
[69] He Q, Zhu Z L, Hu S H, et al. Solution cathode glow discharge induced vapor generation of mercury and its application to mercury speciation by high performance liquid chromatography-atomic fluorescence spectrometry. J Chromatogr A, 2011, 1218 (28): 4462-4467.
[70] Li H M, Luo Y C, Li Z X, et al, Nanosemiconductor-based photocatalytic vapor generation systems for subsequent selenium determination and speciation with atomic fluorescence spectrometry and inductively coupled plasma mass spectrometry. Anal Chem, 2012, 84 (6): 2974-2981.
[71] 尹学博，江焱，严秀平，等．毛细管电泳-原子荧光在线联用新技术及其在形态分析中的应用．高等学校化学学报，2004，25 (4)：618-621.
[72] Lu C Y, Yan X P. Capillary electrophoresis on-line coupled with hydride generation-atomic fluorescence spectrometry for speciation analysis of selenium. Electrophoresis, 2005, 26 (1): 155-160.
[73] Yin X B, Yan X P, Jiang Y, et al. On-line coupling of capillary electrophoresis to hydride generation atomic fluorescence spectrometry for arsenic speciation analysis. Anal Chem, 2002, 74 (15): 3720-3725.
[74] Yan X P, Yin X B, Jiang D Q, et al. Speciation of mercury by hydrostatically modified electroosmotic flow capillary electrophoresis coupled with volatile species generation atomic fluorescence spectrometry. Anal Chem, 2003, 75 (7): 1726-1732.

[75] Li F, Wang D D, Yan X P, et al. Development of a new hybrid technique for rapid speciation analysis by directly interfacing a microfluidic chip-based capillary electrophoresis system to atomic fluorescence spectrometry. Electrophoresis, 2005, 26 (11): 2261-2268.

[76] Li F, Wang D D, Yan X P, et al. Speciation analysis of inorganic arsenic by microchip capillary electrophoresis coupled with hydride generation atomic fluorescence spectrometry. J Chromatogr A, 2005, 1081 (2): 232-237.

[77] 张颖花，高咏，霍韬光，等．利用氢化物发生-冷阱捕集-原子吸收光谱联用技术测定雄黄染毒大鼠血中砷的含量．化学研究，2013，24 (3): 274-276.

[78] Narvaez J, Richter P, Toral M I. Arsenic speciation in water samples containing high levels of copper: removal of copper interference affecting arsine generation by continuous flow solid phase chelation. Anal Bioanal Chem, 2005, 381 (7): 1483-1487.

[79] Ilgen G, Huang J H. An automatic cryotrapping and cryofocussing system for parallel ICP-MS and EI-MS detection of volatile arsenic compounds in gaseous samples. J Anal At Spectrom, 2013, 28 (2): 293-300.

[80] Dietz C, Madrid Y, Camara C. Mercury speciation using the capillary cold trap coupled with microwave-induced plasma atomic emission spectroscopy. J Anal At Spectrom, 2001, 16 (12): 1397-1402.

[81] Dietz C, Madrid Y, Camara C, et al. The capillary cold trap as a suitable instrument for mercury speciation by volatilization, cryogenic trapping, and gas chromatography coupled with atomic absorption spectrometry. Anal Chem, 2000, 72 (17): 4178-4184.

[82] Zhao R, Zhao M X, Wang H, et al. Arsenic speciation in moso bamboo shoot-A terrestrial plant that contains organoarsenic species. Science of the Total Environment, 2006, 371 (1-3): 293-303.

[83] Chen G Y, Lai B, Mao X F, et al. Continuous arsine detection using a peltier-effect cryogenic trap to selectively trap methylated arsines. Anal Chem, 2017, 89 (17): 8678-8682.

[84] Bertoncini F, Thiebaut D, Caude M, et al. On-line packed column supercritical fluid chromatography microwave induced plasma atomic emission. J Chromatogr A, 2001, 910 (1): 127-135.

[85] Bertoncini F, Thiebaut D, Gagean M, et al. Easy hyphenation of supercritical-fluid chromatography to atomic-emission detection for analysis of lubricant additives. Chromatographia, 2003, 53 (s): S427-S433.

[86] Forbes K A, Vecchiarelli J F, Uden P C, et al. Evaluation of inductively coupled plasma emission spectrometry as an element-specific detector for supercritical-fluid chromatography. Anal Chem, 1990, 62 (18): 2033-2037.

[87] Knochel A, Potgeter H. Interfacing supercritical fluid chromatography with atomic fluorescence spectrometry for the determination of organomercury compounds. J Chromatogr A, 1997, 786 (1): 188-193.

[88] Margetínová J, Houserova-Pelcova P, Kuban V. Speciation analysis of mercury in sediments, zoobenthos and river water samples by high-performance liquid chromatography hyphenated to atomic fluorescence spectrometry following preconcentration by solid phase extraction. Anal Chim Acta, 2008, 615 (2): 115-123.

[89] Brombach C C, Gajdosechova Z, Chen B, et al. Direct online HPLC-CV-AFS method for traces of methylmercury without derivatisation: a matrix-independent method for urine, sediment and biological tissue samples. Anal & Bioanal Chem, 2015, 407 (3): 973-981.

[90] Mao Y X, Liu G L, Meichel G, et al. Simultaneous speciation of monomethylmercury and monoethylmercury by aqueous phenylation and purge-and-trap preconcentration followed by atomic spectrometry detection. Anal Chem, 2008, 80 (18): 7163-7168.

[91] Hui A Y N, Wang G, Lin B C, et al. Interface of chip-based capillary electrophoresis-inductively coupled plasma-atomic emission spectrometry (CE-ICP-AES) . J Anal At Spectrom, 2006, 21: 134-140.

[92] Do V K，Yamamoto T，Ukita Y，et al. Precise flow control with internal pneumatic micropump for highlysensitive solid-phase extraction liquid electrode plasma. Sensors and Actuators B，2015，221：1561-1569.

[93] Matusiewicz H，Slachcinski M. Development of interface for online coupling of micro-fluidic chip-based photo-micro-reactor/ultrasonic nebulization with microwave induced plasma spectrometry and its application in simultaneous determination of inorganic trace elements in biological materials. Microchem J，2015，119：133-139.

· 第 6 章 ·

原子光谱分析样品前处理

6.1 概述

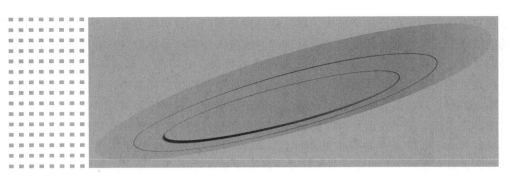

原子光谱分析的样品处理几乎涉及所有学科领域，样品性质千差万别，这给样品前处理带来了很大困难。但同类型样品有很多相似之处，样品前处理方法可以相互借鉴。本章在参考相关书籍[1-3]的基础上简要介绍原子光谱分析中常用的样品前处理方法，并适当兼顾新技术的应用推广。

6.1.1 样品类型与前处理的一般要求

原子光谱分析的目标物主要是金属元素，也包括一些类金属元素（如砷、硒、碲）和非金属元素（如硫、磷、碘），样品以固体居多，固体样品主要有金属及其制品、化工产品、岩石矿物、土壤、塑料及其制品、农作物等；液体样品主要有环境水样、饮料食品、石油、血液、尿样、日用化学品及化学溶剂等；气体样品除少数金属有机化合物外，通常所说的气体样品多为气固混合物，如大气、烟道气及其夹带的颗粒物。样品也可根据基体的化学性质分为无机物和有机物、金属和非金属、合成品和天然产物等。但这种分类在样品前处理中意义并不大，因为同类样品的组成也千差万别，分解方法也各不相同。在实际工作中，还经常按行业将样品分为材料、地质、环境、能源、化工、冶金、农业、生物等。这是因为同一行业的主要样品有一些共性，加上行业标准的约束和行业内部技术交流的便利，使得同一行业在样品前处理方法和分析方法的选择上具有明显的行业特征。然而，不同行业都有相同或类似的样品，打破行业和学科的限制相互学习和借鉴将更有利于样品前处理新技术和新方法的应用。

除了环境水样等少数溶液样品只需过滤、稀释或浓缩等简单前处理外，原子光谱分析的样品通常都需要比较复杂的前处理。随着分析样品的组成越来越复杂、分析物的含量越来越低，对分析方法的灵敏度和准确度要求越来越高，而样品前处理技术的进步对提高分析方法灵敏度和准确度的贡献也越来越大，样品前处理步骤已经成为决定分析结果可靠性和分析速度的关键环节。样品前处理原则上包括进样溶液进入检测仪器之前的所有操作环节，即包括样品的采集、保存、运输、分解、净化和进样方式等，其中最主要的环节是样品分解和净化。样品分解涉及样品基体的破坏，容易造成目标组分损失；样品净化是消除基体和共存干扰物质的步骤，涉及的方法和技术比较多，需要根据样品的性质和对分析结果的要求来选择合适的净化方法。原子光谱分析的样品种类繁多，差异性大。既有相对简单的工业用水和环境水样，又有电子电器产品等难处理样品；既有目标组分浓度低于 10^{-12} 的超痕量分析样品，也有含量在1%以上的常量分析样品；既有无机基体的合金和岩矿等样品，也有有机基体的高分子材料和动植物组织等样品。虽然对不同类型样品的前处理要求各不相同，但对样品前处理方法的一般要求有：①目标组分的回收率尽可能高。前处理步骤越多，造成目标组分损失的可能性越大。越是痕量组分样品，实现高回收率越难。对于常量分析通常要求回收率在95%以上；而对于复杂样品中痕量组分的分析，有时可以容许80%左右甚至更低的回收率。②尽可能消除基体和共存组分的干扰。消除干扰往往是样品净化步骤的主要目的，采用适当的分离技术将目标组分从样品基体中分离出来，或者将主要干扰组分从样品中分离除去。干扰消除得越彻底，越有利于提高后续分析测定的准确度。但绝大多数样品净化方法都不可能是专一性的，只要将干扰控制在可接受的范围内即可。③前处理方法尽可能简便、快速和低成本，最好能在线处理或具有较高自动化程度。④遵循“绿色化学”处理的原则，尽可能少用或不用有毒有害溶剂和强酸强碱，以减少对操作者的健康危害和对环境的污染。⑤具有与后续测定方法灵敏度相匹配的富集倍数。进样溶液中目标组分的浓度和绝对含量最好高于其定量下限数倍以上，以降低测定的相对误差。

6.1.2 采样与样品保存

环境监测、食品安全抽查、农业科技等领域的分析人员，有时也需要亲自去现场采样。采集样品时的基本注意事项包括：①所采样品一定要具有代表性。液体样品通常均匀性比较好，但不同空间位置上的样品有时仍然有差异。例如，采取环境水样时就要注意离污染源的远近、离岸远近、水层深度等；采集大气、流动水体、事故现场样品还要考虑样品的时效性。固体样品中元素的分布经常是不均匀的，如果仅从样品需要量考虑在某点采取少量样品，很容易出现异常结果。通常需要在多个位置采取大量的样品，然后粉碎、混匀、逐级缩分，最后得到少量分析样品。例如，植物、蔬菜等的根、茎和叶不同部位中元素的分布可能会有明显差异。②采样过程中要防止所采样品被污染或者目标组分损失。③盛放样品的容器不仅要清洗干净，而且要注意容器材质的选择，避免容器材料中溶出微量待测物质。④样品在运输过程中也要防止污染、变质、目标组分损失，在形态分析时，还要防止价态和赋存状态的变化。有些样品在运输过程中还需采取低温、干燥、避光、防震等保护措施。

采取的样品在分析前有可能需要保存一定时间，对于不易保存的样品应尽快分析。对于不同类型样品或不同目标组分，样品的保存条件可能不同，允许保存的最长期限也不同。样品的一般保存措施如下：①稳定化处理。对于液体样品通常需要加入少量无机酸或特定的稳定剂来保持样品性质的稳定。酸化具有降低金属离子在容器表面的吸附、防止重金属的水解沉淀、抑制细菌生长等作用。例如，酸化的尿样以及加入抗凝剂的血样可以冷冻保存数月。②干燥。对于含水固体样品（如组织器官、蔬菜水果），保存过程中可能会失水，对于分析结果要求以湿重计的样品，不仅样品需要密封和低温保存，而且应尽快分析。而对于分析结果以干重计的样品，通常将采集的样品干燥后保存。根据样品和目标组分的性质，可以选择普通烘干（如 105℃烘干）、低温（如 50℃）减压干燥、冷冻干燥等方式。③容器选择。对于溶液样品，样品保存时的容器选择比采样时要求更高，因为时间越长，从容器材质中溶出干扰组分甚至目标组分的可能性越大。而且样品溶液中目标组分在器壁的吸附与容器材质也有关。样品保存通常使用塑料容器，如聚四氟乙烯、聚丙烯等材质的容器。测定环境空气的总悬浮颗粒物（TSP）、可吸入颗粒物（PM_{10}）和细颗粒物（$PM_{2.5}$）一般都收集在滤膜上。

6.1.3　样品前处理过程中的损失与玷污

6.1.3.1　挥发损失

挥发损失在有机分析中往往容易引起人们的重视，在原子光谱分析中通常认为无机物，特别是金属元素的挥发损失不明显。一般而言，低温湿法消解的挥发损失小，通常可以不考虑，但有些元素的单质或在溶液中形成的挥发性化合物，即使在温和的操作条件下也比较容易挥发。例如，汞在常温下就挥发；砷、锑、硒等元素的氢化物的水溶性差，也很容易挥发。事实上，由于样品消解经常是在高温和强酸条件下进行，金属元素可能会以某种易挥发的形态损失。温度、介质、消解方式和溶质形态是影响挥发损失的主要因素。高温下的挥发损失比较常见，而且温度越高，损失越严重。例如，钾、钠、锌、铁、镍等元素常以氯化物形式在高温下（超过 450～500℃）挥发；又如，测定可可样品中铅含量，需先干灰化除去有机基体，如果灰化温度达到 650℃，则铅的回收率只有 70%左右。有时可在样品中加入硝酸、硫酸、硝酸镁等固定剂来促进灰化，在尽可能低的温度下使灰化时间缩短来减少挥发损失。挥发损失经常受处理样品的介质的影响。例如，很多元素的卤化物在高温下有明显挥发性，所以使用含有卤化物的介质时应当注意。不过，有时介质中过量的氯化物或氟化物的存在会使部分金属元素形成配阴离子，从而降低挥发性。又如，汞在中性介质中用湿法消解蒸馏时，残渣中会残留汞，而在含硝酸和高锰酸钾的介质中于 85℃回流，汞在残渣中的残留可以忽略，回收率很高。选择适当的消解方式，有时可以减少或避免挥发损失。例如，用干灰化法消解样品时，铜、镉和铬会损失，但用湿法消解时则可定量回收。被测组分，甚至样品基体的化学形态有时也会影响溶质的挥发性。例如，当用酸处理含硼样品时，如果使用氢氟酸，硼形成硼酸后进一步与氢氟酸生成不易挥发的氟硼酸；如果使用的是氢氟酸和高氯酸的混合物，则硼会以 BF_3 的形式挥发。又如，用还原性酸处理钢或合金样品时，样品中所含硅、砷、锗等元素会以氢化物形式挥发，但处理岩矿样品时却不会出现类似的挥发损失。

为了减少和避免样品消解过程中的挥发损失，一般的原则是选择挥发损失小的消解方式，尽可能使用较低温度，避免使用容易与目标组分生成易挥发化合物的介质。不过，有时可以利用目标组分或其化合物的挥发性，在样品消解的同时使痕量目标组分从基体中分离出来，达到富集和消除基体干扰双重目的。例如，在用高氯酸或硫酸消解样品时，如果加入盐酸或氢溴酸，煮沸到 200～220℃，砷、锑、锗、锡、铬、锇、铼、铑等元素可定量从样品中蒸出。

6.1.3.2　吸附损失

对于微量元素的分析，吸附损失比挥发损失更普遍和严重。影响吸附损失的主要因素是介质条件和容器材质。

(1) 介质条件　包括目标组分性质、样品溶液 pH 值和共存阴离子或配体。例如，碱金属在广泛 pH 范围内稳定，碱土金属即使在较高 pH 值也还稳定，而铁、钛、钒、钨等过渡金属在高 pH 值溶液中易水解沉淀，如铝、钼、钒等在 pH 7 左右即开始聚合，而像锆、铌、钽等强水解离子，其稀溶液即使在酸性条件下也不稳定，几乎无法保存。金属离子的稳定性还与其浓度有关，对于那些不易水解的离子（如碱金属离子），其浓度越低，物理吸附性越小，稳定时间越长，允许的 pH 也越高；而对于那些易水解的离子（如锆、铌、钽），其稀溶液也无法保存。溶液中的配体或氧化剂的存在对微量金属离子的稳定性影响很大，例如，Ag^+ 的中性溶液在玻璃瓶和聚四氟乙烯瓶中保存 10d 后的吸附损失分别为 20%和 6%，但在浓度为 0.1mol/L 的氨水、EDTA、$Na_2S_2O_3$溶液中保存 10d 后的损失都在 2%以内。

（2）容器材质　容器材料种类对溶液中目标组分的吸附差异比较明显。样品消解、净化和保存的所有环节都会用到各种容器，这些容器以硬质玻璃和塑料（聚四氟乙烯和聚乙烯居多）为主，其次还有石英、陶瓷和金属。一般情况下，塑料容器对无机离子的吸附较弱，而对分子状态的溶质（如有机物、硫化氢、氨、卤素单质）吸附要强，而且常为不可逆吸附，很难清除。如 1mg/L 的镉溶液，在 pH 6 的条件下用聚四氟乙烯容器保存 20d，吸附损失可以忽略不计，而同样条件下用硼硅玻璃瓶保存 20d 的吸附损失高达 20%。在样品熔融消解中使用的坩埚常常会引起溶质的吸附损失，坩埚的材料不同，吸附损失也有差异。例如，在镍坩埚和铁坩埚中，于 500℃用过氧化钠烧结天然矿物样品提取其中微量钌、锇，当烧结 100min 时，在两种坩埚上都吸附 25%的目标组分，而用刚玉坩埚则无吸附损失，这可能是因为高温条件下刚玉坩埚表面带阴离子基团，与此时以阴离子形式存在的钌和锇相互排斥，不产生吸附。在银坩埚中用碱熔融硅酸盐样品对铁没有吸附，因为此条件下铁不和银形成合金。石墨坩埚引起的钴、镍等元素的吸附损失可能是石墨对这些金属的还原作用所致。

为了减少和避免容器吸附损失，除了依据文献和经验选择合适材质的容器和合适的介质外，使用前的容器处理也很重要。通常先用含表面活性剂或有机溶剂或配位试剂的溶液清洗掉容器表面的尘土、油污或吸附的金属离子等。清洗的另一个目的是屏蔽容器表面产生吸附作用的活性中心，即用水或其他不干扰被测组分的物质饱和器壁上的活性中心。在洗涤过程中，淋洗成分吸附到容器表面，并扩散到活性中心与杂质反应。因此，洗涤液必须能够浸润容器壁。玻璃容器表面是极性的，容易被水浸润，所以，水可以较好地屏蔽玻璃容器表面的活性中心。塑料是非极性的，水洗效果不理想，但塑料容器用硝酸浸泡后对水的浸润性会很好，因此，塑料容器水洗前先用硝酸浸泡比较好。新容器表面无论多么光滑，都会有因扭曲和断裂的化学键形成的活性中心，所以新容器即使仔细清洗，也比旧容器的吸附性强。旧容器使用过程中形成的表面损伤和微细裂纹是加剧吸附的原因之一，玻璃容器可在较低温度（如 400℃）预热后再退火，使表面重排修复损伤和裂纹，从而减少吸附损失。用于储存样品溶液的容器，有时需要先用样品溶液浸泡或洗涤，使器壁被样品溶液平衡后，再装入样品，样品溶液的浓度就不会因器壁吸附而发生变化。同样道理，使用装过相同或同类型样品溶液的容器也可减少吸附损失。因此，容器按样品类型专用也是减少吸附损失的一种方法。

6.1.3.3 样品玷污

玷污是指样品处理过程中无意间引入杂质，甚至是目标组分。对于痕量分析而言，玷污会严重影响分析结果的准确度，有时会得出完全错误的分析结果。玷污主要来自环境、容器、试剂和操作人员本身。

工作环境里的空气、设备、墙壁、桌椅等都可能是污染源。例如，在痕量和超痕量金属元素分析过程中，若空气中的灰尘掉入样品中，灰尘所带入的金属元素可能比原样中该金属的含量还高。因此，应保持实验室清洁，精密分析仪器最好放置在干净的隔离间内。

在样品处理过程中，接触样品溶液的容器和器具都有可能溶出目标组分和干扰物质而带来玷污。例如玻璃器皿中可能溶出硼、硅、钾、钠、钙、镁、铝、铁、锌等元素，应避免玻璃器皿长时间接触样品溶液，特别是在测定硼和硅的样品处理过程中，应避免使用玻璃器具。塑料中往往也含有金属杂质，长时间接触样品溶液也有可能溶出，特别是耐酸碱腐蚀能力不强的塑料，在接触酸性或碱性样品溶液时更容易溶出金属杂质。金属器皿用得较多的是各种金属坩埚，基体和杂质金属的溶出是不可避免的，以溶出金属不干扰目标组分测定为原则。例如：铁、镍坩埚熔样时会溶出较多金属，但溶出的稀有金属很少，只适合稀有元素样品熔样；而锆、铂等贵金属坩埚的基体与杂质的溶出量都很小，是非常好的熔样坩埚。石英、陶瓷和刚玉等材料的器皿在样品前处理中也时常用到。石英含杂质少，又耐高温和隔热，是优良的微波消解容器材料，但石英不耐碱和氢氟酸腐蚀，在酸性溶液中加热也会有mg/L水平的铁、钙、磷等元素溶出。瓷坩埚和陶瓷器皿常用于烧结和酸蒸发，会溶出硅、铝、钛、铁等元素。瓷坩埚的主要成分是酸性氧化硅和氧化铝，故不能用于碱熔样品；氧化铝与热硫酸会发生作用，所以也不能使用焦硫酸钾作熔剂。不过，刚玉是熔制的氧化铝，不仅熔点高（2050℃）、硬度大，而且氧化铝已经高度钝化，故刚玉坩埚可使用碱熔剂和焦硫酸钾。刚玉坩埚中也会溶出铝、钛、硅等元素，比较适合稀有元素测定的熔样。

样品处理过程中使用的试剂经常会带入不可忽视的杂质。必须选择与分析结果准确度要求相一致纯度的试剂。在痕量分析中，所使用的超纯水的制备与保存容器也需注意。实验室常用的一次蒸馏水，需要采用离子交换或亚沸蒸馏进行纯化，并储存于塑料容器中。湿法溶样中常用到各种无机酸，即使优级纯的无机酸，有时也需要采用亚沸蒸馏等方法纯化，挥发性酸也可采用简便的等温扩散法制备。固体试剂的纯化多采用重结晶法。

操作者身体带入的玷污有时也需考虑。操作时如果没带洁净手套，手上的微量元素就有可能直接玷污样品溶液或通过容器间接玷污样品。衣服上吸附的灰尘也会成为污染源。

6.1.4 样品前处理技术发展趋势

随着分离科学、计算机技术、仪器制造工艺、自动化技术的快速发展，原子光谱分析样品前处理技术也不断丰富和创新，并呈现出如下趋势：

（1）新的样品前处理技术不断涌现　例如微波萃取和加速溶剂萃取都是从固体和半固体样品中提取目标组分的新技术，在其他分析领域的样品前处理中已经广泛应用，近年在原子光谱分析样品前处理中也受到人们的重视。

（2）仪器自动化和在线联用　仪器的自动化操作不仅加快了处理速度，而且重现性更好。样品前处理仪器的自动化为样品前处理与后续分析技术在线联用奠定了基础。例如，全自动固相萃取仪的出现，不仅避免了繁琐的人工操作，而且使固相萃取可以与后续色谱等分析技术联用。尽管原子光谱分析的在线样品前处理还不如其他分析领域（如色谱）使用得多，但发展趋势明显。例如，用编结反应器以 Ni^{2+}-DDTC（铜试剂）为共沉淀载体在线富集，MIBK（甲基异丁基酮）在线洗脱，火焰原子吸收光谱法测定铜的灵敏度可提高60倍；氢化物发生原位富集测定氢化物生成元素，显著地改善了测定灵敏度和精密度，是现有测定可生成氢化物元素最灵敏的方法之一。

（3）小型化和微型化　一方面是样品前处理仪器的小型化和微型化，这使得整个分析体系的小型化和微型化成为可能。例如，样品前处理芯片可以实现膜分离、溶剂萃取和固相萃取等多种前处理操作，能与色谱-质谱联用仪器在线联用。另一方面是操作规模的小型化和微型化，可以对少量样品进行前处理，便于制成便携式设备用于现场操作。例如液相微萃取可以用数微升至数十微升萃取溶剂对不足1mL的样品溶液进行萃取操作。

6.2 样品分解

在原子光谱分析中，多数样品为固体或半固体样品，除了少数分析方法可以采用固体直接进样或固体悬浮物进样外，绝大多数情况下都需要分解样品，将样品中的目标组分转移到溶液中。分解方法大致分为湿法和干法。湿法分解又可细分为溶解、提取和消解等；干法分解又可细分为灰化和熔融等。

6.2.1 溶解与提取

溶解是将固体样品溶解到适当的溶剂中，是最传统和最简单的固体样品分解方法。溶解过程中溶剂和样品之间没有发生化学反应，通常情况下是样品基体和目标物质全部溶解到溶剂中，有时会有不溶残渣，不溶残渣中若含有目标成分，则需采用其他分解方法处理后测定。对于基体物质大部分或完全不溶，而目标物质可以溶出的固体样品，则可以采用溶剂提取的方法将目标物质转移至溶液中。提取既可看作一种部分溶解的方法，也可看作一种固-液萃取技术。

为了使溶解或提取更完全和更快速，可以加热、加压、超声或微波辅助溶解和提取，也可在溶剂中加入一定量无机酸或碱溶液。例如，在超声条件下，可用醇类溶剂或乙酸溶液从固态金属氯化物（如氯化钠）中提取铁、钴、铜、锌等金属杂质。在原子光谱分析中，能通过完全溶解和简易提取方法处理的固体样品并不多，绝大多数固体样品需要采用各种样品分解技术处理。

6.2.2 湿法消解

6.2.2.1 湿法消解技术

湿法消解是在一定温度或压力条件下，用酸或碱溶液，甚至在氧化剂或催化剂同时作用下，通过消解试剂与样品之间的化学反应来分解样品的方法。湿法消解的挥发损失小于灰化分解，试剂带入的杂质干扰小于熔融分解。根据消解过程中是否加压，可将湿法消解分为常压消解和高压消解。随着科学技术的进步，新的样品消解技术不断涌现，如微波消解、酶消解、紫外（光）消解等。

（1）常压消解　常压消解一般使用敞口消解容器将样品置于加热板上煮沸或回流，使样品完全分解，然后蒸干溶液，再用硝酸或盐酸复溶。常压消解设备简单、操作方便，是原子光谱分析中常用的消解方法。不过，常压消解的缺陷也比较明显，例如：容易发生溅射，操作安全性不够高；挥发性较高的组分容易损失；由试剂和容器污染引起的空白值较高。

（2）高压消解　高压消解需使用专门的耐压密闭容器。密闭消解可以避免挥发性物质的损失，适合易挥发成分分析的样品处理；高压操作可以提高消解试剂的活性，从而提高消解效率，适合难消解样品的处理。高压消解装置外套通常为不锈钢材质，衬里材料有聚四氟乙烯、石英、玻璃钢、其他类型塑料等。盛装样品的高压釜或高压容器则需根据溶剂和被测组分选择合适材质，釜体通常是厚壁耐压的聚四氟乙烯坩埚，样品和消解溶剂放入高压釜中密封后，再置于保护套内固定，可以多个样品同时加热消解。高压消解在密闭条件下进行，可以消除来自外界的污染；因为高压条件下酸的分解效率大大提高，所以可减少酸的用量。高压消解在原子光谱分析中应用广泛，常用于合金、土壤、大气颗粒物、粮食及作物、中药材、木材等样品的消解。

(3) 微波消解　微波消解是利用微波加热方式的一种新的湿法分解技术，具有快速、节能、省溶剂、空白值低等优点，已经成为原子光谱分析中一种重要的样品分解方法，广泛用于冶金、煤炭、地质、生物、食品、医药等领域的样品分解。

微波是指波长在1mm～1m范围（300～300000MHz）的电磁波。目前915MHz和2450MHz两个频率已广泛用于微波加热。传统的加热是以热传导、热辐射等方式将热量由外向里传送，称为外加热。而微波加热是通过被辐射物质偶极子旋转和离子传导两种方式里外同时加热。极性分子接受微波辐射的能量后，通过分子偶极每秒数十亿次的高速旋转产生热效应，这种加热方式称为内加热。与外加热相比，内加热速度快、受热体系温度均匀。微波加热具有选择性，这是因为不同物质的介电常数不同，吸收微波能的程度也不同，由此产生的热量和传递给周围环境的热量也不同。极性大的消解溶剂和样品基体吸收微波能量多、加热快，消解所需时间短。

微波消解装置与家用微波炉的原理和基本构造相同，但实验室样品消解专用微波消解装置一般都带有控温、控压、定时和功率选择等多种功能。无机酸的水溶液是微波消解中最常用的消解试剂。样品和消解试剂装入专用的消解罐中，再将消解罐置于微波炉腔内的转盘上，转盘上可以同时放置多个消解罐。根据消解仪器的不同，可以将微波消解方法分为常压、高压和聚焦三种。常压微波消解使用敞口消解罐，一般用于不需要太高温度的易消解样品。其优点是处理样品量较大、操作安全、消解罐便宜；其缺点是消解试剂用量大、消解温度较低（在溶剂沸点之下）、挥发性成分易损失、容易受外界污染。正是因为这些缺陷，常压微波消解使用越来越少。高压微波消解使用密闭消解罐，随着温度升高，罐内压力也增大，溶剂的沸点也随之升高，从而达到提高消解效率的目的。不过，高压微波消解也有其局限的一面，除了消解罐的密封性能要求很高外，为了防止罐内压力过高，处理的样品量也不能太大，通常情况下，有机样品在0.5g以内，无机样品在10g以内。聚焦微波消解是将微波直接聚焦到石英样品管中的样品上，不需要特殊材料的消解罐，在常压下消解，可以消解40g的有机样品，不仅操作安全性高，而且通过装置的回流系统还可以解决挥发损失的问题。

(4) 酶消解　酶消解也称酶水解，是将生物样品在酶的作用下水解成简单组分，从而释放出与蛋白质或其他有机大分子结合的金属元素。酶消解条件温和，不需加热，也不使用强酸或强碱，从而避免了挥发损失和减少了外来污染。因为特定的酶只能水解特定的化学键，所以酶消解的这种高度选择性可以区分样品基体中不同组分与金属离子相互连接的部分。例如，用链霉蛋白酶水解贻贝样品，铜、镉和砷可以完全释放出来，说明这三种元素全部与水解产物相连接，而铁、镁、锌、银和铅只能部分释放出来。酶消解不会改变物质的化学形态和金属元素的价态，在价态和形态分析样品前处理中有很好的应用前景。例如，用胰岛素和胰酶消解婴儿食品，可以得到一甲基胂、二甲基胂等不同形态的砷。

(5) 紫外消解　紫外消解是在样品中加入氧化剂（如双氧水）后，用紫外光照射样品，使样品消解的方法。紫外消解可以在温和条件下消解环境水样（如污水）、液体样品（如饮料）和固体悬浮物（如土壤提取物）等样品。紫外消解装置比较简单，内部有产生紫外光的汞灯和盛放样品的具塞容器，外部有循环水套控制样品温度。通常是在少量双氧水和酸的存在下，用紫外光照射样品，消解过程中，双氧水还可多次补加，直至样品完全消解为澄清的溶液。样品容器加塞既可避免样品损失，也可防止外来污染。如果使用更强的氧化剂（如过二硫酸钾），在室温就可紫外消解水样。不过，紫外消解的时间通常较长，例如奶粉样品的紫外消解，需要1～2h。紫外消解条件比较温和，适合形态分析样品前处理。

6.2.2.2 湿法消解常用无机酸的特点

湿法消解中使用的溶剂主要是无机酸，酸可以单独使用，也可以混合使用。根据需要，酸还可与适当的氧化剂、还原剂、配位试剂或催化剂配合使用。有机样品消解主要使用氧化性酸，如硝酸、硫酸、高氯酸等。在常压消解中，消解温度取决于所用酸的沸点，在低沸点的挥发性酸（如硝酸）中加入高沸点的难挥发性酸（如硫酸）可提高消解温度。虽然挥发性酸的消解温度不能达到很高，但后续除去多余的酸比较方便。

（1）硝酸　既是强酸，又是强氧化剂，可以消解绝大多数无机样品和较易氧化的有机样品，是最常用的消解试剂。尽管硝酸有时可能会对原子光谱信号有抑制作用，但只要进样溶液中硝酸浓度不超过10%，则不会造成显著影响。硝酸对较难氧化的有机样品消解不完全或效率不高，通常与高沸点酸（如硫酸）和其他强氧化剂（如高氯酸、双氧水）混合使用，可以提高消解能力。

（2）氢氟酸　消解岩矿样品（特别是硅酸盐矿物）最常用的试剂，它是唯一能与含硅化合物快速反应的无机酸，室温下即可生成最终产物硅氟酸。氢氟酸能与高价金属离子（如Al^{3+}、Fe^{3+}、Ti^{4+}、Zr^{4+}）形成稳定的配合物，既有利于这些金属离子从样品基体中溶出，又可防止消解过程中高价金属离子水解沉淀在样品表面所引起的钝化现象。不过，氢氟酸也能与以碱土金属为主的部分阳离子反应生成微溶沉淀。所以，氢氟酸常与非挥发性无机酸混合使用，既可利用氢氟酸与金属离子的良好反应性能加快消解，又能利用非挥发性酸破坏金属离子的微溶氟化物。氢氟酸通常不改变金属离子的价态，在价态分析样品前处理中非常有用。

（3）盐酸　不仅是强酸，还具有弱还原性和配位能力，主要用于活泼金属及其合金、碳酸盐、碱性样品的消解。具有氧化性的矿物（如软锰矿）也可用盐酸消解。硫化矿用盐酸消解时，先释放出硫化氢，可继续加入氧化性酸使样品消解完全。用浓盐酸分解样品有时会因为在样品表面形成致密氯化物层而钝化，从而阻止样品进一步分解，这时用稀盐酸（如6mol/L）反倒更易于分解。例如，黄铁矿在稀盐酸中能迅速分解，而在浓盐酸中反而难分解。用盐酸分解一些重金属的硅酸盐和沸石矿物时，会出现胶体状态的硅酸。有些矿物（如钨矿）虽可用盐酸分解，但又生成沉淀（如钨酸）。硫化矿用盐酸分解时会析出硫黄，需加入氧化性酸使单质硫氧化。含锑、铋等高价过渡金属离子的矿物在6mol/L盐酸的强酸性溶液中也能发生水解，通常需要在溶液中添加能与这些金属离子形成稳定配合物的配位试剂（如柠檬酸、酒石酸）。

（4）硫酸　具有价廉易得、沸点高、浓度高、氧化性强等优点，是湿法消解中常用的非挥发性无机酸，可以很好地分解一般碱性氧化物、活泼金属及其合金。硫酸对活泼金属的作用不如盐酸快，而且活泼金属氧化释放出的氢气可使硫酸还原，所以此时不宜使用浓硫酸。硫酸的氧化性虽不及硝酸和高氯酸，但热浓硫酸具有较强的氧化能力，可以氧化惰性金属（如铜）。因为碱土金属及铅的硫酸盐难溶，而一般矿物样品中都含有碱土金属氧化物，硫酸在分解矿物样品的过程中有可能形成碱土金属硫酸盐沉淀包覆在样品颗粒表面，阻止样品进一步溶解。硫酸与有机样品之间可以发生氧化、磺化、酯化、脱水等化学反应，样品消解中多利用其氧化和脱水作用。硫酸的强脱水能力有助于分解有机物。硫酸的溶解热高，且比热小，遇水迅速升温，易发生溅射，甚至导致玻璃器皿炸裂，操作上需加小心。硫酸常与其他无机酸或氧化剂混合使用，如浓硫酸和过氧化氢或硝酸的混合物用于消解有机样品效果很好。

（5）高氯酸　为强酸，在浓热条件下是良好的氧化剂和脱水剂，可用于消解有机样品和具有还原性的矿物（如硫化矿）。不过因其本身易于分解、与有机物反应有燃烧和爆炸的危险，所以消解有机样品通常与硝酸混合使用。糖等含羟基的有机物与高氯酸反应生成不稳定的酯，而硝酸则可将羟基氧化，从而避免酯的生成。高氯酸还可使硝酸部分脱水，从而增强硝酸的氧化性，使混酸消解有机样品的效果更佳。高氯酸还可与其他无机酸、氧化剂和还原剂混合使用。浓硫酸可以使高氯酸部分脱水，从而提高其氧化能力，它们的混合物即使在较低温度下也能快速地分解各种矿物，将铬、硒、砷等元素氧化至高价态。高氯酸与草酸混合可以分解软锰矿，而草酸又不被碳化。高氯酸与硼酸混合可以迅速分解萤石，而不与石英反应，过滤即可分离石英与萤石成分。高氯酸与重铬酸钾、过氧化氢、过硫酸铵等混合使用分解稀土、硫化矿等样品时比单独使用硫酸或盐酸更好。

（6）磷酸　一种难挥发的多元弱酸，具有明显的配位、脱水和聚合作用。磷酸在湿法消解中不如其他强酸用得广泛，也很少单独使用。浓磷酸不能分解岩矿样品中的二氧化硅，而能溶解含铁及高价金属的矿物，所以可将不溶物滤出分析伴生的石英组分。磷酸的配位作用可使同一元素的不同价态稳定共存，实现不同价态的分别测定。例如，磷酸是地球化学样品中氧化亚铁测定的最佳分解溶剂和测定介质；不同价态铀氧化物的混合物（U_3O_8）易溶于磷酸，其中低价 U(Ⅳ) 的磷酸盐很稳定。因为磷酸根与铁等金属离子有很好的配位作用，所以磷酸常用于铁矿石、铬铁矿等岩矿样品的分解。磷酸加热则容易缩合生成配位能力更强的聚磷酸，分解样品的能力更强。磷酸与其他酸、氧化剂、还原剂、配位试剂混合使用，可提高样品消解能力。熔融过的氧化铝难溶于各种酸，但在加热条件下可溶于浓磷酸和硫酸的混合酸。磷酸与配位试剂氟化铵混合可以分解许多矿物样品。

6.2.3　灰化分解

灰化是在一定条件下用氧气剧烈氧化分解样品的方法。通常用来矿化有机基体样品，如植物、动物组织、食品、生物、医学样品。样品中全部有机物均被氧化分解，灰烬（残渣）中包含待测金属元素的碳酸盐或氧化物。因为通常不使用氧化试剂，所以几乎没有空白值。灰化分解包括高温灰化、低温灰化和燃烧分解。

（1）高温灰化　高温灰化使用高温炉（马弗炉）将样品氧化分解。将样品置于坩埚中，再将坩埚放入马弗炉，经过程序升温达到 450～550℃的高温，维持高温数小时，使样品中的有机物与空气中的氧气反应，有机物充分分解、炭化和氧化，全部分解为 CO_2、水和其他气体挥发除去，留下的白色或浅灰色残渣中包括了金属元素等非挥发性成分。残渣通常用硝酸或盐酸溶解后进行后续分析。

高温灰化无需特殊设备、操作简单，可同时处理多个样品。高温是保证有机物氧化完全的基本条件，但也要防止过高的温度导致目标元素的挥发损失，通常使用 450～550℃的高温条件。为了防止在马弗炉中因快速升温导致的样品起泡或喷溅，可以预先将样品在电热板上进行预灰化处理。

高温灰化虽然广为采用，但该方法仍有一些缺陷。如灰化时间较长（通常为数小时），敞口坩埚在高温下容易导致被测元素损失（尤其是汞、砷、硒等易挥发元素），还有被测元素在坩埚表面的吸附损失等。当然，有时也可采用适当方法来弥补上述缺陷，例如为了防止砷、硒等元素的挥发损失，可以加入 MgO 或 $Mg(NO_3)_2$ 作助灰化剂，使砷、硒等元素形成不易挥发的化合物。

（2）低温灰化　低温灰化又称氧等离子体灰化（oxygen-plasma ashing），是将有机基体样品置于专用的低温灰化器（等离子体消化装置）中，先将炉内抽至接近真空（如 10Pa 左右），然后不断通入氧气，再用微波或高频激发光源照射，使氧气活化产生氧等离子体，氧等离子体中的O^+和O^-具有很强的氧化能力，在相对低的温度（如150℃以下）使样品缓慢氧化灰化，从而克服了高温灰化的缺点。因为提供的氧气是低压氧气，所以低温灰化速度总体而言比较缓慢，通常需要4～8h。低温灰化速度与氧等离子体流速、电场功率、温度和样品体积等因素有关。温度越高，灰化速度越快，但温度不宜超过150℃，否则样品容易出现起泡、局部炸裂和挥发损失。当氧气中含有O_3或CF_2时，灰化速度会加快。一些较易挥发的元素，如砷、硒、锑、铅、镉等，在常规灰化方法中容易挥发损失，但在低温灰化中几乎不存在挥发损失。低温灰化器中不存在金属污染，方法的回收率通常很高，所以适合分析有机物中微量元素的样品分解。不过，低温灰化器目前仍然比较昂贵，不易普及。

（3）燃烧分解　燃烧分解是在充满氧气的密闭容器中氧化分解有机基质样品的方法。燃烧分解的装置有氧瓶和氧弹，分别称作氧瓶燃烧法和氧弹燃烧法。被测组分以氧化物或气体形式被容器中的吸收液吸收后进行后续分析。吸收液的选择视被测元素性质和后续测定方法而定，纯水、酸或碱的水溶液都可作吸收液。燃烧完成后需要充分振摇或在桌面滚动燃烧容器数分钟，使被测组分完全溶入吸收液中。燃烧分解操作简便、快速、无挥发损失，常用于煤、石油、焦炭、白土、橡胶等样品的分解。燃烧分解常用于上述样品中卤素、硫、磷等非金属，以及砷、汞等少数金属或半金属元素的分析。因为卤素、硫、磷等元素在燃烧分解、吸收处理后的溶液中常以离子形式存在，所以，后续测定方法采用离子色谱法比较多，其他很多测定方法，如离子选择性电极法、电位滴定法、分光光度法、高效液相色谱法（HPLC）也可采用。燃烧分解在原子光谱分析样品处理中的应用相对较少，有时用于砷、汞的ICP-AES或AAS分析样品前处理。燃烧分解的不足之处是处理的样品量较小，对于产生气体较多的样品，容易出现急速的压力升高，如果样品量控制不当，存在安全隐患。

氧瓶燃烧法不需要特殊装置，氧瓶为耐热的厚壁玻璃瓶，带磨口塞。在塞子上熔接一段铂丝，铂丝末端制成夹状或框式用作样品托架，置于瓶中央，样品用滤纸包好后夹在托架上。燃烧瓶中加入适量（如5～10mL）吸收液并充满纯氧气。通过塞子上的点火装置或用红外聚焦技术点燃样品，待燃烧完全后剧烈振摇燃烧瓶使被测组分充分吸收并溶解到吸收液中。氧瓶不耐压，只能充入常压氧气，燃烧会稍慢一些；因为有机物的燃烧会产生气体，导致压力升高，为了尽可能少产生气体，氧瓶燃烧法分解的样品量通常很少（如100mg以内）。

氧弹燃烧法使用专门的内壁镀铂的不锈钢氧弹，内有铂点火电极、样品坩埚和石英接受器。氧弹可耐高压，可充入高压氧气，燃烧更快和更完全，处理样品量比氧瓶燃烧法大，可达到1g左右。

6.2.4 熔融分解

熔融分解法是将固体样品与特定固体试剂（熔剂）混合，在高温炉中加热到熔剂的熔点以上，样品通过与熔剂间的多相反应分解为易溶于水或无机酸的化合物。熔融分解是经典的样品分解方法，主要用于湿法难以分解的合金和岩矿样品。熔融分解加入的熔剂量往往是样品量的5～10倍，熔剂带入的杂质对微量元素分析的干扰往往不能忽略，这也是熔融分解的主要缺陷。熔融分解盛放样品的坩埚选择需要考虑样品性质、熔剂性质、熔融温度和带入杂质等因素。尤其是使用贵金属坩埚时，若使用条件不当，可能会损坏坩埚。熔融分解使用的熔剂可分为酸性熔剂、碱性熔剂、配位熔剂和还原性熔剂。除了根据样品性质选择合适的熔剂外，有时为了改善熔融效果，还可添加适当的助熔剂。

（1）酸性熔剂　酸性熔剂熔融时释放出H^+或酸性化合物，适合分解碱性样品。常用酸性熔剂有酸式硫酸盐、焦硫酸盐、氯化铵、硝酸铵、酸性氧化物（如 V_2O_5、P_2O_5）等。酸式硫酸盐和焦硫酸盐还具有弱氧化性，主要用于分解金属氧化物，例如在硅酸盐分析中用来分解铁和铝的氧化物。焦硫酸钾是天然氧化铝、刚玉、蓝宝石、红宝石等矿物的良好熔剂。硫酸氢钾和焦硫酸铵也可用于分解铜、锌、铅、铁的硫化物，铌、钽、锆、钛的磷酸盐。酸式硫酸盐和焦硫酸盐在低温下熔融即可腐蚀瓷坩埚和铂皿，但不腐蚀石英坩埚和金坩埚。铵盐熔样的优点是过量的熔剂易于分解除去。氯化铵可以将天然碳酸盐矿物转变为金属氯化物。氯化铵和硝酸铵的混合物和王水的作用类似，同时兼具氧化和配位作用，被称作“固体王水”，适合分解硫化物矿。V_2O_5 作熔剂也兼具酸性和氧化性，可以熔解有机样品。

（2）碱性熔剂　碱性熔剂熔融时释放出 OH^- 或碱性物质，适合分解酸性样品。常用碱性熔剂有碱金属碳酸盐、碱金属氢氧化物和过氧化物、碱金属硼酸盐等。锂、钠、钾的碳酸盐作熔剂对熔解含硅酸盐的样品（如长石、黏土、玻璃、水泥、泥沙、土壤、炉渣等）很有效，因为含硅酸盐的样品是地质领域最常见的样品，所以碱金属碳酸盐是非常有用的一类熔剂，尤其是碳酸钠更常用，因为它价廉且纯品易得。碳酸钠熔融时离解成相应的离子，温度达到 900℃即开始分解，生成对坩埚具有腐蚀作用的氧化钠，因此，使用碳酸钠熔样时多用耐腐蚀的铂坩埚，而且温度尽可能低一些（如不超过 950℃），以减少坩埚腐蚀。

氢氧化钾、氢氧化钠和过氧化钠作熔剂适合熔解硅酸盐矿物，以及一些铝含量较高难于用碳酸钠熔融的样品，它们使用温度低（400～500℃）、熔样时间短（5～15min）和浸取方便。过氧化钠比氢氧化钠的氧化性强，在熔解黄铜矿、铬铁矿、辉铜矿、矿渣等难熔解样品时，效果优于碳酸钠。碱金属氢氧化物和过氧化物熔样多用锆、金、银坩埚，铁、镍、刚玉坩埚也可使用，但不宜使用铂坩埚。

硼酸盐是一类弱碱性或近中性或两性的熔剂，常用的有碱金属偏硼酸盐、硼砂和硼酸酐。此类熔剂的熔解温度通常在 800～1000℃，多使用石墨坩埚或铂金（合金）坩埚。此类熔剂对铝、铁、铌、钽、稀土等元素的氧化物矿以及各种硅酸盐、磷酸盐矿的分解都很有效。例如，铝含量很高的耐火材料（如高铬红柱石、刚玉、高英砂等）很难熔解，用碳酸钠熔解需 2～3d 时间，而用硼砂只需 1～2h。

（3）配位熔剂　配位熔剂熔融时释放出能与样品中目标组分形成配合物的配体，从而促进样品分解。常用的配位熔剂是氟氢化物和氟硼化物，熔样时产生配位作用较强的 F^-，F^- 与硅的配位作用特别强，所以在硅酸盐和铌、钽氧化物的分解中常用。磷酸盐与很多金属离子，特别是高价金属离子具有良好的配位作用，也常常用作配位熔剂。

氟氢化物在熔样过程中，先是在低温（如 150℃左右）下使熔剂缓慢分解产生 HF，HF 与金属离子作用破坏矿物的晶体结构。当矿物分解基本完成，熔体固化，再将温度升高到 700～800℃，并保持 15～20min，使分解产物熔解，熔体变得透明。常用的氟氢化物熔剂是氟氢化钾和氟氢化铵，除了用于硅酸盐和铌、钽氧化物外，对锆、铍、铀矿的熔解效果也较好。对于形成易挥发氟化物的元素，不宜采用此类配位熔剂熔样。氟硼化钠是常用的氟硼化物熔剂，它是氟化钠和硼酸熔炼而成的透明熔体，是铀、钍矿物的良好熔剂。

（4）还原性熔剂　还原性熔剂的使用历史悠久，通常是使用熔融状态下具有还原性的金属（如碱金属、铅、锌、汞），其还原能力可以断裂样品中特定的化学键，或者使某些金属元素还原析出，从而释放出目标元素。当将碱金属与有机物混合熔融，熔融状态的碱金属原子具有强烈的反应活性，能使有机物分子中的化学键断裂，碳还原成单质碳释放出来，待测元素（如卤素、硫、磷等）转变成碱金属化合物，达到分解有机物的目的。碱金属可以分解性能稳定的烃类，如氟烃、多氯烃。传统的火试金法是铅作为还原剂的熔融法，用于分解稀有矿物提取贵金属（如金、铂），其原理是在碱性介质中，铅、铜、锑、锡、铋等金属的氧化物容易还原成低熔点的金属，这些金属可以与矿物中的金属形成合金，而碱性熔剂则与样品中的硅酸盐作用，所形成的熔体密度比贵金属合金低，所以，贵金属合金沉于熔皿底部与基体分离，最后处理合金分离出贵金属。很多金属（如钠、铟、铊、镉、锌、锡、铋）能与汞形成汞齐而溶于液态的汞中，利用汞的这一性质可以从样品中分离出这些金属，例如，将汞与锌基合金混合熔融，形成锌汞齐与残渣分开。汞齐可以溶于酸，基体金属和绝大多数惰性较小的痕量金属溶于酸中，而惰性大的金属不溶于酸，从而实现汞齐中金属混合物的进一步分离。

6.2.5 烧结分解

烧结是将固体样品与适当的固体试剂（烧结剂）混合后，在低于烧结剂熔点的温度下加热，通过样品与烧结剂之间的固相反应，使样品分解成易于提取的形态。烧结与熔融不单是加热温度不同，而且烧结中所用烧结剂的量通常只有样品的 2～3 倍，明显少于熔融分解。与熔融分解相比，烧结温度低、试剂用量少，所以烧结操作对坩埚的腐蚀要小，带入杂质也要少。烧结分解的完全程度取决于烧结剂的性质和用量、加热方式及时间。烧结产物通常为渣状，用水或酸溶液提取，目标组分即可溶出。烧结剂主要有碱金属碳酸盐、金属（过）氧化物、盐类混合物。碳酸钠适合大多数硅酸盐矿物分解，根据样品性质确定烧结温度，通常在 780℃以下，加热 0.5～3h，烧结物易溶于盐酸。碳酸盐与氯化物或硝酸盐混合使用，往往烧结效果更佳。例如，测定硅酸盐中碱金属的经典分解方法之一就是用碳酸钙和氯化铵混合物烧结分解，这一方法也称史密斯法。碳酸钠烧结也可采用高温下短时间加热的方式实现，例如在 950～1100℃，加热 10min 左右，使样品来不及熔融即已分解。过氧化钠分解能力强，适合难分解矿物（如铬铁矿）的烧结分解，但对坩埚的腐蚀较严重。

6.3 样品净化与富集技术

样品净化是指进入仪器分析前消除样品溶液中基体或共存组分干扰的操作。富集的目的是使目标化合物的浓度增加，以适应痕量组分的测定。净化和富集都需要借助各种分离技术，在原子光谱分析样品净化与富集中常用的分离技术有沉淀、浮选、挥发、液相萃取、固相萃取、电化学分离等等。

6.3.1 沉淀与浮选

（1）沉淀分离　沉淀分离是在样品溶液中加入沉淀剂，使目标组分或干扰组分生成沉淀，达到目标组分与干扰组分相互分离的目的。对于目标组分含量很低的样品溶液，直接沉淀目标组分往往沉淀不完全，因此，直接沉淀主要用于常量组分的沉淀。适用于低含量组分沉淀分离的方法有基体沉淀和共沉淀两类。基体沉淀是加入沉淀剂或改变样品溶液条件，使基体物质形成沉淀除去，将目标组分留在溶液中，从而消除基体干扰。共沉淀是加入沉淀剂与样品溶液中常量组分生成沉淀，或者直接加入某种难溶物质作载体，使通常还未达到溶度积的共存痕量组分通过表面吸附等作用随载体沉淀一同析出，达到沉淀共存杂质或痕量目标组分的目的。

基体沉淀的具体操作有以下几种形式：①加入沉淀剂直接与基体物质生成沉淀；②在沉淀剂存在的情况下，改变溶液 pH 值等介质性质，使基体物质均匀沉淀；③在样品溶液中加入某种试剂，并控制条件使该试剂发生化学反应产生沉淀剂，使基体物质均匀沉淀；④加入还原剂使基体物质以单质形式从溶液中沉淀析出。基体沉淀条件比较容易控制，操作比较简单。不过，基体沉淀容易导致目标组分的包裹和吸附损失。因为有机沉淀对无机组分的吸附相对较小，而且有机沉淀反应选择性高、分离效果好，所以通常以有机试剂作基体沉淀的沉淀剂。

共沉淀法中的载体沉淀由样品溶液中的基体成分与沉淀剂反应生成，或者直接外加。目标组分或欲除去的杂质组分吸附于载体表面共沉淀。目标组分在共沉淀的同时，也得到富集。形成载体的共沉淀剂主要有氢氧化物、硫化物和有机沉淀剂，载体应不干扰后续分析或者容易除去。为了使共沉淀完全，通常先将样品溶液的酸度等沉淀反应条件调节好，然后缓慢加入沉淀剂或载体溶液，使共沉淀过程尽快完成，通常数分钟即可，不宜过长时间陈化。

(2) 浮选分离　沉淀浮选分离法是泡沫吸附分离法中的一种形式。凡是利用“泡”（泡沫、气泡）做介质的分离统称为泡沫吸附分离。泡沫是气体分散在液体介质中的多相非均匀体，但它又不同于一般的气体分散体。泡沫是由极薄的液膜隔开的许多气泡所组成。当水溶液中含有表面活性剂时，产生的泡沫能较长时间稳定。制造泡沫的方法主要有两种，一种是使气体连续通过含表面活性物质的溶液并搅拌，或通过细孔鼓泡使气体分散在溶液中形成泡沫；第二种方法是将气体先以分子或离子的形式溶解于溶液中，然后设法使这些溶解气体从溶液中析出，从而形成泡沫，例如啤酒和碳酸饮料就是采用这种方法形成的泡沫。

泡沫吸附分离利用各种类型分析物（离子、分子、胶体颗粒、固体颗粒、悬浮颗粒等）与泡沫表面的吸附相互作用，实现表面活性物质或能与表面活性剂结合的物质从溶液主体中的分离。泡沫分离广泛用于矿物浮选和天然表面活性剂的分离，20世纪中后期才发现溶液中的金属离子和某些表面活性剂所形成的配合物也能吸附到泡沫上，这种场合的表面活性剂称起泡剂。选择合适的起泡剂和操作条件，可以将溶液中mg/L级的贵金属分离和富集。泡沫吸附分离可用于许多可溶或难溶物质的分离与富集，例如，溶液中的无机离子、具有表面活性的有机物、染料、蛋白质等。

泡沫吸附分离法可分为非泡沫分离和泡沫分离两大类，非泡沫分离也要鼓泡，但不一定形成泡沫层。泡沫分离法可进一步分为泡沫分馏和泡沫浮选。泡沫分馏类似精馏过程，用于分离在溶液中可溶解的物质，如表面活性剂和能与表面活性剂结合的各种非表面活性物质。泡沫浮选则主要用于分离在溶液中不溶解的物质，根据颗粒大小还可将泡沫浮选细分为若干类。其中适合原子光谱分析样品前处理的主要是沉淀浮选和离子浮选。

沉淀浮选是通过调节溶液pH值或向溶液中加入絮凝剂或捕集剂，使待分离离子形成沉淀或胶体，然后加入与沉淀或胶粒带相反电荷的表面活性剂，通气鼓泡后，沉淀黏附在气泡表面进入泡沫层，与母液分离。例如，以氢氧化铁或氢氧化钍沉淀作捕集剂，在阴离子表面活性剂（如十二烷基磺酸钠）存在下，通入空气，可以富集海水中的痕量钼（Ⅵ）和铀（Ⅵ），消除大量无机盐基体的干扰。沉淀浮选比通常的沉淀分离简便快速，适合于从稀溶液中富集痕量金属元素。

离子浮选是在待分离的金属离子溶液中，加入适当的配体试剂，将金属离子转变成稳定的配离子，然后加入与配离子带相反电荷的表面活性剂，形成离子缔合物，通过浮选的方法使离子缔合物与母液分离。例如，从含有常量水平钠、镁和锌的样品溶液中分离微量（μg/g级）的铁、钴和铜，先在溶液中加入草酸或硫代硫酸盐，使铁（Ⅲ）、钴和铜离子形成配阴离子，然后加入阳离子表面活性剂与其形成离子缔合物，通入氮气浮选。

大规模的浮选分离几乎都使用表面活性剂作浮选剂（起泡剂），但在样品前处理中，也常用有机溶剂作浮选剂。例如，为了分离痕量硅，可以在样品溶液中加入钼酸盐与硅形成硅钼酸盐，再加入罗丹明B形成离子缔合物，加入2倍量异丙醚作浮选剂，振荡后，硅钼酸罗丹明 B 离子缔合物即富集于两液相界面。

6.3.2 挥发分离

挥发分离是将挥发性物质从溶液或固体样品中挥发到气相，使目标组分与大量基体或共存干扰组分分离。挥发分离用于样品前处理有两种操作方式，一种是从样品基体中将微量挥发性目标组分或其化合物挥发分离出来，例如从样品中将砷和汞或它们的氢化物挥发分离出来；另一种是将样品基体挥发除去，例如固体碳酸钠或碳酸钾在惰性气流下于 990℃加热蒸发，基体分解成气体挥发，留下铬、铁、钴、镍、铜、锰等痕量被测金属元素。无论哪种操作方式，都要求目标组分和基体物质的挥发性（蒸气压）差异足够大，为了扩大这种差异，常常会通过化学反应使基体和目标组分二者之一转变成易挥发化合物。比较常用的方法有灰化法、挥发物发生法和卤化法。

(1) 灰化法　在这里的主要目的是挥发除去有机样品基体，而在样品分解中灰化法的首要任务则是从基体中释放出目标组分。其实灰化操作同时完成了样品分解与净化两项任务。单从样品净化的角度考虑，如果湿法分解后的有机基体对后续分析有干扰，同样也可以在样品分解步骤直接选择灰化分解。

(2) 挥发物发生法　挥发物发生法是使目标组分转变成挥发性化合物后从样品基体中分离出来。在挥发物发生法中最重要的是氢化物发生法，多数情况下是先将样品分解，处理成溶液后发生氢化物，不过，有时在样品分解过程中就可使某些元素形成氢化物挥发出来。元素周期表中ⅣA、ⅤA 和ⅥA 族元素，如锗、锡、氮、磷、砷、锑、铋、硫、硒、碲等元素或它们的化合物，用适当的还原剂处理后，均可生成氢化物，挥发出来的氢化物溶解于适当的吸收液中，或直接导入原子光谱仪。氢化物发生选择性好，可以完全消除基体和非挥发性共存杂质的干扰，而且富集倍数也很高。例如，含砷样品分解处理成溶液后，砷在溶液中可能同时以 As(Ⅲ) 和 As(Ⅴ) 形式存在，在溶液中加入一定浓度的盐酸，再加入硼氢化钾或硼氢化钠，砷全部以 AsH_3形式释放出来。氢化物发生法可以用于形态分析和价态分析样品前处理。例如，在中性介质或二甲基甲酰胺存在下，As(Ⅲ) 可以还原成氢化物分离出来，As(Ⅴ) 不被还原而留在样品溶液中，从而实现砷的价态分离与分别分析。尽管氢化物发生法也可用于离线样品前处理，但多数情况下是作为原子光谱分析仪器的进样装置，实现在线样品前处理与进样一体化，所以，氢化物发生法通常不是作为样品净化技术，而是作为一种进样技术介绍。以氢化物发生器作为进样装置的氢化物发生-原子荧光光谱法已经成为原子光谱分析的一个重要分支领域。

(3) 卤化法　卤化法是将目标组分转变成挥发性卤化物，通过蒸馏等方式使之与基体物质或干扰组分分离。氯化和氟化是最常用的卤化法。一些金属卤化物，在其沸点温度之上蒸馏，很容易从基体溶液中挥发出来，如锗、锡、铬、砷、锑的氯化物沸点就比较低，适合卤化挥发分离。有的金属卤化物在其沸点之下就能定量挥发出来，例如，$AsCl_3$ 的沸点是 130℃，但在 108℃就可从基体中定量挥发出来。

6.3.3 液相萃取

萃取分离法是将样品中的目标化合物或基体（干扰物质）选择性地转移到萃取相，从而使目标化合物与原来的复杂基体相互分离。根据所用萃取相的状态可分为液相萃取、固相萃取和超临界流体萃取三大类。

液相萃取是指以液体（有机溶剂或水）作萃取相，从样品溶液或固体样品中萃取目标组分的分离方法。当样品也为溶液时，即为通常所说的溶剂萃取或液-液萃取。液-液萃取是利用不同物质在互不相溶的两相（通常是样品为水相，萃取相为有机溶剂）间的分配系数的差异实现分离的。在常规溶剂萃取的基础上又发展起来了一些新的液相萃取体系，如胶团萃取、双水相萃取、液相微萃取等。尽管一些新的溶剂萃取技术在原子光谱分析样品前处理中用得不多，但在有机金属化合物、金属酶等含金属的有机化合物的分离中仍有应用价值。因此，下面除重点介绍原子光谱分析样品前处理中常用的常规溶剂萃取法之外，对其他萃取新技术也做简要介绍。

6.3.3.1　常规溶剂萃取

当样品为固体或半固体状态时，有时可以用溶剂（包括水）将样品中的目标组分萃取到液相，这种技术通常称提取或浸取，也可称作固-液萃取。为了使提取更加完全和加快提取速度，发展了很多提取技术，如水蒸气蒸馏提取、索氏提取、超声提取、微波提取、加速溶剂提取等。固-液萃取免去了样品分解步骤，直接将目标组分从样品中提取到溶剂相，不仅可以消除样品基体干扰，而且操作简便快速。不过，固-液萃取技术在原子光谱分析样品前处理中应用不多。

常规溶剂萃取体系用于有机化合物分离时多数情况下可以采用直接萃取，因为有机化合物在有机溶剂中的溶解度通常比在水相中要大得多，即有机化合物在有机相和水相之间有较大的分配比，基于不同有机化合物在两相间的分配比的差异就可以将不同有机化合物分离开。但要萃取无机金属离子，通常要在萃取溶剂或样品溶液中加入能与被萃取离子形成疏水性化合物的萃取剂。溶剂萃取通常是将水相中的目标组分萃取到有机相，但也可以用水相萃取有机相中的目标组分或共存杂质。溶剂萃取设备简单、操作方便，目前仍然是常用的样品前处理技术。溶剂萃取几乎可以用于所有物质的分离。对于原子光谱分析而言，溶剂萃取的主要应用是样品分解后的水溶液中金属离子的分离和富集，金属离子可以与萃取剂形成不同类型的疏水化合物后萃取到有机相中。根据萃取机理或萃取过程中生成的萃合物的性质，可将溶剂萃取体系分为简单分子萃取、中性配合萃取、螯合萃取、离子缔合萃取、协同萃取等几大类。

（1）简单分子萃取　被萃取物以简单中性分子形式存在，不需要加入萃取剂，仅仅依靠溶解度差异的物理分配作用从水相转移到有机相。简单分子萃取体系广泛用于水溶性有机物的萃取，在无机物的萃取中应用虽不多，但在部分元素单质和难电离无机物的萃取中也有一些应用。例如，用硝基甲烷萃取水溶液中的氦气分子；用四氯化碳萃取卤素单质；用己烷萃取单质汞；用氯仿萃取卤化汞（HgX_2）；用四氯化碳萃取氧化锇（OsO_4）等等。

（2）中性配合萃取　在样品水溶液中以中性分子形式存在的目标物与中性萃取剂形成中性配合物后萃取到有机相体系。例如：磷酸三丁酯（TBP)-煤油体系从硝酸水溶液中萃取硝酸铀酰。金属铀离子在水溶液中以 UO_2^{2+}、$UO_2NO_3^+$、$UO_2(NO_3)_2$ 和 $UO_2(NO_3)_3^-$ 等几种形式存在，但被萃取的只是中性的 $UO_2(NO_3)_2$，萃取剂 TBP 也是中性分子，生成的萃合物 $UO_2(NO_3)_2 \cdot 2TBP$ 也是中性分子。常用的中性萃取剂有含磷萃取剂（如磷酸三丁酯、膦酸酯、次膦酸酯）、含氧萃取剂（如酮、酯、醇、醚等）、含硫萃取剂（如亚砜和硫醚）、含氮萃取剂（如吡啶）。含磷萃取剂（如 TBP）在核化工中非常有用，常用于分离铀和钚，也可从矿石浸出液中提取铀。TBP 也能从盐酸水溶液中萃取锕系元素以及ⅣB 和ⅤB 族的金属离子。

（3）阳离子交换萃取　通常使用既溶于水又溶于有机溶剂的有机酸作萃取剂，萃取过程可以看作是水相中的金属离子与有机酸中的 H^+ 发生了离子交换反应。常用的萃取剂主要是酸性含磷萃取剂、有机羧酸及磺酸。酸性含磷萃取剂包括二烷基磷酸、烷基膦酸单烷基酯等一元酸；一烷基磷酸酯、一烷基膦酸等二元酸；二烷基焦磷酸等双磷酸。一元酸萃取剂最常用，如磷酸二（2-乙基己基）酯（简称 P204）和 2-乙基己基-2′-乙基己基磷酸酯（简称 P507）为广泛使用的此类萃取剂。酸性含磷萃取剂在有机相中可以通过氢键产生二聚，与金属离子配位后也发生二聚，是否发生二聚以及二聚体的稳定性大小与有机溶剂种类有关。有机羧酸是一类弱酸性萃取剂，在煤油、苯和氯仿等溶剂中也常聚合成二聚体。有机羧酸及其盐在水中溶解度较大，必须具有足够长的碳链以减小其水溶性，工业上常用 7～9 个碳的脂肪羧酸作萃取剂，带支链结构的羧酸具有较好的物理性能。磺酸则是一种强酸性萃取剂，因分子中存在磺酸基，所以具有较大吸湿性和水溶性。为了改善其疏水性能，往往在磺酸分子中引入长链的烷基苯或萘，十二烷基苯磺酸钠是磺酸萃取剂的典型代表之一。磺酸萃取剂可以从酸性（$pH<1$）溶液中萃取金属离子，不过，选择性较差，且容易产生乳化。

（4）螯合萃取　以金属螯合剂作萃取剂的体系，不含亲水基团的螯合剂与金属离子生成的螯合物通常难溶于水，而易溶于有机溶剂。常用的螯合萃取剂包括 β-二酮、8-羟基喹啉类、肟类、羟胺衍生物、双硫腙类、酚类、二硫代甲酸类、双磷氧类。常用的 β-二酮类萃取剂乙酰丙酮、噻吩甲酰三氟丙酮（TTA）和 1-苯基-3-甲基-4-苯甲酰基吡唑啉酮（PMBP）是萃取铁、铝、铬等金属离子的良好螯合剂，常用的萃取溶剂是苯、三氯甲烷、苯与异戊醇的混合溶剂。PMBP 价廉易得，是镧系、锕系和碱土金属的优良萃取剂。TTA 虽价格较贵，但在放射化学分离中有重要应用。最重要的 8-羟基喹啉类螯合萃取剂是十二烯基-8-羟基喹啉（kelex-100），它是铜的优良萃取剂。含硫螯合剂双硫腙及其衍生物、二乙基二硫代氨基甲酸盐（DEDTC）是过渡金属离子的优良螯合剂，常用于萃取分离砷、锑、铋、铊、硒、锡、碲、钒等金属离子。双硫腙可以用于铋、铜、汞、铅、钯、锌等金属离子的螯合萃取分离和富集，也可以从海水中富集分离银。双硫腙的三氯甲烷溶液还常用来纯化原子光谱分析用试剂或缓冲试剂，以降低或消除重金属杂质带来的试剂空白。

（5）离子缔合萃取　阴离子和阳离子在水相中相互缔合后进入有机相的体系。在多数情况下，是被萃取金属离子以配阴离子的形式存在于水溶液中，加入阳离子萃取剂后，形成离子缔合物。相反的情况也有，即被萃取金属离子以配阳离子存在于水溶液中，加入阴离子萃取剂后，形成离子缔合物。常用的萃取剂有胺类和冠醚类。胺类萃取剂在萃取金属离子时，金属离子通常以配阴离子形式与胺生成离子缔合物。例如在硫酸介质中萃取 UO_2^{2+}，首先是 UO_2^{2+} 形成 $UO_2(SO_4)_2^{2-}$ 配阴离子、胺类萃取剂结合 H^+ 形成阳离子，然后形成中性的疏水离子缔合物萃取到有机相。在酸性条件下可以质子化的萃取剂都有可能采用类似的离子缔合萃取体系。冠醚对碱金属和碱土金属具有良好的萃取性能，金属离子与冠醚中的杂原子通过配位和静电相互作用形成疏水缔合物，冠醚与阳离子配位后，阳离子原来的配对阴离子仍伴随在外，呈电中性配盐形式。此外，部分水合体积较大的金属离子还可以直接与大的萃取剂阴离子缔合后进入有机相。如四苯基硼酸根、高氯酸根就可以直接从水相中萃取大体积的金属离子。

（6）协同萃取　当使用两种或两种以上混合萃取剂同时萃取某一物质时，若其分配比显著大于相同浓度下各单一萃取剂分配比之和的萃取体系。例如，用 P204 和 BDBP（二丁基膦酸丁酯）萃取 UO_2^{2+} 的分配系数分别为 135 和 0.002，而同时用 P204 和 BDBP 萃取 UO_2^{2+} 的分配系数高达 3500。协同萃取的机理比较复杂，通常认为协同萃取体系中萃取剂与被萃金属离子生成了一种更为稳定的含有两种以上配体的萃合物，或者所生成的萃合物疏水性更强，更易溶于有机相中，从而提高了萃取分配比。

6.3.3.2 微波萃取

微波技术在样品前处理中可用于加速样品溶解、干燥、灰化和提取（萃取）。微波萃取是微波辅助溶剂萃取（MASE）的简称，是利用微波加热来加速溶剂对固体样品中目标物的萃取。因为不同物质具有不同的介电常数，吸收微波能的程度不同，由此产生和传递给周围环境的热量也不同，所以微波加热具有选择性，吸收微波能的差异使样品的某些区域和萃取体系中的某些组分被选择性地加热，从而使被萃取物质从固相进入到介电常数小、微波吸收能力较弱的萃取相中。微波萃取过程中还存在非热生物效应，即由于生物体内含有大量极性水分子，在微波场作用下，水分子的强烈极性振荡会导致细胞分子间氢键松弛，细胞膜结构破裂，从而加速溶剂分子向样品内部渗透和被萃取物质的溶剂化过程，使萃取更加快速和完全。

影响微波萃取的主要实验条件是萃取溶剂种类、萃取功率、萃取时间、样品基体性质等因素。萃取溶剂极性越大，越易吸收微波能，加热效果越好。萃取溶剂对目标组分的溶解性越好，越有利于目标组分萃取。另外，萃取溶剂还应对后续分析的干扰小。用于微波萃取的溶剂多为有机溶剂（如甲醇、丙酮、乙腈、乙酸、正己烷、苯）及其混合物，尤其是对有机金属化合物的萃取。对于无机组分往往用无机酸（如盐酸、硝酸）水溶液。萃取温度越高，萃取效率也越高，但温度不能高于溶剂的沸点。因为水是极性分子，易于吸收微波能，样品中含水是样品内部迅速被加热的主要原因，所以，干燥的样品在萃取前通常先加水湿润后再进行萃取操作。如果样品基体中含有强的微波吸收物质，也有利于微波萃取。

与索氏提取、超声提取等常规固-液萃取相比，微波萃取速度快（通常只需数分钟）、节能，可处理大量样品，已广泛用于土壤、食品、中草药等样品前处理中。在原子光谱分析中，微波萃取可以用来萃取各种样品中的金属离子和金属有机化合物，例如，沉积物、土壤等环境样品中有机砷、有机汞、有机锡等目标组分的萃取。用盐酸水溶液从土壤样品中萃取无机砷，采用微波萃取不仅萃取效率明显好于超声萃取和水浴加热萃取，萃取速度也要快得多。

6.3.3.3 加速溶剂萃取

加速溶剂萃取（ASE）是在较高温度（50～200℃）和较高压力（10～20MPa）条件下用溶剂萃取固体或半固体样品中的目标组分的方法。加速溶剂萃取仪由溶剂瓶、蠕动泵、氮气瓶及气路、萃取池、加热炉、收集瓶组成。通过蠕动泵的比例阀可以在线进行溶剂配比和混合，氮气用于在萃取结束后对流路和萃取池进行清洗，萃取池是密闭和耐压的，将样品装入萃取池，放到圆盘式传送装置上，以下操作将完全自动进行。传送装置将萃取池送入加热炉腔，蠕动泵将萃取溶剂输送到萃取池，萃取池在加热炉中被加热和加压，在设定的温度和压力下静态萃取数分钟，萃取液自动经过滤膜过滤后进入收集瓶。少量、多次向萃取池中加入清洗溶剂，然后用氮气吹洗萃取池和管道。ASE 快速和高效的萃取能力来源于对萃取体系同时加热和加压，高温高压下的溶剂更容易渗透到样品内部，目标物质在溶剂中的溶解度也大大提高。与索氏萃取、微波萃取、超声萃取、超临界流体萃取等固体样品的萃取技术相比，ASE 的优势在于：①有机溶剂用量少，萃取 10g 样品仅需 15mL 左右溶剂；②萃取速度快，完成一次萃取操作只需 15min 左右；③基体影响小，相同萃取条件可以用于不同基体的样品；④萃取效率高、选择性好；⑤自动化程度高，既节省人力，又能保证萃取操作的重现性。

加速溶剂萃取已广泛用于环境、农业、食品、生物、聚合物等领域样品的前处理，主要用来从固体样品中萃取各种有机物，在原子光谱分析中可以用于金属形态分析样品前处理。例如，用含醋酸盐缓冲液的甲醇溶液作萃取溶剂，在100℃萃取沉积岩中的有机锡化合物，萃取率接近100%。

6.3.3.4 胶团萃取

胶团（胶束）是双亲（既亲水又亲油）物质在水或有机溶剂中自发形成的聚集体，尺寸大小通常在纳米级。表面活性剂是一类典型的双亲物质，在水或有机溶剂中达到临界胶束浓度（CMC）就会形成胶团。双亲物质的这种胶团化过程的自由能主要来源于双亲分子之间的偶极-偶极相互作用，此外，平动能和转动能的丢失以及氢键或金属配位键的形成等也影响胶团化过程。胶团分为正向微胶团和反向微胶团。正向微胶团是向水溶液中加入表面活性剂所形成的，在正向微胶团中，表面活性剂的极性头（亲水基）朝外，而非极性尾朝内。与此相反，反向微胶团是向非极性溶剂中加入表面活性剂所形成的，在反向微胶团中，表面活性剂的憎水非极性尾朝外，而极性头朝内。

胶团萃取是被萃取物以胶团形式从水相萃取到有机相的一种溶剂萃取方法，在胶团形成的过程中或形成之后，样品溶液中的目标组分包裹在胶团之中，当胶团萃取到有机溶剂中时，胶团内的目标组分并不接触有机溶剂，因此，胶团萃取是一种非常适合生物物质萃取分离的方法，不会发生生物物质接触有机溶剂而失活的现象。胶团萃取也可用于无机物的萃取，如金属或其无机盐可以形成疏水胶体粒子进入有机相，被萃取物主要限于金、银、硫酸钡等，溶剂主要限于氯仿、四氯化碳和乙醚等。由于成熟且具有实用价值的胶团萃取体系比较少，在原子光谱分析样品前处理中还鲜有报道。但从其萃取机理考虑，用于医学、生物样品中金属酶等金属有机化合物的萃取是可行的。

6.3.3.5 双水相萃取

双水相体系是指有机物和有机物之间，或有机物与无机盐之间，在水中以适当的浓度溶解后形成的互不相溶的两相体系。双水相萃取是被萃取物在两个水相之间分配。两种高聚物溶液相互混合时，是分相还是混合成单一均相，决定于混合时熵的增加和分子间作用力两个因素。两种高聚物分子间如果有斥力存在，即某种分子希望在它周围的分子是同种分子而不是异种分子，则在达到平衡后可能分成两相，这种现象称为聚合物的不相容性。聚合物的不相容性主要源于聚合物分子的空间位阻作用，相互无法渗透，不能形成单一水相，故具有强烈的相分离倾向。例如，将质量分数为2.2%的葡聚糖水溶液与0.72%的甲基纤维素水溶液等体积混合后，放置一段时间，就会得到两个黏稠的液层。上相含0.39%葡聚糖、0.65%甲基纤维素和98.96%水；下相则含1.58%葡聚糖、0.15%甲基纤维素和98.27%水。虽说两相的主要成分都是水，但上相富含甲基纤维素，下相富含葡聚糖。与一般的水-有机溶剂萃取体系相比，双水相体系中两相的性质（密度、折射率等）差别很小。由于两相折射率差异很小，有时甚至难以发现两相的相界面。双水相体系的两相间的界面张力也很小，只有$10^{-6}\sim10^{-4}$N/m，比通常的溶剂萃取体系小两个数量级以上。所以双水相体系的液面与容器壁的接触角几乎为直角。

研究得最多的双水相体系是高聚物-高聚物体系，其中又以聚乙二醇（PEG）-葡聚糖（dextran）体系最常见。某些聚合物的溶液与无机盐溶液混合时，当达到一定浓度，也会分相，这就是聚合物-盐双水相体系。如PEG与磷酸盐、硫酸铵或硫酸镁等，其成相的机理尚不是十分清楚，但一般认为是因为高价无机盐的盐析作用，使高聚物和无机盐分别富集于两相中。双水相体系具有良好的生物相容性，是一种非常适合生物活性物质的分离方法。采用传统的溶剂萃取法分离稀有金属的历史非常悠久，体系也极其丰富，但缺点是溶剂污染环境、运行成本高和工艺复杂。如果在萃取体系中加入配位试剂或螯合试剂，就可以采用双水相萃取体系分离金属元素。如用 PEG2000-硫酸铵-偶氮胂Ⅲ双水相体系可以将 Ti(Ⅳ) 和 Zr(Ⅳ) 分离。又如用 PEG-硫酸钠双水相体系可以从碱性氰化液中萃取分离金。

6.3.3.6　浊点萃取

浊点萃取是利用表面活性剂溶液的增溶和分相特性实现分离的方法。表面活性剂溶于水中达到其临界胶束浓度后便会形成胶束，胶束的疏水部分通过与微溶或不溶有机分子之间的疏水相互作用产生增溶，使疏水性有机物的溶解度显著增大。而且水溶液中的可溶性物质也会与胶束极性部分作用和结合，溶解度也会进一步增大。某些表面活性剂水溶液在温度升高到某一值时，由于表面活性剂本身的水溶性降低，溶液开始出现浑浊，该温度即为这种表面活性剂的浊点温度。表面活性剂溶液在高于浊点温度时，浑浊的溶液经放置或离心就会出现分相，其中表面活性剂聚集的一相称凝聚相，另一相为含表面活性剂的水相。凝聚相是部分表面活性剂脱离本体水相沉积（聚集）下来形成的，位于下相，且体积很小（如数百微升）。凝聚相的增溶规律与表面活性剂溶液中胶束增溶的规律相同，且凝聚相的增溶量远高于稀胶束溶液。在凝聚相形成的过程中，某些疏水性有机物因与表面活性剂之间存在较强的相互作用而一起沉积到凝聚相，亲水性物质仍留在水相中，从而达到分离的目的。

不同类型的表面活性剂在水中的溶解度随温度的变化规律不同，一般而言，离子型表面活性剂的溶解度随温度升高会快速增大；非离子型表面活性剂在低温时的溶解度较大，随着温度升高，溶解度会明显降低。因此，在浊点萃取中通常使用非离子表面活性剂，如 Triton X-100、Triton X-114。有的阴离子表面活性剂（如 SDS）的浊点温度在室温附近，可以在室温条件下进行浊点萃取。表面活性剂浊点温度的高低主要与其化学结构有关，但也受溶液条件的影响。例如，在萃取体系中加入电解质和有机物质作为添加剂就可以改变表面活性剂的浊点温度。在非离子表面活性剂溶液中加入盐析型电解质（如 NaCl），盐析剂与水的结合会导致胶束中的氢键断裂而脱水，表面活性剂分子就会沉淀，导致浊点温度降低；如果加入盐溶型电解质（硫氰化物、硝酸盐），作用正好相反，浊点温度会升高。表面活性剂溶液中加入有机物可从两方面影响浊点温度，一方面有机物可能进入胶束中，改变胶束的结构和性质；另一方面，有机物通过改变水的氢键网络结构、介电常数、溶解度参数等性质来影响水分子与表面活性剂分子或胶束之间的相互作用，从而改变浊点温度。例如，加入亲水性有机物浊点会降低；加入疏水性有机物浊点会升高。一般而言，适当降低浊点温度，在更低温度下分相更易于操作。

浊点萃取具有不使用有机溶剂、富集倍数和萃取率高、易于工业放大、操作简便、成本低、表面活性剂可用透析法回收再利用等很多优点。作为一种方便而环保的萃取分离方法已广泛应用于样品前处理中。浊点萃取不使用有机溶剂，不会破坏被萃取物质的原有特性（如生物活性），在酶、蛋白质等生物物质的分离中非常有价值。很多有机化合物都具有明显的疏水性，比较容易萃取到表面活性剂凝聚相，所以浊点萃取也广泛用于残留农药、维生素、多环芳烃、中药活性成分、有机毒素等有机物的分离。浊点萃取也可以用于金属离子的分离[4,5]，因为金属离子不能直接萃取，需要衍生化，所以需要在样品溶液中加入能与金属离子形成稳定配合物的螯合试剂或配体，金属离子以疏水配合物形式萃取到表面活性剂凝聚相中。常用的配位试剂有二乙基二硫代磷酸（DDTP）、1-(2-吡啶偶氮)-2-萘酚（PAN）、1-(2-噻唑基偶氮)-2-萘酚（TAN）、吡咯烷二硫代氨基甲酸铵（APDC）、双硫腙、8-羟基喹啉等。浊点萃取操作的一般步骤包括：待测金属离子样品水溶液制备、加入螯合剂、加入添加剂、水浴加热至浊点温度（在浊点温度以上 15～20℃平衡一定时间）、离心（5～20min）、冷却、两相分离。浊点萃取得到的凝聚相为黏稠液体，需要用适当的溶剂（如硝酸甲醇溶液）稀释后进样。因为样品溶液的基体物质往往对等离子体有影响，所以经浊点萃取的样品后续分析很少采用 ICP-AES 或 ICP-MS，而多采用 AAS。

6.3.3.7 溶剂微萃取

溶剂微萃取是用很少量（如数微升至数十微升）的萃取溶剂从相对较大体积（如数十微升至数毫升）的样品溶液中萃取目标物质的方法。常规溶剂萃取定量分析的基础是样品溶液中的目标组分全部转移至萃取相，但在溶剂微萃取中并非将样品中全部目标组分萃取到溶剂相中，而是基于目标组分在样品溶液和萃取相中的分配平衡，当达到平衡后，萃取进入溶剂相的目标组分的量与样品中目标组分的浓度成正比。后面将要介绍的固相微萃取的定量原理也是如此。

溶剂微萃取大致可以分为液滴微萃取和分散液相微萃取两类。最早的溶剂微萃取是单滴微萃取（single-dropmicroextraction，SDME），是由 Jeannot 等[6] 在 1996 年提出的，之后的十多年获得了快速发展[7,8]。SDME 是将一滴有机溶剂悬挂于微量注射器针尖，浸入样品溶液中，目标组分从样品中萃取到液滴中，然后将液滴直接注入色谱、质谱、光谱等仪器中进行后续分析。为了加快萃取过程，样品溶液可以采用磁力搅拌器小心地搅拌。SDME 最大的缺陷是溶剂液滴容易从针尖脱落，实用价值不大，后来又陆续发展了一些其他液滴微萃取技术。

多孔中空纤维液相微萃取是将溶剂液滴收纳于一段疏水性多孔中空纤维内，再连接到微量注射器针管上，解决了 SDME 液滴脱落的问题。图 6-1 是多孔中空纤维液相微萃取的简易装置图。纤维毛细管的管壁是多孔性高分子材料，溶质可以透过管壁进行传质。如果在纤维管内充满萃取溶剂，则管壁内也充满溶剂。将纤维管插入样品溶液中，则目标物质从管外经管壁萃取进入管内。如果仅仅在纤维管壁中浸渍萃取溶剂，而在管内充满接受水相（图 6-1 右图所示），则目标溶质先从管外样品水相萃取进入管壁的有机相中，在纤维管内壁界面溶质从管壁溶剂相又反萃取到管内接受水相，这种方法称为三相液相微萃取，即将萃取和

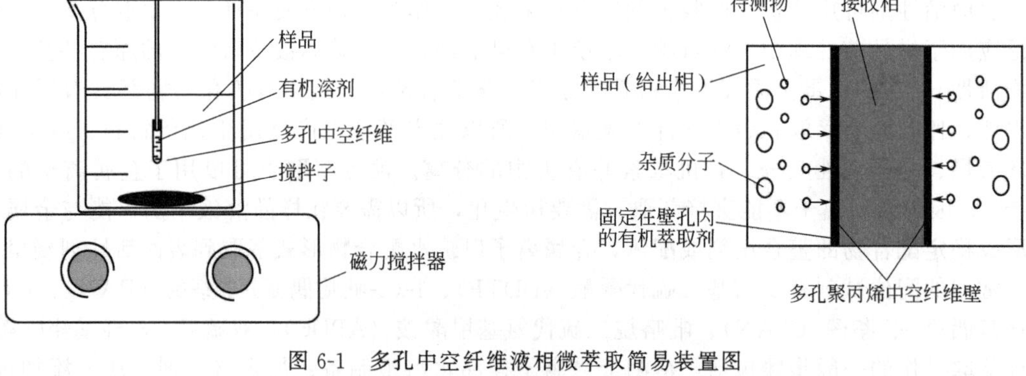

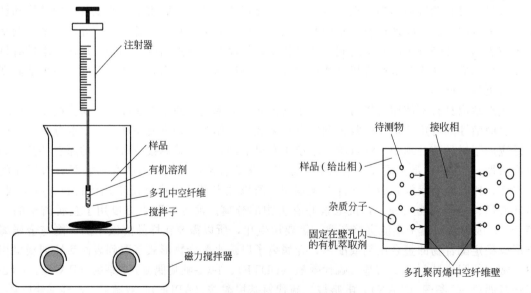

图 6-1 多孔中空纤维液相微萃取简易装置图

反萃取偶联在一起。在三相液相微萃取体系中，接收水相与样品水相的条件（如 pH 值）是不同的，例如，样品水溶液的 pH 值应控制在使目标组分处于中性状态，以利于目标组分萃取至管壁有机相中，而接收水相的 pH 值应有利于目标化合物的解离，使管壁有机相中的目标组分易于反萃取至管内接收水相。

滴对滴（drop-to-drop）溶剂微萃取[9]是样品溶液和萃取溶剂都只有一滴体积大小，例如将数十微升样品溶液置于微型尖底样品瓶中，用微量进样针针尖将几微升的溶剂液滴放入样品液滴中，萃取达到平衡后，将萃取液滴吸入微量进样针中直接进样进行后续分析。该技术适合珍贵样品溶液的前处理。

悬滴式微萃取（directly suspended droplet microextraction）[10]是定量吸取微升级萃取溶剂直接滴于样品溶液上，溶剂液滴正好进入样品溶液液面之下，到达设定的萃取时间后，将微量取样器针头插入萃取溶剂液滴内部定量吸取萃取溶剂，直接注入后续分析仪器测定。

液滴微萃取用于有机物的分离富集可以单独使用某种有机溶剂液滴，而用于金属离子的分离则需要在有机溶剂中加入适当的螯合剂或配位试剂。例如，用 0.01mol/L 二硫腙的氯仿溶液的微液滴（3μL）可以从人发、猪肝、米粉等有机基质样品的消解液（5mL）中萃取微量有害金属镉，萃取平衡时间为 10min，富集倍数达 65，萃取液滴直接进样至石墨炉 AAS 分析。又如，用 10μL 的微量注射器吸取 5μL 含 8-羟基喹啉的氯仿，推出 4μL 大小的微液滴，用蠕动泵以 50μL/min 流速使样品（环境水样、植物叶、血清）溶液流动，不断接触萃取液滴表面。样品中的有害金属元素镉和铅与 8-羟基喹啉形成疏水螯合物后萃取到液滴中，萃取平衡时间为 15min，富集倍数分别为 140 和 190。萃取液滴直接注入 ETV-ICP-MS 测定，镉和铅的检出限分别为 4.6pg/mL 和 2.9pg/mL。

液滴微萃取的优点主要有：①有机溶剂用量非常少，是一种绿色的萃取技术；②萃取有机相与样品水相的体积比（相比）小，富集倍数大，可以提高分析方法的灵敏度；③可供选择的萃取剂和有机溶剂种类多，适合各种有机物和金属离子的分离富集；④萃取相液滴可以直接转移到后续分析仪器，易于实现样品前处理与测定仪器的联用。

分散液-液微萃取（dispersive liquid-liquid microextraction，DLLME）是 2006 年才发展起来的一种新型液相微萃取技术[11]。萃取相是由少量（如数十微升）萃取溶剂与数倍量的分散剂混合而成，用注射器将萃取相快速注入到数毫升样品溶液中，萃取相即以微珠分散于样品溶液中，相当于多个液滴微萃取。离心分离使萃取相聚集后，吸取萃取相进行后续分析。DLLME 不仅可以实现高倍富集，而且具有传质速度快的特点，可在数秒内达到萃取平衡。

选择 DLLME 萃取溶剂时，除了和常规液-液萃取一样，需要考虑溶剂对目标组分的溶解性好以外，还应选择密度与水相差不是太大的有机溶剂，以利于分散体系的稳定性。因为通常采用离心分相，所以萃取溶剂的密度应大于水，离心后沉于离心管底部，有利于分相操作。常用的萃取溶剂有二氯甲烷、氯仿、四氯化碳、氯苯、溴乙烷、二硫化碳等。分散剂的作用是将萃取溶剂以微珠形式分散到样品溶液中，分散剂应与萃取溶剂和水均有良好的互溶性，离心时又能快速与水分相。因此分散剂通常是极性有机溶剂，如甲醇、乙醇、丙酮、乙腈、四氢呋喃等。因为通常情况下，萃取相直接用于后续分析，所以分散剂和萃取溶剂都不能对后续分析产生干扰。DLLME 主要用于水样中各种有机污染物，特别是农药残留的富集分离。DLLME 也可以用于金属离子的分离富集[12,13]，和常规溶剂萃取一样，需在萃取相中加入适当的螯合或配位试剂，使金属离子在与萃取相微珠作用的过程中形成金属螯合物或配合物进入萃取相微珠中。例如，将由 500μL 分散剂甲醇、34μL 萃取剂四氯化碳和 0.1mg 螯合试剂 APDC 组成的萃取相迅速注入 5mL 含镉环境水样（pH=3）中，分散在样品溶液中的四氯化碳微珠形成浑浊溶液，目标离子 Cd^{2+} 与 APDC 形成疏水螯合物 Cd-APDC 后进入四氯化碳微珠中。在 5000r/min 离心 2min，移取少量（如 20μL）沉积于离心管底部的萃取相，直接进行石墨炉原子吸收光谱分析。

6.3.4 固相萃取

固相萃取（SPE）是利用各组分在样品溶液和萃取固相之间分配作用的差异进行样品净化的一种分离技术。它可以泛指溶质从液相转移到固相的所有萃取体系，例如常规柱固相萃取、分散固相萃取、固相微萃取等。不过像基质分散固相萃取可看成是一种特殊形式的固相萃取。柱层析不仅广泛用于物质纯化与制备，曾经也是一种广泛使用的样品前处理技术，比较适合大体积样品和常规低灵敏度分析方法的样品前处理，现在基本被 SPE 取代。下面将主要介绍在原子光谱分析样品净化中较有潜力的常规柱固相萃取、分散固相萃取和固相微萃取。

6.3.4.1 常规柱固相萃取

SPE 是液-固萃取和柱液相色谱（LC）两种技术的结合，它已经大部分取代了传统的柱层析，可以看作是柱层析的改进和小型化。SPE 将各种类型的固体吸附剂填充于塑料小柱中作固定相，将样品溶液中的被测物或干扰物质选择性地吸附到固定相中，使目标组分与样品基体或干扰组分得以分离。SPE 基本上只用于样品前处理，其操作与柱层析及 LC 类似，在被测物与基体或干扰物质得以分离的同时，往往也使目标组分得到富集。SPE 是发生在固定相和流动相之间的物理过程，其实质就是 LC 的分离过程，其分离机理、固定相和溶剂选择等都与 LC 相似。只不过用于样品前处理的 SPE 对柱效的要求不高，也不需要很高的分离度，只需将大量基体物质或其他干扰组分与目标组分分离。

SPE 相比于溶剂萃取具有很多优点。如目标组分与基体或干扰物质的分离选择性和分离效率更高；使用有机溶剂量少；目标组分回收率高；操作更加简单快速、易于自动化；不会出现溶剂萃取中的乳化现象；可同时处理大批量样品；能处理小体积样品。正是因为 SPE 的这些优点，这一技术的发展速度之快是其他样品前处理技术所望尘莫及的。目前，其应用对象十分广泛，特别是在生物、医药、环境、食品等样品前处理中成为最有效和最常用的技术之一。近年，SPE 也逐渐用于原子光谱分析样品的净化[14,15]。

SPE 既可从复杂基体的样品溶液中萃取出目标组分，也可从样品溶液中萃取除去基体或干扰物质。SPE 除了主要用于消除干扰物质和从大量样品中富集痕量组分外，还可以将被测物吸附到固定相中后，再用与原来不同的溶剂洗脱，达到转换样品溶剂，使之与后续分析方法相匹配的目的。

SPE 的填料种类与 LC 一样非常丰富，尽管人们常常将 SPE 的所有类型的固定相都统称为吸附剂，但为了选择固定相的方便，还是将最常用的 SPE 固定相分为正相、反相、吸附和离子交换四大类，此外，还有分离选择性非常高的亲和、分子（离子）印迹聚合物等固定相。每大类中又包含多种各具特色的小类材料。SPE 固定相的选择原则也与 LC 相同，主要依据目标组分和基体物质的性质，目标组分与固定相相互作用的类型。目标组分与固定相之间的相互作用主要包括氢键、偶极-偶极作用、疏水分配作用、静电相互作用等。SPE 固定相虽然也可使用非球形材料，如碳纳米管、石墨烯片，但绝大多数情况都为球形颗粒，对微球粒径分布要求不如 LC 高，颗粒尺寸通常比 LC 填料大，常用填料粒径在 5～20μm。

正相和反相固定相主要是以硅胶为载体的键合固定相，它们的差异在于固定相表面功能层的极性。正相固定相功能层含有二醇基、丙氨基、氰基等极性基团，适合从非极性溶剂样品中萃取有机酸、糖类化合物和弱阴离子等极性物质。由于金属有机化合物多为疏水性，所以，正相固定相在金属离子的 SPE 分离中使用较少。反相固定相功能层为疏水性烷烃，如 C_{18}、辛烷、二甲基丁烷、苯基等。适合萃取非极性至中等极性的化合物，是 SPE 中使用最多的一种固定相，特别是 C_{18} 固定相。被萃取物与固定相间主要是基于范德华力和疏水分配作用。金属离子通过螯合衍生化后可以采用反相 SPE 萃取。

离子交换固定相是在高分子或硅胶微球表面修饰带离子交换基团（如季铵基、磺酸基、磷酸基、羧酸基等）的功能分子，主要用来从溶液中萃取离子性化合物，被萃取离子因与固定相表面的离子交换基团之间的静电相互作用而保留。金属阳离子、金属酸根阴离子、金属离子与小分子配体形成的配离子都可采用离子交换 SPE。例如，含金的铜精矿和粗铜用盐酸分解后，溶液中金以 $AuCl_4^-$ 形式存在，采用 40μm 粒径阴离子交换填料的 SPE 小柱萃取，基体铜和多数常见杂质金属离子不形成配阴离子而留在溶液中[16]。用含羧酸基或磺酸基的螯合剂修饰的键合硅胶固定相的作用机理与离子交换填料类似，不过螯合剂对金属离子的选择性要高于普通离子交换剂。例如，用含羧基的二甲酚橙或含磺酸基的溴联苯三酚红键合修饰的硅胶填料对 Hg(Ⅱ) 具有很好的选择性吸附，可以用于环境样品中汞的预富集分离。

吸附固定相除了常规的氧化铝和硅胶吸附剂外、近年越来越多的新型吸附材料用到了金属离子的 SPE 富集分离中，如纳米材料[17]、碳纳米管[18,19]、石墨烯[20,21]、离子印迹聚合物[22]、金属有机骨架材料[23,24]、多孔碳材料[25]、大孔吸附树脂等。除石墨碳材料和大孔吸附树脂也可以萃取非极性物质外，吸附固相萃取主要用于极性化合物的萃取。金属元素既可以金属有机化合物的形式吸附，也可以金属离子直接吸附于某些吸附剂中，如碳纳米管和石墨烯 SPE 就可以直接吸附金属离子。吸附剂材料的种类和结构非常丰富，其吸附机理往往也各不相同。例如，碳纳米管吸附金属离子的机理主要是阳离子交换作用，碳纳米管通常是用酸氧化处理后用作 SPE 吸附剂，氧化生成的羧基是主要功能基团。在各种载体材料表面修饰能与金属离子选择性配位（螯合）的有机分子是制备金属固相萃取吸附剂的另一个策略，采用这种策略可以制备种类丰富的各种吸附剂。对于食品、医药、生物类有机基体的样品溶液，经常可以用 SPE 吸附除去有机基体物质，以消除基体干扰。

离子印迹属广义的分子印迹范畴，是以金属离子为模板制备离子印迹聚合物，用于金属离子的高选择性分离富集的有效方法。分子印迹聚合物的基本制备步骤是：首先，使模板分子（通常为待分离的目标分子）和具有适当功能基团、可以形成聚合物的功能单体在适当的介质条件下形成单体-模板分子复合物。然后，在单体-模板分子复合物体系中加入过量的交联剂，在致孔剂的存在下，使功能单体与交联剂发生聚合反应形成高分子聚合物。最后，通过适当的物理或化学的方法将模板分子从上述高分子聚合物中提取出来，得到分子印迹聚合物。对于金属离子的印迹聚合物而言，功能单体通常都是金属离子的螯合试剂，金属模板离子的洗脱通常使用与之具有强配位作用的有机羧酸类。在离子印迹聚合物骨架上有与模板离子大小相同、在空间结构上完全匹配的空穴。这种三维空穴对模板离子将会产生特异的选择性结合，或者说预先制备好的这种模板将会对该模板离子产生专一性的识别作用。这对于从复杂样品溶液中分离或富集特定金属离子是非常有用的。例如，以 Pb^{2+} 为模板离子，壳聚糖为功能单体，在碳纳米管表面聚合制备的离子印迹聚合物对 Pb^{2+} 具有良好的选择性吸附，可用于废水中 Pb^{2+} 的富集分离，不受常量 Cu^{2+} 和 Ni^{2+} 的干扰。离子印迹聚合物可以制备整体印迹聚合物，也可以制备成表层印迹聚合物，即在载体材料（如硅胶微球、石墨烯）的表面制备一层印迹聚合物薄层[26]，这种表层型离子印迹聚合物有利于目标离子的快速吸附与洗脱。

SPE 既可离线，也可作为后续分析仪器的在线样品处理系统。离线 SPE 仪器既有简单价廉的手工辅助简易萃取装置，也有全自动固相萃取仪。简易固相萃取仪由萃取柱、真空萃取箱和真空泵组成。萃取柱通常是体积在 1～6mL 的塑料管，在两片聚乙烯筛板之间装填 0.1～2g 填料。为防止污染，通常采用医用聚丙烯柱管，在有特殊要求的分析中，也可采用玻璃或高纯聚四氟乙烯柱管。筛板材料主要为医用聚丙烯、不锈钢和钛合金。金属筛板不耐强酸强碱，容易带入金属污染。SPE 除常用的柱管型小柱外，还有一种盘式柱，外观上与膜过滤器相似，由含填料的聚四氟乙烯圆片或载有填料的玻璃纤维薄片构成。这种 SPE 盘的厚度只有约 1mm，填料约占 60%～90%。由于填料紧密地镶嵌在盘片内，在萃取过程中不会产生沟流。对于等质量的填料，萃取盘的截面积比萃取小柱大 10 倍左右，样品溶液流量大，适合从大体积样品溶液中富集痕量组分。如 1L 水样通过直径为 50mm 的 SPE 盘仅需 15～20min。

SPE 操作包括柱活化、上样、干扰物洗涤和目标物洗脱四步。柱活化一方面是为了打开填料表面的碳链，增加萃取柱与被测组分相互作用的表面积；另一方面是清洗掉柱中可能存在的干扰物。未经活化处理的萃取柱容易引起溶质过早穿透，影响回收率，而且有可能出现干扰峰。不同类型萃取柱的活化方法有所不同。例如，反相 C_{18} 柱通常是先用数毫升甲醇过柱，再用纯水或缓冲液顶替滞留在柱中的甲醇。进样是将样品溶液从柱上方加入并缓慢通过萃取柱。最大进样量应小于实验测得的穿透体积。干扰物洗涤通常用比较弱的溶剂（或纯水）将弱保留杂质或基体物质洗涤下来，而目标组分仍然保留在萃取柱中。目标物洗脱操作需用洗脱能力较强的洗脱液（如金属离子的强配位试剂的溶液），将吸附在萃取柱中的目标组分全部洗脱出来。如果洗脱下来的样品溶液对后续分析而言浓度太低，或者洗脱溶剂不适合后续分析，通常需将洗脱下来的样品溶液用氮气吹干，再用适合后续分析的溶剂复溶。对于以除去特定干扰物为目的的 SPE 操作，通常是干扰物较强地吸附在萃取柱上，而目标组分和部分共存组分或基体物质仍留在样品溶液中。

6.3.4.2 分散固相萃取

分散固相萃取（dispersive solid phase extraction，DSPE）是将固体吸附剂分散到样品溶液中，将样品溶液中的目标物质分离富集出来，或者将样品溶液中的干扰物质（基体物质或共存组分）吸附除去。辅之以超声分散，目标组分可以快速和充分地接触到吸附剂表面，萃取速度很快。DSPE 最典型的应用是食品和农业领域的多农药残留分析样品的大分子基体物质（蛋白质、脂肪、色素等）的除去，源于该技术的多个特点，被称作 QuEChERS 法[27]。

分散在样品溶液中的吸附剂最终是采用过滤或离心的方法实现液固相分离的，近些年为了提高吸附剂的萃取效率，越来越多的纳米材料用于 DSPE。但是纳米材料在过滤中可能穿滤，或者一些轻质材料在离心过程中难以充分沉降，为了解决纳米吸附剂 DSPE 的液固分相问题，磁性吸附剂得到了迅速发展。利用磁性吸附剂的 DSPE 也称作磁固相萃取（magnetic solid phase extraction，MSPE）。

磁性吸附剂主要分为核壳型磁性微球和磁性复合材料。核壳型磁性微球通常以纳米或微米尺寸的无机磁性微球做核，其中 Fe_3O_4 最常用。磁核表面包覆各种无机功能层（如 SiO_2、TiO_2、ZrO_2、Al_2O_3、稀土氧化物等），可以通过化学吸附、静电（偶极）作用、氢键相互作用等吸附极性有机化合物，但选择性较差。所以磁核表面包覆无机层通常是作为过渡层，用于进一步修饰各种有机功能层。硅胶（SiO_2）丰富的硅羟基有利于功能有机分子的修饰，所以硅胶过渡层最常见。也可以直接在磁核表面包覆有机过渡层，但不如硅胶层制备简便。过渡层的作用除了提供修饰功能分子位点外，还可引导功能材料在核外生长，避免功能材料自聚成核生长出次生颗粒，而且过渡层也能防止磁核氧化和相互团聚。因为在过渡层外可以很容易地修饰各种对金属离子具有选择性吸附的功能分子，所以用于金属离子分离富集的磁性微球的制备并不难。磁性复合材料是以其他形状的具有特殊结构和吸附能力的材料（如碳纳米管、石墨烯、交联聚合物）作为载体，载体可以通过修饰获得具有各种特性的吸附材料，在载体材料表面或网络结构中复合磁性粒子得到磁性复合材料。

目前，MSPE 成了分析化学的一个热门研究领域，其吸附剂的种类、结构非常丰富，研究与应用涉及的样品类型和目标物种类也非常广泛。特别是在生物、医药、食品等复杂基质中微量成分的分离富集方面展现出了良好的应用前景。金属离子的 MSPE 应用也越来越多，例如，Sun 等[28]制备磁性氧化石墨烯用于生物样品中重金属元素的分离富集；龙星宇等[29]综述了近年有机聚合物功能化磁性微球在金属离子 MSPE 领域的应用。不过，目前有些磁性材料的制备还比较繁琐，萃取选择性和重现性还不尽如人意，磁性材料的表面修饰技术也还有待提高。

6.3.4.3 固相微萃取

固相微萃取（solid phase microextraction，SPME）是一种基于溶质在样品溶液和微型萃取固相之间的分配平衡的萃取技术[30,31]。其萃取固相（萃取器）的构造有多种形式，如萃取针、管内 SPME、萃取搅拌棒、整体毛细管萃取柱、萃取膜等。其中技术最成熟和最常用的是针式固相微萃取器，其结构类似一个微型注射器（图 6-2），萃取器针头多为熔融石英细丝，表面涂覆高分子聚合物功能层，样品中的目标物质因与功能涂层中有机分子之间发生相互作用而被萃取和富集到固相。萃取针头平时收在针筒内，萃取时将萃取头推出，使具有吸附涂层的萃取纤维暴露在样品中进行萃取，达到吸附平衡后，再将萃取头收回到针筒内，吸附在针头上的目标物质可以解吸到适当的溶剂中。该技术最大的特点是方便与后续分析技术联用，接口的主要功能就是萃取针头上吸附的目标物质的解吸。

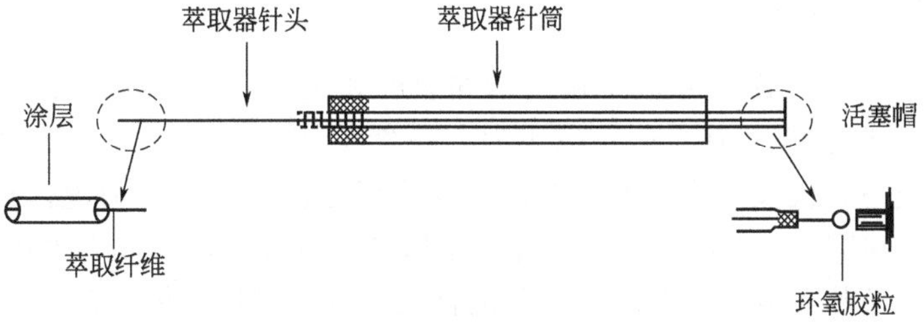

图 6-2 固相微萃取器的结构示意图

SPME 并不将样品中的目标组分全部吸附到萃取固相中，目标组分在样品溶液和萃取固相之间达到吸附分配平衡后，进入固相的目标组分的量与其在样品溶液中的初始浓度是成正比的。甚至无需达到萃取平衡，即在一定萃取时间内进入固相的目标组分的量与其在样品溶液中的初始浓度也是成正比的。因此，在进行萃取操作时，只需保持标准溶液和样品溶液的萃取时间完全一致，即可对样品中的目标组分准确定量。为了保证有一定量的目标物质进入萃取固相，以满足后续分析方法的灵敏度要求，通常萃取时间为 15～30min。SPME 已经成为一种集萃取分离、富集和在线进样于一体的样品前处理技术。

萃取头涂层是萃取效果和选择性的关键，目前商用萃取头涂层主要有聚二甲基硅氧烷（PDMS）和聚丙烯酸酯（PA）。还有一些新型萃取头涂层也显示出了优越的性能与良好的应用前景，如碳蜡/模板树脂（CWAX/TR），碳蜡/二乙烯基苯（CWAX/DVB），PDMS/TR，PDMS/DVB，Carboxen/PDMS，β-环糊精涂层等。

搅拌棒固相微萃取（搅拌棒吸附萃取，stir bar sorptive extraction，SBSE）[32]是 1999 年才出现的一种新的 SPME 技术，它用吸附搅拌棒代替了萃取纤维头。采用溶胶-凝胶法等技术在一段铁（磁）芯玻璃棒表面覆盖一层有机聚合物萃取涂层，或将聚合物膜套在玻璃棒上。搅拌棒用作搅拌磁子，以一定速度边搅拌边吸附目标组分。SBSE 不仅操作简便，还可避免使用搅拌磁子带来的竞争吸附。SBSE 涂层较厚，萃取相体积一般为 50～250μL，比纤维针式 SPME 的萃取相体积（0.5～1μL）约大两个数量级，因而萃取容量明显增大，富集能力优于纤维头，适合痕量样品和复杂基体的萃取。SBSE 的涂层还必须具有一定的机械强度，能经受高速搅拌以及与容器壁的摩擦。如果采用热解吸，涂层还需有良好的热稳定性；若利用液相解吸，则要求涂层在有机溶剂中不发生溶胀、溶解或脱落。不过，目标组分从样品溶液中扩散进入涂层的速度比较慢，萃取所需时间稍长。目前，SBSE 主要用于各种有机物的分离富集，用于金属离子分离富集则需在涂层中引入螯合基团、阳离子交换基团、或与金属离子具有配位作用的功能有机分子。例如，用聚（乙烯基吡咯烷酮-二乙烯基苯）作 SBSE 涂层，利用乙烯基吡咯烷酮对金属离子的配位能力，可以将 Cr^{3+}、Cu^{2+}、Pb^{2+}、Cd^{2+} 保留到涂层中。尽管萃取效果并不理想，但为金属离子的 SBSE 方法的研究提供了一个可行的思路。

毛细管整体柱可以代替纤维针式萃取器的外涂层纤维针头，可以克服外涂层易于流失等缺陷。整体柱 SPME 也可归类于管内 SPME，所以整体毛细管柱也可代替管内涂层纤维管使用。整体柱 SPME 作为在线富集、基体分离等样品前处理技术，更方便与后续分析仪器联用。在微流控芯片的通道中也可制备整体固定相，实现芯片上的 SPME。

SPME 已广泛用于各种样品中有机物的萃取，用于金属有机化合物和金属离子的萃取较少。金属有机化合物可以用普通高分子涂层的萃取器，如果制备离子交换涂层，就可以直接吸附溶液中的游离金属离子和蛋白质等离子性物质。金属离子或金属有机化合物还可通过烷基化或氢化衍生转变成非极性挥发性金属烷基化物或氢化物，再采用顶空 SPME 富集。

6.3.5 超临界流体萃取

在纯物质的相图中，沿着气-液平衡线增加温度和压力，则会到达临界点，当物质处于其临界温度（T_c）和临界压力（p_c）以上时，继续加压，物质不会变成液态；继续升温，物质也不会变成气态，仅仅是物质的密度发生变化而已，这种状态的流体称作超临界流体。超临界流体萃取（SFE）就是以超临界流体作萃取剂，直接从固体或半固体样品中萃取目标物质的分离方法。超临界流体具有若干特殊的性质，其密度比气体大数百倍，与液体的密度接近；其黏度则比液体小得多，仍接近气体的黏度；扩散系数则介于气体和液体之间。因此，超临界流体既具有液体对物质的高溶解性，又具有气体易于扩散和流动的特性。在临界点附近，温度和压力的微小变化会引起超临界流体密度的显著变化，从而使超临界流体溶解物质的能力发生显著变化，这对萃取分离尤为有用。通过调节温度和压力，就可以选择性地将样品中的物质萃取出来。超临界流体对物质的高溶解性使其可以作为溶剂用于物质的萃取分离。

尽管超临界流体的溶剂效应普遍存在，但实际上由于需要考虑溶解度、选择性、临界值高低以及发生化学反应等因素，因此，有实用价值的超临界流体并不多，常用的有二氧化碳、氧化亚氮、乙烷、乙烯、甲苯等。单从临界点数值考虑，较大的临界密度有利于溶解其他物质、较低的临界温度有利于在更温和的条件下操作，较低的临界压力有利于降低装置成本和提高使用安全性。超临界 CO_2 不仅临界密度较大、临界温度低和临界压力适中，而且便宜易得、无毒、化学惰性和容易与萃取产物分离。因此，CO_2 是最常用和最有效的超临界流体。CO_2 是非极性的，对于极性有机化合物的萃取有时效果不佳，需要在超临界 CO_2 中加入少量极性有机溶剂（如甲醇）作为改性剂（又称夹带剂、携带剂）。

SFE 基本操作流程是：钢瓶中的萃取剂气体通过压缩机，加压至所需压力后送到储气罐，由储气罐经压力调节阀进入预热器，加热到工作温度的萃取剂即处于超临界状态，超临界萃取剂进入装有样品的萃取器，萃取出来的目标物质随超临界流体到达收集装置，在这里，超临界流体回到常温常压状态，从萃取物中挥发分离，留下目标产物。

与其他固-液萃取技术相比，SFE 的优点主要体现在：萃取剂在常温常压下为气体，萃取后可以方便地与萃取产物分离；在较低的温度和不太高的压力下操作，特别适合天然产物的分离；超临界流体的溶解能力可以通过调节温度、压力、改性剂（如醇类）在很大范围内变化；可以采用压力或温度梯度来优化萃取条件。

SFE 主要用于有机化合物的萃取，特别是非极性和挥发性有机化合物的萃取分离，在天然香料、中药活性成分、食品功能成分（如啤酒花、磷脂）、药物残留等物质的提取分离领域非常有用。在原子光谱样品前处理中主要用于金属有机化合物的直接萃取，例如从海洋鱼类的组织中萃取有机锡化合物。用 SFE 富集和分离环境样品中的金属离子的研究始于 20 世纪 90 年代，SFE 直接分离富集金属离子的效率很低，通常是采用螯合试剂使金属离子形成螯合物后再进行 SFE 操作。对于液体样品可以先将样品衍生化后再进行 SFE，而固体样品无法采用预先衍生化的方法，只能将螯合剂预先加在超临界流体中，当超临界流体接触样品时，金属离子与超临界流体中的螯合剂结合后进入超临界流体中。并非所有金属螯合物都适合进行 SFE，必须选择合适的螯合剂、改性剂和操作条件。螯合剂既要能与金属离子形成稳定的螯合物，又要能在超临界流体中具有良好的溶解性。常用的螯合剂有二乙基二硫代氨基甲酸盐（DDC）、氟化二乙基二硫代氨基甲酸盐（FDDC）、噻吩甲酰三氟丙酮（TTA）、巯基乙酸甲基醚（TGM）。其他非螯合配位试剂也可使用，例如：冠醚、有机磷、氟化羟胺等可用作 SFE 萃取痕量铁、钴、铜、锌、铬、砷、钯、铀和稀土金属离子的配位衍生试剂。

6.3.6 电化学分离法

电化学分离法是根据物质的带电性质和行为进行化学分离的方法。与其他化学分离方法相比，电化学分离法的特点是：操作简单，可以同时进行多种试样的分离；除了消耗电能外，很少用到有机溶剂，用于放射性物质分离时残留引起的放射性污染物也比较少；分离速度大多比较快。尤其是近年高压电泳的发展，即使对于比较复杂的样品也能进行快速而有效的分离。电化学分离技术种类较多，大多都可用于原子光谱分析样品前处理。

6.3.6.1 自发电沉积

自发电沉积是电极电势大的金属离子自发地沉积在电极电势小的另一种金属的电极上的过程，也称电化学置换。可以比较粗略地按电化学序列表来判断自发电沉积的可能性，但溶液中金属电对的实际电极电势的顺序可能会与按标准电极电势排列的顺序不同。首先，在实际分离体系中，尤其在分离低浓度金属离子时，由于离子活度远小于 1，引起的电极电势变化是显著的。其次，若溶液中存在一些能使金属离子配位的配体，则电极电势的变化可能较大。例如，在盐酸溶液中，由于 Cl^- 能与多种金属离子形成比较稳定的配合物，从而使金属电极电势明显降低。

自发电沉积分离的方法非常简单，沉积用电极可以是金属片或金属粉末。不过，自发电沉积在同时分离几种元素时分离效率往往不高，而且只能沉积少数贵金属元素，对个别不活泼放射性元素（如钋、钌）的分离和测定很有效。钋是一种极毒的放射性元素，分离钋的困难在于其化学行为相当复杂，它很容易形成胶体，并且容易吸附在器皿、尘埃或沉淀上，即使在弱酸性介质中也是如此，因此。有关钋的化学研究都要求酸浓度不低于 2mol/L。从实际样品中沉积钋时，通常在沉积前会设法除去其中所含的氧化剂或有机物。同时，为了缩短电沉积时间，减少其他元素的干扰，也可预先用沉淀法进行预富集或加入铋作为反载体。当电沉积温度在 70℃以上时，沉积时间为数小时，对钋的沉积率可达到 80%以上。钋的自发电沉积法已用于生物样品、人尿、头发、矿石等试样中钋的分析。

6.3.6.2 电解

电解是一种借外电源的作用使电化学反应向非自发方向进行的过程。即外加直流电压于电解池的两个电极上，改变电极电势，使电解质在电极上发生氧化还原反应。电解法在工业生产中应用广泛，在样品前处理中也用来沉淀分离各种金属离子。电解时，外加直流电压使电极上发生氧化还原反应，而两个电极上的反应产物又组成一个原电池，因此电解过程是原电池过程的逆过程。为了确定电解所需的外加电压，首先需要知道两电极所发生的氧化还原反应，计算各电极的电极电势和原电池的电动势，从而得出电解时所需施加的最小电压（理论分解电压）。在实际电解实验中，外加电压一定要大于理论分解电压，这是因为电解池内的电解质溶液及导线的电阻会产生电压降，而且还存在各种电极极化作用。

在阳极上，析出电位越负者越容易氧化；而在阴极上，析出电位越正者越易还原。从混合溶液中电解分离某离子时，应当考虑当该离子完全析出时，电极电势不能负到使其余离子开始析出。例如电解分离 1mol/L $CuSO_4$ 和 0.1mol/L Ag_2SO_4 混合溶液中的金属离子，在阴极上首先析出的是银，计算可知此时银的析出电势 $E_{Ag}=0.699V$，假设 Ag^+ 浓度降低到 10^{-7} mol/L 时认为达到了完全析出，此时阴极的电势 $E_{Ag}=0.386V$，而溶液中铜开始析出的电势 $E_{Cu}=0.337V$。因此，控制阴极电势在 0.337～0.386V 之间，就可以使银和铜两种离子完全分离。电解分离法可通过控制电势、电流或使用汞阴极等方法实现不同类型金属离子的分离。

（1）控制电势电解法　各种金属离子的析出电势不同，通过调节外加电压，使工作电极的电势控制在某一范围内或某一电势值，使被测离子在工作电极上析出，而共存离子留在溶液中，从而达到分离的目的。在电解开始阶段，被分离离子的浓度很高，所以电解电流很大，金属析出速度快。随着电解的进行，离子浓度愈来愈小，因此电解电流也愈来愈小，电极反应的速度也逐渐变慢。当电解完成时，电流趋于零。由于工作电极的电势控制在一定范围或某一值上，所以被测物未完全析出前，共存离子不会析出，分离选择性很高，在冶金分离与测定中应用广泛。例如，锌和铬的相互分离；从含有铬、锡、镍、锌、锰、铝和铁等共存离子的溶液中选择性地分离铅。

（2）控制电流电解法　通常加在电解池两极的初始电压较高，使电解池中产生一个较大的电流。控制电流电解法就是通过调节外加电压，使电解电流维持一定值。工作电极的电势决定于在电极上反应的体系，以及它们的浓度。在阴极，随着还原反应的进行，氧化态物质逐渐减少，阴极电势也逐渐减小，因此在待测离子未电解完全之前，共存金属离子就有可能发生还原反应，导致分离选择性差。如果在酸性溶液中进行电解，H^+ 会在阴极上析出氢气，使阴极电势稳定在 H^+ 析出的电势上，这样控制电流电解法就可以将电极电势处于氢电极电势之前和之后的金属离子分离开。此法还可用于从溶液中预先除去易还原离子，以测定溶液中难还原离子。例如，在测定碱金属离子之前，可预先通过控制电流电解法除去溶液中的重金属离子。

（3）汞阴极电解法　在通常的电解法中，阴极和阳极多以铂作电极。如果改用汞作阴极，则称作汞阴极电解法。与铂电极相比，汞阴极电解法的特点在于：①氢在汞阴极上析出的超电势很大（>1V），有利于金属元素，特别是活泼序在氢之前的金属元素在电极上析出。②很多金属能与汞生成汞齐，使其析出电势降低，一些不能在铂电极上析出的金属也能在汞阴极上析出。例如：即使在酸性溶液中，铁、钴、镍、铜、银、金、铂、锌、镉、汞、镓、铟、铊、铅、锡、锑、铋、铬、钼等 20 余种金属离子也能在汞阴极上电解析出，使它们与留在溶液中的铝、钛、锆、碱金属和碱土金属等另外 20 余种金属离子相互分离。在碱性溶液中，甚至可使碱金属在汞阴极上析出，大大扩展了电解分离法的应用范围。③以滴汞电极为工作阴极的极谱分析法在过去很长时间的应用中积累了丰富的文献资料，这为汞阴极电解法的方法选择和优化提供了有用的参考。汞阴极电解法在冶金分析中应用广泛。当溶液中有大量易还原的金属元素，而要测定微量难还原元素时，汞阴极电解能很好地分离共存元素而消除干扰。如钢铁或铁矿中铝、球墨铸铁中镁的测定，就可以事先以汞阴极电解法除去样品溶液中大量铁及其他干扰元素后再进行原子光谱测定，可得到非常准确的结果。该法也用于沉积微量易还原元素，使这些元素溶于汞而与难还原元素分离，然后将溶有被测金属的汞蒸发除去，残余物溶于酸后即可测定。该法已用于铀、钡、铍、钨、镁等金属中微量杂质铜、镉、铁、锌的分离与测定。此外，汞阴极电解分离法也常用于提纯分析试剂。不过，使用汞阴极电解法可能对操作者带来危害和污染环境。

6.3.6.3　电泳分离法

电泳是在电场作用下，电解质溶液中带电粒子向两极作定向移动的一种电迁移现象。电泳法分离的依据是带电粒子迁移率的差异。与电迁移所不同的是，电泳通常需要一种多孔材料作为电解质的支持体，以消除电解质的非定向运动所引起的电泳带的变宽，便于取样测定，或获得分离后的组分。按载体种类又可细分为以滤纸为载体的纸电泳；以离子交换薄膜、醋酸纤维素薄膜等为载体的薄膜电泳；以聚丙烯酰胺凝胶、交联淀粉凝胶等为载体的凝胶电泳；以毛细管为分离通道的毛细管电泳，等等。将样品加在载体上，在外加电场作用下，不同组分以不同的迁移率或迁移方向迁移。同时，样品中各组分与载体之间的相互作用的差异也对分离起辅助作用。电泳分离技术在蛋白质等生物物质的分离中占有非常重要的地位，在原子光谱样品前处理中比较常用的是纸电泳和毛细管电泳。

纸电泳近年越来越多地被其他载体取代，但在金属离子的分离中仍然比较有用。例如在经过处理的电泳纸上，以 0.1mol/L HCl 或 0.1mol/L HCl+0.1mol/L NH_4Cl（1+1）作背景电解质，滴入待分离试样溶液后，在 150V 电压下，电泳 4h，使 Pd(Ⅱ) 与 Bi(Ⅲ)、Cu(Ⅱ)、Cd(Ⅱ)、Co(Ⅱ)、Ni(Ⅱ)、Au(Ⅲ) 等分离，剪下干燥后的电泳纸上与 Pd(Ⅱ) 对应的圆点，用 10% HCl 溶液（2×20mL）溶解洗脱 Pd(Ⅱ)，供后续分析用。

毛细管电泳（CE）是指离子或带电粒子以毛细管为分离室，以高压直流电场为驱动力，依据样品中各组分之间淌度和分配行为上的差异而实现分离的方法。由于毛细管内径小，表面积和体积的比值大，易于散热，因此 CE 可以避免焦耳热的产生，这是 CE 和传统电泳技术的根本区别。CE 的分离模式很多，是应用最广、研究最活跃的电泳技术，它的应用包括生物分子（如氨基酸、肽、蛋白质、核酸及其片断、糖）、手性分子、有机小分子和无机离子。CE 还很容易与多种后续分析技术（如 MS、原子光谱）联用。CE 用于金属离子分离的实例很多。例如，以长 4cm、内径 1mm 的聚四氟乙烯管为预分离柱，以长 15cm、内径 0.5mm 的氟化乙烯-丙烯共聚物管为主分离柱，将主分离管接到预分离管后，以含 45%（体积分数）丙酮的 10mmol/L HCl 作前导电解质，5mmol/L EDTA 溶液作终端电解质，在

75μA 恒定电流下进行电泳，13 个镧系金属的 EDTA 配阴离子在电场中迁移率不同而相互分离，迁移顺序是：镥＞镱＞铥＞铒＞钬＞镝＞铽＞钆＞铕＞钐＞镨＞铈＞镧。又如，将 pH 3.7 的 0.38mmol/L 硫酸喹咛-0.29mmol/L H_2SO_4 缓冲溶液注入长 823mm、内径 0.018mm 的毛细管中，在 10kV 电压下，将含有 K^+、Na^+、Li^+、Ca^{2+}、Mg^{2+} 的样品溶液注入含缓冲液的毛细管中，在 40kV 电压下电泳 18min，上述离子即可完全分离，它们的迁移顺序是：$K^+ > Ca^{2+} > Na^+ > Mg^{2+} > Li^+$。

6.3.6.4 电渗析法

渗析过程是以浓度差为驱动力，使溶质透过膜而分离的过程。渗析过程的速率低，适用于当引用外力有困难或自身有足够浓度时物质的分离，也适用于少量物料的处理，其典型用途是血液透析。电渗析则是以电场为驱动力，使离子穿过特定的离子交换膜而实现分离的方法。图 6-3 是电渗析分离装置的构造示意图，Ⅰ为阳极池，Ⅱ为料液池，Ⅲ为阴极池。在阳极池与料液池之间有一个常压下不透水的阴离子交换膜 A，它只允许阴离子通过；在料液池和阴极池之间，有阳离子交换膜 C，它只允许阳离子通过。当在两个电极上加上电压时，料液池中阳离子通过阳离子交换膜迁移到阴极池中；阴离子通过阴离子交换膜迁移到阳极池中；料液中的沉淀颗粒、胶体、中性分子不能通过离子交换膜，留在料液中。于是，样品中的阴离子、阳离子和中性分子得以相互分离，可以分别进行分析。

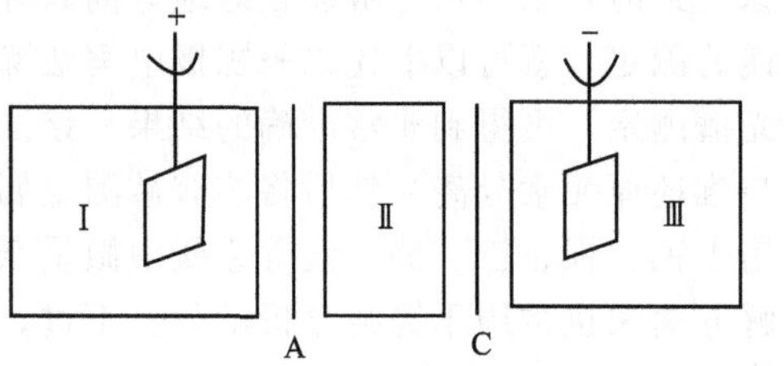

图 6-3 电渗析分离装置构造示意图

电渗析以其能耗低、无污染等明显优势被越来越广泛地用于食品、医药、化工、城市废水处理等领域，如海水淡化、海水浓缩制食盐、锅炉进水纯化制备、电镀工业废水处理、乳清脱盐和果汁脱酸等。在样品前处理领域也有一些应用。放射性元素的离子在水溶液中的状态不同或者通过加入配位试剂、调节 pH 等方法改变离子状态，就可以达到彼此分离的目的。例如向含有主要裂变产物 ^{95}Zr、^{99}Tc、^{144}Ce、^{91}Y、^{147}Pm、^{137}Cs、^{90}Sr 的溶液中加入 NH_4F，改变其酸度，使 ^{95}Zr、^{99}Tc 与 F^- 形成配阴离子；^{137}Cs、^{90}Sr 不形成配合物而以阳离子形式存在；^{144}Ce、^{91}Y、^{147}Pm 与 F^- 形成难溶氟化物。在阳极与阴极间加上电压后，与 F^- 形成了配阴离子的 ^{95}Zr、^{99}Tc 透过阴离子交换膜到达阳极池；以水合阳离子形式存在于溶液中的 ^{137}Cs、^{90}Sr 透过阳离子交换膜到达阴极池；^{144}Ce、^{91}Y、^{147}Pm 则留在料液池中，从而使这 3 组离子相互分离。

6.3.6.5 化学修饰电极法

化学修饰电极（CME）是通过化学、物理化学的方法对电极表面进行修饰，在电极表面形成某种微结构，赋予电极某种特定性质，可以选择性地在电极上进行所期望的氧化还原反应。通过在电极表面修饰带特定功能基团的分子，使被测组分与这些功能基团发生离子交换、配合、共价键合等反应。功能分子修饰到电极表面的修饰方法很多，如共价键合法、吸附法（包括自组装法）、聚合物薄膜法、组合法（如碳糊电极）和其他特殊的方法等，应根据所用电极基体的性质与制备目的选择合适的修饰方法。例如：用金相砂纸打磨光玻璃碳电极，然后用 Al_2O_3 悬浊液抛光成镜面，以水、稀硝酸、乙醇（或丙酮）超声清洗，红外灯下烤干，在电极表面滴加一定量 Nafion 乙醇溶液，再烤干，即可用。Nafion 是一种全氟磺酸高聚物，其亲水部分是一个离子化的磺酸基，具有阳离子交换功能，可以与金属离子尤其是大阳离子结合。在醋酸盐缓冲液中，Eu(Ⅲ）与二甲酚橙（XO）形成大阳离子，与 Nafion 膜中阳离子交换而被选择性地富集在膜中，阴离子 Cl^-、ClO_4^- 等不与阳离子交换基团作用；La(Ⅲ)、Er(Ⅲ）等轻重稀土对 Eu(Ⅲ）的交换反应影响也很小，于是，Eu(Ⅲ）就可与溶液中的共存离子分离。在 pH 2.9 的 0.1mol/L HAc-NaAc 缓冲液及 1.0×10^{-4} mol/L XO 介质中，以 Nafion 修饰电极为工作电极，在−0.2V 下富集 1min，然后以 200mV/s 速度进行阴极溶出，可测定浓度低至 1.0×10^{-7} mol/L 的 Eu(Ⅲ)。以 Nafion 修饰的玻碳电极为工作电极，在盐酸介质中，在−0.6V 下可电解富集铋，而且是边交换、边还原，性质相近的锑不会产生信号，大量铜的溶出信号与铋相距很远，从而消除了锑和铜对铋的干扰。

6.3.7　在线富集与原位富集

在原子光谱分析中，目标组分的富集多数情况下是采用离线富集，即将样品富集后再进样测定。近年，在线富集和原位富集技术的应用越来越多。在线富集通常与流动注射进样技术相结合，即流动注射进样后再进行富集操作，富集后的样品直接导入后续原子光谱测定仪器。在线富集方式主要有微柱在线富集和编结反应器在线富集。原位富集则是特指在测定部位（原子化器内）所进行的在线富集，是氢化物在线气相富集的方式之一。

6.3.7.1　微柱在线富集

基于柱切换的在线预富集技术在很多分析方法中都有应用，例如，在液相色谱分析中，先将大体积样品溶液中的目标物质富集在预柱上，然后将预柱切换到分析流路，用流动相将预柱上的所有目标组分洗脱到色谱分析柱中，这样的在线富集操作可以提高检测灵敏度 2～3 个数量级。原子光谱分析中的微柱在线富集也是基于同样的柱切换原理，采用流动注射进样较大体积的样品溶液，先流经微柱，将目标组分（金属离子或金属有机化合物）保留和富集在微柱上，然后切换流路至洗脱能力很弱的淋洗液（如纯水），淋洗掉在微柱上保留很弱的杂质组分，最后切换到原子光谱分析流路，用强洗脱液（如盐酸）将微柱上的目标组分全部洗脱下来，直接进入原子光谱分析仪器。这种微柱在线富集技术不仅达到了提高目标组分检测灵敏度的目的，而且微柱填料的选择性吸附还能使目标组分与大量基体物质及干扰组分分离，更有利于后续测定。

富集所用微柱的填料种类很多，理论上而言，只要材料表面有能与金属离子或金属有机化合物作用的功能基团，就可以用作微柱填料。常见的填料有离子交换树脂、螯合树脂、功能高分子材料（如离子印迹聚合物)、活性炭、碳纳米管、表面修饰的硅胶微球等。例如，含有痕量铬和铅的酸化环境水样与 5-磺基-8-羟基喹啉（SOX）溶液在线混合后流经 C_{18} 键合硅胶微柱，铬和铅形成疏水的 SOX 螯合物保留在微柱上，接着用去离子水淋洗微柱以去掉弱保留杂质，最后用 2mol/L HCl-0.1mol/L HNO_3 洗脱液将目标组分洗脱到原子吸收光谱仪的石墨炉中进行测定。又如，干燥的黄芪样品粉末采用硝酸-高氯酸消解，溶液蒸至近干后用稀盐酸复溶，采用阳离子交换树脂的微柱在线富集黄芪中痕量稀土元素，用 4mol/L 盐酸洗脱至 ICP-AES 分析。

6.3.7.2　编结反应器在线富集[33]

金属离子在线生成沉淀或疏水性配合物，并沉积或吸附在反应管内壁，就可以实现在线富集的目的。在各种反应管中，以编结反应器（knotted reactor）效果最好。编结反应器是以聚四氟乙烯、尼龙等微管编结而成。沉淀在编结反应器中以近似圆周运动的形式流动，离心作用使沉淀沉积于编结反应器内壁。编结反应器除了起收集沉淀的作用外，还起促进溶液混合的作用，有利于沉淀的生成。

金属离子在线直接沉淀通常使用无机沉淀剂，尽管选择性不高，但体系简单、沉淀剂无毒，所以，仍然具有较好的应用前景。例如，以氨水作沉淀剂在线沉淀富集水样中痕量铅、铜和铬，并与 FAAS 联用。对于痕量金属的沉淀，有时直接沉淀效果并不理想，而是采用共沉淀法。在形成捕集沉淀的过程中，目标金属通过吸附、包夹、混晶等方式共沉淀下来。例如，Fe^{2+}与有机沉淀剂 APDC 和 DDTC 的共沉淀体系可以用于痕量过渡金属的富集。不过，沉淀于编结反应器内壁的有机共沉淀需要采用有机溶剂（如甲基异丁酮）洗脱下来，而泵入有机溶剂需要使用置换瓶，而且有机溶剂还可能对塑料泵管和编结反应器有损伤。无机共沉淀的溶解洗脱采用无机酸，不会损伤管线，也不需要置换瓶，使流路更简单。例如，常用的 $La(OH)_3$ 无机共沉淀体系就具有富集效率高和选择性好的优点，可以用于共沉淀富集微量砷、锑、硒等金属。尽管金属离子的沉淀反应和共沉淀体系并不少，但能满足痕量金属定量分析的体系并不多。

编结反应器不仅可以用来收集沉淀，其疏水性内壁对金属有机化合物具有明显吸附作用，可以用于金属离子的在线吸附富集。而且编结反应器内壁还可进行适当修饰处理，再加上丰富的配位试剂可以使几乎所有金属离子都形成稳定的疏水配合物，因此，这一技术大大拓展了编结反应器的应用范围。编结反应器内的吸附富集主要采用在线配合物生成的方法，即将配位试剂与样品溶液混合后流经编结反应器，目标金属离子生成的配合物即可吸附富集于编结反应器内壁。例如，含 As^{3+}的样品溶液，控制酸度为 0.03mol/L HNO_3-0.05mol/L HCl，与 APDC 混合，生成的疏水性 As-APDC 配合物可以定量吸附富集于编结反应器内壁。这种在线配合物生成的方法虽然简单方便，但过量配位试剂会与金属配合物竞争吸附位点，大大降低目标金属配合物的吸附效率。如果将配位试剂预先涂覆在编结反应器内壁，不仅可以避免过量配位试剂的竞争吸附，而且吸附效果更好。例如，PMBP 预涂覆的编结反应器内壁，对金属离子具有良好的吸附性能，用于稀土等微量过渡金属元素的选择性富集，可以与碱金属和碱土金属等基体元素有效分离。但是，多数配位试剂都能同时与多种金属离子配位，往往会出现共存金属干扰，使得吸附选择性不是很高。为了提高编结反应器的吸附选择性，尽可能减少共存离子的干扰，可以在涂覆配位试剂后，预先将配位试剂与某种金属（Y）形成配合物（YL），吸附于编结反应器内壁。当含目标金属（M）离子的样品流经这样的编结反应器时，M 将预吸附的 Y 置换出来，如果共存金属（N）与 L 的稳定常数小于 YL，则 N 不能置换 Y，从而实现 M 的选择性吸附富集。这就要求选择合适的预吸附金属离子 Y，即 YL 的稳定常数要比 ML 小，但要大于 NL。例如，先在线形成 Pb-DDTC 配合物，预吸附在编结反应器内壁，当含 Cu^{2+}的样品溶液流经编结反应器时，由于 Cu-DDTC 的稳定性大于 Pb-DDTC，所以，Cu^{2+}置换出 Pb^{2+}，Cu^{2+}被吸附富集，用乙醇洗脱后直接进入 FAAS 测定铜含量。样品溶液中配合物稳定性低于 Pb-DDTC 的共存离子不会产生干扰。编结反应器吸附富集通常采用一步吸附，即按设定的进样量一次性导入样品溶液，在编结反应器中富集一定时间，这种一步吸附的富集效率通常较低（如 50%左右）。如果采用多步吸附，则吸附效率大大提高，即在总的富集时间内将样品溶液均等地分成若干份导入，每一步吸附结束后都用空气除去编结反应器中的残留溶液之后再接着导入下一份样品进行下一步吸附。

6.3.7.3 石墨炉原位富集

氢化物发生技术是原子光谱分析砷、锑、铋、硒、汞、铟、锗、锡、铅等元素的最佳选择，但是，对于超痕量的上述金属的分析，往往还需对生成的氢化物进行在线气相富集，涉及的富集方法主要有液氮冷却、溶液吸收、固体吸附、石墨炉原位富集等。其中，最有实用价值的是1980年由G. Drasch提出的石墨炉原位富集技术[34]。该技术是与氢化物发生进样以及石墨炉原子吸收光谱分析技术结合在一起的，是由载气（如氩气）将目标组分的氢化物气体导入到已经预热（如300～1200℃）的石墨管中，氢化物在石墨管内壁热分解沉积、吸附富集，然后再将石墨管升温到原子化所需温度（如2000～2600℃）进行原子化。富集与原子化都是在同一个石墨管中完成，不存在转移过程的损失，从而改善了分析方法的检测灵敏度。

石墨管内壁的性质是影响吸附富集的主要因素，不同石墨材料制作的石墨管的富集效果可能不同。可以通过改善石墨管内壁性质来提高富集效率。在石墨炉内壁镀上难溶金属或贵金属，可以大大提高氢化物富集效率。例如，镀钯就可以改善石墨管的吸附性能，提高分析灵敏度。金也可用作氢化物原位富集的吸附剂，并成功用于环境、生物样品中的痕量汞的测定，该方法的灵敏度高于AFS。

与氢化物发生-石英管原子吸收法相比，氢化物发生-原位富集石墨炉原子吸收法有其优越之处：①消除气相干扰效果更佳。以锑对硒测定的干扰为例，在石英管原子化法中，当锑含量是硒的100倍和200倍时，方法回收率仅为86％和52％；而在石墨炉原位富集原子化法中，即使锑含量为硒的300倍，方法回收率仍接近95％。②因样品基体元素对目标元素氢化物所产生的诸如氧化、还原、吸附、催化等化学作用，往往导致氢化物的生成速度发生变化，从而引起信号（吸光度）变化。这种液相干扰在石英管原子化法中难以消除，而在石墨炉原位富集原子化法中，由于是富集之后才测定，与氢化物的生成速度关系不大，因此可降低这种液相干扰。③石墨炉原位富集原子化法的校正曲线具有更宽的线性动态范围。

6.4 进样技术

6.4.1 进样技术简述

原子光谱分析的样品本身或经过样品前处理后主要以固态或液态形式存在，很少呈气态，最常见的进样方式是溶液进样。尽管固体直接进样技术在原子光谱分析中并不少见，而且在某些场合有着明显的优势，但多数情况下还是将固体样品制备成溶液后进样。

气体进样技术主要有气相色谱法（GC）和化学蒸气发生法两种。GC既可用于含挥发性金属有机化合物的气体样品的直接进样，也可用于溶液样品中金属有机化合物的直接气化或溶液样品中金属离子在线有机衍生化后气化。在这里GC不仅起进样作用，它还能通过GC固定相的高分离能力，使目标物与基体分离，以及实现多种金属有机化合物的相互分离后依次进入后续原子光谱仪器测定，因此，GC进样往往不作为一种进样技术介绍，而是作为GC-原子光谱联用技术介绍。金属离子的在线衍生化气体进样还能使金属离子从复杂的基体中分离出来，从而大大降低了原子光谱测定的基体效应，这也可以看成是一种挥发分离样品前处理技术。化学蒸气发生法进样技术是通过化学反应使金属元素转变为挥发性物质，蒸气相直接导入原子光谱仪器分析。最有实用价值的是氢化物发生法（HG），其进样效率大大高于传统的液体气动雾化进样。此外，还有汞蒸气发生法、四氧化锇蒸气发生法和In、Tl、Cd、Ag、Au、Cu、Zn、Cr(Ⅲ)、Ni等蒸气发生法，作为HG的补充，用于不能生成氢化物的元素的气化。HG与AFS的结合已经不再看作一种联用技术，而是把HG当成了AFS必不可少的一个部件。

溶液进样是原子光谱的常规进样方式，其技术成熟，通常以气动雾化或超声雾化技术形成气溶胶后进入原子化器。当样品需要进行分离或富集、在线稀释等样品前处理，或受溶液黏度等性质影响时，流动注射（FI）进样或雾化与FI相结合的进样技术更具优势，FI-原子光谱联用技术已经得到广泛应用。激光蒸发技术是一种新型液体进样技术，尚未得到广泛应用，作为ICP的进样方法，它与传统雾化进样相比，具有一定优势，例如：进样体积小，只需200μL左右样品；不产生废液，这对放射性样品分析很有价值；可以通过控制激光强度来调节进入等离子体的样品量，从而获得更宽的校正曲线动态范围（ng/mL～mg/mL）。对于油脂类样品还可采用乳化液进样技术，即油脂样品先溶于适当的有机溶剂中，再加入乳化剂制成乳化液。乳化液进样简便快速、不消耗贵重有机试剂。乳化液进样多用于AAS，特别是火焰AAS，也有用于AFS和ICP-AES的报道。

固体样品多数情况下都是制备成溶液后进样，但在许多情况下固体直接进样优于溶液进样，更受分析人员青睐。不仅避免了繁琐的样品分解操作，还可以避免样品挥发损失、减少污染。电极直接插入法可以将固体粉末样品装在石墨电极的孔穴中，沿炬管的内管直接插入ICP中；电弧或火花气化法是在密闭的气化室内用电弧或火花将固体样品直接气化。悬浮液进样技术在固体样品进样中用得越来越多。电热蒸发进样则既可用于固体直接进样，也可用于液体进样。下面简要介绍几种比较常用的进样技术。一些已经作为联用技术广泛使用的进样技术在相关章节中有更详细的介绍。

6.4.2 氢化物发生进样

HG进样可以作为各种原子光谱分析技术的进样方法，其基本原理是在强还原剂作用下使被测元素形成挥发性共价氢化物，再将氢化物气体引入到原子化器。硼氢化钠（钾）还原体系因反应迅速、氢化物生成效率高、适应对象广等特点，已成为广为采用的氢化物发生体系。反应体系酸度和硼氢化钠（钾）浓度是影响氢化物发生的主要因素。O_2的存在既消耗还原剂，又容易将已生成的氢化物氧化成相应的氧化物，因此，反应体系应尽可能排尽空气。氢化物发生进样具有以下特点：①被测元素的还原效率和原子化效率高，与溶液雾化进样相比，灵敏度高1～2个数量级；②目标组分形成氢化物后，从基体中分离出来，既消除了基体干扰，又富集了目标组分；③方便与各种原子光谱分析技术联用；④适合金属元素价态和形态分析，例如，控制氢化物发生反应的条件，可以方便地测定Sn（Ⅱ、Ⅳ）、As(Ⅲ、Ⅴ)、Sb(Ⅲ、Ⅴ)、Bi(Ⅲ、Ⅳ)、Se(Ⅳ、Ⅵ）和Te(Ⅳ、Ⅵ）等的不同价态。

氢化物在室温下就处于气态，在电加热或火焰加热的石英管原子化器中，氢化物在约800～900℃便可以完全原子化；在石墨炉原子化器中，原子化温度一般也低于1800℃。还可借助载气流以断续或连续流动方式，将氢化物导入光源或原子化器进行原子光谱测定。氢化物发生技术可以用于砷、铋、汞、镉、铟、锗、锡、铅、锑、硒、碲、铊、锌等元素分析的进样。

样品溶液中如果存在可优先还原的干扰组分时，它将优先还原至不同的价态而消耗体系的还原剂（硼氢化钠或硼氢化钾），从而降低被测组分氢化物生成速率和效率；如果干扰组分优先还原生成的产物是高度分散的微细颗粒，则其有可能吸附或催化分解后续生成的目标组分氢化物，从而强烈抑制被测组分的分析信号。消除共存组分颗粒物干扰可以考虑的方法有：加入适当的配位试剂，使可能产生干扰的过渡金属和贵金属元素在溶液中形成稳定的配合物，而不至于被还原成微细颗粒物；尽可能提高溶液酸度使还原出的微细颗粒物溶解；以碱性模式发生氢化物，因为铁分族、铂分族和铜分族元素不能以可溶性盐类存在于碱性介质中，故不会干扰氢化物发生元素的测定；加入电极电势高于干扰离子的元素，降低干扰离子析出速度。消除共存组分氢化物在气相的干扰可以向原子化器中输送更多 H·或提高原子化器的温度。结合溶剂萃取在非水介质中进行氢化物发生，是降低干扰和提高灵敏度的有效途径。在非水介质中生成氢化物首先要求还原剂硼氢化钠（钾）和被测组分能溶解并萃取到不同的有机溶剂中，其次是所用有机溶剂能产生氢化物。通常采用有机酸或有机酸与无机酸的混合溶液将被测元素萃取到有机溶剂中。二甲基甲酰胺（DMF）和乙醇是溶解硼氢化钠（钾）较理想的溶剂，又可与许多其他有机溶剂互溶，并产生氢化物。目前 DMF 或乙醇溶解硼氢化钠（钾）的非水介质氢化物发生法已用于 FAAS、AFS 和 ICP-AES 等方法测定生物、粮食、冶金、地质试样中可形成挥发性氢化物的元素。

为了克服硼氢化钠（钾）还原体系存在还原剂溶液本身不够稳定、过渡金属离子干扰、某些元素反应酸度条件要求苛刻和价态歧视等不足，还发展了一些其他的氢化物发生方法。例如，电化学氢化物发生法[35]是以含待测离子（如 As^{3+}、Sb^{3+}、Se^{4+}）的样品水溶液作为电解液，电解产生的初生态氢与待测金属离子生成氢化物。该方法常与 FI 结合使用，其主要优点是抗干扰能力强，但适用对象元素少。

6.4.3　悬浮液进样

固体的悬浮液进样是由水溶液或有机溶剂将固体粉末、飘尘或磨损金属等试样在外力作用下制成悬浮液，用微量注射器直接注入原子化器，进行程序加热蒸发、灰化和原子化。悬浮液进样在 AAS、ICP-AES 和 ICP-MS 中都有应用。石墨炉 AAS 具有灵敏度高、仪器价廉、运行成本低、操作简单等优点，在 ICP-AES 日益发展的今天，仍然广为采用。固体进样技术在石墨炉 AAS 分析中的应用相对较多。然而，采用固体直接进样的石墨炉 AAS 存在诸多缺陷，例如，原子化效率不如液体进样高；容易发生样品损失和玷污；标准物质和空白样品都不易得到；加入的化学改进剂难以与被测组分充分接触和相互作用；分析精度较差，RSD 往往超过 5%。如果采用悬浮液进样技术就可以克服上述固体直接进样的不足。悬浮液进样不需对常规石墨炉 AAS 仪器做改动，适合一些难分解的固体粉末，如钛白粉等。该技术的特点主要是可以较好地直接用标准水溶液校正；可以充分利用稳定剂、润湿剂等化学改进剂制备悬浮液。

制备的悬浮液必须保证悬浮粒子在进样之前一直保持均匀和稳定地分散在液体介质中。悬浮液的制备包括固体样品研磨、筛分、称重、移入容器，加入液体稀释剂、稳定剂和化学改进剂等几个步骤。维持悬浮液中的颗粒在一定时间内不聚集和沉淀，主要依赖所加入的悬浮剂（稳定剂）和改进剂。常用的稳定剂有甘油、琼脂、黄原胶、非离子表面活性剂（如 Triton X-100、聚乙烯二醇酯、聚氧化苯乙烯）和高黏度的有机溶剂。表面活性剂可以减缓悬浮粒子的沉降速度。改进剂主要是无机盐，如硝酸镍、硝酸铜、硝酸钯等，也可用石墨粉。

固体粉末和溶剂在外力的搅拌下才能形成悬浮液。不同的搅拌方式有不同的效果，磁力搅拌和旋涡混合是人们熟悉的搅拌方式，但均比较粗糙，带来的测定误差较大。较好的搅拌方式是超声搅拌，超声波发生头与悬浮液接触或不接触均可获得均匀和稳定的悬浮液。样品粉末颗粒大小也影响悬浮液的稳定性、均匀性和原子化效率，从而影响分析的精密度和准确度。用来制备悬浮液的固体样品研磨后需过 200 目筛，即粉末粒径 $\leqslant 75\mu m$。

6.4.4　电热蒸发进样

电热蒸发（electrothermal vaporization，ETV）进样是将微量样品粉末或数十微升溶液样品干渣置于石墨炉、钽或钨的金属丝（或片）上，在强电流作用下，电热干燥、灰化和气化，然后送入ICP中原子化。ETV将蒸发和原子化分开进行，基体效应较小；气化效率高，目标组分几乎完全气化；信号具有脉冲性，故信噪比大。因此，ETV的检测灵敏度比普通溶液雾化进样高1～2个数量级，与GFAAS相当。ETV的进样量很小，这种微量进样技术在生物、环境、临床医学、毒物分析中具有明显优越性。ETV经过30多年的发展，已经是一种比较成熟和常用的进样技术，常用于ICP-AES[36]和AFS等原子光谱分析的进样。为了进一步降低基体效应，可以在样品中加入卤化物作改进剂，含卤试剂（如PTFE、NH_4F、NaF）会促进样品中被测金属离子形成更易于挥发的卤化物。有机卤化物PTFE中含氟量高、无机杂质少、易于消解，是较好的卤化试剂。例如，以PTFE作改进剂，能够直接测定茶叶样品中痕量金属元素钛、镍和铅，钛白粉中痕量金属元素铬、铜、铁和钒。PTFE作改进剂还可有效打破SiC瓷器粉末样品中的Si-C晶格，可阻止难熔碳化物的生成，提高样品气化率，可以用于瓷器中硼、钼、钛和锆的ETV-ICP-AES分析。

6.4.5 激光烧蚀进样

激光烧蚀（laser ablation，LA）是一种固体直接进样技术，也可以看作是一种在线或原位样品分解技术，它提供了一种近乎无损的分析方法。LA通常与ICP-AES或ICP-MS联用。它是将固体样品打磨光滑或将粉末样品压制成型后置于密闭的样品室内，将峰值功率很高的脉冲激光聚焦到样品表面，处于激光焦点上的样品随即蒸发，并由载气带入ICP中。LA分析速度快、灵敏度高、适用样品范围广泛，已广泛用于环境（如大气颗粒物）、地质（如包裹体）、冶金（如铝锭）、生物、石油化工等领域样品中痕量金属元素的分析。LA谱线峰值强度大、信噪比高，适合微区分析，微区直径在10～30μm，绝对检出限可达10^{-12} g，并可提供元素分布的信息。通过调节激光功率，还可控制烧蚀深度，用于镀膜或覆盖层成分分析。

LA固体进样装置的核心部件是激光器，此外还包括样品烧蚀室和传输管道。激光波长、脉冲宽度、重复频率和作用于样品表面的激光能量密度是影响样品烧蚀的主要参数；样品本身的性质（热学和光学性质）也会影响其对激光能量的吸收效果；烧蚀环境的气体种类也会影响烧蚀效果和气溶胶的传输作用；样品烧蚀室的尺寸和形状影响气体流速分布模式和进样效率。

LA-ICP-MS早期主要用于做整体分析，即痕量被测元素在整体固体样品中的含量，在分析地质和钢铁样品中金属含量时，检出限在μg/g～ng/g。在对固体样品进行整体分析时，为了消除被测元素在样品表面分布的不均匀性，保证取样的代表性，应尽可能使激光烧蚀区域大一些（如烧蚀坑直径大于100μm）。LA-ICP-MS现在还广泛用于固体样品的原位微区分析。

6.5 形态分析样品处理

元素在样品中可能会以各种不同的价态和赋存状态、与其他元素以各种不同的化学作用相结合或者以不同的结构形式存在，这就是物质的形态。元素的不同形态所具有的毒性、化学活泼性和生物可给性等化学性质有时会相差很大。例如，Cr(Ⅲ)毒性很小，而Cr(Ⅵ)毒性很大；甲基汞的毒性大于Hg(Ⅱ)；无机砷毒性很大，而绝大多数胂糖却几乎无毒。在环境毒理学、生物医学和食品营养学等学科领域，如果只测定某元素在样品中的总量，往往无法评价该元素的化学、生理学、毒性和营养学的意义。因此，元素形态分析已经成为现代分析化学、环境化学、生物医学和食品科学等领域一个重要的技术支撑。而获得准确的元素形态分析结果最难的并非形态的检测技术，而是样品前处理过程中元素形态的保持和元素的不同形态的相互分离。

6.5.1　物质形态类型

物质的形态有物理形态和化学形态。物理形态指元素在不同地球化学相中的存在形式。例如，土壤和沉积物是在长期的地质演化过程中形成的，其中同时存在多种不同的地球化学相，大量主体元素与痕量元素在多个地球化学相中已经达到平衡，其中金属元素的物理形态可以分为可交换态、碳酸盐结合态、铁-锰氧化物结合态、有机结合态和残渣态。采用不同的提取或萃取技术分离，基本可以实现这些物理形态的分离，但提取剂和萃取剂选择性的非专一性和提取、萃取操作过程中的再分配和吸附往往会导致测得的元素物理形态与实际情况有出入。化学形态是指某元素在实际样品中存在的原子和分子结合形式。在不同的学科领域，根据不同的需要，对物质化学形态的分类也有所不同，通常包括游离态、共价结合态、配位结合态、超分子结合态等。有时也会只做简单和粗略的形态分离，如分成无机态与有机态、可溶态与不可溶态等。分析化学中所说的形态分析是指对物质的不同化学形态进行分别分析。通常所说的价态分析就是对元素游离态所包含的各种可能的氧化态进行分别分析，价态分析也是形态分析的一种。

6.5.2　形态分析样品前处理

这里的前处理仅指样品分解和净化两个环节。形态分析样品前处理并无专门的技术，关键是根据形态分析的具体要求选择合适的分解和分离方法，保证所需形态在样品处理过程中不被破坏。对于气体和液体样品，不存在分解问题，只需滤膜过滤，液相部分直接或经适当分离后就可进行形态分析，而过滤残渣（颗粒物）如果需要测定其中的元素含量，则需从滤膜上转移至适当容器中，分解后再分析。对于固体样品，首先必须进行适当的分解。一般而言，应采用尽可能温和的分解方法，以避免破坏形态。用水溶液或有机溶剂完全溶解样品是最简单和最常用的分解方法，但很多有机基质的样品难以溶解，通常可采用提取和水解的方法进行分解。提取既可看作是一种部分溶解的方法，也可看作是一种萃取技术（固-液萃取）。高温提取有可能引起形态的挥发损失或某些形态破坏，以微波辅助和超声辅助提取较好。水解方法有酸水解、碱水解和酶水解等多种方式。

多数样品是全部溶解（分解）后制备成样品溶液的，简单基体的样品溶液有时可以直接用于后续分析，但复杂基体样品溶液往往需要先进行样品净化。样品净化的目的是除掉样品溶液中干扰形态分析的基体物质和共存组分。和普通样品净化一样，选择合适的分离技术从样品溶液中将被测物质分离出来或将基体物质和干扰组分分离出来。

形态分析中最简单的任务是只分析样品中一种特定的形态，在这种情况下，样品净化操作除了要消除样品溶液中的基体和共存组分干扰外，还应特别关注该元素的其他形态的干扰是否已经消除。通常情况下是在样品净化操作中，采用适当的分离技术，将某元素的特定被测形态分离出来，进行后续的原子光谱分析。例如，如果要测定土壤和沉积物中有机锡，样品用醋酸-甲醇溶液提取，就可以将有机锡转移至萃取溶剂中，而无机锡不进入萃取溶剂中。又如，用 FAAS 测定水样中的 Te(Ⅳ) 或 Te(Ⅵ) 时，相互产生干扰，可以在 pH 5 时，用 DDTC-CCl_4溶剂萃取，Te(Ⅳ) 因与 DDTC 形成稳定的疏水配合物而完全萃取到有机相，萃取率接近100%，而 Te(Ⅵ) 则不形成配合物完全留在水相。

6.5.3 形态分离

一种元素在样品中可能以多种形态存在，例如，海洋生物中砷元素有可能以 As^{3+}、As^{5+}、砷酸根、亚砷酸根、一甲基胂、二甲基胂、胂胆碱、胂甜菜碱、胂糖等多种形态存在。在实际工作中，往往需要进行多种形态的同时测定。原子光谱分析法本身不具备分离和区分元素的不同形态的能力，测定之前必须将各种形态完全分离。简单的形态分离可以采用萃取、沉淀、离心等各种常见化学分离方法。一种策略是采用同一分离方法在不同条件下萃取不同的形态，例如，农业、生物、食品等样品中金属的无机形态和有机形态的分离就可以分别用水和有机溶剂萃取；金属的不同价态的分离可以选择不同的衍生化试剂（螯合剂）分别萃取，如环境水样中 Cr(Ⅲ) 和 Cr(Ⅵ) 的分离可以用 8-羟基喹啉作衍生化试剂，Triton X-100 浊点萃取法将 Cr(Ⅲ) 萃取出来，用 AAS 测定，原样直接测总铬。另一种策略是采用不同的分离方法萃取金属元素的不同形态，例如，先用离子交换柱层析或离子交换 SPE 分离样品溶液中的离子形态，然后采用反相 SPE 分离出有机形态。上述方法有两个最大的缺陷，一是只能进行简单的形态分离或不同形态组的分离，不能实现多种形态的同时精密分离；二是操作繁琐费时。现在广泛采用的多形态同时分离分析方法是色谱-原子光谱联用技术。理论上讲，所有色谱方法都可以与原子光谱联用来完成多形态同时分析。GC-原子光谱（如 GC-FAAS）可以用于气体样品或液体样品中挥发性金属或金属有机化合物的多形态同时分析[37]。金属离子的各种疏水性有机化合物形态适合采用反相 HPLC 分离。例如，锡的多种烷基化合物形态可以采用反相 HPLC 分离与 ICP-MS 测定联用；王翠翠等[38]采用 HPLC-ICP/MS 联用技术同时测定了海水中硒的 5 种形态。金属元素的离子形态是非常丰富的，如金属阳离子、金属酸根阴离子、金属配离子等。因此，离子色谱（IC)-原子光谱联用在金属元素形态分析中非常有用。例如，采用离子交换色谱分离与 ICP-MS 联用，可以同时测定海洋鱼体内 9 种砷形态化合物[39]。CE 不仅可以用于离子性成分分离，也可用于非离子性成分分离。因此，CE-原子光谱联用也可用于金属形态分析[40]。例如，土壤样品用水溶液提取后，采用 CE-ICP-MS 联用同时测定其中的 Te(Ⅳ) 和 Te(Ⅵ)。

参考文献

[1] 丁明玉．分析样品前处理技术与应用．北京：清华大学出版社，2017：76-98，260-266.

[2] 丁明玉．现代分离方法与技术．3版．北京：化学工业出版社，2020：58-64，68-90，101-108，275-278.

[3] 邓勃．应用原子吸收与原子荧光光谱分析．2版．北京：化学工业出版社，2007：90-102.

[4] 肖珊美，陈建荣，刘文涵．浊点萃取在痕量金属元素分析中的应用．理化检验（化学分册），2004，40（11）：682-686.

[5] 梁沛，李静．浊点萃取技术在金属离子分离和富集以及形态分析中应用的进展．理化检验（化学分册），2006，42（7）：582-587.

[6] Jeannot M A，Cantwell F F. Solvent microextraction into a single drop. Anal Chem，1996，68（13）：2236-2240.

[7] 邓勃．单滴微萃取的应用进展．现代仪器，2010，16（5）：36-44.

[8] 王雨堃，李超，马晶军，等．单滴微萃取技术的研究及应用进展．化学通报，2012，75（7）：628-636.

[9] Wu Hui-Fen，Yen Jyh-Hao，Chin Chen-Che. Combining drop-to-trop solvent microextraction with GC/MS using electronic ionization and self-ion/molecule reaction method to determine methoxyacetophenone isomers in one drop of water. Anal Chem，2006，78 (5)：1707-1712.
[10] Lu Y C，Lin Q，Luo G S，et al. Directly suspended droplet microextraction. Ana Chim Acta，2006，566 (2)：259-264.
[11] Rezaee M，Assadi Y，Hosseini M R M，et al. Determination of organic compounds in water using dispersive liquid-liquid microextraction. J Chromatogr A，2006，1116 (1-2)：1-9.
[12] 邓勃．一种新的液液萃取模式——分散液液微萃取．现代科学仪器，2010 (3)：123-130.
[13] Kasa N A，Chormer D S，Buyukpinar C，et al. Determination of cadmium at ultratrace levels by dispersive liquid-liquid microextraction and batch type hydride generation atomic absorption spectrometry. Microchem J，2017，133：144-148.
[14] 邓勃．固相萃取富集在原子吸收光谱分析中的应用进展．现代科学仪器，2011 (4)：95-105.
[15] 石小飞，让蔚清．固相萃取技术分离富集食品和环境水中铅的应用进展．理化检验（化学分册），2013，49 (5)：622-627.
[16] 周陶鸿，黄健，田琼，等．阴离子交换固相萃取在测定铜矿和粗铜中金的应用．冶金分析，2010，30 (8)：66-69.
[17] 王玲玲，闫永胜，邓月华，等．纳米材料在金属离子分析中的应用．冶金分析，2009，29 (2)：37-44.
[18] 张素玲，杜卓，李攻科．碳纳米管在样品前处理中的应用．化学通报，2011，74 (3)：201-208.
[19] Ravelo-Perez L M，Herrera-Herrera A V，Hernandez-Borges J，et al. Carbon nanotubes：Solid-phase extraction. J Chromatogr A，2010，1217 (16)：2618-2641.
[20] 丁明玉．石墨烯固相萃取技术的最新进展．色谱，2012，30 (6)：547-548.
[21] 杨彬，周立宏，马晓艳．石墨烯在金属离子固相萃取中的应用进展．广州化工，2017，45 (2)：20-21.
[22] 牟怀燕，高云玲，付坤，等．离子印迹聚合物研究进展．化工进展，2011，30 (11)：2467-2480.
[23] Moghaddam Z S，Kaykhaii M，Khajeh M，et al. Synthesis of UiO-66-OH zirconium metal-organic framework and its application for selective extraction and trace determination of thorium in water samples by spectrophotometry. Spectrochim Acta A，2018，194：76-82.
[24] Asiabi M，Mehdinia A，Jabbari A. Spider-web-like chitosan/MIL-68 (Al) composite nanofibers for high-efficient solid phase extraction of Pb(Ⅱ) and Cd(Ⅱ). Microchim Acta，2017，184 (11)：4495-4501.
[25] 刘松浩，臧晓欢，常青云，等．ZIF-8派生含氮多孔碳作为吸附剂固相萃取茶叶样品中6种痕量金属离子．分析化学，2018，46 (8)：1282-1288.
[26] 吴新华，石慧，阳小宇，等．表面印迹技术分离富集痕量金属离子研究进展．广州化工，2015，43 (3)：10-12.
[27] Anastassiades M，Maštovská K，Lehotay S J. Evaluation of analyte protectants to improve gas chromatographic analysis of pesticides. J Chromatogr A，2003，1015：163-184.
[28] Sun J P，Liang Q L，Han Q，et al. One-step synthesis of magnetic graphene oxide nanocomposite and its application in magnetic solid phase extraction of heavy metal ions from biological samples. Talanta，2015，132：557-563.
[29] 龙星宇，吴迪，龚小见，等．功能化有机聚合物磁球对金属离子磁固相萃取的研究进展．化工新型材料，2018，46 (10)：49-52.
[30] Prosen H，Zupancic-Kralj L. Solid phase microextraction. Trends in Analytical Chemistry，1999，18 (4)：272-282.
[31] Zhang Z Y，Yang M J，Pawliszyn J. Solid phase microextraction. Anal Chem，1994，66 (17)：844A-853A.

［32］ 陈林利，黄晓佳，袁东星．搅拌棒固相萃取的研究进展．色谱，2011，29（5）：375-381.
［33］ 吴宏，金焰，田野，等．流动注射编结反应器在线分离富集技术在原子光谱中的应用．分析化学，2007，35（6）：905-911.
［34］ Drasch G，Meyer L V，Kauert G F. Application of furnace atomic absorption method for the deteection of arsenic in biological samples by means of the hydride technique. Z Anal Chem，1980，304（2/3）：141-142.
［35］ 李淑萍，郭旭明，黄本立，等．电化学氢化物发生法的进展及其在原子光谱分析中的应用．分析化学，2001，29（8）：967-970.
［36］ 黄敏，江祖成，曾云鹗．ICP-AES的电热蒸发进样技术．光谱学与光谱分析，1992，12（5）：75-82.
［37］ 张海涛，张利兴．气相色谱-电感耦合等离子体质谱联用技术在形态分析中的应用进展．理化检验（化学分册），2009，45（9）：1132-1137.
［38］ 王翠翠，李艳苹，刘小骐．HPLC与ICP-MS联用测定海水中5种硒形态．中国给水排水，2018，34（22）：111-115.
［39］ 李卫华，刘玉海．阴/阳离子交换色谱-电感耦合等离子体质谱法分析鱼和贝类海产品砷的形态．分析化学，2011，39（10）：1577-1581.
［40］ 尹学博，何锡文，李妍，等．毛细管电泳用于形态分析．分析化学，2003，31（3）：364-370.

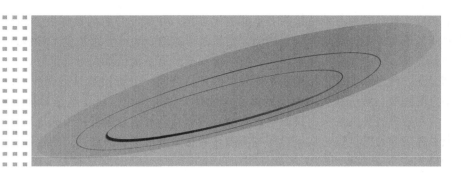

·第 7 章·

原子光谱分析的质量控制与数据统计处理

7.1 原子光谱分析及其分析数据的特点

7.1.1 原子光谱分析的特点

原子光谱仪器主要是无机成分分析工具。原子光谱分析主要用来获得分析样品成分含量及其相关信息。用原子光谱分析样品，先要将样品转化为适合于用原子光谱法测定的形式。用电感耦合等离子体-原子发射光谱（ICP-AES）或原子吸收光谱（AAS）或原子荧光光谱（AFS）分析样品，通常都要将样品转化为溶液，即使是固体进样，样品在原子化过程中受到高温作用，样品表面结构或整体会受到破坏。从上述分析可以清楚地看到，原子光谱分析的基本特点是一种"破坏性"分析检测方法，其分析或检测的基本方式是"抽样检验"。采取合适的抽样方式从一批物料或产品中随机抽取少量物料或产品（样本）进行分析检测，获得有关样本的信息（如成分含量、精密度、准确度等），再应用数理统计方法从检测所得到的物料或产品的信息去估计和推断被检测的该批物料或产品（总体）的特性。

比如用氢化物发生-原子吸收光谱法检测一批出口鱼罐头的汞含量，当测得鱼罐头的汞含量之后，被抽检的鱼罐头已受到破坏，不能再作为商品出售，再对抽检的鱼罐头样品本身的含汞量做结论，不管是合格或不合格，都已没有什么实际意义。那么，抽样检验的目的何在？显然不是为了要对被抽检的那一听或几听鱼罐头样品的汞含量是否合格作出结论，检验的目的在于通过测定抽检样本中的汞含量，去估计和推断那一批鱼罐头的汞含量是否合格。抽检样品的测定结果固然是对样品所来自的总体做结论的基础，但仅从抽检样品的测定结果还不能直接对样品所来自的总体做结论。为什么？因为抽样检验的基本特点是从局部（样本）信息去估计和推断全局（总体）的信息和特性，要使这种估计和推断的结论正确可靠与可信，必须至少要满足三个基本条件，缺一不可。①要采用科学的方法抽样和取样，使所抽取的鱼罐头样品对那一批鱼罐头有足够的代表性，并保证必要的抽样数量和最小的取样量；②对所抽取鱼罐头样品的含汞量的测定结果是可靠的，为此要求在整个检验过程中实施严格的质量控制；③由鱼罐头样本的汞含量估计和推断那一批鱼罐头汞含量时，必须遵循科学的推理方法，给出在指定置信度水平含汞量的置信区间。分析检验只是获取抽检样品的信息，而信息的提取、解析和利用则要通过数据统计处理来完成。只有基于对抽检样品的测定结果，应用数理统计方法从中提取蕴含着的有用信息，对信息进行科学处理后才能得到对研究对象总体规律性的认识，从而对样本所源自的总体做出正确的结论，判定该批出口鱼罐头是否合格。

7.1.2 原子光谱分析数据的统计分布特性

原子光谱分析测试中的测定值是一个以概率取值的随机变量。尽管样品中某一组分的含量是确定的，但由于测试过程不可避免地受到各种随机因素的影响，使得在同样条件下测得的数据参差不齐，具有波动性。如果我们的试验设计是合理的、操作是规范的，被测组分多次重复测定所得到的测定值，在总体上又具有统计规律性，其概率分布通常遵循以平均值为中心、标准偏差表征测定值离散程度的正态分布（normal distribution）。其概率密度函数为

$$f(x)=\frac{1}{\sigma\sqrt{2\pi}}\mathrm{e}^{\frac{(x-\mu)2}{2\sigma 2}} \quad (-\infty<x<+\infty) \tag{7-1}$$

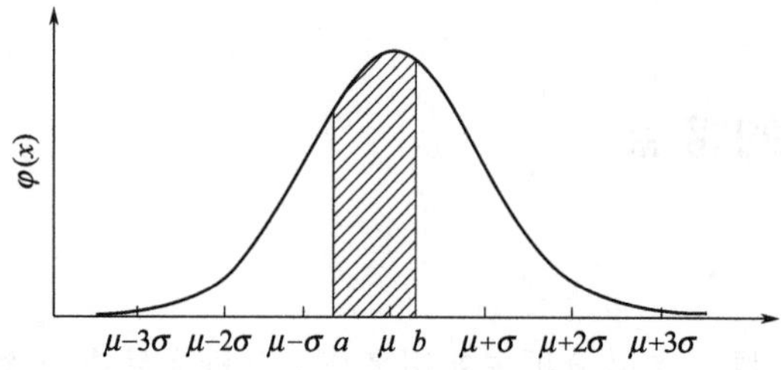

图 7-1 测定值正态分布示意图

正态分布有总体平均值 μ 和总体标准偏差 σ 两个基本参数。μ 表征测定值的集中趋势，σ 表征测定值的离散程度。当确定了 μ 和 σ，正态分布就完全确定了，就可以确定某一测定值出现的概率。测定值正态分布示意图见图 7-1，图中阴影部分表示测定值出现在（a，b）区间的概率。

在前面曾经指出，分析测试的目的是通过对样本的测定获得必要的信息，再应用数理统计方法从检验样本（物料或产品）所得到的信息，去估计和推断被检验的该批物料或产品（统计上称为总体，population）的特性。在通常的分析测试中，只对抽取的少数样品（统计上称为样本，sample）进行几次测定，只能得到样本平均值 $\overline{x}$ 和样本标准偏差 s，$\overline{x}$ 和 s 只分别是总体平均值 μ 和总体标准偏差 σ 的近似估计值。因此，用平均值 $\overline{x}$ 代表样品中某一组分的真实含量，必然具有一定的不确定性。数理统计理论证明：在等精度测量中，样本平均值 $\overline{x}$ 是一组测定值中出现概率最大的值，是总体平均值 μ 的无偏估计值和具有最小方差的最优估计值；样本方差 s^2 是总体标准偏差 σ^2 的无偏估计值；在不等精度测量中，样本加权平均值 $\overline{x}_{\mathrm{w}}$ 是一组测定值中出现概率最大的值，是 μ 的无偏估计值和具有最小方差的最优估计值，样本加权方差 s_{w}^2 是 σ^2 的无偏估计值。因此，虽然只对样本进行了少数几次测定，得到 $\overline{x}(\overline{x}_{\mathrm{w}})$ 与 $s(s_{\mathrm{w}})$，但仍可以用来估计和表征总体的分布特性。这就是为什么在分析测试中要用平均值和标准偏差来报告测定结果的理论依据。需要注意的是，样本平均值 $\overline{x}(\overline{x}_{\mathrm{w}})$ 与标准偏差 $s(s_{\mathrm{w}})$ 只分别是总体平均值 μ 和总体标准偏差 σ 的近似估计值，用平均值 $\overline{x}(\overline{x}_{\mathrm{w}})$ 表征样品中某一组分的真实含量时，必然具有一定的不确定性。因此，在报告测定结果时，必须同时指明测定结果的不确定度，或者给出测定值的置信区间和置信概率。

7.1.3　分析数据的统计处理

在通常的原子光谱分析抽样检测中，只对抽取的少数样品进行几次测定。由于样品随时间、空间的变化，测试过程受各种随机因素的影响，检测数据的波动性是不可避免的。单凭对样本几次测定的直观信息对总体特性作估计和推断是不可能的。例如，要评价河流水质和大气质量，由于河水、大气量大且不断流动，有害元素随时间、空间而变化，要测定全部河水、大气中的有害元素的浓度，客观上又不可能，只能在设立的若干个监测点取样进行检测，监测数据成千上万，波动性很大，仅从原始数据直观地对河水、大气质量做出科学的评价是不可想象的。简而言之，对任何随时间、空间变化的样品，如果不采用数理统计方法处理数据，只凭对样本测定的原始数据信息对总体特性作出估计和推断根本是不可能的。

对于具有波动性的原子光谱测定数据，也只有用数理统计方法科学地进行处理，才能从这些具有波动性的测定数据中发现其中的统计规律性：各测定值围绕某一中心值（平均值）离散，而离散的程度可用测定值的标准偏差表征。

从化学计量的观点考虑，可靠的测定结果必须具有溯源性。一个可靠的测定结果必须通过与标准物质或标准方法的连续比较链，以指定的不确定度与国家和国际基准联系起来，以保证其可靠性和可比性。任何一个测定结果如果没有不确定度的估计，就无法进行溯源，保证其可靠性，自然也就没有可比性。在化学测量中，不确定度用标准偏差或其倍数，或用给定了置信概率的置信区间的半宽度 a 表示。不给出不确定度估计的测定结果是没有意义的，这一点常常为不少分析人员所忽视。分析结果不确定度的估计、置信概率与置信区间的确定，必须应用数理统计方法。

由此可见，数据统计处理是提取、解析和充分地利用测试数据所提供信息的过程，是科学表述分析结果的手段，是整个分析过程中不可分割的组成部分，是测定过程的延伸和深化。

7.2　原子光谱分析方法的建立

原子光谱分析是一个相当复杂的过程，同时受到多个因素的影响，且因素之间常存在相互效应。原子光谱分析是测量气相中的组分含量，属“动态”测量，测定值波动较大，因素效应常常为试验误差所掩盖，以致有时就难于对因素的影响做出正确的判断。

7.2.1　均匀设计安排试验快速确定优化条件

在着手研究与建立一个分析方法时，过去习惯的做法是采用“单因素轮换法”安排试验选择优化测定条件时，固定所有其他因素，逐个地轮流考察各个因素及其水平的影响。这种优化方法的优点是方法简便，易于操作。在参数之间无交互效应时，其优化效果与多参数同时优化效果是一致的。缺点是：第一，当欲考察的因素或因素水平较多时，试验工作量很大。第二，单因素轮换法的试验点分布在整个试验范围的局部区域，试验点的分布没有足够的代表性，得到的优化条件是局部而非全局的最优条件。第三，未能考虑因素之间的交互效应，将各单因素试验的“最佳”分析条件简单地组合在一起就作为整个试验的“最佳”分析条件，其实未必是“最佳”分析条件。第四，固定其他不同因素在不同的水平，得到的各因素的优化条件是不同的。

均匀设计（homogeneous design）是一种用规格化表安排试验的多因素试验设计方

法[1,2]。采用均匀设计表安排试验，可以将多个因素同时包括在同一个试验方案里，将试验点充分均匀地分布在整个试验区域，试验结果具有较好的代表性，通过少数几次试验就能同时考察多因素的影响。响应值最佳的试验点所对应的试验条件即使不是全面试验的最佳条件，也是接近全面试验的最佳条件，可以直接采用它作为相对较优的试验条件。用均匀设计表安排试验、直观分析数据可以快速确定多因素试验的优化分析条件。

均匀设计表各符号的含义与均匀设计表试验点分布分别见图 7-2 与图 7-3。

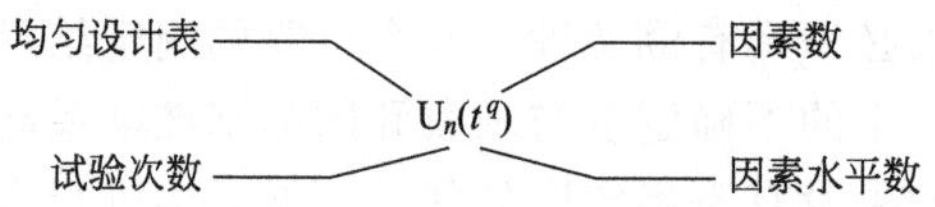

图 7-2　均匀设计表各符号的含义

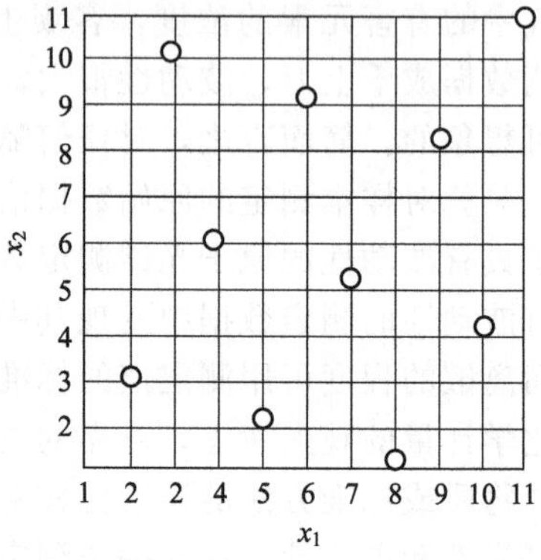

图 7-3　$U_7(7^6)$ 均匀设计表试验点分布

因为均匀设计表中各列的地位是不平等的，因数安排在哪一列是不能任意互换的，需按均匀设计使用表中根据不同因素数所规定的均匀设计表那些列来安排因素。例如用原子吸收法测定铂，同时考察乙炔流量、空气流量、试液提取量、燃烧器高度和灯电流 5 因素的影响，每个因素选取 5 个水平，因没有可直接选用的均匀设计表，这时可选用因素数与水平数更多的均匀设计表，如 $U_{11}(11^{10})$ 均匀设计表安排试验（见表 7-1），删去均匀设计表中的最后一行，共进行 10 次试验。根据该均匀设计表的使用表（见表 7-2），$U_{11}(11^{10})$ 表可安排 10 个因素水平，因素数为 5 时，必须将试验因素安排在 $U_{11}(11^{10})$ 表中第 1、2、3、5 和 7 列。因只考察 5 因素 5 个水平的影响，可将因数水平重复安排，以提高试验的精密度。直观分析数据，以获得吸光度值最大所对应的试验条件作为相对较优的条件。

表 7-1　均匀设计表 $U_{11}(11^{10})$ 安排试验示例

试验 x 序号	因素水平									
	乙炔流量 /(L/min)		空气流量 /(L/min)		燃烧器高度 /mm		试液提取量 /(L/min)		灯电流 /mA	
1	(1)	0.5	(2)	6.0	(3)	3.0	(5)	5.7	(7)	18
2	(2)	0.5	(4)	7.0	(6)	5.0	(10)	7.5	(3)	10
3	(3)	1.0	(6)	8.0	(9)	9.0	(4)	4.5	(10)	20
4	(4)	1.0	(8)	9.0	(1)	1.0	(9)	7.5	(6)	14
5	(5)	1.5	(10)	10.0	(4)	3.0	(3)	4.5	(2)	6
6	(6)	1.5	(1)	6.0	(7)	7.0	(8)	7.1	(9)	20
7	(7)	2.0	(3)	7.0	(10)	9.0	(2)	3.4	(5)	14
8	(8)	2.0	(5)	8.0	(2)	1.0	(7)	7.1	(1)	6
9	(9)	2.5	(7)	9.0	(5)	5.0	(1)	3.4	(8)	18
10	(10)	2.5	(9)	10.0	(8)	7.0	(6)	5.7	(4)	10

注：数字 (1)、(2)、(3)、…、(10) 是各因素的水平序号。

表 7-2　$U_{11}(10^{11})$ 均匀设计表的使用表

因素数	安排因素的列号									
2	1	7								
3	1	5	7							
4	1	2	6	7						
5	1	2	3	5	7					
6	1	2	3	6	7	10				
7	1	2	3	4	5	7	10			
8	1	2	3	4	5	6	7	10		
9	1	2	3	4	5	6	7	9	10	
10	1	2	3	4	5	6	7	8	9	10

7.2.2　正交试验设计考察因素的主效应与交互效应

用均匀设计表安排试验，突出的优点是试验工作量小，明显的缺点是不能确定影响测定结果中哪些因素是主要因素、哪些因素是次要因素，也不能确定哪些因素之间存在交互效应。事实上，每个因素的影响并不是等同的，因素之间的交互效应也是经常存在的。正交试验设计（orthogonal design of experiment）能很好地解决这些问题。正交试验设计的突出优点是[3,4]：从全面试验中挑选的试验点具有很好的代表性，在这些试验点测试的数据具有整齐可比性，通过简单地比较平均值，就能对各因素效应的相对大小做出判断。正交设计表各符号的含义见图 7-4。

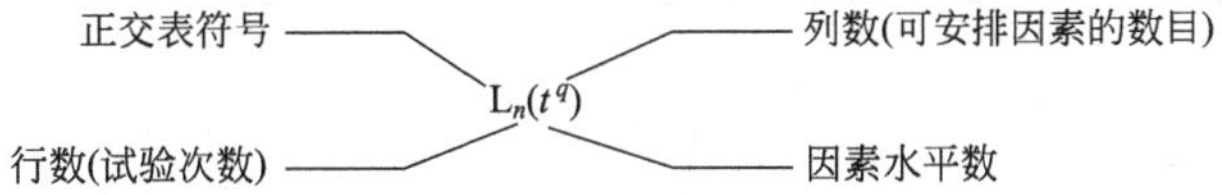

图 7-4　正交设计表各符号的含义

多因素同时优化最常用的方法是正交试验设计，又称正交试验法。用正交表安排试验，试验点的分布见图 7-5。

正交表安排试验的特点是：①试验点在整个试验范围内均匀分布。因素之间搭配均匀，试验点分布均衡，相对于全面试验 27 次试验而言，它只是 9 次部分试验，但对其中任何两因素，它又是具有相同重复次数的全面试验，两因素各个水平都有同等机会组合在一起，得到的试验结果能基本上反映全面试验的情况，但试验工作量大大减少了。②试验数据整齐可比性。试验中各因素水平按一定顺序有规律地变化，各个因素的各水平出现次数相同，由于非均衡分散性可能带来的其他因素对欲考察因素的影响相互抵偿，采用直观分析法简单比较因素各水平的平均值便可以估计因素各水平的主效应，数

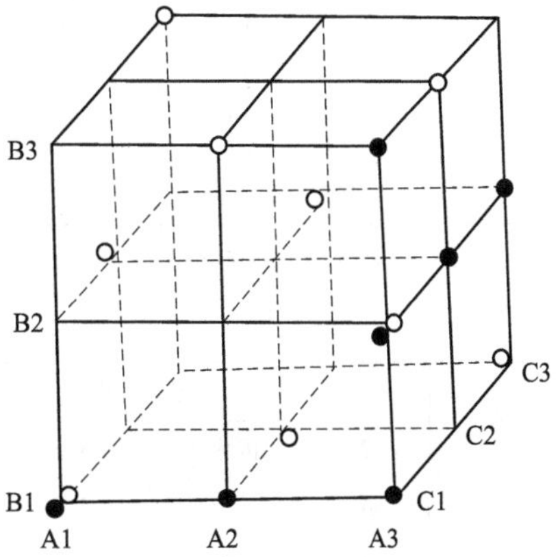

图 7-5　正交表安排试验时试验点的分布图

27 个交叉点是全面试验时试验点的分布；

●点是单因素轮换试验法试验点的分布；

○点是正交试验法试验点的分布

据处理工作大大简化。③获得的信息丰富。正交表将偏差平方和分解，并固定到正交表的每一列上，安排因素的列，其偏差平方和代表了该因素效应的大小，没有安排因素的列，其偏差平方和用来估计试验误差。因此，应用方差分析解析数据可以考察和定量估计因素的主效应、因素之间的交互效应和试验误差。④获得的优化条件实用性好。优化条件是在样品各共存元素各种可能组合条件下获得的，符合实际分析的情况。

在日常例行分析中，正交试验设计常用的正交表有 $L_4(2^3)$、$L_8(2^7)$、$L_9(3^4)$ 和 $L_{16}(4^5)$。正交表 $L_8(2^7)$（表 7-3）主要用于从多因素中筛选主要影响因素，当因素列未被因素占满，留出的因素列在分析数据时可用来考察因素之间的交互效应（表7-4）。正交表 $L_8(2^7)$ 也常用来同时研究多因素的干扰效应。正交表 $L_9(3^4)$（表 7-5）和 $L_{16}(4^5)$（表 7-6）用于确定影响因素的优化水平。

表 7-3　正交表 $L_8(2^7)$

试验序号	列号(因素)						
	因素 A	因素 B	因素 C	因素 D	因素 E	因素 F	因素 G
1	A1	B1	C1	D1	E1	F1	G1
2	A1	B1	C1	D2	E2	F2	G2
3	A1	B2	C2	D1	E1	F2	G2
4	A1	B2	C2	D2	E2	F1	G1
5	A2	B1	C2	D1	E2	F1	G2
6	A2	B1	C2	D2	E1	F2	G1
7	A2	B2	C1	D1	E2	F2	G1
8	A2	B2	C1	D2	E1	F1	G2

表 7-4　$L_8(2^7)$ 研究因素交互效应的表头设计

试验序号	列号(因素)						
	因素 A	因素 B	A×B 交互效应	因素 C	A×C 交互效应	B×C 交互效应	因素 D
1	A1	B1	A1×B1	C1	A1×C1	B1×C1	D1
2	A2	B1	A1×B1	C2	A1×C2	B1×C2	D2
3	A3	B2	A1×B2	C1	A1×C1	B2×C1	D2
4	A4	B2	A1×B2	C2	A1×C2	B2×C2	D1
5	A5	B1	A2×B1	C1	A2×C1	B1×C1	D2
6	A6	B1	A2×B1	C2	A2×C2	B1×C2	D1
7	A7	B2	A2×B2	C1	A2×C1	B2×C1	D1
8	A8	B2	A2×B2	C2	A2×C2	B2×C2	D2

注：因素交互效应不是具体因素，在试验中不做安排，在用方差分析处理数据时，需占用数据列。

表 7-5　正交表 $L_9(3^4)$

试验序号	列号(因素)				试验序号	列号(因素)			
	因素 A	因素 B	因素 C	因素 D		因素 A	因素 B	因素 C	因素 D
1	A1	B1	C1	D1	6	A2	B3	C1	D2
2	A1	B2	C2	D2	7	A3	B1	C3	D2
3	Ai	B3	C3	D3	8	A3	B2	C1	D3
4	A2	B1	C2	D3	9	A3	B3	C2	D1
5	A2	B2	C3	D1					

表 7-6　正交表 $L_{16}(4^5)$

试验序号	列号(因素)					试验序号	列号(因素)				
	因素 A	因素 B	因素 C	因素 D	因素 E		因素 A	因素 B	因素 C	因素 D	因素 E
1	A1	B1	C1	D1	E1	9	A3	B1	C3	D4	E2
2	A1	B2	C2	D2	E2	10	A3	B2	C4	D3	E1
3	A1	B3	C3	D3	E3	11	A3	B3	C1	D2	E4
4	A1	B4	C4	D4	E4	12	A3	B4	C2	D1	E3
5	A2	B1	C2	D3	E4	13	A4	B1	C4	D2	E3
6	A2	B2	C1	D4	E3	14	A4	B2	C3	D1	E4
7	A2	B3	C4	D1	E2	15	A4	B3	C2	D4	E1
8	A2	B4	C3	D2	E1	16	A4	B4	C1	D3	E2

在安排试验时，各因素的水平不一定都是从小到大或从大到小安排，可以随机化安排。试验顺序不一定按正交表的试验序号进行，在条件许可时对试验序号进行随机化，以避免试验条件先后掌握宽严程度不一带来的影响。有时候有些因素的水平数不够正交表要求的水平数，这时可以使用拟水平，即将水平数少的因素的某一两个重要的水平重复安排到试验中，使水平数满足正交表的要求。这个重复的水平只是形式上的水平，称为拟水平（pseudo-level）。要注意的是，在计算水平效应时，应对不等测定次数进行校正。

用火焰原子吸收分光光度法测定铂，考察乙炔与空气流量比 r、燃烧器高度 h、进样速度 q 和空心阴极灯电流 i 对测定吸光度的影响。选用正交表 $L_{16}4^5$ 安排试验（见表 7-7）。为避免进样量大小对吸光度的影响，可采用吸光度 A 与进样速度 q 之比值 $x=A/q$ 作为考察指标。

表 7-7　火焰原子吸收光谱法测定铂的试验安排

试验序号	列号(因素)								吸光度读数 x_j		Σx_j
	r		h/mm		q/(mL/min)		i/mA		1	2	
1	(1)	0.5/6.0	(1)	1	(1)	2.4	(1)	6	10.0	9.0	19.0
2	(2)	1.0/8.0	(2)	5	(2)	5.7	(1)	6	24.5	23.5	48.0
3	(3)	1.5/10.0	(3)	9	(3)	7.1	(1)	6	31.5	30.5	62.0
4	(4)	2.0/12.0	(4)	13	(4)	7.5	(1)	6	30.0	29.0	59.0
5	(3)	1.5/10.0	(2)	5	(1)	2.4	(2)	10	1.5	2.0	3.5
6	(4)	2.0/12.0	(1)	1	(2)	5.7	(2)	10	14.0	14.5	28.5
7	(1)	0.5/6.0	(4)	13	(3)	7.1	(2)	10	31.0	27.0	58.0
8	(2)	1.0/8.0	(3)	9	(4)	7.5	(2)	10	32.5	34.5	67.0
9	(4)	2.0/12.0	(3)	9	(1)	2.4	(3)	14	1.5	1.0	2.5
10	(3)	1.5/10.0	(4)	13	(2)	5.7	(3)	14	20.0	20.5	40.5
11	(2)	1.0/8.0	(1)	1	(3)	7.1	(3)	14	30.0	28.5	58.5
12	(1)	0.5/6.0	(2)	5	(4)	7.5	(3)	14	35.0	35.0	71.0

续表

试验序号	列号(因素)								吸光度读数 x_j		$\sum x_j$
	r		h/mm		q/(mL/min)		i/mA		1	2	
13	(2)	1.0/8.0	(4)	13	(1)	2.4	(4)	20	2.0	3.0	5.0
14	(1)	0.5/6.0	(3)	9	(1)	5.7	(4)	20	21.5	21.5	43.0
15	(4)	2.0/12.0	(2)	5	(3)	7.1	(4)	20	18.0	18.0	36.0
16	(3)	1.5/10.0	(1)	1	(4)	7.5	(4)	20	21.5	21.5	43.0
T_1	191.0		149.0		30.0		188.0		$T=\sum\limits_{i=1}^{4}\sum\limits_{j=}^{2}x_{ij}=644.5$		
T_2	178.5		158.5		160.0		157.0				
T_3	149.0		174.5		214.5		172.5				
T_4	126.0		162.5		240.0		127.0				
R	65.0		25.0		210.0		61.0				

注：T_1、T_2、T_3、T_4 代表各因素的1、2、3、4水平吸光度读数之和，T 为全部因素各水平吸光度读数的总和。R 为因素水平变化引起吸光度读数最大值与最小值之差。R 越大，表示该因素对吸光度读数的影响越大。

由直观分析看到，在所设定的欲考察的4个因素的试验范围内，进样量影响最大，依次是乙炔/空气流量比和灯电流，燃烧器高度影响最小。获得的各单因素优化条件是：进样量 $q=7.5$mL/min，乙炔/空气流量比 $r=0.5/6.0$，灯电流 $i=6$mA，燃烧器高度 $h=9$mm。它与“单因素轮换法”安排试验得到单因素优化条件不同的是，单因素轮换法试验点在全优化区域内的分布没有足够的代表性（参见图7-5），得到的优化条件是局部而非全局的最优条件。而正交试验获得的优化条件，是在各因素不同水平组合的优化区域内，选择在最具有代表性的试验点进行试验得到的，是全局最优或至少是接近全局最优的条件。

如果用方差分析处理试验数据，可以获得更多的信息。可以对因素主效应与因素之间的交互效应做更精细的分析，并能对试验误差做出估计。

方差分析（analysis of variance）是基于偏差平方和的加和性与自由度加和性原理及 F 检验，是处理多因素试验数据的一种数理统计方法。偏差平方和（sum of deviations squares），简称差方和，是测量值 x 与测量平均值 $\overline{x}$ 之差的平方和，

$$Q=\sum_{i=1}^{n}(x_i-\overline{x})^2 \tag{7-2}$$

在原子光谱分析中，测定结果受多个因素的影响，每个因素及试验误差都对测定的总偏差平方和作出相应的贡献。当用偏差平方和来表征测定结果的偏差大小时，则总偏差平方和等于试验误差与各因素所产生的偏差平方和之总和。在对总偏差平方和分解的基础上，可分别求出各因素效应、因素间交互效应和误差效应形成的偏差平方和及其相应的方差估计值，在一定显著性水平 α 下将交互效应、因素效应对误差效应的方差比进行 F 检验，若方差比 F 值大于该显著性水平（significance level）α 和自由度（degree of freedom）下的临界值 $F_{\alpha(f_1,f_2)}$，则判定交互效应和因素效应是显著的；反之亦然。通过方差分析可以了解和确定各因素效应、各因素间交互效应的相对大小，估计试验误差。

对 m 个样本分别各进行 n_i 次测定，总的差方和

$$Q_T=\sum_{i=1}^{m}\sum_{j=1}^{n_j}(x_{ij}-\overline{x})^2=\sum_{i=1}^{m}\sum_{j=1}^{n_j}[(x_{ij}-\overline{x}_i)+(\overline{x}_i-\overline{x})]^2$$

$$=\sum_{i=1}^{m}\sum_{j=1}^{n_j}(x_{ij}-\overline{x}_i)^2+2\sum_{i=1}^{m}\sum_{j=1}^{n_j}(x_{ij}-\overline{x}_i)(\overline{x}_i-\overline{x})+\sum_{i=1}^{m}\sum_{j=1}^{n_j}(x_i-\overline{x})^2$$

$$= \sum_{i=1}^{m}\sum_{j=1}^{n_j}(x_{ij}-\overline{x}_i)^2+\sum_{i=1}^{m}\sum_{j=1}^{n_j}(x_i-\overline{x})^2=\sum_{i=1}^{m}\sum_{j=1}^{n_j}(x_{ij}-\overline{x}_i)^2+\sum_{i=1}^{m}n_i(\overline{x}_i-\overline{x})$$

$$= \sum_{i=1}^{m}\sum_{j=1}^{n_j}x_{ij}^2-\frac{1}{N}\Big(\sum_{i=1}^{m}\sum_{j=1}^{n_i}x_{ij}\Big)=\sum_{i=1}^{m}\sum_{j=1}^{n_j}x_{ij}^2-\frac{T^2}{N} \tag{7-3}$$

因为
$$\sum_{i=1}^{m}\sum_{j=1}^{n_j}(x_{ij}-\overline{x}_i)(\overline{x}_i-\overline{x})=\sum_{i=1}^{m}\Big[(x_i-\overline{x})\sum_{i=1}^{n_i}(x_{ij}-\overline{x}_i)\Big]=0$$

令
$$Q_G=\sum_{i=1}^{m}n_i(\overline{x}_i-\overline{x})^2=\frac{1}{n_i}\sum_{i=1}^{m}(\sum_{j=1}^{n_j}x_{ij})^2-\frac{1}{N}(\sum_{i=1}^{m}\sum_{j=1}^{n_i}x_{ij})^2=\sum\frac{T_i^2}{n_i}-\frac{T^2}{N} \tag{7-4}$$

$$Q_e=\sum_{i=1}^{m}\sum_{j=1}^{n_j}(x_{ij}-\overline{x}_i)^2=\sum_{i=1}^{m}\sum_{j=1}^{n_i}x_{ij}-\sum_{i=1}^{m}\frac{1}{n_i}(\sum_{i=1}^{n_i}x_{ij})=\sum_{i=1}^{m}\sum_{j=1}^{n_i}x_{ij}-\sum_{i=1}^{m}\frac{T_i^2}{n_i} \tag{7-5}$$

式中，$N=\sum_{i=1}^{m}n_i$，是总测定次数。$Q_T=Q_G+Q_e$，此即偏差平方和的分解公式。Q_G 反映了各样本之间的变异程度，称为组间偏差平方和，表征因素效应的大小；Q_e 反映了同一样本多次测定中各次测定值之间的变异程度，称为组内偏差平方和，表征试验误差的大小。总的自由度 $f_T=\sum_{i-1}^{m}n_i-1$，分组因素的自由度 $f_G=m-1$ 和试验误差的自由度 $f_e=\sum_{i=1}^{m}(n_i-1)$。

$$f_T=f_G+f_e \tag{7-6}$$

式(7-6) 即为自由度的分解公式。

根据表 7-7 的试验数据，依据式(7-3)、式(7-4) 和式(7-5) 分别计算总偏差平方和 Q_T、进样量偏差平方和 Q_q、乙炔/空气流量比偏差平方和 Q_r、灯电流偏差平方和 Q_i、燃烧器高度偏差平方和 Q_h 与试验误差平方和 Q_e 计算结果列入方差分析表表 7-8。

$$Q_T=\sum_{i-2}^{m}\sum_{j=1}^{n_j}x_{ij}^2-\frac{T^2}{32}=16912.75-12980.63=3932.12$$

$$Q_r=\frac{1}{2\times4}\sum_{i=1}^{4}T_r^2-\frac{T^2}{32}=13302.53-12980.63=321.90$$

$$Q_h=\frac{1}{2\times4}\sum_{i=1}^{4}T_h^2-\frac{T^2}{32}=13022.47-12980.63=41.84$$

$$Q_q=\frac{1}{2\times4}\sum_{i=1}^{4}T_q^2-\frac{T^2}{32}=16263.78-12980.63=3283.15$$

$$Q_i=\frac{1}{2\times4}\sum_{i=1}^{4}T_i^2-\frac{T^2}{32}=13234.78-12980.63=254.15$$

$$Q_e=Q_T-Q_r-Q_h-Q_q-Q_i$$
$$=3932.12-321.90-41.84-3283.15-254.15=31.08$$

表 7-8　火焰原子吸收光谱法测定铂方差分析表

方差来源	偏差平方和	自由度	方差估计值	F 值	$F_{0.05(f_1,f_2)}$	显著性	最优水平
乙炔与空气流量比 r	321.90	3	107.30	64.25	3.13	* *	r_1
燃烧器高度 h	41.84	3	13.95	8.35	3.13	* *	h_3

续表

方差来源	偏差平方和	自由度	方差估计值	F 值	$F_{0.05(f_1,f_2)}$	显著性	最优水平
进样速度 q	3283.15	3	1094.38	655.32	3.13	**	q_4
灯电流 i	254.15	3	84.72	51.66	3.13	**	i_1
试验误差	31.08	19	1.67				
总和	3932.12	31					

方差分析表说明，在显著性水平 $\alpha=0.05$，进样量、乙炔与空气流量比、灯电流与燃烧器高度的效应都是高度显著的。优化条件是：进样量 $q=7.5\mathrm{mL/min}$，乙炔与空气流量比 $r=0.5/6.0$，灯电流 $i=6\mathrm{mA}$，燃烧器高度 $h=9\mathrm{mm}$。

在优化分析测试条件时，必须考虑某些因素之间的交互效应。大多数用来研究交互效应的正交表都是为两因素多水平而设计的。在一个具体分析任务中，究竟要考察哪些因素之间的交互效应，需根据专业知识与工作经验来确定。在原子吸收、火焰光度分析中，燃气与助燃气的流量之间、燃助比与燃烧器高度之间的相互效应是应该考虑的；在原子发射光谱分析中，电弧电流与电极间距之间、电弧电流与曝光时间之间的相互效应是必须考虑的。表 7-9 是研究乙炔流量和空气流量之间的交互效应对原子吸收光谱法测定镍电解液中痕量铜的影响的试验安排。表 7-10 是试验结果的方差分析表。

表 7-9　乙炔流量和空气流量对测定痕量铜的影响的试验安排

乙炔流量/(L/min)	空气流量/(L/min)				
	8	9	10	11	12
1.0	81.1	81.5	80.3	80.0	79.3
1.5	81.4	81.8	79.4	79.1	75.0
2.0	75.0	76.1	75.4	75.4	70.8
2.5	60.4	67.0	68.7	69.8	68.7

表 7-10　测定痕量铜试验结果的方差分析表

方差来源	偏差平方和	自由度	方差估计值	F 值	$F_{0.05(f_1,f_2)}$	显著性
乙炔流量	537.64	3	179.21	28.63	3.49	**
空气流量	35.47	4	8.87	1.42	3.26	
试验误差	75.18	12	6.26			
总和	648.29	19				

方差分析表明，空气流量对测定痕量铜没有显著影响。但从表 7-9 的原始数据发现，空气流量对测定痕量铜是有明显影响的，在乙炔流量小于 2.0L/min 时，测定痕量铜的吸光度读数随着空气流量增大而减小；当乙炔流量增大到 2.5L/min 时，测定痕量铜的吸光度读数随着空气流量增大而增大。为什么方差分析却显示空气流量的影响是不显著的？而从原始数据发现，空气流量的影响是随着乙炔流量的变化而变化的，说明乙炔与空气流量之间存在交互效应。然而在方差分析时忽略了乙炔与空气之间的交互效应，交互效应产生的偏差平方和混杂在试验误差的偏差平方和中，增大了试验误差的偏差平方和与方差估计值，降低了 F 检验的灵敏度，从而妨碍了对空气流量主效应的判断。如果将乙炔和空气的交互效应产生的

偏差平方和与试验误差效应产生的偏差平方和分开，可以提高对空气流量效应检验的灵敏度。要分离乙炔和空气流量的交互效应与试验误差效应产生的偏差平方和，必须进行重复测定。这时的吸光度读数如表 7-11 所示。

表 7-11　乙炔流量和空气流量对测定痕量铜吸光度读数的影响

乙炔流量/(L/min)	空气流量/(L/min)									
	8		9		10		11		12	
1.0	81.1	80.5	81.5	81.0	80.3	80.5	80.0	81.0	79.3	76.5
1.5	81.4	80.7	81.8	82.0	79.4	80.0	79.1	79.5	75.0	76.0
2.0	75.0	74.5	76.1	76.5	75.4	76.0	75.4	76.0	70.8	71.0
2.5	60.4	61.0	67.0	68.0	68.7	69.0	69.8	70.0	68.7	69.0

依据表 7-11 的数据计算总偏差平方和 Q_T，乙炔流量偏差平方和 $Q_{乙炔}$、空气流量偏差平方和 $Q_{空气}$，乙炔与空气流量交互效应偏差平方和 $Q_{乙炔\times空气}$，试验误差的偏差平方和 Q_e，计算结果列入表 7-12 中。

$$Q_T=\sum_{i-2}^{a}\sum_{j=1}^{b}\sum_{k}^{n_{ij}}x_{ijk}-\frac{T^2}{N}=\sum_{i-2}^{4}\sum_{j=1}^{5}\sum_{k}^{2}x_{ijk}-\frac{T^2}{40}=228584.88-227315.93=1268.95$$

$$Q_{乙炔}=\frac{1}{bn}\sum_{i-1}^{a}T_a^2-\frac{T^2}{N}=\frac{1}{5\times 2}\sum_{i=1}^{4}T_a^2-\frac{T^2}{40}=228364.95-227315.93=1049.02$$

$$Q_{空气}=\frac{1}{an}\sum_{i-1}^{b}T_b^2-\frac{T^2}{N}=\frac{1}{4\times 2}\sum_{i=1}^{5}T_b^2-\frac{T^2}{40}=227393.69-227315.93=77.76$$

$$Q_{乙炔\times空气}=\frac{1}{n}\sum_{i=1}^{a}\sum_{j=1}^{b}T_{ij}^2-\frac{1}{bn}\sum_{i=1}^{a}T_i^2-\frac{1}{an}\sum_{j=1}^{b}T_j^2+\frac{T^2}{N}$$

$$=228566.36-228364.95-227393.69+227315.93=123.65$$

$$Q_e=\sum_{i=1}^{a}\sum_{j=1}^{b}\sum_{k=1}^{n_{ij}}x_{ijk}^2-\frac{1}{n}\sum_{i=1}^{a}\sum_{j=1}^{b}T_{ij}^2=228584.88-228566.36=18.52$$

表 7-12　测定痕量铜结果的方差分析表

方差来源	偏差平方和	自由度	方差估计值	F 值	$F_{0.05(f_1,f_2)}$	显著性
乙炔流量	1049.02	3	349.67	78.63	3.49	* *
空气流量	77.76	4	19.44	1.42	3.26	
乙炔×空气	123.65	12	10.30			* *
试验误差	18.53	20	0.93			
总和	1268.95	39				

先用试验误差的方差估计值对因素交互效应进行统计检验，如果存在交互效应，再用交互效应的方差估计值对因素主效应进行统计检验。若因素之间交互效应统计检验不显著，则将交互效应视为误差效应的一部分，将其偏差平方和、自由度与试验误差的偏差平方和、自由度分别合并，重新计算误差效应的方差估计值与自由度。再用新计算的误差效应方差估计值对因数效应方差估计值进行 F 检验。依据上述的统计检验顺序对表 7-11 数据进行 F 检验，乙炔与空气交互效应试验值 $F>F_{0.05(I_{2,20})}$，交互效应是高度显著的。再用交互效应方差估计值对乙炔流量、空气流量进行 F 检验，乙炔流量的效应仍是高度显著的，而空气流

量的效应不显著。

7.2.3 校正曲线的建立

原子光谱分析是相对测量法，直接测量的是响应信号（谱线强度或吸光度），而非被测组分的量值。要获得被测组分的量值，必须建立响应信号与被测组分含量（或浓度）之间的定量关系式，即建立校正曲线。

7.2.3.1 校正曲线试验点的数目与分布

原子光谱分析是相对测量技术，同样量的被测组分，在不同基体中、不同仪器上或不同条件下测得的响应值（谱线强度、吸光度）是不同的，需要通过校正曲线（又称工作曲线，working curve）确立被测定组分量（或浓度）与仪器响应值之间的相关关系。因此，正确地建立校正曲线是获得准确可靠分析结果的必要条件。校正曲线（calibration curve）是用组成相同的或相似的标准试样经历全分析过程制作的，用以表征在给定分析条件下被测组分量（或浓度）与响应值（分析信号）之间关系的曲线。严格地说，它与用纯标准试样系列制作的标准曲线是有区别的，标准曲线（standard curve）未考虑样品中共存组分的影响，常常不能适用于复杂的实际样品的校正。如果试样中有其他组分共存，或者需同时测定多个组分时，更为合理的做法是在其他组分共存下制作校正曲线。

正确地建立校正曲线应遵循以下的一些基本原则：①从减小校正曲线的置信区间考虑，用 4～6 个试验点建立校正曲线比较合适；②在校正曲线的线性范围内，要尽量扩大被测组分量（或浓度）的取值范围，且被测组分量（或浓度）要位于校正曲线中间；③在总试验工作量一定时，适当增加试验点数目，减少试验点重复测量次数，增加每个试验点的重复测定次数只能提高个别试验点的测定精密度，而增加试验点数目能增加校正曲线的整体稳定性；④在高、低浓度两端测定分析信号的精密度比校正曲线中间区域差，适当增加两端试验点的重复测量次数以提高它们的测定精密度；⑤将空白溶液试验点参与回归，增加试验点数目，提高校正曲线的稳定性。

建立校正曲线，为什么选取 4～6 个试验点？现在发表的文献中，通常都是用 5 个试验点。如果将分析物质量（或浓度）为零的空白点参与回归，用 6 个试验点建立校正曲线更好。试验点并不严格地都落在校正曲线上，而是沿着校正曲线离散地分布，其离散程度由置信限 $\pm t_{\alpha,f}s_E$ 表征，决定了校正曲线的置信区间，其中 s_E 是校正曲线的残余标准偏差；$t_{\alpha,f}$ 是显著性水平为 α、自由度为 f 时的置信系数，可由统计书籍的 t 分布表中查得（见表7-13）。

表 7-13 t 检验临界值表（α=0.05，双侧）

f	$t_{0.10}$	$t_{0.05}$	$t_{0.01}$	f	$t_{0.10}$	$t_{0.05}$	$t_{0.01}$
1	6.314	12.706	63.657	11	1.796	2.201	3.106
2	2.920	4.303	9.925	12	1.782	2.179	3.055
3	2.353	3.182	5.841	13	1.771	2.160	3.012
4	2.132	2.776	4.604	14	1.761	2.145	2.977
5	2.015	2.571	4.032	15	1.753	2.131	2.947
6	1.943	2.447	3.707	16	1.746	2.120	2.921
7	1.895	2.365	3.499	17	1.740	2.110	2.898
8	1.860	2.306	3.355	18	1.734	2.101	2.878
9	1.833	2.262	3.250	19	1.729	2.093	2.861
10	1.812	2.228	3.169	20	1.725	2.086	2.845

注：在一元线性回归分析中，自由度 f 是试验点数目 $n-2$。

$t_{\alpha,f}$值随 f 增大而减小，当 $f \geqslant 5$ 后 $t_{\alpha,f}$值随 f 增大而减小的速度减慢。$f<3$（试验点数目小于 5），$t_{\alpha,f}$值较大，校正曲线的置信区间较宽。$t_{\alpha,f}$值越大，从校正曲线由仪器响应值（分析信号）求得被测定量值的不确定程度就越大。从控制校正曲线合适的置信区间考虑，即试验点数目不要少于 5。进一步增多试验点数目，试验工作量增大了，而校正曲线的置信区间减小有限。

试验点数目确定后，接着需要考虑试验点的分布。按照校正曲线试验点精密度分布（参见图 7-6）[5]，校正曲线两端的试验点测量精密度差，特别是高端试验点变动较大，对校正曲线的残余标准偏差贡献大，显著地影响校正曲线的走向。如果在校正曲线高、低两端区域分别各有两个邻近试验点，按照测定值的属性，可有效地控制校正曲线的随机波动性，增加校正曲线的稳定性。试验点的合理分布应该是校正曲线中央布点可稀疏些，校正曲线两端区域试验点布置密一些，对于 5 个试验点，在校正曲线中央布一个试验点，在靠近高、低端应各布两个相互邻近的试验点。为了配制标准系列方便，而按照量值（或浓度）倍数（如 1、2、4、8…）布置试验点是不可取的做法。

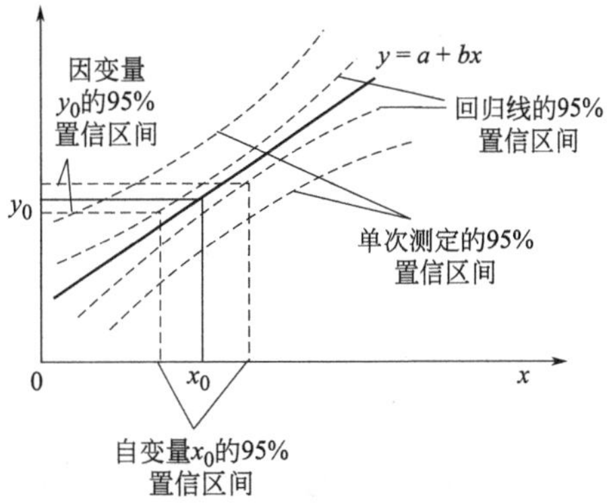

图 7-6　校正曲线精密度曲线

图 7-6 说明，校正曲线的标准偏差随被测定的量值而变化，中央区域的精密度优于校正曲线两端的精密度，校正曲线中心点的精密度最好。

由于位于校正曲线两端的试验点测定值精密度较差，测定值（空白）精密度差，测定量值常有波动，用量值（或浓度）为零的试验点不同次测定值进行空白校正，往往会出现“空白”校正过度或校正不足的情况，会引起校正曲线的平移。合理的做法是将量值（或浓度）为零的试验点测定值参与回归，用校正曲线的截距作为“空白”值扣除。因截距值是综合了各试验点对校正曲线的影响而得到的值，用它作为“空白”值，可提高空白扣除的准确性。校正曲线的变动是不可避免的，重新测定一个试验点的值对校正曲线进行标定（单点标定），不管用来进行曲线斜率重置或曲线平移校正都是不可取的。事实上，校正曲线通常既有固定系统误差引起平移，又有相对系统误差引起转动。值得推荐的办法是将原试验点和新标定试验点的测定值结合在一起重新建立校正曲线。而且，最好用不同于建立校正曲线的原试验点而采用新的量值（或浓度）的试验点来标定校正曲线，这相当于新增加了试验点数目，可以改善新建校正曲线的稳定性。

试验点数目及其分布确定后，如何来建立校正曲线？建立校正曲线依据的原则是最小二乘原理[6,7]，使偏差平方和达到极小。从做图的角度来说，就是根据平面上一组离散的试验点 $(x_1,y_1),(x_2,y_2),\cdots,(x_n,y_n)$，选择适当的连续曲线近似地拟合这一组离散试验点，使校正曲线尽可能通过最多的试验点，且试验点均衡地分布在校正曲线的两侧，以尽可能完善地表示被测组分含量（或浓度）与测得的分析信号值之间的关系。

用最小二乘原理拟合分析信号值 y 与被测组分含量（或浓度）x 的校正曲线，其斜率 b 和截距 a 分别由式(7-7) 和式(7-8) 计算，

$$b=\frac{n\sum_{i=1}^{n}x_iy_i-\sum_{i=1}^{n}x_i\sum_{i=1}^{n}y_i}{n\sum_{i=1}^{n}x_i^2-\left(\sum_{i=1}^{n}x_i\right)^2}=\frac{\sum_{i=1}^{n}(x_i-\bar{x})(y_i-\bar{y})}{\sum_{i=1}^{n}(x_i-\bar{x})^2} \tag{7-7}$$

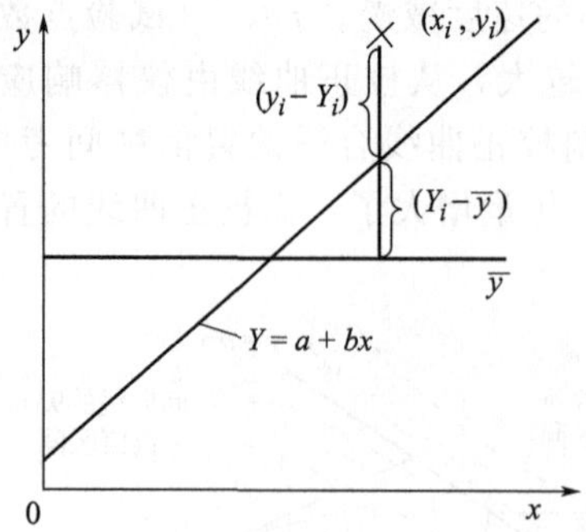

图 7-7　校正曲线相关性检验示意图

$$a = \frac{1}{n}\sum_{i=1}^{n} y_i - b\frac{1}{n}\sum_{i=1}^{n} x_i = \overline{y} - b\overline{x} \tag{7-8}$$

式中，x_i 为被测组分含量（或浓度）；y_i 为检测器响应的分析信号值；n 是试验点的数目；$\overline{x}$ 是被测组分含量（或浓度）的平均值；$\overline{y}$ 是分析信号值的平均值。

所建立的校正曲线在统计上是否有意义，需用相关性检验。相关性检验的示意图，如图 7-7 所示。

按照偏差平方和的加和性原理，从试验点 (x_i, y_i) 到校正曲线 $y_i = \overline{y}$ 中心线，分析信号的总偏差平方和 $Q_T = \sum_{i=1}^{n}\sum_{j=1}^{p}(y_{ij} - \overline{y})^2$，等于试验点 p 次重复测定的误差效应平方和 $Q_e = \sum_{i=1}^{n}\sum_{j=1}^{p}(y_{ij} - \overline{y}_i)^2$、失拟平方和 $Q_d = p\sum_{i=1}^{n}(\overline{y}_i - Y_i)^2$ 与回归平方和 $Q_g = \sum_{i=1}^{n}(Y_i - \overline{y})^2$ 之总和。相关系数按式(7-9) 计算。

$$r^2 = b^2 \frac{\sum_{i=1}^{n}(x_i - \overline{x})^2}{\sum_{i=1}^{n}(y_i - \overline{y})^2} = 1 - \frac{\sum_{i=1}^{n}(y_i - Y_i)^2}{\sum_{i=1}^{n}(y_i - \overline{y})^2} \tag{7-9}$$

由式(7-9) 知道，当 y 与 x 存在严格的函数关系时，所有的试验点都应落在校正曲线上，则 $y_i = Y_i$，$r^2 = 1$；当 y 与 x 没有任何关系时，各试验点的分析信号值不随被测组分的量值而变化，都为 $\overline{y}$，校正曲线是高度等于 $\overline{y}$ 的平行于 x 轴的斜率为零的直线。$Y_i = \overline{y}$，$r^2 = 0$，斜率为零的校正曲线显然是没有任何实际意义；当 y 与 x 存在相关关系时，r^2 值位于 0 与 1 之间。从统计观点考虑，只有回归平方和 $Q_g = \sum_{i=1}^{n}(Y_i - \overline{y})^2$ 足够大，即相关系数 r 大于表 7-14 中一定显著性水平 α 和一定自由度 f 时的临界值 $r_{\alpha,f}$ 时，校正曲线才有统计和实用意义；反之，若 r 小于 $r_{0.05,f}$，表示所建立的校正曲线没有意义。由此可见，r^2 是表征 y 与 x 相关程度的一个参数，称为相关系数（correlation coefficient）。其符号取决于回归系数 b 的符号。若 $r>0$，称 y 与 x 正相关，y 随 x 增大呈现增大趋势；若 $r<0$，称 y 与 x 负相关，y 随 x 增大呈现减小的趋势。由上述分析可知，校正曲线实际上是在被测组分一定量值（或浓度）x 范围内，响应值 y 随 x 的动态变化曲线。故将通过相关性检验的校正曲线两端点之间所跨的被测组分的量值（或浓度）范围，称为校正曲线的动态线性范围（dynamic linearity range of calibration curve）。

表 7-14　相关系数表临界值 $r_{0.05,f}$

$f=n-2$	$r_{0.05,f}$	$f=n-2$	$r_{0.05,f}$	$f=n-2$	$r_{0.05,f}$	$f=n-2$	$r_{0.05,f}$
1	0.997	6	0.704	11	0.553	16	0.468
2	0.950	7	0.666	12	0.532	17	0.456
3	0.878	8	0.632	13	0.514	18	0.444
4	0.811	9	0.602	14	0.497	19	0.433
5	0.754	10	0.576	15	0.482	20	0.423

7.2.3.2 校正曲线的制作方法

通常都是用纯溶液标准系列制作校正曲线，这样制作的校正曲线用来分析纯试液或经过分离之后的试样无疑是可行的。如果试样中有其他组分共存，或者需同时测定多个组分时，除非从已有的经验确定共存组分没有影响之外，在制作校正曲线的标准系列内都应加入共存组分，以与实际试样相匹配。因为这些共存组分有可能对校正曲线的斜率、截距或同时对斜率、截距产生影响。在这种情况下，用纯标准系列制作的校正曲线未必能用于有共存组分的复杂试样。合理的做法是用正交试验设计，通常采用正交表 $L_9(3^4)$、$L_{16}(4^5)$、$L_{16}(4^4\times2^8)$、$L_{25}(4^6)$ 安排试验。如果要同时测定几个组分，就将各被测组分作为因素安排到合适的正交表中，同时建立几个组分的校正曲线。表 7-15 是用正交表 $L_{16}(4^5)$ 安排试验，同时制作在 Au、Pt、Pd、Ag、Cu 的校正曲线的示例。

表 7-15 同时制作 5 元素校正曲线的 $L_{16}(4^5)$ 正交试验安排示例

试验号	因素										响应值 y
	Au/(mg/L)		Pt/(mg/L)		Pd/(mg/L)		Ag/(mg/L)		Cu/(mg/L)		
1	(1)	0.6	(1)	0.10	(1)	0.20	(1)	0.30	(1)	0.5	y_1
2	(1)	0.6	(2)	0.20	(2)	0.30	(2)	0.60	(2)	1.0	y_2
3	(1)	0.6	(3)	0.30	(3)	0.40	(3)	0.90	(3)	1.5	y_3
4	(1)	0.6	(4)	0.40	(4)	0.50	(4)	1.20	(4)	2.0	y_4
5	(2)	1.2	(1)	0.10	(2)	0.30	(3)	0.90	(4)	2.0	y_5
6	(2)	1.2	(2)	0.20	(1)	0.20	(4)	1.20	(3)	1.5	y_6
7	(2)	1.2	(3)	0.30	(4)	0.50	(1)	0.30	(2)	1.0	y_7
8	(2)	1.2	(4)	0.40	(3)	0.40	(2)	0.60	(1)	0.5	y_8
9	(3)	1.8	(1)	0.10	(3)	0.40	(4)	1.20	(2)	1.0	y_9
10	(3)	1.8	(2)	0.20	(4)	0.50	(3)	0.90	(1)	0.5	y_{10}
11	(3)	1.8	(3)	0.30	(1)	0.20	(2)	0.60	(4)	2.0	y_{11}
12	(3)	1.8	(4)	0.40	(2)	0.30	(1)	0.30	(3)	1.5	y_{12}
13	(4)	2.4	(1)	0.10	(4)	0.50	(2)	0.60	(3)	1.5	y_{13}
14	(4)	2.4	(2)	0.20	(3)	0.40	(1)	0.30	(4)	2.0	y_{14}
15	(4)	2.4	(3)	0.30	(2)	0.30	(4)	1.20	(1)	0.5	y_{15}
16	(4)	2.4	(4)	0.40	(1)	0.20	(3)	0.90	(2)	1.0	y_{16}

以同一含量水平下的响应值的平均值对被测组分量值（或浓度）制作校正曲线。以建立 Pd 的校正曲线为例，Pd 水平 1 的分析信号平均值，$\overline{y}_{Pd,1}=(y_1+y_6+y_{11}+y_{16})/4$，Pd 在水平 2、3、4 的分析信号平均值分别是，$\overline{y}_{Pd,2}=(y_2+y_5+y_{12}+y_{15})/4$，$\overline{y}_{Pd,3}=(y_3+y_8+y_{19}+y_{14})/4$，$\overline{y}_{Pd,4}=(y_4+y_7+y_{10}+y_{13})/4$。用求得的 $\overline{y}_{Pd,1}$、$\overline{y}_{Pd,2}$、$\overline{y}_{Pd,3}$、$\overline{y}_{Pd,4}$ 对 Pd 各水平量值（或浓度）进行回归，便得到 Pd 的校正曲线。用同样的方法可以建立 Au、Pt、Ag、Cu 的校正曲线。这样得到的校正曲线考虑到了其他共存组分不同水平的综合影响，因此能更真实地反映客观实际情况。需要注意的是，不能将相互干扰严重的元素放在一起建立校正曲线。正交表上没有安排因素的列，可以用来估计试验误差。

7.2.4 校正曲线的属性

7.2.4.1 中心试验点的特性

基于最小二乘原理建立校正曲线，曲线的截距 $a=\overline{y}-b\overline{x}$，表明中心试验点一定位于校正曲线上。从图 7-6 校正曲线精密度曲线知道，在中心试验点的精密度最好，在其附近区域，精密度优于校正曲线两端的精密度。中心试验点变动，引起校正曲线平移，截距发生改变。校正曲线绕中心试验点转动，引起校正曲线斜率发生改变。

7.2.4.2 精密度与置信区间

从标准系列取样建立校正曲线，对特定的一次取样建立的校正曲线，斜率和截距是常数。分析信号 y 是随机变量，分析物的质量（或浓度）x 是固定变量，y 与 x 之间是相关关系，而非数学上严格的函数关系。在制作校正曲线过程中，配制标准系列用的标准物质的不确定度、各级容量器具的精度、原子光谱仪器读数的波动性等因素都要引入误差，这些误差综合地反映在校正曲线波动性上，测定量值 x 对相应仪器响应值（分析信号）y 的非线性影响，使得每一个试验点不一定都落在校正曲线 $Y=a+bx$ 上。每一试验点的分析信号 y_i 偏离校正曲线预测值 Y_i 的偏差（y_i-Y_i），即所有试验点偏离校正曲线的程度，用校正曲线的残余标准偏差（residual standard deviation）s_E 表示。s_E 表征了所建立校正曲线的精密度。

$$s_E=\sqrt{\frac{\sum(y_i-Y_i)^2}{n-2}}=\sqrt{\frac{\sum\limits_{i=1}^{n}y_i^2-\frac{1}{n}\left(\sum\limits_{i=1}^{n}y_i\right)^2}{n-2}} \tag{7-10}$$

式中，n 是试验点的数目；y_i 为仪器响应值；Y_i 为按校正曲线关系式预测的仪器响应值。s_E 决定了校正曲线的置信区间，直接影响到从校正曲线由仪器响应值求得被测定量值的不确定程度。校正曲线的置信区间较窄，测定量值（或浓度）的不确定度较小；校正曲线两端的高含量区和低含量区，s_E 较大，校正曲线的置信区间较宽，由测得的仪器响应值从校正曲线求得被测组分的量值（或浓度）的不确定度较大。中心点（$\overline{x}$,$\overline{y}$）处，校正曲线的置信区间最窄，由测得的响应值从校正曲线求得被测组分的量值（或浓度）的不确定度最小。在置信概率为 95%时，置信系数近似为 2，在校正曲线的线性动态范围不是很宽的情况下，忽略校正曲线的残余标准偏差 s_E 随被测定组分的量值（或浓度）而变化时，通常用宽度近似为 $\pm 2s_E$，在校正曲线上、下两侧画出两条平行于校正曲线的直线，作为其 95%置信水平的置信区间，如图 7-8 所示。

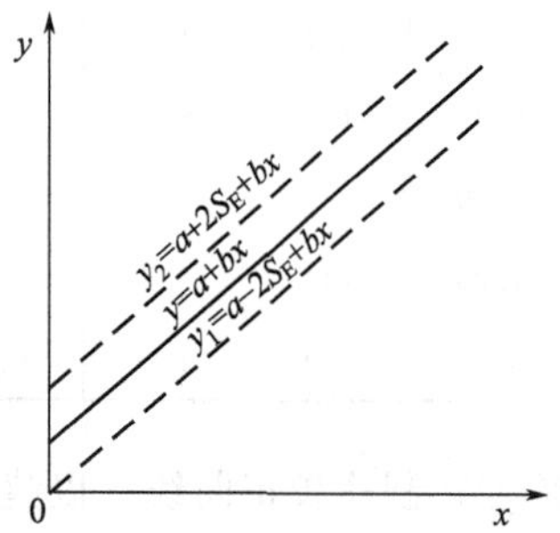

图 7-8 校正曲线的 95% 置信水平的置信区间

校正曲线有变动时，只要中心试验点平行位移的大小，或以中心点为轴心发生转动的大小仍在所确定的置信区间内，认为校正曲线的变动仍在允许可控范围内，校正曲线可以继续使用。

原子光谱分析是一个动态测定过程，即使用同一标准系列样品在不同时间或由不同的分析人员使用同一标准系列样品（用统计术语说就是由同一总体中抽取不同的样本）制作的校正曲线，得到的各校正曲线的斜率和截距未必是相同的。斜率和截距的变动性分别用斜率、

截距的标准偏差 s_b、s_a 表征，

$$s_b = \frac{s}{\sqrt{\sum_{i=1}^{n}(x_i - \bar{x})}} \tag{7-11}$$

$$s_a = s\sqrt{\frac{\sum_{i=1}^{n} x_i^2}{n\sum_{i=1}^{n}(x_i - \bar{x})}} \tag{7-12}$$

对于 $x=x_0$ 的分析信号 y_0 的测定误差 s_{y_0}，既受斜率 b 和截距 a 变动性的影响，又要受到测定时试验条件随机波动的影响。按照误差传递原理，测定分析信号 y_0 的标准偏差

$$s_{y_0} = s_{\mathrm{E}}\sqrt{\frac{1}{p}+\frac{1}{n}+\frac{(x_0-\bar{x})^2}{b^2(x_i-\bar{x})^2}} \tag{7-13}$$

由测定的分析信号 $\bar{y}_0$ 从校正曲线可求得 $\bar{x}_0$。测定量值 $\bar{x}_0$ 的标准偏差为

$$s_{\bar{x}_0} = \frac{s}{b}\sqrt{\frac{1}{p}+\frac{1}{n}+\frac{(y_0-\bar{y})^2}{b^2\sum_{i=1}^{n}(x_i-\bar{x})^2}} \tag{7-14}$$

用标准加入法求得的不同含量（或浓度）的精密度按式(7-15) 计算，

$$s_{x_0} = \frac{s}{b}\sqrt{\frac{1}{n}+\frac{\bar{y}^2}{b^2\sum_{i=1}^{n}(x_i-\bar{x})^2}} \tag{7-15}$$

式中，b 为校正曲线的斜率；s 为校正曲线的标准偏差；n 为试验点的数目；p 是对 $x=x_0$ 的分析信号 y_0 的重复测定次数；y_0 为被测样品的分析信号值；$\bar{x}$ 为被测组分含量（或浓度）的平均值；$\bar{y}$ 为分析信号的平均值。用图表示校正曲线各试验点精密度如图 7-6 所示。

7.2.4.3 线性动态范围和线性范围

按最小二乘原理建立的校正曲线一定是偏差平方和最小，但偏差平方和最小的校正曲线不一定是有意义的。正如本章 7.2.3.1 所指出的，建立的校正曲线是否有意义，需用相关系数 r 进行相关性检验。通过相关性检验的校正曲线只是表明所建立的校正曲线在统计上是有意义的，在所指定的被测组分的量值（或浓度）x 范围内，分析信号 y 随 x 基本上呈现线性变化，在校正曲线两端区域可以有某种程度的弯曲。因此，通过相关性检验的校正曲线两端点之间所跨的被测组分的量值范围，称为校正曲线的动态线性范围，而不能称为校正曲线的线性范围。

下面从铬天青 S 分光光度法测定钪的示例进一步说明校正曲线的动态线性范围与线性范围的区别[8]。铬天青 S 分光光度法测定钪的数据列于表 7-16。

表 7-16　铬天青 S 分光光度法测定钪的标准溶液数据

加入 Sc 量 /(μg/25mL)	0	0	1	2	4	6	8	10	12
吸光度 A	0.085	0.112	0.170	0.234	0.396	0.509	0.530	0.553	0.564
	0.098	0.093	0.170	0.241	0.401	0.502	0.552	0,589	0.609

根据表 7-16 的数据，拟合的校正曲线是 $y=0.145+0.0441x$，相关系数是 $r=0.9534$。相关系数临界值分别是 $r_{0.05,7}=0.666$ 和 $r_{0.01,7}=0.798$，r 大于 $r_{0.05,7}$ 和 $r_{0.01,7}$，表明所建立的校正曲线（图 7-9 的虚线）在统计上是有意义的，校正曲线的动态线性范围上限是 12μg/25mL。但从图 7-9 可以看到，当钪浓度大于 6μg/25mL 后，校正曲线明显弯向浓度轴。由此说明，通过了相关系数检验的校正曲线所跨被测组分量值（或浓度）区间内，试验点并非一定位于直线上。

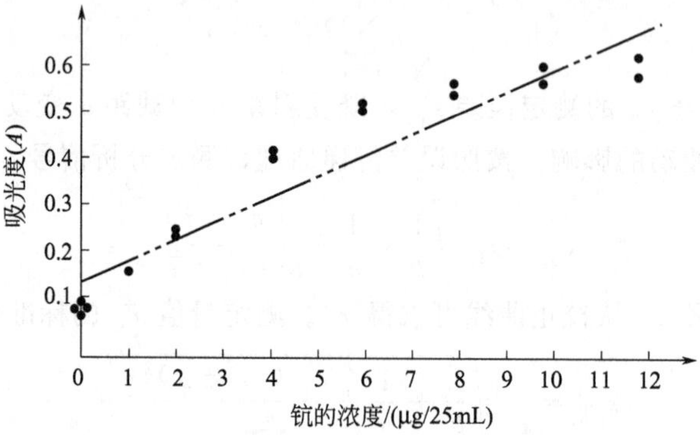

图 7-9　测定钪的校正曲线的动态线性范围与线性范围

为什么通过相关性检验的校正曲线两端点之间所跨的被测组分的量值（或浓度）范围，不能作为校正曲线的线性范围呢？因为相关系数是通过回归平方和 $Q_g=\sum_{i=1}^{n}(Y_i-\overline{y})^2$ 与未考虑失拟平方和影响的情况下的试验误差求得的。事实上，试验点是否落在校正曲线上，除了试验误差之外，也包括了 x 对 y 的非线性影响，以及除 x 之外其他因素的影响。只有对试验点进行了重复测定，将 x 对 y 的非线性影响与试验误差分辨开，用误差效应平方和 Q_e 去检验失拟平方和 Q_d，并排除失拟平方和的影响后，再用试验误差效应平方和去检验回归平方和，才可以确定试验点是否落在校正曲线上。对试验点没有重复测量，不能得到 Q_e，不能进行失拟检验，就不能确定校正曲线的线性范围。计算拟合优度检验的失拟统计量值

$$F=\frac{Q_d/f_d}{Q_e/f_e}=\frac{p\sum_{i=1}^{n}(\overline{y}_i-Y_i)^2/(n-2)}{\sum_{i=1}^{n}\sum_{j=1}^{p}(y_{ij}-\overline{y}_i)^2/[n(p-1)]} \tag{7-16}$$

式中，f_d 和 f_e 分别是失拟偏差平方和与误差效应平方和的自由度。计算的 F 实验值如果大于 F 分布表（表 7-17）中相应显著性水平 α 和自由度 f_d 和 f_e 的临界值，表明失拟情况显著，校正曲线有明显的弯曲；如果小于临界值，表明不存在失拟情况。通过拟合优度检验的校正曲线两端点之间所跨的被测定组分的量值（或浓度）范围，称为校正曲线的线性范围（linearity range of calibration curve）。

表 7-17　*F* 检验临界值表（$\alpha=0.05$）

f	1	2	3	4	5	6	7	8	9
1	161.4	199.5	215.7	224.6	230.2	234.0	236.8	238.9	240.5
2	18.51	19.00	19.16	19.25	19.30	19.33	19.35	19.37	19.38
3	10.13	9.55	9.28	9.12	9.01	8.95	8.89	8.85	8.81
4	8.71	6.94	6.59	6.39	6.26	6.16	6.09	6.04	6.00

续表

f	1	2	3	4	5	6	7	8	9
5	6.61	5.79	5.41	5.19	5.05	4.95	4.88	4.82	4.77
6	5.99	5.14	4.76	4.53	4.39	4.28	4.21	4.15	4.10
7	5.59	4.74	4.35	4.12	3.97	3.87	3.79	3.73	3.68
8	5.32	4.46	4.07	3.84	3.69	3.58	3.50	3.44	3.39
9	5.12	4.26	3.86	3.63	3.48	3.37	3.29	3.23	3.18

注：横行 f 是 s_1^2 的自由度，纵列 f 是 s_2^2 的自由度。

根据表 7-16 中的数据，计算拟合优度检验的失拟统计量值

$$F=\frac{p\sum_{i=1}^{n}(\overline{y}_i-Y_i)^2/(n-2)}{\sum_{i=1}^{n}\sum_{j=1}^{p}(y_{ij}-\overline{y}_i)^2/[n(p-1)]}=34.5$$

F 分布表中相应显著性水平 α 和自由度 f_d 和 f_e 的临界值是 $F_{0.05,(7,9)}=3.29$，$F>F_{0.05,(7,9)}$，失拟情况是高度显著的，校正曲线呈现明显的弯曲。如果舍弃 6μg/25mL 后的试验点，由前面几个试验点建立校正曲线，$y=0.09987+0.06971x$，相关系数是 $r=0.9966$。相关系数临界值 $r_{0.05,4}=0.811$，$r>r_{0.05,4}$，所建立的校正曲线具有统计与实际意义。这时再计算失拟平方和 $Q_d=1.276\times10^{-3}$，$F=5.864\times10^{-5}$，$F<F_{0.05(4,6)}=4.53$，校正曲线已不存在失拟情况。

由上面的讨论知道，校正曲线的动态线性范围与线性范围是有区别的，不能混淆。通过拟合优度检验的校正曲线所跨被测组分量值（或浓度）区间内，试验点都位于校正曲线直线上，校正曲线的线性范围上限是 6μg/25mL。线性动态范围大于线性范围。

对相关系数的要求，与建立校正曲线的试验点数目有关，试验点数目较多，使所有的试验点都落在校正曲线上，比试验点数目少时更困难，对相关系数的要求应比较低才是合理的。然而现在的一些标准文件或操作规程中，不管试验点数目多少，一律要求相关系数达到 3 个 9 甚至 4 个 9，这种要求是不符合数理统计原理的。

7.2.4.4 线性动态范围不可外延性

校正曲线是对一组特定的试验点按最小二乘原理建立的，斜率和截距是常数，对不同试验点建立的校正曲线，其斜率和截距是不同的。校正曲线外延，就意味着肯定外延点也位于校正曲线上，事实上并不是这样，特别是高量值（或浓度）一端，校正曲线常常有向下弯的倾向，正如在图 7-9 中所看到。如果将校正曲线高端由 12μg/25mL 延至 16μg/25mL，校正曲线弯曲，可见任意外延校正曲线有可能造成校正曲线的严重失拟。校正曲线在低量值（或浓度）端，向下端外延也会造成校正曲线失拟。如果从专业知识或经验上确知外延点仍在线性范围内，外延也是允许的。最好是用外延点进行试验，予以证实。现在还有不少文献中，建立校正曲线时，最低试验点被测组分的量值（或浓度）并不在零点，而在文章中将线性范围写成 $0\sim x$，这是不对的。我们知道，测定低于分析方法检出限的量值（或浓度），不能给出可靠的定量结果，因此，不能随意将校正曲线的线性下限延至 0。

7.3 原子光谱分析方法评价参数

一个好的分析方法应具有良好的检测能力，容易获得可靠的分析结果，有广泛的适用

性，操作应尽可能简便。检测能力用检出限表征，测定结果的可靠性用准确度或不确定度表示，适用性用对不同组成样品的适用能力与分析物浓度或含量的适用范围表征。

7.3.1 检出限和定量限

检出限（detection limit）是表征分析方法检测能力的一个参数，是评价分析方法的一个基本指标。检出限的定性定义，在光谱分析中，是指能产生一个确证在试样中存在被测组分的分析信号所需要的该组分的最小含量或最小浓度。检出限的定量定义是：根据 IUPAC 的推荐，在测量误差遵从正态分布的条件下，能用该分析方法以适当置信度（通常取置信度 99.7%）检出被测组分的最小量或最小浓度。

设被测组分在检出限水平，测得其分析信号平均值为 A_L。在相同条件下，对空白试样进行足够多次（例如 20 次）测定，测得其信号平均值为 $\overline{A}_b$，标准偏差为 s_b。根据检出限的定义，当

$$\overline{A}_L-\overline{A}_b\geqslant ks_b \tag{7-17}$$

才可以在约定置信系数 k 水平检出信号，取 $k=3$，置信概率为 0.997，判定被测组分的存在，最小检出量和最小检出浓度可由最小检测信号值与空白噪声导出。最小检出量和最小检出浓度分别以 q_L 和 c_L 表示，

$$q_L=\frac{\overline{A}_L-\overline{A}_b}{b_q}=k\frac{s_b}{b_q} \tag{7-18}$$

$$c_L=\frac{\overline{A}_L-\overline{A}_b}{b_c}=k\frac{s_b}{b_c} \tag{7-19}$$

式中，b 为校正曲线在低浓度区的斜率，表示被测组分的量或浓度改变一个单位时分析信号的变化量，即灵敏度。在实际分析工作中，亦有用置信度 95%（即 2 倍标准偏差）来表征一个分析方法的检出限。检出限与灵敏度是密切相关的两个表征分析方法特性的参数，灵敏度越高，检出限越低。检出限考虑了噪声的影响，而灵敏度没有考虑到噪声对测定信号的影响。如图 7-10 所示，A 与 B 两种情况的信号强度相同，灵敏度是相同的，但从有噪声的 A 中检出分析信号，由于受到噪声的干扰，显然要比从没有噪声的 B 中检出分析信号的难度要大，其检出限要比 B 差。

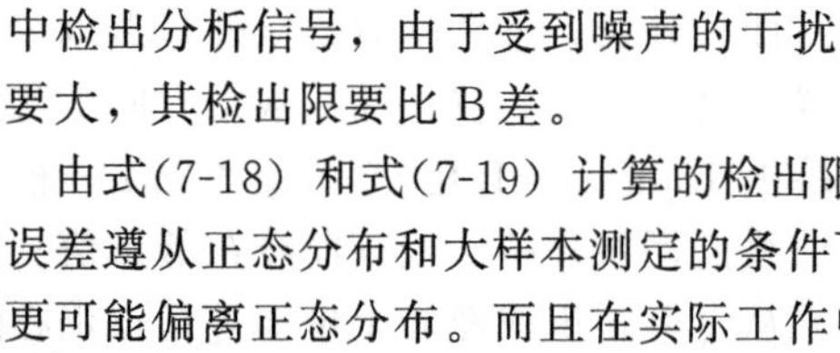

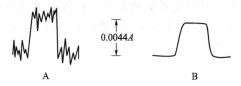

图 7-10 噪声对检出限与灵敏度的影响

由式(7-18) 和式(7-19) 计算的检出限，取置信系数 $k=3$（置信度为 99.7%），是在测定误差遵从正态分布和大样本测定的条件下才成立。在测定低浓度或低含量组分时，测定误差更可能偏离正态分布。而且在实际工作中，基体匹配的空白样品不容易找到，通常用不含被测组分的纯溶液作为空白样品，测得的标准偏差 s_b 往往偏小，求得的检出限值比预期的要好些。当被测量信号水平小于 3 倍空白噪声时，测定量值是可疑的；等于 3 倍空白噪声时，相当于最低检出限，测定量值是可信的。检出限可以作为分析人员选择和评估分析方法能否满足实际分析工作要求的基本依据。

在例行分析中，都是小样本测定，测定值遵从 t 分布，用 t 代替式(7-18) 和式(7-19) 中的 k，某些国标和行业标准规定用重复 11 次测定的标准偏差计算检出限，要使置信概率达到 0.99，从 t 分布表查得 $t=3.169$，要使置信概率达到 0.999，$t=4.587$，按近似内插法求得置信概率为 0.997 时的 $t=4.114$。就是说，按 3 倍标准偏差求得的检出限值偏低、偏好

了，或者说，置信概率不到 0.997，而在 0.98～0.99 之间，按近似内插法，求得置信概率为 0.9856。值得注意的是，在导出检出限关系式时，假定测定差值（$\overline{A}_L-\overline{A}_b$）的标准偏差为 s_b。而按照误差传递原理，若空白样品信号的标准偏差为 s_b，测定量值为检出限水平的样品的分析信号的标准偏差亦可视为 s_b，则测定差值（$\overline{A}_L-\overline{A}_b$）信号的标准偏差应为 $s=\sqrt{s_b^2+s_b^2}=\sqrt{2}s_b=1.414s_b$。因此，要使分析信号 A_L 能以置信度为 99.7%显著地从噪声中检出，至少应使（$\overline{A}_L-\overline{A}_b$）$\geqslant 3s=4.242s_b$。由此可见。要使量值在检出限水平的测定值有足够的可靠性，计算检出限的置信系数至少要大于 $4.242s_b$。如果同时是小样本测定，要使置信概率为 0.997，$t=4.114$，$4.114\times\sqrt{2}s_b=5.818s_b\approx 6s_b$。就是说，在实际工作中，取 6 倍标准偏差 s_b 计算检出限更为合理。等于和大于 6 倍空白噪声 s_b 时，才能有效地进行定量测定。

定量限（quantificationlimit），又称为测定限（determinationlimit），定量分析方法实际可能测定的某组分含量的下限。它不仅受测定噪声的限制，这一点与检出限是相同的，也受空白（背景）绝对水平的限制，这一点是与检出限不同的。只有当分析信号比噪声和空白背景大到一定程度时才能可靠地分辨与检测出来。由高空白（背景）比由低空白（背景）下分辨一个分析信号更困难，噪声和空白背景越高，就需要越高的被测定量产生信号，说明高的噪声和空白背景值使定量限变坏。这是为什么在进行痕量分析时，要减少玷污将空白值控制在尽可能低的水平的重要原因。假定 $\overline{A}_L/\overline{A}_b=K$ 为从噪声和空白背景 $\overline{A}_b$ 中分辨和检出分析信号的阈值，代入式(7-18) 和式(7-19)，得到实际能测定的最小量 q_L 和最小浓度 c_L 分别是

$$q_L=\frac{(K-1)\overline{A}_b}{b_q} \tag{7-20}$$

$$c_L=\frac{(K-1)\overline{A}_b}{b_c} \tag{7-21}$$

7.3.2　灵敏度、特征质量和特征浓度

灵敏度（sensitivity）表示被测组分的量或浓度改变一个单位时分析信号的变化量。它是表征分辨分析信号变化能力的参数。原子光谱仪器检测器的灵敏度 S 越高，噪声 N 也随之增大，信噪比 S/N 不一定得到提高，检出限未必能得到改善。灵敏度由于没有考虑测量噪声的影响，不宜于用它表征一个分析方法的检测能力。

在一些原子吸收光谱分析文献中，将产生 1%吸收或 0.0044 吸光度所需要的被测组分的含量或浓度定义为灵敏度。根据 1975 年 IUPAC 的建议，已不再将其称为灵敏度，而分别称为特征质量（characteristic mass）m_0 和特征浓度（characteristic concentration）m_c。若用质量为 m 或浓度为 c 的溶液测得的吸光度为 A，则特征质量 m_0 和特征浓度 m_c 分别为

$$m_0=\frac{m\times 0.0044}{A} \tag{7-22}$$

$$m_c=\frac{c\times 0.0044}{A} \tag{7-23}$$

特征质量或特征浓度与灵敏度存在同样的问题，没有将分析信号与噪声联系起来，用来表征分析方法的最低检出能力同样是不合适的。

7.3.3 精密度

精密度是指在规定条件下多次重复测定同一量时各测定值之间彼此相一致的程度，表征测定过程中因随机误差导致的测定值离散性大小的参数，可用标准偏差（standarddeviation）或相对标准偏差（relative standard deviation，RSD）、极差（range）、算术平均差（arithmetic average deviation）表示，但最常用的是标准偏差（s）或相对标准偏差（RSD）。良好的精密度是保证获得高准确度的先决条件，测量精密度不好，就不可能有高的准确度；反之，测量精密度好，准确度也不一定高，这种情况表明测定中随机误差小，但系统误差较大。精密度同被测定的量值和浓度大小有关。用原子光谱法测定痕量组分时，噪声对测定值的影响比测定非痕量组分时大，因此，在报告测定结果的精密度时，应该指明获得该精密度的被测定组分的量值或浓度大小及测定次数。

7.3.3.1 标准偏差

标准偏差（standard deviation）s 按贝塞尔公式计算，

$$s=\sqrt{\frac{\sum_{i=1}^{n}(x_i-\overline{x})^2}{n-1}} \tag{7-24}$$

式中，x_i 是单次测定值；$\overline{x}$ 是 n 次重复测定值的算术平均值，简称平均值。式(7-24)用来计算等精度测定的标准偏差，表示在进行多次测定时，每次测定的标准偏差的统计平均值，又称为单次测定标准偏差。所谓单次测定标准偏差，是其统计含义，而不是只进行一次测定的标准偏差，因为一次测定无法计算标准偏差。

用标准偏差表征一组测定值的离散特性和精密度，其优点是：①全部测定值都参与标准偏差的计算，充分利用了所得到的信息；②样本标准偏差是总体标准偏差的无偏估计值，用 s 估计 σ 不存在系统误差，用标准偏差量度精密度是最有效的；③对一组测定量值中离散性大的测定值（离群值）反应灵敏，当一组测量值中出现离散性大的离群值时，标准偏差随即明显变大；④标准偏差的平方（方差）具有加和性。当一个测定结果受到多个因素的影响时，测定结果的总的方差等于各个因素产生的方差之和，此即方差加和性原理。它是对测定数据进行统计分析时的重要依据之一。

7.3.3.2 并合标准偏差

当一个分析任务由同一名分析人员用不同分析方法或在不同仪器上完成时，特别是在协同试验时，由不同实验室或同一实验室的不同分析人员共同完成时，一定要区分室内精密度与室间精密度，室内精密度是指一名分析人员在同一条件下于短期内相继重复测定某一量所得到的测定值彼此之间相一致的程度，用标准偏差表征其精密度；室间精密度是指在不同实验室由不同分析人员在不同条件下重复测定某一量所得到的测定值彼此之间相一致的程度，用并合标准偏差表征其精密度。并合标准偏差（pooled standard deviation）s_r，是并合方差的方根值，是按加权方式计算的标准偏差统计平均值，用式(7-25) 计算，

$$s_r=\sqrt{\frac{\sum_{i=1}^{m}\sum_{j=1}^{n}(x_{ij}-\overline{x}_i)^2}{\sum_{i=1}^{m}(n_i-1)}}=\sqrt{\frac{\sum_{i=1}^{m}f_i s_i^2}{\sum_{i=1}^{m}f_i}} \tag{7-25}$$

式中，m 为分组数，即参加协同试验的实验室或分析人员的数目；n_i 为第 i 个实验室或分析人员重复测定的次数（即测定值的数目）；自由度 $f_i=n_i-1$ 为参与标准偏差计算的独立测定值的数目，在这 n_i 个测定值中，只有 n_i-1 个测定值是独立的，其中一个测定值因受到平均值的制约是不独立的。用式(7-25) 计算协同试验测定结果的标准偏差，不仅考虑到了参与试验的不同实验室或不同人员的技术水平、所使用仪器的不同精度以及所采用的分析方法的优劣，它们的差异反映在标准偏差 s_i 上，技术水平越高、仪器的精度越高、分析方法越好，s_i 越小。而且也考虑到了为获得测定值所花费的人力和物力，即经济效益，这反映在测定次数 n_i 上，n_i 越大，为获得同样的测定精密度所花费的人力和物力越多，经济效益越差，反之亦然。因此，用并合标准偏差 s_r 计算协同试验的标准偏差是很合理的。

7.3.3.3　平均值标准偏差

分析人员都知道，当进行多次重复测定时，平均值 $\overline{x}$ 的标准偏差（standard deviation of mean）$s_{\overline{x}}$要优于单次测定标准偏差 s。平均值 $\overline{x}$ 的标准偏差 $s_{\overline{x}}$随测定次数 n 增多而减小，与单次测定标准偏差 s 的关系是

$$s_{\overline{x}}=\frac{s}{\sqrt{n}} \tag{7-26}$$

在 $n<5$ 时，$s_{\overline{x}}$随 n 增大而迅速减小；当 $n>5$ 以后，特别是 $n>10$ 以后，$s_{\overline{x}}$随 n 增大而减小的速度非常慢。这就是说，在 $n<5$ 时，增加重复测定次数 n，可以有效地提高测定平均值的精密度。而在 $n>10$ 以后，凭借增加重复测定次数 n 来提高测定平均值的精密度，从花费的人力和物力角度考虑是不可取的。

7.3.3.4　标准偏差的标准偏差

标准偏差是一个随机变量，由不同的样本得到的标准偏差不同，它的离散性用其标准偏差表示，称为标准偏差的标准偏差（standard deviation of standard deviation）$s(s)$。$s(s)$ 用来估计和表征样本标准偏差的精密度，按式(7-27) 计算，

$$s(s)=\frac{s}{\sqrt{2(n-1)}} \tag{7-27}$$

标准偏差的标准偏差 $s(s)$ 只与测定次数 n 有关。要使标准偏差的相对标准偏差 $s(s)$ 小于 10%，至少要进行 51 次测定。在通常的分析测试中，只进行少数几次测定，$s(s)/s$ 大于 10%，标准偏差第二位数已是不确定了，因此，在通常的分析测试中标准偏差最多只能取 2 位有效数字。标准偏差的大小和精密度依赖于被测定组分量值水平和重复测定次数，因此，报告标准偏差时必须说明是在什么量值水平和经过多少次重复测定得到的，否则，无法对所报告的标准偏差的可信程度和置信区间做出判断。

7.3.4　准确度

准确度（accuracy）是指在一定试验条件下多次测定的平均值与真值之间一致的程度。准确度表征系统误差的大小，用误差 ε 或相对误差 RE 表示。误差或相对误差越小，准确度越高，说明测定值越接近于真值。已定系统误差可用修正值来修正，未定系统误差可用不确定度来估计。

$$\varepsilon=\overline{x}-\mu \tag{7-28}$$

$$\mathrm{RE}=\frac{\overline{x}-\mu}{\mu}\times 100\% \tag{7-29}$$

样品中某一组分的真实含量是客观存在的定值，但人们并不确知其真值。标准物质和基准物质给出的标准值，都是由试验测定得到的，而任何测定都不可避免地带有误差，因此它也只是真值的近似值。

各级标准物质证书上给出的标准值，无一例外地都只是客观存在的真值的近似值，只是与真值的接近程度不同而已，上一级的标准物质的标准值比下一级标准物质的标准值更接近于真值。因为无法获得真值，故接近程度现在已不用误差或相对误差表征，而用可由测定值的有关信息进行评估的不确定度表示。在标准物质证书中常用 $\bar{x} \pm U$ 表示标准值，其中 U 是平均值 $\bar{x}$ 在指定置信概率的不确定度。在等精度测量中，多次测定的算术平均值 $\bar{x}$ 是一组测量值中出现概率最大的值，是总体平均值 μ 的无偏估计值和最优估计值。因此，常用它来表征测定结果。

7.3.5 适用性

一个分析方法的适用性（applicability），包括被测元素的含量或浓度适用范围与对不同类型样品的适用性。适用的含量或浓度范围越宽，适用的样品类型越多，方法的通用性越强。含量和浓度适用性用校正曲线的线性动态范围来衡量，动态线性范围越宽越好。通常原子吸收光谱法的工作曲线动态线性范围较窄，原子发射光谱分析法和原子荧光光谱法的校正曲线线性范围要宽得多，最好的可达 4～7 个数量级。

检验样品类型的适用性，一种方法是通过分析不同类型的标准样品直接进行检验，但困难在于标准样品并不是随时随地可以得到的。更方便的方法是采用配对试验设计，将建立的分析方法与其他的经典或标准方法分别测定各种类型试样的同一样品，比较两种分析方法的测定结果。如果两者的测定结果在一定置信度下没有显著性差异，说明两测定方法之间不存在系统误差。两种方法测定结果在一定置信度下是否存在显著性差异，须对两种分析方法的测定结果的差值进行 t 检验，以判断新建立的分析方法对不同类型样品的适用性。

例如用间接原子吸收法测定地下水中硫酸根，为了检验该分析方法的可靠性，用经典的重量法进行对照测定，结果如表 7-18 所示。

表 7-18 原子吸收法与重量法测定结果的比较 单位：μg/mL

试验号	1	2	3	4	5	6
原子光谱法	173	113	196	116	182	168
重量法	172	109	196	113	185	160
差值 d	1	4	0	3	−3	8

基于随机误差出现的统计特性，有大有小，有正有负，多次测定的差值的平均值 $\bar{d}$ 的期望值 d_0 趋于 0。如果两分析方法测定结果之间不存在系统误差，$\bar{d}$ 与 d_0 在统计上不应该有显著性差异。可用成对 t 检验法对 $\bar{d}$ 与 d_0 进行统计检验。成对 t 检验统计量：

$$t=\frac{\bar{d}-d_0}{s_d/\sqrt{n}} \tag{7-30}$$

式中，s_d 是差值的标准偏差；n 是成对测定的数目；$s_d/\sqrt{n}$ 为差值平均值的标准偏差。

$$s_d=\sqrt{\frac{\sum_{i=1}^{n}(d-\bar{d})^2}{n-1}} \tag{7-31}$$

根据表 7-18 的数据计算得 $\bar{d}=2.17$，$s_d=3.76$，$n=6$，得到

$$t=\frac{|\bar{d}-d_0|}{s_d}\sqrt{n}=\frac{2.17-0}{3.76}\sqrt{6}=1.41$$

查 t 分布表，$t_{0.05,6}=2.57$。$t<t_{0.05,5}$ 说明两分析方法之间不存在系统误差，用间接原子吸收法代替经典的重量法分析地下水中硫酸根是可行的。

另一种方法是分别加入不同的干扰物质，测定欲测组分的回收率，用回收率来评定分析方法的适用性。用测定回收率的方法来评价分析方法的适用性，最好是在被测组分两个或多个含量水平上考察干扰组分含量对被测组分测定的影响，用正交试验设计安排试验，用方差分析处理试验数据，这样不仅考察各干扰因素的主效应，还可以考察因素之间的交互效应与估计试验误差。

7.3.6　对分析方法与结果的综合评价

评价一个分析方法及其分析结果有多个指标，在实际工作中，并非一定要求找到、也未必能找到一个各项评价都理想的分析方法，通常只是要求找到一个能够满足实际工作需要的实用分析方法。从分析实践中知道，一个分析方法有高的灵敏度和低的检出限，但未必有好的精密度和强的抗干扰能力，另一个分析方法有很好的检出限和准确度，而精密度很可能不是很好，如此等等。在这种情况下，用单一的指标来评价各个分析方法的优劣，往往难于作出正确的判断。最好是对各分析方法及其结果进行综合评价（comprehensive evaluation)。

7.3.6.1　组合参数法

组合参数（combined parameter）是用两个或两个以上的单项评价指标组合成一个新的综合评价指标，借以用来对分析方法及其分析结果进行综合评价[9]。组合参数

$$I=(A/c)/\mathrm{RSD}^2 \tag{7-32}$$

式中，A 是响应值（谱线强度，吸光度）；c 是试样中被测组分的量值；RSD 是测定的相对标准偏差。分子表示测定的灵敏度，分母表示精密度。式(7-32) 的特点是综合地反映了灵敏度与精密度的影响，消除了浓度对分析信号的影响，便于对不同浓度条件下的试验结果进行比较。

7.3.6.2　信息容量综合评价法

信息容量是信息理论中广泛使用的一个参量，试验前后信息容量的变化，就是通过分析测试所获得的信息容量（information content)[10]。一个好的分析方法和分析结果比一个差的分析方法和分析结果所包含的信息容量大。因此，可用信息容量的大小来评价分析方法和分析结果。

在定量分析测试中，n 次测定平均值 $\bar{x}$ 的信息容量为

$$I=\ln\frac{(x_2-x_1)\sqrt{n}}{2st_{\alpha,f}}-\frac{1}{2}\left(\frac{\delta}{s}\right)^2 \tag{7-33}$$

式中，(x_2-x_1) 是测定之前估计测定量值将位于的区间，在极端的情况下，$x_1=0\%$，$x_2=100\%$；s 是单次测定的标准偏差；δ 是测定中系统误差产生的偏倚；$t_{\alpha,f}$ 是依赖于自由度 $f=n-1$ 的系数；n 是测定次数，表征试验所花费的劳动量与消耗。$t_{\alpha,f}$ 值可从统计表表 7-19 中查得。

表 7-19 不同自由度时的 $t_{\alpha,f}$ 值（$\alpha=0.038794$）

f	$t_{\alpha,f}$	f	$t_{\alpha,f}$	f	$t_{\alpha,f}$	f	$t_{\alpha,f}$
1	16.3899	10	2.3773	19	2.2199	40	2.1367
2	4.9282	11	2.3455	20	2.2117	45	2.1286
3	3.5244	12	2.3196	21	2.2043	50	2.1222
4	3.0296	13	2.2981	22	2.1977	60	2.1127
5	2.7824	14	2.2800	23	2.1916	80	2.1009
6	2.6351	15	2.2645	24	2.1861	100	2.0939
7	2.5377	16	2.2510	25	2.1811	150	2.0847
8	2.4686	17	2.2393	30	2.1611	200	2.0801
9	2.4171	18	2.2290	35	2.1471	∞	2.0664

在有限次测定中，测定量值落在以平均值为中心的$\pm 3s$范围内的概率近似为 1，即有 $6s \leqslant (x_2-x_1) \leqslant 100\%$。将式(7-18) 代入式(7-33)，式(7-33) 可以改写为

$$I=\ln \frac{3(x_2-x_1)\sqrt{n}}{2bq_{\mathrm{L}}t_{\alpha,f}}-\frac{1}{2}\left(\frac{\delta}{s}\right)^2 \tag{7-34}$$

利用 $x_2-x_1 \approx 6s$ 的条件，

$$I=\ln \frac{9s\sqrt{n}}{bq_{\mathrm{L}}t_{\alpha,f}}-\frac{1}{2}\left(\frac{\delta}{s}\right)^2 \tag{7-35}$$

式(7-34) 和式(7-35) 包括了评价分析方法的各主要参数：表征最大检测能力的参数最小检出量 q_{L}、表征灵敏度的参数校正曲线的斜率 b、表征随机误差的参数标准偏差 s、表征系统误差的参数偏倚 δ、表征可信程度的参数置信系数 $t_{\alpha,f}$ 与表征消耗成本的参数测定次数 n 等，可以用作评价分析方法的综合指标。

用石墨探针原子化法和管壁原子化法测定土壤中的铅，两种方法各进行 4 次平行测定，检出限分别为 $7.8\times10^{-6}\mu g$ 和 $1.2\times10^{-5}\mu g$，灵敏度分别为 $6.3A\cdot mL/\mu g$ 和为 $2.5A\cdot mL/\mu g$，标准偏差分别为 1.6 和 0.71。$n=4$ 时由表 7-19 查得 $t_{\alpha,3}=3.5244$，系统误差 $\delta=0$，按式(7-35) 计算，石墨探针原子化法和管壁原子化法的信息容量分别为 12.0 奈特和 11.7 奈特（nat，1nat＝1.44bit）。两种方法的单项指标各有优劣，但综合起来看，石墨探针原子化法获得的信息容量比管壁原子化法的要大，说明石墨探针原子化法优于管壁原子化法。

7.4 分析质量控制

在分析测试全过程中，实施严格的质量控制是获得准确可靠测定结果的先决条件。用统计方法对分析数据进行检验和评估，及时发现存在的或隐含的异常情况，采取有效改进措施使试验过程始终处于统计控制状态，以保证分析测试数据的可靠性和可比性。质量控制的内容包括离群值判断与处理、精密度评定、准确度评定等。

7.4.1 离群值判断与处理

7.4.1.1 室内离群值判断与处理

在实际测定中，有时会出现某一个或某几个数值明显地比其余的测定值偏大或偏小的离

群值，若它位于所允许的合理误差范围之内，仍应保留；若位于所允许的合理误差范围之外，应将其作为异常值剔除。这个合理的误差范围如何确定？基于测定值是一个以概率取值的随机变量，在通常的条件下遵循正态分布，它落在两倍标准偏差之外的概率小于 0.05，在统计学上将出现概率小于 0.05 的事件称为小概率事件。

中华人民共和国国家质量监督检验检疫总局和国家标准化管理委员会于 2008 年 7 月 16 日新发布了《数据的统计处理和解释　正态样本离群值的判断和处理》GB/T 4883—2008，于 2009 年 1 月 1 日正式实施，代替 GB 4883—1985。根据离群值的属性，对有关离群值的术语重新进行了定义。新标准将样本中离其他观测值（测定值）较远的一个或几个观测值（测定值）称为离群值，暗示它们可能来自不同的总体。在剔除水平下统计检验为显著的离群值，称为统计离群值（statistical outlier）。在检出水平下显著但在剔除水平下不显著的离群值，称为歧离值（straggler）。

什么是检出水平？什么是剔除水平下？在 GB 4883—1985 中，将检出离群值的显著性水平 $\alpha=0.05$ 称为检出水平，将检出离群值的显著性水平 $\alpha=0.01$ 称为剔除水平。

对于离群值的处理，在剔除水平下统计检验为显著的离群值，在 GB 4883—1985 中，称为高度异常的异常值，需要进行剔除。在检出水平下显著的离群值，在 GB/T 4883—2008 中称为歧离值。对于歧离值是否剔除，视具体情况而定。但在通常分析测试中，在没有特殊说明的情况下，通常将两倍标准偏差定为合理的误差范围，将与平均值的偏差大于两倍标准偏差的离群测定值都将作为异常值剔除。

（1）格鲁布斯法检验离群值　用格鲁布斯法检验离群值使用的统计量是

$$G=\frac{|x_{\mathrm{d}}-\overline{x}_n|}{s_n} \tag{7-36}$$

式中，$\overline{x}_n$ 和 s_n 分别为由 n 个测量值计算的平均值和标准偏差；x_{d} 为该组测定值中需要进行检验的离群值。若由式(7-36) 计算的统计量值 G，大于格鲁布斯检验临界值表（表 7-20）中给定显著性水平 α 下的临界值 $G_{\alpha,n}$，则可在置信度 $p=1-\alpha$ 下判离群值 x_{d} 为异常值，予以剔除。在一组测定值中只有一个离群值时，格鲁布斯检验法的检验功效优于狄克松检验法。

表 7-20　格鲁布斯检验临界值表

n	$\alpha=0.10$	$\alpha=0.05$	$\alpha=0.01$	n	$\alpha=0.10$	$\alpha=0.05$	$\alpha=0.01$
3	1.148	1.153	1.155	10	2.036	2.176	2.410
4	1.425	1.463	1.492	11	2.088	2.234	2.485
5	1.602	1.672	1.749	12	2.134	2.285	2.550
6	1.729	1.822	1.944	13	2.175	2.331	2.607
7	1.828	1.938	2.097	14	2.213	2.371	2.659
8	1.909	2.032	2.221	15	2.247	2.409	2.705
9	1.977	2.110	2.323	16	2.279	2.443	2.747

（2）狄克松法检验离群值　在一组测定值中有一个以上的离群值时，用狄克松检验法检验离群值。检验时使用的统计量列于表 7-21 中。若计算的统计量值大于狄克松检验的临界值表中相应显著性水平 α 和测定次数 n 时的临界值 $\gamma_{\alpha,n}$，则将可疑的离群值 x_{d} 判为异常值，予以剔除。在一组测定值中有一个以上的离群值时，狄克松检验法的检验功效优于格鲁布斯检验法，并可用于离群值的连续检验和异常值的连续剔除。

表 7-21 狄克松检验的统计量和临界值表

n	统计量	$\alpha=0.10$	$\alpha=0.05$	$\alpha=0.01$
3		0.886	0.941	0.988
4	$\gamma_{10}=\frac{x_n-x_{n-1}}{x_n-x_1}$；$\gamma_{10}=\frac{x_2-x_1}{x_n-x_1}$	0.679	0.765	0.889
5	检验测定值 x_n；检验测定值 x_1	0.557	0.642	0.780
6		0.482	0.560	0.698
7		0.434	0.507	0.637
8	$\gamma_{11}=\frac{x_n-x_{n-1}}{x_n-x_2}$；$\gamma_{11}=\frac{x_2-x_1}{x_{n-1}-x_1}$ 检验测定值 x_n；检验测定值 x_1	0.479	0.554	0.683
9		0.441	0.512	0.635
10		0.409	0.477	0.597
11	$\gamma_{21}=\frac{x_n-x_{n-2}}{x_n-x_2}$；$\gamma_{21}=\frac{x_3-x_1}{x_{n-1}-x_1}$ 检验测定值 x_n；检验测定值 x_1	0.517	0.576	0.679
12		0.490	0.546	0.642
13		0.467	0.521	0.615

7.4.1.2 协同试验中异常值判断

在协同试验中，由于参与协同试验的各个实验室和分析人员的技术水平和试验条件不尽相同，获得测定值的精密度有差异，若用各自的标准偏差来检验离群值，则测定精密度好（标准偏差小）的数据组有可能被删去的数据多，而测定精密度差（标准偏差大）的数据组被保留的数据多，必将导致汇总的数据整体质量下降。因此，不能用不同实验室和不同分析人员各自的标准偏差来检验离群值，应使用式(7-25）计算的并合标准偏差 s_r 作为共同的检验标准，才能保证汇总的数据的质量。

在协同试验中，常用稳健统计量 Z 比分数检验和判定参与协同试验的各实验室和分析人员的数据中的离群值，剔除不合格实验室或分析人员的数据，以保证汇总的数据的质量。将验证样品分发给参加协同试验各实验室或分析人员，分别进行测定，然后将各实验室或分析人员的测定数据汇总，得到的 n 个由小到大按顺序排列测定量值。位于 3/4 处的量值 $x_{3/4}$ 称为上四分位值 Q_3；位于 1/4 处的量值 $x_{1/4}$ 称为下四分位值 Q_1，Q_3 和 Q_1 之差称为四分位距，记为 IQR。IQR 乘以因子 0.7413 的值，称为标准化四分位距（normal interquartile range)，记为 Norm IQR。它在数值上等于正态分布中的标准偏差 σ，表征测定数据的分散程度。Q_1 和 Q_3 可由测定量值数列直接得到或通过数据之间的内插求得。用稳健统计量 Z 比分数进行检验的统计量[11]，

$$Z=\frac{x_i-\tilde{x}}{\text{Norm IQR}} \tag{7-37}$$

式中，x_i 为第 i 实验室或第 i 分析人员的测定量值；$\tilde{x}$ 是参与协同比对实验室或分析人员的全部测定量值的中位值（median)，即在一组按大小排序的测定值的中间值，测定值数目为偶数时，是居于中间位置的两测定值的算术平均值。当 $|Z|\leqslant 2$，为合格测定值；$2<|Z|<3$，为可疑的测定值；$|Z|\geqslant 3$，即 x_i 为偏离中位值大于 3 倍标准偏差的离群值，判为异常值。

7.4.1.3 例行分析中离群值的检查

生产车间化验室、环境监测站、日常商品检验实验室等，在日常例行分析中积累了大量

的分析数据，可以根据这些数据建立平均值和标准偏差或极差（一组平行测定值中最大值和最小值之差）控制图，同时实施对离群值和精密度的检查。

质量控制图是一种以图解方式阐释测定量值的统计技术，由控制中心线（CL）、上控制线（UCL）和下控制线（LCL）组成，有时还在中心线与控制线之间分别加上上警戒线（UWL）和下警戒线（LWL）。中心线是欲控制的平均值和标准偏差，上、下控制线是欲控制量值的控制范围，上、下警戒线是欲控制量值可能失控的警戒线。质量控制图的纵坐标是欲控制的量值，横坐标是分析样品的序号。根据积累的数据按式(7-38）计算测定量值的总平均值 $\overline{\overline{x}}$ 和按式(7-25）计算并合标准偏差，

$$\overline{\overline{x}}=\frac{\sum_{i=1}^{m}\sum_{j=i}^{n}x_{ij}}{\sum_{i=1}^{m}n_i}=\frac{\sum_{i=1}^{m}\overline{x}_i}{m} \tag{7-38}$$

式中，x_{ij} 为第 i 个样品的第 j 个测定量值；n_i 是第 i 个样品的测定量值的数目；m 是样品的数目，一般不少于 25 个。平均值质量控制图以平均值为中心线，CL＝$\overline{\overline{x}}$，上、下控制线分别是 UCL＝$\overline{\overline{x}}+As_r$，LCL＝$\overline{\overline{x}}-As_r$。$A$ 是与测定量值的数目 n 有关的系数，n＝2、3、4、5 时其值分别是 2.659、1.954、1.628 和 1.427。标准偏差质量控制图以标准偏差为中心线，CL＝s_r，上、下控制线分别是 UCL＝Bs_r，LCL＝0。B 也是与测定量值的数目 n 有关的系数，n＝2、3、4、5 时其值分别是 3.267、2.568、2.266 和 2.089。有了这些数据就可以建立平均值和标准偏差质量控制图，如图 7-11 所示。

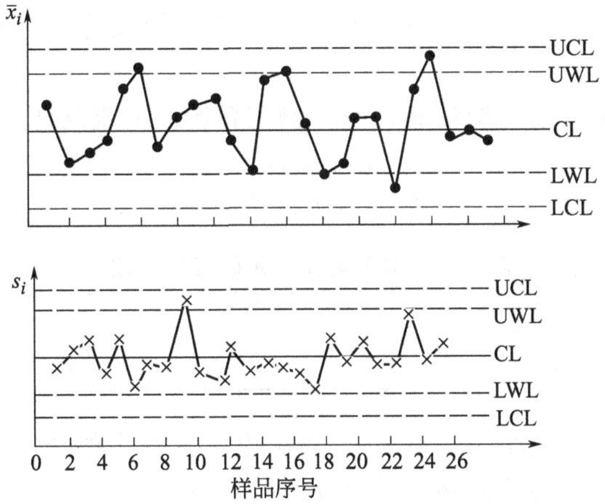

图 7-11　平均值和标准偏差质量控制图

从统计的观点考虑，测定量值落在控制线内的概率是 99.7%，而落在控制线外的概率仅为 0.3%。若测得的量值平均值、标准偏差处于控制线内，表明测定量值和精密度都处于统计控制状态；反之，若测得的量值平均值、标准偏差落于控制线外，说明分析测试过程处于统计失控状态，测得的量值准确度和精密度异常，应查找失控的原因，采取措施纠正失控状态；若测得的量值平均值、标准偏差落于警戒线和控制线之间，说明分析测试过程有失控的危险，应采取预防措施防止失控状态的发生。从控制图的走势可以了解测试过程测定量值与标准偏差的变化趋势。

7.4.2　精密度评定

原子光谱分析是一种动态测量过程，测定值波动较大，精密度控制的目的是控制试验过

程中随机误差，以获得精密度良好的测定数据。

7.4.2.1 室内重复测定精密度评定

在实际分析中，一般都要进行两次或两次以上的重复（平行）测定，借以检查测定条件的稳定性和对测定结果的精密度作出评定。重复性（repeatability）从概念上讲是指测定值之间相互一致的程度。如何定量来表征这个一致的程度，需依据数理统计理论来确定。当重复性作为表征测定值之间相互一致程度的一个参数用来评定重复测定的精密度时，重复性是指在同一实验室由同一分析人员、用同一分析仪器与方法，对同一量在短时间内相继进行两次或两次以上重复测定所得到的测定值按指定概率的允许差。其计算方法依据方差加和性与小概率事件原理。对于两次独立测定而言，若单次测定标准偏差为 s，两次重复测定值的差值的标准偏差为 s_r，按照方差加和原理，$s_r=\sqrt{s^2+s^2}=\sqrt{2}s$，式中 s_r 为由过去长期的试验数据计算出来的。基于测定值遵从正态分布的考虑，若取置信系数为 2，则重复性 r

$$r=1.96\sqrt{2}s_r=2.77s_r\approx 2.8s_r \tag{7-39}$$

在重复性测定条件下两次独立测定值的差值大于 $2.8s_r$ 的概率是 5%，是小概率事件，根据概率理论，在一次测定中是不可能发生的。换言之，在正常情况下两次独立测定值的差值最大允许值不能超过 $2.8s_r$。$2.8s_r$ 即为重复性限，其置信概率是 95%。重复性 r 是评定两次独立重复测定值的精密度是否合格的依据。一旦两次独立重复测定值的差值大于 r，就有理由认为重复测定值不合格，需再进行第三次补充测定。由三个测定值中选取两个更接近的测定值，舍去偏离较大的测定值。因为连续出现两个小概率的测定值的概率非常小，在少数几次测定中，一般是不会出现，因此，有理由将偏离较大的测定值作为一个异常测定值舍去。

如果进行了 n 次重复测定，衡量 n 次重复测定精密度的重复性

$$r_n=k_n s_r \tag{7-40}$$

式中，k_n 为对测定次数的校正系数，可由表 7-22 中查得。

表 7-22 对测定次数 n 的校正系数

n	2	3	4	5	6	7	8	9	10	11
k_n	2.83	3.40	3.74	3.98	4.16	4.31	4.44	4.55	4.65	5.00

若最大与最小测定值之差小于 r 或 r_n，则认为重复测定的精密度合格；若差值大于 r 或 r_n，说明重复测定的精密度不合格，需重新进行测定。

7.4.2.2 室间重复测定精密度评定

在协同试验（又称室间试验）中，重复测定是由不同分析人员进行的，测定的精密度比由同一分析人员、用同一分析仪器与方法，对同一量相继进行测定的精密度要差。评定不同分析人员或同一分析人员在不同条件（不同仪器，不同时间等）下测定精密度的指标是再现性。再现性（reproducibility）是指在任意两个实验室，由不同分析人员、不同仪器，在不同或相同的时间内，用同一分析方法对同一量进行两个单次测定的测定值按指定概率的允许差。只进行两次测定时，再现性

$$R=1.96\sqrt{2}s_R=2.77s_R\approx 2.8s_R \tag{7-41}$$

式中，2 是置信系数；$\sqrt{2}s_R$ 是两实验室各进行一次测定时测定值差值的标准偏差；s_R 是室间测定的标准偏差，反映了室间试验的系统误差与在室内重复测定条件下不会存在的其

他的随机误差。s_R 是由过去长期的试验数据计算出来或根据工作需要约定的。如果两个实验室各分别进行 n_1、n_2 次重复测定，则再现性

$$R_n=\sqrt{R^2-r^2\left(1-\frac{1}{2n_1}-\frac{1}{2n_2}\right)} \tag{7-42}$$

式中，r 是重复性。若两实验室不同的分析人员或同一分析人员在不同条件（不同仪器，不同时间等）下各测定一次的测定值的差值小于 R 或多次重复测定的两平均值的差值小于 R_n，则认为测定的精密度合格，可以用它们的平均值报告结果。否则，说明测定的精密度不合格，需进行补充测定。

从上面的讨论中可以看到，精密度与重复性、再现性是不同的，不能混淆。精密度是指在规定条件下多次重复测定同一量时各测定值之间彼此相一致的程度，重复性和再现性是表征精密度的参数，犹如表征精密度的参数标准偏差或相对标准偏差、极差。

7.4.2.3　分组测定精密度检验

在本章 7.4.2.1 和 7.4.2.2 中讨论的情况，是属于 s 和 s_R 事先已知或有约定值的情况。但在许多情况下，事先并不知道 s 和 s_R，无法计算重复性和再现性。在这种情况下，需要利用自身的测定数据来求得相应的标准偏差，并对测定的数据是否符合要求作出评定。这时可用 F 检验法和科克伦检验法来评定两组和多组测定值的一致性。F 检验法的检验统计量是

$$F=\frac{s_1^2}{s_2^2} \tag{7-43}$$

式中，s_1^2 和 s_2^2 分别是两组测定数据中较大的方差和较小的方差。方差是标准偏差的平方。科克伦检验法的检验统计量是 C

$$C=\frac{s_{\max}^2}{\sum\limits_{i=1}^{m}s_i^2} \tag{7-44}$$

式中，$s_{\max}^2$ 是被检验的 m 个方差 s_i^2 中最大的方差。当由样本值计算的统计量值小于 F 检验临界值表（表 7-17）和科克伦检验临界值表（表 7-23）中约定显著性水平和相应自由度时的临界值时，表明各方差之间在统计上无显著性差异，测定数据的精密度是合格的，可由各组的方差计算并合方差或并合标准偏差。

表 7-23　科克伦检验临界值表（α=0.05）

m	n									
	1	2	3	4	5	6	7	8	9	10
2	0.9985	0.9750	0.9392	0.9057	0.8772	0.8534	0.8332	0.8159	0.8010	0.7880
3	0.9669	0.8709	0.7977	0.7457	0.7071	0.6771	0.6530	0.6333	0.6167	0.6025
4	0.9065	0.7679	0.6841	0.6287	0.5895	0.5598	0.5365	0.5175	0.5017	0.4884
5	0.8412	0.6838	0.5981	0.5441	0.5065	0.4783	0.4564	0.4387	0.4241	0.4118
6	0.7808	0.6161	0.5321	0.4803	0.4447	0.4184	0.3980	0.3817	0.3682	0.3568
7	0.7271	0.5612	0.4800	0.4307	0.3974	0.3726	0.3535	0.3384	0.3259	0.3154
8	0.6798	0.5157	0.4377	0.3910	0.3595	0.3362	0.3185	0.3043	0.2926	0.2829
9	0.6385	0.4775	0.4027	0.3584	0.3286	0.3067	0.2901	0.2768	0.2659	0.2568
10	0.6020	0.4450	0.3733	0.3311	0.3029	0.2823	0.2666	0.2541	0.2439	0.2353

注：n 是各组的测定次数，各组测定次数相同。m 是分组数目。

7.4.3 准确度评定

准确度反映了测定过程中系统误差的大小。一个好的测定结果必然是消除了系统误差，而且随机误差也是很小的，这样的测定结果才是准确可靠的。从化学计量的观点考虑，可靠的测定结果必须具有溯源性，通过溯源链在一定置信水平与国家和国际基准联系起来，溯源到SI单位。

7.4.3.1 用标准物质评定准确度

用国家标准物质作为质控样检查系统误差是最直接、最可靠的方法。而困难在于，测定的实际样品种类繁多，而标准物质的种类和数量有限，在实际工作中，有时候不容易找到基体、量值、赋存形态与被测定样品相匹配的标准物质，而且标准物质价格贵。在实际工作中，常用具有溯源性的下一级质控样，或用本部门或本单位研制的、用准确方法测定了其特性量值，并经本部门或本单位计量管理机构批准的管理样（management sample）作为质控样用于日常例行分析质量控制。质控样以明码样或密码样，多数情况下是密码样发给分析人员。分析人员将质控样与测试样品按照同样的操作程序，经历全部分析过程，将测定结果与质控样的标准值或标称值比对。只要测定平均值落在标准物质的保证值或质控样的标称值 $x \pm U$ 范围内（U 为扩展不确定度），就说明该分析方法或测定结果在指定的置信度不存在系统误差，分析方法和测定结果是可靠的。反之，如果测得质控样的量值在一定置信度下与标准物质的保证值或质控样的标称值有显著性差异，表明该测定方法或测定过程或者测定方法和测定过程同时存在系统误差。测定量值与标准物质保证值或质控样的标称值的一致性，可用统计方法进行检验。检验统计量是

$$t=\frac{|\overline{x}-\mu|}{s/\sqrt{n}} \tag{7-45}$$

式中，$\overline{x}$ 为 n 次测定平均值；s 是 n 次测定的标准偏差；μ 是标准物质的保证值或质控样的标称值。若由测定值计算的统计量值 t 小于显著性水平 $\alpha=0.05$（置信度 95%）和自由度 $f=n-1$ 时的临界值 $t_{0.05,f}$，表明用该分析方法测定的结果不存在显著性差异，即不存在系统误差。$\overline{x}$ 与 μ 之间的差异为随机误差造成的，差值 $d=|\overline{x}-\mu|$ 不会大于由随机误差所确定的误差限 β，

$$\beta=\pm\frac{s}{\sqrt{n}}t_{\alpha(n-1)} \tag{7-46}$$

式中，$t_{\alpha(n-1)}$ 为置信度为 $p=1-\alpha$（α 为显著性水平）的置信系数，可由 t 检验临界值表（表 7-13）查到。检验 $\overline{x}$ 大于或小于 μ，此为单侧检验，在显著性水平 $\alpha=0.05$ 进行检验时，应使用表 7-13 双侧 t 检验临界值表中的 $t_{0.10}$ 值。

现举一实例来说明如何用质控样来检验分析方法的系统误差。某化验室用火焰原子吸收光谱法测定三种质控样品中的锂，测定数据（含量/%）列于表 7-24 中。现根据表中测定数据评价分析测定结果的可靠性。

表 7-24 火焰原子吸收光谱法测定三种质控样中锂的含量

控制样编号	标准值/%	测定值/%	平均值/%	标准偏差/%
911	0.20	0.22 0.20 0.20 0.20	0.205	0.010
914	0.13	0.12 0.13 0.13	0.127	0.006
065	3.25	3.20 3.10 3.10	3.13	0.058

从表 7-24 中数据看到，编号 911 和 914 控制样的测定平均值与标称值的差值在一倍标准偏差范围以内，可以认为测定平均值与标称值在 95%置信水平是一致的。编号 065 控制样的测定值的相对标准偏差虽只有 1.9%，测定平均值与标称值的相对误差也只有 3.7%，但测定平均值与标称值的差值已超过二倍标准偏差。因此，有 95%把握认为，火焰原子吸收光谱法测定编号 065 控制样存在系统误差，测定结果偏低。可以进一步用统计检验来证实，根据式(7-45) 计算统计量值

$$t=\frac{|3.13-3.25|}{0.058/\sqrt{3}}=3.58$$

因为要证实测定值是否显著低于标准值，是单侧检验。单侧 5%概率在双侧 t 检验临界值表中就是 10%的概率，由表 7-13 中查得临界值为 $t_{0.10,2}=2.920$。测定平均值与标称值的差值 $d=3.25-3.13=0.12$，由于随机误差可能产生的最大差值，按式(7-46) 计算，为 $\beta=\pm\frac{0.058}{\sqrt{3}}\times 2.920=\pm 0.098$，说明除了随机误差之外，还存在系统误差。

7.4.3.2 用标准方法评定准确度

用已被公认的、有效的标准方法来检验分析方法测定结果的系统误差时，是用标准分析方法与被检验的分析方法同时测定同一样品，测定值分别为 x_s 与 x_b，差值平均值 $\overline{d}=\sum_{i=1}^{n} d_i/n$ 。有关的测定数据详见表 7-25。用式(7-30) 的检验统计量进行检验。

表 7-25 食品中铅的含量 单位：μg/g

分析方法	食品				
	红鱼片	白鱼片	什锦	鱼肉片	乳精粉
GFAAS	0.0150	0.0539	0.0763	0.0207	0.0607
HG-AFS	0.0164	0.0598	0.0765	0.0181	0.0556
差值 δ	0.0014	0.0059	0.0002	−0.0026	−0.0051

根据表中的测定数据对 GFAAS 和 HG-AFS 的测定结果之间是否存在系统误差作出评定。根据表 7-25 中的数据，计算 GFAAS 和 HG-AFS 测定值的差值平均值

$$\overline{d}=\frac{|-0.0014-0.0059-0.0002+0.0026+0.0051|}{5}=\frac{0.0002}{5}=0.00004$$

按贝塞尔公式式(7-24) 计算 $s_d=4.816\times 10^{-3}$。统计量值

$$t=\frac{\overline{d}}{s_d/\sqrt{n}}=\frac{0.00004}{4.816\times 10^{-3}/\sqrt{5}}=0.0037$$

查 t 检验临界值表（表 7-13），$t_{0.05,4}=2.776$，$t<t_{0.05,4}$，说明 GFAAS 和 HG-AFS 两种方法测定食品中的铅含量（表 7-25 中数据）之间在置信度为 95%水平下不存在显著性差异，被检验的分析方法测定结果不存在系统误差。

7.4.3.3 用符号检验评定准确度

用已被公认的、有效的标准分析方法与被检验的分析方法同时测定同一样品，得到两组数据：

$$x_1, x_2, x_3, \cdots, x_n$$

$$y_1, y_2, y_3, \cdots, y_n$$

如果两种方法之间不存在系统误差，出现 $x_i > y_i$ 或 $x_i < y_i$ 的机会应是相同的，概率各为1/2。出现 $x_i > y_i$ 或 $x_i < y_i$ 的次数 C 是一个随机变量，遵从二项分布。当测定次数 n 足够大时，近似遵从平均值为 $n/2$、标准偏差为 $\sqrt{n/4}$ 的正态分布。若令出现 $x_i = y_i$ 情况不计，出现 $x_i > y_i$ 的次数记为 n_+，出现 $x_i < y_i$ 次数记为 n_-，$n = n_+ + n_-$，$C = C_{\min}(n_+, n_-)$。符号检验（sign test）在有限次测定中，检验统计量为

$$t = \frac{C - n/2}{\sqrt{n/4}} \tag{7-47}$$

若 $t < t_{0.05,f}$，则认为两种方法测定结果在95%置信水平不存在显著性差异，表明不存在系统误差。例如测定工业硫酸锌中的锌含量，得到表7-26中的一组数据。

表7-26 测定工业硫酸锌中的锌含量 单位：%

方法1	21.93	21.96	22.05	22.08	22.28	21.76	21.71	22.52	22.75	22.28	22.04	22.12
方法2	22.19	22.19	22.09	22.09	22.34	21.74	21.71	22.44	22.65	22.34	22.15	22.07
差值	−	−	−	−	−	+	0	+	+	−	−	+

$$t = \frac{C - n/2}{\sqrt{n/4}} = \frac{|4 - 5.5|}{\sqrt{11/4}} = 0.9045$$

由表7-13中查得临界值为 $t_{0.05,10} = 2.228$。$t < t_{0.05,10}$，表明两种方法测定结果在95%置信水平不存在显著性差异，被检验的分析方法可用于工业硫酸锌中的锌含量测定。符号检验的优点是计算非常简便。

7.4.3.4 用加标回收率评定准确度

在研究新材料或新分析方法时，尚无标准物质或标准方法，或一时找不到适用的标准物质或标准方法，一般都采用加标回收法来评定测定结果的准确度。加标回收试验是一种间接评定准确度的方法，其目的是要通过加标量的回收率来评定加标前的测定量值的可靠性。加标回收是分析人员用来检查系统误差评定准确度的常用方法，优点是简便，不需使用标准物质。加标回收是对样品进行一次测定，得到一个测定值，再在样品中加入一定量的被测组分标准物（如标准溶液）进行第二次测定，两次测定值相减的差值，与加标量相比得到加标回收率，由此推断加标前的测定值的准确度。由此可见，加标回收是一种间接评定准确度的方法。

加标回收前后两次测定样品的基体组成是相同的，只是被测组分的量值水平不同，即被测组分与共存组分的相对含量发生了变化。而相对含量变化对被测组分的回收率会有影响，如果加标量与样品中被测组分的原含量相差过大，就不能用加标后的回收率代表加标前的回收率[6,7]。这要求加标量与被测组分的原含量必须很接近，加标量通常是原含量的相同量值或是原含量的2～3倍。而且最好在工作曲线动态范围内的高浓度、中间浓度、低浓度三个浓度点都进行加标回收试验，且须进行全程加标回收，只用最后测定过程的加标回收率来评定一个分析方法或分析结果是否存在系统误差是不正确的。加入的被测组分的赋存形态，应与样品中被测组分相同，特别是固体进样，很难保证加入的被测组分与样品中原存的被测组分形态的一致性。在原子光谱分析过程中，赋存形态的差异导致被测组分原子化行为的差异，进而引起回收率的差异。

在分析测试中，系统误差产生偏倚，分固定偏倚和相对偏倚，分别由固定系统误差和比

例系统误差产生。如果测定结果中存在固定偏倚，就相当于在样品原测定值 x_0 中加入了一个固定量值 x_a，加标前、后都增加或减小了相同的一个量值，加标前、后两次测定值相减，固定偏移被抵偿，加入的标准量值的回收率理所当然是 100%。加标回收试验不能发现固定偏移，加标回收率 100%也不能证明加标前的测定量值 x_0 不存在固定偏移。加标回收试验只能发现比例系统误差产生的相对偏移，而且只能对加标量值的测定是否存在相对偏移做推论，而不能直接对加标前的测定量值是否存在相对偏移做出结论。由此可见，加标回收率 100%并不意味着不存在系统误差。

在实际工作中如何来分辨固定偏倚或相对偏倚？可用纯溶液和样品溶液同时建立校正曲线，如果两条线是平行的，表明只存在固定偏倚，不能用加标回收试验来评定加标前测定量值的准确度；如果两条线是交叉的，可用加标回收试验来评定加标前测定量值的准确度。

由上述分析可以看出，用加标回收率来评定加标前测定结果的准确度并不总是可靠的，这是加标回收法的不足。使用加标回收法必须谨慎。

7.5 分析结果的表示

分析人员都知道，测定量值随测试条件的波动而具有统计波动性，在有限次测定中测得的平均值反映了样品中被测组分的真实量值，但并不是其真值，只是其真值的近似估计值。测定值的标准偏差是其波动性的体现，任何实际的测定量值都不可避免的具有一定程度的不确定性。这种不确定性可用测定值在一定置信度下的置信区间或测定值的不确定度表征。

引起测定值不确定性的因素有：建立校正曲线使用的标准物质的不确定度；校正曲线拟合的精密度；校正曲线斜率、截距的变动；测量仪器、工具的精度；测定条件随机波动引入的误差等，所有这些因素都会影响测定值的不确定性。

7.5.1 分析测定结果的不确定度

不确定度（uncertainty）是指与测量结果相关联的，表征合理地赋予被测量值的分散性的参数。不确定度与误差有密切的关系，但又有区别。误差是量的测定值与真值之差，是理想化的概念，不能确切知道。不确定度是对测定值分散性的估计，不是指具体的确切的误差值，可以通过测定数据和已有的信息来评定，但不能用来修正测定量值[12,13]。现在国际标准化组织推荐使用不确定度来评定测定结果的质量。我国也采用国际标准化组织的建议，于 1999 年 1 月批准发布了适合我国国情的《测量不确定度评定与表示》计量技术规范（JJF 1059—1999），并于同年 5 月 1 日起施行。2012 年国家质量监督检验检疫总局组织修订了该技术规范，于 2012 年 12 月 3 日发布了 JJF 1059.1—2012《测量不确定度评定与表示》，2013 年 6 月 3 日正式实施。

不确定度分为标准不确定度（standard uncertainty）u 与扩展不确定度（expanded uncertainty）U。标准不确定度包括 A 类标准不确定度 u_i 和 B 类标准不确定度 u_j 及其两者合成的合成标准不确定度（combined standard uncertainty）u_c。A 类标准不确定度是指可以根据测定数据的统计分布来评定，以标准偏差或相对标准偏差表征。B 类标准不确定度是指基于经验或其他信息，如利用以前的测定数据、说明书中的技术指标、检定证书提供的数据、手册中的参考数据，按估计的概率分布（先验分布）来评定的不确定度。以标准偏差倍数表示的不确定度，称为扩展不确定度。所乘的倍数值称为包含因子（coverage factor），又称覆盖因子，以 k 表示，在测试数据概率分布不明时，k 值一般取 2～3；置信概率为 p 的包含因子用k_p表示，置信概率的取值通常为0.95～0.99。

7.5.1.1 A类标准不确定度的计算

当进行重复测定时，单次测定的标准偏差s即是A类标准不确定度u_i，按贝塞尔公式式(7-24)计算，平均值标准不确定度$u_i(\bar{x})$按式(7-26)计算。由式(7-27)知道，相对标准不确定度只取决于自由度，自由度一般要求$\nu \geqslant 5$。

7.5.1.2 B类标准不确定度的计算

B类标准不确定度的评估比较复杂，由给出的置信区间半宽度a与置信概率p来评估。若已知扩展不确定度U和包含因子k，则B类标准不确定度$u_j = U/k$。如河流沉积物标准物质As的标准值是（56±10）μg/g，置信概率95%，$n=148$，按正态分布包含因子$k_p=2$，则B类标准不确定度为$u_j=5$。当测定次数较少时，亦即有效自由度ν_{eff}较少时，一般按t分布处理，根据置信概率p由t分布表查到$t_{\nu(eff)}$，标准不确定度$u_j = U_p / t_{\nu(eff)}$。

若已知置信区间的半宽度a和置信概率p，按实际概率分布评定B类标准不确定度；当没有说明概率分布时一般按正态分布处理，B类标准不确定度为$u_j = a/k_p$。如用天平称量，已知天平的读数是±0.2mg，即半宽度是0.2mg，根据正态分布表，采用系数1.96，则B类标准不确定度$u_j = 0.2/1.96 \approx 0.1$(mg)。实验室对10mL A级容量瓶的容积差进行检验，发现容积差值主要分布在分散区间中央，出现容积差极端值的情况很少，则按三角形分布处理，B类标准不确定度是$u_j = a/\sqrt{6} = 0.2/\sqrt{6} = 0.08$(mL)。当测定值落于区间内各处的概率相同，按均匀分布处理，其标准偏差$s = a/\sqrt{3}$，则B类标准不确定度是$u_j = 0.2/\sqrt{3} = 0.12$(mL)。正态分布、均匀分布的置信概率$p$和置信系数$k_p$的关系分别见表7-27和表7-28。置信概率$p$、包含因子$k$与B类标准不确定度$u_j$的关系见表7-29。

表7-27 正态分布置信概率p和置信系数k_p的关系

p	0.5	0.6827	0.90	0.95	0.9545	0.99	0.9973
k_p	0.6745	1	1.645	1.960	2	2.576	3

表7-28 均匀分布置信概率p和置信系数k_p的关系

p	58.74%	95%	99%	100%
k_p	1.0	1.65	1.71	≥1.73

表7-29 置信概率p、包含因子k与标准不确定度u_j的关系

概率分布	p	k	u_j
正态分布	(0.9973≈)1	3	$a/3$
三角分布	1	$\sqrt{6}$	$a/\sqrt{6}$
均匀分布	1	$\sqrt{3}$	$a/\sqrt{3}$

7.5.1.3 合成标准不确定度的计算

合成标准不确定度采用不确定度传递公式(7-48)合成。合成标准不确定度$u_c(y)$，

$$u_c(y) = \sqrt{\sum_{i=1}^{n}\left(\frac{\partial f}{\partial x_i}\right)^2 u(x_i)^2} \qquad (7\text{-}48)$$

式中，$u(x_i)$ 为 x_i 的标准不确定度；$c_i=\left(\dfrac{\partial f}{\partial x_i}\right)$是灵敏度系数（又称间接测定误差传递系数），表征因素 x_i 对合成标准不确定度影响大小的参数。

7.5.1.4 有效自由度的计算

在给出扩展不确定度 $U=ku_c$ 或 $U_p=k_pu_c$ 时，必须先计算包含因子，为此要知道自由度，有了自由度就可以求得一定置信概率 p 水平的包含因子。各个标准不确定度都有各自的自由度，在将 A 类或 B 类标准不确定度合成为合成标准不确定度时，相应的各自由度合成得到有效自由度 ν_{eff}。ν_{eff}按韦尔奇-萨特斯韦特（Welch-Satterthwaite）公式(7-49) 计算

$$\nu_{eff}=\frac{u_c^4}{\sum_{i=1}^{n}\frac{u_i^4}{\nu_i}} \tag{7-49}$$

式中，ν_i 为自由度。当计算的 ν_{eff}有小数且<8 时，可以舍去小数取偏小的自由度，即取偏大的包含因子（置信系数）值。或者，用内插法求包含因子，例如 $\nu=6.5$，查双侧 t 分布表，$p=0.95$，$t_p(6)=2.45$，$t_p(7)=2.36$，则 $t_p(6.5)=2.36+\frac{2.45-2.36}{6-7}\times(6.5-7)=2.405$。

7.5.2 表征分析结果的基本参数

测定值是一个以概率取值的随机变量，近似地遵从正态分布。全部测定值的概率分布可以用 μ 和 σ 两个基本参数来表征它。在有限次测定中，不可能获得总体平均值 μ 与标准偏差 σ，但可以得到样本的平均值 $\bar{x}(\bar{x}_w)$ 和标准偏差 $s(s_w)$。数理统计理论已经证明，在等精度测量中，$\bar{x}$ 是一组测定值中出现概率最大的值，是 μ 的无偏估计值和具有最小方差的最优估计值；s 是 σ 的无偏估计值。在非等精度测量中，$\bar{x}_w$ 是一组测定值中出现概率最大的值，是 μ 的无偏估计值和具有最小方差的最优估计值；s_w 是 σ 的无偏估计值。因此，在日常测定中，用 $\bar{x}(\bar{x}_w)$ 与 $s(s_w)$ 来报告测定结果。

算术平均值 $\bar{x}$ 与加权平均值分别按式（7-50）与式(7-51) 计算，

$$\bar{x}=\frac{\sum_{i=1}^{n}x_i}{n} \tag{7-50}$$

$$\bar{x}_w=\frac{\sum_{i=1}^{n}w_ix_i}{\sum_{i=1}^{n}w_i} \tag{7-51}$$

式中，$w_i=1/s_i^2$ 为 x_i 的权值；s_i^2 是测定 x_i 的方差；$\bar{x}_w$ 是在考虑每个测定值的精密度不同而给予其相应不同的“权”值的条件下而计算出的算术平均值，是全部加权值之和除以总权值。算术平均值与加权平均值单次测定的标准偏差分别按式(7-24) 与式(7-52) 计算。

$$s_w^2=\frac{1}{\sum_{i=1}^{n}\frac{1}{s_i^2}} \tag{7-52}$$

由上面的讨论可以看到，报告测定结果，必须给出测定平均值 $\overline{x}(\overline{x}_w)$、标准偏差 $s(s_w)$ 和测定次数 n 三个基本参数；或者给出测定平均值 $\overline{x}(\overline{x}_w)$ 在指定置信度水平的置信区间；或者以测定平均值 $\overline{x}(\overline{x}_w)$ 的不确定度表示。用这种方式报告结果能说明所报出的测定量值在指定置信概率水平近似真值的程度，使报出的测定结果具有溯源性。也使不同实验室和不同人员用各种不同分析方法测定的数据之间具有可比性。给出了重复测定次数 n，就可以从概率分布表中查得在一定显著性水平 α 时的置信系数，确定置信区间。

7.5.3 表征分析结果的方式

现以所建立的校正曲线测定一个样品中的铜，3 次测定的吸光度值 A 分别为 0.308，0.304 和 0.306，$\overline{A}=0.306$。从校正曲线查得的铜浓度 c 分别为 3.11μg/mL、3.07μg/mL 和 3.09μg/mL，$\overline{c}=3.09$μg/mL，标准偏差 $s=0.02$，平均值标准偏差 $s_{\overline{x}}=0.012$。

根据测定值的概率分布，正确报告一个分析结果至少应满足以下各项要求：

① 说明测定值分布的集中趋势，在等精度测定的场合给出算术平均值，非等精度测量给出加权平均值。

② 说明测定值分布的离散特性，要给出测定结果的标准偏差或相对标准偏差，或不确定度。

③ 说明测定结果的置信程度，要给出测定次数 n，有了 n 可以从数理统计表中获得在一定置信概率的置信系数，给出测定结果的置信区间。此外，n 也表征了获得分析结果所花费的代价。

④ 数字的表示要符合有效数字修约规则。

只有按照上述 4 项要求报出的结果才有可比性，才能对测定结果进行溯源。

对于本例中测定铜的结果，可以有以下几种报告分析结果的形式：

① 直接报出测定结果，$\overline{c}=3.09$μg/mL，标准偏差 $s=0.02$，RSD=0.647%。

这种报告分析结果的形式是不正确的，第一，只考虑了样品重复测定的影响，而没有考虑用标准物质配制标准溶液、用容量器具转移溶液和定容、建立校正曲线、原子吸收光谱仪器读数等因素引入到测定结果中的标准偏差，计算的标准偏差偏小。第二，RSD 的有效数字位数不符合有效数字修约规则，取的有效数字位数过多，$n=3$ 是小样本测定，按照 7.3.3.4 中式(7-27)，s 和 RSD 的有效数字最多只能取 2 位。第三，没有给出测定次数 n，无法确定分析结果的置信度和置信区间，无法对分析结果进行验证与溯源。

② 按照报告分析结果各项要求，给出了 3 项基本参数，$\overline{c}=3.09$μg/mL，标准偏差 $s=0.02(n=3)$，RSD=0.65%。

这种表示方式比第一种表示方式较合理些，给出了测定次数 n，可以在给定概率水平从数理统计表中找到相应的置信系数，给出分析结果置信区间，数字表示也符合有效数字修约规则。但仍然没有考虑用标准物质配制标准溶液、容量器具精度、校正曲线的变动性、原子吸收光谱仪器读数的波动性等因素引入到测定结果中的标准偏差，计算出的标准偏差偏小，给出的测定结果偏好。

③ 正确的作法应按式(7-48) 计算被测样品浓度的合成标准不确定度 $u(c)$，按式(7-49) 计算出有效自由度，由统计表查出包含因子 k，求得扩展不确定度 $U=k_p u(c)$，用平均值 $\overline{x}$ 和扩展不确定度 U 报出结果，

$$\mu=\overline{c}\pm U=(3.09\pm 0.11)\mu g/mL$$

表明了测定结果的不确定程度，数字表示符合有效数字的修约规则。

在日常分析测试和研究工作中，用指定置信概率水平的统计置信区间报出分析结果，以免去各项不确定度的繁杂计算。用统计置信区间表示结果，包括了表示结果的三个基本参数；统计含义明确。样品中铜的真实量值虽然不能求得，但有 95％把握断定，约有 95％的置信区间包含真值。

如本例中用统计置信区间表示结果，

$$\mu=\overline{x}\pm st_{0.05,2}=3.09\pm0.02\times4.303=(3.09\pm0.09)(\mu g/mL)$$

用统计置信区间与扩展不确定度 U 报出结果相近。需要指出是，如出具法定报告，还是应进行不确定度的详细计算。

7.5.4　表示分析结果的有效数字

在试验中，记录分析测试数据时，记录的数据与表示结果的数值所具有的精确程度应与所使用的量测仪器和工具的精度相一致。一般可估计到量测仪器和工具最小刻度的十分位，所记录的数除最后一位数字具有不确定性外，其余各位数字都应是准确的。进行数据处理时，应遵守有效数字的修约规则。现在采用“四舍六入五单双”的修约准则，其优点是保持了进、舍项数平衡性与进、舍误差的平衡性。不允许通过有效数字修约人为地提高分析数据的精度与分析结果的质量。

① 有效数字后面的第一位为 4，则舍去，若为 6，则在前一位进 1。若恰为 5，而 5 之后的数字不全为 0，则在 5 的前一位进 1。若 5 之后全为 0，且 5 之前的一位数字为奇数，则在 5 的前一位进 1，5 之前的一位数字为偶数，则舍去不计。所拟舍弃的数字为两位以上数字时，不得连续进行多次修约，应根据所拟舍弃数字中左边第一个数字的大小按修约规则一次修约得出结果。

② 有效数字是表示数的大小与测定精度，对于数字 0，当其用来表示小数点位置而与测定精度无关时，不是有效数字；当用它来表示与测定精度有关的数值大小时，则为有效数字。如用天平称量一个样品，质量是 0.0150g，前两个 0 只与所用质量单位有关，而与测量精度无关。当用 mg 为单位，记为 15.0mg，前面两个 0 就没有了，故不是有效数字。但注意两种表示称量结果的含义是不同的，前一种称量的精度是万分之一，后一种称量的精度是千分之一。

③ 基于有效数字的属性，在有效数字的加减乘除运算中，最后结果的有效数字只能保留最后一位数字具有不确定性。因此，在加减运算中，最后结果的有效数字应与参与运算的各数中小数点后位数最少的数相同；在乘除运算中，最后结果的有效数字不得超过参与运算的各数中有效数字位数最少的那个数的有效数字的位数。

为避免在运算过程中引起误差的积累，可以将参与运算的各数的有效数字修约到比该数应有的有效数字多 1 位。在协同试验中，数据需要汇总处理，为避免连续修约引起误差积累，汇总前的数据的有效数字可以多取一位，汇总处理后的数据再按照有效数字修约规则一次修约到有效数字的应有位数。此多取的一位数字称为安全数字。

④ 在所有计算中，常数如 π、e，乘数因子如$\sqrt{2}$、$\sqrt{3}$等的有效数字位数不受限制，需要几位就取几位。

⑤ 在计算不少于 4 个测定值的平均值时，平均值的有效数字的位数可比单次测定值的有效数字位数多取 1 位。但在报告测定结果的误差时，对误差值数字的修约，只进不舍。

⑥ 涉及安全性能指标和计量仪器中有误差传递指标者，优先采用全数比较法，对超出标准中规定的极限数值，不允许修约。

⑦ 在对数计算中，所取有效数字的位数，应与真数的有效数字位数相同。如乙酸的解离常数是 $K_α=1.96\times10^{-5}$，有效数字是 3 位。若对数值是 2.26，小数点前的 2 是定位数，不是有效数字，故其有效数字是 2 位。

⑧ 当用多位数字表示测定结果不能正确表征时，应用指数方式表示测定结果。如测定海水中镁离子含量为 1200mg/L，其真实测定值在十位数已是不确定了，而上述表示方式使读者误认为有效数字是 4 位，在十位数还是确定的，只是个位数具有不确定性。如果用指数方式表示为 1.20×10^3 mg/L，有效数字是 3 位，与真实测定值的情况是一致的。

参考文献

[1] 方开泰，等．数理统计与标准化．北京：技术标准出版社，1981：88-133.

[2] 王小芹，邓勃，秦建侯．均匀设计法．分析试验室，1985，4 (12)：46-55.

[3] 邓勃．分析测试数据的统计处理方法．北京：清华大学出版社，1995：1-26，41-82，105-128，152-212，265-275，291-312.

[4] 秦建侯，邓勃，王小芹．正交试验设计．分析试验室，1985，4 (10)：45-55.

[5] Massart D L，Vandeginste B G M，Deming S N，et al. Chemometrics：A textbook. Amsterdam：Elsevier，1988：13-31，41-56，75-92.

[6] 邓勃．仪器定量分析中几个问题的探讨．中国无机分析化学，2011 (2)：1-5.

[7] 邓勃．关于校正曲线建立和应用中一些问题的探讨．中国无机分析学，2011 (3)：1-7.

[8] 郑用熙．分析化学中的数理统计方法．北京：科学出版社，1986：250-258.

[9] 邓勃，刘强．模糊正交法用于石墨炉探针原子化测定铋条件的研究．分析化学，1993，12 (1)：11-15.

[10] 邓勃．一个综合评价分析方法的函数．分析化学，1989，17 (5)：415-418.

[11] 臧慕文，柯瑞华．成分分析中的数理统计及不确定度评定概要．北京：中国质检出版社、中国标准出版社，2012：11-12.

[12] 国家质量技术监督局计量司组．测量不确定度评定与表示指南．北京：中国计量出版社，2000.

[13] 李慎安．测量不确定度表达．北京：中国计量出版社，1999.

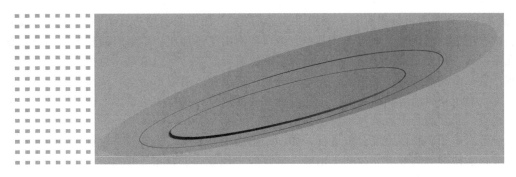

第8章 原子光谱分析在地质领域中的应用

8.1 概述

对岩石矿物中高含量、低含量以及痕量的金属元素均可以用原子光谱法进行检测，其足够的灵敏度和精密度，满足了随着地学研究的深入发展，对测试的元素越来越多和越来越精准的需要。如进行矿石或矿物围岩的全分析时，要求测定的元素多达 30 种之多，有时甚至更多。

地壳是由岩石、矿石和矿物组成的。岩矿组成非常复杂，当岩石中某种元素或几种元素含量达到工业开采价值时，则称矿石；当某种元素或几种元素含量比较高时，则称为矿物。岩石、矿石和矿物地质样品的分析检测，从其组分的含量变化为了解元素的集中、迁移分散，研究岩浆的来源，阐明岩石的成因及构造演化等地质问题提供了宝贵的基础资料。地质样品分析检测的高要求，反过来又促进了原子光谱分析检测新技术的发展、新分析方法的研发。原子光谱分析已成为现代地矿检测实验室中不可或缺的重要手段。

8.2 地质样品的特点与检测要求

岩石、矿石和矿物地质样品的类型多、成分复杂，分析元素涉及元素周期表中绝大多数元素，分析元素的含量范围广，从常量、微量、痕量甚至超痕量。地质样品复杂需同时分析元素多，一般都在 20 多种，甚至达 40 多种，元素之间的相互干扰多。这为地质样品分解前处理、分析检测带来不少的困难，如基体效应的消除、背景校正、元素间相互影响的控制、光谱干扰的校正等。尤其是分解含硅酸盐岩石试样更是如此。因此，在拟订和选择分析方案时，应依据被测元素的性质、岩矿的特性及随后欲采用的检测方法结合起来考虑，力求欲测定组分完全分解，并尽量做到能同时分离除去干扰组分；分解方法简易、迅速、经济、安全

（包括减少对环境的污染和有利于测定手续的简化）。常用的消解方法有敞口酸溶、高温碱熔、微波消解、高压密闭消解等。其中，敞口酸溶由于不加压、溶解时间长等原因导致低沸点元素损失、稀土元素测定结果偏低；高温碱熔流程复杂，空白值高，总盐度大，基体干扰比较严重；微波消解酸用量较大，高硅组分易出现沉淀，消解不完全，从而影响测定结果的准确度；高压密闭消解样品克服了上述处理方法的缺点，具有酸用量少、空白值低、消解完全等优点，非常适合于岩矿和矿物样品的分解。

分解岩矿和矿物多用混合酸进行，如：①硝酸＋氢氟酸；②硫酸＋氢氟酸；③高氯酸＋氢氟酸；④盐酸＋硝酸；⑤盐酸＋硝酸＋氢氟酸＋硫酸；⑥盐酸＋硝酸＋氢氟酸＋高氯酸。其中应用最多的混合酸是⑤、⑥，加硫酸或高氯酸可以提高分解温度，然后赶去硫酸或高氯酸，同时也将氢氟酸和 SiF_4 除去。最后，加入盐酸或硝酸作为介质将岩石矿物中的元素转变为氯化物或硝酸盐再进行原子光谱法测定。很少用硫酸、磷酸或高氯酸作介质，因为这三种酸的黏度太大，影响溶液雾化。除非特殊要求才应用它们，但浓度也要特别低才行。有时也采用盐类熔融，如：①碳酸钠熔融；②过氧化钠熔融；③碳酸钠＋过氧化钠熔融；④碳酸盐＋硼酸盐熔融；⑤偏硼酸锂熔融等。

用氢氟酸和其他酸共同分解硅酸盐岩矿和矿物可达到完全分解的目的。不测定其中的硅时，最后用高氯酸冒烟赶去 HF 和 SiF_4，残渣用盐酸或硝酸溶解；要测定其中的硅时，则酸分解后，保留有不低于 1mL 的溶液，其中 SiF_4 不蒸发而留在溶液中，此时，可加硼酸配位氟，再对溶液中包括硅在内的元素进行测定。

盐酸分解岩矿样品，除了利用其酸效应外，氯离子还有一定的还原作用和对某些金属离子的配位作用。盐酸和其他氧化性物质或氧化性酸联合使用，可分解铜、钴、镍、铋、砷、钼、锌、铀、汞等矿物。硝酸除与盐酸一样具有很强的酸效应外，并且具有很强的氧化性。许多不溶于盐酸的矿物，很易被硝酸分解。当用两种酸混合物来分解岩矿和矿物，尤其是在氢氟酸存在下，很多种岩矿样品都可完全分解。

对硫化物矿石，一般先加盐酸加热分解一段时间后，使硫以硫化氢形式逸出，然后再加硝酸进行分解，这样可避免析出对矿样有包藏作用的单质硫和提高硝酸的分解效力。

用偏硼酸锂在 1000℃熔融也可完全分解硅酸盐岩石和矿物。将熔融流动状态物倒入稀酸中，在超声波水浴内快速溶解后加入硝酸和酒石酸，水稀释至一定体积，此溶液可作岩石矿物的全分析。

8.3 地质样品分析

8.3.1 岩石、土壤、沉积物样品的分析

8.3.1.1 过氧化钠熔融-电感耦合等离子体原子发射光谱法测定岩石矿物中高含量锆[1]

（1）方法提要　针对岩石矿物中高含量锆难溶的特点，采用过氧化钠熔融、热水提取、离心分离、盐酸溶解、酒石酸保护等方法对样品进行前处理，基体匹配法校正基体干扰，ICP-AES 测定岩石矿物中的锆含量。

（2）仪器与试剂　DV5300 电感耦合等离子体原子发射光谱仪（美国珀金埃尔默公司）。TSX1400 型马弗炉［西尼特（北京）科技有限公司］。TD5 型离心机。

1000μg/L 锆单元素标准溶液（国家有色金属及电子材料分析测试中心）。

HCl(MOS)，Na_2O_2、酒石酸（AR）。实验用水是高纯水（电阻率＞18MΩ·cm）。

(3) 样品制备 准确称取 100mg (精确至 0.01mg) 试料于热解石墨坩埚中。加 1.0g Na_2O_2，混匀，覆盖 0.5g Na_2O_2。将热解石墨坩埚放在瓷坩埚中，放入已升温至 700℃的马弗炉中加热至样品呈熔融状。取出石墨坩埚，冷却后将其放入装有大约 80mL 沸水的烧杯中，在电热板上加热至熔融物完全溶解，洗出石墨坩埚。以 4000r/min 离心 10min，移去上层清液，用一定量的 3mol/L 热 HCl 溶解沉淀及洗涤离心管，溶液转入原烧杯。将烧杯置于电热板上加热至溶液清亮。加入 5mL 200g/L 酒石酸溶液，定容，ICP-AES 测定锆含量。

(4) 测定条件 射频发生器功率为 1300W。冷却气流量为 15L/min，辅助气流量为 0.2L/min，雾化气流量为 0.8L/min。测量次数为 3 次。

(5) 方法评价 测定锆的检出限 ($3s$，$n=10$) 为 22.8μg/L。测定标准物质 GBW07186，RSD (3.46% Zr，$n=10$) 为 2.1%。测定不同含量的标准物质，测定的相对误差 RE 为－5.9%～2.2%。校正曲线动态线性范围为 3.08～40.0μg/mL，相关系数 $r=0.9999$。该方法适用于锆含量 (0.003%～48.0%) 的样品测定。

(6) 注意事项 由于碱熔法溶解液中本底水平较高，使得方法检出限较高。采用基体匹配法可解决复杂基体的干扰问题。

8.3.1.2 断续流动氢化物发生-原子吸收光谱法测定地质样品中的硒[2]

(1) 方法提要 将国产 MCA-202 型氢化物发生器与原子吸收光谱仪联用，断续流动氢化物发生-原子吸收光谱测定地质样品中 Se 的含量。

(2) 仪器与试剂 PinAAcle 900T 原子吸收光谱仪 (美国珀金埃尔默公司)。Se 无极放电灯 (美国珀金埃尔默公司)，MCA-202 微型化学原子化器 (上海睿齐实业有限公司)。

硼氢化钾溶液：称取 5g KHB_4，溶于 500mL 0.1%KOH 溶液中，现用现配。5g/L Fe^{3+} 溶液：称取 7.14g Fe_2O_3 于烧杯中，加入 150mL HCl 加热溶解，然后补加 130mL HCl，用水定容至 1000mL。

试验所用盐酸、硝酸、氢氟酸、高氯酸，均为优级纯。

(3) 样品制备 称取 0.1000～0.2000g 样品于聚四氟乙烯坩埚中，加入 10mL HNO_3、5mL HF、0.5mL $HClO_4$，在低温电热板上加热至冒高氯酸白烟，取下坩埚，稍冷后加入 5mL ($\varphi=1+1$) 盐酸，加热保温 30min，取下冷却至室温。移入 10mL 比色管中，再加 1mL 铁盐溶液，用去离子水稀释至刻度。

(4) 测定条件 载气流量为 0.8L/min、盐酸溶液浓度为 3mol/L、硼氢化钾浓度为 10g/L。乙炔流量为 1.5L/min，空气流量为 6.0L/min。

(5) 方法评价 测定硒的检出限 ($3s$，$n=11$) 为 0.30ng/mL。测定国家标准物质 GSD-5 (GBW07305)，RSD ($n=11$) 为 4.7%。校正曲线的动态线性范围上限是 80ng/mL，线性相关系数 $r=0.999$。

(6) 注意事项 利用 HNO_3-HF-$HClO_4$-HCl 混合酸体系溶解样品，视样品基体不同加入适量铁盐或直接测定。

8.3.1.3 氢化物发生-双道原子荧光光谱法联测化探样中的铋汞砷锑[3]

(1) 方法提要 试样经王水分解，硫脲-抗坏血酸预还原砷和锑，硼氢化钾还原发生氢化物，双道原子荧光光谱法测定化探样品中的铋汞砷锑。

(2) 仪器与试剂 AFS-9700 型双道原子荧光光谱仪 (北京海光仪器有限公司)。

Bi、Hg 标准混合溶液 (1μg/mL Bi，0.1g/mL Hg)。As、Sb 标准混合溶液 (1μg/mL

As，1μg/mL Sb）。

王水（ψ=1+1），HCl(优级纯)+HNO_3(优级纯)+H_2O=3∶1∶4(ψ)，现配现用。1%硼氢化钾溶液：称取5.0g优级纯氢氧化钠溶于1000mL水中，溶解后加入10g硼氢化钾，溶解混匀，现用现配。5%载流液：50mL HCl（优级纯）溶于1000mL水中，现用现配。5%硫脲-抗坏血酸溶液：称取5g硫脲和5g抗坏血酸，溶于100mL水中，现用现配。

实验用水为去离子水。

（3）样品制备　称取0.1000g样品于25mL比色管中，用少量水冲洗试管壁，并使样品润湿，加入新配的（ψ=1+1）王水，充分振荡，将底部试样摇散，不要使试样黏附在比色管内壁上，然后不加盖于沸水浴中加热1h，其间振荡2次。取出冷却，用5%酒石酸定容，放置澄清过夜。吸取7mL上清液于10mL离心管中，直接进样测定Hg和Bi。测定后在剩余清液中加入1mL 5%硫脲-抗坏血酸溶液，0.5h后进样测定As和Sb。

（4）测定条件

测定条件见表8-1。

表8-1　测定条件

工作条件	Bi	Hg	As	Sb
负高压/V	300	270	300	300
灯电流/mA	80	25	60	80
原子化器高度/mm	8	8	8	8
载气流量/(mL/min)	400	400	400	400
屏蔽气流量/(mL/min)	900	900	900	900

（5）方法评价　Bi、Hg、As和Sb的检出限分别是0.05μg/g、0.008μg/g、0.06μg/g和0.02μg/g。Hg在10μg/g浓度范围内，Bi、As、Sb在100μg/g浓度范围内，校正曲线动态线性关系良好，相关系数分别为0.9993、0.9996、0.9985和0.9996。测定标准物质GBW07403中的Bi、Hg、As、Sb，测定值与标准值结果相吻合。相对误差（RE）分别是9.8%、3.33%、−2.46%和−7.01%。RSD（$n=5$）分别是9.23%、8.39%、2.27%、9.97%。回收率分别为93.9%、104.3%、99.1%和99.1%。

（6）注意事项　原子荧光光谱仪测定的元素多为痕量级，所用的酸、硼氢化钾、实验用水要保证足够高的纯度。避免样品之间因浓度相差太大造成交叉污染，及对仪器进样系统管路和原子化器造成污染。要特别注意汞的污染，管路一旦被污染，短时间内很难清除。

8.3.1.4　原子荧光光谱法测定化探样品中的砷和锑[4]

（1）方法提要　试样经王水分解，硫脲-抗坏血酸预还原砷和锑，硼氢化钾还原发生氢化物，双道原子荧光光谱法测定化探样品中的砷和锑。

（2）仪器与试剂　AFS-3100型原子荧光光谱仪（北京科创海光仪器有限公司）。Milestone ethosl微波消解仪，配有高压消解罐、温度传感器。

1.0g/mL砷标准储备溶液、100mg/mL锑标准储备溶液（国家标准物质研究中心）。砷、锑混合标准工作溶液，砷、锑分别为1.0μg/mL、0.1μg/mL，介质为10%HCl溶液。

硼氢化钾-氢氧化钠溶液：称取5.4g硼氢化钾和5.0g氢氧化钠溶于100mL水中，现用现配。盐酸羟胺溶液：称取2.78g盐酸羟胺溶于10mL水中，现用现配。高锰酸钾-硝酸溶液：称取0.78g高锰酸钾、移取5.5mL硝酸溶于94.5mL水中。硫脲-抗坏血酸溶液，称取5.0g硫脲和5.0g抗坏血酸，溶于100mL水中，现用现配。载流液：盐酸（ψ=5+95）。0.02g/mL硼氢化钾溶液。

盐酸、硝酸是优级纯，硫脲、硼氢化钾、抗坏血酸、氢氧化钾，均是分析纯。实验用水为去离子水。

(3) 样品制备　称取 0.5000g 样品于 50mL 比色管中，分别用两种方法浸提。①加入 5.0mL 现配王水，沸水浴加温 1h。②加入 10.0mL 现配王水溶液（$\psi=1+1$），沸水浴加温 1h。将两种浸提法处理过的样品，分别以两种方法预还原：①加入 20.0mL 预还原剂硫脲-抗坏血酸溶液、10.0mL 盐酸，定容至 100mL，反应 1h，过滤。②用盐酸溶液（$\psi=1+9$）定容至 50mL，过滤，吸取 10.0mL 清液移入 25mL 比色管中，加入 1.5mL 盐酸，定容至 25mL，反应 1h。

(4) 测定条件　负高压 280mV。灯电流 As 是 30mA，Sb 是 50mA。原子化器高度 8mm。载气流速 300mL/min，屏蔽气流速 900mL/min。读数时间 15s，读数延迟时间 1s。

(5) 方法评价　As、Sb 的检出限分别为 0.020ng/mL 和 0.0265ng/mL。对 10ng/mL 砷和 1ng/mL 锑进行测定，RSD（$n=11$）分别为 0.6%和 2.7%。用浸提法和预还原法处理样品，回收率分别为 95%～101%和 91%～106%。校正曲线动态线性范围上限，As 和 Sb 均是 100μg/L。线性相关系数为 0.9998。测定土壤成分分析标准物质 GBW07405、GBW07423、GBW07425（中国地质科学院地球物理地球化学勘查研究所）和 5 份不同油气化探实际样品，测定值与标准值相吻合。

(6) 注意事项　王水的氧化性会降低硫脲-抗坏血酸的还原效果，对于干扰元素含量较小而不影响砷、锑测定的大部分化探样品，残留王水中 NO_3^- 的氧化性对预还原剂的破坏是造成分析偏差的主要原因。以王水溶液（$\psi=1+1$）浸提，取浸提液预还原的方法，能够最大限度地降低预还原时溶液中的 NO_3^- 含量，有利于保证测定结果的准确性。

8.3.1.5 ICP-AES 分析重矿物帮助沉积物溯源[5]

(1) 方法提要　用偏硼酸锂熔剂高温熔融样品-电感耦合等离子体原子发射光谱法分析重矿物中主量元素 Al、Ca、Fe、K、Mg、Mn、Na、P、S、Si、Ti 与微量元素 As、Ba、Be、Ce、Cd、Co、Cu、La、Mo、Nd、Ni、Pb、Sr、V、Y、Zn、Zr。

(2) 仪器与试剂　7300DV 电感耦合等离子体原子发射光谱仪（美国珀金埃尔默公司）。

检测器是分段阵列电荷耦合装置。固态射频发生器。Meinhard C 型雾化器，气旋型喷雾室。使用软件是 WinLab 5.5。

标准物质来自南非共和国国家冶金研究所认证的 RM NIM-D（dunite）和三个 AHMC 标准样品。用 Perkin Elmer 多元素标准（As、Ba、K、La、Mg、Mn、Ni、Sr 和 Zn）、SPEX CertiPrep® 标准 1（As、Ba、K、La、Mg、Mn、Ni、Sr 和 Zn）和标准 4（Mo、P、S、Si、Ti 和 Zr）制备相应的分析质量控制（QC）溶液。

使用偏硼酸锂（$LiBO_2$）和过氧化钠（Na_2O_2）熔融样品和标准参考物质（RMs）。分析 ROMIL PrimAg® 单元素标准时，用 ICP-AES 的校准溶液（介质是 5%硝酸溶液）。每次测定使用三个 Fisher Scientific 单元素质量控制（QC）标准（介质是 5%硝酸溶液）。

浓酸和过氧化氢（H_2O_2）都是 Romil-SpA™ 超纯试剂。实验用水是去离子水（25℃电阻率为 18.2MΩ·cm，Milli-Q™）。

(3) 样品制备　将 0.1g 的研磨样品与 0.9g 的 $LiBO_2$ 熔剂置于铂坩埚中，在 1050℃熔融 15min。冷却后，将坩埚放入装有 50mL 去离子水、5mL 浓 HNO_3 和 1mL 浓 HF 的容器中。盖上盖子并放置在振荡装置中过夜。18h 后，在分析之前，再向容器中加入 44mL 去离子水。

(4) 测定条件　ICP-AES 的测定条件见表 8-2。

表 8-2 ICP-AES 的测定条件

参数	参数值	参数	参数值
等离子体功率	1400W	每峰点数	3
载气流速	1.4L/min	重复次数	3
雾化气流速	0.65L/min	背景校正	2 点
样品吸入速度	1.0mL/min	清洗液	5% HNO_3
进样延迟时间	60s		

(5) 方法评价 熔融是溶解重矿物最合适的方法，$LiBO_2$ 熔融能完全消化样品。AHMC 中矿物的含量与 ICP-AES 数据之间的相关性可以用来构建具有代表性的校正曲线。4 条校正曲线，其中 3 条校正曲线线性相关系数 r^2，Cr 是 0.99，P 是 0.96，Zr 是 0.99，Ti 是 0.22，相关性较差。表明具有特定地球化学特征的矿物具有很好的一致性，重矿物精矿的整体地球化学特征可以诊断潜在沉积物来源。这种地球化学方法能够快速处理大量样品，为矿产勘查、古地理重建和沉积物中的重矿物特征提供了强有力的诊断工具。

8.3.1.6 微波辅助提取结合离子交换分离和电感耦合等离子体原子发射光谱检测土壤/沉积物中 Cr(Ⅲ) 和 Cr(Ⅵ) [6]

(1) 方法提要 用 0.1mol/L EDTA、1%四丁基溴化铵（TBAB）和少量 HF 在微波炉中溶解样品，结合离子交换分离和电感耦合等离子体原子发射光谱测定土壤/沉积物中 Cr(Ⅲ)和 Cr(Ⅵ)。

(2) 仪器与试剂 ULTIMA 2 型电感耦合等离子体原子发射光谱仪（法国 Jobin Yvon 公司 HORIBA 科学仪器事业部）。微波炉（Videocon，India，700W）。

Dowex-1 离子交换树脂（氯化物型）购自 Sigma 公司。

Cr(Ⅲ) 和 Cr(Ⅵ) 标准溶液分别采用 $CrCl_3 \cdot 6H_2O$ 和 $K_2Cr_2O_7$ 制备。

HF 和 EDTA（德国 Merck 公司），四丁基溴化铵（印度 SISCO 公司）。实验用水为超纯蒸馏水（Milli-Q™）。

(3) 样品制备 准确称取约 0.1g 样品放入 15mL 聚乙烯离心管中，加入 3mL 0.1mol/L EDTA、0.5mL 1%四丁基溴化铵、0.5mL HF。微波炉以最高功率（700W）运转 1min。将试管冷却至室温，以 1500r/min 离心，将上清液转移到 10mL 容量的烧瓶中，用去离子水稀释至刻度。

(4) 测定条件 采用同轴雾化器，气旋型喷雾室。ICP-AES 的测定条件见表 8-3。

表 8-3 ICP-AES 的测定条件

参数	参数值
射频发生器功率	1.1kW
分析线波长	Cr 283.563nm
等离子气流量	12.1L/min
雾化气流量	0.83L/min
辅助气体流量	0.52L/min
进样速度	2.0mL/min

(5) 方法评价 测定 Cr(Ⅵ) 的检出限为 0.02mg/L。测定 Cr(Ⅲ) 和 Cr(Ⅵ)，RSD 为

5%～6%，回收率分别为 96%～99%和 97%～102%。测定水系沉积物认证参考物质(GBW07312)，测定值与认证值一致。分析实际样品提取液中的总铬浓度与水系沉积物的给定值完全一致。对应本方法的检出限含量为 5.0mg/kg。方法操作简单方便，试剂用量少，树脂可重复使用。该方法适用于沉积物和土壤样品中 Cr(Ⅲ) 和 Cr(Ⅵ) 的形态分析。

8.3.2　金属矿石矿物分析

金属矿石矿物是指具有明显的金属性（如呈金属或半金属光泽，不透明，导热性良好）的矿物。它们绝大多数是重金属元素的化合物，主要是硫化物和部分氧化物，个别的本身就是金属单质，如自然金。少数不具典型金属性者如闪锌矿、辰砂等。金属矿石一般分为黑色金属、有色金属、多金属矿石矿物。黑色金属矿物以铁矿石、锰矿石、铬矿石、钒矿石、钛矿石等为主。有色金属通常指除去铁锰铬和铁基合金以外的所有金属。一般也可分为：重金属、轻金属、贵金属、三稀金属等。

黑色金属矿石一般以铁、锰、钛、铬等元素为主并与钒等共生，试样分解困难，采用直接酸溶法处理后有残渣，需进行高温碱熔残渣。微波溶样具有很好的应用前景。

有色金属矿石的成分通常比较复杂，一般包括铜、铅、锌、镉、钴、镍、钨、钼、锡、砷、锑、铋和汞等元素，主要以硫化物、氧化物的形式存在于矿石中。在分解试样时应考虑以下几点：①根据系统分析中各元素在矿石中的赋存状态，以及分解矿石的难易程度选择适宜的熔（溶）剂，避免在系统分析中由于试样分解不完全而影响某一组分结果的准确性。②熔（溶）剂的选用及分析溶液的制备，要顾及各种元素测定中对采用方法的影响。③要顾及利用分解试样手段，同时达到系统分析中分离主要干扰的目的。④对于含硫、砷、汞、锑高的试样，在用碱熔法分解前，于 600℃灼烧后再熔融。⑤需要用铂坩埚分解试样时，应先用酸分解后，不溶部分再用铂坩埚处理，以免损害铂坩埚。⑥当测定含砷和硫较高的试样中的化合水时，在灼烧前加入一点铬酸和钨酸钠，以抑制硫和砷的挥发，汞也和化合水一起逸出，计算化合水时应予扣除。

8.3.2.1　微波消解-电感耦合等离子体原子发射光谱法测定钒钛铁精矿中 10 种主次元素的含量[7]

（1）方法提要　用盐酸＋硝酸＋氢氟酸混酸微波消解样品，ICP-AES 测定消解液中的 Ti、Si、Al、Ca、Mg、V、Mn、P、Ni、Cr。

（2）仪器与试剂　iCAP 6300 全谱直读等离子体发射光谱仪（美国赛默飞世尔科技公司）。Multiwav3000 型微波消解仪。Pacific TⅡ 7UV（50132131）型纯水仪。

1000mg/L Ti、Si、Al、Ca、Mg、V、Mn、P、Ni、Cr 单元素标准储备溶液。

盐酸、硝酸、氢氟酸均为优级纯。高纯氧化铁（w＝99.99%）。实验用水为超纯水。

（3）样品制备　称取 0.1000g 试样于聚四氟乙烯消解罐中，依次加入 3mL 盐酸、1mL 硝酸、1mL 氢氟酸，用少量水冲洗罐壁，摇匀。盖紧消解罐，置于微波消解仪内，按设定的消解程序进行消解。试样消解完成后，取出冷却，加入 10mL 50g/L 硼酸溶液继续消解 3min 后，将试液转移至 100mL 容量瓶中，以水定容。

（4）测定条件　微波消解程序采用功率控制模式，先用 10min 将功率升至 300W，保持 5min，再用 10min 将功率升至 600W，保持 30min。

ICP-AES 测定：分析线是 Ti 336.121nm、Si 288.158nm、Al 308.215nm、Ca 317.933nm、Mg 279.079nm、V 309.311nm、Mn 257.610nm、P 185.891nm、Ni 231.604nm、Cr 284.325nm。高频

发生器功率1150W。雾化气流量0.45L/min，辅助气流量0.5L/min。蠕动泵泵速50r/min，检测器温度44℃，光室温度38℃。观测高度15mm。积分时间，长波为5s、短波为15s。

（5）方法评价　各元素检出限（3s）是1.2～44μg/L。校正曲线的动态线性范围，Ti是0.100～80.0mg/L，Si、Al、Ca、Mg是0.100～50.0mg/L，V、Mn是0.100～5.00mg/L，P、Ni、Cr是0.010～5.00mg/L。线性相关系数≥0.9991。采用本方法测定标准样品，测定值与认定值相符。测定值的RSD（n=8）均小于5.0%。

（6）注意事项　钒钛铁精矿中铁含量较高，通常在30%～50%之间，会对测定结果产生影响，需要采用基体匹配和背景校正的方式消除干扰。

8.3.2.2 微波消解-电感耦合等离子体原子发射光谱法测定钒钛铁精矿中钾和钠[8]

（1）方法提要　用盐酸-氢氟酸-水体系微波消解样品，选用分析线K 769.896nm、Na 588.995nm，ICP-AES测定钒钛铁精矿中的钾和钠。

（2）仪器与试剂　iCAP 6300全谱直读等离子体发射光谱仪（美国赛默飞世尔科技公司）。MW3000型微波消解仪［安东帕（中国）有限公司］。耐氢氟酸专用进样系统，刚玉中心管、炬管、雾化器、雾室等。

1000μg/mL钾和钠单元素标准储备溶液（国家钢铁材料测试中心钢铁研究总院）。40μg/mL钠标准工作溶液，80μg/mL钾标准工作溶液分别由钠和钾标准储备溶液逐级稀释而成。30g/L铁基体溶液：称取30g高纯铁，加入500mL盐酸，加热缓慢溶解，滴加适量硝酸氧化，定容至1000mL。

盐酸、氢氟酸、硝酸，均为优级纯。高纯铁（w=99.99%）。

实验用水为符合GB/T 6682中规定的三级水。

（3）样品制备　称取0.5000g试样置于微波消解罐中，加入5.0mL水、8.0mL盐酸、5.0mL氢氟酸，置于通风橱中预消解至不再冒黄烟（约10min）。再将消解罐装入消解仪中，启动消解仪。按照设定的程序（压力上升速率为31.5kPa/s，压力上限为3991kPa，温度上限为240℃）进行微波消解。消解结束后，冷却，移入100mL聚乙烯容量瓶中，用水稀释至刻度。

（4）测定条件　RF发生器功率为1150W。氩气压力为0.6MPa，辅助气流量为1.0L/min，雾化气流量为0.75L/min。泵速为50r/min。进样管冲洗时间为30s。观测高度为12mm。重复测定测数3次。

（5）方法评价　钾和钠校正曲线动态线性范围分别是0.006%～0.08%和0.005%～0.04%，线性相关系数分别为0.9998和0.9999。方法检出限钾为0.03%，钠为0.02%。测定钒钛铁精矿标准样品中钾和钠测定值与认定值相符，RSD（n=10）均小于5%。

（6）注意事项　铁基体对钠的测定基本无影响，但对钾的测定影响较大，在校正曲线的标准溶液系列中加入与测试样品所含铁基体大致相当的铁基体溶液以消除铁基体效应。

8.3.2.3 微色谱柱分离-原子荧光光谱法测定矿石矿物中硒[9]

（1）方法提要　采用微色谱柱分离，原子荧光光谱法测定Se的含量。

（2）仪器与试剂　AFS-830a双道原子荧光光谱仪（北京吉天仪器有限公司），微色谱柱分离富集装置［谱焰实业（上海）公司］。微色谱分离柱：规格3mm×70mm，内装<120μm DOWEX-50W强酸性阳离子交换树脂。

0.2μg/L标准溶液：市售标准储备液稀释配制。KBH_4溶液：称取10g KHB_4溶于500mL 1g/L KOH溶液中，现用现配。

实验所用盐酸、硝酸、高氯酸、氢氟酸及其他试剂均为分析纯。

(3) 样品制备　称取 0.1000～0.5000g 样品于聚四氟乙烯坩埚中，加入 10mL HNO_3、5mL HF、0.5mL $HClO_4$，在低温电热板上加热至冒 $HClO_4$ 烟，取下坩埚，稍冷后加入 1mL HCl (ψ=1+1)，保温加热 30min。取下冷却至室温，移入 25mL 比色管中，用去离子水稀释至刻度，摇匀后放置澄清。

在减压条件下，将装好的分离柱用 HCl (ψ=1+1) 过柱清洗，再用去离子水洗至近中性，排干柱体。分取 1～2mL 样品溶液上柱，待柱中溶液排出后，加少量去离子水淋洗，抽尽溶液。将滤液收集至比色管中，补加 1.3mL HCl 后水浴加热 30min，冷却后定容至 5mL，上机测定。

(4) 测定条件　负高压 300V。灯电流 80mA。载气流量 300mL/min，屏蔽气流量 800mL/min。

(5) 方法评价　利用特制的强酸性阳离子交换树脂建立了一种减压微色谱柱分离方法，能够有效去除 Cu、Pb、Zn、Ni，实现了 Se 与金属干扰元素的有效分离，尤其适用于铜精矿、铅精矿、黄铜矿、方铅矿等富矿石及矿物中微量 Se 的测定。

测定硒的检出限 ($3s$，$n=11$) 为 0.02μg/g。测定国家标准物质 GBW07233，RSD ($n=11$) 是 4.3%。硒校正曲线动态线性范围是 0.1～16ng/mL。

(6) 注意事项　Cu、Pb、Zn、Ni、Co 元素的穿透量分别为 15mg、90mg、24mg、20mg 和22mg。

8.3.2.4 盐酸-硝酸水浴消解氢化物发生原子荧光光谱法测定钨矿石和钼矿石中的砷[10]

(1) 方法提要　采用盐酸-硝酸 (5∶1) 水浴分解样品，加入柠檬酸-碘化钾掩蔽共存元素的干扰；再加入硫脲-抗坏血酸还原后直接用 HG-AFS 测定砷量

(2) 仪器与试剂　AFS-820 原子荧光光度计 (北京吉天仪器有限公司)。

100.00μg/mL 砷标准储备溶液：称取 0. 1320g 光谱纯三氧化二砷置于 100mL 烧杯中，加 10mL 氢氧化钠 (100g/L) 溶解，用 50%硫酸中和至微酸性，移入 1000mL 容量瓶中，用水稀释至刻度，摇匀。

4.00μg/mL 砷标准工作溶液：采用砷标准储备溶液逐级稀释配制而成。

硼氢化钾溶液：称取 20g 硼氢化钾，溶于已加有 2g 氢氧化钠的 1000mL 水中。

柠檬酸-碘化钾溶液：称取 20.0g 柠檬酸和 5g 碘化钾溶于水中，用水稀释至 100mL，摇匀。

硫脲-抗坏血酸溶液：称取 10g 硫脲和 10g 抗坏血酸溶于水中，用水稀释至 100mL，摇匀。

载流液：10%的盐酸。实验用水是去离子水，符合 GB/T 6682 规定的二级水。

(3) 样品制备　样品根据钨矿石和钼矿石中的砷量，称取 0.1～0.5g 试样 (精确至 0.0001g) 置于 50mL 比色管中，分别加入 5mL 盐酸和 1mL 硝酸，摇匀，盖盖后放置过夜。取下盖子，加盖玻璃小漏斗，置于水浴中煮沸 2h，中间每半小时摇动一次，取下。稍冷后加入 10mL 柠檬酸-碘化钾溶液，摇匀冷却，加入 5mL 硫脲-抗坏血酸溶液，用水稀释至刻度，摇匀，澄清。按原子荧光光谱仪工作条件，以硼氢化钾溶液为还原剂，10%盐酸为载流，分别测量校准溶液和试样溶液中砷的荧光强度。需在 12h 内完成测定。

(4) 测定条件　负高压 280V，灯电流 45mA，原子化器高度 8mm，载气流量 300mL/min，屏蔽气流量 800mL/min，泵速 180r/min，进样量 0.5mL，读数方式为峰面积，读数

时间 7s，延迟时间 1s。

(5) 方法评价 砷校正曲线的动态范围为 0～200ng/mL，相关系数为 $r=0.9992$，砷的检出限为 0.014μg/g，测定范围为 0.2～2000μg/g，方法精密度 RSD 为 0.7%～7.5%，加标回收率为 92.3%～102.99%。

(6) 注意事项 溶样过程中注意砷的挥发损失，测定之前需要用硫脲-抗坏血酸对溶液进行预还原。

8.3.2.5 火焰原子吸收光谱法和电感耦合等离子体原子发射光谱法测定硫化矿中的银铜铅锌[11]

(1) 方法提要 加盐酸加热除硫，硝酸-氢氟酸-高氯酸三种强酸分解样品，以新配制的王水提取被测组分，FAAS 和 ICP-AES 准确测定 Ag、Cu、Pb、Zn。

(2) 仪器与试剂 Z2000 原子吸收光谱仪（日本日立公司），iCAP 6300 全谱直读等离子体原子发射光谱仪（美国赛默飞世尔科技公司）。Heal Force SMART-N 超纯水机。

1000μg/mL Ag、Cu、Pb、Zn 标准溶液（中国计量科学研究院）。

硝酸、盐酸、氢氟酸、高氯酸均为分析纯，超纯水（电阻率 18MΩ·cm，25℃）。

(3) 样品制备 准确称取 0.2000～0.50000g 样品于 50mL 聚四氟乙烯坩埚中，加少量水润湿，先加 2.5mL 盐酸，将样品放置于 200℃的电热板上加热近干。然后关闭电源冷却，依次加入 4.0mL 硝酸、5.0mL 氢氟酸、1.0mL 高氯酸，继续加热至高氯酸白烟冒尽。取下稍冷却后加入 15mL 新配制的 50%王水，在电热板上加热至样品全部溶解，然后用少量超纯水冲洗坩埚壁，低温加热几分钟；取下坩埚，冷却后转移至 50mL 容量瓶中，用超纯水定容。

(4) 测定条件 分析线 Ag 328.1nm、Cu 324.8nm、Pb 283.3nm、Zn 213.9nm。原子吸收光谱测定，光谱通带 1.3nm，灯电流 7.5mA，燃烧器高度 7.5mm，空气流量 6L/min，乙炔流量 0.86L/min。ICP-AES 测定的主要工作参数，射频发生器功率 1150W。Ar 辅助气流量 0.5L/min，雾化气流量 0.5L/min。分析泵速 50r/min。垂直观测高度 12mm。积分时间长波 15s，短波 5s。

(5) 方法评价 FAAS 与 ICP-AES 两种方法测定 Ag、Cu、Pb、Zn 的检出限均低于 0.0090μg/mL。测定值的相对误差在±2.32%以内，RSD（$n=12$）均小于 3.5%，用 ICP-AES 测定国家标准物质 GBW07165（GSO-4）的银铜铅锌，相对误差（RE）分别为 0.47%、−1.56%、0.06%、−0.72%。

(6) 注意事项 溶样时先在样品中加盐酸加热除硫，再用硝酸-氢氟酸-高氯酸三种强酸分解样品，以新配制的王水提取，对银、铅含量较高的样品具有较好的分解效果。

8.3.2.6 电感耦合等离子体原子发射光谱法测定硫化物矿石中的铜铅锌[12]

(1) 方法提要 用盐酸和硝酸溶解矿石，在分析线左右两点扣背景与校正光谱干扰，基体匹配法消除物理干扰，ICP-AES 法同时测定硫化物矿石中 Cu、Pb、Zn 三种元素。

(2) 仪器与试剂 Optima 7300DV 电感耦合等离子体原子发射光谱仪（美国珀金埃尔默公司）。

1000μg/mL 铜、铅、锌单元素标准储备溶液。混合标准系列溶液：分别移取 50.00mL 标准储备溶液到三个 100mL 容量瓶中，分别用硝酸（$\psi=1+19$）定容，配制成浓度为 500μg/mL 的各元素的标准溶液。然后分别从三瓶标准溶液中各取 20.00mL 于同一个 100mL 容量瓶中，用硝酸（$\psi=1+19$）定容，配制成浓度为 100μg/mL 的混合标准溶液。

介质是 HNO_3（ψ=1+19）。

盐酸、硝酸均为优级纯，实验用水为二次去离子水。

（3）样品制备　称取 0.1～0.5g（精确至 0.0001g）试样置于 150mL 玻璃烧杯中，用少量水润湿，加入 20mL 盐酸在电热板上加热煮沸，再加入 10mL 硝酸继续加热蒸至剩余 3～5mL 取下冷却，用少量水洗涤杯壁，再加入 10mL 硝酸（ψ=1+1），再放到电热板上加热溶解可溶性盐类。最后取下冷却后定容在 100mL 比色管中，稀释至刻度。

（4）测定条件　分析线是 Cu 327.393nm，Pb 220.353nm，Zn 206.200nm。射频发生器功率 1300W。等离子气流量 15L/min，辅助气流量 0.2L/min，载气流量 0.8L/min，雾化器压力 0.8MPa。进样量 1.5mL/min。积分时间 15s，读数延迟 30s，轴向观测方式。

（5）方法评价　测定铅、锌的检出限分别是 0.042μg/mL 和 0.0059μg/mL。测定 GBW07162（多金属贫矿石）、GBW07163（多金属矿石）、GBW07164［富铜（银）矿石］、GBW07165（富铅锌矿石）样品，RSD（n=15）大部分小于 10%。只有个别元素测定值的 RSD 较高。校正曲线动态线性范围是 0.01～50pg/mL，相关系数是 r>0.9965。

用 GBW07162 和 GBW07163 等不同种类的国家一级标准物质进行精密度和准确度验证。测定值都在标准值的误差范围内，符合地质矿产开发的要求。取代了传统的四酸（$HCl+HNO_3+HClO_4+HF$）溶样法，大大缩短了分析时间。

（6）注意事项　所选用的分析线，避免了铁、硅、铝、钙等元素的干扰。当遇到铜精矿、铅精矿或者锌精矿时，根据实际需要可以选用次灵敏度的谱线。

8.3.2.7　电感耦合等离子体原子发射光谱法测定西藏矽卡岩型铜多金属富矿石中 8 种成矿元素[13]

（1）方法提要　矽卡岩型铜多金属富矿石是西藏特有矿产，矿物类型主要为硫化物型，成矿元素有 Cu、Pb、Zn、Fe、Ag、Bi、Cd、Co 等。用盐酸预处理，硝酸-氢氟酸-高氯酸溶矿，有效除去样品中的硫。ICP-AES 测定各元素含量。

（2）仪器与试剂　iCAP 6300 Duo 全谱直读等离子体原子发射光谱仪（美国赛默飞世尔科技公司）。采用同心高盐雾化器、旋流雾室，具有轴向、径向双向观测模式。

盐酸、硝酸、氢氟酸、高氯酸为分析纯。

（3）样品制备　准确称取 0.1000g 样品于 50mL 聚四氟乙烯坩埚中，用少许水润湿，加入 10mL 盐酸，于 130℃电热板上蒸至湿盐状，加入 5mL 硝酸、4.5mL 氢氟酸和 1.5mL 高氯酸，在电热板上继续升温至 180℃加热蒸干。关闭电热板稍微冷却，然后趁热加入 10mL 盐酸，待样品全部溶解后定容到 100mL 容量瓶中。

（4）测定条件　分析线是 Cu 324.754nm，Pb 220.353nm，Zn 213.856nm，Fe 259.940nm，Ag 328.068nm，Bi 223.061nm，Cd 226.502nm，Co 228.616nm。在高海拔（海拔 3700m）低气压条件下经优化确定了仪器最佳工作条件为：RF 发生器功率 1150W，辅助气流量 0.5L/min，雾化气流量 0.4L/min。蠕动泵转速 25r/min。长波曝光时间 5s，短波曝光时间 15s。积分时间 1～20s，自动积分。

（5）方法评价　各元素的检出限（3s，n=11，μg/g）分别是 1.62（Ag）、3.25（Bi）、0.21（Cd）、0.63（Co）、0.0017（Cu）、0.0027（Fe）、0.0026（Pb）和 0.00094（Zn）。主量元素测定范围为：0.0056%～20.0%（Cu），0.0087%～20/0%（Pb），0.0031%～20.0%（Zn），0.0090%～20.0%（Fe）。次量元素测定范围为：5.40～3000μg/g（Ag），10.8～5000μg/g（Bi），0.69～5000μg/g（Cd），2.09～5000μg/g（Co）。校正曲线相关系数>0.999。分析国家标准物质 GBW07169（铜矿石）、GBW07170（铜矿石）、GBW07171

（铅矿石）、GBW07172（铅矿石），相对误差小于5.40%，RSD（n=11）小于4.5%。该方法具有前处理流程简单、分析速度快、同时测定元素多、线性范围宽等优点，经实际样品测定，与原子吸收光谱法、硫脲光度法、EDTA 容量法、$K_2Cr_2O_7$ 容量法的分析数据吻合。盐酸预处理能有效去除了样品中的硫，解决了高含量铅银导致的沉淀问题，稀释倍数高（1000倍），保持溶液介质为10%盐酸，样品溶液不会产生沉淀。

（6）注意事项　采用盐酸预处理、硝酸-氢氟酸-高氯酸溶矿体系，能有效除去样品中的硫。选择稀释倍数为1000、10%盐酸溶液介质，样品溶液不会产生沉淀。

8.3.2.8 电感耦合等离子体原子发射光谱法同时测定锑矿石中14种元素的含量[14]

（1）方法提要　用盐酸＋硝酸＋氢氟酸＋高氯酸＋硫酸混酸体系分解锑矿石样品，盐酸-硝酸-水（ψ=3+1+36）混合液稀释至50mL，ICP-AES 同时测定样液中14种元素。

（2）仪器与试剂　iCAP 6300 全谱直读等离子体发射光谱仪（美国赛默飞世尔科技公司）。

14种元素的标准储备溶液：氧化铁、氧化铝、氧化镁、氧化钙、锑的浓度为2.00g/L，锰、钴、铬、镍、铜、锌、铅、氧化钾、氧化钠的浓度均为1.00g/L。

氢氟酸、高氯酸、硝酸、盐酸、硫酸均为优级纯。实验用水为去离子水。

（3）样品制备　称取试样0.1000g于聚四氟乙烯坩埚中，加入5mL盐酸-硝酸（ψ=3+1）混合酸5mL、5mL氢氟酸、0.5mL高氯酸、1mL硫酸（ψ=1+1）溶液置于控温电热板上，于200℃下加热分解。开始冒白烟时，稍降低温度以延长冒烟时间，待白烟冒尽、溶液快蒸干时，取下坩埚冷却。加入10mL盐酸-硝酸-水（ψ=3+1+4）混合酸，并将其置于150℃电热板上加热提取，使盐类完全溶解。取下冷却至室温，移至50mL比色管中，用盐酸-硝酸-水（ψ=3+1+36）混合酸稀释至刻度。

（4）测定条件　射频发生器功率1150W。氩冷却气流量15L/min，辅助气流量0.5L/min，雾化气流量0.5L/min。高盐雾化器。蠕动泵速率50r/min。垂直观测高度12mm。进样时间20s。积分时间：长波5s，短波15s。

（5）方法评价　运用背景扣除或干扰元素校正系数法进行校准，测得各元素的检出限［3s×500（稀释因子）］为0.81～123μg/g。测定标准物CRM（GBW07174），RSD（n=11）为0.51%～7.1%。校正曲线的线性相关系数r≥0.9994。

8.3.2.9 液体阴极辉光放电-原子发射光谱法测定矿石样品中铜和铅[15]

（1）方法提要　在针状铂阳极和石英毛细管溢出的电解液之间产生液体阴极辉光放电（LCGD），原子发射光谱法同时测定矿石样品中的铜和铅

（2）仪器与试剂　LCGD系统的原理如图8-1所示。该系统由电源、进样装置、激发光源、光谱检测器四部分组成。

1000mg/L Cu、Pb标准物质（国家标准物质研究中心）。

3个矿石样品（编号11-29-8-20，12-1-20-8，11-19-8-20）由白银有色金属公司提供。

HNO_3和HCl均为优级纯。实验用水为超纯蒸馏水（18.25MΩ·cm）。

（3）样品制备　准确称量0.50g矿石粉末置于3个聚四氟乙烯消解罐中，加入5mL浓硝酸和10mL浓盐酸，在25℃消解30min。然后将消解仪温度逐渐升高至240℃，再持续4h。蒸发出酸，直至样品溶液蒸发至近干。冷却到室温后，将样品转移到500mL容量瓶中，用pH=1的硝酸溶液定容。然后通过0.45μm滤膜过滤获得试样。

（4）测定条件　使用的探测器为PMTH-S1-CR131光电倍增管（PMT），工作电压为1000V，放电电压675V。毛细管直径1.0mm，流速为5.5mL/min。积分时间100ms，间隔

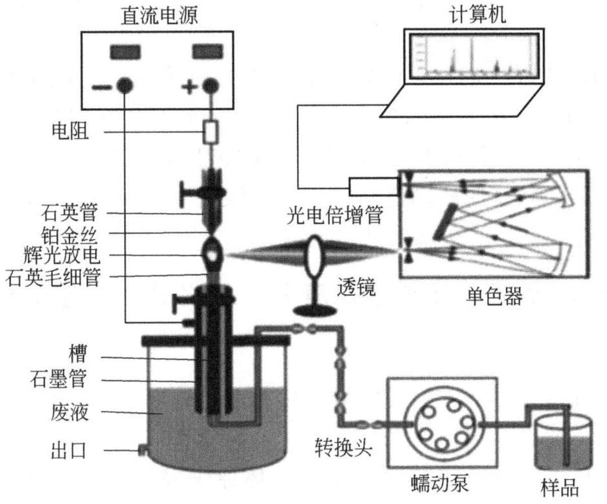

图 8-1　LCGD 系统原理图

0.1nm。使用 Zolix Scan Basic V4 软件控制单色仪和数据采集。所有的数据是连续 10 次测量的平均值。

(5) 方法评价　测定 Cu 和 Pb 的检出限分别为 0.36mg/L 和 0.20mg/L，RSD 分别为 2.1%和 1.3%。矿石样品中铜和铅的回收率是 85.2%～105.6%。LCGD-AES 测定值与参考值吻合较好。用 LCGD-AES 法测定矿石样品中的铜和铅具有较高的精密度和准确度。与封闭型电解质阴极放电-原子发射光谱法（ECLAD-AES）相比，LCGD 具有较高的激发效率、较低的能耗和较好的放电稳定性。此外，LCGD-AES 还具有便携、成本低、设计简单等优点。

8.3.2.10　敞口酸溶 ICP-AES 法测定稀有多金属矿选矿样品中的铌钽和伴生元素[16]

(1) 方法提要　用氢氟酸-硝酸-盐酸-高氯酸-硫酸体系分解样品，以 3～4 滴氢氟酸＋5%硫酸＋5%过氧化氢提取体系替代常规的有机酸（酒石酸等）提取体系，ICP-AES 同时测定稀有金属矿选矿试验各阶段产品中不同含量的铌钽锂铍钾钠铝铁钛磷等元素。

(2) 仪器与试剂　iCAP6000 Radial 型电感耦合等离子体原子发射光谱仪（美国赛默飞世尔科技公司）。

1000μg/mL 的五氧化二铌、五氧化二钽、氧化锂、氧化铍、氧化钾、氧化钠、三氧化二铁及三氧化二铝的标准储备溶液（中国计量科学研究院）。用单元素标准储备溶液逐级稀释配制成 100μg/mL 的混合工作溶液。

盐酸、硝酸、氢氟酸、硫酸、过氧化氢、高氯酸均为分析纯。实验用水为去离子水。

(3) 样品制备　称取 0.1000～0.5000g 样品于聚四氟乙烯坩埚中，准确加入 5mL 氢氟酸、2mL 50%（ψ）硫酸、10mL 混合酸 [盐酸＋硝酸＋高氯酸（ψ＝3∶2∶1.5)]，在 260℃电热板上加盖分解 30min，取下盖子，逐步升温至 330℃并硫酸白烟冒尽。从电热板上取下，在温热状态下加入 3～5 滴氢氟酸、10mL 提取剂（5%过氧化氢＋5%硫酸）在电热板上 200℃加热提取，然后直接用 1%硝酸定容至 100mL 容量瓶中。

(4) 测定条件　分析线是 Li 670.784nm，Be 234.861nm，Nb 309.418nm，Ta 263.558nm，Fe 259.940nm，K 766.490nm，Na 589.592nm，Al 167.079nm。等离子体发生器功率 1200W。Ar 冷却气流量 10.0L/min，辅助气流量 0.2L/min，雾化气流量 0.6L/min。进

样量1.5mL/min。轴向观测方式，观测高度15mm。延迟时间20s，积分时间5s。扫描次数2次。

（5）方法评价　检出限（3*s*，*n*＝12，μg/mL）分别是0.0020（Li）、0.0002（Be）、0.0050（Nb）、0.0300（Ta）、0.0200（Na）、0.002（Fe）、0.060（K）、0.003（Ti）、0.010（Al）和0.050（P）μg/mL。测定标准参考物质GBW07153、GBW07155和GBW07185，RSD（*n*=6）为0.37%～4.8%。校正曲线动态线性范围上限是500μg/mL。该方法提高了选矿全流程样品中各类元素的分析效率，已在选冶试验流程样品分析中得到了应用。

8.3.2.11　微波消解-电感耦合等离子体原子发射光谱法测定银精矿中铅锌铜砷锑铋镉[17]

（1）方法提要　用盐酸-硝酸-氢氟酸微波消解样品，ICP-AES同时测定银精矿中的铅锌铜砷锑铋镉。

（2）仪器与试剂　iCAP 6300电感耦合等离子体原子发射光谱仪（美国赛默飞世尔科技公司）。Milestone Ultra WAVE超级微波消解仪（意大利迈尔斯通公司）。

1000g/mL Pb、Zn、Cu、As、Sb、Bi、Cd单元素标准储备溶液（国家标准物质研究中心）。100g/mL Pb、Zn、Cu、As、Sb，50g/mL Cd标准溶液由各元素标准储备溶液逐级稀释而成。

盐酸、硝酸、氢氟酸、高氯酸、过氧化钠、氢氧化钠均为优级纯；实验用水为一级水。

（3）样品制备　称取0.20g（精确至0.0001g）试样于聚四氟乙烯试管中，加入3.0mL硝酸、1.0mL盐酸、3.0mL氢氟酸，盖上聚四氟乙烯盖。按照给定的条件进行微波消解。将溶液转移至聚四氟乙烯烧杯中，加入1～2mL高氯酸，加热冒高氯酸白烟至湿盐状。冷却至室温，用少量水冲洗聚四氟乙烯盖及杯壁，加10mL盐酸，加热溶解可溶性盐类。冷却后移入100mL容量瓶中，用水稀释至刻度。干过滤。移取适量试液于100mL容量瓶中，加入10mL盐酸，用水稀释至刻度。根据试样中各元素的含量选择原液或稀释液，用ICP-AES测定各元素含量，随同试样制备空白试样。

（4）测定条件　分析线是Pb 220.353nm、Zn 206.200nm、Cu 327.393nm/324.752nm、As 193.696nm、Sb 206.836nm、Bi 190.171nm、Cd 214.440nm/226.502nm。高频发生器功率为1.30kW。等离子体气流量为15L/min，辅助气流量为0.20L/min，雾化气流量为0.55L/min。泵速为1.5mL/min。观察高度为15mm。稳定时间为30s，轴向观测方式。

（5）方法评价　Pb、Zn、Cu、As、Sb、Bi、Cd各元素的检出限（*w*）分别为0.009%、0.002%、0.002%、0.005%、0.014%、0.012%和0.001%。测定两个银精矿样品，与相应的国标方法测定值相吻合。RSD（*n*=11）为0.74%～2.9%。加标回收率为95%～105%。校正曲线动态线性范围，Pb、Zn、Sb是0.50%～5.00%，Cu、Bi是0.10%～5.00%，As是0.10%～3.00%，Cd是0.050%～0.50%，线性相关系数*r*为0.9999。

8.3.2.12　电感耦合等离子体原子发射光谱-内标法测定铜精矿中镉[18]

（1）方法提要　用盐酸＋硝酸＋氢氟酸和＋高氯酸加盖溶解样品，电感耦合等离子体原子发射光谱-内标法测定镉。

（2）仪器与试剂　iCAP 6300电感耦合等离子体原子发射光谱仪（美国热电公司）。

1.00mg/mL镉标准储备溶液（北京有色金属研究总院）。100μg/mL、10μg/mL镉标准工作溶液分别由镉标准储备溶液逐级稀释而成。1.00mg/mL钇标准储备溶液（北京有色金属研究总院），200μg/mL、100μg/mL钇标准工作溶液分别由钇标准储备溶液逐级稀释而成。

实验所用试剂为分析纯。实验用水为蒸馏水或相同纯度的水。

(3) 样品制备 准确称取 0.5000g 在 105℃烘干 2h 的样品于 200mL 聚四氟乙烯烧杯中，用少量水润湿，加入 10.0mL 盐酸，150℃加热约 5min。稍冷后加入 10.0mL 硝酸、3.0mL 氢氟酸，150℃继续加热至小体积。稍冷后加入 3.0mL 高氯酸，盖上聚四氟乙烯表皿，250℃加热至冒浓白烟。稍冷后用少许水吹洗表皿及杯壁，补加 2.0mL 高氯酸，250℃加热至高氯酸白烟冒尽，冷至室温。加入 40.0mL 盐酸（$\psi=1+1$），用少许水吹洗杯壁，加热至微沸，冷至室温。将溶液转移至 200mL 容量瓶中（采用内标法测定时，加入 5.00mL 200μg/mL 钇标准工作溶液于容量瓶中），定容。

(4) 测定条件 分析线是 Cd 226.502nm。射频发生器功率 1150W。雾化气压力 0.21MPa，冲洗泵速 50r/min，分析泵速 50r/min。观测高度 12mm。稳定时间 20s，进样时间 25s。

(5) 方法评价 测定 Cd 的检出限（w）为 0.0002%。RSD（$n=11$）为 0.9%～1.1%。测定 VS2891-84 铜精矿标准物质中 Cd，测定值与认定值相符，相对误差（RE）为 0.34%。镉校正曲线动态线性范围上限是 10μg/mL，线性相关系数 $r=0.9998$。在相同条件下，内标法测定镉的精密度与基体匹配法基本一致。使用内标钇测定镉，铜精矿中一般存在的共存元素对测定 Cd 的影响可以忽略。

8.3.2.13 微波消解-耐氢氟酸系统电感耦合等离子体原子发射光谱法测定铌钽矿中的铌和钽[19]

(1) 方法提要 采用模块化的小罐型、多罐体组合（70 罐/组）酸溶罐体的微波消解溶样模式，结合 ICP-AES 仪器的耐氢氟酸进样系统，测定铌钽矿中铌、钽。

(2) 仪器与试剂 Optima 8300 电感耦合等离子体原子发射光谱仪（美国珀金埃尔默公司），配同心雾化器及旋流雾室与耐氢氟酸系统。

1000μg/mL（1mol/L 氢氟酸介质）铌、钽单元素标准储备溶液（中国计量科学研究院）。

硝酸，氢氟酸。实验用水是蒸馏水经 Milli-Q 离子交换纯化系统纯化，电阻率达到 18MΩ·cm。

(3) 样品制备 称取 0.0500～0.1000g（精确至 0.01mg）粒径应小于 74μm 的铌钽矿石试样置于专用的微波消解罐中，加入 1.5mL 氢氟酸和 1.0mL 硝酸，密封。将消解罐放入微波消解仪中。微波功率 1000W，分 130℃、160℃和 190℃三级控制温度，分别消解 15min、15min 和 25min。冷却后取出内罐，将溶液转移至 50mL 或 100mL 塑料容量瓶中，用蒸馏水定容至刻度，待测。

(4) 测定条件 分析线是 Nb 269.706nm，Ta 240.063nm。射频发生器功率 1300W。冷却气流量 10.0L/min，辅助气流量 0.2L/min，载气流量 0.5L/min。氩气吹扫光路系统。溶液提升量 1.5mL/min。轴向观测方式，观测距离为 3mm。

(5) 方法评价 测定铌和钽的检出限（$3s$，$n=10$）分别是 5.58μg/g 和 5.87μg/g。RSD 是 1.9%～6.1%。分析铌和钽的标准物质 GBW07154（钽矿石）、GBW07155（钽矿石），铌、钽含量较高的稀有稀土矿石标准物质 GBW07185，测定值都与标准值相一致。能够测定 Nb_2O_5 含量在 42μg/g～19%和 Ta_2O_5 含量在 86μg/g～27%高低品位的铌钽矿，尤其对于铌和钽在百分含量以上的铌钽矿具有优势。本方法加快了酸溶的溶样速度，溶样时间从原来的 48h 减少至 1h，且在氢氟酸介质中测定避免了高含量铌和钽在低酸度介质中容易水解的影响。

（6）注意事项　为了提高测定的准确度，测定低含量的铌和钽应该采用测定低浓度的标准系列，高浓度的溶液采用高浓度的标准系列，或者稀释后测定。

8.3.2.14 电感耦合等离子体原子发射光谱法测定钨矿石中硅、铁、铝、钛、钨、锡和钼的含量[20]

（1）方法提要　采用过氧化钠-氢氧化钠混合试剂熔融钨矿石样品，酒石酸-盐酸酸化提取被测元素，电感耦合等离子体原子发射光谱法测定钨矿石中 Si、Fe、Al、Ti、W、Sn 和 Mo 的含量。

（2）仪器与试剂　iCAP6300 型电感耦合等离子体原子发射光谱仪（美国赛默飞世尔科技公司）。

1.000g/L 混合标准储备溶液。

盐酸、过氧化钠、氢氧化钠、酒石酸均为优级纯，氩气纯度>99.99%。实验用水为超纯水（电阻率为 18MΩ·cm）。

（3）样品制备　准确称取 0.1000g 试样置于预先加入 0.5g 粉状过氧化钠的镍坩埚中，再加入 1.0g 粉状过氧化钠，搅匀，表面覆盖 0.5g 氢氧化钠后，置于马弗炉中 700℃熔融 10min。取出坩埚并轻微转动，稍冷，将镍坩埚放入 400mL 烧杯中。加入 25mL 热水浸取，用 10mL 200g/L 酒石酸溶液及 15mL 盐酸酸化提取，洗净坩埚。将提取液加盖置于 180℃控温电热板上加热溶解 10min，取下冷却。将溶液转入 100mL 容量瓶中，定容。另移取 10.00mL 溶液，稀释定容于 100mL 容量瓶中，用于测定 Si、Al、Fe。

（4）测定条件　分析线分别是 Si 251.61nm，Fe 259.94nm，Al 396.15nm，Ti 334.94nm，W 239.71nm，Mo 202.03nm，Sn 189.98nm。射频发生器功率 1150W。载气压力 0.65MPa。辅助气流量 0.5L/min，雾化压力 186.1kPa。蠕动泵转速 60r/min。垂直观测高度 15mm。重复测量次数 3 次。冲洗时间 30s，短波积分时间 15s，长波积分时间 5s。

（5）方法评价　检出限（$3s$，$n=12$，mg/kg）是 0.053（SiO_2）、0.0015（Fe_2O_3）、0.0033（Al_2O_3）、0.0012（TiO_2）、0.00027（W）、0.00024（Mo）和 0.00030（Sn）。校正曲线线性动态线性范围上限（mg/L）分别是 100、20、20、5.0、5.0、2.0 和 5.0，线性相关系数≥0.9993。分析钨矿石标准物质（GBW07240、GBW07241），测定值与认定值相符，RSD（$n=12$）是 0.48%～5.1%。

（6）注意事项　盐酸的加入量对测定有影响，酸度过低，部分熔块不能完全溶解；酸度过高，导致钨酸、锡酸析出，选择盐酸的加入量为 15mL。

测试溶液中主要的基体元素为钠，在配制标准溶液时应加入 1%（w）的钠盐进行基体匹配。

8.3.2.15 氢化物发生-原子荧光光谱法同时测定锡矿石中砷和锑[21]

（1）方法提要　以盐酸-硝酸（$\psi=5+3$）混合酸微波消解样品，在盐酸浓度约为 0.96mol/L，硫脲和抗坏血酸均为 10g/L 时，以 HCl（$\psi=1+9$）为载流液，20g/L 硼氢化钾溶液还原发生氢化物，原子荧光光谱法测定锡矿石中砷和锑。

（2）仪器与试剂　AFS-3000 双道原子荧光光谱计（北京科创海光仪器有限公司）。高强度砷、锑原子荧光空心阴极灯（北京有色金属研究总院）。Milestone ethosl 微波消解仪（意大利 LabTech 公司）。

实验所用酸均为优级纯，所用其他试剂为分析纯。实验用水为去离子水。

（3）样品制备　称取 0.10～0.30g（精确至 0.0001g）样品于消解罐中，用少量水润湿，加入 8mL 盐酸-硝酸（ψ=5+3），于数控微波消解仪中分三级进行微波消解，微波功率分别是 400W、800W 和 1200W，温度分别是 120℃、160℃和 180℃，加热时间分别是 5min、5min 和 4min，保持时间 2min、5min 和 10min。取出消解罐，把溶液全部转入 100mL 烧杯中，低温加热，赶酸至近干（湿盐状）。取下冷却，加入 10mL 盐酸（ψ=1+9），低温加热至溶液清亮，取下冷却，用盐酸（1+9）定容至 100mL。

（4）测定条件　测定条件详见表 8-4。

表 8-4　仪器测定条件

工作参数	As	Sb	工作参数	As	Sb
灯主电流/mA	50	60	原子化器高度/mm	8.0	8.0
灯辅助电流/mA	25	30	测量方式	标准曲线	标准曲线
光电倍增管负高压/V	275	275	读数方式	峰面积	峰面积
载气流量/(mL/min)	400	400	积分读取时间/s	10	10
屏蔽气流量/(mL/min)	900	900			

（5）方法评价　测定砷和锑的检出限分别为 0.0442μg/L 和 0.0204μg/L。RSD(n=6)分别为 1.1%～1.3%和 0.99%～1.4%，加标回收率分别为 99%～104%和 98%～104%。砷和锑的校正曲线动态线性范围上限分别是 10.00μg/L 和 5.00μg/L，线性相关系数≥0.9998。分析锡矿石标准物质，测定值与标准值基本一致。锡矿石样品中的共存元素不干扰测定。

（6）注意事项　实验器皿均用热稀王水（1+3）浸泡 1h 后使用。要求样品粒度小于 0.074mm（相当于过 200 目筛），称样前于 65℃烘干 2h，置于干燥器中冷却至室温。

8.3.2.16 微波消解电感耦合等离子原子发射光谱法测定三水铝土矿中的有效铝、活性铝和活性硅[22]

（1）方法提要　用微波消解样品，将消解的试液酸化加热，以钴为内标，ICP-AES 同时测定出溶液中的活性铝和活性硅，间接计算出溶液中的有效铝。

（2）仪器与试剂　iCAP 6300Radial 全谱直读等离子体发射光谱仪（美国赛默飞世尔科技公司）。ETHOS 密闭微波消解仪（意大利 Milestone 公司）。

1mg/mL Al_2O_3、SiO_2 标准储备溶液（国家标准物质研究中心）。Al_2O_3、SiO_2 标准工作液：含有与样品基体一致的氯化钠及盐酸浓度。Al_2O_3 标准溶液的浓度为 0、10μg/mL、50μg/mL、100μg/mL，SiO_2 标准溶液的浓度为 0、1μg/mL、10μg/mL、50μg/mL。

20μg/mL Co 内标溶液，介质为 5%盐酸。

氢氧化钠、盐酸，均为分析纯。实验用水为离子交换水（电阻率≥18MΩ·cm)。

（3）样品制备　称取 1.0000g（精确至 0.0002g）样品放入消解罐中，加入 10.0mL 90g/L 氢氧化钠溶液（以 Na_2O 量计 70g/L），装入消解仪。输入升温曲线，在 145℃下消解 30min。将消解液转入盛有 100.0mL 0.6mol/L 盐酸的 250mL 烧杯中，加热微沸 5min 溶解其中的水合铝硅酸钠，冷却后将溶液转入 250mL 容量瓶中定容。移取 5mL 样液，加水稀释至 20～30mL 后，加入 10mL 50%的盐酸，用水稀释至 100mL。用 ICP-AES 同时测定活性铝和活性硅的含量，有效铝含量则由下式计算得出：有效铝(%)=活性铝 Al_2O_3(%)−活性硅 SiO_2（%）。

（4）测定条件　分析线 Al 167.079nm，Si 251.611nm。射频发生器功率 1150W。Ar 辅

助气流量 1.0L/min，雾化器压力 0.2MPa。蠕动泵泵速 30r/min。

(5) 方法评价 Al_2O_3 及 SiO_2 的检出限为 0.04μg/mL，方法检出上限分别为 60%、25%。RSD(n=13)<3%。回收率为 97.0%～102.6%。Al_2O_3、SiO_2 校正曲线动态线性范围上限分别是 100μg/mL 和 50μg/mL。测定国家标准物质，测定值与标准值相吻合。

(6) 注意事项

① 氢氧化钠溶液加入量直接影响有效铝及活性硅的溶出效果，实验中注意惰性硅的溶出。

② 方法能同时测定出三水铝土矿中活性铝和活性硅的含量，而且解决了消解后的溶液不易澄清和剩余残渣酸溶不完全的问题，克服了基体效应和仪器波动对测定结果的影响。

8.3.2.17 偏硼酸锂熔融-ICP-AES 法测定含刚玉铝土矿中主成分[23]

(1) 方法提要 用偏硼酸锂熔融含刚玉铝土矿，超声提取后，利用电感耦合等离子体原子发射光谱法（ICP-AES）同时测定铝土矿中主成分 Al_2O_3，CaO，Fe_2O_3，K_2O，MgO，MnO，Na_2O，P_2O_5，SiO_2 和 TiO_2。

(2) 仪器与试剂 Optima 8300 电感耦合等离子体原子发射光谱仪（美国珀金埃尔默公司），高性能 SCD 检测器，玻璃同心雾化器，旋流雾室。KQ-250DE 台式数控超声波清洗器（中国昆山市超声仪器公司）。SX-G12123 节能箱式电炉（中国天津市中环实验电炉公司）。

标准样品 GBW07105、GBW07177、GBW07178、GBW07179、GBW07180、GBW07181、GBW07182。

盐酸、硝酸，均为优级纯。实验用水为高纯水，经 Milli-Q 纯化系统纯化，电阻率 18MΩ·cm。

(3) 样品制备 称取 125～130mg 无水 $LiBO_2$ 于石墨坩埚中，称取 30mg（精确至 0.01mg）样品，混匀。石墨坩埚放入瓷坩埚中，置于已升温至 1000℃ 的马弗炉中熔融 15min 取出，于熔融状态立即倒入盛有约 15mL 5%（体积分数）王水的 50mL 小烧杯中，熔融物骤冷炸裂为透明状的微粒。马上将烧杯放入超声波清洗器中，待熔盐完全溶解后，用 5%王水转移至预先盛有 1mL Cd 内标溶液的 25mL 比色管中定容。

(4) 测定条件 射频发生器功率 1350W。冷却气流量 15L/min，辅助气流量 0.2L/min，雾化气流量 0.6L/min。进样速率 1.5mL/min，进样时间 25s。垂直观测高度 15mm。重复测量次数 3 次。

(5) 方法评价 检出限是（3s，n=11）0.001%～0.096%。选用标准物质 GBW07177～07182 按照实验方法测定 11 次，其 RSD 和 RE 均不大于 5%。方法适用于高铝及含少量刚玉的铝土矿样品分析。采用偏硼酸锂熔融制样，克服了使用氢氧化钠等碱性熔剂引入大量的盐类而不得不进行高倍稀释，降低了检出限的问题。

(6) 注意事项 偏硼酸锂预先在铂金皿中脱水，粉碎后备用。

8.3.3 三稀元素、贵金属元素矿物分析

稀土元素在地壳中以矿物形式存在，用于工业提取稀土的矿物主要有：氟碳铈矿、独居石、磷钇矿等，稀有和稀散元素一般指在自然界中镓、铟、铊、锗、硒、碲等含量稀少或分布稀散的元素，绝大部分以杂质状态分散在铅锌矿、煤、铝土矿、多金属硫化矿等矿床中，在地质找矿、岩石成因等方面具有指示性的意义。稀土、稀有、稀散元素也称为“三稀”元素，因其在地质样品中含量低而且分散的特点，给分析检测工作带来了挑战。

贵金属在地壳中含量极微，属“超痕量元素”，主要伴生于铜镍硫化矿中，与超基性-基性岩有关的铜镍硫化物矿床，伴生有铂、钯的碲、锑、铅、锡、砷化物形式出现，检测主要存在两方面挑战：①样品中贵金属元素分布不均匀，且很难分解完全；②大量本底存在下的基体和颜色干扰。碱熔融、混合酸能够分解，但取样量过小，无法保证铂族元素含量的代表性。

8.3.3.1 电感耦合等离子体原子发射光谱法测定稀土矿石中 15 种稀土元素——四种前处理方法的比较[24]

（1）方法提要　探讨了盐酸-硝酸-氢氟酸-高氯酸（四酸）敞开酸溶、盐酸-硝酸-氢氟酸-高氯酸-硫酸（五酸）敞开酸溶、氢氟酸-硝酸封闭压力酸溶、氢氧化钠-过氧化钠碱熔四种前处理方法以及元素弱酸提取对离子吸附型和矿物晶格型两种赋存类型的稀土矿石样品电感耦合等离子体发射光谱法测定其中 15 种稀土元素的影响。

（2）仪器与试剂　Optima 8300 电感耦合等离子体原子发射光谱仪（美国珀金埃尔默公司）。高灵敏度 CCD 检测器，高盐雾化器，WinLab32 ICP 操作软件。

1g/L 稀土单元素标准储备溶液，均用高纯氧化物配制。标准工作溶液由储备溶液逐级稀释得到，介质均为 10%王水。

盐酸、硝酸、氢氟酸、高氯酸、硫酸，均为优级纯。过氧化钠、氢氧化钠，均为分析纯。高纯氩气（$w>9.99\%$）。实验用水是二次去离子水（电阻率>18MΩ·cm）。

（3）样品制备

方法一：称取 0.1g（精确至 0.1mg）粒径小于 74μm 的试样于聚四氟乙烯坩埚中，用几滴水润湿，加入 3mL 盐酸和 2mL 硝酸，于 110℃加热 2h，取下坩埚盖，加入 3mL 氢氟酸及 1mL 高氯酸，在电热板上放置过夜。第二天从室温升至 130℃加热 2h。取下坩埚盖，升温至 210℃，待高氯酸白烟冒尽。取下冷却，加入 1.5mL 50%的盐酸，加热溶解盐类后再加入 0.5mL 50%（φ）硝酸，移至 10mL 比色管中，用水稀释至刻度。

方法二：称取 0.1g（精确至 0.1mg）粒径小于 74μm 的试样于聚四氟乙烯坩埚中，用几滴水润湿，加入 3mL 盐酸和 2mL 硝酸，于 110℃加热 2h。移去坩埚盖，加入 3mL 氢氟酸、1mL 高氯酸和 0.5mL 50%硫酸，在电热板上放置过夜。第二天从室温升至 130℃加热 2h。移去坩埚盖，升温至 210℃，待高氯酸白烟冒尽。取下冷却，加入 1.5mL 50%（φ）盐酸加热溶解盐类后再加入 0.5mL 50%（φ）硝酸，移至 10mL 比色管中，用水稀释至刻度。

方法三：称取 0.025g（精确至 0.01mg）粒径小于 74μm 的试样于封闭溶样器的聚四氟乙烯内罐中，加入 1mL 氢氟酸、0.5mL 硝酸，于烘箱中 190℃保温 48h。冷却后取出聚四氟乙烯内罐置于电热板上 200℃蒸发至干。加入 0.5mL 50%（φ）硝酸蒸发至干，此步骤再重复一次。加入 2.5mL 硝酸，于烘箱中 150℃保温 4h，取出冷却，移至 25mL 比色管中，用水稀释至刻度。

方法四：称取 0.2g（精确至 0.1mg）粒径小于 74μm 的试样置于刚玉坩埚中，3g 氢氧化钠打底，2g 过氧化钠平铺于试料之上，于马弗炉中低温升至 500℃左右高温熔矿 7～8min。冷却后用 100mL 80℃的去离子水提取可溶物，慢速定量滤纸过滤，用 20g/L 氢氧化钠溶液洗涤沉淀物多次，沉淀与滤纸一同转入 80℃的 20mL 盐酸中，捣碎滤纸，定容至 50mL，干过滤至洁净塑料瓶中。取 1mL 试液于 10mL 比色管中，去离子水定容至 10mL。

方法五：称取 1.000g 粒径小于 74μm 的试样于 250mL 离心杯中，加入 40mL 配制好的 0.11mol/L 醋酸，塞上瓶塞，在（22±5)℃下振荡提取 16h。以 3000r/min 离心分离 20min，从固体滤渣中分离提取物，将上层液体移取至聚乙烯容器中。

（4）测定条件　射频发生器功率 1300W。冷却气流量 15L/min，辅助气流量 0.2L/min，雾化气压力 1.15MPa。进样速率 1.5mL/min，进样时间 25s。垂直观测高度 15mm。重复测量次数 3 次。

（5）方法评价　对于离子吸附型的稀土矿石标准物质（GBW07161、GBW07188），四酸敞开酸溶法测定的结果明显偏低，15 种稀土元素大都偏低 10%～20%。五酸敞开酸溶法、封闭压力酸溶法和碱熔法的测定值与标准值吻合。对于以离子化合物及类质同象置换的形式赋存于矿物晶格中的白云鄂博轻稀土矿石样品，三种酸溶法结果较碱熔法均偏低，其中四酸敞开酸溶法约偏低 20%，五酸敞开酸溶法和封闭压力酸溶法略偏低 5%～15%。对于离子吸附型稀土矿，五酸敞开酸溶法和封闭压力酸溶法可以代替传统操作复杂的碱熔法。对于稀土以离子形式赋存于矿物晶格型的稀土矿，目前最合适的前处理法是传统的碱熔法。

8.3.3.2 锂辉石样品中稀有稀散稀土等多元素的测定方法[25]

（1）方法提要　采用封闭酸溶样和五酸溶样两种方法完全溶解样品，电感耦合等离子体原子发射光谱（ICP-AES）和质谱（ICP-MS）技术，测定了锂辉石样品中 33 种稀有稀散稀土元素。

（2）仪器与试剂　NexION300Q 等离子体质谱仪（ICP-MS）和 Optima 8300 等离子体原子发射光谱仪（ICP-AES）（美国珀金埃尔默公司）。

所测元素的标准溶液均由 1.000g/L 储备液稀释得到。

硝酸、盐酸、氢氟酸均为微电子级（BV-Ⅲ），高氯酸、硫酸为优级纯。实验用水为高纯水（电阻率 18MΩ·cm）

（3）样品制备

方法一（封闭酸溶）：准确称取 25mg 样品于封闭溶样器的聚四氟乙烯内罐中，加入 0.5mL 硝酸、1.5mL 氢氟酸，盖上内盖，装入钢套中，拧紧钢套盖。将溶样器放入烘箱中，190℃保持 48h。冷却后，取出聚四氟乙烯内罐，在电热板上于 165℃蒸发至干。加入 1mL 硝酸蒸发至干，此步骤再重复一次。加入 3mL 硝酸（$\varphi=1+1$），再次封闭于钢套中，150℃保持 5h，冷却后，定容至 25mL。

方法二（五酸溶样）：准确称取 0.1000g 样品于聚四氟乙烯坩埚中，加入 3mL 盐酸、2mL 硝酸，盖上坩埚盖，将坩埚放置在电热板上，温度控制在 120℃，分解 2h。取下坩埚，稍冷后加入 3mL 氢氟酸、1mL 高氯酸、0.5mL 硫酸（$\varphi=1+1$），盖上坩埚盖，把坩埚放在电热板上，关闭电热板电源，放置过夜。开启控温电热板，于 130℃继续分解试料 2h。揭去坩埚盖，将电热板温度升至 170℃，蒸至近干。冷却后，用王水稀释溶液，吹洗坩埚壁，再放在电热板上蒸干，重复此步骤 2 次，直至高氯酸白烟冒尽。取下坩埚，加入 3mL 盐酸（$\varphi=1+1$）、1mL 硝酸（$\varphi=1+1$），稍加热使盐类溶解。待溶液冷却至室温后，用水定容至 25mL。分取 5.00mL 上述溶液，稀释至 20.00mL，用于分析测定。

（4）测定条件

质谱测定：点燃等离子体，稳定 30min，用调试溶液对质谱仪进行质量校正、模拟脉冲交叉校正并对仪器进行最佳化调整，使仪器灵敏度达到计数率＞20kcps，同时氧化物产率＜2%，双电荷离子产率＜5%。用铑、铼为内标元素，在测定过程中通过三通在线引入内标元素混合溶液。校准空白溶液调零点。用获得的干扰校正系数 k 进行干扰校正。样品测定中间用空白溶液清洗系统。

光谱测定：点燃等离子体，稳定 30min 后，进行汞扫描。用校准空白溶液确定零点，建立校正曲线。测定每批试样时，同时测定实验室试剂空白溶液、标准物质。试样测定中间用空白溶液清洗系统。仪器工作参数详见表 8-5。

表 8-5　仪器测量条件

ICP-MS		ICP-AES	
工作参数	设定值	工作参数	设定值
功率	1000W	射频功率	1350W
Ar 冷却气流量	17L/min	Ar 冷却气流量	15.0L/min
Ar 辅助气流量	1.2L/min	Ar 辅助气流量	0.20L/min
Ar 雾化气流量	0.91L/min	雾化气流量	1.15L/min
采样锥孔径(Ni)	1.0mm	进样速率	1.5mL/min
截取锥孔径(Ni)	0.9mm	进样时间	25s
超锥孔径(Ni)	1.0mm	垂直观察高度	15mm
测量方式	跳峰	重复测量次数	3
停留时间	20ms		
总采集时间	68s		

(5) 方法评价　测定全流程空白各 10 次。以空白值标准偏差的 3 倍乘以稀释因数 1000，计算方法检出限，封闭酸溶质谱测定方法检出限是 0.001～1.118μg/g；五酸溶样光谱测定方法检出限是 0.26～43.25μg/g。两种溶样方法均可完全溶解样品。运用 ICP-AES 和 ICP-MS 对国家一级标准物质 GBW07152、GBW07153、GBW07184 进行 10 次测定，大部分元素的 RSD 和 RE（相对误差）在 5%左右。

(6) 注意事项　在 ICP-AES 分析中，仪器可选择使用水平或垂直观测进行测量。水平测量方式的灵敏度很高，适用于测定含量较低的元素。①如果仅是测定锂辉石样品中的稀有稀散稀土元素，可采用封闭两酸溶样法 ICP-MS 测定。②如果需要测定包括 Al、Fe、Ca、Mg、K、Na 等在内的多种元素，采用五酸溶样法，ICP-MS 和 ICP-AES 联合测定。

8.3.3.3　微波快速消解稀土矿石，微波等离子体-原子发射光谱同时测定稀土元素[26]

(1) 方法提要　用短波红外辐射快速难熔稀土矿石酸法消解，微波等离子体-原子发射光谱同时测定多元素。

(2) 仪器与试剂　MP-AES 4200 微波等离子体原子发射光谱仪（澳大利亚安捷伦科技公司）。

1000μg/mL Zr，La，Ce，Pr，Nd，Sm，Eu，Gd，Tb，Dy，Ho，Er，Tm，Yb，Lu，Th，U 高纯度标准样品（Charleston，美国）。用于制备标准溶液。从 SCP Science (Montréal，加拿大）获得上述所有元素的第二组 1000μg/mL 单元素标准，用于制备质量控制溶液。

硝酸和磷酸是分析级。研究级氮气（99.999%）和氩气（99.998%）（加拿大 Praxair Technology 公司）。

实验用水是超纯水（电阻率 18.2MΩ · cm），用 Elgastat-Maxim 纯化系统（High Wycombe 英国）制备。

（3）样品制备　200mg 样品置于石英反应罐中，加入 6mL H_3PO_4，然后用聚四氟乙烯盖部分地盖住反应罐。在加热开始之前，将冷却块降低到 5℃，并在实验期间保持在 5℃。然后将所有 12 个灯设置为 100%功率，加热 8min 后，让样品冷却 5min，然后用 1%（ψ）HNO_3 稀释至 25mL。

（4）测定条件　MP-AES 的测定条件见表 8-6，分析线波长和条件见表 8-7。

表 8-6　MP-AES 的测定条件

雾化器	同心玻璃
喷雾室	玻璃旋风带挡板
泵速	10r/min
读数时间	3s
重复次数	3
稳定时间	20s
回归线系数	大于 0.9999

表 8-7　分析线波长和条件（部分）

元素	波长/nm	雾化器气体流速/(L/min)
Zr	343.823(Ⅱ)　349.621(Ⅱ)	0.75
La	408.672(Ⅱ)　399.575(Ⅱ)	0.60
Ce	446.021(Ⅱ)　462.816(Ⅱ)	0.60
Pr	417.939(Ⅱ)　418.948(Ⅱ)　522.011(Ⅱ)	0.65
Nd	430.358(Ⅱ)　531.982(Ⅱ)	0.70
Sm	442.434(Ⅱ)	0.70
Eu	664.511(Ⅱ)	0.70
Gd	342.247(Ⅱ)	0.65
Dy	353.171(Ⅱ)	0.70
Yb	328.937(Ⅱ)　369.419(Ⅱ)	0.65
Th	486.314(Ⅰ)	0.55

（5）方法评价　方法检出限是 0.1～10μg/kg。RSD 范围在 1.2%～2.3%，回收率在 95%～111%。测定 Yb，含量低至 678mg/kg 可以准确定量。当不存在干扰时，含有 200μg/kg 以上元素的溶液通常很容易定量。

8.3.3.4　王水溶样-火焰原子吸收光谱法直接测定高品位金矿石的金量[27]

（1）方法提要　用王水溶解样品，分离残渣，滤液定容后无需分离富集直接用 FAAS 测定金量。

（2）仪器与试剂　WFX-120B 型原子吸收分光光度计。采用氘灯、自吸效应双重背景校正（北分瑞利分析仪器有限公司）。

10μg/mL 的金标准溶液。

50%王水：100mL 水中加入 75mL 盐酸和 25mL 硝酸，现用现配。250/L 氯化铁溶液：称取 250g $FeCl_3 \cdot 6H_2O$ 于 400mL 烧杯中，加入 200mL 浓硝酸，用水稀释至 1000mL。10g/L 聚环氧乙烷溶液：称取 1g 聚环氧乙烷溶于 100mL 蒸馏水中，放置过夜，搅拌使其充分溶解。

（3）样品制备　称取20.0g试样置于瓷方舟中，放入高温炉，微开炉门，由低温升至650～700℃焙烧试样，保温1.5～2.0h。冷却后将试样扫入250mL锥形瓶中，用少量水润湿，加80mL 50%王水，在低温电热板上微沸1h后取下，趁热滴入10滴10g/L聚环氧乙烷（絮凝作用，有利于过滤操作）。待试样冷却后用快速定性滤纸过滤。滤液用250mL容量瓶承接（可根据样品含量选择不同规格的容量瓶），用5%王水洗涤锥形瓶及残渣多次，直至残渣中的黄色全部褪去为止，将滤液用水定容至刻度。

（4）测定条件　分析线是Au 242.8nm/267.6nm。光谱通带0.2nm。灯电流5mA。燃气流量45L/h，燃烧器高度6mm。积分方式重复平均。积分时间3s，延迟时间10s。

（5）方法评价　测定金的RSD为1.6%。加标回收率是52.3%～98.85%。校正曲线动态线性范围上限是4μg/mL。测定国家标准物质的相对误差是0.37%～62.3%。与泡沫富集-FAAS法相比，省去了泡沫富集-灰化-复溶等操作，提高了分析效率，满足了高品位金矿石样品快速分析的要求。用于金品位达到50μg/g以上、铁含量小于10%的金矿石分析。

（6）注意事项　样品中铁含量直接影响高品位金量的测定，当金量为50～110μg/g时，允许样品中铁含量为10%；金量为110～164μg/g时，允许样品中铁含量为20%；金量为164～218μg/g时，允许样品中铁含量为25%。

8.3.3.5　微波消解-火焰原子吸收光谱法测定地质样品中的银[28]

（1）方法提要　采用盐酸＋硝酸微波消解样品，火焰原子吸收光谱法测定地质样品中的银。

（2）仪器与试剂　GGX-600Y型原子吸收光谱仪（北京科创海光仪器有限公司）。Multiwave 3000型微波消解仪（奥地利安东帕公司）。

1mg/mL银标准储备溶液（国家标准物质研究中心）。银标准溶液由标准储备溶液逐级稀释配制而成。

硝酸、盐酸分析纯。实验用水为纯净水。

（3）样品制备　准确称取不同质量（由银含量的高低决定）的试样，置于聚四氟乙烯消解罐中，以少量水润湿，加入10mL盐酸，加盖、套，置于转盘中，放入炉腔内。消解功率600W，升温时间10min，温度180℃，消解时间5min；消解功率1000W，升温时间5min，温度200℃，消解时间5min；消解功率600W，升温时间5min，温度180℃，消解时间10min。再加5mL硝酸，继续消解。取下稍冷后，用相应浓度的盐酸定容至100mL容量瓶中。澄清后，取上层清液，按照选定的仪器工作条件与标准系列同时测定。

（4）测定条件　分析线是Ag 328.1nm。光谱通带0.2mm。灯电流5mA。空气流量6L/min，乙炔流量1.5L/min。燃烧器高度7.5mm。

（5）方法评价　测定Ag的检出限为1.0μg/g。RSD（$n=11$）为1.8%～5.4%。测定范围是1～5000μg/g。测定国家一级标准物质，测定值与标准值相符。

（6）注意事项　为了保障准确度，方法中需要控制盐酸的浓度。

8.3.4　非金属矿分析

非金属矿是与金属矿相对而言的，指可以作为非金属原料或利用其特有的物理、化学和工艺特性来为人类经济活动服务的矿产资源，有 90 多种，主要为金刚石、石墨、水晶、刚玉、石棉、云母、石膏、萤石、宝石、玉石、玛瑙、石灰岩、白云岩、石英岩、陶瓷土、耐火黏土、大理岩、花岗岩、盐矿、磷矿等。非金属矿石用途十分广泛。在检测中除了测定主量元素外，经常还需要测定伴生元素，为工业生产工艺流程设计、非金属矿石矿物的合理开发利用提供基础参考资料。

8.3.4.1 偏硼酸锂熔矿 ICP-AES 法测定高岭土中主要成分[29]

（1）方法提要　样品经偏硼酸锂一次熔矿分解，在硝酸介质中超声提取，ICP-AES 同时测定高岭土中的 SiO_2、Al_2O_3、TFe_2O_3、TiO_2、CaO、MgO、K_2O、Na_2O、P_2O_5、MnO 等。

（2）仪器与试剂　iCAP 7000 电感耦合等离子体原子发射光谱仪（美国赛默飞世尔科技公司）。超声波清洗器。

高岭土标准物质 GBW03121 和 GBW03122。1.000mg/mL 标准储备溶液：用光谱纯的金属氧化物或盐类配成 SiO_2、Al_2O_3、Fe_2O_3、TiO_2、CaO、MgO、K_2O、Na_2O、P_2O_5、MnO 标准储备液，然后根据不同元素测定的需要，配制成适当浓度的混合标准溶液。

偏硼酸锂（分析纯）、浓硝酸（优级纯）。实验用水是去离子水。

（3）样品制备　准确称取 0.1000g 试样于石墨坩埚中，加入 0.5g 偏硼酸锂，搅拌均匀。将石墨坩埚放入瓷坩埚中，置于已经升温至 1000℃的高温炉中熔融 15min。取出稍冷，放入已盛有 50mL 10% HNO_3 的 100mL 的烧杯中，将烧杯放置超声波清洗器的水浴中振动，待熔融物全部溶解（约 25min），将溶液移入 100mL 容量瓶中，并用 10% HNO_3 冲洗坩埚，稀释至刻度。同时配制空白溶液。

（4）测定条件　分析线是 Si 221.667nm、Al 308.215nm、Fe 259.940nm、Ti 334.941nm、Mg 285.213nm、K 766.490nm、Na 589.592nm、P 213.618nm、Mn 257.610nm。射频发生器功率 1150W。冷却气流量 12L/min，辅助气流量 0.5L/min，雾化气流量 0.5L/min。蠕动泵速 50r/min。载气压力 0.30MPa。垂直观察高度 15mm。短波曝光时间 15s，长波曝光时间 5s，积分时间 25s。

（5）方法评价　各元素的检出限（$3s$，$n=11$，$\mu g/mL$）分别是 0.0042(SiO_2)、0.0045(Al_2O_3)、0.0023(Fe_2O_3)、0.0010(TiO_2)、0.0021(CaO)、0.0014(MgO)、0.0025(K_2O)、0.0098(Na_2O)、0.0020(P_2O_5)和 0.0018(MnO)。各元素校正曲线的相关系数 $r \geq 0.995$，满足《地质矿产实验室测试质量管理规范》（DZ/T 0130—2006）对校正曲线的要求。测定标准物质 GBW03121，RSD（$n=7$）是 0.03%～10.8%，测定标准物质 GBW03121 和 GBW03122 中 SiO_2、Al_2O 等 10 种元素，测定值与标准值的相对误差均小于《地质矿产实验室测试管理规范》要求的允许限。

8.3.4.2 电感耦合等离子体原子发射光谱法测定高岭土中 7 种微量组分[30]

（1）方法提要　用酸溶法和偏硼酸锂熔融高岭土样品，ICP-AES 同时测定高岭土中 Fe_2O_3、CaO、MgO、K_2O、Na_2O、MnO、TiO_2 7 种微量组分。

（2）仪器与试剂　iCAP 6300MFC 型电感耦合等离子体原子发射光谱仪（美国赛默飞世尔科技公司）。

1000mg/L Fe、Ca、Mg、K、Na、Mn、Ti 标准储备溶液。用盐酸（$\psi=5+95$）将 Fe、

Ca、Mg、K、Na、Mn、Ti 标准储备溶液逐级稀释配制成混合标准溶液系列。

硝酸、高氯酸、氢氟酸、盐酸、偏硼酸锂均为优级纯。实验用水为超纯水（电阻率为 18MΩ·cm）。

（3）样品制备

方法一（酸溶法）：称取 0.1000g 已经烘干的试样，置于 100mL 聚四氟乙烯烧杯中，加少许水润湿试样后，加入 10mL 硝酸-氢氟酸-高氯酸（$\psi=5+5+1$）混合酸，置于 180℃电热板上加热至近干（重复操作 2 次）。稍冷，用少量水冲洗烧杯内壁，加入 2.5mL 盐酸在电热板上加热溶解 5min。取下冷却，用盐酸溶液（$\psi=5+95$）转移定容于 100mL 容量瓶中。随同试样制备空白试样。

方法二（偏硼酸锂熔融法）：称取 0.1000g 已经烘干的试样，置于铂坩埚中，加入 0.5g 无水偏硼酸锂，混匀，放入 1000℃马弗炉中恒温熔融 15min，取出冷却后，转移至 150mL 烧杯中，加适量热水浸溶熔块，然后加入 60mL 盐酸溶液（$\psi=1+9$），于 100℃电热板上加热（微沸状态）20～25min 至熔块完全溶解，取下冷却，用水转移定容于 100mL 容量瓶中。随同试样制备空白试样。

（4）测定条件　分析线（nm）是 Fe 259.837、Ca 422.673、Mg 285.213、K 766.490、Na 589.592、Mn 257.610、Ti 234.941。射频发生器功率 1150W。冷却气流量 14.0L/min，辅助气流量 0.50L/min，雾化气流量 0.55L/min。蠕动泵速率 50r/min。长波曝光时间 5s，短波曝光时间 15s。进样时间 20s。

（5）方法评价　酸溶法各元素的检出限（mg/L）分别是 0.003(Fe)、0.021(Ca)、0.002(Mg)、0.018(K)、0.013(Na)、0.001(Mn)、0.002(Ti)，RSD 为 1.1%～4.5%。偏硼酸锂熔融法各元素的检出限(mg/L)分别是 0.034(Fe)、0.113(Ca)、0.013(Mg)、0.216(K)、0.092(Na)、0.004(Mn)、0.007(Ti)，RSD 为 0.95%～2.9%。校正曲线动态线性范围，Fe 和 Ti 是 1.00～10.00mg/L，Ca、Mg、K、Na 是 0.10～2.00mg/L，Mn 是 0.01～1.00mg/L。线性相关系数≥0.9993。

（6）注意事项　对于普通实验室以及样品量大的测试单位，建议采用聚四氟乙烯烧杯酸溶法处理样品，检出限低、待测组分溶出率高、操作简单、分析成本较低。偏硼酸锂需要先脱水研细后使用。

8.3.4.3 ICP 测定黏土中的铝、铁、钛、钾、钠[31]

（1）方法提要　盐酸＋硝酸＋氢氟酸＋高氯酸混酸电热板加热消解样品，ICP-AES 快速测定黏土中 Al、Fe、Ti、K、Na 的含量。

（2）仪器与试剂　iCAP 7000 型电感耦合等离子体原子发射光谱仪（美国赛默飞世尔科技公司）。

标准样品 GBW03103、GBW03104。

盐酸、硝酸、氢氟酸、高氯酸。高纯氩气。实验用水是去离子水。

（3）样品制备　称取 0.1000g 样品于 25mL 聚四氟乙烯坩埚中，滴水润湿，加 15mL 混酸［盐酸＋硝酸＋氢氟酸＋高氯酸（$\psi=10:5:10:1$）］置于电热板，近沸消解至白烟散尽。取下稍冷后，加 10mL 盐酸（$\psi=1:1$）加热溶解残渣，用去离子水冲洗、定容至 100mL 容量瓶，沉淀后待测。标准系列与空白样制备操作同此。

（4）测定条件　分析线是 Al 237.312nm、Fe 240.488nm、Ti 368.520、K 769.896nm、

Na 589.592nm。高频发生器功率为 1.15kW。等离子气流量为 15L/min，冷却气流量 12L/min，辅助气流量 0.50L/min，雾化气流量 0.50L/min。泵速 50r/min，进样时间 20s，曝光时间均为 10s。清洗时间 5s。测试前用普通流量的氩气吹扫检测室 2h 以上。

（5）方法评价　测定 Al_2O_3、Fe_2O_3、TiO_2、K_2O、Na_2O 的 RSD 分别是 0.53%、0.53%、2.9%、1.1%和 7.2%。相对误差是 0.42%、0.52%、2.94%、1.33%和 5.00%。采用 GBW03103 标准样品制备校正曲线，动态线性范围是 0.0800～0.1200g，线性相关系数是 $r=0.9995$。测定标准物质 GBW03104 中 Al_2O_3、Fe_2O_3、TiO_2、K_2O、Na_2O 相对误差分别是 0.42%、0.52%、3.0%、1.4%和 5.0%。

（6）注意事项　对于难溶样品可多加 5mL 氢氟酸，溶解残渣时要加 1∶1 盐酸 10mL，加热约 10min 确保 Al 元素充分提取。

8.3.4.4 电感耦合等离子体原子发射光谱法同时测定磷矿中 12 种组分[32]

（1）方法提要　用偏硼酸锂熔剂、溴化锂脱模剂、硝酸锂氧化剂在 1050℃高频熔样机上熔融样品，基体匹配法消除基体效应，高盐雾化器进样 ICP-AES 测定磷矿中五氧化二磷、氧化镁、氧化铁、氧化铝、二氧化硅、氧化钙、氧化钾、氧化钠、二氧化钛、氧化锰、氧化锶和总硫。

（2）仪器与试剂　iCAP 7400 型全谱直读等离子体发射光谱仪（美国赛默飞世尔科技公司），中阶梯光栅，二维阵列（CID）检测器。高盐雾化器。Analymate-V4d 高频熔样机（北京静远科技公司）。

1000mg/L P、Mg、Fe、Al、Ca、K、Na、Ti、Mn、Sr、S 标准储备溶液和 500mg/L Si 标准储备溶液（国家钢铁材料测试中心钢铁研究总院）。磷矿石国家一级标准物质 GBW07210、GBW07211、GBW07212。

偏硼酸锂、硝酸锂、溴化锂、硝酸均为优级纯。实验用水为去离子水（电阻率 18MΩ·cm）。

（3）样品制备　准确称取 0.1000g（精确至 0.0001g）试样置于铂金坩埚内，加入 1.0g $LiBO_2$ 混匀，加入 4 滴 200g/L $LiNO_3$ 溶液和 10 滴 400g/L LiBr 溶液。置于熔样机上，在 700℃预氧化 2min，使还原物充分氧化，然后升高温度至 1050℃，熔融 2min 后。用坩埚钳取出铂金坩埚，立即将赤热的熔珠直接倒入盛有 100mL 10%（ψ）HNO_3 的 400mL 聚四氟乙烯烧杯中。聚四氟乙烯烧杯放在磁力搅拌器上搅拌，将熔珠炸裂为细小的微粒完全溶解后，冷却，用水定容于 250mL 容量瓶中。随同试样制备空白试样。

（4）测定条件　分析线（nm）是 P 213.618、Mg 285.213、Fe 249.940、Al 396.152、Ca 317.933、K 766.490、Na 589.592、Ti 313.941、Mn 257.610、Sr 407.771、S 182.034、Si 251.621。高频发生器功率为 1500W。冷却气流量为 12L/min，辅助气流量为 0.5L/min，雾化气压力为 0.2MPa。观测高度为 12mm。冲洗泵速为 50r/min，蠕动泵速为 50r/min。样品提升量为 1.5mL/min。样品冲洗时间为 30s，积分时间短波为 7s、长波为 5s。

（5）方法评价　方法检出限为 0.0002～0.258μg/g。测定磷矿样品中 P_2O_5、MgO、Fe_2O_3、Al_2O_3、SiO_2、CaO、K_2O、Na_2O、TiO_2、MnO、SrO、S，RSD（$n=10$）为 0.48%～1.3%。校正曲线动态线性范围（mg/L）分别是 11.45～220.90（P_2O_5）、4.98～99.60（MgO）、1.43～28.60（Fe_2O_3）、1.89～37.80（Al_2O_3）、10.70～214.00（SiO_2）、14.00～280.00（CaO）、1.20～24.00（K_2O）、1.35～27.00（Na_2O）、0.84～13.36（TiO_2）、

0.64～10.32(MnO)、0.59～9.44(SrO)和 0.50～8.00(S)。相关系数 $r=0.9999$。测定 GBW07210、GBW07211、GBW07212 三个磷矿石标准样品，测定值与认定值（或者国家标准方法 GB/T 1880—1995 的测定值）基本一致。

（6）注意事项　采用偏硼酸锂熔融磷矿样品，注意样品与熔剂的比例，若熔剂加入量不够，会造成熔解不完全；而熔剂加入过量，则会加大样品盐度，对后续上机测定不利。

8.3.4.5　电感耦合等离子体原子发射光谱法测定云南昆阳磷矿黑色页岩中 7 种组分[33]

（1）方法提要　在 750℃马弗炉中灼烧除碳后，经盐酸＋氢氟酸＋硝酸在 200℃消解处理样品，使四氟化硅逸出。选取耐氢氟酸进样系统，直接用电感耦合等离子体原子发射光谱法（ICP-AES）测定 P_2O_5、MgO、Fe_2O_3、Al_2O_3、CaO、MnO、TiO_2。

（2）仪器与试剂　iCAP 7400 型全谱直读等离子体发射光谱仪（美国赛默飞世尔科技公司）：配置耐氢氟酸进样系统。

1000mg/L P、Mg、Fe、Al、Ca、Mn、Ti 单元素标准溶液（国家钢铁材料测试中心钢铁研究总院）。100mg/L P、Mg、Fe、Al、Ca、Mn、Ti 单元素标准工作溶液，由各元素标准溶液逐级稀释。标准物质 GBW07320、GBW07328、GBW07331。

HCl、HF、HNO_3，均为优级纯。高纯氩气（纯度大于 99.99%），实验用水为超纯水（电阻率 18M・cm，20℃）。

（3）样品制备　准确称取 0.10g（精确至 0.0001g）试样放于瓷坩埚中，将瓷坩埚放入马弗炉，由室温升至 750℃后灼烧 1h，取出冷却．用少量水将样品残渣全部转移至聚四氟乙烯烧杯中，依次加入 6mL HCl、2mL HF、2mL HNO_3，于控温电热板 200℃加热至近干，稍冷后，加入 25mL HCl 溶解盐类。冷却，溶液转移至 250mL 塑料容量瓶中，用水稀释至刻度。随同试样制备空白试样。

（4）测定条件　射频发生器功率 1150W。冷却气流量 12L/min，辅助气流量 0.5L/min，雾化气压力 0.20MPa。垂直观测高度 12mm。蠕动泵泵速 20r/min，样品提升量 1.5mL/min。样品冲洗时间 30s。短波积分时间 7s，长波积分时间 5s。

（5）方法评价　方法检出限（3s，$n=10$）为 0.0012～0.0046μg/g。测定标准物质的 RSD 为 0.29%～1.5%，回收率为 97%～105%。在仪器最佳工作条件下，各组分校正曲线的线性相关系数均不小于 0.996。

（6）注意事项　消解时注意控制加热温度达到有效分解硅的目的。

8.3.5　岩盐类样品（卤水）分析

岩盐都是天然卤水在内陆湖泊和滨海潟湖环境中蒸发沉积而成。钾盐是卤水高度浓缩的后期产物。岩盐常含有各种杂质，常伴生有芒硝、钙芒硝、石膏、光卤石以及钙镁碳酸盐、黏土、有机物、气体包裹物、溴、碘、硼、锂、铷、铯等，这些伴生组分使岩盐呈乳白、浅灰、灰褐、淡红等色。

在进行岩盐的全分析和组合分析时，常需要在水溶和酸溶两个不同的体系中测定不同的项目。分析易溶性盐类组分采用水溶体系，测定水溶性钾、钠、钙、镁、硫酸根、氯、溴、碘、硼、锂、铷、铯、锶、钡、碳酸根、重碳酸根等离子以及水不溶物、吸附水、总水分等项目。分析伴生的难溶组分采用酸溶体系，测定酸溶性钙、镁、硫酸根、硼等离子和酸不溶物等项目。

8.3.5.1 巯基棉分离富集 ICP-AES 测定岩盐矿中的水溶性铜铅锌镉[34]

（1）方法提要　在 pH=7 的介质中，用巯基棉从岩盐矿大量水溶性元素钠中吸附分离微量水溶性元素铜铅锌镉，用盐酸（ψ=15%）定量洗脱，ICP-AES 测定岩盐矿中水溶性铜铅锌镉的含量。

（2）仪器与试剂　Optima 2100DV 型电感耦合等离子体原子发射光谱仪（美国珀金埃尔默公司）。

15.7g/L 钠储备液：称取已干燥的氯化钠基准物质 40.07g，水溶后转移至 1000mL 容量中定容。1000μg/mL Cu、Pb、Zn、Cd 的单元素标准储备溶液（中国计量科学研究院）。Cu、Pb、Zn、Cd 混合标准溶液由各单元素标准储备溶液配制。

巯基棉的制备：在 250mL 磨口广口瓶中，依次加入 100mL 分析纯巯基乙酸、1.5mL 浓硫酸，充分混合后加入 30g 脱脂棉，在 30～40℃下放置 12～24h，用蒸馏水洗至中性，拧干，扯松，于 40℃烘箱中烘干。巯基棉吸附柱的制备：取约 0.1g 制得的巯基棉，塞于漏斗颈部，长度约 3～4cm，用蒸馏水洗涤 2～3 次。

（3）样品制备　分别取 2mL Cu、Pb、Zn、Cd 混合标准溶液和 10mL 钠储备液置于 100mL 容量瓶中，定容、摇匀，调节溶液 pH=7。将实验溶液分数次倒入巯基棉吸附柱中，Cu、Pb、Zn、Cd 被巯基棉吸附，待试液全部通过吸附柱后，用去离子水洗烧杯和吸附柱各 3 次，吸附完毕后弃去流出液。用 7mL 盐酸（ψ=15%）淋洗吸附柱，定量洗脱 Cu、Pb、Zn、Cd，洗脱液接在带有刻度的比色管中，用去离子水定容至 10mL。

（4）测定条件　分析线 Cu 327.393nm、Pb 220.353nm、Zn 206.200nm、Cd 228.802nm。射频发生器功率 1300W。冷却气流量 15L/min，辅助气流量 0.2L/min，雾化气流量 0.8L/min。蠕动泵流速 50r/rain。垂直观测高度 15mm。积分时间 10s，冲洗时间 10s，稳定时间 8s。重复测定次数为 3 次。

（5）方法评价　各元素的检出限（3s，n=11，μg/g）分别是 0.06（Cu）、0.09（Pb）、0.14（Zn）和 0.02（Cd）。RSD 分别是 3.1%、6.0%、5.1%和 5.0%。回收率是 94.7%～101.5%。通过巯基棉吸附柱吸附、盐酸（ψ=15%）定量洗脱，解吸后的 Cu、Pb、Zn、Cd 的回收率均≥92.2%，钠回收率仅 0.04%，基本实现了 Cu、Pb、Zn、Cd 与 Na 的分离。

8.3.5.2 ICP-AES 法同时测定岩盐中钾、钠、钙、镁[35]

（1）方法提要　热水溶样，分析线左右两侧背景自动校正，ICP-AES 法同时测定岩盐中 K、Na、Ca、Mg。

（2）仪器与试剂　iCAP 6300 全谱直读等离子体原子发射光谱仪（美国赛默飞世尔科技公司）。

各元素 1000mg/L 标准储备溶液（国家标准物质研究中心）。用水逐级稀释得到钾、钠、钙、镁的混合标准溶液系列。高纯氩气纯度是 99.999%。实验室用水为高纯水。

（3）样品制备　准确称取 1.000g 样品，置于 250mL 烧杯中，加入 100mL 热水，并不断搅拌，在电热板上加热微沸，保温 1h。从电热板上取下，冷至室温。移入 250mL 容量瓶中，定容。分取 5mL 溶液于 50mL 容量瓶中定容。同时制备空白试样。

（4）测定条件　分析线是 Ca 315.887nm、Mg 379.079nm、K 766.490nm 和 Na 589.592nm。射频发生器功率 1150W。雾化气流量 0.71L/min，辅助气流量 0.51L/min。蠕

动泵泵速 40r/min。垂直观测方式，观测高度 12mm。在分析线左右两侧自动校正背景。

（5）方法评价　同时测定岩盐中 K、Na、Ca、Mg 的检出限（3*s*，*n*=12，mg/L）分别是 0.015、0.022、0.012 和 0.006。RSD（1.00mg/L，*n*=12）分别是 173%、2.84%、2.23%和 1.88%。回收率为 97.6%～101.4%，校正曲线动态线性范围上限是 200mg/L。相关系数分别是 0.9994、0.9990、0.9991 和 0.9996。

（6）注意事项　岩盐样品过 0.149mm（100 目）筛，于 105～110℃烘干，置于干燥器中冷却至室温。

8.3.6　海洋地质调查样品分析

海洋沉积物是指以海水为介质沉积在海底的物质，是各种海洋沉积作用所形成的海底沉积物的总称。海洋沉积物是地质历史的良好记录，携带着与源物质、沉积环境与演化和矿产资源有关的丰富信息，是地质、环境及矿产资源信息的良好载体，通过对其元素含量、元素组合、分布及其赋存状态的测定分析，揭示海洋沉积物的化学组成、循环作用和化学演变元素的迁移转化过程、元素的分散与富集规律，同时对寻找和评价海洋沉积矿产有指导作用，还可以对海洋环境保护提供科学依据。

海洋地质调查具有调查海域广、样品量大、检测项目多，海洋沉积物样品具有盐分含量高、吸水性强、基体复杂、不同元素浓度差异悬殊等特点，无论是样品前处理还是分析测试都对分析测试工作者提出了较高的要求。

海底沉积物极易吸水，一般需要在 120℃至少烘 6～8h 才能得到准确的结果。海洋沉积物样品的有机质含量较高，采用酸溶全消解法时，注意混合酸消解体系的选择，否则导致消解不完全或者消解过程中造成部分元素损失。

8.3.6.1　微波消解-原子吸收分光光度法测定海洋沉积物中的铜、锌、铅、镉、铬[36]

（1）方法提要　用硝酸微波消解样品，调节消解液酸度后，原子吸收分光光度法测定海洋沉积物中的 Cu、Zn、Pb、Cd、Cr。

（2）仪器与试剂　PinAAcle900Z 石墨炉原子吸收光谱仪（美国珀金埃尔默公司），TAS990 火焰原子吸收分光光度计（北京普析通用仪器有限责任公司）。MARsone 微波消解仪（美国 CEM 公司）。EH45A Plus 微控数显电热板（北京莱伯泰科科技有限公司）。UPT-Ⅱ-10T 优普超纯水机。GQM-4 球磨机（北京国环高科自动化技术研究院）。

100g/mL 铜单元素标准溶液（GNM-SCU-002-2013）、100g/mL 锌单元素标准溶液（GNM-SZN-002-2013）、100g/mL 铅单元素标准溶液（GNM-SPB-002-2013）、100g/mL 铬单元素标准溶液（GNM-SCR-003a-2013）和 100g/mL 镉单元素标准溶液（GNM-SCD002-2013）（北京有色金属研究总院）。标准样品 GBW07314（近海海洋沉积物成分分析标准物质）（国家海洋局第二海洋研究所）。

硝酸、高氯酸、盐酸为优级纯，硝酸镁、磷酸二氢铵为分析纯。

（3）样品制备　称取 0.1g 左右（精确到 0.1mg）样品，放入微波消解罐内，加入 8mL 硝酸，在 20min 升温至 190℃，保温 25min。消解完成后将消解液转移至 50mL 容量瓶，纯水定容。石墨炉原子吸收光谱法测定时再用纯水稀释 10 倍。

（4）测定条件　石墨炉法测定，分析线 Cu 324.75nm、Pb 283.31nm、Cd 228.80nm 和 Cr 357.87nm。光谱通带 0.7nm。氩气流量 250mL/min。灯电流分别是 12mA、10mA、

4mA 和 25mA。灰化温度分别是 2000℃、850℃、500℃和 1500℃，灰化时间均为 20s。原子化温度分别是 2000℃、1600℃、1500℃和 2300℃，原子化时间分别是 5s、5s、3s 和 5s。使用化学改进剂测 Cu 是 0.003mg $Mg(NO_3)_2$，测 Pb 和 Cd 是 0.003mg $Mg(NO_3)_2$ + 0.05mg $NH_4H_2PO_4$，测 Cr 是 0.015mg $Mg(NO_3)_2$。

火焰法测定，分析线 Cu 324.8nm、Zn 213.6nm、Pb 283.3nm 和 Cd 228.8nm。灯电流分别是 3mA、3mA、2mA 和 2mA。燃烧器高度分别是 6mm、6mm、5mm 和 5mm，乙炔流量分别是 2.0L/min、1.0L/min、1.5L/min 和 1.0L/min。

(5) 方法评价　石墨炉法检出限（$n=20$），Cu 是 0.4mg/kg，Pb 是 0.2mg/kg，Cd 是 0.01mg/kg，Cr 是 0.01mg/kg；RSD（$n=5$）分别是 1.72%、1.95%、1.81%和 1.03%。火焰法检出限，Cu 是 0.7mg/kg，Pb 是 3.8mg/kg，Cd 是 0.2mg/kg。Cu、Zn、Pb、Cd 的 RSD（$n=5$）分别是 1.24%、1.15%、4.82%、1.29%。

测定海洋沉积物中的 Cu、Zn、Pb、Cd、Cr，在动态线性范围内线性相关系数均能达到 0.999～0.9997。5 种元素的回收率为 96.8%～103.3%。

(6) 注意事项　微波消解后，注意测定时溶液的酸度，避免高酸度损坏石墨管、缩短石墨管的使用寿命。

8.3.6.2 电感耦合等离子体原子发射光谱法（ICP-AES）测定海洋沉积物中的多种金属元素[37]

(1) 方法提要　采用硝酸-盐酸-氢氟酸高压封闭消解样品，电感耦合等离子体原子发射光谱法测定锰结核和富钴结壳中的 18 种常、微量元素。

(2) 仪器与试剂　ICPE-9000 全谱发射光谱仪（日本岛津公司）。

各元素标准溶液及混合标准溶液：由 1000mg/L 单元素标准储备溶液（百灵威科技有限公司）逐级稀释，组合配制而成。

实验所用硝酸、氢氟酸和盐酸均为优级纯。实验用水为超纯去离子水（电阻率为 18.2MΩ·cm）。

(3) 样品制备　准确称取约 50.00mg 样品于聚四氟乙烯内罐中，去离子水润湿样品，加入 1.50mL HNO_3 和 1.50mL HF，摇匀，加盖及钢套密闭，放入烘箱中于 195℃加热并保持 48h 以上。冷却后取出内罐，置于电热板上蒸至湿盐状，再加入 1mL HNO_3 蒸干（除去残余的 HF）。最后再加入 3mL HNO_3（$\psi=1+10$），加盖及钢套密闭，放入 150℃的烘箱中保持 24h，以保证对样品的完全提取。冷却后，将提取液转移至干净的聚酯容量瓶中，用去离子水稀释至 25.00mL。

(4) 测定条件　高频发生器频率 27.12MHz，功率 1.2kW。等离子气流量 10L/min，辅助气流量 0.6L/min，载气流量 0.7L/min。同心雾化器，微型炬管。观测方向轴向和纵向自动切换（高低含量元素一次同时测定）。

(5) 方法评价　各元素的检出限（$3s$，$n=10$）为 0.0001～0.03mg/L。RSD（$n=6$）均小于 2.0%。测定锰结核 GBW07296 和富钴结壳 GSNC-1 标准物质中的 18 种金属元素的含量，线性相关系数 $r>0.9998$。

(6) 注意事项　实验所用玻璃器皿均用 HNO_3 溶液（$\psi=1+1$）浸泡 24h 后，用去离子水冲洗，干燥后使用。

8.3.6.3　氨水提取-电感耦合等离子体原子发射光谱法测定海洋沉积物中的氯[38]

（1）方法提要　用 10%的氨水在超声振荡器中振荡 30min，可从海洋沉积物样品完全提取其中的氯，选用分析线 Cl 725.670nm，ICP-AES 测定海洋沉积物中的氯。

（2）仪器与试剂　Optima 8300 电感耦合等离子体发射光谱仪（美国珀金埃尔默公司）。采用同心雾化器及旋流雾室。KQ-250DE 型数控超声波清洗器（昆山市超声仪器有限公司）。

标准储备液：准确称取 1.6485g 经 500℃灼烧 30min 的光谱纯 NaCl 于 150mL 烧杯中，用水溶解后移入 1000mL 容量瓶中，高纯水定容。标准工作溶液：用 1.0g/L 标准储备液逐级稀释成浓度为 100mg/L、250mg/L、500mg/L 的标准工作溶液，介质为 3%的氨水。

氨水优级纯，实验用水是高纯水，电阻率达到 18MΩ·cm。

（3）样品制备　称取 0.1000g 样品于 10mL 试管中，加入 5mL 10%的氨水，放入备好水的超声波清洗器中振荡 30min。用水定容至 10mL。溶液放置或用离心机离心澄清。取澄清后的溶液直接进样 ICP-AES 测定。

（4）测定条件　射频发生器功率 1400W。冷却气流量 11.0L/min，辅助气流量 0.2L/min，载气流量 0.5L/min。氩气吹扫光路系统，轴向观测，观测距离为 5mm。溶液提升量 1.5mL/min。

（5）方法评价　方法定量限（10σ，稀释因子＝100）为 50μg/g。校正曲线动态线性范围上限是 500mg/L，线性相关系数 $r=0.9992$。分析海洋沉积物标准物质 GBW07313、GBW07315、GBW07316，测定值与标准值的相对误差为 2.9%～4.9%，RSD（$n=7$）为 4.3%～8.6%。

（6）注意事项　10mL 带刻度试管用 4.8mol/L 硝酸煮沸后，去离子高纯水充分洗净，用 5%氨水浸泡，高纯水冲洗干净。

参考文献

[1]　李黎，郭冬发，谢胜凯，等．过氧化钠熔融-电感耦合等离子体发射光谱法测定岩石矿物中高含量锆．世界核地质科学，2019，36（3）：151-156.

[2]　张欣，许俊玉，范凡，等．断续流动氢化物发生-原子吸收光谱法测定地质样品中的硒．桂林理工大学学报，2016，36（1）：191-194.

[3]　彭忠瑾．氢化物发生-双道原子荧光光谱法联测化探样中的铋汞砷锑．化工技术与开发，2016，45（8）：45-47.

[4]　何沙白，严蕙园．原子荧光光谱法测定化探样品中的砷和锑．化学分析计量，2013，22（2）：63-66.

[5]　Mounteney I，Burton A K，Farrant A R，et al. Heavy mineral analysis by ICP-AES a tool to aid sediment provenancing. Journal of Geochemical Exploration，2018，184：1-10.

[6]　Mamatha P G，Venkateswarlu A V，Swamy N，et al. Microwave assisted extraction of Cr(Ⅲ) and Cr(Ⅵ) from soil/sediments combined with ion exchange separation and inductively coupled plasma optical emission spectrometry detection. Anal Methods，2014，6：9653-9657.

[7]　闫月娥．微波消解-电感耦合等离子体原子发射光谱法测定钒钛铁精矿中 10 种主次元素的含量．理化检验（化学分册），2018，54（9）：1044-1048.

[8]　霍红英．微波消解-电感耦合等离子体原子发射光谱法测定钒钛铁精矿中钾和钠．冶金分析，2017，37（6）：75-79.

[9]　张欣，孙红宾，许俊玉，等，微色谱柱分离-原子荧光光谱法测定矿石矿物中硒．分析试验室，2017，36（1）：20-23.

[10] 蔡玉曼，李明，陆丽君，等．盐酸-硝酸水浴消解氢化物发生原子荧光光谱法测定钨矿石和钼矿石中的砷．岩矿测试，2015，34（3）：325-329.

[11] 胡健平，王日中，杜宝华，等．火焰原子吸收光谱法和电感耦合等离子体发射光谱法测定硫化矿中的银铜铅锌．岩矿测试，2018，37（4）：388-395.

[12] 宋召霞，高云，张志刚．电感耦合等离子体原子发射光谱（ICP-AES）法测定硫化物矿石中的铜铅锌．中国无机分析化学，2017，7（1）：35-38.

[13] 王祝，邵蓓，柳诚，等．电感耦合等离子体发射光谱法测定西藏矽卡岩型铜多金属富矿石中8种成矿元素．岩矿测试，2018，37（2）：146-151.

[14] 严慧，王干珍．汤行，等．电感耦合等离子体原子发射光谱法同时测定锑矿石中14种元素的含量．理化检验（化学分册），2017，53（1）：34-38.

[15] Yu J，Yang S X，Lu Q F，et al. Evaluation of liquid cathode glow discharge-atomic emission spectrometry for determination of copper and lead in ores samples. Talanta，2017，164：216-221.

[16] 李志伟，赵晓亮，李珍，等．敞口酸熔ICP-OES法测定稀有多金属矿选矿样品中的铌钽和伴生元素．岩矿测试，2017，36（6）：611-617.

[17] 魏雅娟，吴雪英，江荆，等．微波消解-电感耦合等离子体原子发射光谱法测定银精矿中铅锌铜砷锑铋镉．冶金分析，2018，38（5）：47-53.

[18] 曾静，胡军凯，冯朝军．电感耦合等离子体原子发射光谱-内标法测定铜精矿中镉．冶金分析，2017，37（3）：58-63.

[19] 马生凤，温宏利，李冰，等．微波消解-耐氢氟酸系统电感耦合等离子体发射光谱法测定铌钽矿中的铌和钽．岩矿测试，2016，35（3）：271-275.

[20] 张世龙，黄启华，胡小明，等．电感耦合等离子体原子发射光谱法测定钨矿石中硅、铁、铝、钛、钨、锡和钼的含量．理化检验（化学分册），2016，52（10）：1237-1240.

[21] 袁永海，尹昌慧，元志红，等．氢化物发生-原子荧光光谱法同时测定锡矿石中砷和锑．冶金分析，2016，36（3）：39-43.

[22] 杨惠玲，班俊生，夏辉，等．微波消解电感耦合等离子发射光谱法测定三水铝土矿中的有效铝、活性铝和活性硅．岩矿测试，2017，36（3）：246-261.

[23] 孙红宾，刘贵磊，赵怀颖，等．偏硼酸锂熔融-ICP-AES法测定含刚玉铝土矿中主成分．分析试验室，2017，36（12）：1429-1434.

[24] 吴石头，王亚平，孙德忠，等．电感耦合等离子体发射光谱法测定稀土矿石中15种稀土元素——四种前处理方法的比较．岩矿测试，2014，33（1）：12-19.

[25] 张保科，许俊玉，王蕾，等．锂辉石样品中稀有稀散稀土等多元素的测定方法．桂林理工大学学报，2016，36（1）：184-190.

[26] Helmeczi E，Wang Y，Brindle I D. A novel methodology for rapid digestion of rare earth element ores and determination by microwave plasma-atomic emission spectrometry and dynamic reaction cell-inductively coupled plasma-mass spectrometry. Talanta，2016，160：521-527.

[27] 葛艳梅．王水溶样-火焰原子吸收光谱法直接测定高品位金矿石的金量．岩矿测试，2014，33（4）：491-496.

[28] 王云玲，孙乃明，陈远茂．微波消解-火焰原子吸收光谱法测定地质样品中的银．光谱实验室，2013，30（2）：913-915.

[29] 黄鸿燕．偏硼酸锂熔矿-ICP-AES法测定高岭土中主要成分．化工管理，2019，（11）：33-34.

[30] 庞文品，邓云江，周小林．电感耦合等离子体原子发射光谱法测定高岭土中7种微量组分．理化检验（化学分册），2018，54（5）：559-562.

[31] 姜森．ICP测定黏土中的Al、Fe、Ti、K、Na. 中国非金属矿工业导刊，2019（3）：20-21.

[32] 冯晓军，姜威，薛菁，等．电感耦合等离子体原子发射光谱法同时测定磷矿中12种组分．冶金分析，2017，37（5）：53-58.

[33] 冯晓军，薛菁，张江坤，等．电感耦合等离子体原子发射光谱法测定云南昆阳磷矿黑色页岩中7种组

分．冶金分析，2019，39（8）：45-51.
[34] 刘芳，黄瑞成，戴伟峰，等．巯基棉分离富集 ICP-OES 测定岩盐矿中的水溶性铜铅锌镉．岩矿测试，2017，36（3）：252-257.
[35] 朱琳，余蕾．ICP-AES 法同时测定岩盐中钾、钠、钙、镁．新疆有色金属，2016，39（2）：90-91.
[36] 戴尽璇，黄赛杰，徐立高．微波消解-原子吸收分光光度法测定海洋沉积物中的铜、锌、铅、镉、铬．化工时刊，2017，31（9）：20-25.
[37] 孙友宝，宋晓红，孙媛媛，等．电感耦合等离子体原子发射光谱法（ICP-AES）测定海洋沉积物中的多种金属元素．中国无机分析化学，2014，4（3）：35-38.
[38] 马生凤，温宏利，赵怀颖，等．氨水提取-电感耦合等离子体发射光谱法测定海洋沉积物中的氯．岩矿测试，2013，32（1）：40-43.

·第 9 章·

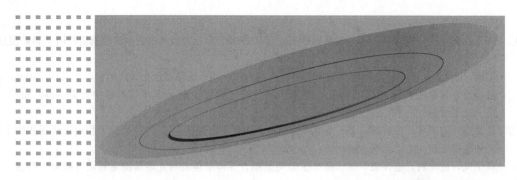

原子光谱在材料分析领域中的应用

9.1 概述

材料工业的面很广，大类分为无机材料与有机材料。测定的元素涉及周期表中除人工放射性元素之外的几乎所有的元素。测定元素的含量范围从常量到痕量。材料分析包括成分分析、结构分析、表面分析、物性分析等诸多分析领域，内容非常丰富，应用的测试手段众多。就材料的成分分析而言，涉及的分析检测方法有化学分析法、电化学分析法、光谱分析法、质谱分析法、X 射线荧光分析法、放射化学分析法等。其中，原子光谱法在材料分析检测中占有重要的地位，包括原子光谱分析法的各个分支，原子发射光谱法、原子吸收光谱法和原子荧光光谱法。

近年来在材料成分分析中，电感耦合等离子体原子发射光谱法（ICP-AES）与电感耦合等离子体质谱法（ICP-MS）特别受到分析检测人员的关注和青睐。特点是可进行多元素同时测定、分析速度快、自动化程度高。同时仪器相对价廉、灵敏度又高的原子吸收光谱法仍然广泛用于冶金材料的分析中。对于要求分析检出限很低的元素时，石墨炉原子吸收法仍是一种有效的分析检测手段。对于氢化物形成元素 Ge、Sn、Pb、As、Sb、Bi、Se、Te 以及 Hg 可采用蒸气发生-原子吸收光谱法或原子荧光光谱法进行测定。目前，许多原子光谱法已列为行业、国家标准分析方法，成为研发、生产各种材料和进行产品质量控制、产品出厂检验以及国际国内贸易的法定仲裁方法。

9.2 金属及合金分析的特点和要求

金属及合金分析涉及的面广，分析样品的品种繁多、成分复杂，分析样品的量值范围宽广，从常量、次常量，到痕量、超痕量，分析的元素几乎包括了周期表中所有的元素，分析的目的多样，从一般的快速筛选、定性鉴定/检定、生产控制、出厂成品检验分析，到国内国际贸易的仲裁分析等等。分析的目的多样性，对样品的处理、分析检测方法、分析人员技术水平、使用的测试手段（几乎要使用各种化学、现代分析仪器手段）都提出了相当高的要求。唯有如此，才能满足各种材料分析的要求。

9.2.1 样品消解方式

有关各种样品的前处理方法，本书第6章有详细的论述。本章只就在原子光谱分析中用到的溶样方法做一些补充说明。

钢铁、锰、铬及其合金，组成主体为Fe，Ni、Cr、Mn、Al、W、Mo等为次量元素。有色金属又称非铁金属，有色金属分为轻有色金属、重有色金属、稀有金属和半金属四大类。在稀有金属中，分为稀有轻金属、稀有重金属、稀有难溶金属、稀散金属、稀土金属、稀有放射性金属等。有色金属中生产量大、应用比较广的Cu、Al、Pb、Zn、Ni、Sn、Sb、Hg、Mg、Ti等10种金属，称为常用有色金属。

在材料分析中，首先遇到的问题是样品的溶解和被检测组分的提取。钢铁样品比较容易分解，常使用HCl、HNO_3、王水、H_2SO_4、H_3PO_4、HF、H_2O_2及其混合，如HCl-HNO_3、HCl-HNO_3-$HClO_4$以及HCl-H_2O_2等。采用加压溶样和微波溶样法处理钢铁及高温合金样品，可以加速样品的消解过程。Cr含量高的样品，可在微热HCl中，滴加少量HNO_3处理；W含量高的样品，用H_2SO_4-H_3PO_4混酸处理，以防W沉淀；高温合金钢成分复杂，最好先用HCl-HNO_3溶解，再转为H_2SO_4-H_3PO_4介质测定；含硅的样品用氢氟酸除硅，极少数情况下推荐使用熔融法处理样品。

生铸铁化学成分中碳和硅含量较高，且有游离碳、石墨碳存在，给样品溶解带来难度。非合金钢中通常合金元素的含量低于5%，易为无机酸所溶解。合金钢（alloysteel）有些合金元素的含量高于5%，通常选用合适比例的混合酸溶样。高温合金含有多种合金元素且含量很高，对于试样的溶解需要选择不同配比的混合酸和络合试剂，才能顺利进行消解。

各种金属元素性质差别很大，加之与各种不同元素共存在一起，形成成分多、结构复杂、性质迥异的各种类型的样品，如各种复杂的矿石矿物、千变万化的有色金属产品等，这为金属样品的溶样带来了复杂性。常用合金溶样方式大致有：①铝合金在银烧杯中用氢氧化钠溶液溶样（如测定铝合金中Si）；②镁合金用盐酸（$\psi=1+1$）滴加少量硝酸加热溶解；③钛合金用硫酸（$\psi=1+1$）加热溶解，或用盐酸（$\psi=1+1$）滴加氢氟酸低温加热溶解；④锆合金用硫酸铵及浓硫酸强热溶解，或用盐酸（$\psi=1+1$）滴加氢氟酸溶解；⑤镍合金用硝酸+盐酸加热溶解，或用硝酸+盐混酸+氯化钾溶液，滴加氢氟酸溶解；⑥钒合金用硫酸、硝酸及水，缓缓加热溶解，或用王水加热溶解；⑦铌合金用硝酸滴加氢氟酸溶解，或用硫酸铵及浓硫酸强热溶解，或用HNO_3-HF溶解；⑧金合金用王水加热溶解。

金属功能材料（metallic functional materials）包括软磁合金、变形永磁合金、弹性合金、膨胀合金、热双金属和精密电阻合金及铸造永磁合金、稀土永磁材料、烧结钕铁硼永磁材料、形状记忆合金、储氢材料以及快淬合金-非晶态合金或微晶材料，基体成分多种多样，含量很高。多采用王水、硝酸、盐酸、氢氟酸及其混酸，用高压釜及微波消解样品。对于某些难溶样品也可以采用碱熔融法分解样品，酸化后进行元素测定。

9.2.2 常用样品消解溶剂

（1）非氧化性酸　盐酸能溶解在电化学序上比氢活泼的金属，如Sn、Ni、Co、Tl、Cd、Fe、Cr、Zn、Mn、V、Al等。用硝酸能溶解大部分金属和合金，生成相应的易溶于水的硝酸盐。但不少金属如 Al、B、Cr、Ga、In、Ti、Zr、Hf 等在硝酸中易发生钝化现象，在其表面形成一层不溶性的氧化物保护膜。

（2）硝酸-氢氟酸　能有效地溶解 Si、Ti、Nb、Ta、Zr、Hf 及其合金；Re、Sn 及 Sn 合金；各种碳化物及氮化物。样品在与 HNO_3、HF、$HClO_4$ 一同加热冒烟时 Se 和 Cr 会完全损失，而 Hg、As、Ge、Te、Re、Os 也有一定的损失。当试样中含有大量 Si、Al 时，由于与氟的络合作用较牢固，难以完全除去氟，要完全分解去除所有的氟化物，需多次加浓硫酸或高氯酸反复蒸发冒烟赶氟。

（3）硫酸　常用来溶解氧化物、氢氧化物、碳酸盐，加入硫酸铵或硫酸钾能提高硫酸的沸点，对于溶解灼烧过的氧化物的效力有较大提高。硫酸与硫酸钾的混合物可溶解金属 Zr 以及 Zr 合金、Ni 合金。硫酸对于溶解 Sb 及 As、Sb、Sn、Pb 的合金效果较好。但 Pb 会以硫酸铅的形式沉淀。

（4）硝酸-氟硼酸　可以用来溶解锡铅焊料、锡铅锑合金。

（5）硝酸-有机酸（酒石酸、柠檬酸）　可以用来分解铅合金，有机酸的存在可以防止金属离子水解。

9.3 金属材料检测要求

合金样品系多组分样品，各组分的含量水平差别很大，主成分是常量水平，而被测组分可能是小量、痕量级甚至是超痕量级。在不少情况下要同时测定常量组分与痕量组分，特别是在常量组分存在下测定痕量组分，基体效应是不可避免的，必须要进行基体效应校正，才能获得准确的测定结果。通常采用基体匹配的办法校正基体效应。具体做法是按照常量组分的水平在标准样品系列中匹配适量的常量组分，建立校正曲线。在许多情况下，样品的主量或大量组分的量值水平未知，无法在标准样品系列中进行基体匹配，这时可采用标准加入法定量，实现基体匹配消除基体效应。

在进行痕量和超痕量组分测定时，空白校正对防止分析结果误判同样十分重要，值得重视。

合金分析常遇到的另一个问题是光谱干扰。不少合金特别是铁族元素合金，或含有多谱线元素如稀土元素、副族元素的合金分析，经常存在谱线干扰，必须认真筛查和选择分析线，以避免出现谱线干扰。

9.3.1 钢铁分析

9.3.1.1 直流辉光放电原子发射光谱法测定中低合金钢中锆[1]

（1）方法提要　用 9 种不同梯度锆量的中低合金钢标准样品绘制校正曲线，直流辉光放电原子发射光谱法测定中低合金钢中锆。

（2）仪器与试剂　GDS850A 辉光光谱仪（美国力可公司）：焦距 0.75m，Paschen-Runge 支架多道真空光谱仪，光栅刻线数为 2400 条/mm，分辨率为 0.025nm，波长范围为 119～600nm，58 个通道，阳极直径 4mm 直流辉光放电源并配备 4mm 射频辉光放电源，入射通带为 0.015nm，出射通带为 0.040nm，光电倍增管检测。Ar 为激发气体，纯度 99.995%以上，压力为 280kPa。动力气为普氮或压缩空气，压力为 280kPa。

无水乙醇，丙酮为分析纯。中低合金钢标准样品中锆元素的认定值见表 9-1。

表 9-1　中低合金钢标准样品中锆元素的认定值

标样编号	Zr 含量(质量分数)/%	标样编号	Zr 含量(质量分数)/%
GBW01395	0.0044	BS12B	0.0050
GBW0139	0.011	CKD/183A	0.079
GBW01398	0.051	NIST/1262B	0.22
GBW01399	0.348	NIST/1263A	0.050
BS4C	0.010		

(3) 样品制备　中低合金钢标准样品用砂轮打磨至表面光滑，再用 120 目 (125μm) 碳化硅砂纸仔细打磨抛光，试样双面要平整，立即用无水酒精或丙酮清洗干净，热风吹干。直径在 20～80mm 之间，厚度在 5～65mm 之间，采用与标准样品一致的预处理措施。

(4) 测定条件　分析线 Zr 339.198nm。以 Ar 为激发气体，启动电压为 1000V，激发电压为 1250V，激发电流为 45mA。预燃时间为 60s，启动时间为 3s，积分时间为 10s。光电倍增管电压 900V，工作方式为恒定电压-电流方式。

(5) 方法评价　测定中低合金钢标准样品中 Zr，测定值与认定值基本一致；RSD ($n=11$) 0.72%～1.7%，符合仪器推荐的 RSD<3% 的测量要求。测定中低合金钢实际样品，测定值与用国标 GB/T 223.30—1994 方法的测定值基本一致。校正曲线的动态线性范围 0.0044%～0.35%，线性相关系数 $r=0.9961$。

(6) 注意事项　做好对实验参数的优化工作。

9.3.1.2　直读光谱法测定高碳铬镍合金钢中的 12 种元素[2]

(1) 方法提要　直读光谱法测定高碳铬镍合金钢中碳、硅、锰、磷、硫、铬、镍、铜、钼、钒、钛、铌等 12 种元素的含量。

(2) 仪器与试剂　ARL 4460 直读光谱仪（美国赛默飞世尔科技公司），光栅刻线 1667 条/mm，真空紫外光透镜；HS-FF 型全自动铣床。氩气的纯度大于 99.99%。

含有 C、Si、Mn、P、S、Cr、Ni、Cu、Mo 等各元素不同质量分数的 28 种标准样品。

(3) 样品制备　标准样品和待测样品均用全自动铣床进行加工制备，制备后的样品表面要求平整、光洁、无缺陷。

(4) 测定条件　Ar 气流量 5.0L/min，静态时 Ar 气流量 0.3L/min；对电极为钨电极，直径 6mm，顶角 90°，光谱分析间隙 3mm。分子泵连续抽真空，真空度小于 8Pa，温度 (38.0±1.0)℃，相对湿度小于 70%。吹氩时间 4s，预积分时间 6s，积分时间 5s。用各元素不同质量分数的 28 个标准样品建立校正曲线。

(5) 方法评价　方法应用于标准样品 (11X-15310) 的定值分析，测定值的 RSD ($n=11$) 是 0.17%～4.2%。分析了 3 种标准样品 (95-021-4、C1290 和 YSBC1 1017-2003)，测定值与认定值相符。12 种元素均在一定的质量分数范围内与其谱线强度呈线性关系。基体元素（主量元素）引起的干扰，可通过选择基体元素作为内标元素来消除，其他共存元素引起的干扰采用加校正系数和乘校正系数进行干扰校正。

本法可以较好地配合炉前不锈钢的冶炼分析，精密度和准确度较好，方便快捷。

9.3.1.3　电感耦合等离子体原子发射光谱法测定铌铁中的硅、钽、钨、钛、铝、铜和锰[3]

(1) 方法提要　常温下以氢氟酸-硝酸消解铌铁样品，ICP-AES 直接同时测定铌铁合金中 0.005%～5%的 Si、Ta、W、Ti、Al、Cu、Mn 的含量。

（2）仪器与试剂　iCAP 6300 全谱直读等离子体原子发射光谱仪（美国赛默飞世尔科技公司），配耐氢氟酸进样系统。

1.0mg/mL Si、Ta、W、Ti、Al、Cu、Mn 单元素标准储备溶液。100μg/mL 混合标准溶液，分取单元素标准储备溶液各 10mL 于 100mL 容量瓶中，加入 5mL 硝酸，以水稀释至刻度，混匀。

氢氟酸、硝酸为优级纯，试验用水为二次蒸馏水。

（3）样品制备　称取 0.2500g 试样置于聚四氟乙烯烧杯中，加入 2mL 氢氟酸，在室温条件下反应至无气泡产生，以约 5mL 水冲洗杯壁，然后加入 5mL 硝酸继续在室温下反应至样品消解完全，试液直接以水定容至 100mL 塑料容量瓶中。

（4）测定条件　分析线 Si 251.611nm、Ta 248.870nm、W 207.911nm、Ti 336.121nm、Al 396.152nm、Cu 223.008nm、Mn 293.930nm。高频发生器功率 1350W。冷却气流量 15L/min，辅助气流量 1.0L/min；雾化气压力 0.34MPa。蠕动泵转速 75r/min。观察高度 12mm。积分时间 15s。

（5）方法评价　测定 Si、Ta、W、Ti、Al、Cu、Mn 的检出限（w）分别是 0.004%、0.004%、0.003%、0.003%、0.004%、0.003%和 0.003%。元素的质量分数大于 1.0%时 RSD<1%，元素的质量分数在 0.01%～1.0%的 RSD<3%。校正曲线动态线性范围（w）是 0.01%～5.0%。线性相关系数 r>0.9990。分析 2 个铌铁试样，加标回收率是 90%～108%。分析 4 个标准样品（SL28-01、SL28-03、SL28-07、SL28-16），测定值与标准值相符。7 种元素的检测时间不超过 30min。

（6）注意事项　铌铁合金中的铌、钽、钛等元素较难消解，利用铌、钽、钛、硅等易与氢氟酸反应生成络合离子的特性，样品消解快速，常温反应可避免四氟化硅的挥发损失，铌、钽、钛等易水解元素以离子形态稳定存在于氢氟酸介质中，降低了基体效应和空白值，避免了硅酸凝聚和钨酸析出等。

杂质元素的含量低，相互之间的影响较少，但个别微量杂质元素的分析谱线仍受到钒、钽等共存元素的光谱干扰，可通过谱线优选避开干扰峰或通过背景校正消除光谱干扰。

9.3.1.4 电感耦合等离子体原子发射光谱法测定球墨铸铁中 8 种元素[4]

（1）方法提要　采用 $HCl-HNO_3-HClO_4$ 混酸溶样，基体匹配法，ICP-AES 测定球墨铸铁中 Mn、Cu、Mg、Co、V、Ti、Ni、Cr 等 8 种元素的含量。

（2）仪器与试剂　Optima 8000 全谱直读等离子体原子发射光谱仪（美国珀金埃尔墨公司）。

1000μg/mL Mn、Cu、Mg、Co、V、Ti、Ni、Cr 单元素标准溶液（国家有色金属及电子材料分析测试中心）。球墨铸铁标准样品 GBW01119b、BH1914-1-3（国家标准物质研究中心）。

盐酸、硝酸、高氯酸等实验所用试剂均为优级纯，自制一级水。

（3）样品制备　称取 0.2000g 球墨铸铁样品置于 200mL 烧杯中，加 10mL 水、15mL HCl，缓缓加热至冒大气泡，小心加入 5mL HNO_3，继续加热至试样分解，取下稍冷，向烧杯中加入 5mL HCl，加热至冒 HCl 烟并保持 3～5min，取下并冷却；向烧杯中加入 5mL $HClO_4$，加热至冒 $HClO_4$ 白烟并等待 3～5min，取下并冷却；再加 10mL 水、5mL HCl 摇匀，然后加 5mL HNO_3，加热溶解盐类，冷却至室温；将溶液移至 100mL 容量瓶中，用水稀释至刻度。

空白溶液的配制：称取 0.2000g 纯度（*W*）＞9.98%高纯 Fe［GBW01402G，（山西太钢技术中心研制）］，用制备试样相同的步骤处理。

（4）测定条件　分析线分别是 Mn 257.610nm、Cu 327.393nm、Mg 285.213nm、Co 228.616nm、V 310.230nm、Ti 307.864nm、Ni 231.604nm、Cr 257.716nm。高频发生器发射功率 1300W。冷却气流量 12L/min，雾化气流量 0.5L/min，辅助气流量 0.2L/min。仪器原配石英标准炬管，进样量 1.5mL/min。样品分析积分时间 20s，重复次数 2 次。

采用基体匹配的方法消除基体效应。通过选择合适的分析线消除了待测元素之间的光谱干扰。

（5）方法评价　测定 Mn、Cu、Mg、Co、V、Ti、Ni、Cr 的检出限（μg/L）分别是 1.9、3.1、6.5、1.5、3.1、2.4、3.8、8.8。将实验方法用于球墨铸铁标准样品的分析，测定值与认定值一致，RSD（$n=6$）是 0.24%～2.7%。用于球墨铸铁实际样品的分析，测定值与国标方法（GB/T 223 系列）的测定值基本吻合。

9.3.1.5 ICP-AES 法测定中碳铬铁中硅锰磷的含量[5]

（1）方法提要　试样经湿法处理后，用 ICP-AES 测定中碳铬铁中的硅、锰、磷。

（2）仪器与试剂　iCAP 6300 全谱直读等离子体原子发射光谱仪（美国赛默飞世尔科技公司）。

500mg/L 硅标液，1000mg/L 锰标液、磷标液、铬标液（钢铁研究总院）。

硝酸（优级纯），盐酸（分析纯）。实验用水是二次去离子水。Ar 气纯度＞99.99%。

（3）样品制备　准确称取 0.1000g 试样置于 150mL 烧杯中，加入 20mL 盐酸（$\psi=1+1$），低温加热至试样溶解完全，再加入 5mL 浓硝酸，加热煮沸，破坏碳化物，反应完全后取下，冷却至室温，过滤到 100mL 容量瓶中，用水冲净烧杯和滤纸，稀释至刻度。随同试样制备空白溶液。

（4）测定条件　分析线 Mn 257.610nm、P 213.618nm、Si 185.067nm。高频发生器发射功率 1150W。辅助气流量 1.0L/min，雾化气压力 0.2MPa。泵速 50r/min，样品清洗时间 30s。垂直观测方式，观测高度 12mm。

（5）方法评价　测定 Si、Mn、P 的检出限（w）分别是 0.0024%、0.0003%、0.0015%。RSD（$n=10$）分别是 1.13%、0.39%和 2.35%。校正曲线动态线性范围上限分别是 3.65%、2.44%和 0.135%。线性相关系数分别是 0.9999、0.9999 和 0.9998。回收率是 96%～103%。方法简便、快速，准确，能满足了生产要求。

9.3.1.6 电感耦合等离子体原子发射光谱法测定粉末高温合金中硅镁元素[6]

（1）方法提要　粉末高温合金成分复杂，含有 Co、Cr、Mo、W、Al、Ti、Nb 等多种合金元素。用盐酸、硝酸、氢氟酸溶解样品，ICP-AES 测定粉末高温合金中的硅、镁。

（2）仪器与试剂　Optima 5300V 全谱直读等离子体原子发射光谱仪，分段式耦合检测器 SCD（美国珀金埃尔默公司）。

1.0mg/mL Si、Mg 单元素标准储备液（国家标准溶液，钢铁研究总院），200g/L 柠檬酸溶液。

实验用盐酸、硝酸、氢氟酸均为优级纯，实验用水为二次蒸馏水。用于配制标准系列溶液消除基体和主量元素效应与研究元素谱线干扰的镍和其他元素单标准溶液均用质量分数大于 99.95%的纯金属配制，使用时逐级稀释。

（3）样品制备　称取 0.1000g 合金样品置于 100mL 聚四氟乙烯烧杯中，加入 20mL 盐酸、5mL硝酸、1mL氢氟酸，低温加热（水浴温度控制在70℃以下），溶解完全再加入5mL柠檬酸溶液，冷却后转移到100mL塑料容量瓶中，用水稀释至刻度定容。

（4）测定条件　分析线Si 251.611nm、Mg 279.553nm。高频发生器频率40.68MHz，发射功率1300W。冷却气流量15L/min，雾化气流量0.6L/min，辅助气流量0.2L/min。观测高度15mm，积分时间5s。在标准系列溶液中加入Mo和Ni基体匹配法建立校正曲线，在分析线适当位置处扣背景消除基体的影响。

（5）方法评价　选用不受Ni、Co、Cr、Mo、W、Nb、Al谱线干扰的Si 251.61nm和Mg 279.553nm为分析线，方法的检出限是0.003%（Si），0.00007%（Mg）。分析2个标样，RSD＜8.5%；线性相关系数r为0.9991（Si）、0.9995（Mg）。对粉末高温合金FGH96样品进行加标回收试验，加标回收率Si是111%～120%，Mg是105%～117%。

（6）注意事项　盐酸、硝酸体系无法将高温合金中Si完全溶解，有氢氟酸参与溶样硅能得到更好的结果。但要控制溶样温度不超过60℃以防止硅损失。

试样中的钨在溶液中不稳定，易形成钨酸沉淀，必须加入柠檬酸络合钨，保持溶液清亮稳定。

9.3.1.7 ICP-AES法测定超高强度钢中的Al，Mn，Si，Ti[7]

（1）方法提要　盐酸-硝酸混酸溶解样品，ICP-AES测定超高强度钢中的Al、Mn、Si、Ti。

（2）仪器与试剂　ULTIMA Ⅱ电感耦合等离子体原子发射光谱仪（法国JOBIN YVON公司），耐氢氟酸雾化系统。

各元素标准储备溶液均用其光谱纯的氧化物或纯度大于99.95%的金属配制。将多元素混合标准溶液逐级稀释，配制成Al、Ti、Si、Mn质量浓度（mg/L）均为0.05、0.10、1.00、2.00的系列混合标准使用溶液。

盐酸、硝酸、氢氟酸及实验所用其他试剂均为优级纯；氩气纯度99.99%；实验用水为二次去离子水，电导率大于0.5μS/cm。

（3）样品制备　准确称取0.5000g样品置于100mL玻璃烧杯中，加入15mL盐酸、3mL硝酸，低温加热溶样。冷却后，转移至50mL玻璃容量瓶中。

（4）测定条件　分析线Al 394.401nm、Mn 257.610nm、Si 251.611nm、Ti 334.941nm。入射光谱通带20μm，出射光谱通带80μm。高频发生器频率40.68MHz，发射功率1050W；入射功率1.0kW，反射功率小于15W。冷却气流量15L/min，辅助气流量0.2L/min；样品提升量1.2mL/min。积分方式一点式，积分时间2s。

（5）方法评价　测定Al、Mn、Si、Ti的检出限（μg/L）分别为0.1、0.3、3.5、0.1，含量在0.001%～0.2%的范围内有良好的线性关系，线性相关系数r＞0.993，加标回收率为94%～120%，RSD（n=8）＜10%。

（6）注意事项　共存元素Nb对Si 251.921nm的谱线有光谱干扰，两个元素的峰几乎重叠，存在严重的谱线重叠干扰。Cr、Fe元素在Ti 323.904nm分析谱线的两侧有峰存在，其他元素对此谱线无干扰。Fe元素在Ti 338.376nm分析谱线的两侧有峰存在，其他元素对此谱线无干扰。Ti 334.941nm谱线强度较大，适合测量低含量。

9.3.1.8 ICP-AES法测定铬镍不锈钢中锰、铬、镍、硅、磷、铜、钼的含量[8]

（1）方法提要　用盐酸-硝酸混合酸溶样，用国家标准样品制备校正曲线溶液，ICP-AES测定铬镍不锈钢中的Mn、Cr、Ni、Si、P、Cu、Mo。

(2) 仪器与试剂　iCAP 6300 全谱直读等离子体发射光谱仪（美国赛默飞世尔科技公司）。

铬镍不锈钢标准样品：B 59-94（抚顺钢厂）；GSBH 40132-2003［太原钢铁（集团）有限公司钢铁研究所］；YSBC 11314-94（钢铁研究总院）；YSBC 15344-2008、YSBC 15343-2008、YSBC 15345-2008、GSB 03-2481-2008［太原钢铁（集团）有限公司技术公司］；GSB 03-20302006、GSB 03-2031-2006（钢铁研究总院分析测试研究所北京纳克分析仪器有限公司）；GBW 01681-2005（山东省冶金科学研究院）。

盐酸、硝酸为优级纯。氩气纯度为 99.999%。实验用水为去离子水，电阻率≥18.2 MΩ·cm。

(3) 样品制备　准确称取 0.1000g 试样置于 100mL 定容两用瓶中，加入 10mL 盐酸-硝酸混合酸溶液（盐酸-硝酸-水，ψ=2：1：3），低温加热至反应完全。待试液冷却后，用水定容至 100mL，混匀。随同试样制备空白溶液。

(4) 测定条件　分析线是 Mn 257.610nm、Cr 206.157nm、Ni 221.647nm、Si 251.611nm、P 178.284nm、Cu 324.754nm、Mo 202.030nm。高频发生器发射功率 1150W。冷却气流量 12L/min，辅助气流量 0.5L/min，雾化气流量 0.5L/min。蠕动泵泵速 50r/min。垂直观察高度 12mm。积分时间短波 15s，长波 5s。

(5) 方法评价　检出限（w）分别是 0.0006%(Mn)、0.0030%(Cr)、0.0006%(Ni)、0.0003%(Si)、0.0006%(P)、0.0003%(Cu)、0.0009%(Mo)。该方法应用于铬镍不锈钢标准样品的测定，测定值与认定值相符，测定值的 RSD（n=8）是 0.12%～1.15%。分析铬镍不锈钢样品，加标回收率是 90%～110%。Mn、Cr、Ni、Si、P、Cu、Mo 各元素的动态线性范围上限（w）分别是 2.4%、24%、16%、0.68%、0.04%、2.0%、2.1%，线性相关系数 r≥0.9991。该方法操作简便、迅速，可满足日常铬镍不锈钢中多元素含量的检测需要。

(6) 注意事项　选择合适的分析线，匹配基体组成，选择与待测样品基本相同的国家标准样品制备校正曲线以消除干扰。

9.3.1.9 多谱线拟合电感耦合等离子体发射光谱法测定钢铁中微量硼[9]

(1) 方法提要　用多重谱线拟合（MSF）法扣除基体和共存元素光谱干扰，ICP-AES 测定钢铁中微量硼。

(2) 仪器与试剂　Optima 2100DV 电感耦合等离子体原子发射光谱仪（美国珀金埃尔默公司）。

1000μg/mL 硼的储备液：称取 0.5718g 的硼酸（w＞99.95%），置于 300mL 烧杯中，用水溶解，移入 100mL 塑料容量瓶中，用水稀释至刻度。10.0μg/mL 硼标准溶液，移取硼储备液，用水稀释得到。

1000μg/mL 钼储备溶液：称取 1.000g 高纯金属钼（w＞99.95%），置于 250mL 石英烧杯中，加 50mL 硝酸（ψ=1+1）加热溶解完全。取下冷却至室温后，移入 1000mL 塑料容量瓶中，用 10%（ψ）硝酸稀释至刻度。100μg/mL 钼标准溶液，移取钼储备液用 10%（ψ）硝酸稀释得到。

1000μg/mL 钴储备溶液：称取 1.000g 高纯金属钴粉（w＞99.95%），置于 250mL 石英烧杯中，加 50mL 硝酸（ψ=1+1）加热溶解完全，取下冷却至室温后，移入 1000mL 塑料容量瓶中，用 ψ=10%硝酸稀释至刻度。100μg/mL 钴标准溶液，移取 10.0mL 钴储备液，用 10%（ψ）硝酸稀释得到。

盐酸和硝酸（优级纯），高纯铁和镍（光谱纯），实验用水是高纯水（电阻率 18MΩ·cm）。

（3）样品制备　称取 0.2g（精确至 0.0001g）试样置于石英烧杯中，加 10～30mL 适当比例的硝酸、盐酸，低温加热溶样（对于难溶试样滴加双氧水），待试样溶解完全后，再低温加热至净干，加 10～30mL 盐酸（$\psi=1+1$）低温溶样，冷却至室温，再加 10～30mL 10%硝酸，加热溶解盐分至清亮，冷却至室温（如有沉淀过滤），用水稀释至 50mL。

（4）测定条件　分析线 B 249.677nm、208.597nm。高频发生器频率 40.68MHz，发射功率 1150W。冷却气流量 15L/min，雾化气流量 0.75L/min，辅助气流量 0.2L/min。样品提升量 1.8mL/min。水平观测方式，观测高度 14mm。冲洗时间 30s，积分时间 5s。标准曲线法定量。

（5）方法评价　测定检出限（3s，$n=11$）为 0.1μg/L，校正曲线动态线性范围为 0.0001%～0.1%，线性相关系数 $r=0.9999$。分析高合金钢，加标回收率为 97%～102%。分析国家标准样品 BH85-1（低合金钢）、BH85-2（低合金钢）及 YSBC11220-94（中低合金钢），测定值与标准值一致，RSD 为 0.5%～2.6%。

（6）注意事项　采用基体匹配法消除 Fe、Co、Mo、Nb、W 和 Mn 等元素的干扰，沉淀分离法消除 W 的干扰，用多重谱线拟合（MSF）校正法，能把待测谱线 B 249.677nm 和 B 208.957nm 从干扰谱线、背景及噪声中分离出来，成为纯净完整的检测峰，有效地消除了 Co 和 Mo 谱线的干扰。分析结果与加入量（0.010%）吻合。

9.3.1.10 电感耦合等离子体发射光谱法测定 CLAM 钢中微量 Ti、Nb、Mo、Al、Ni、Cu、Co[10]

（1）方法提要　采用 ICP-AES 测定 CLAM 钢中微量 Ti、Nb、Mo、Al、Ni、Cu、Co。

（2）仪器与试剂　Optima 5300DV 电感耦合等离子体原子发射光谱仪（美国珀金埃尔默公司）。

1.0mg/mL Ti、Nb、Mo、Al、Ni、Cu、Co 储备溶液，使用时逐级稀释。

盐酸、硝酸、硫酸、磷酸均为优级纯。金属铬（$w>99.99\%$）、高纯铁粉（$w>99.99\%$）。实验用高纯水（18MΩ·cm）。

（3）样品制备　称取试样 0.1g（精确至 0.0001g），置于 150mL 锥形瓶中，加入 10mL 盐酸-硝酸（$\psi=3+1$），低温溶解试样，溶解完全后加入 5mL 硫酸-磷酸（$\psi=1+1$），于高温电炉上加热至冒烟，稍冷后加 20mL 超纯水溶样，取下冷却至室温，定容到 100mL 容量瓶，摇匀，上机测定，标准曲线法定量。

（4）测定条件　分析线分别是 Ti 334.942nm、Nb 269.698nm、Mo 203.847nm、Al 394.399nm、Ni 231.604nm、Cu 327.397nm、Co 231.164nm。高频发生器功率 1250W。冷却气流量 15L/min，雾化气流量 0.7L/min，辅助气流量 0.2L/min。样品提升量 1.5mL/min。垂直观测方式。积分时间 5s。冲洗时间 30s，采用基体匹配与在试样处理过程中确保处理步骤一致，消除物理干扰及基体干扰。

（5）方法评价　测定 Ti、Nb、Mo、Al、Ni、Cu、Co 的检出限（w）（3s，$n=11$）分别是 0.00027%、0.00015%、0.00015%、0.00024%、0.00021%、0.00024% 和 0.00024%。加标回收率 93%～101%。

（6）注意事项　注意优选分析线，避免光谱干扰，采用基体匹配与在试样处理过程中确保处理步骤一致，消除物理干扰及基体干扰。

9.3.1.11　微波样品制备电感耦合等离子体原子发射光谱法测定工程钢中 Si、P、V、Cr、Mn、Ni、Cu、W[11]

（1）方法提要　用微波分步加热分解工程合金钢，ICP-AES 测定工程钢中 Si、P、V、Cr、Mn、Ni、Cu、W。

（2）仪器与试剂　iCAP 6500 全谱直读等离子体发射光谱仪（美国赛默飞世尔科技公司）。微波装置（ETHOS PLUS，意大利迈尔斯通公司）。

盐酸、硝酸、硫酸和氢氟酸为化学纯，硼酸为超高纯。羰基铁（规格 TU 6-09-3000-78）。

（3）样品制备　称取 0.5g（精确至 0.0001g）钢样溶解在 10mL 的 HCl、HNO_3、H_2SO_4 和 HF 的混合酸（$\psi=3:1:1:0.1$）中，随后加入 0.5mL 的 H_3BO_3（4%）。按照微波消解程序进行处理。将溶液转移到 25mL 容量瓶中，用蒸馏水定容到刻度。

（4）测定条件　分析线是：Si 251.611nm，P 178.284nm，V 295.208nm，Cr 427.48nm，Mn 280.106nm，Fe 203.240nm、214.519nm、290.192nm、301.618nm，Ni 341.476nm，Cu 324.754nm，W 265.738nm。RF 发生器功率 1150W。Ar 辅助气流量 1.0L/min，雾化气压力 0.22MPa。蠕动泵速度 55r/min。观测高度 11mm。测量积分时间 15s（波长＞260nm）、20s（波长＜260nm）。

微波消解的程序见表 9-2。

表 9-2　微波消解程序

步骤	升温时间/min	温度/℃	保温时间/min	功率/W
1	5	50	3	500
2	5	100	5	600
3	7	150	10	800
4	10	210	15	1000

（5）方法评价　测定 Si、P、V、Cr、Mn、Ni、Cu、W 的检出限（3*s*，*w*）分别为 $5.5\times10^{-2}\%$、$2.5\times10^{-3}\%$、$1.0\times10^{-4}\%$、$1.3\times10^{-3}\%$、$4.4\times10^{-3}\%$、$7.0\times10^{-4}\%$、$4.0\times10^{-4}\%$、$1.5\times10^{-2}\%$。校正曲线动态线性范围分别为（*w*）0.0005%～3.1%、0.006%～0.02%、0.0009%～0.7%、0.003%～5.0%、0.0005%～0.7%、0.005%～3.4%、0.0001%～0.2%、0.7%～4.9%。通过对标准样品的分析和与常规方法的比较，验证了方法的检测精度。

9.3.1.12　微波消解-ICP-AES 法测定低碳低硅钛铁中硅、锰、磷、铝和铜含量的试验[12]

（1）方法提要　微波消解试样，ICP-AES 测定低碳低硅钛铁中 Si、Mn、P、Al 和 Cu 含量。

（2）仪器与试剂　IRIS Advantage 全谱直读等离子体光谱仪（美国热电公司），微波消解仪（美国 CEM 公司）。

1000μg/mL 的 Si、Mn、P、Al、Cu 标准储备溶液。高纯金属钛（$w=99.99\%$），高纯铁（$w=99.9\%$）。硫酸为分析纯。

（3）样品制备　称取 0.1g 试样（精确至 0.0001g）置于消解罐中，加 20mL H_2SO_4（$\psi=1+7$），设定程序逐步分解，冷却后移入 50mL 容量瓶中，用水稀释到刻度，混匀。

（4）测定条件　高频发生器发射功率 1150W。氩气压力 0.4MPa，雾化气压力 28psi（1psi=6894.76Pa）。分析泵速度 1.85mL/min。积分时间：短波段 20s、长波段 5s。冲洗泵速 1.85mL/min。

（5）方法评价　测定 Si、Mn、P、Al、Cu 的检出限（μg/mL）分别为 0.04、0.01、0.02、0.05、0.02。在不同的时间分析标样 YSBC15602-2006 和 GBW01430，测定值与标准值吻合，回收率为 94%～108%，RSD（n=10）是 2.7%～10%。共存元素的干扰应用仪器中的软件校正谱线干扰。本方法简便、快速、准确，分析结果满意。

9.3.1.13 微波消解-电感耦合等离子体原子发射光谱法测定高镍铸铁中硅锰磷铬镍铜[13]

（1）方法提要　王水-微波消解样品，在低温时往消解液中滴加氢氟酸有效溶解硅。用钇为内标，ICP-AES 测定高镍铸铁中 Si、Mn、P、Cr、Ni、Cu 含量。

（2）仪器与试剂　iCAP 6300 全谱直读等离子体发射光谱仪（美国赛默飞世尔科技公司），Mars-5 微波密闭消解系统（美国 CEM 公司）。

500mg/L Si 标准储备溶液（国家钢铁材料测试中心），1000mg/L Mn、P、Cr、Ni、Cu、Y（内标）标准储备溶液（国家钢铁材料测试中心）。高纯铁（99.99%）（中国山西太钢技术中心），高镍铸铁标样 BYRK142009（中钢集团吉林铁合金股份有限公司），高镍铸铁标样（法国）。

盐酸、硝酸、氢氟酸为优级纯。实验用水为电阻率大于 18MΩ·cm 的去离子水。

（3）样品制备　称量 0.1g（精确至 0.0001g）样品置于聚四氟乙烯微波消解罐中，加入 3.0mL 盐酸、1.0mL 硝酸，剧烈反应数分钟后，放置于微波消解仪中。功率 800W，在 15min 内升温到 125℃，保温 10min；在 20min 内升温到 200℃，保温 25min 消解样品。待消解程序结束后取出消解罐，完全冷却后，滴加 0.5mL 氢氟酸，转移至 100mL 塑料容量瓶中，加入 10mL 50mg/L 钇内标溶液，定容摇匀。

（4）测定条件　分析线为 Si 251.611nm、Mn 257.610nm、P 178.284nm、Cr 267.716nm、Ni 231604nm、Cu 327.396nm。内标线 Y 224.306nm、371.030nm。高频发生器频率为 27.12MHz，发射功率为 1150W。冷却气流量为 15L/min，辅助气流量为 0.5L/min。蠕动泵转速为 50r/min。垂直观察高度 9mm。

（5）方法评价　测定高镍铸铁实际样品中 Si、Mn、P、Cr、Ni、Cu 各元素的检出限分别为 0.0036%、0.0002%、0.0031%、0.0008%、0.0003%、0.0015%。各元素的校正曲线线性相关系数 r>0.9999，测定高镍铸铁标准样品中各元素的测定值与认定值相吻合。测定实际样品的 RSD（n=8）为 0.7%～5.0%。

（6）注意事项　高镍铸铁中碳含量很高，容易与其中的铬形成高熔点、稳定碳化物，需使用强混合酸（王水）在高温条件下才能有效破坏碳化物。高镍铸铁中一般硅含量很高，使用王水微波消解法无法有效溶解硅，需滴加氢氟酸生成四氟化硅，但四氟化硅迅速水解为硅酸和氟硅酸，当溶液温度超过 80℃时，会造成硅的损失，需在低温时滴加氢氟酸。

9.3.1.14 微波消解 ICP-AES 法测定 70 钛铁中硅、铝、锰、镍、钒、钼、铬、磷、铜[14]

（1）方法提要　微波消解，ICP-AES 直接同时测定 70 钛铁中 Si、Al、Mn、Ni、V、Mo、Cr、P、Cu 的含量。

（2）仪器与试剂　iCAP 6500 全谱直读等离子体发射光谱仪（美国赛默飞世尔科技公

司)，高能量中阶梯光栅，精密温控恒温光学系统，CID 检测器，固态 RF 发生器，双向观测系统；同心雾化器，玻璃旋流雾化室。Mars6 微波消解仪（美国 CEM 公司）。

高纯钛（$w=99.5\%$），高纯铁（$w=99.98\%$）基准物质。500μg/mL Si 标准溶液，1000μg/mL Al、Mn、Ni、V、Mo、Cr、P、Cu 标准溶液（钢铁研究总院）。

盐酸、硝酸、硫酸（$\psi=1+3$）、氢氟酸均为优级纯。实验用水是去离子水。

（3）样品制备　称取 0.1000g 样品置于指纹识别的高集成生物识别系统 TFM（改性聚四氟乙烯）反应内罐中，加入 10mL 硫酸（$\psi=1+3$）、2mL 硝酸，轻轻摇动内罐，使样品与酸充分混合，待反应气体排出后，立即盖上盖子，置于外套罐中，进行微波消解，压力 800psi，功率 400W，升温时间 25min，保温 25min。消解程序结束后，取出外套罐。待冷却后，将试液移入 100mL 石英容量瓶中，用水稀释至刻度。

校正曲线的制备，用 10mL 硫酸（$\psi=1+3$）加热溶解 0.08g 和 0.02g 高纯钛和高纯铁作基体，稍冷后加入 2mL 硝酸，继续加热溶样，冷却后转入 100mL 容量瓶，依次加入 Si、Al、Mn、Ni、V、Mo、Cr、P、Cu 标准溶液，制成各元素的标准系列，制作校正曲线。

（4）测定条件　分析线分别是 Si 251.611nm、Al 396.152nm、Mn 257.610nm、Ni 221.647nm、V 309.331nm、Mo 202.030nm、Cr 283.563nm、P 278.284nm、Cu 327.396nm。高频发生器频率 27.12MHz，发射功率为 1150W。冷却气流量为 12L/min，辅助气流量为 0.5L/min，雾化气流量为 0.7L/min。通过基体匹配消除干扰。

（5）方法评价　测定 Si、Al、Mn、Ni、V、Mo、Cr、P、Cu 的检出限（w）分别是 0.021%、0.010%、0.012%、0.008%、0.006%、0.011%、0.015%、0.002%、0.0009%。RSD 分别是 1.3%、1.4%、1.1%、3.4%、3.1%、3.7%、2.2%、4.5%、6.8%。加标回收率是 93%～105%。线性相关系数 $r>0.9994$。分析标准样品，测定值与标准值一致。与传统化学分析方法相比，灵敏、高效、准确度良好，已应用于日常检测工作。

9.3.1.15　用 ICP-AES 法同时测定生铁中的硅锰磷铬镍铜钛含量[15]

（1）方法提要　用硫酸-盐酸-硝酸混合酸溶样，标准物质为参照，ICP-AES 同时测定生铁中的 Si、Mn、P、Cr、Ni、Cu、Ti。

（2）仪器与试剂　715-ES 型全谱直读等离子体光谱仪（美国 Varian 公司）。

生铁标样为国家标准样品。

硫酸-盐酸-硝酸-水（$\psi=50:30:15:5$）混合酸。30%过硫酸铵溶液，10%亚硝酸钠溶液。其他试剂均为分析纯。实验室用水为去离子水。

（3）样品制备　准确称取 0.1000g 样品置于 100mL 锥形瓶中，加 30mL 混合酸、5mL 过硫酸铵溶液，低温加热溶解试样；若有二氧化锰沉淀析出，滴加 5 滴 10%亚硝酸钠溶液，煮沸还原二氧化锰并分解过量的过硫酸铵。冷却，移入 100mL 容量瓶中，用蒸馏水定容。再用快速滤纸干过滤，除去溶液中的悬浮物。

（4）测定条件　分析线分别为 Si 251.611nm、Mn 279.482nm、P 213.618nm、Cr 267.716nm、Ni 231.604nm、Cu 327.395nm、Ti 336.122nm。高频发生器发射功率 1200W。冷却气流量 15L/min，辅助气流量 1.5L/min，雾化气压力 28psi。径向观测方向，观测高度 6mm。仪器稳定延时 15s。泵速 15r/min，清洗时间 10s。一次读数时间 15s，读数次数 3 次。

（5）方法评价　测定 Si、Mn、P、Cr、Ni、Cu、Ti 的检出限（$3s$，$n=10$）是（w）0.0014%、0.0012%、0.0025%、0.0012%、0.0015%、0.0016%、0.0016%。RSD（$n=11$）<3%，线性相关系数 $r\geqslant0.9984$；分析两个标样，测定值与标准值吻合。方法简便

快捷。

（6）注意事项　用硝酸溶解样品时，溶解速度慢，硅和锰的谱线强度较低，用硝酸和盐酸的混合酸溶样时磷元素的强度低，硅元素不易溶解。生铁中的碳含量较高，用硫酸、盐酸和硝酸的混合酸溶样时碳化物被破坏，试样元素谱线强度增强，补加适量的过硫酸铵，可以避免磷化氢的生成、有机磷被破坏、低价磷化物被进一步氧化、聚磷酸盐解聚。硫酸、盐酸和硝酸的溶样效果最好。

9.3.2 有色金属分析

9.3.2.1 电感耦合等离子体原子发射光谱法测定 Ti_3Al 基合金中钒、铬、锰、铁、铜、镍和锆的含量[16]

（1）方法提要　用混酸溶解 Ti_3Al 基合金样品，ICP-AES 测定 Ti_3Al 基合金中 V、Cr、Mn、Fe、Cu、Ni 和 Zr。

（2）仪器与试剂　Optima 8300DV 全谱直读等离子体光谱仪（美国珀金埃尔默公司）。

1.0g/L V、Cr、Mn、Fe、Cu、Ni 和 Zr 单标准储备溶液，使用时逐级稀释至所需质量浓度。

盐酸、硝酸、氢氟酸为优级纯，实验用水为二次蒸馏水。

（3）样品制备　称 Ti_3Al 基合金试样 0.2g（精确至 0.0001g）置于 100mL 聚四氟乙烯烧杯中，加入 10mL 盐酸（ψ=1∶1）、1.5mL 氢氟酸低温加热溶解，反应停止后，再加入 0.5mL 硝酸，溶解完全后，取下冷却，转移至 50mL 塑料容量瓶中，用水稀释至刻度，按仪器工作条件进行测定。

（4）测定条件　分析线依次为 V 292.402nm、Cr 263.5nm、Mn 260.569nm、Fe 238.863nm、Cu 213.598nm、Ni 341.476nm、Zr 339.198nm。高频频率 40.68MHz，发射功率 1300W。冷却气流量 12L/min，雾化气流量 0.6L/min。双向观测，观测高度为 15mm。积分时间为 5s。

（5）方法评价　测定 V、Cr、Mn、Fe、Cu、Ni、Zr 的检出限（w）分别是 0.0010%、0.0002%、0.00003%、0.0013%、0.0015%、0.0006%、0.0002%。分析 Ti_3Al 基合金样品，加标回收率是 94%～106%。分析 5 个标准物质，测定值与标准值基本相符。RSD（$n=8$）是 0.5%～12%。各元素校正曲线动态线性范围上限均为 0.20%，线性相关系数 $r>0.9998$，本方法可以消除基体和主量元素的光谱干扰。

（6）注意事项　航空标准方法中使用硫酸溶解钛合金样品，Ti_3Al 基合金样品中铌含量较高，金属铌易溶于盐酸、硝酸、盐酸-硝酸（ψ=3∶1）中的任一种与氢氟酸形成的混酸，不溶于单一酸，因此 Ti_3Al 基合金不采用硫酸进行溶解。

9.3.2.2 电感耦合等离子体原子发射光谱法测定 Cu-Cr-Zr 合金中的 Cr，Zr，Fe，Ni[17]

（1）方法提要　用 HCl、HNO_3、HF、$HClO_4$ 溶解试样，ICP-AES 铜基体匹配法测定了铜铬锆合金中的 Cr、Zr、Fe、Ni。

（2）仪器与试剂　IRIS Intrepid Ⅱ 全谱直读型等离子体发射光谱仪（美国赛默飞世尔科技公司），中阶梯光栅，波长范围为 165～1050nm。

1000μg/mL Cr、Zr、Fe、Ni 标准溶液（国家标准物质中心）；高纯铜片标准物质（上海化学试剂公司)。HCl、HNO_3、HF、$HClO_4$ 均为优级纯。氩气纯度>99.99%。实验用水为二次蒸馏水。

(3) 样品制备 称取铜铬锆合金试样 0.2000g 置于 50mL 的聚四氟乙烯烧杯中，加入少量水后，加入 5mL HCl (ψ=1∶1) 和 5mL HNO_3 (ψ=1∶1)，加热使大部分试样溶解，滴加 4mL HF，低温加热煮沸；烧杯稍冷后，加入 3mL $HClO_4$，加热直至冒白烟；冷却后，加入 10mL HNO_3 (ψ=1∶1) 加热使盐类溶解；冷却后，定容至 100mL 容量瓶中。

(4) 测定条件 分析线是 Cr 283.563nm、Zr 339.198nm、Fe 238.204nm、Ni 231.604nm。高频发生器发射功率 1200W。雾化气压力 28psi，辅助气流量 0.6L/min。蠕动泵转速 120r/min。长波曝光时间 10s、短波曝光时间 20s。标准曲线法定量。

(5) 方法评价 测定 Cr、Zr、Fe、Ni 检出限 (3s，n=10，μg/L) 分别是 7.2、6.7、12、9.6。测定合金样品的加标回收率为 96%～104%。RSD (n=10) <4.4%，线性相关系数 $r \geqslant 0.9992$。

(6) 注意事项 用 HCl、HNO_3、HCl-HNO_3、HCl-H_2O_2 都不能完全溶解铜铬锆合金时，在烧杯底部都会留有细小的固体颗粒。考虑到试样中有硅，先用 HCl 和 HNO_3 溶解样品，然后加入 HF 使样品完全溶解，再加入 H_2O_2 加热冒烟除去未反应的 HF，冷却后加入水得到清亮的溶液。

铜基体对测定有影响，为消除这种影响，在配制混合标准溶液时，应保持标准溶液中的铜元素含量与试样溶液中的一致。还有需要选择不受铌干扰或可扣除干扰的谱线进行分析。

9.3.2.3 ICP-AES 法测定 U-Mo 合金中钼含量[18]

(1) 方法提要 用王水-H_2O_2 溶解 U-Mo 合金切屑样，用 20% TBP-氢化煤油作萃取剂萃取分离铀，ICP-AES 直接测定 U-Mo 合金中的 Mo。

(2) 仪器与试剂 IRIS Advantage ER/S 全谱直读等离子体发射光谱仪 (美国赛默飞世尔科技公司)，中阶梯光栅二维色散系统，CID 电荷注入式固体检测器，波长范围 165～800nm。

1mg/mL 钼标准储备液。配制 Mo 含量为 2.00%～20.00%的系列标准 5 个，介质为 3mol/L HNO_3。

HNO_3、HCl (工艺超纯)，H_2O_2 (优级纯)，磷酸三丁酯 (化学纯)，氩气纯度不低于 99.99%。实验用水为去离子水。

(3) 样品制备 称取 U-Mo 合金样品约 0.0250g 置于石英坩埚中，加入 1mL 王水溶解，待激烈反应后，滴加 2 滴 H_2O_2，置于 90～100℃石墨电炉上加热继续溶解至近干。随后加入 1mL 3mol/L 的 HNO_3 继续溶解，并用 3mol/L HNO_3 定容至 25mL 容量瓶中，摇匀待用。取上述样品溶液 3mL 移入带刻度的萃取管中，加入等体积预先平衡好的 20% TBP-氢化煤油进行萃取，振荡 5min，离心 1min，弃去有机相，留下水相。该萃取过程先后重复 3 次。按样品的制备与萃取相同程序制备空白溶液。

(4) 测定条件 分析线 Mo 202.030nm。高频发生器发射功率 1150W。雾化气压力 193kPa。蠕动泵泵速 110r/min。

(5) 方法评价 用王水-H_2O_2 溶解 U-Mo 合金切屑样，用 20%TBP-氢化煤油萃取分离铀，在光谱仪上直接测定 7 份 U-Mo 合金中 Mo。取样量为 25mg 时，平均误差<2%，RSD 是 1.5%。Mo 的测量范围为 2.0%～20.0%，方法回收率为 97%～101%。

通过采用磷酸三丁酯作为萃取剂，得到了良好的除去基质元素 (U) 的效率，从而消除了基质的信号抑制效应。本方法简便、快速。

（6）注意事项 Mo 与稀 HNO_3、浓 HCl 都不起作用，但与浓 HNO_3、热浓 H_2SO_4 以及王水作用。

铀不仅具有较强的放射性，而且具有极其复杂的光谱线。要准确测定 U-Mo 合金中的 Mo，必须将基体铀分离，萃取两次后铀的萃取率超过 99.9%，不会再影响 Mo 的准确测定。

9.3.2.4 氢化物发生-原子荧光光谱法同时测定铅锭中砷锑[19]

（1）方法提要 采用硝酸溶解样品，硫酸沉淀除去铅基体，控制溶液酸度避免锑的水解，用氢化物发生-原子荧光光谱法（HG-AFS）同时测定样品中的砷和锑。

（2）仪器与试剂 AFS-3100 双道原子荧光光度计（北京科创海光仪器有限公司），砷、锑高性能空心阴极灯（北京有色金属研究院），断续流动自动进样器（北京科创海光仪器有限公司）。

100μg/mL 砷标准储备溶液：称取 0.1320g 三氧化二砷，加 20mL 水、0.2g 氢氧化钠，加热溶解，用硫酸（ψ=1∶4）中和至 pH=5～6，移入 1000mL 容量瓶，以水定容，混匀。砷标准工作溶液，由砷标准储备溶液稀释得到。

100μg/mL 锑标准储备溶液：称取 0.1000g 锑（99.99%）置于 300mL 烧杯中，加 30mL 硫酸加热溶解，冷却后，加水约 70mL，转入 1000mL 容量瓶，用硝酸（ψ=7∶3）定容，混匀。锑标准工作溶液，由锑标准储备溶液稀释得到。

硫脲-抗坏血酸混合溶液：抗坏血酸和硫脲的浓度均为 50g/L（ρ），称取 5g 硫脲、5g 抗坏血酸，用水溶解后稀释至 100mL。

QDKY-01 铅锭质控样，砷和锑的参考值分别为 0.00016%和 0.00011%。

盐酸、硝酸、硫酸为优级纯；硫脲、抗坏血酸、硼氢化钾、氢氧化钾为分析纯。实验用水均为一级水。载流液是 10%（ψ）盐酸，还原液是 10g/L 硼氢化钾-5/L 氢氧化钾混合液。

（3）样品制备 称取 1.000g 试样置于 250mL 烧杯中，加 10mL 硝酸（ψ=1∶2），低温加热溶解，蒸至体积约 2mL，再加入 1mL 硫酸（ψ=1∶1），将铅沉淀完全，取下冷却，定容至 100mL。移取 20mL 上清液，加热蒸发至硫酸烟冒尽，取下，用少量水洗杯壁，加入 5mL 盐酸，于冷却槽冷却，移入 50mL 容量瓶中，加 5mL 硫脲-抗坏血酸混合溶液，定容。随同试样制备空白溶液。

（4）测试条件 用 10%盐酸为载流液，以 10g/L 硼氢化钾-5g/L 氢氧化钾混合液为还原剂。负高压 220V，载气流量 400mL/min，屏蔽气流量 900mL/min。灯电流是 80mA（As）和 60mA(Sb)，辅助电流是 40mA(As) 和 30mA（Sb）。读数时间 10s。标准曲线法定量。

（5）方法评价 测定砷、锑检出限（3s，n=11）为 0.0005μg/L、0.0007μg/L。测定铅锭实际样品中 As、Sb 的 RSD（n=6）为 1.8%～2.0%，校正曲线线性相关系数 $r\geqslant$ 0.9997。加标回收率是 95%～105%。样品中的共存元素不干扰测定。测定值与国家标准方法 GB/T 4103.2—2012 和 GB/T 4103.6—2012 或 IREAC-ZY-PB01 的测定值基本一致。

（6）注意事项 通过加入硫酸沉淀除去了铅基体，加热硫酸冒烟控制溶液酸度来防止锑的水解。

9.3.2.5 电感耦合等离子体原子发射光谱法测定钴铬钨合金中钨镍铁钒[20]

（1）方法提要 用盐酸、硝酸溶解样品，加硫酸+磷酸混酸冒烟，冒烟期间滴加硝酸完全溶解碳化物。用基体匹配法配制标准溶液系列消除基体效应，ICP-AES 测定钴铬钨合金中 W、Ni、Fe 和 V。

（2）仪器与试剂　iCAP 6300全谱直读等离子体发射光谱仪（美国赛默飞世尔科技公司），配置耐氢氟酸雾化器，蠕动泵进样。

1000μg/mL W、Ni、Fe、V单元素标准储备溶液（钢铁研究总院）。10mg/mL Co基体溶液：称1.000g纯钴（99.98%），用10mL硝酸（ψ=1∶1）加热溶解，冷却后转移到100mL容量瓶中，定容到刻度。10mg/mL Cr基体溶液：称1.000g纯铬（99.98%），用10mL盐酸（ψ=1∶1）加热溶解，冷却后转移到100mL容量瓶中，定容到刻度。

盐酸、硝酸、硫酸、磷酸均为MOS级试剂。氩气纯度为99.999%。实验用水为二次蒸馏水。

（3）样品制备　准确称取0.1g（精确至0.1000g）样品置于100mL烧杯中，加入10mL盐酸、3滴硝酸，于50℃左右加热至大部分样品溶解，补加1.0mL硝酸，继续加热溶样，至仅有少量黑色粉末未溶，再加入10mL硫酸+磷酸混酸（ψ=1∶1），高温加热至冒白色硫酸烟雾，再滴加0.5mL HNO_3，反复3次。3min后取下自然冷却，加入20mL水，再在50℃左右加热至盐类溶解，然后转移至200mL容量瓶中，定容至刻度。

（4）测定条件　分析线W 207.911nm、Ni 231.604nm、Fe 259.940nm、V 311.071nm。高频发生器发射功率1350W。雾化气流量0.6L/min，辅助气流量0.5L/min。泵速50r/min。

（5）方法评价　测定W、Ni、Fe、V的检出限（w）为0.0017%、0.0014%、0.0033%、0.0008%。测定两个钴铬钨合金中W、Ni、Fe、V，RSD（n=6）1.0%～1.9%。动态线性范围，W是0.1%～30%；Ni、Fe、V是0.1%～10%。线性相关系数r≥0.9997。分析合金样品，测定值与微波消解-ICP-AES法的测定值基本一致。

（6）注意事项　采用基体匹配法配制标准溶液系列消除基体效应的影响。

9.3.2.6　电感耦合等离子体原子发射光谱法测定V-4Cr-4Ti合金中铬和钛[21]

（1）方法提要　采用基体匹配和同步背景校正消除干扰，ICP-AES测定V-4Cr-4Ti合金中Cr和Ti。

（2）仪器与试剂　iCAP6300全谱直读等离子体发射光谱仪（美国赛默飞世尔科技公司），配耐氢氟酸进样系统。Elix纯水机。

1.0mg/mL铬标准储备溶液：称取0.5000g纯度≥99.99%的金属铬粉置于500mL烧杯内，加入80mL盐酸（ψ=1∶1）加热溶解完全，冷却后以水定容于500mL容量瓶，混匀。1.0mg/mL钛标准储备溶液：称取0.5000g金属钛粉（纯度≥99.99%）置于500mL聚四氟乙烯烧杯内，加入2mL氢氟酸、5mL硝酸和10mL/L硫酸（ψ=1∶1）加热溶样，蒸发至冒SO_2浓烟约5min，冷却后加入约25mL水，煮沸，冷却至室温后，以水定容于500mL容量瓶。Cr和Ti单元素标准工作溶液由Cr和Ti标准储备溶液逐级稀释而成。

盐酸、硝酸、氢氟酸均为优级纯。高纯五氧化二钒（纯度≥99.99%）。

（3）样品制备　称取0.2000g样品于250mL聚四氟乙烯烧杯中，加入10mL硝酸和5mL盐酸并以约10mL水冲洗杯壁，加热煮沸至样品基本不再反应，溶液产生均匀大气泡，滴加约1mL氢氟酸，继续加热至样品溶解完全，取下，冷却至室温，转移到100mL聚四氟乙烯容量瓶中定容。

（4）测定条件　分析线Cr 205.560nm、267.716nm、318.070nm；Ti 190.820nm、337.280nm、351.084nm。高频发生器发射功率为1150W。辅助气流量为1.0L/min，雾化气压力为0.38MPa。蠕动泵泵速为60r/min。观察高度为12mm，积分时间为15s。

（5）方法评价　Cr、Ti的检出限（w）分别是0.0008%和0.0007%。动态线性范围为2.6%～6.0%，线性相关系数r>0.9992。测定两个V-4Cr-4Ti合金样品中Cr、Ti，RSD

($n=8$)<0.7%；加标回收率为98%～102%。分析4个钒铬钛合金样品中Cr、Ti，测定值与用标准方法GB/T 4698.10—1996和YS/T 514.1—2008分别测定Cr、Ti的测定值相吻合。

（6）注意事项　基体匹配，Cr、Ti是多谱线元素，注意分析线的选择，以避免光谱干扰。

9.3.2.7 电感耦合等离子体原子发射光谱法测定钸铁合金中铝硅镍[22]

（1）方法提要　采用盐酸、硝酸溶解样品，基体匹配和空白校正方法校正基体的影响，ICP-AES测定钸铁合金中Al、Si、Ni。

（2）仪器与试剂　iCAP 6300全谱直读等离子体发射光谱仪（美国赛默飞世尔科技公司）。鄂氏破碎机，盘磨机。

500μg/mL硅标准储备溶液与1000μg/mL铝、镍标准储备溶液（钢研院纳克检测技术有限公司）。100μg/mL铝、硅、镍混合标准溶液，由各元素标准储备溶液逐级稀释而成。高纯钸与高纯铁（纯度>99.99%）。氩气纯度≥99.99%。实验所用试剂均为优级纯，所用水为二级水。

（3）样品制备　采用鄂氏破碎机将样品破碎成可过2cm正方形筛孔的小块，再用盘磨机在隔绝空气的条件下盘磨成粒径小于150μm的小颗粒。称取0.5g（精确至0.0001g）样品置于100mL聚四氟乙烯烧杯中，加入10.0mL盐酸（$\psi=1:1$）溶解样品至近清，再补加2.0mL硝酸（$\psi=1:1$），在电热板上150℃加热溶解至清。取下冷却后转入100mL塑料容量瓶中，定容，混匀。随同样品制备做空白试液。

（4）测定条件　分析线是Al 396.153nm、Si 251.612nm、Ni 231.604nm。高频发生器发射功率为1150W。等离子气流量为15L/min，辅助气流量为0.5L/min，雾化气流量为0.5L/min。载气压力为0.2MPa。蠕动泵转速为30r/min。积分时间30s，重复次数为2次。

（5）方法评价　测定钸铁合金中Al、Si、Ni，检出限（w）分别为0.0012%、0.0006%、0.0003%。RSD（$n=11$）<7%，回收率为90%～115%。校正曲线的动态线性范围（w）是0.005%～0.2%，线性相关系数$r=0.9999$。测定钸铁合金中Al、Si、Ni的测定结果与用分光光度法测定Si，电感耦合等离子体-质谱法测定Al、Ni的结果彼此相互吻合。

（6）注意事项　钸铁合金既硬且脆，接触空气摩擦易放热打火。

9.3.2.8 电感耦合等离子体原子发射光谱法测定哈氏合金中Cr、Fe、Mn、Mo、Ni含量[23]

（1）方法提要　用盐酸-硝酸混合酸微波消解辐照哈氏合金，ICP-AES测定哈氏合金中的Cr、Fe、Mn、Mo、Ni。

（2）仪器与试剂　IRIS-Hr-DUO电感耦合等离子体原子发射光谱仪（美国TJA公司）；AG245型电子天平；HUMAN型超纯水机。

1000g/L Cr、Fe、Mn、Mo、Ni混合标准储备溶液。

（3）样品制备　称取0.1～0.2g（精确至0.0001g）试样置于微波消解罐中，加3mL盐酸-硝酸混合酸（$\psi=7:1$），放入微波炉中，中高火微波消解5min，待温度降至室温后，继续微波消解5min。样品完全溶解后，转移至50mL容量瓶中，用水定容。同样方法制作试剂空白溶液。

（4）测定条件　高频发生器发射功率1150W。雾化气压力为0.152MPa，冷却气流量为

15L/min，辅助气流量为 0.5L/min。蠕动泵泵速 100r/min。水平观测方式。积分时间长波段 15s，短波段 5s。

（5）方法评价 测定 Cr、Fe、Mn、Mo、Ni 的检出限（3*s*，*n*＝10，μg/L）依次是 2.7、25、0.3、48、8.1。RSD（*n*＝10）依次是 0.41%、0.96%、0.87%、0.43% 和 0.74%，测定标准样品 GH135 中 Cr、Mn、Ni、Mo 的相对误差依次是－0.14%、0.22%、0.03%、－0.54%。各元素的动态线性范围上限均为 10mg/L，线性相关系数 *r*≥0.9998。镍基体质量浓度为 1.0g/L 时，镍对 Cr、Fe、Mn、Mo 的测定无光谱干扰。方法简便，可满足样品分析测定的要求。

（6）注意事项 哈氏合金在溶解制样前，先要在乙醇中超声清洗，以清洗干净试样表面因切割而沾污的油渍。清洗干净的试样，烘干，在保干器中保存。

9.3.2.9 电感耦合等离子体原子发射光谱法测定钛合金中钯、钇、硼、铌、钽的含量[24]

（1）方法提要 硫酸和硝酸高温溶样，基体匹配建立校正曲线校正基体效应，ICP-AES 测定钛合金中的 Pd、Y、B、Nb、Ta。

（2）仪器与试剂 iCAP 6300 全谱直读等离子体发射光谱仪（美国赛默飞世尔科技公司）。

1.000g/L Pd、Y、B、Nb、Ta 标准溶液。钛纯度≥99.95%。试剂均为优级纯，实验用水为去离子水（电阻率大于 18MΩ·cm）。

采用硫酸-硝酸对钛合金进行溶样处理，避免了氢氟酸的引入。

（3）样品制备 称取 0.1000g 样品置于烧杯中，加入 10mL 硫酸溶液（*ψ*＝1∶1），在电炉上低温加热溶解，待基本溶解完全，继续加热至冒硫酸烟雾，在高温下滴加硝酸至紫色消失，完全冷却后转移至 100mL 容量瓶中，用水定容。

（4）测定条件 分析线分别为 Pd 360.955nm、Y 360.073nm、B 249.773nm、Nb 269.706nm、Ta 240.063nm。高频发生器频率 27.12MHz，发射功率 1150W。冷却气流量 15L/min，辅助气流量 0.5L/min。蠕动泵转速 50r/min。垂直观察高度 8mm。基体匹配法建立校正曲线校正基体效应。

（5）方法评价 测定 Pd、Y、B、Nb、Ta 的检出限（3*s*，μg/L）依次为 8.1、2.7、1.8、4.8、2.1。RSD（*n*＝8）分别是 1.8%、1.1%、1.9%、1.4%、2.9%。校正曲线的动态线性范围上限（mg/L）分别是 5.0、0.5、0.5、2.0、2.0，线性相关系数 *r*≥0.9995。分析英国标准物质（BS C101XTi60），测定值与标准值一致。

（6）注意事项 需要选择不受干扰的谱线进行分析。

9.3.2.10 电感耦合等离子体原子发射光谱法测定 Ti-Al-Mo 系钛合金中的铝和钼[25]

（1）方法提要 基体匹配建立校正曲线，ICP-AES 同时测定钛合金中的 Al 和 Mo。

（2）仪器与试剂 iCAP 6300 全谱直读等离子体发射光谱仪（美国赛默飞世尔科技公司）。

1.00g/L 铝、钼单元素标准溶液；用 1.0g/L 单元素标准溶液配制混合标准溶液，使用时用水稀释至所需的质量浓度。硫酸、硝酸均为优级纯，金属钛纯度＞99.98%，实验用水为去离子水（电阻率大于 18MΩ·cm）。

（3）样品制备 称取试样 0.2000g 置于 150mL 烧杯中，加入 15mL 硫酸溶液（*ψ*＝1∶1），于电炉上低温加热至试样溶解完全，取下，冷却，沿瓶壁慢慢滴加硝酸，至溶液紫色消失，加热溶液至清亮，刚开始冒硫酸烟雾时取下冷却。将溶液移至100mL容量瓶中，用水稀释至刻度。

（4）测定条件　分析线为Al 308.215nm、Mo 201.030nm。高频发生器功率1150W。辅助气流量0.5L/min。蠕动泵泵速50r/min。垂直观测高度12mm。样品冲洗时间30s，积分时间10s。

（5）方法评价　测定Al、Mo的检出限（$3s$，$n=11$）分别是0.02mg/L、0.03mg/L。RSD分别是1.0%、0.9%。校正曲线动态线性范围是20～200mg/L，线性相关系数$r \geqslant 0.9998$。分析5个不同样品，本法与国家标准方法测定值的差值在允许误差范围之内。

（6）注意事项　硫酸溶解后呈较黏稠的、深紫色的溶液，无法看清楚是否溶解完全，滴加硝酸既可将钛氧化成四价，使溶液的紫色褪去，又可以破坏未溶解的碳化物，得到清亮的溶液。加入硝酸时需缓慢沿瓶壁滴加。

钛合金中钛的含量很高，需要考虑钛的基体干扰。在混合标准溶液中加入相应量的纯金属钛建立校正曲线以消除基体干扰。

9.3.2.11 电感耦合等离子体原子发射光谱法测定铁-硅软磁合金中铝铬锰硅[26]

（1）方法提要　用硝酸（$\psi=1:1$）-氢氟酸混合酸消解Fe-Si样品，基体匹配法绘制校正曲线，以Y为内标，ICP-AES测定软磁合金中的Al、Cr、Mn、Si。

（2）仪器与试剂　725-ES全谱直读等离子体光谱仪（美国Agilent公司），配备耐氢氟酸进样系统。

1000μg/mL Al、Cr、Mn、Y单元素标准储备溶液（国家钢铁材料测试中心）；500μg/mL Si单元素标准储备溶液（国家钢铁材料测试中心）；10μg/mL Al、50μg/mL Mn混合标准工作溶液分别由Al、Mn单元素标准储备溶液配制。

铁粉纯度大于99.98%。盐酸、硝酸、氢氟酸均为优级纯，实验用水为高纯水。

（3）样品制备　样品置于烘箱内于200℃下烘干至恒重。准确称取0.1g（精确至0.0001g）样品置于50mL聚四氟乙烯密闭罐中，加10mL硝酸（$\psi=1:1$），水浴加热至无黑色粉末残留物。加入5mL氢氟酸，密闭罐密封，水浴加热25～30min，冷却至室温后试液移入100mL耐氢氟酸容量瓶中定容。随同试样做空白试样。

标准溶液系列配制，基体取中间值Fe粉，加入10mL硝酸（$\psi=1:1$）溶解，冷却后移至100mL耐氢氟酸容量瓶中，分别移取不同体积的Al、Cr、Mn、Si、Y标准溶液于容量瓶中，加5mL氢氟酸，定容。标准溶液系列中各元素的质量浓度见表9-3。

表9-3　标准溶液系列中各元素的质量浓度　　单位：mg/L

标准溶液	Al	Cr	Mn	Si	Y
空白	0	0	0	0	2.0
标准1	0.010	0.010	0.010	5.0	2.0
标准2	0.05	0.1	0.050	10	2.0
标准3	0.1	1.0	0.1	20	2.0
标准4	0.3	5.0	0.5	50	2.0
标准5	0.6	10	1.5	70	2.0
标准6	1.0	20	3.0	90	2.0

（4）测定条件　分析线为Al 396.152nm、Cr 267.716nm、Mn 257.610nm、Si 251.611nm。

高频发生器功率为 1100W。冷却气流量为 15L/min，辅助气流量为 1.5L/min，雾化气流量为 0.6L/min。观察高度为 10mm。1 次读数时间为 5s，仪器稳定延时为 15s，进样延时为 30s，清洗时间为 10s。泵速为 15r/min。

（5）方法评价　测定合金样品中 Al、Cr、Mn、Si 的检出限（μg/g）分别是 4.7、0.4、0.9、7.9，RSD（$n=6$）为 0.86%～2.5%。测定 Fe-Si 软磁合金样品中 Al、Cr、Mn、Si，加标回收率为 95%～106%，各元素校正曲线的动态线性范围（μg/mL）分别是 0.01～0.6、0.01～20、0.01～3、5～90，线性相关系数 $r>0.9996$。测定值与用国标方法 GB/T 223.81—2007、GB/T 223.11—2008、GB/T 223.63—1988 和 GB/T 223.60—1997 的测定值进行比对，结果基本一致。

（6）注意事项　采用不同的酸对样品进行消解时，对 Si 有较大影响，用硝酸（$\psi=1:1$）、硝酸（$\psi=1:1$）-盐酸混酸消解，对样品中 Si 的消解能力有限，样品溶液中存在以 Si 形式析出的白色悬浮物，Si 测定值偏低，而采用硝酸（$\psi=1:1$）-氢氟酸混酸消解，样品完全溶解。在加入氢氟酸时要防止 Si 的挥发损失。

9.3.2.12　电感耦合等离子体原子发射光谱法测定 $TaNb_6$ 合金中铌和 10 种杂质元素[27]

（1）方法提要　使用氢氟酸-盐酸-硝酸混合酸溶解 $TaNb_6$ 合金样品，基体匹配法建立校正曲线消除基体效应，ICP-AES 测定 $TaNb_6$ 合金中铌和 10 种杂质元素。

（2）仪器与试剂　IRISAdvantage 全谱直读等离子体光谱仪（美国热电公司），配备耐氢氟酸进样系统。

纯钽（纯度≥99.995%），1000μg/mL Nb、Fe、Cr、Ni、Mn、Ti、Al、Cu、Sn、Pb、Zr 标准储备溶液（国家有色金属及电子材料分析测试中心）。硝酸、盐酸、氢氟酸均为分析纯。实验用水为电阻率为 18.2MΩ·cm 的超纯水。

（3）样品制备　称取 0.2g（精确至 0.0001g）碎屑状样品，置于 50mL 聚四氟乙烯烧杯中，加入 3mL 水，依次加入 5mL 硝酸、2mL 盐酸、2mL 氢氟酸，盖上聚四氟乙烯盖，在 70℃下溶解 30min 至溶液清亮。溶解完全后取下，用水清洗盖子及杯壁。冷却至室温后，转移至 100mL 聚四氟乙烯容量瓶中定容。

（4）测定条件　分析线（nm）是 Nb 309.418、Fe 259.940、Cr 267.716、Ni 221.647、Mn 257.610、Ti 336.121、Al 167.076、Cu 224.700、Sn 189.989、Pb 261.418、Zr 339.198。高频发生器功率 1150W，工作气为高纯氩，雾化气压力 206.8kPa，冷却气流量 12L/min，雾化气流量 0.7L/min，辅助气流量 0.5L/min。蠕动泵转速为 100r/min。纵向观测方式。积分时间低波段 20s，高波段 10s。

（5）方法评价　测定 Nb、Fe、Cr、Ni、Mn、Ti、Al、Cu、Sn、Pb、Zr 的检出限为 0.0001～0.02μg/mL。RSD（$n=7$）0.021%～0.25%。Nb 和 10 种杂质元素校正曲线动态线性范围上限分别是 160μg/mL 和 1.00μg/mL，相关系数 $r>0.9995$。本法测定值与用国家标准 GB/T 15076—2008（钽铌合金成分测试的规定方法）的测定值相吻合。

9.3.2.13　电感耦合等离子体原子发射光谱法快速测定硬质合金中的钴、镍、钛、钽、铌、钒、铬[28]

（1）方法提要　用氢氟酸-硝酸在电热消解仪中消解样品，以高纯钨为基体建立校正曲线，ICP-AES 快速测定硬质合金中的 Co、Ni、Ti、Ta、Nb、V、Cr。

（2）仪器与试剂　iCAP 6300 全谱直读等离子体发射光谱仪（美国赛默飞世尔科技公

司)，配备耐氢氟酸进样系统。EHD36 型电热消解仪（北京莱伯泰科科技有限公司）。TKJA-4 型氩气净化器。

50mL 聚四氟乙烯消解罐，100mL 聚氯乙烯容量瓶，100mL 聚四氟乙烯试剂瓶。

硝酸、氢氟酸（高纯）。高纯钨粉（99.99%）；高纯氩气（99.999%）；实验用水为三级水。

1000μg/mL Co、Ni、Ti、Ta、Nb、V、Cr 单元素标准储备溶液（国家标准溶液）。

混合标准溶液 1（HF 介质）：分取 Ta、Nb 单元素标准储备液各 5.0mL 置于同一个 100mL 容量瓶中，用水稀释至刻度，混匀，转入聚四氟乙烯试剂瓶中储存，Ta、Nb 浓度均为 50μg/mL；混合标准溶液 2（HNO_3 介质）：分取 V、Cr 单元素标准储备液各 5.0mL 置于同一个 100mL 容量瓶中，用水稀释至刻度，混匀，转入聚四氟乙烯试剂瓶中储存，混合标液中 V、Cr 浓度均为 50μg/mL。

（3）样品制备　硬质合金样品首先在合金研钵中粉碎，过 120 目筛网，将筛下物装入试样袋用于称量。准确称量的试样置于 50mL 聚四氟乙烯消解罐中，用 2mL 水冲洗罐壁，加入 1mL 氢氟酸、3mL 硝酸，盖上消解罐盖，于 180℃电热消解仪中消解 20min。取下稍冷，将试液转入 100mL 聚氯乙烯容量瓶中，用水稀释至刻度。

（4）测定条件　分析线（nm）是 Co 231.160，Ni 232.003，Ti 337.280、334.941，Ta 268.517、240.063，Nb 295.088、319.498，V 290.882、309.311，Cr 359.349。高频发生器功率 1150W。辅助气流量 0.5L/min。泵速 75r/min。测定 Co、Ni、Ta、Nb、V、Cr 选择水平观测方式，积分时间长波 10s、短波 15s。测定 Ti，选择垂直观测方式，积分时间均为 10s。曝光次数 2 次。以高纯钨为基体建立校正曲线。标准曲线法定量。

（5）方法评价　测定 Co、Ni、Ti、Ta、Nb、V、Cr 的检出限（μg/100mL）分别是 0.1、0.3、0.9、0.4、0.2、0.1、0.3。RSD（$n=10$）为 0.3%～4.7%。质量分数为 0.1%～1%时，加标回收率为 98.8%～113.2%。质量分数为 5%～22%时，绝对偏差＜0.3%；质量分数为 0.1%～1%时，绝对偏差＜0.1%，小于国家标准方法的允许偏差。校正曲线动态线性范围上限 Co 和 Ti 是 6.0μg/100mL，Ni、Ta、Nb、V 和 Cr 是 100.0μg/100mL。方法快速、简便，适用于生产控制。

（6）注意事项　石蜡混合料在称样前，应先进行脱蜡处理。若溶解试样中有不溶游离碳，则需将试样和标准系列溶液用定量滤纸进行干过滤。

9.3.2.14 ICP-AES 测定铌铪合金中的铪、钛、锆、钨、钽[29]

（1）方法提要　用氢氟酸-硝酸溶解铌铪合金样品，ICP-AES 测定铌铪合金中的 Hf、Ti、Zr、W、Ta。

（2）仪器与试剂　Optima 8300 全谱直读等离子体光谱仪，配备耐氢氟酸进样系统（美国珀金埃尔默公司）。

1mg/mL（ρ）Hf、Ti、Zr、W、Ta 单标溶液（钢铁研究总院国家钢铁材料测试中心）。盐酸、硝酸、硫酸、氢氟酸均为分析纯。实验用水为二次去离子水（电阻率＞1.0MΩ·cm，25℃）。

铌铪合金标样是 Nb-10Hf-1Ti-0.45Zr-0.3W-0.3Ta 与 Nb-5Hf-0.5Ti-0.7Zr-0.5W-0.5Ta，铌纯度＞99.99%（均为西安诺博尔稀贵金属材料有限公司）。

（3）样品制备　称取 0.2g（精确至 0.0001g）试样置于 150mL 聚乙烯烧杯中，加入 10mL 去离子水、2mL 氢氟酸、5mL 硝酸，水浴加热溶样完全，冷却，移入 100mL 聚乙烯容量瓶中，用去离子水定容。对于试样中含量较高的铪，需分取 10mL 上述待测溶液，用二次去离子水稀释。

(4) 测定条件 分析线分别为 Hf 232.247nm、Ti 368.519nm、Zr 339.197nm、W 224.876nm、Ta 248.870nm。高频发生器功率 1300W。冷却气流量 20L/min，辅助气流量 0.2L/min，雾化气压力 36.54MPa。溶液提升量 1.5mL/min。积分时间 30s，垂直观测方式。基体匹配法消除基体铌的干扰。

(5) 方法评价 测定 Hf、Ti、Zr、W、Ta 的定量限（10*s*，$n=11$）（*w*）分别是 0.004%、0.006%、0.007%、0.004%和 0.0051%。各元素的校正曲线动态线性范围上限（μg/mL）分别是 30、40、20、20、20。线性相关系数 $r>0.9980$。各元素的加标回收率为 97%～105%。分析标样，测定值与标准值基本一致。相对误差≤5%，RSD（$n=11$）<1%。方法快速、准确，可以满足实际生产中铌铪合金样品的测定要求。

9.3.3 功能材料中金属成分分析

9.3.3.1 电感耦合等离子体原子发射光谱法测定铝硅活塞合金中镧铈镨钕钇[30]

(1) 方法提要 用硝酸、氢氟酸溶解样品，高氯酸冒烟赶氟，扣除背景消除基体干扰，运用干扰系数法消除谱线间干扰，基体匹配法配制标准溶液系列消除基体效应，ICP-AES 测定铝硅活塞合金中 La、Ce、Pr、Nd、Y。

(2) 仪器与试剂 iCAP 6300 全谱直读等离子体发射光谱仪（美国赛默飞世尔科技公司）。

1000μg/mL La、Ce、Pr、Nd、Y 单元素标准储备溶液（钢铁研究总院），La、Ce、Pr、Nd、Y 混合标准工作溶液由单元素标准储备溶液稀释而成。0.01g/mL Al 基体溶液：用高纯 Al（纯度大于 99.99%）溶于 HCl（补加少量 HNO_3）配制。

HNO_3、HF 优级纯，$HClO_4$ 分析纯。实验用水是电阻率为 18.0MΩ·cm 的去离子水。

(3) 样品制备 称取 0.1000g 样品于 50mL 聚四氟乙烯烧杯中，加入 6mL HNO_3（$\psi=1:1$）、3mL HF 溶样；再加少量水和 3mL $HClO_4$，在电热板上于 200℃加热冒烟至近干，冷却后，加 5mL 水、5mL HCl 于 80℃加热溶解盐类，定容于 100mL 容量瓶中。按类似方法配制 La、Ce、Pr、Nd、Y 质量浓度（μg/mL）为 0.00、0.20、1.00、10.0、20.0 的标准溶液系列。

(4) 测定条件 分析线（nm）是 La 333.749、Ce 456.236、Pr 417.939、Nd 406.109、Y 371.030。高频发生器功率 1150W。辅助气流量 0.5L/min，雾化气流量 1.0L/min。观测高度是 14mm。冲洗和分析泵速均是 50r/min，泵稳定时间为 5s。样品冲洗时间为 15s。

(5) 方法评价 各元素检出限为 0.0003%～0.002%。La、Ce 校正曲线的动态线性范围是 0.01%～2.0%，Pr、Nd、Y 校正曲线的动态线性范围是 0.005%～2.0%；线性相关系数 $r\geqslant0.9998$。方法用于测定稀土铝硅合金合成试样中 La、Ce、Pr、Nd、Y 的 RSD（$n=6$）是 0.4%～2.4%，加标回收率在 94%～105%。分析铝硅合金标准样品中的 La、Ce、Pr、Nd、Y 的测定值与 ICP-MS 测定值相吻合。

(6) 注意事项 铝硅合金中 Si 含量高达 8%～25%，需用 HF 除 Si，接着又要用高氯酸冒烟赶氟，避免生成氟化稀土沉淀。

9.3.3.2 空气-乙炔火焰原子吸收光谱法测定钐钴永磁合金中钙量[31]

(1) 方法提要 用王水分解样品，在 3%（ψ）的盐酸介质中，标准加入法建立校正曲线校正钐钴基体效应，FAAS测定钐钴永磁合金中的钙。

（2）仪器与试剂　AG 6300原子吸收光谱仪（日本岛津公司）。

1000μg/mL钙标准储备溶液：称取0.2497g于105～110℃干燥至恒重的光谱纯$CaCO_3$，加50mL水、20mL盐酸（ψ=1∶1）溶解，移入100mL容量瓶中，稀释至刻度。

1000μg/mL铁标准储备溶液：称取0.1430g于105～110℃干燥1h的Fe_2O_3（纯度>99.99%）置于250mL烧杯中，加20mL盐酸（ψ=1∶1），低温加热完全溶解，冷却至室温，移入100mL容量瓶中，用水稀释至刻度。

1000μg/mL铜标准储备溶液：称取0.1250g经110℃烘1h的CuO于100mL烧杯中，加5mL硝酸溶解，冷却至室温，移入100mL容量瓶中，用水稀释至刻度。

500μg/mL锆标准储备溶液：称取0.1351g经850℃灼烧0.5h并在干燥器中冷却至室温的ZrO_2（纯度>99.99%）于铂金坩埚中，加4g焦硫酸钾，于低温电炉上加热除去水分，于750℃马弗炉中熔融10min；稍冷，用50mL 5%（ψ，下同）硫酸提取，加热溶解熔块；稍冷，移入200mL容量瓶中，用5%硫酸稀释至刻度。

10mg/mL钐基体溶液：称取1.1597g经950℃灼烧1h的Sm_2O_3（稀土相对纯度>99.99%）置于100mL烧杯中，加15mL盐酸（ψ=1∶1），低温加热溶解，冷却后移入100mL容量瓶中，用水稀释至刻度。

10mg/mL钴基体溶液：称取1.0000g金属钴（纯度>99.99%）于烧杯中，加入50mL硝酸（ψ=1∶1），在水浴上加热，冷却后将溶液移入100mL容量瓶中，用水稀释至刻度。

盐酸、硝酸、过氧化氢、硫酸均为优级纯。实验用水均为去离子水。

（3）样品制备　准确称取1.0g试样（精确至0.001g）于100mL烧杯中，加入15mL王水加热溶解试样；冷却后，移入100mL容量瓶中定容，控制溶液介质为ψ=3%盐酸。

（4）测定条件　分析线Ca 422.673nm。单色器通带0.7nm，灯电流7mA。乙炔气流量2.0L/min，空气流量15L/min，燃烧器高度9mm。

（5）方法评价　测定Ca的检出限为13μg/g。样品中共存元素铜、铁、锆对测定的干扰可忽略。分析钐钴永磁合金实际样品中Ca含量为0.0065%，测定值与国家标准方法GB/T 12690.15—2006（ICP-AES法）相符，RSD（n=11）<14%。校正曲线动态线性范围上限是2.5μg/mL。方法可用于钐钴永磁合金样品中Ca含量为0.005%～0.5%的测定。样品中共存元素Cu、Fe、Zr对测定的干扰可忽略。

（6）注意事项　采用基体匹配法消除钐钴基体效应。

9.3.3.3 火焰原子吸收光谱法测定钕铁硼磁铁中铅[32]

（1）方法提要　用王水溶样，铁基体匹配建立校正曲线，氘灯扣背景，FAAS测定钕铁硼磁铁中的Pb。

（2）仪器与试剂　AAG 7000原子吸收分光光度计（日本岛津公司）。

1000mg/L铅、钕、硼标准溶液（上海安谱实验科技股份有限公司）。50g/L铁标准溶液：称取2.5g光谱纯铁粉，用25mL左右王水加热消解后定容至50mL。

100mg/L铅标准溶液：由1000mg/L铅标准溶液，用ψ=16%王水（下同）稀释而成；钕铁硼磁铁标准溶液，按钕、铁、硼元素总质量为0.1000g以及其质量比为27∶71∶2计算，依次移取14mL 50g/L铁标准溶液、27mL 1000mg/L钕标准溶液、2mL 1000mg/L硼标准溶液置于50mL烧杯中，加热浓缩至约10mL，用16%王水稀释定容至25mL。

光谱纯铁粉（国药集团化学试剂有限公司）。盐酸、硝酸均为优级纯。实验室用水为符合GB/T 6682—2008要求的二级纯化水。

（3）样品制备　准确称取 0.1000g 钕铁硼磁铁样品，加入 4mL 王水，加热消解、过滤后，用水定容至 25mL。

（4）测定条件　分析线波长为 Pb 283.306nm。测定介质约为 16%王水。光谱通带为 0.7nm。灯电流为 7mA。空气-乙炔火焰流量比为 15∶2。燃烧头高度为 7mm。氘灯扣背景。

（5）方法评价　测定 Pb 的检出限为 0.02mg/L。校正曲线动态线性范围为 0.10～5.0mg/L，线性相关系数 $r=0.9990$。测定 3 个钕铁硼磁铁实际样品中的 Pb，加标回收率是 93%～103%，RSD（$n=6$）<6%。根据日用消费品中铅限值要求，配制铅 $\rho=1000$mg/kg 的钕铁硼磁铁模拟样品，测定值与理论值基本一致。硼 $\rho=20$～200mg/L 或钕 $\rho=100$～1200mg/L 时，Pb 的吸光度变化在±0.0003，硼、钕对 Pb 测定的影响可忽略。

（6）注意事项　铁 $\rho=1600$～3600mg/L，Pb 的吸光度保持稳定。按照钕铁硼磁铁主体硬磁相结构式 $Nd_2Fe_{14}B$ 估算，铁在磁铁中的大致质量分数为 71%，推算出消解定容后样品溶液中铁 $\rho=2840$mg/L。以 $\rho=2840$mg/L 铁基体匹配可以消除铁基体干扰。

9.3.3.4　氢化物发生-原子荧光光谱法测定 DD6 单晶镍基高温合金中砷[33]

（1）方法提要　盐酸-硝酸体系溶解样品，以镍基体匹配法建立校正曲线克服了基体镍的干扰，实现了氢化物发生-原子荧光光谱法对 DD6 单晶镍基高温合金样品中 As 含量的测定。

（2）仪器与试剂　AFS-3000 型双道原子荧光光度计（北京科创海光仪器有限公司）；断续流动氢化物发生器。

1.0mg/mL As 标准储备溶液（钢铁研究总院），使用时逐级稀释。

400g/L 柠檬酸溶液，12g/L 硼氢化钾溶液，以 5g/L 氢氧化钾溶液为介质。

镍纯度不小于 99.99%。柠檬酸、硼氢化钾、盐酸、硝酸均为优级纯。实验用水为二次蒸馏水。

（3）样品制备　称取 0.1000g 单晶镍基高温合金样品置于 150mL 烧杯中，加入 20mL 盐酸、5mL 硝酸，加热（约 100℃）溶解，稍冷后加入 10mL 柠檬酸溶液、10mL 盐酸高温煮沸除去氮化物，冷却至室温，移入 50mL 容量瓶中，用水稀释至刻度。

标准溶液系列的配制：分别取 5 份 0.06g 纯镍置于 150mL 烧杯中，与试样同步处理后，移入 50mL 容量瓶中，分别加入 0.5mL、1.0mL、5.0mL、10.0mL $\rho=0.1\mu$g/mL 的 As 标准溶液，加水稀释至刻度。

（4）测定条件　光电倍增管负高压为 280V。灯电流为 60mA。原子化器高度为 8mm。载气流量为 400mL/min，屏蔽气流量为 900mL/min。用镍基体匹配法建立校正曲线。

（5）方法评价　用 20mL 盐酸＋5mL 硝酸，加热约 100℃溶解样品，As 能完全溶出。测定 As 的检出限为 $2\times10^{-5}\mu$g/mL。校正曲线动态线性范围为 0.00005%～0.001%，线性相关系数 $r=0.9992$。分析 6 个 DD6 单晶镍基高温合金样品，测定值与高流速辉光放电质谱法测定值基本一致，RSD（$n=8$）为 2.3%～8.7%。

（6）注意事项　需用基体匹配来消除镍基体干扰。

9.3.3.5　氢化物发生-原子荧光光谱法测定高硅铝合金中的铅[34]

（1）方法提要　用 NaOH 溶液溶解样品，以 HCl 酸化。保持试液酸度在约 2%，以 HCl（$\varphi=2\%$）为载流液，KBH_4-$K_3[Fe(CN)_6]$-NaOH 溶液为还原剂发生氢化物，AFS 测定高硅铝合金中的低含量铅。

（2）仪器与试剂　AFS-9120 原子荧光光度计（北京吉天仪器公司）。

1000μg/mL 铅标准储备溶液（国家有色金属及电子材料分析测试中心）。

KBH_4-$K_3[Fe(CN)_6]$-NaOH 溶液：称取 1.0g KBH_4 和 1.0g $K_3[Fe(CN)_6]$ 溶解于 100mL 14g/L NaOH 溶液中，现用现配。200g/L NaOH 溶液，HCl（ψ=2%）载流液。

HCl、HNO_3 是优级纯。实验用水为去离子水（电阻率 18.2MΩ·cm）。

（3）样品制备　称取 0.25g（精确至 0.0001g）试样于 250mL 聚四氟乙烯烧杯中，以少量水润湿，加入 8mL NaOH 溶液，盖上聚四氟乙烯烧杯盖。待剧烈反应停止后低温加热，加入适量的 H_2O_2，缓慢加热至试料完全溶解，将溶液蒸至浆状，稍冷后加少量水和 15mL HCl（ψ=1∶1），边加酸边摇动烧杯，防止生成氢氧化铝沉淀。随后在电炉上低温加热至沸，冷却后转移至 100mL 容量瓶中定容。随同试样做空白试验。

（4）测定条件　以 HCl（φ=2%）为载流液，KBH_4-$K_3[Fe(CN)_6]$-NaOH 溶液发生氢化物。测定时负高压 270V，灯电流 60mA。载气流量 300mL/min，屏蔽气流量 700mL/min。延迟时间 0.5s，读数时间 7s；积分方式：峰面积。

（5）方法评价　测定 Pb 的检出限（3s，n=11）是 0.3μg/g。铅校正曲线动态线性范围（ρ）是 1～10μg/L，线性相关系数 r=0.9997。分析铝合金标准样品，测定值与给定标准值相符，RSD（n=6）是 2.3%～5.3%。铝基体和钠基体对荧光强度的影响可以忽略。控制误差在±10%以内，50μg/mL 的 Cu、Fe、Mg、Mn、Si、Zn、Ti 等杂质离子对荧光强度的影响可以忽略不计。

9.3.3.6 稀土系贮氢合金中稀土总量的测定[35]

（1）方法提要　用浓 HCl-浓 HNO_3-H_2O_2 加热完全溶解贮氢合金粉试样，选择氢氟酸分离＋氨水分离＋草酸分离组合的方式分离稀土系贮氢合金中的非稀土杂质。草酸沉淀稀土分离后残余的 Ni、Co、Al 等杂质，灼烧至恒重完成稀土总量测定。

（2）仪器与试剂　iCAP 6300 全谱直读等离子体发射光谱仪（美国赛默飞世尔科技公司）。NexION 300Q 等离子体质谱仪（美国 Perkin Elmer 公司）。

La、Ce、Pr、Nd、Ni、Co、Mn、Al、Cu、Fe、Mg 的标准溶液。

NH_4Cl、HCl、HNO_3、$HClO_4$、HF、氨水、H_2O_2、草酸溶液（100g/L）、甲酚红（2g/L，50%乙醇溶液）。所用化学试剂均为分析纯。实验室用水均为电阻率达 10MΩ·cm 以上去离子水。

（3）样品制备　称取 2.0g（精确至 0.001g）贮氢合金粉试样于 250mL 烧杯中，用少量水润湿试样，加 10mL 浓 HCl、5mL 浓 HNO_3、0.5mL H_2O_2，加热至样品完全溶解，冷却后，定容于 100mL 容量瓶中。

试样经酸分解后，加氢氟酸沉淀稀土，分离除去 Ni、Mn、Fe、Co 等元素。用硝酸和高氯酸破坏滤纸并溶解沉淀，经氨水分离再次沉淀稀土，过滤去除 Ni、Co、Mg 等元素。用盐酸溶解沉淀，用草酸沉淀稀土，以分离残余 Ni、Co、Al 等杂质。灼烧至恒重完成稀土总量测定。

（4）测定条件　在 pH 1.8～2.0 的条件下用草酸沉淀稀土。

（5）方法评价　本方法适合稀土总量的测定范围为 25%～45%，测定结果相对标准偏差为 0.39%～0.44%，加标回收率为 98.7%～102.3%。方法测定贮氢合金中的稀土总量准确、稳定，可用于仲裁分析。

9.3.3.7 火焰原子吸收光谱法测定铜-钛改性的碳/碳-碳化硅复合材料中高含量铜[36]

（1）方法提要　在 800～820℃灼烧复合材料除碳，在刚玉坩埚中碱熔，盐酸和硝酸溶解样品，以 ψ=2.0%盐酸为介质，用铜灵敏线适当偏转燃烧头角度，FAAS 测定铜-钛改性的 C/C-SiC 复合材料中的高含量铜。

（2）仪器与试剂　AA-6800 原子吸收分光光度计（日本岛津公司），CFPJ02-68 型空气压缩机（嘉兴阿耐特岩田机械有限公司）。

1.000mg/L 铜标准储备液：准确称取 0.5000g 高纯金属铜，置于 250mL 烧杯中，盖上表面皿，沿杯壁加入 10mL 硝酸微热溶解铜，约剩余 1～2mL 溶液时，冷却后加 20mL HCl（ψ=1∶1），移入 500mL 容量瓶中定容。铜标准操作溶液由储备液稀释得到。实验用水为蒸馏水。

（3）样品制备　称取约 0.1000g 已磨细至 74μm 以下混匀的样品于瓷坩埚中，放入马弗炉内于 800～820℃灼烧 20min。冷却后将样品转移到刚玉坩埚，加约 3g 氢氧化钠和 0.5g 过氧化钠，拌匀后再放入马弗炉中，于约 700℃灼烧 20min，冷却后放入 200mL 烧杯中，加约 30mL 热开水浸取。稍冷后加 20mL 盐酸（ψ=1∶1）中和，加约 5mL 硝酸，放在电炉上加热至溶液清亮，冷却后用水定容至 250mL。

（4）测定条件　分析线 Cu 324.754nm。灯电流 6mA。燃烧器高度 7mm，狭缝宽度 0.5mm。燃气流速为 1.8L/min。

（5）方法评价　测定 Cu 的检出限为 0.011μg/mL。铜校正曲线动态线性范围是 2～12μg/mL，线性相关系数 r=0.9994。分析铜-钛改性的 C/C-SiC 复合材料自制样品 FL-2 和内控样品 C6，测定值与参考值或碘量法测定值基本一致，RSD（n=6 或 12）分别为 0.39%和 1.1%。

（6）注意事项　铜-钛改性的碳/碳-碳化硅（C/C-SiC）复合材料的主要成分为铜钛碳硅，不易被常规方法溶解，需在 800～820℃灼烧复合材料除碳。

9.3.3.8 悬浮液进样-液体阴极辉光放电原子发射光谱法测定高纯氮化硅粉体中微量杂质元素[37]

（1）方法提要　将高纯氮化硅粉体制成悬浮液，用六通阀将悬浮液引入液体阴极辉光放电原子发射光谱装置，使用水溶液标准进行校正，测定样品中的 Al、Ca、Co、Fe、K、Mg、Mn、Na、Ni 等 9 种元素。

（2）仪器与试剂　悬浮液进样-SCGD-AES 装置采用钨电极作为金属阳极。电解液由蠕动泵引入，在毛细管顶端溢出后沿毛细管壁流下，与连接直流电压负极的石墨电极接触，构成液体阴极。分散在去离子水中的样品在磁力搅拌下保持悬浮状态，经蠕动泵引入六通阀，储存在定量环中。切换六通阀，通过载液将样品引入辉光放电区域。样品中的金属元素被激发并发出特征光谱，进入光谱仪检测。

VISTA AX CCD Simultaneous 电感耦合等离子体光谱仪（美国 Varian 公司）。高压消解罐（滨海县正红塑料厂）。Elix 纯水仪（美国 Milipore 公司）。

氮化硅标准物质（ERM-ED101，Silicon Nitride Powder，美国加联仪器有限公司）。1000μg/mL Al、Ca、Co、Fe、K、Mg、Mn、Na、Ni 单元素标准储备溶液（钢铁研究总院国家钢铁材料测试中心）。

HF、HNO_3（GR 级，国药集团化学试剂有限公司），氮化硅粉体（购自常熟融太阳能新型材料有限公司）。实验用水是一级标准去离子水。

（3）样品制备　称取 0.5g 粒度小于 10μm 的氮化硅粉末样品，置于 100mL 石英烧杯中，加入 50mL 去离子水，在磁力搅拌器上搅拌 10min 以上，制成悬浮状液。用蠕动泵将样液引入六通阀的定量环中。通过载液将样液引入辉光放电区域进行测定。

另称取约 0.5g 氮化硅粉末样品，用 10mL HF、2mL HNO_3 于 220℃ 高压消解加热 10h。冷却后，将试样转移至铂金蒸发皿中，在平板电炉上加热蒸干，加入约 5mL HNO_3 溶解剩余物，用去离子水定容至 50mL，ICP-AES 进行测定。随同样品做空白试样。

(4) 测定条件　分析线（nm）Al 308.215、Ca 422.673、Co 237.862、Fe 238.204、K 766.491、Mg 279.553、Mn 257.610、Na 589.592、Ni 216.556。操作电压 1080V。光电倍增管积分时间 800ms。载流液流速 1.2mL/min，使用 pH≈1.0 的 HNO_3 作为电解液。金属阳极和液体阴极间距 3mm。

(5) 方法评价　测定 9 种元素的检出限（3*s*，*n*＝11）按固体样品计算是 0.2～53.0mg/kg，RSD（*n*＝6）是 1.1%～5.0%。分析氮化硅标准参考物质（ERM-ED101），测定值与标准参考值吻合。与高温高压消解-ICP-AES 测定值一致。载液连续流过保证了悬浮液引入时辉光等离子体不会熄灭，装置可长时间稳定地运行，悬浮液进样又简化了前处理过程、降低了来自试剂的污染，缩短了分析时间。

实验对液体阴极辉光放电原子发射光谱（SCGD-AES）装置进行改进，通过六通阀手动切换，建立了悬浮液瞬时进样检测的方法。通过对仪器工作条件进行优化，确立了最佳工作条件，并对制备稳定悬浮液所需的样品颗粒度要求进行了考察。本方法虽然使仪器装置的灵敏度略有下降，但可以将超细氮化硅粉体直接引入检测装置，无需进行前处理消解和加入分散剂，提高了检测效率，避免了在前处理过程中引入污染。将本方法分别用于氮化硅标准物质和市售的实际样品中 9 种常见微量杂质元素（Al、Ca、Co、Fe、K、Mg、Mn、Na、Ni）的检测，结果令人满意，表明本方法可用于高纯度超细氮化硅样品的直接检测，拓展了 SCGD-AES 检测仪器的应用范围。

9.3.3.9 直流电弧光谱法测定石墨材料中 12 种杂质元素[38]

(1) 方法提要　通过实验优化选择了适用的激发条件和分析谱线，直流电弧光谱法测定石墨材料中 Co、Si、Mg、Mn、Cr、Fe、Ni、Ti、Al、Ca、V、Cu 等 12 种杂质元素。

(2) 仪器与试剂　Prodigy DC Arc 直流电弧直读光谱仪（美国 Leeman 公司），Element GD 直流辉光放电质谱仪（美国赛默飞世尔科技公司）。

纯度为 99.995%的石墨粉基体。Co、Si、Mg、Mn、Cr、Fe、Ni、Ti、Al、Ca、V、Cu 均为光谱纯氧化物。

(3) 样品制备　将高纯石墨粉和杂质元素金属氧化物（精确至 0.0001g），在玛瑙乳钵内（置于手套箱中）研磨，制成杂质浓度为 3%的参考标准样品。用同样方法对参考标准样品逐级稀释，配制成浓度为 1%、0.3%、0.1%、0.03%、0.012%、0.01%、0.006%、0.003%、0.001%、0.0003%、0.0001%的系列样品。

(4) 测定条件　各元素的分析线（nm）分别是：Mg 285.213、Co 345.351、Cr 427.480、Ni 351.505、V 351.505、Ti 336.121、Fe 302.064、Mn 257.610、Cu 324.754、Al 308.216、Si 250.690、Ca 393.366。上电极为圆锥形电极，下电极为浅孔薄壁细颈杯形电极（内径 4mm，高 4mm）。电极间距 3mm，起弧电流 5A，激发电流 13A。起弧程序由 5A 起弧，在 2s 的时间上升至 10A，再用 2s 的时间上升至 13A。检测器内温度 35.6℃，检测器工作温度 30.0℃。氩气流量 0.770L/min，辅助气流量 0.6L/min。光谱时间 80s。Co、Si、Mg、Mn、Cr、Fe、Ni、Ti、Al、Ca、V、Cu 等 12 种元素测定的积分时间（s）分别是 0～50、3～63、3～62、3～47、1～50、5～62、2～64、3～66、2～62、4～53、2～68、0～25。

(5) 方法评价　测定 Mg、Co、Cr、Ni、V、Ti、Fe、Mn、Cu、Al、Si、Ca 的定量限

(μg/g) 分别是 0.60、1.37、5.77、4.47、1.56、2.58、2.17、2.40、6.07、3.16、4.80、3.53。RSD (n=5) 是 4.3%～13.2%，回收率是 94%～110%。校正曲线动态线性范围是 0.001%～0.012%。线性相关系数 $r \geqslant 0.9902$。测定结果与辉光放电质谱检测结果基本一致。

(6) 注意事项 起弧电流为 1～2A 时不能起弧；起弧电流为 3～4A 时电极间可以起弧，但升至高电流时容易产生熄弧的现象；6～7A 时试样有较严重的飞溅现象；激发电流 10～12A 时弧光不稳定，测量值波动较大；电流强度超过 14A 时 Mn、V、Cr、Al 等元素谱线信号强度降低，测量误差增大。

9.3.3.10 电感耦合等离子体原子发射光谱法测定非贵金属齿科材料中痕量铍和镉[39]

(1) 方法提要 用 ICP-AES 直接测定镍铬合金、钴铬合金及钛合金中的铍和镉。

(2) 仪器与试剂 iCAP 6300 全谱直读等离子体发射光谱仪（美国赛默飞世尔科技公司）。UPHW-1-90T 型实验室超纯水制备系统。

1.0g/L Be、Cd 标准储备溶液，用时用硝酸 (1+9) 溶液稀释并配制成 5mg/L 的 Be 和 Cd 混合标准溶液。

所用试剂均为优级纯，实验用水为超纯水。

(3) 样品制备 称取镍铬合金、钴铬合金及钛合金试样 0.5000g 置于 200mL 聚四氟乙烯烧杯中，加入 10mL 盐酸、2mL 氢氟酸，低温加热溶解完全后加入 1mL 硝酸，冷却后转移至 50mL 塑料容量瓶中，用水稀释至刻度。

(4) 测定条件 使用耐氢氟酸进样系统。高频发生器功率 1150W。冷却气流量 12L/min，载气流量 0.7L/min，辅助气流量 0.5L/min。雾化气压力 0.19MPa。样品提升量 2.0mL/min。观测高度 15mm。Be 和 Cd 的分析波长见表 9-4。

表 9-4 Be 和 Cd 的分析波长

样品	Be 分析波长/nm	Cd 分析波长/nm
镍铬合金	234.861,313.107	214.438,226.502,228.802
钴铬合金	234.861,313.042,313.107	214.438,226.502
钛合金	234.861,313.042,313.107	214.438,228.802

(5) 方法评价 测定 Be 和 Cd 的检出限 ($3s$, n=11) 分别是 0.0006～0.006mg/L 和 0.002～0.02mg/L，RSD (n=5) 分别是 0.8%～2.4%和 0.6%～2.1%。校正曲线动态线性范围上限是 ρ=1.0mg/L，线性相关系数 $r \geqslant 0.9995$。测定非贵金属齿科材料样品，加标回收率是 97%～104%。

(6) 注意事项 基体匹配法消除背景效应。

9.3.3.11 碱熔-电感耦合等离子体原子发射光谱法测定陶瓷色釉料中的 15 种稀土元素[40]

(1) 方法提要 用过氧化钠与氢氧化钠高温熔融陶瓷色釉料，形成可与酸反应的稀土氢氧化物，ICP-AES 测定陶瓷色釉料中的稀土元素。

(2) 仪器与试剂 730-ES 电感耦合等离子体原子发射光谱仪（美国 Varian 公司）。Thermo BF 5180 型马弗炉。Anton Paar Multiwave 3000 型微波消解仪。Lab Tech EHD36 型石墨消解器，刚玉坩埚。

100mg/L La、Ce、Pr、Nd、Sm、Eu、Gd、Tb、Dy、Ho、Er、Tu、Yb、Lu、Y 混合标准溶液。所用试剂均为优级纯，实验用水为超纯水（电阻率为 18.2MΩ·cm)。

(3) 样品制备　称取约 2g 氢氧化钠置于刚玉坩埚中，加入 0.5000g 陶瓷色釉料试样，再加入约 2g 过氧化钠，混匀，最后在混合物上覆盖约 2g 过氧化钠。将装有试样混合物的坩埚置于 760℃马弗炉中加热 8min，取出冷却至室温，放入烧杯中，加水淹没坩埚。待反应完全，用定量滤纸过滤沉淀，然后用 5mL 高氯酸和 25mL 硝酸在 180℃石墨消解器上消化带有沉淀的滤纸，蒸至近干，再加入硝酸溶液（1+9）和几滴过氧化氢，待反应完全，定容至 100mL。

(4) 测定条件　分析线（nm）Ce 418.659、Dy 353.171、Er 369.265、Eu 420.504、Gd 335.048、Ho 345.600、La 379.477、Lu 291.139、Nd 378.425、Pr 410.072、Sm 359.259、Tb 350.914、Tu 379.576、Y 371.029、Yb 369.419。在 200nm 处分辨率为 0.0076nm。高频发生器功率 1200W。冷却气流量 15L/min，辅助气流量 1.5L/min，雾化气流量 0.6L/min，泵速 15r/min。一次读数时间为 5s，读数次数 3 次。仪器稳定延时 10s，进样延时 10s。水平观测方式，全谱直读。

(5) 方法评价　15 种稀土元素的检出限（3*s*，$n=11$，mg/kg）分别是 0.03(La)、0.86(Ce)、0.48(Pr)、0.43(Nd)、0.10(Sm)、0.03(Eu)、0.12(Gd)、0.10(Tb)、0.02(Dy)、0.05(Ho)、0.17(Er)、0.05(Tu)、0.01(Yb)、0.08(Lu)、0.01(Y)。校正曲线动态线性范围是 0.2～4.0mg/L，线性相关系数 $r \geqslant 0.9998$。加标回收率是 89%～104%，RSD（$n=6$）是 1.2%～3.0%。

(6) 注意事项　研究的体系为高盐体系，等离子气流量和辅助气流量优先设定为仪器相应的高盐参数值。

9.3.3.12 电感耦合等离子体原子发射光谱法测定铜铟镓硒靶材中镓含量[41]

(1) 方法提要　铜铟镓硒靶材中 Ga 的质量分数为 6.5%左右。用硝酸-盐酸（3+1）混合液低温电热板消解靶材样品，Y 作内标，ICP-AES 测定靶材中的 Ga。

(2) 仪器与试剂　iCAP 6300 DUO 全谱直读等离子体发射光谱仪（美国赛默飞世尔科技公司)，中阶梯光栅，二维交叉色散系统，CID 86 型电荷注入固体检测器。

1.000g/L 镓标准储备溶液：称取 1.0000g 纯度≥99.99%的金属镓置于 300mL 烧杯中，加入 20mL 盐酸溶液（2+1)，盖上表面皿，低温加热至完全溶解，加入 10mL 盐酸，冷却至室温后转移至 1000mL 容量瓶中，用水稀释至刻度。

1.000g/L 钇（内标）标准储备溶液：称取 1.2699g 纯度≥99.99%预先经 1000℃灼烧 1h 后的 Y_2O_3，置于 300mL 烧杯中，加入 30mL 盐酸溶液（2+1)，加热溶解，冷却至室温后移至 1000mL 容量瓶中，用水稀释至刻度。

盐酸、硝酸为优级纯，实验用水为符合 GB/T 6682—2008 规定的二级水。

(3) 样品制备　称取 0.2000g 靶材试样置于 250mL 烧杯中，加少许水润湿，加入 6mL 硝酸、2mL 盐酸，盖上表面皿，低温加热（微沸）至完全溶解。再加入 6mL 硝酸，冷却至室温后转移至 250mL 容量瓶中，加入 2.5mL1.000g/L 钇标准储备溶液，用水稀释至刻度。同时做空白试样。

(4) 测定条件　分析线 Ga 417.206nm，内标线 Y 371.030nm。高频发生器功率 1170W。冷却气流量 12L/min，辅助气流量 0.5L/min，雾化气流量 0.8L/min。冲洗泵转速

75r/min，分析泵转速 50r/min，泵稳定时间 5s。积分时间 25s。

(5) 方法评价　测定 Ga 的检出限（3s，n=11）为 0.14mg/L。加标回收率 97.5%～104%，RSD（n=11）0.31%～1.8%。校正曲线动态线性范围上限 100mg/L，线性相关系数 r=0.9999。靶材中大量的铜、铟、硒元素对测定镓均无干扰。

9.3.3.13　电感耦合等离子体原子发射光谱法测定黏结后的锂离子电池三元正极材料中痕量铁[42]

(1) 方法提要　高温灼烧除碳和除氟，用 2g 碳酸钠-硼酸（w=2∶1）混合熔剂熔融样品，基体匹配法建立校正曲线。ICP-AES 测定黏结后的锂离子电池三元正极材料中的痕量铁。

(2) 仪器与试剂　iCAP 6300 全谱直读等离子体发射光谱仪（美国赛默飞世尔科技公司），Leco-600 型红外碳硫仪（美国 Leco 公司），ZSX PrimusⅡ型 X 射线荧光光谱仪，Millipore Elix 型超纯水机，马弗炉（控温不大于 1300℃）。

2.00g/L 锰、镍、钴标准储备溶液，1.00g/L 锂、铁标准储备溶液，4.00mg/L 铁标准溶液。碳酸钠-硼酸（w=2∶1）混合熔剂：碳酸钠与硼酸按 w=2∶1 混合均匀。高纯金属锰、镍、钴（纯度不小于 99.999%）。所用试剂均为优级纯。实验用水为二次去离子水。

(3) 样品制备　称取 2.000g 经 105℃烘干除去水分的试样，放入马弗炉中 850℃灼烧 2h 至恒重，计算灼烧系数（灼烧后质量/灼烧前质量）的平均值。称取 0.2000g 灼烧后的试样置于铂金坩埚中与 2g 碳酸钠-硼酸（w=2∶1）混合熔剂混合后在马弗炉中于 950℃熔融 15min，用 50mL 水+20mL 盐酸浸取熔融后的试样，定容于 250mL。同时制备试剂空白溶液。

(4) 测定条件　分析线 Fe 233.280nm。高频发生器功率 1150W。辅助气流量 0.5L/min，雾化气压力 0.2MPa。蠕动泵转速 50r/min。自动观测方式，观察高度 15mm。冲洗时间 30s。积分时间长波 5s、短波 15s。标准曲线法定量。

(5) 方法评价　测定铁的检出限（3s，n=11）为 0.0006%。铁的质量分数在 0.025%以内与其发射强度呈线性关系，相关系数 r=0.9998。测定实际样品，RSD（n=11）为 3.2%。加标回收率是 93.8%～108%。

(6) 注意事项　锂电池三元正极材料样品中的基体成分较复杂，镍、钴、锰、锂等基体效应的影响较大。用锰、钴、镍、锂标准溶液进行基体效应校正。

9.3.3.14　电感耦合等离子体原子发射光谱法测定金属阳极涂层中钌和铱[43]

(1) 方法提要　用氢氧化钾+硝酸钾在马弗炉中于 500～550℃熔融样品 1h，热水浸出熔融物后加盐酸酸化，基体匹配法建立校正曲线消除基体效应，ICP-AES 测定金属阳极涂层中的 Ru、Ir。

(2) 仪器与试剂　SPECTRO ARCOS FHS12 全谱直读等离子体光谱仪（德国 Spectro 公司），氩气净化器。

1000μg/mL 钌、铱标准储备溶液（国家有色金属及电子材料分析测试中心）；100μg/mL 钌、铱标准工作溶液，由钌、铱标准储备溶液逐级稀释而成，稀释时注意保持溶液酸度与标准储备溶液的酸度一致。实验所用试剂的纯度均不低于分析纯。实验用水为去离子水。

(3) 样品制备　从试样上取 10mm×10mm 的试片，将试片置于镍坩埚内，加入 2g 氢氧化钾和 1g 硝酸钾，在电炉上加热熔化，放入马弗炉内 500～550℃烧约 1h，取出镍坩埚，冷却至室温，用热水浸出熔融物，清洗坩埚及试片，加 10mL 盐酸，置于电炉上加热至溶液清亮，冷却后用水定容到 200mL。

（4）测定方法　高频发生器功率 1400W。冷却气流量为 12L/min，辅助气流量为 0.8L/min，雾化气流量为 0.7L/min。泵速为 30r/min。稳定时间为 12s，样品提升时间为 10s，样品冲洗时间为 5s。观察高度为 10mm。测量 3 次。测得金属阳极涂层试片上钌和铱含量以 g/m^2 表示。

（5）方法评价　选择 Ru 240.272nm、Ir 212.681nm 为分析线，Ru、Ir 的检出限分别为 $0.03g/m^2$、$0.09g/m^2$，RSD（n=10）分别为 0.69%、1.5%。校正曲线的线性动态范围是 0.5～10mg/L，线性相关系数 r=0.9997（Ru）、0.9995（Ir）。测定值与 AAS 法的测定值基本吻合。

（6）注意事项　用氢氧化钾+硝酸钾熔融样品，引入大量的钾，镍坩埚和钛基板在熔融过程中引入镍、钛，均可能干扰钌、铱的测定，钾使 Ru 的发射强度降低 5%～9%，曲线斜率降低 9%，Ir 强度降低 8%～15%，曲线斜率降低 14%。用钾（10mg/mL）基体或钾、镍、钛均做基体匹配，Ru 和 Ir 的校正曲线不受影响。

9.3.3.15 电感耦合等离子体原子发射光谱法测定钛砂中的钛、硅、铁、镁、钙[44]

（1）方法提要　用过氧化钠在高温条件下熔融试样。用水与硝酸微热浸取熔融物，ICP-AES 测定钛砂中的 Ti、Si、Fe、Mg、Ca。

（2）仪器与试剂　Optima 7300 DV 全谱直读等离子体光谱仪（美国珀金埃尔默公司）。镍坩埚（镍纯度大于 99.999%）。

1.00g/L Ti、Si、Fe、Mg、Ca 单元素标准储备溶液；混合标准溶液由移取上述单元素标准储备溶液，用水逐级稀释配制成。Ti、Si、Fe、Mg、Ca 浓度（g/L）分别为 0.5、0.01、0.2、0.2、0.5 的混合标准溶液，现用现配。

过氧化钠为分析纯，硝酸为优级纯。实验用水为二次去离子水。

（3）样品制备　称取钛砂试样 0.2500g 两份置于 30mL 镍坩埚中，加入 4g 过氧化钠，搅拌均匀后敲实，盖上盖子。将镍坩埚置于马弗炉中升温至 800℃，待镍坩埚变红将其取出，摇匀后再次放入马弗炉中，重复操作两次，取出稍冷后置于 500mL 聚四氟乙烯烧杯中，加 150mL 温水提取。待剧烈反应停止后，用少量的热水将镍坩埚洗出。向烧杯中加入 20mL 硝酸，放在电热板上微热溶解沉淀物，取下冷却后移至 250mL 聚四氟乙烯容量瓶中，以水定容。分取 20.00mL 试液于 50mL 容量瓶中，以水定容。同时制备空白试验溶液。

（4）测定条件　分析线（nm）Ti 334.903、Si 288.158、Fe 238.204、Mg 280.270、Ca 317.933。高频发生器功率 1300W。冷却气流量 15L/min，辅助气流量 0.2L/min，载气流量 0.8L/min。雾化气压力 0.21MPa。蠕动泵泵速 50r/min。观测高度 15mm。积分延迟时间 5～20s；积分时间长波 5s，短波 15s。

（5）方法评价　测定 Ti、Si、Fe、Mg、Ca 的检出限（3s，n=10，mg/L）分别是 0.050、0.25、0.011、0.060、0.023。RSD（n = 7）分别是 0.75%、1.93%、1.80%、1.5%、0.29%。线性相关系数 r≥0.9996。测定铁矿石标样（GSB03-1607-2005 与 GSB03-1808-2005），测定值与标准值相符。

(6) 注意事项　用过氧化钠进行碱熔样品，溶液中引入大量的钠盐，影响检测，需适当稀释试液，降低溶液中的含盐量以减小基体的干扰。

9.3.3.16 电感耦合等离子体原子发射光谱法测定核纯级海绵锆中17种微量杂质元素[45]

(1) 方法提要　用3mol/L硝酸再滴加氢氟酸溶解样品，标准加入法克服基体干扰，ICP-AES测定Al、Co、Cr、Cu、Fe、Hf、Mg、Mn、Mo、Nb、Ni、Pb、Sn、Ta、Ti、Y、Zn含量。

(2) 仪器与试剂　iCAP 6300全谱直读等离子体发射光谱仪（美国赛默飞世尔科技公司），配耐氢氟酸进样系统。

1.000g/L单元素标准溶液；混合标准溶液用单元素标准溶液配制，其中Co、Cu、Mn、Mo、Ni、Pb、Y、Ti为25.0mg/L，Al、Cr、Hf、Mg、Nb、Ta、Zn为50.0mg/L，Fe、Sn为100mg/L。

硝酸、氢氟酸为优级纯，实验用水为超纯水（电阻率>18MΩ·cm）

(3) 样品制备　称取2.500g样品置于聚四氟乙烯烧杯中，加入10mL 3mol/L硝酸溶液，滴加氢氟酸溶解样品。冷却后用水定容至50mL塑料容量瓶中。在6个50mL塑料容量瓶中，各移取5.0mL此样品试液，分别加入0.0mL、0.2mL、0.4mL、0.8mL、2.0mL、4.0mL混合标准溶液，用3mol/L硝酸溶液稀释至刻度，配制成标准溶液系列，建立各元素的校正曲线。标准溶液系列中各待测杂质元素的浓度见表9-5。

表9-5　标准溶液系列浓度　　单位：mg/L

元素	1	2	3	4	5	6
Co、Cu、Mn、Mo、Ni、Pb、V、Ti	0.0	0.1	0.2	0.4	1.0	2.0
Al、Cr、Hf、Mg、Nb、Ta、Zn	0.0	0.2	0.4	0.8	2.0	4.0
Fe、Sn	0.0	0.4	0.8	1.6	4.0	8.0

(4) 测定条件　分析线（nm）分别是Al 167.08、Co 228.62、Cr 267.72、Cu 213.60、Fe 259.94、Hf 264.14、Mg 280.27、Mn 257.61、Mo 204.60、Nb 309.42、Ni 231.60、Pb 220.35、Sn 224.60、Ta 268.52、Ti 307.86、V 311.84、Zn 206.20。高频发生器频率27.12MHz，发射功率1150W。雾化气流量5L/min，辅助气流量0.5L/min。分析泵速50r/min。冲洗时间25s。水平观测方式。

(5) 方法评价　Al、Co、Cr、Cu、Fe、Hf、Mg、Mn、Mo、Nb、Ni、Pb、Sn、Ta、Ti、V、Zn等17种痕量杂质元素的检出限（3s，μg/L）分别是21、2.0、11、5.0、34、6.0、9.0、2.0、3.0、3.0、4.0、7.0、39、50、2.0、4.0、1.0。加标回收率是90%～108%，RSD（n=6）<10%。Co、Cu、Mn、Mo、Ni、Pb、V、Ti校正曲线动态线性范围为0.1～2.0mg/L；Al、Cr、Hf、Mg、Nb、Ta、Zn校正曲线动态线性范围为0.2～4.0mg/L；Fe、Sn校正曲线动态线性范围为0.4～8.0mg/L。线性相关系数r≥0.9997。满足分析要求，可用于核纯级海绵锆的日常快速分析。

9.3.3.17 火焰原子吸收光谱法测定锡锌喷金丝中的铁[46]

(1) 方法提要　盐酸-过氧化氢分解试样，以盐酸-氢溴酸挥发排锡，盐酸介质，火焰原子吸收光谱法测定锡锌喷金丝中铁含量。

（2）仪器与试剂　AA400 原子吸收光谱仪（美国珀金埃尔默公司）。

铁标准储备溶液：称取 0.1000g 金属铁（纯度≥99.99%），置于 250mL 烧杯中，加入 20mL 盐酸（1∶1）和 2～3 滴过氧化氢，微热溶解样品，冷却后移入 1000mL 容量瓶中，用水稀释至刻度。

10μg/mL 铁标准工作溶液：移取 25.00mL 铁标准储备溶液于 250mL 容量瓶中，加入 2.5mL 盐酸，用水稀释至刻度。

所用试剂均为分析纯，实验用水为去离子水。

（3）样品制备　称取样品置于 150mL 烧杯中加入 10mL 盐酸（1∶1），滴加 1～2mL 过氧化氢，置于 110℃的控温电热板上，加热溶样。加入 5mL 氢溴酸，低温排锡，蒸至近干，稍冷后加 5mL 盐酸-氢溴酸混合酸（$\psi=1:1$），低温排锡。稍冷后沿杯壁加入 1.5～2.5mL 盐酸，低温加热溶解，冷至室温后用水转移到 25～50mL 容量瓶中，以水稀释至刻度。随同样品做空白溶液。

（4）测定条件　分析线 Fe 248.3nm。狭缝高度和宽度分别为 1.8mm 和 1.35mm。灯电流为 14mA。燃烧器高度为 6mm。乙炔压力为 0.10MPa，流量为 2.5L/min；空气压力为 0.35MPa，流量为 9L/min。标准曲线法定量。

（5）方法评价　测定 Fe 的检出限为 0.009μg/mL。校正曲线动态线性范围上限是 1.2μg/mL。测定不同规格的锡锌喷金丝样品，加标回收率是 95%～104%，能满足锡锌喷金丝样品的测试要求。

（6）注意事项　预先用磁铁吸除混入烧杯内的铁屑。注意扣除空白值。在 25mL 溶液中，含锡量大于 100mg 对铁测定有影响，需要将锡排除。在 25mL 溶液中 500mg 的锌对 Fe ≤0.8μg/mL 无明显影响。在 25mL 溶液中，0.2mg Pb，1.0mg Sb、Bi、Cu，0.1mg As、Al、Cd 对测定锡锌喷金丝中的 Fe 无明显影响。

参考文献

[1] 胡维铸，唐语，燕际军．直流辉光放电原子发射光谱法测定中低合金钢中锆．冶金分析．2018，38（8）：16-20.

[2] 芦飞．直读光谱法测定高碳铬镍合金钢中的 12 种元素．理化检验（化学分册），2016，52（10）：1206-1210.

[3] 成勇．电感耦合等离子体原子发射光谱法测定铌铁中的硅、钽、钨、钛、铝、铜和锰．理化检验（化学分册），2016，52（1）：88-92.

[4] 王树英，王爽，徐平，等．电感耦合等离子体原子发射光谱法测定球墨铸铁中 8 种元素．冶金分析，2017，37（10）：65-69.

[5] 陈剑，王文杰，杜彩霞，等．ICP-AES 法测定中碳铬铁中硅锰磷的含量．河北冶金，2015（8）：64-66.

[6] 庞晓辉，赵海燏，高颂．电感耦合等离子体原子发射光谱法测定粉末高温合金中硅镁元素．分析仪器，2018（6）：50-53.

[7] 汪磊，冯艳秋，韦建环．电感耦合等离子体原子发射光谱法测定超高强度钢中的 Al，Mn，Si，Ti. 化学分析计量，2015，24（3）：48-51.

[8] 冯凤，亓蕾，陶曦东，等．ICP-AES 法测定铬镍不锈钢中锰、铬、镍、硅、磷、铜、钼的含量．化学分析计量，2016，25（6）：84-87.

[9] 吴世凯．多谱线拟合电感耦合等离子体发射光谱法测定钢铁中微量硼．特钢技术，2016，22（2）：52-56.

[10] 弥寒冰．电感耦合等离子体发射光谱法测定 CLAM 钢中微量 Ti、Nb、Mo、Al、Ni、Cu、Co. 特钢技术，2017，23（1）：57-59.

[11] Yakubenko E V，Voitkova Z A，Chernikova I I，et al，Microwave Sample Preparation for Detection of Si，P，V，Cr，Mn，Ni，Cu，and W Using Inductively Coupled Plasma Atomic EmissionSpectrometry in Engineering Steels. Inorganic Materials，2015，51（14）：1370-1374.

[12] 陆军，荚江霞，陆尹．微波消解-ICP-AES 法测定低碳低硅钛铁中硅、锰、磷、铝和铜含量的试验．安徽冶金，2014，（2）：7-9.

[13] 刘烽，吴骋，吴广宇．微波消解-电感耦合等离子体原子发射光谱法测定高镍铸铁中硅锰磷铬镍铜．冶金分析，2018，38（5）：78-82.

[14] 严倩琳．微波消解 ICP-AES 法测定 70 钛铁中硅、铝、锰、镍、钒、钼、铬、磷、铜．现代冶金，2017，45（2）：1-4.

[15] 丁见福．用 ICP-AES 法同时测定生铁中的硅锰磷铬镍铜钛含量．福建分析测试，2015，24（6）：52-55.

[16] 高颂，庞晓辉，王桂军．电感耦合等离子体原子发射光谱法测定 Ti_3Al 基合金中钒、铬、锰、铁、铜、镍和锆的含量．理化检验（化学分册），2015，51（5）：716-718.

[17] 袁华丽，崔芙红，叶莹，等．电感耦合等离子体原子发射光谱法测定 Cu-Cr-Zr 合金中的 Cr，Zr，Fe，Ni. 分析试验室，2016，35（1）：38-40.

[18] 谢卫华，刘勇，王怀胜．ICP-AES 法测定 U-Mo 合金中钼含量．分析试验室，2016，35（4）：448-450.

[19] 李颜君，杨占菊，董更福，等．氢化物发生-原子荧光光谱法同时测定铅锌中砷锑．冶金分析，2017，37（11）：75-79.

[20] 王丹，孙莹，马洪波．电感耦合等离子体原子发射光谱法测定钴铬钨合金中钨镍铁钒．冶金分析，2018，38（2）：42-46.

[21] 成勇．电感耦合等离子体原子发射光谱法测定 V-4Cr-4Ti 合金中铬和钛．冶金分析，2018，38（8）：63-69.

[22] 张秀艳，常诚，赵静．电感耦合等离子体原子发射光谱法测定铈铁合金中铝硅镍．冶金分析，2018，38（9）：69-64.

[23] 李新政，刘东彬，陈云明，等．电感耦合等离子体原子发射光谱法测定哈氏合金中 Cr、Fe、Mn、Mo、Ni 含量．理化检查（化学分册），2017，53（6）：729-731.

[24] 刘烽，吴骋，吴广宇，等．电感耦合等离子体原子发射光谱法测定钛合金中钯、钇、硼、铌、钽的含量．理化检验（化学分册），2018，54（1）：31-34.

[25] 孙肖媛，张卫强，曾海梅，等．电感耦合等离子体原子发射光谱法测定 Ti-Al-Mo 系钛合金中的铝和钼．理化检验（化学分册），2018，54（12）：1456-1458.

[26] 陆青，周伟，程大伟，等．电感耦合等离子体原子发射光谱法测定铁-硅软磁合金中铝铬锰硅．冶金分析，2017，37（8）：43-48.

[27] 李延超，林小辉，梁静，等．电感耦合等离子体原子发射光谱法测定 $TaNb_6$ 合金中铌和 10 种杂质元素．冶金分析，2016，36（5）：84-68.

[28] 訾豫梅，王培．电感耦合等离子体发射光谱法快速测定硬质合金中的钴、镍、钛、钽、铌、钒、铬．硬质合金，2015，32（3）：196-203.

[29] 赵欢娟，刘厚勇，杨军红，等．ICP-AES 测定铌铪合金中的铪、钛、锆、钨、钽．化学分析计量，2018，27（1）：39-42.

[30] 于英杰，孙莹，马洪波．电感耦合等离子体原子发射光谱法测定铝硅活塞合金中镧铈镨钕钇．冶金分析，2018，38（4）：69-73.

[31] 刘晓杰，王燕霞，于勇海．空气-乙炔火焰原子吸收光谱法测定钐钴永磁合金中钙量．冶金分析，2018，38（3）：51-55.

[32] 黄豪杰，朱隽，许菲菲．火焰原子吸收光谱法测定钕铁硼磁铁中铅．冶金分析，2018，38（3）：

75-79.
[33] 高颂，庞晓辉，张艳．氢化物发生-原子荧光光谱法测定DD6单晶镍基高温合金中砷．冶金分析，2018，38（2）：59-61.
[34] 薛宁．氢化物发生-原子荧光光谱法测定高硅铝合金中的铅．分析试验室，2016，35（12）：1474-1476.
[35] 王东杰，易红宏，唐晓龙，等．稀土系贮氢合金中稀土总量的测定．分析试验室，2016，35（11）：1353-1358.
[36] 邹爱兰，韦秋云，逯雨海．火焰原子吸收光谱法测定铜-钛改性的碳/碳-碳化硅复合材料中高含量铜．冶金分析，2014，34（9）：20-23.
[37] 邹慧君，汪正，李青，等．悬浮液进样-液体阴极辉光放电原子发射光谱法测定高纯氮化硅粉体中微量杂质元素．2017，45（7）：973-979.
[38] 王梓任，王长华，墨淑敏，等．直流电弧光谱法测定石墨材料中12种杂质元素．分析试验室，2017，36（11）：1320-1323.
[39] 陈忠颖，马冲先．电感耦合等离子体原子发射光谱法测定非贵金属齿科材料中痕量铍和镉．理化检验（化学分册），2015，51（2）：184-187.
[40] 王斌，张江峰，蒋小良，等．碱熔-电感耦合等离子体原子发射光谱法测定陶瓷色釉料中的15种稀土元素．理化检验（化学分册），2915，51（5）；707-709.
[41] 蒋天成，守廷，泽斌，等．电感耦合等离子体原子发射光谱法测定铜铟镓硒靶材中镓含量．理化检验（化学分册），2017，53（8）：.914-916.
[42] 周强，梁婷婷，年季强，等．电感耦合等离子体原子发射光谱法测定粘结后的锂离子电池三元正极材料中痕量铁．理化检验（化学分册），2016，52（8）：937-940.
[43] 周扬杰．电感耦合等离子体原子发射光谱法测定金属阳极涂层中钌和铱．冶金分析，2017，37（12）：77-80.
[44] 刘洁，陈捷．电感耦合等离子体原子发射光谱法测定钛砂中的钛、硅、铁、镁、钙．理化检验（化学分册），2016，52（11）：1341-1343.
[45] 李洁，安身平，宁伟，等．电感耦合等离子体原子发射光谱法测定核纯级海绵锆中17种微量杂质元素．理化检验（化学分册），2017，53（9）：1047-1051.
[46] 黄瑜，汤建所．火焰原子吸收光谱法测定锡锌喷金丝中的铁．金属材料与冶金工程，2014，42（4）：26-28.

·第10章·

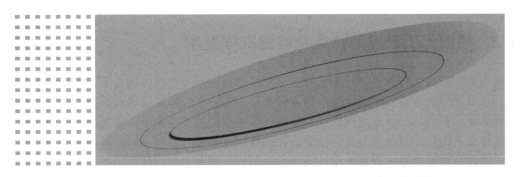

原子光谱在精细化工产品分析中的应用

10.1 概述

精细化工可归纳为医药、农药、合成染料、有机颜料、涂料、香料与香精、化妆品与盥洗卫生品、肥皂与合成洗涤剂、表面活性剂、印刷油墨及其助剂、粘接剂、感光材料、磁性材料、催化剂、试剂、水处理剂与高分子絮凝剂、造纸助剂、皮革助剂、合成材料助剂、纺织印染剂及整理剂、食品添加剂、饲料添加剂、动物用药、油田化学品、石油添加剂及炼制助剂、水泥添加剂、矿物浮选剂、铸造用化学品、金属表面处理剂、合成润滑油与润滑油添加剂、汽车用化学品、芳香除臭剂、工业防菌防霉剂、电子化学品及材料、功能性高分子材料、生物化工制品等多个行业和门类。精细化工产品一般是指那些具有特定的应用功能，技术密集，商品性强，产品附加值较高的化工产品。

精细化工是综合性较强的技术密集型工业，其生产过程中工艺流程长、单元反应多、原辅料复杂、中间过程控制要求严格，而且应用涉及多领域、多学科的理论知识和专业技能，其中包括多步合成、分离技术、分析测试、性能筛选、复配技术、剂型研制、商品化加工、应用开发和技术服务等。

随着人们生活水平的不断提高，从衣着服饰到居家用品，到处都有着精细化工产品的影子，可以说现代人在日常生活中离不开精细化工产品。然而，这些与我们生活息息相关的生活必需品，也存在着这样那样的问题，如：假冒伪劣、粗制滥造，甚至出现使用禁用物质、重金属超标等严重危害消费者身体健康的问题。因此，必要的市场监管是保证消费者利益的必要手段，其中重金属指标的监控更是判定产品是否合格的最重要的依据之一。原子光谱技术由于其灵敏度高、选择性好、分析速度快、测量元素含量范围宽等特点广泛地应用于精细化工产品的金属检测领域[1]。

10.2 精细化工产品的特点及检测取样要求

精细化工产品的特点是：种类繁多，分析检测对象形形色色，涵盖了日常生活中的各个领域，从身上穿的衣服到家居生活中的日常用品，需分析的样品品种包罗万象，所检测的成分多种多样，分析物的含量范围广泛。检测样品类型的复杂性决定了检测目的与使用的检测手段多样化。而检测对象或与老百姓生活和健康息息相关，或涉及进出口国际贸易及其纠纷仲裁，需要对检测结果出具有法律效力的检测报告，因此对检测提出了严格的要求。

我国市场监管及卫生部门均出台了不同领域相应的标准规范和检测方法。依据标准规范要求，根据不同的分析检测对象与目的，对分析检测有不同的要求，如检测食品添加剂、饲料等样品中重金属，需要检测重金属总量，在检测过程中需要对样品进行完全消解；检测食品接触材料则需要检测重金属迁移量，即通过模拟不同的食品接触环境，如弱酸性环境、乙醇环境、食用油环境等进行重金属的迁移实验。因此，在检测时需要先明确检测目的，选择合适的前处理和测定方法，并按照规范严格进行检测。对检测结果的严格要求，决定了检测数据必须准确可靠，特别是对安全性指标，各国都非常关注和重视。目前包括中国、美国、欧洲等国家和地区均对精细化工等涉及日常生活的日用产品的污染指标进行了限制，其中重金属含量的测定结果更是判定产品是否合格的最重要的依据之一。如果检测结果不准确或出现错误，对产品是否合格发生误判，将造成危害人民健康或国家和企业的经济利益受损等严重后果。因此，必须保证检测数据准确可靠，具有可比性及可溯源性。

采/取样的代表性与真实性是获得准确可靠检测结果的先决条件。必须遵照相关规范科学地采/取样。

10.2.1 烟用香精香料的取样

烟用香精香料取样依据 YC/T 145.10—2003 的规定进行[2]。

① 以 100mL 烟用香精或料液为样品单位，实验室样品由两个样品单位所组成。

② 以同一名称、统一规格的烟用香精或料液为一个检查批。

③ 抽样由质量检验机构完成，该机构派遣持有抽样通知单的人员到指定地点抽样。

④ 抽样人员应在规定时间内完成抽样，如有其他法律要求，抽样人员在生产企业抽样时，应由生产企业的代表陪同。

⑤ 实验室样品应严密包装，小心运输，避免、防止破损和杂气污染。在完成抽样后，应尽快将样品送至质量检验机构。

⑥ 实验室样品应从检查批中抽取。

⑦ 抽样人员应携带抽样记录表，该表一式三份，第一份留由抽样人员记录，第二份随样品包装，第三份交给被抽检单位作为抽检依据。

10.2.2 日化产品的取样

日化用品的取样原则及方法在 GB 7917.1—1987《化妆品卫生化学标准检验方法　汞》中有明确的规定[3]。

① 受检的化妆品应按随机抽样法抽取能满足检验所需的样品量（不得少于 6 个最小包装单位），以确保采集样品具有代表性。

② 供检样品应严格保持原有的包装状态，容器不得破损。

③ 所取样品应由供、取单位双方共同加封。

④ 实验室接到样品后应进行登记，检查封口的完整性。至少应对其中三个最小包装单位开封检测（但不大于所取包装数的半数）。未开封样品应保存至提出报告后两个月备查。

在 SN/T 4004—2013《进出口化妆品安全卫生项目检测抽样规程》中关于化学项目检测抽样也有明确规定[4]。

① 抽取的化妆品样品量要满足所检项目的需要，应取相同检验批次的最小零售原包装，样品应保持原有的包装状态。

② 对大包装的液态化妆品，采样前应摇动或用洁净器械搅拌液体，使其充分混匀。取出样品装在清洁、干燥、密封性良好的容器内。

10.2.3　涂料样品的取样

目前我国对涂料类样品的取样原则主要参照 GB/T 3186—2006《色漆、清漆和色漆与清漆用原材料取样》[5]，样品的取样、标识及贮存应由有经验的人员进行，取样前应选择适宜类型和规格的取样器具，了解被取物的物理和化学特性及相关的健康与安全法规。

涂料、染料等样品形态多样，采样器具根据样品形态选择取样勺、取样管、取样瓶、底部（区域）取样器、调刀、铲或者支管，取样完毕后把样品放入带有螺旋盖的罐、瓶、桶或者塑料袋的装样容器。装样容器及盖子的材料应选用能使样品不受光的影响，且没有物料能从容器中逸出或者进入容器。

样品的最少量应为 2kg 或完成规定试验所需量的 3～4 倍。对于小容器，一般从每个被取样的容器中取一个就足够了，当有若干个容器时，应按照符合统计学要求的正确取样数进行取样，详见表 10-1。

表 10-1　被取样容器的最低件数

容器总数量 N/件	被取样容器的最低件数 n/件
1～2	全部
3～8	2
9～25	3
26～100	5
101～500	8
501～1000	13
其后类推	$n=\sqrt{\frac{N}{2}}$

10.3　香料香精分析

香料香精是一类广泛使用的精细化学品，我国有专门的标准对香料香精进行了定义。根据 GB/T 21171—2018《香料香精术语》（ISO 9235:2013，Aromatic natural raw materials—Vocabulary）中的定义，香料是指“具有香气和（或）香味的材料”，一般为天然香料［包括天然原料的衍生产品（树脂状材料、挥发性产品、提取产品）］和合成香料的总称，按用途可分为日用和食用两大类；香精是由香料和（或）香精辅料调配而成的具有特定香气和（或）香味的复杂混合物，一般不直接消费，而是用于加香产品后被消费，可分为日用香精、食用香精、饲料用香精等。

食品和烟草是香料香精的主要用途。食品用香料是指生产食品用的主要香精原料，在食品中赋予、改善或提高食品的香味。食品用香料包括食品用天然香料、食品用合成香料、烟熏香味料等，一般配制成食品用香精后用于食品加香，部分也可直接用于食品加香。烟用香精是指用两种或两种以上香料、适量溶剂和其他成分调配而成的，在烟草制品的加工过程中起增强或修饰烟草制品风格或改善烟草制品品质的混合物，根据其施加工艺与作用的不同可分为加香香精与加料香精。加香香精又称“表香”，是指在烟草制品加香工艺中添加的烟用香精，用于经工艺处理和烘干后的烟丝中，以增进卷烟的嗅香和抽吸时的特征香气。加料香精又称“料液”，是指在烟草制品加料工艺中添加的烟用香精，具有改进烟草吃味、增加韧性、提高保润性、改善燃烧性和减少碎损等作用。

我国对各种香料香精提出了明确的技术要求。GB 29938—2013《食品安全国家标准　食品用香料通则》中规定食品用天然香料中重金属含量（以 Pb 计）≤10mg/kg、砷含量≤3mg/kg；食用香料中重金属含量（以 Pb 计）≤10mg/kg，其中海产品来源的食品用天然香料中无机砷≤1.5mg/kg，非海产品来源的食品用天然香料中总砷含量≤3mg/kg。轻工业行业标准 QB/T 1505—2007《食用香精》附录中规定，食用香精中铅含量≤10mg/kg，镉含量≤1mg/kg，汞含量≤1mg/kg。出入境检验检疫行业标准 SN/T 2360.22—2009《进出口食品添加剂检验规程　第 22 部分：香料香精》规定：香料香精中对用于配制食用香精（或香基）但不直接添加入食品的各种食用香料中重金属含量做了详细规定，单离香料和合成香料中重金属（以 Pb 计）≤10mg/kg、砷含量≤3mg/kg，天然香料中精油重金属（以 Pb 计）≤10mg/kg、砷含量≤3mg/kg，浸膏、油树脂、精油、酊剂重金属（以 Pb 计）≤40mg/kg、砷含量≤3mg/kg。

10.3.1　食用香精香料中重金属测定

国家标准中规定的食用香料中重金属检验方法主要采用食品添加剂或食品的检测方法。重金属（以 Pb 计）测定采用 GB 5009.74—2014《食品安全国家标准　食品添加剂中重金属限量试验》，总砷测定采用 GB 5009.76—2014《食品安全国家标准　食品添加剂中砷的测定》或 GB 5009.11—2014《食品安全国家标准　食品中总砷及无机砷的测定》，无机砷测定采用 GB 5009.11—2014《食品安全国家标准　食品中总砷及无机砷的测定》。其中，GB 5009.74—2014 重金属（以 Pb 计）测定是采用比色法进行检测；GB 5009.76—2014 砷的测定采用比色法和原子荧光光谱法进行测定；GB 5009.11—2014 中的测定方法较多，总砷测定使用电感耦合等离子质谱法、氢化物发生原子荧光光谱法、银盐法，无机砷测定采用液相色谱-原子荧光光谱法和液相色谱-电感耦合等离子质谱法。

10.3.1.1　微波辅助消解 ICP-AES 法测定 8 种香料中矿质元素[6]

（1）方法提要　用微波消解样品，ICP-AES 法测定 8 种香料（香叶、白扣、桂皮、丁香、八角、香果、砂仁、草果）中的 Na、K、Sr、Ca、Mg、P、As、Zn、Pb、Co、Cd、Ni、Ba、Fe、Mn、Cr、Cu、B、Ti 和 Al 等 20 种常量和微量元素的含量。

（2）仪器与试剂　Optima 8000 电感耦合等离子体原子发射光谱仪（美国珀金埃尔默公司）。MDS-10 微波消解萃取工作站（上海新仪微波化学科技有限公司）。UPT-Ⅱ-40L 超纯水机（成都超纯水有限公司）。

1000μg/mL Na、K、Sr、Ca、Mg、P、As、Zn、Pb、Co、Cd、Ni、Ba、Fe、Mn、Cr、Cu、B、Ti、Al 单元素标准储备液（国家有色金属及电子材料分析测试中心）。

硝酸，过氧化氢，优级纯。氩气纯度 99.99%。实验用水为超纯水。

(3) 样品制备　香料样品经自来水冲洗后，再用超纯水洗涤多次，晾干后置于烘箱中于 80℃恒温烘干至恒重，冷却，粉碎后置于干燥器中备用。准确称量 0.5g 样品（精确至 0.0001g，做 Na、K、Ca、Mg、P 回收率试验时，称样量为 0.1g）于聚四氟乙烯溶样杯中，加入 8mL 硝酸、2mL 过氧化氢，盖上溶样杯盖，将溶样杯放入消解罐中，旋上罐盖，按设置的消解仪工作参数进行消解。消解条件：100℃下消解 10min，120℃下消解 5min，180℃下消解 10min，200℃下消解 20min。消解完毕后，把消解罐直接放入沸水浴赶酸至 1mL 左右。冷却至室温后，将溶液转移至 50mL 容量瓶中，用超纯水定容。同时做试剂空白试样。

(4) 测定条件　各元素测定条件参见表 10-2。

表 10-2　ICP-AES 仪器测定各元素的条件

被测元素	射频功率/W	载气流量/(L/min)	冷却气流量/(L/min)	等离子体流量/(L/min)	试液提升量/(mL/min)
Na、K	900	0.2	12	0.55	1.5
Ca、Mg、P、Sr	1300	0.2	12	0.55	1.5
As、Zn、Pb、Co、Cd、Ni、Ba、Fe、Ti、Mn、Cr、Cu、Al、B	1300	0.2	12	0.55	1.5

注：观测高度 15mm，积分时间自动。轴向观测方式。

(5) 方法评价　RSD ($n=3$) 均小于 6.0%，加标回收率为 90.3%～109.5%。其分析方法的特性参数见表 10-3。

表 10-3　测定波长、检出限、动态线性范围及相关系数

被测元素	波长/nm	检出限/(μg/mL)	动态线性范围/(μg/mL)	相关系数
Al	396.153	0.00213	0.05～10.0	0.9998
Na	589.592	0.00018	0.20～20.0	1.0000
K	766.490	0.00428	0.6312～126.24	1.0000
Cr	205.560	0.00021	0.01～2.0	1.0000
Cu	327.393	0.00066	0.01～2.0	1.0000
Fe	238.204	0.00135	0.05～10.0	0.9999
Mg	285.213	0.00209	0.25～50.0	0.9999
Mn	257.610	0.00012	0.01～2.0	0.9999
Ca	317.933	0.00471	0.25～50.0	0.9998
Sr	407.771	0.00006	0.01～2.0	0.9998
Zn	206.200	0.00051	0.01～2.0	1.0000
As	193.696	0.00990	0.01～2.0	1.0000
P	213.617	0.00972	0.5～100.0	1.0000
Pb	220.353	0.00225	0.01～2.0	1.0000
Co	228.616	0.00033	0.01～2.0	1.0000
Cd	228.802	0.00024	0.01～2.0	1.0000
Ni	231.604	0.00084	0.01～2.0	1.0000
B	249.677	0.00027	0.01～2.0	1.0000
Ti	334.940	0.00012	0.01～2.0	1.0000
Ba	233.527	0.00780	0.01～2.0	0.9999

(6) 注意事项　所用器皿均用 10%硝酸浸泡过夜，用超纯水冲洗备用。

10.3.1.2 横向加热石墨炉原子吸收法直接测定香料香精中的痕量砷、铅[7]

（1）方法提要 对香料香精样品不经过前处理，用2%硝酸稀释后直接进样，以氯化钯、硝酸镁及硝酸镍分别作为铅、砷的混合化学改进剂，消除基体干扰，提高灰化及原子化温度，横向加热石墨炉原子吸收光谱法测定其中的砷和铅含量。

（2）仪器与试剂 Aanalyst 800型原子吸收光谱仪（美国珀金埃尔默公司），横向加热石墨炉（THGA），纵向交流塞曼效应背景校正器，AS 800自动进样器。平台一体化热解涂层石墨管（美国珀金埃尔默公司）。

1.000g/L As水溶液，国家二级标准物质GBW(E)080283。1.000g/L Pb水溶液，国家二级标准物质GBW(E)080278。

石墨炉化学改进剂$NH_4H_2PO_4$、$PdCl_2$、$Mg(NO_3)_2$、$Ni(NO_3)_2$。

硝酸（优级纯）。氩气纯度99.999%。实验用水为去离子水。

香料香精样品由云南天宏香料香精有限公司提供。

（3）样品制备 准确称取5g香精样品，置于50mL塑料容量瓶中，加少许水后，再加入1mL浓硝酸，并防止浓硝酸与香精剧烈反应飞溅，定容至刻度。同时制备空白试样。

（4）测定条件 分析线分别是Pb 283.3nm和As 193.7nm。光谱通带0.7nm。测定Pb、As，灯电流分别是10mA和38mA。进样量20μL。分别使用化学改进剂5μL 0.050mg $PdCl_2$+0.003mg $Mg(NO_3)_2$与5μL 0.050mg $Ni(NO_3)_2$。测量方式AA-BG。原子化条件见表10-4。

表10-4 原子化条件

项目	Pb	As	项目	Pb	As
干燥Ⅰ温度/℃	90	90	灰化温度/℃	1000	1150
斜坡时间/s	30	30	斜坡时间/s	10	10
保持时间/s	10	10	保持时间/s	20	20
干燥Ⅱ温度/℃	110	110	原子化温度/℃	2200	2100
斜坡时间/s	15	15	斜坡时间/s	0	0
保持时间/s	15	15	保持时间/s	5	5
空气热解温度/℃	600	500	原子化阶段	停气	停气
斜坡时间/s	15	15	净化温度/℃	2450	2450
保持时间/s	40	50	斜坡时间/s	1	1
氩气热解温度/℃	500	550	保持时间/s	3	3
斜坡时间/s	1	1	氩气流量/(mL·min)	250	250
保持时间/s	40	30	空气流量/(mL·min)	250	250

（5）方法评价 测定As、Pb的检出限（3s，n=11）分别为1.17μg/L和0.495μg/L。RSD（n=5）分别为2.8%和2.5%，对加标量20μg/L进行回收实验，加标回收率分别为85.3%～86.5%和95.5%～101.5%。测定As、Pb，校正曲线的动态线性范围上限均为100.0μg/L，线性相关系数分别为0.9991和0.9995。

（6）注意事项 香料香精中所含的有机物大多为沸点较低的易挥发性物质，宜用较长的斜坡升温时间（30s）缓慢升温，低温90℃干燥，以防止快速升温造成样品在石墨炉中飞溅。保持10s，使低沸点物质挥发，随后再进行常规干燥程序，使样品液滴中溶剂干燥。在干燥程序后增加了空气氧化程序，使用低于600℃的高温通入空气，使石墨炉中的残余有机物在较高温度下氧化除去，防止温度过高氧化剧烈对石墨炉造成损坏。此后又增加了氩气转换程序，经较长的时间（40s）用氩气完全置换石墨炉中的空气，使石墨炉在随后较高温度的灰化及原子化过程中受氩气的保护，不受高温氧化损坏。

10.3.1.3 热解吸冷原子吸收光谱法测定烟用材料中总汞[8]

（1）方法提要　采用热解吸冷原子吸收光谱法直接测定烟丝、滤棒、包装材料、香精和接装纸等烟用材料样品中总汞的含量。

（2）仪器与试剂　DMA80型直接测汞仪（意大利Milestone公司），AFS-9800原子荧光光度计（北京科创海光科学仪器有限公司）。

1.000mg/mL，100μg/mL汞标准溶液（中国国家标准物质中心）。标准参考物质SRM1572、SRM1633b、SRM2704、SRM2710、SRM1515（美国国家标准和技术研究院）。

硝酸中金属杂质含量≤10μg/L（北京兴青精细化学品科技有限公司）。硼氢化钠纯度≥98%。

（3）样品制备　将烟草及其制品的样品于40～50℃下干燥60min，粉碎，过40目筛，烟用包装材料、接装纸、卷烟纸、滤棒剪切成碎片。准确称量10～100mg样品碎片，送入测汞仪进行测定。

（4）测定条件　样品在热解炉中被高温氧化分解，分解产物被送入催化管，其中的硫化物、酸性卤化物及氮化物被催化剂吸附，汞被还原，催化还原后的分解产物又被送入金汞齐化器，其中的汞被选择性吸附，吸附完毕，迅速加热金汞齐化器，释放出的汞蒸气随着载气通过吸收池，汞蒸气对波长253.7nm的共振线具有强烈的特征吸收，并遵循朗伯-比尔定律。热解吸冷原子吸收光谱法测量原理参见图10-1。

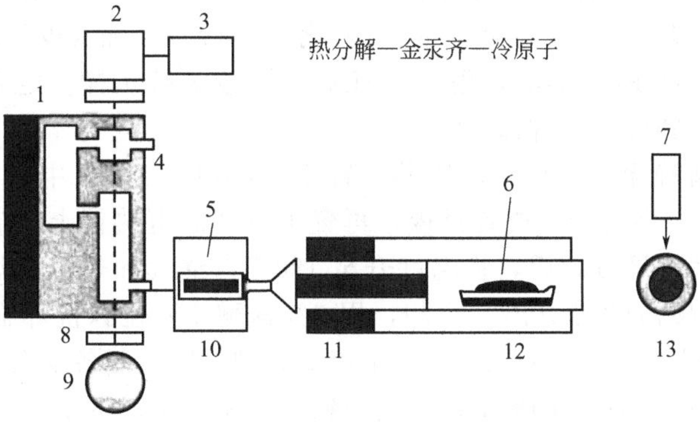

图10-1　热解吸冷原子吸收光谱法测量原理

1—滤光片；2—检测器；3—读数器；4—短池；5—金汞齐化器；6—样品舟；7—氧气流量调节阀；8—快门；9—汞灯；10—解吸炉；11—催化炉；12—干燥/分解炉；13—自动进样器

干燥温度200℃，干燥时间60s。热解温度650℃，热解时间180s。等待时间60s，齐化时间12s。载气（氧气）流量200mL/min。

（5）方法评价　检出限（3*s*，*n*=10）为0.038μg/kg，定量限为0.126μg/kg。测定汞标准物质、接装纸、滤棒、香精、固体香料、烟草制品和包装材料中的汞RSD分别为

0.58%、1.26%、1.89%、0.86%、2.47%、2.11%和1.32%。测定5种标准参考物质和添加10μg汞标准物质的不同烟用材料中的总汞含量，标准物质汞的回收率为97.6%～101.5%，加标回收率为97.2%～103.0%。测定低浓度汞和高浓度汞校正曲线的动态线性范围上限分别为20.00ng/L和1000ng/L，线性相关系数均为0.9999。

（6）注意事项

① 用测汞仪法与消解-原子荧光光谱法进行比较，经成对 t 检验，消解和不消解样品的汞测量值之间无显著性差异，原子荧光法和热解吸冷蒸气原子吸收直接测量法可以替代使用。

② 大量的汞会污染催化剂和金汞齐化器，导致后续样品分析时，系统中会有残留汞和较高空白信号，产生记忆效应。为使记忆效应的最小化，通常先分析低汞浓度的样品，后分析高汞含量的样品。减少高汞浓度样品称样量、增加样品分解时间，都可以降低系统的记忆效应。使用石英样品舟也可以降低系统的记忆效应。

10.3.1.4 食品香料大茴香醛中铅和砷含量的测定[9]

（1）方法提要 分别采用干法消解、石墨炉原子吸收法和浓硝酸＋高氯酸（20＋1）混酸常压消解、原子荧光法测定大茴香醛中铅和砷的含量。

（2）仪器与试剂 ZEENIT700型原子吸收光谱仪，带石墨炉（德国耶拿分析仪器股份公司）。AFS-920型原子荧光光谱仪（北京吉天仪器有限公司）。Cascada型超纯水仪（美国PALL公司）。

Pb标准储备溶液（GBW08619），As标准储备溶液（GBW08611），浓度均为1.000μg/L。

硝酸、高氯酸、盐酸，均为优级纯。硫脲、抗坏血酸、磷酸二氢铵，均为分析纯。硼氢化钾，实验纯。石墨炉原子吸收光谱法化学改进剂为10% $NH_4H_2PO_4$，使用量为5%（φ）。原子荧光法还原剂为5%盐酸-5%硫脲抗坏血酸混合溶液。实验用水为超纯水。

（3）样品制备 准确称取2g（精确至0.0001g）样品，置于50mL瓷坩埚中，在电热板上小火缓慢炭化至无烟，再移入马弗炉500℃灰化6h，冷却，加入少量超纯水润湿灰样，加入1.25mL 10% $NH_4H_2PO_4$ 溶液，用1% HNO_3 溶液溶解灰样，定容至25.0mL比色管中，摇匀，测定铅。同时制备空白试样。

准确称取2g（精确至0.0001g）样品，置于150mL三角瓶中，加入20mL浓硝酸、1mL高氯酸，瓶口加一小漏斗，放置过夜，再置于可调温电热板上低温加热，温度控制在150℃，加热至样品冒大量黄烟后，将温度升至180℃，继续加热至黄烟冒尽，消化至样液清亮，产生大量高氯酸白烟时取出，冷却，用5%盐酸-5%硫脲抗坏血酸混合溶液定容至25.0mL比色管中，摇匀，放置30min后，上机测定砷。同时制备空白试样。

（4）测定条件 石墨炉原子吸收光谱测定铅，分析线Pb 283.3nm。光谱通带0.8nm。灯电流4.0mA。进样体积20μL。干燥温度120℃，保持20s；灰化温度900℃，保持20s；原子化温度1500℃，保持4s；净化温度1700℃，保持2s。

原子荧光光谱测定砷，负高压270V，灯电流为60mA，进样体积0.5mL，载流液为5%盐酸溶液。原子化器高度8mm。载气流量400mL/min，屏蔽气流量800mL/min。读数时间5s，延迟时间0.5s。读数方式为峰面积。标准曲线法定量。

（5）方法评价 测定Pb和As的检出限（$3s$，$n=7$）分别为0.0055μg/mL和0.0032μg/mL。RSD（$n=3$）分别为3.9%和3.5%。加标回收率分别为96.7%和94.8%。Pb和As的动态线性范围分别在50ng/mL和100ng/mL范围内，相关系数分别为0.9990和0.9996。

（6）注意事项

① 茴香醛主要由茴香脑经氧化制成，或用对羟基苯甲醛、苯甲醚、对甲酚等原料合成。不同的生产工艺、不同的原料、不同的试剂都有可能造成茴香醛产品中铅、砷的含量不同。同一种生产工艺也会因原料来源（产地土壤重金属含量、气候、水质、光照、环境污染等）引起植物富集某种或某些元素的能力有差异，从而造成茴香醛产品中铅、砷的含量不同。

② 所有玻璃仪器均用 10% HNO_3 浸泡 24h 以上，最后用超纯水洗净晾干。

10.3.2　日化产品中重金属测定

日化产品是人们常用的日常消费品，而且几乎天天用在人们的皮肤上，因此对这些日化产品的质量要求较高，首先要安全可靠，不得有碍人体健康。必须对其质量和特性做一些必要的检测，包括毒性试验、刺激性试验、护肤效果检验。日化产品的生产，必须经国家有关部门检验合格发放生产合格许可证后方可进行。日化用品中尤其是化妆品，大都含有重金属，1987 年国家就颁布了 GB 7916—87《化妆品卫生标准》，明确地规定了 Pb、As、Hg 限量标准和相关的检测方法。对其他日化产品也建立了相关的标准（表 10-5）。

表 10-5　日化产品重金属限量标准及限量值

标准名称	元素限量值/(mg/kg)
化妆品安全技术规范(2015 年版) GB/T 29679—2013 洗发液、洗发膏 GB/T 8372—2017 牙膏 CCGF 211.1—2008 洗发液、护发素、免洗护发素、沐浴剂、洗手液 CCGF 211.4—2010 牙膏	Pb:10,As:2,Hg:1,Cd:2
GB 19877.1—2005 特种洗手液	As:10,Hg:1,重金属(以 Pb 计):40
GB 24691—2009 果蔬清洗剂	As(1%溶液中以 As 计):0.05 重金属(1%溶液中以 Pb 计):1

日用化妆品的前处理方法基本上采用微波消解法、湿式回流消解法、湿式催化消解法和浸提法四种方法。在最新的 2015 年版《化妆品安全技术规范》中，更新并加入了很多新的方法。表 10-6、表 10-7 列出了与原子光谱分析有关的技术规范。洗发液、护发素、免洗护发素、沐浴剂、洗手液、牙膏等都按安全技术规范中的方法进行检测。

表 10-6　《化妆品安全技术规范》(2015 年版)

测量元素	前处理方法	检测方法
Hg	微波消解法、湿式回流消解法、湿式催化消解法、浸提法	第一法:AFS 第三法:冷原子 AAS
	直接进样	第二法:汞分析仪
Pb	湿式消解法、微波消解法、浸提法(不含蜡质)	第一法:GFAAS 第二法:FAAS
As	湿式消解法、干灰化法、微波消解法 湿式消解法、干灰化法、压力消解罐消解法	第一法:AFS 第二法:FAAS
Cd	湿式消解法、微波消解法、浸提法(不含蜡质)	FAAS

表 10-7 其他前处理方法及检测标准

序号	标准名称	测量元素	前处理方法	检测方法
1	GB/T 29660—2013 化妆品中总铬含量的测定	总 Cr	浸提法、微波消解法	第一法 FAAS
2	SN/T 3825—2014 化妆品及其原料中三价锑、五价锑的测定	Sb^{3+}、Sb^{5+}	柠檬酸-柠檬酸钠溶液提取法	HPLC-AFS
3	SN/T 3479—2013 进出口化妆品中汞、砷、铅的测定方法 原子荧光光谱法	Hg、As、Pb	微波消解法	AFS

10.3.2.1 微波消解-原子荧光光谱法测定 7 种化妆品中的汞和砷[10]

（1）方法提要 采用微波消解系统消化样品，用原子荧光光谱法测定 7 种化妆品中的汞和砷。

（2）仪器与试剂 AF0610 型原子荧光光谱仪（北京瑞利分析仪器有限责任公司）。Marsxpress 型微波加速反应系统（美国 CEM 公司）。

100μg/mL 砷标准储备溶液和 100μg/mL 汞标准储备溶液（国家标准物质研究中心）。100ng/mL 和 10ng/mL 砷、汞标准使用溶液由标准储备溶液逐级稀释制备。

氢氧化钾、硫脲、抗坏血酸、盐酸、硝酸，均为优级纯；实验用水为去离子重蒸馏水。

（3）样品制备 准确称取 0.3g 试样，置于消解罐中，加入 5mL 硝酸，盖好内盖，拧上外盖，将消解罐放入微波消解系统中，按照预先设定的程序，分别于温度 120℃、160℃、180℃进行程序升温消化，升温时间均为 6min，保温时间分别为 5min、5min、20min。待消化完毕后，取出消解罐，冷却，将消化液定量移入 25mL 容量瓶中，用少量双蒸水多次洗罐，洗涤液并入消解液，稀释至刻度。砷待测液需加入 2.5mL 10%的硫脲-抗坏血酸溶液，再用双蒸水稀释至刻度；同时分别制备试剂空白。

（4）测定条件

① 测定汞：泵速 100r/min，载流液为 2% HCl 溶液，硼氢化钾溶液浓度 0.05%（含 0.2%氢氧化钾）。光电倍增管负高压 260V。灯主电流（峰值）40mA，辅助阴极电流 0mA。原子化温度为低温，原子化器高度为 7mm。载气流量 600mL/min。测量方式峰面积，标准曲线法定量。

② 测定砷：泵速 100r/min，载流液为 2% HCl 溶液，硼氢化钾溶液浓度 1.0%（含 0.2%氢氧化钾）。光电倍增管负高压 270V。灯主电流（峰值）60mA，辅助阴极电流 0mA。原子化温度为室温，原子化器高度为 7mm，载气流量 800mL/min，积分时间 16s，延迟时间 3s。测量方式峰面积。标准曲线法定量。

（5）方法评价 测定 Hg、As 的检出限（$3s$，$n=11$）分别为 0.023μg/L 和 0.036μg/L，RSD（$n=11$）分别为 0.7%和 1.1%，加标回收率分别为 97.39%和 96.91%。Hg 和 As 的质量校正曲线动态线性范围上限分别是 0.80ng/mL 和 8.0ng/mL，相关系数分别为 0.9994 和 0.9998。

（6）注意事项 用微波消解系统消化样品之前，应将所有消化罐及容器用 30%硝酸浸泡过夜，以防止污染。消化好的样品应完全溶解，消解液无色澄清或略带黄色。消化过程中应注意使每个消化罐都达到设定的温度，否则会有个别样品消化不彻底，影响测定结果的精密度。

10.3.2.2 微波消解-石墨炉原子吸收法测定唇膏中的4种金属的含量[11]

(1) 方法提要 微波消解唇膏样品，采用石墨炉原子吸收光谱法测定其中的Pb、Mn、Cr和Cd的含量。

(2) 仪器与试剂 AA7000型原子吸收光谱仪（日本岛津公司）。MAS-Ⅱ型微波合成萃取仪（上海新仪微波化学科技有限公司）。

1000mg/L Pb、Mn、Cr、Cd标准溶液。所用试剂均为优级纯，实验用水为去离子水。

(3) 样品制备 准确称取1.0g（精确至0.001g）均匀试样于聚四氟乙烯溶样杯中，加入少量水润湿，再加入8mL硝酸、1mL过氧化氢，浸泡过夜后，将聚四氟乙烯溶样杯放入高压密闭溶样罐中，于1600W微波消解8min。取出冷却，将消解液于160℃加热赶酸，蒸至消解液体积约为1mL，定量转移至10mL容量瓶中，摇匀，定容。石墨炉原子吸收法测定消解液中Pb、Mn、Cr、Cd。

(4) 测定条件 待仪器稳定后，以5% $NH_4H_2PO_4$为化学改进剂，将预处理好的样品用石墨炉原子吸收光谱仪测定。分析线分别是Pb 283.3nm，Mn 279.5nm，Cr 357.9nm，Cd 228.5nm。石墨炉工作条件参见表10-8。

表10-8 石墨炉工作条件

元素	干燥		灰化		原子化	
	温度/℃	时间/s	温度/℃	时间/s	温度/℃	时间/s
Pb	120	20	300	30	1800	3
Mn	120	20	500	30	2100	4
Cr	120	20	600	30	2300	3
Cd	120	20	300	30	1800	3

(5) 方法评价 测定Pb、Mn、Cr、Cd的检出限（μg/L）分别是4.2、3.5、2.3、2.5。RSD分别为4.1%、3.6%、3.9%、2.7%。加标回收率分别为103.2%、98.0%、99.5%、103.0%。校正曲线动态线性范围上限（mg/L）分别是32.0、8.0、8.0、8.0，相关系数分别为0.9993、0.9995、0.9992、0.9993。

10.3.2.3 高效液相色谱-原子荧光光谱法测定化妆品中的无机汞、甲基汞和乙基汞[12]

(1) 方法提要 利用高效液相色谱对化妆品样品中不同形态的汞进行分离后，采用原子荧光光谱法同时测定化妆品中的无机汞、甲基汞和乙基汞的含量。

(2) 仪器与试剂 PF52型原子荧光形态分析仪（北京普析通用仪器有限责任公司）。5860型超声波脱气仪（上海科贝尔公司）。

1000μg/mL无机汞、65.0μg/mL甲基汞和70.6μg/mL乙基汞标准储备液（中国计量科学研究院）。100μg/mL无机汞标准使用液，1.00μg/mL无机汞、甲基汞、乙基汞的汞混合标准使用液，定容介质溶液为流动相，现用现配。

甲醇（色谱纯），盐酸、硼氢化钾、乙酸铵、氢氧化钠、L-半胱氨酸（分析纯）。

(3) 样品制备 准确称取一定量（精确至0.1g）的样品（固体样品为0.5g，液体样品为1g）于15mL塑料离心管中，加入10mL 5mol/L盐酸，旋涡混合5min，于室温条件下水浴超声15min，再于4℃条件下以8000r/min离心15min。准确吸取5mL上清液至10mL试管中，再将试管置于冰水中，用6mol/L氢氧化钠溶液中和至样品溶液的pH值为2～7，加入0.2mL10g/L的L-半胱氨酸溶液，用水定容后，过0.45μm滤膜，备用。同时制备空白试样。

（4）测定条件

① 液相色谱：Pgrandsil-FE-C_{18}色谱柱，250mm×4.6mm，5μm（北京迪科马科技有限公司）。流动相是5%甲醇-60mmol/L乙酸铵溶液-0.1% L-半胱氨酸溶液，等度洗脱，流量为1mL/min。柱温常温；阀控制常规流路；进样体积100μL。

② 原子荧光光谱仪：光电倍增管负高压300V。灯电流50mA。炉温200℃。Ar载气流量300mL/min，辅助Ar气流量600mL/min。还原剂是20g/L硼氢化钾-5g/L氢氧化钠溶液，载流液是10%盐酸溶液。

（5）方法评价　测定无机汞、甲基汞、乙基汞的检出限均为0.067mg/kg。RSD（$n=6$）为3.6%～4.8%。加标回收率为80.0%～97.3%。校正曲线动态线性范围上限均为10μg/L，相关系数分别为0.9997、0.9983、0.9993。

（6）注意事项　制备样品时，需用6mol/L氢氧化钠溶液中和至样品溶液的pH值为2～7。如酸碱中和产生的热量扩散不及时，会使温度升高过快，导致汞化合物挥发损失，造成测定值偏低。在采用不同冷却方式的条件下，经过对空白溶液进行甲基汞加标回收试验，发现采用冰水冷却，样品的回收率较高。故在中和反应时，需要采用冰水冷却。

10.3.2.4 浸提法-原子荧光法测定化妆品中的砷含量[13]

（1）方法提要　采用浸提法对不同性状的化妆品进行前处理，原子荧光光谱法测定其中的砷含量。

（2）仪器与试剂　AFS9750型原子荧光分光光度计（北京科创海光仪器有限公司）。Milli-Q超纯水机［密理博（中国）有限公司］。ETHOS UP微波消解仪（意大利迈尔斯通公司）。VB24赶酸器（北京莱伯泰科科技有限公司）。DS360石墨消解仪（广州格丹纳仪器有限公司）。MAS-Ⅱ型微波合成萃取仪（上海新仪微波化学科技有限公司）。

1000mg/L砷元素标准溶液（中国计量科学研究院），10mg/L砷元素标准中间储备液1，100μg/L砷元素标准中间储备液2。

硫脲-抗坏血酸混合溶液：称取12.5g硫脲，加约80mL水加热溶解，待冷却后，加入12.5g抗坏血酸，稀释至100mL。盐酸羟胺溶液：取12.0g盐酸羟胺和12.0g氯化钠，溶于100mL水中。$\psi=1:9$、$\psi=5:95$盐酸溶液，5g/L氢氧化钾溶液，5g/L硼氢化钾溶液。

硝酸，30%过氧化氢，盐酸，均为优级纯。实验用水为一级水。

（3）样品制备　准确称取1g（精确至0.001g）样品于50mL具塞比色管中，随同试样制备试剂空白。样品如含有乙醇等有机溶剂，先在水浴或电热板上低温挥发，若为膏霜类型样品，可预先在水浴中加热，使管壁上样品熔化流入管底部。加入5.0mL浓硝酸、2.0mL过氧化氢，混匀。如出现大量泡沫，可滴加数滴辛醇，于沸水浴中加热2h。取出，加入1.0mL盐酸羟胺溶液，放置15～20min，用水定容至25mL。

（4）测定条件　用盐酸溶液（$\psi=5:95$）为载流液，在酸性条件下用硫脲-抗坏血酸预还原五价砷为三价砷，20g/L硼氢化钾溶液发生AsH_3，被载气带入石英管炉中，受热分解为原子态砷，在砷空心阴极灯发射光谱激发下，产生原子荧光，进行定量测定。原子荧光测定参数见表10-9。

表 10-9 原子荧光测定参数

参数	数值	参数	数值
分析线	As 193.7nm	负高压	250V
灯电流	60mA	载气流量	400mL/min
屏蔽气流量	800mL/min	读数时间	18s
延迟时间	5s	原子化器高度	8mm

(5) 方法评价 测定 As 的检出限为 0.00095μg/kg，定量限为 0.0033μg/kg。测定含量为 0.1～1.0mg/kg 的样品，RSD<11%。加标回收率为 91.72%～108.50%。校正曲线动态线性范围上限是 10μg/L，相关系数为 0.9992。测定半流体样品（洗面奶）、固体样品（膜粉）、液体样品（保湿水）3 类样品的 RSD（$n=7$）分别为 3.05%、3.44%和 2.91%。

测定国家有证标准物质（GBW09303）蜜类化妆品中砷，测定值与标准值相符。

10.3.2.5 石墨炉法测定化妆品原料中硒元素的含量[14]

(1) 方法提要 用微波辅助硝酸消解化妆品原料样品，石墨炉原子吸收光谱法测定其中硒元素的含量。

(2) 仪器与试剂 AA-900T 型原子吸收光谱仪（美国珀金埃尔默公司）。ETHOS UP 微波消解仪（北京莱伯泰科科技有限公司）。Milli-Q 超纯水机［密理博（中国）有限公司］。

1000μg/mL 硒标准溶液（国家有色金属及电子材料分析测试中心）。0.1%铜化学改进剂溶液（国家有色金属及电子材料分析测试中心）。

硝酸，30%过氧化氢，均为优级纯。实验用水为一级水。

(3) 样品制备 按照化妆品的状态剂型分别准确称取 0.2g 左右的粉末、水剂、膏霜三种具有代表性的样品于聚四氟乙烯高压密闭罐中，加入 3mL 浓硝酸，以 10℃/min 速率升温到 130℃恒温加热 10min，然后加入 3mL 水、2mL 过氧化氢，再以 10℃/min 速率升温到 200℃，恒温加热 10min 进行消解（随时注意罐内是否干涸）。消解完成后待温度降至 50℃，取出消解罐，打开罐盖，加入足够的盐酸，使六价硒还原成四价硒，再次放在 130℃电热板上加热，去除罐内的二氧化氮及硝酸，然后倒出消解液，定容至 50mL。同时制备空白试样。

(4) 测定条件 分析线 Se 196.03nm。光谱通带 2.0nm，空心阴极灯电流 15mA。氩载气压力 0.3MPa。进样量 20μL，测量方式为峰高。化学改进剂是 5μL 0.1%铜溶液。石墨炉升温程序见表 10-10。

表 10-10 石墨炉升温程序

序号	温度/℃	升温时间/s	保持时间/s	内气流量/mL	气流类型
1	110	1	30	250	正常
2	130	15	30	250	正常
2	1100	10	20	250	正常
2	1900	0	5	0	正常
3	2450	1	3	250	正常

(5) 方法评价 测定硒的 RSD（$n=6$）为 1.27%。在空白样品中分别加入 10ng/mL、50ng/mL、100ng/mL 硒进行回收试验，平均加标回收率为 98.74%。校正曲线动态线性范

围是 20～100ng/mL，线性相关系数为 0.9989。

（6）注意事项

① 化妆品中常添加醇类或挥发性物质，在前处理过程中一定要除去这些物质，以免发生爆罐或爆炸的意外事件。用硝酸：过氧化氢（ψ=3：2）消解样品，对不同剂型的原料都可得到澄清的消解液。

② 硒元素属于易挥发元素，原子化温度必须适当，特别是化妆品原料种类繁多、基质复杂，大部分为有机物质，所以温度控制很重要，否则挥发或者灰化不完全，会引起样品测试的不准确。

10.3.2.6 ICP-AES 法测定植物染发剂中的重金属[15]

（1）方法提要　采用湿法消解染发剂样品，电感耦合等离子体原子发射光谱法同时测定其中的 As、Cd、Co、Cr、Cu 和 Pb 金属元素的含量。

（2）仪器与试剂　IntrepidⅡ型电感耦合等离子体原子发射光谱仪（美国热电公司）。

As、Cd、Co、Cr、Cu 和 Pb 标准溶液（国家标准物质中心）。

浓硝酸（优级纯），高氯酸（分析纯）。市售植物染发剂 5 种。实验用水为超纯水。

（3）样品制备　准确称取约 0.2000g 染发剂样品于石英烧杯中，并编号，按照相应的加标量加入各种元素的标准溶液，然后加入 8mL 硝酸和 2mL 高氯酸，盖上表面皿，浸泡过夜。次日放置于电热板上，180℃加热消解，直至烧杯内出现白烟，继续加热至溶液仅剩 1～2mL，停止加热，冷却，用超纯水冲洗烧杯及表面皿，转移至 10mL 容量瓶中，加水定容。同时做空白试样。

（4）测定条件　测定 As、Cd、Co、Cd、Cu 和 Pb 的分析线分别为 189.0nm、226.5nm、228.6nm、283.5nm、224.7nm 和 220.3nm。射频发生器功率 1151W。雾化气压力 310kPa，辅助气流量 1.0L/min。ICP 观测高度 15mm。

（5）方法评价　测定 As、Cd、Co、Cd、Cu 和 Pb 的检出限（μg/L）分别为 6.1、0.012、0.038、11.2、0.2 和 3.3。RSD（$n=3$）为 0.94%～8.8%。加标回收率在 80.5%～104.0%。各元素校正曲线动态线性范围上限均为 200μg/L，线性相关系数 r^2>0.9995。

10.3.2.7 固体进样高分辨连续光源石墨炉原子吸收光谱法直接测定口红中的镉[16]

（1）方法提要　固体进样高分辨连续光源石墨炉原子吸收光谱法直接测定口红中的 Cd 含量。

（2）仪器与试剂　ContrAA 700 高分辨率连续光源石墨炉原子吸收光谱仪（德国耶拿分析仪器公司）。

人发 Cd［(0.072±0.01)μg/g］标准物质 NCS ZC 81002b（中国国家钢铁分析中心）。所用化学试剂均为分析纯（德国默克化学股份有限公司）。氩气纯度 99.99%。实验用水为超纯水。

（3）样品制备　样品不用干燥，准确称取 1.0～2.5mg（平均为 2mg）样品置于称样平台上，在石墨炉加入 10μg 钯化学改进剂后，采用固体进样高分辨连续光源石墨炉原子吸收光谱法直接测定样品中的 Cd 含量。

（4）测定条件　用表 10-11 中所列条件消解样品和测定样品中的镉含量。

表 10-11 样品消解和测定条件

步骤	起始温度/℃	升温梯度/(℃/s)	升温时间/s	气体流量/(L/min)
1. 干燥	110	5	10	2.0
2. 热解	350	50	20	2.0
3. 热解	850	300	10	2.0
4. 气体调节	850	0	5	停止
5. 原子化	1600	2000	6	停止
6. 净化	2450	500	4	2.0

(5) 方法评价　称取 1.0～2.5mg（平均为 2mg）唇膏样，测得 Cd 的检出限和定量限分别为 5.0pg 和 16.7pg（对应于 Cd 浓度分别为 2.5ng/g 和 8.4ng/g）。在唇膏样品内添加 0.100ng 和 0.200ngcd，测得加标回收率（n=7）分别是 110%和 93%。

用标准水溶液建立校正曲线，校正曲线动态线性范围上限为 1000pg，r^2为 0.999。用固体样品建立校正曲线时，无论 Cd 浓度如何，线性和精度都受到样品量、基质的雾化效率影响。当加载 1.0～2.5mg 样品时，线性相关系系数 r^2=0.999。由于没有消化步骤，方法具有快速、简便、价廉、环保等优点。

(6) 注意事项　不加化学改进剂时，从 300℃到 400℃ Cd 开始有损失。使用钯改进剂，热解温度可提高至 850℃。

10.3.2.8 微波消解-电感耦合等离子体原子发射光谱法测定皮肤美白化妆品中重金属[17]

(1) 方法提要　硝酸＋双氧水＋氢氟酸微波辅助消解样品，ICP-AES 法测定 15 种皮肤美白化妆品中的 6 种有毒重金属 Bi、As、Cd、Pb、Hg 和 Ti 的含量。

(2) 仪器与试剂　6500 型 ICP-AES 电感耦合等离子体原子发射光谱仪（美国赛默飞世尔科技公司）。

1000μg/L As，Bi，Cd，Hg，Pb 和 Ti 标准储备液（美国 Spex 化学公司）。菠菜叶标准参考物，NIST SRM 1570a（美国国家标准和标准物质研究院）。

硝酸、过氧化氢溶液、氢氟酸（印度 Mumbai 公司）。其他使用的化学试剂和溶液为分析纯或色谱纯（德国 Merck 公司）。

(3) 样品制备　准确称取 0.1～0.25g 美白护肤化妆品样品于 120mL 的聚四氟乙烯容器中，分别加入硝酸、双氧水和氢氟酸各 1mL。然后将容器密封放置 15min，待反应完成后，将容器放在室温下去除密封。容器的盖子和内壁用去离子水进行清洗，清洗液合并于消解溶液内。样品通过 Whatman 滤纸进行过滤至 50mL 聚丙烯容量瓶中，用去离子水定容。用同样条件制备空白样品。

(4) 测定条件　按表 10-12 微波消解程序消解样品。用 ICP-AES 法测定美白化妆品中

表 10-12 微波消解程序

阶段	时间/min	功率/W	温度/℃
1	15	450	195
2	2.0	0	195
3	10	300	195
4	15	350	195

有毒重金属 As、Bi、Cd、Pb、Hg 和 Ti，分析线（nm）分别是 189.00、223.00、228.80、220.30、184.95、334.90。射频发生器功率 1150W，冷却气流量 12L/min，辅助气流量 0.5L/min，泵转速 25r/min，观测方向轴向，测定次数 3 次。

（5）方法评价 测定菠菜叶标准参考物，回收率是 90%～105%。测定了 15 种皮肤美白化妆品中 As、Bi、Cd、Pb、Hg 和 Ti 等 6 种有毒重金属含量，平均值分别是 1.0～12.3μg/g、33～7097μg/g、0.20～0.6μg/g、1.20～143μg/g、0.70～2700μg/g 和 2.0～1650μg/g。其中一些重金属含量高于世界卫生组织推荐的允许限量，可能对人体健康造成严重影响。

（6）注意事项 美白护肤品在上市前都要检查重金属含量，该方法可用于化妆品中有毒重金属的常规分析。

10.3.2.9 用高分辨连续光源石墨炉原子吸收光谱直接分析法测定防晒霜中的铅和铬[18]

（1）方法提要 采用高分辨连续光源石墨炉原子吸收光谱分析法直接测定防晒霜样品中的铅和铬含量。

（2）仪器与试剂 700 型高分辨率连续光源原子吸收光谱仪（德国耶拿分析仪器股份公司），配备横向加热石墨管原子化器，300W 短弧氙灯，高分辨率 Echelle 单色仪和 588 像素线电荷耦合器件（CCD）阵列检测器。Milli-Q 水净化系统（美国 Millipore）。

1000mg/L 铅和铬储备标准溶液（巴西 Specsol 公司）。

化学改进剂溶液 0.05%（ρ）Pd（NO_3）$_2$+0.03% $Mg(NO_3)_2$+0.05%（ψ）Triton X-100。用于制备标准溶液的硝酸（德国 Merck 公司）经亚沸蒸馏纯化。HCl、HNO_3 和 HF 均为分析纯。实验用水为去离子水（电阻率为 18MΩ·cm）。

（3）样品制备 将 250mg 防晒霜样品、3mL HNO_3、3mL HCl、1mL HF 加入聚四氟乙烯容器中。然后，将容器密封，放置在烘箱内，加热至 170℃，持续 2h。冷却至环境温度后，用超纯水稀释至 10mL。

（4）测定条件 用微量移液管移取 20μL 样品手动注入仪器，按照表 10-13 中的温度程序消化后测定 Pb 和 Cr。分析线是 Pb 283.306nm，Cr 359.349nm。0.05% Pd（NO_3）$_2$+0.03% $Mg(NO_3)_2$+0.05% Triton X-100 作为化学改进剂。

表 10-13 测定防晒霜中 Pb 和 Cr 的温度程序

步骤	起始温度/℃	升温梯度/(℃/s)	升温时间/s	气体流量/(L/min)
干燥 1	90	10	20	2
干燥 2	130	10	40	2
热解	1200①/1300②	300	30	2
原子化	2100①/2600②	3000	10	0
净化	2650	500	6	2

① Pb。
② Cr。

（5）方法评价 进样量为 4.5mg 时，测定 Pb 和 Cr 的检出限分别为 3.0μg/kg 和 1.0μg/kg，定量限分别为 9μg/kg 和 4μg/kg。RSD<9%。用成对 t 检验对本法与用酸消解法测定结果进行统计检验，在 95%置信水平下，两种方法的测定结果在统计上没有显著性差异。本法还具有试剂使用量少、检测通量高等特点，适用于常规样品检测。

（6）注意事项　所有容器和玻璃器皿在1.4mo/L硝酸中浸泡24h，并在使用前用去离子水冲洗。

10.4 染料和涂料分析

10.4.1 染料和涂料的标准及检测要求

染料是指能使其他物质获得鲜明而牢固色泽的一类有机化合物。用途很广，主要用于棉、毛、丝、麻、化学纤维、塑料、皮革、纸张等的染色与印花，也可用于食品工业、铅笔、墨水、照相、皂烛等方面。染料依据应用方法和性能分为直接染料、硫化染料、还原染料、缩聚染料、酸性染料、分散染料、碱性染料、阳离子染料等。涂料是一种有机化工高分子材料，可以用不同的施工工艺涂覆在物件表面，形成黏附牢固、具有一定强度、连续的固态薄膜。涂料划分为三个主要类别：建筑涂料、工业涂料和通用涂料及辅助材料。

染料和涂料在我们的日常生活中不可或缺，但是染料和涂料中有害物质会通过呼吸、接触、摄入等多种方式进入人体，影响身体健康，也会通过空气、水体、土壤等进入环境中，影响人们的生存环境。因此，染料和涂料中有害物质监控日益受到人们的关注和重视。

目前我国对染料和涂料类样品的取样主要参照GB/T 3186—2006《色漆、清漆和色漆与清漆用原材料取样》。涂料和染料的前处理主要是盐酸湿法提取、微波消解和干灰化法。最早的样品制备方法采用GB 9760—88《色漆和清漆　液体或粉末状色漆中酸萃取物的制备》。检测方法采用原子吸收光谱法和等离子体原子发射光谱法。

美国、欧洲、日本都已建立了研究染料生态安全和毒理的机构，专门了解和研究染料和涂料对人类健康与环境的影响。GB 20814—2014《染料产品中重金属元素的限值及测定》规定了染料产品中重金属元素的限量，根据2000年所发布的Eco-Tex Standard 100新版测试纺织品中有毒物质的标准，包括了铅、锑、铬、钴、铜、镍、汞等重金属的限量指标。近年来，我国针对染料、涂料出台了多项国家限量标准。GB 20814—2014规定了染料产品中重金属元素的限量，详见表10-14和表10-15。

表10-14　染料中重金属元素的限量值

元素	限量/(mg/kg)	元素	限量/(mg/kg)	元素	限量/(mg/kg)
As	50	Cu	250	Ni	200
Cd	20	Fe	2500	Pb	100
Co	500	Hg	4	Sb	50
Cr	100	Mn	1000	Zn	1500

注：对某些染料产品分子结构中含有的重金属元素，可不考虑该元素的量。

表10-15　涂料标准中重金属元素的限量值

序号	标准及限制对象名称	检测项目	元素及限量值/(mg/kg)
1	GB 18582—2008室内装饰装修材料内墙涂料中有害物质限量	可溶性	Pb:90　Cd:75　Cr:60　Hg:60
2	GB 18581—2009室内装饰装修材料溶剂型木器涂料中有害物质限量	可溶性	Pb:90　Cd:75　Cr:60　Hg:60
3	GB 24410—2009室内装饰装修材料水性木器涂料中有害物质限量	可溶性	Pb:90　Cd:75　Cr:60　Hg:60

续表

序号	标准及限制对象名称	检测项目	元素及限量值/(mg/kg)
4	GB/T 23996—2009 室内装饰装修用溶剂型金属板涂料	可溶性	Pb:90 Cd:75 Cr:60 Hg:60
5	GB/T 27811—2011 室内装饰装修用天然树脂木器涂料	可溶性	Pb:90 Cd:75 Cr:60 Hg:60
6	GB 28007—2011 儿童家具通用技术条件	可溶性	Sb:60 As:25 Ba:1000 Cd:75 Cr:60 Pb:90 Hg:60 Se:500
7	GB 8771—2007 铅笔涂层中可溶性元素最大限量	可溶性	Sb:60 As:25 Ba:1000 Cd:75 Cr:60 Pb:90 Hg:60 Se:500
8	GB 24613—2009 玩具用涂料中有害物质限量	可溶性	Sb:60 As:25 Ba:1000 Cd:75 Cr:60 Pb:90 Hg:60 Se:500
		总量	Pb:600
9	GB/T 23994—2009 与人体接触的消费产品用涂料中特定有害元素限量	可溶性	Sb:60 As:25 Ba:1000 Cd:75 Cr:60 Pb:90 Hg:60 Se:500
		总量	Pb:600
10	GB 24408—2009 建筑用外墙涂料中有限物质限量	总量	Pb:1000 Cd:100 Hg:1000 Cr^{6+}:1000
11	GB 24409—2009 汽车涂料中有害物质限量	总量	Pb:1000 Cd:100 Hg:1000 Cr^{6+}:1000
12	GB 4806.10—2016 食品接触用涂料及图层	总量	重金属(以 Pb 计):1

10.4.2 染料和涂料分析方法

10.4.2.1 ICP-AES 法测定染料中 12 种重金属元素含量[19]

（1）方法提要　采用电感耦合等离子体原子发射光谱法同时测定染料中 12 种重金属元素 As、Cd、Cr、Co、Cu、Fe、Hg、Mn、Ni、Pb、Sb、Zn 的含量。

（2）仪器与试剂　ICP-AES 720 电感耦合等离子体原子发射光谱仪［安捷伦科技（中国）有限公司］。

1000mg/L As、Cd、Cr、Co、Cu、Fe、Hg、Mn、Ni、Pb、Sb、Zn 单元素标准液（德国默克化学股份有限公司）。

5mg/L 汞标准中间溶液：移取 0.5mL Hg 标准储备溶液至 100mL 容量瓶中，定容。其余 11 种元素混合标准中间溶液（10mg/L）分别移取 1mL 1000mg/L 的 11 种标准储备溶液至 100mL 容量瓶中，定容即得。

盐酸、硝酸、高氯酸均为优级纯，过氧化氢为分析纯。实验室自制超纯水。

（3）样品制备　准确称取 1g（精确至 0.0001g）样品，投入 150mL 具塞锥形瓶中，分别加入 10mL 盐酸和 10mL 硝酸；将锥形瓶放到电热板上缓慢加热，直到黄烟基本消失；稍微冷却后加入 10mL 混酸（$HClO_4$: HNO_3 = 1 : 3），在电热板上高温加热至试样完全消解，得到无色或者微黄色透明的溶液；稍冷后加入 10mL 水，加热至沸腾并冒白烟，再保持数分钟以除去残余的混酸，冷却至室温；再把溶液转移至 100mL 容量瓶中，用水稀释至刻度。

（4）测定条件　等离子体功率 1000W。等离子体气流量 15L/min，辅助气流量 1.5L/

min，雾化气压力 1kPa。仪器稳定延迟时间 15s，进样延迟时间 30s。蠕动泵转速 15r/min。积分时间 1s。

（5）方法评价 在 3d 内对 0.5mg/L Hg 与 1mg/L As、Cd、Co、Cr、Cu、Fe、Mn、Ni、Pb、Sb、Zn 进行 7 次测定，检出限（3*s*，*n*=11），RSD（*n*=7）和回收率结果见表 10-16。校正曲线动态线性范围 Hg 是 0.05～1.0mg/L，其余 11 种元素是 0.05～5.0mg/L，线性相关系数≥0.9998。

表 10-16 测定 12 种元素的检出限、RSD 与平均回收率

元素分析线/nm	检出限/(mg/kg)	RSD (*n*=7)/%	平均回收率/%	元素分析线/nm	检出限/(mg/kg)	RSD (*n*=7)/%	平均回收率/%
As 193.696	0.37	1.65	92.8	Mn 257.610	0.32	2.18	98.3
Cd 214.502	0.24	3.14	93.7	Ni 231.604	0.57	1.09	96.2
Co 237.438	0.26	1.72	98.1	Pb 220.353	0.48	1.94	93.0
Cr 267.716	0.37	2.5	96.9	Hg 194.164	0.29	3.38	94.0
Cu 213.598	0.45	3.84	94.4	Sb 206.834	0.65	2.58	96.1
Fe 238.204	1.13	3.13	96.9	Zn 213.857	1.65	4.51	97.9

（6）注意事项 每种元素从仪器谱库中选择 3 条谱线，采用仪器的工作条件测定 1.0mol/L 标准溶液，根据元素各谱线的干扰情况选择干扰少且背景低的谱线。

10.4.2.2 微波消解氢化物发生-原子荧光光谱法测定涂料中的砷[20]

（1）方法提要 用硝酸微波消解样品，氢化物发生-原子荧光光谱法测定涂料中的砷含量。

（2）仪器与试剂 AF-640 型原子荧光光谱仪（北京北分瑞利分析仪器有限责任公司）。MK-Ⅱ型微波溶样系统（上海新科微波溶样技术研究所）。NW10uv Heal Force 超纯水器。

盐酸（优级纯），硼氢化钠、抗坏血酸、硫脲（化学纯）；实验用水为超纯水。

（3）样品制备 准确称取 0.3g 样品，加入 5mL 硝酸，放入微波消解罐中进行消解，将消解仪压力陆续增至 20MPa，消化时间为 8min。反应完全后，冷却，打开消化罐，用水把内容物转入 100mL 容量瓶中，再加入 10mL 5%硫脲和 5%抗坏血酸混合溶液，用 5% HCl 溶液定容。同时做空白试样对照。

（4）测定条件 依照表 10-17 给出的条件进行测定。

表 10-17 测定砷的条件

名称	参数	名称	参数
负高压	270V	灯电流	70mA
载气流量	300mL/min	原子化温度	300℃
原子化高度	8mm	屏蔽气流量	800mL/min
读数时间	30s	延迟时间	3s
采样时间	8s	注入时间	18s
注入泵速	100r/min	采样泵速	100r/min
还原剂	2%硼氢化钾溶液	载流液	5%HCl 溶液
测量方式	标准曲线法	信号类型	峰面积

（5）方法评价　测定砷的检出限是 0.3652μg/L。RSD（$n=11$）是 1.23%，加标回收率在 98%～103%。校正曲线动态线性范围上限是 200μg/L，相关系数为 0.9997。

（6）注意事项　采用盐酸作介质时，砷的荧光强度高、线性范围宽，且可消除一些金属离子的干扰。

10.4.2.3 微波消解-电感耦合等离子体原子发射光谱法测定二氧化硅涂料消光剂中 10 种元素[21]

（1）方法提要　用微波消解二氧化硅涂料消光剂样品，ICP-AES 法同时测定样品中的 As、Ba、Cd、Cr、Cu、Fe、Pb、Sb、Hg、Se 10 种元素的含量。

（2）仪器与试剂　Optima 7300DV 型等离子体原子发射光谱仪，分段式电感耦合检测器（SCD），波长为 65～782nm，光学系统为中阶梯光栅双光路二维色散分光系统（美国珀金埃尔默公司）。Milestone ETHOS E 1 型微波消解仪。Milli-QElement 型超纯水系统。

100mg/L 8 种元素混合标准储备溶液，内含 As、Ba、Cd、Cr、Cu、Fe、Pb、Sb；1000mg/L Hg 标准储备溶液，1000mg/L Se 标准储备溶液。

硝酸，盐酸，氢氟酸，均为优级纯。Ar 气纯度 99.99%以上。实验用水为超纯水。

（3）样品制备　准确称取小于 0.25g 二氧化硅涂料消光剂样品于聚四氟乙烯消解罐内，加 4mL 硝酸、2mL 盐酸、2mL 氢氟酸，按微波消解程序（表 10-18）进行消解，消解完成后，冷却至室温，开罐（开罐液体因溶有大量氮氧化合物而呈现绿色），将消解液置于电热板上低温加热，赶除氮氧化合物，至剩约 1mL，转移定容至 10mL 容量瓶中。按照仪器工作条件进行测定。随同试样进行空白试验。

表 10-18　微波消解程序

步骤	时间/min	功率/W	温度/℃	温度趋势
1	5	1000	150	升温
2	5	1000	150	恒温
3	5	1000	180	升温
4	5	1000	180	恒温
5	10	1000	210	升温
6	15	1000	210	恒温

（4）测定条件　各元素的分析线（nm）分别是 As 193.696、Ba 233.507、Cd 214.438、Cr 205.560、Cu 324.752、Fe 239.562、Pb 220.306、Sb 206.836、Hg 194.168、Se 196.020。等离子体功率 1300W。冷却气流量 15L/min，辅助气流量 1.0L/min，雾化气流量 0.50L/min。溶液提升量 1.5mL/min。冲洗时间 20s，积分时间 1～10s，观测高度 15mm，观测方式径向。

（5）方法评价　这 10 种元素的检出限（$3s$，$n=11$）为 0.002～0.041mg/L。RSD（$n=11$）为 1.0%～3.7%，回收率为 92.0%～106%。校正曲线动态线性范围为 0.4～4.0mg/L，相关系数为 0.9994～0.9999。按照 HJ 680—2013 微波消解-原子荧光法对涂料消光剂样品中的 Hg、As、Se、Sb 进行测定，按照 DB35/T 1142—2020 中的 ICP-MS 标准方法对涂料消光剂样品中的 Pb、Cu、Cd、Cr、Fe、Ba 进行测定，与本方法进行比对，测定值基本一致。

（6）注意事项

① 分析线 Ba 455.403nm 非常灵敏，易出现饱和现象；As 对 Cd 228.802nm 有弱干扰，

Cr 和 Sb 对 Se 203.985nm 有干扰，Fe 对 Pb 217.000nm 有干扰，其他谱线基本上不受干扰。

② 试验器具在使用前，经 5%硝酸溶液浸泡 24h 以上，然后用水充分冲洗备用。

10.4.2.4 水性建筑涂料中铅、铜总含量的测定[22]

(1) 方法提要 通过配方设计，将几种常用的基料与色浆调配成不同的涂料，然后制备成干涂膜，再使用干灰化法对涂膜进行前处理，制备成溶液，采用石墨炉原子吸收法对其铅、铜总含量进行测定。

(2) 仪器与试剂 SOLAAR M6 型原子吸收光谱仪（美国热电公司），FS95 型石墨炉，GF95 型自动进样器。QXD 型刮板细度计，QFH 涂膜划格仪（天津市精科材料试验机厂），0.22μm 混合滤膜（上海市新亚净化器件厂）。

铅、铜标准储备液（1g/L)：准确称取乙酸铅 4.5770g、无水硫酸铜 2.5120g，置于小烧杯中，用稀释液（1mL 浓盐酸或硝酸加水 100mL 配成）溶解后，转入 1000mL 容量瓶中，用硝酸稀释至刻度。1μg/mL 铅、铜的标准使用液：准确移取 10mL 铅、铜标准储备液于 100mL 容量瓶中，用稀释液（1mL 浓盐酸或硝酸加 200mL 水配成）稀释至刻度。

盐酸（分析纯)，硝酸（优级纯)。实验用水为蒸馏水。所有底漆、色浆、色浆原料均来自佛山市金恒有限公司。

(3) 样品制备 将待测涂料样品搅拌均匀，然后在蒸发皿上均匀涂覆一层较薄的涂膜，120℃左右烘干 2h，制成干涂膜。再将干涂膜从蒸发皿上刮下。称取 3～5g 于陶瓷坩埚中，虚掩盖子，置于电炉上加热，使试样充分炭化至无烟，然后置于马弗炉中，在约 500℃下灼烧 5h，冷却至 200℃左右取出，放入干燥器中冷却 30min，准确称量。每 0.5h 重复灼烧 1 次，直至恒重。然后向坩埚中加入 5mL 的 10%（ψ）混合酸（ψ=4∶1，盐酸∶硝酸）搅拌溶解后，转入 50mL 容量瓶中，用蒸馏水洗涤坩埚几遍，洗涤水并入容量瓶后，用水稀释至刻度。如溶液中有沉淀，则抽滤至澄清透明，同时制备空白试样。共设计 9 个配方，其中色浆均占配方总质量的 5%。

(4) 测定条件 仪器工作条件见表 10-19。

表 10-19 石墨炉原子吸收仪工作条件

工作条件	Pb	Cu
波长/nm	217.0	324.8
灯电流/mA	8	8
氩气流量/(mL/min)	200	200
干燥温度/℃	100	100
灰化温度/℃	600	850
原子化温度/℃	1100	2100
净化温度/℃	2500	2500

(5) 方法评价 铅和铜校正曲线动态线性范围上限分别是 50μg/L 和 100μg/L，相关系数 r^2 分别为 0.9981 和 0.9966。

10.4.2.5 微波消解-ICP-AES 法测定汽车涂料中 8 种重金属[23]

(1) 方法提要 以 HNO_3-H_2O_2（ψ=4∶1）混合酸微波消解样品，ICP-AES 法同时测定汽车涂料中的 Pb、Cr、Se、Ba、Sb、As、Cd、Hg 含量。

(2) 仪器与试剂 ICP-5000 型 ICP-AES［聚光科技（杭州）股份有限公司］。WX-8000

型微波消解仪（上海屹尧科技发展有限公司）。Milli-Q 型超纯水系统（美国密理博公司）。

1000μg/mL Pb、Cr、Se、Ba、Sb、As、Cd、Hg 标准储备溶液（国家有色金属及电子材料分析测试中心）。

硝酸，优级纯。过氧化氢、盐酸，分析纯。实验用水为超纯水。

（3）样品制备　将样品搅拌均匀，在用酸浸泡处理的玻璃板上制备厚度适宜的涂膜。待涂膜完全干燥后，取下涂膜，在室温下用玛瑙研钵将样品研细，使粉碎后的试样粒径不超过1mm。准确称取 0.2g（精确至 0.0001g）粉碎后的样品，置于消解罐中，加入 HNO_3-H_2O_2（ψ=4∶1）混合酸，密封消解罐，按表 10-20 微波消解程序进行消解。待消解完成后，取出，开罐，自然冷却至室温后，将消解液移入 100mL 容量瓶中，用超纯水定容。同时制备空白试样。

表 10-20　微波消解程序

步骤	温度/℃	压力/MPa	时间/min	功率/W
1	100	1.0	5	1000×2
2	150	1.5	3	1000×2
3	160	2.0	3	1000×2
4	180	3.0	8	1000×2
5	210	3.5	10	1000×2

（4）测定条件　各元素分析线分别是 Pb 220.353nm，Cr 267.716nm，Se 196.090nm，Ba 233.527nm，Sb 217.581nm，As 189.042nm，Cd 228.802nm，Hg 184.950nm。RF 发生器发射功率 1.15kW。等离子气流量 15L/min，辅助气流量 1.5L/min，雾化气流量 0.9L/min。泵转速 50r/min。分析时间 10s，样品冲洗时间 30s。读数次数 3 次。

（5）方法评价　Pb、Cr、Se、Ba、Sb、As、Cd、Hg 的检出限（3s，n=11，μg/L）分别为 4.5、1.8、21.4、0.9、9.0、10.5、1.5 和 6.0。RSD（n=6）为 2.3%～13%。对白色、蓝色、红色汽车漆样品进行加标回收试验，Pb、Cr、Se、Ba、As、Cd、Hg 的加标回收率为 81.26%～99.79%，Sb 的加标回收率为 62.43%～87.61%。校正曲线动态线性范围上限均为 2.0mg/L，线性相关系数 r>0.9998。

（6）注意事项　王水、HNO_3-H_2O_2、王水-H_2O_2 消解体系有很强的氧化和溶解能力，均能较好地消解样品（白色汽车漆），最终得到澄清的消解液。通过对上述不同酸体系及用量进行消解试验表明，当样品加入含有王水的混合酸后，粉末样品出现结块现象，影响消解效果。纯硝酸体系消解效果较差，测定值普遍偏低。当加入少量过氧化氢后，可以得到较好的消解效果。因此试验选择 HNO_3-H_2O_2（ψ=4∶1）混合酸体系消解样品。

10.4.2.6　ICP-AES 法测定油漆中可溶性重金属[24]

（1）方法提要　对油漆进行炭化-灰化-酸消解处理，再用 ICP-AES 法测定油漆中可溶性重金属 Cu、Zn、Pb、Cr、Cd 的含量。

（2）仪器与试剂　Optima 7000DV 电感耦合等离子体原子发射光谱仪（美国珀金埃尔默公司）。

Cu 单元素标准储备液：准确称取 0.1000g（精确到 0.0001g）铜粉，用 5mL 硝酸溶液（1∶1）溶解，用水定容至 100mL。Zn 标准储备液：准确称取 0.1000g（精确到 0.0001g）锌粉，用 5mL 盐酸溶液（ρ=1.19g/mL）溶解，煮沸，冷却后用水定容至 100mL。Pb 标准储备液：准确称取 0.1000g（精确到 0.0001g）铅粉，用 5mL 硝酸溶液（1+1）加热溶解，冷却后用水定容至 100mL。Cd 标准储备液：准确称取 0.1000g（精确到 0.0001g）镉粉，用 5mL 硝酸溶液（ρ=1.42g/mL）溶解，用超纯水定容至 100mL。Cr 标准储备液：准确称取 0.2829g（精确到 0.0001g）重铬酸钾，用 5mL 盐酸溶液（ρ=1.19g/mL）加热溶解，冷却后用水定容至 100mL。铜粉、锌粉、镍粉、镉粉和铅粉均为光谱纯。盐酸、硝酸为优级纯。实验用水为超纯水（电阻率 18.25MΩ·cm）。

（3）样品制备　准确称取 0.5～1g 样品（0.0001g）于瓷坩埚中，在电热板上低温除去大部分溶剂，逐渐升温，使油漆炭化至无烟为止，转移至（475±10)℃的马弗炉中煅烧 1h，取出冷却后，磨碎，加入 10mL 硝酸溶液（1+1）全部转移至聚四氟乙烯坩埚中，加热，待溶液体积 1～3mL 时，取下冷却后，继续补加硝酸溶液，温热消解，待溶液剩余 5mL 时，加入 20mL 水溶解可溶性残渣。过滤洗涤后转移至 50mL 容量瓶中，用 5%的稀硝酸定容。

（4）测定条件　各元素分析线是 Cu 327.393nm，Zn 206.200nm、Pb 220.353nm，Cr 267.716nm，Cd 228.802nm。RF 发生器发射功率 1.3kW，等离子气流量 15.0L/min，辅助气流量 0.2L/min，雾化气流量 0.8L/min，自动积分时间 6s，读数延时 35s。

（5）方法评价　测定 Cu、Zn、Pb、Cr、Cd 的检出限（3s，n=11，mg/L）分别为 0.006、0.005、0.003、0.003、0.002。RSD（n = 6）＜5%，加标回收率在 96.0%～102.5%。校正曲线动态线性范围上限均为 5.0mg/L，线性相关系数＞0.9991。

10.5　食品/饲料添加剂分析

10.5.1　食品/饲料添加剂的标准及检测要求

食品添加剂是指为改善食品品质和色、香、味以及为防腐或根据加工工艺的需要而加入食品中的化学合成或天然物质。饲料添加剂则是指为提高饲料利用率、保证或改善饲料品质、满足饲养动物的营养需要、促进动物生长、保障饲养动物健康而向饲料中添加的少量或微量营养性或非营养性的物质。

可以说食品添加剂是现代食品工业中不可或缺的一部分，其有力地推动了整个食品工业的发展进程。我国食品添加剂行业，虽然起步较晚，但经过多年的奋斗，已经发展成规模化、集约化经营的现代化添加剂工业。很多过去依靠进口的品种，现在成了出口为主的品种，在世界上具有举足轻重的地位。

饲料添加剂是农牧业生产中的重要产品。我国畜牧业正处在以散养为主导的传统生产方式向规模化、集约化、专业化、现代化生产方式转变的关键时期。畜牧业生产方式的转变对饲料产品的产量和质量都提出了更高的要求，为饲料添加剂产业的发展创造了更为广阔的市场空间。未来中国饲料添加剂行业将朝着规模化、专业化的方向发展，安全、绿色的饲料添加剂将成为行业发展的热点和重点。

10.5.2　食品/饲料添加剂分析方法

10.5.2.1　原子荧光光谱法测定食品添加剂山梨酸钾中砷含量[25]

（1）方法提要　采用硝酸+过氧化氢微波消解样品，原子荧光光谱法测定食品添加剂山梨酸钾（2,4-己二烯酸钾，$C_6H_7KO_2$）中砷的含量。

（2）仪器与试剂　AFS-9700/9730/A 系列原子荧光光谱仪（北京海光仪器有限公司）。

Mars6 高通量密闭微波消解仪（美国 CEM 公司）。

1000μg/mL 砷标准储备溶液（国家有色金属及电子材料分析测试中心）。5.0μg/mL 砷标准溶液，由砷标准储备溶液逐级稀释得到。

过氧化氢、硝酸、盐酸均为优级纯，其余试剂为分析纯。实验用水为去离子水。

（3）样品制备　准确称取 1.0g（精确至 0.0001g）样品于微波消解罐中，用少量水润湿，加入 5mL 硝酸、3mL 过氧化氢。在 120℃消解 10min，在 160℃消解 10min，180℃消解 15min。消解结束后，将样品罐取出，冷却，将样品转移至 25mL 容量瓶中，加少量水多次洗涤样品罐，洗涤液移入容量瓶中，加入 2.5mL 硫脲，定容，摇匀，放置 30min 后测定。同时配制试剂空白溶液。

（4）测定条件　光电倍增管负电压 270V，灯电流 30mA。原子化器高度 8mm。载气流量 300mL/min，屏蔽气流量 800mL/min，读数延迟时间 4.0s。

（5）方法评价　方法的检出限（$n=11$）为 3.1μg/kg。测定 10.0μg/L 标样，RSD（$n=6$）为 2.4%。在加标量为 0.25μg/mL、0.50μg/mL、0.75μg/mL 3 个浓度水平的山梨酸钾实际样品各 3 份进行回收试验，平均加标回收率为 84.4%～96.8%，RSD（$n=6$）为 2.8%。砷校正曲线动态线性范围是 5～50μg/L，相关系数为 0.9999。

（6）注意事项　单独使用硝酸消解样品时，消解液的颜色比较深，消解不完全，采用硝酸和过氧化氢混合液进行消解时，消解效率高，消解液显得比较清亮。

10.5.2.2 电感耦合等离子体原子发射光谱法测定食品添加剂硫酸锌中铁、锰、铅、镉[26]

（1）方法提要　试样用水溶解后，采用 ICP-AES 法测定食品添加剂硫酸锌中 Fe、Mn、Pb、Cd 的含量。

（2）仪器与试剂　720ES 型电感耦合等离子体原子发射光谱仪，水平炬管（美国安捷伦科技公司）。

1000μg/mL Fe、Mn、Pb、Cd 标准储备溶液（国家钢铁材料测试中心钢铁研究总院）。100μg/mL Fe、Mn、Pb、Cd 标准使用溶液分别由标准储备溶液用 10%盐酸溶液稀释得到。

12mol/L 盐酸（优级纯），100μg/mL 盐酸。实验用水为去离子水。

（3）样品制备　准确称取 10.0g 试样置于 100mL 烧杯中，加 30mL 水、5.0mL 12mol/L 盐酸，溶解后转移至 100mL 容量瓶中，以水定容，摇匀，待测。同时制备空白试样。将标准溶液、样品空白溶液、试样溶液分别导入 ICP-AES 进行测定。

（4）测定条件　分析线分别为 Fe 238.204nm、Mn 257.610nm、Pb 220.353nm、Cd 226.502nm。射频发生器功率 1200W。冷却气流量 15L/min，辅助气流量 0.5L/min，载气压力 200kPa，蠕动泵转速 15r/min，积分时间 10s，测定次数 3 次。标准曲线法定量。

（5）方法评价　测定 Fe、Mn、Pb、Cd 的定量限（10s，$n=11$）分别是 0.050μg/mL、0.010μg/mL、0.010μg/mL 和 0.010μg/mL。以称样 10g 定容到 100mL，定量限分别为 0.5mg/kg、0.1mg/kg、0.1mg/kg 和 0.1mg/kg。在 3 个浓度水平进行添加，平均回收率是 90%～120%，RSD（$n=5$）＜5%。本方法与国家标准 GB 25579—2010 中推荐的铅和镉的检测方法测定的结果基本一致。校正曲线的动态线性范围，Fe 是 0.10～3.00μg/mL、Mn 是 0.05～5.00μg/mL、Pb 是 0.05～2.00μg/mL、Cd 是 0.05～0.50μg/mL。

（6）注意事项　用含 35%的锌与 53%的硫酸根进行基体匹配与不进行基体匹配，测定结果无明显差异，测定中不需要进行基体匹配。

10.5.2.3　石墨炉原子吸收光谱法测定食品添加剂二氧化钛中的重金属铅[27]

(1) 方法提要　采用石墨炉原子吸收光谱法测定食品添加剂 TiO_2 中有害重金属 Pb 的含量。

(2) 仪器与试剂　Zeenit 600 型石墨炉原子吸收光谱仪（德国耶拿分析仪器股份公司）。UPW-Ⅱ-90Z 优普系列超纯水机（上海优普实业有限公司）。

5.00mg/L 铅标准储备溶液（上海计量测试技术研究院）。

钛白粉为食品级。硝酸、盐酸及其他试剂均为优级纯。

(3) 样品制备　准确称取钛白粉样品于干烧杯中，加入 1mL 硝酸、3mL 盐酸，于电热板上加热，待酸液蒸发至少量时，冷却至室温，转移至 25mL 容量瓶中，用超纯水定容。

(4) 测定条件　分析线 Pb 283.3nm。光谱通带 0.8nm，灯电流 4.0mA。干燥温度90～110℃，保持时间 40s；灰化温度 1000℃，保持时间 10s；原子化温度 1600℃，保持时间 4s；清除温度 2300℃，保持时间 4s，塞曼效应扣背景。进样量 20μL，化学改进剂 0.05%磷酸二氢铵。自动进样器进样。

(5) 方法评价　检出限是 0.68ng/mL，定量限是 2.3ng/mL。RSD（$n=6$）是 4.0%。加标回收率为 100.9%～111.7%。校正曲线动态线性范围上限为 60ng/mL，线性相关系数 $r^2=0.9960$。

(6) 注意事项　钛白粉是一种偏酸性的化学性质稳定的氧化物，常温下几乎不与其他物质反应。只有在长时间煮沸条件下，才能完全溶于浓硫酸和氢氟酸，但过量的氢氟酸溶液会加速对石墨管涂层的损害，降低石墨管的寿命。热的浓硫酸对钛白粉能够完全分解，但硫酸的引入会产生大量的硫酸氧钛在原子光谱中造成很强的背景干扰，对信号检测产生很大的影响。为此，本方法选择直接用王水对钛白粉进行前处理。

10.5.2.4　氢化物发生-原子荧光法测定食品添加剂碳酸钙中的铅[28]

(1) 方法提要　用盐酸溶样，氢化物发生-原子荧光法测定食品添加剂 $CaCO_3$ 中的 Pb 含量。

(2) 仪器与试剂　AFS-9230 型双道原子荧光光谱仪（北京吉天仪器有限公司）。

1000mg/L 铅标准储备溶液（国家钢铁材料测试中心）。60.00μg/L 铅标准溶液，用（1＋99）盐酸溶液将铅标准储备溶液逐级稀释而成。

硼氢化钾-氢氧化钠-铁氰化钾混合溶液：称取 8g 氢氧化钠溶解于 250mL 水中，溶解后加入 10g 硼氢化钾，待其溶解后，再加入 16g 铁氰化钾，用水定容至 1L，用时现配。（1＋3 及 1＋99）盐酸溶液。

盐酸、氢氧化钠是优级纯，其他试剂均是分析纯。实验用水为去离子水。

(3) 样品制备　准确称取 1.0g 试样于 100mL 玻璃烧杯中，用少量水润湿，缓慢加入 7mL 盐酸溶液（1＋3），待试样反应完全后，加入 15mL 水，加热至沸腾，冷却至室温后，转移至 50mL 容量瓶中，加入 2.0mL 盐酸溶液（1＋3），用水定容至刻度。同时制作空白样品。

(4) 测定条件　光电倍增管负高压 270V，灯电流 80mA。Ar 载气流量 400mL/min，屏蔽气流量 800mL/min。原子化器高度 8mm。读数时间 9.0s，延迟时间 0.5s。读数方式峰面积。标准曲线法定量。以盐酸溶液（1＋99）作载流液，硼氢化钾-氢氧化钠-铁氰化钾混合溶液作还原剂发生氢化物。

(5) 方法评价　检出限（$3s$，$n=11$）为 3.2μg/kg，RSD（$n=11$）为 0.74%，加标回

收率为 95.2%～104.3%，校正曲线动态线性范围上限为 60μg/L，线性相关系数 r^2 = 0.9998。本法与国家标准方法（AAS）的测定值基本一致。

（6）注意事项

① 在试验条件下，对 10μg/L Pb 标准溶液进行测定，下列共存离子最大允许浓度（mg/L）是 Al^{3+}、Zn^{2+} 80，Ni^{2+} 12，Fe^{3+} 10，Cd^{2+}、Se^{2+} 7，Mn^{2+} 4，As^{3+} 3，Hg^{2+}、Cu^{2+}、Sn^{2+}。

② 所用玻璃器皿及进样试管均用硝酸溶液（1+5）浸泡过夜。

10.5.2.5 石墨炉原子吸收和原子荧光法测定调味品及调味品配料中的铅和砷[29]

（1）方法提要 采用微波消解处理调味品及调味品配料（酱油、浓缩鸡汁、鸡肉香精、酵母抽提物、复配甜味剂、淀粉、β-胡萝卜素等调味用香精、添加剂及配料），分别采用石墨炉原子吸收和氢化物发生-原子荧光法测定其中的铅和砷的含量。

（2）仪器与试剂 Thermo ICE 3500 型原子吸收光谱仪（美国赛默飞世尔科技公司），PF7 原子荧光光谱仪（北京普析通用仪器有限责任公司）。MARS-express 微波消解仪（美国 CEM 公司）。Milli-Q 型纯水仪［密理博（中国）有限公司］。BHW-09C 型敞开式电加热恒温炉（上海博通化学科技有限公司）。

1000μg/mL 铅标准溶液（中国计量科学研究院），1000μg/mL 砷标准溶液（国家钢铁材料测试中心）。

硝酸，硼氢化钠，氢氧化钠，磷酸二氢铵均为优级纯。

（3）样品制备 对酱油等液体样品准确移取 1.00mL，对半固体、固体样品准确称取 0.25g（精确到 0.001g），加入消解罐内，再加入 5.0mL 硝酸、0.5mL 双氧水，浸没样品。消解罐敞口放入电加热恒温炉中，在 100℃进行预消解 20min。冷却至室温后密封，按照表 10-21的程序进行微波消解。消解完毕后于 120℃赶酸至体积约 1mL，转移至 25mL 的容量瓶中，用超纯水定容。

表 10-21 微波消解程序

步骤	功率/W	升温时间/min	温度/℃	保持时间/min
1	1600	5	120	3
2	1600	6	150	2
3	1600	6	160	20

（4）测定条件 石墨炉原子吸收光谱法直接测定铅，分析线 Pb 283.3nm，进样体积 20μL，灰化温度 800℃，原子化温度 1300℃，测量时间 3s。

氢化物原子荧光光谱法测定砷，待测溶液与 0.1mol/L 硫脲+抗坏血酸以（ψ 10：1）比例混合均匀后，进样体积 2mL，负高压 320V，灯电流 50mA。原子化温度 200℃。载气流量 300mL/min，屏蔽气流量 600mL/min。

（5）方法评价 石墨炉原子吸收法测定 Pb 的检出限为 0.05μg/kg，定量限为 0.15μg/kg，RSD（n=6）为 6.5%，加标回收率为 98%，校正曲线动态线性范围为 4～20μg/L，线性相关系数为 0.9972。氢化物原子荧光法测定 As 的检出限是 0.01μg/kg，定量限是 0.03μg/kg，RSD（n=6）是 3.4%，加标回收率是 105%，校正曲线动态线性范围为 1～10μg/L，线性相关系数为 0.9990。

（6）注意事项 调味品及调味品配料都是通过多种原材料进行加工制作的深加工产品，原料、加工设备、加工工艺、贮存容器等各个环节都可能引起铅、砷的污染，需要引起注意。

10.5.2.6 电感耦合等离子体原子发射光谱法测定食品添加剂磷酸二氢铵中的砷和铅[30]

（1）方法提要　采用电感耦合等离子体原子发射光谱法同时测定食品添加剂 $NH_4H_2PO_4$ 中 As 和 Pb 的含量。

（2）仪器与试剂　ICPS-7510 型电感耦合等离子体原子发射光谱仪（日本岛津公司）。

1000mg/L 砷、铅标准储备溶液（国家标准物质研究中心）。

其余试剂均为分析纯。实验用水为二次去离子水。

（3）样品制备　准确称取 20g（精确至 0.0001g）磷酸二氢铵样品置于 300mL 的烧杯中，加 5mL 浓硝酸和 100mL 去离子水，于电炉上加热使其溶解，冷却，转移至 250mL 容量瓶中，用去离子水定容。

（4）测定条件　测定砷和铅的分析线分别为 As 193.696nm 和 Pb 220.351nm。射频发生器功率 1200W。冷却气流量 14.0L/min，辅助气流量 0.7L/min，等离子体雾化气流量 1.2L/min。溶剂冲洗时间 10s，样品冲洗时间 60s。重复次数 3 次。

（5）方法评价　测定 As 和 Pb 的检出限（$3s$，$n=10$）分别为 0.035mg/L 和 0.010mg/L。RSD（$n=6$）为 0.33%～1.2%，加标回收率为 99.12%～99.54%。校正曲线动态线性范围上限是 4.0mg/L，线性相关系数>0.9999。

10.5.2.7 ICP-AES 法测定罐头食品包装模拟物中的有害重金属元素[31]

（1）方法提要　用 10%乙醇模拟液和橄榄油模拟液微波消解样品，再用 ICP-AES 法测定 4 种罐头食品包装模拟物中的有害重金属铅、铬、镉、汞含量。

（2）仪器与试剂　7300DV 型电感耦合等离子体原子发射光谱仪（美国珀金埃尔默公司）。Mars Xpress 型微波消解仪（美国 CEM 公司）。电热鼓风干燥箱。

1000mg/L 铅、镉、汞、铬标准物质（中国有色金属与电子材料分析测试中心）。

Pb、Cr、Cd 标准溶液：分别吸取适量的 Pb、Cr、Cd 标准物质，用 2%的硝酸逐级稀释，配成浓度分别为 0.05mg/L、0.1mg/L、0.5mg/L、5mg/L、10mg/L 的 Pb、Cr、Cd 标准溶液系列。由于标样中含有 Cr 元素，Hg 标准溶液需单独配制。吸取适量的 Hg 标准物质，用 2%的硝酸逐级稀释，配成浓度为 0.02mg/L、0.1mg/L、0.25mg/L、0.5mg/L、1mg/L 的 Hg 标准溶液系列。

HNO_3，优级纯。橄榄油，无水乙醇，冰醋酸，均为化学纯。氩气纯度大于 99.999%。

（3）样品制备　取 20 组罐头样品，每组罐头取 4 只，分别取 3%乙酸、10%乙醇、100mL 水、100g 橄榄油在 40℃鼓风干燥箱下浸泡 10d，同时记录下样品的浸泡面积。待样品浸泡完全后，3%乙酸模拟液和水模拟液经过滤后直接进样。取 1mL 10%乙醇模拟物或 10g 橄榄油模拟物，于聚四氟乙烯消解罐中，加入 5mL 硝酸和 2mL 双氧水，消解后转移至 10mL 容量瓶中定容。

（4）测定条件　分析线分别是 Pb 250.353nm，Cd 228.802nm，Cr 205.560nm，Hg 194.164nm。射频发生器功率 1300W。等离子气体流量 15L/min，辅助气流量 0.2L/min，雾化气流量 0.8L/min。

（5）方法评价　测定 Pb、Cd、Hg、Cr 的 RSD 是 1.9%～6.6%，回收率是 82.5%～99.6%。检出限与线性相关系数见表 10-22。

表 10-22 检出限与线性关系

元素	模拟液	回归方程	线性范围/(mg/L)	相关系数	检出限/(mg/L)
Pb	3%乙酸和水： 10%乙醇 橄榄油	$y=10950x-68.1$	0.05～10.0 0.5～10.0 0.5～10.0	1.0000	0.002 0.02 0.02
Cr	3%乙酸和水： 10%乙醇 橄榄油	$y=55370x+178.5$	0.05～10.0 0.5～10.0 0.5～10.0	1.0000	0.001 0.01 0.01
Cd	3%乙酸和水： 10%乙醇 橄榄油	$y=147600x+920.5$	0.05～10.0 0.5～10.0 0.5～10.0	1.0000	0.001 0.01 0.01
Hg	3%乙酸和水： 10%乙醇 橄榄油	$y=7192x+119.9$	0.02～1.0 0.2～1.0 0.2～1.0	0.9992	0.003 0.03 0.03

10.6 其他精细化工产品分析

10.6.1 其他精细化工产品的检测要求

精细化工产品涉及的面很广，在此就前几节没有包括的几类重要化工产品，如催化剂、功能化材料农药/动物药等加以补述。

催化剂是一类很重要的精细化工产品，在化工生产中具有重要而广泛的应用，生产化肥、农药、石油化工产品、新材料等都要使用催化剂。催化剂种类繁多，按状态可分为液体催化剂和固体催化剂，按反应体系的相态分为均相催化剂和多相催化剂。大部分催化剂都含有金属，涉及铝、铁、钴、镍、锰、铂、钯等金属，原子光谱常用于催化剂中金属的检测。

功能化材料系指通过光、电、磁、热、化学、生化等作用后，具有特定功能的材料。亦称为功能材料、特种材料或精细材料。功能化材料具有包括光、电功能，磁功能，分离功能，形状记忆功能等，这些机械特性外，还具有其他的功能特性。

农药系指在农业上用于防治病虫害及调节植物生长的化学药剂，用于除害防疫、工业品防霉与防蛀等。农药品种很多，按原料来源可分为无机农药、生物源农药（天然有机物、微生物、抗生素等）及化学合成农药。根据加工剂型可分为粉剂、可湿性粉剂、乳剂、乳油、乳膏、糊剂、胶体剂、熏蒸剂、熏烟剂、烟雾剂、颗粒剂、微粒剂及油剂等。动物药系指用于预防、治疗、诊断动物疾病或者有目的地调节动物生理机能的物质，主要包括：血清制品、疫苗、诊断制品、微生态制品、中药材、中成药、化学药品、抗生素、生化药品、放射性药品及外用杀虫剂、消毒剂等。催化剂、功能化材料、农药/动物药这些精细化工产品的检测要求与分析方法与前面几节所述的内容基本相同，此处不再赘述。

10.6.2 其他精细化工产品分析方法

10.6.2.1 电感耦合等离子体原子发射光谱法测定辛酸铑催化剂中铂钯铅铁铜铝镍[32]

（1）方法提要　先用反复滴加硝酸的方式消解样品中的有机组分，王水溶解样品，选择合适的背景点扣除背景，ICP-AES 法测定辛酸铑 $\{[Rh(CH_3(CH_2)_6COO)_2]_2\}$ 催化剂中的

Pt、Pd、Pb、Fe、Cu、Al、Ni 含量。

（2）仪器与试剂　Optima 8300 型 ICP-AES 仪（美国珀金埃尔默公司）。

1000μg/mL Pt、Pd、Pb、Fe、Cu、Al、Ni 的单元素标准储备溶液，用纯度不小于 99.99%的金属配制。质量浓度均为 50.00μg/mL 的 Pt、Pd、Pb、Fe、Cu、Al、Ni 混合标准溶液，由各元素标准储备溶液逐级稀释而成，介质为 10%HCl。

10.00mg/mL 铑基体溶液：称取 0.1000g 铑粉（纯度不小于 99.95%），置于 50mL 玻璃管中，加入 8.0mL 盐酸、2.0mL 过氧化氢，封管，在 150℃下溶解 48h，冷却，开管，用水洗入 100mL 于烧杯中，低温蒸至约 2mL，取下，冷却，转入 10mL 容量瓶中，用水稀释至刻度。

盐酸，硝酸，高氯酸。实验用水为超纯水（电阻率不小于 18MΩ·cm）。

（3）样品制备　准确称取 0.5g 辛酸铑样品于 100mL 烧杯中，加入 5.0mL 硝酸，盖上表面皿，于（150±50)℃电炉上消解至湿盐状，再反复滴加 1.0mL 硝酸 2～3 次，直至样品完全消解，取下稍冷，加入 3.0mL 王水，低温溶解试样至清亮。取下冷至室温，转入 50mL 容量瓶中，用水冲洗表面皿及杯壁 3 次，洗涤液并入容量瓶中，稀释至刻度。随同试样制备试剂空白试样。

（4）测定条件　分析线（nm）分别是：Pt 299.797、Pd 340.458、Pb 405.781、Fe 259.939、Cu 324.752、Al 396.153 和 Ni 341.476。RF 发生器功率 1.3kW。冷却气流量 15L/min，辅助气流量 0.55L/min，载气流量 0.20L/min。泵速 1.5mL/min，观测高度为线圈上方 15mm，轴向观测，积分时间 5s。

（5）方法评价　Pt、Pd、Pb、Fe、Cu、Al、Ni 的检出限（μg/mL）分别是 0.075、0.0033、0.015、0.0036、0.010、0.001、0.012。RSD（$n=7$）分别为 9.6%、1.4%、9.5%、8.3%、2.7%、7.9%、6.6%。各元素校正曲线的动态线性范围是 0.10～10.00μg/mL，相关系数>0.9999。按照实验方法测定辛酸铑催化剂中 Pt、Pd、Pb、Fe、Cu、Al、Ni，测定值与直流电弧发射光谱法测定值相一致。

（6）注意事项

① 称取 0.25g 辛酸铑样品，选用 4 种不同消解方法（8.0mL HNO_3-3.0mL 王水、8.0mL HNO_3-1.0mL H_2SO_4、8.0mL HNO_3-1.0mL $HClO_4$、8.0mL HNO_3-1.0mL H_2O_2）进行消解后测定，发现采用 8.0mL HNO_3-3.0mL 王水体系消解效果最好。

② 当铑基体质量浓度为 2.60mg/mL 和 5.00mg/mL 时，分别对 Pt、Pb 测定有轻微影响，可采用扣背景消除干扰，对其他待测元素测定的影响不大。

10.6.2.2　原子荧光光谱法测定农药中的砷和汞[33]

（1）方法提要　用王水消解样品，硼氢化钾的氢氧化钾溶液为还原剂，原子荧光光谱法同时测定农药中的砷和汞含量。

（2）仪器与试剂　AFS-9230 型原子荧光光谱仪（北京吉天仪器有限公司）。MARSX 微波消解系统（美国 CEM 公司）。

砷标准储备液（GBW08611）、汞标准储备液（GBW08617）（国家钢铁材料测试中心钢铁研究总院）。500ng/mL 砷、汞标准工作液：用 10% HCl 逐级稀释砷、汞标准储备液制成。

硼氢化钾的氢氧化钾溶液：取 2.50g 氢氧化钾溶于水，向该溶液中加入 5.00g 硼氢化钾，纯水定容至 500mL。50g/L 硫脲溶液临用现配。载流液是 3% HCl。王水（HNO_3∶HCl，$\psi=1∶3$）。

硫脲、硼氢化钾是分析纯。氢氧化钾、硝酸、盐酸、高氯酸是优级纯。实验用水为超纯水。

（3）样品制备　前处理方法1：准确称取0.3g（精确至0.0001g）试样于微波消解管中，缓慢加入1mL过氧化氢，待反应后，加入7mL硝酸，拧好微波消解管盖，放入微波消解系统中，按照设定的微波消解条件进行消解，消解完毕后，用纯水转移至50mL容量瓶中定容。用于汞的测定。同时做回收率试验。

前处理方法2：将方法1消解完毕的试样置于200℃石墨消解仪中赶酸，剩余1mL左右，用纯水转移至25mL容量瓶中，加入2.5mL硫脲溶液、2.5mL盐酸，纯水定容。用于砷、汞的同时测定。同时做回收率试验。

前处理方法3：称取1.0g（精确至0.0001g）试样于100mL烧杯中，加入20mL王水，盖上表面皿，在250℃电热板上微沸30min，移开表面皿，继续加热至烧杯内容物近干，逐滴加入盐酸，赶尽烧杯内剩余的硝酸，反复数次，直至滴加盐酸不再冒黄烟为止，纯水冲洗表面皿及烧杯内壁，转移至50mL容量瓶中，加入5.0mL硫脲，定容。用于砷、汞的同时测定。同时做回收率试验。

（4）测定条件　测定条件见表10-23。

表10-23　测定条件

参数	取值	参数	取值
A道元素	As	载气流量/(mL/min)	400
B道元素	Hg	屏蔽气流量/(mL/min)	800
负高压/V	250	读数时间/s	9
原子化器高度/mm	8	延时时间/s	1
A道灯电流/mA	50	测量方式	标准曲线法
B道灯电流/mA	30	读数方式	峰面积

（5）方法评价　As、Hg的检出限分别是0.14ng/mL和0.0031ng/mL。RSD（$n=5$）分别是4.9%和5.2%，回收率分别为90.1%～104%、89.5%～96.2%。As、Hg校正曲线动态线性范围分别是10.0～100ng/mL、0.2～2.0ng/m，线性相关系数分别是1.000和0.9998。

（6）注意事项

① 测定的农药有水剂、乳油和可湿性粉剂，由于农药水剂、乳油样品中都含有有机溶剂，加入硝酸或过氧化氢后，都会产生剧烈的反应，因此，在进行样品前处理时，需要缓慢加入硝酸或过氧化氢。

② 对于砷的测定，前处理方法1是硝酸体系，无法进行砷的测定。方法2测定结果平行性不好，且在处理过程中出现干扰砷测定的因素，导致回收率超过100%的结果。只有前处理方法3适合。对于汞的测定，方法1回收率最好，其次是方法3。只有方法3可以同时测定砷和汞。经方法3处理的乳油样品，虽然在烧杯内壁会略粘有凝结油状物，但对测定结果无影响。

③ 所用玻璃仪器用20% HNO_3浸泡过夜后用去离子水清洗干净。

10.6.2.3　原子吸收光谱法测定果糖二磷酸钠制剂中的铝离子含量[34]

（1）方法提要　采用硝酸镁为化学改进剂，塞曼效应校正背景，原子吸收光谱法测定果糖二磷酸钠制剂（FDP注射液）中的铝含量。

（2）仪器与试剂　SOLAAR M6 型原子吸收分光光度计，配 GF95 型石墨炉，FS95 自动进样装置（美国热电公司）。Milli-Q 纯水制备装置［密理博（中国）有限公司］。

1000μg/mL 铝标准溶液（国家钢铁材料测试中心钢铁研究总院），介质是 10% HCl。实验用水为高纯水。

（3）样品制备

对照溶液制备：准确移取适量铝标准溶液，用 0.065% 硝酸溶液稀释成 40ng/mL 含 Al^{3+} 溶液，作为主标准溶液。采用仪器自动稀释成含 Al^{3+} 5ng/mL、10ng/mL、15ng/mL、30ng/mL 的系列浓度对照品溶液。

供试品溶液制备：准确移取适量 FDP 注射液加超纯水稀释制成 100mg/mL 的 FDP 溶液，再用 0.065%硝酸溶液稀释成合适浓度的溶液进行测定。

（4）测定条件　分析线 Al 309.3nm。光谱通带 0.5nm。灯电流 80%。进样量 8μL（含 2μL 4.4mg/mL 硝酸镁溶液）。塞曼效应校正背景，标准加入法定量。重复次数 3 次。石墨炉升温程序见表 10-24。

表 10-24　石墨炉升温程序

阶段	温度/℃	时间/s	斜坡升温/(℃/s)	氩气流量/(mL/min)
预热	90	10	10	200
干燥	120	40	10	200
灰化	1450	10	150	200
原子化	2300	3	0	0
净化	2700	4	0	200

（5）方法评价　测定铝的检出限（$n=7$）是 0.46ng/mL，定量限是 1.55ng/mL。RSD（$n=6$）是 5.9%。在相当于样品铝含量 80%、100%和 120%的 3 个浓度水平的铝标准储备溶液各 3 份进行回收试验，平均回收率为 100.1%。校正曲线动态线性范围是 5～30ng/mL，相关系数为 0.9985。

（6）注意事项

① 干燥阶段需要缓慢升温，除去试样中的水分，不能出现爆沸起泡的现象。前期预热对防止样品爆沸有较好的改善作用。

② 注射用 FDP 制剂均为原料直接分装，原料的质量控制很大程度上影响最终产品的质量。制剂铝含量较低的企业，相应原料的铝含量也较低。注射液中的原辅料及工艺过程、硼硅玻璃的溶蚀等，均可能引起制剂中铝含量的升高。

10.6.2.4　二次微波消解-石墨炉原子吸收法测定兽药用明胶中铬含量[35]

（1）方法提要　用硝酸两次微波消解样品，塞曼校正背景，石墨炉原子吸收法检测市售兽药用明胶中的铬含量。

（2）仪器与试剂　Z-2000 型原子吸收分光光度计（日本日立公司）。MARS XPRESS 型微波消解仪（美国 CEM 公司）。VB20 型赶酸装置（北京莱伯泰科科技有限公司）。

1000μg/mL 铬标准溶液（国家标准物质中心）。硝酸，过氧化氢为 MOS 级；实验用水为超纯水。

（3）样品制备　取胶囊空壳，内部用棉签擦拭，去除药品残留。为保证均匀性，胶囊帽和胶囊体成对称量。准确称取样品约 0.5g，加入 9mL 硝酸，100℃加热 30min，使其充分溶解，待冷却至室温后，按消解程序进行一次微波消解。冷却放气后，按消解程序进行二次微波消解（参见表10-25）。消解罐冷却至室温时，再于150℃赶酸至近干，用2%硝酸定容至50mL容量瓶中，上清液为供试品溶液。同时制备空白试样溶液。

表 10-25 微波消解条件

阶段	功率/W	升温时间/min	消解温度/℃	消解时间/min
一次微波消解	800	8	120	5
	800	8	140	15
二次微波消解	800	10	150	5
	800	8	170	15

（4）测定条件　分析线Cr 359.3nm。光谱通带1.3nm。灯电流7.5mA。高阻热解石墨管。塞曼效应校正背景。进样量20μL。石墨炉升温参数见表10-26。

表 10-26 石墨炉升温程序

阶段	开始温度/℃	结束温度/℃	斜坡升温/(℃/min)	保持时间/s	氩气流量/(mL/min)
干燥	80	140	10	0	200
热解	700	700	10	0	200
原子化	2600	2600	150	5	30
净化	2700	2700	0	4	200

（5）方法评价　测定Cr的检出限为0.27ng/mL。RSD（$n=6$是）为2.9%，回收率为85.2%～97.3%。校正曲线动态线性范围是1～20ng/mL，线性相关系数为0.9987。

（6）注意事项　中国兽药典2010版规定，测定胶囊用明胶，需要采用静置过夜预处理法，能有效避免爆罐，但耗费大量时间。而采用两次微波消解则可有效减少预处理时间。

10.6.2.5 火焰原子吸收法测定盐酸决奈达隆中钯的残留量[36]

（1）方法提要　采用火焰原子吸收光谱法测定生产抗心律失常药物盐酸决奈达隆{dronedarone hydrochloride，*N*-[2-丁基-3-[4-[3-(二丁氨基)丙氧基]苯基]-5-苯并呋喃基]-甲烷磺酰胺盐酸盐}中催化剂钯/碳的钯残留量。

（2）仪器与试剂　Thermo Scientific ICE 3500型原子吸收分光光度计（美国赛默飞世尔科技公司）。

1000μg/mL钯标准溶液（国家标准物质研究中心）。盐酸决奈达隆原料（北京皓元科技）。实验用水为高纯水。

（3）样品制备　准确称取1.0g供试品，置入坩埚内，电炉上低温加热至无烟，加入1.0mL硫酸，移入马弗炉内，逐渐升温至500～600℃炽灼，至完全灰化。冷却至室温后，加入2mL 30%过氧化氢溶液、2mL HCl溶液（1+1），加热，待残渣溶解后，加水转移至25mL容量瓶中，稀释至刻度，作为供试品溶液。同法制备空白试样溶液。

（4）测定条件　分析线Pd 247.6nm。光谱通带0.2nm。灯电流75%。空气-乙炔火焰，燃气流量1.1L/min。燃烧器高度7.0mm。四线氘灯校正背景。

（5）方法评价　测定Pd的检出限（$3s$，$n=11$）是0.035μg/mL。RSD（$n=6$）是0.6%，平均回收率是99.4%。校正曲线动态线性范围是1.0～20μg/mL，线性相关系数是1.000。在钯加标量为10μg/mL、20μg/mL、30μg/mL 3个浓度水平进行回收试验，各测定3份样品的平均加标回收率是99.4%。

（6）注意事项

① 盐酸决奈达隆样品用稀盐酸不能完全溶解，需要加入 30% 过氧化氢溶液氧化剂加热后，样品才可完全溶解。

② 盐酸决奈达隆中钯的残留一般都比较小，为确保残留的钯能有效检出，样品的称样量较大。

10.6.2.6　电感耦合等离子体原子发射光谱检测农药中金属类禁限物[37]

（1）方法提要　用硝酸加过氧化氢作氧化剂，微波消解样品，ICP-AES 法测定农药中的 Pb、As、Hg、Cd、Cr、Ba、Mn、Cu、Ag、Sn、Zn 金属元素禁限物。

（2）仪器与试剂　DV 7000 型电感耦合等离子体原子发射光谱仪（美国珀金埃尔默公司）。Ethos One 微波消解仪（北京莱伯泰科科技有限公司）。

1000mg/L 各元素标准储备液（国家钢铁材料测试中心），10mg/L 元素混合标准使用溶液，逐级稀释标准储备液成标准系列。

硝酸，过氧化氢均为优级纯。实验用水为超纯水。

（3）样品制备　准确称取 0.5g 试样于聚四氟乙烯消解罐内，加入 8mL 硝酸、2mL 过氧化氢，按（表 10-27）微波消解程序进行消解。消解完成冷却后取出，再于 120℃赶酸，之后将消解液移入 25mL 容量瓶中，定容。

表 10-27　微波消解程序

项目	升温程序				
	1	2	3	4	5
功率/W	250	250	1400	1400	0
温度/℃	0→140	140	140→210	210	210→80
最高压力/MPa	2.5	2.5	3.5	3.5	3.5
时间/min	10	5	5	10	10

（4）测定条件　射频发生器功率为 1.3kW。等离子体气流量 15L/min，雾化器气流量 0.8L/min，辅助气流量 0.2L/min。试液提升量 1.50mL/min。观察方式为轴向，观测高度 15mm。

（5）方法评价　测定 Pb、As、Hg、Cd、Cr、Ba、Mn、Cu、Ag、Sn、Zn 的检出限（μg/L）分别为 19、25、29、6、6、6、5、6、10、25、9。RSD（$n=6$）为 0.58%～4.5%，加标回收率为 91.0%～107.0%。校正曲线动态线性范围均为 0.10～5.0mg/L，线性相关系数均＞0.9995。方法能用于金属类农药中是否含有汞、砷、铅类等违禁添加成分的快速初筛。

10.6.2.7　原子吸收法测定农药王铜[38]

（1）方法提要　王铜（copper oxychloride），又称为碱式氯化铜，是铜制剂中药害最小的农用杀菌剂。王铜样品在酸性热溶液中分解，采用原子吸收法测定样品溶液中铜含量，从而间接得到王铜的含量。

（2）仪器与试剂　AA-6300C 型原子吸收分光光度计（日本岛津公司）。

1.000mg/mL Cu 标准溶液［GBW(E)080360，国家标准物质研究中心］。

盐酸、硝酸为分析纯。实验用水为新蒸二次蒸馏水。

（3）样品制备　准确称取王铜试样 0.15g（准确至 0.0001g），置于 400mL 高型烧杯内，加入 30mL 盐酸和 10mL 硝酸，在电热板上加热至近干涸，以赶尽硝酸。取下稍冷后加 50mL 热盐酸，加热溶解干渣。冷却至室温，全部转移至 250mL 容量瓶中，用二次蒸馏水稀释定容，摇匀。干过滤，弃去最初几毫升滤液，吸取 1mL 滤液，至 250mL 容量瓶中，用二次蒸馏水稀释定容至刻度，摇匀，即为王铜样品溶液。

（4）测定条件　分析线 Cu 324.6nm。光谱通带 0.7nm。灯电流 8mA，电灯方式 BGC-D2。乙炔压力 0.09MPa，空气压力 3.5MPa。

（5）方法评价　测定 Cu 的检出限为 0.010μg/mL。RSD（$n=6$）为 1.8%，平均回收率为 99.6%。校正曲线动态线性范围为 0.5～3.0μg/mL，相关系数为 0.9997。测定春雷霉素·王铜可湿性粉剂中王铜，文献方法与原子吸收方法测定结果的相对误差为 0.66%，两种方法等效性良好。

10.6.2.8 HPLC-UV 与 AAS 联用检测蔬果中的二硫代氨基甲酸盐杀菌剂[39]

（1）方法提要　二硫代氨基甲酸盐（Dithiocarbamate，DTC）杀菌剂是一类含有金属 Mn 和 Zn 的杀菌剂类农药。用甲基化离子对试剂进行样品前处理，高效液相色谱分离，272nm 紫外检测器和 AAS 检测器双检测器，测定 10 种二硫代氨基甲酸盐杀菌剂。

（2）仪器与试剂　422S Kontron 高效液相色谱，配有 565 Kontron 自动进样器、545V Kontron 二极管阵列检测器和二元高压泵。Varian Spectra 220 原子吸收分光光度计用超纯水制自 Elga 系统。

碱性 EDTA 溶液：将 1.8g NaOH（0.45mol）和 7.3g EDTA（0.25mol）溶于水后定容至 100mL。0.41mol/L 四丁基硫酸氢铵和 2mol/L 盐酸用购买的试剂用水稀释后得。0.05mol/L 碘甲烷是将固体碘甲烷溶解于氯仿-正己烷（$\psi=3:1$）溶剂中。20%（ψ）1,2-丙二醇用氯仿作为稀释剂。

乙腈、氯仿、正己烷、1,2-丙二醇、碘甲烷、四丁基硫酸氢铵（55%）和甲醇。

（3）样品制备

标准样品配制：用 5mL 碱性 EDTA 溶液溶解 1mg DTC 杀菌剂，涡旋 5min。过滤该溶液，用 2mL 水冲洗烧杯和过滤器。使用 1mL 0.41mol/L 四丁基硫酸氢铵水溶液和 0.5mL 2mol/L 盐酸调节 pH 至 7～7.5。然后转移溶液至一个新试管中，加入 3mL 碘甲烷，振摇试管。将有机相吸出，并在水相再加入 1mL 碘甲烷。合并有机相后加入 0.5mL 20% 1,2-丙二醇溶液。涡旋至近干后，使用 5mL 甲醇复溶。实际使用时是将标准品混合后进行以上步骤，混合标准品用于测试液相色谱分离度和紫外/原子吸收检测器。

样品前处理：10g 样品（韭菜、苹果等）切成 1cm 大小的碎块后，处理步骤同标准样品配制方法。

（4）测定条件　色谱柱：Macherey Nagel Nucleodur® C_{18} 柱（4.6mm × 250mm，5μm）。流速 1mL/min，流动相（乙腈-水），$\psi=35:65$ 持续 15min，$\psi=45:55$ 持续 24min，$\psi=35:65$ 持续 5min。进样体积 20μL。紫外检测器检测波长 272nm；FAAS 检测时使用分析线是 Zn 213.9nm、Mn 279.5nm，燃气流速 12mL/min。

（5）方法评价　在取样量为 10g 时，测定棉隆、威百亩、二甲基二硫代氨基甲酸酯（DMDTCs）、乙烯基二硫代氨基甲酸酯、丙炔二硫代氨基甲酸酯的检出限分别为 0.04ng/g、0.08ng/g、0.05ng/g、0.13ng/g 和 0.20ng/g。测定苹果样品中的上述组分加标回收率分别为 100%、95%、93%、92% 和 98%。测定韭菜样品中的上述组分加标回收率分别为 100%、98%、95%、94%和 99%。

（6）注意事项　使用本方法时，样品不能匀浆处理，因为匀浆后的样品中 DTC 农药会很快降解，影响检测效果。

参考文献

[1] 邓勃．实用原子光谱分析．北京：化学工业出版社，2013.

[2] YC/T 145.10—2003 烟用香精抽样．

[3] GB 7917.1—1987 化妆品卫生化学标准检验方法．

[4] SN/T 4004—2013 进出口化妆品安全卫生项目检测抽样规程．

[5] GB/T 3186—2006 色漆、清漆和色漆与清漆用原材料取样．

[6] 陈燕芹，刘红，刘登曰，等．微波辅助消解 ICP-AES 法测定 8 种香料中矿质元素．中国调味品，2014，39（7）：110-113，115.

[7] 高韬，熊文，侯宏卫，等．横向加热石墨炉原子吸收法直接测定香料香精中的痕量砷、铅．现代仪器与医疗，2014，20（1）：72-76.

[8] 张新恒，谢风华，李修艳．热解析冷原子吸收光谱法测定烟用材料中总汞．烟草化学，2010（8）：46-49，68.

[9] 林葵，黄文琦，刘培杰，等．食品香料大茴香醛中铅和砷含量的测定．中南林业科技大学学报，2013，33（3）：125-128.

[10] 迟少云，王尊文，奚玮．微波消解-原子荧光光谱法测定 7 种化妆品中的汞和砷含量．中国药业，2013，22（14）：58-59.

[11] 石俻然．微波消解-石墨炉原子吸收法测定唇膏中的 4 种金属的含量．广东化工，2014，1（12）：191，181.

[12] 黄文水，姚庆伟，施煜，等．高效液相色谱-原子荧光光谱法测定化妆品中的无机汞、甲基汞、乙基汞．化学分析计量，2018，27（5）：92-95.

[13] 毛善勇，陈春英，李庚，等．浸提法测定化妆品中砷的方法研究．河南科技学院学报（自然科学版），2019，47（3）：54-59，64.

[14] 席康，李适炜，刘瑞学，等．石墨炉法测定化妆品原料中硒元素的含量．广东化工，2018，45（20）：137-138.

[15] 袁堂蜜，杨璐华，刘振波，等．ICP-AES 法测定植物染发剂中的重金属．烟台大学学报（自然科学与工程版），2017，30（1）：74-78.

[16] Hande Tinas，Nil Ozbek，Suleyman Akman. Method development for the determination of cadmium in lipsticks directly by solid sampling high-resolution continuum source graphite furnace atomic absorption spectrometry. Microchemical Journal，2018，138：316-320.

[17] Ayoub Abdullah Alqadami，Mu Naushad，Mohammad Abulhassan Abdalla，et al. Determination of heavy metals in skinwhitening cosmetics using microwave digestion and inductively coupled plasma atomic emission spectrometry. IET Nanobiotechnology，2017，11（5），597-603.

[18] Ariane V Zmozinski，Tatiane Pretto，Aline R Borges，et al. Determination of Pb and Cr in sunscreen samples by high-resolution continuum source graphite furnace atomic absorption spectrometry and direct analysis. Microchemical Journal，2016，128：89-94.

[19] 史福霞，雷开强，邵秋凤，等．ICP-AES 法测定染料中 12 种重金属元素含量．印染，2017（10）：48-50.

[20] 王静远，王建森．微波消解-氢化发生-原子荧光光谱法测定涂料中的砷．甘肃科技，2015，31（10）：22-24.

[21] 陈晓燕，徐董育．微波消解-电感耦合等离子体发射光谱法测定二氧化硅涂料消光剂中 10 种元素．理化检验（化学分册），2018，54（2）：215-219.

[22] 张国铭，黎彧，邹训重，等．水性建筑涂料中铅、铜总含量的测定．涂料工业，2015，45（5）：54-57.

［23］ 陈勇，王学武，包东风，等．微波消解-ICP-OES法测定汽车涂料中8种重金属．化学分析计量，2016，25（4）：50-52，56.

［24］ 张瑞，岑向超．ICP-OES法测定油漆中可溶性重金属．石油化工应用，2018，37（7）：98-100，113.

［25］ 邓新煜．原子荧光光谱法测定食品添加剂山梨酸钾中砷含量．中国无机分析化学，2016，6（4）：8-10.

［26］ 吕小园，陈练，贺鹏，等．电感耦合等离子体原子发射光谱法测定食品添加剂硫酸锌中铁、锰、铅、镉．食品安全质量检测学报，2016，7（1）：197-201.

［27］ 张磊，陶卫，张玲帆，等．石墨炉原子吸收光谱法（GF-AAS）测定食品添加剂二氧化钛中重金属铅的研究．中国食品添加剂，2013（4）：217-219.

［28］ 王雪婷，姜郁，刘亚军，等．氢化物发生-原子荧光法测定食品添加剂碳酸钙中的铅．中国调味品，2014，39（6）：115-117，120.

［29］ 董亚蕾，李梦怡，董喆，等．调味品及调味品配料中铅和砷含量的测定．中国调味品，2018，43（9）：163-166.

［30］ 王娜，张敏，刘鹏，等．电感耦合等离子体发射光谱法（ICP-AES）测定食品添加剂磷酸二氢铵中砷和铅．中国无机分析化学，2013，3（3）：61-63.

［31］ 左莹，罗婵，禄春强，等．ICP-AES法测定罐头食品包装模拟物中的有害重金属元素．包装与食品机械，2013，31（4）：64-66.

［32］ 王应进，李秋莹，李玉萍，等．电感耦合等离子体原子发射光谱法测定辛酸铑催化剂中铂钯铅铁铜铝镍．冶金分析，2019，39（6）：24-28.

［33］ 杜英秋．原子荧光光谱法测定农药中的砷和汞的方法研究．黑龙江农业科学，2014（9）：89-93.

［34］ 薛巧如，陈宇堃，黄丽华，等．原子吸收光谱法测定果糖二磷酸钠制剂中的铝离子含量．中国现代应用药学，2018，35（7）：971-974.

［35］ 艾君涛，李璟，雷莉辉，等．二次微波消解-石墨炉原子吸收法对兽药用明胶中铬含量的检测．黑龙江畜牧兽医，2013（9）：71-72.

［36］ 宋晓娜．火焰原子吸收法测定盐酸决奈达隆中钯的残留量．食品与药品，2015，17（3）：204-205.

［37］ 李武林，朱宏明，陆嘉莉，等．电感耦合等离子体发射光谱检测农药中金属类禁限物．实验室研究与探索，2017，6（3）：23-25，35.

［38］ 魏苗，陈国雄，林兴发．原子吸收法测定农药王铜．广东化工，2013，13（40）：181-182.

［39］ Analysis of Dithiocarbamate Fungicides in Vegetable Matrices Using HPLC-UV Followed by Atomic Absorption Spectrometry. Journal of Chromatographic Science，2017，55（4）：429-435.

· 第11章 ·

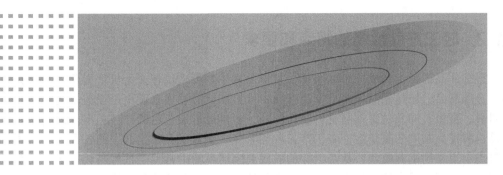

原子光谱分析在轻工产品领域中的应用

11.1 概述

轻工业，与重工业相对，也互有交叉，主要是指生产生活资料的工业部门。轻工业与日常生活息息相关，如：食品、纺织、造纸、印刷、生活用品、办公用品、文化用品、体育用品等工业部门。轻工业产品是城乡居民生活消费品的主要来源，按其所使用原料的不同，可分为两类：以农产品为原料的轻工业产品和以非农产品为原料的轻工业产品。①以农产品为原料的轻工业产品，是指直接或间接以农产品为基本原料的轻工业产品，主要包括食品制造、饮料制造、烟草加工、纺织、缝纫、皮革和毛皮制作、造纸以及印刷等工业产品；②以非农产品为原料的轻工业产品，是指以工业品为原料的轻工业产品，主要包括文教体育用品、化学药品、合成纤维、日用化学制品、日用玻璃制品、日用金属制品、手工工具、医疗器械、文化和办公用机械制造等工业产品。

随着人们生活水平的不断提高，从衣着服饰到居家用品到处都有着轻工产品的影子，可以说现代人在日常生活中离不开轻工产品。然而这些与我们生活息息相关的生活必需品也存在着这样那样的问题，如：假冒伪劣、粗制滥造甚至出现使用禁用物质，重金属超标等严重危害消费者身体健康的问题，因此必要的市场监管是保证消费者利益的必要手段，其中重金属指标的监控更是判定产品是否合格的最重要的依据之一。原子光谱技术由于其灵敏度高、选择性好、分析速度快、测量元素含量范围宽等特点，广泛地应用于轻工产品中的金属检测。

本章涉及玩具、纺织品、食品接触材料、化妆品以及金银首饰及仿真饰品等样品基质的检测内容。由于样品的来源和目标分析结果具有多样性和复杂性，其检测技术、方法的差别也较大，本章仅论述部分代表性的样品原子光谱检测技术。

11.2 轻工产品检测的特点和要求

轻工产品的种类和成分多种多样，从样品基质本身来说包括无机盐类化合物、有机化合物、金属制品、轻纺制品等多类产品基质；从检测样品种类来说更是涵盖了化妆品、食品接触材料、金银首饰及仿真饰品材料、纺织品、玩具等形形色色的样品类型，这就造就了轻工产品检测样品基质的复杂性。轻工产品种类繁多，涵盖了日常生活中的各个领域，从最常用的筷子、刀叉到锅碗瓢盆；从身上穿的衣服到家居生活中常见的各种布料；从天天使用的化妆产品到小朋友手中的玩具都属于轻工产品的范畴，既包括高盐基体的无机盐类，又包括高油脂的化妆品、有机聚合物等有机化合物材料，所检测的样品基质成分和共存组分多种多样。

检测样品类型的复杂性决定了检测目的多样化，而检测对象又与老百姓生活和健康息息相关，或涉及进出口国际贸易及其纠纷仲裁，需要对检测结果出具具有法律效力的检测报告，因此对检测提出了严格的要求。我国质检及卫生部门均出台了不同领域相应的标准规范和检测方法，本书也会在后续的章节中分别进行介绍。根据标准要求，针对不同的样品种类即使检测相同的化合物，前处理方法也存在很大的差别，如在不同领域检测重金属项目：针对化妆品、金银首饰等样品种类需要检测重金属总量，即在检测过程中就需要对样品进行完全消解处理；针对食品接触材料、仿真饰品则需要检测重金属迁移量，即通过模拟不同的环境如乙酸性环境、乙醇环境等进行重金属的迁移实验；而针对纺织品及毛绒玩具等，则需要检测特定溶出条件下的可迁移重金属总量，即通过模拟与人体接触的环境，包括唾液、汗液等环境进行重金属的迁移实验。因此，在检测过程中需要先明确检测的目的，选择合适的前处理和测定方法，并按照规范严格进行检测。对检测结果的严格要求，决定了检测数据必须准确可靠，特别是对安全性指标，各国都非常关注和重视。目前包括中国、欧洲、美国等国家和地区均对轻工产品等涉及日常生活的日用产品的污染指标进行了限制，其中重金属含量的测定结果更是判定产品是否合格的最重要的依据之一，其结果的准确性显得尤为重要，如果测量结果不准确或甚至出现错误，对产品是否合格发生误判，将造成危害人民健康或国家和企业的经济利益受损等严重后果。因此，必须保证检测数据准确可靠，具有可比性及可以溯源。

测定数据的准确度通过用标准物质检查、标准方法比对或加标回收率来检查，精密度用测定值的标准偏差或相对标准偏差来评估，可靠性用置信水平或置信概率来表征，有关这些指标的定义及其统计评价方法，详见本书第 7 章 7.3 节，在此不赘述。

在实际检测过程中，方法的准确度通常多用加标回收率（%）来评定，测定值应在标示量的 90.0%～110.0%范围内；或采用有证标准参考物质进行考核，测定值应位于给定参考值在一定置信水平（通常取置信水平 95%或 99%）的置信范围内，方法的精密度通常要求两次平行测定值的偏差不得大于 2.83s。在日常例行分析中要求两次平行测定值的偏差不得大于 10%。

在检测过程中需要进行质量控制。对标准品的准确性、检测设备可靠性、实验用定量器具是否已经进行计量等，都需要进行检查。特别是在进行法定检测或出具具有法律效力的检测数据之前，需要对使用的标准方法进行实验室内确认，确认内容包括：检出限、精密度、准确度、线性范围、适用范围等内容，确保标准方法能够在本实验室内进行重复。如采用非标方法或自制方法时，应在检测前与标准方法进行比对，以确认线性范围、精密度、准确度、检出限、适用范围等重要技术参数符合现行标准方法的要求，确保检测结果与现行检测标准方法得出的结果具有一致性。一个准确可靠的测定结果必然是消除了系统误差，且随机误差很小，具有溯源性，通过溯源链在一定置信水平与国家和国际基准联系起来，溯源到SI 单位。

11.3　玩具检测

11.3.1　玩具检测的要求

玩具是我国大宗出口商品，世界上近 2/3 的玩具是在中国生产的，而限制玩具中有害化学物质含量，一直是全球关注的一个焦点话题，世界各国尤其是发达国家纷纷出台日益严格的法规和标准对玩具中有害化学物质进行限制。这些有害物质很容易通过唾液、汗液迁移到儿童体内，从而危害健康。尤其值得关注的是，这些危害相对于儿童等玩具使用者来说是慢性的、不可恢复的，且不易被察觉[1]。除了不断修订玩具安全标准外，还不断推出新法令法规，增加有关限制玩具中有害化学物质的项目，或降低玩具中有害化学物质的限量，其中可萃取重金属指标更是目前各国玩具标准的普遍要求，我国目前实行的标准为 GB 6675.1《玩具安全　第 1 部分：基本规范》和 GB 24613—2009《玩具用涂料中有害物质限量》，其中对可萃取铅、镉、汞、铬、钡、锑、砷、硒等 8 种有害重金属的含量进行了明确限定，限定含量见表 11-1。该限定标准目前也符合世界上多数国家针对玩具中重金属含量的要求，如欧洲标准 EN71-3:2019 Safety of toys—Part 3：Migration of certain elements、国际玩具安全标准 ISO 8124-3:2010 Safety of toys—Part 3：Migration of certain elements。值得一提的是对于可萃取重金属 EN 71-3-2019 中规定的检测项目已经增加到 19 项，包括铝、锑、砷、钡、硼、镉、铬(Ⅲ)、铬(Ⅵ)、钴、铜、铅、锰、汞、镍、硒、锶、锡、有机锡、锌；增加了元素不同形态的分析，并将原来的允许量进一步降低。

表 11-1　玩具产品中可迁移元素的最大限量

玩具材料	元素/(mg/kg)							
	锑	砷	钡	镉	铬	铅	汞	硒
指画染料	10	10	350	15	25	25	10	50
造型黏土	60	25	250	50	25	90	25	500
除造型黏土和指画染料的其他玩具材料	60	25	1000	75	60	90	60	500

11.3.2　玩具检测取样要求及原则

玩具类样品检测取制样要求主要遵循 GB 6675.4—2014《玩具安全　第 4 部分：特定元素的迁移》中的相关要求，基本原则为测试的玩具样品应是用于销售或代销的玩具，测试样品应从玩具样品上的可触及部分上获取。单个玩具上同种材料可以结合起来作为同一个测试试样，但不应同时采用其他玩具样品的材料。测试试样不应含一种以上材料或一种以上颜色，除非样品采用物理分离方法不能有效分离，如因点印染、印花纺织物或质量限制等原因引起，需要特别注意的是材料质量小于 10mg 的试样无须测试。同时针对不同样品的基质标准中也给出了相应取制样要求，现将部分内容梳理见表 11-2。

表 11-2 玩具样品测试试样的取制样要求

基质名称		取样方法	取样量	备注
色漆、清漆、生漆、油墨、聚合物的涂层和类涂层		刮削方法	尽量不少于 100mg	取样需过孔径 0.5mm 的金属筛
聚合物和类似材料		移取	尽量不少于 100mg	移取时应尽量避免材料受热
纸和纸板		移取	尽量不少于 100mg	如果玩具样品不是同一材料，应尽可能从每种材料上取样
天然、人造或合成织物		移取	尽量不少于 100mg	应将织物材料剪成从任何方向的尺寸在不受压的状态下不大于 6mm 的样品片
玻璃/陶瓷/金属材料		移取	1 个，符合小零件测试	应先对零件进行小零件测试，如符合小零件则应先移取上面的涂层后再进行测试
其他可染色材料，不管是否被染色，例如：木材、纤维板、骨头和皮革		移取	尽量不少于 100mg	如果玩具样品不是同一材料，应尽可能从每种材料上取样
会留下痕迹的材料	固态材料	移取	尽量不少于 100mg	应将材料剪成从任何方向的尺寸在不受压的状态下不大于 6mm 的样品片
	液态材料	移取	尽量不少于 100mg	为了便于获得测试试样，允许使用合适的溶剂
软性造型材料，包括造型黏土和凝胶		移取	尽量不少于 100mg	如果玩具样品不是同一材料，应尽可能从每种材料上取样
颜料，包括指画颜料、清漆、生漆、釉粉和呈固体状和液体状的类似材料	固体材料	移取	尽量不少于 100mg	应将材料剪成从任何方向的尺寸在不受压的状态下不大于 6mm 的样品片
	液体材料	移取	尽量不少于 100mg	为了便于获得测试试样，允许使用合适的溶剂

11.3.3 玩具检测分析方法

目前，在玩具检测的标准方法中，目前国家标准涉及的重金属检测标准方法较少，主要采用原子吸收法、电感耦合等离子体原子发射光谱法以及电感耦合等离子体质谱法等，国标 GB/T 22788—2016《玩具及儿童用品材料中总铅含量的测定》规定了玩具及儿童用品表面涂层、金属材料以及非金属材料中总铅含量的测定，方法给出的原子吸收火焰法检出限为 10mg/kg，如采用其他方法包括原子吸收石墨炉法、电感耦合等离子体原子发射光谱法以及电感耦合等离子体质谱法时可能与上述检出限有差异；GB/T 26193—2010《玩具材料中可迁移元素锑、砷、钡、镉、铬、铅、汞、硒的测定　电感耦合等离子体质谱法》规定用电感耦合等离子体质谱法测定玩具材料中可迁移元素锑、砷、钡、镉、铬、铅、汞、硒，内标采用非在线添加或在线添加的锑、砷、钡、镉、铬、铅、汞、硒的方法，检出限分别均为 0.25mg/kg 和 0.05mg/kg，对于最新执行的 GB 6675.4—2014《玩具安全　第 4 部分：特定元素的迁移》则未明确给出检测设备要求，规定在对标准 GB 6675.1—2014 中要求的可迁移元素（见表 11-1）进行定量分析时，检出限不大于该元素最大限量要求的 1/10 的测试方法应认为是适宜的。

11.3.3.1 ICP-AES 法检测玩具涂层中 17 种可迁移元素[2]

（1）方法提要　建立了一种简便、快速、可靠性高的 ICP-AES 法检测玩具涂层中 17 种重金属元素的方法。

（2）仪器与试剂　ICP-720ES 型电感耦合等离子体原子发射光谱仪。恒温 SHA-型水浴振荡器。

1000.0mg/L Al、As、B、Ba、Sb、Cd、Co、Cr、Cu、Hg、Mn、Ni、Pb、Se、Sn、Sr、Zn 标准储备溶液（介质 $\psi=5\%$ 硝酸）。

盐酸、硝酸为电子纯。实验室用水为超纯水（电阻率 18.2MΩ·cm）。

（3）样品制备　随机选取带有涂层的玩具若干，用手工刮下玩具表面的涂层（不可刮下本底材料），粉碎，称取 0.2～0.3g（精确到 0.1mg）粉碎后的样品于 50mL 塑料离心管中，加入样品 50 倍体积的 0.07mol/L 盐酸溶液，摇动 1min，用 2mol/L 盐酸溶液调节 pH 值为 1.0～1.5。振荡频率为 220r/min，(37±2)℃下往复振荡水浴 1h 后，静置 1h。溶液用 0.45μm 滤膜过滤后，ICP-AES 测定，同时做空白试样。

（4）测定条件　各元素分析线是：Al 396.152nm，As 188.980nm，B 249.772nm，Ba 230.424nm，Cd 214.439nm，Co 228.615nm，Cr 205.560nm，Cu 213.598nm，Hg 194.164nm，Mn 257.610nm，Ni 231.604nm，Pb 220.353nm，Sb 206.834nm，Se 196.026nm，Sn 189.925nm，Sr 216.596nm，Zn 213.857nm。射频发生器功率 1100W。冷却气流量 15.0L/min，辅助气流量 1.5L/min，雾化气流量 1.0L/min。蠕动泵进样速率 1.2mL/min。

（5）方法评价　方法检出限为 0.0002～0.0159mg/L。RSD（$n=6$）为 0.23%～2.23%。加标回收率为 90.1%～108.1%。校正曲线动态线性范围，As、Cd、Co、Cr、Ni、Pb、Sb、Se 是 0.02～2mg/L，Al、B、Ba、Cu、Mn、Sn、Sr、Zn 是 0.1～10mg/L，Hg 是 0.02～0.5mg/L，线性相关系数 $r\geqslant0.996$。

11.3.3.2　原子荧光光谱法测定玩具材料中可迁移砷[3]

（1）方法提要　用盐酸提取样品中砷，硫脲-抗坏血酸预还原提取溶液中砷，硼氢化钾发生 AsH_3 原子荧光光谱法测定玩具材料中可迁移砷含量。

（2）仪器与试剂　AFS-9800 双道原子荧光光谱仪（北京科创海光仪器公司）。

1000mg/L 砷标准储备溶液（国家标准物质研究中心）。10g/L 硼氢化钾溶液：称取 2.0g 氢氧化钠，用约 80mL 水溶解，加入 10.0g 硼氢化钾溶解后，再加水至 1000mL，混匀，现配现用。20g/L 硫脲-抗坏血酸混合液：分别称取 2.0g 硫脲和 2.0g 抗坏血酸，加约 60mL 水溶解后，加入 10mL 盐酸，加水至 100mL，混匀，现配现用。载流液：盐酸溶液（1+19），量取 50mL 盐酸，缓缓倒入 950mL 水中，混匀。

盐酸、硼氢化钾、硫脲、抗坏血酸均为优级纯。氩气纯度 99.999%。实验用水为超纯水（电阻率为 18.2MΩ·cm）。

（3）样品制备　采用机械刮削方法从玩具样品表面刮取油漆涂层，在室温下将样品粉碎，过孔径为 0.5mm 的金属筛，获取不少于 100mg 试样。称取约 0.10～0.20g（精确至 0.0001g）置于具塞锥形瓶中，用 10mL (0.07±0.005) mol/L 盐酸溶液完全浸泡，摇动 1min。调节 pH 值为 1.0～1.5，避光放置于 37℃恒温振荡水浴中振荡 1h 后静置 1h，用 0.45μm 滤膜过滤，获得不小于 5mL 滤液。吸取 5.00mL 提取液，依次加入 2.00mL 硫脲-抗坏血酸混合液和 0.5mL 浓盐酸，用水定容至 10mL，摇匀后静置 30min，上机测定。

（4）测定条件　负高压 300V，灯电流 60mA。原子化器高度 8mm。载气流速 300mL/min，屏蔽气流速 800mL/min。热原子吸收，断续流动程序步骤 1 时间 10s，步骤 2 时间 24s。

（5）方法评价　方法检出限（$3s$，$n=11$）为 0.017mg/kg。对塑料样品加入 5μg/L 砷标准溶液，平行测定 11 次，RSD 为 1.4%。测定涂层、塑料、金属材料、纺织品，加标回收率分别是 94.4%、101%、104%和 94.4%。

（6）注意事项　玩具材料中可能存在的 Fe、Zn、Pb、Cu 和 Mn 等元素对测定 As 无明显干扰。

11.3.3.3 纸质拼图中重金属在四种人体模拟液中迁移行为的研究[4]

（1）方法提要　用人工酸性汗液、人工碱性汗液、模拟胃液和模拟唾液四种人体模拟液提取在纸质拼图中可迁移重金属，ICP-AES 测定提取液可迁移重金属 As、Cd、Cr、Hg、Pb、Sb、Se、Ni 的含量。

（2）仪器与试剂　Thermo 6300 型电感耦合等离子体原子发射光谱仪（美国赛默飞世尔科技公司）。HWT-10C 型往复式恒温水浴振荡器（天津市恒奥科技发展有限公司）。SYnery U V 型超纯水系统（美国密理博公司）。

1000mg/L As、Cd、Cr、Hg、Pb、Sb、Se 和 Ni 单标标准溶液（钢铁研究总院国家钢铁材料测试中心）介质 $\varphi=2\%$ 的盐酸。

盐酸为优级纯。L-组氨酸盐酸盐水合物（上海士锋生物科技有限公司）、磷酸氢二钠二水合物、氢氧化钠、乳酸、尿素、氯化钠、氯化钾、硫酸钠和氯化铵均为分析纯。

（3）样品制备　随机选取几块（约 10g）纸质拼图玩具样品。剪成小方块（小于 4mm×4mm），将剪碎的纸片混合均匀。准确称取 0.40g 试样置于 150mL 玻璃具塞三角烧瓶中，加入 20mL 配制的人工模拟液，振荡使样品得到充分浸湿，然后放入恒温水浴振荡器中于 (37±2)℃以 100r/min 振荡提取 1h，然后在 (37±2)℃条件下避光放置 1h，再冷却至室温，用 0.45μm 无机滤膜过滤。在空白具塞三角瓶中加入 20mL 配制的人工模拟液，按照上述步骤操作得到试剂空白溶液。

人工酸性汗液配制：精密称取 0.50g L-组氨酸盐酸盐水合物、5.0g 氯化钠和 2.2g 磷酸氢二钠二水合物置于 500mL 烧杯中，加入约 300mL 超纯水溶解，然后转移到 1000mL 容量瓶中，用 0.1mol/L 氢氧化钠溶液调节试液 pH 至 5.50，定容至刻度。试液现配现用。

人工碱性汗液配制：称取 2.5g 的磷酸氢二钠二水合物，定容于 1000mL 容量瓶中，用 0.1mol/L 氢氧化钠溶液调节试液 pH 至 8.00。试液现配现用。

模拟胃液（0.07mol/L 盐酸溶液）配制：准确移取 5.83mL 盐酸于 1000mL 容量瓶中，用水稀释定容至刻度，用碳酸钠基准物质滴定其浓度，确保盐酸溶液浓度在（0.07±0.005）mol/L 范围内。

模拟唾液配制：准确称取乳酸 3.0g、尿素 0.2g、氯化钠 4.5g、氯化钾 0.3g、硫酸钠 0.3g 和氯化铵 0.4g 于 1000mL 的容量瓶中，用水溶解并稀释至刻度。

（4）测定条件　分析线（nm）是 As 193.799、Cd 228.802、Cr 205.560、Hg 184.227、Pb 220.353、Sb 206.834、Se 196.090 和 Ni 231.604。射频发生器功率 1150W。冷却气流量 12L/min，辅助气流量 1.0L/min，雾化气压力 0.18MPa。载气流量 0.7L/min，蠕动泵转速 50r/min。垂直观测方式，冲洗时间 30s，积分时间 15s。

（5）方法评价　测定 As、Cd、Cr、Hg、Pb、Sb、Se 和 Ni 的检出限（mg/L）分别是 0.025、0.005、0.008、0.050、0.010、0.025、0.050 和 0.010。校正曲线动态线性范围上限，As、Sb、Se、Ni 是 10.0mg/L，Cd、Cr、Hg、Pb 是 5.0mg/L，线性相关系数 >0.9992。

（6）注意事项　恒温水浴振荡器振荡频率越大，重金属迁移量越大，当振荡频率高于 80r/min 时，重金属迁移量趋于平衡。

11.3.3.4 冷原子吸收光谱法测定塑料玩具中可溶性镉[5]

（1）方法提要　采用 0.07mol/L 盐酸溶液提取玩具中可溶性镉，在酸性介质中，硼氢化钠将 Cd^{2+} 还原生成 Cd 蒸气，用载气将 Cd 蒸气导入石英管，用 AAS 进行测定。

（2）仪器与试剂　AA-800 型原子吸收光谱仪。MCA-101 型微型化学原子化器（东莞智通仪器有限公司）。石英管原子化器，T 形管长 140mm、内径 7mm，支管长 80mm、内径 3mm（智通仪器有限公司）。SHA-CA（WHY-2）型水浴恒温振荡器（金坛市晶玻实验仪器厂）。

0.5mg/L 镉标准储备溶液。0.07mol/L 盐酸溶液。镉增敏剂：15g/L 硫脲和 30g/L 硝酸镍混合溶液。2.5%硼氢化钠溶液（含 0.8%的氢氧化钠溶液）。硝酸、硼氢化钠、氢氧化钠，分析纯；盐酸，优级纯。实验用水为超纯水。

（3）样品制备　取具有代表性的塑料玩具样品，按要求进行拆解，经切割式研磨机粉碎至粒度小于 2mm；准确称取 0.5g（精确至 0.001g）已处理好的样品，于 100mL 锥形瓶中，准确加入 25mL 0.07mol/L HCl 溶液，于（37±0.5)℃的恒温水浴振荡器中避光恒温振荡 1h，并在同样条件下恒温静置 1h，冷却至室温，过滤到 50mL 的容量瓶中，再用 0.07mol/L HCl 溶液洗涤 3 次后，合并到容量瓶中，然后加入 2.0mL 浓盐酸、4.0mL 镉增敏剂，用水定容至刻度，摇匀，静置，在选定实验条件下测定。同时做空白试验。

（4）测定条件　分析线波长 Cd 228.8nm。光谱通带 0.4nm。灯电流 6mA。载气流速 1.0L/min，泵转速 80r/min，进样量 1.0mL。进样时间 4s，延迟时间 3s，读数时间 15s。分析信号测量方式为峰面积，标准曲线法定量。

（5）方法评价　测定 Cd 的检出限为 0.065μg/kg。RSD（$n=11$）小于 4.5%，加标回收率在 96.8%～104.2%。校正曲线动态线性范围 0.05～40.0μg/L，线性相关系数为 0.9992。

（6）注意事项　在化学蒸气发生-原子吸收光谱法测试中，对 20μg/L 镉来说，当相对误差在±5%范围时，500 倍的 Pb^{2+}、Fe^{3+} 和 300 倍的 Cu^{2+}、Co^{2+}、Ni^{2+} 对镉的测定不会产生干扰。可生成挥发性物质的元素之间在传输及原子化过程中都会产生气相干扰，As、Sb、Bi、Se 等在氢化物发生过程中都可以生成挥发性物质，100 倍的 As、Sb 和 50 倍的 Bi、Se 对镉的测定不会产生干扰。

11.3.3.5 固体进样高分辨率连续光源石墨炉原子吸收光谱法直接测定塑料玩具中的铅[6]

（1）方法提要　建立了一种采用固体进样石墨炉原子吸收光谱法测定塑料玩具中的铅的检测方法。

（2）仪器与试剂　ContrAA 700 Analytik Jena 高分辨连续固体进样石墨炉原子吸收光谱仪（德国耶拿分析仪器股份公司）。

1mg/L Pb、3mg/L Mg 的 2% HNO_3 混合溶液（德国默克化学股份有限公司）。1000mg/L 铅标准溶液，由 $Pb(NO_3)_2$ 溶解于 HNO_3 中制备得到。

$Pb(NO_3)_2$、HNO_3 均为分析纯。氩气 99.99%。

（3）样品制备　用陶瓷刀把样品切成小于 0.7mg 的小片，取一块样品放置于仪器检测石墨舟上，仪器自动称重后，直接固体进样测定。化学改进剂为 1mg/L Pb、3mg/L Mg 的 2% HNO_3 混合溶液。

（4）测定条件　分析线 Pb 217.005nm。石墨炉升温程序见表 11-3。

表 11-3 石墨炉升温程序

参数	温度/℃	斜坡升温/℃	保持时间/s	氩气流量/(mL/min)
干燥	110	5	30	2.0
灰化	1000	300	10	2.0
	1000	0	5	2.0①
原子化	2200	1500	4	2.0①
净化	2450	500	4	2.0

① 如果样品中铅含量较低应在该步骤停止通入氩气。

(5) 方法评价　取样量在 0.7mg 时，气体停止和气体流动模式下的检出限分别为 0.037mg/kg 和 0.93mg/kg，定量限分别为 0.12mg/kg 和 3.10mg/kg。测定浓度水平为 0.060～9.118mg/kg 的样品，RSD 为 4.4%～9.5%。线性相关系数 r 分别为 0.999 和 0.998。

(6) 注意事项　样品进样量应控制在 0.05～0.7mg，对于 0.7mg 以上样品可能出现固体样品基质中的被分析物没有被有效雾化造成结果偏低，而样品量过低也可能导致样品在快速气化或者在热解过程中出现逸散损失。

11.4 纺织品检测

11.4.1 纺织品检测的要求

纺织产品与人们的生活息息相关，但纺织产品在原材料获得及加工生产过程中，不可避免地要加入各种各样的染料和助剂，它们之中都会或多或少的含有对人体有害的化学物质，当其在纺织产品上的残留量达到一定程度后就会对人体健康产生危害。作为世界纺织品贸易中的主要进口国和地区，美国和欧洲主要国家的纺织品买家积极回应这种公众意识，并开始从生态和环境的角度对他们所购买的纺织品/服装实行严格的把关，对纺织品的生产也提出了相应的要求。一些国家的政府或国际性组织更是从法律法规或标准的角度采取了积极的措施。根据 GB 18401—2010《国家纺织产品基本安全技术规范》，纺织产品是指以天然纤维和化学纤维为主要原料，经纺、织、染等加工工艺或再经缝制、复合等工艺而制成的产品，如纱线、织物及其制成品。纺织产品的安全主要包括制品所用面料是否含有有害物质，所用材料是否卫生，产品的结构和附件是否安全和牢固等。

近年来，为了适应有关法规的实施以及迎合绿色消费的浪潮，国际上有关商品的生产者和经营者向消费者推出了生态纺织品。生态纺织品符合环保要求，对生态环境和人体健康没有伤害，或者采取适当的措施可以减小各种危害，很好地保护了人类健康和环境。为了与国际最新发展的相关技术和标准接轨、打破国外的“绿色堡垒”，与现在使用极为广泛的纺织品生态标志 Oeko-Tex Standard 100 相符合，我国在生态纺织品安全性能检测技术方面制定了一些相应的法令法规，已经出台的有：GB/T 18885—2009《生态纺织品技术要求》和 GB 18401—2010《国家纺织产品基本安全技术规范》，标准中明确规定了包括有机锡化物(TBT/DBT)、镍、可萃取重金属等技术指标的限量要求，详见表 11-4。

重金属作为现代生活中常见的污染指标，对人体的累积毒性相当严重，一旦被人体过量吸收便会在肝、骨骼、肾、心及脑部积蓄，积累到某一程度时，便会对健康造成无法逆转的巨大损害。纺织品中的重金属来源于以下几个方面：天然植物纤维在生长过程中从土壤或空气中吸收；使用金属络合染料；印染加工中使用的助剂中的重金属等。金属络合染料的使用

表 11-4 我国生态纺织品可萃取重金属技术要求 单位：mg/kg

项目		婴幼儿用品	直接接触皮肤用品	非直接接触皮肤用品	装饰材料
可萃取重金属≤	锑	30.0	30.0	30.0	—
	砷	0.2	1.0	1.0	1.0
	铅①	0.2	1.0②	1.0②	1.0②
	镉	0.1	0.1	0.1	0.1
	铬	1.0	2.0	2.0	2.0
	铬(Ⅵ)	低于检出限③			
	钴	1.0	4.0	4.0	4.0
	铜	25.0②	50.0②	50.0②	50.0②
	镍	1.0	4.0	4.0	4.0
	汞	0.02	0.02	0.02	0.02

① 金属附件禁止使用铅和铅合金。

② 仅适用于天然纤维。

③ 合格限量值为：0.5mg/kg。

是纺织品中重金属的重要来源。事实上，纺织品可能含有的重金属绝大部分处于非游离状态，对人体无害。所谓可萃取重金属是通过模仿人体皮肤表面环境，以人工酸性汗液对样品进行萃取下来的重金属。目前，纺织品中重金属检测主要采用 AAS、AFS、ICP-MS 及 ICP-AES 等方法，在实际工作中根据不同的检测要求各有侧重。

11.4.2 纺织品检测取样要求及原则

纺织品检测的取样要求主要遵从于 GB 18401—2010《国家纺织产品基本安全技术规范》和 GB/T 18885—2009《生态纺织品技术要求》中的相关要求，归纳起来主要为以下几点：

① 从每批产品中按品种、颜色随机抽取有代表性样品，每个品种按不同颜色各抽取 1 个样品。

② 布匹取样至少距端头 2m，样品尺寸为长度不小于 0.5m 的整幅宽；服装或其他制品的取样数量应满足试验要求。

③ 样品抽取密封放置，不应进行任何处理。

11.4.3 纺织品检测分析方法

目前，在纺织品检测的标准方法中，原子荧光法、原子吸收法、电感耦合等离子体原子发射光谱法等检测方法由于其自身的特点，根据检测目标化合物及样品基质的差异均有涉及，详见表 11-5。

11.4.3.1 ICP-AES 测定纺织品中钡总量与可迁移量[7]

(1) 方法提要　采用酸性汗液提取或硝酸微波辅助消解样品，ICP-AES 法测定纺织品中的钡元素含量。

(2) 仪器与试剂　iCAP 6000 电感耦合等离子体原子发射光谱仪（美国热电公司）。Mars 6 微波消解仪（美国 CEM 公司）。

表 11-5 纺织品中重金属检测的标准方法

标准名称	检测元素	检测方法	方法特性
GB/T 7593.1—2006 纺织品 重金属的测定 第1部分：原子吸收分光光度法	可萃取镉、钴、铬、铜、镍、铅、锑、锌	火焰原子吸收光谱法	本方法测定限（mg/kg）为：铜 1.03、锑 1.10、锌 0.32
		石墨炉原子吸收光谱法	本方法测定限（mg/kg）为：镉 0.02、钴 0.16、铬 0.06、铜 0.26、镍 0.48、铅 0.16、锑 0.34
GB/T 17593.2—2007 纺织品 重金属的测定 第2部分：电感耦合等离子体原子发射光谱法	可萃取砷、镉、钴、铬、铜、镍、铅、锑	电感耦合等离子体原子发射光谱法	本方法测定限（mg/kg）为：砷 0.20、镉 0.01、钴 0.02、铬 0.12、铜 0.06、镍 0.05、铅 0.23、锑 0.09
GB/T 17593.4—2006 纺织品 重金属的测定 第4部分：砷、汞 原子荧光分光光度法	可萃取汞、砷	原子荧光光谱法	本方法测定限为(mg/kg)：砷 0.1、汞 0.005

100μg/mL 钡单元素标准溶液（中国计量科学研究院）。酸性汗液：分别称取 L-组氨酸盐酸盐水合物 0.5g、氯化钠 5.0g、磷酸二氢钠二水合物 2.2g，溶于 1L 水中，用 0.1mol/L 的 NaOH 溶液，调节 pH 值至 5.5±0.2。玻璃器皿均用 5%硝酸浸泡过夜，再用去离子水冲洗，防止空白溶液受到污染。硝酸、过氧化氢、氯化钠、磷酸二氢钠、L-组氨酸盐酸盐，均为分析纯。氢氧化钠是优级纯，氩气纯度>99.99%。实验用水为超纯水（自制）。

(3) 样品制备 将试样剪碎至 5mm×5mm 小片，称取约 0.2g 试样（精确至 0.001g）。向装有待测试样和空白的消解容器中分别加入 5.0mL 浓硝酸、2.0mL 过氧化氢。待试样溶液在室温下反应完全后，将消解容器密封，置于微波消解仪中，10min 升温至（175±5)℃，保温 5min。试样至少冷却 5min 后，从微波消解仪中取出。打开消解容器前，应先在通风柜中将微波消解罐冷却至室温再在电热板上加热，待消解液剩余约 2～3mL 时取下，冷却至室温。将消解液转移至 25mL 容量瓶中，用少量 5%硝酸溶液分 3 次淋洗消解容器，淋洗液合并于容量瓶中，用 5%硝酸溶液定容。过水相滤膜，尽快用 ICP-AES 测定，同步做空白试验。

酸性汗液提取钡：剪取试样尺寸不超过 5mm×5mm，混匀。称取 4g 试样（做 10 次平行试验），置于三角烧瓶中。加入 80mL 酸性汗液，将纤维充分浸湿，放入恒温水浴振荡器中振荡 60min，取出，静置冷却至室温，过滤后的样液供分析用，同步做空白试验。

(4) 测定条件 射频发生器功率 1150W，载气为高纯氩气，辅助气流量 0.2L/min，雾化气流量 0.85L/min，蠕动泵进样速度 1.5mL/min。

(5) 方法评价 汗液提取消解和硝酸微波消解法得到的钡元素的检出限分别为 0.1236mg/kg 和 0.09194mg/kg。RSD 分别是 4.01%和 2.23%。加标回收率 92.58%～99.87%。校正曲线动态线性范围上限是 2.00mg/mL。测定钡可萃取态和总量的平均值分别是 2.30mg/kg 和 42.77mg/kg。

(6) 注意事项 玻璃器皿均用 5%硝酸浸泡过夜，再用去离子水冲洗，防止空白溶液受到污染。由于人工酸性汗液含有大量磷酸盐、氯化钠及组氨酸盐等，使酸性汗液中钠离子含量很高，测试样液的基底复杂，带来的非光谱干扰效应十分显著，背景值极高，使灵敏度下降，严重影响结果准确性，使分析结果偏差较大。

11.4.3.2 电感耦合等离子体原子发射光谱法测定纺织品中总硼[8]

（1）方法提要　HNO_3-H_2O_2 微波消解样品，以钇为内标，电感耦合等离子体原子发射光谱法测定纺织品中总硼。

（2）仪器与试剂　Optima 8000 电感耦合等离子体原子发射光谱仪（美国珀金埃尔默公司）。Mars 6 微波消解仪（美国 CEM 公司）。

1000mg/L 硼标准储备溶液，1000mg/L 钇标准储备溶液。HNO_3、H_2O_2 等试剂为优级纯。实验用水为超纯水。

（3）样品制备　取纺织品试样，将其剪碎至 5mm×5mm 以下，混匀。称取 0.2g（精确至 0.001g）试样，置于聚四氟乙烯消解内罐中，加入 9mL 浓 HNO_3、1mL H_2O_2，将消解罐密封，放置到微波消解仪中，用 5min 升温至 120℃，保持 5min；再用 10min 升温至 220℃，保持 30min，消解样品。待温度降到 80℃以下，将消解罐取出。将消解后的溶液转移至 50mL 的塑料容量瓶中，用少量水分 3 次淋洗消解罐，合并淋洗液于容量瓶中，加入 0.5mL 10mg/L 钇标准溶液，用水定容。用水相滤膜过滤后，滤液供分析。

（4）测定条件　分析线 B 249.772nm，内标线 Y 371.029nm。射频功率 1300W。等离子气流量 12L/min，辅助气流量 0.2L/min，雾化气流量 0.65L/min。蠕动泵流量 1.3mL/min。

（5）方法评价　测定硼的检出限（$3s$，$n=11$）是 0.3mg/kg，定量限（$10s$）是 0.8mg/kg。测定腈纶、锦纶、涤纶、棉、黏纤和羊毛六种标准贴衬布为代表性纺织品中的硼，在 0.8mg/kg、1.6mg/kg、8.0mg/kg 添加水平下的 RSD 是 2.4%～9.8%，回收率是 80.4%～104.7%。硼校正曲线动态线性范围是 0.01～0.02mg/L，线性相关系数 1.0000。

（6）注意事项　采用微波消解样品时，HNO_3、H_2O_2 和 HCl 的使用无限制，使用 H_2SO_4、H_3PO_4 会产生高温，应严格控制温度。$HClO_4$ 在密闭容器中使用有很大的危险性，禁止使用。当标准溶液中不含 HNO_3 时，硼元素峰面积较小；当 HNO_3 含量大于等于 5%时，硼元素峰面积较大，且趋于稳定，所以本法中标准溶液用 5% HNO_3 进行定容，待测液无需进行赶酸处理。

11.4.3.3 固体进样-石墨炉原子吸收光谱法测定纺织品中镍、铜、钴含量[9]

（1）方法提要　直接固体进样-石墨炉原子吸收光谱法（SS-GFAAS）测定纺织品中的镍、铜、钴。

（2）仪器与试剂　contrAA700 高分辨连续光源原子吸收光谱仪。SSA600 固体自动进样器。

1000mg/L 镍、铜、钴元素标准储备溶液（国家有色金属及电子材料测试中心）。硝酸（德国 CNW 公司）。

（3）样品制备　取代表性纺织品样品，剪碎成 5mm×5mm 大小，用离心粉碎机粉碎至粉末状。称取约 0.2mg 样品放至固体进样石墨舟内，送入横向加热石墨炉中。

（4）测定条件　分析线 Ni 337.0nm、Cu 249.1nm 和 Co 240.7nm。分析信号读出方式为峰面积。塞曼效应校正背景。石墨炉升温程序如表 11-6 所示。

（5）方法评价　测定 Ni、Cu、Co 的检出限分别是 0.43ng、0.75ng 和 0.13ng。RSD 分别是 5.5%～6.0%、4.0%～5.4%和 4.3%～6.9%。回收率分别是 97.1%～105.3%、99.4%～108.8%和 91.9%～106.4%。校正曲线动态线性范围上限，分别是 24ng、20ng 和 2.0ng，线性相关系数分别是 0.9998、0.9993 和 0.9970。

表 11-6 石墨炉升温程序

元素	阶段	温度/℃	升温速率/(℃/s)	保持时间/s	总时间/s	氩气
Ni	干燥Ⅰ	90	2	10	36.5	最大
	干燥Ⅱ	105	3	10	15	最大
	干燥Ⅲ	120	2	10	17.5	最大
	灰化Ⅰ	350	150	25	26.5	最大
	灰化Ⅱ	550	150	45	46.7	最大
	AZ(原子化除残)	550	0	5	5	—
	原子化	2400	1500	3	4	—
	净化	2600	500	6	6.7	最大
Cu	干燥Ⅰ	90	2	10	42.5	最大
	干燥Ⅱ	105	3	10	15	最大
	干燥Ⅲ	120	2	10	17.5	最大
	灰化Ⅰ	300	150	25	26.2	最大
	灰化Ⅱ	1000	150	45	46.7	最大
	AZ(原子化除残)	1000	0	5	5	—
	原子化	2350	1500	3	3.9	—
	净化	2500	500	6	6.3	最大
Co	干燥Ⅰ	90	2	10	42.5	最大
	干燥Ⅱ	105	3	10	15	最大
	干燥Ⅲ	120	2	10	13	最大
	灰化Ⅰ	350	150	25	29.6	最大
	灰化Ⅱ	1000	150	45	47.2	最大
	AZ(原子化除残)	1000	0	5	5	—
	原子化	2350	1500	3	3.7	—
	净化	2450	500	6	6.7	最大

(6) 注意事项　直接固体进样可用相同或不同重量的标准参考物质、相同或不同浓度的标准溶液建立校正曲线。与 ICP-AES 方法相比，SS-GFAAS 方法无需对样品进行消解，操作简便。

11.4.3.4 微波消解-石墨炉原子吸收光谱法测定皮革制品及纺织品中痕量镉[10]

(1) 方法提要　皮革制品及纺织品样品经微波消解后，以硝酸镍为化学改进剂，用 GFAAS 测定其中痕量镉。

(2) 仪器与试剂　AA-800 型原子吸收光谱仪。ETHOS ONE 微波消解/萃取仪（意大利 Milestone 公司）。AS800 型自动进样器，THFA 石墨管（美国珀金埃尔默公司）。EH20B 耐腐蚀电热板（北京莱伯泰科科技有限公司）。

1000mg/L 镉标准储备溶液（国家钢铁材料测试中心）。1.0mg/L 镉标准溶液：用 2% HCl 溶液稀释。2.5g/L 硝酸镁溶液，2.5g/L 硝酸镍溶液，10g/L 磷酸氢二铵溶液。盐酸为优级纯。过氧化氢、硝酸镍、硝酸镁、磷酸氢二铵均为分析纯。实验用水为超纯水。

(3) 样品制备 取皮革制品或纺织品样品，将其剪成 1mm×1mm 小块，精确称取 0.2g（精确至 0.001g）于聚四氟乙烯的消解罐中，加入 8mL 浓硝酸和 2mL 过氧化氢，放入微波消解仪中，按照选定的微波消解程序（表 11-7）进行消解。消解完全后，冷却至室温，将微波消解内罐放在耐腐蚀加热板上加热去除氮氧化物，直至残留溶液约为 1mL，冷却后转移到 25mL 容量瓶中，再加入 0.5mL 2.5g/L 硝酸镁溶液，用水定容至刻度，摇匀，静置；如果溶液浑浊或有不溶物，应采用干法过滤，取过滤后的溶液，待测。

表 11-7 微波消解程序

操作步骤	操作状态	时间/min	温度/℃	功率/W
1	升温	5	150	1000
2	保持	1	150	1000
3	升温	7	210	1000
4	保持	10	210	1000

(4) 测定条件 分析线 Cd 228.8nm。光谱通带 0.5nm。灯电流 6mA。进样量 20μL，读数方式为峰面积。塞曼效应扣背景。标准溶液浓度为 10μg/L。石墨炉升温程序见表 11-8。

表 11-8 石墨炉升温程序

参数	温度/℃	斜坡升温时间/s	保持时间/s	氩气流量/(mL/min)	读数
干燥	115	5	30	250	否
	130	15	30	250	否
灰化	350	10	20	250	否
原子化	1900	0	5	0	是
净化	2450	1	3	250	否

(5) 方法评价 Cd 的检出限为 0.025μg/L。RSD（$n=10$）为 2.6%～4.4%，加标回收率在 96.5%～105.5%。校正曲线动态线性范围上限为 10μg/L，线性相关系数为 0.9997。

(6) 注意事项 加入化学改进剂硝酸镍-磷酸氢二铵溶液可以使样品中大部分杂质变为硝酸盐，从而降低了干扰物质的气化温度，使之在灰化阶段完全消失，有效地克服了基体干扰。

所有用到的玻璃器皿在使用前均用 10% HNO_3 浸泡 24h，用超纯水洗净后自然晾干。

11.4.3.5 氢化物发生等离子原子发射光谱法测定纺织品中可萃取砷（Ⅲ）[11]

(1) 方法提要 以酸性汗液为基体，采用氢化物发生电感耦合等离子体原子发射光谱法测定纺织品中砷。

(2) 仪器与试剂 SPECTRO CIROS CCD 等离子发射光谱仪。配氢化物发生器（德国 Spex 公司）。

三氧化二砷、1000mg/mL 砷单元素溶液标准物质（中国计量科学研究院）。L-组氨酸盐，生化试剂（北京奥博星生物技术有限责任公司）。L-组氨酸盐溶液（酸性试剂）：称取 0.5g L-组氨酸盐酸盐用水溶解于 100mL 的小烧杯中，加入 2.2g 磷酸二氢钠二水合物和 5.0g 氯化钠使其混合溶解，转移到 1L 的容量瓶中，用 0.10mol/L 的 NaOH 调节 pH 值为 5.5±0.2，用水定容。硝酸、氢氧化钠、氯化钠、磷酸二氢钠二水合物、硼氢化钠和盐酸均为分析纯。实验用水为二级水。

（3）样品制备 选取白涤衬布测定，剪成 5mm×5mm 以下，准确称量 4.00g 布样放入 150mL 具塞三角瓶中，加入 80mL 酸性试剂，在 37℃的恒温水浴中振荡 60min。自然冷却至室温，过滤后待测。

（4）测定条件 等离子体发生器功率为 1500W。冷却气流量为 14.0L/min，辅助气流量为 1.2L/min，载气流量为 0.4L/min。测试前先用 2.0mg/L 的锰标准溶液调整炬管位置。每个样品测试 3 次。

（5）方法评价 测定砷检出限为 0.0005mg/L。对 0.1～1.0mg/kg 范围内的 4 个添加水平的 RSD（$n=6$）在 2.8%～0.7%，平均回收率在 94.8%～99.0%。校正曲线动态线性范围为 0.0038～0.24mg/L，线性相关系数 $r>0.9999$。

（6）注意事项 由于酸性试液的基体效应，ICP-AES 法的背景干扰大，检测灵敏度低；而 HG-ICP-AES 法由于氢化物与基体分离的特点使得基体干扰降低至 1/10～1/5，检测灵敏度大大提高，比 ICP-AES 提高约 2 个数量级，同时需要注意的是不同质地布样和整理方法都会对回收率有较大的影响。

11.5 食品接触材料检测

11.5.1 食品接触材料检测的要求

食品安全是一个系统性工程，包括从农田到餐桌的各个环节，食品接触材料安全性是其中一个重要的环节。食品接触材料尤其食品包装，起着保护食品、方便贮运、促进销售、提高食品价值的重要作用。一定程度上，食品接触材料已经成为食品不可分割的重要组成部分[12]。食品接触材料（food contact materials，FCM），又称食品包装材料、间接食品添加剂，指的是将要与食品直接、间接或可能接触，或者以间接的食品添加剂的形式出现，而其本身并不构成食品成分的一类材料，常见于食品容器、食品包装、加工处理食品的设备及厨房家电等产品。目前我国允许使用的食品容器、包装材料主要有以下 7 种：①塑料制品；②天然、合成橡胶制品；③陶瓷、搪瓷容器；④铝、不锈钢、铁质容器；⑤玻璃容器；⑥食品包装用纸；⑦复合薄膜、复合薄膜袋等[13]。

包装材料中化学残留物的迁移会威胁消费者的健康，而不同的接触材料对食品有不同的影响。下面就食品接触材料的常见种类进行分析，表 11-9 列出其存在的安全问题[14]。

表 11-9 食品接触材料的主要安全隐患

接触材料种类	用途	安全隐患
塑料	质轻、耐用、防水、抗腐蚀能力强、绝缘性好、易于加工、制造成本低等优点，有良好的食品保护作用	塑料制品中的游离单体或降解产物向食品中迁移，如：邻苯二甲酸酯类（PAEs）
金属	传统食品接触材料，用于制造各种炊具、食具等	有毒有害的重金属迁移，表面涂覆的食品级涂料中游离酚、游离甲醛及有毒单体的溶出
纸质制品	纸质制品广泛应用于餐饮业中，如衬纸、纸制饭盒、纸包装袋、纸杯等	重金属、细菌和某些化学残留物污染，人为添加荧光增白剂
玻璃制品	传统食品接触材料，用于制造各种炊具、食具等	铅、砷、锑等重金属迁移污染

续表

接触材料种类	用途	安全隐患
橡胶	广泛用于与食品接触的手套、垫圈、密封件等	有过敏反应,芳香胺、重金属元素、添加剂的迁移
油墨	食品接触材料上字体、标识的印刷	苯残留
陶瓷、搪瓷	用于装酒、咸菜和传统风味食品	重金属迁移

通过上述分析我们不难看出，多数食品接触材料都存在着重金属污染的隐患，重金属污染指标在食品接触材料的检测与监管过程中依然存在着较高的风险，我国在食品接触材料的重金属迁移量限量要求，见表 11-10。

表 11-10 食品接触重金属迁移量指标

标准名称	产品名称		项目指标	限量值	备注
GB 4806.3—2016 食品安全国家标准 搪瓷制品	非烹饪用	扁平制品	铅/(mg/dm²)	0.8	
			镉/(mg/dm²)	0.8	
		空心制品<1L	铅/(mg/L)	0.07	
			镉/(mg/L)	0.07	
	烹饪用	扁平制品	铅/(mg/dm²)	0.1	
			镉/(mg/dm²)	0.4	
		空心制品<1L	铅/(mg/L)	0.05	
			镉(mg/L)	0.07	
GB 4806.2—2015 食品安全国家标准 奶嘴	储存罐		铅/(mg/dm²)	0.1	
			镉/(mg/dm²)	0.05	
	奶嘴		锌(mg/kg)	5	
GB 4806.9—2016 食品安全国家标准 食品接触用金属材料及制品	与食品直接接触的不锈钢制品		砷/(mg/kg)	0.04	马氏体型不锈钢材料及制品不检测铬指标
			镉/(mg/kg)	0.02	
			铅/(mg/kg)	0.05	
			铬/(mg/kg)	2.0	
			镍/(mg/kg)	0.5	
	其他金属材料及制品		砷/(mg/kg)	0.04	
			镉/(mg/kg)	0.02	
			铅/(mg/kg)	0.2	
GB 4806.8—2016 食品安全国家标准 食品接触用纸和纸板材料及制品	与食品直接接触的纸和纸板材料及制品		铅/(mg/kg)	3.0	
			砷/(mg/kg)	1.0	

续表

标准名称	产品名称	项目指标	限量值	备注
GB 4806.4—2016 食品安全国家标准 陶瓷制品	扁平制品	铅/(mg/dm²)	0.8	
		镉/(mg/dm²)	0.07	
	存储罐	铅/(mg/L)	0.5	
		镉/(mg/L)	0.25	
	大空心制品	铅/(mg/L)	1.0	
		镉/(mg/L)	0.25	
	小空心制品(纸杯除外)	铅/(mg/L)	2.0	
		镉/(mg/L)	0.35	
	纸杯	铅/(mg/L)	0.5	
		镉/(mg/L)	0.25	
	烹饪器皿	铅/(mg/L)	3.0	
		镉/(mg/L)	0.30	
GB 4806.5—2016 食品安全国家标准 玻璃制品	扁平制品	铅/(mg/dm²)	0.8	
		镉/(mg/dm²)	0.07	
	存储罐	铅/(mg/L)	0.5	
		镉/(mg/L)	0.25	
	大空心制品	铅/(mg/L)	0.75	
		镉/(mg/L)	0.25	
	小空心制品	铅/(mg/L)	1.5	
		镉/(mg/L)	0.5	
	烹饪器皿	铅/(mg/L)	0.5	
		镉/(mg/L)	0.05	
	口缘要求	铅/(mg/L)	4.0	直接与口唇接触的有外部彩饰的玻璃制品
		镉/(mg/L)	0.4	

11.5.2 食品接触材料检测取样要求及原则

目前我国对于食品接触材料的取样要求主要依据 GB 5009.156—2016《食品安全国家标准 食品接触材料及制品迁移试验预处理方法通则》其中规定：

① 所采样品应具有代表性。样品应完整、无变形、规格一致。采样数量应能满足检验项目对试样量的需要，供检测与复测之用。

② 样品的采集和储存应避免样品受污染和变质。当试样含有挥发性物质时，应采用低温保存或密闭保存等方式。

③ 迁移试验预处理应尽可能在样品原状态下进行。如技术原因无法对样品进行直接测试，可将样品进行切割或按照实际加工条件制得符合测试要求的试样。切割时，应避免对试样测试表面造成机械损伤，应尽可能将切割操作过程的试样温度降低至最低。

④ 对于组合材料及制品，应尽可能按接触食品的各材质材料的要求分别采样。

⑤ 对于形状不规则、容积较大或难以测量计算表面积的制品，可采用其原材料（如板材）或取同批制品中有代表性制品裁剪一定面积板块作为试样。

⑥ 对于树脂或粒料、涂料、油墨和黏合剂等与实际成型品有明显差异的食品接触材料，应当按照实际加工条件成型品或片材进行迁移试验预处理。

11.5.3　食品接触材料检测分析方法

目前，在食品接触材料检测的标准方法中，主要的检测方法体系为食品安全国家标准，目前现行的检测标准中重金属迁移指标多采用原子吸收光谱、电感耦合等离子体原子发射光谱以及电感耦合等离子体质谱作为分析仪器，详见表 11-11。

表 11-11　食品接触材料中重金属迁移量检测的标准方法

标准名称	样品基质	检测元素	检测方法	方法特性
GB 31604.24—2016 食品安全国家标准 食品接触材料及制品 镉迁移量的测定	食品接触材料及制品在食品模拟物中浸泡后的溶液	镉	石墨炉原子吸收法	在重复性条件下获得的两次独立测定结果的绝对差值不得超过算术平均值的 20%，方法检出限为 0.03μg/L，定量限为 0.1μg/L
			电感耦合等离子体质谱法	见 GB 31604.49—2016
			电感耦合等离子体原子发射光谱法	
			火焰原子吸收法	在重复性条件下获得的两次独立测定结果的绝对差值不得超过算术平均值的 10%，方法检出限为 0.007mg/L，定量限为 0.02mg/L
GB 31604.25—2016 食品安全国家标准 食品接触材料及制品 铬迁移量的测定	食品接触材料及制品在食品模拟物中浸泡后的溶液	铬	石墨炉原子吸收法	在重复性条件下获得的两次独立测定结果的绝对差值不得超过算术平均值的 20%，方法检出限为 0.4μg/L，定量限为 1.5μg/L
			电感耦合等离子体质谱法	见 GB 31604.49—2016
			电感耦合等离子体原子发射光谱法	
GB 31604.33—2016 食品安全国家标准 食品接触材料及制品 镍迁移量的测定	食品接触材料及制品在食品模拟物中浸泡后的溶液	镍	石墨炉原子吸收法	在重复性条件下获得的两次独立测定结果的绝对差值不得超过算术平均值的 20%，方法检出限为 1μg/L，定量限为 3μg/L
			电感耦合等离子体质谱法	见 GB 31604.49—2016
			电感耦合等离子体原子发射光谱法	

续表

标准名称	样品基质	检测元素	检测方法	方法特性
GB 31604.34—2016 食品安全国家标准 食品接触材料及制品 铅的测定和迁移量的测定	食品接触材料及制品在食品模拟物中浸泡后的溶液	铅	石墨炉原子吸收法	在重复性条件下获得的两次独立测定结果的绝对差值不得超过算术平均值的20%，方法检出限为0.6μg/L，定量限为2.0μg/L
			电感耦合等离子体质谱法	见GB 31604.49—2016
			电感耦合等离子体原子发射光谱法	
	纸制品和软木塞		火焰原子吸收法	在重复性条件下获得的两次独立测定结果的绝对差值不得超过算术平均值的10%，方法检出限为0.07mg/L，定量限为0.2mg/L
			石墨炉原子吸收法	在重复性条件下获得的两次独立测定结果的绝对差值不得超过算术平均值的20%，方法检出限为0.05mg/kg，定量限为0.10mg/kg
			电感耦合等离子体质谱法	见GB 31604.49—2016
			电感耦合等离子体原子发射光谱法	
GB 31604.38—2016 食品安全国家标准 食品接触材料及制品 砷的测定和迁移量的测定	食品接触材料及制品在食品模拟物中浸泡后的溶液	砷	氢化物原子荧光光谱法	在重复性条件下获得的两次独立测定结果的绝对差值不得超过算术平均值的20%，方法检出限为0.001mg/L，定量限为0.003mg/L
			电感耦合等离子体质谱法	见GB 31604.49—2016
			电感耦合等离子体原子发射光谱法	
	纸制品和软木塞		氢化物原子荧光光谱法	在重复性条件下获得的两次独立测定结果的绝对差值不得超过算术平均值的20%，方法检出限为0.05mg/kg，定量限为0.15mg/kg
			电感耦合等离子体质谱法	见GB 31604.49—2016
			电感耦合等离子体原子发射光谱法	

续表

标准名称	样品基质	检测元素	检测方法	方法特性
GB 31604.41—2016 食品安全国家标准 食品接触材料及制品 锑迁移量的测定	食品接触材料及制品在食品模拟物中浸泡后的溶液	锑	石墨炉原子吸收法	在重复性条件下获得的两次独立测定结果的绝对差值不得超过算术平均值的 20%，方法检出限为 0.4μg/L，定量限为 1.2μg/L
			电感耦合等离子体质谱法	见 GB 31604.49—2016
			电感耦合等离子体原子发射光谱法	
			原子荧光光谱法	在重复性条件下获得的两次独立测定结果的绝对差值不得超过算术平均值的 20%，方法检出限为 0.3μg/L，定量限为 0.8μg/L
GB 31604.42—2016 食品安全国家标准 食品接触材料及制品 锌迁移量的测定	食品接触材料及制品在食品模拟物中浸泡后的溶液	锌	火焰原子吸收法	在重复性条件下获得的两次独立测定结果的绝对差值不得超过算术平均值的 10%，方法检出限为 0.02mg/L，定量限为 0.06mg/L
			电感耦合等离子体质谱法	见 GB 31604.49—2016
			电感耦合等离子体原子发射光谱法	
GB 31604.49—2016 食品安全国家标准 食品接触材料及制品 砷、镉、铬、铅的测定和砷、镉、铬、镍、铅、锑、锌迁移量的测定	纸制品和软木塞	砷、镉、铬、铅	电感耦合等离子体质谱法	在重复性条件下获得的两次独立测定结果的绝对差值不得超过算术平均值的 10%，方法检出限(ng/kg)分别为 0.01、0.0005、0.02、0.02，定量限(ng/kg)分别为 0.04、0.002、0.05、0.05
	食品接触材料及制品在食品模拟物中浸泡后溶液	砷、镉、铬、镍、铅、锑、锌	电感耦合等离子体质谱法	在重复性条件下获得的两次独立测定结果的绝对差值不得超过算术平均值的 10%，方法检出限(μg/L)分别为 0.2、0.1、1、0.3、0.3、0.03、0.2，定量限(μg/L)分别为 0.6、0.3、3、0.8、0.9、0.1、0.6
			电感耦合等离子体原子发射光谱法	在重复性条件下获得的两次独立测定结果的绝对差值不得超过算术平均值的 10%，方法检出限(mg/L)分别为 0.01、0.001、0.01、0.002、0.01、0.01、0.02，定量限(mg/L)分别为 0.03、0.003、0.03、0.006、0.03、0.03、0.06

11.5.3.1 测定食品接触玻璃制品铅、镉、锑迁移量[15]

(1) 方法提要　利用石墨炉原子吸收光谱法测定食品接触玻璃制品中铅、镉和锑迁移量。

（2）仪器与试剂　石墨炉原子吸收光谱仪。

1000μg/mL 铅、镉、锑标准储备液（国家标准物质中心）。4%乙酸浸泡液：取 40.0mL 冰乙酸溶液，用水稀释至 1000mL，现用现配。20g/L 磷酸二氢铵溶液：称取 2.0g 磷酸二氢铵，用水溶解稀释至 100mL。所用试剂均为优级纯，实验用水为 GB/T 6682 规定的二级水。

（3）样品制备　取食品接触玻璃样品（容积<1.1L 的小空心制品），按照标签或说明书上的要求进行清洗或处理后，用蒸馏水或去离子水冲 2～3 次，自然晾干，必要时可用洁净的滤纸将试样表面水分吸干净，但纸纤维不得存留于试样表面。食品模拟物应选择 4%乙酸浸泡液，加入样品中至距上口边沿 1cm 处。迁移试验温度 22℃，迁移试验时间 24h。浸泡液经充分混匀后，取部分浸泡液用于分析。同时做空白试样。

（4）测定条件　测定 Pb、Cd、Sb，分析线是 Pb 283.3nm、Cd 228.8nm、Sb 231.2nm。光谱通带 0.5nm，灯电流分别是 5～7mA、2～10mA 和 8～12mA。干燥温度是 85～130℃，干燥时间是 30～50s。灰化温度分别是 500～700℃、400～500℃和 800～1000℃，灰化时间均是 20s。原子化温度分别是 1900～2200℃、1800～2100℃和 2400℃，原子化时间均是 4～5s。

（5）方法评价　测定 Pb、Cd、Sb 的检出限达到 0.03～0.6μg/L。RSD 为 3.9%～5.2%。回收率为 80.43%～87.16%。

（6）注意事项　测定 Pb、Cd、Sb 元素时，加入化学改进剂磷酸二氢铵，能消除共存元素的干扰。所有玻璃器皿均需硝酸溶液（1+5）浸泡过夜，用自来水反复冲洗，最后用二级水冲洗干净晾干。

11.5.3.2 电感耦合等离子体原子发射光谱法测定食品接触用无机材料及制品中 13 种重金属迁移量[16]

（1）方法提要　ICP-AES 同时检测食品接触用无机材料及制品中 Al、As、Ba、Cd、Co、Cr、Cu、Mn、Ni、Pb、Sb、Se 与 Zn 等 13 种重金属的迁移量。

（2）仪器与试剂　Optima 8300 型电感耦合等离子体原子发射光谱仪。Milli-Q Direct 16 型超纯水系统。

1000mg/L Al、As、Ba、Cd、Co、Cr、Cu、Mn、Ni、Pb、Sb、Se 与 Zn 等 13 种元素的单元素标准储备液（国家有色金属及电子材料分析测试中心）。乙酸、硝酸为优级纯（成都市科龙化工试剂厂）。实验用水为超纯水（18.2MΩ·cm，25℃）。

（3）样品制备　按照标签或说明书进行清洗或处理试样，用去离子水冲洗 3 次，自然晾干，切勿用手直接接触试样表面。依据 GB 5009.156—2016 准确测定试样中与 $\psi=4\%$ 乙酸溶液接触的面积，得到实际接触面积 S 与所接触食品体积 V 比（$S:V$，dm^2/L）。无规格空心制品，食品模拟液液面与空心制品上边缘的距离不超过 10mm。需要加热煮沸的空心制品，模拟液体积不得小于空心制品容积的 80%，内边缘有花彩饰者模拟液应浸过花面。特定迁移实验条件：烹饪器皿（98℃±3℃，120min+5min）、可微波炉使用的制品（100℃±3℃，15min+1min）或其他常温条件使用的制品（22℃±1℃，24h+0.5h）。浸泡液应避免光照。搅拌均匀萃取液，搅拌时勿致测试表面损伤。迁移试验完成后，立即进行测定，防止待测元素被器壁吸附。每组样品进行两次平行测定。

（4）测定条件　选出各待测元素较灵敏的分析线，采用各待测元素的标准溶液与空白溶液在较灵敏分析线波长处进行扫描，对各谱线及背景的扫描图和强度值等进行比较，分别考虑分析线的干扰和背景影响情况，选择合适的分析线与背景校正位置。各元素合适的分析线

(nm) 分别是 Al 396.153、As 188.979、Ba 233.527、Cd 228.802、Co 228.616、Cr 267.716、Cu 327.393、Mn 257.610、Ni 231.604、Pb 220.353、Sb 206.836、Se 196.026 与 Zn 206.200。

射频发生器功率 1300W，等离子气流量 15.0L/min，辅助气流量 0.2L/min，雾化气流量 0.55L/min，蠕动泵流量 1.50mL/min。光源稳定延迟 15s，轴向观测方式。

(5) 方法评价　检出限 ($3s$，$n=11$) 为 0.001～0.010mg/L，RSD 为 0.96%～3.89%，加标回收率为 90.8%～105.1%。校正曲线动态线性范围上限 Al 是 10mg/L，Cd 是 0.100mg/L，其余元素是 1.00mg/L。

(6) 注意事项　共存离子对待测元素的干扰与记忆效应通常可以忽略。在食品接触用无机材料及制品中，搪瓷材料及制品中 Cd、Pb 元素迁移超标风险高于陶瓷、玻璃制品。Al、Co、Cr、Cu、Mn、Ni、Se 及 Zn 元素迁移量应作为重点风险监控对象，提前预防突发性食品安全事故发生。

11.5.3.3　原子吸收法测定日用陶瓷中 7 种重金属的溶出率[17]

(1) 方法提要　用原子吸收分光光度法测定日用陶瓷中的 Pb、Cd、Cr、Mn、Ni、Cu、Co 等。

(2) 仪器与试剂　原子吸收分光光度计（日本岛津公司）。

1000μg/mL Pb、Cd、Cr、Mn、Ni、Cu、Co 等元素的 4%乙酸标准溶液。冰乙酸、95%乙醇均为分析纯。实验用水为去离子水。

(3) 样品制备　实验中所用到的陶瓷样品杯子为色釉，碗为釉中彩，碟为白瓷，用弱碱性清洁剂将陶瓷样品洗涤干净，然后用自来水反复冲洗，再用去离子水漂洗多次，常温下晾干。在不低于 20℃室温下，用 4%乙酸、50%乙醇和 95%乙醇溶液对杯子进行浸泡，浸泡时间分别为 1d、2d、3d、5d、10d，在每个条件下设置两个平行样。碗和碟则直接用 4%乙酸、50%乙醇和 95%乙醇溶液浸泡 10d，同样每个条件下设置两个平行样。浸泡结束后，将浸出液转移至 100mL 的容量瓶中。在 100℃的水浴条件下，杯子和碗用 4%乙酸、50%乙醇溶液浸泡 2h，每个条件下设置两个平行样。浸泡结束后，将浸出液转移至 100mL 的容量瓶中备用。

利用烧杯作为空白对照，即在常温下，用 4%乙酸、50%乙醇和 95%乙醇浸泡烧杯 10d。在 100℃的水浴条件下，用 4%乙酸、50%乙醇溶液浸泡烧杯 2h。浸泡结束后，将浸出液转移至 100mL 的容量瓶中备用。

(4) 测定条件　分析线 (nm) 是 Cd 228.8、Co 240.7、Cr 357.9、Cu 324.8、Mn 279.5、Ni 357.9、Pb 217.0。空气-乙炔火焰。

(5) 方法评价　检出限 (mg/L) 分别是 0.0020、0.0050、0.0060、0.0030、0.0020、0.0100 和 0.0100。校正曲线动态线性范围，Mn 和 Co 是 1～5mg/L，Pb、Cd、Cr、Cu、Ni 是 0.5～2.5mg/L。

(6) 注意事项　影响溶出率的关键因素主要是浸泡时间、浸泡温度、浸泡溶剂和日用陶瓷的制作工艺等。用 95%乙醇作为溶剂的重金属浸出率高；浸出率随浸泡时间的增长而增长，在浸泡前期浸出率的变化较快，后期浸出率变化较慢；在常温下浸泡的浸出率比在水浴条件下浸泡的浸出率低。

11.5.3.4　石墨炉原子吸收光度法对龙泉青瓷中铅镉溶出量的检测与评估[18]

(1) 方法提要　用石墨炉原子吸收分光光度法检测龙泉青瓷中的 Pd、Cd。

（2）仪器与试剂　AA900T原子吸收分光光度计（美国珀金埃尔默公司）。ULUP-Ⅳ-20T超纯水仪（中国成都超纯科技有限公司）。

1000mg/L铅、镉重金属标准物质（国家标准物质研究中心）。冰乙酸、硝酸均为优级纯。实验用水为超纯水。

（3）样品制备　将青瓷样品除去尘埃后用清洗剂洗涤，然后用自来水反复冲洗干净，再用超纯水淋洗并晾干。干燥后加入4%乙酸至离溢出口5mm处为止，用保鲜膜覆盖好，上盖一块平板遮光。在（22±2）℃下浸泡24h后用玻璃棒将浸泡液搅拌均匀，取出适量的浸泡液测定Pb、Cd含量。以此评定青瓷样品中Pb、Cd的溶出量。

（4）测定条件　测定条件参见表11-12。

表11-12　Pd、Cd测定石墨炉工作参数

步骤	温度/℃	斜坡升温时间/s	保持时间/s
干燥	110	1	20
预备	600	15	60
热分解	1500	10	20
原子化	2400	0	5
净化	2600	1	3

（5）方法评价　Pb和Cd的检出限分别是0.303μg/L和0.069μg/L。Pb和Cd校正曲线动态线性范围上限分别是100μg/L和50μg/L，相关系数r为0.9993～0.9998。

（6）注意事项　测定了龙泉青瓷酒瓶、青瓷茶具、青瓷碗、青瓷盘等四大类瓷制品中Pb、Cd溶出量。未检出镉，也未在青瓷酒瓶制品中检出铅，但在青瓷茶具、青瓷碗、青瓷盘制品乙酸浸泡液中均有铅检出。

11.5.3.5 石墨炉原子吸收法测定食品接触材料制品中有害重金属迁移量[19]

（1）方法提要　建立了一种石墨炉原子吸收法测定聚乙烯制品、聚丙烯制品和三聚氰胺成型品中Pb、Cd、Cr迁移量的检测方法。

（2）仪器与试剂　AA240Z石墨炉原子吸收光谱仪（美国瓦里安公司）。超纯水系统（美国密理博公司）。

1000μg/mL铅、镉、铬标准溶液（钢铁研究总院国家钢铁材料测试中心）。乙酸等试剂均为优级纯。

（3）样品制备　将样品依次用洗涤剂、自来水清洗干净，再用蒸馏水淋洗3遍后晾干，用（φ=4%）乙酸60℃浸泡2h。浸泡液按接触面积每平方厘米2mL计，如在容器中则加入浸泡液至容器容积的2/3～4/5。

（4）测定条件　分析线是Pb 283.3nm、Cd 228.8nm、Cr 357.9nm。光谱通带分别为0.5nm、0.5nm和0.2nm。灯电流分别是10mA、4mA和7mA。塞曼效应校正背景。通过外标法按表11-13中石墨炉升温程序测定样品中的Pb、Cd、Cr。

表11-13　Pb、Cd、Cr测定石墨炉工作参数

元素	干燥温度/℃	干燥时间/s	灰化温度/℃	灰化时间/s	原子化温度/℃	原子化时间/s
铅	100	40	800	15	1800	3
镉	100	40	400	15	1700	3
铬	100	40	900	20	2400	3

(5) 方法评价　测定铅、镉、铬的检出限 (μg/L) 分别为 1.04、0.05、0.98。RSD<5%。加标回收率为 96.5%～104.0%。校正曲线动态线性范围上限 (μg/L) 分别是 150、5、100。

(6) 注意事项　常见杂质元素 As、Sb、Cu、Co、Zn、Ni、Hg，对 Pb、Cd、Cr 的测定无影响。

11.5.3.6　微波消解-电感耦合等离子体原子发射光谱法测定纳米级钛 (Ⅳ) 氧化物复合食品包装中的钛[20]

(1) 方法提要　建立了一种电感耦合等离子体原子发射光谱法测定纳米二氧化钛聚乙烯食品包装材料中钛迁移量的检测方法。

(2) 仪器与试剂　iCAP 6000 ICP-AES 仪 (美国赛默飞世尔科技公司)。ETHOS CM-MWG 微波消解仪 (意大利 Milestone)。超纯水系统 (成都 Ultrapure 有限公司)。电热消解板 (P320，德国 Nabertherm 有限公司)。

1000μg/mL 钛标准硝酸 ($\psi=5\%$) 溶液 (钢铁研究总院国家钢铁材料测试中心)。硝酸、硫酸、双氧水 (≥30%)、氢氟酸 (≥40%) 均为保证试剂级。

(3) 样品制备　将食品包装用纳米钛氧化塑料薄膜用超纯水清洗和干燥后，准确称取 0.1g 样品于聚四氟乙烯消解罐中，依次加入 6mL HNO_3、1.5mL H_2O_2 和 0.5mL HF。微波消解程序是 1000W，10min 内温度升温到 150℃，随后 10min 内温度升高到 210℃，保持 20min，冷却 1～2h 后，将消化液在热板上蒸发至近干，然后用 5% HNO_3 溶液定容至 100mL。

(4) 测定条件　元素分析线：钛 334.941nm；射频功率 1150W。等离子气流量 15.0L/min，辅助气流量 0.8L/min，雾化气流量 0.2L/min，蠕动泵进样速率 1.0mL/min。积分时间：30s；轴向观测方式。

(5) 方法评价　测定钛的检出限是 5mg/L。在添加浓度水平为 50mg/kg、100mg/kg、200mg/kg 时，加标回收率为 94.7%～100.1%，RSD 为 2.1%～7.1%。校正曲线动态线性范围是 100～5000μg/L，$r^2=0.9999$。

(6) 注意事项　6mL HNO_3、1.5mL H_2O_2 和 0.5mL HF 组成的酸性混合物具有最好的消解效率，在该消解体系下，样品通过 5%硝酸稀释后对于塑料基体样品，无明显基质效应。

11.6　化妆品检测

11.6.1　化妆品检测的要求

随着改革开放的深入和人民物质生活水平的提高，化妆品工业在 20 世纪末得到了快速发展，化妆品已经成为普通百姓密切接触的生活消费品，其品牌和品种与日俱增，百姓的需求也日益增加，市场前景广阔。然而源于化妆品安全的问题也日益凸显，例如近年来出现的化妆品致癌、重金属污染、动物源化妆品以及转基因产品的潜在危害等，这使得化妆品质量监督管理及化妆品检验的科学性受到了人们的关注和重视。

美国食品药品监督管理局 (FDA) 对化妆品分类主要包括：护肤类、芳香类、眼部及眼外修饰物、头发护理类、除体臭剂、面部修饰剂、婴儿用产品、沐浴剂、口腔清洁剂及防晒制剂等。在我国化妆品的定义一般沿用欧盟化妆品指导性文件的定义，化妆品是指以涂擦、喷洒或者其他类似的方法，散布于人体表面任何部位（皮肤、毛发、指甲、口唇等），以达到清洁、消除不良气味、护肤、美容和修饰目的的日用化学工业产品。常规化妆品主要分为两类，一种是一般化妆品（皮肤、化妆、头发保护产品以及香料），另一种为特殊功能化妆品（例如除臭剂、抑汗剂、染发剂以及遮光剂等）。目前，我国化妆品卫生的限量标准主要参考2015年版的《化妆品卫生规范》及GB 7916—87《化妆品卫生标准》，该规范对化妆品中禁限用物质、化妆品的毒理学试验、卫生化学检验、微生物检验以及人体安全性等方面进行了规范，其中重金属作为重要的限量标准在规范中做出了明确说明，其中有毒有害重金属/限用防腐剂包含汞、铅、砷、镉，限量要求分别为汞1mg/kg［硫柳汞（乙汞计）70mg/kg，仅用于眼部化妆品和眼部卸妆产品；标签上必须说明“乙基汞硫代水杨酸钠”］、铅（以铅计）10mg/kg、砷（以砷计）2mg/kg、镉5mg/kg。而光谱分析技术作为重金属检测的常见手段也在化妆品重金属检测领域发挥着重要作用，下面会通过实例分析进行一一说明。

11.6.2 化妆品检测取样要求及原则

目前我国对于化妆品的取样要求主要依据参考2015年版的《化妆品卫生规范》（简称规范），其中规定化妆品样品的取样过程应尽可能顾及样品的代表性和均匀性，以便分析结果能够正确反映化妆品的质量。在取样品前，应检查封口的完整性，观察样品的性状和特征，并使样品混匀。打开包装后，应尽可能快地取出所要测定部分进行分析。同时规范中针对不同性状样品的取样要求进行了分类：

（1）液体样品　主要是指油溶液、醇溶液、水溶液组成的润肤液等。打开前应剧烈振摇容器，取出待分析样品后封闭容器。

（2）半流体样品　主要是指霜、蜜、凝胶类产品。细颈容器内的样品取样时，应弃去至少1cm最初移出的样品，挤出所需样品量，立刻封闭容器。广口容器内的样品取样时，应刮弃表面层，取出所需样品后立刻封闭容器。

（3）固体样品　主要是指粉蜜、粉饼、口红等。其中，粉蜜类样品在打开前应猛烈地振摇，移取测试部分。粉饼和口红类样品应刮弃表面层后取样。

（4）其他剂型样品　可根据上述取样原则采用适当的方法进行取样。

11.6.3 化妆品检测分析方法

目前，在我国现行的化妆品检测的标准方法，在化妆品卫生标准、国家标准（GB）、以及检验检疫行业标准（SN）、通用检验方法和测定方法标准中都可找到。原子荧光法、原子吸收法、电感耦合等离子体原子发射光谱法等检测方法根据检测目标化合物及样品基质的差异均有涉及，详见表11-14。

11.6.3.1 ICP-AES法测乳剂化妆品中有害元素[21]

（1）方法提要　用干灰化、浓$HNO_3+H_2O_2$消解样品，电感耦合等离子体原子发射光谱法定量检测化妆品中有害元素Pb、As、Hg、Cu、Cr、Mn。

（2）仪器与试剂　ICP 715-ES全谱直读电感耦合等离子体原子发射光谱仪。MDS-6微波快速制样系统。DZF-6020真空干燥箱。

1000mg/L Pb、As、Hg单元素标准储备溶液（中国计量科学研究院），5mg/L Cu、Sr、Cr、Fe、Mn、Zn、Al多元素标准储备溶液和5mg/L Mg标准储备液（国家有色金属及

表 11-14　化妆品中重金属原子光谱检测的标准方法

标准名称	检测元素	检测方法	方法特性
化妆品卫生规范 2015	Hg	冷原子吸收法	检出限和定量限分别为 0.01μg 和 0.03μg。若取 1g 样品测定，检出浓度为 0.01μg/g，定量浓度为 0.04μg/g
		氢化物原子荧光光度法	检出限为 0.1μg/L；定量限为 0.3μg/L。取样量为 0.5g 时，检出浓度为 0.002μg/g，定量浓度为 0.006μg/g
		汞分析仪法	检出限为 0.1ng；定量限为 0.3ng。取样量为 0.1g 时，检出浓度为 1ng/g，定量浓度为 3ng/g
	As	氢化物原子荧光光度法	检出限为 4.0μg/L，定量限为 13.3μg/L，若取 1g 样品，本方法检出浓度为 0.01μg/g，定量浓度为 0.04μg/g
		氢化物发生原子吸收法	检出限及定量限分别为 1.7ng 和 5.7ng。若取 1g 样品，检出浓度和定量浓度分别为 0.17mg/kg 和 0.57mg/kg
	Pb	石墨炉原子吸收分光光度法	检出限为 1.00μg/L；定量限为 3.00μg/L。取样量为 0.5g，检出浓度为 0.05mg/kg，定量浓度为 0.15mg/kg
		火焰原子吸收分光光度法	检出限为 0.15mg/L，定量限为 0.50mg/L。若取 1g 样品测定，检出浓度为 1.5μg/g，定量浓度为 5μg/g
	Cd	火焰原子吸收分光光度法	检出限为 0.007mg/L，定量限为 0.023mg/L。若取 1g 样品，检出浓度为 0.18mg/kg，定量浓度为 0.59mg/kg
	ZnO	火焰原子吸收法	检出限为 0.012μg/mL，定量限为 0.04μg/mL。若取 1g 样品，检出浓度为 0.0012%，定量浓度为 0.004%
GB 7917.1—87　化妆品卫生化学标准检验方法　汞	Hg	冷原子吸收法	检出量为 0.01μg。若取 1g 样品测定，检出浓度为 0.01μg/g
GB 7917.3—87　化妆品卫生化学标准检验方法　铅	Pb	火焰原子吸收分光光度法	检出限为 4μg/g
SN/T 1478—2004 化妆品中二氧化钛含量的检测方法 ICP-AES 法	TiO_2	电感耦合等离子体原子发射光谱法	二氧化钛浓度在 0.050%～18.0%范围，回收率是 97.1%～106%；本方法的测定限为 0.02%，在低限量水平进行测定（$n=7$），测定结果 RSD 为 4.70%

电子材料分析测试中心）。浓 HNO_3、H_2O_2 为分析纯。高纯 Ar（纯度 99.999%）。实验用水为二次蒸馏水（电阻率≥18MΩ·cm）。

（3）样品制备　准确称取市售化妆品样品，每种样品各 3 份，每份 0.5g（准确到 0.1mg）于坩埚内，放置于石棉网上小火持续加热直至黑化。黑化后将温度调至中温再持续加热，直至灰化。样品灰化后取下冷却至室温，在坩埚内加入 5mL 浓 HNO_3 和 2mL H_2O_2，放在电炉上，将温度调至小火进行消解，当出现大量气泡和烟雾后，取下静置 2～3min，再加入 2mL 浓 HNO_3，重新放回电炉上消解，直至样品澄清，冷却后定容。

（4）测定条件　分析线（nm）是Pb 220.353、As 194.164、Hg 194.227、Cu 327.395、Cr 267.716、Mn 257.610。垂直炬管，射频频率40.68MHz，发射功率1.00kW。等离子气流量15.0L/min，辅助气流量1.5L/min，雾化气压力200kPa。观察高度10mm。一次读数时间5s，仪器稳定延时15。快泵转速50r/min，快泵清洗时间10s。进样蠕动泵泵速15r/min，进样延时30s。读数次数3次。

（5）方法评价　测定Pb、As、Hg、Cu、Cr的检出限（mg/L）分别是0.049、0.053、0.036、0.012、0.006。测定360°水、自然堂、相宜本草样品中的Pb、As、Hg、Cu、Cr、Mn，相对标准偏差在0.0043%～3.1%。

干锅灰化，浓$HNO_3+H_2O_2$消解将化妆品样品分解完全彻底，有利于多种元素同时测定。方法快速、精密度高，适用于乳剂化妆品分析。

11.6.3.2 高效液相色谱-原子荧光光谱法测定化妆品中的无机汞、甲基汞、乙基汞[22]

（1）方法提要　高效液相色谱-原子荧光光谱法测定化妆品中无机汞、甲基汞、乙基汞形态。

（2）仪器与试剂　PF52型原子荧光形态分析仪。TGL-16M型台式高速冷冻离心机。Multi Reax型振荡器。5860A型超声波脱气仪。PHS-3C型酸度计。

无机汞、甲基汞、乙基汞标准储备溶液：1000μg/mL无机汞，65.0μg/g甲基汞，70.6μg/g乙基汞（中国计量科学研究院）。色谱纯甲醇（瑞典欧普森公司）。分析纯盐酸、硼氢化钾、乙酸铵、氢氧化钠（广东光华科技股份有限公司）。分析纯L-半胱氨酸（上海麦克林生物科技公司）。还原剂为20g/L硼氢化钾-5g/L氢氧化钠溶液。流动相为5%甲醇-60mmol/L乙酸铵-0.1% L-半胱氨酸溶液。载流液为10%的盐酸。

（3）样品制备　分别称取一定量（精确至0.1mg）的样品（固体样品为0.5g，液体样品为1g）于15mL塑料离心管中，加入10mL 5mol/L盐酸溶液，涡旋混合5min，于室温条件下水浴超声15min，再于4℃条件下以8000r/min离心15min。准确吸取5mL上清液至10mL试管中，再将试管置于冰水中，用6mol/L氢氧化钠溶液中和至样品溶液的pH值为2～7，加入0.2mL 10g/L的L-半胱氨酸溶液，用水定容后过0.45μm滤膜。同时制备空白试样。

（4）测定条件　Pgrandsil-FE-C_{18}色谱柱（250mm×4.6mm，5μm），流动相是5%甲醇-60mmol/L乙酸铵溶液-0.1%L-半胱氨酸溶液。等度洗脱，流量1mL/min，柱温常温。进样体积100μL，阀控制，常规流路。

还原剂是20g/L硼氢化钾-5g/L氢氧化钠溶液，流动相为5%甲醇-60mmol/L乙酸铵-0.1% L-半胱氨酸溶液，载流液为10%的盐酸。原子荧光光谱的光电倍增管负高压为300V，灯电流为50mA，炉温为200℃。

（5）方法评价　方法的检出限是0.067mg/kg。RSD（$n=6$）为3.6%～4.8%，样品加标回收率为80.0%～97.3%。无机汞、甲基汞、乙基汞的校正曲线动态线性范围上限是10μg/L，相关系数分别为0.9997、0.9983、0.9993。

（6）注意事项　如酸碱中和产生的热量扩散不及时，则会使温度升高过快，从而导致汞化合物挥发损失，造成测定值偏低。为了达到降温的目的，中和时采用冰水冷却。

11.6.3.3 氢化物-原子荧光光谱法测定化妆品粉质原料中4种有害重金属[23]

（1）方法提要　用硝酸消解样品，氢化物发生-原子荧光光谱法测定化妆品粉质原料中的Pb、Hg、As和Cd。

（2）仪器与试剂　RGF-7800原子荧光光谱仪（北京博晖创新光电技术股份有限公司）。

LX0211箱式高温电阻炉。XJS36-42智能消解仪（天津市莱玻特瑞仪器设备有限公司）。XMTD-4000电热恒温水浴锅。

100mg/L Pb标准储备液，1g/L Hg标准储备液，100mg/L As标准储备液，1g/L Cd标准储备液（国家标准物质中心）。

MgO、$Mg(NO_3)_2 \cdot 6H_2O$、硫脲、铁氰化钾、抗坏血酸，均为分析纯。HNO_3、HCl、Na_2O均为优级纯。KBH_4为化学纯。Cd分析专用①号和②号试剂（北京博晖创新光电技术股份有限公司专利产品）。10种粉类原料（包括4种色料、2种滑石粉、2种云母粉、1种珠光粉及1种二氧化硅），市场购置。氩气纯度99.99%。实验用水是实验室自制高纯水。

（3）样品制备

① 湿式消解法：分别准确称取各种样品1.0g，分别置于不同的消解管中，各加入10mL HNO_3，同时做试剂空白样，放置过夜。消解管中放入玻璃珠，放入消解槽中，智能消解仪缓慢升温至140℃进行消解。根据不同样品的消解难易程度，可在消解不完全的样品管中添加HNO_3或者适当调整温度继续消解，直至不再冒白烟，消解液呈无色或浅黄色（注意不能干涸）。加入约10mL高纯水，加热赶酸使得消解液挥发至2mL左右，冷却后加水定容至25mL。

② 干灰化法：准确称取各种样品1.0g，分别置于不同的坩埚中，加入1.0g助灰化剂MgO和2mL 500g/L $Mg(NO_3)_2$溶液，充分搅拌均匀，同时做试剂空白样。在水浴上蒸干水分后再在电磁炉上微火炭化至不冒烟，将坩埚移入箱型灰化炉，在550℃下灰化6h。取出后向灰分中加入少许水润湿，加入20mL $\varphi=50\%$的盐酸，分数次溶解灰分，移出溶液定容至25mL。

（4）测定条件　测定条件详见表11-15。

表11-15　4种有害重金属测定条件

测定条件	Hg	As	Pb	Cd
负高压/V	290	280	280	260
灯电流/mA	20	总60(50%)	总50(50%)	总60(50%)
原子化器高度/mm	10	8	8	8
载气流速/(mL/min)	400	400	400	400
屏蔽气流速/(mL/min)	1000	1000	1000	900
读数时间/s	16	16	16	16
延迟时间/s	8	8	8	8
载流液	$\varphi=5\%$的盐酸	$\varphi=5\%$的盐酸	$\varphi=2\%$的盐酸	$\varphi=2\%$的盐酸
还原剂	$w=1\%$的KBH_4溶于$w=0.5\%$的NaOH中	$w=2\%$的KBH_4溶于$w=0.5\%$的NaOH中	$w=2\%$的KBH_4和$w=2\%$的铁氰化钾溶于$w=0.5\%$的NaOH中	$w=5\%$的Cd分析专用①号试剂溶于$w=0.5\%$的NaOH中

（5）方法评价　测定Pb、Hg、As、Cd的检出限为0.036～0.768μg/L。RSD（$n=6$）分别是1.66%、0.89%、3.30%和1.87%。湿法消解样品的加标回收率分别是81.6%～90.5%、81.0%～87.9%、83.3%～89.6%和82.8%～93.0%。干灰化法处理样品，Pb的回收率在77.0%～87.2%，Hg、As、Cd的加标回收率均未超过71.5%。校正曲线动态线性范围上限（μg/L）分别为16.0、1.6、16.0和1.6，相关系数（r^2）分别为0.9973、0.9997、0.9935、0.9996。

（6）注意事项　在操作过程中要尽量降低消解温度和消解时间，对处理好的样品及时进行检测，在检测前加入适量5%硫脲-抗坏血酸溶液作为预还原剂。湿式消解法处理样品时要用到不同的挥发性试剂，消解样品要在通风橱中进行。

11.6.3.4 氢化物发生原子荧光光谱法测定化妆品中的铅[24]

（1）方法提要　湿法消解样品后，采用氢化物发生原子荧光光谱法测定化妆品中的铅含量。

（2）仪器与试剂　AFS-210E型双道原子荧光光度仪（北京科创海光仪器有限公司）。

1000μg/L铅标准储备液：称取0.1077g PbO，加入2mL硝酸（1+1），加热至固体PbO完全溶解，待溶液冷却后，转移至100mL容量瓶中，定容，工作溶液由标准储备液逐级稀释而成。

100g/L $K_3Fe(CN)_6$溶液，4g/L草酸溶液。盐酸、硝酸、高氯酸均为优级纯，其他试剂为分析纯。实验用水为高纯去离子水。

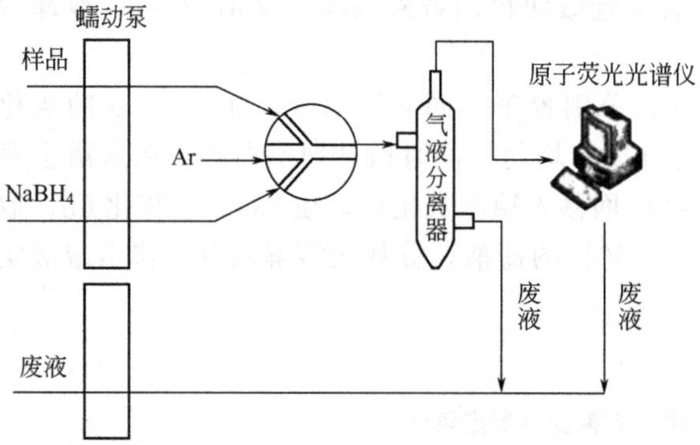

图11-1　分析流程示意图

（3）样品制备　分别精确称取市售隔离霜、玫瑰乳液、美白收敛水、护肤霜、洗面奶五组化妆品各1g，分别加入8mL硝酸，放置过夜；次日摇匀后在电热板上加热消化，当消化液体积减少3～5mL，冷却后加入2mL高氯酸，进行消解，消解至白烟冒出，消解液呈无色或淡黄色。稍冷，用水定容至10mL。取每种样品5mL，转移到25mL比色管中，加入2.5mL 100g/L $K_3Fe(CN)_6$溶液及4g/L草酸溶液混合液、1.00mL盐酸，定容。

（4）测定条件　调节原子荧光光谱仪2个蠕动泵，以10mL/min的流速，运行12s，将样品和还原剂（$NaBH_4$）泵入反应管内（图11-1），运行16s，将载流液及还原剂泵入反应管中，样品溶液中的铅经化学反应后生成相应的氢化物，通过分离器分离后，进入检测器检测。仪器测量条件见表11-16。

表11-16　化妆品中的铅测定仪器工作条件

仪器参数	设置	仪器参数	设置
光电倍增管负高压/V	300	屏蔽气流速/(mL/min)	1000
铅空心阴极灯电流/mA	60	读数方式	峰面积
原子化高度/mm	8	读数延迟时间/s	1
载气流速/(mL/min)	400		

（5）方法评价　检出限为0.022μg/L，相对标准偏差为1.8%，加标回收率为91.6%～102.9%。质量浓度在1～150μg/L范围内，铅荧光信号与浓度呈线性关系，线性相关系数为0.9997。

（6）注意事项　有些过渡金属离子被还原成金属或转变为金属硼化物后，会干扰待测物的氢化过程，Fe^{3+}、Co^{2+}、Cu^{2+}、Ni^{2+}均不对铅的测定产生干扰。

11.6.3.5 微波消解-电感耦合等离子体原子发射光谱法测定美白化妆品中的重金属[25]

（1）方法提要　建立了一种采用微波消解-电感耦合等离子体原子发射光谱法测定美白化妆品中有害重金属元素 Cd、Bi、Hg、Ti、Pb 和 As 的检测方法。

（2）仪器与试剂　ICP-AES 6500（美国赛默飞世尔科技公司）；ETOHS-1600 微波消解仪（意大利 Milestone 公司）。

As、Bi、Cd、Hg、Pb 和 Ti 标准溶液 1000μg/L（美国 NJ），硝酸（69%～71%）、过氧化氢（35%，体积分数）、氢氟酸 40%，色谱纯（印度，Mumbai）。

（3）样品制备　称取 0.1～0.25g 样品置于 120mL 的微波消解罐中，然后加入 5mL 硝酸、2mL 过氧化氢和 1mL 氢氟酸，预消解 15min 后按照表 11-17 中程序进行微波消解处理，消解完成待消解罐冷却至室温后打开。样液经滤纸过滤后置于 50mL 容量瓶，再用去离子水反复冲洗容器的盖子及内壁，将淋洗液合并至容量瓶后，用去离子水定容。同时制备空白样液。

表 11-17　微波消解程序

程序	时间/min	功率/W	温度/℃
1	15	450	195
2	2.0	0	195
3	10	300	195
4	15	350	195

（4）测定条件　射频功率 1150W，雾化器流量 0.2L/min，辅助气流量 0.5L/min，等离子气流量 12.0L/min，蠕动泵泵速 25r/min，重复测量次数 3 次。元素分析线：As 189.00nm，Bi 223.00nm，Cd 228.80nm，Pb 220.30nm，Hg 184.95nm，Ti 334.90nm；轴向观测方式。

（5）方法评价　As、Bi、Cd、Hg、Pb、Ti 的检出限（μg/L）分别为 4.6、7.9、0.45、3.8、3.3 和 4.3，当被测元素浓度在 0.1mg/L 水平时，相对标准偏差是 1.42%～2.5%，线性相关系数 $r^2 \geqslant 0.999$；在实际样品中添加水平为 5μg 时，各元素样品回收率在 87.6%～96.0%，采用本方法测定标准参考物质菠菜叶（NIST，SRM 1570a）回收率在 90%～105%。

11.7 仿真饰品检测

饰品是指用各种金属材料、珠宝玉石材料、有机材料及仿制品制成的起装饰人体及其相关环境的产品。随着社会经济、文化的飞跃发展，崇尚人性和时尚、不断塑造个性和魅力，已成为人们的追求。饰品从作为伴随家具、礼品、鲜花、床上用品等产品的附属销售品逐步形成新兴行业。

作为越来越普遍的用品，世界上各个国家均对仿真饰品有着明确的要求。美国消费品安全促进法案（CPSIA）严格要求了儿童产品中的铅含量，其限值根据基材和表面涂层而定。ASTM F2923-11 仅适用于供 12 岁及以下儿童使用的饰品，该标准不仅限制了铅、镉、镍释放及可溶性重金属含量，还对其物理机械性能及内含填充液体做了要求。ASTM F2999-14

适用于12岁以上成人饰品，该标准限制了铅、镉、可溶性重金属、镍释放等化学项目及磁铁、电池、吸入舌钉等特殊部件的物理项目。欧盟有害物质指令REACH《关于化学品注册、评估、许可和限制法规》实施，其中针对饰品限制的主要是铅、镉、镍释放及邻苯二甲酸盐等。加拿大《儿童饰品条例》(SOR/2016-168) 规定，供15岁以下儿童佩戴的首饰中，总铅含量不得超过600mg/kg，可溶性铅不得超过90mg/kg。此外，加拿大卫生部还颁布了含汞消费品条例，也提议限制儿童饰品中的镉含量不得超过130mg/kg。韩国技术标准局(KATS) 发布了关于儿童用品中有害物质的新安全标准，决定对铅、镉、邻苯二甲酸盐、磁铁等物质进行管理，旨在加强对危险物质的安全管理和保护儿童健康。该标准适用于根据韩国《质量管理和工业产品安全控制法案》属于安全管理消费品中的儿童用品，旨在控制某些有害物质的使用，包括铅、镉、镍、邻苯二甲酸盐（或酯）、磁铁和磁性部件等要求。日本、新加坡、澳大利亚等国家都以玩具标准要求儿童饰品[26]。

目前我国针对仿真饰品执行的标准主要为GB 28480—2012《饰品　有害元素限量的规定》，标准中限制了非贵金属饰品（除珠宝玉石）中的有害物质，规定了各类非贵金属首饰及摆件（除珠宝玉石）均需要符合相应的标准要求。成人饰品主要对重金属含量、镍释放量进行了限制。儿童饰品主要对重金属溶出进行了限制。除此之外，采用其他材质制成的饰品，有相应国家标准要求的应符合相应的国家标准要求，如：纺织材质需要满足GB 18401—2010，皮革材质需要满足GB 20400—2006等标准要求。GB/T 19719—2005、GB/T 28019—2011、GB/T 28020—2011、GB/T 28021—2011、GB/T 28485—2012等标准规定了饰品中镍释放量检测、六价铬、有害元素测定等方法。表11-18列出了GB 28480—2012《饰品　有害元素限量的规定》中所规定的有关元素的限量值。

表11-18　GB 28480—2012规定仿真饰品重金属限量表

要求	限量元素	最大限量/(mg/kg)
饰品中有害元素总量	砷	1000
	铬(六价)	1000
	汞	1000
	铅	1000
	镉	100
饰品中有害元素溶出量	锑	60
	砷	25
	钡	1000
	镉	75
	铬	60
	铅	90
	汞	60
	硒	500
用于耳朵或人体的任何其他部位穿孔，在穿孔伤口愈合过程中使用的制品	镍	0.2μg/(cm² · week)
与人体皮肤长期接触的制品	镍	0.5μg/(cm² · week)

续表

要求	限量元素	最大限量/(mg/kg)
与人体皮肤长期接触的制品，如表面有镀层，其镀层应保证与皮肤长期接触部分在正常使用的两年内	镍	0.5μg/(cm^2 · week)
采用其他材质制成的饰品，有相应国家标准要求的应符合相应的国家标准要求。如采用纺织品制成的饰品，有害元素的限量应符合纺织品的安全要求		

11.7.1　仿真饰品检测取样要求及原则

仿真饰品的取样应符合以下要求：所采样品应具有代表性。样品应完整、无变形、规格一致。采样数量应能满足供检测与复测之用。样品的采集和储存应避免样品受污染和变质。对于非金属材质制成的饰品，应满足对于产品的取样要求。

11.7.2　仿真饰品检测分析方法

目前，在我国现行的仿真饰品重金属检测的标准方法中主要依托国家标准 GB/T 28021—2011《饰品　有害元素的测定　光谱法》进行检测。涉及方法包括原子吸收法、电感耦合等离子体原子发射光谱法等，规定了锑、砷、钡、镉、铬、铅、汞和硒元素的检测。

11.7.2.1　微波消解 ICP-AES 法测定黄铜儿童仿真饰品中的铅[27]

（1）方法提要　采用浓 HNO_3 微波消解样品，电感耦合等离子体原子发射光谱测定黄铜儿童仿真饰品中的铅含量。

（2）仪器与试剂　iCAP 6300 型电感耦合等离子体-原子发射光谱仪（美国热电公司）。ETHOS-1 型微波消解仪（意大利 Milestone 公司）。

1000mg/L Pb 标准溶液（国家标准物质研究中心）。优级纯硝酸、盐酸，氩气纯度为 99.99%。实验用水是 Milli-Q 超纯水系统制备的三级水。

（3）样品制备　称取 0.1g（精确至 0.0001g）已粉碎的黄铜试样于聚四氟乙烯微波消解罐中，加入 6mL 浓 HNO_3、2mL 浓 HCl，按照设定的消解程序进行微波消解。由室温在 5min 内升温到 100℃，保持时间 5min；由 100℃在 5min 内升温到 150℃，保持时间 5min；由 150℃在 5min 内升温到 180℃，保持时间 5min；在 180℃保持时间 15min。消解完毕后，再在水浴中，低温加热赶除过量的 HNO_3 后，转移至 25mL 容量瓶定容。同时做空白试样。

（4）测定条件　分析线 Pb 283.306nm。射频发生器功率 1.05kW。氩气压力 0.6MPa。冷却气流量 12L/min，辅助气流量 0.5L/min，雾化气流量 0.5L/min。泵速 50r/min，试样进样时间 20s。水平观测方式。积分时间 20s。

（5）方法评价　测定 Pb 的检出限（$3s$，$n=11$）为 0.005mg/L。测定有证标准物质（英国 MBH 公司 31XB4L）中的 Pb，RSD（$n=10$）<5%，平均回收率是 99.7%。校正曲线动态线性范围是 0.01～10mg/L。线性相关系数 r>0.9997。

11.7.2.2　火焰原子吸收光谱法测定仿真饰品中铅、镉和钡[28]

（1）方法提要　采用硝酸微波消解样品，火焰原子吸收光谱法测定仿真饰品中的铅、镉和钡元素的含量。

（2）仪器与试剂　Varian 220FS 原子吸收光谱仪。Milestione ETHOS 高压密闭微波消解仪。

1000mg/L 铅、镉、钡标准储备溶液，用硝酸溶液（1＋19）稀释配制标准溶液。钡标准工作溶液中加入一定体积的 20g/L 氯化钾溶液，使得稀释定容后的溶液中含有 2g/L 氯化钾。所用酸均为优级纯，其他试剂均为分析纯，实验用水为去离子水。

（3）样品制备　称取 0.200g 剪碎或粉碎后的试样，不同类型仿真饰品加入不同的消解试剂进行消解。涂层试样加入 7mL 硝酸和少量过氧化氢；合金试样加入盐酸-硝酸（φ＝3∶1）混合酸 8mL；用电热板加热湿法消解完全后，过滤定容至 25mL；塑料、聚合物和不含硅质非金属试样加入 5mL 硝酸、1.5mL 过氧化氢和 1.5mL 四氟硼酸，用高压密闭微波消解仪在（210±5）℃下消解；陶瓷、玻璃、水晶和其他含硅质非金属材料加入 6mL 硝酸和 2mL 氢氟酸，用高压密闭微波消解仪在（180±5）℃下消解 9.5min，过滤定容至 50mL，用于测定钡的滤液还需加入 5mL 20g/L 氯化钾溶液。

（4）测定条件　分析线是 Pb 217.0nm、Cd 228.8nm、Ba 553.6nm。光谱通带分别是 1nm、0.5nm、0.5nm。灯电流分别是 5mA、4mA、10mA。测定 Pb、Cd，乙炔流量分别是 2.5L/min、2.0L/min；测定 Ba，一氧化二氮流量是 8.3L/min；空气流量分别是 13.5L/min、13.5L/min、8.3L/min。燃烧器高度均为 5mm。测定 Pb、Cd 氘灯校正背景。

（5）方法评价　测定 Pb、Cd 和 Ba 的检出限分别为 0.05mg/L、0.006mg/L、0.1mg/L。RSD（n＝7）均不大于 4%。加标回收率在 88.0%～104%。校正曲线动态线性范围分别是 0.1～0.5mg/L、0.5～1.0mg/L、1.0～20mg/L。

（6）注意事项　钡元素的电离电位低，在一氧化二氮-乙炔高温火焰中受电离干扰大。在测定过程中添加 2g/L 氯化钾溶液抑制钡的电离，使钡测定灵敏度提高约 2.5 倍。

11.7.2.3 氢化物发生-原子荧光光谱法测定仿真饰品中可萃取砷锑汞硒[29]

（1）方法提要　采用酸性汗液模拟人体皮肤环境处理样品，通过氢化物发生-原子荧光光谱法测定仿真饰品中可萃取砷、锑、汞和硒。

（2）仪器与试剂　AFS-830a 双道原子荧光光度计（北京吉天仪器有限公司）。恒温振荡水浴器 DKZ-3 型（上海一恒科技公司）。

砷（GSB G62028-90）、汞（GSB G62069-90）、硒（GSB G62029-90）标准储备液：1000mg/L，国家钢铁材料测试中心；锑（GSB G62043-90）标准储备液：500mg/L，国家钢铁材料测试中心。硼氢化钾-氢氧化钾溶液：称取氢氧化钾 2.5g 溶解于水中，加入硼氢化钾 10.0g，溶解稀释至 500mL，现用现配。硫脲-抗坏血酸混合溶液：称取抗坏血酸 25.0g、硫脲 25.0g 溶于 500mL 水中，摇匀，现用现配。铁氰化钾溶液：称取铁氰化钾 1.0g，溶于 100mL 水中。高锰酸钾溶液：称取高锰酸钾 0.5g，溶于 100mL 水中。载流液：盐酸水溶液 φ＝5%。酸性汗液：称取 L-组氨酸盐酸盐一水合物 0.5g、氯化钠 5.0g、磷酸二氢钠二水合物 2.2g，用 0.1mol/L 氢氧化钠溶液调节至 pH＝5.5±0.2。氢氧化钾、硼氢化钠、硫脲、抗坏血酸、铁氰化钾、高锰酸钾、浓盐酸、L-组氨酸盐酸盐均为分析纯。实验用水为二次蒸馏水。

（3）样品制备　样品选取与皮肤接触的部分，处理成直径和长度不超过 5mm 的碎屑或细条。称取约 4g（精确至 1mg）于具塞三角烧瓶中，加入酸性汗液 80mL，摇匀后置于恒温振荡水浴器中，在（37±2）℃、振荡频率 60 次/min 条件下，振荡 60min，冷却至室温过滤。取 10mL 滤液，加入硫脲-抗坏血酸混合溶液 10mL 室温放置 30min 以上，再加入浓盐酸 25mL，以水定容至 50mL，待测。同时做空白试液。

（4）测定条件　以盐酸为载流液，硼氢化钾-氢氧化钾溶液作为还原剂，仪器测定条件详见表 11-19。

表 11-19 原子荧光仪器测定条件

参数	As	Sb	Hg	Se
负高压/V	280	280	280	280
灯电流/mA	60	80	30	80
辅助阴极电流/mA	30	40	0	40
原子化器高度/mm	8	8	10	8
载气(Ar)流量/(mL/min)	300	300	300	300
屏蔽气(Ar)流量/(mL/min)	800	800	800	800
读数时间/s	10	11	10	10
延迟时间/s	1	1	1	1
原子化器温度/℃	200			
读数方式	峰面积			

(5) 方法评价　测定砷、锑、汞和硒的检出限 (μg/L) 分别为 0.044、0.011、0.003、0.041；RSD ($n=3$) 为 2.9%～9.1%，回收率为 88.2%～108.5%。

(6) 注意事项　在配制汞标准溶液时应添加高锰酸钾溶液作为稳定剂，在配制砷、锑标准溶液时应提前加入硫脲-抗坏血酸作为预还原剂，在配制硒标准溶液时应加入铁氰化钾作为稳定剂。酸性汗液中 Na 含量约为 2.25g/L，在本方法条件下，Na 对待测元素的干扰可忽略；当 Sb 浓度低于 400mg/L 时，对 Hg、Se 基本不产生干扰；当 2000mg/L 的 Cu^{2+}，1000mg/L 的 Fe^{3+}，500mg/L 的 Pb^{2+}、Cr^{6+}、Ba^{2+}、Cd^{2+} 条件下，对 Se、Hg 荧光强度的影响在 8%以内，对 As、Sb 荧光强度的影响低于 5%。

11.7.2.4 ICP-AES 法测定仿真饰品中的铅和镉[30]

(1) 方法提要　采用酸溶解样品，ICP-AES 法同时测定仿真饰品中 Pb 和 Cd 元素的含量。

(2) 仪器与试剂　美国 Thermo IRIS Intrepid Ⅱ型电感耦合等离子体原子发射光谱仪。微波消解仪。

标准储备液：Pb 和 Cd 的浓度均为 1000mg/L，北京纳克分析仪器有限公司。混合标准液：将标准储备液用 5%王水逐级稀释，混合至 Pb、Cd 浓度 (mg/L) 分别为 0.00、1.00、5.00、10.00、20.00。王水：硝酸-盐酸 ($\psi=1:3$)，硝酸、盐酸均为优级纯；实验用水为二次去离子水。

(3) 样品制备　将样品用专用剪刀剪碎，碎屑直径不超过 1mm，长度不超过 5mm，准确称取两份 0.1g (精确到 0.1mg) 试样，置于烧杯中，加入 10mL 硝酸 (1+1)，盖上表面皿，放在电热板上加热，待样品完全溶解后，冷却。加入 10mL 盐酸，放在电热板上微热 1h，冷却，并转移到 100mL 容量瓶中，用水洗涤并定容至刻度。同时做试剂空白试液。

(4) 测定条件　分析线 Pb 220.353nm，Cd 226.502nm。射频发生器功率 1150W。氩气压力 0.5MPa，雾化气流量 26.0L/min。冲洗泵速 100r/min，分析泵速 100r/min。

(5) 方法评价　用湿法消解样品，ICP-AES 法同时测定主体为 Cu-Zn 合金类的仿真饰品中 Pb 和 Cd 的含量，检出限分别为 0.8μg/g 和 0.003μg/g，RSD ($n=3$) 为 0.04%～0.55%，添加浓度水平为 5.0mg/L 和 10.0mg/L 条件下回收率为 97.0%～104%，线性相

关系数 $r>0.999$。

(6) 注意事项 样品基体为Cu-Zn合金，在选定的波长下，铅和镉的谱线不受铜、锌基体元素的干扰，无需对样品溶液进行处理即可直接检测铅和镉。

参考文献

[1] 徐婧，崔雯，闻毅，等．儿童玩具中有害化学物质的危害及其检测研究进展．环境与健康杂志，2010，27 (5)：465-469.

[2] 姜士磊，洪灯，许菲菲，等．ICP-OES法检测玩具涂层中17种可迁移元素．化学分析计量，2015，24 (1)：43-45.

[3] 黄拔珍，张锐波，刘崇华．原子荧光光谱法测定玩具材料中可迁移砷．中国无机分析化学，2018，8 (2)：9-13.

[4] 蒋小良．纸质拼图中重金属在四种人体模拟液中迁移行为的研究．中华纸业，2015，36 (4)：33-36.

[5] 余建，蒋小良．冷原子吸收光谱法测定塑料玩具中可溶性镉．化学分析计量，2014，23 (3)：35-38.

[6] Nil Ozbek，Gul Sirin Ustabasi，Suleyman Akman. Direct determination of lead in plastic toys by solid sampling high resolution-continuum source graphite furnace atomic absorption spectrometry. Royal society of chemistry，2015，30：1782-1786.

[7] 徐建云，陈美君，任一佳．ICP-OES测定纺织品中钡总量与可迁移量．印染，2018 (2)：46-48.

[8] 裴德君，朱峰，杨瑜榕，等．电感耦合等离子体发射光谱法测定纺织品中总硼．分析科学学报，2017，33 (6)：855-858.

[9] 朱奕轩，廖芸，罗峻，等．固体进样-石墨炉原子吸收光谱法测定纺织品中镍、铜、钴含量．中国纤检，2017 (4)：73-76.

[10] 邓小文，卫佳欢，蒋小良，等．微波消解-石墨炉原子吸收光谱法测定皮革制品及纺织品中痕量镉．西部皮革，2013，35 (4)：29-33.

[11] 崔成民，聂锦梅，崔新梅．氢化物发生等离子发射光谱法测定纺织品中可萃取砷(Ⅲ)．北京服装学院学报，2015，35 (4)：56-62.

[12] 张岩，王丽霞，李挥，等．食品接触材料安全性研究进展与相关法规．塑料助剂，2009 (3)：16-18.

[13] 黄湘鹭，李莉，曹进，等．我国食品接触材料的安全性检验研究进展．中国药事，2012，26 (5)：513-516.

[14] 黄崇杏，王志伟，王双飞，等．国内外食品接触纸质包装材料安全法规的现状．包装工程，2008，29 (9)：212-215.

[15] 蒋春嵚．测定食品接触玻璃制品铅、镉、锑迁移量．检验检测，2018 (1)：187-189.

[16] 胡伟，马俊辉，张晓飞，等．电感耦合等离子体发射光谱法测定食品接触用无机材料及制品中13种重金属迁移量．食品安全质量检测学报，2018，9 (21)：5743-5748.

[17] 范辉，郑纯君，林丽君，等．原子吸收法测定日用陶瓷中7种重金属的溶出率．化工管理，2018 (1)：37-38.

[18] 叶银鹏，叶伟平，周虎．石墨炉原子吸收光度法对龙泉青瓷中铅镉溶出量的检测与评估．中国陶瓷，2016，52 (8)：47-50.

[19] 张宁，牛承辉，秦朝秋．石墨炉原子吸收法测定食品接触材料制品中有害重金属迁移量．食品安全质量检测学报，2015，6 (12)：4762-4766.

[20] Qin Bao Lin，He Li，Huai Ning Zhong. Determination of Titanium in Nano-Titanium(Ⅳ) oxide composite food packaging by microwave digestion and inductively coupled plasma atomic emission spectrometry and inductively coupled plasma mass spectrometry. Taylor &Francis，2014，47：2095-2103.

[21] 杨振，李玉红，付蓝玉．ICP-OES法测乳剂化妆品中有害元素．化学工程师，2017 (10)：17-19.

[22] 黄文水，姚庆伟，施煜，等．高效液相色谱-原子荧光光谱法测定化妆品中的无机汞、甲基汞、乙基

汞．化学分析计量，2018，27（5）：92-95.
[23] 杨慧敏，封棣，孙丽丽，等．氢化物-原子荧光光谱法测定化妆品粉质原料中 4 种有害重金属．日用化学工业，2016，46（9）：539-548.
[24] 邓淼，杨新安，张王兵．氢化物发生原子荧光光谱法测量化妆品中的铅．安徽工业大学学报，2013，30（2）：142-145.
[25] Ayoub Abdullah Alqadami，Mu Naushad，Mohammad Abulhassan Abdalla，et al. Determination of heavy metals in skinwhitening cosmetics using microwave digestion and inductively coupled plasma atomic emission spectrometry. The Institution of Engineering and Technology，2017，11（5）：597-603.
[26] 许菲菲，柴明青．国内外仿真饰品标准对比分析研究．标准评析，2017（12）：126-129.
[27] 王瓒，唐明，费桂琴，等．微波消解 ICP-AES 法测定黄铜儿童仿真饰品中的铅．山东化工，2017，46（2）：52-53.
[28] 刘崇华，方晗，邢力，等．火焰原子吸收光谱法测定仿真饰品中铅、镉和钡．理化检验（化学分册），2013，49（1）：84-90.
[29] 黄宗平，赖添岳，黄丽，等．氢化物发生-原子荧光光谱法测定仿真饰品中可萃取砷锑汞硒．化学分析计量，2011，20（5）：26-28.
[30] 张凤霞，程佑法，刘海彬，等．ICP-AES 法测定仿真饰品中的铅和镉．现代科学仪器，2013（3）：98-100.

· 第12章 ·

原子光谱分析在化工领域中的应用

12.1 化工行业及化工分析的特点

12.1.1 概述

化学工业泛指在生产过程中以化学方法占主要地位的过程工业，是利用化学反应改变物质结构、成分、形态等生产化学产品的工业，涉及的产品有酸、碱、盐、稀有元素、合成纤维、塑料、合成橡胶、染料、油漆、化肥、农药等。

化学工业是多品种的基础工业，为了适应化工生产的多种需要，化工设备的种类也很多，设备的操作条件也比较复杂。按操作压力来说，有真空、常压、低压、中压、高压和超高压；按操作温度来说，有低温、常温、中温和高温；处理的介质有气态、液态、固态，有的有腐蚀性，或为易燃、易爆、有毒、剧毒等。有时对于某种具体设备来说，既有温度、压力要求，又有耐腐蚀要求，而且这些要求有时还相互制约，有时某些条件又经常变化。不同的反应条件，决定了反应的产率。

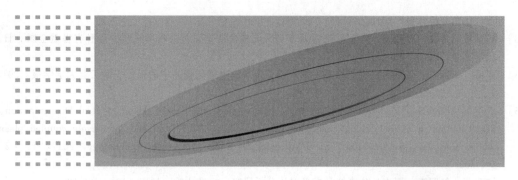

12.1.2 化工行业分类

根据国家统计局《国民经济行业分类》[1]，化学工业属于C门类制造业，在C门类中涉及化工的有6大类（石油、煤炭及其他燃料加工业，化学原料和化学制品制造业，医药制造业，化学纤维制造业，橡胶和塑料制造业，非金属矿物制造业），32中类，共120小类，品种繁多面广。由此可见化工分析样品来源的多样性与复杂性。

我国的化学工业由最初的纯碱、硫酸等少数几个无机产品、从植物中提取茜素制成染料的有机产品，逐步发展为一个多行业、多品种的生产部门。化学工业可以分为无机工业和有机工业两大类，无机工业主要是三酸（盐酸、硫酸和硝酸）、两碱（氢氧化钠和氢氧化钾）、盐（硅酸盐等）、稀有元素、电化学工业等；有机工业包括塑料、合成纤维、合成橡胶、化肥（有时又将其归为无机工业的“合成氨”）、农药等。在此基础上，又扩展有有机原料、合成树脂、涂料、医药、感光剂、洗涤剂、炸药、化学试剂、助剂、催化剂、黏合剂等门类繁多的分支，有的又归为“精细化工”。天然气、煤炭、石油是三大基本能源，以它们为原料的化工生产又称为“气头”“煤头”和“油头”，以此为基础，涌现出众多的下游产品。本章择其具有代表性的无机化工和有机化工中的原辅料、产品检验、过程控制等方面，介绍原子光谱在其中的应用。

12.1.3 化工分析特点和要求

从生产的角度来看，产品市场的竞争主要取决于产品的质量，而产品的质量又取决于先进的设计、合理的工艺和产品的检验，所有这些环节中都离不开分析测试。对于化工分析来说，主要着眼于原辅料（包括催化剂）分析、中间过程控制和产品质量检验。化工技术的飞速发展对分析测试技术提出了更高的要求，要求能够提供更全面、更精细的组成和结构的信息，因而也推动了分析检测技术的不断进步。分析的任务已经不再局限于物质组成的成分与含量，还要提供组分价态、络合状态、元素间联系、空间分布、结构细节（如同分异构体、旋光对映体）等多方面的信息。

12.2 化工分析的采样与前处理

12.2.1 化工分析的采样原则及要求

12.2.1.1 总体要求

采样的目的在于从被检的总体物料中取得具有代表性的样品，通过对样品的检测，得到在容许误差内的数据，从而求得被检物料的某一或某些特征的平均值及其变异性。具体如何采样可根据检测对象、目的、技术、结果的用途（商业产品质量证明、法律公证、安全评估等）等不同而要求各异，在设计具体采样方案之前，必须明确具体的采样目的和要求。物料特性按特征值的变异性可分为均匀物料和不均匀物料，不均匀物料又可细分为随机不均匀物料和非随机不均匀物料，后者又可分为定向、周期、混合三种非随机不均匀物料。对于化工产品的采样有专门的标准《化工产品采样总则》(GB/T 6678—2003)[2]。

采样的基本原则就是要使采集的样品具有充分的代表性。样品的采集要考虑到总体物料的范围（批量的大小）、物料的状态，确定采样单元、采样周期、采样部位、采样数量，按规定的采样方法和采样工具进行采样。

均匀物料的均匀性会随着规定考察单元的大小可能发生变化。例如，采用 50kg 桶包装的 10t 物料，桶间特征均值没有显著性差异，这批物料对于桶单元来说就是均匀物料。如果桶内物料在处理过程中有离析，从桶内的不同部位采得的每份 500g 的物料间的特征均值就会有差异，对 500g 物料为考察单元来说，则是不均匀的。原则上说，均匀物料的采样可以在物料的任一部位进行，但要注意采样过程中不得带进杂质，采样过程中应尽量避免引起物料的变化（如吸水、氧化等）。对于不均匀物料的采样，除去以上几点之外，一般采取随机取样，对所得的样品分别进行测定，再汇总所有样品的检测结果，就可以得到总体物料的特性均值和变异性的估计量。如果从总体物料中随机选取若干等量样品（或按所代表物料量的比例采集的不等量样品），合并成大样，再缩分成最终样品，这样得到的特征均值的估计量误差较大，同时也得不到关于特征值变异性的信息。定向非随机不均匀物料是指总体物料的特征值沿着一定方向而改变的，如固体颗粒物在输送时，因颗粒大小、轻重不同而引起垂直方向和水平方向分离的物料，高温灌装后由近壁向中心逐渐凝固，其杂质含量也随着凝固的先后而形成梯度。对这样的物料需要分层采样，并尽可能在不同特性值的各层中采取能代表该层物料的样品。周期非随机不均匀物料是指在连续的物料流中物料的特性值呈现周期性变化，其变化周期具有一定的频率和幅度。对这样的物料最好在物料流动线上采样，采样频率应高于物料特性值变化频率，增加采样单元有利于减少采样误差。混合非随机不均匀物料是指由两种或两种以上特性值组成的混合物料，如几个生产批合并的物料。采样时应尽可能使各组成部分分开，再按上述各种物料类型的采样方法采样。

一般在满足需要的前提下，样品数及样品量越少越好，一般的化工产品都可用多单元物料来处理，多单元物料的采样量至少可满足 3 次重复测定的需要。有时还需考虑到备查和样品制备的需求，再适当增加采样量。对采集到的样品应尽快分析测试，实在不能立即进行分析的需要按规定保存。对于剧毒和危险样品的保存和撤销，除需要遵守一般规定外，还必须遵守有毒化学品和危险化学品的有关规定[3]。

12.2.1.2 液态物料

液态物料需要混匀。对于单相低黏度液体根据容器大小决定混匀方式，像瓶、罐等小容器可用手摇晃混匀，像桶、听等中容器可用滚动、倒置或手工搅拌混匀，像贮罐、槽车、船舱等大容器则用喷射循环泵进行混匀。对于多相液体可用上述方法使其混合成不会很快分离的均匀相后采样。若不易混匀，就分别采各层部位的样品混合成平均样品作为代表性的样品。对于液态物料的采样有专门的标准《液体化工产品采样通则》(GB/T 6680—2003)[4]。

12.2.1.3 固态物料

固体样品类型有部位样品、代表样品、截面样品和几何样品，要根据采样目的、采样条件、物料状况（批量大小、几何状态、粒度、均匀程度、特征值的变异性分布）确定采样方案和方法。对于固态物料的采样有专门的标准《固体化工产品采样通则》(GB/T 6679—2003)[5]。

采样原则要依据被采物料的形态、粒径、数量、物料特性值的差异性、状态（静止或运动），应能保证在允许的采样误差范围内获得总体物料的具有代表性的样品。具体对固态样品的采样方法见表 12-1。

表 12-1 化工固体样品的采样方法

样品类型	采样方法	
粉末、小颗粒、小晶体	件装：用采样探子或其他合适的工具，从采样单元中按一定方向插入一定深度取定向样品，每个采样单元中取得的定向样品的方向、数量根据容器中物料的均匀程度而定	散装：①静止物料，根据物料量及其均匀程度，用勺子、铲或探子从物料的一定部位或沿一定方向取得部位样品或方向样品。②运动物料，用自动采样器、勺子或其他合适的工具，从皮带运输机或在物质的落流中按一定时间间隔取得截面样品

续表

<table>
<tr><th>样品类型</th><th colspan="3">采样方法</th></tr>
<tr><td>粗粒和规则块状物</td><td colspan="2">件装：直接沿一定方向，在一定深度上取定向样品（采样探子可能会改变物料粒径）</td><td>散装：①静止物料，根据物料量及其均匀程度，用勺子、铲或其他合适的工具在物料的一定部位取部位样品，或沿一定方向取定向样品。②运动物料，用合适的工具或采用分流的方法，从皮带运输机或在物质的落流中随机或按一定时间间隔取得截面样品（若经粉碎处理则按小颗粒方法采样）</td></tr>
<tr><td rowspan="5">大块物料</td><td colspan="2">静止物料</td><td>运动物料</td></tr>
<tr><td>部位样品</td><td>用合适工具从所需部位取一定量物料（若物料坚硬，用钻、锯在要求部位处理物料，收集所有钻屑、锯屑作为样品）</td><td rowspan="4">随机或按一定时间间隔取截面样品。
如为可粉碎物料，粉碎后再按小颗粒的采样方法采样</td></tr>
<tr><td>定向样品</td><td>对单个或连续大块物料，沿要求方向破成两块，切削新暴露表面，收集所有切屑作为样品</td></tr>
<tr><td>几何样品</td><td>对单个或连续大块物料，用锤子、凿子或锯，从物料上切下所要求的形状和重量的物料</td></tr>
<tr><td>代表样品</td><td>如不要求保持物料原始状态，可把大块物料粉碎至可充分混合的粒度，再用适当采样方法从总体物料中取出样品</td></tr>
<tr><td>可切割固体</td><td colspan="3">用刀子或其他合适的工具（如金属线）在物料的一定部位取截面样品或一定形状和重量的几何样品</td></tr>
<tr><td>特殊处理的固体</td><td colspan="3">同周围环境有反应的固体采样：
①和 O_2、H_2O、CO_2 有反应的固体，应在隔绝 O_2、H_2O、CO_2 的条件下采样，如果固体与这些物质反应十分缓慢，在采样精确度允许前提下，可用快速采样的方法。
②不能受灰尘或其他气体污染的固体，应在清洁空气中进行采样。
③不能受真菌或细菌污染的固体，应在无菌条件下采样。
④易受光影响而发生变化的固体，应在隔绝有害光线条件下采样。
⑤组成随温度而变化的固体应在其正常组成所要求的温度下采样</td></tr>
</table>

注：1. 特殊处理的固体指同周围环境中一种或多种成分有反应的固体及活泼或不稳定的固体；进行特殊处理的目的在于保护样品和总体物料的特性，不因所用采样技术而变化；有放射性的固体及有毒固体的采样应按 GB/T 3723 和产品标准中的有关规定执行。

2. 采样过程中使用的工具（如锤、凿、锯、钻等）中不得含有被测物质。

12.2.1.4　气态物料

许多气体化工产品的分析是在仪器上进行的，通常是采样步骤与分析的第一步相结合，但有时需要在一单独容器中采取个别样品。气体容易通过扩散和湍流而混合均匀，成分上的不均匀性一般都是暂时性的。气体往往具有压力、易于渗透、易于被污染，难以贮存。

采集气态样品时，对于略高于大气压的气体，将清洁、干燥的采样器连到采样管路，打开采样阀，用相当于采样管路和容器体积至少 10 倍以上的气体清洗，然后关上采样阀，移去采样器；对于高压气体，应先减压（装调压器、针阀或节流毛细管等）至略高于大气压，再按以上程序采样；对于等于或低于大气压的气体，则将采样器的一端连到采样导管，另一端连到一个吸气器或抽气泵，抽入足量气体彻底清洗采样导管和采样器，先关采样器出口，再关采样器进口采样阀，移去采样器；若采样器装有双斜孔旋塞，可在连到采样器前用一个泵将采样器抽空，清洗采样器后，通过旋塞的开口端转到抽空管，然后在移去采样器前转回到连接开口端。可用定型的采样仪器在规定时间内采取固定流速的气体样品。采样的方式有连续样品采样、间断样品采样、混合样品采样。气体样品的采集需要注意安全，尤其是对于各种易燃易爆、有毒有害的气体。对于气态物料的采样有专门的标准《气体化工产品采样通则》(GB/T 6681—2003)[6]。

12.2.2 样品前处理

对于化工样品的分析来说，原子光谱测定的目标物多为一些微量或痕量元素，需要测量仪器和分析方法都要有足够的灵敏度，当出现以下情况时，就需要进行相应的前处理。①试样中待测元素的含量低于方法的检出限；②试样中存在难以掩蔽的干扰物；③试样的基体效应比较显著；④基体元素的毒性比较大或价格昂贵；⑤试样中待测元素分布不均匀；⑥缺乏合适的用于校正的标准物质；⑦试样的物化性质不适宜直接测定。

在检验允许的前提下，为不加大采样误差，应在缩减样品的同时缩减粒度。同时，应根据待测物特性、原始样品量及粒度、待采样物料的性质确定样品制备的步骤及技术。

固体样品的制备一般包括粉碎、混合、缩分三个阶段，应根据具体情况一次或多次重复操作，直至获得最终样品。

为使气体样品符合某些分析仪器或分析方法的要求，需将气体加以处理，包括过滤、脱水和改变温度等步骤。

有关样品预处理的原则和方法，在参考文献［7］及本书第 6 章有详细的介绍，读者可参见有关的章节。本节仅就应用较为广泛的石油及其加工产品分析中的样品预处理，做一些补充说明。

12.2.2.1 油类样品前处理

油品分析样品制备，在某些情况下可以很简单，用合适溶剂稀释样品之后即可直接进样进行测定。对稀释剂的要求是：良好的油溶性，合适的密度、黏度和表面张力、环境友好型(无毒或毒性很小)、不含被测定的元素、廉价易得。用 ICP-AES 分析，要求在较高进样量时炬管中无积炭；用 AAS 分析，要求溶剂有良好的燃烧性能，火焰背景吸收低。根据上述要求，用于 ICP-AES 分析的稀释剂常有二甲苯、MIBK（甲基异丁基酮）、四氢化萘、氯仿和四氯化碳等，常用于 AAS 分析用稀释剂主要有二甲苯、MIBK、甲苯-冰醋酸混合液或冰醋酸-正戊烷混合溶剂等[8]。在有些情况下，即使不能通过溶剂稀释后直接进行测定，也只需对油品进行简单的预处理，如对样品进行乳化后直接进样进行测定，或者在合适的温度下灰化油基质后，再用盐酸或硝酸溶解灰化后残留物，转换介质后直接进样进行测定。

乳化液进样（emulsion sampling），又称乳浊液进样，是先用有机溶剂溶解油脂样品，再加入乳化剂［如聚乙二醇辛基苯基醚（OP）、Triton X-100］制成乳化液，直接引入原子光谱仪进行测定。乳化法进样的优点是样品预处理操作简便、快速，不消耗贵重有机试剂。

准确度在很大程度上依赖于乳化液的稳定性以及试液与样品空白溶液的匹配。乳化液进样多用于 AAS，特别是火焰 AAS，也有用于 AFS 和 ICP-AES 的报道。刘立行等对乳化液进样有过较多的研究，用乳化技术-火焰原子吸收光谱法测定过油品中的金属[9]。

油品易于燃烧，在合适的温度下灰化油基质后，被测金属转化为无机盐类，再用盐酸或硝酸溶解灰化后残留物，转换介质后直接进样进行测定。大量油基质灰化的同时也对被测元素起到浓缩富集的作用。测定原油、渣油、燃料油等重质油品中不易挥发金属元素 Fe、Ni、Cu、V、K、Na、Ca、Mg 等，用干灰化法处理无需加入灰化助剂，而分析轻质油品使用灰化助剂可以得到更好的结果。常用灰化助剂有浓 HNO_3、浓 H_2SO_4、I_2 和 $Mg(NO_3)_2$ 等。测定重质油品中易挥发元素，需加灰化助剂以减少被测元素的挥发损失。分析含有少量水分的黏稠油样（如原油），干灰化时温度不能过高，加热速度不要太快，宜将温度控制在 100～140℃，以避免样品飞溅损失。

酸浸取也是有效提取油品中金属元素的方便方法。在油品中，金属元素常与碳键合，要将金属提取出来，首先要加入有效的氧化剂氧化断裂金属-碳链，再以无机酸溶液作为浸取剂提取样品中的痕量金属元素。湿法浸取方法简便快速，适于处理轻油样品，如汽油、石脑油、煤油、轻柴油等，尤其是适用于轻油中痕量金属及易挥发元素的提取。表 12-2 列出了常用的氧化剂和浸取剂。

表 12-2　常用的氧化剂和浸取剂

测定元素	氧化剂	浸取剂
Pb	溴-四氯化碳	盐酸
Pb	碘-苯，一氯化碘	硝酸
Cu	次氯酸钠，硫酰氯	盐酸
As	过氧化氢	硫酸
As	碘-苯	硝酸
Na	硫酰氯	高纯水
Ni、V		甲磺酸
Pb、Fe、Mg、Hg、Cd、Mn、Ni、Zn		盐酸

12.2.2.2　石油加工产品分析的样品处理

聚合物、塑料是重要的高分子化工产品，其样品可以直接通过固体进样石墨炉原子吸收光谱法测定其中的痕量金属[10]，优点是不需消解样品，省去了样品的预分离富集过程，避免了麻烦费时的样品预处理、被测组分损失和玷污。但进样不易重复，测定结果精密度、准确度不易保证，标准样品来源困难也是一个问题。近年来，发展了悬浮液进样（suspension sampling; slurries sampling）技术，将固体样品制成悬浮液直接引入石墨炉原子化器进行分析，也同样具有固体直接进样的优点，且可用标准样品的水溶液标准系列制作校正曲线。但分析结果的优劣在相当大的程度上依赖于悬浮液的稳定性和均匀性，以及对基体效应的抑制和消除。

有些聚合物，如聚苯乙烯、乙醇纤维、乙醇丁基纤维可溶于 MIBK，聚丙烯树脂可溶于二甲基甲酰胺，聚碳酸酯、聚氯乙烯可溶于环己酮，聚酰胺（尼龙）可溶于甲醇。而纤维、橡胶多属杂链化合物，橡胶制品还含有无机填料，很难溶于有机溶剂。必须对样品进行预处理，将样品中的金属释放出来。

处理聚合物类样品常用方法是采用灰化法来除去试样中的有机基质，再用合适浓度的酸溶解残留物，使被测定金属元素转化为无机盐再用原子光谱法测定。为避免易挥发性元素的挥发损失，通常先在低温（150℃以下）下缓慢加热炭化，再逐渐升温到500℃左右灼烧除去残炭。使用灰化助剂可促进有机物的分解和提高金属元素的回收率。常用的灰化助剂有浓HNO_3、浓H_2SO_4、K_2SO_4和$Mg(NO_3)_2$等。浓HNO_3的强氧化作用可以加速有机物的分解，浓H_2SO_4能破坏有机物，尤其是聚合物。另一个避免易挥发性金属元素损失的办法是采用高频低温灰化法。

催化剂和添加剂在石油加工中起着非常重要的作用。石油及其加工工业是以催化剂为中心的一个产业。添加剂（如抗氧剂、缓蚀剂、光泽剂、增塑剂、润滑剂等）对提高产品收率，改善产品性能，减少设备腐蚀都有重要作用。催化剂、添加剂和化工原料中痕量金属元素测定是石油加工产品分析的不可缺少的组成部分。各种催化剂组成不同，预处理方式也不同，有些催化剂的催化活性金属Pd、Ag等是浸渍在载体氧化铝、硅胶上的，用酸即可将其浸取下来，再用原子光谱法测定滤液中金属，而无需将基体全部溶解。而要分析用过的催化剂，由于催化剂表面有积炭，需先进行烧炭处理。使用近年发展的微波灰化技术处理样品，无需进行烧炭处理，样品处理简单，消解完全、省时、节约试剂和测定成本，减少了对环境的污染和对人体的伤害。方法已成功用于重整催化剂的新催化剂和废催化剂中金属铂含量的测定、罐底油料中铂含量的测定、铂催化剂残焦中铂含量的测定、异构化催化剂中铂的测定。该项技术获得了国家发明专利[11]。

样品前处理方法视样品性质而定，如分析硬质样品，还需将样品研磨、粉碎，分析软质或半软质样品，则要切碎或绞碎。再用有机溶剂溶解，酸溶、碱溶或熔融，有时还需用微波辅助消解或加压溶解。

分析复杂样品，如含SiO_2、难溶的陶土和滑石粉填料的样品，很难完全除去基体，为减小和消除基体干扰，通常采用基体匹配法配制校正标样，用标准加入法定量。

12.3 无机化工分析

12.3.1 无机化工概述

无机化工是以天然资源和工业副产物为原料生产酸（硫酸、硝酸、盐酸）、碱（纯碱、烧碱）、无机盐、合成氨以及化肥等化工产品的工业。广义上也包括无机非金属材料和精细无机化学品，如陶瓷、无机颜料等的生产。无机化工产品在《国民经济行业分类》中主要属于C类的非金属矿物制造业，其主要原料是含S、Na、P、K、Ca等化学矿物和煤、石油、天然气以及空气、水等。无机化工除了采用先进工艺、高效设备、新型检测仪表外，在设计工作中再利用电子计算机进行全流程的模拟优化，在生产上采用微处理机进行参数的监测和调节。

无机化工生产的特点是：①以单元操作为基础；②主要产品多为用途广泛的基本化工原料，除无机盐品种繁多外，其他无机化工产品品种不多；③与其他化工产品比较，无机化工产品的产量较大；④相比有机化工，其副反应相对比较少。

12.3.2 无机化工的检测要求

无机分析主要以金属和无机物为分析对象，如岩石、矿物、陶瓷、水泥、酸碱等天然产物和工业产品的分析测定。无机痕量分析的前处理方法有沉淀、吸附、萃取、离子交换、蒸发或气化、电化学法等。原子光谱用于无机化工产品的分析方法标准见表 12-3。

表 12-3　无机化工的原子光谱法标准

序号	标准名称	标准号
1	原子吸收光谱分析法通则	GB/T 15337—2008
2	无机化工产品　火焰原子吸收光谱法通则	GB/T 23768—2009
3	化学试剂　火焰原子吸收光谱法通则	GB/T 9723—2007
4	化学试剂　无火焰(石墨炉)原子吸收光谱法通则	GB 10724—89
5	无机化工产品中汞含量测定通用方法　无火焰原子吸收光谱法	GB/T 21058—2007
6	无机化工产品中铅含量测定通用方法　原子吸收光谱法	GB/T 23946—2009
7	无机化工产品中镉含量测定通用方法　原子吸收分光光度法	GB/T 23841—2009
8	高纯氢氧化钠试验方法　第 3 部分:钙含量的测定　火焰原子吸收法	GB/T 11200.3—2008
9	二氧化锡化学分析方法　第 4 部分:铅、铜量的测定　火焰原子吸收光谱法	GB/T 23274.4—2009
10	硫酸亚锡化学分析方法　第 4 部分:铅、铜含量的测定　火焰原子吸收光谱法	GB/T 23834.4—2009
11	化学试剂　电感耦合等离子体发射光谱法通则	GB/T 23942—2009
12	无机化工产品　杂质元素的测定　电感耦合等离子体发射光谱法(ICP-OES)	GB/T 30902—2014
13	无机化工产品　杂质元素的测定　电感耦合等离子体质谱法(ICP-MS)	GB/T 30903—2014
14	无机化工产品中汞的测定　原子荧光光谱法	GB/T 36384—2018

12.3.3　无机化工分析应用实例

12.3.3.1　电感耦合等离子体原子发射光谱法测定偏钒酸铵中的 10 种杂质元素[12]

(1) 方法提要　盐酸溶解样品，采用基体匹配和同步背景校正相结合的校正措施消除高钒基体影响，选用无光谱干扰分析线，ICP-AES 法同时测定偏钒酸铵中的 10 种微量杂质元素 Al、Fe、Si、P、Pb、As、Cr、K、Na、Ca 的含量。

(2) 仪器与试剂　iCAP 6300 全谱直读 ICP-AES 光谱仪（美国赛默飞世尔科技公司）。

1.000mg/mL Al、Fe、Si、P、Pb、As、Cr、K、Na、Ca 单元素标准储备溶液。2.18g/L V 标准溶液。0.78g/L 铵根标准溶液，用光谱纯 NH_4Cl 配制。1.19g/mL 盐酸。

高纯 V_2O_5（纯度不低于 99.99%），其余试剂均为优级纯。实验用水为二级以上水。

(3) 样品制备　准确称取 0.5000g 样品于 250mL 烧杯中，用约 10mL 水冲洗杯壁，加入 5mL 盐酸，于 200～300℃加热至样品消解完全，煮沸时产生均匀的大气泡，取下冷却后，转移至 100mL 容量瓶中定容。

(4) 测定条件　分析线（nm）分别是 Al 396.182、Fe 259.940、Si 221.667、P 178.284、Pb 220.353、As 189.042、Cr 267.716、K 766.400、Na 589.592、Ca 317.933。射频发生器功率 1100W。Ar 冷却气流量 10L/min，辅助气流量 1.0L/min，雾化气压力 0.24MPa。蠕动泵泵速 55r/min。观测高度 11.5mm。检测时间 15s（波长大于 260nm）和 20s（波长不大于 260nm）。

(5) 方法评价　各元素的检出限为 0.0001%～0.0006%。测定 2 个偏钒酸铵样品中的 10 种杂质，RSD（$n=8$）分别小于 10%（w 为 0.001%～0.010%）、小于 7%（w 为

0.010%～0.050%)，小于3%（w 大于0.050%）。测定4个偏钒酸铵样品中的10种杂质，其结果与ICP-MS测定结果相吻合。背景等效浓度为－0.0003%(Na)～0.0004%(Ca)。校正曲线动态线性范围，Al、Fe、Si、P、Pb、As、Cr、Ca为0.001%～0.60%(w)，Na、K为0.005%～0.60%(w)。线性相关系数≥0.999。

(6) 注意事项

① 偏钒酸铵基体组分中仅有钒对测定产生基体干扰。钒基体对K、Na谱线产生负干扰，对Al等其他元素的分析谱线产生正干扰。

② 采用与偏钒酸铵样品溶液基体组成一致的由2.18g/L钒和0.78g/L铵根组成的混合溶液作为基体空白溶液，测定背景等效浓度。进行同步背景校正后，各试液在分析谱线处所测得的表观浓度值基本趋于稳定一致，在一定程度上消除了偏钒酸铵基体背景连续叠加的影响。

12.3.3.2 电感耦合等离子体原子发射光谱法测定磷酸中的金属元素[13]

(1) 方法提要 将磷酸样品用超纯水稀释10倍后，直接进样ICP-AES标准加入法测定其中的As、Cd、Co、Cr、Cu、Fe、Mn、Ni、Pb和Zn 10种金属元素含量。

(2) 仪器与试剂 Avio 200型电感耦合等离子体原子发射光谱仪（美国珀金埃尔默公司）。

10mg/L多元素混合标准储备溶液（美国珀金埃尔默公司）。

氩气纯度99.996%。实验用水为超纯水。

(3) 样品制备 准确称取5.0g磷酸样品置于50mL容量瓶中，用超纯水定容。

(4) 测定条件 分析线（nm）分别是As 193.696、Pb 220.353、Cd 228.802、Fe 238.204、Cr 267.716、Zn 206.200、Co 228.616、Ni 231.604、Mn 257.610、Cu 327.393。射频发生器功率1400W，等离子体气流量14L/min，辅助气流量0.20L/min。载气流量0.70L/min。进样量为1.2mL/min。观测方式为径向。积分时间自动。标准加入法定量。

(5) 方法评价 测定As、Pb、Cd、Fe、Cr、Zn、Co、Ni、Mn、Cu的检出限（μg/g）分别为0.0516、0.0099、0.0115、0.0108、0.0045、0.0144、0.0039、0.0012、0.0042、0.0051。RSD（$n=6$）分别为1.1%、1.1%、1.0%、0.9%、1.2%、1.5%、1.4%、1.4%、0.91%、0.60%。加标回收率为95%～105%。

(6) 注意事项 磷酸样品直接稀释10倍后，基体对等离子体的稳定性影响很小，等离子体还是很稳定。可以适当提高射频功率和等离子体气的流量来增加等离子体的稳定性。采用旋流雾室进样系统，对于磷酸的清洗更为快速。

12.3.3.3 碘化钾-甲基异丁基酮萃取-电感耦合等离子体原子发射光谱法测定磷酸二氢铵、磷酸氢二铵中铊含量[14]

(1) 方法提要 采用碘化钾-甲基异丁基酮萃取，ICP-AES法测定磷酸二氢铵、磷酸氢二铵中的铊含量，有效地避免了磷肥中锰元素的干扰。

(2) 仪器与试剂 iCAP 7400型ICP-AES光谱仪（美国赛默飞世尔科技公司）。

100mg/L铊标准储备溶液（中国计量科学研究院）。10mg/L铊标准溶液，移取10mL铊标准储备溶液于100mL容量瓶中，加入4mL盐酸溶液，用水定容。

硝酸，盐酸均为优级纯。实验用水为超纯水（电阻率18.2Ω·cm）。

(3) 样品制备 准确称取5g试样（精确至0.0001g）于50mL烧杯中，加入20mL王水，于加热板上加热至沸腾，微沸20min，蒸发至近干，加入4mL HCl（1+1），溶解残渣。将溶液转移至 25mL 比色管中，加入 3mL KI-抗坏血酸溶液，加入 5mL 甲基异丁基酮，振荡萃取 2min，静置分层，取上层溶液于小烧杯中，反复萃取三次。将上层有机相收集于小烧杯中，于水浴中小心蒸干，用 5mL 硝酸溶解残渣，蒸发至溶液约 1mL（不要蒸干），将溶液转移至 10mL 容量瓶中定容。

（4）测定条件　分析线 Tl 190.8nm。射频发生器功率 1150kW。辅助气流量 0.5L/min，雾化气流量 0.5L/min。分析泵速 75r/min。水平观测方式，积分时间短波 7s、长波 5s。

（5）方法评价　测定铊的检出限为 0.0072mg/kg。RSD（$n=10$）为 4.3%。加标回收率为 97.0%～101%。校正曲线动态线性范围上限为 1.0mg/L。

（6）注意事项

① iCAP 7400 型仪器具有垂直和水平两种观测方式，水平方式观测灵敏度高，适用痕量元素的测定。在磷酸二氢铵、磷酸氢二铵中的铊含量很低，宜用水平观测方式。在铊的 4 条灵敏线（190.8nm、276.7nm、351.9nm、377.5nm）中，Tl 190.8nm 受到的干扰最小。

② Mn 会使 Tl 光谱强度明显变强，测定结果偏高，所有样品溶液制备过程中，应尽量避免锰元素的引入。除 Mn 之外，其他元素对 Tl 的测定几乎无干扰。当磷酸二氢铵和磷酸氢二铵中 Mn 含量在 0.05%～0.20%时，直接法测定存在正干扰，采用萃取法测得的样品中 Tl 含量为 0.19～0.65mg/kg，同时对萃取后处理的试液中 Mn^{2+} 进行监测，Mn^{2+} 质量浓度均小于 1mg/L，此时所产生的干扰低于方法检出限，表明萃取法测定样品中 Tl 时，Mn 元素的干扰被排除。

12.3.3.4　电感耦合等离子体原子发射光谱法测定陶瓷颜料中的多种元素[15]

（1）方法提要　样品经王水缓慢溶解，加入 HF 除 Si，在 HNO_3 介质中，用 ICP-AES 法同时测定陶瓷颜料中的 Cd、Zn、Ti、Cr、Fe、Ca、Mg 等元素。

（2）仪器与试剂　2100 DV 型等离子体发射光谱仪（美国珀金埃尔默公司）。

1000μg/mL Cd、Zn、Ti、Cr、Fe、Ca、Mg 标准储备溶液，根据需要稀释成不同浓度的标准工作溶液。

HCl、HNO_3，优级纯；HF，分析纯。实验用水为去离子水。

（3）样品制备　准确称取 0.1g（精确至 0.0001g）试样，置于 200mL 聚四氟乙烯烧杯中，用少量水润湿，加入 15mL 王水，盖上表面皿，置于电热板上加热至样品大部分溶解。取下表面皿，并用少量水冲洗。加入 10mL HF，继续加热蒸发至近干，取下冷却，加入 5mL HNO_3，用少量水吹洗杯壁，加热使可溶性盐完全溶解，取下冷却至室温，将溶液转移至 200mL 容量瓶中，用水定容。同时做空白试样。

（4）测定条件　分析线 Cd 214.4nm、Zn 206.2nm、Ti 334.9nm、Cr 267.7nm、Fe 238.2nm、Ca 317.9nm、Mg 285.2nm。射频发生器功率 1.3kW。冷却气流量 15L/min，辅助气流量 2L/min。进样量 1.5mL/min。轴向方式观测，观测高度 15.0mm。积分时间 2s。

（5）方法评价　在选定条件下，检出限是 0.006～0.090mg/L，测定陶瓷厂镉黄陶瓷颜料中各元素的 RSD（$n=12$）为 0.52%～3.06%。加标回收率为 98.06%～104.3%。

12.3.3.5　电感耦合等离子体原子发射光谱法测定 H-ZF 光学玻璃中锑含量[16]

（1）方法提要　在高压罐内用氢氟酸消解样品，采用小称样量并稀释样品，直接用 ICP-AES 法测定 H-ZF 光学玻璃中的锑含量。

（2）仪器与试剂　ULTIMA 2 型 ICP-AES 光谱仪（法国 JOBIN YVON 公司），三轴同

心可拆卸炬管，耐氢氟酸进样系统。

1000μg/mL Sb 标准储备溶液［GSB04-1749-2004(a)］，50μg/mL Sb 标准工作溶液。

氢氟酸、硫酸，优级纯。实验用水为去离子水。

（3）样品制备 准确称取 0.10g（精确至 0.0001g）玻璃试样置于高压罐内，用少量水吹洗，加入 5mL 氢氟酸，密闭高压罐，置于 90℃烘箱中 4h，待罐内温度降至 50℃以下时，取出，将溶液移入 100mL 塑料容量瓶中定容。

（4）测定条件 分析线 Sb 206.833nm。高频发生器频率 40.68MHz，功率 1.0kW。冷却气流量 12L/min，辅助气流量 0.2L/min。

（5）方法评价 测定 Sb 的检出限是 11μg/g。RSD（$n=6$）为 0.3%～1.7%。加标回收率为 95%～110%（分析结果以 Sb_2O_3 计）。

（6）注意事项

① H-ZF 类玻璃中含有大量钛或铌，传统采用碱高温熔解，必须在有氢氟酸存在时才能使它们不被水解，不吸附 Sb^{2+}。为简化分析手续，本方法直接用氢氟酸溶样。H-ZF 类玻璃中 Sb 含量范围在 0.01%～0.2%，可以通过加大稀释倍数的办法将干扰元素浓度降低，减少对被测元素的光谱干扰。为防止泄漏造成的损失，采用低温 90℃消解，密闭是为了防止挥发损失。

② 溶样后的溶液浑浊时，取上清液测定并不影响测定结果。

③ 经对 H-ZF 类玻璃可能含有的元素（Ba、Ca、Na、Nb、Sr、Ti、Zr）浓度设定为 500μg/mL 时在分析线处进行扫描，可知只有 Ti 和 Nb 有小的干扰，可采用扣除基体空白的办法消除。故实验选择 206.833nm 作为元素 Sb 的分析线。

12.3.3.6 电感耦合等离子体原子发射光谱法测定碳纳米管负载铂催化剂中铂的含量[17]

（1）方法提要 用高压水热釜处理样品后，ICP-AES 测定碳纳米管负载铂催化剂中铂的含量。

（2）仪器与试剂 Optima 7300 DV 型电感耦合等离子体原子发射光谱仪（美国珀金埃尔默公司）。采用乙二醇为原料化学还原方法制备的氮杂纳米管和氧杂纳米管负载铂（Pt@N-CN-TsIMR 和 Pt@O-CN-TsIMR）催化剂（中国科学院金属研究所催化材料部）。

1000μg/mL 铂标准储备溶液（国家有色金属及电子材料测试中心）。

所用试剂均为优级纯。实验用水为二次蒸馏水。

（3）样品制备 准确称取 10mg（精确至 0.1mg）贵金属碳纳米管样品，置于高压水热反应釜的聚四氟乙烯内衬中（体积 50mL），加入 20g 浓硝酸，盖好聚四氟乙烯内衬盖。将此内衬装入不锈钢高压反应釜中，拧好装置保证不漏气，然后将其放入 180℃烘箱中，24h 后取出反应釜，待冷却至室温后，打开高压反应釜，取出聚四氟乙烯内衬；在通风橱内操作，将其加热至 60℃，使酸挥发，待溶液呈现淡黄色，定容至 50mL 的容量瓶中。同时做空白试样。

（4）测定条件 分析线 Pt 214.4nm。RF 发生器功率 1400W。冷却气流量 16L/min，辅助气流量 0.2L/min，雾化气流量 1.0L/min。蠕动泵泵速 1.5mL/min，冲洗时间 30s。垂直观测高度 12mm。积分时间 5s。

（5）方法评价 检出限（3σ，$n=11$）为 0.010mg/L。RSD（$n=5$）小于 5%。加标回收率为 101%～114%。

（6）注意事项 消解新型氮杂、氧杂碳纳米管的常见方法如表 12-4 所示，本实验选用方法 1。对于石墨化程度高的催化剂一般需要提高温度或延长溶样时间。

表 12-4 化学前处理方法及效果

序号	样品质量/mg	溶解条件	现象和结果
1	10	高压反应釜中硝酸溶解	完全溶解
2	10	硫酸冒烟，王水络合溶解	完全溶解
3	10	硝酸-高氯酸混合酸溶解	部分溶解，存在少量黑色颗粒物
4	10	硝酸浸出法溶解	不能完全溶解
5	10	王水、氢氟酸微波消解	完全溶解

12.3.3.7 微波消解-电感耦合等离子体原子发射光谱法测定脱硝催化剂中 13 种元素[18]

（1）方法提要　采用酒石酸-氢氟酸-硝酸体系微波消解试样，结合动态背景校正技术，通过基体匹配法消除基体效应，ICP-AES 法同时测定脱硝催化剂中的 V、W、Mo、Si、Al、Ca、Ba、Fe、Mn、Cr、Mg、P、As 13 种元素。

（2）仪器与试剂　Optima 8300 型全谱直读等离子体原子发射光谱仪，配有耐氢氟酸运行系统（美国珀金埃尔默公司）。Multiwave PRO 型微波消解仪（奥地利安东帕公司）。

1000mg/L V、W、Mo、Si、Al、Ca、Ba、Fe、Mn、Cr、Mg、P、As 单元素标准储备溶液。

盐酸，硝酸，氢氟酸均为优级纯。二氧化钛，五氧化二磷，氧化钙，氧化钨，氧化钼，二氧化硅均为光谱纯。150g/L 酒石酸为分析纯。实验用水为超纯水。

（3）样品制备　称取 0.1000g 试样于聚四氟乙烯消解罐中，加入 1.0mL 150g/L 酒石酸溶液、2.0mL 氢氟酸和 3.0mL 硝酸，用少量水冲洗罐壁，盖紧消解罐，送入微波消解仪内，按设定程序（表 12-5）消解。试样消解完成后，取下冷却，将试液转移至 100mL 容量瓶中，以水定容。

表 12-5 微波消解程序

阶段	功率/W	升温时间/min	保留时间/min	风扇级别
1	600	8	3	1
2	1200	10	15	1
3	0	0	15	3

（4）测定条件　分析线（nm）分别是 V 190.880、W 224.876、Mo 202.031、Si 212.412、Al 396.153、Ca 317.933、Ba 493.408、Fe 238.204、Mn 259.372、Cr 267.716、Mg 285.213、P 178.221、As 93.696。高频发生器功率 1300W。等离子体气流量 15L/min，雾化气流量 0.55L/min，辅助气流量 0.2L/min。蠕动泵泵速 15mL/min。观测高度 15mm。

（5）方法评价　各元素的检出限（w，$n=11$）是 0.001%～0.021%。RSD（$n=7$）$<$ 2.0%。加标回收率是 94%～103%。测定 3 个脱硝催化剂样品中 13 种元素，与其他方法进行比对，Mo、V、W、Si、Al、Ca、Ba 测定值与国标 X 射线荧光光谱法（GB/T 31590—2015）测定值一致，Fe、Mn、Cr、Mg、P、As 测定值与国标 ICP-AES 法（GB/T 34701—2017）测定值基本一致。

（6）注意事项

① 在密闭高压消解罐内硝酸的沸点比常压下的高，可达 200℃，溶解能力更强，可提高

溶解体系的温度，加快反应速度。酒石酸和氢氟酸都具有络合作用，可以络合先前溶解的钛和钨，防止钛和钨水解使样品溶液变浑浊。在密闭体系内进行微波消解又可防止挥发性元素的损失。与常规湿法消解相比，酒石酸-氢氟酸-硝酸微波消解体系处理脱硝催化剂，速度快、效果好，使得难以溶解的催化剂试样得以完全溶解。

② 脱硝催化剂的主要基体为 TiO_2，在配制标准溶液系列时，需通过基体匹配以消除基体效应。脱硝催化剂的主要成分除 TiO_2 外，还有 2%～6% 的 WO_3、MoO_3 和 SiO_2，0.1%～3%的 Fe、Ca、Mg、Mn、Cr、V_2O_5 等，由各元素光谱图及各元素质量浓度与其发射强度的线性关系发现，各元素在 1.0～80mg/L 范围内，元素间不存在光谱干扰。

12.3.3.8 原子吸收光谱法测定水泥中的氧化镁含量[19]

（1）方法提要　用氢氧化钠熔融-盐酸分解水泥试样，加氯化锶消除其他元素的干扰，原子吸收光谱法测定水泥中的氧化镁含量。

（2）仪器与试剂　TAS-986 型原子吸收分光光度计（北京普析通用仪器有限责任公司）。

氧化镁基准试剂（国家标准物质研究中心）。将氧化镁基准试剂放入 950℃ 高温炉中灼烧约 1h，取出放入干燥器中冷却至室温。精确称取 1.000g（精确到 0.0001g）上述氧化镁，置于 250mL 烧杯后，加入 50mL 纯净水浸润，再加入 20mL 盐酸（1+1）。将烧杯移入通风橱的电热板上进行低温加热，直至氧化镁完全溶解（溶液澄清）。取下烧杯，待溶液冷却后，将其转移到 1000mL 容量瓶中，用纯净水定容，得到氧化镁浓度为 1.0mg/mL 的标准溶液。将此溶液稀释至 0.05mg/mL，作为氧化镁标准溶液母液。

氢氧化钠，盐酸，氯化锶均为优级纯。水泥样品为阳泉冀东水泥有限公司提供。

（3）样品制备　取约 200g 水泥样品，用孔径 80μm 的方孔筛进行筛析，将筛余物中的金属铁用磁铁吸去后，再次研磨，直至所有样品通过 80μm 的方孔筛，将样品混合均匀后，用四分法取约 100g 样品装入密封袋中待用。

精确称取 0.1000g 样品，置于银坩埚中，加入 3.5g 氢氧化钠后，盖上 4/5 左右的坩埚盖，待高温炉升到 750℃时，将此坩埚放入其中熔融约 10min，取出，冷却至室温。准备一盛有约 100mL 沸水的 250mL 烧杯，将冷却后的坩埚放入其中，并在烧杯上盖一表面皿，将此烧杯放入通风橱内的低温电热板上，加热至熔块浸出，用干净镊子取出坩埚，将坩埚及坩埚盖用纯净水洗净后，再用热盐酸（1+9）进行冲洗，然后用玻璃棒轻轻搅拌烧杯中的溶液，一次性加入 35mL 盐酸（1+1）。将上述溶液加热煮沸后，冷却至室温，再转移到 250mL 容量瓶中，用纯净水定容。

吸取氧化镁标准溶液母液 0.00mL、1.00mL、2.00mL、3.00mL、4.00mL、5.00mL、6.00mL，分别加入到 250mL 容量瓶中，依次加入 15mL 盐酸、5mL 氯化锶溶液（Sr 50mg/mL），用纯净水定容，此时得到的氧化镁溶液的浓度（μg/mL）为 0.000、0.200、0.400、0.600、0.800、1.000、1.200。

吸取 5mL 处理好的样品溶液置于 100mL 容量瓶中，依次加入 6mL 盐酸（1+1）、2mL 氯化锶（Sr 50mg/mL）溶液，定容。

（4）测定条件　分析线 Mg 285.2nm。光谱通带 0.4nm。负高压 300V，灯电流 3.0mA。空气流量 14.0L/min，乙炔流量 1.2L/min。

（5）方法评价　测定 Mg，检出限是 0.008μg/mL。RSD（$n=6$）＜3%，回收率在

91%～104%。

（6）注意事项

① 水泥生产过程中，若生料石灰石中碳酸镁含量过高，会导致水泥中氧化镁含量偏高，氧化镁水化时，产生体积膨胀，与水泥水化不同步，常在水泥水化后才开始发生，这样可导致水泥构件结构产生裂缝。因此，控制水泥中氧化镁含量是保证工程质量的主要措施之一。

② 水泥样品中存在的 Si、Al、Ti 等能与 Mg 形成稳定的耐热化合物，导致溶液中 Mg 的原子化率降低，原子吸收率下降，造成测定结果偏低。需要在标准溶液及样品溶液中加入“释放剂”氯化锶溶液。由于 Sr 和 Al 能形成更稳定的化合物，且加入 Sr 的量较大，极易取代镁铝化合物中的 Mg，使得 Mg 的原子化率得以恢复。同时，由于 Mg 在原子吸收测定过程中非常灵敏，水、试剂、容器等的污染均会对实验结果造成很大的影响，故应在实验过程中严加注意。

12.3.3.9　石墨炉原子吸收光谱法测定日用陶瓷中铅、镉、钴的溶出量[20]

（1）方法提要　日用陶瓷样品经 4% 乙酸溶液浸泡过夜，取浸泡液进行分析，以 $NH_4H_2PO_4$-$(NH_4)_2MoO_4$ 为化学改进剂，直接进样石墨炉原子吸收光谱法测定其中铅、镉和钴的含量。

（2）仪器与试剂　AA-800 型火焰/石墨炉全自动切换原子吸收光谱仪，带 AS800 型自动进样器（北京东西分析仪器有限公司）。EH20B 微控数显电热板，超纯水系统。

1000mg/L 铅、镉、钴单标标准溶液。ψ=4%乙酸。

乙酸、硝酸镁、钼酸铵、磷酸二氢铵均为分析纯。水为超纯水。

（3）样品制备　按 GB/T 3534—2002 的要求，取日用陶瓷样品（盘、杯、碟等），每批样品取 6 件成品，先用肥皂水洗刷试样表面污物，然后用自来水冲洗，再用超纯水淋洗，晾干。加入 ψ=4%乙酸至离口沿 5mm 处；在（22±2）℃条件下，避光浸泡 24h±20min；移取 5mL 上述试样浸泡液置于 10mL 容量瓶中，再加入 1mL 10g/L $NH_4H_2PO_4$-$(NH_4)_2MoO_4$ 化学改进剂溶液，用水定容。同时做试剂空白。

（4）测定条件　干燥温度 120℃，斜坡升温时间 5s，保持 20s。灰化温度：铅 300～650℃、镉 300～500℃、钴 300～1000℃，斜坡升温时间均为 10s，保持 15s。铅、镉、钴的原子化温度分别为 1800℃、1650℃、2100℃，净化温度分别为 2500℃、2600℃、2400℃，升温时间均为 1s，保持 3s。

（5）方法评价　测定 Pb、Cd、Co 的检出限分别为 0.65μg/L、0.55μg/L、0.45μg/L，RSD（n=3）小于 2.4%，加标回收率为 96.8%～104.8%。校正曲线动态线性范围分别为 5～80μg/L、5～80μg/L、5～60μg/L，线性相关系数>0.998。

（6）注意事项

① 实验所有用到的玻璃器皿在使用前均用 15% HNO_3 浸泡 24h，用水冲洗干净后，自然晾干。

② 使用 10g/L $NH_4H_2PO_4$-$(NH_4)_2MoO_4$ 混合溶液作化学改进剂，可将灰化温度提高至 1000℃。钼酸铵的加入可提高灰化效率，可以使样品中大部分杂质都变为钼酸盐，降低了干扰物质的气化温度，使之在灰化阶段完全除去。

12.3.3.10　微波消解-原子吸收光谱法测定分子筛中的镍含量[21]

（1）方法提要　分子筛催化剂以及含有金属钨的催化剂在一般微波消解体系中都难以被消解，本方法采用浓磷酸消解体系，可以在短时间内既能消解分子筛催化剂，又可以消解其中的金属钨。原子吸收光谱法测定催化剂中的镍含量。

（2）仪器与试剂　novAA-300型原子吸收分光光度计（德国耶拿分析仪器股份公司）。TOPwave型微波消解仪。

1000μg/mL镍标准溶液。

浓硝酸，浓磷酸，浓硫酸均为优级纯。双氧水，10%氯化镧溶液是分析纯。水为二次去离子水。

3963柴油加氢催化剂（抚顺石油化工科学研究院开发），主要成分为改性Y型分子筛，金属组分为W和Ni等。

（3）样品制备　准确称取经过120℃干燥1h的催化剂样品约0.2g，加入100mL消解罐内，分别加入8mL浓盐酸、6mL浓盐酸+2mL双氧水、6mL浓硝酸+2mL双氧水、6mL浓硫酸+2mL双氧水、4mL浓硫酸+4mL浓硝酸和8mL浓磷酸对样品进行消解。微波多步消解条件见表12-6。

表12-6　微波多步消解条件

方法	功率/%	压强/MPa	温度/℃	时间/min
多步消解	70	4	200	10
	80	6	200	20
	99	6	50	10

（4）测定条件　取2mL消解液于25mL容量瓶中，再加2.0mL 10%氯化镧溶液，用水定容，摇匀。用原子吸收光谱法测定镍。分析线Ni 232.0nm。光谱通带0.2nm。灯流量4mA。乙炔气流量0.5L/min，空气流量4L/min。

（5）方法评价　测定分子筛催化剂中镍，标准偏差为0.072%，RSD（$n=5$）为1.6%。校正曲线动态线性范围上限是8μg/mL，线性相关系数为0.9951。

（6）注意事项　浓磷酸在高温高压下可生成多聚磷酸，与SiO_2反应生成杂多酸，使SiO_2溶解。PO_4^{3-}具有很强的络合能力，能与许多重金属离子生成可溶性络合物，浓磷酸能溶解钨、锆、硅、硅化铁等难溶物，并与它们形成络合物。浓磷酸是一种既可以溶解分子筛催化剂，同时又可以溶解金属钨和镍的消解溶剂。

12.3.3.11 氢化物发生-原子荧光光谱法测定煤、焦炭中的砷[22]

（1）方法提要　试样在瓷坩埚中与艾氏卡试剂混合，经马弗炉灼烧，用盐酸溶解，在硫脲-抗坏血酸存在下，在10% HCl介质中，用氢化物发生-原子荧光光谱法测定煤和焦炭中砷的含量。

（2）仪器与试剂　AFS-230型原子荧光光谱仪（北京海光仪器有限公司）。

1000μg/L砷标准储备液，1.0μg/L砷标准溶液。

艾氏卡试剂：市购或以2份质量的轻质化学纯MgO与1份质量的无水化学纯Na_2CO_3混匀，并研细至粒度小于0.2mm后，保存在密封容器中。25g/L硼氢化钾溶液，50g/L硫脲-50g/L抗坏血酸溶液。稀释剂为15% HCl溶液。

硝酸，盐酸，硫酸均为优级纯。氩气纯度不低于99.99%。实验用水为超纯水。

（3）样品制备　在瓷坩埚中先铺上0.5g艾氏卡试剂，准确称取1g（精确至0.0001g）预先在（105±5）℃下烘1h后于干燥器中冷却的样品，加1.5g艾氏卡试剂，于称量皿上搅拌均匀，移入瓷坩埚中，再称取1g艾氏卡试剂均匀覆盖在混匀的样品上。将坩埚放入马弗炉中，半开炉门，由室温缓慢加热到500℃，在此温度保持1h，关上炉门，再升温至(800±10)℃，加热6～7h，取出坩埚，冷却至室温。将灼烧过的样品搅碎，并转移至盛有20～30mL热水的150mL烧杯中，向坩埚中加入5mL HCl溶液，使坩埚内残存物溶解后倒入烧杯中。再用15mL HCl溶液分3次（5mL/次）洗涤坩埚，洗液一并转移到烧杯中，搅拌溶液，冷却后移入100mL容量瓶中，加入10mL HCl溶液、15mL硫脲-抗坏血酸溶液，用水稀释至刻度，摇匀，放置30min至砷还原完全后进行测定。同时制备空白试样。

（4）测定条件　负高压300V，灯电流40mA。载气流量400mL/min，屏蔽气流量700mL/min。原子化高度6～7mm。延迟时间2s，读数时间14s。

（5）方法评价　测定块煤、粉煤和焦炭中的As，测定方法检出限为0.05ng/mL，RSD（n=11）分别为小于2.3%、2.1%和0.69%。加标回收率在96.4%～100.6%。校正曲线动态线性范围上限是100mg/mL，线性相关系数r=0.9998。分析煤标样和焦炭标样测定值与标准值一致。

（6）注意事项

① 2.0mg Zn、2.5mg Fe、0.3mg Cu、2.0mg Pb、0.2mg Cd、0.5mg Al、1.0mg SiO_2、0.6mg Sb、30μg Sn、0.5mg Mg、0.5mg Hg、1.0mg Ca、0.25mg Ag、10% NO_3^-、20% SO_4^{2-} 对As的测定相对误差在±2.5%之内。

② 采用艾氏卡试剂熔解煤样的处理方法也适用于处理焦炭样品，通过延长灼烧时间，可使样品熔解完全。

12.3.3.12 原子荧光光谱法测定复混肥中的砷[23]

（1）方法提要　样品经硝化后，加入盐酸溶液及硫脲溶液，以盐酸溶液为载流液，硼氢化钾为还原剂，非色散原子荧光光谱法测定复混肥中的砷含量。

（2）仪器与试剂　PF6-2型非色散原子荧光光谱仪（北京普析通用仪器有限责任公司）。

100μg/L砷标准储备溶液（中国计量科学研究院）。20μg/L砷标准溶液：将砷标准储备液按一定比例稀释后，加入10mL 5%硫脲溶液、4mL盐酸溶液（1+1），加水至刻度。

1.5%硼氢化钾溶液：以0.5%氢氧化钾溶液配制。25g/L硼氢化钾溶液，50g/L硫脲-50g/L抗坏血酸溶液。盐酸溶液（1+1），盐酸（ψ=2%）。

硝酸，盐酸均为优级纯。氩气纯度大于99.999%。实验用水为二次蒸馏水。

（3）样品制备　称取0.5～2g（精确至0.0002g）试样置于100mL烧杯中，加入15mL盐酸、5mL硝酸，盖上表面皿，在电热板上缓慢加热15min，移开表面皿继续加热，蒸发至近干。冷却后，加入20mL盐酸，加热，赶尽硝酸，过滤，合并滤液至100mL容量瓶中，取一定体积滤液于100mL容量瓶中，依次加入10mL 5%硫脲溶液、4mL盐酸溶液（1+1），加水至刻度。同时制备空白试样。

（4）测定条件　负高压280V，灯电流50mA。载气流量300mL/min，屏蔽气流量600mL/min，原子化器温度150℃。

（5）方法评价　测定不同复混肥样品，RSD（n=11）均小于2.0%，加标回收率为96.2%～105.0%。

12.3.3.13 复合肥中磷元素的激光诱导击穿光谱多元非线性定量分析[24]

（1）方法提要　从复合肥生产线上采集样品，用激光诱导击穿光谱（LIBS）技术测定复合肥样品中的磷含量。以P 255.3nm和O 844.6nm分别为磷元素和氧元素的分析线，分析了18个复合肥料样品，根据磷元素在样品中的存在形式，用14个样品（样本）的多光谱信息建立非线性回归曲线模型，4 个样品（样本）为检验集，对模型进行检验（进行定量分析）。与传统的线性回归相比，分析速度加快，测量的相对误差减小，提高了测量的准确性。

（2）仪器与试剂　四通道光纤光谱仪（爱万提斯公司）；波长范围为 195～550nm 和 700～900nm。Nd 脉冲激光器（BigSky，ICE450），波长 1064nm，单脉冲能量 50mJ，单脉冲功率密度 1.1GW/cm^2。激光器输出水平激光光束入射到 45°角的 1064nm 的全反射镜上，变成垂直方向，经焦距为 100mm 的平凸透镜聚焦到复合肥样品表面，产生复合肥等离子体信号，经焦距为 35mm 的两片平凸 SiO_2 透镜上进行聚焦，并传输至四通道光纤光谱仪完成分光与探测。光谱仪自接受到激光器的调 Q 信号开始采集等离子体信号，延迟时间和积分时间分别为 1.28μs 和 1.05μs。

（3）样品制备　18 个复合肥样品来自于安徽省某化肥生产企业，称取每个复合肥样品 3g，在 2MPa 压力下压制成圆饼状，直径 25mm，厚度约 2mm。复合肥样品中 P_2O_5 含量由提供样品的企业采用国家标准方法测定。

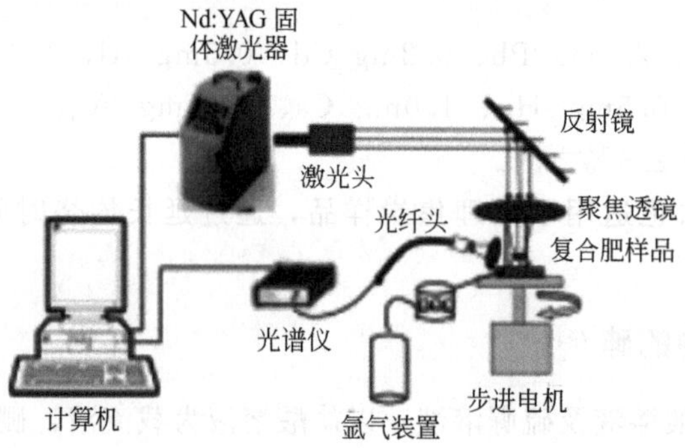

图 12-1　激光诱导击穿光谱（LIBS）系统示意图

（4）测定条件　实验中所用的 LIBS 系统示意图如图 12-1 所示。实验过程中，通过圆柱形空间束缚顶端开有小孔，让激光束穿过，侧面开有一孔，接入传输氩气的导管，另一端按照 45°角开一与光纤连接的装置。实验中，先通入一会儿 Ar，将圆柱形中的空气排净，在复合肥样品表面形成氩气环境。样品置于由步进电机控制转速的旋转台上，每个复合肥样品转一圈，测量 40 个光谱获得在复合肥样品表面不同位置的多次激光脉冲的平均信号。采用多元二次非线性回归方法用 14 个样品光谱信息建立定量分析模型，用 4 个未知浓度样品的光谱分析信息检验模型。

（5）方法评价　建立的二元二阶非线性模型优于常规曲线拟合法。采用多元二次非线性方法 LIBS 测定复合肥中磷，测定值与标准值的相关系数达 0.98，相对误差为 0.38%～1.7%。

（6）注意事项

① 本实验过程中采用 Ar 作为保护气体，使得信号稳定，测量结果的精度优于空气环境中的结果。

② 复合肥样品中基体氧与磷以化合物存在，氧的发射谱线强度对磷的定量分析产生较大影响，使得校正曲线偏离线性关系，用多元非线性拟合方法建立校正曲线，相关系数提高到 0.96，明显优于传统的线性拟合方法。用非线性拟合方法建立校正曲线 LIBS 测定复合肥中磷，预测值准确度得到明显提高。

12.4　有机化工分析

12.4.1　有机化工概述

有机化工又称有机合成工业，是以石油、天然气、煤等为基础原料生产各种有机原料、中间体及有机化工产品的工业。基本有机化工的直接原料包括氢气、一氧化碳、甲烷、乙烷、乙烯、乙炔、丙烯、C_4 以上脂肪烃、苯系物（苯、甲苯、二甲苯）、乙苯等。从原油、石油馏分或低碳烷烃的裂解气、炼厂气以及煤气，经过分离处理，可以制成用于不同目的的脂肪烃原料；从催化重整的重整汽油、烃类裂解的裂解汽油以及煤干馏的煤焦油中，可以分离出芳烃原料，适当的石油馏分也可直接用作某些产品的原料，由湿性天然气可以分离出甲烷以外的其他低碳烷烃，从煤气化和天然气、炼厂气、石油馏分或原油的蒸气转化或部分氧化可以制成合成气，由焦炭制得的碳化钙，或由天然气、石脑油裂解均能制得乙炔。此外，还可从农林副产品中获取有机化工的原料。

石油化工是有机化工的主要组成部分，系指以石油和天然气为原料，生产石油产品和石油化工产品的加工工业。石油产品分为燃料油、溶剂和化工原料、润滑剂、蜡、沥青和石油焦六大类。石油燃料占石油产品总产量的 90%以上，分为气体燃料、液化气燃料、馏分燃料和残渣燃料；溶剂和化工原料包括溶剂油、石油芳烃、石油酸等。石油化工样品的种类繁多、来源复杂，不同样品性质差别很大。样品来源和种类的多样性，造成了样品预处理和制样方法的多样性，同时也为某些样品的处理带来相当大的困难。

12.4.2　有机化工的检测要求

在油品炼制、石油加工的生产过程中，从原材料验收、生产过程的质量控制、产品出厂检验的各环节，都涉及金属与非金属元素的检测。石油及石油产品中金属和非金属元素含量的多少是评价炼油工艺及其产品质量的重要指标之一。目前从原油中鉴定出的金属与非金属元素约有 30 多种，主要有 Fe、Na、Mg、Ni、V、Ca、Pb、Mo、Mn、Cr、Co、Ba、Zn、K、As、Al、B、Zr、Pd、Cd 等。这些元素当中，有些是石油中天然存在的，有些是在石油开采、加工储运及使用过程中引入的或流失的（如催化剂中活性金属在反应过程中的损失、设备的腐蚀和磨损，导致金属进入石油产品），有些则是为提高产品收率、改善石油产品的性能，以添加剂形式特意加入油品中的添加剂或填料（如润滑油中添加有机金属化合物改善防腐、抗氧化、抗磨、抗压等性能，汽油中添加烷基铅化合物或二茂铁、甲基环戊二烯三羰基锰等金属化合物以提高其抗爆性能）等。这些金属和非金属元素，其中某些元素（如 As、Ni、V），在石油加工过程中是十分有害的杂质，当其在催化剂中含量达到一定水平，将导致催化剂失活。对石油及其加工产品中痕量金属和非金属元素的分析检测，对判断催化剂的活性及其使用时间，合理选择添加剂的加入量，考查设备的磨损情况，科学合理、环保使用资源，改进加工工艺，保证和提高产品质量，开发新的石化产品都具有重要意义。

原子光谱法由于高选择性、高灵敏度、低检出限、多元素的同时检测能力等诸多优点，在金属和非金属元素痕量分析检测中起着重要的作用，是检测痕量元素的有效手段。早在 20 世纪 60 年代初，Pforr 和 Aribot 首先将 ICP-AES 法用于石油样品的测定，将油样用汽油稀释后，导入等离子体进行光谱测定。1972 年，S. Greenfield 和 P. B. Smith 用小型加热雾化器将微升级样品引入等离子体内，建立了同时测定无机、有机溶液中多元素的方法，检出限可达 10^{-9}～10^{-10}，测定含量达 10^{-9} 水平的样品，RSD 为 5%。方法已成功用于油、有机化合物和血样中的痕量金属测定[25]。1976 年，V. A. Fassel 等用 4-甲基-2-戊酮稀释润滑油后，直接将样液注入等离子体内，在 1.5min 内用 ICP-AES 同时测定了轴承磨损留在润滑油中的 15 种痕量金属元素，检出限为 0.0004～0.3μg/mL[26]。J. W. Robinson 用原子吸收光谱法直接进样测定了汽油中的铅，不受汽油中 S、N 含量变动的影响和共存组分的干扰[27]。

由天然资源及初级加工品和副产品经化学合成加工成基本有机化工产品。一般说来，有机分析包括分离与提纯、元素与官能团分析、化学鉴定和波谱鉴定等。前处理一般使用无机化和有机直接进样两种手段，其前处理方法已在12.2.2中加以叙述。表12-7列出了有机化工的原子光谱标准方法。

表 12-7　有机化工的原子光谱法标准

序号	标准名称	标准号
1	工业用丙烯腈　第17部分：铜含量的测定　石墨炉原子吸收法	GB/T 7717.17—2009
2	工业用丙烯腈　第16部分：铁含量的测定　石墨炉原子吸收法	GB/T 7717.16—2009
3	工业用冰乙酸	GB/T 1628—2008
4	润滑油中铁含量测定法(原子吸收光谱法)	SH/T 0077—1991(2006)
5	在用润滑油中磨损金属和污染物元素测定　旋转圆盘电极原子发射光谱法	NB/SH/T 0865—2013
6	润滑油中添加剂元素含量的测定　电感耦合等离子体原子发射光谱法	NB/SH/T 0824—2010
7	燃料油中铝和硅含量测定法(电感耦合等离子体发射光谱及原子吸收光谱法)	SH/T 0706—2001(2007)
8	绝缘油中元素含量的测定　电感耦合等离子体原子发射光谱法	NB/SH/T 0923—2016
9	润滑油中添加剂元素含量的测定　电感耦合等离子体原子发射光谱法	NB/SH/T 0824—2010
10	汽油中锰含量测定法(原子吸收光谱法)	SH/T 0711—2002
11	燃料油中铝和硅含量测定法(电感耦合等离子体发射光谱及原子吸收光谱法)	SH/T 0706—2001(2007)
12	中间馏分燃料中痕量元素的测定　电感耦合等离子体原子发射光谱法	NB/SH/T 0892—2015
13	润滑油及添加剂中钼含量的测定　原子吸收光谱法	SH/T 0605—2008
14	汽油中铅含量的测定　原子吸收光谱法	GB/T 8020—2015
15	汽油中铁含量测定法(原子吸收光谱法)	SH/T 0712—2002
16	石脑油中铅含量的测定　石墨炉原子吸收光谱法	SN/T 1410—2004
17	色漆和清漆　总铅含量的测定　火焰原子吸收光谱法	GB/T 13452.1—92

12.4.3 有机化工分析应用实例

12.4.3.1 微波消解-ICP-AES法测定ABS塑料中的铅、镉、汞-[28]

(1) 方法提要　采用HNO_3-H_2O_2-HF-$HClO_4$混酸体系微波消解样品，使用ICP-AES法测定ABS塑料中的有毒有害元素Pb、Cd、Hg的含量。

(2) 仪器与试剂　iCAP 6300型电感耦合等离子体原子发射光谱仪（美国赛默飞世尔科技公司）。

1000μg/L Pb、Cd、Hg标准储备溶液（国家有色金属及电子材料分析测试中心）。

HNO_3、HF、H_2O_2、$HClO_4$均为分析纯或优级纯。实验用水为高纯水。

(3) 样品制备　用电锯、研磨机、低温破碎机等设备将ABS塑料样品研磨成粒径不超过0.5mm的粉末样；称取0.2g粉末试样（精确至0.0001g），置于聚四氟乙烯微波消解罐中，加入7mL HNO_3、0.2mL H_2O_2、0.5mL HF、1mL $HClO_4$，待反应平静后，将容器封闭，按表12-8中升温程序进行微波消解。待容器冷却至室温后，打开容器，如果溶液不清亮或有沉淀产生，则用0.45μm过滤膜过滤，残留的固态物质用15mL 5% HNO_3冲洗4次，所得溶液全部合并，转移至100mL容量瓶中，用水定容。

(4) 测定条件 微波消解样品的升温程序见表 12-8。

表 12-8 Pb、Cd、Hg 测定微波消解升温程序

步骤	时间/min	温度/℃
升温 1	10	160
恒温 2	5	160
升温 3	10	200
恒温 4	40	200

分析线分别是 Pb 182.2nm、Cd 214.4nm 和 Hg 194.2nm。射频发生器功率 1150W。辅助气流量 0.5L/min，雾化气流量 0.7L/min。泵速 50r/min。

(5) 方法评价 测定 Pb、Cd、Hg，加标回收率（$n=3$）分别为 96.0%～101%、97.0%～101%、97.0%～99.0%。对一个 ABS 样品分别测定 11 次，RSD（$n=11$）分别为 1.1%、1.9%和 2.3%。

(6) 注意事项 塑料类样品光谱干扰较小，采用 ICP-AES 法测定时，一般可以选择元素的最灵敏线，镉、汞选择其灵敏线 Cd 214.4nm，Hg 194.2nm。但有些样品因加入了某些填料，导致灵敏线 Pb 220.3nm 处可能会出现光谱干扰，故选择次灵敏线 Pb 182.2nm 作为分析线。

12.4.3.2 电感耦合等离子体原子发射光谱法测试塑料中 4 种重金属总量[29]

(1) 方法提要 比较了不同的样品前处理方法，使用 ICP-AES 法测定塑料中的 Cd、Pb、Hg、Cr 4 种重金属的含量。

(2) 仪器与试剂 电感耦合等离子体原子发射光谱仪（美国安捷伦科技公司）。自制 ABS 基材参考样品（金属元素已定值）。自制 PE 基材参考样品（金属元素已定值）。

硫酸、硝酸、过氧化氢溶液、高氯酸，均为分析纯。实验用水是超纯水。

(3) 样品制备

① 高压密闭消解法（方法 1）：取 0.1g±0.005g（精确到 0.0001g）样品，放入高压聚四氟乙烯消解罐中。再加入 7mL 硝酸、2mL 过氧化氢溶液和 1mL 高氯酸于消解罐中，使其完全浸没样品，使样品与酸反应 1～2min，盖上盖子，密封消解罐，放入 220℃的烘箱中，消解 90min。消解完成后，取出消解罐，冷至室温，打开高压密闭消解罐，加入 15mL 纯水稀释，转移至 100mL 塑料容量瓶中，少量多次洗涤消解罐，定容至刻度线。移取 5mL 上述消解液至 100mL 塑料容量瓶中，加超纯水稀释至刻度。

② 电热板消解法（方法 2）：取 0.5g±0.005g（精确到 0.0001g）样品，放入长颈平底烧瓶中。再加浓硫酸 10mL，置于温度为 500℃的电热板上加热 40min，基本炭化完全。取下放置于通风橱中冷却 10min，慢慢加入 5mL 过氧化氢，再次置于电热板使碳化物氧化，反应 10～15min，观察反应液是否透明，若仍有黑色物质，取下冷却 10min，缓慢加入 2mL 高氯酸，置于电热板反应至溶液透明。从电热板取下平底烧瓶，冷至室温，加入 20mL 纯水稀释，转移至 100mL 玻璃容量瓶中，并少量多次洗涤平底烧瓶，转移至容量瓶中，用超纯水定容至刻度。

③ 微波密闭消解法（方法 3）：取 0.1g±0.005g（精确到 0.0001g）样品，放入微波消解罐中。用移液管或吸量管移取 5mL 的硝酸加入到每个装有样品的消解罐中，使其完全浸没样品，再慢慢滴入 1mL 过氧化氢，使样品与酸反应 1～2min，盖上盖子，密封消解罐，放入微波消解炉中。按厂家推荐的微波消解程序进行消解，消解完后冷却至室温。将微波消

解罐中的溶液转移至容量瓶中，用适量蒸馏水多次冲洗微波消解罐并将冲洗液转移至50mL容量瓶中，再用蒸馏水稀释至刻度。如果存在会影响测试的不溶物质，则需要过滤或离心。

（4）测定条件　分析线分别为Pb 220.353nm、Cd 228.802nm、Hg 194.164nm、Cr 267.716nm。

（5）方法评价　前处理消解方面：用微波密闭消解和高压罐密闭消解的前处理方法的测试结果稳定性及重复性较好，相对标准偏差均在±10%以内；不同分析线的选择方面：每种金属元素都根据仪器推荐选择了3条干扰小、信号强的分析线，4种元素测试结果的相对标准偏差均在5%以下，所以在分析线有效的前提下，不同分析线对测试结果的影响不明显；塑料基材方面：PE基材的4种重金属测试结果的相对标准偏差更小，偏差低于±10%，ABS基材的4种重金属测试结果的相对偏差较大，偏差高于±10%，主要是ABS含有交联相，消解难度加大的原因。

（6）注意事项

① 通过对比4种重金属的三条分析线的测试结果，其相对标准偏差均在5%以内，但个别信号低的元素测试结果偏差相对较大；因此，为了保证测试结果的可靠性，建议优先采取仪器推荐的第一分析线的测试数据作为最终结果。

② 为更加准确地测试ABS基材样品中的4种重金属元素，需要调整消解体系保证样品完全消解，在硝酸和过氧化氢溶液中加入了1mL高氯酸。

12.4.3.3 氧弹燃烧-电感耦合等离子体原子发射光谱法测定塑料中的氯和溴[30]

（1）方法提要　采用氧弹燃烧处理样品，ICP-AES法测定塑料中的氯和溴含量。

（2）仪器与试剂　ARCOS ICP-AES仪（德国斯派克分析仪器公司）。SLSY-15氧弹燃烧仪。

1000μg/mL Cl、1000μg/mL Br标准溶液（美国Accustand公司）。

所用试剂均为优级纯。实验用水为超纯水（电阻率18.2MΩ·cm）。

（3）样品制备　称取已粉碎的塑料样品0.1g（精确至0.1mg）于氧弹中燃烧，以15mL超纯水为吸收液将燃烧产物充分吸收，吸收液和氧弹冲洗液经0.45μm滤膜过滤后一并转至100mL容量瓶中，用超纯水定容至刻度线。每次样品燃烧前都做空白试验。

（4）测定条件　分析线Cl 134.724nm，Br 153.174nm。射频发生器功率1500W。冷却气流量11L/min，辅助气流量0.7L/min，雾化气流量0.8L/min。蠕动泵泵速30r/min。

（5）方法评价　在优化工作条件下，Cl和Br的检出限（$3s$，$n=10$）分别为0.053μg/mL和0.030μg/mL。RSD（$n=6$）分别为1.1%和0.97%，测定5种不同材质的塑料，平均加标回收率为89.8%～102.9%。Cl和Br的校正曲线动态线性范围均为0.1～10.0μg/mL，线性相关系数分别为0.9996和0.9997。

12.4.3.4 高压消解ICP-AES法测定塑料中的铅、镉、汞[31]

（1）方法提要　采用高压消解样品、ICP-AES同时测定塑料材料中的Pb、Cd、Hg含量。

（2）仪器与试剂　Vista-Pro电感耦合等离子体原子发射光谱仪（美国瓦里安公司）。高压消解罐，聚四氟乙烯内胆及不锈钢外套。

浓硝酸、浓盐酸、高氯酸、氢氟酸、过氧化氢溶液、硼酸均为分析纯。实验用水是去离子水。

（3）样品制备　称取约0.25g粒度≤1mm的试样，放入编号高压消解罐中。加入9mL

浓硝酸，再根据样品材质和被测试元素加入（或不加）1～2mL其他试剂如 H_2O_2、HF、HCl、$HClO_4$ 等。压力罐消解程序为：先将压力消解罐放入电热恒温烘箱中，温度由常温升至120℃，保持1h，再升温至180℃，保持2h。注意加入消解液的量和消解程序可根据样品情况适当调整，消解温度最高不应超过200℃。消解完成后，冷却至室温，取出消解罐内罐。当含HF时，将消解液过滤至25mL塑料容量瓶，用去离子水冲洗内罐和盖三次。加入3倍量的饱和硼酸，去离子水定容。依同样步骤制备空白样品。

（4）测定条件　分析线是Pb 220.35nm，Cd 228.802nm，Hg 194.164nm。射频发生器功率1.2kW。等离子气流量15.0L/min，辅助气流量2.25L/min，雾化气流量0.8L/min。试液提升量2.50mL/min。径向观测方式，观测高度12mm。

（5）方法评价　方法检出限（3*s*，*n*＝10）分别是Pb 0.1030μg/mL、Cd 0.0014μg/mL、Hg 0.0178μg/mL。用同样的前处理方法对标准物质进行10次消解，测定Pb、Cd、Hg的回收率为90%～110%，测定PE标准物质的RSD<10%。校正曲线动态线性范围最低点Pb、Cd、Hg分别为0.1μg/mL、0.02μg/mL、0.05μg/mL，线性相关系数均大于0.9990。

（6）注意事项　同一样品分别用不同方法消解，传统方法不适宜测试可挥发性元素，高压消解法与微波消解法具有可比性。

12.4.3.5 硫酸炭化-酸溶法消解ICP-AES测定纤维中的锌微量元素[32]

（1）方法提要　纤维样品采用硫酸炭化-酸溶法消解定容后，结合ICP-AES测定样品中的锌含量。

（2）仪器与试剂　7510型ICP-AES光谱仪（日本岛津公司）。

锌标准溶液（北京钢研纳克检测技术有限公司）。浓硝酸为优级纯，高氯酸为分析纯。

（3）样品制备　将纤维剪碎，称取0.1g样品分别用微波消解及硫酸炭化-酸溶法两种方法消解。

① 微波消解：加入少许去离子水润湿样品，在通风橱中，沿着消解罐壁加入2mL的过氧化氢溶液，摇匀，对样品进行预消解，过夜。再向消解罐内缓慢加入10mL王水，摇匀，使酸与样品完全混合。盖上内盖，拧紧罐盖，加上防爆膜，放入微波消解仪中，待一切准备完后，按照表12-9的压力和时间运行。消解结束，待彻底冷却后取出消解罐，将消解好的溶液过滤定容至50mL容量瓶中。

表12-9　微波消解仪压力和消解时间

步骤	消解时间/min	消解压力/MPa
1	5	0.5
2	5	1
3	5	1.2
4	10	1.5

② 硫酸炭化-酸溶法消解：称取0.1g纤维置于25mL烧杯中，加入2mL浓硫酸进行低温炭化。之后将烧杯放在电炉上加热使纤维完全炭化，此时有大量的气体冒出。试样变成黑色残炭。当烟冒尽，取下烧杯待冷却至室温后加入5mL水、5mL硝酸和1mL高氯酸于烧杯中，使用电炉加热至样品溶液变澄清。把样品蒸干，加入2mL水和5mL硝酸，加热溶解，冷却至室温，定容。

（4）测定条件　分析线波长Zn 213.8nm。高频发生器功率1150W。冷却气流量14L/

min，等离子气流量1.2L/min，载气流量0.7L/min。

（5）方法评价 测定锌的检出限为0.07841mg/L，回收率为99.1%～103.8%。校正曲线线性相关系数为0.99981。

（6）注意事项 微波消解法处理纤维样品消解不完全，本实验采用硫酸炭化-酸溶法进行消解，加入的浓硫酸在电炉上加热至纤维逐步裂解炭化，大量的烟冒出后，试样变成黑色残炭，待烟冒尽后，冷却，加入5mL水、5mL硝酸、1mL高氯酸，使残炭完全消解。先用硫酸炭化纤维样品，避免了直接加入高氯酸可能引起爆炸的危险。湿法消解温度较灰化法要低，从而避免了Zn元素的挥发。

12.4.3.6 微波灰化-ICP-AES法测定初级形状塑料中催化剂残留[33]

（1）方法提要 采用微波灰化法对聚丙烯（PP）、聚乙烯（PE）和聚对苯二甲酸乙二醇酯（PET）三种初级形状塑料进行灰化，结合差示扫描量热法（DSC）确认微波灰化的温度，使用ICP-AES测定催化剂灰化残留物中的Al、Ca、Co、Cr、Mg、Si、Ti和Zr含量。

（2）仪器与试剂 Varian 725ES中阶梯光栅-交叉色散全谱直读ICP-AES光谱仪。Phoenix Airwave微波灰化炉（美国CEM公司）。

Al，Ca，Co，Cr，Mg，Si，Ti和Zr单元素标准储备溶液（国家钢铁材料测试中心）。盐酸（UPS级）。酒石酸、四硼酸二锂、氟化锂为分析纯。水为去离子水再经Milli-Q装置纯化（电阻率>18MΩ·cm）。

（3）样品制备

① 微波灰化：准确称取10g左右试样于铂金坩埚中，置于微波灰化炉中，按灰化程序进行灰化：室温～250℃，升温10min，保温5min；250～400℃，升温10min，保温10min；400～600℃，升温10min，保温5min；600～850℃，升温10min，保温30min。

② 样品熔融：样品经微波灰化后，加入0.4g四硼酸二锂/氟化锂（w=9∶1）助熔剂，放入预先升温至925℃的马弗炉中熔融5min。取出铂金坩埚使助熔剂与灰分充分接触后，再次放入925℃的马弗炉中熔融10min。随后取出冷却至室温，向铂金坩埚中加入50mL酒石酸-盐酸溶液，适当加热使熔融物全部溶解，冷却后溶液转移至100mL塑料容量瓶中，用去离子水定容。

（4）测定条件 分析线Al 308.215nm，Ca 396.847nm，Co 230.786nm，Cr 267.716nm，Mg 285.213nm，Si 251.611nm，Ti 336.122nm，Zr 343.823nm。使用惰性V形槽雾化器及相应Sturman-Masters雾化室。射频发生器频率40.68MHz，功率1200W。等离子气流量15.0L/min，辅助气流量1.50L/min，雾化气流量0.8L/min。蠕动泵泵速15r/min。观测高度8mm。积分时间10s。

（5）方法评价 塑料经微波梯度升温灰化，在850℃保持30min可灰化完全。测定Al、Ca、Co、Cr、Mg、Si、Ti和Zr的检出限［$3s$，$n=11$（mg/kg）］分别为0.24、0.12、0.08、0.03、0.03、0.35、0.01、0.02。RSD为1.4%～9.7%。回收率是92.5%～116.3%。

12.4.3.7 微波消解-ICP-AES测定塑料颗粒中硫元素[34]

（1）方法提要 采用硝酸-过氧化氢溶液体系微波消解样品，电感耦合等离子体原子发射光谱法测定塑料颗粒中硫元素含量。

（2）仪器与试剂 JY2000-2型ICP-AES仪（日本株式会社堀场制作所）。ETHOS UP型微波消解仪（北京莱伯泰科科技有限公司）。

1000μg/mL硫标准溶液（国家钢铁材料测试中心）。

HNO_3、H_2O_2 均为优级纯。实验用水为一级水。

（3）样品制备　准确称取 0.2000g 样品于 100mL 聚四氟乙烯消解罐中，依次加入 6mL HNO_3、2mL H_2O_2，加盖套，置于微波消解仪中，在 1500W、150℃反应 6min，然后在 3min 内升到 1500W、180℃保持 30min。冷却后取出消解罐，随后用水冲洗于 100mL 容量瓶中，定容。同时制备空白试样。

（4）测定条件　分析线是 S 180.676nm。RF 发生器频率 40.68MHz，功率 1150W。冷却气流量 12L/min，辅助气流量 0.3L/min，雾化气流量 0.8L/min。载气流量 0.6L/min。样品提升量 1.5mL/min。观测高度 8mm。检测时间 50s，读数方式峰面积。

（5）方法评价　检出限为 0.016μg/mL，RSD（$n=7$）为 2.3%。动态线性范围为 0.2～10.0mg/L，线性相关系数为 0.9999。测定 ERM-EC681K 标准参考物质，测定值与认定值一致，分析误差符合证书允许的要求。

12.4.3.8　微波消解-ICP-AES 法测定塑料中 Pb 和 Cd[35]

（1）方法提要　微波消解溶样，ICP-AES 法测定塑料中 Pb 和 Cd 的含量。

（2）仪器与试剂　ICPS-7510 型 ICP-AES 仪（日本岛津公司）。MARS 型微波消解仪（美国 CEM 公司）。

1000mg/L 铅和 1000mg/L 镉标准溶液（德国 Merck-Chemicals 公司）。

浓 HNO_3、H_2O_2 溶液均为分析纯。氩气纯度是 99.99%。实验用水是去离子水。

（3）样品制备　准确称取已粉碎的塑料试样 0.1g（精确至 0.0001g）于聚四氟乙烯微波消解罐中，加入 10mL 浓 HNO_3、2mL H_2O_2 溶液，按照表 12-10 设定的消解程序进行微波消解。消解完毕后，将消解液置于水浴中低温加热，赶除过量的 HNO_3 后，转移至 25mL 容量瓶定容。随同制备试样空白溶液。

表 12-10　Pb 和 Cd 测定微波消解程序

步骤	初始温度/℃	升温时间/min	终了温度/℃	保持时间/min
1	室温	5	100	3
2	100	5	150	3
3	150	5	170	3
4	170	5	190	3
5	190	5	200	15

（4）测定条件　分析线为 Pb 220.351nm，Cd 214.438nm。射频发生器功率 1.2kW。冷却气流量 14L/min，载气流量 0.7L/min。雾化气流量 1.2L/min，清洗气流量 3.5L/min。

（5）方法评价　Pb 和 Cd 的检出限（$3s$，$n=10$）分别是 0.02mg/L 和 0.005mg/L。回收率分别是 96.0%～102.0%和 93.3%～105.0%，RSD（$n=10$）分别是 0.57%和 1.2%。Pb 和 Cd 的校正曲线动态线性范围分别为 0.2～2.0mg/L 和 0.1～0.4mg/L，线性相关系数均大于 0.9999。

12.4.3.9　醋酸酐生产用废铑催化剂中铑的测定[36]

（1）方法提要　将醋酸酐生产用废铑催化剂样品在密闭消解罐中用 HNO_3-H_2O_2 于 160℃经 8h 消解完全，消解液经 H_2SO_4-$HClO_4$ 发烟处理除去有机干扰组分，采用 ICP-

AES 法测定废铑催化剂样品中铑的含量。

（2）仪器与试剂　7400 型 ICP-AES 仪（美国赛默飞世尔科技公司）。30mL 聚四氟乙烯压力溶样罐（沈阳森华理化仪器厂）。

1.000mg/mL 铑标准储备液（上海阿拉丁生化科技股份有限公司），100μg/mL 铑标准溶液。

盐酸，过氧化氢，硫酸，硝酸，高氯酸均为分析纯。王水（ψ=3∶1，$HCl+HNO_3$），用时现配。实验用水为去离子水。

（3）样品制备　准确称取 0.1～0.3g 废铑催化剂试样于聚四氟乙烯压力溶样罐中，加入 12mL 硝酸、3mL 过氧化氢溶液，旋紧盖子，置于 160℃烘箱中，溶样 8h，取出冷却后，旋开盖子。将溶液移入烧杯中，在低温电炉盘上烘干。加入 3mL 硫酸、1mL 高氯酸，加热冒烟，蒸至近干，用水转移至 50mL 容量瓶中定容，摇匀，待测。

（4）测定条件　分析线 Rh 343.489nm。射频发生器功率 1150W。冷却气流量 12L/min，辅助气流量 0.5L/min，雾化气流量 0.7L/min。观测高度 12mm，积分时间 30s。重复次数 3 次。

（5）方法评价　RSD（n=7）＜2%，加标回收率（n=5）为 98.2%～102.7%。校正曲线动态线性范围上限是 20.0μg/mL。

（6）注意事项　为减少称量误差，应尽可能增大取样量。但当样品量超过一定数量后，消解罐又无法承受产生的温度、压力条件而损坏，因此，样品的消解量应控制在 0.1～0.3g 之间。

12.4.3.10 原子吸收光谱法测定杀菌剂丙森锌中的锌[37]

（1）方法提要　丙森锌（propineb）化学名称为丙烯基双二硫代氨基甲酸锌，分子式为 $C_5H_8N_2S_4Zn$，是一种广谱、速效的杀菌剂。试样分别经酸分解硝化处理和水提取，采用原子吸收光谱法测定丙森锌可湿性粉剂样品中的总锌和无机锌的含量。由总锌和无机锌之差值乘以丙森锌对锌的换算系数计算试样中丙森锌的含量。

（2）仪器与试剂　AA6000 型原子吸收光谱仪（上海天美科学仪器有限公司）。

100μg/mL 锌标准储备液［GBW(E)080130，中国计量科学研究院］，10.0μg/mL 锌标准溶液。

0.5mol/L 盐酸溶液。溶解乙炔。实验用水为高纯水。

（3）样品制备　准确称取 0.1g 试样（精确至 0.0002g）置于 250mL 高型烧杯中，加入 10mL 盐酸和 50mL 水，盖上表面皿，在电热板上煮沸后，继续加热保持微沸 15min。取下冷却至室温，移入 250mL 容量瓶中，用高纯水定容。干过滤，弃去最初几毫升滤液。吸取 10.0mL 滤液于 250mL 容量瓶中，用高纯水定容，混匀。吸取 10.00mL 此溶液于 100mL 容量瓶中，用盐酸溶液定容。

（4）测定条件　分析线 Zn 213.9nm。光谱通带 0.7nm。空心阴极灯电流 9mA。燃烧器高度 7mm，乙炔气流量 2.0mL/min，空气压力 0.4MPa。

（5）方法评价　加标回收率 98.8%～100.7%，RSD 为 0.82%。校正曲线动态线性范围上限是 0.4μg/mL，线性相关系数为 0.999。

（6）注意事项

① 与酸解吸收法相比较，原子吸收光谱法测定的干扰较少，重现性好，准确性好，耗时要短。

② AAS 法测出的是锌的含量，测定结果若以丙森锌含量计，应将锌的量乘换算系数

4.43（丙森锌分子量/锌原子量＝289.74/65.38＝4.43）。

12.4.3.11 灼烧法与 HNO_3-$HClO_4$ 法处理火焰原子吸收光谱法测定树脂中金[38]

（1）方法提要　采用灼烧法、HNO_3-$HClO_4$ 法与王水法处理树脂样品，火焰原子吸收光谱法测定树脂中的金含量。

（2）仪器与试剂　火焰原子吸收光谱仪（美国热电公司）。纯水仪。

1.0mg/mL 金标准溶液：称取 0.50g（精确至 0.0001g）纯金（＞99.95％）于 250mL 烧杯中，加入 10mL HNO_3、30mL HCl，低温加热至完全溶解，冲洗表面皿及杯壁，加 5mL 50g/L NaCl 溶液，在电热板上低温加热至近干。再加 3mL HCl，加热至近干，加 1mL HNO_3，重复赶 3 次，冷却，用 1.5mol/L HCl 吹洗表面皿及烧杯壁。将烧杯中的溶液转入 500mL 容量瓶中，用 1.5mol/L HCl 稀释至刻度。

无水 Na_2CO_3、高氯酸、冰醋酸，分析纯。实验用水为高纯水。

（3）样品制备

① 灼烧法：准确称取 1～6g 试样放入瓷坩埚中，置于 600℃马弗炉中，用坩埚钳将坩埚盖半掩于坩埚上，保持马弗炉小门敞开，保证空气的进入，使样品缓慢炭化。待炭化结束后，盖紧炉门，于 600℃马弗炉中继续保温 30min。取出冷却，试样变为较小的黑色颗粒，将炭化样品转移至 100mL 烧杯中，加 20mL 王水溶解炭化试样，放在电热板上加热，待溶液溶解清亮后，取下冷却，转移至 250mL 容量瓶中，加入 2mL HCl，用水稀释至刻度。

② 硝酸-高氯酸法：准确称取 0.1～0.3g 试样于 100mL 烧杯中，加入 25mL HNO_3 与 5mL $HClO_4$，放在电热板上加热，待烧杯中产生大量白烟，样品溶解完全时（注意溶液不要过分蒸干，以防止金的损失），取下冷却，补加 5mL HCl，加热煮沸，用水吹洗表面皿及烧杯壁，转移至 100mL 容量瓶中，用水稀释至刻度。

③ 王水法：准确称取 0.1～0.3g 试样于 100mL 烧杯中，加入 25mL 王水，在电热板上低温溶解 30min。样品沉淀于烧杯下部，由黄色透明变为浅绿色透明物。取下冷却，过滤，将滤液转移至 100mL 容量瓶中，加 2mL HCl，用水稀释至刻度。

（4）测定条件　分析线波长 Au 242.795nm。光谱通带 0.2nm。空心阴极灯流量 6mA。乙炔气流量 0.9L/min，空气流量 6.0L/min。燃烧器高度 7mm。

（5）方法评价　采用灼烧法和硝酸-高氯酸法处理样品后，测定金的检出限分别为 0.17μg/L、0.19μg/L。RSD（$n=11$）分别为 1.5％、1.6％。加标回收率分别为97％～101％、98％～102％。动态线性范围为 0.5～20μg/L。

（6）注意事项

① 采用灼烧法和硝酸-高氯酸法处理后，测得的结果与火试金-重量法基本一致，说明这两种方法处理含金树脂，金能够完全溶解。而王水法处理后，测得的结果较火试金-重量法偏低得多，主要是由于王水法直接处理样品时，残留物中部分金未完全溶解，导致测定结果严重偏低。

② 当金的质量浓度为 5.00μg/mL，控制允许误差范围为±5％时，3000 倍 Cu^{2+}、SO_4^{2-}，2000 倍 Cl^-、La^{3+}，100 倍 Ni^{2+}、Pb^{2+}，50 倍 Pt(Ⅳ)，30 倍 Zn^{2+}，28 倍 Pd^{2+}，10 倍 Co^{3+}，2 倍 Rh(Ⅲ)，不干扰金的测定。

③ 由于 Fe 的共振线为 Fe 242.82nm，与 Au 的灵敏共振线为 Au 242.795nm 很接近，当试样中 Fe 含量＞30％时，Fe^{3+} 对 Au 242.795nm 谱线产生正干扰，离子树脂中的 Fe 含量不大于 7.5％，Fe 对 Au 的测定不造成干扰。

12.4.3.12 原子吸收法快速测定石脑油中微量铅[39]

（1）方法提要　以无水乙醇稀释石脑油样品，以硝酸钯为化学改进剂，采用标准加入法，石墨炉原子吸收法直接测定石脑油中的痕量铅含量。

（2）仪器与试剂　AAS 800原子吸收光谱仪（美国珀金埃尔默公司）。石墨炉自动进样器（带自动稀释功能）。

1000mg/L铅标准溶液，用无水乙醇逐级稀释至100.0μg/L。

0.1%（质量浓度）硝酸钯化学改进剂：用无水乙醇将10000mg/L硝酸钯稀释10倍而得到。

无水乙醇、浓硝酸均为优级纯。实验用水为高纯水。

（3）样品制备　以无水乙醇直接稀释石脑油样品进样测定。

（4）测定条件　分析线Pb 283.3nm。光谱通带0.7nm。空心阴极灯电流10mA。进样量20μL。氩气流量250mL/min。塞曼效应扣背景。

（5）方法评价　测定Pb的RSD（$n=6$）为1.0%～2.2%。回收率为94.6%～105.1%。校正曲线动态线性范围上限是100μg/L，线性相关系数为0.9993。本法前处理简单，使用溶剂安全，进样量少。

12.4.3.13 石墨炉原子吸收法测定石脑油中痕量铜铅砷[40]

（1）方法提要　以石脑油为原材料，硝酸钯-硝酸镁混合溶液为化学改进剂，碘-二甲苯为氧化剂，稀硝酸为萃取剂，ETAAS法测定石脑油中的痕量Cu、Pb、As的含量。

（2）仪器与试剂　ZEEnit 700 P型原子吸收光谱仪（德国耶拿分析仪器股份公司）。配置横向加热石墨炉，MPE60自动进样器。塞曼效应背景校正，光路可视系统。

1000μg/g有机Cu、Pb、As标准油标样（美国Conostan公司）。1000mg/L无机Cu、Pb、As标准油标样（国家有色金属及电子材料分析测试中心提供）。

10g/L硝酸钯和10g/L硝酸镁溶液（美国珀金埃尔默公司）。

碘、二甲苯为优级纯。氩气纯度不低于99.999%。实验用水为去离子水。

（3）样品制备　常减压精制石脑油试样，按照GB/T 4756—1998取样和制样。取200g油样置于1000mL分液漏斗中，加入4mL碘-二甲苯溶液，摇匀3min，静置5min，加入10mL硝酸，剧烈摇动3min，静置5min，将下层酸液和水各10mL分别萃取1次，合并3次萃取液置于烧杯中，于135℃电热板上，低温缓慢浓缩至2～3mL，冷却后转移至10mL容量瓶中，用1%HNO_3稀释至刻度。

（4）测定条件　分析线Cu 324.8nm，Pb 283.3nm，As 193.7nm。光谱通带均为0.8nm。试样进样量为20μL，化学改进剂进样量为5μL。空心阴极灯电流：Cu 2mA，Pb 2mA，As 5mA。石墨炉操作条件见表12-11。

（5）方法评价　测定的标准偏差为0.4%～0.6%。RSD（$n=10$）为3.7%～5.1%。加标回收率为93%～108%。原子吸收光谱法与两种分光光度法测定石脑油试样中的Cu、Pb、As，测定结果之间无显著性差异。

（6）注意事项　由于As、Pb为低温元素，不加化学改进剂时，分别在300℃、450℃有挥发损失，加标回收率是20%～70%。加入硝酸钯-硝酸镁混合化学改进剂后，硝酸钯-硝酸镁混合溶液与待测元素形成配位体，可提高灰化温度，使基体中的干扰成分在灰化阶段去除

表 12-11　痕量 Cu、Pb、As 测定石墨炉操作条件

项目	Cu			Pb			As		
	温度/℃	升温速率/(℃/s)	保持时间/s	温度/℃	升温速率/(℃/s)	保持时间/s	温度/℃	升温速率/(℃/s)	保持时间/s
干燥	110	5	40	110	5	40	110	5	40
灰化	900	300	15	800	300	15	1200	300	15
原子化	1800	1500	4	1800	1400	4	2300	1500	4
除残	2450	500	4	2450	500	4	2450	500	4

更彻底，又减少了待测元素在灰化时的挥发损失，Cu、Pb、As 的吸光度无明显变化，表明测试结果受到干扰较小。

12.4.3.14　直接固体进样石墨炉原子吸收光谱法测定石油中 Cu、Fe 和 V[41]

（1）方法提要　以 Pd＋Triton X-100 为化学改进剂，用多参数优化法确定热解温度、原子化温度、催化剂用量。无需样品预处理，固体直接进样 ETAAS 法测定石油中 Cu、Fe 和 V。

（2）仪器与试剂　ZEEnit60 型原子吸收光谱仪（德国耶拿分析仪器股份公司）。配备横向加热原子化器和纵向塞曼背景校正系统，专用固体进样器。

1000μg/mL Cu、Fe 和 V 标准储备溶液（德国默克化学股份有限公司），介质为 ψ＝0.2% HNO_3。5000μg/g Cu、Fe 和 100μg/g V 有机金属化合物油储备溶液（美国 Conostan 公司）。基础油 75（美国 Spex 公司）。1000μg/mL Al 有机化合物油标准储备溶液（美国 Conostan 公司）。

10000μg/mL $Pd(NO_3)_2$（德国默克化学股份有限公司），1500μg/mL Pd 的 ψ＝0.1% HNO_3 和 ψ＝0.025% Triton X-100 混合溶液。

HNO_3分析纯，经二次蒸馏纯化。Ar 纯度为 99.99%。实验用水为高纯水。

（3）样品制备　样品无需预处理。手动将石油样品摇匀，借助于先前插入样品内的一次性吸液管尖端，缓慢接触平台表面将 0.10～3.00mg（测定 Cu，Fe）或 0.10～1.50mg（测定 V）样品转移到试样平台上，在微量天平上准确称量。手动注入 20μL 化学改进剂溶液到试样平台的样品上。利用固体进样附件将样品平台插入石墨炉内。以 200ng/mL Cu、10μg/mL Fe、50μg/mL V 的 ψ＝0.2% HNO_3 溶液作为校正标准溶液，将不同量的校正标准溶液系列用上述相同方法引入石墨炉。

（4）测定条件　分析线分别为 Cu 324.8nm，Fe 248.3nm 和 302.1nm，V 318.4nm 和 306.1nm。空心阴极灯电流分别为 2mA、6mA 和 12mA，光谱通带固定为 0.2nm。使用双磁场模式，磁场强度分别为 0.8T、0.8T 和 0.4T。测量方式峰面积，积分时间 10s。氩气流量为 2L/h，热解阶段自动保温和原子化阶段停止通氩气。标准曲线法定量。

直接进样测定石油中 Cu、Fe 和 V，石墨炉升温程序列于表 12-12。

（5）方法评价　分析 0.10～3.00mg 样品，测定 Cu、Fe 和 V 的检出限（3*s*）分别是 10pg、200pg 和 800pg，特征质量分别是 6pg、19pg 和 72pg。分析石油标准物质 NIST1634c（油中痕量元素）、NIST1085a（油中轴承金属），ASTM CO0403、0311 和 0504 原油标样，测定值与标准值没有显著性差异。应用合适的石墨炉升温程序和以钯为化学改进剂，用被测元素标准的 0.2% HNO_3水溶液标准系列与用金属有机化合物溶于 75 号基础油的标准系列

表 12-12 测定 Cu、Fe 和 V 的石墨炉升温程序

步骤	Cu			Fe			V		
	温度/℃	斜坡/(℃/s)	保持/s	温度/℃	斜坡/(℃/s)	保持/s	温度/℃	斜坡/(℃/s)	保持/s
干燥 1	90	2	10	90	2	10	90	2	10
干燥 2	150	10	5	150	10	5	150	10	5
干燥 3	350	2	10	350	2	10	350	2	10
热解	900	50	20	1100	50	10	1300	50	20
自动保温	900	0	6	1100	0	6	1300	0	6
原子化	2400	2400	9	2650	2500	10	2700	1800	10
净化	2600	1000	3	2700	500	2	2750	100	2

注：加入 20μL 1000μg/mL Pd 的 0.025% Triton X-100 化学改进剂溶液。氩气流量 2L/h。

建立的校正曲线的斜率对比，经 t 检验证实，在 95%置信水平没有显著性差异，可用被测元素标准水溶液进行校正。分析 0.10～3.00mg Cu、Fe 和 0.10～1.50mg V，动态线性范围 Cu 为 0.003～16μg/g，Fe 为 0.07～150μg/g 和 V 为 0.53～600μg/g。

（6）注意事项　实验所用塑料和玻璃器皿，使用前都需浸泡在 20% HNO_3 内至少 24h；清洗干净，在 40℃干燥，避免沾污。

12.4.3.15 应用化学改进剂微乳液进样石墨炉原子吸收光谱法测定汽油和煤油中痕量 Sb、As 和 Se[42]

（1）方法提要　用 Ru 持久化学改进剂或硝酸钯＋硝酸镁混合化学改进剂，表面活性剂 Triton X-100 制备微乳液进样，以 Sb、As 和 Se 标准水溶液校正，电热原子吸收光谱法测定汽油和煤油中 Sb、As 和 Se 含量。

（2）仪器与试剂　AAnalyst 100 型原子吸收光谱仪（美国珀金埃尔默公司）。

1000mg/L Sb 标准储备溶液，10mg/L Se 和 As 标准储备溶液用高纯 SeO_2 和 As_2O_3 制备。

所用试剂均为分析纯。硝酸用亚沸蒸馏进一步纯化。Ar 纯度为 99.996%。实验用水为高纯水。

（3）样品制备　在 10mL 容量瓶内，将样品直接溶于均匀的三组分（适量汽油、水及丙醇，ψ=10∶25∶65；或煤油、水及丙醇，ψ=10∶15∶75）溶液内制备无表面活性剂的微乳液。将 1mL 浓硝酸作为水组分的一部分加入，以使实际样品中各种金属有机化合物转化为简单的无机物。样品中加入适量的被测定元素水溶液，在超声水浴上放置 5min。或者将一份汽油或煤油放入 10mL 容量瓶内，加入 1mL HNO_3，在超声水浴上放置 5min。再加入适量 ψ=4% Triton X-100 非离子表面活性剂，进行混合，加入水继续搅拌。加入已知量被测定元素水溶液，振荡 2min 混匀，放置在超声水浴上 5min，制成含表面活性剂的微乳液。微乳液稳定 10min，然后分为两层，必须继续搅拌。

（4）测定条件　分析线分别是 Sb 217.6nm，Se 196.0nm 和 As 193.7nm。锑空心阴极灯电流是 13mA，光谱通带 0.2nm。硒和砷空心阴极灯电流是 11mA，光谱通带 0.7nm。进样体积 10μL，加入 5μL 混合化学改进剂（1%硝酸钯＋1%硝酸镁＋水为 3∶2∶5），石墨炉升温程序列于表 12-13。

表 12-13　痕量 Sb、As 和 Se 测定石墨炉升温程序

程序	温度/℃			斜坡升温速度/(℃/min)			保持时间/s		
	Sb	As	Se	Sb	As	Se	Sb	As	Se
干燥 1	90	90	90	20	20	20	10	10	10
干燥 2	120	120	120	5	5	5	10	10	10
灰化	1000	1200	1000	15	15	15	20	20	20
原子化	2100	2400	2200	0	0	0	5	5	5
净化	2600	2600	2600	1	1	1	5	5	5

(5) 方法评价　测定 Sb、As、Se 的检出限分别是 4μg/L、2μg/L、3μg/L。测定 50μg/L 元素含量水平的样品，RSD（$n=10$）＜8%。测定汽油的加标回收率（$n=4$）分别是 102.6%、96.6%、94.1%，测定煤油的加标回收率（$n=4$）分别是 99.1%、97.3%、98.5%。

用表面活性剂制备汽油和煤油微乳液可以用被测元素的水溶液标准进行校正。

(6) 注意事项

① 用表面活性剂制备汽油和煤油微乳液是最好的选择，但稳定时间不多于 10min。使用固定在自动进样器臂上的超声微探针连续自动地搅拌微乳液，可以保持其均匀性。

② 有 Ru 持久化学改进剂或硝酸钯＋硝酸镁混合化学改进剂存在，砷的热解温度由 600℃提高到 1400℃，锑的热解温度由 900℃提高到 1200℃，硒的热解温度由 200℃提高到 1100℃（Ru 持久化学改进剂）和 1200℃（硝酸钯＋硝酸镁混合化学改进剂）。

12.4.3.16　光化学蒸气发生原子吸收光谱法测定石脑油和石油中的汞[43]

(1) 方法提要　采用光化学蒸气发生法测定石脑油和石油中汞。样品以微乳液的形式泵入光化学反应器，所形成的挥发性化合物被导入石英原子吸收池进行测量。用较少的试剂便可直接分析石脑油和石油样品，避免了复杂的前处理过程，体现了绿色化学的理念。

(2) 仪器与试剂　光化学反应器：由螺旋式石英管组成 [115cm×1.3mm(id)×3.0mm(od)，体积为 2.3mL] 用低压汞蒸气紫外灯（254nm）包裹，18W，参见图 12-2。AA6 型原子吸收光谱仪。

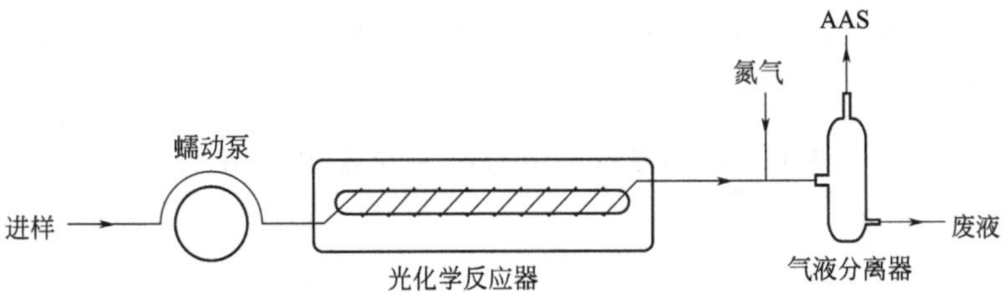

图 12-2　光化学蒸气发生原子吸收光谱法原理图

由硝酸汞制备的汞标准储备液，使用时稀释成 1000mg/L 的无机汞标准溶液。用稀释法配制含汞 100μg/g 的烷基二硫代氨基甲酸有机汞标准溶液。85%甲酸为光化学蒸气发生介质，丙醇、丁醇，用于微乳液制备。

试剂均为分析纯；实验用水为去离子水。

(3) 样品制备　制备 2.0mL 微乳液：由 50%（ψ）样品、48%（ψ）丙醇和 2%（ψ）

的水组成，用于校准的无机汞、有机汞标准溶液（0.0，25.0μg/L，50.0μg/L，75.0μg/L 和 100.0μg/L）是与丙醇混合在一起的微乳液。微乳液制备中采用微乳化试样加入 100ng 或 200ng 的无机汞或有机汞标准。采用无机汞、有机汞标准溶液做回收试验。样品通过蠕动泵泵入光化学反应器，以氮气为载气，引入气液分离器进行分离，流速由流量计控制，将挥发性物质引入原子吸收光谱仪进行检测。

（4）测定条件 分析线 Hg 253.7nm。光谱通带 1.2nm。灯电流 5mA。氘灯扣背景。

（5）方法评价 方法检出限为 0.6μg/L。样品测定的平均 RSD 小于 4%。加标回收率是 92%～113%。

12.4.3.17 石墨炉原子吸收光谱法同时测定原油、汽油、柴油中 Co、Cu、Pb、Se 的快速乳化方法[44]

（1）方法提要 采用乳化液进样和 ETAAS 原子吸收光谱法快速测定原油、汽油、柴油中的 Co、Cu、Pb、Se 含量。

（2）仪器与试剂 SIMAA-6000s 型原子吸收光谱仪（美国珀金埃尔默公司）。Co、Cu、Pb 为空心阴极灯，Se 为无极放电灯。超声波（50Hz）清洗器。

1g/L Co、Cu、Pb 标准储备溶液：用 1%（φ）HNO_3 配制，再用去离子水适当稀释。分析标准溶液：Co、Cu、Pb 是 4.0～50μg/L，Se 是 8.0～50μg/L 的 0.5%正己烷（φ）和 6%（ρ）Triton X-100 溶液。

6 个原油样品来自巴西石油公司，4 个汽油样品、3 个柴油样品来自圣保罗市不同的加油站。

正己烷，Triton X-100；氩（99.998%）；实验用水为去离子水。

（3）样品制备 所有玻璃器皿和聚丙烯瓶都需要先用洗涤剂溶液清洗，在 10%（φ）HNO_3 溶液内浸泡 24h，再用去离子水冲洗干净，置于封闭的聚丙烯容器中。移取 400mg 的原油、汽油或柴油样品和燃料油（SRM® 1634c）于 25mL 聚丙烯管内，依次加入 125μL 正己烷、7.5mL Triton X-100（ρ=20%），超声搅拌 30min，然后用 25mL 去离子水稀释。将此样液移入自动取样杯中进行测定。

（4）测定条件 将 20μL 样液与 10μL 2g/L $Pd(NO_3)_2$ 注入石墨管，分别在 1300℃和 2250℃进行热解和原子化。

分析线分别是 Co 242.5nm，Cu 324.8nm，Pb 283.3nm，Se 196.0nm。Co 和 Cu 空心阴极灯电流 15mA，Pb 空心阴极灯电流 12mA，Se 无极放电灯电流 290mA。测定各元素的升温程序见表 12-14。

表 12-14 测定 Co、Cu、Pb、Se 含量的升温程序

步骤	温度/℃	斜坡时间/s	保持时间/s	Ar 流量/(mL/min)
干燥 1	110	10	20	250
干燥 2	130	5	20	250
灰化 1	200	10	10	250
灰化 2	1300	10	10	250
原子化	2250	0	5	0
净化	2600	1	3	250

（5）方法评价 测定 Co、Cu、Pb、Se，检出限（3s，n=10）分别是 0.32μg/L、

0.48μg/L、0.64μg/L 和 1.76μg/L，特征质量分别是 18pg、15pg、48pg 和 47pg。方法测定 Co 和 Se 的可靠性用 SRM® 1634c 残渣油分析进行了检查，经 t 检验，测定值与标准值在 95%置信水平是一致的。对每个样品都添加 0.18μg/g Co、Cu、Pb 和 Se，加标回收率分别为 92%～116%、83%～117%、72%～117%和 82%～122%。

12.4.3.18 原子吸收光谱法测定润滑油中金属含量[45]

（1）方法提要 采用原子吸收光谱法测定润滑油样品中的金属（Fe、Cu、Ni、Mg）的含量。

（2）仪器与试剂 原子吸收光谱仪；选取浓度为 1000mg/L 的 Fe、Cu、Ni、Mg 标准溶液，将其稀释至 50mg/L；硝酸，优级纯；5%镧试剂溶液；实验用水为去离子水。

（3）样品制备 精确称量并选取 2.0000g 润滑油作为实验样品（称样量由样品含量而定），将样品置入 30mL 瓷坩埚中，往瓷坩埚中添加 0.5mL 硝酸，对其缓慢加热，等到油气冒出后，将电炉温度降低，通过燃烧滤纸的方式让样品保持自由燃烧，在燃烧快完时，再把坩埚温度逐步提高，促进其不断焦化，直到燃烧现象消失，将样品转移到马弗炉中，在 600℃高温灰化 2h，等马弗炉温度降到 200℃以下时，把坩埚取出冷却，用 1% HNO_3 对其进行溶解，并将其转移到 10mL 容量瓶中，再加入 0.2mL 5%镧试剂溶液，以 1% HNO_3 定容。根据以上条件同时做空白实验。

（4）测定条件 表 12-15。

表 12-15 仪器测定条件

元素	波长/nm	灯电流/mA	通带宽度/nm	火焰高度/mm	空气流量/(L/min)	乙炔流量/(L/min)	试样喷雾量/(mL/min)
Fe	248.3	8	0.3	2	5	1.5	5
Cu	324.7	5	1.0	2	5	1.0	5
Ni	232.0	10	0.15	2	5	1.0	5
Mg	285.2	3	1.0	2	5	1.5	5

（5）方法评价 本方法测定 Fe、Cu、Ni、Mg 的检出限（mg/L）分别为 0.039、0.025、0.040、0.022。选取同样的润滑油样品进行平行测定，Fe、Cu、Ni、Mg 的 RSD（$n=11$）分别为 4.31%、3.13%、2.34%、3.13%，回收率分别为 97.5%～102.0%、96.5%～102.2%、96.4%～102.5%、97.0%～104.6%。

（6）注意事项 干扰实验结果表明，当 Fe、Cu、Ni、Mg 浓度为 2mg/L 时，Na、Zn、Al、Ca 这些共存元素浓度在 100mg/L 内无干扰，当 Si 浓度在 100mg/L 内会对 Fe、Mg 测定产生干扰，如加入 1000mg/L 镧抑制剂时，Si 浓度低于 100mg/L 时，Si 对 Fe、Mg 测定的干扰会消失。

12.4.3.19 高效液相色谱-氢化物发生原子荧光法同时测定塑料制品中的有机锡[46]

（1）方法提要 采用 Agela-C_{18} 反相柱，流动相为甲醇-水-醋酸-三乙胺（60∶40∶1∶0.03），流量为 0.7mL/min 时，二甲基锡、三甲基锡和二苯基锡可达到基线分离，在 5% HCl 和 2%KBH_4 的氢化反应条件下，二甲基锡、三甲基锡和二苯基锡混标溶液在 10～200μg/L 浓度范围内呈良好线性。不同材质的塑料样品经四氢呋喃溶解，甲醇沉淀大分子杂质高速离心过滤后，直接采用高效液相色谱-氢化物发生原子荧光法进行检测。

（2）仪器与试剂　SA-20原子荧光形态分析仪，AFS-8220型原子荧光光谱仪（北京吉天仪器有限公司）。SK2510HP型超声清洗器。

二甲基氯化锡（DMT，98%）、三甲基氯化锡（TMT，96%）和二苯基氯化锡（DPhT，97%）（德国Dr. Ehrenastorfer GmbH）。甲醇、醋酸、三乙胺、四氢呋喃，为色谱纯（德国Merk公司）。

盐酸、硼氢化钾，均为优级纯。氢氧化钠为分析纯。实验用水为二次蒸馏水。

（3）样品制备　将塑料样品剪成5mm×5mm以下的小块，用液氮冷冻、研磨机粉碎成粉末。准确称取0.5g粉末样品，置于50mL离心管中，加入10mL四氢呋喃，超声至样品完全溶解后，加入15mL甲醇混匀，以沉淀树脂等大分子，减少杂质干扰和对色谱柱的污染。然后将混合液高速离心，上清液过0.2μm有机滤膜后，上机测定。

（4）测定条件　Agela-C_{18}色谱柱（4.6mm×250mm×5μm），进样体积300μL。炉高10mm。灯电流70mA，辅助阴极电流35mA。光电倍增管负高压300V。载气流量300mL/min，屏蔽气流量500mL/min。延迟时间1s，读数时间15s。

（5）方法评价　二甲基锡、三甲基锡和二苯基锡的检出限分别为0.0090mg/kg、0.012mg/kg和0.025mg/kg。校正曲线动态线性范围是10～200μg/L。分析ABS（丙烯腈-丁二烯-苯乙烯共聚物）、AS（丙烯腈-苯乙烯树脂）、PS（聚苯乙烯）、PVC（聚氯乙烯）、PC（聚碳酸酯）塑料样品，分别添加0.5mg/kg、2mg/kg、10mg/kg的3种有机锡混标溶液，回收率为75.1%～109.1%，RSD（$n=6$）为3.7%～10.7%。

（6）注意事项　有机锡的氢化反应效率决定了各种有机锡的荧光响应强度。而HCl和KBH_4的浓度对氢化反应效率的影响显著。选择5%的盐酸酸度、2% KBH_4浓度时，各有机锡响应最强、灵敏度最高、检出限最低。

参考文献

[1] GB/T 4754—2017国民经济行业分类.

[2] GB/T 6678—2003化工产品采样总则.

[3] 范春娜.谈化工产品采样的原则与要求.民营科技，2012（2）：23.

[4] GB/T 6680—2003液体化工产品采样通则.

[5] GB/T 6679—2003固体化工产品采样通则.

[6] GB/T 6681—2003气体化工产品采样通则.

[7] 丁明玉.分析样品前处理技术与应用.北京：清华大学出版社，2017.

[8] 邓勃主.应用原子吸收与原子荧光光谱分析.2版.北京：化学工业出版社，2006：365-369.

[9] 刘立行，邓威，祝黎明.乳化技术-火焰原子吸收光谱法测定清漆中的锰、铅.分析化学，2002，10（6）：761.

[10] 何安标，段菁华，董亮.直接固体进样石墨炉原子吸收光谱仪测定塑料中铅镉.现代科学仪器，2007（2）：67-69.

[11] 郭换如，杨苏平，黄贤平.微波消解ICP法测定催化重整催化剂中金属铂含量的方法：CN101446556A，2009-6-3.

[12] 成勇.电感耦合等离子体原子发射光谱法测定偏钒酸铵中的10种杂质元素.冶金分析，2016，36（9）：66-72.

[13] 高建平，赵迎春，李宗泽.电感耦合等离子体发射光谱（ICP-AES）法测定磷酸中的金属元素.中国无机分析化学，2019，9（1）：64-66.

[14] 孙丽丽，毛红祥，桂素萍，等.碘化钾-甲基异丁基酮萃取-电感耦合等离子体发射光谱（ICP-OES）法测定磷酸一铵、磷酸二铵中铊含量.中国无机分析化学，2018，8（5）：14-17.

[15] 罗明贵，黎香荣，高浩华，等．电感耦合等离子体-原子发射光谱法测定陶瓷颜料中的多种元素．光谱实验室，2012，29 (4)：2306-2308.
[16] 杨斌，胡向平，何蓉，等．电感耦合等离子体原子发射光谱 (ICP-AES) 法测定 H-ZF 类光学玻璃中锑含量．中国无机分析化学，2018，8 (6)：21-24.
[17] 那铎，孙莹，马洪波．电感耦合等离子体原子发射光谱 (ICP-AES) 法测定碳纳米管负载铂催化剂中铂的含量．中国无机分析化学，2017，7 (4)：93-96.
[18] 王勇，龚厚亮，但娟，等．微波消解-电感耦合等离子体原子发射光谱法测定脱硝催化剂中 13 种元素．冶金分析，2018，38 (10)：56-62.
[19] 杨喜英．原子吸收光谱法测定水泥中氧化镁含量的研究．北方交通，2016 (3)：59-61.
[20] 蒋小良，邓小文，魏佳欢，等．石墨炉原子吸收光谱法测定日用陶瓷中铅、镉、钴的溶出量．中国陶瓷工业，2017，24 (3)：36-39.
[21] 陈震，贾隽涵，王宸宸，等．微波消解/AAS 法测定分子筛中的镍含量．应用化工，2016，45 (11)：2178-2181.
[22] 胡胭脂．氢化物发生-原子荧光光谱法测定煤、焦炭中的砷．化学分析计量，2015，24 (1)：83-85.
[23] 杨明妍，李汝泉．原子荧光光谱法测定复混肥中砷的研究．安徽化工，2015，41 (1)：93-95.
[24] 廖素引，吴先良，李桂华，等．复合肥中磷元素的激光诱导击穿光谱多元非线性定量分析．光谱学与光谱分析，2018，38 (1)：271-275.
[25] Greefield S，Smith P B. The determination of trace metals in microlitre samples touch excitation：with special reference to oil，organic compounds and blood sanmples. Anal Chim Acta，1972，59 (3)：341-348.
[26] Fassel V A，Peterson C A，Aberecrombie F N，et al. Simultaneous determination of wear metals in lubricating oils by inductively-coupled plasma atomic emisson spectrometry. Anal Chim，1976，48 (3)：516-519.
[27] Robinson J W. Determination of lead in gasoline by atomic absorption spectrometry. Analytica Chimica Acta，1961，24：451-455.
[28] 孙国娟，孙海霞．微波消解-电感耦合等离子体发射光谱 (ICP-AES) 法测定 ABS 塑料中的 Pb、Cd、Hg. 中国无机分析化学，2019，9 (1)：5-7.
[29] 吴博，陈俊明，李卫领，等．ICP-OES 测试塑料中四项重金属 (镉、铅、汞、铬) 总量的影响因素研究．中国检验检测，2018 (4)：9-13.
[30] 陶振卫，张娇，姚文全，等．氧弹燃烧-ICP-OES 测定塑料中的氯和溴．广州化工，2011 (18)：106-107.
[31] 姚凌峰，李忠号，朱敏，等．高压消解-ICP 法测定塑料中的铅、镉、汞．天津化工，2015，29 (5)：55-57.
[32] 潘艳，周学军．硫酸碳化-酸溶法消解 ICP-AES 测定纤维中的锌微量元素．黄山学院学报，2015，17 (5)：53-55.
[33] 王豪，张樱，王夏天，等，微波灰化电感耦合等离子体发射光谱法测定初级形状塑料中催化剂残留．分析科学学报，2013，29 (1)：135-138.
[34] 梁成功，涂建国，曾平，等．微波消解 ICP-AES 测定塑料颗粒中硫元素．科技创新与应用，2018 (3)：20-21.
[35] 杜翠娟．微波消解-ICP-AES 法测定塑料中 Pb 和 Cd. 化学分析计量．2010，19 (6)：69-70.
[36] 易秉智，陈剑峰，姚田田，等．醋酸酐生产用废铑催化剂中铑的测定．贵金属，2018，39 (4)：70-73.
[37] 杨明妍，李汝泉．原子吸收光谱法测定丙森锌．安徽化工，2014，40 (3)：89-91.
[38] 杨平平，田新娟，李波，等．灼烧法与硝酸-高氯酸法处理火焰原子吸收光谱法测定树脂中金．冶金分析，2013，33 (6)：23-26.
[39] 赵文锐，倪前龙．原子吸收法快速测定石脑油中微量铅．分析仪器，2014 (6)：44-47.

[40] 蔡义刚．石墨炉原子吸收法测定石脑油中痕量铜铅砷．石油技术与应用，2016，34（4）：336-338.

[41] Geisamanda Pedrini Brandão，Reinaldo Calixtode Campos，Eustáquio Vinicius Ribeiro de Castro，et al. Determination of copper，iron and vanadium in petroleum by direct sampling electrothermal atomic absorption spectrometry. Spectrochim Acta，2007，62B（9）：962-969.

[42] Ricardo Queiroz Aucelio，Adilson José Curtius. Evaluation of electrothermal atomic absorption spectrometry for trace determination of Sb，As and Se in gasoline and kerosene using microemulsion sample introduction and two approaches for chemical modification. J Anal At Spectrom，2002，17（3）：242-247.

[43] Alexandre de Jesus，Ariane Vanessa Zmozinski，Mariana Antunes Vieira，et al. Determination of mercury in naphtha and petroleum condensate by photochemical vapor generation atomic absorption spectrometry. Microchemical Journal，2013，110：227-232.

[44] Maciel S Luz，Angerson N Nascimento，Pedro V Oliveira. Fast emulsion-based method for simultaneous determination of Co，Cu，Pb and Se in crude oil，gasoline and diesel by graphite furnace atomic absorption spectrometry. Talanta，2013，115：409-413.

[45] 李建，余昌斌，柯琼贤．原子吸收光谱法测定润滑油中重金属含量．广东化工，2014，41（15）：250-251.

[46] 邓爱华，庞晋山，彭晓俊，等．高效液相色谱-氢化物发生原子荧光法同时测定塑料制品中的3种有机锡．分析测试学报，2014，33（8）：928-933.

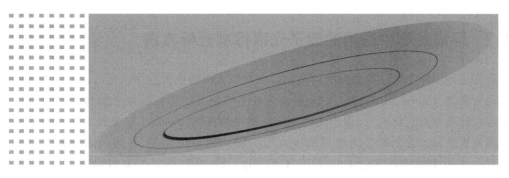

第13章 原子光谱分析在环境领域中的应用

13.1 概述

环境保护是我国的基本国策，环境监测就是环境保护工作的眼睛。环境监测的目的就在于通过各种分析方法测定相关数据，来确定环境质量或污染程度，进而采用合理可行的方法治理污染，以达到保护环境和改善环境的目的。

针对不同的环境介质，提供分析的环境样品具有以下特点：

① 环境样品种类繁多，低基体样品包含各类地表水样、地下水样，高基体样品包括污水、土壤、各类沉积物和空气中的颗粒物，基体适中的样品包括动、植物样品。就样品状态来说，有液态、气态（气溶胶）和固态；就种类来说，有水体、大气、土壤、固体废物（危险废物）和沉积物（污泥）等。

② 成分复杂，干扰多，尤其是来自污染源的样品。

③ 被测物的浓度比较低，一般在10^{-6}～10^{-9}的浓度水平。随着研究的深入，对一些新兴污染物要求的监测浓度更低，如二噁英的检测浓度在0.1～1ng TEQ/m^3（TEQ—国际毒性当量）。

④ 样品随时间与空间的变动性复杂，影响因素较多，如受水文、地质、气象等诸多因素影响。

⑤ 同种元素以不同的物相和价态形式存在，易受环境影响而变化、迁移。

⑥ 样品采集后，往往要加入保护剂，以防运输过程中被测物的流失和变化。

⑦ 不同的监测目的有不同的监测方法，对于环境质量监测、污染源监测和应急监测有着不同的目的和要求，应采取适宜的前处理方法和监测分析方法。如应急事故监测要求响应速度快，对环境质量监测则需要监测方法具有灵敏度高、准确性好、选择性强、分辨率高等特点，对于一些现场应急监测还需要仪器小型便携、操作简便。

13.2 环境监测中应用的原子光谱标准分析方法

金属是环境样品中一类重要的污染物，多数以无机物形式存在，也可以通过微生物转化为有机金属类（如 Se、Cd、Hg、As 等金属在土壤、沉积物中的微生物作用下通过烷基化反应可以转化为有机物）[1]。原子光谱测定环境中的目标污染物主要是针对环境介质中的金属，多为重金属。重金属是指相对密度大于 5 的、原子量大于 55 的金属元素，包括 Au、Ag、Cu、Fe、Pb、Ni、Zn、Co、Mn、Cd、Hg、W、Mo 等，类金属元素 As、Se 等也在原子光谱法的可测之列。从环境角度来看，重金属在自然界具有富集性，很难在环境中降解。重金属能够通过水、大气和土壤等暴露途径进入动、植物体内，然后通过富集食物链最终进入到更高等的食物链高端——人体，对人体的健康带来极大的挑战。

采用原子光谱法进行环境监测大多是建立在水溶液检测基础上的。大气或气溶胶颗粒物中的金属污染物可以转换到溶液中，再用原子光谱进行分析。土壤、沉积物和固体废物中的金属污染物也可以经过样品消解后，转移到消解溶液中，最后都可以采用水溶液的监测方法进行测定。目前，原子光谱法已成为环境重金属污染物测定的主要方法之一。在我国现行的环境监测标准分析方法中，就有多种污染物监测项目是应用原子光谱法的，涉及地表水、集中式生活饮用水、地下水、海水、农灌水、渔业水、废水、空气、危险废物焚烧产物、固体废物浸出液、土壤、沉积物等诸多方面。电感耦合高频等离子体光谱分析技术作为分析化学中的一个重要组成部分，其发展前沿与分析化学的前沿领域相吻合，具有操作简便、快速、准确、可靠、检出限低、多元素同时测定、样品处理简单等优点[2]。美国 EPA 和日本 JIS 都把电感耦合等离子体原子发射光谱法（ICP-AES）列为标准方法系列，如美国采用 ICP-AES 测定土壤中 Cu、Zn、Mn、Ni、Cr、V 和全 K，采用微波辅助消解 ICP-AES 测定沉积物中重金属 Al、Ba、Co、Cr、Cu、Fe、Mn、Ni、Pb、Ti、V 和 Zn，我国也发展了多种金属元素的环境监测统一方法。

环境监测方法标准体系是伴随着我国环境保护工作的发展而逐步建立和成长的，经历了起步、体系框架初步构建、调整与完善、快速发展的几个阶段。目前，我国已初步建立了较为完善的环境监测方法标准体系，包括大气、水、土壤和沉积物、生物和生态、物理环境、污染源、固体废物（危险废物）等诸多方面。在 1987 年，我国首批确定的环境监测分析方法中仅有 1 个测定 Cu、Zn、Pb、Cd 的原子吸收分光光度法（GB 7475—87），到现在已经拥有多个采用原子光谱测定环境要素的标准监测方法。

13.3 环境监测特点及分析要求

环境监测通过对影响环境参数值的测定，确定环境质量（或污染程度）及其变化趋势。环境监测的工作流程一般为接受任务，现场调查和收集资料，监测计划设计，优化布点，样品采集，样品保存和运输，样品的预处理，分析测试，数据处理和综合评价等。

13.3.1 环境监测的特点

(1) 广泛性 监测对象包括空气（气溶胶）、水体、土壤、固体废物（沉积物）、生物等，涉及的监控范围可以是一个污染点源、事故点，也可以是污染面源或某一地区，甚至是一个流域，乃至更大的范围。

（2）综合性　监测手段包括化学、物理、生物等一切可以表征环境质量的方法，结果包括元素、化合物及其形态，对监测数据需进行统计处理，还需综合考虑监测地区、监测时段的自然、社会、历史变迁、污染物迁移等各个方面的情况，只有通过综合分析才能做出科学的结论。

（3）连续性　由于环境污染具有时、空变动性的特点，只有坚持长期监测，才能从海量的数据中揭示污染物的迁移特征及其变化规律。

（4）追踪性　为保证监测结果具有一定的准确性、可比性、代表性和完整性，需要有一个量值追踪体系予以监督。

13.3.2　环境监测的类别

（1）监视性监测（例行监测、常规监测）　包括对污染源的监测和环境质量监测，以确定环境质量及污染源状况，评价控制措施的效果、衡量环境标准实施情况和环境保护工作的进展。这是监测工作中量最大、面最广的工作。

（2）特定目的监测　包括应急监测、纠纷仲裁监测、考核验证监测、咨询服务监测等。

（3）研究性监测（科研监测）　针对特定目的的科学研究而进行的高层次监测，是通过监测了解污染机理、弄清污染物的迁移变化规律、研究环境受到污染的程度，例如环境本底的监测及研究、有毒有害物质对从业人员的影响研究、元素不同形态的毒理研究、流域综合性监测、土壤污染调查，为监测工作本身服务的科研工作的监测（如统一方法和标准分析方法的研究、标准物质研制、预防监测）等。这类研究往往要求多学科合作进行。

13.3.3　环境监测的分析要求

（1）代表性　指在具有代表性的时间、地点，并按照规定的采样要求采集有效样品。所采集的样品必须能反映环境质量总体的真实状况，监测数据能真实代表某污染物在环境中的存在状态。任何污染物在环境中分布不可能是十分均匀的，要使监测数据如实地反映环境质量现状和污染源排放情况，必须充分考虑到所测污染物的时、空分布，首先优化布设采样点位，使得采集的样品具有代表性。

（2）准确性　指测定值与真实值的符合程度，监测数据的准确性受到从现场试样的采集、保存、运输，直到实验室分析全过程诸多环节的影响，其准确性一般以监测数据的准确度来表征，用绝对误差或相对误差来表示。采用测定标准样品或以标准样品做加标回收率测定的方法来评价准确度。通常认为，不同原理的分析方法具有相同的不确定度的可能性极小，当对同一样品用不同原理的分析方法测定，并获得一致结果时，可将其作为真实值的最佳估计。当在严格的质量控制条件下，用基于不同原理的分析方法对同一样品进行重复测定时，若所得结果一致，或经统计检验在一定置信水平没有显著性差异时，则可认为这些方法都具有良好的准确度。

（3）精密性　是指使用特定分析程序在受控条件下重复分析均一样品所得测定值之间的一致程度，以重复性和再现性来表征。它反映了分析方法或测量系统存在的随机误差的大小，测定结果的随机误差越小，则测试的精密度越高。精密度一般用极差、平均偏差、相对平均偏差、标准偏差、相对标准偏差来表示，其中标准偏差和相对标准偏差在数理统计中属于无偏估计量而应用最广。

(4) 可比性 指采用不同测定方法测定同一个样品的某污染物时，所得结果的吻合程度。可比性不仅要求各实验室之间对同一样品的监测数据相互可比，也要求每个实验室内对同一样品的监测数据应该达到相关项目之间的数据可比，相同项目在没有特殊情况时，历年同期的数据也是可比的。在此基础上，还应通过标准物质的量值传递与溯源，以实现国际间、行业间的数据一致性和可比性，大的环境区域之间的监测数据可比性。一般采用实验室内和实验室间的方法验证来确认。

(5) 完整性 完整性强调工作总体规划的切实完成，即保证按预期计划取得有系统性和连续性的有效样品，而且无缺漏地获得这些样品的监测数据和相关信息。采用自动在线监测系统在多个监测位点全天候地持续监测，通过海量数据及时提供污染物在环境中动态的变化，可以获得更加完整的监测资料，自动传输到相关监管部门的智能分析系统，这对于决策和有效地控制污染、改善环境质量是非常重要的[3]。

13.4 水环境样品分析

13.4.1 水样的采集与保存

水样的采集是水质监测关键的一步，没有合理的采样设计就没有合理的分析数据。采样断面的设计必须具有代表性，再配以合理的采样方法和采样设备。一般将采集水样分为以下几类：

(1) 综合水样 把从不同采样点同时采集的各个瞬时水样混合起来的样品称作“综合水样”。

(2) 瞬时水样 对于组成比较稳定的水样，或水体组成在相当长的时间和相当大的空间范围变化不大时，采集瞬时水样也具有较好的代表性。

(3) 混合水样 在大多数情况下，混合水样是指在同一采样点上于不同时间所采集的瞬时样的混合样，也叫“时间混合样”。

(4) 平均污水样 对于企业的排污口，生产的周期性直接影响着排污的规律性。为了得到具有代表性的污水水样，应根据具体的排污情况进行周期性采样。

(5) 其他水样 在应急水污染事故调查、洪水期或退水期水质监控中，都必须根据进入水系的位置和扩散方向布点、采样，一般采集瞬时水样。

(6) 在线监测 目前已有自动在线监测装置，可以方便地采集水样即时进行实时分析监控，并通过远程传输系统将信息传往上级主管部门。检测结果要结合不同的采样方式进行判断和分析。

水样采集后，应尽快分析。在运输过程中，水质会因样品振荡、生物因素、化学因素、物理因素而发生变化，需妥善进行保存。一般采用冷藏或冷冻、加入化学保护剂等方法控制运输过程中被测物质的变化。

我国在《污水综合排放标准》(GB 8978—1996) 中规定，第一类污染物，不分行业和污水排放形式，也不分受纳水体的功能类别，一律要在车间或车间处理设施排放口采样，其最高允许排放浓度必须达到相应标准的要求（采矿行业的尾矿坝出水口不得视为车间排放口），意在这类污染物不允许经其他水稀释后排放。涉及第一类污染物的金属污染物有汞、烷基汞、镉、铬、六价铬、砷、铅、镍、铍、银。

13.4.2　水环境监测方法

对于一个水系的监测分析及综合评价应包括水相（水溶液本身）、固相（悬浮物和底质）、生物相（水生生物），才能得出准确而全面的结论。例如，某些重金属污染物进入水系后，会很快水解沉淀而转入底质之中，而水溶液中重金属的浓度并不高。从底质重金属含量变化可以了解一个水系污染的历史过程和污染程度。众所周知发生在日本水俣湾的水俣病，当时监测结果水中的汞浓度极低，而毒性大的甲基汞则是通过生物的食物链逐渐富集起来的，即通过水、藻类、鱼贝这条生物链的富集作用，最后富集在鱼贝中，将高毒的甲基汞富集了上万倍，从而造成了食用者的有机汞中毒现象。

原子吸收法是水质监测金属元素非常成熟而又成功的技术，又是应用十分普遍的方法。美国环境保护署（EPA）出版的《水和废水分析方法》规定了水中 34 种金属主要用原子吸收法进行测定。较高浓度用 FAAS 测定，较低浓度用 GFAAS 测定。美国公共卫生协会等编著的《水和废水标准检验法》将火焰原子吸收法测定 34 种金属元素作为标准方法，把石墨炉原子吸收法作为试行方法。日本 JIS 颁布了用火焰法测定 15 种元素，用氢化物法测定 2 种元素，用冷蒸气技术测定 Hg。火焰原子吸收法可测定水中 μg/L～mg/L 级的金属元素，环境水质中，除了 Na^+、K^+、Ca^{2+}、Mg^{2+}、Cl^-、SO_4^{2-} 的浓度在 mg/L 级以外，其他许多金属离子和非金属离子的浓度多在 μg/L 级。在此情况下，如何提高火焰原子吸收测定的灵敏度，降低检出限，提高水质监测的定量水平就显得特别重要。表 13-1 列出了我国水质监测的原子光谱法标准，其中 HJ 776—2015 规定了测定水中 32 种元素的 ICP-AES 法测定，适用于地表水、地下水、生活污水及工业废水中 Ag、Al、As、B、Ba、Be、Bi、Ca、Cd、Co、Cr、Cu、Fe、K、Li、Mg、Mn、Mo、Na、Ni、P、Pb、S、Sb、Se、Sr、Sn、Si、Ti、V、Zn、Zr 共 32 种元素（其中也包括了非金属元素），可溶性元素及元素总量的测定，本标准各元素的方法检出限在 0.009～0.1mg/L，测定下限在 0.036～0.38mg/L。

表 13-1　水质监测的原子光谱法标准

序号	标准名称	标准号
1	水质　烷基汞的测定吹扫捕集/气相色谱-冷原子荧光光谱法	HJ 977—2018
2	水质　钴的测定　火焰原子吸收分光光度法	HJ 957—2018
3	水质　钴的测定　石墨炉原子吸收分光光度法	HJ 958—2018
4	水质　钼和钛的测定　石墨炉原子吸收分光光度法	HJ 807—2016
5	水质　32 种元素的测定　电感耦合等离子体发射光谱法	HJ 776—2015
6	水质　铬的测定　火焰原子吸收分光光度法	HJ 757—2015
7	水质　铊的测定　石墨炉原子吸收分光光度法	HJ 748—2015
8	水质　汞、砷、硒、铋和锑的测定　原子荧光法	HJ 694—2014
9	水质　钒的测定　石墨炉原子吸收分光光度法	HJ 673—2013
10	水质　钡的测定　火焰原子吸收分光光度法	HJ 603—2011
11	水质　钡的测定　石墨炉原子吸收分光光度法	HJ 602—2011
12	水质　铍的测定　石墨炉原子吸收分光光度法	HJ/T 59—2000

13.4.3 水环境样品分析应用实例

13.4.3.1 电感耦合等离子体原子发射光谱法测定工业废水中32种元素[4]

（1）方法提要　用硝酸消解水样，电感耦合等离子体原子发射光谱测定工业废水中32种元素的含量。

（2）仪器与试剂　PQ9000型电感耦合等离子体原子发射光谱仪（德国耶拿分析仪器股份公司）。

1000mg/L Li、Na、K、Be、Mg、Ca、Sr、Ba、B、Al、Si、Sn、Pb、P、As、Sb、Bi、S、Se、Ti、Zr、V、Cr、Mo、Mn、Fe、Co、Ni、Cu、Ag、Zn、Cd等单元素标准储备溶液。XCCC-13A-500 1000mg/L Li、Na、K、Be、Mg、Ca、Sr、Ba、B、Al、Pb、P、As、Bi、Se、V、Cr、Mn、Fe、Co、Ni、Cu、Zn、Cd 24种元素混合标准储备溶液。XCCC-14B-500 1000mg/L Si、Sn、Sb、S、Ti、Mo、W、Re、Pd 9种元素混合标准储备溶液。

高纯硝酸，优级纯高氯酸，高纯氩气。实验用水为一级水。

（3）样品制备　采集水样前，先用洗涤剂和一级水依次洗涤聚乙烯采样瓶，并置于硝酸溶液中浸泡24h以上，再用实验用水彻底洗净。样品采集后，立即加适量硝酸，并使硝酸含量达到1%。

移取50mL化工厂工业废水，加入5.0mL硝酸，置于电热板上加热消解，在不沸腾状况下缓慢加热至近干，取下冷却，反复进行这一操作，直至试样溶液颜色变浅或稳定不变。冷却后，加入若干硝酸与少量水，置于电热板上继续加热溶解残渣。冷却后用实验用水定容至原取样体积，并使溶液保持1%的硝酸酸度。同时制备空白试样。

（4）测定条件　射频发生器功率1200W。等离子气流量12.0L/min，辅助气流量0.5L/min，雾化气流量0.5L/min。

（5）方法评价　检出限（$3s$，$n=11$）远低于《水质　32种元素的测定 电感耦合等离子体发射光谱法》中对检出限的要求。RSD（$n=3$）$\leqslant$1.00%。测定工业废水的加标回收率是90%～110%。测定质控样品XCCC，回收率是90%～110%。用ICP-AES法测定32种元素，校正曲线线性相关系数$r\geqslant$0.9990。

（6）注意事项　对于某些基体复杂的废水水样，消解时可加入2.0～5.0mL高氯酸消解，若消解液中存在一些不溶物，可静置或离心分离10min，以获得澄清溶液。若经过离心或静置过夜后仍有悬浮物，则可过滤除去，但应避免过滤过程中可能引起的玷污。

13.4.3.2 石墨消解仪消解-电感耦合等离子体原子发射光谱法测定印染废水中总锑[5]

（1）方法提要　利用石墨消解仪消解样品，电感耦合等离子体原子发射光谱法测定印染废水样品中的锑。

（2）仪器与试剂　电感耦合等离子体原子发射光谱仪（美国珀金埃尔默公司）。石墨消解仪。

硝酸、氢氟酸、高氯酸、过氧化氢、高氯酸等，均为优级纯。

（3）样品制备　称量0.60～0.65g试样放置在聚四氟乙烯消解罐里，放入石墨消解仪中，然后加入18mL硝酸、5mL氢氟酸、2mL高氯酸消解试剂，振荡2min摇匀，加热到120℃，并维持1h，再加入氢氟酸振荡2min摇匀，加热到140℃，并维持1h，接着加入高氯酸振荡2min摇匀，加热到180℃，并维持1h，冷却后将试液转移到容量瓶中定容，滤膜过滤后电感耦合等离子体原子发射光谱仪测定样品中锑含量。

(4) 测定条件　分析线为 Sb 206.834nm。射频发生器功率 1200W。等离子气流量 15L/min，辅助气流量 1.5L/min，雾化气流量 0.75L/min。泵速 15r/min。稳定时间 15s，进样时间 30s，清洗时间 20s。观测方式水平、垂直或水平垂直交替使用。

(5) 方法评价　测定锑的检出限（$3s$，$n=10$）为 0.01mg/kg。测定 5.00μg/L 锑标准溶液，RSD（$n=10$）是 1.6%。测定非离子抗静电剂混合溶液，回收率为 85.5%～87.8%。

(6) 注意事项　在消解的过程中温度要适宜，不然会加快酸的挥发，使得化学反应不完全。

13.4.3.3 ICP-AES 测定电镀废水中的铜、锌、铅、铬、镉、镍[6]

(1) 方法提要　采用 ICP-AES 同时测定电镀废水中 Cu、Zn、Pb、Cr、Cd、Ni 等金属元素。对电镀水样进行分析并与原子吸收光谱法结果相对比。

(2) 仪器与试剂　Optima 8000 型电感耦合等离子体原子发射光谱仪（美国珀金埃尔默公司）。

100mg/L 多元素混标溶液（GSB04-1767-2004，国家有色金属及电子材料分析测试中心），配制浓度（mg/L）为 0.2、0.5、1.0 和 2.0 的标准系列溶液。标准空白溶液为 5%HNO_3。

浓硝酸（GR）。实验用水为高纯水。

(3) 样品制备　移取 100mL 电镀水样，加入 5mL 硝酸（1+1），置于电热板上加热消解，至试样颜色不再变化，冷却再加入 2mL 硝酸（1+1），继续加热至溶液澄清。冷却后用水定容至 100mL。

(4) 测定条件　分析线是 Cu 324.754nm，Zn 206.200nm，Pb 220.353nm，Ni 231.640nm，Cr 267.716nm，Cd 226.502nm。射频发生器功率 1300W。冷却气流量 12L/min，辅助气流量 0.2L/min，雾化气流量 0.6L/min。泵速 1.5mL/min。

(5) 方法评价　测定 Cu、Zn、Pb、Ni、Cr、Cd 的检出限（mg/L）分别为 0.0003、0.0006、0.0003、0.0009、0.0003 和 0.0003。RSD 分别为 0.84%、0.78%、0.63%、0.49%、0.47%和 0.40%。校正曲线动态线性范围是 0.2～2.0mg/L，线性相关系数≥0.9998。分析日本进口焦炭标样 A501、A502、A503，测定值与标准值相符。

(6) 注意事项　选择元素分析线时需兼顾灵敏度和背景干扰等因素，分析线不一定是该元素的第一灵敏线，电镀废水成分复杂、干扰元素较多，通过对 6 种待测元素的分析谱线进行扫描，选择峰形好、干扰少、背景低、线性关系好的谱线作为分析线。

13.4.3.4 电感耦合等离子体原子发射光谱法测定工业废水中的颜料绿 58[7]

(1) 方法提要　用硝酸溶样-电感耦合等离子体原子发射光谱法测定工业废水中颜料绿 58。颜料绿 58 是一种酞菁锌结构的颜料，可以通过对锌的测定来获取工业废水中的颜料绿 58 的信息。

(2) 仪器与试剂　iCAP 6300 Duo 电感耦合等离子体原子发射光谱仪（美国热电公司）。

颜料绿 58（日本 DIC 株式会社鹿岛工厂）。浓硝酸为优级纯。实验用水为蒸馏水。

(3) 样品制备　413.2mg/L 标准储备溶液：准确称取标准样品 0.1033g 于烧瓶中，加入 20mL 浓硝酸煮沸至溶液透明，冷却后转移至 250mL 容量瓶中，用蒸馏水定容。用适量蒸馏水稀释储备溶液配成浓度（mg/L）分别为 20.66、8.264、2.066、1.033、0.4132 的标准溶液系列。

（4）测定条件　分析线 Zn 202.548nm。射频发生器功率 1150W。辅助气流量 0.5L/min，雾化气流量 0.5L/min。分析最大积分时间 10.0s。泵稳定时间 5.0s，冲洗泵速 50r/min，分析泵速 50r/min。

（5）方法评价　检出限（3*s*，*n*=10）为 3.0μg/L。RSD（*n*=6）＜3%，加标回收率是 95.5%～105%。校正曲线动态线性范围是 0.4132～20.66mg/L，线性相关系数 $r^2=1$。

（6）注意事项　由于颜料绿 58 在水中溶液度差，故用浓硝酸溶样。颜料绿 58 是一种酞菁锌结构的颜料，有多个疏水性共轭基团，其水溶性极差，且具有较强的聚合性，不适宜采用质谱、色谱法等进行测定。本方法采用浓硝酸为助溶剂，使得颜料绿 58 得以全部溶解后，再用 ICP-AES 法测定，取得满意的效果。

13.4.3.5　用亚氨基二乙酸酯萃取盘富集-直接进样石墨炉原子吸收光谱法测定水中的钴、镍、铜、镉、锡、铅、铋[8]

（1）方法提要　用亚氨基二乙酸酯萃取盘富集水中 Co、Ni、Cu、Cd、Sn、Pb 和 Bi，经干燥后，取出萃取盘，裁剪成直径 2mm 的小片，放入石墨炉内进行干燥、灰化、原子化与检测。

（2）仪器与试剂　Zeenit 60 原子吸收光谱仪（德国耶拿分析仪器股份公司）。固相萃取装置，固体进样石墨管。能量色散 X 射线荧光光谱仪（日本日立公司）。

1000mg/L Co、Ni、Cu、Cd、Sn、Pb、Bi 标准溶液。

亚氨基二乙酸酯（3mol/L）萃取盘（片）。实验用水为去离子水。

（3）样品制备　所用水样经玻璃纤维过滤器过滤。用硝酸和 1mol/L 醋酸铵溶液将 100mL 水样调整到 pH=5.6。100mL 水样以 80～100mL/min 的流速通过依次用 20mL 3mol/L 硝酸、100mL 水和 50mL 0.1mol/L 醋酸铵溶液（pH 5.6）进行预处理的萃取盘预富集。再用 20mL 去离子水清洗萃取片，之后将萃取片放在 100℃电热箱中干燥 20min。将干燥后的萃取片裁剪成直径 2mm 的小片，放到石墨管样品台上，进行干燥、灰化、原子化。各标液用同样的方法处理。

（4）测定条件　测定 Co、Ni、Cu、Cd、Sn、Pb、Bi 的干燥温度是 120℃，干燥时间是 45s，灰化温度是 800℃，灰化时间是 60s，原子化温度分别是 2400℃、2500℃、2300℃、1700℃、2700℃、1900℃和 2200℃，原子化时间均是 8s。测定 Cd、Pb 分别加入 4μg 和 0.25μg Pd 化学改进剂，测定 Sn 和 Bi 加入 2μg Pd 化学改进剂。

（5）方法评价　用 100mL 水样，富集系数为 140。测定 Co、Ni、Cu、Cd、Sn、Pb、Bi 的检出限（μg/L）分别为 0.092、0.12、0.40、0.077、0.92、0.61、0.80。测定自来水、雨水、河水和矿泉水中的上述 7 种金属元素回收率为 93%～108%。

13.4.3.6　氢化物发生原子荧光法同时测定水中硒和锑[9]

（1）方法提要　采用氢化物发生-原子荧光光谱同时测定水样中的硒和锑。

（2）仪器与试剂　AFS-3000 型双道原子荧光光谱仪（北京科创海光仪器有限公司）。

硒标准物质 GSB04-1715-2004、锑标准物质 GBW（E）080545。用硒和锑标准物质配制成浓度为 50μg/L Se 和 50μg/L Sb 的混合标准溶液。

5%硫脲-5%抗坏血酸：称取 5g 硫脲和 5g 抗坏血酸溶解于 100mL 超纯水中，用时现配。2.0%硼氢化钾-0.5%氢氧化钠溶液（还原剂）：称取 2g 氢氧化钠溶于超纯水，溶解后加入 8g 硼氢化钾，加水稀释至 400mL，用时现配。

所用试剂均为优级纯。氩气纯度＞99.99%。实验用水是超纯水。

（3）样品制备　取 10.0mL 水样于 50mL 容量瓶中，加入 2.5mL 浓盐酸，再加入 5.0mL 5%硫脲-5%抗坏血酸，用纯水稀释至刻度，摇匀，用同样的方法制备样品空白，放置 20min 后进行测定。

（4）测定条件　测定 Se 和 Sb，光电倍增管负高压是 280V，灯电流是 60mA。原子化器温度是 200℃。原子化器高度是 8mm。Ar 载气流量是 400mL/min。

（5）方法评价　测定硒和锑的检出限分别是 0.078μg/L 和 0.029μg/L。回收率是 98.1%～106.3%。校正曲线的动态线性范围上限是 10μg/L，线性相关系数 $r \geqslant 0.9994$。

（6）注意事项　Bi、Cu、Co、Ni、Ag 对测定 Se 产生一定程度的干扰，用硫脲和抗坏血酸混合溶液掩蔽剂消除干扰。As、Ge、Sn 浓度低时对测定 Sb 无干扰，浓度高时产生一定程度的干扰，在饮用水中这些干扰离子的浓度都较低。

13.5　大气环境样品分析

13.5.1　大气环境

大气就是大气层的空气，它对维护人类及生物的生存有着十分重大的作用。由于人类的活动，工农业、交通运输业的不断发展，产生大量的污染物质逸散到空气之中，破坏了大气正常组成的物理、化学和生态的平衡体系，对人类健康和自然生态环境产生不利影响，使空气受到了污染。

颗粒物污染是空气中最重要的污染物之一，我国大部分地区空气中的首要污染物就是颗粒物，尤其是在北方地区。根据颗粒物的粒径大小通常可以分为总悬浮颗粒物（TSP）、可吸入颗粒物（PM_{10}）和细颗粒物（$PM_{2.5}$），这些颗粒物常常吸附了一些有害的重金属元素。大气监测相关的原子光谱法标准见表 13-2。

表 13-2　大气监测相关的原子光谱法标准

序号	标准名称	标准号
1	固定污染源废气　碱雾的测定　电感耦合等离子体发射光谱法	HJ 1007—2018
2	固定污染源废气　气态汞的测定　活性炭吸附/热裂解原子吸收分光光度法	HJ 917—2017
3	空气和废气　颗粒物中金属元素的测定　电感耦合等离子体发射光谱法	HJ 777—2015
4	固定污染源废气　铅的测定　火焰原子吸收分光光度法	HJ 685—2014
5	固定污染源废气　铍的测定　石墨炉原子吸收分光光度法	HJ 684—2014
6	环境空气　铅的测定　石墨炉原子吸收分光光度法	HJ 539—2015
7	固定污染源废气　汞的测定　冷原子吸收分光光度法	HJ 543—2009
8	环境空气　汞的测定　巯基棉富集-冷原子荧光分光光度法(暂行)	HJ 542—2009
9	固定污染源废气　铅的测定　火焰原子吸收分光光度法(暂行)	HJ 538—2009
10	大气固定污染源　镍的测定　火焰原子吸收分光光度法	HJ/T 63.1—2001
11	大气固定污染源　镍的测定　石墨炉原子吸收分光光度法	HJ/T 63.2—2001
12	大气固定污染源　锡的测定　石墨炉原子吸收分光光度法	HJ/T 65—2001

13.5.2　大气环境样品分析应用实例

13.5.2.1　ICP-AES 检测工作场所空气中铅、锰、镉等 11 种金属毒物[10]

（1）方法提要　运用 ICP-AES 测定工作场所空气中 11 种金属毒物的含量。

（2）仪器与试剂　Optima 8000电感耦合等离子体原子发射光谱仪（美国珀金埃尔默公司）。QC-2B型大气采样仪（北京劳动保护研究所），平板电热消解仪，醋酸纤维微孔滤膜。

建立校正曲线所用的K、Na、Zn、Cu、Ni、Mn、Cd、Sn、Ba、Mo、Pb等11种金属元素的标准溶液浓度和生产批号及生产厂家见表13-3。

表13-3　标准物质浓度及生产厂家

标准试剂	浓度	生产批号	生产厂家
钾(K)	1000mg/L	156023-2	国家钢铁材料测试中心
钠(Na)	1000mg/L	156041-1	国家有色金属及电子材料分析测试中心
锌(Zn)	1000mg/L	16110763	国家钢铁材料测试中心
铜(Cu)	1000mg/L	100508	环境保护部标准样品研究所
镍(Ni)	500mg/L	101106	国家钢铁材料测试中心
锰(Mn)	500mg/L	102708	环境保护部标准样品研究所
镉(Cd)	100mg/L	13042	中国计量科学研究院
锡(Sn)	100mg/L	15051	中国计量科学研究院
钡(Ba)	1000mg/L	156013-2	国家有色金属及电子材料分析测试中心
钼(Mo)	500mg/L	100204	环境保护部标准样品研究所
铅(Pb)	500μg/L	100809	国家钢铁材料测试中心

硝酸、盐酸、高氯酸均为优级纯。实验用水均为自制二次去离子水（电阻率为18.3MΩ·cm）。

（3）样品制备　样品取样后，将采样得到的滤膜置于消解瓶中，加入5mL消化液高氯酸+硝酸（ψ=1∶9，锡元素用盐酸），盖上表面皿，在电热板上缓慢加热消解，保持温度在180℃左右。消解过程中，会有红棕色的NO_2释放，需要适当提高温度至200℃，待所有红棕色的气体挥发完全，溶液呈无色透明，随后控制温度将剩余液体加热至近干为止。用2%硝酸溶液将稀释后的残液定量转移到塑料瓶中，定容至10mL。若此样品中相关无机金属元素超过测定范围，用2%硝酸溶液稀释一定倍数后再进行测定，计算过程中需要乘以稀释倍数。

（4）测定条件　射频发生器功率1300W。等离子气流量15L/min，辅助气流量0.2L/min，雾化气流量0.55L/min。泵进样量1.5mL/min。观测高度15.0mm。样品冲洗时间30s。重复次数3次。

（5）方法评价　检出限是0.02μg/mL。加标回收率为95%～105%。测定11种金属毒物的线性相关系数r>0.999。

（6）注意事项　消解样品时，温度不宜过高，以免造成样品结焦影响测定结果准确性。

13.5.2.2 微波消解ICP-AES法测定$PM_{2.5}$中金属元素[11]

（1）方法提要　用玻璃纤维滤膜采样、HNO_3-H_2O_2密闭微波消解样品，电感耦合等离子体原子发射光谱法测定$PM_{2.5}$中的Pb、Zn、Cu、Cd、Cr。

（2）仪器与试剂　Optima 7000双向观测全谱直读型电感耦合等离子体原子发射光谱仪（美国珀金埃尔默公司）。HY-100中流量$PM_{2.5}$采样器（青岛恒远科技发展有限公司）。玻璃纤维滤膜（青岛恒远公司）。CEM Mars5微波消解仪。

1000μg/L Pb、Zn、Cu、Cd、Cr的单元素标准储备液（国家有色金属及电子材料分析测试中心)。以 1mol/L 的硝酸为介质，经逐级稀释，配成含以上 5 种金属元素的混合标准溶液。

硝酸、盐酸、硫酸、双氧水均为优级纯。氩气和氮气纯度均为 99.999%。实验用水为超纯水，电阻率为 18.3MΩ·cm。

(3) 样品制备　滤膜采样前经 450℃处理 2h，一个样品连续采集 12h，采样后滤膜放置于冰箱低温保存。将滤膜用塑料剪刀剪取 1/4，剪碎后放于微波消解罐中，加入 5mL HNO_3 和 2mL H_2O_2 后放入微波消解仪中，按下列步骤消解：步骤 1，温度 120℃，功率 1600W，保持 2min；步骤 2，温度 150℃，功率 1600W，保持 2min；步骤 3，温度 180℃，功率 1600W，保持 10min；步骤 4，温度 140℃，功率 1600W，保持 3min。每次消解 8 个样品。消解后样品冷却，用 25mL 容量瓶定容，然后过滤转移到聚乙烯塑料瓶中待测。

(4) 测定条件　分析线分别为 Pb 220.353nm、Zn 213.857nm、Cu 327.393nm、Cd 228.802nm、Cr 327.716nm。射频发生器功率 1.3kW，冷却气流速 15L/min，辅助气流速 0.2L/min，载气流速 0.8L/min。蠕动泵流速 1.5mL/min。积分时间为 5s(取 3 次测定的平均值)。观测方式为径向观测。

(5) 方法评价　同时测定 $PM_{2.5}$ 中 Pb、Zn、Cu、Cd、Cr 的检出限 (μg/mL) 分别为 6.76×10^{-3}、8.20×10^{-3}、4.34×10^{-3}、2.02×10^{-3}，7.24×10^{-3}。RSD ($n=6$) 分别为 2.67%、2.82%、1.86%、2.63%和 2.23%。加标回收率分别为 94.0%、103.7%、100%、91.6%和 103.3%。该方法已用于重庆市万州城区监测点细颗粒物中 Pb、Zn、Cu、Cd、Cr 含量的测定。

13.5.2.3 ICP-AES 法间接测定工作场所空气中三乙基铝转化物[12]

(1) 方法提要　微孔滤膜采集空气中三乙基铝转化物，加酸消解后，用电感耦合等离子体原子发射光谱法测定铝间接定量空气中三乙基铝 [$(C_2H_5)_3Al$] 的含量。

(2) 仪器与试剂　电感耦合等离子体原子发射光谱仪。可控温电热板。采样夹滤料直径 40mm 和 37mm；小型塑料采样夹滤料直径 25mm。空气采样器流量 0～3L/min 和 0～10L/min。

1000μg/mL 国家认可的铝、锆单元素溶液。

硝酸为优级纯，浓硝酸 ($\psi=10\%$)。

(3) 样品制备　将采样后的微孔滤膜放入三角烧瓶中，加入 3mL 浓硝酸，盖上表面皿，在电热板上加热 (160℃左右) 消解 20min，立即取下稍冷，定量转移入具塞刻度试管中，稀释至 10mL。若样品消解液中铝浓度超过测定范围，用 10%硝酸溶液稀释后测定，计算时乘以稀释倍数。

(4) 测定条件　分析线 Al 396.1nm。射频发生器功率 1200W。等离子气流量 15L/min，辅助气流量 1.5L/min，载气压力 0.7MPa。

(5) 方法评价　检出限为 0.19μg/mL。若采集 45L 空气样品，则最低检出浓度为 $0.04mg/m^3$。批内与批间 RSD ($n=6$) 分别为 2.9%～5.1%与 5.8%～6.5%。平均采样效率 100.0%，平均消解效率 93.3%～103.9%。校正曲线动态线性范围上限是 100μg/mL，线性相关系数 $r=0.9995$。

(6) 注意事项　三乙基铝化学性质活泼，对微量的氧极其灵敏，接触空气会冒烟自燃，遇水强烈分解，放出大量易燃的烷烃气体和热量，易引起燃烧爆炸，实验室应小心操作。

13.5.2.4 原子吸收光谱法测定大气颗粒物中的重金属[13]

（1）方法提要　采集到的大气颗粒物滤膜样品经 $HNO_3+H_2O_2$ 消解后，用原子吸收光谱法测定其中的 Cu、Pb、Cd、Fe 含量。

（2）仪器与试剂　PinAAcle 900 型原子吸收分光光度计（美国珀金埃尔默公司）。多孔玻璃过滤器。

硝酸、盐酸等为优级纯，铜、钴为光谱纯。三氧化二镧、硫酸锰纯度大于 99.99%。实验用水为二次去离子水。

（3）样品制备　用玻璃纤维滤膜在检测区域 24h 大流量采样完成后，取下滤膜，将滤膜的含尘面向里对折 2 次后保存在纸袋中。取适量样品滤膜，裁剪成 5cm×10cm 样本，置于高型烧杯中，加入 10mL HNO_3 和 10mL H_2O_2，浸泡 2h 以上，用微火加热沸腾 10min 后冷却。冷却后加入 10mL 30% H_2O_2，再将溶液加热至沸腾微干。冷却后再加入 10mL 30% HNO_3 溶液，保持沸腾 10min，重复这一过程，直至消解完全为止。将热样液通过多孔玻璃过滤器过滤，滤液收集到烧杯中，再用少量硝酸溶液多次冲洗多孔过滤器，待滤液冷却后转移至 50mL 容量瓶中，用稀硝酸定容。取同批号、等面积的空白滤膜按样品消解步骤消解制备空白试样。

（4）测定条件　负高压 290V，灯电流 60mA。载气流量 400mL/min，屏蔽气流量 800mL/min。原子化器高度 8mm，读数方式峰面积，读数时间 10s，延迟时间 1s。

（5）方法评价　对已知两个降尘样品进行 Cu、Pb、Cd、Fe 4 种元素的加标回收测定，其回收率在 94.5%～106%。

（6）注意事项　试验前，要先对用到的试验器皿用自来水冲洗，然后用 HNO_3 溶液（1+1）浸泡 30min 左右，再分别用自来水、一次去离子水、二次去离子水冲洗试验器皿。

13.5.2.5 石墨炉原子吸收光谱法测定环境空气中铅[14]

（1）方法提要　采用微孔滤膜采集样品，微波消解样品，硝酸镁溶液为化学改进剂，石墨炉原子吸收光谱法测定环境空气中痕量铅。

（2）仪器与试剂　TAS-990 型石墨炉原子吸收光谱仪（北京普析通用仪器有限责任公司）。空气智能 TSP 综合采样器。微波消解仪（意大利迈尔斯通公司）。微孔滤膜。

500mg/L 铅标准溶液（国家标准物质研究中心）。化学改进剂：称取 0.5g 分析纯硝酸镁，用 2mL 硝酸和适量水溶解，定容至 100mL。

硝酸，优级纯；双氧水，分析纯。实验用水为二次去离子水。

（3）样品制备　在采样点，将装有微孔滤膜的采样夹通过空气采样器以 1L/min 流量采集 60min。采样后，用镊子小心取下滤膜，将滤膜接尘面朝里对折 2 次，置于清洁的容器内运输和保存。

将采过样的滤膜用专用塑料剪刀剪碎后放入微波消解罐中，加入 3mL 双氧水、4mL 硝酸在微波消解仪内进行消解。消解结束后将消解液转移至聚四氟乙烯坩埚中，用电热板加热至近干。酸雾基本去尽，稍冷后用温热 2%硝酸溶液将坩埚内可溶性残渣移至 50mL 容量瓶中，定容。

（4）测定条件　分析线 Pb 283.3nm。光谱通带 0.5nm。灯电流 3.0mA。氩载气流量 0.3L/min。样品进样量为 20μL，加 5μL 硝酸镁化学改进剂。

（5）方法评价　测定铅的检出限为 0.950μg/L，当采样体积为 60L 时，测定 Pb 的检出限量为 $\rho=0.0008mg/m^3$。RSD（$n=5$）<3%，加标回收率为 94.0%～105.0%。校正曲线

动态线性范围上限是 0.20μg/L，线性相关系数 r=0.9992。

13.5.2.6　微波消解火焰原子吸收光谱法测定空气中的锰[15]

（1）方法提要　用玻璃纤维滤膜采集空气样品，以硝酸-氢氟酸微波消解滤膜，火焰原子吸收光谱法测定环境空气中锰的含量。

（2）仪器与试剂　TAS-990 型火焰原子吸收分光光度计（北京普析通用仪器有限责任公司）。MARS6 型微波消解仪，配有 PTFE 消解管。FDC-1500 大气采样器，流量范围为 0.1～1L/min，玻璃纤维滤膜。

500mg/L 锰标准溶液（国家标准物质研究中心）。

硝酸、氢氟酸均为优级纯。实验用水为二次去离子水。

（3）样品制备　按照《环境空气质量手工监测技术规范》（HJ 194—2017）的要求，用装有玻璃纤维滤膜的大气采样器以 1L/min 流量采集环境空气样品 60min，将滤膜接尘面朝里对折两次，置于清洁的容器内保存。将采过样的玻璃纤维滤膜用塑料剪刀剪碎后放入微波消解罐中，加入 5mL 硝酸和 2mL 氢氟酸进行消解处理。第一步升温时间 5min，室温～100℃，保持 2min；第二步升温时间 5min，100～160℃，保持 2min；第三步升温时间 4min，160～180℃，保持 20min。消解结束后取出消解罐冷却后开罐，将消解液转移至 50mL 比色管中，用去离子水定容至标线。同时制备空白试样。

（4）测定条件　光谱通带 0.5nm。灯电流 5.0mA。空气-乙炔氧化型火焰。燃烧器高度 5mm。

（5）方法评价　测定锰的检出限（n=7）为 0.01mg/L。采集环境空气量 60L，定容体积 50mL，空气中锰最低检出浓度为 0.008mg/m^3，RSD（n=7）为 1.05%～4.86%，加标回收率为 95.0%～105.0%，校正曲线动态线性范围上限是 10.0mg/L，相关系数 r=0.9995。

（6）注意事项　在微波消解过程中，第三步的温度设置较为重要，过低的消解温度或过短的保持时间都会使测定结果精密度和准确度变差。

13.5.2.7　氢化物发生-原子荧光光谱法测定大气沉降物中砷含量[16]

（1）方法提要　用盐酸-硝酸-高氯酸于电热板上加热消解样品，氢化物发生-原子荧光光谱法测定大气沉降物中砷含量。

（2）仪器与试剂　AFS830a 原子荧光光谱仪（北京吉天仪器有限公司）。

1000mg/L 砷标准储备溶液（国家标准物质研究中心）。

硼氢化钾-氢氧化钾混合溶液（还原剂）：称取 10g 氢氧化钾，置于 250mL 烧杯中，加入 20g 硼氢化钾，加水搅拌溶解后，用水稀释至 1000mL，用时现配。硫脲-抗坏血酸混合溶液：分别称取 50g 硫脲与 50g 抗坏血酸置于 250mL 水中，加水搅拌溶解后，用水稀释至 1000mL。用时现配。

盐酸，硝酸，高氯酸均为优级纯。

（3）样品制备　称取 0.25g（精确至 0.0001g）过 0.150mm 尼龙筛的干燥样品于 50mL 聚四氟乙烯坩埚中，用少量水润湿，依次加入 6mL 盐酸、2mL 硝酸、1mL 高氯酸，置于电热板上加热，蒸至刚冒尽白烟。用约 5mL 水冲杯壁，加入 5mL 盐酸（1+1），置于电热板低温加热 10min，用水转移至 25mL 聚乙烯试管中并稀释至 20mL，再用定量加液器精确加入 5mL 硫脲-抗坏血酸混合溶液，摇匀备用。

（4）测定条件　负高压 260V，灯电流 55mA。原子化器高度 8mm。载气流量 300mL/

min，屏蔽气流量 800mL/min。读数时间 10s，延迟时间 1s，读数方式峰面积。

（5）方法评价　测定砷的检出限为 0.014μg/g。RSD<2.0%，加标回收率>90%。校正曲线动态线性范围上限是 0.20μg/mL，线性相关系数 r=0.9999。

（6）注意事项　用盐酸-硝酸-高氯酸于电热板上加热消解样品，能有效地消解掉大气沉降物中的有机质，消除消解过程中产生的泡沫。

13.5.2.8　微波消解原子荧光光谱法测定工业废气中汞[17]

（1）方法提要　用玻璃纤维滤筒采集工业废气样品，微波消解，原子荧光光谱法测定工业废气中的汞。

（2）仪器与试剂　AFS-930 型原子荧光光谱仪（北京吉天仪器有限公司）。Milestone 微波消解仪。烟尘采样器，玻璃纤维滤筒。

100mg/L 汞标准储备溶液，使用时用 5%硝酸溶液稀释至所需要浓度。

5%硫脲-5%抗坏血酸溶液。1.0%硼氢化钾-0.1%氢氧化钠混合再生液。5%硝酸载流液。

硝酸、双氧水、硼氢化钾、氢氧化钠、硫脲和抗坏血酸均为优级纯。高纯氩气。实验用水为二次去离子水。

（3）样品制备　参照《空气和废气监测分析方法（第四版）》颗粒物采样方法，将玻璃纤维滤筒安装在烟尘采样器内，以皮托管平行等速采样法采集工业废气样品，用镊子小心取下滤筒，封闭滤筒的开口处再把滤筒放入专用塑料袋中保存。用专用塑料剪刀将采过样的玻璃纤维滤筒剪碎放入微波消解管中，加入 5mL 硝酸和 2mL 双氧水在微波消解仪中进行消解。消解结束后稍冷，将消解液转移到 100mL 容量瓶中，用去离子水定容。消解液中硫脲-抗坏血酸使汞化合物还原为二价，在硝酸介质中硼氢化钾使消解液中二价汞与硼氢化钾反应生成气态汞蒸气送入原子荧光光谱仪测定。取同批号两个空白玻璃纤维滤筒，按样品处理同样的操作条件制备空白溶液。

（4）测定条件　负高压 280V，灯电流 60mA。原子化器高度 8mm。载气流量 400mL/min，屏蔽气流量 800mL/min。

（5）方法评价　按照《环境监测　分析方法标准制订技术导则》（HJ 168—2010）对检出限的规定，计算的检出限（n=7，t=3.143）为 0.009g/L。采集工业废气量为 60L，定容体积 100mL，对环境空气中 Hg 的最低检出浓度为 0.015μg/m³。测定低（0.40g/L）、中（1.60g/L）、高（4.00g/L）3 个浓度水平的 Hg，RSD（n=7）分别为 1.7%、0.73%和 3.6%。精密度符合原子荧光法测定的要求。加标回收率为 93.0%～103.5%。校正曲线动态线性范围上限是 4.00g/L，线性相关系数 r=0.9994。

（6）注意事项　汞及其化合物属有毒物质，在采样过程中必须严格遵守操作安全防护规定，以防发生汞中毒。

13.6　固体废物样品分析

13.6.1　固体废物及其监测

固体废物是指人类生产和生活中所丢弃的固体和泥状物质，包括各种工业固体废料、废渣和污泥，建筑垃圾，生活垃圾，农业垃圾等。固体废物来源广泛，种类繁多，组成复杂。从不同的角度出发，可进行不同的分类。工业固体废物通常按形态、化学性质、危险性和来源等来区分。工业固体废物的主要特点是具有明显的时间和空间特征，有人很形象地提出，固体废物就是在错误的时间放在错误地点的资源。从时间上来讲，它也只是在目前科技和经济条件下无法加以利用，但随着时间的推移、科技的进步，以及人们要求的变化，今天所讲的废物有可能就成为明天的资源。从空间角度来看，废物也只是相对于某一过程或某一方面没有使用价值，而并非在所有过程或所有方面都没有使用价值。一种过程的废物往往可成为另一个过程的原料[18]。

按固体废物的危害性，可分为一般固体废物和危险废物[19]。在环保工作中，危险废物的监测及治理尤其引起人们的关注。在 GB 5085.7—2019《危险废物鉴别标准　通则》中规定凡具有腐蚀性、毒性、易燃性、反应性中一种或一种以上危险特性的固体废物，均属于危险废物。浸出毒性是指固态的危险废物遇水浸沥，其中有害的物质迁移转化、污染环境，浸出的有害物质的毒性称为浸出毒性。在 GB 5085.3—2007《危险废物鉴别标准　浸出毒性鉴别》中，规定了浸出毒性鉴别标准值。当浸出液中任何一种危害成分的浓度超过所列的浓度限值，则该废物就是具有浸出毒性特征的危险废物。表 13-4 列出了该标准中规定的无机元素及化合物的限值和测定方法。

表 13-4　浸出毒性鉴别中规定的无机元素及化合物限值和测定方法

序号	项目	浸出液中危害成分浓度限值/(mg/L)	测定方法
1	铜(以总铜计)	100	电感耦合等离子体原子发射光谱法 电感耦合等离子体质谱法 原子吸收光谱法
2	锌(以总锌计)	100	电感耦合等离子体原子发射光谱法 电感耦合等离子体质谱法 原子吸收光谱法
3	铅(以总铅计)	5	电感耦合等离子体原子发射光谱法 电感耦合等离子体质谱法 原子吸收光谱法
4	镉(以总镉计)	1	电感耦合等离子体原子发射光谱法 电感耦合等离子体质谱法 原子吸收光谱法
5	总铬	15	电感耦合等离子体原子发射光谱法 电感耦合等离子体质谱法 原子吸收光谱法
6	六价铬	5	分光光度法
7	烷基汞	不得检出	气相色谱法
8	汞(以总汞计)	0.1	电感耦合等离子体质谱法
9	铍(以总铍计)	0.02	电感耦合等离子体原子发射光谱法 电感耦合等离子体质谱法 原子吸收光谱法
10	钡(以总钡计)	100	电感耦合等离子体原子发射光谱法 电感耦合等离子体质谱法 原子吸收光谱法
11	镍(以总镍计)	5	电感耦合等离子体原子发射光谱法 电感耦合等离子体质谱法 原子吸收光谱法

续表

序号	项目	浸出液中危害成分浓度限值/(mg/L)	测定方法
12	总银	5	电感耦合等离子体原子发射光谱法 电感耦合等离子体质谱法 原子吸收光谱法
13	砷(以总砷计)	5	原子吸收光谱法 原子荧光法
14	硒(以总硒计)	1	电感耦合等离子体质谱法 原子吸收光谱法 原子荧光法
15	无机氟化物(不包括氟化钙)	100	离子色谱法
16	氰化物(以 CN^- 计)	5	离子色谱法

注：表中内容引自 GB 5085.3—2007《危险废物鉴别标准 浸出毒性鉴别》。

固体废物对环境的污染不同于废水和废气，固体废物呆滞性大、扩散性小，它对环境的影响主要是通过水、气和土壤而进行的，其污染物成分的迁移转化，是比较缓慢的过程，其危害可能在数年乃至数十年后才能发现。从另一个角度来看，这些固体废物既是生产中的废物，但又是可贵的二次资源，将固体废物经过资源化处置，转化为产品应该是固体废物最好的归宿。一般说来，废气和废水中的污染物经过不同的治理过程后，大部分都转化为固态物，这也是固体废物数量庞大的原因之一。表 13-5 列出了我国固体废物监测的原子光谱法标准。

表 13-5 固体废物监测的原子光谱法标准

序号	标准名称	标准号
1	固体废物 铅和镉的测定 石墨炉原子吸收分光光度法	HJ 787—2016
2	固体废物 铅、锌和镉的测定 火焰原子吸收分光光度法	HJ 786—2016
3	固体废物 22 种金属元素的测定 电感耦合等离子体发射光谱法	HJ 781—2016
4	固体废物 钡的测定 石墨炉原子吸收分光光度法	HJ 767—2015
5	固体废物 铍、镍、铜和钼的测定 石墨炉原子吸收分光光度法	HJ 752—2015
6	固体废物 镍和铜的测定 火焰原子吸收分光光度法	HJ 751—2015
7	固体废物 总铬的测定 石墨炉原子吸收分光光度法	HJ 750—2015
8	固体废物 总铬的测定 火焰原子吸收分光光度法	HJ 749—2015
9	固体废物 汞、砷、硒、铋、锑的测定 微波消解/原子荧光法	HJ 702—2014
10	固体废物 六价铬的测定 碱消解/火焰原子吸收分光光度法	HJ 687—2014

13.6.2 固体废物样品分析应用实例

13.6.2.1 全自动石墨消解仪消解 ICP-AES 法测定污泥中的重金属[20]

（1）方法提要 用石墨消解仪消解污泥样品，用 ICP-AES 测定污泥样品中的 Cu、Zn、Pb、Ni、Cr 5 种金属元素的含量。

(2) 仪器与试剂　Avio 200 型电感耦合等离子体原子发射光谱仪（美国珀金埃尔默公司）。AUTO GDA-72 型全自动石墨消解仪（睿科仪器有限公司）。MARS5 型微波消解仪（美国 CEM 公司）。

100μg/mL Cu、Zn、Pb、Ni、Cr 混合标准溶液（国家有色金属及电子材料分析测试中心）。

硝酸、盐酸、氢氟酸均为优级纯（国药集团化学试剂有限公司）。实验用水为去离子水。

(3) 样品制备　称取 5 份约 0.4000g 经脱水处理并通过 100 目尼龙筛的粉状污泥样品于聚四氟乙烯消解罐内，加入 5mL HNO_3，进行预消解，待反应平稳后加入 2mL HF 和 1mL HCl。将消解罐置于石墨消解仪中，通过仪器自动加入 3mL HNO_3、2mL HF、1mL HCl，拧紧罐盖，拧紧压力密封嘴，然后将消解罐放入微波消解仪中。采用 100℃、120℃、150℃、160℃、190℃五步程序升温，升温时间分别是 5min、3min、5min、3min、3min，保温时间分别是 3min、5min、3min、30min、40min。冷却后将样品转移至 50mL 塑料容量瓶中，用去离子水洗涤聚四氟乙烯罐 2～3 次，合并于容量瓶中并定容。同时制备空白试样。

(4) 测定条件　射频发生器功率 1300W。辅助气流量 1.0L/min，雾化气流量 0.8L/min，载气流量 0.7L/min。进样量 1.0mL/min。

(5) 方法评价　测定污泥中 Cu、Zn、Pb、Ni、Cr 含量的 RSD 分别为 1.5%、0.68%、2.2%、2.6%、1.3%。

13.6.2.2 电感耦合等离子体原子发射光谱法测定电镀污泥浸出液中的重金属[21]

(1) 方法提要　采用硫酸-硝酸溶液浸提电镀污泥中的重金属，ICP-AES 测定电镀污泥浸出液中的 Cu、Zn、Ni、Cr、Pb、Cd、Ba 含量。

(2) 仪器与试剂　Agilent Technology 720 型电感耦合等离子体原子发射光谱仪（美国安捷伦科技公司），配有 Agilent Technologies SPS3 自动进样器。JRY-Z10 型全自动翻转式振荡器（湖南金蓉园仪器设备有限公司）。孔径 0.45μm 微孔滤膜。

1000mg/L Cu、Zn、Ni、Cr、Pb、Cd、Ba 多元素混合标准溶液（德国默克化学股份有限公司）。

浸提剂：将 $w=2:1$ 的浓硫酸和浓硝酸混合液加入水中，以 10% 的氨水调节 pH 值为 3.20（近似酸雨）。

硫酸、硝酸、氨水（10%）等试剂均为优级纯。氩气纯度 99.999%。实验用水为去离子水（电阻率不小于 18MΩ·cm）。

(3) 样品制备　将采集的两家电镀厂的电镀污泥自然风干，充分混匀、研磨后，过筛。称取 100g 样品，置于 2L 提取瓶中，加入 1L 浸提剂，旋紧瓶盖后固定在全自动翻转式振荡器上。调节转速为 (30±2) r/min，在 (23±2)℃下振荡 18h，收集浸出液。用硝酸和盐酸进行消解，用 0.45μm 微孔滤膜过滤。

(4) 测定条件　分析线是 Cu 27.395nm，Zn 213.857nm，Ni 231.604nm，Cr 267.716nm，Pb 220.353nm，Cd 214.439nm，Ba 455.403nm。高频发生器功率 1.10kW。等离子气流量 15.0L/min，辅助气流量 1.50L/min，雾化气流量 0.75L/min。分析泵速 15.0r/min。读数时间 5.0s，进样延时 30.0s。

(5) 方法评价　测定 Cu、Zn、Ni、Cr、Pb、Cd、Ba 的检出限 (mg/L) 分别是 0.002、0.002、0.005、0.003、0.010、0.002 和 0.002，远低于国家标准限量值，能够满足分析要求。RSD ($n=6$) <10%。加标回收率为 93.5%～106.0%。校正曲线动态线性范围是

0.05～5.00mg/L，线性相关系数 $r=0.9999$。

13.6.2.3 氢化物发生-电感耦合等离子体原子发射光谱法测定尾矿渣固体废物水浸出液中痕量铅[22]

（1）方法提要 样品用水振荡浸取和硝酸处理后，用自行设计的新型氢化物发生器在 $\varphi=4\%$ 盐酸介质中，用 10g/L 的硼氢化钠-氢氧化钠-铁氰化钾发生氢化物，ICP-AES 测定浸出液中痕量铅。

（2）仪器与试剂 iCAP 6300 型电感耦合等离子体原子发射光谱仪（美国赛默飞世尔科技公司），AAnalyst 800 型原子吸收光谱仪［珀金埃尔默仪器（上海）有限公司］。MCA-E401 微型化学原子化器。HY-2 调速多用振荡器（江苏金坛市中大仪器厂）。SHB-Ⅲ型循环水式多用真空泵（郑州长城科工贸有限公司）。0.45μm 微孔滤膜。

1000μg/mL 铅标准溶液（国家有色金属及电子材料分析测试中心），标准工作溶液由铅标准溶液逐级稀释而成，使用时保持 4%的 HCl 酸度。

还原剂：称取 10g $NaBH_4$、1.75g NaOH、1.0g $K_3Fe(CN)_6$、1.0g 铅稳定剂（自制），一起溶于 100mL 水中。浸取剂：一级水（符合 GB/T 6682）。

所用试剂均为优级纯，实验用水为去离子水。

（3）样品制备 称取 50g 样品（干基）置于 1.0L 提取瓶中，加入 500mL 浸取剂，盖紧瓶盖后将提取瓶固定在水平振荡器上，调节振荡频率为 110 次/min 左右，在室温下振荡 8h 后取下，静置 16h，用 0.45μm 滤膜抽吸过滤。取 50mL 滤液于烧杯中，加入 3.0mL 硝酸，盖上表面皿，在低温电热板上加热蒸至约 25mL，取下稍冷，再加入 2.0mL 硝酸，盖上表面皿，低温加热至溶液澄清后蒸至小体积，转入 50mL 容量瓶中，加入 2.0mL 盐酸，用水稀释至刻度。同时制备两份试剂空白。上机测定时，使用微型化学原子化器中的一根毛细管进样品，另一根毛细管进还原剂，尽量使两根管进样速度一致。

（4）测定条件 分析线 Pb 220.353nm。射频发生器功率 1150W，辅助气流量 1.0L/min，雾化气流量 0.5L/min。蠕动泵转速 50r/min。冲洗时间 25s，积分时间 15s。水平观测方式。

（5）方法评价 测定 Pb 的检出限（$3s$，$n=11$）为 1.0μg/L。校正曲线动态线性范围上限是 100μg/L，线性相关系数为 0.9999。分析两个尾矿渣固体废物样品，RSD<6%。加标回收率为 90.5%～106.5%。测定值与用石墨炉原子吸收光谱法测定值基本吻合。

（6）注意事项 进样量过大影响等离子体的稳定性。在还原剂中加入自制的铅稳定剂，解决了 Pb 测定不稳定的问题。氢化物法测定 Pb 的条件较为苛刻，受 HCl 浓度影响较大。

实验使用的玻璃仪器均需用 $\varphi=20\%$硝酸浸泡 24h。

13.6.2.4 原子吸收光谱法测定固体废物浸出液中的重金属元素[23]

（1）方法提要 固体废物经纯水浸提，浸出液经硝酸消解，用原子吸收光谱法直接测定浸出液中的重金属含量。

（2）仪器与试剂 ICE 3500 型原子吸收分光光度计（美国热电公司）。EH45B 微控数显电热板（北京莱伯泰科科技有限公司）。HY-2 调速多用振荡器（常州国华电器有限公司）。

1000mg/L Cr、Cu、Cd、Zn、Pb 标准样品溶液（国家有色金属及电子材料分析测试中心）。

硝酸，优级纯。

(3) 样品制备 称取50g自然风干污泥试样，置于1L提取瓶中，加入500mL水，盖紧瓶盖后垂直固定在水平振荡装置上，振荡8h后，取下静置16h。用真空抽滤装置抽滤浸出液。移取50mL浸出液置于锥形瓶中，加入5mL浓硝酸，在电热板上于240℃消解约50min，蒸发样液至5mL左右，取下冷却，移至50mL容量瓶中，用1%硝酸定容。

(4) 测定条件 测定Pb、Cu、Cr、Zn、Cd，分析线（nm）分别是Pb 217.0、Cu 324.8、Cr 357.9、Zn 213.9、Cd 228.8，光谱通带（nm）分别是0.5、0.5、0.5、0.2、0.5，PMT电压（V）分别是449、474、331、454、390，空心阴极灯电流（mA）分别是7.5、3.7、12、7.5、4.0，乙炔流量（mL/min）分别是1.1、1.1、1.4、1.2、1.2，空气流量均是5.0L/min，燃烧器高度（mm）分别是7.0、7.0、8.0、7.0、7.0。

(5) 方法评价 测定Pb、Cu、Cr、Zn和Cd的RSD（$n=7$）分别为1.9%、0.3%、0.4%、0.4%和0.2%。加标回收率是97.0%～108%，RSD是0.2%～1.9%。

(6) 注意事项 固体废物所含元素种类复杂，浓度跨度大，在标准工作曲线的选择上需要探索，必要时可以稀释测定。用水作浸提剂，浸出液用硝酸消解处理后可直接用火焰原子吸收法测定。

所有玻璃器皿及容器均经$\psi=50\%$的硝酸浸泡24h以上。

13.6.2.5 悬浮液进样石墨炉原子吸收光谱法测定农用固体废物中铅[24]

(1) 方法提要 采用悬浮液进样，石墨炉原子吸收光谱法测定农用固体废物中的铅。

(2) 仪器与试剂 AA700型原子吸收分光光度计（美国珀金埃尔默公司）。

500μg/mL铅标准储备液，100ng/mL铅标准工作液（1%硝酸为介质）。

35%三乙醇胺（阿拉伯胶）为稳定稀释剂。

(3) 样品制备 准确称取0.1g（精确至0.0001g）已经通过200目筛的农用固体废物试样于25mL比色管中，用35%三乙醇胺稳定稀释剂定容至刻度，制成悬浮液。将悬浮液移入样品杯中测定。同时，用35%三乙醇胺制备试剂空白。

(4) 测定条件 分析线Pb 283.3nm。光谱通带0.6nm。灯电流15mA。进样量10μL，氩载气流量240mL/min。干燥温度90～110℃，灰化温度700℃，原子化温度1600℃，净化温度2500℃。原子化阶段停气。测量方式AA-BG。

(5) 方法评价 测定铅检出限为0.4mg/kg，测定性质接近农用固体废物的标准土壤样品，测定值符合标准样品参考值要求范围。RSD（$n=12$）为1.5%，校正曲线动态线性范围上限是50.0μg/L，线性相关系数$r=0.9999$。

(6) 注意事项 悬浮液的均匀性和稳定性将直接影响分析方法的精密度和准确度，用35%三乙醇胺为稳定剂，将过200目筛的样品制成悬浮液，在1.5h内是稳定的。

13.6.2.6 固体进样石墨炉原子吸收光谱法测定污水处理厂污泥中铅和镉[25]

(1) 方法提要 用石墨舟固体进样，塞曼效应校正背景，GFAAS测定污水厂污泥中的Pb、Cd。

(2) 仪器与试剂 ZEEnit 700P型石墨炉原子吸收光谱仪，SSA600石墨炉固体进样器（德国耶拿分析仪器股份公司）。

100mg/L铅、镉标准溶液（国家有色金属及电子材料分析测试中心）。GSS-25标准土壤（中国地质科学院地球物理地球化学勘查研究所）。

$\rho=1\%$分析纯$NH_4H_2PO_4$（国药集团化学试剂有限公司）。实验用水为去离子水（电阻率18.2MΩ·cm）。

（3）样品制备　精确称取0.2mg经风干后研磨、过200目尼龙筛、混匀后的均质污泥样品，置于固体进样舟中，加入2μL化学改进剂$NH_4H_2PO_4$溶液，将石墨舟放入石墨炉中进行检测。

（4）测定条件　分析线是Pb 283.3nm和Cd 228.8nm。测定Pb、Cd，光谱通带分别是0.5nm和0.2nm，空心阴极灯电流分别是10mA和6mA，灰化温度分别是900℃和700℃，原子化温度是1700℃。测量方式峰面积。塞曼效应校正背景。

（5）方法评价　测定污泥中的铅和镉，检出限（3*s*，*n*=11）分别为1.5μg/g和0.05μg/g。标准曲线动态线性范围上限分别是5.0ng和0.25ng，线性相关系数＞0.9970。测定标准土壤，相对误差分别是－5.5％和－8.0％，RSD（*n*=6）分别是4.0％和5.3％。用本法与传统湿法消解分别测定某污水处理厂污泥样品，测定结果之间无显著性差异。

（6）注意事项　本法是固体进样，取样量小，要保证样品的均一性，否则会严重影响测定结果的精密度。

13.6.2.7 原子荧光光谱法测定活性炭废物中的砷量[26]

（1）方法提要　用硝酸-高氯酸-氢氟酸电热板加热消解活性炭废物，原子荧光光谱法测定其中砷的含量。

（2）仪器与试剂　AFS-230E型原子荧光光谱仪（北京海光仪器有限公司）。微波消解仪，恒温电热板。

100g/L砷标准溶液由国家标准物质研究中心的砷标准储备溶液稀释而成。

盐酸，硝酸，高氯酸，氢氟酸，5g/L氢氧化钠溶液。预还原剂：50g/L硫脲，50g/L抗坏血酸。20g/L硼氢化钠溶液，临用现配。

（3）样品制备　称取0.5g（精确至0.0001g）样品，置于聚四氟乙烯坩埚中，用水润湿样品，加入10mL浓硝酸、5mL高氯酸、2mL氢氟酸置于电热板上，以180～200℃加热，视消解情况，可补加3mL浓硝酸、1mL高氯酸，重复上述消解过程，直至样品彻底消解完全。赶尽高氯酸，稍冷后加入2mL浓盐酸，加水温热溶解可溶性残渣。冷却后转移至50mL容量瓶中定容。

（4）测定条件　PMT负高压260V，砷灯电流40mA。氩载气流速400mL/min，屏蔽气流速1000mL/min。原子化器高度8mm。读数方式峰面积，延迟时间1s，读数时间10s。标准曲线法定量。

（5）方法评价　测定2个活性炭废物样品，RSD（*n*=6）＜7.5％，加标回收率为94.0％～100.5％。校正曲线动态线性范围上限是60.00μg/L，线性相关系数*r*=0.9993。

（6）注意事项　硼氢化钠用量对方法的灵敏度、准确度和稳定性有非常大的影响，浓度过高，氢气产生过量，灵敏度降低，并引起液相、气相干扰；浓度过低，氢化物难以形成。活性炭对重金属有很强的吸附性，微波消解不能使活性炭废物完全消解，样品中的砷不能完全转到消解液中，使得测定结果比电热板消解的结果严重偏低。

13.6.2.8 原子荧光光谱法测定固体废物氧化皮中的砷[27]

（1）方法提要　用盐酸溶解氧化皮粉末，在溶液中添加硫脲和抗坏血酸预还原砷，以盐酸（2＋98）为载流液，10g/L $NaBH_4$和5g/L KOH混合液为还原剂，发生AsH_3导入石英炉原子化器，定量测定砷的含量。

（2）仪器与试剂　AFS-930原子荧光光谱仪（北京吉天仪器有限公司）。

1.0g/L砷标准溶液（国家标准物质研究中心）。国家标准物质GBW07167（中国地质科学院地球物理地球化学勘查研究院），国家标准物质 GBW070080（陕西省地质矿产实验室研究所）。

氢氧化钾、盐酸、硝酸均为 GR 试剂。氩气纯度≥99.99%。实验用水为二次去离子水。

（3）样品制备　称取 0.1g（精确至 0.0001g）粒径小于 0.15mm 的氧化皮粉末样品，置于 150mL 烧杯中，用少量水润湿后，加入 10mL 盐酸在电热板上于 100℃加热至样品溶解完全，冷却后转移至 100mL 容量瓶，加入 10mL 50g/L 硫脲-50g/L 抗坏血酸混合溶液定容。

（4）测定条件　负高压 270V，灯电流 60mA。原子化器温度 473K，载气流量 400mL/min，屏蔽气流量 800mL/min。读数时间 8s，延时时间 2s。测量方式峰面积。标准曲线法定量。

（5）方法评价　测定氧化皮中砷的检出限（$3s$，$n=11$）为 0.12μg/L，RSD（$n=7$）≤4.8%，加标回收率在 97.12%～105.02%。校正曲线动态线性范围上限是 80μg/L，分析 3 个标准物质，测定值与标准值相符。

（6）注意事项　氧化皮中铁含量一般在 70%左右，100μg/L 的砷溶液中添加 0.7g/L 的铁基体，其荧光强度与未添加铁基体的溶液相比没有明显变化，不存在铁基体效应，标准系列中无需添加铁基体匹配。

13.7　土壤及沉积物样品分析

13.7.1　土壤环境及沉积物

土壤是地球表层的重要组成部分，也是人类赖以生存的物质基础，是人类环境的一个重要组成部分。随着工农业的迅速发展，越来越多的污染物通过降雨、大气沉降、地表径流、污灌等途径进入土壤，造成污染。其中，重金属因其毒性大、易积累、不易察觉、难以降解等特性引起广泛关注。为了解土壤中重金属的类别、赋存形态和污染程度，就需要加强对土壤的监测，原子光谱法是监测土壤和沉积物的主要手段之一。

土壤是人类和生物的立足之本，是植物和食物的生长之地，土壤是经济社会可持续发展的物质基础，关系到人民群众身体健康，关系到美丽中国建设，保护好土壤环境是推进生态文明建设和维护国家生态安全的重要内容。没有被污染的原生态土壤是我们的所求，要判断土壤是否被污染，就需要监测人员凭借各种分析手段加以确定，以保证我们立足的家园清洁环保，我们的食品安全可靠。土壤污染是指由于人类的生产和生活活动所产生的对人体有害的物质，通过各种途径进入土壤，并不断蓄积，当这些污染物质的数量超出土壤的自净能力，破坏了动态平衡，就会造成土壤组成、结构和功能的变化，影响农作物和植物的正常生长和发育，降低产量和质量。大范围的土壤污染会影响生态环境，有些污染物在植物根、茎、叶内积累，通过食物链进入人体，严重影响人们的健康。

土壤污染具有隐蔽性、潜伏性、不可逆性、长期性和后果严重性等诸多特点，耕地土壤污染会导致生物品质不断下降，长期污灌会造成严重的土壤污染和农产品质量下降。

《土壤环境监测技术规范》（HJ/T 166—2004）主要由布点、样品采集、样品处理、样品测定、环境质量评价、质量保证及附录等部分构成。在每个部分规范了土壤监测的步骤和技术要求，其中 Cd、Cr、Hg、As、Pb、Cu、Zn、Ni 被列为重点监测项目。

2016 年 5 月，国务院印发《土壤污染防治行动计划》（简称《土十条》），要求对农用地实施分类管理，保障农业生产环境安全，实施建设用地准入管理，防范人居环境风险。

我国《土壤环境质量标准》（GB 15618—1995）自 1995 年发布实施以来，在土壤环境保护工作中发挥了积极作用，但随着形势的变化，已不能满足当前土壤环境管理的需要。在此背景下，《土壤环境质量 农用地土壤污染风险管控标准（试行）》（GB 15618—2018，简称《农用地标准》）[28] 和《土壤环境质量 建设用地土壤污染风险管控标准（试行）》（GB 36600—2018，简称《建设用地标准》）[29] 相继出台，为开展农用地分类管理和建设用地准入管理提供技术支撑，对于贯彻落实《土十条》，保障农产品质量和人居环境安全具有重要意义。

《农用地标准》遵循风险管控的思路，提出了风险筛选值和风险管制值的概念，不再是简单类似于水、空气环境质量标准的达标判定，而是用于风险筛查和分类。这更符合土壤环境管理的内在规律，更能科学合理地指导农用地安全利用，保障农产品质量安全。该标准以保护食用农产品质量安全为主要目标，兼顾保护农作物生长和土壤生态的需要，分别制定农用地土壤污染风险筛选值和管制值，以及监测、实施和监督要求，适用于耕地土壤污染风险筛查和分类。园地和牧草地可参照执行。从保护农产品质量安全角度，《农用地标准》只对 Cd、Hg、As、Pb、Cr 等 5 种重金属制定风险管制值。农用地土壤污染调查监测点位布设和样品采集执行 HJ/T 166 等相关技术规定要求。

《建设用地标准》以人体健康为保护目标，规定了保护人体健康的建设用地土壤污染风险筛选值和管制值，适用于建设用地的土壤污染风险筛查和风险管制。该标准主要是基于保护人体健康，制定相关标准值，而《农用地标准》主要基于保障农产品质量安全，制定相关标准值。二者保护目标不一样，相关标准值推导方法也不一样，不具有可比性。污染物监测执行 HJ/T 166 的规定

土壤及沉积物金属污染物分析方法主要采用仪器分析法，有 ICP-AES 法、石墨炉原子吸收法、火焰原子吸收法、原子荧光法、波长色散 X 射线荧光法、能量色散 X 射线荧光法等；其中 ICP-AES 方法的应用越来越多，其在农业土壤与沉积物的多元素分析时有其独特的分析优势。

与水和大气相比，土壤监测有其特殊性。水和大气都是流动体，处在经常性的运动之中，一旦污染物进入水体或大气后，很容易混合，因而在某一范围内污染物的分布比较均匀。但土壤是固、液、气三相的混合体，主体是固体。当污染物进入土壤后，不易混合均匀，使得样品往往带有很大局限性。这就需要在土壤样品采集时，要特别注意尽可能地保证所采集样品的代表性和合理性。

土壤样品的采集是土壤分析工作中的重要环节，是关系到分析结果和由此得出的结论是否正确的一个先决条件。实践证明，采样误差对结果的影响往往大于分析误差，因此，要求所采集的土样必须具有充分的代表性，能反映土壤的真实情况。土样采集的地点、层次、方法、数量、时间等是由分析目的来决定的。

环境土壤样品采样方式与农业土壤样品采样有很多相似之处，采样方法有对角线采样法、梅花形采样法、棋盘式采样法和蛇形采样法，应该根据具体情况选取合适的采样方法。

土壤重金属测定的前处理过程中，常用电热板湿法消解（常用混酸体系有盐酸-硝酸-氢氟酸-高氯酸、硝酸-氢氟酸-高氯酸、硝酸-硫酸-磷酸等）、干灰化法、微波消解法、悬浮液技术、超声波辅助技术等。

沉积物（sediment）本是地质学的专业术语，为任何可以由流体流动所移动的微粒，并最终成为在水或其他液体底下的一层固体微粒，沉积作用即为混悬剂的沉降过程。江河、海洋及湖泊均会累积产生沉积物。在环境保护领域看来，沉积物可以在陆地沉积或是在海洋沉积。陆生的沉积物虽由陆地产生，但却可以在陆地、海洋或湖泊沉积。沉积物是沉积岩的原

料，沉积岩可以包含水栖生物的化石。这些水栖生物在死后被累积的沉积物所覆盖。未石化的湖床沉积物可以用来测定以前的气候环境。径流的水可以带走土壤微粒及经由陆路流动运送它们到达较低的地面或是到达承受水域，此情况下沉积物会导致土壤侵蚀。环境沉积学是沉积学与环境科学互相渗透、互相结合而发展的一门新兴学科，已成为沉积学研究的前沿之一，它利用沉积学的数据、原理和研究方法，研究人类的活动和沉积循环（风化、侵蚀、沉积及早期成岩作用）间的相互作用、相互制约的关系，以环境和灾害研究为目的，旨在解决人类在开发、利用自然环境时所碰到的地质灾害、水环境污染、海岸带破坏问题，以实现人类社会、经济繁荣与沉积环境保护的协调可持续发展。

水体中的污染物及其转化降解产物在水底沉积物中的积累，会直接或间接对生态系统产生不良影响。与土壤相比，沉积物有一定的含水量，在分析监测方面，与土壤监测具有许多相似之处。表 13-6 列出了土壤和沉积物监测的原子光谱法标准。

表 13-6　土壤和沉积物监测的原子光谱法标准

序号	标准名称	标准号
1	土壤和沉积物　11 种元素的测定　碱熔-电感耦合等离子体发射光谱法	HJ 974—2018
2	土壤和沉积物　总汞的测定　催化热解-冷原子吸收分光光度法	HJ 923—2017
3	土壤 8 种有效态元素的测定　二乙烯三胺五乙酸浸提-电感耦合等离子体发射光谱法	HJ 804—2016
4	土壤和沉积物　铍的测定　石墨炉原子吸收分光光度法	HJ 737—2015
5	土壤和沉积物　汞、砷、硒、铋、锑的测定　微波消解/原子荧光法	HJ 680—2013
6	土壤和沉积物　铜、锌、铅、镍、铬的测定　火焰原子吸收分光光度法	HJ 491—2019

13.7.2　土壤及沉积物样品分析应用实例

13.7.2.1　电感耦合等离子体原子发射光谱测定土壤中有效硅[30]

（1）方法提要　用 0.025mol/L 柠檬酸溶液提取土样中的有效硅，ICP-AES 测定土壤中的有效硅含量。

（2）仪器与试剂　电感耦合等离子体原子发射光谱仪（美国赛默飞世尔科技公司）。DH4000 电热恒温箱（天津市泰斯特仪器有限公司）。

1mg/mL 硅标准溶液（国家标准物质研究中心）。

柠檬酸为分析纯。实验室用水为超纯水（电阻率为 18.25MΩ · cm）。

（3）样品制备　准确称取 10.00g（精确至 0.01g）通过 2mm 筛孔的风干土样于 250mL 的塑料瓶中，加入 100mL 0.025mol/L 柠檬酸溶液，于 30℃的恒温箱中保温 5h，每隔 1h 摇动一次，取出后进行干过滤。同时制备样品空白试样。

（4）测定条件　分析线 Si 251.611nm。射频发生器功率为 1150W。冷却气流量 1.4L/min，辅助气流量 0.5L/min，雾化气压力 250kPa，雾化气流量 0.55L/min。蠕动泵泵速 50r/min。积分时间 15s。

（5）方法评价　测定 Si 的检出限（$3s$，$n=20$）为 0.03μg/mL。RSD 为 0.25%～0.92%，回收率为 95.9%～104.5%。校正曲线动态线性范围上限是 80.0μg/mL，线性相关系数 $r=0.9998$。分析国家土壤有效态一级标准物质，有效硅测定值与标准物质证书给出值基本一致。

13.7.2.2 微波消解-电感耦合等离子体原子发射光谱法同时测定土壤中主次元素[31]

（1）方法提要 在微波消解仪中用硝酸-氢氟酸-过氧化氢消解土壤样品，ICP-AES 同时测定土壤样品中的主次元素。

（2）仪器与试剂 Thermo 7400 全谱直读光谱仪，CID 电荷注入检测器（美国热电公司）。高盐雾化器（美国热电公司）。高通量微波消解仪（上海新仪微波化学科技有限公司）。GWB-1 型超纯水机（北京普析通用仪器有限责任公司），电阻率≥18MΩ·cm。

国家一级标准物质 GBW07402、GBW07403 和 GBW07408（中国计量科学研究院）。

优级纯 HNO_3、HF、H_2O_2、$HClO_4$、HCl（上海国药集团化学试剂有限公司）。高纯氩气（w>99.99%）。

（3）样品制备 准确称取 0.1g（精确至 0.0002g）过 1mm 尼龙筛的土壤样品于微波消解罐中，沿罐壁加入 6mL HNO_3、2mL HF、1mL H_2O_2，摇匀，静置 5～10min，使用功率 1600W，4 步消解程序消解样品，温度分别是 130℃、160℃、200℃和 210℃，消解时间分别是 6min、10min、10min 和 10min。待消解完毕后冷却，取出消解罐，在通风橱中开盖。移取 1mL $HClO_4$ 加于消解罐中，在温度设置为 200℃的电热板上加热，经常摇动消解罐挥发驱硅。当白烟即将冒尽、样品呈黏稠状时，再加热 10min，须防止样品烧干。取下稍微冷却后加 2.5mL 王水（1+1），再加入约 10mL 去离子水，继续加热 5～10min，溶液变为黄色透明无残渣，冷却后转入 25mL 比色管定容。

（4）测定条件 射频发生器功率 1150W。冷却气流量 12L/min，辅助气流量 0.5L/min，雾化气流量 0.7L/min。泵速 50r/min。观测高度 12mm。冲洗时间 30s。重复次数 3 次。

（5）方法评价 测定的检出限（μg/g）分别是 0.366(As)、17.659(Ca)、0.598(Co)、0.598(Cr)、0.614(Cu)、0.685(Fe)、6.241(K)、9.636(Mg)、0.106(Mn)、0.050(Mo)、0.269(Na)、0.027(Ni)、4.219(P)、3.842(Pb)、0.962(Sn)、5.623(Ti)、0.750(V)和 0.510(Zn)。线性相关系数是 0.9950～0.9999。选用国家一级土壤标准物质 GBW07402、GBW07403 和 GBW07408 为质控样品进行方法验证，绝大多数实验结果与标准值吻合，相对标准偏差（RSD）小于 5%。该方法适合大批量土壤中主次元素的快速同时检测。

（6）注意事项 土壤有机质含量如果较高，需延长放置时间或低温加热。在使用电热板加热赶酸时需要摇动罐内的溶液使 SiF_4 完全挥发。在赶酸过程中一定注意样品不能烧焦，否则会导致多种元素测定结果偏低。

实验所使用器皿均采用 HNO_3 溶液（1+3）浸泡至少 24h，用超纯水冲洗干净，烘干。

13.7.2.3 王水消解 ICP-AES 测定土壤/沉积物中 9 种重金属元素[32]

（1）方法提要 用王水回流消解土壤/沉积物，基体匹配法建立校正曲线，Re 为内标，ICP-AES 同时测定土壤、沉积物中的 Be、V、Cr、Mn、Co、Ni、Cu、Zn、Pb 含量。

（2）仪器与试剂 8300 ICP-AES 仪（美国珀金埃尔默公司），Digi PREP 石墨消解仪（美国 SCPSCIENCE 公司），Milli-Q 超纯水机（美国密理博公司），Centrifuge 5804 型离心机（德国 Eppendorf 公司）。

土壤及沉积物成分分析标准物质 GSS 系列（中国地质科学院地球物理地球化学勘查研

究所)。1000mg/L Re标准溶液,环境分析多元素混合标准溶液(美国Accustandard公司)。

盐酸、硝酸均为优级纯,实验用水为二级以上的水。

(3) 样品制备 准确称取0.5g(精确至0.0001g)样品置于50mL消解管中,加入10mL王水,盖上盖子(不拧紧),于石墨消解仪上加热,100℃消解2h,其间每30min摇消解管一次,使样品与酸充分混合。消解结束后,静置冷却至室温,用纯水定容至50.00mL,3000r/min离心5min,取上清液上机测定。

(4) 测定条件 分析线(nm)分别是Be 313.042、V 310.230、Cr 283.563、Mn 259.372、Co 228.616、Ni 341.476、Cu 327.393、Zn 213.857和Pb 220.353。RF发生器功率1300W。冷却气流量12L/min,辅助气流量1L/min,雾化气流量0.7L/min。陶瓷炬管,Mira Mist雾化器。径向观测方式。积分时间30s。

(5) 方法评价 分析10种土壤/沉积物标准物质,Co、Mn、Ni、Cu和Zn的溶出率达80%以上,Pb的溶出率是50%~90%,Be、Cr和V的溶出率是40%~70%。各分析线的检出限($n=11$,mg/kg)分别是0.05(Be)、0.6(V)、0.2(Cr)、0.05(Mn)、0.3(Co)、0.2(Ni)、0.4(Cu)、0.2(Zn)、0.8(Pb)。测定Be、V、Cr、Mn、Co、Ni、Cu、Zn的RSD是0.3%~4.9%,测定Pb的RSD是3.1%~7.6%。回收率为92.1%~104%,检出限、精密度和准确度均满足土壤分析的要求。

(6) 注意事项 土壤样品种类多、基体复杂,用ICP-AES测定土壤样品中重金属含量,基体干扰不容忽视。

13.7.2.4 石墨炉原子吸收光谱法测定土壤中的镉[33]

(1) 方法提要 在高温炉中灼烧除去土壤试样中的有机成分,样品经氢氟酸-盐酸-硝酸-高氯酸混酸消解,不添加化学改进剂,用石墨炉原子吸收光谱法直接测定其中的镉。

(2) 仪器与试剂 TAS 990 Super型原子吸收分光光度计(北京普析通用仪器有限责任公司)。GM3型横向加热石墨管(北京友谊丹诺科技有限公司)。

1000mg/L镉标准储备溶液,100μg/L镉标准溶液。

盐酸、硝酸为优级纯。氢氟酸、高氯酸为分析纯。实验用水为去离子水。

(3) 样品制备 称取0.2500g(精确至0.0001g)室温干燥后粒径小于0.075mm的试样置于5mL瓷坩埚中,放入已升温至500℃的高温炉内,继续升温至650℃,灼烧25~30min。取出冷却后,转移到30mL聚四氟乙烯坩埚中,加入15mL $HCl-HNO_3-HClO_4-HF$混酸($\psi=3:1:1:5$,临用现配),置于低温电热板上加热消解样品,直至$HClO_4$白烟冒尽。取下冷却,加入2.0mL HCl(1+1),用水冲洗坩埚壁,加热溶解盐类后,移入25mL比色管中,用水定容。

(4) 测定条件 分析线Cd 228.8nm,光谱通带2nm,灯电流3.0mA。进样量15μL。干燥和灰化温度分别是120℃与400℃,斜坡升温和保持时间均是7s和5s;原子化温度1400℃,最大功率升温,保持时间3s。除残温度1800℃,斜坡升温和保持时间分别是1s和2s。测量方式峰面积,氘灯扣背景。

(5) 方法评价 测定Cd的检出限是0.006mg/kg。分析4种国家一级标准物质,测定值均在标准值的置信范围之内,RSD($n=5$)<7%。

(6) 注意事项 土壤含有机质,直接加酸消解有机质含量高的样品,样品分解不完全,提取后的溶液浑浊不清。经过灼烧预处理除去样品中的有机质,剩余的残渣再用HCl-

HNO_3-$HClO_4$-HF 消解，溶样时间缩短，减少了酸的用量。镉是易挥发元素，灼烧时温度不宜过高，时间不宜过长。本例称样量 0.25g，在 650℃温度灼烧 25～30min，既去除了有机质，又防止了镉的损失。

13.7.2.5 石墨消解炉消解-火焰原子吸收光谱法测定土壤和沉积物中铜、锌、镍、铬[34]

（1）方法提要 采用盐酸-硝酸-氢氟酸-高氯酸消解样品，FAAS 法在 1%硝酸介质中测定 Cu、Zn、Ni 含量，在 3%盐酸介质中测定 Cr 含量。

（2）仪器与试剂 AA 240FS 型火焰原子吸收光谱仪（美国安捷伦科技公司）。SC191 型智能石墨消解仪（美国 Environmental Express 公司）。

(500±1)mg/L Cu 标准储备溶液（GSB05-1117-2000，1% H_2SO_4 介质），(1000±1) mg/L Zn 标准储备溶液（GSB07-1259-2000，1% HCl 介质），(500±1) mg/L Ni 标准储备溶液（GSB07-1260-2000，1% HNO_3 介质），(500±1)mg/L Cr 标准储备溶液（GSB07-1284-2000，纯水介质），均来自环境保护部标准样品研究所。

土壤、沉积物标准样品 GSS-12(GBW07426)、GSS-23(GBW07452)（中国地质科学院地球物理地球化学勘查研究所）。

盐酸、硝酸、氢氟酸、高氯酸、氯化铵均是优级纯。乙炔气纯度不低于 99.5%（南京天泽气体有限责任公司）。实验用水为二次去离子水。

（3）样品制备 称取 0.2g（精确至 0.1mg）样品置于聚四氟乙烯消解罐中，用少量水润湿，加入 5mL 盐酸，于 100℃下消解 60min，再加入 5mL 硝酸、5mL 氢氟酸和 1mL 高氯酸，加盖，于 120℃下消解 180min，开盖，再于 160℃下消解 120min，最后温度提高至 180℃赶酸，当加热至冒浓高氯酸白烟时，加盖，待消解罐壁上的黑色有机物消失后，开盖，驱赶白烟并蒸至内容物呈不流动状态。用 1%硝酸温热溶解可溶性残渣，转移至 25mL 容量瓶中定容，摇匀，待测。

（4）测定条件 分析线分别是 Cu 324.7nm、Zn 214.0nm、Ni 232.0nm、Cr 357.9nm。测定 Cu、Zn、Ni、Cr，光谱通带分别是 0.5nm、1.0nm、0.2nm、0.2nm，灯电流分别是 5.0mA、5.0mA、4.0mA、9.0mA。贫燃火焰测定 Cu、Zn、Ni，富燃火焰测定 Cr。

（5）方法评价 测定 Cu、Zn、Ni、Cr 的检出限（μg/g）分别为 1.0、0.7、1.5 和 1.5。RSD（$n=6$）为 1.8%～3.4%。校正曲线动态线性范围上限为 1.00mg/L，线性相关系数≥0.9994。分析土壤标准样品 GSS-12 和沉积物标准样品 GSS-23，各元素测定值均在标准值置信范围内。测定土壤和沉积物实际样品的加标回收率为 92.0%～105%。

（6）注意事项

① 消解用酸量过多，赶酸时间长，造成酸浪费和环境污染；酸用量过少，导致消解不完全，造成分析结果不准确。基体盐类的分子吸收可用氘灯或塞曼效应背景校正器扣除。

② 在 Ni 232.0nm 附近有光谱干扰，选择尽可能窄的光谱通带。火焰原子吸收光谱法测定铬，铝、镁等元素易产生干扰，加入氯化铵可消除干扰。

13.7.2.6 微波消解-火焰原子吸收光谱法测定土壤中的重金属元素的含量[35]

（1）方法提要 通过正交试验优化微波消解土壤的条件，火焰原子吸收光谱法测定土壤中 Mn、Pb、Cu、Cr 含量。

（2）仪器与试剂　AA-6300型原子吸收光谱仪（日本岛津公司）。SZ-3自动三重纯水蒸馏器。XH-100A型电脑微波催化合成/萃取仪。DHG 9240型电热恒温鼓风干燥箱，数显恒温水浴锅。

1000mg/L标准储备液：分别称取0.2500g光谱纯$CuSO_4\cdot 5H_2O$、$MnSO_4\cdot H_2O$、$Cr(NO_3)_3\cdot 9H_2O$、$Pb(NO_3)_2$置于100mL烧杯中，加入少量水及5mL HNO_3溶解，移入250mL容量瓶中定容。

HF、HNO_3、$HClO_4$均为优级纯。$Pb(NO_3)_2$、$MnSO_4\cdot H_2O$、$Cr(NO_3)_3\cdot 9H_2O$、$CuSO_4\cdot 5H_2O$均为光谱纯。实验用水为三次蒸馏水。

（3）样品制备　准确称取1.0g土壤样品于100mL锥形瓶中，加入7mL HNO_3-$HClO_4$-HF（$\psi=4:1:2$），加入18mL水稀释，放入微波炉中，在功率为600W、温度为90℃条件下消解30min。待溶液冷却后，过滤，定容于100mL容量瓶中。

（4）测定条件　分析线分别是Cu 324.8nm、Pb 283.3nm、Mn 279.5nm和Cr 357.9nm。测定Cu、Pb、Mn、Cr，光谱通带分别是0.7nm、0.7nm、0.2nm和0.7nm，灯电流分别是6mA、10mA、10mA和10mA，燃烧头高度分别是7.0mm、7.0mm、7.0mm和9.0mm，乙炔流量（L/min）分别是1.8、2.0、2.0和2.8，空气流量均是15L/min。

（5）方法评价　测定Cr、Mn、Pb、Cu，RSD（$n=6$）分别为0.23%、0.19%、0.12%和0.25%，加标回收率分别为101.7%、98.3%、100.6%和107.3%，校正曲线的动态线性范围（mg/L）分别为8.00～64.00、20.00～80.00、5.00～25和6.00～24.00。

13.7.2.7 聚氨酯泡塑富集-石墨炉原子吸收分光光度法测定土壤样品中的痕量铊[36]

（1）方法提要　土壤样品经HCl-HNO_3-$HClO_4$-HF分解后，再加入10% HNO_3。在Fe^{3+}和H_2O_2介质中，痕量铊（Tl）被聚氨酯泡塑富集。用蒸馏水在沸水浴中解脱，以抗坏血酸作化学改进剂消除基体影响，石墨炉原子吸收分光光度法测定痕量铊。

（2）仪器与试剂　Jena AAS vario 6型原子吸收光谱仪（德国耶拿分析仪器股份公司）。MPE 50自动进样器。

1mg/mL铊标准储备液：准确称取1.0000g光谱纯$TlCl_3$，用20mL 8mol/L HNO_3缓慢溶解定容于1000mL容量瓶中。铊标准工作溶液：吸取铊标准储备液用蒸馏水逐级稀释而成。

100mg/mL Fe^{3+}溶液：称取242.5g $FeCl_3\cdot 6H_2O$溶于1000mL容量瓶中，加入30mL王水（1+1），用蒸馏水溶解，定容至刻度。20g/L化学改进剂：称取1.00g抗坏血酸，用蒸馏水溶解并定容于50mL容量瓶中。

市售聚氨酯型泡沫塑料。过氧化氢，硝酸，盐酸，高氯酸，氢氟酸均为优级纯。

（3）样品制备　准确称取0.2500g样品于聚四氟乙烯烧杯中，用少量水润湿后，加入10mL HF、10mL HNO_3、2mL $HClO_4$，在电热板上蒸至冒白烟。用少量水冲洗烧杯内壁，加入20mL 4mol/L HNO_3，在电热板上加热溶解盐类。转入250mL锥形瓶中，用水稀释至约50mL，加入2mL H_2O_2、2mL Fe^{3+}溶液放入一块经过处理的泡沫塑料，排去气泡，于振荡器上振荡30min。取出泡沫塑料，用自来水冲洗，再用去离子水冲洗挤干，放入装有10mL去离子水的25mL比色管中，在水浴锅中于100℃下保持20min，趁热取出泡塑，加入1滴浓硝酸摇匀，冷却后待测。

（4）测定条件　干燥温度120℃，保持时间45s；灰化温度600℃，保持时间15s；原子化温度1600℃，保持时间2s；净化温度2100℃，保持时间2s。原子化阶段氩气流量最小。

分析线 Tl 278.6nm。光谱通带 0.8nm，灯电流 6mA。

（5）方法评价　测定 Tl 的检出限（6s，n=12）为 0.2ng/g。测定国家一级土壤系列标准物质 GBW07401～GBW07428），测定值与标准值相符，相对误差均小于 10%。SD（n=12）是 5.05%～8.74%。

（6）注意事项　玻璃容器对于铊有吸附作用，因此标准工作溶液宜现用现配，最好使用塑料器皿。以盐酸、硝酸、王水作吸附介质，1%～5%的酸度吸附效果较好，盐酸、王水浓度大于 10%后，对泡塑活性有破坏作用，而硝酸酸度增加到 15%泡塑对 Tl 的吸附效果仍较好。因此，本实验采用 10%的硝酸作为泡塑吸附的酸度介质。

13.7.2.8 微波消解石墨炉原子吸收光谱法测定土壤中铅镉策略探析[37]

（1）方法提要　用微波消解法消解土壤样品，石墨炉原子吸收分光光度法测定土壤中的 Pb、Cd 含量。

（2）仪器与试剂　TAS-990 Super 原子吸收分光光度计（北京普析通用仪器有限责任公司）。DHG-9145 电热恒温鼓风干燥箱（上海齐欣公司），FT3000 土壤粉碎机（济南安博公司），Power-1000 超纯水机。MDS-7-07A156 多通道微波消解萃取仪。

土壤质控样品（土壤成分分析标准物质 GBW07402-GSS-2）。500mg/L 铅标准溶液，100mg/L 镉标准溶液（环境保护部标准样品研究所）。

高氯酸、硝酸、氢氟酸、磷酸二氢铵溶液均为优级纯。实验用水为二次去离子水。

（3）样品制备　准确称取土壤样品 0.2g（精确到 0.0001g）于聚四氟乙烯消化罐中，加入 4mL 硝酸、2mL 氢氟酸，混合均匀后按程序进行微波消解：微波功率 600W，在压力 0.5MPa、120℃消解 6min，在压力 1MPa、200℃消解 4min，在压力 2MPa、200℃消解 10min。消解完成后冷却至室温，用 1%硝酸将消解液转移到聚四氟乙烯烧杯中，加入 0.5mL 高氯酸，再转至电热板加热蒸干。用 1%的硝酸溶液溶解残渣，转入 50mL 容量瓶中，加入 3mL 磷酸二氢铵溶液后定容。

（4）测定条件　分析线分别是 Pb 283.3nm、Cd 228.8nm。光谱通带 0.4nm，灯电流 2.0mA。测定 Pb 和 Cd，干燥温度 120℃，灰化温度分别是 450℃和 350℃，原子化温度分别是 1600℃和 1500℃，净化温度分别是 1700℃和 1600℃。

（5）方法评价　测定 Pb 和 Cd 的 RSD（n=6）分别是 3.69%和 4.85%，校正曲线动态线性范围上限分别是 0.80mg/L 和 4.00μg/L。线性相关系数 $r \geqslant 0.9992$。土壤成分分析标准物质（GBW07402），铅的标准值为（20±3）mg/kg，镉的标准值为（0.071±0.014）mg/kg，铅和镉的测定值分别为 20.8mg/kg 和 0.060mg/kg，符合分析要求。

（6）注意事项　镉在低温容易挥发，在灰化的阶段容易造成损失，使用磷酸二氢铵化学改进剂，能较大地提高镉的灰化温度。

13.7.2.9 原子荧光光谱法测定土壤中的汞[38]

（1）方法提要　采用微波消解土壤样品，结合螯合树脂 SPE 预处理柱去除消解液中重金属，原子荧光光谱法测定土壤中的汞。

（2）仪器与试剂　AFS 2300 型原子荧光光谱仪（北京吉天仪器有限公司）。MDS-8 型微波消解仪。螯合树脂 SPE 预处理小柱。

ESS-3 环境标准物质（0.112±0.012）μg/g（中国环境监测总站）。100μg/mL 汞标准储备溶液，使用时用 5%HCl 溶液稀释。

1.0%硼氢化钾和0.1%氢氧化钠混合再生液。5%HCl载流液。

盐酸、硝酸、氢氟酸、硼氢化钾、氢氧化钠均为优级纯。高纯氩载气。实验用水为二次去离子水。

(3) 样品制备　准确称取土壤样品0.2000g置于微波消解罐中，加少量水湿润，加入3mL HNO_3、2mL HF、3mL HCl，旋紧盖子。使用功率1000W，按3步升温程序消解样品。3步温度分别是室温～110℃、110～140℃、140～160℃，升温时间分别是5s、4s、4s，保温时间分别是3s、3s、15s。消解结束冷却后，置于电热板上赶酸，蒸发至内容物呈黏稠状。取下稍冷，加入2.5mL HCl温热溶解可溶性残渣。冷却后全量转移到50mL比色管中，用水定容至标线，再经螯合树脂SPE预处理小柱过滤。同时制备空白样品。

(4) 测定条件　分析线Cd 228.8nm。负高压280V，灯电流80mA。原子化器高度8mm。载气流量400mL/min，屏蔽气流量1000mL/min。注样量0.5mL。

(5) 方法评价　测定Hg检出限($n=11$)为0.01μg/L。对于0.2g土壤样品，汞最低检出量为0.0002μg/g。土壤消解过滤后溶液测定结果在标准值范围内，RSD($n=11$)小于5%，加标回收率为92.8%～104.5%。校正曲线动态线性范围是0.40～4.00μg/L，线性相关系数$r=0.9999$。

(6) 注意事项　汞是易挥发元素，微波消解温度太高，或在消解后在电热板上加热赶酸过程中试样蒸干，会造成汞的挥发损失，控制消解温度不能超过170℃，赶酸过程中试样不能蒸干。在计算土壤中汞的含量时，必须扣除样品中水分含量。土壤中水分含量测定方法参见《土壤水分测定法》(NY/T 52—1987)。

13.7.2.10　快速微波消解-原子荧光光谱法测定土壤砷汞的含量[39]

(1) 方法提要　用HCl-HNO_3微波消解土壤样品，原子荧光光谱法测定As、Hg。通过国家标准物质验证。

(2) 仪器与试剂　AFS-2100原子荧光光谱仪(北京海光仪器有限公司)。Master 40微波消解仪。

1000mg/L砷、汞元素标准溶液(国家有色金属及电子材料分析测试中心)。GSS-14、GSS-21、GSS-24、GSS-25标准物质(中国地质科学院地球物理地球化学勘查研究所)。

硝酸、盐酸、硼氢化钾、硫脲、氢氧化钾、抗坏血酸均为优级纯。

(3) 样品制备　准确称取0.5000g试验土壤样品，加入一定量盐酸-硝酸-纯水($\psi=3:1:4$)的混酸，100℃/7min+180℃/15min消解样品。消解后定容至50mL。

(4) 测定条件　测定As和Hg，负高压270mV，灯电流分别是55mA和25mA。载气流量分别是300mL/min和400mL/min，屏蔽气流量分别是800mL/min和1000mL/min。原子化器高度8cm，测量方式峰面积。测定As、Hg，均采用5%的盐酸溶液作为载流液和2%硼氢化钾的0.5%氢氧化钾溶液为还原剂。测定As采用5%硫脲-抗坏血酸预还原20min后测定，汞直接上机测定。

(5) 方法评价　测定As、Hg检出限分别为0.009mg/kg和0.002mg/kg，RSD($n=6$)分别为2.15%～7.23%和2.97%～9.31%。分析盐碱土、砖红壤和滩涂沉积物实际样品，加标回收率As是98.0%～102%，Hg是98.0%～105%。校正曲线动态线性范围上限As是40.0μg/L，Hg是2.0μg/L，线性相关系数$r=0.9999$。

13.7.2.11　一次消解土壤样品同时测定汞、砷和硒[40]

(1) 方法提要　用程序控温石墨自动消解仪，王水-氢氟酸-硼酸混合酸消解样品，氢化物发生-原子荧光光谱法（HGAFS）同时测定同一消解液中 Hg、As、Se 的含量。

（2）仪器与试剂 AFS-9700 型原子荧光光谱仪（北京科创海光仪器有限公司）。AJY 6000U 艾科浦超纯水机，Speed Wave4 微波消解仪（德国 Berghof 公司）。胜谱 DS360 型自动程序控温石墨消解仪（中国广州分析测试中心）。

HNO_3、HCl、HF 均为优级纯，KBH_4、KOH、硼酸、硫脲、抗坏血酸均为分析纯。

（3）样品制备 称取 0.5g（精确至 0.0001g）风干、过筛 100 目的土壤样品，置于聚四氟乙烯消解罐中，先用少量水浸润，然后依次加入 6mL HCl、2mL HNO_3、2mL HF，混匀后加上弯颈小漏斗，冷消化过夜。次日置于石墨消解仪上，按照设定的消解程序消解：室温→100℃保持 0.5h→160℃保持 1～2h→120℃保持 1～2h→100℃保持 1～2h，待土壤消解成灰白色，无需赶酸处理，冷却后加入 3mL 100g/L 硼酸（H_3BO_3）溶液，用超纯水定容至 25mL。

（4）测定条件 分别移取适量消解液上清液分别加入 $\psi=50\%$ HCl 和 $\rho=10\%$ 硫脲＋$\rho=10\%$ 抗坏血酸混合溶液，用超纯水稀释，定容于 10mL 样品管中，用表 13-7 中的还原剂和载流液进行 HGAFS 测定。

表 13-7 还原剂和载流液制备（定容 10mL）

元素	50% HCl/mL	10%硫脲＋10%抗坏血酸/mL	还原剂	载流液
Hg	1.0	—	0.01% KBH_4＋0.2% KOH	5% HCl
As①	2.0	1.0	1.0% KBH_4＋0.2% KOH	10% HCl
Se①	4.0	—	1.0% KBH_4＋0.5% KOH	5% HCl

① 室温低于 15℃，需置于 30℃水浴中保温 20min。

（5）方法评价 测定 Hg、As、Se 的 RSD（$n=3$）分别为 2.8%～9.2%、3.7%～7.7%和 2.1%～9.3%，回收率分别为 84.3%～108.3%、84.3%～105.3%和 79.9%～108.5%。分析国家标物中心有证土壤环境标准物质 GSS-1～GSS-8，测定值在标准偏差±1s 允许范围内，可以满足不同类型土壤中 Hg、As 和 Se 的检测要求。

参考文献

[1] 姜娜．电感耦合等离子体质谱技术在环境检测中的应用进展．中国环境监测，2014，30（2）：118-122.

[2] 时亮，隋欣．电感耦合等离子体-原子发射光谱法的应用．化工技术与开发，2013，42（5）：17-21.

[3] HJ/T 353—2019 水污染源在线监测系统（COD_{Cr}、NH_3-N 等）安装技术规范．

[4] 沙德仁，杨静．电感耦合等离子体发射光谱法测定工业废水中 32 种元素．现代科学仪器，2016（6）：120-123，128.

[5] 胡勇．石墨消解-ICP-OES 法测定印染废水中总锑研究．环境科学与管理，2019，44（3）：140-143.

[6] 周丽，马艾丽，李大伟．ICP-OES 测定电镀废水中的铜、锌、铅、铬、镉、镍．广东化工，2016（16）：176，186.

[7] 贺小双，薛晓康，林建．电感耦合等离子体原子发射光谱（ICP-AES）法测定工业废水中的颜料绿．中国无机分析化学，2017，7（4）：1-4.

[8] Tetsuo Inui，Atsuko Kosuge，Atsushi Ohbuchi，et al. Determination of heavy metals at sub-ppb levels in water by graphite furnace atomic absorption spectrometry using a direct introduction technique after preconcentration with an imino-diacetate extraction disk. American Journal of Analytical Chemistry,

2012，3（10）：683-692.
[9] 张凯．氢化物发生原子荧光法同时测定水中硒和锑．华北国土资源，2017，6：113-114，117.
[10] 苏希鹏，孙武豪，杨琳．ICP-OES 在工作场所空气中铅、锰、镉等 11 种金属毒物检测中的应用研究．分析仪器，2019（1）：65-70.
[11] 张六一，付川，杨复沫，等．微波消解 ICP-OES 法测定 $PM_{2.5}$ 中金属元素．光谱学与光谱分析，2014（11）：3109-3112.
[12] 李小娟，刘德晔，朱宝立，等．ICP-AES 法测定工作场所空气中三乙基铝转化物（以铝计）．中国工业医学杂志，2018，31（1）：70-72.
[13] 冯冠颖．运用原子吸收光谱法测定大气颗粒物中的重金属．科技与创新，2016（7）：85-86.
[14] 巴音，姜北岸．石墨炉原子吸收法测定环境空气中铅．能源与环境，2015（6）：92，94.
[15] 陈滨．微波消解火焰原子吸收法测定空气中的锰．污染防治技术，2016，29（5）：46-48.
[16] 柳昭，龙亮，禹莲玲，等．氢化物发生-原子荧光光谱法测定大气沉降物中砷含量．中国无机分析化学，2018，8（4）：9-12.
[17] 袁艺．微波消解原子荧光法测定工业废气中汞．污染防治技术，2015，28（06）：56-58，81.
[18] 尹洧，章连香．环境固体废物的监测技术及其应用．中国无机分析化学，2019，9（5）：19-24.
[19] 钱汉卿，徐怡珊．化学工业固体废物资源化技术与应用．北京：中国石化出版社，2007：2.
[20] 袁军成，胡珊，王东．全自动石墨消解 ICP-AES 法测定污泥中的重金属．广东化工，2019，46（8）：186-187.
[21] 徐国津，樊颖果，赵倩．电感耦合等离子体原子发射光谱法测定电镀污泥浸出液中的重金属．化学分析计量，2014（3）：32-34.
[22] 贺攀红，杨珍，荣耀，等．氢化物发生-电感耦合等离子体原子发射光谱法测定尾矿渣固体废物水浸出液中痕量铅．冶金分析，2014，34（7）：43-46.
[23] 付翠轻，曹艳梅，李歆琰，等．原子吸收光谱法测定固体废物浸出液中的重金属元素．环保科技，2017（6）：49-51.
[24] 姜国君．悬浊液进样石墨炉原子吸收光谱法测定农用固体废弃物中铅．农业与技术，2013（9）：193.
[25] 姜欣．固体进样石墨炉原子吸收光谱法测定污水处理厂污泥中铅和镉．化学工程师，2018，32（6）：31-32，48.
[26] 朱红波．原子荧光光谱法测定活性炭废物中的砷量．湖南有色金属，201，（3）：70-72.
[27] 张庆建，丁仕兵，郭兵，等．原子荧光光谱法测定固体废弃物——氧化皮中的砷．中国无机分析化学，2013，3（2）：25-27.
[28] GB 15618—2018 土壤环境质量 农用地土壤污染风险管控标准（试行）.
[29] GB 36600—2018 土壤环境质量 建设用地土壤污染风险管控标准（试行）.
[30] 周大颖，龚小见，钟宏波．电感耦合等离子体发射光谱（ICP-OES）测定土壤中有效硅．贵州师范大学学报（自然科学版），2018，139（3）：56-59.
[31] 余海军，张莉莉，屈志朋，等．微波消解-电感耦合等离子体原子发射光谱（ICP-AES）法同时测定土壤中主次元素．中国无机分析化学，2019，9（1）：34-38.
[32] 陈泽智．王水消解 ICP-OES 测定土壤/沉积物中 9 种重金属元素研究．环境科学与管理，2018，43（1）：128-131.
[33] 李雪晴，李洪刚．石墨炉原子吸收光谱法测定土壤中的镉．现代科学仪器，2016（5）：115-117.
[34] 任兰，胡晓乐，吴丽娟．石墨消解-火焰原子吸收光谱法测定土壤和沉积物中铜、锌、镍、铬．化学分析计量，2018，27（2）：14-17.
[35] 任海仙，王迎进．微波消解-火焰原子吸收光谱法测定土壤中的重金属元素的含量．分子科学学报，2009，25（3）：213-216.
[36] 王龙山，张学华，牟乃仓，等．聚氨酯泡塑富集-石墨炉原子吸收分光光度法测定土壤样品中的痕量

铊．陕西地质，2008，26（2）：103-108.
［37］ 汪小艳．微波消解石墨炉原子吸收法测定土壤中铅镉策略探析．中国新技术新产品，2017（11）：11-12.
［38］ 张峰．原子荧光光谱法测定土壤中的汞．环境与发展，2014，26（1）：165-166.
［39］ 李方明，唐富江，杨程皓，等．快速微波消解-原子荧光光谱法测定土壤砷汞的含量．化学研究与应用，2018，30（8）：1362-1366.
［40］ 钱薇，唐昊冶，王如海，等．一次消解土壤样品测定汞、砷和硒．分析化学，2017，45：1215-1221.

·第14章·

原子光谱在食品分析中的应用

14.1 概述

“民以食为天，食以安为先”。食品是人类生存与发展的最基本物质，为人类提供维持生命和身体健康的能量与多种营养及功能成分。但是近年来由于环境污染导致的食品安全问题引起了社会极大关注。因此，食品的品质直接关系到人类生存与生活的质量。为了保证食品的营养与质量安全，必须对食品的品质进行分析评价。

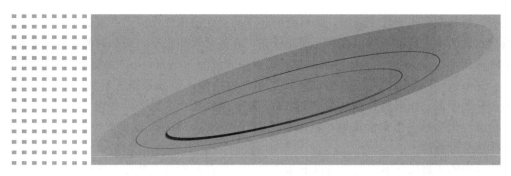

食品按照种类可划分为谷类、薯类、豆类、蔬菜类、水果类、畜禽类、乳类、蛋类、菌藻类、水产类、坚果类、油脂类、酒水饮料类、果脯蜜饯类、调味品类等[1]。食品中含有元素 50 多种，其中 C、H、O、N 是构成食品中水分和有机物的基本元素。除此之外，其他的元素统称为矿物质元素，这些元素从营养学角度可分为常量元素和微量元素两类。常量元素包括 K、Na、Ca、Mg、S、P、Cl 7 种，它们在人体内的含量一般大于体重的 0.01%，每日膳食需要量在 100mg 以上。另一类是微量元素，它们在代谢上同样重要，但含量相对较少。微量元素按照生物学在体内的含量小于 0.01%，每日膳食需要量以微克至毫克计。根据 FAO/WHO 国际组织的专家委员会在 1995 年重新界定的必需微量元素的定义，认为维持正常人体生命活动必不可少的必需微量元素共有 10 种，即 Fe、Zn、Cu、Mn、Co、Mo、Se、Cr、I、F；人体可能必需的微量元素有 4 种，即 Si、B、V 和 Ni；具有潜在的毒性但在低剂量时可能具有功能作用的微量元素有 7 种，即 Pb、Cd、Hg、As、Al、Li、Sn。目前 7 种有毒元素尚未证实对人体具有生理功能，但其中部分元素只需极小的剂量即可导致人类机体呈毒性反应，而且这类元素容易在人体内蓄积，且半衰期都很长。随着有毒元素蓄积量的增加，机体会出现各种中毒反应，如致癌、致畸甚至死亡。因此，必须严格控制这类元素在食品中的含量[2]。

微量元素的需求量必须严格控制在一定浓度范围内，只有在这个特定范围内才能维持人体组织结构的正常功能，当其浓度低于这个范围时，组织功能就会减弱或不健全，甚至会受到损害；当其浓度高于这个范围，则可能引起不同程度的毒性反应，严重的会导致死亡。不同微量元素的浓度范围不同，有些元素比较宽，有些元素却很窄，例如硒的正常需要量和中毒量之间相差不到10倍。人体对硒的每日安全摄入量为50～200μg，如低于50μg会导致心肌炎、克山病等，并诱发免疫功能低下和老年性白内障；但如果摄入量在200～1000μg之间则会导致中毒；如果每日摄入量超过1mg则可导致死亡。另外，微量元素的功能形式、化学价态与化学形态也非常重要，例如铬，Cr(Ⅵ)对人体的毒害很大，而适量的Cr(Ⅲ)对人体则是有益的[3]。

食品中的矿物质元素主要来自以下几种途径：①食品本身天然存在的矿物质元素，由地质、地理、生物种类、品种等自然条件决定；②食品生产中人为添加的营养强化剂、食品添加剂等所引入的微量元素；③在食品生产、加工、包装、贮存过程中使用各种人工合成化学品和新材料引入食品内的微量元素；④环境包括土壤、空气、水源污染，以及农药、化肥的过量使用，通过生物链在动、植物体内富集的有毒元素[4]。

为了保证人们的饮食安全，世界各国都制订了微量元素和有毒元素在各类食品中的限量标准，同时制定了各类卫生标准相对应的标准分析方法。我国食品安全国家标准《食品安全国家标准　食品中污染物限量》（GB 2762—2017）规定了食品中Pb、Cd、Hg、As、Cr、Al、Se、F，以及植物性食品中稀土元素的限量[5]；GB/T 5009系列标准规定了K、Na、Ca、Mg、P、Fe、Mn、Zn、Cu、Pb、F、Cr、Cd、Sb、Ge、Ni、Sn、As、Al、Hg以及植物性食品中的稀土元素的分析方法[6]。原子发射光谱法（AES）、原子吸收光谱法（AAS）和原子荧光光谱法（AFS）作为常见的国家标准推荐使用方法，在食品中的常量元素和微量元素含量的分析检测中得到了广泛的应用。

14.2 食品分析

14.2.1 食品分析特点与要求

食品的种类繁多、形态多样，各种食品所含营养成分的种类和数量不同，由于农药和工业“三废”对食品的污染，以及在生产、加工、运输、包装、贮藏过程中可能受到某些有害成分的污染，或不合理使用添加剂，使食品分析的范围比较广泛，也较复杂。根据食品中所含成分与人体健康的关系，食品分析的内容主要分为营养成分的分析和有害成分的分析两大类。特别是对于限量元素分析要求灵敏度高、特异性强，是一项痕量组分的分析技术。由于食品样品组成成分较为复杂，干扰因素较多，元素在食品中的存在形式多样，不同元素的理化性质也存在较大差异，因此在分析前需要采用适当的样品预处理方法，以破坏有机质，提取分离其中的待测元素，再根据元素的性质利用适宜的分析方法进行测定。

食品中元素的分析方法包括样品采集与预处理、试样消解与制备以及应用原子光谱仪器进行分析检测几个步骤。

14.2.2 食品样品采集

食品样品的采集又称为采样，是指从大量分析对象中抽取具有代表性的一部分样品作为分析检验样品的过程。采样是食品分析工作的首要步骤，采样的准确直接影响到分析结果的准确性。

14.2.2.1　采样原则

食品样品采集时应遵守如下原则：①代表性：所采集到的样品要求具有代表性和均匀性，能全面反映被测食品的组成、质量、性质等信息。②真实性：所采集检测样品来源必须准确可靠。采样后应迅速认真填写采样记录，注明采样单位、地址、日期、采样条件、样品批号、采样数量、储存条件、外观、检验项目及采样人等详细信息。③准确性：应严格按照采集样品的要求进行采样，做到准确无误。采样工具及储存器材必须干燥洁净，采样过程中要设法保持原有食品的理化指标，防止待测成分逸散或玷污，避免引入有害物质或其他影响检测的杂质。④及时性：采样后应在 4h 内迅速送达化验室进行检验，避免样品在化验前发生诸如颜色、状态、气味等物性的变化而影响检测结果。

14.2.2.2　采样程序

①得到原始样品：从大批的物料不同部分抽取的少量物料作为检样，再将检样综合到一起称为原始样品。②获得平均样品：从原始样品中按照规定方法进行混合平均，均匀地分出一部分，作为平均样品。③测试样品：将平均样品分为 3 份，分别作为检验样品、复验样品和保留样品。④填写采样记录：食品样品采集以后应认真填写采样记录单，记录单主要包括被采样单位、样品名称、采样地点、样品产地、商标、数量、生产日期、生产批号、样品状态、被采样的产品数量、包装类型和规格、感官所见指标（主要包括包装有无破损、变形，有无发霉、变质、污染等），以及采样方式、采样目的、采样现场环境、采样人、采样日期等信息。

14.2.2.3　采样方法

为了使采集的样品的特性最大限度地接近总体，保证样品对总体有充分的代表性，采样时必须注意食品的生产日期、批号的均匀性，让处于不同方位、不同层次的食品有均等的被采集机会，即采样时不要带有主观任意性，只选择大的、成熟的或只采集小的、差的。

样品的采集方法有随机抽样和代表性抽样两种。

(1) 随机抽样　按照随机原则从大批物料中随机抽取部分样品。所有物料的各个部分都有被抽到的同等概率。随机取样是取样的基本形式，特点是既排除了人的主观随意性，也丧失了人的主观能动性。

(2) 代表性抽样　以了解食品随空间（位置）和时间而变化的规律为基础，按此规律进行抽样，使采集的样品能代表其相应部分的组成和质量，如分层抽样，将总体按时间、空间、类型划分为若干同质层，再在同质层内随机抽样，将科学分组法与随机抽样法结合在一起，特点是分组减少了各同质层变异性的影响，随机抽样保证了样本有足够的代表性。例如随生产过程的各个环节抽样检查、商品抽检定期抽取货架上陈列的不同时间的食品等。

采样时，一般采用随机采样和代表性抽样相结合的方式，具体的采样方法则随分析对象的性质而异。

14.2.2.4　各类食品的采样

由于食品种类繁多，有罐头类食品，有乳制品、饮料、蛋制品和各种小食品等。另外食品的包装类型也很多，有散装，还有袋装、桶装、听装、木箱或纸盒装、瓶装等。食品采样的类型也不一样，有的是成品样品，有的是半成品样品，有的还是原料或辅料的样品。尽管商品的种类不同，包装形式也不同，但是采取的样品一定要具有代表性，也就是说采样要能代表整个批次的样品的特性，对于各种食品采样方法中都有明确的采样数量和方法说明[7]。

（1）颗粒状样品　对于这些样品采样时应从各个角落，上、中、下各取一部分，然后混合，用四分法得平均样品。

（2）半固体样品　对桶（缸、罐）装样品，确定采样桶（缸、罐）数后，用虹吸法分上、中、下三层分别取样，混合后再分取，缩减得到所需数量的平均样品。

（3）液体样品　先混合均匀，分层取样，每层取500mL，装入瓶中混匀得平均样品。

（4）小包装的样品　对于小包装的样品是连同包装一起取样（如罐头、奶粉），一般按生产班次取样，取样数为1/3000，尾数超过1000的取1罐，但是每天每个品种取样数不得少于3罐。

（5）鱼、肉、果蔬等组成不均匀的固体样品　不均匀的固体样品类，根据检测的目的，可对各个部分分别采样，经过捣碎混合成为平均样品。不均匀的固体样品（如肉、鱼、果蔬等），可对各个部分（如肉，包括脂肪、肌肉部分；蔬菜包括根、茎、叶）捣碎混合成为平均样品。如果分析水质对鱼类的污染程度，只取内脏即可。如部位极不均匀，个体大小及成熟度差异大，更应该注意取样的代表性。个体较小的鱼类可随机取多个样，切碎、混合均匀后分取缩减至所需要的量；个体较大的鱼，可从若干个体上切割少量可食部分，切碎后混匀，分取缩减。果蔬类先去皮、核，只留下可食用的部分。

体积小的果蔬，如葡萄等，随机取多个整体，切碎混合均匀后，缩减至所需量。对体积大的果蔬，如番茄、茄子、冬瓜、苹果、西瓜等，按个体的大小比例，选取若干个个体，对每个个体单独取样。取样方法是从每个个体生长轴纵向剖成4份，取对角线2份，再混合缩分，以减少内部差异。体积膨松型，如油菜、菠菜、小白菜等，应由多个包装（捆、筐）分别抽取一定数量，混合后做成平均样品。包装食品（罐头、瓶装饮料、奶粉等）按批号，分批连同包装一起取样。如小包装外还有大包装，可按比例抽取一定的大包装，再从中抽取小包装，混匀后，作为采样需要的量。各类食品采样的数量、采样的方法如有具体规定，可予以参照。

14.2.2.5　采样注意事项

① 采样所用工具都应做到清洁、干燥、无异味，不能将有害物质带入样品中。供微生物检验的样品，采样时必须按照无菌操作规程进行，避免取样染菌，造成假染菌现象；检测痕量或超痕量元素时，要对容器进行预处理，防止容器对检测的干扰。

② 要保证样品原有微生物状况和理化指标不变，检测前不得出现污染和成分变化。

③ 采样后要尽快送到实验室进行检测，以能保持原有的理化、微生物、有害物质等存在状况，检测前也不能出现污染、变质、成分变化等现象。

④ 装样品的器具上要贴上标签，注明样品名称、取样点、日期、批号、方法、数量、分析项目、采样人员等基本信息。

14.2.3　食品样品的保存

制备好的样品应尽快检测，如不能马上检测，则需妥善保存，防止样品发生受潮、挥发性成分散失、风干、变质等现象，确保其成分不发生任何变化。保存的方法是将制备好的样品装入密闭、干净的容器中，置于暗处保存；易腐败变质的样品应保存在0～5℃的冰箱中；易失水的样品应先测定水分。存放的样品应按日期、批号、编号摆放，以便查找。

一般检测后的样品还需保留一个月，以备复查。保留期限从签发报告单算起，易变质食品不予保留。对感官不合格样品可直接定为不合格产品，不必进行理化检测。

14.2.4　食品样品的制备

按采样规程采取的样品一般数量过多、颗粒大、组成不均匀。样品制备的目的就是对上述采集的样品进一步粉碎、混匀、缩分，保证样品完全均匀，在样品分析的时候，取任何部分都能代表全部被测物质成分。

制备方法有如下几种：

（1）液体、浆体或悬浮液体　通过搅拌工具，如玻璃搅拌棒或电动搅拌器搅拌样品使其充分均匀。

（2）互不溶的液体　如油与水的混合物，应先使不同成分分离后，再分别采样。

（3）固体样品　应切细、捣碎，反复研磨或用其他方法研细。常用工具有绞肉机、磨粉机、研钵等。用四分法采取制备好的均匀样品。

（4）水果罐头　在捣碎前须清除果核。肉禽罐头应预先清除骨头，鱼类罐头要将调味品（葱、辣椒及其他）分出后再捣碎。常用工具有高速组织捣碎机等。

14.2.5　食品样品预处理

食品种类繁多、组成复杂，而且各组分（如糖类、脂肪、蛋白质、维生素等）之间往往又以复杂的结合形式或络合形式存在。在分析食品中某种组分时，其他组分的存在常对分析测定带来干扰，使测定结果达不到预期目的。因此，为了保证分析工作的顺利进行并获得准确的分析结果，就需要在正式分析测定之前，对样品进行适当的预处理，使被测组分同其他组分分离或者使其他的干扰物质被除去。样品预处理是整个食品分析过程中的一个重要环节，直接关系着检测的成败与分析结果的准确性。

样品的预处理方法有很多，但在具体应用时，可根据待测食品的特点、被测物质的特点及分析项目等进行合理的选择。有时还需要将几种不同预处理方法配合使用，以期得收到理想的分析结果[8]。

本书专设了“第 6 章原子光谱分析样品前处理”，比较详细地介绍了样品前处理技术及其发展趋势，在此不再赘述。

14.2.6　食品原子光谱分析标准方法

国外的食品检测技术标准主要包括国际标准和各国自身制定的标准。国际上制定有关食品检测方法标准的组织有国际食品法典委员会（CAC）、国际标准化组织（ISO）、美国分析化学家协会（AOAC）、欧盟（EU）等。我国现行的食品质量标准按效力或标准的权限分为国家标准、行业标准、地方标准和企业标准。国家标准是指由国务院标准化行政主管部门制定的、全国食品工业必须共同遵守的统一标准。国家标准又分为强制性国标（GB）和推荐性国标（GB/T）。食品原子光谱分析标准见表 14-1。

表 14-1　食品原子光谱分析标准

序号	标准名称	标准号
1	食品安全国家标准　食品中总砷及无机砷的测定	GB 5009.11—2014
2	食品安全国家标准　食品中铅的测定	GB 5009.12—2017

续表

序号	标准名称	标准号
3	食品安全国家标准　食品中铜的测定	GB 5009.13—2017
4	食品安全国家标准　食品中锌的测定	GB 5009.14—2017
5	食品安全国家标准　食品中镉的测定	GB 5009.15—2014
6	食品安全国家标准　食品中总汞及有机汞的测定	GB 5009.17—2014
7	食品安全国家标准　食品中铁的测定	GB 5009.90—2016
8	食品安全国家标准　食品中钾、钠的测定	GB 5009.91—2017
9	食品安全国家标准　食品中钙的测定	GB 5009.92—2016
10	食品安全国家标准　食品中硒的测定	GB 5009.93—2017
11	食品安全国家标准　食品中铬的测定	GB 5009.123—2014
12	食品中锗的测定	GB/T 5009.151—2003
13	食品安全国家标准　食品中锡的测定	GB 5009.16—2014
14	食品安全国家标准　食品中镍的测定	GB 5009.138—2017
15	食品安全国家标准　食品中铝的测定	GB 5009.182—2017
16	食品安全国家标准　食品中镁的测定	GB 5009.241—2017
17	食品安全国家标准　食品中锰的测定	GB 5009.242—2017
18	食品安全国家标准　食品中多元素的测定	GB 5009.268—2016
19	食品安全国家标准　饮用天然矿泉水检验方法	GB 8538—2016
20	生活饮用水标准检验方法　金属指标	GB/T 5750.6—2006

14.3 食品分析应用实例

14.3.1 谷类、薯类、淀粉及其制品分析

14.3.1.1 微波消解-等离子体原子发射光谱法测定粮食中 14 种元素含量[9]

（1）方法提要　试样经过 HNO_3-H_2O_2（ψ=5∶1）消解后，样液直接导入电感耦合等离子体原子发射光谱仪测定，标准曲线法定量。同时测定 8 种粮食中的 Mo、Co、Se、Si、Mn、Cu、Ba、Fe、P、Zn、K、Na、Mg 和 Ca 等 14 种元素的含量。

（2）仪器与试剂　Prodigty XP 型高频电感耦合等离子体原子发射光谱分析仪（美国利曼公司）；MWS-2 型红外测温微波压力消解系统（德国 Berghof 公司）。

1000mg/L Mo、Co、Se、Si、Mn、Cu、Ba、Fe、P、Zn、K、Na、Mg 和 Ca 标准储备液（国家钢铁材料测试中心）。

HNO_3，H_2O_2 均为优级纯。实验用水为去离子水。

（3）样品制备　用粉碎机捣碎样品，过 74μm 筛子，60℃下烘干 4h。冷却后，准确称取样品 0.5g，放入干净的聚四氟乙烯消解罐中，加入 5mL 消解液［HNO_3-H_2O_2（ψ=5∶1)］，按程序升温进行微波消解，微波消解程序见表 14-2。消解完毕，冷却至室温，将消解液移至 50mL 容量瓶中，用 1%稀硝酸定容至刻度，按消解样品同样的步骤做空白溶液 2 份，待 ICP-AES 测定。

表 14-2 14 种元素测定的微波消解程序

升温步骤	功率/%	时间/min	温度/℃
1	75	5	145
2	90	10	180
3	40	10	100

(4) 测定条件 Prodigty XP 型高频电感耦合等离子体原子发射光谱分析仪的分析条件：射频功率 1.2kW，高频频率 27.02MHz，载气（雾化器）流量 32psi（1psi = 6894.76Pa），冷却气流量 20L/min，溶液提升量 1.2mL/min，观察高度 15mm，光室温度 34℃，积分时间 10s，重复测定次数 3 次，等离子观测方式为水平观测，绘制校正曲线并计算各元素的含量。元素的分析线和特性参数列于表 14-3。

表 14-3 测定各元素的分析线和特性参数

分析线/nm	检出限/(μg/mL)	RSD/%	平均回收率/%	线性范围/(μg/L)	相关系数
Mn 277.540	1.38	2.31	95.8	0.00625～0.1	0.9999
Co 236.397	2.29	1.75	101.59	0.00625～0.1	0.9999
Se 203.930	18.72	2.09	97.85	0.005～0.25	0.9997
Si 251.611	2.94	2.21	101.37	0.1～10	0.9999
Mn 293.306	0.27	1.49	100.36	0.1～10	0.9999
Cu 327.396	2.15	0.99	99.94	0.1～10	0.9999
Ba 233.527	0.24	1.27	97.72	0.625～10	0.9999
Fe 259.940	0.69	1.93	100.39	0.625～10	0.9999
P 213.618	9.78	1.85	97.73	0.625～10	0.9996
Zn 206.200	0.67	1.08	98.43	1.25～20	0.9999
K 766.494	10.58	2.31	99.82	1.25～20	0.9996
Na 589.592	7.49	3.58	105.46	1.25～20	0.9992
Mg 285.213	6.97	1.86	99.71	1.25～20	0.9999
Ca 317.933	2.51	2.0	101.82	1.25～20	0.9996

(5) 方法评价 该方法快速简便、准确度高、精密度好，可用于大米、燕麦、黑豆、绿豆、玉米、高粱、小米等粮食中 14 种元素的分析，结果令人满意。

(6) 注意事项 在所测定粮食样品中共存的微量元素较多、含量相差较大，所以选择信噪比高、互相干扰小的元素作为检测目标，选择干扰小的谱线为特征分析线。

14.3.1.2 微波消解-电感耦合等离子体原子发射光谱法测定大米中铜、锰、铁、锌、钙、镁、钾、钠 8 种元素[10]

(1) 方法提要 样品经微波消解后，直接用电感耦合等离子体原子发射光谱仪同时测定大米中 Cu、Mn、Fe、Zn、Ca、Mg、K、Na 8 种元素。

(2) 仪器与试剂 6300 型电感耦合等离子发射光谱仪（美国赛默飞世尔科技公司）。Mars6 型微波消解仪（美国 CEM 公司）。EG37APLUS 型电热平板消解仪（北京莱伯泰科科技有限公司）。

1000mg/L Cu、Mn、Fe、Zn、Ca、Mg、K、Na 单元素标准溶液（国家有色金属及电子材料分析测试中心）。小麦粉标准参考物质 GBW08503（国家标准物质研究中心）。

HNO_3 为优级纯。实验用水为超纯蒸馏水。

（3）样品制备　称取 0.5g 样品于消解罐中，加入 7mL 浓硝酸，浸泡 2h 后，加盖密封。将消解管对称放入微波消解仪中，开启通风，开始消解。待消解程序结束后，取出消解罐冷却，小心拧盖排气，将样液转移至 25mL 小烧杯中，于 180℃电热平板上加热赶酸。待消解液剩余约 1mL 后取下烧杯，转移至 10mL 比色管中，用去离子水定容至刻度。

（4）测定条件　ICP-AES 工作参数见表 14-4。

表 14-4　大米中 8 种元素测定的 ICP-AES 工作参数

工作参数	设定值	工作参数	设定值
RF 发生器功率	1150W	冲洗泵速	50r/min
辅助气流量	0.5L/min	分析泵速	50r/min
雾化气流量	0.6L/min	样品冲洗时间	30s
垂直观测高度	12.0mm	短波积分时间	15s
扫描方式	智能全谱	长波积分时间	5s
泵稳定时间	0s		

（5）方法评价　测定 Cu、Mn、Fe、Zn、K、Na、Mg、Ca 方法的检出限为 0.9～12μg/L，RSD<5%，加标回收率是 96.7%～104.3%。校正曲线动态线性范围上限，Cu、Mn、Fe、Zn 为 20mg/L，K、Na、Mg、Ca 为 50mg/L；线性相关系数为 0.9996～0.9999。该法适用于大米中这 8 种元素的同时测定。

（6）注意事项　实验比较了 $HCl-HNO_3$、$H_2O_2-HNO_3$、HNO_3 对大米的消解情况，3 种消解液均能达到满意效果。从简化操作且分解产物的简单性方面考虑，选用 7mL 浓 HNO_3 作为大米样品消解液，在微波炉中以程序升温和密闭方式消解。

14.3.1.3 ICP-AES 测定醋酸酯淀粉中 10 种元素含量[11]

（1）方法提要　醋酸酯淀粉样品经微波消解后，采用 ICP-AES 法测定其中 K、Ca、Na、Mg、Cu、Fe、Zn、Mn、P、Ni 等 10 种元素含量。

（2）仪器与试剂　iCAP 6000 型等离子体原子发射光谱仪（美国赛默飞世尔科技公司）。Multiwave 3000 微波消解系统（奥地利 Anton Paar 公司）。

1000mg/L K、Ca、Na、Mg、Cu、Fe、Zn、Mn、P、Ni 标准溶液（中国计量科学研究院）。

过氧化氢，硝酸均为优级纯。氩气纯度 99.999%。实验用水为超纯水（电阻率为 18.2MΩ·cm）。

（3）样品制备　称取样品 1g（准确到 0.0001g）置于微波消解罐中，首先使用少量水润湿，然后加入硝酸-过氧化氢（$\varphi=5:1$），在功率 700W、1400W 各升温和保温 10s，在 0 功率再保温 10s 消解样品。消解完毕后，转入到 25mL 比色管中，用水少量多次转移消解溶液，定容至刻度。同时制备空白试样。

（4）测定条件　各元素分析线列于表 14-5，电感耦合等离子体原子发射光谱仪工作参数列于表 14-6。

表 14-5　淀粉中 10 种元素分析谱线波长

元素	分析线/nm	元素	分析线/nm
K	766.490	Fe	238.204
Ca	315.877	Zn	206.200
Na	589.592	Mn	257.610
Mg	280.270	P	185.943
Cu	327.754	Ni	231.604

表 14-6　淀粉中 10 种元素测定的电感耦合等离子体原子发射光谱仪工作参数

工作参数	测定条件	工作参数	测定条件
高频发生器功率	1150W	蠕动泵流速	2mL/min
冷却气流量	15L/min	扫描方式	智能全谱
辅助气流量	0.2L/min	延迟时间	30s
雾化气流量	0.7L/min	短波积分时间	15s
冷却水温度	(20±1)℃	长波积分时间	5s
最大积分时间	30s		

(5) 方法评价　测定 K、Ca、Na、Mg、Cu、Fe、Zn、Mn、P、Ni 的检出限（$\mu g/mL$）分别是 0.0068、0.058、0.013、0.0009、0.0012、0.0072、0.0018、0.0012、0.024 和 0.012。RSD<3.9%，回收率为 90.0%～106.7%。校正曲线动态线性范围上限，K、Na、Mg、Cu、Fe、Zn、Mn、Ni 是 20.0$\mu g/mL$，Ca、P 是 50.0$\mu g/mL$。线性相关系数 $r>0.9994$。测定标准物质灌木枝叶（GBW07602）醋酸酯淀粉中 K、Ca、Na、Mg、Cu、Fe、Zn、Mn、P、Ni 10 种元素的含量，测定值与标准值符合性较好。

(6) 注意事项　所用玻璃容器均需用 10%硝酸浸泡 24h 以上。

14.3.1.4　磁芯-硫脲壳聚糖微柱在线流动注射-原子吸收光谱法测定大米中痕量镉[12]

(1) 方法提要　磁芯-硫脲壳聚糖作为固定相填充到自制的微柱中，采用流动注射在线分离富集与火焰原子吸收法联用测定大米中的痕量镉含量。

(2) 仪器与试剂　AA6000 型原子吸收分光光度计（上海天美科学仪器公司）。LZ-2000 型流动注射仪（沈阳肇发实验仪器研究所）。

1g/L Cd^{2+} 标准储备溶液：称取 1.000g 金属镉于 250mL 烧杯中，加入 50mL HCl（1+1）和几滴浓 HNO_3，加热溶解，冷却后移入 1000mL 容量瓶中定容，使用时用水稀释到所需浓度。

壳聚糖（脱乙酰度>90%）。硫脲，环氯丙烷，戊二醛，正硅酸乙酯（TEOS，用于磁芯-硫脲壳聚糖的制备），NaH_2PO_4-Na_2HPO_4（pH=7）。

(3) 样品制备　称取 10mg 吸附材料装入自制的微柱中，将微柱连接到流路中，设置好工作参数并激活泵，用稀氨水和 HCl 调节试液的 pH 至 7.0 左右，加入 5mL pH=7.0 的 NaH_2PO_4-Na_2HPO_4 缓冲溶液，按表 14-7 操作程序完成对 Cd^{2+} 的吸附、洗脱及测定。用 0.5mol/L HNO_3-0.1mol/L 硫脲为洗脱液，以流速 3.6mL/min 对微柱进行洗脱，洗脱液直接引入火焰 FAAS 的雾化器，测定，记录吸光度，计算试液中 Cd^{2+} 的含量。

（4）测定条件　流动注射仪操作程序见表14-7。

表 14-7　流动注射仪操作程序

步骤	阀门	蠕动泵	流量/(mL/min)	时间/s	洗脱液	功能
1	a	P1	3.9	60	蒸馏水	柱冲洗
2	a	P1	3.9	120	样品	预富集
3	b	P2	3.6	60	蒸馏水	基线校准
4	b	P2	3.6	50	洗脱液	洗脱

（5）方法评价　测定镉的检出限（3*s*）为 2.5ng/mL。测定 1.0μg/mL 镉，RSD（*n*=7）为 0.79%。校正曲线动态线性范围是 0.02～1.20μg/mL，相关系数 *r*=0.9922。测定大米中镉含量，结果见表 14-8。

表 14-8　大米中镉的测定（*n*=5）

样品	加入量/(μg/g)	测定值/(μg/g)	RSD/%	加标回收率/%
大米(Ⅰ)	0.00	0.50	2.1	—
	0.25	0.72	2.3	96.0
	0.50	1.02	1.8	100.2
	1.00	1.49	2.5	99.3
大米(Ⅱ)	0.00	0.34	1.9	—
	0.20	0.55	2.7	101.9
	0.40	0.71	2.5	104.2
	0.60	0.96	2.2	97.9

（6）注意事项　硫脲浓度太大时，燃烧器易结垢，影响最终测定的结果。因此，在不降低洗脱效果的情况下，选择适宜浓度的硫脲混合溶液为洗脱剂。

14.3.1.5 原子吸收光谱法测定粮食中的9种金属元素[13]

（1）方法提要　粮食样品经湿法消解，运用 Agilent 240FS AA 火焰原子吸收光谱仪中的 Fs 快速序列分析技术测定样液中的 Ni、Mn、Fe、Zn、Cu、K、Na、Ca、Mg 9 种金属元素含量。

（2）仪器与试剂　200 Series AA（240Z AA/240FSAA）型原子吸收光谱仪（美国 Agilent Technology 公司）。DHG-9076A 型电热恒温鼓风干燥箱（上海精密实验设备有限公司），压力消解罐（西安常仪仪器设备有限公司）。Lab Tech EH-20A Plus 可调式电热板（美国）。

1000μg/mL Ni、Mn、Fe、Zn、Cu、K、Na、Ca、Mg 标准储备液。

硝酸，高氯酸，盐酸，硝酸钯，磷酸二氢铵，所用试剂均为优级纯。氧化镧纯度>99.99%。实验用水为一级水。

（3）样品制备　称取试样 1g（精确至 0.001g）于消解内罐中，加入 5mL 硝酸，盖好内盖，旋紧不锈钢外套，放入恒温干燥箱，于 136℃保持 4h。在箱内自然冷却至室温，缓慢旋松外罐，取出消解内罐，放在可调式电热板上于 140～160℃赶酸至 1.0mL 左右。冷却后将消化液转移至聚丙烯刻度管，用 20g/L 氧化镧溶液洗涤内罐和内盖 2～3 次，合并洗涤液于

25mL 容量瓶中定容。同时制备试剂空白试样。

(4) 测定条件　用 5μL 20g/L 磷酸二氢铵为化学改进剂，石墨炉-原子吸收光谱法测定 Ni，分析线 Ni 232.0nm。光谱通带 0.2nm。灯电流 4.0mA，进样量 10μL。干燥温度 140℃，干燥时间 20s；灰化温度 1000℃，灰化时间 20s；原子化温度 2500℃，原子化时间 2s。氩气流量 3.5L/min。用空气-乙炔火焰原子吸收光谱法测定 Mn、Fe、Zn、Cu、K、Na、Ca、Mg 等，空气压力调至 0.2MPa，其他测定条件见表 14-9。

表 14-9　火焰原子吸收法测定条件

波长/nm	灯电流/mA	光谱通带/nm	乙炔流量/(L/min)	空气流量/(L/min)
Mn 279.5	5.0	0.2	2.00	13.50
Fe 248.3	5.0	0.2	2.00	13.50
Zn 213.9	5.0	1.0	2.00	13.50
Cu 324.8	4.0	0.5	2.00	13.50
K 766.5	5.0	1.0	2.00	13.50
Na 589.0	4.0	0.5	2.00	13.50
Ca 422.7	4.0	0.5	2.00	13.50
Mg 285.2	4.0	0.5	2.00	13.50

(5) 方法评价　分析方法的特性参数列于表 14-10。

表 14-10　粮食中 9 种金属元素分析方法的特性参数

元素	检出限/(mg/kg)	回收率/%	RSD/%	线性范围/(μg/mL)	相关系数(*r*)
Ni	0.020	89.8	0.54	0.005～0.04	0.9993
Mn	0.250	86.6	0.78	0.10～2.00	0.9998
Fe	0.250	99.6	0.82	0.30～1.50	0.9996
Zn	1.500	88.8	0.91	0.20～1.60	0.9994
Cu	0.250	89.1	0.55	0.20～1.00	1.0000
K	0.500	96.7	0.34	0.30～1.50	0.9998
Na	0.250	93.3	0.45	0.30～1.50	0.9995
Ca	1.000	95.2	0.98	0.50～3.00	0.9990
Mg	1.5	92.7	0.65	0.10～0.80	0.9996

该法操作简便，具有良好的灵敏度和重现性，结果可靠，适用于粮食中多种金属元素的同时测定。

14.3.1.6　浊点萃取-火焰原子吸收光谱法测定食品中的镉[14]

(1) 方法提要　试样完全消解后，加入 KI 使其中的 Cd^{2+} 与 I^- 反应生成 $[CdI_4]^{2-}$，然后与甲基绿 (MG) 疏水离子缔合形成复合物。Triton X-114 萃取，或酸消解后，稀释至适合的浓度范围，用空气-乙炔火焰原子吸收光谱法测定食品中镉含量。

(2) 仪器与试剂　TAS-986 型原子吸收光谱仪 (北京普析通用仪器有限责任公司)。恒温水浴，80-1 型离心机，PH-3C 数显 pH 计。

1000μg/mL 镉标准储备溶液：由 $CdCl_2 \cdot \frac{5}{2}H_2O$（天津试剂公司）溶于二次蒸馏水制备。Cd 标准工作溶液：由标准储备溶液逐级稀释得到。标准溶液储存在聚乙烯容器，4℃保存。

2.0mol/L KI，1.5mmol/L 甲基绿，Triton X-114（4.5%），乙酸（pH 4.0），盐酸和氢氧化钠，所用试剂为分析纯或更高纯度。

（3）样品制备　准确称取 0.5000g 的大米、紫菜、海带于消解罐中，加入 1.0mL 浓硝酸和 3.0mL 30%过氧化氢，敞开放置过夜。然后密封置于微波消解仪中消解，在 100℃加热 1h，140℃加热 3h，消解完毕后放置冷却。取出消解罐，在加热板上蒸发至干，残留物用 5%硝酸溶解，转移至 25mL 容量瓶中定容。

浊点萃取：移取 9.00mL 试样或标准物质消解液于 15mL 离心管中，加入 2.0mL 2.0mol/L KI 溶液、2.0mL 1.50mmol/L MG 溶液和 1.0mL 4.5% Triton X-114 溶液。用乙酸调节酸度为 pH 5.0，用水定容至刻度。将离心管置于 50℃水浴恒温 15min 后取出，在 3800r/min 转速下离心 10min，使水相与富含表面活性剂的有机相分离。富集系数为 13.5。冰浴冷却使有机相变黏稠，用注射器完全吸出上清液。向有机相中加入含硝酸的甲醇溶液至 0.6mL，摇匀后导入原子吸收光谱仪测定。

（4）测定条件　分析线 Cd 228.8nm。光谱通带 0.4nm。空心阴极灯电流 2.0mA。燃烧器高度 6.0mm，燃气流量 1500mL/min。

（5）方法评价　方法检出限（$3s$）为 0.9ng/mL，定量限（10σ）为 3.0ng/mL。RSD（c=50ng/mL，n=7）为 4.2%。回收率为 90.0%～110%。校正曲线动态线性范围上限为 25μg/L。分析大米粉国家标准物质（GBW08510），测定值是（2.62±0.13）μg/g 与标准值（2.60±0.14）μg/g 符合。

浊点萃取-AAS 法测定镉时，以误差小于 5%为判据，共存离子的最大允许量列于表 14-11。

表 14-11　浊点萃取-AAS 法测定镉时的干扰离子及其最大允许量

干扰离子	浓度/(μg/mL)	干扰离子	浓度/(μg/mL)
K^+	3300	Cr^{2+}	200
Na^+	3300	Al^{3+}	160
Mg^{2+}	3300	Ag^+	150
Ca^{2+}	3300	Fe^{3+}	80
Ni^{2+}	500	Cu^{2+}	50
Zn^{2+}	420	Pb^{2+}	1.5
Co^{2+}	330	Hg^{2+}	1.5
Mn^{2+}	250		

（6）注意事项　所有玻璃和塑料器皿使用前要在 10%硝酸中浸泡至少 24h 以上，再用二次蒸馏水冲洗干净。

14.3.1.7　微波消解氢化物发生原子-吸收光谱法测定大米中铅[15]

（1）方法提要　采用浓硝酸和过氧化氢微波消解样品，氢化物发生-原子吸收光谱法测定大米中痕量铅。

（2）仪器与试剂　AA-800 型原子吸收光谱仪（美国珀金埃尔墨公司）；MCA-101 微型化学原子化器（上海智通仪器公司）；Ethos ONE 微波消解/萃取仪（意大利迈尔斯通公司）。

1000mg/L 铅标准储备溶液（国家钢铁材料测试中心），临用前用 $\psi=4\%$ 的硝酸溶液逐级稀释成 100μg/L，作为铅标准溶液。

盐酸和硝酸为优级纯；过氧化氢、氢氧化钠、硼氢化钠、铁氰化钾和硝酸镁均为分析纯。

（3）样品制备　将大米样品粉碎后，准确称取 0.5g（精确到 0.001g）于聚四氟乙烯的微波消解罐中，加入 8mL 浓硝酸和 2.0mL H_2O_2，密闭好消解罐，将其放入微波消解仪腔体中，选择微波消解程序。样品消解完成冷却至 40℃后，打开腔体，取出消解罐并将内罐置于电热板上，小心加热去除内罐中残留的氮氧化物，一直加热至溶液约 1mL。取下，室温冷却，然后转移到 25mL 容量瓶中，加入 1mL 硝酸、2.5mL 铁氰化钾溶液，补加水至刻度，充分摇匀。在选择的实验条件下测定溶液中铅的含量，并按照要求进行空白实验。

（4）测定条件　使用分析线 Pb 217.0nm。氢化物发生和测定条件见表 14-12。

表 14-12　氢化物发生和测定条件

仪器工作条件				氢化物发生条件			
灯电流	读数方式	积分时间	载气流速	HNO_3	$NaBH_4$ 浓度	泵转速	进样时间
8mA	峰面积	15s	1.01L/min	4.0%	20g/L	60r/min	6s

（5）方法评价　测定大米中 Pb 的检出限为 0.05μg/L。RSD（$n=5$）<4.2%。加标回收率是 96.8%～103.8%，校正曲线动态线性范围上限是 40μg/L，线性相关系数 $r^2=0.9999$。

14.3.1.8　冷原子荧光法测定大米中的汞[16]

（1）方法提要　试样经硝酸和过氧化氢微波消解后，溶解于溴化钾-溴酸钾混合溶液和羟胺水溶液中。在盐酸溶液中氯化亚锡还原试样中 Hg^{2+} 为 Hg^0 蒸气，导入原子荧光光谱仪测定，标准曲线法定量。

（2）仪器与试剂　冷原子荧光光谱仪，配有两个独立的蠕动泵和转换阀，控制样品与空白的顺序导入。氩气分离并导入无机汞与 $SnCl_2$ 还原生成的 Hg^0 蒸气（图 14-1）。

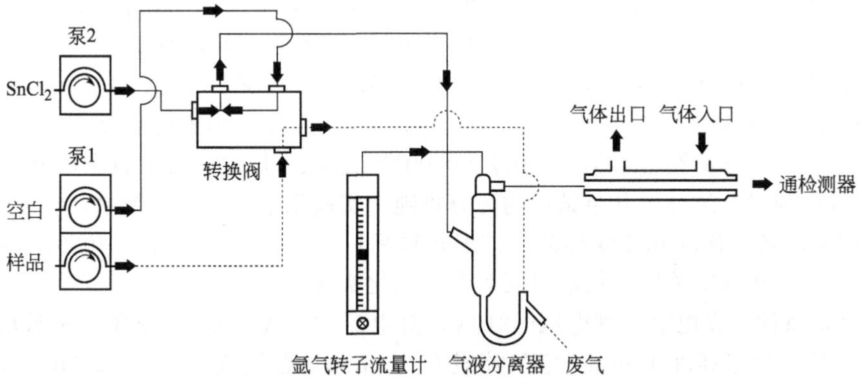

图 14-1　冷原子荧光光谱法测定大米中汞的装置示意图

汞标准储备溶液（德国 Merck 公司）。1000mg/L Hg(Ⅱ）标准溶液由汞标准储备溶液制备。

2%氯化亚锡、盐酸、硝酸、过氧化氢、溴化钾、溴酸钾、盐酸羟胺、重铬酸钾、高锰酸钾等均为高纯试剂。氮气纯度为 97.5%。实验用水为超纯水（电阻率 18.2MΩ·cm）。

（3）样品制备　准确称取 0.5g 粉碎后的大米置于 100mL 消解罐中，加入 4mL 65%硝酸溶液、2mL 35%过氧化氢和 4mL 水。超声混合 30min，密封消解。消解程序设置为：3min 内升至 85℃，9min 内从 85℃升至 145℃，4min 内从 145℃升至 180℃，在 180℃消解 15min。在 25min 内冷却至 30℃。消解液用水定容至 25mL。移取 4mL 消解液至 50mL 容量瓶，加入 1mL 0.1mol/L 溴化钾-0.017mol/L 溴酸钾混合溶液、30μL 12%盐酸羟胺和 2.5mL 浓硝酸，用水稀释至刻度。

（4）测定条件　分析线 Hg 254nm。载气流量 250mL/min，干燥气流量 2.5L/min。载流液流量 9mL/min，样品流量 9mL/min。延迟时间 15s，分析时间 40s，清洗时间 60s。氯化亚锡（ρ=2%）流量 4.5mL/min，测定时分别直接吸入样品溶液和氯化亚锡溶液。增益 1000，重复测定 3 次。测量方式峰高。

（5）方法评价　测定不同量的汞，检出限（n=6）为 0.9ng/g。测定 7.8ng/g Hg，RSD（n=3）为 18%。加标量为 5ng/g、20ng/g、50ng/g 时，加标回收率（n=4）分别为 95%±4%、98%±7%和 94%±2%。分析大米粉标准物质（NIST SRM1568A）中的汞，标称值为（5.8±0.5）ng/g，实测值为（6.5±0.5）ng/g。方法适用于大米中痕量汞（ng/g）的测定。

（6）注意事项　在痕量分析中微波消解罐和容器的清洗非常重要，可以选择的方法有：①先用 2000mg/L 的高锰酸钾浸泡清洗 15～30min，然后放入 HCl 溶液（ψ=10%）浸泡过夜。②先用 HNO_3 溶液（ψ=10%）浸泡清洗 15～30min，然后放入 HCl 溶液（ψ=10%）浸泡过夜。③先用 HNO_3 溶液（ψ=10%）浸泡清洗 15～30min，然后灌满高锰酸钾溶液浸泡过夜。

14.3.1.9 稀酸温和提取-火焰原子荧光光谱法快速测定谷物中镉[17]

（1）方法提要　用稀酸（ψ=1.0%硝酸）提取糙米、玉米和小麦样品中镉，火焰原子荧光光谱法快速测定谷物浸提液中的镉。

（2）仪器与试剂　SK-880 火焰原子荧光光谱仪（北京金索坤技术开发公司）。Milli-Q 超纯水处理系统（美国密理博公司）。3-30K 台式高速离心机（德国西格玛公司）。

大米粉国家有证标准物质 GBW（E）100351。米粉、玉米粉国家有证标准物质 W08503C、GBW（E）080684A、100377-100380（国家粮食局科学研究院）。小麦粉、糙米粉质控样品 METALDJTZK-001、METAL-DJTZK-005、METAL-DJTZK-011（国家粮食局科学研究院）。籼稻样品镉含量为（0.033±0.002)mg/kg，小麦样品镉含量为（0.171±0.07)mg/kg，玉米样品镉含量为（0.072±0.004)mg/kg（国家粮食局科学研究院）。

除 HNO_3 为优级纯外，其余试剂均为分析纯。实验用水为二次蒸馏水。

（3）样品制备　称取 0.20g 样品，常温提取后静置 10min 或离心（3000r/min，5min）取上清液，进行 HNO_3 浓度、提取时间等参数优化实验。

（4）测定条件　光电倍增管电压−310V；灯电流 80mA。AB 道选择。光源扣背景。积分时间 4s。原子化器高度 10mm。空气流量 6.0L/min，燃气流量 180～200mL/min。测量方式多点曲线浓度直读法。

（5）方法评价　测定 Cd 的检出限和定量限分别为 0.072ng/g 和 0.216ng/g。对不同基体镉污染的谷物样品进行 1/2、1 倍和 2 倍 3 水平的加标回收实验，加标回收率是 97.5%～105.0%，RSD<4%，符合欧盟指令对于加标回收率的相关要求。校正曲线动态线性范围上限是 10ng/mL，线性相关系数为 0.9999。单个样品前处理时间为 10min，测试时间为 4s。测试有证标准物质，测定值与国标方法测试结果一致，且均在标准物质定值范围之内。

(6) 注意事项 火焰原子荧光光谱仪测试稻谷中的 Cd 时，样品中高含量的 Al 以及含量为 Cd 的数千到数万倍的高温难原子化的元素会对测试产生正干扰。谷物中 Al 的含量差异较大，Ca、Mg 属于高温难原子化元素，且含量普遍为 Cd 的上万倍，为保证方法的普遍适用性和结果的可靠性，采用 Ca、Mg、Al 混合溶液对其产生的干扰进行校正。

14.3.2 豆类及其制品分析

14.3.2.1 ICP-AES 测定奶花芸豆中的微量元素[18]

(1) 方法提要 采用硝酸、高氯酸消解样品，ICP-AES 同时测定奶花芸豆样品中的 Al、Ba、Ca、Cu、Fe、Mg、Mn、Mo、Ni、Sr、Zn、K、P 等 13 种元素。

(2) 仪器与试剂 725-ES 型全谱直读电感耦合等离子体原子发射光谱仪（美国 Varian 公司)，配有电荷耦合固体检测器，ICP-Expert Ⅱ Software（专家Ⅱ软件）。

1000mg/L Al、Ba、Ca、Cu、Fe、Mg、Mn、Mo、Ni、Sr、Zn、K、P 标准储备溶液（国家钢铁材料测试中心）。

盐酸、硝酸、高氯酸均为优级纯。实验用水为二次去离子水。

(3) 样品制备 奶花芸豆用二次去离子水淋洗，置于干燥、避光、通风处自然风干。用粉碎器粉碎至细粉。准确称取 1.0g（精确至 0.0001g）奶花芸豆粉于 125mL 高型烧杯中，加入 15mL 浓硝酸、1mL 70%高氯酸，盖上表面皿浸泡过夜。放置电热板上加热消解（温度控制在 180～200℃）至冒高氯酸白烟，继续加热至近干，稍冷后加入 5mL 王水（ψ＝1∶1)，放置电热板上继续加热，煮沸约 10min，冷却至室温，用二次去离子水定容至 25mL 容量瓶中。同时制备空白试样。

(4) 测定条件 射频发生器功率 1.20kW。冷却气流量 15L/min，辅助气流量 1.5L/min，载气流量 0.55L/min。样品提升量（进样量）1.5mL/min。

(5) 方法评价 该方法测定结果的分析参数列于表 14-13，表中加标回收率与相对标准偏差都是 6 次测定的结果。表中分析参数表明，方法可以满足奶花芸豆中这些元素的含量测定要求。

表 14-13 奶花芸豆中微量元素测定结果的分析参数（n＝6）

元素分析线/nm	回收率/%	RSD/%	元素分析线/nm	回收率/%	RSD/%
Al 167.0	0.202	93.5	Mo 379.8	106	4.39
Ba 455.4	0.035	101	Ni 231.6	106	4.28
Ca 422.7	7.06	95.6	Sr 407.8	95.9	1.93
Cu 327.4	0.386	93.8	Zn 213.8	99.0	3.55
Fe 259.9	4.09	95.0	K 766.5	105	4.15
Mg 279.6	14.9	106	P 213.6	92.0	4.71
Mn 257.6	0.530	103			

14.3.2.2 氢化物发生-原子荧光光谱法测定豆类、谷物和蔬菜中的砷、锑、硒、碲、铋[19]

（1）方法提要　样品经干灰化、消解后导入氢化物发生器，生成 AsH_3 引入原子荧光光谱仪测定。

（2）仪器与试剂　PSA 型原子荧光光谱仪（英国 Kent 公司）。

1000mg/L As(Ⅲ) 储备溶液：用 As_2O_3 溶于 20% 的 KOH 后用 20% 的 H_2SO_4 中和，然后用 1% 的 H_2SO_4 定容。1000mg/L Sb(Ⅲ) 标准储备溶液：用 $C_4H_4KO_7Sb \cdot \frac{1}{2}H_2O$ 配制；1000mg/L Se(Ⅳ) 和 Bi(Ⅲ) 标准储备溶液（德国 Merck 公司）；Te(Ⅳ) 标准储备溶液，用 Na_2TeO_3（德国 Merck 公司）溶于超纯水制备。

50% KI、10% 抗坏血酸、溴化钾，所用试剂均为分析纯，氩气纯度≥99.995%。实验用水为超纯水（电阻率 18.0MΩ·cm）。

（3）样品制备　取试样的可食部分切碎或磨碎，－20℃冷冻干燥 48h 后，磨碎过筛，储存于聚乙烯容器中。称取 1g 试样于石英坩埚中，加入 2.5mL 含 20% $Mg(NO_3)_2 \cdot 6H_2O$ 和 2% MgO 的灰化助剂，加入 5mL 50% 硝酸。在电热板上加热蒸干后放入马弗炉中，于 450℃灰化完全，得到白色粉末。自马弗炉中取出，用 1mL 水和 9mL $\psi=10\%$ HCl 溶解，得到试样消解液。当测定 As 和 Sb 时，移取 3mL 试样消解液于 50mL 聚乙烯比色管中，加入 8.75mL 浓 HCl、600μL 含 KI（$\rho=50\%$）和抗坏血酸（$\rho=10\%$）的混合液，将 As(Ⅴ) 和 Sb(Ⅴ) 还原为 As(Ⅲ) 和 Sb(Ⅲ)，用水定容至 30mL。当测定 Se、Te 和 Bi 时，移取 5mL 试样消解液于 50mL 聚乙烯比色管中，加入 16.7mL 浓 HCl 和 0.5g KBr，将 Se(Ⅵ) 和 Te(Ⅵ) 还原为 Se(Ⅳ) 和 Te(Ⅳ)，用水定容至 50mL，在 70～75℃温浴中放置 30min。

（4）测定条件　测定条件列于表 14-14。

表 14-14　测定豆类、谷物和蔬菜中的 As、Sb、Se、Te、Bi 的条件

参数	As	Sb	Bi	Se	Te
分析线波长/nm	197.3	217.6	223.1	196.0	214.3
空心阴极灯电流/mA	27.5	17.5	12.0	20.0	15.0
辅助电流/mA	35	15	10.1	25.1	17.6
延迟时间/s	10	15	15	15	15
分析时间/s	30	30	30	30	30
记忆时间/s	30	30	30	30	30
HCl/(mol/L)	3.5	3.5	4	4	4
$NaBH_4$/%	0.7	0.7	1.2	1.2	1.2
氩气流量/(mL/min)	300	300	300	300	300
空气流量/(L/min)	2.5	2.5	2.5	2.5	2.5
载气流量/(mL/min)	9	9	9	9	9
$NaBH_4$ 流量/(mL/min)	4.5	4.5	4.5	4.5	4.5

（5）方法评价　测定 As、Sb、Bi、Se 和 Te 的检出限，RSD 和回收率列于表 14-15。

表 14-15 测定豆类、谷物和蔬菜中的 As、Sb、Se、Te、Bi 的结果

元素	检出限/(ng/g)	RSD/%	回收率/%		
			豆类	谷物	蔬菜
As	1.7	7.7	96.3±0.3	97.2±0.8	99.5±0.1
Sb	0.7	8.4	90.1±0.1	91.4±0.3	93.4±0.2
Bi	2.3	7.0	95.4±0.6	97.0±0.6	96.2±0.4
Se	5.7	8.7	97.6±0.7	98.2±0.3	98.4±0.7
Te	4.7	7.4	96.7±0.5	96.2±0.4	94.4±0.5

测定标准参考物质大米粉（NIST SRM1568A）、番茄叶（NIST SRM1573）和洋白菜（IAEA-359），大米粉中 As 和 Se 的标准值分别为（0.29±0.03）μg/g 和（0.38±0.04）μg/g，实测值（n=5）分别为（0.27±0.01）μg/g 和（0.37±0.01）μg/g。番茄叶中 As 的标准值为（0.27±0.05）μg/g，实测值为（0.26±0.01）μg/g。洋白菜中 As 和 Se 的标准值分别是 0.10μg/g 和 0.13μg/g，实测值分别是（0.099±0.001）μg/g 和（0.130±0.012）μg/g。标准值与实测值符合得很好，在置信度 99%水平，标准值与实测值没有显著性差异。

14.3.3 蔬菜、水果类及其制品分析

14.3.3.1 电感耦合全谱直读等离子体原子发射光谱法测定蔬菜中的钙、铝、铜、铁等16种元素[20]

（1）方法提要 卷心菜、芹菜、土豆、刀豆、海带、西红柿、藕、荸荠等 8 种蔬菜经用硝酸微波加热分步消解后，消解液导入 ICP-AES 测定。

（2）仪器与试剂 IRIS Intrepid 型电感耦合全谱直读等离子体原子发射光谱仪（美国赛默飞世尔科技公司）。MDS-2002A 微波消解仪。

1.0000g/L 各被测元素的标准储备溶液。

硝酸等所用试剂均为优级纯。实验用水为高纯水（电阻率 18MΩ·cm）。

（3）样品制备 新鲜蔬菜洗净、沥干、切碎、混匀，各称取 5g 样品置于清洁的聚四氟乙烯杯内，加入 15mL 50%硝酸，在 170℃加热 30min，然后放入消解罐，在微波仪上按压力 3kgf/cm^2、8kgf/cm^2、12kgf/cm^2、16kgf/cm^2（1kgf/cm^2=98.0665kPa）分步消解，消解 9min。冷却后转入 50mL 容量瓶定容。

（4）测定条件 高频发生器频率 27.12MHz，功率 1150W。冷却气流量 15L/min，辅助气流量 1L/min，雾化气压力 1.76kgf/cm^2。试液提升量为 1.5mL/min。长波扫描 5s，短波扫描 30s。垂直观察方向。

（5）方法评价 各元素的检出限（3s，n=10）列于表 14-16。对卷心菜样品进行加标回收试验，测得回收率为 94.3%～104.8%。

（6）注意事项 ICP-AES 法对每种元素的测定都可以同时选择多条特征谱线，本实验中对每种测定元素选取 2～3 条谱线进行测定。综合分析强度、干扰情况及稳定性，选择谱线干扰少、精密度好的分析线。

表 14-16 ICP-AES 测定蔬菜中多种元素的分析条件与结果

分析线/nm	检出限/(μg/L)	分析线/nm	检出限/(μg/L)	分析线/nm	检出限/(μg/L)	分析线/nm	检出限/(μg/L)
Ca 317.9	12.3	Mg 285.2	7.1	Al 309.2	6.3	Zn 213.8	1.5
K 766.4	30.0	Na 589.5	24.0	Cd 228.8	0.5	Cu 324.7	4.3
P 213.6	7.2	Pb 220.3	4.2	Se 196.0	4.5	Cr 283.5	0.3
Fe 259.9	3.3	Mn 259.3	0.6	As 189.0	5.7	Hg 184.9	3.9

14.3.3.2 微波消解-石墨炉原子吸收光谱法测定蔬菜中的微量镉[21]

(1) 方法提要　选择最优的微波消解条件进行消解，采用磷酸二氢铵作为化学改进剂，用石墨炉原子吸收光谱法进行蔬菜中镉含量的测定。

(2) 仪器与试剂　ZEEnit 700P 原子吸收光谱仪（德国耶拿分析仪器股份公司），配有石墨炉自动进样器；横向加热石墨管。CEM 高通密闭微波消解仪及配套的聚四氟乙烯罐（美国培安公司）。

镉标准溶液 1000mg/mL（国家有色金属及电子材料分析测试中心）；圆白菜标准物质 GBW10014（GSB-5）。

硝酸（GR）；磷酸二氢铵（GR）；蒸馏水（HTECH 纯水机制备的超纯水）。

(3) 样品制备　将新鲜蔬菜样品用超纯水洗净后晾干表面水分，准确称取样品 0.5g（精确至 0.0001g）于聚四氟乙烯罐中，加 8mL 硝酸，置于微波消解仪内，按最优条件进行微波消解，消解后冷却，置于赶酸器中，控制温度 160℃赶酸，将酸赶尽后冷却，用 1%的 HNO_3 定容于 50mL 容量瓶中，混匀备用，同时制备试剂空白。

(4) 测定条件　微波消解的条件见表 14-17。

表 14-17 蔬菜中微量镉测定的微波消解条件

实验步骤	目标温度/℃	升温时间/min	保持时间/min	功率/W
1	120	5	3	1800
2	150	5	3	1800
3	180	5	15	1800

分析线 Cd 228.8nm。灯电流 3mA。光谱通带 1.2nm。进样量 10μL，化学改进剂进样量 10μL。测量方式峰面积积分。石墨炉升温程序见表 14-18。

表 14-18 蔬菜中微量镉测定的石墨炉升温程序

步骤	阶段	温度/℃	升温速率/(℃/s)	保持时间/s	氩气
1	干燥	90	5	20	最大
2	干燥	105	3	20	最大
3	干燥	110	2	10	最大
4	灰化	600	50	15	最大
5	原子化	1300	1500	3	停止
6	除残	2300	500	4	最大

(5) 方法评价　在优化的最佳消解条件和仪器检测条件下，方法检出限为 0.010μg/L，有很好的准确度和灵敏度，试验的 RSD 为 2.4%～4.0%，回收率为 95.8%～99.1%。该方

法具有灵敏度高、稳定性好、检出限低、回收率高等特点，能满足蔬菜中镉含量的测定。

（6）注意事项　镉在石墨炉原子吸收光谱分析的灰化阶段易挥发损失，使用化学改进剂可在干燥和灰化过程中与待测元素生成挥发的结合物，防止灰化损失，加入磷酸二氢铵化学改进剂，能提高灰化温度，降低基体效应，增加镉信号的稳定性。

14.3.3.3　共沉淀富集氢化物发生-原子荧光光谱法同时测定山药中砷和硒[22]

（1）方法提要　采用微波消解-氢氧化镧共沉淀预处理山药样品，有效消除了高浓度基体的干扰，且使 As、Se 得到富集，应用氢化物发生-原子荧光光谱法同时测定山药中痕量 As、Se 的含量。

（2）仪器与试剂　AFS-3000 型双道原子荧光光谱仪（北京海光仪器有限公司）；MD6C（N）型微波消解仪（上海奥谱勒仪器有限公司）。

500mg/L 硒标准储备溶液（国家钢铁材料测试中心）。1000mg/L 砷和硒标准储备溶液（国家有色金属及电子材料分析测试中心）。用砷、硒标准储备溶液逐级稀释配制含砷 50μg/L、硒 50μg/L 的标准使用液。

HCl 是优级纯，$FeCl_3$、$LaCl_3$、$AlCl_3$、HNO_3、NaOH、硫脲、抗坏血酸、KBH_4、H_2O_2、氨水等均为分析纯。实验用水为超纯水。

（3）样品制备　取 0.2064g 去皮、烘干后的山药片，加 5mL HNO_3 和 1mL H_2O_2 经微波系统消解（消解程序：120℃，10min；155℃，10min）后，定容至 10mL。取 1mL 消解液稀释至 250mL。移取 80mL 混合标准溶液于 250mL 锥形瓶中，加入一定量共沉淀剂 $LaCl_3$，用 5%NaOH 溶液调节 pH 值，使共沉淀剂与砷、硒发生吸附共沉淀，充分摇匀后室温下陈化 30min。去掉上层清液并转入 15mL 刻度离心管中，以 4000r/min 的转速离心 5min，用超纯水洗涤沉淀 2～3 次，加 1mL HCl（1+1）溶解沉淀，加 1mL 5%硫脲+5%抗坏血酸混合液，使样品中硒(Ⅵ)、砷(Ⅴ)还原为硒(Ⅳ)、砷(Ⅲ)，以利于生成 AsH_3、SeH_4，放置 30min 后测定荧光值。

（4）测定条件　光电倍增管负高压为 300V。Se、As 灯电流分别为 90mA 和 50mA。原子化温度 800℃。原子化器高度 8mm。载气流量 400mL/min，屏蔽气流量 900mL/min。读数时间 10.0s，延迟时间 1.0s。读数方式峰面积。标准曲线法定量。

（5）方法评价　测定砷和硒的检出限分别为 0.0007μg/L 和 0.0011μg/L。RSD 砷为 1.1%、硒为 0.77%。平均加标回收率分别为 95.4%和 90.6%。校正曲线动态线性范围上限是 40μg/L，线性相关系数分别为 0.994 和 0.9967。

（6）注意事项

① Fe^{3+}（$FeCl_3$）对砷的共沉淀吸附最好，回收率为 103.25%，Al^{3+}（$AlCl_3$）对砷的共沉淀吸附最低，回收率为 86.33%。但 Fe^{3+}、Al^{3+} 载体对硒几乎不发生共沉淀吸附。而 La^{3+} 对硒、砷的共沉淀吸附回收率均较高，分别为 87.15%、99.13%。因此，选择 La^{3+} 为砷、硒共沉淀载体。

② KBH_4 浓度过低时，氢化物发生反应进行不完全，荧光强度小；KBH_4 浓度过高时，产生大量 H_2 使氢化物受到稀释，亦会引起荧光强度减小。

14.3.4　畜禽肉类及其制品分析

14.3.4.1　应用微波消解-电感耦合等离子体原子发射光谱法测定牦牛肉中的微量元素[23]

（1）方法提要　用 $HNO_3+H_2O_2$ 微波消解样品，标准曲线法定量，电感耦合等离子体原子发射光谱法测定牦牛肉中微量元素 Cu、Zn、Ni、Mn、Mo 和 Co 的含量。

(2) 仪器与试剂　Optima 5300V 电感耦合等离子体发射光谱仪（美国珀金埃尔默公司）。

1mg/mL Cu、Zn、Ni、Mn、Mo、Co 标准储备溶液（国家标准物质研究中心）。MARS 微波消解系统（美国 CEM 公司）。Millplus 2150 型超纯水处理系统。

硝酸，过氧化氢为优级纯。实验用水为高纯水（电阻率>18.0MΩ·cm）。

(3) 样品制备　将冷藏的新鲜牦牛肉背长肌用不锈钢剪刀剪碎，储于干净的塑料瓶中。称取 1.0～1.5g 样品置于经酸泡、洗净的聚四氟乙烯消化罐中，加入 5.0mL HNO_3 和 2.0mL H_2O_2，按照预先设定的消解程序：在功率 1000W、10min 内升温到 200℃，保温 5min；在功率 800W、15min 内降温到 180℃，保温 20min。样品消解完毕，冷却至室温。将消解罐中的消解液完全转移至 50mL 容量瓶中，用少量超纯水洗涤消解罐及罐盖，洗涤液合并到容量瓶，用水定容。同时制备空白溶液。

(4) 测定条件　分析线 Cu 324.752nm，Zn 206.2nm，Ni 231.604nm，Mn 257.61nm，Mo 203.845nm，Co 228.616nm。高频发生器功率 1.2kW。等离子气流量 1.5L/min，辅助气流量 0.5L/min，载气流量 1.0L/min。试液提升时间 20s。样品进行 3 次平行测定。标准曲线法定量。

(5) 方法评价　Cu、Zn、Ni、Mn、Mo、Co 各元素的检出限（mg/L）分别为 0.0016、0.012、0.021、0.012、0.012 和 0.012。RSD（$n=6$）为 1.5%～4.3%。加标回收率为 97.0%～102.5%。校正曲线动态线性范围上限是 500.0μg/L，线性相关系数 $r\geqslant0.9989$。

(6) 注意事项　所用的玻璃容器均需用洗涤剂于超声波清洗仪中洗净，去离子水冲洗干净晾干，再用 20% HNO_3 洗液浸泡 24h，经去离子水冲洗数遍后，晾干备用。

14.3.4.2 微波消解-石墨炉原子吸收分光光度法测定猪肉中镉[24]

(1) 方法提要　用微波消解法代替传统的电热板加热对猪肉中镉进行湿法消解，石墨炉原子吸收光谱法测定猪肉中镉。

(2) 仪器与试剂　AA240FS 石墨炉原子吸收分光光度计（美国瓦里安公司），MARS 密闭微波消解系统（美国 CEM 公司），EH45APLUS 可调温式电热板（北京莱伯泰科科技有限公司）。

1000mg/L 镉标准储备液（中国计量科学研究院）。生物成分标准物质 GBW10051（猪肝）、GBW07604（杨树叶）（中国计量科学研究院）。

硝酸、盐酸、高氯酸均为优级纯。过氧化氢。实验用水为超纯水。

(3) 样品制备

① 微波消解法　准确称取 1.000g 猪肉试样，置于微波消解罐中，加入 5mL 硝酸、2mL 过氧化氢。盖上孔塞，插入微波消解仪中，按优选最佳微波消解程序进行消解。同时做试剂空白与生物标准质控样。

② 湿式消解法　准确称取试样 1.000g 猪肉试样于锥形瓶中，放入玻璃珠防止爆沸。加入 10mL 硝酸-高氯酸混合溶液（$\varphi=9:1$），加盖浸泡过夜，加小漏斗在电热板上消解，变为棕黑色后，再补加硝酸，直到冒白烟，消化液呈无色透明、微黄色即可，用少量 1% 硝酸溶液洗涤锥形瓶几次，合并洗液于容量瓶中并用硝酸溶液定容至刻度，混匀。同时做试剂空白与生物标准质控样。

（4）测定条件 波长Cd 228.8nm，光谱通带0.5nm，灯电流4mA。干燥温度90℃，灰化温度500℃，原子化温度1850℃。氘灯校正背景。

（5）方法评价 方法检出限为0.001mg/kg，RSD为1.3%～2.2%。加标回收率是97.1%～99.3%。校正曲线动态线性范围上限是3.0ng/mL，相关系数$r=0.9990$。与传统的湿法消解相比，微波消解所得到的分析结果的准确性、可靠性和精密度都较为理想。

（6）注意事项 选择第一灵敏线，化学和光谱干扰都比较小。石墨炉测定时，石墨管的质量对测量结果有极重要的影响。

试验所需玻璃瓶、消解罐均需用（1+4）硝酸浸泡过夜，用水反复冲洗，最后用超纯水冲洗干净。

14.3.4.3 氢化物发生-原子荧光光谱法测定牛肉中的硒[25]

（1）方法提要 用硝酸-高氯酸（$\psi=2:1$）混合酸消解样品，6mol/L HCl为预还原剂，$\psi=10\%$的HCl为介质，氢化物发生原子荧光光谱法测定牛肉中的硒含量。

（2）仪器与试剂 PF6-2非色散原子荧光光谱仪（北京普析通用仪器有限责任公司）。DHG-9246A型电热恒温鼓风干燥箱（上海精宏实验设备有限公司），微控数显电热板（北京莱伯泰科科技有限公司）。

1.5% KBH_4：称取2.5g KOH于500mL容量瓶定容，再称取7.5g KBH_4，用KOH溶液定容至500mL。现配现用。

浓HCl、$HClO_4$、HNO_3均为优级纯。实验用水为去离子水。

（3）样品制备 称取约1g样品于250mL的锥形瓶中，加10mL混合酸（硝酸-高氯酸，$\psi=2:1$），静置过夜，次日于200℃的电热板上加热，待溶液变为澄清并伴有白烟时，继续加热至2mL左右，冷却后加入5mL 6mol/L HCl，继续加热至2mL左右。冷却后，用$\psi=10\%$ HCl转移至容量瓶中定容。同时制备试剂空白。

（4）测定条件 负高压280V。主灯电流50mA，辅灯电流50mA。原子化温度200℃，载气流量300mL/min，屏蔽气流量600mL/min。读数时间12s。标准曲线法定量。

（5）方法评价 硒的检出限为0.01ng/mL。在牛肉中分别添加20μg/L、30μg/L、40μg/L的硒标准溶液，加标回收率为94%～104%，RSD为3.8%。校正曲线的动态线性范围上限是8μg/L，线性相关系数为0.9999。

（6）注意事项 所用玻璃器皿均需用15%HNO_3浸泡24h。

14.3.5 乳、蛋类及其制品分析

14.3.5.1 微波消解样品ICP-AES法测定婴幼儿配方乳粉中9种微量元素[26]

（1）方法提要 用HNO_3-H_2O_2微波消解样品，电感耦合等离子体原子发射光谱法同时测定了婴幼儿配方乳粉中的K、Na、Ca、Mg、Fe、Mn、Cu、Zn、P含量。

（2）仪器与试剂 Optima 2000 DV电感耦合等离子体原子发射光谱仪（美国珀金埃尔默公司）。十字交叉雾化器，石英炬管，1.8mm陶瓷中心管。CEM MARS 5微波消解仪（美国CEM公司），有可编程温度/压力-时间监控功能。Milli-Q超纯水系统（美国密理博公司）。

1000mg/L K、Na、Ca、P、Mg、Fe、Zn、Mn、Cu标准储备溶液（国家标准物质研究中心）。奶粉（GBW10017）与鸡肉（GBW10018）为国家一级标准物质。

HNO_3 和 H_2O_2 为优级纯。实验用水为高纯水（电阻率 18.2MΩ·cm）。

（3）样品制备　准确称取 0.25g（精确至 0.0001g）均匀的固体样品，置于酸煮洗净的聚四氟乙烯消解罐中，加入 4mL HNO_3 和 2mL H_2O_2。按照预先设定好的程序加热消解：功率 1600W，在 5min 内升至 120℃，保持 5min；功率 1600W，在 5min 内升至 150℃，保持 10min；功率 1600W，在 5min 内升至 180℃，保持 10min。消解完毕后，冷却至室温。打开密闭消解罐，样品消解液转移至干净的 50mL 塑料瓶，以少量超纯水洗涤消解罐与盖子 3～4 次，洗涤液合并至塑料瓶中称重至 25g（精确至 0.01g）。

（4）测定条件　分析线（nm）分别是 K 766.490、Na 589.592、Ca 317.933、Mg 285.213、Fe 238.204、Zn 206.200、Mn 257.610、Cu 327.393 和 P 213.617。高频发生器功率 1300W。冷却气流量 15L/min，辅助气流量 0.2L/min，载气流量 0.8L/min。进样速率 1.5mL/min。

（5）方法评价　分析婴幼儿配方乳粉，回收率为 94%～110%，RSD（$n=5$）为 1.9%～5.3%。校正曲线动态线性范围，K、Na、Ca、P 是 50～500mg/L，Mg 是 5～50mg/L，Fe、Zn 是 1～10mg/L，Mn、Cu 是 0.1～1mg/L。分析国家标准物质 GBW10018（鸡肉）、GBW10017（奶粉），被测元素测定值与标准值或参考值吻合。

（6）注意事项　微波消解用酸选择 HNO_3-H_2O_2 体系，为安全起见，H_2O_2 用量不超过 2mL，消解液呈微黄色且澄清透明。

14.3.5.2 微波消解-石墨炉原子吸收光谱法测定牛奶中的铅[27]

（1）方法提要　用硝酸-过氧化氢在微波消解仪中消解牛奶样品，石墨炉原子吸收光谱法测定 Pb。

（2）仪器与试剂　Zeenit 700P 型原子吸收分光光度计（德国耶拿分析仪器股份公司）。安东帕 Multiwave 3000 微波消解仪。超高压聚四氟乙烯消解罐，博通 BHW-09A 赶酸仪。

铅标准储备液 GSB04-1742-2004（国家有色金属及电子材料分析测试中心）。

磷酸二氢铵为优级纯，硝酸（美国 Fisher Scientific 公司）、过氧化氢为分析纯。试验用水是密理博超纯水。

（3）样品制备　取 2mL 样品置于消解罐中，加入 2mL 硝酸、1mL 30%过氧化氢，放入微波消解仪中消解，待消解完成后自然冷却至室温，开盖在赶酸仪中于 180℃赶酸，赶酸至近干，反复 3 次后，用水定容到 25mL。同时制备试剂空白试样。

（4）测定条件　石墨炉升温程序见表 14-19。

表 14-19　牛奶中铅测定的石墨炉升温程序

步骤	名称	温度/℃	保持/s	升温速率/(℃/s)	时间/s	氩气	辅助气
1	干燥	80	18	6	27.8	最大	停止
2	干燥	90	18	3	21.3	最大	停止
3	干燥	110	8	5	12.0	最大	停止
4	灰化	350	18	50	22.8	最大	停止
5	灰化	750	30	300	31.3	最大	最大
6	自动归零	750	6	0	6.0	停止	停止
7	原子化	1750	3	1500	3.7	停止	停止
8	除残	2400	3	600	4.1	最大	最大

光谱测定条件是分析线 Pb 283.3nm。光谱通带 0.8nm。灯电流 3mA。进样量 30μL，化学改进剂磷酸二氢铵 5μL。测量模式峰面积积分。塞曼效应校正背景。

(5) 方法评价 测定 Pb 的检出限 (3s，n=11) 为 3ng/mL。测定 10ng/mL 标准铅溶液，RSD (n=11) 为 2.0%。加标回收率为 96.8%~100.5%。校正曲线的动态线性范围上限是 20ng/mL，线性相关系数 r=0.9998。

(6) 注意事项 所用玻璃仪器均需在 20%硝酸内浸泡 24h 以上，用水反复冲洗，最后用去离子水冲洗干净，干燥后使用。

14.3.5.3 高压微波消解原子荧光光谱法同时测定奶粉中痕量锡和硒[28]

(1) 方法提要 用硝酸-盐酸高压微波消解奶粉，在样品消解液中加入 150g/L 硫脲-抗坏血酸作预还原剂，用 2%盐酸作为介质，加入 2%的硼氢化钾碱溶液为还原剂，原子荧光光谱法同时测定 Sn 和 Se 含量。

(2) 仪器与试剂 AFS-9230 型双道原子荧光光谱仪（北京吉天仪器有限公司），附全自动进样器。EXCEL 微波消解仪（上海屹尧仪器科技发展有限公司）。超纯水仪（美国密理博公司）。

100g/L 锡标准溶液 GBW(E)080546 和 100g/L 硒标准溶液 GBW(E)080215（国家标准物质研究中心）。

20g/L 硼氢化钾碱溶液：称取 20g 硼氢化钾，用 5g/L 氢氧化钠溶液定容至 100mL，现配现用。150g/L 硫脲-抗坏血酸溶液：称取硫脲和抗坏血酸各 15g 溶于 100mL 纯水，现用现配。

硝酸、盐酸、氢氧化钠均为优级纯（国药集团化学试剂有限公司）。硼氢化钾为优级纯（阿拉丁试剂有限公司）。屏蔽气及载气均为高纯氩气。实验用水均为超纯水，

(3) 样品制备 准确称取固体奶粉 0.2~0.5g（精确至 0.001g），置于聚四氟乙烯消解罐中，加 4mL 硝酸、1mL 盐酸，振摇混合均匀，于微波消解仪中消解。使用消解程序：升温时间分别是 3min、3min 和 5min，温度分别是 140℃、160℃和 180℃，压力控制为 1500MPa、2000MPa 和 2500MPa，保持时间分别是 4min、4min 和 5min。消解结束待冷却后将消解液转入锥形烧瓶中，加几粒玻璃珠，在电热板上继续加热至近干（切不可蒸干）。继续加热至溶液变为清亮无色并伴有白烟出现，冷却后转移至 10mL 容量瓶中，用纯水清洗消解罐，将清洗液转移至容量瓶中，加入 5mL 150g/L 硫脲-抗坏血酸。同时配制试剂空白样液。

(4) 测定条件 光电倍增管负高压 300V，A 道 (Sn)，B 道 (Se)，灯电流均为 80mA。屏蔽气流量 800mL/min，载气流量 300mL/min。原子化器高度 10mm。读数方式峰面积，读数时间为 7s，读数延长时间为 2s。进样时间 8s，进样体积 1mL。

(5) 方法评价 测定奶粉中痕量锡和硒，检出限均为 0.3μg/L。RSD 控制在 2.7%~3.4%和 1.0%~2.0%，回收率分别是 96.7%~100.6%和 96.7%~99.6%。校正曲线动态线性范围上限是 100μg/L，线性相关系数 r 分别为 0.9997 和 0.9982。

(6) 注意事项

① 用硝酸和盐酸作为混合消解液，在样品充分消解的同时尽量使锡和硒得到充分的氧化，消解结束后样品溶液一定要澄清，若不澄清则需再次消解。消解结束后要对消解液赶酸，尽量控制定容后的溶液酸度在 2.0%~4.0%之间，以获得测定锡和硒的最佳条件。

② 所用玻璃仪器均需在 20%硝酸内浸泡 24h 以上，用水反复冲洗，最后用去离子水冲洗干净，干燥后使用。

14.3.6 菌藻与水产类样品分析

14.3.6.1 ICP-AES测定紫菜与海带中的铝、钡、钙、铜、铁、钾、镁、锰、钠、磷、锶、锌[29]

（1）方法提要　用硝酸-过氧化氢微波辅助消解紫菜和海带样品，电感耦合等离子体原子发射光谱法测定样液中的痕量元素。

（2）仪器与试剂　Optima 3300 DV型电感耦合等离子体原子发射光谱仪（美国珀金埃尔默公司）。

Al，Ba，Ca，Cu，Fe，K，Mg，Mn，Na，P，Sr，Zn等12种元素的标准储备溶液。标准参考物质BCR279（海白菜），NIST 1547（桃叶）。

硝酸（超纯），过氧化氢（Fluka，UK）。实验用水为高纯水。

（3）样品制备　取大约1g的紫菜或海带样品，用纯水清洗除去盐分，烘干、粉碎成30μm左右的粉末。准确称取0.5g试样于微波消解罐中，加入5mL HNO_3-H_2O_2（ψ＝4.5∶0.5）消解液。密封后放入微波消解仪，设置适当的消解程序使试样完全消解。将消解液完全转入50mL容量瓶中并用水定容。

（4）测定条件　微波发射频率40.68MHz，RF发生器功率1300W。等离子氩气流量15L/min，辅助气流量1L/min，雾化气流量0.6L/min。样品提升流量1mL/min。Ryton Scoot型双通喷雾室，炬管内径2.0mm，PE横流式雾化器。测定Al、Zn、Mn是轴向观测方式，其余元素为径向观测方式。读取时间2s，重复测定4次。各元素的分析线波长及测定结果见表14-20。

表14-20　各元素的分析线波长及测定结果

分析线波长/nm	检出限/(μg/g)	标准值/(μg/g)	实测值/(μg/g)	RSD/%
Al 394.401	4.4	249±8	226±7	3.09
Ba 493.408	0.22	124±4	130.7±3.5	2.67
Ca 317.933	2.5	15.6±0.2	16.6±0.5	3.01
Cu 324.752	2.3	13.1±0.4	13.9±0.3	2.16
Fe 259.939	2.0	218±14	224±9	4.01
K 766.490	0.052①	24.3±0.3	25.1±0.2	0.79
Mg 280.271	0.031①	4.32±0.08	4.63±0.06	1.29
Mn 259.372	0.076	98±3	100.5±4.2	4.17
Na 589.592	0.046①	24±2	26.1±1.5	5.74
P 213.617	0.39①	1.37±0.07	1.42±0.05	3.52
Sr 407.771	0.6	53±4	55.2±3	5.43
Zn 213.857	0.36	51.3±1.2	55.8±2.3	3.58

① K，Na，Mg，P的单位是mg/g。

（5）注意事项　所用器皿在10%（ψ）HNO_3浸泡24h，用高纯水清洗干净。

14.3.6.2 石墨炉原子吸收法筛查婴儿食品（鱼肉基质）中的砷元素形态[30]

（1）方法提要　样品经消解后，用0.01mol/L四甲基氢氧化铵定容，制成悬浮液直接进样石墨炉，使用 Pd 化学改进剂测定总砷、使用 Ce(Ⅳ) 化学改进剂测定 As(Ⅲ)+As(Ⅴ)+甲基胂(MA)、使用 Zr 化学改进剂测定 DMA（二甲基胂），胂甜菜碱（AB）由差值得到，实现不使用萃取和/或色谱分离的砷化学形态的快速筛选。

（2）仪器与试剂　800 型石墨炉原子吸收光谱仪（美国珀金埃尔默公司），横向加热石墨炉原子化器，热解石墨平台，塞曼背景校正器。

标准参考物质 NIST SRM1568A（大米粉）、1566A（牡蛎组织）和 NRC DORM-2（角鲨肌肉），NRC-DOLT-2（角鲨肝脏）。无机砷包括 As(Ⅲ) 和 As(Ⅴ) 标准；甲基胂(MA)，二甲基胂(DMA) 和胂甜菜碱（AB）标准溶液。在聚四氟乙烯容器内于 4℃保存。

四甲基氢氧化铵，1500μg/mL 钯盐溶液化学改进剂，0.0001mol/L Ce(Ⅳ)，250μg/mL $ZrOCl_2$。实验用水是高纯水（电阻率 18MΩ·cm）。

（3）样品制备　称取试样 1g 于试管中，加 10mL 0.01mol/L 四甲基氢氧化铵溶液，在 80℃加热 10min，然后超声提取 10min。测定时吸取 20μL 样液注入石墨管，分别注入不同的化学改进剂，测定总砷加入 30μg 钯盐，测定 As(Ⅲ)+As(Ⅴ)+甲基胂加入 0.3μg Ce(Ⅳ)，测定二甲基胂加入 5μg 锆盐。

（4）测定条件　分析线 As 193.7nm。光谱通带 0.5nm。使用无极放电灯，灯电流 300mA。平台原子化器，样品注入体积 20μL。氩载气流量 250mL/min，原子化阶段停止通气。标准加入法定量。

石墨炉的升温程序见表 14-21。

表 14-21　砷元素形态测定的石墨炉升温程序

阶段	温度/℃	升温速率/(℃/s)	保持时间/s
干燥	110	10	30
干燥	130	5	30
灰化	800	10	20
原子化	2400	0	5
清除	2600	0	3

（5）方法评价　测定胂甜菜碱、二甲基胂、总砷 [As(Ⅲ)+As(Ⅴ)+MA] 的检出限分别是 15ng/g、25ng/g 和 50ng/g（以砷计），RSD 分别是 2.7%、3.5%和 3.8%。校正曲线动态线性范围为 50～250μg/L。分析角鲨肌肉、大米粉和角鲨肝脏 3 个标准物质中总砷，标准值与实测值一致。

（6）注意事项　所有玻璃器皿在使用前都需用（ψ=10%）硝酸清洗，再用水清洗干净。

14.3.6.3 浊点萃取-原子荧光光谱法测定水产品中砷形态[31]

（1）方法提要　在 pH 4.6，As(Ⅲ) 与吡咯啶二硫代氨基甲酸铵（APDC）生成疏水性螯合物，通过水浴加热，螯合物被浊点萃取（CPE）到 Triton X-114 表面活性剂相。加入抗泡剂 204 溶液，用（ψ=5%）HCl 溶解富表面活性剂相，AFS 法测定水产品中砷的形态。

（2）仪器与试剂　AFS-920 型双道原子荧光光谱仪（北京吉天仪器有限公司）。三用恒温水箱。TG12Y 型台式加热离心机（湖南湘立科学仪器公司）。恒温培养摇床。

1000mg/L As 标准储备液（北京核工业研究所）。200μg/L As(Ⅲ) 标准使用液，由 3 次蒸馏水逐级稀释得到。

0.5%（ρ）APDC 溶液，5.0%（ρ）Triton X-114，pH 4.6 乙酸钠缓冲溶液，（ρ=20%）$Na_2S_2O_3$ 溶液，10g/L KBH_4 溶液需现配现用，抗泡剂 204（1+1）。

试剂纯度高于分析纯。实验用水为 3 次蒸馏水。

（3）样品制备　称取 1.0g 经粉碎匀浆的样品于 50mL 锥形瓶中，加入 10mL 浓 HNO_3，摇匀后放置过夜。次日加 2mL H_2O_2 于电热板上加热消解至无色透明，并伴有白烟时，再继续加热至剩余体积约 1mL。冷却后定量转移至 25mL 比色管中，加入 1.5mL 50g/L 硫脲，3 次蒸馏水定容。每种样品平行 2 份。同时制备空白样品。

用 0.1mol/L NaOH 溶液调 pH=5。取一定量的样品溶液（根据样品中砷含量取样）于 50mL 塑料离心管中，加入 5.0mL $Na_2S_2O_3$ 溶液，混匀后静置 10min，将 As(Ⅴ) 转化为 As(Ⅲ)。移取一定量 As(Ⅲ) 标准液或样品溶液于 50mL 离心管中，依次加入 4mL pH 4.6 的缓冲溶液、3mL（ρ=0.5%）APDC 和 0.7mL（ρ=5%）Triton X-114 溶液，用 3 次蒸馏水定容至 50mL，置于 40℃恒温箱水浴 15min，以 3500r/min 离心分相 10min，于冰水浴中冷却 10min，使表面活性剂相变黏滞，弃去水相，加入 400μL 消泡剂 204 溶液，用（ρ=5%）HCl 定容至 3mL。用于测定总砷。

称取经 2.5g 粉碎匀浆的样品于 50mL 具塞锥形瓶中，加入 20mL 6mol/L HCl。置于 60℃恒温摇床 18h，冷却后用滤纸过滤残渣，滤液定量转移至 25mL 比色管中，3 次蒸馏水定容。每种样品平行 2 份，同时制备样品空白，然后按上述消解后的取样步骤操作。用于测定无机砷。

取 10mL 无机砷提取液于 50mL 塑料离心管中，不加入 $Na_2S_2O_3$ 溶液，用 0.1mol/L NaOH 溶液调 pH 至 5，然后按照 CPE 步骤操作，测得为 As(Ⅲ) 含量。As(Ⅴ) 的含量为无机砷总量减去 As(Ⅲ) 含量之差值。

（4）测定条件　负高压为 270V，灯电流为 30mA。原子化器高度 9mm。载气流量 400mL/min，屏蔽气流量 800mL/min。进样体积 1.0mL。读数方式峰面积。

（5）方法评价　对于 50mL 样品溶液的富集倍数为 9.3。方法检出限为 0.009μg/L。测定 2μg/L 的 As(Ⅲ) 标准溶液，富集后平行测定 6 次，RSD（n=6）是 3.4%。As(Ⅲ) 校正曲线动态线性范围是 0.2～4.0μg/L，线性相关系数 r=0.9964。分析实际样品，加标回收率见表 14-22。该方法灵敏度高。

表 14-22　水产品砷形态分析及加标回收率（n=3）

样品	w/(μg/g)				回收率/%		
	As(Ⅲ)	As(Ⅴ)	有机砷	总砷	As(Ⅲ)	As(Ⅴ)	总砷
白贝	未检出	0.0048	0.1443	0.1491	97.3	96.86	101.7
红杉鱼	0.0030	0.0129	0.0099	0.0258	104.3	97.33	98.6
鱿鱼	未检出	0.0072	0.0177	0.0249	95.8	104.5	103.2

（6）注意事项

① KBH_4 溶液，需要现配现用。实验所用容器需用（ψ=5%）HNO_3 溶液浸泡 12h 以上。

② 将浊点萃取后的溶液用 HGAFS 检测时，由于表面活性剂的存在，在 HG 过程会产生大量泡沫，不仅影响荧光信号的稳定性，且气泡随氩气进入原子化器，以致无法检测，需在测定前加入消泡剂。

14.3.7　坚果、种子类样品分析

14.3.7.1　轴向观测电感耦合等离子体原子光谱法测定坚果与种子中的铝、钡、钙、铜、铁、钾、镁、锰、锶、锌、硼、硅、氯、磷、硫[32]

(1) 方法提要　试样经微波消解后，导入端视 ICP-AES 仪，同时测定试样中不同含量的金属元素、类金属元素与非金属元素。

(2) 仪器与试剂　Spectro Ciros CCD 电感耦合等离子体-原子发射光谱仪，配有端视等离子体，CCD 固态检测器（德国 Spectro 分析仪器公司）。采用双通（Scott-type）雾化室和交叉雾化器。

1000mg/L 各元素的标准储备溶液（德国 Merck 公司）。

试剂均为分析纯。硝酸进行亚沸蒸馏。实验用水为高纯去离子水（电阻率 18MΩ·cm）。

(3) 样品制备　准确称取 0.15～0.25g 粉碎的试样（300μm）至消解罐中，加入 2mL 65%硝酸、1mL 30% 双氧水和 3mL 水，密封后放入微波消解仪中消解。参考消解程序是：在 5min 内从室温升至 140℃，保持 1min；4min 内从 140℃升至 180℃，保持 5min；4min 内从 180℃升至 220℃，保持 10min。冷却后取出，用水定容至 10mL。同时制备空白溶液。

(4) 测定条件　高频发生器功率 1400W。冷却气流量 12L/min，辅助气流量 1.0L/min，雾化气流量 1.0L/min。进样量 1.5mL/min。测定时分别将空白溶液、标准溶液、标准物质的试样和消解溶液导入 ICP-AES 进行测定。

(5) 方法评价　测定坚果和种子中 15 种元素的分析线、线性范围和检出限列于表 14-23。

表 14-23　测定坚果和种子中 15 种元素的分析线、线性范围和检出限

分析线波长/nm	动态线性范围/(mg/L)	检出限/(mg/L)
Al 396.152	1.0～100	0.0522
B 249.773	0.5～50	0.00188
Ba 233.527	1.0～100	0.00072
Ca 317.933	5.0～500	0.00075
Cl 134.724	5.0～500	0.0532
Cu 324.754	0.5～50	0.00038
Fe 259.940	0.5～50	0.00197
K 766.490	5.0～500	0.0033
Mg 279.079	5.0～500	0.0151
Mn 257.610	0.5～50	0.00025
P 213.618	5.0～500	0.0458
S 180.731	5.0～500	0.00095
Si 251.611	1.0～100	0.0044
Sr 421.552	0.5～50	0.00245
Zn 213.856	0.5～50	0.00085

14.3.7.2　ICP-AES 测定干果中的钡、铅、镉、锰、铬、钴、镍、铜、锌、镁、铝、锶、铁[33]

(1) 方法提要　干果样品经过干燥、粉碎，硝酸和过氧化氢消解，消解液经适当稀释导

入电感耦合等离子体原子发射光谱仪进行测定。

（2）仪器与试剂　SPECTRO电感耦合等离子体原子发射光谱仪（德国Spectro分析仪器公司）。

（3）样品制备　选取50g干果样品，在105℃干燥24h，然后粉碎、均质，储存于聚乙烯容器中。干灰化法：称取1g试样置于坩埚中，放置马弗炉内，在450℃灰化15h，用5mL 25%硝酸溶解灰烬并转移至10mL容量瓶内定容。湿法消解：称取1.0g试样，加入6mL浓硝酸和2mL 30%过氧化氢，放置在加热板上于140℃加热4h直至试样完全消解，转移到10mL容量瓶内定容。微波消解：称取1g试样于消解罐中，加入浓硝酸和过氧化氢的混合液（ψ=6∶2），放置10min之后，放入微波消解仪中设定程序使试样完全消解。消解液转入10mL容量瓶定容。

（4）测定条件　炬管内径3.0mm，雾化方式是改良Lichte式，以旋流喷雾方式雾化样品。射频发生器功率1450W。冷却气流量13L/min，辅助气流量0.7L/min，雾化气流量0.8L/min。样品提升流量2.0mL/min，样品泵转速25r/min。等离子体观察高度12mm，重复读取时间50s。

（5）方法评价　分析标准参考物质，比较了三种样品处理方法，微波消解的准确度和回收率明显优于干灰化法和湿消解法。微波消解样品ICP-AES测定结果列于表14-24。

表14-24　测定干果中各元素的条件及结果

分析波长/nm	标准值/(μg/g)	实测值/(μg/g)	RSD(n=4)/%	回收率/%
Ba 455.404	49±2	48±0.3	0.63	91～96
Cd 226.502	0.013±0.002	0.040±0.001	2.5	90～97
Co 230.786	0.09	0.07±0.01	14.3	93～96
Cr 267.716	0.3	0.41±0.02	4.87	91～95
Cu 324.754	5.64±0.24	5.47±0.23	4.20	96～102
Mg 257.611	54±3	50.0±4.4	8.80	94～97
Ni 231.604	0.91±0.12	0.87±0.11	12.6	95～101
Pb 220.353	0.470±0.024	0.44±0.05	11.4	94～98
Zn 213.856	12.5±0.3	13.1±1.9	14.5	98～103
Al 176.641	286±9	289.0±15.4	5.33	94～99
Fe 238.204	83±5	89.0±6.7	7.52	96～99

14.3.8　调味品类样品分析

14.3.8.1　石墨消解-电感耦合等离子体原子发射光谱法测定食品中多元素[34]

（1）方法提要　用石墨消解仪硝酸和高氯酸消解样品，电感耦合等离子体原子发射光谱仪测定消解液中的Fe、Mn、Cu、Zn、Al。

（2）仪器与试剂　iCAP 7400电感耦合等离子体原子发射光谱仪（美国赛默飞世尔科技公司）。DigiPREP Jr型石墨消解仪（北京捷特奥公司）。

1000μg/mL Fe、Mn、Cu、Zn标准溶液，100μg/mL Al标准溶液（中国计量科学研究院）。硝酸（北京化学试剂研究所，BV-Ⅲ级）、高氯酸（天津市鑫源化工有限公司）优级纯。

(3) 样品制备 准确称取 0.50g 样品于消解管中，加 10mL 硝酸和 1mL 高氯酸，加盖表面皿，放置过夜。次日在石墨消解仪上按照升温程序进行消解，消解至澄清透明，赶酸，待残液剩约 1.0～1.5mL，用纯水定容至 50mL。同时做空白试液。

(4) 测定条件 分析线分别是 Fe 259.9nm、Mn 257.6nm、Cu 324.8nm、Zn 213.8nm、Al 396.2nm。射频发生器功率 1150W。冷却气流量 12L/min，辅助气流量 0.5L/min，雾化气流量 0.5L/min。泵转速 50r/min。取样时间 30s。

(5) 方法评价 同时测定 Fe、Mn、Cu、Zn、Al，检出限（$3s$，$n=11$，mg/L）分别是 1.00、0.100、0.200、0.500 和 0.500。RSD 分别是 7.3%、6.4%、6.0%、2.6% 和 9.0%。校正曲线动态线性范围，Fe 和 Zn 是 0.25～5.00mg/L，Mn 和 Cu 是 0.025～0.50mg/L，Al 是 0.25～4.00mg/L，线性相关系数≥0.9998。在 3 个不同浓度水平的加标回收率是 86.2%～105%。

(6) 注意事项 配制多元素混合标准溶液时，应注意元素之间可能发生的化学反应。不正确的配制方法，将导致系统误差的产生；介质和酸度不合适，会产生沉淀和浑浊，易堵塞雾化器并引起进样量的波动；元素分组不当，会引起元素间谱线互相干扰。

14.3.8.2 固体进样-石墨炉原子吸收光谱法快速测定番茄酱中铅、铜、锡[35]

(1) 方法提要 番茄酱经烘干磨成粉后，直接放置在固体进样平台上，自动进样器将试样粉末导入石墨炉，进行 Pb、Cu、Sn 三种元素的定量测定。

(2) 仪器与试剂 Analytik Vario 6 石墨炉原子吸收光谱仪，配横向加热石墨管原子化器，SSA61 自动固体进样器，MPE 50 石墨炉自动进样器和氘灯背景校正（德国 Jena 公司）。AA 280Z 塞曼石墨炉原子吸收分光度计（澳大利亚 Varian 公司），配 GTA 120 石墨管原子化器。CEM MARS-5 微波消解器（美国 CEM 公司）。

1000mg/L Pb、Cu、Sn 标准储备溶液（德国 Merck 公司）。标准物质：GBW08503 小麦面粉，GBW07605 茶叶（国家标准物质研究中心）。

所用试剂均为分析纯。实验用水为蒸馏-去离子水。

(3) 样品制备 新鲜番茄酱置于烘箱中，于 90℃干燥 12h，取出磨成粉末，放入干燥器中备用。平行称取数份 1.0mg 干粉试样置于自动固体进样平台（自动称量，精度达到 6 位数），直接导入石墨炉测定。西红柿汁直接进样石墨炉。石墨炉程序见表 14-25。由于没有番茄的标准参考物质，以 Pb、Cu、Sn 的标准溶液建立校正曲线定量。

表 14-25 固体进样 AAS 测定西红柿汁中 Pb、Cu、Sn 的石墨炉程序

程序	温度/℃	斜坡升温时间/s	保持时间/s	氩气流量/(L/s)
干燥 1	95	15	10	0.3
干燥 2	120	5	5	0.3
干燥 3	150	10	20	0.3
灰化	①	100	②	0
原子化	③	最大功率	④	0
净化	2650	1500	5	0.3

① Pb、Sn、Cu 的灰化温度分别为 600℃、1300℃、1200℃。

② Pb、Sn、Cu 的灰化时间分别为 30s、10s、10s。

③ Pb、Sn、Cu 的原子化温度分别为 1800℃、2400℃、1900℃。

④ Pb、Sn、Cu 的原子化时间分别为 5s、5s、10s。

为了进行比较，也使用湿法消解样品。精确称量 0.2g 干西红柿，用 7mL 浓 HNO_3 微波消解，用蒸馏-去离子水稀释至 10mL。移取 10μL 合适浓度的西红柿汁消解溶液注入到样品平台，在相同的条件下进行测定。校正曲线定量。测定西红柿汁消解液中 Pb、Sn 和 Cu 的石墨炉程序见表 14-26。

表 14-26 AAS 测定西红柿汁消解液中 Pb、Cu、Sn 的石墨炉程序

程序	温度/℃	斜坡升温时间/s	保持时间/s	氩气流量/(L/s)
干燥 1	85	5	5	0.3
干燥 2	95	15	30	0.3
干燥 3	120	5	5	0.3
灰化	①	100	②	0
原子化	③	100	④	0
净化	2650	3	3	0.3

① Pb、Sn、Cu 的灰化温度分别为 600℃、1300℃、1200℃。

② Pb、Sn、Cu 的灰化时间分别为 9s、10s、10s。

③ Pb、Sn、Cu 的原子化温度分别为 1800℃、2400℃、1900℃。

④ Pb、Sn、Cu 的原子化时间分别为 5s、5s、2.8s。

（4）测定条件　分析线分别是 Pb 283.8nm，Sn 224.6nm，Cu 324.8nm。光谱通带 Pb 和 Cu 为 0.5nm，Sn 为 0.8nm。空心阴极灯电流 4.0mA。

（5）方法评价　固体进样测定 Cu、Sn、Pb 的检出限（3*s*，*n*＝10，ng/g）分别是 10.4、3.2 和 0.4。测定消解液进样 Cu、Sn、Pb 的检出限（ng/g）分别是 6.7、2.7 和 0.3。校正曲线动态线性范围分别为 0.05～15.0ng、0.1～4.0ng 和 0.04～10.0ng，线性相关系数分别是 0.9989、0.9996 和 0.9973。用两种进样方式测定国家标准物质小麦粉（GBW 08503）和茶叶（GBW07605）的总平均值在 95%置信水平没有显著性差异。测定值是在标准值的允许误差范围之内。

14.3.8.3 原子荧光光谱法测定六种天然香辛料调味品中的砷、汞、硒[36]

（1）方法提要　利用原子荧光光谱法测定了 6 种天然香辛料调味品中砷、汞、硒的含量。

（2）仪器与试剂　AFS-930 原子荧光光谱仪（北京吉天仪器有限公司）。一体化超纯水系统（美国赛默飞世尔科技公司）。

1000μg/mL As、Hg、Se 标准储备液（国家标准物质研究中心）。盐酸、硝酸、高氯酸、过氧化氢、硼氢化钾、硫脲、抗坏血酸等均为优级纯，实验用水为超纯水。

（3）样品制备　分别准确称取 1.50g 6 种天然香辛料调味品试样于锥形瓶中，加入 40mL 硝酸和高氯酸混酸（φ＝4∶1）、3mL 过氧化氢，盖上表面皿，放入通风柜静置 24h。在电热板上加热消解，温度控制在 130～160℃，待锥形瓶中黄烟冒尽，再继续加热直至冒白烟，锥形瓶内样液成为无色或浅黄色透明液体，取下锥形瓶冷却，用超纯水将消解液定容于 25mL 容量瓶中。按同法制备空白对照试样。

（4）测定条件　测定 As、Hg、Se 的负高压分别是 250V、270V、270V。灯电流分别是 50mA、60mA、30mA。原子化器高度分别是 8mm、10mm 和 10mm。载气流量分别是 400mL/min、400mL/min、600mL/min，屏蔽气流量分别是 800mL/min、800mL/min、1000mL/min。读数时间分别是 10s、11s 和 12s，延迟时间 1s。测量方式峰面积，标准曲线

法定量。

（5）方法评价　测定 As、Hg、Se 3 种元素的检出限（3*s*，*n*＝11，μg/L）分别是 0.02、0.03 和 0.02。测定 6 种天然香料，砷的回收率为 96.9%～106.3%，RSD 为 1.6%～4.5%；汞的回收率为 97.8%～102.8%，RSD 为 2.2%～4.1%；硒的回收率为 95.7%～103.5%，RSD 为 2.8%～4.2%。校正曲线动态线性范围上限是 10.0μg/L，线性相关系是≥0.9998。

（6）注意事项　所用玻璃容器均在 10% HNO_3 中浸泡 12h，并用超纯水冲洗，烘干。

14.3.9　酒、茶、饮料类样品分析

14.3.9.1　ICP-AES 法测定茶叶与咖啡中的硼[37]

（1）方法提要　茶叶与咖啡试样分别经过硝酸微波消解和热水浸提的处理后，ICP-AES 法测定硼的含量。

（2）仪器与试剂　Integrated XL 2 电感耦合等离子体原子发射光谱仪（澳大利亚 GBC 公司）。

1mg/L 硼标准溶液和 10mg/L In 内标溶液。

硝酸、盐酸、氯化钠、氯化钾、氯化钙、氯化镁和 Cu 均为分析纯。实验用水为高纯去离子水。

（3）样品制备　准确称取 0.3～0.4g 的茶叶或咖啡于微波消解罐中，加入 7mL 65%硝酸，密封并旋紧消解罐，置于微波消解仪中，设定程序完全消解后，转移至 25mL 容量瓶中定容。准确称取 1.0g 的茶叶或咖啡试样于烧杯中，加入 50mL 水，煮沸浸提 5min，过滤。滤液转移至 100mL 容量瓶中，加入 1mL 浓硝酸后用水定容。同时制备空白试液。

（4）测定条件　分析线是 B 249.773nm 和 B 249.678nm。内标线波长选择 Cu 324.754nm 和 In 325.609nm。高频发生器功率 1000W。冷却气流量 10.0L/min，辅助气流量 0.5L/min，雾化气流量 0.6L/min。光电倍增管电压 600V。进样量 1.7mL/min。观察高度 6mm。延迟时间 30s。

（5）方法评价　硼校正曲线动态线性范围是 0.005～10.0mg/L。用外标法和内标法定量分析茶叶标准物质 GBW07605 的结果列于表 14-27。

表 14-27　ICP-AES 测定茶叶和咖啡中的硼的结果

样品	标准值/(mg/kg)	外标法测定值/(mg/kg)	内标法测定值/(mg/kg)
GBW07605	15±3	14.3±0.8	15.3±0.6
硼加标量 5mg/kg	20±3	19.2±1.1	19.7±0.6

（6）注意事项　小于 0.5g/L 的钾、钠、镁离子，0.2g/L 的钙离子以及浓度低于 10%的盐酸和硝酸不影响分析结果。

14.3.9.2　石墨消解-石墨炉原子吸收测定啤酒中的铅[38]

（1）方法提要　低温加热挥发啤酒中的乙醇，在浓缩后的样品中加入 5mL 硝酸，120℃消解 1h，然后冷却定容，石墨炉原子吸收光谱法测定铅的含量。

（2）仪器与试剂　德国耶拿 Zeenit 石墨炉原子吸收光谱仪。莱伯泰科石墨消解仪。

标准物质 GBW08619，铅标准溶液（1000μg/mL）。10g/L 磷酸二氢铵溶液。硝酸 UP

级（苏州晶锐），高纯氩气（纯度>99.99%）。实验用水为GB/T 6682规定的二级水。

（3）样品制备 准确称取10g（准确至0.001g）试样于玻璃消解罐中，将消解罐置于石墨消解仪上120℃加热45min，蒸发乙醇使试样浓缩至1～2mL，加5mL硝酸，继续在石墨消解仪上120℃消解1h，消解液若变棕黑色，可适当补加少量硝酸，直至冒白烟，消化液呈透明，略带黄色。消解液剩余1～2mL，冷却，转移至50mL容量瓶中，用少量水多次洗涤玻璃消解罐，合并洗涤液定容至刻度。同时用纯水代替样品制备试剂空白试样。

（4）测定条件 测定波长283.3nm。光谱通带0.8nm。空心阴极灯电流4mA。进样体积20μL。加入5μL磷酸二氢铵化学改进剂。按石墨炉升温程序（表14-28）原子化，GFAAS测定Pb。测量方式峰面积。

表14-28 啤酒中铅测定的升温程序

步骤	温度/℃	升温速率/(℃/s)	保持时间/s	氩气	
干燥	75	5	15	最大	停止
干燥	90	3	15	最大	停止
干燥	105	2	15	最大	停止
灰化	800	250	20	最大	停止
原子化	2000	0	4	停止	停止
除残	2300	500	4	最大	停止

（5）方法评价 方法检出限（3s，n=11）为2.1ng/mL，在3个不同浓度水平进行加标回收试验，回收率是89%～104%，RSD（n=6）为8.3%。校正曲线动态线性范围10～50ng/mL，线性相关系数r=0.9995。该方法简便、快捷、灵敏，适合大批量啤酒中铅的检测。

14.3.9.3 多通道氢化物发生-原子荧光法同时测定茶叶中的砷、铋、碲和硒[39]

（1）方法提要 茶叶经干燥、粉碎后，硝酸-过氧化氢消解，用自制的多通道氢化物发生原子荧光仪测定其中的总As、总Bi、总Te和总Se含量。

（2）仪器与试剂 多通道原子荧光光谱仪（实验室组装），电热干燥箱。

1.0g/L的As、Bi、Te和Se标准储备溶液（国家标准物质研究中心）。Te和Se溶液储存在玻璃容器内于4℃避光保存。KBH_4（西安试剂公司）溶于高纯水中，以w=1% KOH为稳定剂，现用现配。

盐酸为高纯级，浓硝酸、过氧化氢、硫脲为分析纯。高纯氩气（99.999%）。实验用水为高纯水或二次蒸馏水。

（3）样品制备 称取25g经干燥、粉碎、过筛处理后的茶叶试样，置于微波消解罐中，加入8mL硝酸，反应10min后再加入30%过氧化氢。密封，放入电热干燥箱中，在125℃加热5h。待冷却后取出，放置在电热板上，加热浓缩溶液体积至2mL，再加入4mL 50%盐酸溶液，再加热30min。最后加入1mL 3%硫脲溶液，用水定容至25mL。

连续氢化物发生系统包括手动控制的四通道蠕动泵，一路连接反应管（PTFE，0.8mm内径，75cm长），三路通连接器（聚乙烯，0.6mm内径）。原子化的扩散火焰需要的氢气由盐酸和15g/L硼氢化钠反应生成，元素与氢气反应生成的气态氢化物在气液分离器中分离，然后随氩气流（流量为300mL/min）进入原子荧光光谱仪。

（4）测定条件 光电倍增管电压300V。测定As、Bi、Se、Te的空心阴极灯电流分别为 40mA、60mA、100mA 和 80mA。载气流量 200mL/min，屏蔽气流量 900mL/min。观察高度 4mm。测量方式峰面积。标准曲线法定量。

（5）方法评价　测定 As、Bi、Se、Te 的检出限（μg/g）分别为 0.0152、0.0080、0.0068 和 0.0022。校正曲线的动态线性范围上限，As 为 50ng/mL，Bi、Se、Te 为 10ng/mL。测定普洱茶、苦丁茶和铁观音中的 As、Bi、Te、Se 四种元素的加标回收率为 90%～103%，RSD（$n=7$）<3.0%。分析标准物质 GBW07605，测定值与标准值相符。

（6）注意事项　800 倍的 Zn^{2+}、Mg^{2+}、Ca^{2+} 和 Fe^{3+}，500 倍的 V^{3+}、Mn^{2+}、Sr^{2+}、Pb^{2+}、Hg^{2+}、Cd^{2+}，100 倍的 Ni^{2+}，50 倍的 Cu^{2+}、Au^{3+}、Ag^{+} 对测定结果没有影响。

14.3.10　糖、果脯、蜜饯、蜂蜜分析

14.3.10.1　微波消解-电感耦合等离子体原子发射光谱法测定胶基糖果中重金属铬[40]

（1）方法提要　用微波消解-电感耦合等离子体原子发射光谱法测定胶基糖果中重金属铬含量。

（2）仪器与试剂　iCAP 6300 电感耦合等离子体原子发射光谱仪，具 CID 检测器（美国赛默飞世尔科技公司）。MDS-2003F 微波消解仪（上海新仪微波化学科技有限公司）。

单元素铬溶液成分分析标准物质 GBW(E)080596（1.000mg/mL）（国家标准物质中心）。

硝酸为优级纯。

（3）样品制备　准确称取磨碎、混匀的糖果试样 2.5g（精确到 0.001g）于聚四氟乙烯罐中，加硝酸 4mL 浸泡过夜。加 2mL 30%过氧化氢（总量不得超过罐容积的 1/3）。盖好内盖，旋紧不锈钢外套，放入微波消解炉中。设置微波消解加热程序，消解完毕冷却至室温，将消化液滤入 25mL 容量瓶中，用水少量多次洗涤罐，洗液并入容量瓶中并定容至刻度，混匀备用。同时做样品空白和加标回收试验。

（4）测定条件　ICP-AES 最佳仪器工作条件见表 14-29。

表 14-29　胶基糖果中重金属铬测定的 ICP-AES 最佳仪器工作条件

工作参数	设定值	工作参数	设定值
RF 功率/W	1150	样品冲洗时间/s	30
辅助气/(L/min)	0.5	等离子体观测方向	水平
冲洗泵速/(r/min)	50	积分时间/s	30
分析泵速(r/min)	50	短波积分时间/s	15
泵延迟时间/s	5	长波积分时间/s	5
检测器	CID	雾化器压力/MPa	0.25
泵管类型	聚乙烯	重复测量次数	3

（5）方法评价　方法检出限为 0.0003mg/L。测定 2 个样品的回收率分别为 88.5%和 91.5%，均在参考值允许范围内，相对标准偏差均小于 6.0%，校正曲线动态线性范围上限是 0.500mg/L，线性相关系数可达 0.9999。

14.3.10.2　直接乳化法-火焰原子吸收光谱法测定巧克力中的 Na、K、Ca、Mg、Zn、Fe[41]

（1）方法提要　巧克力样品经表面活性剂乳化后，直接导入 FAAS 仪中测定 Na、K、

Ca、Mg、Zn、Fe含量。

（2）仪器与试剂　novAA 300原子吸收光谱仪（ANALYTIK Jena AG，德国），带有乙炔-空气和乙炔-氧化亚氮系统。

Na、K、Ca、Mg、Zn、Fe标准溶液。标准参考物质NIST SRM 2384（烘焙巧克力）。表面活性剂Triton X-100，Tween-80，辛酯。

（3）样品制备　称取适量巧克力试样于80mL烧杯中，加入4%表面活性剂Triton X-100或Tween-80、4%辛酯，缓慢加入热水至50mL，室温下以3000r/min搅拌15min。此时试样的含量为0.2%～0.8%（测定K、Ca、Na、Mg）或2.0%～8.0%（测定Zn、Fe），

（4）测定条件　直接乳化-FAAS测定巧克力中Na、K、Ca、Mg、Zn、Fe的参考条件列于表14-30。

表14-30　测定K、Ca、Na、Zn、Mg和Fe的参考条件

分析线波长/nm	光谱通带/nm	灯电流/mA	积分时间/s	火焰类型
K 766.5	0.8	4.5	3.0	乙炔-空气
Ca 422.7	1.2	4.0	3.0	乙炔-氧化亚氮
Na 589.0	0.8	3.0	3.0	乙炔-空气
Zn 213.9	0.5	6.0	3.0	乙炔-空气
Mg 285.2	1.2	4.0	3.0	乙炔-空气
Fe 248.3	0.2	8.0	3.0	乙炔-氧化亚氮

（5）方法评价　直接乳化-FAAS测定巧克力中Na、K、Ca、Mg、Zn、Fe的特性评价参数列于表14-31。

表14-31　Na、K、Ca、Mg、Zn和Fe的测定结果与方法的特性评价参数

元素	线性范围/(mg/L)	检出限/(mg/L)	回收率/%	标准值/(μg/g)	实测值/(μg/g)
K	1～10	0.05	88.6	8200±500	7266±182
Ca	0.5～8	0.16	105.0	840±74	882±11
Na	1～3	0.02	103.0	40±2	41±2
Zn	0.05～0.40	0.02	105.5	36.6±1.7	38.6±2.7
Mg	0.5～4.0	0.03	101.2	2570±150	2600±192
Fe	0.1～2.0	0.02	97.5	132±11	129±11

14.3.10.3　压力罐一次消解、原子荧光光谱法同步测定甘蔗汁中砷和汞[42]

（1）方法提要　用硝酸和过氧化氢在压力罐内一次消解甘蔗汁，原子荧光光谱法同时测定砷和汞含量。

（2）仪器与试剂　AFS-8230原子荧光光谱仪（北京吉天仪器有限公司）。高温聚四氟乙烯消解罐。

100μg/mL砷标准溶液、1000μg/mL汞标准溶液。65%硝酸（德国默克化学股份有限公司）。30%过氧化氢、95%硼氢化钾、硼氢化钠、氢氧化钾、氢氧化钠、硫脲、抗坏血酸为分析纯。

（3）样品制备　吸取2mL甘蔗汁于聚四氟乙烯消解罐内，加入5mL硝酸，放置过夜。

第二天分别再加入 7mL 过氧化氢，盖好内盖，拧紧不锈钢外套，放入 140℃恒温干燥箱，温度升至 140℃时开始计时，4h 后取出。待消解罐自然冷却至室温，转移至 50mL 容量瓶中，加 10mL 5%硫脲-抗坏血酸，用 5%盐酸定容。加标样品为同一甘蔗样品中分别加入 2mL 100μg/L 砷标准溶液和 2mL 50μg/L 汞标准溶液，即砷、汞两元素加标浓度分别为 4μg/L、2μg/L。同时制备空白试样。

(4) 测定条件　测定 As 和 Hg，负高压分别是 400V 和 240V，灯电流分别是 35mA 和 40mA，原子化器高度分别是 7mm 和 8mm，屏蔽气分别是 600mL/min 和 500mL/min，读数时间分别是 15s 和 10s，延迟时间均是 10s，载气流量均是 1000mL/min，读数方式峰面积。

(5) 方法评价　测定 As 和 Hg 的加标回收率分别是 100.35%～107.80%和 88.50%～93.90%。校正曲线的动态线性范围上限分别是 10.0μg/L 和 2.0μg/L。检测甘蔗汁中砷和汞含量准确可靠，节约时间，降低了对工作人员的健康伤害和空气污染。

(6) 注意事项　因为硼氢化钾对砷的测定影响较大，应保证其配制浓度大于等于 0.2%。硼氢化钾用量越低汞测定的灵敏度越高，同时还可以降低其他干扰，但不能低于 0.01%。

14.3.11　保健食品及其他食品分析

14.3.11.1　电感耦合等离子体原子发射光谱法测定保健品中的五种金属元素[43]

(1) 方法提要　用硝酸微波消解样品，电感耦合等离子体原子发射光谱法测定保健品中的 Ca、Fe、Zn、Mg、Ge 的含量。

(2) 仪器与试剂　岛津 ICPE-9000 电感耦合等离子原子发射光谱仪；新仪 MDS-6 型温压双控微波消解/萃取仪。

1.000g/L 钙标准溶液 [GBW(E)080503]，1.000g/L 镁标准溶液 [GBW(E)080504]，1.000g/L 铁标准溶液 [GBW(E)080281]，锌标准溶液 1.000g/L [GBW(E)080280]，1.000g/L 锗标准溶液 [GBW(E)080578]，由上海市计量测试技术研究院提供。

硝酸（优级纯），30%过氧化氢。实验用水皆为去离子水。

(3) 样品制备　将保健药品碾碎，去皮。测定 Ca、Mg、Fe、Zn 称取各类保健品 (0.200±0.005)g，测定 Ge 称取各类保健品（0.500±0.005)g，置于消化罐内，加入 5mL 硝酸，静置过夜。次日放入微波消解仪中按设定程序进行微波消解（见表 14-32)。消解完毕冷却后，打开罐盖，置于控温加热板上（200℃）赶酸。待溶液近干，用去离子水少量多次溶解样液并转移至 10mL 比色管中定容。同时配制平行对照样和空白样。

表 14-32　保健品中五种金属元素测定的微波消解程序

步骤	压强/MPa	时间/min	功率/W
1	0.3	2.0	600
2	0.6	6.0	800
3	1.0	3.0	800
4	1.5	4.0	800
5	2.0	5.0	200

(4) 测定条件　高频功率 1.2kW，等离子体流量 10.0L/min，辅助气流量 0.6L/min，

载气流量 0.7L/min，曝光时间 30s。溶剂清洗 10s，样品清洗 10s。微型炬管，轴向观测。真空度 7.0Pa，氩气压力 496.0kPa。

（5）方法评价　测定 Ca、Fe、Ge、Mg、Zn 的检出限（μg/L）分别是 0.90、1.47、5.71、0.11 和 0.11。RSD 分别是 2.65%、0.54%、0.66%、0.69%和 0.55%。回收率分别是 93.3%、92.7%、84.0%、108.6%和 94.2%。该方法具有线性范围宽、检出限低，分析效率高、准确、精密度高的特点，适合作为保健品中五种金属元素的含量测定方法。

（6）注意事项　对每种被测元素选取 3 条谱线进行测定，根据仪器波长谱线库资料，以谱线强度高（高含量元素采用弱线）、线性好、无重叠、光谱干扰少、仪器检出限低为原则来选择元素的分析线。

14.3.11.2 微波消解-石墨炉原子吸收光谱法测定保健食品中的总砷[44]

（1）方法提要　采用微波消解-石墨炉原子吸收光谱法测定保健食品中的总砷含量。

（2）仪器与试剂　PinAAcle 900T 原子吸收光谱仪（美国珀金埃尔默公司）。CEM 微波消解仪（美国培安公司）。

1000μg/mL 砷单元素标准溶液（GSB04-1729-2004，国家有色金属及电子材料分析测试中心）。硝酸（优级纯，上海国药集团）；10g/L 硝酸钯（美国珀金埃尔默公司）。实验室用水为超纯水。

（3）样品制备　准确称取 0.3g 混匀的样品置于聚四氟乙烯消解罐中，各样品和空白样均做 3 组平行，加入 8mL 浓硝酸，预消解 1h 后放入微波消解仪中进行消解，30min 升温至 190℃，保持 25min，然后降温至室温。置电热板上缓缓加热至红棕色蒸气挥尽，消解液近干，用水转移至 10mL 容量瓶中，加水至刻度。

（4）测定条件　分析线 As 193.7nm。光谱通带 0.7nm。砷无极放电灯为光源，塞曼效应扣背景。两步干燥温度分别是 110℃和 140℃，斜坡升温时间分别是 10s 和 15s，保持时间 30s。灰化温度 1100℃，灰化时间 10s，保持时间 20s。原子化温度 2100℃，原子化时间 5s。净化温度 2450℃，净化时间 3s。内部气体流量 250mL/min，原子化阶段停止通气。

（5）方法评价　测定砷的检出限（$3s$，$n=11$）是 0.009mg/kg。取减肥茶做不同 As 浓度水平的加标回收试验，加标回收率为 92.7%～103.2%。用浓度为 50ng/mL 的 As 标准使用液重复进样 6 次测定，RSD 为 2.82%。

14.3.11.3 保健食品中有机硒和无机硒分离检测[45]

（1）方法提要　用硝酸-高氯酸的混合酸湿法消解富硒酵母粉，通过超声提取、离心分离、环己烷萃取进行有机硒和无机硒的分离。再用硝酸-高氯酸的混合酸进行湿法消解，6mol/L 的盐酸进行还原，硼氢化钾-氢氧化钾为还原剂，原子荧光光谱法测定硒。

（2）仪器与试剂　AFS-9230 原子荧光光谱仪（北京吉天仪器有限公司）。

1000μg/mL 硒标准溶液（国家钢铁材料测试中心）。硒标准使用液：用 5%盐酸溶液逐级稀释得到。

6mol/L 盐酸：移取 50mL 盐酸缓慢加入 40mL 水中，冷却后定容至 100mL。5%盐酸：移取 50mL 盐酸缓慢加入 400mL 水中，冷却后定容至 1000mL。硝酸-高氯酸（$\psi=9:1$）混酸。

硝酸、高氯酸、环己烷和盐酸，优级纯。氢氧化钾、硼氢化钾和亚硒酸钠，分析纯。

（3）样品制备　准确称取 0.5～1g（精确至 0.0001g）富硒酵母粉试样，置于 50mL 容量瓶中，加入 25mL 水，超声 10min 充分溶解试样，加水定容。将定容后的溶液置于

5000r/min 的离心机中，离心 15min。取上清液 20mL 于 100mL 分液漏斗中，加入 30mL 环己烷，充分振荡 10min 萃取，水相转到干燥的小烧杯中，吸取 10mL 水相于锥形瓶中，加混合酸 20mL，盖上表面皿放在电热板上加热消解，当溶液变为清亮无色并伴有白烟时，再继续加热至剩余体积约 2mL（切不可蒸干）。冷却，再加 5.0mL 6mol/L 盐酸，继续加热至溶液变为清亮无色并伴有白烟出现。冷却，转移至容量瓶中定容，用于测定无机硒。同理，称取 0.5～1g（精确至 0.0001g）富硒酵母粉试样于锥形瓶中，加混合酸 20mL 盖上表面皿放于电热板上加热消解，当溶液变为清亮无色并伴有白烟时，再继续加热至剩余体积 2mL，切不可蒸干。冷却，再加 5.0mL 6mol/L 盐酸，继续加热至溶液变为清亮无色并伴有白烟出现。冷却，转移至容量瓶中定容，混匀备用，用于测定总硒。同时制备空白试样。

（4）测定条件　负高压 300V，灯电流 100mA。原子化温度 800℃。原子化器高度 8mm。载气流量 400mL/min，屏蔽气流量 500mL/min。加液时间 8s，进样体积 2mL。延迟时间 1s，读数时间 15s。测量方式峰面积，标准曲线法定量。

（5）方法评价　检出限（$n=20$）为 0.032μg/L。RSD＜3.8%，平均加标回收率为 99.8%。校正曲线动态线性范围上限是 40μg/L，线性相关系数 $r=0.9999$。该方法简单、快速、灵敏、准确、回收率好，适用于保健品中有机硒和无机硒的分离测定。

参考文献

[1]　杨月欣．中国食物成分表：第二册．北京：北京大学医学出版社，2009.

[2]　孙远明．食品营养学．2 版．北京：中国农业大学出版社，2010.

[3]　张水华．食品分析．北京：中国轻工业出版社，2008：233.

[4]　冯翠萍．食品卫生学．北京：中国轻工业出版社，2014.

[5]　GB 2762—2017 食品安全国家标准　食品中污染物限量．

[6]　GB/T 5009.1—2003 食品卫生检验方法　理化部分　总则．

[7]　付丽，食品分析．重庆：重庆大学出版社，2014.

[8]　邓勃，李玉珍，刘明钟．实用原子光谱分析．北京：化学工业出版社，2013.

[9]　于秀英，白云山，张冬梅，等．微波消解-等离子体原子发射光谱法测定粮食中 14 种元素含量的方法研究．内蒙古民族大学学报（自然科学版），2014，29（6）：649-652.

[10]　叶润，刘芳竹，刘剑，等．微波消解-电感耦合等离子体发射光谱法测定大米中铜、锰、铁、锌、钙、镁、钾、钠 8 种元素．食品科学，2014，35（6）：117-120.

[11]　陈同欢，缪璐，周红尖，等．ICP-OES 测定醋酸酯淀粉中 10 种元素含量．分析测试技术与仪器，2016，22（2）：96-101.

[12]　申东方，周方钦，王珍．磁芯-硫脲壳聚糖微柱在线流动注射-原子吸收光谱法测定大米中痕量镉．分析科学学报，2015，31（1）：28-32.

[13]　段夏菲，凌东辉，李兰芳，等．原子吸收光谱法测定广州市市售粮食中的 9 种金属元素．中国卫生检验杂志，2016，26（5）：640-643

[14]　Xiang，G Q，Wen S P，Wu X Y，et al. Selective cloud point extraction for the determination of cadmium in food samples by flame atomic absorption spectrometry. Food Chem，2012，132（1）：532-536.

[15]　蒋小良，胡佳文，吴茵琪．微波消解氢化物发生原子吸收光谱法测定大米中铅．中国无机分析化学，2014，4（1）：1-4.

[16]　Silva M J D，Paim A P S，Pimentel M F，et al. Determination of mercury in rice by cold vapor atomic fluorescence spectrometry after microwave-assisted digestion. Anal Chim Acta，2010，667（1-2）：43-48.

[17]　周明慧，张洁琼，高树林，等．稀酸温和提取-火焰原子荧光光谱法快速测定谷物中镉的含量．分析试验室，2018，37（12）：1389-1392.

[18] 赵林同，李慕春，芦云，等．ICP-OES测定奶花芸豆中的微量元素．光谱实验室，2012，29（6）：3361-3363.

[19] Matos-Reyes M N，Cervera M L，Campos R C，et al. Total content of As，Sb，Se，Te and Bi in Spanish vegetables，cereals and pulses and estimation of the comtribution of these foods to the Meidterranean daily intake of trace elements. Food Chem，2010，122（1）：188-194.

[20] 盛华栋．电感耦合等离子体原子发射光谱法测定8种蔬菜中微量元素．理化检验-化学分册，2008，44（1）：25-27.

[21] 刘克克，毛斐，高丽红，等．微波消解-石墨炉原子吸收光谱法测定蔬菜中的微量镉．微量元素与健康研究，2016，33（3）：66-67.

[22] 叶峻．共沉淀富集氢化物发生-原子荧光光谱法同时测定山药中砷和硒．分析科学学报，2012，28（5）：731-733.

[23] 张玉玉，唐善虎，胡子文，等．应用微波消解/ICP-OES法测定牦牛肉中的微量元素．食品科学，2008，29（9）：526-528

[24] 谢炯炯．微波消解-石墨炉原子吸收分光光度法测定猪肉中镉．肉类工业，2016（8）：38-39，55.

[25] 刘丽娜，徐发婷，赵方红，等．氢化物发生-原子荧光光谱法测定牛肉中的硒含量．中国畜牧兽医，2015，42（9）：2399-2404.

[26] 杨彦丽，林立，周谱非，等．微波消解ICP-AES法测定婴幼儿配方乳粉中9种微量元素．现代食品科技，2010，26（2）：209-211.

[27] 祝秀梅，梁斌，张憬，等．微波消解-石墨炉原子吸收光谱法测定牛奶中的铅含量．中国乳业，2017（11）：77-80.

[28] 陈峰，杨清华，戴志英，等．高压微波消解原子荧光光谱法同时测定奶粉中痕量锡和硒．医学动物防制，2019，35（3）：303-306.

[29] Larrea-Marin M T，Pomares-Alfonso M S，Gomez-Juaristi M，et al. Validation of an ICP-OES method for macro and trace element determination in Laminaria an Porphyra seaweeds from four different countries. J Food Composit Anal，2010，23（8）：814-820.

[30] López-García I，Briceño M. Hernández-Córdoba M. Non-chromatographic screening procedure for arsenic speciation analysis in fish-based baby foods by using electrothermal atomic absorption spectrometry. Anal. Chim Acta，2011，699（1）：11-17.

[31] 谭妙瑜，孔冰原，林畅琪，等．浊点萃取-原子荧光光谱法测定水产品中砷形态．分析试验室，2016，35（2）：146-149.

[32] Naozuka J，Vieira E C，Nascimento A N，et al. Elemental analysis of nuts and seeds by axially viewed ICP-OES. Food Chem，2011，124：1667-1772.

[33] Altundag H，Tuzen M. Comparison of dry，wet and microwave digestion methods for the multi element determination in some dried fruit samples by ICP-OES. Food Chem Toxic，2011，49（11）：2800-2807.

[34] 岳晓君，王毅，刘子璇．石墨消解-电感耦合等离子体发射光谱法测定食品中多元素．微量元素与健康研究，2019，36（2）：56-59.

[35] Baysal A，Ozcan M，Akman S. A rapid method for the determination of Pb，Cu and Sn in dried tomato sauces with solid sampling electrothermal atomic absorption spectrometry. Food Chem Toxic，2011，49（6）：1399-1403.

[36] 李利华，宋凤敏．原子荧光光谱法测定六种天然香辛料调味品中的砷、汞、硒．中国调味品，2019，44（5）：161-163.

[37] Krejčová A，Černohorský T. The determination of boron in tea and coffee by ICP-AES method. Food chem，2003，82（2）：303-308.

[38] 乔晴，李全滋，何兵兵，等．石墨消解-石墨炉原子吸收测定啤酒中的铅．轻工科技，2014，10：109-111.

[39] Zhang N，Fu N，Fang Z T，et al. Simultaneous multi-channel hydride generation atomic fluorescence

spectrometry determination of arsenic，bismuth，tellurium and selenium in tea leaves. Food Chem，2011，124 (3)：1185-1188.

[40] 李婷，侯晓东．微波消解-电感耦合等离子体原子发射光谱法测定胶基糖果中重金属铬的含量．食品科技，2012，37 (11)：304-307.

[41] Ieggli C V S，Bohrer D，do Nascimento P C，et al. Determination of sodium，potassium，calcium，magnesium，zinc and iron in emulsified chocolate samples by flame atomic absorption spectrometry. Food Chem，2011，124：1189-1193.

[42] 刀艳梅，樊仙，邓军，等．压力罐一次消解、原子荧光法同步测定甘蔗汁中砷和汞含量．中国糖料，2018，40 (1)：25-26.

[43] 丁宇，劳宝法，周睿，等．电感耦合等离子体光谱法测定保健品中的五种金属元素的含量．中国卫生检验杂志，2012，22 (7)：1504-1506.

[44] 黄小兰，何旭峰，肖琦．微波消解-石墨炉原子吸收光谱法测定保健食品中的总砷．食品安全导刊，2015 (5)：116-117.

[45] 刘慧堂，伍丽珍，邱桃妍．保健食品中有机硒和无机硒分离检测条件探究．食品科技，2016，41 (10)：273-276.

·第15章·

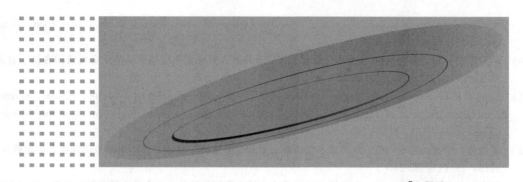

原子光谱分析在生物领域中的应用

15.1 概述

自然界有100多种化学元素，目前在人体中可测得81种元素。这些元素可分成五类：必需常量元素、必需微量元素、可能必需微量元素、非必需微量元素和有害微量元素。

必需常量元素有氢、氧、钠、钾、碳、氮、硫、磷、钙、氯、镁11种，它们约占人体总重量的99.95%。

按照国际微量元素学术会议和世界卫生组织（WHO）公认的看法，必需微量元素是指具有明显的营养作用，人体生理过程中必不可少的一类元素，缺乏这些元素将产生特征性生化反应紊乱和病理变化，补充这些元素就能纠正病理变化或治愈缺乏这些微量元素引起的疾病。目前确定的必需微量元素有14种，包括铁、铜、锰、锌、钴、钼、铬、钒、镍、氟、硒、碘、硅、锡。

可能必需微量元素是指具有一定生物学作用或医疗、预防、保健效能，又具有某些必需微量元素生物及生化特征，但目前尚未被WHO及多数国际组织认可的微量元素，有锶、锗、溴等。

非必需微量元素是指未发现其营养作用，又无明显毒害作用的元素，有钡、钛、铌、锆、硼等。

有害微量元素是指对健康有明显危害且在体内有积蓄现象的元素，主要有铅、铋、铍、汞、镉、铊、砷等。

化学元素不仅是构成人体的基本成分，而且对人体的生长发育、疾病与健康、衰老与死亡起着重要作用。生命科学是21世纪全球的热点研究领域，随着科学技术的发展和生活水平的提高，微量元素与人体健康的关系越来越受到重视。在医学领域，从人体构成来看，占人体总重量万分之一以下者即为微量元素。这些微量元素，共占人体总重量的万分之三左右。微量元素在生物体内的含量虽少，但在生命活动过程中起着十分重要的作用。概括地讲，主要表现在以下几个方面。

（1）作为生物酶系统的组成部分 酶是一种高度专一的催化剂，包含了许多非蛋白质物质——辅基，即由部分有机分子和金属离子所构成。这类代谢酶可分为两类，一类是金属酶，其中金属和酶蛋白结合牢固，只有与金属离子结合才具有酶的活性。很多微量元素都是特殊金属酶的必需成分，如细胞色素 C 中的 Fe^{2+}、细胞色素氧化酶中的 Cu^{2+} 等。另一类是金属激化酶，金属与酶结合并不牢固，可用透析法将金属析出。该酶在起生物反应的催化作用时，必须与金属离子结合，否则不能起作用，如有机钴制剂维生素 B_{12}。

（2）参与激素的作用

① 微量元素可直接参与激素物质的结构组成。如甲状腺中合成含碘的甲状腺素，碘与甲状原氨酸结合形成具有激素活性的甲状腺素。

② 微量元素与激素可形成复合物。如锌与胰岛素所发生的相互关系。锌通过组氨酸的咪唑环与胰岛素形成复合物，锌可促进胰岛素的 B 细胞中的胰岛素与蛋白体的键合与释放。若将胰岛素碘化，则胰岛素对锌的键合能力下降，这是由于碘取代了组氨酸咪唑环上的锌所致。

③ 激素可与酶体系中组成成分的金属离子发生相互作用。例如，甲状腺素可与 Cu^{2+}、Mg^{2+}、Co^{2+}、Zn^{2+} 键合，从而使激素成为上述离子的载体。激素或许可以直接影响体内离子的转运，或改变细胞膜的通透性。所以当内分泌腺切除或者功能减退时，激素的载体作用也随之消失，从而使血液与细胞外液的金属离子比例发生变化。在激素与离子的相互作用中，可能会发生金属离子间的相互协同效应或拮抗作用。

（3）参与核酸的功能 在遗传信息携带者——核酸中，含有高浓度的微量元素，能够影响核酸的代谢。如锌参与蛋白质的合成。DNA-RNA 聚合酶、碱性磷酸酶、胸腺嘧啶核苷酸酶等均含有锌。锌缺乏时，这些酶的活性下降，可影响人体的生长发育，并与癌的发生有关。锰能激活脱氧核糖核酸酶，在人体的生长发育中起着十分重要的作用。

临床实践证明，机体内微量元素缺乏、过剩或平衡失调，均可影响机体内很多物质的代谢，各器官组织的结构和功能，以及干扰免疫机制、生长发育，加速衰老过程，产生病理变化，引发各种系统的症状与体征。

人体不能合成和分解微量元素，体内所有必需元素都只能由机体与环境进行交换。自然环境自身的发展变化，会使自然环境的元素发生显著的迁移分布变化，结果是破坏了机体与环境元素的交换平衡，产生机体内必需元素过高、过低、形态和价态变化，或者非必需元素在体内蓄积到临界水平，从而影响到机体的健康。检测人体的元素，尤其是微量元素，对确定必需元素的营养状况，判断毒性元素在体内的蓄积，探讨病因、估计病情、辅助诊断、治疗疾病、检测病人的康复等，都有十分重要的作用。特别是当临床症状未出现时，微量元素的检测可对潜在的元素摄入和排泄异常，或为判断某一人群是否受到潜在危险或威胁，提供有价值的信息。

对人体采样，即取人体的组织或排泄物作为标本。临床上常用的包括血液、尿、毛发、粪及心、肝、肾、肺、骨、肌肉、牙、指甲等组织，也可取唾液、胃液、十二指肠液、胆汁、汗液、羊水、乳汁、精液、泪液等分泌液，还可取骨髓、脑脊液、胸水、腹水、关节液等穿刺液。这些样品的预处理常用干燥、稀释、溶解、分解、沉淀、过滤、萃取、层析等物理的、化学的分离和富集方法。

用于微量元素的测定方法很多，有化学分析、光学分析、电化学分析、色谱分析等各种分析方法。目前原子吸收光谱法（AAS）、电感耦合等离子体原子发射光谱法（ICP-AES）、氢化物发生-原子荧光光谱法（HGAFS）、质子激发 X 射线发射光谱法（PIXE）、中子活化法(NAA)、阳极溶出伏安法(ASV)、离子选择性电极法(ISE)等都是分析微量元素的有效手段[1]。

15.2 生物样品分析

自然界中天然存在的元素在生物体中都可以找到。按照这些元素在人体内的含量，以占机体重量的万分之一为界限，一般也可把体内的元素分为常量元素和微量元素。人体的常量元素多数为非金属元素，只有钠、钾、钙、镁为常量金属元素。而体内检出的微量元素约达70种，其特点是数量小而功能作用大，它们在体内的分布有很大的不均匀性，同一元素在不同组织、器官中的含量也有很大差别。微量元素是生物组织的基本组成成分，但当它们的浓度远超过完成其生物学功能所需量时，就可以变为有毒的成分。1996年，联合国粮食及农业组织(FAO)、国际原子能机构(IAEA)、WHO联合组织的专家委员会将存在于人体中的微量元素分为了三类：人体必需微量元素、人体可能必需微量元素、有潜在毒性但低剂量时可能具有必需功能的微量元素[2,3]。

微量元素在维持人类健康中发挥着重要作用。有些元素不仅可以抗感染，而且与许多慢性、退行性甚至恶性病变有关联，对必需微量元素的边缘性缺乏，可能使人群对疾病的敏感性增高。微量元素与人体的内分泌、免疫、感染、生长发育以及神经系统结构与功能有关。同时，依靠着生物体内的稳态平衡，将其数量维持在狭小的正常范围之内，当摄入过多超越其调节功能所需要量时，或摄入不足导致缺乏时可引起平衡紊乱甚至发生疾病。目前已知多种疾病的发生、发展都与微量元素有关，如癌症、心血管病、脑病、神经系统病患、肝病、风湿性炎症、地方病、营养缺乏症，等等。研究表明，病人与健康人的体液或脏器间以及病变组织与正常组织之间，微量元素的含量有差异。这就表明，微量元素的量变与病变原因或病变结果之间存在联系。因此，微量元素在抵御疾病方面的作用不容忽视。

随着现代科学仪器和测试技术的迅速发展和应用，明显提高了微量元素痕量分析的灵敏度和准确度，为深入研究元素的生物学作用提供了重要条件。电感耦合等离子体原子发射光谱法(ICP-AES)、原子吸收光谱法(AAS)和原子荧光光谱法(AFS)由于选择性强、干扰小、准确度高、分析速度快和灵敏度高等特点，广泛应用于生物组织中微量元素的含量、存在形态和分布的研究，为疾病的正确诊断和监测、病理研究等提供重要信息。

生物样品中微量元素的分析研究是一门新的学科领域，与化学、生物学、营养学、环境卫生学、毒理学以及临床医学等有着密切联系，是多学科交叉渗透的边缘学科，是与人体健康息息相关的一门学科。其中常量元素和微量元素的分析测定将为医疗诊断及新陈代谢的研究提供科学依据。

15.2.1 生物样品的种类及特点

生物样品种类繁多，从理论上讲，只要可以从人体及动物上获得的样品均可用作生物样品进行检验，用于评价人体及动物的健康。但从检验的意义和样品获得难易程度等方面考虑，生物样品主要指尿液、血液、头发和其他组织样品。

用于健康评价的生物样品一般需满足以下要求：①样品中被测物的浓度与环境基础水平或与健康效应有剂量相关关系；②样品和待测成分应足够稳定以便于运输、保存和测定；③样品采集方便，对人体无损害，能为人们所接受。但目前尚无一种样品适用于所有化学物质的生物监测。根据被测化合物的理化性质、代谢和在体内的分布情况选择合适的样品。血液、尿液、头发是最常用的生物样品，随着灵敏、准确、简便的现代分析仪器的出现，指甲、乳汁、唾液或脏器、骨、组织等其他生物样品正逐渐越来越多地用于微量元素、重金属的检测和评估。

（1）血液　特别是静脉血，是最为理想的生物样品，化学物质无论从何种途径进入机体，都会首先被血液吸收，因此血液中化学物质的浓度可反映机体近期的接触水平。一般血样中待测化学物质含量较高、浓度较稳定，取样时污染机会较少。但是血液又是复杂的不均匀体，它包括红细胞、白细胞、血小板等有形成分和血浆，血液样品可分成全血、血清和血浆，加抗凝剂后分离出的上层淡黄色透明液体为血浆，不加抗凝剂分离出的上层淡黄色液体为血清。同时由于血液样品的收集涉及人群、数量、伦理等，采样本身又是损伤性的，不易被人们接受，因此在应用方面受到一定的局限。

（2）尿液　尿液由于采集方便、无损伤、易被人们接受，并能采集到较多的样品量，成为常用的生物样品之一。由于待测化学物质在尿液中的含量受到水分摄入量和其他与膳食相关因素的影响。尿样一般可分为全日尿（又称 24 小时尿）、晨尿、随机尿和定时尿。全日尿能较好地反映待测化学物质的排泄量和机体的内剂量，受饮水量、出汗量等影响较小，但收集较难；晨尿、随机尿和定时尿收集比较容易，但因尿样密度变化而引起测定结果偏差较大，故采用尿液样品评估与健康的相关性，需要对采样方法进行一定的限制和统一。

（3）头发　头发主要由纤维素性的角蛋白组成，含有一定量的脂肪，其代谢缓慢。一些微量元素如铜、铁、锌、硒和重金属元素铅、镉、汞等在毛囊内与角质蛋白的巯基、氨基结合而进入头发。因此，头发常用于这些元素的生物监测。靠近皮肤的头发中元素含量与近期血液中的元素含量相关。但也有人认为由于头发的生长缓慢，所收集到的样品实际上是不同时期的混合样，因而测定结果与接触剂量的关系难以确定。

采集发样的主要优点是采样时受检者无疼痛、无创伤，样品易于储存和运输，样品稳定性好。但由于头发表面易受空气污染物的影响，染发、烫发和头发护理时使用的化学品等也会给头发样品带来污染。因此采样后需用洗涤的方法除去表面沉积物和污染物质。洗涤方法、洗涤过程和残留的洗涤剂均有可能对测定结果造成影响，如果外源性污染物不能去除，会降低头发作为生物材料样品的价值，使头发作为微量元素、重金属的评估样品受到一定的影响。

15.2.2　生物样品的采集与储存

由于生物组织的组成复杂，多数待测元素的浓度较低，正确地采集和保存生物样品对于样品的分析准确性至关重要。要保证生物样品的有效性，需考虑多方面因素，如采样时间、采样环境、样品运输和保存等，要详细记录采样过程，妥善保存和运输。

15.2.2.1　样品采集

（1）血样　血液的采集部位和采样体积取决于分析元素的性质及含量、样品处理方法和最终测定方法。血液的分析包括全血、血浆、血清及有形成分。通常采集静脉血或末梢血为样品。血样采集一般分为毛细管血采集法和静脉血抽血法。根据检测方法的检出限和血中待测物的估计浓度，确定血样的采集量。一般至少采集 0.1mL，如采血量大于 0.5mL，应取静脉血。采集毛细管血时，用抽血针或小刀将耳朵、指（趾）头皮肤划伤，利用血液的毛细管效应用玻璃毛细管、血细胞容积计抽取自然流出的血液。这种方法通常适用于超微量测定。抽静脉血时，可用干燥的注射器在肘正中静脉等处抽血。抽血部位用 70%酒精充分消毒、干燥，以完全灭菌。采集血样的容器一般用聚四氟乙烯、聚乙烯或硬质具塞玻璃试管。

由于血液中化学成分会随时间发生变化，因此在抽血时要进行一些预先处理。测定全血试样时，抽血后需加入抗凝剂（如1%肝素钠水溶液、柠檬酸或柠檬酸铵等）。加有抗凝剂的血液经离心分离去掉细胞成分而得到的清液即为血浆。未加抗凝剂的血液自然沉降，将清液从血液凝块中倾入离心管加以分离即可得到血清。

(2) 尿样　尿样分析在临床上具有重要意义。但尿的化学成分受饮食、运动和药品影响，并随各种激素、性别、年龄及精神状态而变化。要根据测定项目、研究方案来决定采集全日尿、晨尿、随机尿还是定时尿。尿的临床分析，以早晨首次排出的晨尿为最多，也是各日间性质上差别最小的尿样。检测金属离子和无机化合物的尿样，根据检测方法的检出限和待测物的含量，通常收集于洁净、可密封的容器内。尿样采集量应大于50mL。

(3) 发样　采集头发要注意季节性，同时要尽量避免年龄、性别、染发、生理状态和疾病等各种因素的影响。在同一时期内，约有85%的头发均处于生长期，故采得的发样只能代表该时期机体的代谢情况。不同部位头发的生长速度似乎区别不大，但从发根到发梢各段被测物的含量可能不完全一样。为反映近期机体状况，一般多采集枕部发根处头发，通常用不锈钢剪刀采集距头皮约2.5cm的发段1～5g。将人发剪至长度约2～3mm，用3%～5%的中性洗涤剂溶液在不断搅拌下浸泡0.5～1h，再依次用自来水和去离子水清洗多次，除尽洗涤剂，自然晾干或在烘箱内80～100℃烘干。毛发中的元素含量与取样部位以及离发根的距离有关。发样一般储存于清洁的聚乙烯袋或玻璃瓶中，要留存好记录，洗净晾干的发样储存于干燥器中可长期保存。

采样前两个月内禁止染发和使用含有待测化学物质的洗发护发品。由于目前尚无适宜的洗涤方法完全洗净发样外部吸附或玷污的物质，因此也有学者建议应慎用头发作为生物监测样本。

(4) 脏器　微量元素选择性蓄积在机体的某些脏器，如心、肝、肾、肺、脑等中，在某些情况下尸检或手术后采取的组织样品比发样、血样更具有临床意义，因它取样量大、元素含量高、便于分析。将心、肝、肾、肺、脑等组织样品先用水洗去血等污物，然后用去离子水洗，滤纸吸干水分或在60℃或(105±2)℃烘干至恒重。用湿法或干法消化。脏器解剖使用的全部工具及容器，均不得含待测元素，避免外界污染，尽量少用金属制的器皿。

除上述生物组织外，骨、牙齿、指甲、胆结石及人乳、胃液、十二指肠液、胰液、胆汁、唾液等均按照临床分析要求进行采集。生物样品的取样量与样品的种类、元素的含量及最终测定方法有关。要根据样品特点、待测化合物含量、采用的检测方法综合考虑。同时还要考虑样品在采集时所用的器皿、针头等的特殊处理，防止采样造成的污染。

15.2.2.2 样品的储存

生物样品在存放过程中，由于内部的相互作用或降解作用，使某些元素浓度发生变化。这种现象对液体样品比较显著，组织样品相对比较稳定。

血液样品在存放过程中会发生各种反应。内部各组分的相互作用、蛋白质变性、细菌滋生、蒸发、pH值的改变、光化学反应、元素的吸附和解吸附等都可能改变样品中某些元素的浓度。一般通过观测总效应，进而找出血液储存的合适条件。血浆和血清应保存在干净的器皿中，用石蜡密封，防止试样蒸发，保存于冷暗处冻结或冷冻干燥。保存血样的容器用硬质玻璃、聚氯乙烯、聚乙烯和聚四氟乙烯制品较好。一般来说，这些制品在保存期间不会有杂质从中溶出。在测定之前低温下保存的样品应放在25～37℃的恒温槽中短时间快速溶解，充分混匀，注意避免反复冻融，否则血液成分容易改变。因此，血液样品的储存方法必须作为分析的重要部分加以考虑。

常温下尿液易腐败变质，产生沉淀或细菌生长，尿样应尽快分析，尿样采集后不立即进行测定，可加入几滴防腐剂甲苯冷藏保存，也可加 0.5%～1%硝酸酸化，这样既能防止尿样腐败，又能防止金属盐类沉淀或器壁吸附，将样品用硝酸酸化后冷冻保存，分析前需解冻。如果样品中存在浮游物和沉淀物，必须用硝酸溶解后再进行处理。尿样一般储存于经过试验证明无待测元素的通用塑料容器中。

采集的血样、尿样如不能立即测定，可将其置于 4℃冰箱中短期保存；如不能及时分析，应于－20℃或－80℃以下冷冻保存。

脏器或组织取样后，如要集中检测可放入干净的容器内，编号，密封，于－20℃或－80℃以下冷冻保存。

15.2.3 生物样品分析的取样原则

要保证分析测定结果的准确，样品的称取也是非常重要的环节，要保证被测样品的代表性。

① 血液、尿液及其他体液必须充分混匀后再取样分析，尿样如有沉淀，只有在不影响检测的情况下离心除去，否则要混匀后取样。

② 骨和脏器样品应剔除脂肪、结缔组织等异体物质后，彻底粉碎、充分混匀后才可称取分析样品。

③ 储存于低温冷冻的样品，如血、尿、骨及其他脏器组织应先自然解冻，放至室温后，重新混匀取样。

④ 烘干、粉碎、磨细或剪碎的发、骨及其他脏器组织的干样，称样前须干燥至恒重；如被测物具挥发性，可在称样的同时，另称样测定水分含量。

⑤ 称取样品的取样量应大于在统计上保证所取样品具有代表性的最小取样量，其中待测物质的浓度或量必须满足分析方法的定量下限。

⑥ 头发应先用洗涤剂清洗，除去表面吸附的污染物后，再作进一步处理。

⑦ 生物材料样品预处理方法的回收率应在 75%～115%范围内。

15.2.4 生物样品前处理

生物样品微量元素分析的灵敏度、精密度和准确度在很大程度上取决于样品的前处理方法，本书专设第 6 章，对样品前处理的要求，取样与样品保存，样品各种分解、净化与富集方法，形态分析样品处理以及样品前处理技术发展趋势等都进行了详细的介绍，在此仅对生物样品的前处理做些补充说明。

对生物材料中无机元素进行分析时，需对样品进行适当的前处理，提取、净化和浓缩被测元素或破坏样品中的有机物，释放出被测元素，以利于后续测定。用于生物材料检验中元素分析的前处理方法很多，但在选择时应满足以下基本要求：①避免待测元素损失、污染及化学形态改变；②尽可能减少化学试剂的用量；③操作简便、省时；④待测组分回收率达到分析要求；⑤操作过程安全性高。

(1) 稀释法　有些生物样品（体液）可以直接稀释后测定。选用何种稀释剂和稀释倍数要视样品基体性质、分析成分性质和含量、选用分析方法以及干扰情况而定。有些生物样品，如血液、唾液、尿液等用 Triton X-100（异辛基苯氧基聚乙氧基乙醇）、正丁醇、丙醇、酸等稀释后直接进行测定，此方法可以有效克服试液黏度对雾化速率的影响。尿液中的蛋白可采用三氯乙酸去除。用化学改进剂作稀释剂，可以降低火焰原子吸收的干扰效应和石墨炉原子吸收分析中的背景干扰，并可提高灵敏度和精密度。

（2）酸提取法　用酸从样品中提取金属元素是处理样品的基本方法之一。用三氯乙酸可从血清蛋白中提取铁和其他金属元素。血浆在 2mol/L 盐酸介质中于 60℃加热 1h，可定量提取其中的锰，分析结果与 HNO_3-$HClO_4$ 消化血浆法基本一致。

（3）萃取法　生物组织的组成复杂，常含有其他共存的干扰组分，又由于某些生物体内被测的元素含量为痕量级，需富集后才能达到分析方法检出限的要求。萃取的目的是为了从大量的共存物中分离所需要的微量组分或使微量组分浓集。常用的萃取方法有有机溶剂萃取和固相萃取。

（4）酶分解法　利用酶分解蛋白质而进行样品处理的方法称为酶分解法。这类方法特别适于生物样品。其优点是作用条件温和因而能有效防止待测物的挥发损失；它可维持金属离子原有价态，可进行形态分析；既可用于无机组分分析，也可用于有机组分分析。

生物样品中元素测定前处理最常采用的还是湿法消解、微波消解和干灰化法等样品前处理技术，欲了解样品前处理的详细情况，请参阅第 6 章。在实际工作中，必须根据检测样品种类、待测元素的性质、含量、测定方法等，选用简便、快速、安全、高效、准确、重现性好的样品前处理方法[4]。

15.3　生物样品分析标准方法

15.3.1　血液测定方法

中华人民共和国国家职业卫生标准规定的测定生物样品中重金属的标准方法中，原子光谱法分析血样的标准方法见表 15-1。

表 15-1　原子光谱法分析血液样品标准方法

序号	标准名称	测定元素	测定方法
1	中华人民共和国国家职业卫生标准 GBZ/T 316.1—2018	Pb	硝酸脱蛋白，GFAAS 测定 Pb，分析线 Pb 283.3nm，检出限 7μg/L
	GBZ/T 316.3—2018		硝酸脱蛋白，离心后取上清液，HGAFS 测定 Pb。分析线 Pb 283.3nm，检出限 6.7μg/L
2	中华人民共和国国家职业卫生标准 GBZ/T 315—2018	Cr	用化学改进剂稀释，GFAAS 测定 Cr。分析线 Cr 357.9nm，检出限 0.47μg/L
3	中华人民共和国国家职业卫生标准 GBZ/T 317.1—2018	Cd	用硝酸溶液萃取，GFAAS 测定 Cd，分析线 Cd 228.8nm，检出限 0.24μg/L
4	中华人民共和国国家职业卫生标准 GBZ/T 314—2018	Ni	0.1% Triton X-100 溶液稀释，GFAAS 测定 Ni，分析线 Ni 232.0nm，检出限 1.13μg/L

15.3.2　尿样测定方法

中华人民共和国国家职业卫生标准和卫生行业标准规定了测定生物样品中重金属的标准方法，其中表 15-2 列出了原子光谱法分析尿样的标准方法。

表 15-2　原子光谱法分析尿样标准方法

序号	标准名称	测定元素	测定方法
1	中华人民共和国国家职业卫生标准 GBZ/T 303—2018	Pb	加氯化钯化学改进剂后，GFAAS 测定 Pb，分析线 Pb 283.3nm，检出限 1.0μg/L
2	中华人民共和国国家职业卫生标准 GBZ/T 306—2018	Cr	用硝酸镁和硝酸混合溶液稀释，GFAAS 测定 Cr，分析线 Cr 357.9nm，检出限 0.21μg/L
3	中华人民共和国国家职业卫生标准 GBZ/T 307.1—2018	Cd	用氯化钯和硝酸混合溶液稀释，GFAAS 测定 Cd，分析线 Cd 228.8nm，检出限 0.17μg/L
4	中华人民共和国卫生行业标准 WS/T 44—1996	Ni	盐酸酸化，直接进样石墨炉，标准曲线法或标准加入法定量。GFAAS 测定 Ni，分析线 Ni 232.0nm，检出限 1.4μg/L
5	中华人民共和国卫生行业标准 WS/T 46—1996	Be	加化学改进剂，GFAAS 测定 Be，分析线 Be 234.9nm，检出限 0.09μg/L
6	中华人民共和国卫生行业标准 WS/T 94—1996	Cu	用 1%的硝酸稀释后直接进样石墨炉，GFAAS 测定 Cu，分析线 Cu 324.8nm，检出限 2.0μg/L
7	中华人民共和国卫生行业标准 WS/T 95—1996	Zn	用 1%硝酸稀释，乙炔空气 FAAS 测定 Zn，分析线 Zn 213.8nm，检出限 0.01mg/L
8	中华人民共和国卫生行业标准 WS/T 474—2015	As	用混合酸消化破坏有机物，在盐酸溶液中 KBH_4 发生 AsH_3，导入石英炉原子化。AFS 测定 As，检出限 0.50μg/L
9	中华人民共和国国家职业卫生标准 GBZ/T 302—2018	Sb	经双氧水-硝酸-硝酸镍溶液消化，L-半胱氨酸预还原，KBH_4 发生 SbH_3，石英炉原子化。AFS 测定 Sb 217.6nm，标准曲线法定量。检出限 0.06μg/L
10	中华人民共和国国家职业卫生标准 GBZ/T 305—2018	Mn	用 1%硝酸稀释后直接进样石墨炉。GFAAS 测定 Mn，分析线 Mn 279.5nm，检出限 1.5μg/L

15.4　生物样品分析实例

15.4.1　血样分析

生物组织中微量元素检测，临床上最常用的是血液样品。成人血液总量约占体重的 1/13，婴儿较少。血液的主要成分有血浆、血细胞、血小板，血细胞又分红细胞和白细胞。血液中含有各种营养成分、无机盐、氧、代谢产物、激素、酶、抗体及微量元素。一般人体吸收和代谢进入血液中的微量元素，能立刻在血清得到显示，但在细胞中反映需要一定的时间。而许多微量元素在细胞中的含量不完全一致，且大多高于血清，如白细胞中的锌含量约为红细胞的 25 倍，而红细胞中锌含量比血清高 10～28 倍，因此在选择样本时应仔细分析不同成分的特异性，以达到最佳效果。

血液中各种营养成分具有营养组织、调节器官活动和防御有害物质的作用，而且各成分比例在正常情况下含量较恒定。一旦血液成分发生变化就会引起疾病，反之某些疾病也会改变血液成分。因此，通过检测血液中各种成分，尤其是测定微量元素的种类及含量，对预防医学、临床医学等都有重要的实用价值。

血样采集一般在早晨空腹时抽静脉血，盛血用的试管必须用去离子水清洗后干燥完全。常用的血样有以下几种：

（1）全血　在试管中预先放置抗凝剂（如 0.1mg 肝素钠），在 55℃干燥后，将采集的血放入试管中迅速摇匀。

（2）血浆　在试管中预先放置抗凝剂，将采集的血放入试管中迅速摇匀后以 2000～3000r/min 离心 10～15min，分离上层微黄色上清液即为血浆。

（3）血清　采集的血液立即在 37℃水浴 4～6h，自然沉降分离后，吸出微黄色的液体，即为血清。如果要缩短分离时间，可在水浴加热 30min 后以 2000～2500r/min 离心 20min，分离上层微黄色上清液即为血清。

（4）红细胞　取新鲜血抗凝后以 2000～3000r/min 离心 10～15min 弃去血浆后，用 8 倍生理盐水稀释下层细胞，轻轻混合洗涤、离心，弃去上清液和带淡白色的白细胞和血小板，反复 3～4 次，即可得到红细胞。

（5）白细胞　根据血液中红细胞和白细胞的沉降速度不同，可以将它们分开。红细胞比密度为 1.920，白细胞为 1.065，血小板为 1.032，血浆为 1.026。常用的方法有自然沉降法、明胶分离法、右旋糖酐沉降法、血细胞分离机分离法。

对血液中含量较高的 K、Na、Ca、Mg、Fe、Cu、Zn 等元素，可通过稀释直接用火焰原子吸收光谱法或等离子体原子发射光谱法测定；在样品量较少，而元素的分析灵敏度较高时，可用脉冲雾化火焰原子吸收光谱法测定；对样品量少、含量又低的元素，如 Ni、Cr、Cd、Co 等可用无火焰原子吸收光谱法测定；对在火焰和石墨炉法分析时干扰均较大的元素，如 Se、As、Ge 等元素可用氢化物发生-原子吸收光谱法分析，或用氢化物发生-原子荧光光谱法测定。

15.4.1.1 电感耦合等离子体原子发射光谱法测定儿童微量末梢血中钙、锌、铜[5]

（1）方法提要　采用微量末梢血取代静脉血，经 3%稀硝酸处理后直接用 ICP-AES 分析，1 次进样同时测定微量血中的多种元素提高了分析效率。

（2）仪器与试剂　Optima 2100 DV 型电感耦合等离子体原子发射光谱仪（美国珀金埃尔默公司）。

硝酸为优级纯，实验用水为去离子水。

（3）样品制备　取儿童无名指血样 80μL 加入盛有 720μL 2%硝酸的塑料离心管中，立即在振荡器上振荡 30s 混匀，再以 3000r/min 离心 10min。取上清液 500μL，倒入 2mL 的样品杯，加入去离子水 1500μL，混匀。

（4）测定条件　分析线分别为 Zn 206.200、Ca 317.933nm 和 Cu 327.393nm。射频发生器功率 1300W，等离子炬冷却气流量 15L/min，辅助气流量 0.5L/min，雾化气流量 0.8L/min。观察高度 15mm。延迟时间 60s，积分时间 5s。重复测定次数 2 次。进样速度 1.0mL/min。标准曲线法定量。

（5）方法评价　测定 Zn、Ca 和 Cu 的检出限分别为 0.40μg/L、0.20μg/L 和 0.40μg/L。RSD 分别为 0.41%～0.65%、0.10%～0.16%和 0.79%～1.69%。加标回收率分别为 109.7%～101.9%、102.0%～104.0%和 98.04%～100.9%，分析国家全血标准物质（GBW09132），测定值与给定参考值相符，与火焰原子吸收分光光谱法测定结果之间在 95%置信水平无显著性差异。

（6）注意事项　实验中所用器材均用 3%的硝酸（优级纯）浸泡 24h。

15.4.1.2 电感耦合等离子体原子发射光谱法测定异常人群血清中锰、铜、锌、铁、铬、钙、镁[6]

（1）方法提要　采用硝酸和高氯酸消化血清样品，用 ICP-AES 法同时测定血脂正常组和血脂升高组血清中 Mg、Ca、Cr、Mn、Fe、Cu、Zn 元素含量。

（2）仪器与试剂　ICPS-7000 型电感耦合等离子体原子发射光谱仪（日本岛津公司）。

Mg、Ca、Cr、Mn、Fe、Cu、Zn 单元素标准储备溶液（国家标准物质研究中心）。

硝酸和高氯酸均为优级纯。实验用水为重蒸去离子水。

（3）样品制备　样品采集受试者空腹肘前静脉血 5mL，在 37℃的水浴中静置 30min，放入冷冻离心机中，于 4℃以 3500r/min 离心 15min，分离出血清。准确移取 100μL 血清，置于 10mL 的玻璃锥形瓶中，加入 1.0mL HNO_3-$HClO_4$混合酸（ψ=4∶1），加盖玻璃片静置 24h，于电热板上 120℃加热消化，至近干白烟逸尽为止。冷却后，用 1%的 HNO_3将残留物溶解，定量转移到 5mL 刻度离心管中，定容至 4.0mL。同时按上述操作，用 1%的 HNO_3做试剂空白试验。

（4）测定条件　分析线分别为 Mg 285.213nm、Ca 317.933nm、Cr 267.716nm、Mn 257.610nm、Fe 259.940nm、Cu 224.700nm、Zn 213.856nm。高频发生器频率为 40.68MHz，入射功率为 1.0kW，反射功率<5W。低气流炬管，冷却气流量 8.0L/min，载气流量 0.6L/min，辅助气流量 0.6L/min。进样速度 1.2mL/min。标准曲线法定量。

（5）方法评价　测定 Mg、Ca、Cr、Mn、Fe、Cu 和 Zn，检出限（g/L）分别为 0.83、3.01、0.14、0.24、0.26、0.47 和 0.42，RSD 分别为 1.3%、1.9%、3.6%、5.0%、4.0%、4.0%和 3.9%，回收率分别为 100.1%、104.5%、101.6%、101.0%、101.8%、101.0%和 104.9%。

15.4.1.3　混合化学改进剂用于测定血铅的石墨炉原子吸收法[7]

（1）方法提要　用硝酸和 Triton X-100 混合溶液稀释血样，磷酸二氢铵作为化学改进剂，直接进样测定全血中铅。

（2）仪器与试剂　ZEEnit700 原子吸收光谱仪（德国耶拿分析仪器股份公司）。空气压缩机。

1000μg/mL 铅标准溶液（国家标准物质研究中心）。铅标准工作溶液：用 1%硝酸溶液将 1000μg/mL 的铅标准溶液经逐级稀释为 400μg/mL 的储备液，临用前，再用稀释剂稀释为 40μg/mL 的铅标准使用溶液。

ψ=1%硝酸溶液和 0.1% Triton X-100 混合溶液稀释剂。20g/L 磷酸二氢铵。

（3）样品制备　准确吸取 100μL 混合血样置于具塞聚乙烯试管内，加入 900μL 稀释剂（一般正常人稀释 10 倍，职业性铅接触人群稀释 20 倍），充分振摇混匀。

（4）测定条件　分析线 Pb 283.3nm。光谱通带 0.8nm。空心阴极灯电流 4.0mA。氩气为载气。样品进样量 20μL，化学改进剂 5μL。干燥温度 75～115℃，保持 20s；灰化温度 800℃，保持 30s；原子化温度 1700℃，保持 5s；净化温度 2500℃，保持 3s。标准曲线法定量。

（5）方法评价　检出限为 0.8μg/L，RSD（n=6）<2.9%。在三个浓度水平进行加标回收实验，平均加标回收率是 96.8%～103.7%。校正曲线动态线性范围上限是 200μg/L，线性相关系数 r=0.9995。

（6）注意事项　实验室所用器皿需经 20%硝酸浸泡 24h，依次用水和去离子水冲洗后晾干备用。

15.4.1.4　胶体钯-石墨炉原子吸收光谱法测定全血、尿液中铅的含量[8]

（1）方法提要　血样、尿样经稀释后，加入胶体钯化学改进剂，石墨炉原子吸收光谱法测定全血、尿中铅的含量。

（2）仪器与试剂 Varian AA240Z 石墨炉原子吸收光谱仪（美国瓦里安公司）。热解涂层石墨管。

1000μg/mL 铅标准溶液（中国计量科学研究院）。冻干人尿铅标准物质。冻干牛血铅标准物质（中国疾病预防控制中心职业卫生与中毒控制所）。

Colpd™胶体钯（成都市信达测控技术有限公司）。硝酸为优级纯。实验用水为超纯水。

（3）样品制备 吸取 0.1mL 血样于样品杯中，加纯水 0.9mL 混匀。吸取 0.2mL 尿样于样品杯中，加 0.8mL 0.5%硝酸混匀。

（4）测定条件 分析线 Pb 283.3nm。光谱通带 0.5nm。空心阴极灯电流 10mA。进样体积 10μL。干燥温度 85～120℃，保温时间 5～30s；灰化温度是 800℃（血）、1000℃（尿），保温时间 5～20s；原子化温度 2000℃，保温时间 1s；清除温度 2000℃，保温时间 2s。测量方式峰高定量。塞曼效应扣背景，载气为氩气。

（5）方法评价 测定血铅和尿铅，检出限分别为 14.5μg/L 和 2.9μg/L，RSD＜4%。加入低、中、高浓度铅标准溶液，进行加标回收试验，加标回收率为 88.1%～107.2%。校正曲线动态线性范围上限为是 100μg/L，线性相关系数 r＞0.9990。同一支石墨管可分别测定 140 个尿样或 90 个血样。

（6）注意事项 胶体钯化学改进剂能显著提高血铅、尿铅检测的灰化温度，有效消除基体的干扰，且能降低石墨管的损耗。方法适用于职业性铅中毒患者的诊断，可进行大批量血铅、尿铅样品的检测。

15.4.1.5 石墨炉原子吸收光谱法测定人血浆中铂[9]

（1）方法提要 用浓硝酸及过氧化氢消解人静脉血样品。冷却至 4℃使脂肪固化过滤除去。收集滤液，蒸干，用 200μL 盐酸溶液（1＋99）浸取残渣。GFAAS 法测定铂。

（2）仪器与试剂 Z-8000 型偏振塞曼原子吸收分光光度计，热解涂层石墨管。

1.000g/L 铂标准溶液。水为自制亚沸蒸馏水。

（3）样品制备 将顺铂血浆样品置于 30℃温水中保温 1h，移取 0.40mL 样品于 5mL 具塞试管中，加入 0.45mL 浓硝酸、0.90mL 过氧化氢、1 滴（约 0.05mL）辛醇。混匀。置于 90～95℃水浴中约 2～4h，至消解液澄清。置于 4℃冰箱内冷冻约 1h，使脂肪固化，再用 0.45μm 水膜过滤。滤液收集于 5mL 锥形离心试管（收集管）中，用 0.5mL 水冲洗消解管，过滤，滤液合并入收集管中。将收集管插入内部温度 120℃的沙浴中。适当调整插入深度，使试管内溶液呈微沸或临近微沸状态。经约 3h，至溶液挥发将尽。再转移至 100℃恒温箱保温至干。加 200μL 盐酸溶液（1＋99），立即以封口膜密封，涡旋 5min。放置约 30min 后再涡旋片刻，得供试液。

（4）测定条件 分析线 Pt 265.9nm。光谱通带 0.4nm。灯电流 10mA。手动进样，进样量为 10μL。采用 2 级干燥和 3 级灰化程序：干燥温度 80～120℃，保持 50s；120～800℃，保持 10s。灰化温度 800℃，保持 10s；800～1200℃，保持 10s；1200～2500℃，保持 10s。原子化温度 2800℃，保持 5s。净化温度 3000℃，保持 3s。载气为高纯氩气，流量为 250mL/min，原子化阶段载气流量减为 30mL/min。标准曲线法定量。

（5）方法评价 测定铂的检出限（3s）为 0.016mg/L，RSD（n＝5）小于 7%，回收率为 94.6%～120.0%。校正曲线动态线性范围为 0.02～1.00mg/L。

（6）注意事项 生物样品可采用过氧化氢消解法，不能采用干式灰化法。灰化所得残渣不能高倍稀释。铂盐在 270℃时可能部分转化为金属铂状态，难以溶成溶液。不能采用硝酸-高氯酸消解法，有文献报道其回收率低且干扰铂的测定。

15.4.1.6 微波消解-氢化物发生-原子荧光光谱法测定血液中锑含量[10]

（1）方法提要　微波消解样品-氢化物发生-原子荧光光谱法测定血液中的锑含量。

（2）仪器与试剂　AFS-230E 型双道原子荧光光谱仪（北京科创海光仪器有限公司）。MK-Ⅲ型光纤压力自控密闭微波溶样系统。ECH-1 型电子控温加热板。

锑标准储备溶液。硼氢化钾溶液，硫脲-抗坏血酸混合溶液。所用试剂均为优级纯，实验用水为超纯水。

（3）样品制备　移取 1.00mL 血液试样于聚四氟乙烯杯中，加入 5mL 硝酸-高氯酸（ψ=4∶1）混合酸，室温下放置 3h，于 0.5MPa、1.0MPa、1.5MPa 压力下进行微波消解，各个压力下消解 5min。卸压后，取出样品消解罐，于 110℃蒸发至近干，冷却后转移至 25mL 容量瓶中，加入 5mL 盐酸溶液（1+1）、5mL 硫脲-抗坏血酸混合溶液，用水定容至刻度。

（4）测定条件　光电倍增管负高压 300V。主灯电流 50mA，辅助灯电流 25mA。原子化器高度 10mm。原子化温度 200℃，载气流量 600mL/min，屏蔽气流量 900mL/min。

（5）方法评价　测定锑的检出限为 0.112μg/L。RSD 为 0.83%，4 份血样加标回收率分别为 97.4%、98.8%、101.0%和 102.2%。校正曲线动态线性范围上限是 50μg/L。

（6）注意事项　盐酸为 ψ=10%，当 20g/L 硼氢化钾溶液中氢氧化钠溶液浓度为 ρ=1.5g/L 时，荧光强度最大。

15.4.1.7 原子荧光光谱法测定人血清、人尿中硒[11]

（1）方法提要　采用硝酸、高氯酸湿法消解尿样及血清，原子荧光光谱法测定其中的硒含量。

（2）仪器与试剂　AFS-830 原子荧光光谱仪（北京吉天仪器有限公司），控温电热板（北京莱伯泰科科技有限公司）。

100mg/L 硒标准储备液（国家标准物质研究中心）。

硼氢化钾（纯度≥95.0%，国药集团化学改进剂试剂有限公司），现用现配。0.5%氢氧化钠。血清和尿液由宁波市第一医院提供。

盐酸、硝酸、高氯酸均为优级纯，其他试剂为分析纯。

（3）样品制备　取 5mL 尿液于 50mL 平底烧杯中，加入 5mL 硝酸，摇匀，烧杯上放置一倒置漏斗作为简易回流装置。置于 180℃电热板上消解。消解至溶液澄清无色，酸的白烟冒尽。取下放冷，再加入 4mL 盐酸(1+1)，移至电热板上继续加热约 15min，冷却，将消解液转移至 10mL 容量瓶内定容。

移取 1mL 血清于 50mL 平底烧杯中，加入 5mL 硝酸-高氯酸混酸（ψ=4∶1），摇匀，置于 180℃电热板上消解，后续操作同尿液。

（4）测定条件　光电倍增管负高压 300V。空心阴极灯电流 70mA。原子化器温度 200℃，原子化器高度 8mm。载气流量 400mL/min，屏蔽气流量 1000mL/min。读数时间 10s，延迟时间 1s。

（5）方法评价　检出限（3s，n=11）为 0.095μg/L。在尿液、血清样品中，分别加入低、中、高三个不同浓度硒溶液，得到尿液加标回收率是 100.0%～117.7%，RSD（n=4）是 0.5%～3.1%；血清加标回收率是 97.4%～102.5%，RSD（n=4）是 2.7%～3.3%。对 16.0μg/L 硒标准溶液进行连续 11 次测定，得到仪器的精密度为 1.54%。校正曲线动态线性范围是 1.0～40.0μg/L，线性相关系数为 0.9999。

（6）注意事项 10%盐酸介质，既可得到高的灵敏度，又可减少酸的用量，经济适用且环保。选择 KBH_4浓度为 2%，可得到高的灵敏度和良好的稳定性。

15.4.1.8 高分辨连续光源石墨炉原子吸收光谱法直接测定全血中痕量元素[12]

（1）方法提要 用 ψ=1% Triton X-100 的酸化水溶液稀释全血样品，加入 Pd-Mg(NO)$_3$化学改进剂减少基体效应，在裂解阶段于石墨管中通入空气氧化去除基体上的积炭，高分辨连续光源石墨炉原子吸收光谱法测定 Cd、Co、Cr、Mn、Pb、Se、Ni 元素含量。

（2）仪器与试剂 ContrAA 700 高分辨连续光源石墨炉原子吸收光谱仪（德国耶拿分析仪器股份公司），带 L′vov 平台石墨炉，CCD 阵列检测器。

1000μg/mL Cd、Co、Cr、Mn、Pb、Se 和 Ni 标准溶液（德国默克化学股份有限公司）。Seronorm 血清微量元素全血标准物质 L-1（挪威 Sero AS 公司）。

肝素锂（德国 Sarstedt 公司）。

化学改进剂：用 10%硝酸溶液稀释 1%钯化学改进剂，用 1%硝酸溶液稀释 1% $Mg(NO_3)_2$（美国 CPI International 公司）。

超纯硝酸，Triton X-100。压缩高纯氩气。去离子水（Ultrapure Millipore Direct-Q-R 3UV）。

（3）样品制备 采用肝素采血管采集卢布林医科大学骨科患者志愿者的全血样品，−80℃储存。将 0.2mL 血样与 0.8mL 含 Triton X-100、硝酸和水 0.1∶0.2∶99.7（ψ）的稀释剂混合。以 0.2mL 去离子水和 0.8mL 稀释剂组成的溶液作为空白溶液。

（4）测定条件 测定 Cd、Co、Cr、Mn、Pb、Se、Ni 元素的分析线分别为 228.802nm、240.725nm、357.869nm、279.482nm、217.000nm、196.027nm、232.003nm。热解温度分别为 500℃、1100℃、1150℃、1100℃、800℃、1100℃、1100℃。原子化温度分别为 1450℃、2250℃、2300℃、2050℃、1800℃、2250℃、2250℃。

每次分析前，将 10μL 含有 10μg Pd 和 6μg $Mg(NO_3)_2$的化学改进剂溶液直接添加到 L′vov 平台上。分三级干燥：斜坡升温到 80℃，保持 25s；斜坡升温到 90℃，保持 25s；斜坡升温到 110℃，保持 10s。氩气流速为 2L/min。热解阶段：斜坡升温到 350℃，保持 25s，氩气流速 2L/min；斜坡升温到 450℃，保持 25s，氩气流速 0.1L/min，空气流速 2.0L/min；450℃保持 10s，氩气流速 2L/min；斜坡升温 300s 到 1250℃，保持 10s，氩气流速 2L/min。原子化阶段，在 1000～1300℃保持 5s，停止通气；斜坡升温到 1300～2400℃，保持 5s，停止通气。

（5）方法评价 测定 Cd、Co、Cr、Mn、Pb、Se、Ni 元素的检出限（ng/g）分别为 0.3、0.5、0.1、1.8、2.7、8.8、3.8。定量限（ng/g）分别为 1.0、1.7、0.3、5.9、8.9、29.3、12.2。平均回收率分别为 132.1%、135.0%、80.0%、105.4%、115.6%、91.2%、84.8%。RSD 是 4.7%～11%。

15.4.1.9 采用氢化物发生-原位介质阻挡放电原子荧光光谱法直接进样测定血样中超痕量砷[13]

（1）方法提要 直接采用氢化物发生系统（DS-HG）串联消泡气液分离器（GLS）克服血液样品中的泡沫溢出，原位介质阻挡放电（DBD）原子化，原子荧光光谱法测定血液中的砷含量。

（2）仪器与试剂 AFS-9130 原子荧光光谱仪（北京吉天仪器有限公司），低压汞灯紫外反应器（19W，北京吉天仪器有限公司），气体流量控制器（北京七星华创电子股份有限公司）。Milli-Q 超纯水仪（美国 Millipore 公司）。

100μg/mL 砷标准溶液［GBW(E)080117，国家标准物质研究中心］。

硝酸、过氧化氢、硼氢化钾和氢氧化钾（北京化学试剂有限公司）。

（3）样品制备　将采集的静脉血样加入抗凝管中，充分混合，于 4℃储存运输，并于 −80℃长期保存。取 0.25mL 血液样品于含 10mL 5%（ψ）HCl 的 50mL 离心管中，用高速组织捣碎机破裂血细胞 2min。取 2mL 稀释后的血样导入 DS-HG 系统进行测定。

（4）测定条件　通过蠕动泵将 2mL 稀释的血液溶液注入紫外消解器和第一气液分离器中与 2.1mL 含 5g/L KBH_4的 1.5g/L KOH 溶液混合。氩载气以 500mL/min 的流速将其引入气液分离器，并将发生的 AsH_3带入到介质阻挡放电（DBD）装置中。在 110mL/min 的空气中于 11kV 进行 DBD 放电，砷氧化物被捕获在 DBD 管的内层和中间层的可触摸表面上，用载气（氩气）吹扫 190s，13kV 放电，用 180mL/min 的氢气置换空气，使砷完全释放。释放的砷原子在转移过程中碰撞成团簇，通过原子化激发产生原子荧光信号进行检测。

（5）方法评价　测定血样中 As 的检出限为 0.14ng/mL。RSD（n=10）为 4.2%，加标回收率是 97%～102%。校正曲线动态线性范围是 0.05～50ng/mL，线性相关系数 r^2=0.996。

15.4.1.10　低流量电感耦合等离子体原子发射光谱法分析全血样品[14]

（1）方法提要　采用电感耦合等离子体原子发射光谱仪在 0.7L/min 的低氩气流速下分析红细胞、血浆和沉淀蛋白中的汞和钆含量。

（2）仪器与试剂　ICP-OES/low-flow ICP-OES A Spectro CIROS^{CCD}电感耦合等离子体原子发射光谱仪（德国斯派克光谱分析仪器公司）。Milli-Q 纯水仪（德国密理博公司）。

1.000mg/L 单元素标准溶液。

高纯硝酸、乙腈（德国默克化学股份有限公司）。硫柳汞（德国 Sigma-Aldrich），六甲基二硅氮烷（德国 ABCR）。5000U/mL Liquemin® 肝素钠溶液（德国 Roche 公司）。

（3）样品制备　红细胞、血浆和沉淀蛋白样品的采集和制备（用于测定汞）：全血样品取自 25～30 岁健康的志愿者。样品收集于含肝素钠抗凝剂的离心管中，向全血样品内加入硫柳汞，在 37℃下孵育 30min，以模拟通过肌肉或静脉注射给药。以 4000r/min 的转速离心样品 15min，去除细胞成分。吸取上清血浆至离心管中。将剩余的红细胞储存起来。向血浆样品中加入等体积的乙腈，以沉淀血浆中的蛋白。再将样品涡旋混合 15s，沉淀的血浆蛋白以 4000r/min 离心 15min。将沉淀的蛋白悬浮液用纯化水稀释至 10mL 进行分析。将红细胞样品和血浆样品稀释 100 倍。

血浆样品的采集和制备（用于测定钆）：取 5 名接受 Magnevist®（0.5mol/kg 体重）和 Gadovist®（1.0mol/kg 体重）治疗的患者的血液样品。在使用相应的核磁共振造影剂之前收集空白血浆样品。采集全血样品于含有 100μL 肝素钠抗凝剂的离心管中，核磁共振成像 30min 后取全血，4000r/min 离心 10min，去除细胞成分。将上清血浆转移至离心管中，在 −30℃下保存。进行样品前处理时，将样品在室温放置 20min 缓慢解冻，采用上述蛋白沉淀处理方法处理样品并将样品进行 100 倍稀释。

（4）测定条件　在低流量的 ICP-AES 模式下，采用风冷炬管，Scott 双通道雾室的自吸式 PFA 雾化器，氩气流量<0.7L/min，轴向观察方式进行多元素测定。射频发生器功率 1100W，总氩气流量 0.66L/min（无溶剂）和 0.56L/min（有乙腈溶剂），样品载气流量 0.36L/min，辅助气体流量 0.3L/min（无溶剂）和 0.2L/min（有溶剂）。进样速率 0.27mL/min。根据灵敏度选择相应的分析线。

（5）方法评价　测定汞和钆的检出限是 0.10～18.46μg/L，回收率分别为 100%～103%和 97%～103%。

15.4.1.11 电感耦合等离子体原子发射光谱法测定髋关节置换病人体液中钛含量[15]

（1）方法提要　采用电感耦合等离子体原子发射光谱法测定全血、血清和髋关节积液中的钛含量。

（2）仪器与试剂　ICap 6300 MFC 电感耦合等离子体原子发射光谱仪（美国赛默飞世尔科技公司），配有 CETAC ASX-510 自动进样器，可拆卸炬管，旋式雾化室，低流量同心雾化器。Rotanta 460 离心机，微量元素真空采血管。

血清和全血标准物质 Seronorm L2（Sero），候选标准物质（LGC8276）。1000mg/L Ti 和 Y 的单元素标准溶液，2mg/L Zn 标准溶液（美国国家标准与技术研究院）。

浓硝酸，EDTA，小牛血清。反渗透去离子水（美国密理博公司）。

（3）样品制备　全血样本收集于含有 EDTA 的抗凝管中。血清样品在医院采集并进行样品制备后用二次管保存。体液样品用注射器从人工髋关节周围积液中采集，并将样品存储在 25mL 试管中。分析前，所有样品均在 4～8℃冷藏，通常在取样 5d 内进行分析。所有不同基质的样品用含 20μg/L Y 内标的 0.5%(φ) 硝酸稀释液按 1∶5 稀释，稀释后的血液和髋关节积液在 3000r/min 下离心 10min。

（4）测定条件　分析线 Ti 336.1 和 Ti 337.2nm，内标线 Y 371.0nm。射频发生器功率 1250W，辅助气流量 1.0L/min，雾化气流量 0.7L/min。

（5）方法评价　测定血清中钛的检出限为 0.6μg/L，定量限为 1.9μg/L，校正曲线的线性相关系数 $r=0.9994$。

15.4.2 尿样分析

尿液是代谢的最终产物。微量元素进入机体被吸收，经代谢进入尿中被排泄出的微量元素是反映近期微量元素接触水平的敏感指标之一，能够及时反映体内的代谢和排泄状况。正常成年人排尿 1000～2500mL/d，其量随饮食、饮水、药物、运动、气温、环境等不同而异。一天内尿中排出的微量元素是个变量，尿的临床分析，以早晨首次排出的尿较为合适，是 24h 内最浓缩的尿，也是各日间性质差别最小的尿样。

15.4.2.1 石墨炉原子吸收光谱法测定尿液中砷[16]

（1）方法提要　用硝酸和 Triton X-100 处理尿液，硝酸镍-氯化钯为化学改进剂，测定尿液中砷。

（2）仪器与试剂　240Z 原子吸收光谱仪（美国安捷伦科技公司）。GTA120-PSD120 自动进样器（美国安捷伦科技公司）。

1000μg/mL 砷标准溶液（GBW08611，中国计量科学研究院）。

化学改进剂：2g/L 硝酸镍-0.5g/L 氯化钯。

硝酸 MOS 级（国药集团化学试剂有限公司）。Triton X-100（德国 Fluka 公司）。实验用水是超纯水。

（3）样品制备　移取 1mL 尿样加入 4mL 0.01% Triton X-100 和 0.5%的硝酸溶液，混匀。

（4）测定条件　分析线 As 197.7nm。光谱通带 0.5nm，灯电流 5.0mA。进样量 20μL。

Zeeman 效应扣背景。石墨炉工作程序是多级干燥，干燥温度 85℃，干燥时间 25s；干燥温度 95℃，干燥时间 15s；干燥温度 140℃，干燥时间 20s；干燥温度 400℃，干燥时间 5s。灰化温度 1400℃，保持 8s；原子化温度 2700℃，原子化时间 4s；净化温度 2800℃，净化时间 1s。载气流量 0.3L/min。原子化阶段停止通氩气。标准曲线法定量。

（5）方法评价　方法检出限是 4μg/L，回收率在 95.5%～104.0%，RSD 小于 5.0%。测定尿砷的校正曲线动态线性范围上限是 50μg/L，线性相关系数 $r=0.9998$。

（6）注意事项　用于测定的器皿均用硝酸（1+1）浸泡过夜，用超纯水冲洗干净晾干后备用。

15.4.2.2　石墨炉原子吸收光谱法直接测定尿中铅浓度[17]

（1）方法提要　用 5g/L 的磷酸二氢铵为化学改进剂，采用塞曼效应扣除背景，石墨炉原子吸收光谱法直接测定尿液中的铅。

（2）仪器与试剂　PE800 石墨炉原子吸收分光光度计（美国珀金埃尔默公司）。AS 800 自动进样器。

500mg/L 铅标准储备液（GBW08619，国家标准物质研究中心）。铅标准使用液用 1% 硝酸溶液逐级稀释铅标准储备液配制。

5g/L 磷酸二氢铵（优级纯）。硝酸（优级纯）。实验用水是去离子水。

（3）样品制备　用具盖聚乙烯塑料瓶收集 24h 尿液，尽快测量密度后，移取 10mL 尿样于具塞塑料管中，加 0.1mL 硝酸，混匀，置于冰箱内可保存 2 周。

（4）测定条件　分析线 Pb 283.3nm。光谱通带 0.7nm。灯电流 10mA。进样体积 20μL。氩气流量 250mL/min，原子化阶段停气。读数方式峰面积，横向加热、纵向塞曼效应扣背景，化学改进剂的进样方式是共同进样，进样量 15μL。石墨炉升温程序：干燥温度 110℃，斜坡时间 5s，保持时间 30s；干燥温度 150℃，斜坡时间 10s，保持时间 33s。灰化温度 750℃，斜坡时间 10s，保持 20s。原子化温度 1300℃，斜坡时间 0s，保持时间 4s。净化温度 2450℃，保持 3s。

（5）方法评价　测定 Pb 的检出限是 0.84μg/L，回收率 90.0%～98.9%。校正曲线动态线性范围上限是 50μg/L，线性相关系数是 0.9990。

（6）注意事项　本法不用对石墨管进行涂钼处理，简化了步骤。本法背景干扰小，稳定性好，方法简单，适合大批量样品的检测。

15.4.2.3　恒温平台石墨炉原子吸收光谱法直接测定尿中铝[18]

（1）方法提要　选择 2.0% $NH_4H_2PO_4$、0.1% $Mg(NO_3)_2$ 为化学改进剂，1% HNO_3 作尿液稀释液，采用恒温平台石墨炉原子吸收法（STPF 技术）直接测定尿液中铝含量。

（2）仪器与试剂　AA800 原子吸收分光光度计，横向加热一体化平台石墨管（美国珀金埃尔默公司）。

1mg/mL 铝标准储备液（国家钢铁材料测试中心）。尿铝标准物质（一级，挪威 Seronorm 公司）。

硝酸（工艺超纯），磷酸二氢铵、硝酸镁、硝酸钙、氯化钯均为优级纯。实验用水为超纯水。

（3）样品制备　将采集的尿样充分混匀后，吸取 0.60mL 尿液于带盖的塑料离心管中，加入 0.60mL 1.0% HNO_3，混匀。同时处理空白样品。

（4）测定条件　分析线 Al 309.3nm。光谱通带 0.7nm。空心阴极灯电流 25mA。进样体积 16μL，同时加 5μL 化学改进剂。纵向交流塞曼效应扣背景。石墨炉升温程序：①干燥温度 110℃，斜坡升温 5s，保持时间 30s；②130℃，斜坡升温 15s，保持时间 30s。灰化温度 1500℃，斜坡升温 25s，保持时间 20s。原子化温度 2300℃，保持时间 5s。净化温度 2500℃，保持时间 5s。氩气流量为 250mL/min，原子化时停气。峰面积测量方式。标准曲线法定量。

（5）方法评价　方法检出限（3*s*，*n*=7）为 0.29μg/L，批内 RSD（*n*=6）为 3.7%～7.0%，批间 RSD（*n*=6）为 5.4%～10.2%。平均加标回收率（*n*=6）大于 97%。

15.4.2.4 电感耦合等离子体原子发射光谱法测定人尿中铅[19]

（1）方法提要　取新鲜晨尿，用酸处理，ICP-AES 测定人尿中铅含量。

（2）仪器与试剂　ARCOS SOP165 电感耦合等离子体原子发射光谱仪（德国斯派克光谱分析仪器公司）。

1000μg/mL 铅标准储备液（国家标准物质研究中心），铅标准工作溶液用 1%硝酸逐级稀释标准储备液配制。

硝酸为优级纯。高纯氩气，纯度>99.999%。实验用水为符合 GB/T 6682 中规定的一级水。

（3）样品制备　移取 100mL 新鲜晨尿于三角烧杯中，加 10mL 硝酸低温蒸发至小体积，再加入 5mL 高氯酸，冒白烟至尿液清澈透明。取下冷却，用少量去离子水润洗烧杯壁，加入 2～3mL 盐酸，煮沸，控制体积，将尿液移至 10mL 比色管中待测。

（4）测定条件　分析线 Pb 220.353nm。射频发生器功率为 1400W。氩气压力为 0.48MPa，冷却气流量为 12.5L/min，辅助气流量为 0.8L/min，雾化气流量为 0.8L/min。冲洗泵速为 30r/min，进样管冲洗时间 30s。垂直观测方式，积分时间 28s，测定次数为 3 次。标准曲线法定量。

（5）方法评价　在三个铅浓度水平进行加标回收试验，加标回收率是 96.8%～106.2%，RSD 是 1.5%～8.5%。校正曲线动态线性范围为 0.1～10μg/mL，线性相关系数为 0.9999。测定人尿实际样品中的铅，测定值与双硫腙比色法分析结果有较好的一致性。

15.4.2.5 经多壁碳纳米管分散固液萃取-悬浮进样电热原子吸收光谱法测定尿中镉、铅[20]

（1）方法提要　用碳纳米管分散固相提取的方法吸附尿液样品中的镉和铅，超声均质形成悬浊液，直接用电热原子吸收光谱法测定镉和铅的含量。

（2）试剂与仪器　Varian-SpectrAA-600 原子吸收光谱仪（美国瓦里安公司）。热解石墨涂层原子化器。水浴超声机。

1.0g/L 镉和铅的标准品溶液（西班牙 Panreac 公司）。

持久化学改进剂：1.0g/L $Na_2WO_4 \cdot 2H_2O$。碳纳米管（纯度>95%，20～30nm 外径，30μm 长）。

（3）样品制备　采用酸洗过的聚丙烯瓶收集无镉铅接触史的健康人尿样，于 4℃避光保存。每个尿液样品用 0.1mol/L 的高纯硝酸或氢氧化钠调节 pH 值为 8.0，再稀释到 75%(*φ*)。多壁碳纳米管用硫酸-高锰酸钾的混合物微波辅助氧化，将 105mg 氧化的多壁碳纳米管加入到 10mL 超纯水中，水浴超声 6min，配成 10.5mg/mL 的悬浊液。将 1mL 75%(*φ*) 的稀释尿液样品与 400μL 10.5mg/mL 的多壁碳纳米管悬浊液混合，水浴超声 6min 均一化。溶液于 8500r/min 下离心 15min，使固液相分离。多壁碳纳米管沉淀在离心管底部，弃去上清液。加入 0.5mL 1.0mol/L 硝酸稀释并酸化多壁碳纳米管制备悬浊液，超声 6min

混匀。取 20μL 的悬浊液样品进行电热原子吸收光谱分析。

(4) 测定条件 镉的分析：分析线 Cd 238.8nm。光谱通带 0.5nm。空心阴极灯电流 10mA。通氩气气流 300mL/min。干燥温度 120℃，斜坡升温 20s，保持 16s。灰化温度 600℃，斜坡升温 20s，保持 5s。原子化温度 1600℃，斜坡升温 1s，保持 3s，停止氩气气流。净化温度 2400℃，斜坡升温 1s，保持 2s。冷却温度 40℃，降温 10s。

铅的分析：分析线 Pb 283.3nm。光谱通带 1.0nm。空心阴极灯电流 10mA。通氩气气流 300mL/min。干燥温度 110℃，斜坡升温 6s，保持 20s。灰化温度 600℃，斜坡升温 20s，保持 5s。原子化温度 1650℃，斜坡升温 1s，保持 3s，停止氩气气流。净化温度 2400℃，斜坡升温 1s，保持 2s。冷却温度 40℃，降温 40s。

(5) 方法评价 测定镉和铅的检出限分别为 9.7ng/L 和 0.13μg/L，定量限分别为 32.3ng/L 和 0.43μg/L。加标回收率分别为 96%～102%和 97%～102%。RSD%分别小于 4.1%和 5.9%。

15.4.2.6 石墨炉原子吸收光谱法测定尿液中铬[21]

(1) 方法提要 尿样用 1%稀硝酸稀释后，以氯化钯为化学改进剂，石墨炉原子吸收光谱法测定尿中铬的含量。

(2) 仪器与试剂 SpectrAA-240Z 型石墨炉原子吸收光谱仪，GTA-120 型 Zeeman 效应背景校正器（美国瓦里安公司）。

1000μg/mL 铬标准储备溶液（GBW08614-12052，中国计量科学研究院）。

硝酸等试剂为优级纯；氯化钯为分析纯。实验用水为超纯水。

(3) 样品制备 用具塞聚乙烯瓶收集尿样，混匀后尽快测量密度后取样分析。如不能及时分析，按 100∶1 的比例加入硝酸，混匀，置于普通冰箱于 4℃保存。移取 0.2mL 尿样，分别加入 0.5mL 化学改进剂和 0.3mL 1%硝酸。

(4) 测定条件 分析线 Cr 357.9nm。光谱通带 0.5nm。灯电流 7mA。样品进样量 10μL。石墨炉工作程序是预热温度 85℃，时间 5s；干燥温度 95℃，时间 40s；灰化温度 1000℃，时间 17s；原子化温度 2600℃，时间 2.8s；净化温度 2600℃，时间 2s。载气是氩气。塞曼背景校正。标准曲线法定量。

(5) 方法评价 测定铬的检出限（$3s$，$n=11$）为 0.353μg/L。在低、中、高 3 个浓度水平，在 3～5d 内进行 6 次重复测定，日内 RSD 是 0.81%～1.67%，符合 GBZ/T 210.5—2008《职业卫生标准制定指南》的要求。加标回收率是 97.8%～102.7%。校正曲线动态线性范围上限是 40μg/L。线性相关系数为 0.9997。

15.4.2.7 改进的原子荧光光谱法测定人尿中硒含量[22]

(1) 方法提要 在不使用掩蔽剂的条件下，在 $\psi=20\%$盐酸溶液中、用 $\rho=0.37$mol/L 硼氢化钾发生氢化物，原子荧光光谱法测定人尿中硒。

(2) 仪器与试剂 AFS 9800 双道原子荧光光谱仪（北京海光仪器有限公司），附带断续流动全自动进样器，电热板及尿样收集器。

1000mg/L 硒标准储备溶液（GSB04-1751-2004）。

0.37mol/L 硼氢化钾。0.30mol/L 铁氰化钾。

高氯酸为优级纯，硝酸 BV-Ⅲ级，盐酸 BV-Ⅲ级。实验用水为去离子水（25℃电阻率 18MΩ·cm）。

(3) 样品制备 用 5mL 浓硝酸将冻干尿样完全溶解，准确吸取 1mL 尿溶解液于消化杯中，加入 5mL 硝酸和 0.5mL 高氯酸于电热板上加热消解。加热的起始温度为 100～150℃，至溶液冒棕色烟雾。烟雾散尽后，将温度升到 180℃继续消化，当溶液变为清亮无色并伴有白烟时停止加热。冷却后加入 0.5mL 6mol/L 盐酸，再将烧杯置于电热板上，冒白烟后结束消化。消化好的样品溶液冷却后定容至 5mL。

（4）测定条件　分析线 Se 196.0nm。光电倍增管负高压 290V，灯电流 70mA。原子化器高度 8mm。载气流量 400mL/min，屏蔽气流量 1000mL/min。读数方式峰面积，延迟时间 2.0s，读数时间 13s。KBH_4反应时间 5s。标准曲线法定量。

（5）方法评价　测定硒的检出限为 0.3μg/L。RSD 为 0.2%～0.9%。方法回收率为 98.6%～100%。分析人发国家一级标准物质（GW09101），测定值为 0.55～0.60μg/g，与标准值 0.53～0.63μg/g 相一致，RSD（$n=6$）为 3.7%。

（6）注意事项　1000 倍的 Zn 和 Fe，500 倍的 Cu 和 As，100 倍的 Ni 和 Bi 离子对硒有干扰，误差>±10%。不加铁氰化钾的情况下，将盐酸的体积分数提高至 20%可消除上述离子的干扰。

15.4.2.8 连续流动氢化物发生原子荧光光谱法测定尿液中的铋[23]

（1）方法提要　用硝酸消解尿液样品，通过 $NaBH_4$连续流动氢化物发生原子荧光光谱法测定尿液中的铋。

（2）试剂与仪器　Lumina 3300 原子荧光光谱仪（加拿大欧罗拉生物科技有限公司）。配有连续流动氢化物发生装置、扩散火焰自动点火的石英管原子化器。陶瓷加热板（德国 IKA 公司）。Milli-Q 纯水仪（美国密理博公司）。

1000mg/L Bi 标准品盐酸溶液。1.5%硼氢化钠的 0.5%(ρ) 氢氧化钠溶液。氩气纯度 99.996%。

（3）样品制备　将 5mL 尿液样品和 5mL 浓硝酸加入 125mL 锥形瓶中，每个锥形瓶都连接有回流冷凝系统。在 120℃下进行消解并回流 25min。在此期间，缓慢添加 4mL 过氧化氢，25min 后，取下回流系统，将样品消解至近干。消解完全后，将消解液用 2mol/L 盐酸溶解并转移定容到 10mL 容量瓶中。

（4）测定条件　2mol/L 的盐酸溶解的消解液和含 0.5%(ρ) 氢氧化钠溶液的 1.5%硼氢化钠的还原剂，以 2.5mL/min 的流速通过蠕动泵分别被输送到氢化物发生池内生成挥发性 BiH_3和 H_2，被氩载气输送到第二气液分离器和石英池，载气流速 500mL/min，氩气保护气流速 700mL/min。BiH_3在氢气-空气火焰中分解后，灯电流 100mA，用原子荧光光谱法检测分析线 Bi 223nm。检测时间 6s。

（5）方法评价　测定 5mL 尿液中 Bi 的检出限为 0.02μg/L，定量限为 0.08μg/L。RSD 小于 10%，加标回收率 91%～97%。

15.4.3 发样分析

正常人体的头发生长速度为 0.7～1.2cm/月，不同长度的头发可反映不同时期人体状况，特别有些有毒元素，如 As、Cd、Hg、Pb 等在头发中蓄积时间长。因此，当人体脱离接触有毒元素环境后，血液、尿液中有毒元素含量已经明显降低，而其在头发中含量仍较为稳定。因此，检测头发中某些元素的含量，具有一定的指示意义。

15.4.3.1 高压消解-原子荧光光谱法测定人头发中的汞[24]

（1）方法提要　头发样品经清洗，在聚四氟乙烯消解罐中用 HNO_3和 H_2O_2消解，原子荧光光谱法测定消解液中汞含量。

(2) 仪器与试剂 AFS-230E 双道原子荧光光谱仪（北京科创海光仪器有限公司），恒温电热干燥箱，Milli-Q 50 超纯水仪（法国密理博公司），移液枪（德国 Eppendorf 公司）、聚四氟乙烯消解罐。

1000μg/mL 汞标准储备液（国家标准物质研究中心）。

丙酮，HNO_3，HCl，H_2O_2，硼氢化钾，KOH 均为分析纯。

(3) 样品制备 将头发样品剪成 2～4mm 小段，先用去离子水浸泡并搅动 10min，再用丙酮浸泡 3 次（10min/次），最后用去离子水浸泡 10min，在 60℃条件下烘干至恒重。称取 0.2g 处理后的头发样品置于 25mL 聚四氟乙烯消解罐内罐中，加入 4mL HNO_3，静置 5min，再加入 4mL H_2O_2，盖好内盖，旋紧不锈钢外套，移至恒温电热干燥箱中。开启恒温电热干燥箱升温至 180℃，保持 45min。消解完毕，待消解罐充分冷却后，将消解液转至 10mL 比色管中，用 5%的盐酸定容。再稀释 20 倍上机测定。同时制备空白样品。

(4) 测定条件 光电倍增管负高压 300V，灯电流 30mA。原子化器高度 8mm。原子化器温度 200℃。载气流量 400mL/min，屏蔽气流量 900mL/min。进样体积 0.5mL。测量方式峰面积。读数时间 18.0s，延迟时间 1.0s。载流为 5%盐酸。标准曲线法定量。

(5) 方法评价 测定汞的检出限为 0.008μg/L。RSD 为 0.95%，加标回收率为 97.5%～102.8%。校正曲线动态线性范围上限是 2.5μg/L。

本方法消解时间短，试剂消耗量少，可避免样品处理过程中高温所导致的汞挥发损失，提高了分析的准确度。

15.4.3.2 王水水浴消解-冷原子荧光光谱法测定人发中汞[25]

(1) 方法提要 采用（1+1）王水水浴消解头发样品，原子荧光光谱法测定人发消解液中的汞。

(2) 仪器与试剂 XGY-1011A 原子荧光光谱仪（河北廊坊开元高科技开发有限公司）。

1000μg/mL 汞标准储备液（国家标准物质研究中心）。0.1μg/mL 汞标准使用溶液：准确移取 10mL 汞标准储备液于 100mL 容量瓶中，补加 5mL 硝酸，用 0.05%的 K_2CrO_7 溶液定容，再逐级稀释至 0.1μg/mL 的汞标准使用溶液。

0.05g/L 硼氢化钾。盐酸，硝酸均为优级纯。实验用水为去离子水。

(3) 样品制备 将采集到的头发样品用中性洗涤剂清洗干净，用自来水冲去泡沫，再用去离子水冲洗 3 次，置于 50℃烘箱中烘干，用不锈钢剪刀剪碎至 0.5cm 左右，放入塑料袋中保存。准确称取处理后样品 0.1000～0.5000g 于 25mL 比色管中，去离子水吹洗管壁，加 10mL（1+1）王水，置于 80～100℃水浴锅中水浴加热 60min，取出，冷却后定容至刻度。

(4) 测定条件 负高压 200V。灯电流 40mA。氩气压力 0.025MPa。标准曲线法定量。

(5) 方法评价 RSD（$n=11$）为 0.94%。加标回收率为 97%～110%。校正曲线动态线性范围上限是 16μg/L。

王水水浴消解头发样品成本低、方便快捷，可避免因消解温度过高而造成的汞损失。

15.4.3.3 比较金汞齐化原子吸收光谱法和质谱法测定头发中汞[26]

(1) 方法提要 样品不需要消解，采用热分解汞齐化原子吸收光谱法（TDA-AAS）直接测量头发中的汞含量。

(2) 仪器与试剂 DMA-80 TRICELL 热分解汞齐化原子吸收光谱仪（意大利麦尔斯通公司）。iCAP Q 电感耦合等离子质谱仪（美国赛默飞世尔科技公司）。

100mg/mL 汞标准液（保加利亚 CPAchem）。人发标准物质（ERM-DB001，比利时 IRMM）。

盐酸、乙醚、丙酮、乙二胺四乙酸钠（EDTA-Na），高纯去离子水。

(3) 样品制备　采集后枕部发根处约 1cm 的头发样品，收集于塑料袋中，避光保存。为避免因出汗、皮肤脱落、清洁剂、美发处理等环境污染造成的外源性污染。头发样品在 3∶1（ψ）乙醚-丙酮混合物中连续搅拌三次（每次 10min）去除汗液；在 5% EDTA-Na 中浸泡搅拌 1h，去除头发表面玷污的化学元素；用高纯去离子水冲洗干净。

质谱方法的样品消解：准确称取 100～150mg 干燥的头发样品，加入 4mL 硝酸和 1mL 过氧化氢，在电热板上 70℃消解 3～4h，用超纯水稀释定容至 10mL。样品分析前于 4℃保存，同时处理空白和人发标准物质（ERM-DB001），消解液用 ICP-MS 分析测定。

(4) 测定条件　称取约 25mg 头发样品和标准品于石英舟上，放置在燃烧管上，以空气为载气，流速 200mL/min，350℃干燥 60s。再加热到 650℃，持续 180s，气体燃烧产物通过加热的催化剂，使含汞化合物在催化剂的作用下转化为汞（Hg^0）蒸气，被带到镀金砂的玻璃管中，被选择性地捕获（卤素和其他可能干扰分析物不被捕获）。吹扫时间 60s。随后快速加热至 650℃持续 12s，将释放的汞蒸气引入原子吸收光谱仪中，在 253.7nm 处测量汞的吸光度。

(5) 方法评价　热分解汞齐化原子吸收光谱法（TDA-AAS）测定汞的检出限为 2.60ng/g，定量限为 8.60ng/g，回收率 100%。ICP-MS 法汞的检出限为 3.50ng/g，定量限为 11.5ng/g，回收率 103%。两种方法的检测数据高度一致（相关系数 $r=0.94$）。采用热分解汞齐化原子吸收光谱法（TDA-AAS）分析头发样品，无需进行消解，简便快速，同时避免样品污染。

15.4.3.4 氢化物发生原子荧光光谱法测定头发样品中的硒[27]

(1) 方法提要　将头发样品用高氯酸-硝酸混酸（$\psi=1∶3$）消解，样品中各种形态的硒均被转化为 Se(Ⅳ) 和 Se(Ⅵ)。在 6mol/L 盐酸中，Se(Ⅵ) 被还原为 Se(Ⅳ) 发生氢化物后，导入原子荧光光谱仪进行测定。

(2) 仪器与试剂　AFS-230E 型双道原子荧光光谱仪（北京科创海光仪器有限公司）。5B-1C 型管式炉（兰州连化环保科技有限技术公司）。

1mg/mL 硒单元素溶液标准物质（GSB04-1751-2004，国家有色金属及电子材料分析测试中心）。0.1μg/mL 硒标准使用液。还原剂溶液：称取一定量的氢氧化钠配制成 0.5% 的溶液，再称取硼氢化钠溶于氢氧化钠溶液中使之质量分数为 $w=2\%$。

盐酸、高氯酸、硝酸、氢氧化钠为优级纯。氩载气和屏蔽气纯度为 99.9999%。

(3) 样品制备　准确称取 0.05g（精确至 0.0001g）剪好的发样于硬质玻璃试管中，加入 3mL 消解液 $HClO_4$-HNO_3 混酸（$\psi=1∶3$），放置过夜，在管式炉中加热赶酸。混酸与头发中的有机物经过 1 夜充分反应。在管式炉中，先 90～100℃加热 1h，再升温至 120℃加热 1h，继续升温至 140～150℃加热 40min。待管中液体下降一半时再升温至 170℃左右进行赶酸（如果样品出现炭化现象，则降温至 150℃后滴加 1 滴硝酸，加热至溶液澄清无炭化现象）。赶酸完毕，取出样品冷却至室温。再加入 1mL 6mol/L 盐酸溶液，在 80～90℃加热 10min，待有白色烟雾冒出，移出管式炉。冷却后把样液移入 10mL 容量瓶中，加入 1mL 浓盐酸，用超纯水定容至刻度。

(4) 测定条件　负高压 300V。灯电流 80mA。氩载气流量 400mL/min，屏蔽气流量 1000mL/min。原子化器高度 8mm。读数方式峰面积。标准曲线法定量。

（5）方法评价　测定硒的检出限为 0.0218μg/L，5 次测定结果的相对标准偏差（$n=5$）为 0.8%。回收率为 95%～108%。硒校正曲线动态线性范围上限是 20ng/mL，线性相关系数 $r=0.9999$。头发中硒含量平均值为 440.3μg/kg。

本法可一次性消化 30 例发样，具有操作简单、快速、检出限低、重现性好、可大批量检测样品的优点。

15.4.3.5　火焰原子吸收光谱法测定头发中的锌[28]

（1）方法提要　利用湿法消化发样，火焰原子吸收光谱法测定人头发中的锌。

（2）仪器与试剂　TAS-990 Super 原子吸收分光光度计（北京普析通用仪器有限责任公司）。101-2AB 型电热鼓风干燥箱。可调电阻炉。

（500±5）mg/L 锌标准溶液（环境保护部标准样品研究所）。

硝酸（优级纯），双氧水（分析纯），实验用水为二级去离子水。

（3）样品制备　将采集到的发样用 1%的洗洁精浸泡 0.5h，搅拌洗涤，用自来水冲洗泡沫，去离子水洗涤 3～5 次，置于电热鼓风干燥箱在 60℃烘干 3h。用剪刀将样品剪成长 1cm 左右。用电子分析天平准确称取 0.3g 左右发样，置于 100mL 锥形瓶中，加 20mL $\psi=4:1$ 的 HNO_3溶液，在可调电阻炉上消解样品。样品溶解后，蒸发至近干，用 1%硝酸定容至 100mL 容量瓶中。

（4）测定条件　分析线 Zn 213.8nm。光谱通带 0.4nm。空心阴极灯电流 6.0mA。空气-乙炔火焰，燃气流量为 1800mL/min。标准曲线法定量。

（5）方法评价　测定锌的检出限（$3s$，$n=20$）为 0.013μg/mL。在 30μg、60μg、80μg 三个浓度水平进行加标回收实验，加标回收率为 91.0%～96.5%。RSD 为 0.42%。校正曲线动态线性范围为 0.05～1.0μg/mL，线性相关系数为 0.9992。

15.4.3.6　采用快速微波消解样品-电感耦合等离子体原子发射光谱法对人头发中的必需和有害元素含量进行生物环境监测[29]

（1）方法提要　用硝酸微波辅助快速消解头发样品，ICP-AES 法测定头发中的 As、Ca、Cd、Cr、Cu、K、Mg、Na、Ni、Pb、Se、Zn 的含量，比较种族、性别、吸烟和年龄因素对头发中必需元素和有害元素含量的影响。

（2）仪器与试剂　ICP-OES 710ES 全谱直读电感耦合等离子体原子发射光谱仪（美国瓦里安公司）。Mars X 微波消解仪（美国 CEM 公司）。

100μg/mL As、Cd、Cr、Cu、Ni、Pb、Se、Zn 多元素环境监测专用标准样品，5000μg/mL Ca、K、Mg、Na 多元素环境监测专用标准样品，10000μg/mL 钇内标溶液。

硝酸，丙酮，甲醇。实验用水为超纯水（电阻率 18.1MΩ·cm）。

（3）样品制备　在理发店内采集受试者后枕部发根的头发样本。将头发样本放入洁净的聚乙烯袋中。分析前用丙酮和甲醇彻底清洗头发，超纯水冲洗三次，去除微粒和个人护发化学品。经 55℃烘干后保存。称取 1g 干燥后的头发样品置于聚四氟乙烯微波消化罐中，室温下预消化 45min。加入约 10mL 浓硝酸，将消解罐放入微波消解仪，用 200W 功率、200psi（1psi=6894.76Pa）的压力，温度在 10min 内从 50℃上升到 200℃，保持 35min。头发样本消解完全，消解液变为清亮的淡黄色。冷却至室温后，用超纯水稀释定容至 25mL 容量瓶中。

（4）测定条件　各元素的分析线（nm）分别为：As 188.980、Ca 370.602、Cd 214.439、Cr 267.716、Cu 327.395、K 766.491、Mg 279.553、Na 568.821、Ni 231.604、

Pb 220.353、Se 196.026、Zn 213.857 和 Y 371.029（内标线）。使用玻璃旋流雾化室导入样品，通过进样系统加入 2μg/L 钇内标。等离子体功率为 1.2kW。雾化器压力 250kPa。氩气流量 15.0L/min，辅助气流量 1.50L/min。读数时间 60s。

（5）方法评价　测定 As、Ca、Cd、Cr、Cu、K、Mg、Na、Ni、Pb、Se、Zn 的检出限（μg/g）分别为 0.004、0.05、0.0001、0.0006、0.02、0.02、0.006、0.006、0.001、0.002、0.006 和 0.01，定量限（μg/g）分别为 0.011、0.217、0.003、0.002、0.090、0.063、1.440、0.021、0.003、0.005、0.025 和 0.022，加标回收率分别为 88%、91%、95%、90%、92%、101%、112%、97%、91%、96%、89%、91%，线性相关系数 r^2 分别为 0.9999、0.9996、0.9999、0.9999、0.9998、0.9978、0.9975、0.9999、0.9998、0.9997、0.9999 和 0.9999。

15.4.3.7　火焰原子吸收光谱法测定帕金森综合征患者头发中的钙、铁、锌含量[30]

（1）方法提要　用硝酸和过氧化氢消解头发样品，火焰原子吸收光谱法测定头发中的 Ca、Fe、Zn。

（2）仪器与试剂　Annalist 200 火焰原子吸收光谱仪（美国珀金埃尔默公司）。纯化水系统（巴西 QUIMIS）。

BCR 397 人头发标准物质。

硝酸、过氧化氢（美国 Merck 公司）。

（3）样品制备　头发样品取自后枕部区域距头皮 1cm 处，储存在干燥避光的聚乙烯管中。每份头发样品用 5%(φ) Triton X-100 溶液单独浸泡，人工搅拌 5min，去离子水冲洗三次。在室温下进行干燥。称取约 0.1g 干燥的头发样品置于经 5%(φ) 硝酸溶液浸泡 24h 清洗干净的玻璃管中，加入 φ=2∶1 的 HNO_3 和 H_2O_2 混合溶液，用表面皿覆盖样品管，在消解器中进行样品消解。在 90℃保持 30min，用去离子水将样品稀释至 10mL。

（4）测定条件　分析线分别为 Ca 422.67nm、Fe 248.33nm 和 Zn 215.86nm。元素灯电流分别为 20mA、30mA 和 15mA。燃烧器高度为 13.5mm。狭缝宽度分别是 0.6mm、1.35mm 和 5.0mm。乙炔流量 2.0L/min，空气流量 13.5L/min。进样量 5.0mL/min。

（5）方法评价　Ca、Fe、Zn 的定量限分别为 36.0μg/g、22.0μg/g、32.0μg/g。

15.4.4　生物组织样品分析

某些脏器如心、肝、肾、肺、脑及指甲等样品，在尸解或手术后可以获得。由于取样量大、元素含量高，便于分析测定。测定组织中某些元素含量变化，对探讨某些疾病的病因，有时比发样、血样更具有临床意义。

15.4.4.1　电感耦合等离子体原子发射光谱法测定肝癌组织中 8 种微量元素[31]

（1）方法提要　用 HNO_3+HClO_4 微波消解样品后直接进样，ICP-AES 法同时测定肝癌组织中 Mg、Na、Ca、Mn、Fe、Co、Cu、Zn　8 种微量元素。

（2）仪器与试剂　ICPS-1000Ⅱ型等离子体原子发射光谱仪（日本岛津公司），MARS-X 型微波消解系统（美国 CEM 公司）。Milli-Q 型超纯水机（美国密理博公司）。

1.000mg/mL Mg、Na、Ca、Mn、Fe、Co、Cu、Zn 的单元素标准储备液，用光谱纯的金属氧化物或盐类配成。

$HClO_4$、HNO_3 均为亚沸蒸馏提纯所得。实验用水为超纯水。

(3) 样品制备　癌组织样品由医生用统一方法切取，癌旁组织取自癌旁病灶 5cm 以外肉眼观察表面光滑、无异常的正常组织。洗净后用福尔马林浸泡，塑料袋密封于低温储存。采取的组织块用去离子水洗净，除去样品上的结缔组织和一些残留物后，用滤纸吸干，放入称量瓶称湿质量。放入干燥箱，于 108～110℃烘干至恒重。

称 1.0000g 干样，置于消解罐内，加入 4mL $HClO_4$、1mL HNO_3，在消解罐上加上防爆膜旋紧顶盖，放入微波炉内消解。消解完毕，当压力显示小于 50psi 时，打开罐盖，将样液放置通风橱内静置抽风，至样液清澈。然后用 2% HNO_3转移至 100mL 容量瓶中定容。

(4) 测定条件　分析线（nm）分别是 Mg 279.079、Na 589.592、Ca 393.366、Mn 257.610、Fe 259.940、Co 228.616、Cu 327.396、Zn 213.856。射频发生器功率 1200W。冷却气流量 15L/min，载气流量 1.2L/min，雾化气流量 1.2L/min。观察高度 14mm。积分时间 6s，测量次数 3 次。标准曲线法定量。

(5) 方法评价　测定 8 种微量元素的检出限（ng/mL）分别是 26.0(Mg)、9.4(Na)、7.7(Ca)、4.5(Mn)、12.7(Fe)、3.6(Co)、6.2(Cu)、15.1(Zn)。RSD 小于 4.1%。加标回收率在 93.8%～106.2%。

(6) 注意事项　所有器皿使用前均需用 ψ=20% HNO_3浸泡 6～8h，用超纯水（电阻率≥18MΩ·cm）冲洗 3 次。

15.4.4.2　直接进样原子荧光光谱法测定小鼠肝脏和尿中的硒含量[32]

(1) 方法提要　直接电热石英管加热释放样品中的硒，由氩氢混合载气引入氩氢火焰，原子荧光光谱法测定样品中的硒。

(2) 仪器与试剂　DCMA-200 直接进样原子荧光测试仪（北京吉天仪器有限公司）。

100mg/L 硒标准溶液（中国计量科学研究院）。

硝酸镁小条、氧化铝粉末。

氢氩混合气（ψ=9∶1）。

(3) 样品制备　将小鼠肝脏样品从－80℃冰箱取出，室温融化后，用滤纸吸干渗出组织液。称取 150mg 肝脏样品，按照肝脏∶硝酸镁∶氧化铝＝1∶1∶8 的比例加入样品、硝酸镁与氧化铝，在玛瑙研钵中研磨 10min，充分研匀。直接称 5mg 肝脏样品研磨成粉末，将载有液体样本的硝酸镁试纸条或组织粉末放入样品舟内，进行测定。

(4) 测定条件　原子荧光检测器的光电倍增管负高压 260V，空心阴极灯电流 60mA，其中主阴极电流 40mA，辅助阴极电流 20mA。屏蔽气流速 800mL/min。炉高 11mm。氩氢扩散火焰。读数时间 5s，延迟 0.5s。干燥灰化温度为 120～550℃，蒸发温度 700℃，捕获温度为 100～200℃，释放温度 720℃。氩氢混合载气流速 800mL/min。

(5) 方法评价　直接进样 AFS 检测硒的检出限（3s，n＝11）为 0.28μg/kg，RSD 为 1.82%～4.19%；加标回收率为 87.30%～100.20%。校正曲线动态线性范围上限是 1500μg/L。

15.4.4.3　火焰原子吸收光谱法测定双峰驼肝脏中的微量元素[33]

(1) 方法提要　用火焰原子吸收光谱法对内蒙古阿拉善 15 份骆驼肝脏的微量元素进行了测定。

(2) 仪器与试剂　Thermo Elemental SOLAAR S4 型原子吸收光谱仪（美国热电公司）。

1mg/mL Fe、Cu、Zn、Mn、Pb、Cd 的标准储备溶液（国家钢铁材料测试中心）。

（3）样品制备　样品用去离子水洗涤除去表面血污，吸干组织表面的水分，用不锈钢剪刀剪掉肝脏边缘部分，在肝脏中央取样，每份样品分别用剪刀剪碎放入坩埚中。然后在高温电炉中进行炭化，至无红色火星为止。炭化后的材料同坩埚一起转移到马弗炉中，550℃灰化 10h。称取灰化后材料分别装入小烧杯中，加硝酸-盐酸混合酸（$\psi=1:2$）进行消化，过夜。在加热板中加热煮沸，加入硝酸、高氯酸，不断加热至白烟冒尽，消解完全后用去离子水定容至 50mL。

（4）测定条件　分析线（nm）是 Fe 248.3、Cu 324.8、Zn 213.9、Mn 279.5、Pb 283.3 和 Cd 228.8。光谱通带（nm）分别为 0.2、0.5、0.5、0.2、0.5 和 0.5。灯电流（mA）分别为 20、15、15、12、15 和 10。空气-乙炔火焰，普通型燃烧器。燃气流量（L/min）分别为 0.9、1.2、1.2、1.0、1.1 和 1.2。

（5）方法评价　测定 15 份双峰骆驼肝脏中 Fe、Pb、Mn、Cd、Cu、Zn 微量元素的平均含量（μg/g）分别为 663.63、1.19、11.32、3.60、607.79、177.58。

15.4.4.4 微波辅助消解-电感耦合等离子体原子发射光谱法测定肥胖者脂肪组织中的微量元素[34]

（1）方法提要　微波辅助消解-电感耦合等离子体原子发射光谱法测定脂肪组织中的 Al、Ba、Ca、Co、Cr、Cu、Fe、K、Li、Mg、Mn、Na、Ni、Sr、Zn 的含量。

（2）仪器与试剂　Optima 7000 DV 电感耦合等离子体原子发射光谱仪（美国珀金埃尔默公司）。Anton Paar Multiwave 3000 微波消解系统。

1000mg/L 单元素标准样品。

硝酸，过氧化氢溶液。

（3）样品制备　手术中从皮下、腹膜和内脏的脂肪组织（每个区域 5g）取的活检样品，清洗后−70℃冷冻保存。取脂肪组织样品匀浆，准确称量大约 1g 样品，放入聚四氟乙烯消解罐中，再加入 6mL 硝酸和 2mL 过氧化氢。冷消解 15min 后装入密封容器，在微波消解系统中按微波消解程序进行消解。微波功率在 10min 内线性增加到 800W，保持 15min。消解完全后将得到的澄清溶液转移到容量瓶中，用去离子水稀释定容至 25mL。

（4）测定条件　元素分析线（nm）分别为 Al 396.153、Ba 233.527、Ca 317.933、Co 228.616、Cr 267.716、Cu 327.393、Fe 238.204、K 766.490、Li 670.784、Mg 285.213、Mn 257.610、Na 589.592、Ni 231.604、Sr 407.771、Zn 206.200。射频发生器功率（W）分别为 1400、1500、1500、1500、1500、1500、1500、800、800、1500、1500、800、1500、1500、1500。进样量 1.5mL/min。所有测量均采用横流雾化器和 Scott 雾化室。等离子体气流量（L/min）分别为 14、12、12、12、12、12、12、13、14、13、12、15、12、12、12。辅助气流量均为 0.2L/min，雾化气流量（L/min）分别为 0.9、0.7、0.7、0.7、0.7、0.9、0.7、1.2、1.2、0.8、0.7、1.2、0.7、0.8、0.7。轴向观察方式。

（5）方法评价　测定 Al、Ba、Cr、Cu、Li、Mn、Ni、Sr 的检出限（μg/g）分别为 0.04、0.04、0.025、0.02、0.0013、0.005、0.05 和 0.0043，测定 Al、Ba、Ca、Co、Cr、Cu、Fe、K、Li、Mg、Mn、Na、Ni、Sr、Zn 元素的回收率分别为 97.0%、106%、102%、107%、94.8%、106%、99.8%、107%、92.2%、103%、98.1%、104%、99.0%、96.8%和 108%。

15.4.4.5 氢化物发生-原子荧光光谱法测定指甲中的砷[35]

（1）方法提要　湿法硫酸电热消解指甲样品，氢化物发生-原子荧光光度法测定指甲中的砷。

(2) 仪器与试剂 AFS-930 型双道原子荧光光谱仪（北京吉天仪器有限公司）。可控温电热板。

1000mg/L 砷标准储备溶液 [GBW(E)080622]。

盐酸，硫酸，硝酸，高氯酸，氢氧化钠均是优级纯。碘化钾，硫脲，抗坏血酸均是分析纯。硼氢化钾含量≥96.0%。实验用水均为二次去离子水。

(3) 样品制备 将采集好的样品适度剪碎，在丙酮溶液中浸泡 30min 后用大量去离子水清洗干净，放在避光处自然阴干。准确称取 0.2500g 处理好的样品，置于 100mL 锥形瓶中，加入 5mL 浓硫酸，于电热板上 300℃加热至样品消解完全，并继续赶酸至体积约 2mL。待消解液冷却至室温后，将其转移至 25mL 比色管中，加入 2.5mL $\rho=10\%$硫脲-碘化钾混合溶液，用去离子水定容至刻度。放置 15min 后测定。

(4) 测定条件 以 1%硼氢化钾与 0.5%氢氧化钠为还原剂。采样体积 1.0mL。光电倍增管负高压 270V。灯电流 60mA。原子化器温度 200℃，原子化器高度 8mm。载气流量 200mL/min，屏蔽气流量 600mL/min。读数时间 7s，延迟时间 0.5s。

(5) 方法评价 测定 As 的检出限为 0.075μg/L。校正曲线动态线性范围为 0.5～50.0μg/L。

采用湿法消解，消解速度快，适用范围广。样品经消解后，采用硫脲-碘化钾还原体系，具有还原时间短、还原效率高的优点。氢化物发生-原子荧光光度法操作方便，设备简单，用于砷中毒等职业病防治检测与评价。

参考文献

[1] 马昆山，徐欣．生命的能源：微量元素与维生素．济南：山东大学出版社，2008.

[2] 李淑芹，翟俊民．微量元素在人体中的适宜量、需要量和中毒剂量．国外医学（医学地理分册），2006，27 (4)：171-173.

[3] 王勇健. 微量元素与疾病的关系．家庭医学（新健康），2007 (5)：7-10.

[4] 孙成均．生物材料检验. 北京：人民卫生出版社，2015.

[5] 朱中平，沈彤，张海燕，等．儿童微量末梢血中钙、锌、铜 ICP-AES 同时测定．中国公共卫生，2006，22 (5)：632-633.

[6] 张学东，王晖，黄沛力，等．ICP-AES 法测定血脂异常人群血清中 7 种微量元素．中国卫生检验杂志，2010，20 (9)：2294-2295.

[7] 王金亮．混合化学改进剂用于测定血铅的石墨炉原子吸收法．微量元素与健康研究，2017，34 (5)：59-60.

[8] 徐灼均，赵伟良，等．胶体钯-石墨炉原子吸收光谱法测定全血尿液中铅含量的研究．实用医技杂志，2017，24 (9)：941-943.

[9] 王世亮，叶红杨，马晓芹，等．石墨炉原子吸收光谱法测定人血浆样品中铂．理化检验（化学分册），2010，46 (3)：257-259.

[10] 朱晓超．微波消解样品-氢化物发生-原子荧光光谱法测定血液中锑量．理化检验（化学分册），2012，48 (6)：720-721.

[11] 方兰云，姚浔平，王立，等．原子荧光光谱法测定人血清、人尿中硒．中国卫生检验杂志，2010，20 (11)：2750-2752.

[12] Magdalena Wójciak-Kosiora，Wojciech Szwerca，Maciej Strzemskia，et al. Optimization of high-resolution continuum source graphite furnace atomic absorption spectrometry for direct analysis of selected trace elements in whole blood samples. Talanta，2017，165：351-356.

[13] Meitong Liu, Tengpeng Liu, Xuefei Mao, et al. A novel gas liquid separator for direct sampling analysis of ultratrace arsenic in blood sample by hydride generation in-situ dielectric barrier discharge atomic fluorescence spectrometry. Talanta, 2019, 202: 178-185.

[14] Sascha Nowak, Jens Künnemeyer, Lydia Terborg, et al. Analysis of whole blood samples with low gas flow inductively coupled plasma-optical emission spectrometry. Anal Bioanal Chem, 2015, 407 (3): 1023-1026.

[15] Chris F Harrington, Craig McKibbin, Monika Rahanu, et al. Measurement of titanium in hip-replacement patients by inductively coupled plasma optical emission spectroscopy. Ann Clin Biochem, 2017, 54 (3): 362-369.

[16] 李纲，邵吉，李克．石墨炉原子吸收法测定尿液中砷的方法研究．实用预防医学，2015，22 (2)：246-247.

[17] 赖娟，刘锦云．石墨炉原子吸收光谱法直接测定尿中铅浓度研究．职业卫生与病伤，2012，27 (5)：290-292.

[18] 仲立新，班永宏．恒温平台石墨炉原子吸收法直接测定尿液中的铝．卫生研究，2011，40 (2)：236-237.

[19] 姚亚军，宋祖峰，唐卫国，等．电感耦合等离子体原子发射光谱法测定人尿中铅．广东化工，2019，46 (5)：221-222.

[20] Álvarez Méndez J, Barciela García J, García Martín S, et al. Determination of cadmium and lead in urine samples after dispersive solid-liquid extraction on multiwalled carbon nanotubes by slurry sampling electrothermal atomic absorption spectrometry. Spectrochimica Acta Part B: Atomic Spectroscopy, 2015, 106: 13-19.

[21] 刘浏，胡晓宇，陈斌，等．石墨炉原子吸收光谱法测定尿中铬的方法研究．职业与健康，2016，32 (7)：899-901.

[22] 解清，王京宇，欧阳荔．改进的原子荧光光谱法测定人尿中硒的水平．实验技术与管理，2011，28 (7)：36-38.

[23] Walter Nei Lopes dos Santos, Bruna Rosa da Silva Santos, Daniel Levi França da Silva, et al. Multivariate optimization of a digestion procedure for bismuth determination in urine using continuous flow hydride generation and atomic fluorescence spectrometry. Microchemical Journal, 2017, 130: 147-152.

[24] 倪文庆，黄越，王宵玲，等．高压消解-原子荧光光谱法测定人头发中的汞浓度．汕头大学医学院学报，2013，26 (4)：200-202.

[25] 张军，王志国，陈慧连，等．王水水浴消解-冷原子荧光光谱法测定人发中汞的含量．广东化工，2014，41 (13)：262-263.

[26] Francesco Domanico, Giovanni Forte, Costanza Majorani, et al. Determination of mercury in hair: Comparison between gold amalgamation-atomic absorption spectrometry and mass spectrometry. J Trace Elem Med Biol, 2017, 43: 3-8.

[27] 杨志羡．氢化物发生原子荧光法测定头发样品中的硒．化学分析计量，2015，24 (4)：55-57.

[28] 崔振兴，段立谦，何前国，等．火焰原子吸收法测定头发中锌的含量．科技传播，2014，6 (13)：137-138.

[29] Hope Kumakli, A'ja V Duncan, Kiara McDaniel, et al. Environmental biomonitoring of essential and toxic elements in human scalp hair using accelerated microwave-assisted sample digestion and inductively coupled plasma optical emission spectroscopy. Chemosphere, 2017, 174: 708-715.

[30] Altair Bdos Santosa, Kristi A Kohlmeierb, Marcelo E Rochaa, et al. Hair in Parkinson´s disease patients exhibits differences in calcium, iron and zinc concentrations measured by flame atomic absorption spectrometry-FAAS. J Trace Elem Med Biol, 2018, 47: 134-139.

[31] 周学忠，聂西度．ICP-AES 法测定肝癌组织中微量元素的研究．广东微量元素科学，2010，17 (6)：27-30.

［32］ 陈金丽，冯礼，戚仓，等．直接进样原子荧光法对小鼠肝脏和尿硒含量测定．中华地方病学杂志，2018，37（2）：149-151.

［33］ 陈明月，孙龙杰，蔡葵蒸，等．双峰驼肝脏中微量元素的检测．甘肃畜牧兽医，2016，46（5）：70-72.

［34］ Agne Kizalaite，Vilma Brimiene，Gintautas Brimas，et al. Determination of trace elements in adipose tissue of obese people by microwave-assisted digestion and inductively coupled plasma optical emission spectrometry. Biol Trace Elem Res，2019，189（1）：10-17.

［35］ 陈兴利．氢化物发生-原子荧光光度法测定指甲中的砷．中国卫生检验杂志，2010，20（4）：925-926.

·第16章·

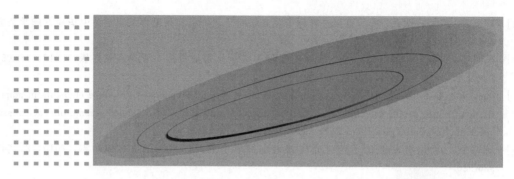

原子光谱分析在医药领域中的应用

16.1 概述

《中华人民共和国药品管理法》规定，药品是指用于预防、治疗、诊断人的疾病，有目的地调节人的生理机能并规定有适应症或者功能主治、用法和用量的物质，包括中药材、中药饮片、中成药、化学原料药及其制剂、抗生素、生化药品、放射性药品、血清、疫苗、血液制品和诊断药品等。由于药品的特殊性，直接关系到人的健康，使得药品的研究、开发、生产和使用，均必须以确保药品的安全、有效和质量可控为出发点，以保障用药者的生命安全、获得用药效益为最终目标。因此，药物分析不仅仅是针对药品进行分析检验、评价药品质量是否合格的检验技术，更是覆盖药物研究开发的各个领域的、对药物进行全面分析控制和评价的药学科学。

16.2 药物分析

药物分析是研究药物质量规律、发展药物质量分析与控制的学科。质量合格的药品，不是依靠分析检验获得，而是基于全面的药学研究和生产过程的有效控制，遵照《药品质量管理规范》(Good Manufacture Practice，GMP) 制造生产。主要工作包括：①药物原料的理化性质与质量特征的研究；②药物制剂处方工艺与原辅料相容性研究、制剂溶出度行为及体内药动学行为等生物有效性与安全性的研究；③药物的降解行为以及与生产加工、制剂工艺、包装贮藏和运输等稳定性一系列相关研究；④药物质量源于设计的生产工艺过程的全面控制研究，关键工艺参数和质量控制点的确定等研究；⑤基于药物全面药学研究工作基础上的药品质量标准指标的研究与制定，分析检验方法的建立与验证以及药品标准的起草和说明；⑥药物体内过程的分析测定与评价研究。通过这些研究，使得制药企业在药物的研究开发、生产和供应中，不断提高产品的质量并与药品监督管理部门实施“保障药品安全有效和质量可靠”监督管理等共同目标形成合力，确保高品质药品的生产和使用。

16.2.1　药品质量标准

为保证药品质量，需要针对药品的安全性、有效性和质量可控制性设置相适宜的各种检查项目和限度指标，并对检查和测定方法等做出明确的规定，即药品标准。药品质量标准系根据药物自身的理化与生物学特性，按照批准的来源、处方、生产工艺、贮藏运输条件等所制定的，用以检测药品质量是否达到用药要求并衡量其质量是否稳定均一的技术规定。现行《中华人民共和国药典》（2020 年版）（简称《中国药典》）收载的国家药品标准，其中有多个药品中金属元素可用原子吸收光谱法测定，规定了含铅、镉、汞、砷、铜的限度[1]。药品标准只是控制产品质量的有效措施之一。药物的质量还要靠实施 GMP 及工艺操作规程，进行生产过程的控制加以保证。只有将药品质量的终点控制和生产控制结合起来，才能全面地控制产品的质量[2]。

16.2.2　药物的分类

药品分类管理是国际通行的管理办法，它是根据药品的安全性、有效性原则，依其品种、规格、适应症、剂量及给药途径等的不同，将药品分为处方药和非处方药两大类并作出相应的规定，其意义在于保障人的用药安全。按照功能与用途分类为：①抗生素类；②心脑血管用药；③消化系统用药；④呼吸系统用药；⑤泌尿系统用药；⑥血液系统用药；⑦五官科用药；⑧抗风湿类药品；⑨注射剂类；⑩糖尿病用药；⑪激素类药品；⑫皮肤科用药；⑬妇科用药；⑭抗肿瘤用药；⑮抗精神病药品；⑯清热解毒药品；⑰受体激动/阻断药和抗过敏药；⑱滋补类药品；⑲维生素；⑳矿物质药品。

按照药物的不同生产过程可分为：①化学药物；②生物药物；③抗生素；④药物制剂；⑤中药。

16.2.3　药物分析方法的验证

药物分析方法验证的目的是证明采用的方法适合于相应标准、规范所规定的检测要求，需要验证的分析项目大致有：鉴别试验、杂质限度检查、原料药或制剂中有效成分含量测定以及制剂中其他成分的测定。药品溶出度、释放度等检查中，其溶出量等的测定方法也应进行必要的验证。

具体验证的指标：准确度、精密度、专属性、检出限、定量限、线性范围和耐用性。在分析方法验证中，需采用标准物质进行试验。分析方法具有各自的特点，并随分析对象而变化，因此需要视具体分析方法拟订验证的指标。各个指标定义介绍可参见第 7 章。

16.3　中药材分析

中医治病之所以具有很好的疗效，关键在于中药的作用。中药的疗效必定有其物质基础，所以对中药化学成分尤其对有效成分的研究从未间断过。过去一直把研究内容放在有机成分上，但对于中药理论及中药作用机制的物质还没有取得突破性进展。中药微量元素的研究就是中药有效成分研究中的一个新的补充和发展。

中药与微量元素的关系极为密切，主要表现为几乎没有任何一种中药不含微量元素，也没有一个中医治病不用中药。矿物药含有丰富的微量元素，植物药在生长发育过程中从土壤中吸收大量的矿物质，经过生物转化作用，使微量元素与植物体内的许多成分，如蛋白质、氨基酸及其他有机物质结合，大大削弱了某些微量元素的毒性。植物对微量元素的吸收及生物转化，是对微量元素的一个富集和改造（增加溶解度、生物利用度和降低毒性等）过程，使得许多微量元素由无机态变成有机态或生物态，便于人体对它们的吸收利用。中药中的微量元素对于中药发挥防病治病的作用起着举足轻重的作用。例如矿物药石膏能清热利尿与其含有钙、铁、镁、锰、铜等元素有关，麦饭石有抗衰老作用因为它含有锰、铁、锌、硒等微量元素。植物药能治病除了与某些有机成分有关外，也与微量元素有很大的关系。

中药中的有毒金属元素必须进行限量控制。2001 年 7 月 1 日，中华人民共和国对外贸易经济合作部发布了《药用植物及制剂进口绿色行业标准》，其中规定了重金属铅、镉、汞、铜、砷以及重金属总量的限量指标。中药材因产地的土壤成分与自然条件的不同、农药的施用、环境污染以及人为加工等因素，皆可能造成各地中药材微量元素含量之差异。矿物类药部分是自然的形成物如天然的矿物，其他如依靠人工炼制才能获得。中医临床较常用的汞化合物、铅化合物、铜化合物以及砷化合物等都属于矿物类药。《中国药典》对所收的矿物药材大部分列出了主成分的化学鉴别方法和含量测定方法，部分列有重金属、砷盐及其他杂质的限量检查项。中药制剂的杂质，有来自中药本身者，如非药用部分的混入、泥沙未除净，以及农药、化肥所带来之重金属、钾、钠、钙、镁等离子。此外，由于制剂过程中溶剂、试剂不纯以及机械设备的腐蚀等，也会混入杂质。世界上许多国家都对中药材及中成药制订了严格的规定，或禁用或有最低限量标准，已成为中药及其制剂出口的主要障碍之一。近几年来在不同国家或地区多次发生因我国出口中药的“重金属超标”而拒绝进口或遭查禁、烧毁等事件，给我国出口造成巨大损失。由于中药材重金属的浸出率高，平均为 76.7%，尤其补益类药材用药周期长，重金属易在体内蓄积，不易分解，达到一定数量即可呈现毒性作用。因此，控制药物中的重金属和某些微量元素的含量，对于中药材生产中的质量控制和临床中的安全用药以及开拓中药国际市场是非常重要的。

16.3.1 中药材有效成分分析的基本要求

中药分析是遵循“用中医理论指导”为原则创立分析方法、选择分析目标。通常依据三个原则：①运用整体观理论对中药进行化学成分的定性轮廓分析。单纯模仿化学药品的分析模式，选定一个或两个有效成分、活性成分或指标成分进行鉴别和含量测定，或者只选择组方中的某一味药进行分析，不能反映中医用药所体现的整体观念。色谱指纹图谱分析模式的提出使得中药的研究方法和分析手段由针对一个或者少数几个活性成分的分析，发展为对整味中药色谱指纹图谱的综合分析，是中医整体观的化学表征。而以基因组学、转录组学、蛋白组学和代谢组学为核心的系统生物学方法更加体现了中医的整体观和辨证论治的思想。②运用组方的“君臣佐使”理论。③运用中药药性理论。针对中药药性的化学表征发展科学的分析方法。

16.3.2 中药材分析的样品前处理方法

中药样品成分复杂，依据具体情况进行相应处理。

(1) 超声提取　超声波具有助溶作用，可用于样品中待测组分的提取。超声提取较冷浸法速度快，一般仅需十几分钟浸出即可达到平衡。超声提取过程中溶剂可能有一定的损失，进行含量测定时，应于超声振荡前现称重，提取完毕后，放冷至室温，再称重，校正减失的重量。

(2) 回流提取 在加热条件下组分的溶解度增大，溶出速率加快，有利于提取。回流提取法主要用于固体制剂的提取，提取前应将样品粉碎成细粉，以利于组分的提取。提取溶剂的沸点不宜太高，对热不稳定或具有挥发性的组分不宜采用此法。

(3) 连续回流提取 使用索氏提取器连续进行提取，操作简便，节省溶剂，蒸发的溶剂经冷凝流回样品管，因其中不含待测组分，所以提取效率高。此法因选用低沸点的溶剂如乙醚、甲醇等，提取组分对热效应稳定。

(4) 水蒸气蒸馏 部分具有挥发性并可随水蒸气馏出的组分可采用此法提取，收集馏出液供分析使用。挥发油、一些小分子的生物碱（如麻黄碱、槟榔碱）、某些酚类化合物（如丹皮酚）可以采用本法。

(5) 高速逆流色谱法（high-speed countercurrent chromatography，HSCCC） HSCCC 不需要任何固相载体，利用互不相溶的两相溶剂体系，其中的一相为固定相，另一相由恒流泵连续输入的液体为流动相，在高速旋转的螺旋管内建立起特殊的单向性流体动力学平衡，依据其在两相中的分配系数不同实现物质分离的色谱方法。此法由于没有固体载体，可避免因吸附引起的样品损失，且分离量大。

16.3.3 中药材分析的应用实例

16.3.3.1 ICP-AES 法测定新泰市不同区域丹参药材及土壤 5 种重金属元素含量[3]

(1) 方法提要 以山东省新泰市 5 个乡镇 20 个村种植的丹参药材及其生长土壤为样品，采用微波消解法处理样品，电感耦合等离子体原子发射光谱法（ICP-AES）测定 As、Cu、Hg、Cd、Pb 5 种金属元素含量。

(2) 仪器与试剂 iCAP 6200 型电感耦合等离子体发射光谱仪（美国赛默飞世尔科技公司）。微波消解系统（美国 CEM 公司）。LabTech EH20 Aplus 微控数显电热板。QW-10 高速万能粉碎机（浙江省永康市敏业工贸有限公司）。UPR-Ⅱ-10T 超纯水机（四川优普超纯科技公司）；聚四氟乙烯消解罐。

丹参药材于 2018 年 11 月采集于山东省新泰市 5 个乡镇，植物药材经新泰市人民医院副主任中药师王宪勇鉴定为丹参（*Salvia miltiorrhiza* Bge.）。同时收集丹参根系附近土壤。

1000μg/mL Cu、Pb、Cd、As、Hg 标准溶液（国家有色金属及电子材料分析测试中心）。

浓硝酸（优级纯），过氧化氢（分析纯）。工作气体为氩气。实验用水是超纯水。

(3) 样品制备

① 丹参样品的制备：挑选 20 组中大小均匀的丹参药材，清理泥土、须根等，用蒸馏水清洗，晾干，恒温鼓风干燥箱 65℃保持 24h，之后用粉碎机粉碎，过 60 目筛，编号，储存备用。

② 土壤样品的制备：将 20 组土壤样品风干，剔除杂质，按四分法取样，研磨至土壤粉末过 100 目筛，然后编号，储存备用。

精密称取样品（丹参药材和土壤）0.5g 置于聚四氟乙烯消解罐内进行敞口微波消解，用少量超纯水润湿样品后，加入消解试剂（5mL 浓硝酸和 1mL 过氧化氢），然后按照表 16-1 设好的程序进行消解。待消解完全后，把消解内罐置电热板上缓缓加热至红棕色蒸气挥尽，并继续缓缓浓缩至 2～3mL。放冷，用 5%的硝酸将消解溶液转入 50mL 容量瓶中，并稀释至刻度。同时制备空白样品和标准样品。

表 16-1 丹参药材及土壤中 5 种重金属测定的微波消解条件

步骤	升温时间/min	温度/℃	保持时间/min
1	7	120	3
2	7	160	4
3	10	180	20

（4）测定条件 射频发生器入射功率 1150W。冲洗泵速 50r/min，分析泵速 50r/min，泵稳定时间 0s。辅助气流量 0.5L/min，雾化气流量 0.55L/min。观测高度 12.0mm。取 2 次读数的平均值为测定值。

（5）方法评价 各种元素的线性范围、相关系数以及检出限列于表 16-2。

表 16-2 丹参药材及土壤中 5 种重金属测定的线性关系和检出限考察

元素	检测波长/nm	校正曲线上限/(μg/mL)	相关系数 r	检出限/(μg/mL)
As	193.696	40	0.9993	0.00002
Cd	226.502	8	0.9995	0.00001
Pb	220.353	80	0.9997	0.00004
Hg	184.887	8	0.9995	0.00006
Cu	327.395	0.8	0.9991	0.00016

《中国药典》（2015 年版）中相关标准规定，重金属总含量 Cd≤20.0mg/kg，As≤2.0mg/kg，Cu≤20.0mg/kg，Hg≤0.2mg/kg，Pb≤5.0mg/kg。该实验测定的 20 组新泰市丹参药材中重金属含量均符合要求。20 组土壤中重金属部分含量较高，但也未影响该地区生产的药材质量。

16.3.3.2 电感耦合等离子体原子发射光谱法测定不同产地丹参中微量元素[4]

（1）方法提要 采用电感耦合等离子体原子发射光谱（ICP-AES）法测定 7 个产地丹参中 Cu、Mn、Mg、Zn、Fe、Ba、Cr、Ni、Ti、Ca、Pb、Al 12 种微量元素的含量。

（2）仪器与试剂 iCAP 7400 型电感耦合等离子体原子发射光谱仪（美国热电公司）。MARS 型微波消解仪（美国 CEM 公司）。Milli-Q 型超纯水系统（美国密理博公司）。

1000μg/mL Ca 单元素标准溶液，100μg/mL Al 单元素标准溶液，无机元素混合标准溶液［其中 Cu、Mn、Mg、Zn、Fe、Ba、Cr、Ni 为 50μg/mL，Pb 为 100μg/mL（中国计量科学研究院）］。1000μg/mL Ti 单元素标准溶液（国家有色金属及电子材料分析测试中心）。

浓硝酸优级纯（德国默克化学股份有限公司）。

丹参样品产地共 7 个，分别为安徽、山西、山东、河北、河南、甘肃、陕西，为避免不同地点肥力均匀性差异，对同一产地多点采样，经南京农业大学郭巧生教授鉴定为正品。

（3）样品制备 取 30g 丹参样品，粉碎过 20 目药筛，置烘箱中 85℃烘 4h。准确称取 0.5g 烘后样品，置于 50mL 聚四氟乙烯微波消解罐内，加 5mL 浓硝酸，混匀，浸泡过夜。于电热板上加热 10min 进行预消解，放冷，盖上内盖，旋紧外盖，置微波消解仪中，按表 16-3 中的消解条件进行消解。待消解完全后，取出消解罐，拧开盖子，置赶酸器上于 120℃赶酸 2.5h，让样品里的棕色烟雾挥发干净，待微波消解罐中剩余液体接近 1mL，用超纯水分 3 次转移至 50mL 容量瓶中定容。如果样品中元素含量超过校正曲线范围，则稀释合适的倍数再测定。同法制备空白溶液。取无机元素混合标准溶液，用 2%硝酸溶液稀释为不同质

量浓度 [(μg/mL) Cu、Mn、Mg、Zn、Fe、Ba、Cr、Ni、Al 是 0.2、0.4、0.8、1.0、2.0，Pb 是 0.4、0.8、1.5、2.0、4.0，Ti 是 0.05、0.1、0.5、1.0、1.5、2.0，Ca 是 2、4、6、8、10] 的混合标准溶液，同时用 2%硝酸溶液作为空白溶液。

表 16-3　丹参中微量元素测定的微波消解条件

消解程序	功率/W	升温时间/min	消解温度/℃	消解时间/min
1	800	5	120	3
2	800	4	160	5
3	800	5	180	20

(4) 测定条件　各元素的分析线 (nm) 分别是 Cu 324.754，Mn 257.610、Mg 285.213、Zn 206.200、Fe 239.562、Ba 455.403、Cr 283.563、Ni 231.604、Ti 336.121、Ca 393.366、Al 396.152、Pb 182.205。等离子体功率 1150W。冷却气流速 12L/min，辅助气流速 0.5L/min，雾化气流速 0.5L/min。曝光时间 5s，积分时间 15s；清洗时间 40s。

(5) 方法评价　检出限是 0.0003～0.0531μg/mL，RSD 是 0.12%～0.87%，平均回收率是 95.53%～100.42%。各种元素校正曲线的相关系数均大于 0.9990。采用微波消解进行丹参药材的前处理，消解完全，空白值低，ICP-AES 能同时测定多种元素，简单便捷。

(6) 注意事项　在 ICP-AES 测定过程中，可对样品进行全波长扫描，选择干扰少的谱线作为分析线。在轴向和径向 2 种观测模式中，径向模式抗干扰能力强，适合强度高，信号不容易溢出；轴向模式水平通道长，适合测定无基体干扰的样品。

16.3.3.3　唐古特雪莲不同部位 21 种元素含量测定[5]

(1) 方法提要　采集同一居群 20 余株唐古特雪莲，并分为根、茎、叶、花 4 个部位，样品用混酸微波消解，电感耦合等离子体原子发射光谱法测定 Ca、Mg、Fe、Ti、Sr、Mn、Ni、Se、Zn、Tl、Cu、As、Cr、Li、Pb、V、Be、Sb、Mo、Co、Cd 等 21 种元素含量。

(2) 仪器与试剂　Optima 7000DV 电感耦合等离子体原子发射光谱仪（美国珀金埃尔默公司）。MARS XPRESS 微波消解仪（美国 CEM 公司）。VB20 型赶酸装置（美国 LabTech 公司）。

唐古特雪莲采自青海省祁连县冰沟大板流石滩。采集同一居群 20～30 株，纯净水清洗，阴干，分成根、茎、叶、花 4 个部位，将各株同一部位混合、粉碎，过 80 目筛，置干燥器中储存备用。原植物经中国科学院西北高原生物研究所卢学峰研究员鉴定为菊科风毛菊属植物唐古特雪莲。

100mg/L Ca、Mg、Fe、Ti、Sr、Mn、Ni、Se、Zn、Tl、Cu、As、Cr、Li、Pb、V、Be、Sb、Mo、Co、Cd 混合标准储备溶液（国家环保总局标准样品研究中心）。

盐酸、高氯酸、硝酸、氢氟酸均为优级纯。实验用水为二次去离子水。

(3) 样品制备　准确称取样品 0.4000g，置于微波消解罐中，分别依次加入 2mL 盐酸、6mL 硝酸和 2mL 氢氟酸，加盖密封，放入微波消解炉中。为保证样品完全消解，防止微波初期消解罐内压力上冲发生危险，采用三阶段消解控制方法。样品消解后冷却至室温，将消解罐放入赶酸装置加热赶酸。待酸赶尽，转移至 50mL 容量瓶中定容。同时制备全程序试剂空白溶液和加标样品。

(4) 测定条件　各元素的分析线 (nm) 分别为 Li 670.784、Be 313.107、Ca 317.933、Ti 334.940、V 292.464、Mg 285.213、Fe 238.204、Co 228.616、Zn 206.200、As

193.696、Se 196.026、Sr 407.77、Mo 202.031、Cd 228.802、Sb 206.836、Tl 190.801、Pb 220.353、Cr 205.560、Cu 324.752、Ni 221.648、Mn 259.372。射频发生器功率1300W，冷却气流量0.8L/min，辅助气流量0.2L/min，载气流量15L/min。微波消解工作条件见表16-4。

表 16-4 唐古特雪莲不同部位 21 种元素测定的微波消解工作条件

步骤	功率/W	温度/℃	时间/s
1	1600	120	2
2	1600	160	3
3	1600	180	15

（5）方法评价 各种元素检出限是0.0003～0.003mg/L，加标回收率是86%～108%，RSD<4.3%。校正曲线线性相关系数>0.9990。唐古特雪莲含有丰富的钙和镁，含量最高的微量元素是铁，以根中居多，其次为叶。砷严重超标（超《中国药典》规定796%）。4个部位中含量差异最小的是锑，含量差异最大的是镍。青海产唐古特雪莲不同部位的元素种类和含量有所差异，可为该药用资源的质量控制和资源开发提供一定依据。

16.3.3.4 附子及不同姜制附子中10种微量元素的ICP-AES测定[6]

（1）方法提要 附子及不同姜制附子粉末经硝酸消解后，采用ICP-AES法测定。

（2）仪器与试剂 iCAP 6300全谱直读电感耦合等离子体原子发射光谱仪（美国热电公司）。DB-3型不锈钢电热板（江苏金坛市金城国胜实验仪器厂）。

Cu、Fe、Mn、Pb、Cd、Zn、Ca、Cr、Ni、Mg多元素混合标准储备液（美国SPEX公司），各元素浓度均为1.0g/L。

药材产地为四川绵阳市，经江西中医药大学葛菲教授鉴定为附子真品。生姜购于超市。

$HClO_4$和HNO_3是优级纯。实验用水为纯净水。

（3）样品制备 干姜煎汁/生姜煎汁/生姜榨汁拌蒸附子：将附子洗去盐分，冷水漂净7～10d，每天换水2～3次，烘干，加入15%姜汁，均匀搅拌，闷润12h后蒸制8h，切成薄片，烘干。干姜煎汁：取干姜适量煎煮3次，每次1h，依次加入12倍、10倍、8倍量的水。合并汁液，过滤，浓缩至约为0.33g/mL。生姜煎汁：取生姜洗净切片，加水煎煮3次，每次加入5倍量水，煎煮半小时。合并汁液，过滤，浓缩至1g/mL。生姜榨汁：取生姜洗净切片，加水反复压榨4次，每次加入15%的水，过滤，低温旋转浓缩，定容至1g/mL。干姜片/生姜片拌蒸附子：将附子洗去盐分，冷水漂净2d，每天换水2～3次，用刀刮去外皮，切成厚横片，片厚6～9mm，再用米泔水漂3d，每天换水3次，早中晚各1次。取12%生姜片（4%干姜片）拌匀，最后置蒸笼中蒸10h后，70℃烘4h。准确称取附子药材粉末1.0g，置于50mL广口锥形瓶中，加入10mL硝酸-高氯酸（4∶1），摇匀，置于电热板上140℃消解2h，升高温度至消化完全，分2次加入10mL水继续加热赶酸，缓缓浓缩至近干。冷却，定量转移至容量瓶中，以2%的硝酸定容。

（4）测定条件 各元素的分析线（nm）分别是Mn 279.079、Ca 317.933、Cu 324.754、Zn 213.856、Fe 259.940、Mg 279.079、Pb 283.945、Cd 227.104、Ni 232.504、Cr 360.224。

（5）方法评价 测定Cu、Fe、Mn、Pb、Cd、Zn、Ca、Cr、Ni、Mg各元素的RSD分别为0.54%、1.1%、0.65%、0.75%、1.1%、0.25%、2.3%、0.85%、3.1%、0.65%，

加标回收率分别是 101.2%、99.87%、98.97%、100.07%、99.76%、98.85%、99.34%、99.25%、97.65%、98.12%。校正曲线的线性相关系数是 0.9992～0.9998。附子经过不同的姜汁泡制之后，微量元素有明显变化，其中，生姜片和干姜片拌蒸附子变化最为明显，这种差异可能与附子泡制过程中的辅料姜有关。

（6）注意事项　实验所用的玻璃仪器均经过 HNO_3-H_2O（2∶5）浸泡 12h 以上，晾干，备用。

16.3.3.5　ICP-AES 法测定砂烫前后骨碎补中 10 种微量元素含量[7]

（1）方法提要　将骨碎补药材及对应的烫骨碎补饮片粉末经微波消解后，采用电感耦合等离子体原子发射光谱法测定骨碎补药材及烫骨碎补中 10 种微量元素。

（2）仪器与试剂　ICPE-9000 电感耦合等离子体原子发射光谱仪（日本岛津公司）。MARS 6 CLASSIC 微波消解仪（美国培安科技公司）。BHW-09C 控温电加热器（上海博通化学科技有限公司）。

Al、Ca、Cd、Cr、Cu、Fe、Mg、Ni、Pb、Zn 标准溶液（国家有色金属及电子材料分析测试中心），各元素浓度均为 100μg/mL。

HNO_3为优级纯，实验用水为纯净水。

10 批骨碎补药材及相对应的烫骨碎补饮片从不同中药饮片生产企业收集，经湖南省药品检验研究院丁野主任中药师鉴定为水龙骨科植物槲蕨的干燥根茎。

（3）样品制备　取约 0.5g 样品粗粉，置微波消解罐中。加入 8mL HNO_3，加盖密封，静置过夜，放入微波消解炉中消解。消解完毕后，设置赶酸仪的温度为 120℃，赶酸 2～3h，至溶液剩余体积约 2～3mL，转移至 50mL 量瓶中稀释至刻度，摇匀，作为供试品溶液（测定 Al、Ca、Mg、Fe 时将供试品溶液稀释 25 倍）。同法制备空白样品。

（4）测定条件　氩气气压 465.3MPa，功率 1.2kW，等离子体流量 10.0L/min，辅助气流量 0.6L/min，载气流量 0.7L/min，观测方向 Axial，位置 Low，泵速 20r/min；仪器稳定延时 15s，溶剂清洗时间 30s，样品清洗时间 90s，灵敏度模式为宽范围，曝光时间为 30s。

（5）方法评价　所有元素的检出限是 0.003～0.141mg/kg，RSD 为 0.1%～2.8%，回收率为 93.5%～103.1%。校正曲线的线性相关系数是 0.9978～1.0000。该方法简便、准确，适合于同时测定骨碎补中 10 种微量元素的含量。

16.3.3.6　蒙药材诃子中钙、锌元素提取方法研究和含量测定[8]

（1）方法提要　采用直接消化法、超声波消化法和微波消解法三种不同的提取方法，提取了诃子中微量元素，原子吸收光谱法测定微量元素 Ca、Zn 的含量。

（2）仪器与试剂　AA320 CRT 型原子吸收光谱仪（上海分析仪器总厂）。FW-200 型高速粉碎机（北京中兴伟业仪器有限公司）。Milestone 微波消解仪（北京莱伯泰科仪器有限公司）。HH-S 型电子恒温水浴锅（深圳天南海北实业有限公司）。KQ-300DE 型超声波清洗器（昆山超声仪器有限公司）。

1000μg/mL 钙、锌标准储备溶液（国家有色金属及电子材料分析测试中心）。

硝酸、高氯酸等试剂均为分析纯，实验用水为二次蒸馏水。

（3）样品制备

① 直接消化法：准确称取 3.0000g 诃子干燥粉末于烧杯中，加 10mL 浓 HNO_3，放置 1d。再加 10mL 浓硝酸和 5mL 高氯酸，恒温炉加热至澄清，残液转移至 100mL 容量瓶中，用二次蒸馏水定容。

② 超声波消化法：准确称取 3.0000g 诃子干燥粉末于圆底烧瓶中，加 100mL 水，超声 30min，过滤，重复超声 3 次，合并滤液。将滤液恒温炉消化，用二次蒸馏水定容于 100mL 容量瓶中。

③ 微波消解法：准确称取 0.6000g 诃子干燥粉末置于消化罐中，加 10mL 浓 HNO_3、2mL H_2O_2，微波消化。冷却，消化液转移至 100mL 容量瓶中，用二次蒸馏水定容。

(4) 测定条件　分析线是 Ca 422.67nm 和 Zn 213.86mn。光谱通带 0.2nm。灯电流都是 3mA。乙炔流量 1.0L/min，空气流量 5.0L/min。

(5) 方法评价　3 种方法提取锌元素的提取率差别不大。对于钙元素直接消化法和微波消解法的提取率较高。测定方法的平均加标回收率是 99.2%～101.4%，RSD 是 0.2%～0.6%。微量元素钙、锌含量分别为 2015.5μg/g、643.3μg/g（微波消解法）。

16.3.3.7 荆芥不同部位 3 种重金属元素含量的比较分析[9]

(1) 方法提要　对荆芥样品进行湿法消解，采用石墨炉原子吸收光谱法测定荆芥药材不同药用部位中 Pb、Cd、Ni 3 种重金属元素的含量，比较分析了荆芥不同部位的污染状况。

(2) 仪器与试剂　AAnanyst 800 石墨炉原子吸收分光光度计（美国珀金埃尔默公司）。EG 37A Plus 型可调式智能型电热板。

1.0mg/mL Pb、Cd、Ni 单元素标准溶液（中国计量科学研究院和国家有色金属及电子材料分析测试中心）。

硝酸、硝酸镁、磷酸二氢铵和高氯酸为优级纯，硝酸钯为分析纯，实验用水为一级水。

(3) 样品制备　Pb、Cd、Ni 标准储备液：分别准确移取 250μL、25μL 和 250μL Pb、Cd、Ni 单元素标准溶液于 25mL 容量瓶中，加入 2%（ψ）硝酸溶液定容，制成 Pb 1.0×10^{-2}mg/mL、Cd 1.0×10^{-3}mg/mL、Ni 1.0×10^{-2}mg/mL 的标准储备液，于 4℃储存。标准工作溶液：分别准确移取标准储备液 Pb 和 Cd 各 125μL、Ni 250μL 于 3 只 25mL 容量瓶中，加入一级水定容，制成含 Pb 5.0×10^{-5}mg/mL、Cd 5.0×10^{-6}mg/mL 和 Ni 1.0×10^{-4}mg/mL 的标准工作溶液，4℃储存。

样品溶液：准确称取 1g 样品粉末，置于烧杯中，加入 30mL 硝酸和高氯酸（$\psi=10:0.5$），浸泡过夜。置于可调式电热板消解，持续加热至冒白烟，待白烟散尽，消解液呈无色透明或略带黄色，放冷后转入 50mL 容量瓶中，加一级水稀释至刻度。按照同样方法制备试剂空白溶液。

(4) 测定条件　分析线分别是 Pb 283.3nm、Cd 228.8nm 和 Ni 232.0nm。光谱通带分别为 0.7nm、0.7nm 和 0.2nm。进样量为 20μL。灰化温度分别为 750℃、500℃和 1100℃；原子化温度分别为 1700℃、1400℃和 2350℃。灯电流分别是 10mA、6mA 和 25mA。

气体为高纯氩气。

(5) 方法评价　测定 Pb、Cd、Ni，检出限是 4.3×10^{-6}～1.0×10^{-7}，RSD 是 1.80%～3.33%，回收率分别为 89.3%～99.4%、100.5%～110.3%、93.3%～108.1%，校正曲线动态线性范围上限分别是 4.0×10^{-5}mg/mL、5.9×10^{-6}mg/mL 和 8.0×10^{-5}mg/mL，线性相关系数分别是 0.9989、0.9983 和 0.9984。

(6) 注意事项　随着采收时间延长，重金属元素易由荆芥梗向荆芥穗中富集，为荆芥重金属限度质量标准制定以及临床用药部位的选择提供参考。

所用容器均在体积分数 20%的硝酸溶液中浸泡过夜，使用前用一级水洗净。

16.3.3.8 原子荧光光谱法同时测定人参中的砷和汞[10]

（1）方法提要　采用微波消解样品，在酸性介质中，用硼氢化钾还原发生砷化氢，使二价汞还原生成元素态汞，由载气（Ar）带入石英原子化器用双道原子荧光光谱仪测定。

（2）仪器与试剂　AFS-933 原子荧光光谱仪（北京吉天仪器有限公司）。ETHOSA 微波消解系统（德国 MILESTONG 公司）。电热套（北京莱伯泰科科技仪器股份有限公司）。超纯水制备系统（重庆阿修罗科技发展有限公司）。

砷、汞标准溶液（国家标准物质研究中心）。

载流为 5%盐酸溶液，还原剂是 1%硼氢化钾和 0.5%氢氧化钾溶液。

硝酸、盐酸、过氧化氢、硫脲、抗坏血酸、硼氢化钾、氢氧化钾均为优级纯。实验用水为电阻率 18.25MΩ·cm 的超纯水。

（3）样品制备　测定砷的定容溶液是 5%的硫脲-抗坏血酸-盐酸混合溶液，因砷元素为多价态元素，消解液中的高价砷只有被硫脲还原后，才能被检测到。测定汞的定容溶液是 5%硝酸溶液。同时测定砷、汞的定容溶液是 1%硫脲-1%抗坏血酸-5%盐酸混合溶液。

（4）测定条件　仪器的主要工作参数见表 16-5。

表 16-5　原子荧光光谱仪测定人参中砷和汞的工作参数

仪器参数	数值	仪器参数	数值
光电倍增管负高压/V	260	测量方法	标准曲线
A 道灯电流/mA	60	读数方式	峰面积
B 道灯电流/mA	30	读数时间/s	7
载气流量/(mL/min)	400	延迟时间/s	1
原子化器高度/mm	8	重复次数	3

（5）方法评价　测定 As 和 Hg，检出限分别是 0.02μg/L 和 0.002μg/L，RSD 分别是 1.6%和 4.4%，加标回收率分别是 93.6%～101.2%与 92.1%～99.3%。校正曲线线性动态范围大于 3 个数量级。动态线性范围上限是 40ng/mL，线性相关系数 r^2=0.9995。

16.3.3.9 火焰原子吸收光谱法测定冬虫夏草中铁锌的含量[11]

（1）方法提要　用干法灰化样品，硝酸溶解灰分，原子吸收光谱法测定由糯米、粳米、家蚕蛹浸提液培养出来的冬虫夏草中的铁、锌的含量。

（2）仪器与试剂　TAS 990 原子吸收分光光度计（北京普析通用仪器有限责任公司）。

1000μg/mL 锌标准储备溶液，1000μg/mL 铁标准储备溶液。

0.3%磷酸二氢钾溶液；30%硝酸溶液；0.3%硝酸溶液。

（3）样品制备　称取糯米、粳米、家蚕蛹浸提液培养出来的冬虫夏草各 2.0g（精确到 0.0001g），每个样品取 3 份平行样，置于带编号的坩埚中，将带盖的陶瓷坩埚置于控温电炉上，在 200～250℃炭化 45min 以上，待坩埚中没有白色烟雾溢出即灰化完毕。转移至马弗炉中，在 650℃条件下灰化 6h 以上。取出坩埚，加入 30%硝酸溶液溶解灰分转移至 50mL 容量瓶中，加入 5mL 的 0.3%磷酸二氢钾溶液，使用 0.3%硝酸定容。

（4）测定条件　测定 Zn 和 Fe，分析线分别是 Zn 213.9nm 和 Fe 248.5nm，光谱通带分别是 0.4nm 和 0.6nm。工作电流均是 3.0mA。燃烧器高度 6.0mm、燃烧头位置 1.0mm。空气压力均是 0.24MPa。乙炔燃气流量分别是 1300mL/min 和 1400mL/min。

（5）方法评价 用糯米、粳米、家蚕蛹浸提液培养出的冬虫夏草中的铁含量（mg/kg）分别为26.9、49.08和35.16；锌含量（mg/kg）分别为13.28、22.47和18.90。测定6份样品3组平行样，Fe和Zn检出限为0.2mg/kg，RSD分别是0.025%～0.059%与0.027%～0.059%，加标回收率分别是94.27%～98.77%与95.04%～98.77%。测定Fe和Zn的回归方程分别是$Y=0.112X+0.0062$和$Y=0.347X+0.0304$，线性相关系数r^2分别是0.9992和0.9996。

16.3.3.10 AAS和AFS法测定不同产地红花中As、Hg、Pb、Cd、Cu含量[12]

（1）方法提要 采用微波消解法进行样品前处理，双道原子荧光光谱法测定As、Hg的含量，石墨炉原子吸收光谱法测定Cd、Pb的含量，空气-乙炔火焰原子吸收光谱法测定Cu的含量。

（2）仪器与试剂 AFS-3100双道原子荧光光度计（北京科创海光仪器有限公司）。Mseries Ice-3500原子吸收光谱仪（美国赛默飞世尔科技公司）。10～100μL移液枪（北京大龙兴创实验仪器有限公司）。Milli-Q超纯水发生器（美国密理博公司）。Speedwave 4微波消解系统（德国Berghof公司）。101A-2E型鼓风干燥箱（上海安亭科学仪器厂）。

Pb、Cd、Hg、As、Cu标准溶液。

红花药材分别采集于大理白族自治州巍山县（1号）、永平县（2号）、弥渡县（3号），保山市隆阳区（4号）。经云南省药物研究所天然药物资源研究室符德欢高级工程师鉴定为红花，洗净、干燥后磨成粉备用。

硝酸（优级纯），盐酸（优级纯），氢氧化钠（分析纯），硼氢化钠（分析纯），实验用水是去离子水（超纯）。

（3）样品制备 标准溶液的制备：分别量取一定量的Cu、Cd、Pb、As、Hg标准溶液储备液，用2%的硝酸溶液稀释为相应浓度梯度。

供试品溶液的制备：分别取不同产地的红花药材，将其粉碎，准确称取各产地药材粗粉3份，每份约0.3g，置于聚四氟乙烯消解罐内，加硝酸7～8mL，混匀，浸泡过夜，盖好内盖和防爆膜，旋紧外套，放入微波消解系统内进行消解。消解完全后，取出消解罐，冷却，将消解罐内的消解液转移至锥形瓶中，用适量的去离子水冲洗消解罐，洗液与消解液合并，再将锥形瓶放在电热板上加热至红棕色蒸气挥尽，继续加热至溶液剩2～3mL，取出，冷却，将其转移至25mL容量瓶中，用去离子水稀释至刻度。

（4）测定条件 用空气-乙炔火焰原子吸收光谱法测定Cu，分析线是Cu 324.7nm。光谱通带0.5nm。灯电流是最大灯电流的75%，燃气流量1.1L/min，燃烧器高度7.0mm。

用石墨炉原子吸收光谱法测定Pb、Cd，分析线分别是Pb 217.0和Cd 228.8nm。光谱通带是0.5nm。灯电流分别是90mA和50mA。使用涂层石墨管，石墨炉升温程序参见表16-6；塞曼效应校正背景。

表16-6 Pb、Cd测定的石墨炉升温程序参数

元素	干燥温度/时间/(℃/s)	灰化温度/时间/(℃/s)	原子化温度/时间/(℃/s)	净化温度/时间/(℃/s)
Pb	120/22	600/15	1000/5	2500/2
Cd	110/22	300/20	900/3	2500/3

用原子荧光光度法测定As和Hg，光电倍增管负高压分别是270V和280V。灯电流分

别是 60mA 和 35mA。载气流量是 400mL/min，吸收管温度是 850℃。载液是 5% HCl，还原剂是 2% $NaBH_4$ +0.5% NaOH。

(5) 方法评价　测定 As、Hg、Pb、Cd 和 Cu 的 RSD 分别为 1.2%、3.7%、2.4%、3.3%和 0.3%，加标回收率分别为 96.85%、98.76%、107.25%、100.25%和 100.13%，校正曲线动态线性范围上限分别是 40μg/L、10μg/L、60μg/L、20μg/L 和 2000μg/L，线性相关系数是 0.9993～0.9999。

16.4　中成药分析

中成药是以中药材为原料，经制剂加工制成各种不同剂型的中药制品，包括丸、散、膏、丹各种剂型，是我国历代医药学家经过千百年医疗实践创造、总结的有效方剂精华。在形态上又可分为散剂、胶囊剂、片剂、水丸、栓剂、蜜丸等。

16.4.1　中成药有效成分分析的基本要求

中药有活性作用的物质就是其中的化学成分。中成药及复方制剂可能含有多种有效成分，含量差异较大，药理作用复杂。影响中药制剂质量的因素很多，其中原料药材和加工工艺是影响中药制剂质量的主要因素。①由于生长环境、采集时间、贮藏条件的不同，药材有效成分的含量可能有很大差异，可直接影响制剂的质量和疗效。因此，对原料药材必须经检验合格后才能使用。②制剂的工艺条件对产品质量的影响也不容忽视，包括：a. 提取条件；b. 制造工艺；c. 贮藏流通过程。由于影响中药制剂的因素很多，因此，控制中药制剂的质量，仅有成品的检验是不够的，应该按照《药品生产质量管理规范》(GMP) 的要求，从药品生产的各个环节以及销售、使用等过程加以全面控制，才能确保药品的质量和疗效。

16.4.2　中成药分析的样品处理方式

中药成方制剂分析的程序与化学药相同，包括取样、样品溶液的制备、鉴别、杂质检查、含量测定、记录和正规报告等。

中药成方制剂的分析，一般采用估计取样，即在整批中药中抽出一部分具有代表性的供试品进行分析、观察，得出规律性“估计”的一种方法，之后对样品的检测结果进行数据处理和分析，做出科学的评估。

(1) 取样法　各类中药制剂取样量至少够 3 次检测的用量，贵重药则酌情取样。粉状中药制剂一般取样 100g，可在包装的上、中、下 3 层或间隔相等部位取样若干，将取出的样品混匀，然后按“四分法”从中取出所需样品量。液体中药制剂（如口服液、酊剂、酒剂、糖浆剂等）一般取样数量 200mL，同时需注意容器底部是否有沉淀，如有应彻底摇匀，均匀取样。固体中成药（丸剂和片剂），一般片剂取 200 片，未成片前已制成颗粒的可取 100g。一般丸剂取 10 丸。胶囊按照药典规定取样量不得少于 20 个胶囊，倾出其中药物，并仔细将附着在胶囊上的药物刮下，合并混匀，称量空胶囊的重量，由原来的总重量中减去即为胶囊内药物的重量，一般取样量 100g。注射液取样量要经过 2 次，配制后在灌注、熔封、灭菌前，进行一次取样，经灭菌后的注射液按原方法进行。已封好的安瓿取样量一般为 200 支。其他剂型中药制剂可根据具体情况随意抽取一定数量，作为随机抽样。

（2）样品溶液的提取

① 溶剂萃取法：是利用溶质在两种互不相溶的溶剂中溶解度的不同，使物质从一种溶剂转移到另一种溶剂中，经过多次萃取，将测定组分提取出来。主要用于液体制剂中待测组分的提取分离。根据相似相溶的原理，极性较强的有机溶剂正丁醇等适用于提取皂苷类成分；乙酸乙酯多用于提取黄酮类成分；三氯甲烷（$CHCl_3$）分子中的 H 可与生物碱形成氢键，多用于提取生物碱类成分；挥发油等非极性组分则宜用非极性溶剂乙醚、石油醚等提取。水相的 pH 可影响弱酸弱碱性物质在两相的分配。酸性组分提取的 pH 一般应比其 pK_a 低 1～2 个 pH 单位，碱性组分提取的 pH 则应比 pK_a 高 1～2 个 pH 单位。酒剂和酊剂在萃取前应挥发除去乙醇，否则乙醇可使有机溶剂部分或全部溶解于水中。

② 超临界流体萃取法（SFE）：本法适用于中药及其制剂中待测组分的提取分离，目前应用日益广泛。使用超临界流体萃取仪提取时，将样品置于萃取池中，萃取池应恒定在实验温度下，用泵将超临界流体送入萃取池，萃取完毕后，再将溶液送入收集器中。

影响萃取的因素主要有温度、压力、改性剂和提取时间等。由于二氧化碳为非极性化合物，因此超临界二氧化碳对极性组分的溶解性较差。在提取极性组分时，可在超临界流体中加入适量的有机溶剂，如甲醇、三氯甲烷等作为改性剂。改性剂的种类可根据萃取组分的性质来选择，加入量一般通过实验来确定。

16.4.3 中成药分析的应用实例

16.4.3.1 电感耦合等离子体原子发射光谱法测定十全大补丸中 12 种微量元素[13]

（1）方法提要　采用硝酸微波消解样品，电感耦合等离子体原子发射光谱法（ICP-AES）测定十全大补丸中 12 种微量元素 Cu、Mn、Mg、Cd、Zn、Fe、Ba、Se、Pb、As、Cr、Ni。

（2）仪器与试剂　iCAP 7000 型 ICP-AES（美国赛默飞世尔科技公司）。Mars 240/50 型微波消解仪（美国 CEM 公司）。Milli-Q 型超纯水处理系统（美国密理博公司）。

十全大补丸分别购自 A、B、C、D、E 5 个不同厂家。

硝酸（ACS 级，德国默克化学股份有限公司）。Cu、Mn、Mg、Cd、Zn、Fe、Ba、Se、Pb、As、Cr、Ni 多元素混合标准溶液（中国计量科学研究院）。黄芪标准物质（GBW10028，中国地质科学院地球物理地球化学勘查研究所）。

试剂均为分析纯。

（3）样品制备　准确移取适量多元素混合标准溶液，用 2% 的硝酸溶液稀释，制成 Cu、Mn、Mg、Cd、Zn、Fe、Ba、As、Cr、Ni 浓度（mg/L）分别为 0.2、0.4、0.8、1.0、2.0，Se、Pb 浓度（mg/L）分别为 0.4、0.8、1.6、2.0、4.0 的混合标准溶液系列。

称取 0.5g 样品，于酸煮洗净的 50mL 聚四氟乙烯消解罐中，加 5mL 硝酸，盖好内盖，旋紧外套，浸泡过夜。然后将样品置于微波消解仪中消解，取出放冷，置于 140℃ 电热板上加热至棕色蒸气挥尽，浓缩至约 2mL，冷却至常温，转移至 50mL 量瓶中，用少量超纯水洗涤消解罐 3 次，合并洗液至量瓶中，用超纯水定容至刻度。

（4）测定条件　采用硝酸微波消解样品，消解功率为 800W。消解程序为升温至 120℃ 保持 3min，然后升温至 160℃ 保持 5min，最后升温至 180℃ 保持 20min。ICP-AES 测定的等离子体功率为 1150W。等离子气体流量为 12.0L/min，雾化气流量为 0.5L/min。泵速为 50r/min。重复次数为 3 次。检测波长范围是 182.205～455.403nm。

（5）方法评价　用国家标准物质进样，测定 12 种元素检出限为 0.1～8.5μg/L，RSD（n=6）是 1.7%～4.9%。定量限为 0.3～28.3μg/L。RSD（n=6）<1.0%，平均回收率为 88.5%～99.0%。测定值均在标准值范围内。Cu、Mn、Mg、Cd、Zn、Fe、Ba、As、Cr、Ni 校正曲线动态线性范围均为 0.2～2.0mg/L，Se、Pb 是 0.4～4.0mg/L。线性相关系数 r≥0.9995。该方法快速、简便、灵敏度高，可用于十全大补丸中 12 种微量元素的含量测定。

16.4.3.2 ICP-AES 法测定不同厂家补中益气丸中 12 种微量金属元素含量[14]

（1）方法提要　采用电感耦合等离子体原子发射光谱法（ICP-AES）测定 5 个厂家补中益气丸中 Cu、Mn、Mg、Cd、Zn、Fe、Ba、Se、Pb、As、Cr、Ni 12 种微量金属元素含量。

（2）仪器与试剂　iCAP 7400 电感耦合等离子体原子发射光谱仪（美国热电公司）。Milli-Q 超纯水系统（美国密理博公司）。微波消解仪（美国 CEM 公司）。

Cu、Mn、Mg、Cd、Zn、Fe、Ba、Se、Pb、As、Cr、Ni 混合标准溶液（中国计量科学研究院）。黄芪标准物质（中国地质科学院地球物理地球化学勘查研究所）。

优级纯浓硝酸（德国默克化学股份有限公司）。氩气纯度>99.999%（南京特种气体有限公司）。实验用水为超纯水。

（3）样品制备　准确称取 0.5g 补中益气丸，置于微波消解罐中，加 5mL 硝酸，密闭消解。20℃升温至 120℃，保持 5min；120℃升温至 150℃，保持 5min；150℃升温至 180℃，保持 20min。消解完全后，冷却至低于 60℃，取出消解罐。将消解液定量转移至 50mL 聚丙烯容量瓶中，少量水洗涤消解罐 5 次，合并至容量瓶中，用超纯水稀释至刻度。过滤，滤液用作测试样品溶液。同法制得空白溶液。

准确移取适量多元素混合标准溶液，用 2%的硝酸溶液稀释，制成 Cu、Mn、Mg、Cd、Zn、Fe、Ba、As、Cr、Ni 浓度（mg/L）分别为 0.2、0.4、0.8、1.0、2.0，Se、Pb 浓度（mg/L）分别为 0.4、0.8、1.6、2.0、4.0 的混合标准溶液系列。

（4）测定条件　分析线（nm）分别是 Cu 324.754、Mn 257.610、Mg 279.079、Cd 226.502、Zn 206.200、Fe 239.562、Ba 455.403、Se 196.090、Pb 182.205、As 189.042、Cr 283.563、Ni 231.604。等离子体功率 1150W。冷却气流量 12L/min，辅助气流量 0.5L/min，雾化气流量 0.5L/min。蠕动泵转速 50r/min。垂直观测模式。重复次数 3 次。

（5）方法评价　12 种元素的平均回收率为 87.6%～98.5%。Cu、Mn、Mg、Cd、Zn、Fe、Ba、As、Cr、Ni 的校正曲线动态线性范围为 0.2～2.0mg/L，线性相关系数 r≥0.9995；Se、Pb 的校正曲线动态线性范围为 0.4～4.0mg/L，线性相关系数 r≥0.9998。各个厂家生产的补中益气丸中 Fe、Mn、Mg 含量都比较高，各种元素的含量存在很大的差异性。而 Cu、Cr、Ni、Se 都有检出，只是不同厂家含量差别很大。Ba 和 Pb 的含量没有明显差异。

16.4.3.3 肾康注射液中 5 种重金属元素的测定[15]

（1）方法提要　用硝酸微波消解肾康注射液，原子吸收光谱法测定其中 5 种重金属的含量。

（2）仪器与试剂　AAnalyst 400 原子吸收分光光度计（美国珀金埃尔默公司）；TAS-986G 原子吸收分光光度计（北京普析通用仪器有限责任公司）；WHG-103A 氢化物发生器（北京瀚时制作所）。ETHOS UP 微波消解仪（Milestone 公司）。

1000μg/mL Pb、Cd、As、Hg、Cu 单元素标准液（国家有色金属及电子材料分析测试中心）。Pb、Cd、As、Hg 标准储备液的制备：分别准确移取 1000μg/mL Pb、Cd、As、Hg 各元素的单元素标准液，用 2%硝酸溶液逐级稀释制成浓度为 1μg/mL 的溶液。铜标准储备液：准确移取 1000μg/mL Cu 单元素标准溶液，用 2%的硝酸溶液逐级稀释制成 10μg/mL 的溶液，在 0～5℃储存。

硼氢化钠，硫酸，硝酸均为优级纯。氢氧化钠、高锰酸钾、盐酸羟胺均为分析纯。

样品由西安世纪盛康药业有限公司提供。实验用水是纯净水。

（3）样品制备　准确移取 1mL 肾康注射液，置于消解罐内，加 4mL 硝酸进行消解。消解彻底后，电热板上赶酸至 1～3mL，放冷，转入 25mL 容量瓶中，用水稀释并定容。用于 Pb、Cd、As、Cu 元素测定。同法制备样品空白溶液。

准确移取 1mL 肾康注射液，置消解罐内，加硝酸 4mL，进行消解。消解彻底后，电热板上赶酸至 1～3mL，放冷，加入 2mL 20%硫酸溶液、0.5mL 5%高锰酸钾溶液，摇匀，再加入 5%盐酸羟胺溶液至紫红色刚好消失，转移至 10mL 容量瓶中，用水稀释并定容。用于 Hg 元素测定。同法制备 Hg 元素样品空白溶液。

（4）测定条件　石墨炉原子吸收法测定 Pb 和 Cd：分析线是 Pb 283.3nm 和 Cd 228.5nm。光谱通带 0.4nm。灯电流 30mA。进样量 20μL。干燥温度 110℃，持续时间 10s。灰化温度分别是 650℃和 700℃，持续时间 10s。原子化温度分别是 1800℃和 1700℃，持续时间 3s。净化温度分别是 1900℃和 1800℃，持续时间 1s。氘灯校正背景。

氢化物法测定 As：分析线是 As 193.7nm，负高压 270V。原子化器高度 8nm，灯电流 60mA，氩载气流量是 400mL/min，屏蔽气流量是 900mL/min。载流液是 1%盐酸溶液。还原剂是 1%硼氢化钠和 0.3%氢氧化钠溶液。

冷蒸气吸收法测定 Hg：分析线是 Hg 253.6nm。负高压 300V。灯电流 20mA。原子化器高度 8nm。氮载气流量是 400mL/min，屏蔽气流量是 900mL/min。载流液是 1%盐酸溶液。还原剂是 0.5%硼氢化钠的 0.1%氢氧化钠溶液。

空气-乙炔火焰原子吸收法测定 Cu：分析线是 Cu 348.8nm。光谱带宽 0.4nm。负高压 306.5V。灯电流 3mA。燃烧器高度 7mm，乙炔流量 1400mL/min。

（5）方法评价　测定 Pb、Cd、As、Hg、Cu，检测限（μg/mL）分别为 0.011、0.050、0.027、0.0062、0.25，定量限（μg/mL）分别为 0.037、0.167、0.091、0.021、0.83。RSD 值＜5%，加标回收率分别为 87.34%、89.98%、107.64%、105.98%、103.84%。校正曲线上限（ng）分别是 40、10、40、20、800，线性相关系数是0.9962～0.9998。

16.4.3.4　石墨炉原子吸收光谱法测定香砂胃灵散中 10 种金属元素的含量[16]

（1）方法提要　采用湿法消解样品，石墨炉原子吸收光谱法测定香砂胃灵散中 10 种金属元素。

（2）仪器与试剂　AA-7020 原子吸收分光光度计（北京东西分析仪器有限公司）。SZ-97 自动三重纯水蒸馏器（上海亚荣生化仪器厂）。

Cu、Pb、Cr、Co、As、Cd、Fe、Mn、Ag、Al 标准储备溶液（国家钢铁材料测试中心）。

高氯酸、硝酸优级纯。香砂胃灵散（中国人民解放军第二一一医院）。

（3）样品制备　准确移取 Cu、Pb、Cr、Co、As、Cd、Fe、Mn、Ag 和 Al 标准储备溶液，分别用 $\varphi=2\%$硝酸溶液进行逐级稀释，配制以上 10 种元素的标准溶液系列。称取 1g

香砂胃灵散，置于凯氏烧瓶中，加10mL硝酸-高氯酸混酸溶液（ψ=4∶1），浸泡过夜。置于电热板上于260℃加热消解，保持微沸，若变棕黑色，再补加适量硝酸-高氯酸混酸，持续加热直至产生的棕色烟转为白色烟，最终消解溶液颜色为澄明无色或略带黄色。继续加热至干，得白色结晶。冷却，用ψ=2% HNO_3溶液溶解，转入25mL容量瓶中，洗涤容器，合并洗涤液于容量瓶中，用ψ=2% HNO_3溶液定容。同法制得样品空白溶液。

（4）测定条件　进样量为10μL。石墨炉原子吸收光谱法测定条件见表16-7。

表16-7　石墨炉原子吸收光谱法测定香砂胃灵散中10种元素的工作条件

元素	分析线/nm	光谱通带/nm	灯电流/mA	升温程序		
				干燥温度/时间/(℃/s)	灰化温度/时间/(℃/s)	原子化温度/时间/(℃/s)
Cu	324.7	0.2	3	120/15	500/8	2600/4
Pb	283.3	0.2	3	120/20	600/10	2200/5
Cr	357.9	0.2	3	120/10	500/8	2700/3
Co	240.7	0.4	3	120/25	500/8	2600/3
As	193.7	0.2	8	120/20	800/10	2600/5
Cd	228.8	0.2	3	120/15	250/8	1800/3
Fe	228.8	0.2	3	120/20	500/6	2500/5
Mn	228.8	0.2	3	120/20	400/10	2600/4
Ag	328.1	0.4	3	120/15	300/8	2400/4
Al	309.3	0.2	3	120/20	400/10	2700/5

（5）方法评价　测定Cu、Pb、Cr、Co、As、Cd、Fe、Mn、Ag、Al，RSD（n=6）为0.4%～1.5%，平均回收率分别为99.8%、98.9%、99.0%、99.8%、99.0%、100.1%、99.7%、99.3%和101.7%（原文献缺As的数据）。校正曲线动态线性范围上限（μg/L）分别是50.0、50.0、100.0、25.0、100.0、30.0、300.0、100.0、16.0、250.0，线性相关系数是0.9990～0.9996。该方法用于对香砂胃灵散中多种金属元素的质量控制。

16.4.3.5　雄黄及制剂中砷含量测定与形态分析[17]

（1）方法提要　样品经微波消解后，采用原子荧光光谱法测定样品中总砷含量。可溶性砷经模拟人工胃液振荡提取、甲醇-水（1∶1）超声提取后，原子荧光光谱法测定样品中可溶性砷含量。用高效液相色谱-原子荧光联用法分析样品中砷各种形态的含量。

（2）仪器与试剂　AFS-933原子荧光光度计（北京吉天仪器有限公司），配SAP-20形态分析预处理装置。Agilent 1260型高效液相色谱仪，配Agilent G4212B紫外检测器和OpenLAB CDS版本色谱工作站（美国安捷伦科技公司）。MARS6微波消解仪（CEM公司）。Milli-Q超纯水机（美国密理博公司）。KQ-300DE型数控超声波仪（昆山市超声仪器有限公司）。ST16R高速冷冻离心机（Thermo公司）。EFAA-DC24-RT氮吹仪（上海安谱实验科技股份有限公司）。

10%硫脲-10%抗坏血酸：称取10g硫脲，加入80mL水，加热溶解，冷却后加入10g抗坏血酸，稀释至100mL，现配现用。15mmol磷酸二氢铵：称取1.7g磷酸二氢铵，用水溶解并定容至1000mL，用氨水调节pH至6.0。

100μg/mL 砷标准溶液、(75.7±1.2)μg/g 亚砷酸盐标准溶液、(17.5±0.4)μg/g 砷酸盐标准溶液、(25.1±0.8)μg/g 一甲基胂标准溶液、(52.9±1.8)μg/g 二甲基胂标准溶液（中国计量科学研究院）。

硫脲、抗坏血酸、氨水、硼氢化钾、磷酸二氢铵、氢氧化钾均为分析纯。盐酸、高氯酸为优级纯。甲醇为色谱纯。实验用水为超纯水（电阻率 18.2MΩ · cm）。

(3) 样品制备　移取适量砷标准溶液，加入 1mL 10%硫脲-10%抗坏血酸溶液，用 5%盐酸溶液稀释至刻度，配制成 10μg/L 砷溶液。

准确称量 0.2g 含雄黄复方制剂或 0.05g 雄黄粉，置于 50mL 具塞塑料离心管中，精密加入 10mL 人工胃液，摇匀，置于恒温振荡器上 37℃振荡 4h，冷却至室温。置于高速离心机中以 10000r/min 离心 10min，取上层清液，用水稀释至含砷约 6μg/L。

(4) 测定条件　高效液相色谱-原子荧光条件：色谱柱是 NW Sep AX HPLC Column (250mm×4.0mm，10μm)，保护柱是 CNW Sep Ax Guard Cartridge Kit (5.0mm×4.0mm，10μm)。柱温 30℃。流动相是 15mmol/L 磷酸二氢铵，流速 1mL/min。氢化物发生载流液是 7%盐酸，还原剂是 2%硼氢化钾-0.35%氢氧化钾溶液。蠕动泵转速 65r/min。光电倍增管负高压 295V，砷灯电流 100mA。屏蔽气流量 600mL/min，载气流量 300mL/min。读数模式峰面积积分。光电倍增管负高压是 270V。原子化器高度 8mm。砷空心阴极灯电流 60mA。氩载气流量是 400mL/min，屏蔽气流量是 800mL/min。读数方式峰面积。氢化物发生载流液是 5%盐酸。还原剂是 2%硼氢化钾-0.5%氢氧化钾溶液。

(5) 方法评价　测定总砷，RSD 为 2.2%，加标回收率为 94.0%，校正曲线动态线性范围上限是 10μg/L，线性相关系数是 0.9996。测定可溶性砷，RSD 是 1.9%～7.7%，加标回收率 96.4%。液相色谱-原子荧光联用法线性动态范围上限为 100μg/L，线性相关系数为 0.9974～0.9994。甲醇超声提取方法各种价态砷的回收率是 84.9%～101.2%，RSD 是 2.5%～8.2%；人工胃液振荡提取方法各种价态砷的回收率是 83.2%～93.8%，RSD 是 2.3%～7.2%。雄黄及其复方制剂中可溶性总砷含量仅占样品总砷含量的 0.26%～1.05%，所有样品中检测出来的砷形态只有 As(Ⅲ) 和 As (Ⅴ)。联合运用原子荧光光谱法、液相色谱-原子荧光联用法可测定雄黄及其复方制剂中总砷、可溶性砷及砷各形态含量。

16.5 化学合成药分析

化学药物是经过化学合成或者从天然矿物、动植物中提取的有效成分而制得的药物。从 19 世纪末化学合成药物用于临床以来，经过 100 来年迅速而全面的发展，取得了辉煌的成就。现在已合成出成千上万种药物在临床上用来预防、诊断和治疗各种疾病。这些已发现的化学药物中，有机化合物占首位，微量元素仅占极小部分，但已显示出强大的生命力和发展前途。当今的一系列重要发现，揭示了作为生物无机化学研究的中心课题的金属络合物与医药学之间的密切的关系。研究表明，许多金属络合物本身就是有效的治疗药物。例如，汞盐、锌盐用于体外抗菌药物，水杨酸铋用于抗霉菌，果酸铋用于治疗胃溃疡，铁盐和钴盐用于抗贫血等，均收到了良好的效果。

20 世纪 60 年代中期，美国芝加哥大学的罗森伯格发现顺铂有强烈抑制细胞分裂的能力，对肿瘤有较高的治愈率，并在临床上用于治疗膀胱癌、子宫癌等生殖泌尿系统以及头颈部的癌症，治愈率很高，打破了有机化合物作为抗癌药物一统天下的局面，开辟了新的药物研究领域。于是人们纷纷对顺铂的结构、抗癌机制进行研究，合成出一系列具有抗癌活性的铂系络合物。除铂系络合物外，人们还开展了其他金属络合物抗癌活性的研究工作，发现了钌、铑、锡、金、锗、钇等金属络合物都有不同程度的抗癌活性。此外，微量元素在抗炎、抗病毒等方面也已开始了临床应用。如：铁、钌的络合物作为抗病毒药物；金与含硫试剂形成络合物、铜的水杨酸络合物用于治疗风湿性关节炎；锂治疗狂躁型精神病；稀土磺胺药作消炎剂等。

16.5.1　化学合成药的质量要求

药品的质量直接关系到人的健康，所以，针对药品的安全性、有效性和质量可控性设置相适宜的各种检查项目和限量指标，并对检查和测定的方法等作出明确的规定，这种技术性规定就是药品标准。国家药品标准是保证药品质量的法定依据。现行版《中华人民共和国药典》(2020 年版）收载了国家药品标准。药品的质量标准对其外观形状、鉴别方法、检查项目和含量限度都等作了明确的规定，并对影响其稳定性的贮藏条件作了明确的要求。能够判断真伪、控制纯度和确定品质限度，以保障其临床使用的安全和有效。疾病的种类繁多，人类用于治疗疾病的药品种类也复杂、品种各异。药品研究的开发成本很高、有些药品的需求量却有限，从而导致其成本偏高。由于药品是用于防止疾病、维护人们健康的商品，具有社会公共福利性质，所以，不允许定价太高。只有对药品的研制、生产、经营和使用的各个环节进行全面的动态的分析研究、监测控制和质量保障，才能实现药品使用的安全、有效和合理的目的。

16.5.2　化学合成药分析的样品处理方式

在药物定量分析之前，需根据分析方法的特点、原料药的结构与性质或者制剂的处方组成，采用不同的方法对试样进行前处理，以满足所选用的分析方法对样品的要求。多数具有结构特征或取代基的化学原料药可不经特殊处理，使用适当的溶剂溶解后，直接采用容量分析法、光度法或色谱法测定。在药物的杂质检查中，有些杂质在药物中的存在状态导致无法直接进行检查，还有些杂质受药物结构的影响也无法直接进行检查，因此需要根据杂质的理化性质、存在特点及检查方法的特点采用一些特殊的处理方法。

16.5.3　化学合成药分析的应用实例

16.5.3.1　电感耦合等离子体原子发射光谱法测定溴芬酸钠中硼含量[18]

(1) 方法提要　用电感耦合等离子体原子发射光谱法测定溴芬酸钠中硼含量。

(2) 仪器与试剂　Optima 7000 DV 型电感耦合等离子体原子发射光谱仪（美国珀金埃尔默公司）。

1000μg/mL 硼标准溶液（上海安谱实验科技股份有限公司）。

溴芬酸钠（自制）。氨水优级纯。氩气纯度 99.999%。实验用水为超纯水。

(3) 样品制备　准确移取 1mL 硼标准溶液，置入 10mL 容量瓶，用 0.2%氨水溶液稀释至刻度，制备 100μg/mL 硼标准储备液。准确移取硼标准储备液 0.01mL、0.05mL、0.1mL、0.5mL、1.0mL、2.0mL，分别置于 100mL 容量瓶内，用 0.2%氨水溶液稀释至刻度，作为标准溶液系列，浓度（μg/mL）分别为 0.01、0.05、0.1、0.5、1.0、2.0。用于制作校正曲线。

准确称取 0.2g 样品置于 10mL 容量瓶，用 0.2%氨水溶液溶解并稀释至刻度，用于样品测定。0.2%氨水溶液作为空白对照溶液。

（4）测定条件　分析线 B 249.772nm。射频发生器功率 1300W。等离子体流量 15.0L/min，辅助气流量 0.2L/min，雾化气流量 0.8L/min。蠕动泵流速 1.5mL/min。试样冲洗时间 30s。等离子光源稳定延迟时间 15s。

（5）方法评价　测定的硼检出限为 0.002μg/mL，定量限是 0.007μg/mL。RSD 是 1.95%，平均回收率是 105.35%。校正曲线动态线性范围上限是 2.00μg/mL，线性相关系数是 0.9998。

16.5.3.2 电感耦合等离子体原子发射光谱法测定碘海醇原料药中铜、铁、铝含量[19]

（1）方法提要　电感耦合等离子体原子发射光谱（ICP-OES）法测定碘海醇原料药中 Cu、Fe、Al 含量。

（2）仪器与试剂　iCAP 7400 型电感耦合等离子体原子发射光谱仪（美国热电公司）；Milli-Q 型超纯水系统（美国密理博公司）。

1000μg/mL 铜、铁、铝标准溶液（中国计量科学研究院）。1000μg/mL 钪标准溶液（国家有色金属及电子材料分析测试中心）。

优级纯浓硝酸（德国默克化学股份有限公司）。碘海醇原料药（扬子江药业集团）。

（3）样品制备　准确称量 3.0g 批号为 2926308、12926302、12926317 的碘海醇原料药，置于 100mL 容量瓶中，精密加入 1mL 钪标准溶液（1000μg/mL），加水溶解并稀释至刻度，摇匀。

（4）测定条件　分析线是 Cu 324.75nm，Fe 238.20nm，Al 396.15nm。等离子体发生器功率 1150W。冷却气流量 12L/min，辅助气流量 0.5L/min，雾化气流量 0.5L/min。蠕动泵转速 50r/min。垂直观测模式。重复次数 3 次。

（5）方法评价　测定 Cu、Fe、Al，检出限分别是 1.84ng/mL、1.28ng/mL 和 17.23ng/mL，定量限分别是 6.15ng/mL、4.28ng/mL 和 57.44ng/mL，RSD 分别为 2.2%，0.62% 和 0.86%，平均加标回收率分别为 98.25%、99.34% 和 97.62%。校正曲线动态线性范围是 0.25～2.0μg/mL，线性相关系数＞0.9997。

16.5.3.3 电感耦合等离子体原子发射光谱法同时测定铝碳酸镁混悬液中铝、镁的含量[20]

（1）方法提要　微波消解铝碳酸镁混悬液，采用电感耦合等离子体原子发射光谱法同时测定铝碳酸镁混悬液中 Al、Mg 含量。

（2）仪器与试剂　iCAP 7400 电感耦合等离子体原子发射光谱仪（美国赛默飞世尔科技公司）。MARS 微波消解仪（美国 CEM 公司）。超纯水系统（南京汉隆实验器材有限公司）。

1000μg/mL 铝单元素标准溶液（国家有色金属及电子材料分析测试中心）。1000μg/mL 镁单元素标准溶液（中国计量科学研究院）。

100mg/mL 铝碳酸镁混悬液（广西南宁百会药业集团有限公司）。硝酸（德国默克化学股份有限公司）。实验用水为超纯水。

（3）样品制备　准确移取 5mL Al、Mg 单元素标准溶液，置于 50mL 容量瓶中，用 2% 的硝酸稀释至刻度，制备 100μg/mL Al、Mg 元素储备溶液。准确移取适量 Al、Mg 元素储备溶液，逐步稀释成含 Al、Mg 元素浓度（μg/mL）为 0.5、1、2、4、8、10 的标准溶液系列。

移取铝碳酸镁混悬液，摇匀，准确移取 2mL，置于耐高温高压的微波消解罐中，在电热板上 85℃加热挥去乙醇，加 5mL 硝酸，混匀，盖上内盖，旋紧外盖，置于微波消解仪中进行密闭消解。待消解完全后，冷却，打开消解罐，置于电热板上 120℃缓缓加热至硝酸挥尽，用少量水洗涤消解罐 3～4 次，洗涤液合并于 100mL 容量瓶中，用水定容至刻度。准确量取 2mL 置于 200mL 容量瓶中，用水稀释至刻度，用作样品溶液。

不加铝碳酸镁混悬液，用制备样品溶液同样方法制备空白溶液。

（4）测定条件　微波消解仪消解功率为 800W。10min 升温至 120℃，保持 5min；再用 5min 升温至 140℃，保持 5min；然后用 5min 升温至 160℃，保持 20min。测定时分析线 Al 394.401nm、Mg 285.213nm。射频等离子体功率 1150W。辅助气流量 0.5L/min，载气流量 0.5L/min。蠕动泵转速 50r/min。径向观测模式。重复次数 3 次。

（5）方法评价　测定铝和镁，检出限分别为 61ng/mL 和 3.0ng/mL，定量限分别为 0.20μg/mL 和 0.01μg/mL，RSD 分别为 0.62%和 0.51%，加标回收率是 97.9%～98.9%。校正曲线动态线性范围均为 0.5～10μg/mL，线性相关系数 $r>0.9998$。该方法准确、快捷。

16.5.3.4　火焰原子吸收光谱法测定炎琥宁中钾和钠的含量[21]

（1）方法提要　用硝酸微波辅助消解样品，火焰原子吸收光谱法测定样品中钾和钠的含量。

（2）仪器与试剂　novAA-400 型原子吸收分光光谱仪（德国耶拿分析仪器股份公司）。微波消解仪（上海屹尧仪器分析有限公司）。

1000μg/mL 钾、钠单元素标准液（国家标准物质研究中心）。

炎琥宁（福建省闽东力捷迅药业有限公司）。硝酸为优级纯，实验用水为超纯水。

（3）样品制备　用 1000μg/mL 钾标准溶液加水稀释得到 100μg/mL 钾储备溶液。各取 0.5mL、0.75mL、1.0mL、1.5mL、2.0mL 钾储备溶液置于 100mL 容量瓶中，加水稀释成浓度（μg/mL）0.5、0.75、1.0、1.5、2.0 的钾标准溶液系列。用 1000μg/mL 钠标准溶液加水稀释得到 100μg/mL 钠标准储备溶液。各取 0.2mL、0.3mL、0.4mL、0.5mL、0.6mL 钠标准储备溶液置 100mL 容量瓶中，加水稀释成浓度（μg/mL）0.2、0.3、0.4、0.5、0.6 的钠标准溶液系列。

取 0.15g 样品，置于聚四氟乙烯消解罐内，加硝酸 5mL，盖上内盖，旋紧外套，放入微波消解炉内进行消解。消解完全后，转移至 100mL 容量瓶中，加水稀释至刻度，用作样品溶液。准确移取 1mL 样品溶液置于 100mL 容量瓶中，加水稀释至刻度，测定钾和钠。同时配空白样品。

（4）测定条件　分析线是 K 766.5nm 和 Na 289.0nm。光谱通带均是 0.5nm。灯电流均是 4.0mA。乙炔燃气流量是 60L/h，空气助燃气流量是 487L/h。燃烧器高度是 6mm。

微波消解仪的工作条件见表 16-8。

表 16-8　炎琥宁中钾和钠测定的微波消解仪的工作条件设置

步骤	n/次	温度/℃	压力/atm	保持时间/s
1	3	120	30.0	60
2	3	160	40.0	60
3	3	200	45.0	300

（5）方法评价　测定 K 和 Na，检出限（$s/N=3$，$n=11$）分别是 0.01μg/mL 和 0.003μg/mL，RSD（$n=6$）分别是 1.6%和 2.1%，平均回收率分别是 100.8%和 101.1%，校正曲线动态线性范围分别是在 0.5～2.0μg/mL 和 0.2～0.6μg/mL，线性相关系数分别是

0.9996 和 0.9997。该方法操作简单、快速，可用于炎琥宁中钾和钠的测定与产品质量控制。

16.5.3.5 原子吸收光谱法测定化学原料药中的钌[22]

（1）方法提要　用石墨炉原子吸收光谱法测定原料药醋酸艾司利卡西平中的催化剂钌的残留量。

（2）仪器与试剂　PinAAcle 900T 石墨炉原子吸收光谱仪（美国珀金埃尔默公司）。DigiBlock EHD 36 电热消解仪（北京莱伯泰科仪器股份有限公司）。

1000mg/L 钌标准溶液（国家钢铁材料测试中心）。

乙酸分析纯，含量≥99.5%（国药集团化学试剂有限公司）。醋酸艾司利卡西平。

（3）样品制备　称取 0.5g 左右醋酸艾司利卡西平样品于消解管中，加乙酸溶解，定容至 10mL。在消解管中加入乙酸至 10mL 作为空白溶液。

（4）测定条件　测定钌的仪器工作参数列于表 16-9。

表 16-9　原料药中钌测定的原子吸收工作参数

参数	指标	参数	指标
分析线/nm	Ru 349.89	原子化器	石墨炉
光谱通带/nm	0.2	保护气	Ar
灯电流/mA	10.0	定量方式	标准曲线法
最高灰化温度/℃	2500	光源	钌空心阴极灯
进样体积/μL	20	测定次数	3

（5）方法评价　测定钌的检出限为 0.0204mg/kg，定量限为 0.0616mg/kg。RSD 为 0.37%，回收率为 84%～92%。校正曲线动态线性范围上限是 100.0μg/L，线性相关系数>0.9980。

16.5.3.6 石墨炉原子吸收光谱法测定酒石酸唑吡坦原料药中的痕量钯[23]

（1）方法提要　用石墨炉原子吸收光谱法测定酒石酸唑吡坦原料药中痕量钯。

（2）仪器与试剂　A3 原子吸收分光光度计（北京普析通用仪器有限公司）。SK 250 LH 型超声波清洗器（上海科导超声仪器有限公司）。

1000mg/L 钯标准溶液（国家有色金属及电子材料分析测试中心）。

酒石酸唑吡坦原料药（湖南千金湘江药业股份有限公司）。

盐酸、硝酸、硫酸均为分析纯。氩气纯度 99.999%（株洲钻石气体有限公司）。实验用水为去离子纯化水。

（3）样品制备　用 1%盐酸溶液逐级稀释 1000mg/L 钯标准溶液，制备浓度（ng/mL）分别为 20、40、60、80、100 的标准溶液系列。以 1%盐酸溶液作为空白溶液。

准确称取 1.0g 酒石酸唑吡坦原料药样品，置于 25mL 容量瓶中，加入约 15mL 1%盐酸溶液，超声（功率：250W，频率：53kHz）溶解，待样品全部溶解后，用 1%盐酸溶液定容，用作样品溶液。

（4）测定条件　采用横向平台石墨管，塞曼效应扣背景，峰高测量模式。进样量为 20μL。其他仪器工作参数列于表 16-10。

（5）方法评价　钯的检出限为 1.48ng/mL。RSD<2.0%。加标回收率为 97.78%～103.07%。校正曲线动态线性范围上限是 100ng/mL，线性相关系数为 0.9990。

表 16-10　酒石酸唑吡坦原料药中的痕量钯测定仪器工作参数

参数	指标	参数	指标
分析线/nm	Pd 244.79	干燥温度和时间/(℃/s)	100/15
光谱通带/nm	0.2	灰化温度和时间/(℃/s)	800/10
滤波系数	0.1	原子化温度和时间/(℃/s)	2300/4
灯电流/mA	6	净化温度和时间/(℃/s)	2600/2

16.5.3.7　浊点萃取-石墨炉原子吸收光谱法测定银杏达莫注射液中痕量铅[24]

(1) 方法提要　选用双硫腙为螯合剂，Triton X-114 为萃取剂，1%磷酸二氢铵为化学改进剂，浊点萃取-石墨炉原子吸收光谱法测定银杏达莫注射液中痕量铅。

(2) 仪器与试剂　AA-6800 原子吸收分光光度计（日本岛津公司）。Z323 离心机（德国 HERMLE 公司）。

1.000g/L 铅标准储备溶液由高纯铅按照常规方法配制。使用时标准工作溶液用 2%硝酸逐步稀释铅标准储备液得到。

1×10^{-3}mol/L 双硫腙的丙酮溶液。20g/L Triton X-114 水溶液。pH 6.0 的醋酸-醋酸钠缓冲溶液。

试剂均为分析纯，实验用水为二次蒸馏水。

(3) 样品制备　移取 2mL 样品溶液或铅标准溶液于 10mL 离心管中，依次加入 0.4mL 1×10^{-3}mol/L 双硫腙溶液、0.7mL 20g/L 的 Triton X-114 溶液、1mL pH 6.0 缓冲溶液，用二次蒸馏水稀释定容至 10mL。置于 50℃恒温水浴锅中，加热 15min 后，以 3000r/min 离心 5min 分相。分相后的溶液在冰浴中冷却至接近 0℃，使表面活性剂相变成黏滞的液相，然后倾去水相。表面活性剂相用 0.5mL 的 0.1mol/L HNO_3-C_2H_5OH 溶液溶解。

(4) 测定条件　分析线是 Pb 283.3nm。光谱通带 1.0nm。灯电流为 10mA。进样量 20μL。石墨炉升温程序见表 16-11。

表 16-11　银杏达莫注射液中痕量铅测定的石墨炉升温程序

程序	温度/℃	保持时间/s	类型
干燥	100	30	斜坡升温
干燥	250	10	斜坡升温
干燥	800	10	斜坡升温
灰化	800	15	阶梯升温
灰化	800	3	阶梯升温
原子化	2000	4	阶梯升温
净化	2400	4	阶梯升温

(5) 方法评价　测定铅的检出限为 0.00875ng/mL。加标回收率为 98.6%～102.3%。校正曲线动态线性范围为 0.1～30ng/mL，线性相关系数 r^2 为 0.9993。该方法操作简单，绿色环保。

16.5.3.8　高分辨连续光源石墨炉原子吸收法同时测定多种矿物质复合维生素补充剂中的铁和镍污染物[25]

(1) 方法提要　直接固体进样，应用高分辨连续光源石墨炉原子吸收光谱法（HR-CS

GFAAS）同时测定含多种微量元素和复合维生素补充剂中的一般杂质铁和镍。

（2）仪器与试剂　SSA 600 固体进样器＋ContrAA 700 高分辨连续光源石墨炉原子吸收光谱仪（德国耶拿分析仪器股份公司）。

1000mg/L Fe 和 Ni 的单元素标准溶液（巴西圣保罗 Quimlab 公司）。含 100mg/L Fe 和 1mg/L Ni 的混合工作溶液由单元素标准溶液配制［10mL 混合工作溶液，加入 50μL 65%（ψ）的重蒸硝酸酸化］。日常使用的校正溶液用纯净水将混合工作溶液逐级稀释制得。

实验用水是用 Milli-Q 系统制得的超纯水，电阻率为 18.2MΩ·cm。

（3）样品制备　胶囊固体样品需经研磨、充分混合均匀，可无需其他处理直接固体进样测定。为了验证分析结果的可靠性，称取约 0.5g 样品，加 3mL 65%（φ）HNO_3 和 1.5mL 30%（φ）H_2O_2，于 100℃左右加热约 24h，对样品进行湿法消解，所得溶液经过滤并用超纯水稀释至 20mL。用 HR-CS GFAAS 进行分析。

（4）测定条件　分析线是 Fe 352.604nm 和 Ni 352.454nm，光谱通带宽 0.2nm。进样量 20μL。石墨炉升温程序见表 16-12。

表 16-12　HR-CS GFAAS 测定 Fe 和 Ni 的石墨炉升温程序

程序	温度/℃	斜坡升温/(℃/s)	保持时间/s
干燥	120	5	10
热解	1000	150	10
自动调零	1000	0	10
原子化	2700	1200	10
净化	2720	500	4

（5）方法评价　测定 Fe 和 Ni，检出限分别为 0.517μg/g 和 0.011μg/g，定量限分别为 1.553μg/g 和 0.034μg/g。RSD 分别是 4.3%～17.0%和 4.4%～20.0%。加标回收率分别为 94.0%～105.0%和 107.0%～111.0%。校正曲线动态线性范围分别为 10～85ng 和0.1～0.85ng，线性相关系数 r^2 分别为 0.9980 和 0.9950。方法快速，铁和镍的同时测定可在几分钟内完成，样品用量少，不需添加额外的其他化学试剂，该方法比传统方法操作简单。固体直接进样与酸消解进样的测定结果的统计比较证实了本方法的测定结果准确可靠。

16.5.3.9　原子吸收光谱法测定果糖二磷酸钠制剂中的铝[26]

（1）方法提要　采用硝酸镁为化学改进剂，塞曼效应校正背景，石墨炉原子吸收光谱法测定果糖二磷酸钠（FDP）注射液中的铝含量。

（2）仪器与试剂　SOLAAR M6 型原子吸收分光光度计（美国热电公司）。

1000μg/mL 铝标准溶液（国家钢铁材料测试中心），介质为 10% HCl。

实验样品是来源于全国 5 家企业 55 批 FDP 注射液。

实验用水是高纯水。

（3）样品制备　用 0.065%硝酸溶液稀释适量铝标准溶液，得到 40ng/mL 铝标准储备溶液。仪器自动稀释标准储备溶液得到铝浓度（ng/mL）5、10、15、20、30 的标准溶液系列。准确移取适量的 FDP 注射液，加超纯水稀释制成含 100mg/mL FDP 的样品溶液，再用 0.065%硝酸溶液稀释成合适浓度的溶液进行测定。

（4）测定条件　分析线 Al 309.3nm。光谱通带 0.5nm。灯电流是最大灯电流的 80%。

塞曼效应校正背景，标准加入法定量。重复次数 3 次。进样量 8μL，其中含 2μL 4.4mg/mL 硝酸镁溶液。石墨炉升温程序见表 16-13。

表 16-13　FDP 注射液中铝测定的石墨炉升温程序

阶段	温度/℃	保持时间/s	斜坡升温速度/(℃/s)	Ar 气流量/(mL/min)
预热	90	10	10	200
干燥	120	40	10	200
灰化	1450	10	150	200
原子化	2300	3	0	0
净化	2700	4	0	200

（5）方法评价　测定 Al 的检出限是 0.46ng/mL，定量限是 1.55ng/mL。RSD（$n=9$）是 6.7%，加标回收率是 100.1%。校正曲线动态线性范围是 5～30ng/mL，线性相关系数是 0.9985。

16.5.3.10　原子荧光法测定药用碳酸钙中的汞和砷[27]

（1）方法提要　按照《中国药典》（2015 年版）的方法对碳酸钙进行前处理后，用原子荧光法测定其中的汞和砷的含量。

（2）仪器与试剂　AFS-3100 双道原子荧光光度计（北京科创海光仪器有限公司）。ICE3500 原子吸收光谱仪（美国赛默飞世尔科技公司）。Milli-Q Advantage A10 超纯水机（法国默克密里博公司）。

1000mg/L Hg 和 As 标准储备溶液（标准物质研究中心）。

5g/L 硼氢化钾溶液：称取硼氢化钾 1g，加入 0.2g 氢氧化钠，用 200mL 去离子水溶解，装入聚乙烯塑料瓶中保存。

硼氢化钾优纯级（天津科密欧化学试剂有限公司）。实验用水是电阻率为 18.3MΩ·cm 的超纯水。

（3）样品制备　准确称取 1.0g 样品，平行 4 份，分置于 50mL 容量瓶中，各加入 30mL 8%盐酸溶液溶解后，1 份加 0.5mL 5%高锰酸钾溶液，摇匀，滴加 5%盐酸羟铵溶液至紫色恰消失，用水稀释至刻度，用于测定 Hg。另 3 份分别加入 2mL、4mL、6mL 50ng/mL Hg 标准溶液，用作 Hg 加标回收实验样品溶液。

准确称取 0.5g 样品，平行 4 份，分置 50mL 量瓶中，各加入 6mL 盐酸，1 份用水稀释至刻度，用于测定 As。另 3 份分别加 2mL、4mL、6mL 50ng/mL As 标准溶液，用水稀释至刻度，用作 As 加标回收实验样品溶液。

（4）测定条件　设定仪器工作条件见表 16-14 和表 16-15。

表 16-14　汞测定的仪器参数设定

参数	设定值	参数	设定值
汞灯电流/mA	35	载气流量/(mL/min)	400
原子化器高度/mm	8	屏蔽气流量/(mL/min)	1000
汞分析线/nm	253.7	空白判别值	10
载流液	5% HCl	还原剂 KBH_4/(g/L)	5

表 16-15 砷测定的仪器参数设定

参数	设定值	参数	设定值
As 灯电流/mA	50	载气流量/(mL/min)	300
原子化器高度/mm	8	屏蔽气流量/(mL/min)	800
砷分析线/nm	193.7	空白判别值	10
载流	5% HCl	还原剂 KBH_4/(g/L)	5

（5）方法评价　测定 Hg 和 As，检出限分别为 0.0064μg/L 和 0.0136μg/L，RSD 分别为 3.2%和 1.9%，加标回收率分别为 96.2%～101.4%和 95.4%～97.8%。校正曲线动态线性范围上限为 10ng/mL，线性相关系数为 0.9995～0.9999。

16.6 生物制品分析

以微生物、细胞、动物或人源组织和体液等为原料，应用传统技术或现代生物技术制成，用于人类疾病的预防、治疗和诊断。人用生物制品包括：细菌类疫苗、病毒类疫苗、抗毒素及抗血清、血液制品、细胞因子、生长因子、酶、体内及体外诊断制品，以及其他生物活性制剂，如毒素、抗原、变态反应原、单克隆抗体、抗原抗体复合物、免疫调节剂及微生态制剂等。

16.6.1 生物制品的有效成分分析的基本要求

生物制品比化学药物具有更高的生化机制合理性和特异治疗有效性，是十分接近于人体的正常生理物质。具有以下特点：①药品活性高，治疗的针对性强；②毒副作用小，但易发生生理副作用；③有效成分含量低，稳定性差。

生物制品需要采用各种有效的分析检验方法，对药品进行严格的分析检验，大致有以下要求：

（1）严格控制质量　极其微量的生物药物（如细胞因子类）就可参与人体内的生化或生理过程的调节，并产生显著的效应。药物理化性质的差异、剂量的偏差、杂质的性质及含量的变化，都可能造成严重危害。因此，生物药物须严格控制质量，不仅需要对其进行理化检验，还需要进行生物活性检验。

（2）考虑分析方法的多样性　生物制品的复杂性决定了单一的分析方法无法确保药物的安全。需要综合运用多个学科的相关理论和技术，对药物的性质、纯度、有关物质、含量都进行严格的分析和控制，才能切实保证药物的安全有效。

（3）考虑检测环节的多样性　除了对药物本身进行检测外，还需要对生产检定用设施设备、原材料及辅料、水、器具、动物等进行检测，以保证生物制品的生产过程符合相关规程。像基因工程类药物，不仅要检验最终产品，还要对基因的来源、菌种、原始细胞库、宿主细胞各个方面都进行质量控制，对培养和纯化等过程都要严格把关。

16.6.2 生物制品分析的样品处理方式

生物制品样品分析技术突飞猛进，由传统的分离分析向不分离分析和计算机解析相结合的方向迈进，这依赖于现代分析仪器及其软件的迅速发展，以及联用技术的广泛应用。原位、活体、实时、在线分析系统也得到了广泛关注，要求生物样品前处理做到简便、快速、高效，确保下一步的检测准确，结果可信。生物样品包括各种体液、组织以及分泌物，一般常用的有血液、尿液及组织液等。生物样品前处理技术主要有蛋白沉淀、液-液萃取、固相萃取、固相微萃取、微透析等，了解每种技术的优缺点、适用范围及与检测仪器联用方面的内容，对研究工作者在处理生物样品方面有一定的借鉴作用。

(1) 蛋白沉淀法 常用的方法有盐析、添加有机溶剂、酸或者加热法。蛋白沉淀法特别适用于强极性药物或两性类药物，这些药物难以用有机溶剂从血浆中提取。所使用的有机溶剂如甲醇、乙腈；无机盐如硫酸铵；酸性物如10%三氯醋酸都是最常用的蛋白沉淀剂。当药物水溶性强时，一般使用甲醇和乙腈。当对药物定量回收要求高时，则使用三氯醋酸。通常1体积的血浆加入1.5体积以上的乙腈或加入2体积以上的甲醇时，可以除去98%以上的蛋白质，在达不到理想蛋白沉淀效率时，可考虑使用数种一定比例的混合试剂。但是，结合在血浆蛋白上的药物不一定会游离出来。

(2) 液-液萃取法（LLE） 一般用于提取亲脂性成分，而一般生物样品（血浆、尿液等）含有的大多数内源性杂质是强极性的水溶性物质，因而用有机溶剂提取一次即可从样品中提取大部分药物。一般根据被测组分的极性来选择有机溶剂，被测组分极性较小时，应选择极性相对较弱的溶剂，如正己烷等；被测组分极性较强时，选用二氯甲烷、丙酮等，目前常用的溶剂还有乙酸乙酯、石油醚等。液相微萃取（LPME）是在LLE基础上发展起来的，可以达到相同的灵敏度，同时所需溶剂更少，特别适合于生物样品中痕量、超痕量药物的测定。

(3) 固相萃取（SPE） 适合多种生物样品中被测定组分的富集，是目前常用的前处理方法之一。SPE可直接用于大多数液体生物样品的前处理（如血浆、尿等），另外固体、半固体样品（肝脏、脑等）经过处理后（可将固体、半固体匀浆，先进行液-液萃取，然后将萃取溶剂直接进固相小柱），也可使用SPE进行分离、富集。SPE也常与气相色谱（GC）和高效液相色谱（HPLC）等分析仪器联用。

(4) 新型固相萃取技术 涡流色谱技术（turbulent flow chromatography，TFC）是利用大粒径填料使流动相在高流速下产生涡流状态，从而对生物样品进行净化与富集。现已出现多种商品化的涡流色谱柱，满足生物样品中不同极性化合物的要求。涡流色谱可与HPLC、质谱(MS) 在线联用，对复杂生物样品直接进样测定，该技术已在生物样品分析中广泛应用。然而，污染物残留、柱寿命短则是其主要缺点。微粒填料薄膜是近年来发展的高效、快速固相萃取新技术。它是由各种不同固定相填料微粒填充于薄膜介质中构成的，具有提取效率高及所需洗脱溶剂、填料少等优点，可用于尿液、血浆等生物样品的前处理。此外，新型固相萃取还有基质分散固相萃取、分子印迹固相萃取、磁力搅拌棒吸附萃取等技术。

(5) 微透析（microdialysis，MD） MD主要用于药动学和药效学研究，可在线连续监测体内体液浓度变化以及靶部位体液浓度变化。但是，由于半透膜技术发展的限制，现在MD技术主要用于采集生物样品中的亲水性小分子物质。微透析在基本上不干扰体内正常生命过程的情况下进行在体、实时和在线取样，特别适用于研究生命过程的动态变化，另外，样品的采集与分析过程既可离线，也可在线检测。但是，该技术也存在一定的缺点：缺乏准确易操作的探针回收率校准方法、采集对象的局限性、探针重复使用性较差和成本高。微透析将向以下两个方面发展：①改善膜材料，实现采集对象由水溶性小分子物质向脂溶性大分子物质发展；②由单一成分单一部位采样向多成分多部位同步采样发展。

16.6.3 生物制品分析的应用实例

16.6.3.1 原子吸收光谱法直接测定干血点和干尿点中汞[28]

(1) 方法提要 干基质斑点如干血斑（DBS）和干尿斑（DUS）在临床分析中颇受欢

迎。应用一些新型的微取样装置收集少量已知体积的生物液体，有可能开发出完全定量的分析方法。采用了三种不同的微取样装置收集血样和尿样直接用于原子吸收光谱法测定汞的含量。

(2) 仪器与试剂　汞分析仪 Hydra ⅡC 系统（美国哈德逊 Teledyne Leeman 实验室）。

1000mg/L 的 Hg 标准储备液（德国默克化学股份有限公司）。全血 L-1 和尿液 L-2 等标准样品（挪威 Billingstad）。Hg 标准溶液用 1%（ψ）稀盐酸配制。所用化学试剂为分析纯。

(3) 样品制备　使用三种不同的微采样装置采集和重新制备血斑（DBS）和尿斑（DUS）标样。所有标样在分析前至少在室温下干燥 4h。

(4) 测定条件　汞分析线是 Hg 253.65nm。氧气流量 350mL/min，检测时间 100s。干燥温度 150℃，保持 120s；热解温度 600℃，保持 120s。催化剂温度 600℃，保持 60s；混汞器 600℃保持 30s。

(5) 方法评价　测定 Hg 的检出限是 3.4pg，定量限是 11pg。校正曲线的动态线性范围是 0.05～10pg，线性相关系数 r^2=0.9999。使用这三种微采样装置的检出限相近，是2.5～3.2μg/L，定量限范围是 8.3～11μg/L。

DBS 微采样装置显示出非常有前途的全血汞测定性能，宜于普通家庭使用。使用直接 DBS 固体采样、燃烧、金汞齐和原子吸收光谱技术，可成功实现快速分析。

16.6.3.2　湿法消解-氢化物发生原子荧光光谱测定全血中汞的质量控制[29]

(1) 方法提要　湿法消解样品-氢化物发生原子荧光光谱测定全血中汞含量。

(2) 仪器与试剂　AFS-930 双道原子荧光光度计（北京吉天仪器有限公司），HH-4 数显恒温水浴锅（国华电器有限公司）。

1000.0μg/mL 汞标准储备液（中国计量科学研究院）。100.0μg/L 的标准应用液，用 0.1g/L 重铬酸钾溶液稀释汞标准储备液配成。

还原剂：称取 2.5g 氢氧化钠用去离子水溶解，再加 0.5g 硼氢化钾溶解并用去离子水稀释至 500mL，临用时配制。载流为 5%（ψ）盐酸。

实验用酸为优级纯，氢氧化钠、硼氢化钾为分析纯。实验用水为去离子水。

(3) 分析步骤　用 5mL 肝素钠真空抗凝采血管采集 5mL 静脉血，轻轻摇匀，防止血样凝结。用同批采血管收集 2.0mL 去离子水作为空白对照样。将血样充分摇匀，取 0.2mL 全血于 20mL 具塞试管中，加 1mL 的去离子水稀释，再加 3.0mL 高锰酸钾溶液及 1.0mL 浓硫酸，摇匀。放入 90℃恒温水槽，30min 后取出，回复至室温。滴加盐酸羟胺溶液还原，振摇后使样液澄清透明。放置 20min，用去离子水定容至 10mL。

(4) 测定条件　实验测定条件见表 16-16。

表 16-16　仪器工作参数

项目	仪器工作参数	项目	仪器工作参数
原子化器高度/mm	8	读数时间/s	7
光电倍增管负高压/V	230	延迟时间/s	1.5
灯电流/mA	20	测量方法	统计
载气流量/(mL/min)	400	读数方式	峰面积
屏蔽气流量/(mL/min)	800		

(5) 方法评价　测定全血中汞，检出限是 0.03μg/L，RSD 是 1.5%～3.4%，平均加标

回收率为 98.0%～101.8%。校正曲线动态线性范围上限是 50.0μg/L，线性相关系数为 0.9993～0.9999。

（6）注意事项 实验所用玻璃器皿及塑胶管均用 30%硝酸溶液浸泡 24h，用自来水冲净后再用去离子水淋洗，晾干。

16.6.3.3 用于氢化物发生-原位介质阻挡放电原子荧光光谱法直接进样测定血样中超痕量砷的气液分离器[30]

（1）方法提要 首次将一种新型直接采样氢化物发生系统（DS-HG）应用于介质阻挡放电原子荧光光谱仪（DBD-AFS），该系统由一个放大的气液分离器（GLS）和一个泡沫断路器组成。将血样用 5%（ϕ）HCl 直接稀释后，注入 DS-HG 中紫外消解室，在 5%（ϕ）HCl 以及在 1.5g/L KOH 中的 5g/L KBH_4条件下直接生成 AsH_3。新设计的 DS-HG 能有效地消除血液中蛋白质产生的泡沫。

（2）仪器与试剂 AFS-9130 原子荧光光谱仪（北京吉天仪器有限公司）。气体流量控制器（北京七星华创电子有限公司）。

100μg/mL 砷标准储备溶液（国家标准物质研究中心）。

HNO_3、H_2O_2、HCl、KBH_4和 KOH 均为保证级（北京化学试剂有限公司）。Ar 气纯度 99.999%。实验用水是超纯水（电阻率 18MΩ·cm）。

（3）样品制备 取静脉血样，加入抗凝剂混合均匀后置于 4℃冰箱里保存，或在－80℃下长期保存。取 0.25mL 或更少血样（根据稀释率而定）于 50mL 离心管中，加入 10mL 5%（ϕ）HCl，置于高速组织匀浆器中，搅拌 2min，破碎血液中的细胞，然后取 2mL 稀释后的血样注入 DS-HG 系统发生 AsH_3和进行测量。

（4）测定条件 分析线 As 193.7nm。光电倍增管负电压 270V，灯电流（mA）80/40。Ar 载气流量 500mL/min，保护气流量是 500mL/min（Ar）＋200mL/min（H_2）。泵转速 130r/min。

（5）方法评价 测定 As 的检出限是 7pg，RSD（n＝10）为 4.2%，加标回收率是 97%～102%。校正曲线动态线性范围是 0.05～50ng/mL，线性相关系数 r^2 为 0.9960。用该方法测定血样中砷的含量，与微波消解样品 ICP-MS 测得的结果在 95%置信水平无显著性差异。整个分析过程可控制在 8min 以内。基于气相富集（GPE）原理的 DBD 技术以其灵敏度高、快速、操作简单等优点，在消除实际样品基体干扰方面取得了良好的进展。DS-HG 原位 DBD-AFS 分析法适合于快速测定血样中的痕量砷。

16.6.3.4 原子荧光光谱法测定尿中砷的不确定度评定[31]

（1）方法提要 研究氢化物原子荧光光谱法测定人尿中砷含量的测量不确定度评定。建立相应的数学模型，查找不确定度来源，并对各种分量进行量化处理。

（2）仪器与试剂 PF-33 型三道原子荧光光谱仪（北京普析通用仪器有限责任公司）。Mill-Q 超纯水器（美国密理博公司）。

1000μg/mL 砷元素标准溶液（中国计量科学研究院）。

盐酸、硝酸为优级纯。高氯酸、硫脲、抗坏血酸、硼氢化钾、氢氧化钾为分析纯。试验用水为超纯水。

（3）样品制备 取 5mL 尿样置于锥形烧瓶中，加入 15mL 混合酸，置于电热板上，在较低温度下加热消化至冒白烟、溶液无色透明为止，不得蒸干。冷却后，用纯水定量转移至 25mL 容量瓶中，加纯水至刻度。取出 10mL 置于另一具塞刻度试管中，加入 2.0mL 硫脲-

抗坏血酸溶液，混匀，供测定。

（4）测定条件　设置原子荧光光谱仪的最佳工作条件，对样品进行测定。仪器测定最佳工作条件见表16-17。

表16-17　原子荧光光谱仪测定砷最佳工作条件

项目	仪器参数	项目	仪器参数
负高压/V	270	读数时间/s	15
灯电流/mA	40	延迟时间/s	0.5
原子化器高度/mm	8	读数方式	峰面积
载气流量/(mL/min)	300	测量方法	标准曲线法
屏蔽气流量/(mL/min)	700	注入量/mL	1

（5）方法评价　详细分析了影响样品含量不确定度的来源，主要是标准物质引入的不确定度，其次是取样及样品前处理引入的不确定度及加标回收率所引入的不确定度。可以通过提高使用量具及仪器的准确度、精密度，改变标准溶液的配制过程等办法来降低测定结果的不确定度分量。该评定方法适用于氢化物发生原子荧光光谱法测定尿中砷含量的不确定度评定。

16.6.3.5　原子吸收光谱法测定整蛋白型肠内营养剂中4种元素含量的不确定度[32]

（1）方法提要　采用原子吸收光谱法测定整蛋白型肠内营养剂中Na、K、Ca、Mg等金属元素的含量，应用测量不确定度评定确定不确定度及其主要误差来源。

（2）仪器与试剂　ICE3500原子吸收光谱仪（美国赛默飞世尔科技公司）。

钠、钾、钙、镁等单元素标准溶液（国家标准物质研究中心）。

分别称量6.35g氯化铯、15.25g氯化锶置于100mL量瓶中，加水定容得到氯化铯和氯化锶溶液。

65%优级纯硝酸（美国默克化学股份有限公司）。其余试剂为分析纯。整蛋白型肠内营养剂（市售）。实验用水为超纯水（电阻率>18.2MΩ·cm）。

（3）样品制备　准确称取约1.1g样品，置于石英坩埚中，缓缓加热后，在500℃炽灼1h，至无烟并完全炭化，取出放冷。加入1mL盐酸、0.5mL硝酸，小火加热至干。再次置于500℃炽灼约10min至无黑色炭粒。取出放冷，加1mL盐酸加热溶解残渣，加入10mL水，加热。冷却后将溶液完全转入50mL容量瓶中，加水定容，得到储备溶液。准确移取5mL储备溶液，置于100mL容量瓶中，各加4mL氯化铯和氯化锶溶液，加水定容，作为Na、K、Ca、Mg的样品溶液。

分别准确移取适量Na、K、Ca、Mg标准溶液，用5%硝酸溶液稀释，分别制成Na、K、Ca、Mg含量（μg/mL）为50、100、100、10的单标准储备液。分别准确移取适量该Na、K、Ca、Mg储备液，置于100mL容量瓶中，各加4mL氯化铯和氯化锶溶液，加水定容即得系列工作液。

（4）测定条件　原子吸收光谱仪的工作条件：空气流量为15.0L/min，燃烧器高度为7.5mm，其他参数列于表16-18。

（5）方法评价　Na、K、Ca、Mg校正曲线动态线性范围（μg/mL）分别为4～12、6～20、2～10和0.5～2.5，线性相关系数r分别是0.9992、0.9992、0.9986和0.9995。扩展不确定度（mg/g）分别为1.4、2.6、0.19、0.04，$k=2$（95%置信度）。测量结果（mg/g）

表 16-18 原子吸收光谱仪工作条件

分析线/nm	光谱通带/nm	灯电流/mA	乙炔流量/(L/min)
Na 589.0	0.4	10.0	2.2
K 766.5	1.3	10.0	2.4
Ca 422.7	1.3	7.5	2.4
Mg 285.2	1.3	7.5	2.2

分别为 4.7±1.4、6.9±2.6、3.04±0.19、1.05±0.04。该方法适用于原子吸收光谱法测定整蛋白型肠内营养剂中金属元素的不确定度评定，可为原子吸收光谱法测定过程的不确定度评定提供参考。

参考文献

[1] 国家药典委员会．中华人民共和国药典 2020 年版．北京：中国医药科技出版社，2020.

[2] 杭太俊．药物分析．8 版．北京：人民卫生出版社，2016.

[3] 杨进彬．ICP-AES 法检测新泰市不同区域丹参药材及土壤 5 种重金属元素含量．海峡药学，2019，31（11）：93-95.

[4] 蔡鹏，常相伟，朱琼．电感耦合等离子体原子发射光谱法测定不同产地丹参中微量元素．中国药业，2020，29（1）：51-54.

[5] 栾真杰，李佩佩，陈保政，等．唐古特雪莲不同部位 21 种元素含量测定．中国中医药信志，2020，27（1）：63-67.

[6] 徐婷，钟凌云．附子及不同姜制附子中十种微量元素的 ICP-AES 测定．时珍国医国药，2017，28（10）：2405-2407.

[7] 马杰，彭玲娜，李瑞莲．ICP-OES 法测定砂烫前后骨碎补中 10 种微量元素含量．中国药师，2019，22（11）：2094-2097.

[8] 包玉敏，张力．蒙药材诃子中钙、锌元素提取方法研究和含量测定．时珍国医国药，2017，28（2）：305-307.

[9] 步艳艳，任红敏，刘晓慧，等．荆芥不同部位 3 种重金属元素含量的比较分析．河北大学学报（自然科学版），2019，39（2）：152-158.

[10] 杜跃中，高宇，李乃军，等．原子荧光光谱法同时测定人参中的砷和汞．人参研究，2018，（3）：18-21.

[11] 张丛兰，刘艺，刘齐，等．火焰原子吸收光谱法测定冬虫夏草中铁锌的含量．食品工业，2019，40（8）：291-294.

[12] 王丽，符德欢，李学芳．微波消解 AAS、AFS 法测定不同产地红花中 As、Hg、Pb、Cd、Cu 含量．中国民族民间医药，2017，26（15）：18-23.

[13] 康璧，朱琼，吴芸．电感耦合等离子体发射光谱法测定十全大补丸中 12 种微量元素含量的方法研究．中国药房，2018，29（5）：637-639.

[14] 姜爱芳，朱琼．电感耦合等离子体发射光谱法测定不同厂家补中益气丸中 12 种微量金属元素含量的方法研究．首都食品与医药，2019，26（08）：184-185.

[15] 朱群英，秦晓莉，李小红．肾康注射液中五种重金属元素的测定．现代中医药，2017，37（6）：129-131.

[16] 隋欣蕙，辛祎，敖琳．石墨炉原子吸收光谱法测定香砂胃灵散中 10 种金属元素的含量．沈阳药科大学学报，2016，33（10）：789-794.

[17] 刘敏敏，司徒咏文，陈俏．雄黄及制剂中砷含量测定与形态分析．药物分析杂志，2019，39（12）：2199-2205.

［18］ 姜鹰雁，杨海霞，郑静．电感耦合等离子体发射光谱法测定溴芬酸钠中硼含量．食品与药品，2019，21（5）：357-359.

［19］ 朱琼，严家文，钱保勇．电感耦合等离子体发射光谱法检测碘海醇原料药中铜、铁、铝含量．中国药业，2018，27（15）：24-26.

［20］ 钱晓翠，蔡鹏．电感耦合等离子体发射光谱法同时测定铝碳酸镁混悬液中铝、镁的含量．中南药学，2019，17（7）：1068-1070.

［21］ 冯叶彬，庄波阳．火焰原子吸收光谱法测定炎琥宁中钾和钠的含量．海峡药学，2017，29（8）：58-60.

［22］ 池海涛，黄伟，赵婷．原子吸收光谱法测定化学原料药中的钌．分析仪器，2018，1（1）：174-177.

［23］ 钱良友，朱平凤，朱凯祥，等．石墨炉原子吸收光谱法测定酒石酸唑吡坦原料药中的痕量钯．中国药房，2916，27（6）：838-840.

［24］ 李佳佳，李玉兰，刘晶晶，等．浊点萃取-石墨炉原子吸收光谱法测定银杏达莫注射液中痕量铅．中国处方药，2017，15（5）：34-36.

［25］ Franciele Rovasi Adolfo，Paulo Cicero do Nascimento，Gabriela Camera Leal，et al. Simultaneous determination of iron and nickel as contaminants in multimineral and multivitamin supplements by solid sampling HR-CS GF AAS. Talanta，2019，195：745-751.

［26］ 薛巧如，陈宇堃，黄丽华．原子吸收光谱法测定果糖二磷酸钠制剂中的铝离子含量．中国现代应用药学，2018，35（7）：971-974.

［27］ 武静文．原子荧光法测定药用碳酸钙中的汞和砷．中南药学，2018，16（11）：1616-1618.

［28］ Flávio V Nakadi，a Raúl Garde，a Márcia A M S da Veiga，et al. A simple and direct atomic absorption spectrometry method for the direct determination of Hg in dried blood spots and dried urine spots prepared using various microsampling devices. J Anal At Spectrom，2020，35：136-144.

［29］ 李荣娟，宁攀良，覃利梅，等．湿法消解-氢化物发生原子荧光光谱测定全血中汞的质量控制．应用预防医学，2018，24（6）：488-490.

［30］ Meitong Liu，Tengpeng Liu，Xuefei Mao，et al. A novel gas liquid separator for direct sampling analysis of ultratrace arsenic in blood sample by hydride generation in-situ dielectric barrier discharge atomic fluorescence spectrometry. Talanta，2019，202：178-185.

［31］ 张荣，王美欢，李树雄，等．原子荧光光谱法测定尿中砷的不确定度评定．预防医学情报杂志，2018，34（5）：564-567.

［32］ 宋宇，邵天舒，周长明．原子吸收光谱法测定整蛋白型肠内营养剂中 4 种元素含量的不确定度．华西药学杂志，2018，33（6）：557-560.

·第17章·

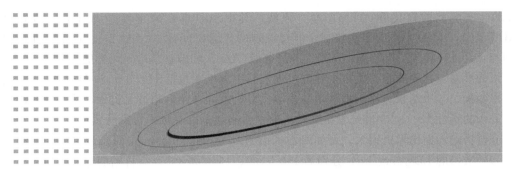

原子光谱在元素形态分析中的应用

17.1 概述

关于元素的化学形态（chemical species of an element），国际纯粹与应用化学联合会（IUPAC）的定义为："元素以同位素组成、电子态或氧化态、络合物或分子结构等不同方式存在的特定形式[1]"，可以认为元素的化学形态是指元素以某种离子或分子存在的形式。对于化学中的形态分析（speciation analysis in chemistry），IUPAC的定义为"定性或定量地分析样品中的一种或多种化学形态的过程[2]"。而通常所谓形态分析是指确定某种组分在所研究系统中的具体存在形式及其分布。包括：①元素价态分析，确定变价元素在被分析样品中以何种价态存在，若几种价态共存，确定各种价态的含量分布；②化学形态分析（speciation analysis），确定元素在被分析样品中存在的形式：游离态、结合态（离子型结合态、共价结合态、络合态、超分子结合态等）与不同的结构态；③赋存状态分析，确定元素存在的物相，溶解态和非溶解态，胶态和非胶态，吸附态，可交换态等。

元素的不同形态，其化学、生物效应和毒性的差别很大。如Cr(Ⅲ)是维持生物体内葡萄糖平衡和蛋白质、脂肪代谢的必需微量元素之一，Cr(Ⅵ)却是已确认的致癌物之一，通常认为Cr(Ⅵ)的毒性比Cr(Ⅲ)强100倍。Fe(Ⅱ)能被生物体吸收利用，而其他形态的铁却不能，因此食品中总铁含量不代表可吸收利用的有效铁。锡和镉的有机形态的毒性远大于无机形态，如三丁基锡是极毒的，它对水生生物的毒性水平为2～10ng/L；二甲基镉的毒性大于氯化镉。不同的锑形态也有不同的毒理学性质，其毒性大小顺序为：Sb(0)＞Sb(Ⅲ)＞Sb(Ⅴ)＞甲基锑，Sb(Ⅲ)的毒性约是Sb(Ⅴ)的10倍，有机锑化合物的毒性一般比无机锑小。

目前发现的砷形态共有50多种，无机砷的毒性比有机砷大，其毒性顺序为：砷化氢（AsH_3）、亚砷酸盐［As(Ⅲ)］、As_2O_3（砒霜）、砷酸盐［As(Ⅴ)］、一甲基胂酸［MMA(Ⅴ)］、二甲基胂酸［DMA(Ⅴ)］、四甲基胂（Me_4As^+）、胂胆碱（AsC）、胂甜菜碱

(AsB)、三甲基胂氧化物（TMAO)、胂糖，其中 As(Ⅲ）的毒性是 As(Ⅴ）的 60 倍，MMA(Ⅴ)、DMA(Ⅴ）的毒性较小，但有机砷的代谢中间体 MMA(Ⅲ)、DMA(Ⅲ）的毒性却与 As(Ⅲ）相当，胂胆碱(AsC)、胂甜菜碱(AsB）和胂糖基本是无毒的[3]。

汞的形态包括单质汞、无机汞和有机汞。其中无机汞包括 Hg(Ⅰ）和 Hg(Ⅱ)，有机汞包括甲基汞、二甲基汞、乙基汞和苯基汞等。有机汞的毒性远超过无机汞，烷基汞的毒性又比芳香汞的毒性大[4]。20 世纪发生在日本的水俣病就是因有机汞污染所致。

有机铅的毒性比无机铅大，例如四乙基铅的 LD_{50} 为 15mg/kg，而醋酸铅、氧化铅、硫化铅和砷酸铅的 LD_{50}(mg/kg）分别为 150、400、1600 和 800。有机铅的毒性也随着形态的不同而差别较大，烷基铅的毒性一般比芳基铅要大，四乙基铅的化学稳定性差，容易降解失去一个乙基基团生成带正电荷的离子型烷基化合物（Et_3Pb^+)，该化合物具有更大的毒性。

无机铝的毒性大于有机铝，游离的 Al^{3+}、水合羟基铝 $Al(OH)^{2+}$ 和 $Al(OH)_2^+$ 等是有毒形态，多核羟基铝也有一定的毒性，而铝与氟结合后形成的配合物以及有机态配合物基本上无毒。

不同形态的元素化合物，在生态环境中和生物体内的化学行为，表现出不同的化学、生物效应。因此在检测过程中应该检测元素的形态而不是总量。例如海洋中的蜗牛、贻贝等海生生物，能将 87%～100%的无机砷经 MMA、DMA 转化为无毒的胂甜菜碱，因此应检测砷在样品中具体存在的形态来判断海产品可否食用。

葡萄酒中的铁主要以 Fe(Ⅱ）形式存在，Fe(Ⅱ）并不会影响酒的品质，但在酒的存放过程中，Fe(Ⅱ）会氧化为 Fe(Ⅲ)，Fe(Ⅲ）会与酒中的单宁、磷酸生成沉淀，影响酒的清晰度和口感，因此应该分别测定 Fe(Ⅱ）和 Fe(Ⅲ)。

硒是人体必需的 14 种微量元素之一，被证实具有抗癌作用。但无机硒毒性很大，例如以 Se(Ⅱ）存在的硒化物，如 HSe^-、H_2Se 以及金属硒化物，其中 H_2Se 毒性最大。以 Se(Ⅳ）存在的有亚硒酸及其盐，如 $HSeO_3^-$、SeO_3^{2-}，以 Se(Ⅵ）存在的硒酸盐 SeO_4^{2-}。只有有机形态的硒才能转变为生理活性物质，为人体所吸收利用。有机硒主要有硒代半胱氨酸(SeCys)、硒甲基硒代半胱氨酸（SeMeSeCys)、硒代蛋氨酸（SeMet)、硒甲基硒代蛋氨酸(MeSeMet)、硒脲、硒代胱氨酸（$SeCys_2$)、二甲基硒（DMSe)、二甲基二硒（DMDSe)、三甲基硒（$TMSe^+$）等。若硒摄入量超过安全阈值则会对人体造成伤害，发生急性或慢性硒中毒。因此对含硒保健品的测定，不但要测定硒的总量还要测定硒的形态。

在环境样品分析中，重金属的赋存状态研究愈来愈引起学者的重视。重金属的赋存状态是指其在环境中实际的存在形式。重金属在土壤和沉积物中的赋存状态，有三种分类方法。其中 Forstner 法将重金属赋存状态分为可交换态、碳酸盐态、易还原态（主要是还原物)、中等还原态、可氧化态、残渣态。BCR 法分为乙酸可提取态、可还原态、可氧化态及残渣态。应用最普遍的 Tessier 法将重金属赋存状态分为可交换态、碳酸盐结合态、铁锰氧化物结合态、有机结合态和硫化物结合态、残渣态。前三种形态稳定性差，后两者稳定性强，重金属污染物的危害主要来源于稳定性差的重金属形态。污泥中重金属汞、镉、铅、砷经厌氧消化后几乎全部以稳定形态存在，而锌、镍、铜、铬经厌氧消化后，其稳定形态含量亦有不同程度增加。因此，仅分析金属污染物的总含量还难以正确评估污染物的毒性、评价环境质量与阐明污染物迁移转化规律。

污染物在环境中的迁移、转化、毒性及生物有效性，不仅与其含量有关，还与其形态有很大关系。如在土壤中，水溶态 Pb 和离子交换态 Pb 有较强的迁移能力，而残渣态 Pb 基本不会迁移，因而以 Pb 的总量来研究土壤中 Pb 的迁移行为就显得片面[5]；又如 As(Ⅲ）比

As(Ⅴ) 在土壤中更易溶，更易迁移。以甲基化或烷基化形式存在的金属化合物的挥发性增加，例如无机砷经甲基化生成挥发性的三甲基胂几乎没有毒性，可以使用甲基化的方法对含砷土壤进行解毒，但提高了砷迁移到大气中的可能性；在天然水的正常 pH 条件下，Al 以 $Al(OH)^{2+}$ 胶体形态存在，对水生生物是无毒的，但在一定条件下能转化为可溶性 $Al(OH)^{2+}$ 形态，$Al(OH)^{2+}$ 就可与鱼鳃的黏液发生反应，阻碍必需的 O_2、Na、K 通过生物膜的正常转移，造成鱼类的死亡。

在生命科学研究中，形态分析也具有重大意义。一般说来，离子态的毒性大于络合态，研究发现，Al^{3+} 能穿过血脑屏障进入人脑组织，引起痴呆，而 AlF_4^- 却没有这种危险。微量元素的生物活性，在很大程度上由其形态决定。不同化学形态对生物体的可利用性也不同。蛋白质中的氨基酸是生物体所必需的，而氮的氧化物却是大部分生物体不需要的。稳定的金属络合物不与生物体起反应，因而是无毒的。当人体必需的微量元素以极稳定的金属络合物形式存在时，不能被生物体所吸收利用，则会导致生物体对这些微量元素的短缺。

17.2 形态分析的特点与方法

17.2.1 形态分析的特点

与元素总量分析相比，元素形态分析要复杂和困难得多。

(1) 样品的复杂性　样品中不仅是多种元素共存，而且常常是同一元素的多种形态共存，甚至是多种元素的多种形态共存，基体复杂，干扰因素多。因此要求分析方法具有高选择性，仅对某一或某几个特定形态得到测定的响应信号，而目前现有的方法很少能直接鉴定元素的形态，因此必须借助分离、富集等前处理方法，还要防止形态重新分配。

(2) 被测元素形态含量低　分析范围比较广泛，从痕量分析到超痕量分析，其分析水平一般在 μg/L～ng/L。因此要求分析方法灵敏度高、选择性好、基体干扰少、分离能力强、检出限低。

(3) 形态的各异性　元素各形态之间的物理化学性质差别较大，很难用一种方法分离出所有的形态。

(4) 样品成分的变动性　元素多种形态共存，处于动态平衡中，受各种因素的影响，形态之间易发生相互转化，要求从采样开始到最终完成各种形态分析的全过程中要严格控制试验条件，保证元素形态及其分布不发生变化。

(5) 很难获得元素形态的标准参考物质　商品化的有证标准参考物质很少，很难用标准参考物质来直接检验分析结果的可靠性和通过分析标准参考物质进行溯源。

(6) 试验条件控制的严格性　要获得可靠和可比的分析结果，要求实验环境洁净，使用不含被测元素的高纯试剂，尽量降低空白值，对所用容器进行预处理，消除样品接触的容器表面的活性点，对实验操作人员的技术水平要求高。

17.2.2 形态分析的方法

元素形态分析方法，可以分为两大类：模拟计算法和直接分析法。从理论上讲，如果所研究的体系为封闭体系，处于热力学平衡状态，并已知所有组分的总浓度和各组分之间可能发生的全部化学反应的平衡常数，就可以通过对一系列代表这些反应的非线性方程组求解，求得各元素的每一种形态的浓度。模拟计算法的优点是简便快速。在直接分析复杂体系中所有元素的各种化学形态非常困难、甚至是不可能时，根据热力学平衡与模拟计算化学形态，是获取与了解有关元素化学形态及其分布信息的重要途径。模拟计算法所面临困难是：由于水解、聚合、沉淀、氧化还原、胶体形成、络合和吸附等因素对元素形态影响的复杂性，同时存在不同形态之间的相互作用和对同一种配体的竞争反应，使得计算变得很复杂。在有些情况下，很难获得计算所需要的参数，为此在实际研究工作中，往往只重点考察主要形态，使繁杂的计算得到简化，但得到的计算结果难以反映体系的真实情况。

元素形态直接分析方法有化学分析法和仪器分析法，最常用的方法是仪器分析法，包括电化学法、色谱-原子光谱联用技术等。

化学法包括化学沉淀技术和逐级提取技术，主要基于元素的不同形态有着不同的化学特性，用适当的方法分离或提取元素的不同形态分别进行测定，可以获得试样中元素不同形态的含量。

元素形态的电化学分析法包括循环伏安法、离子选择电极法、极谱法等，电化学分析法是利用元素不同形态的电化学性质的差异进行分离或测定。

在元素形态分析中，价态分析相对来说是较容易的，通常的单一光谱仪器都能满足测定需求。而多种不同形态化合物的分析则需要依靠仪器联用来完成。色谱-原子光谱联用技术综合了色谱的高分离效率与原子光谱检测的专属性和高灵敏度的优点，是分析元素形态最有效的方法之一。气相色谱（GC）、离子色谱（IC）、高效液相色谱（HPLC）、毛细管电泳色谱（CE）与原子光谱联用分析元素形态，通过直接分离或衍生化反应将元素转化为适合于检测的形式。多数情况下，色谱仪器可以不经任何改造，通过接口直接与原子光谱仪器进样系统连接起来。GC-原子光谱可以用于分离易挥发的烷基铅、烷基锡和烷基汞等化合物的多形态同时分析[6]。如 1966 年 B. Kolb 等首次采用 GC-FAAS 分析了汽油中的烷基铅[7]；1976 年 J. C. Van Loon 和 B. Radziuk 首次提出用石英炉为原子化器，GC-QFAAS 用于形态分析[8]；1977 年 J. C. Van Loon 等首次提出 GC-AFS 联用技术[9]。1978 年 D. L. Windsor 等开发了气相色谱-电感耦合等离子体原子发射光谱（GC-ICP-AES）联用技术[10]。金属离子的各种疏水性有机化合物的形态适合采用反相 HPLC 分离，如 1979 年 D. M. Fraley 开发了高效液相色谱-电感耦合等离子体原子发射光谱（HPLC-ICP-AES）联用技术[11]。CE-原子光谱联用也可用于金属形态分析[12]。

17.3 样品前处理

17.3.1 元素价态分析样品前处理

元素价态分析的前处理，通常是通过加入试剂对样品中的某种价态进行氧化还原。例如对分析样品中的 As(Ⅲ) 和 As(Ⅴ) 时，一般先测定 As(Ⅲ)，再加入还原剂将 As(Ⅴ) 还原为 As(Ⅲ) 后测定总砷，As(Ⅴ) 由差值得出。还原剂多用硫脲和抗坏血酸的混合溶液或 KI 和抗坏血酸的混合溶液。也有先测定 As(Ⅴ)，再用氧化剂将 As(Ⅲ) 氧化为 As(Ⅴ) 后测总砷，As(Ⅲ) 由差值得出，氧化剂可为 $KMnO_4$ 等试剂[13]。对样品中的 Se(Ⅳ) 和 Se(Ⅵ) 进行分析时，一般先测定 Se(Ⅳ)，再用 6mol/L 的 HCl 将 Se(Ⅵ) 还原为 Se(Ⅳ) 后测定 Se 的总量，Se(Ⅵ) 由差值得出。对分析样品中的 Sb(Ⅲ) 和 Sb(Ⅴ) 时，一般先测定 Sb(Ⅲ)，再用硫脲和抗坏血酸混合溶液将 Sb(Ⅴ) 还原为 Sb(Ⅲ) 后测定总锑，Sb(Ⅴ) 由差值得出。分析样品中的 Cr(Ⅲ) 和 Cr(Ⅵ) 时，先测定 Cr(Ⅵ)，再用氧化剂将 Cr(Ⅲ)

氧化为 Cr(Ⅵ) 后测定总铬，Cr(Ⅲ) 由差值得出，氧化剂可为 H_2O_2 或 $KMnO_4$。多数情况下是通过分离手段将 Cr(Ⅲ)、Cr(Ⅵ) 分离，再分别采用 AAS 等方法测定。分离的手段有离子交换分离、浊点萃取、液液微萃取、活性炭或纳米吸附等方式。

17.3.2　化学形态分析样品前处理

化学形态分析样品的前处理需要根据形态分析的具体要求选择合适的分解和分离方法，选择的基本原则是既要保证不同形态的化合物尽可能地全部提取出来，又要保证其原有形态在样品处理过程中不被破坏。通常的前处理方法有索氏萃取、振摇萃取、超声萃取、离心萃取、加速溶剂萃取、微波辅助萃取、固相微萃取、超临界萃取法等，而新兴的萃取方法有浊点萃取、分散液液微萃取、分散固相萃取、液相微萃取、单滴微萃取、搅拌棒吸附萃取、液液微萃取等。常用的提纯方法有醋酸纤维膜提纯、超滤提纯、有机溶剂分离提纯和 C_{18} 固相萃取柱提纯等。具体有关形态分析样品前处理的分离和提纯方法在本书第 6 章有专门的论述，请读者详见其中的相关内容。

17.3.3　赋存状态分析样品前处理

赋存状态样品前处理通常选取不同提取剂，对样品中不同结合状态（包括元素所处的物态、形成化合物的种类与形式、价态、键态、配位位置等）的元素分级提取。样品中不同结合状态元素的提取或分离主要依赖于不同化学试剂（提取剂）对不同结合态元素的溶解能力，常用的提取剂有中性电解质，如 $MgCl_2$、$CaCl_2$；弱酸的缓冲溶液，如醋酸、草酸；螯合试剂，如乙二胺四乙酸（EDTA）、二乙烯三胺五乙酸；还原性试剂，如 $NH_2OH \cdot HCl$；氧化性试剂，如 H_2O_2；强酸，如 HCl、HNO_3、$HClO_4$；其他电解质。弱酸及螯合剂主要以离子交换的方式将金属元素释放出来，而强酸和氧化剂则以破坏样品基质的方式释放出金属元素。

赋存状态分析样品前处理的代表性实验操作方法有 Tessier 5 步连续提取法[14]（表 17-1）和 BCR 法[15]（表 17-2），按照 Tessier 法，沉积物或土壤中金属元素的赋存状态分析可分为可交换态、碳酸盐结合态、铁锰氧化物结合态、硫化物有机结合态和残渣态。BCR 法则提出 3 步提取，将赋存状态分析分为酸可提取态、可还原态、可氧化态和残渣态。对土壤和沉积物及水、大气中的颗粒物采用分级萃取分离后，再对不同级分的痕量元素进行分析。

表 17-1　Tessier 5 步连续提取法分析流程

程序	提取操作	提取形态
1	在室温振荡 1h，用 8mL pH=7.0 的 1.0mol/L $MgCl_2$ 提取	可交换态
2	在室温下振荡 6h，用 8mL 1mol/L NaAc-HAc(pH=5.0)提取	碳酸盐结合态
3	在 96℃水浴加热 6h，偶尔振荡，用 20mL pH=2 的 0.04mol/L $NH_2OH \cdot HCl$+25%(φ)HAc 提取	铁锰氧化物结合态
4	在 85℃水浴加热 2h，偶尔振荡，用 3mL pH=2.0 的 0.02mol/L HNO_3+5mL 30%(φ)H_2O_2 提取	硫化物及有机结合态
5	以(5∶1)40% HF+70% $HClO_4$ 混酸在电热板加热至近干，浸取	残渣态

表 17-2 修正的 BCR 3 步提取法分析流程

程序	提取操作	提取形态
1	1g 样品，加入 40mL 0.11mol/L HAc，室温振荡 16h	酸可提取态
2	用 40mL 0.50mol/L $NH_2OH \cdot HCl$（pH=1.5）提取，室温振荡 16h	可还原态
3	加入 10mL 8.8mol/L H_2O_2（pH2～3），偶尔振荡，室温消解 1h，于（85±2）℃水浴消化 1h（前半小时偶尔振荡，后半小时开盖加热），体积减少至不多于 3mL 后再加入 10mL 8.8mol/L H_2O_2（pH2～3），偶尔振荡，（85±2）℃水浴消化 1h（前半小时偶尔振荡，后半小时开盖加热），体积减少至 1mL 左右，加入 50mL 1.0mol/L NH_4Ac（pH=2），室温振荡 16h	可氧化态
4	王水 1∶10 消化	残渣态

17.4 元素形态分析的实例

17.4.1 元素价态分析

17.4.1.1 超声辅助深共晶溶剂分散液液微萃取分离电热原子吸收光谱法测定水和环境样品中的 As（Ⅲ）和 As（Ⅴ）[16]

（1）方法提要　使用二乙基二硫代氨基甲酸钠（DDTC）作为螯合剂，氯化胆碱-苯酚深共晶溶剂（DES）为萃取剂，四氢呋喃（THF）为分散剂，选择性萃取 As(Ⅲ)［As(Ⅴ)的萃取效率低于 5%］，ETAAS 测定。用 KI 和抗坏血酸将 As(Ⅴ) 还原为 As(Ⅲ) 后，再进行萃取，测定总砷，As(Ⅴ) 由总砷和 As(Ⅲ) 的差值计算得出。

（2）仪器与试剂　700 型电热原子吸收光谱仪（美国珀金埃尔默公司）。

1000mg/L As(Ⅲ)、As(Ⅴ) 标准储备液分别用 As_2O_3 和 KH_2AsO_4 制备。

1mol/L HNO_3 为标准溶液稀释液。0.1%（ρ）的 DDTC 溶液+7.5g/L KI-12.5g/L 抗坏血酸混合溶液，当天现配。

试剂纯度为分析纯，实验用水为去离子水。

（3）样品制备　将 25mL 1.0μg/L 的 As(Ⅲ) 标准溶液、2mL pH5.0 的缓冲溶液、500μL 0.1%（ρ）DDTC 溶液、1000μL DES 放入 25mL 离心管中，混旋 15s，获得均匀的溶液。再加入 500μL THF，超声 5min，3500r/min 离心 5min，以达到水相和 DES 相的完全分离。用微量移液管分离水相和残存的 DES 相，加入酸性乙醇至 1mL。取 20μL DES 相，ETAAS 测定，得到 As(Ⅲ) 的含量。在 0.25μg As(Ⅲ)、0.25μg As(Ⅴ) 和 5mol/L HCl 的标准溶液中，加入 1mL KI 和抗坏血酸的混合溶液、pH=5.0 缓冲溶液，放置 1h 使 As(Ⅴ) 还原为 As(Ⅲ)。待还原过程结束后，进行萃取，ETAAS 测定总砷的含量。由总砷与 As(Ⅲ) 含量的差值得到 As(Ⅴ) 的含量。

（4）测定条件　分析线 As 193.7nm。光谱通带 0.7nm。无极放电灯电流 18mA。进样量 20μL，10μL Pd(0.015mg)-$Mg(NO_3)_2$(0.010mg) 的混合物作为化学改进剂，通过自动

进样器注入到石墨炉中。石墨炉升温程序列于表 17-3。氩气流量 250mL/min。

表 17-3　砷的价态测定石墨炉升温程序

阶段	温度/℃	斜坡升温时间/s	保持时间/s
干燥 1	100	5	20
干燥 2	140	15	15
灰化	1300	10	20
原子化	2300	0	5
净化	2600	1	3

（5）方法评价　测定 As 的检出限（3*s*）为 10ng/L，定量限（10*s*）为 33ng/L。富集倍数 25。重复性和再现性的相对标准偏差 RSD 为 4.3%。水样 As(Ⅲ）的加标回收率是 96.4%～99.2%，As(Ⅴ）加标回收率为 96.6%～99.1%。测定了有证标准参考物质 CS-M-3，标准值是（0.651±0.026)μg/g，测定值是（0.639±0.023)μg/g；NIST SRM1946 的标准值为（0.277±0.010)μg/g，测定值为（0.271±0.02)μg/g。回收率分别为 98.1%和 97.8%。方法已用于水、食品和土壤样品的分析。

5000 倍的 Cl^-、Na^+、K^+，1000 倍的 Ca^{2+}、Mg^{2+}、NO_3^-、PO_4^{3-}、F^-、SO_4^{2-}，50 倍的 Co^{2+}、Al^{3+}、Mn^{2+}、Fe^{3+}、Pb^{2+}和 25 倍的 Cd^{2+}、Zn^{2+}、Cr^{3+}、Cu^{2+}不干扰测定。

（6）注意事项　所有的玻璃器皿使用前用 10%（ψ）的 HNO_3浸泡 24h，最后用去离子水浸泡清洗干净。

17.4.1.2　分散液液微萃取氢化物发生原子荧光光谱法测定果汁中的 As（Ⅲ）和 As（Ⅴ）[17]

（1）方法提要　在 pH3.0 的条件下，As(Ⅲ）与吡咯烷二硫代氨基甲酸铵（APDC）形成螯合物，通过分散液液微萃取（DLLME）富集到 CCl_4中，氢化物发生-原子荧光光谱法（HGAFS）测定 As(Ⅲ）的量。在 pH1.7～1.8 的条件下用 $Na_2S_2O_3$将 As(Ⅴ）还原成 As(Ⅲ）后测定总无机砷，As(Ⅴ）的量由差值计算得出。

（2）仪器与试剂　Millennium Excalibur 型原子荧光光谱仪（英国 PSA 公司），日盲型光电倍增管，配备滤光片去除光路干扰。

1mg/mL As(Ⅲ)、As(Ⅴ）标准储备液［2%(ψ)HNO_3介质］分别购自 Fluka 和 Perkin Elmer。100μg/mL 一甲基胂酸（MMA）标准溶液购自 Chem Service。二甲基胂酸（DMA）(≥99.0%）购自 Sigma-Aldrich，用水配制成 1mg/mL 标准储备液。以上储备液每周用水稀释为 10μg/mL 的中间液，每天用水稀释到 100ng/mL 使用。

5mg/mL 的 APDC 溶液。0.1mol/L pH 3.0 柠檬酸-柠檬酸钠缓冲溶液。KI 试剂空白液。

CCl_4（光谱级，>99%），实验所用试剂为分析纯。实验用水为去离子水。

（3）样品制备　As(Ⅲ）的样品制备：果汁样品先用 0.45μm 的尼龙膜过滤器过滤。吸取 1mL 滤液到 15mL 聚丙烯离心管中，用 0.1mol/L 的 HCl 或 0.1mol/L 的 NaOH 调节 pH 为 3.0，用 pH3.0 的柠檬酸缓冲溶液定容至 5mL。加入 50μL 的 5mg/mL APDC 溶液，旋涡混合，使用带有 G25 针头的 1mL 注射器迅速加入 0.5mL 含有 50μL CCl_4（萃取剂）的甲醇（分散剂），将所得的浑浊液在 3500r/min 下离心 5min，用一次性移液管弃去上层水溶液。室温水浴中将离心管中有机相氮吹近干后，加入 1mL HCl 溶解残渣，65℃的水浴中放置 15min，加入 9mL 2%（ρ）的 KI 试剂空白液，在 AFS 测定之前将离心管涡旋混合，AFS 测定 As(Ⅲ)。

总无机砷测定的样品制备：用移液管移取 1mL 过滤后的果汁样品置于 15mL 聚丙烯离心管中，用 1mL HCl 将 pH 调节为 1.7～1.8，再加入 0.1mL 0.1mol/L 的 $Na_2S_2O_3$，旋涡混合后静置 10min，以确保 As(Ⅴ) 还原成 As(Ⅲ)。用 0.1mol/L 的 NaOH 将 pH 调节为 3.0，用 pH3.0 的柠檬酸-柠檬酸钠缓冲溶液定容至 5mL。AFS 测定总无机砷。As(Ⅴ) 由总无机砷和 As(Ⅲ) 的差值计算得出。

(4) 测定条件　分析线是 As 193.7nm。空心阴极灯电流 35mA，阴极灯辅助电流 27.5mA。氩气作载气，流量 250mL/min。Nafion 管除水。读数方式为峰高，标准曲线法定量。

(5) 方法评价　检出限是 1.2μg/L。加标回收率 92%～102%。MMA 会干扰测定，导致无机砷的测定结果偏高，DMA 不干扰测定。

(6) 注意事项　所有的玻璃器皿在使用前用 15%（ψ）的 HNO_3 浸泡过夜，最后用去离子水清洗干净（至少清洗 4 次）。

17.4.1.3 使用介孔氨基修饰的 Fe_3O_4/SiO_2 纳米颗粒的磁分散固相萃取和浊点萃取-火焰原子吸收光谱法测定水中 Cr(Ⅲ) 和 Cr(Ⅵ)[18]

(1) 方法提要　pH5.0 的条件下，磁分散固相萃取（DMSPE）富集 Cr(Ⅵ) 到介孔氨基修饰 Fe_3O_4/SiO_2 磁性纳米颗粒上，4-(2-噻唑基偶氮）间苯二酚（TAR）作为金属螯合剂浊点萃取（CPE）富集 Cr(Ⅲ)，FAAS 分别测定水样中的 Cr(Ⅲ) 和 Cr(Ⅵ)。

用 1,5-二苯卡巴肼（DPC）作螯合剂选择性地螯合 Cr(Ⅵ)，螯合过程分两步，第一步 DPC 还原 Cr(Ⅵ) 为 Cr(Ⅲ)，第二步 DPC 与 Cr(Ⅲ) 形成红紫色阳离子螯合物 Cr(Ⅲ)-DPC，通过该螯合物向中空纤维中的负电极的电动迁移来富集 Cr(Ⅵ)，ETAAS 检测。用酸性 $KMnO_4$ 将 Cr(Ⅲ) 氧化为 Cr(Ⅵ) 后测定总铬，Cr(Ⅲ) 由差值得出。

(2) 仪器与试剂　AA-7000 火焰原子吸收分光光度计（日本岛津公司）。

1000mg/L 的 Cr(Ⅲ) 和 Cr(Ⅵ) 标准储备液，用 $CrCl_3 \cdot 6H_2O$ 和 $K_2Cr_2O_7$ 溶解在 5%（ψ）HCl 中，用水逐级稀释，临用现配。

3.99×10^{-2}mol/L TAR-乙醇溶液，辛基苯氧基聚乙氧基乙醇（Triton X-114）、十六烷基三甲基溴化铵（CTAB）使用前无需纯化。

所用试剂为分析纯，实验用水为去离子水。

(3) 样品制备　DMSPE：吸取 45mL 含有 Cr(Ⅲ) 和 Cr(Ⅵ) 的样品，用 0.01mol/L 的乙酸缓冲溶液调节 pH 为 5.0，加入带盖的聚乙烯烧瓶中，加入 25mg 介孔氨基酸修饰的 Fe_3O_4/SiO_2 纳米颗粒，涡旋搅拌 1min，用磁铁收集选择性吸附了 Cr(Ⅵ) 的磁性纳米颗粒，上清液用来浊点萃取富集 Cr(Ⅲ)。吸附了 Cr(Ⅵ) 的磁性纳米颗粒，用 0.5mL 2.5mol/L 的 HCl 洗脱，涡旋搅拌 5min，用磁铁分离磁性纳米颗粒，FAAS 测定。

CPE：移取 190μL pH5.0 含有 Cr(Ⅲ) 的上清液，加入 138μL Triton X-114 浓溶液（最终浓度 0.3%，ρ）、672μL 3.99×10^{-2}mol/L 的 TAR-乙醇溶液（最终浓度 5.84×10^{-4} mol/L），在 90℃ 水浴浊点萃取 45min，1200r/min 离心 10min，分离两相。富集相用 600μL0.1mol/L 的 HNO_3 甲醇溶液稀释，FAAS 测定 Cr(Ⅲ)。

水样：样品采集时加入浓 HNO_3 至 pH 为 2.0，以避免微生物的滋生。样品用 0.45μm 的乙酸纤维素膜过滤，保存在 4℃ 冰箱里。分析前用 0.01mol/L 乙酸缓冲溶液调节样品的 pH 为 5.0。有证标准物质 DORM-3 的消解：取 529mg 样品加入特氟龙烧瓶中，加入

10.0mL 浓 HNO_3、4.0mL 30%（ψ）的 H_2O_2。放置过夜后加热：①80℃加热 8min，功率 500W；②120℃加热 8min，功率 500W；③200℃加热 10min，功率 600W。样品消解后放在电热板上加热近干，残渣溶解在去离子水中，转移到 50mL 的容量瓶，用 0.01mol/L 乙酸缓冲溶液调节 pH 为 5.0。

（4）测定条件　分析线 Cr 357.9nm。灯电流 10mA。乙炔流量 2.8L/min，空气流量 10.0L/min。峰面积吸光度定量测量，同时测定空白溶液。

（5）方法评价　Cr(Ⅲ）的检出限为 3.2μg/L，定量限为 10.5μg/L。RSD（$n=10$）在 15.0μg/L 和 165.0μg/L，浓度水平分别是 5.8%和 3.7%。水样的加标回收率是 91.4%～101.5%，校正曲线动态线性范围上限为 200.0μg/L，线性相关系数 $r=0.995$，富集倍数为 12。

Cr(Ⅵ）检出限为 1.1μg/L，定量限为 3.6μg/L，在 15.0μg/L 和 75.0μg/L 浓度水平 RSD（$n=10$）分别是 5.5%和 3.0%。水样的加标回收率 94.8%～103.5%。校正曲线动态线性范围上限是 100.0μg/L，线性相关系数 $r=0.996$，富集倍数为 16。

分析有证标准参考物质 DORM-3，样品经酸法微波消解，Cr(Ⅲ）均转化为 Cr(Ⅵ)，总铬测定值（$n=3$）为（1.92±0.08）mg/kg，与标准值（1.89±0.17mg/kg）在 95%的置信水平经 t 检验无显著性差异。

以误差 10%为容许限，Cr(Ⅵ）和 Cr(Ⅲ）的浓度分别为 75.0μg/L 和 165.0μg/L 时，1mg/L 腐殖酸、650.0μg/L Al(Ⅱ)、250.0μg/L Ba(Ⅱ)、200.0μg/L Pb(Ⅱ)、125.0μg/L Co(Ⅱ)、12.0μg/L Cd(Ⅱ）不干扰测定。

17.4.1.4 在线固相萃取电热原子吸收光谱法测定河口及近岸海域水中溶解性的 Fe(Ⅱ)和 Fe(Ⅲ)[19]

（1）方法提要　流动注射（FI）在线固相萃取（SPE）联用电热原子吸收光谱（ETAAS）测定海水中溶解铁的形态。Fe(Ⅱ）和非啰啉溶液在线螯合，该螯合物被保留在 SPE 柱上，经洗脱后 ETAAS 测定。用抗坏血酸将 Fe(Ⅲ）还原为 Fe(Ⅱ）测定总 Fe，Fe(Ⅲ）的量由差值得出。

（2）仪器与试剂　novaAA400P 原子吸收光谱仪（德国耶拿分析仪器股份公司)，配横向加热石墨原子化器（THGA）和 MPE60/1 自动进样器。蠕动泵（保定兰格恒流泵有限公司)、8 位选择阀及 10 孔 2 位阀（美国 VICI，Valco 公司)。LC-18 SPE 柱（100mg/1mL，Supelco®)。

0.01mol/L Fe(Ⅱ）标准溶液储备液：用 0.3921g $Fe(NH_4)_2(SO_4)_2 \cdot 6H_2O$ 溶解在 100mL 0.1mol/L HCl 溶液中。1000mg/L Fe(Ⅲ）标准溶液储备液（德国默克化学股份有限公司)，用 0.01mol/L 的 HCl 逐级稀释后使用。

0.01mol/L 非啰啉溶液（FZ)。2.5mol/L 乙酸铵缓冲溶液（pH≈5.5)。0.01mol/L 抗坏血酸溶液。SPE 活化液为 50%（ψ）乙醇。淋洗液为超纯水和 0.15mol/L HCl。预洗脱液为 0.01mol/L HCl 溶液，洗脱液为 30%（ψ）乙醇和 0.3mol/L HNO_3。硝酸镁化学改进剂。实验用水为超纯水。

（3）样品制备　水样先用 0.45μm 的滤膜过滤，再用 6mol/L HCl 调节样品的 pH 为 1.7。10 孔 2 位阀到 A 位，FI 将在线形成的 Fe(Ⅱ)-FZ 螯合物保留在第一个 SPE 柱上，同时洗脱上一次保留的 Fe(Ⅱ+Ⅲ)-FZ 螯合物，ETAAS 测定；转换 10 孔 2 位阀到 B 位，将 Fe(Ⅱ)-FZ 洗脱下来，ETAAS 测定。

（4）测定条件　分析线 Fe 248.3nm。光谱通带 0.2nm。灯电流 7.5mA。氘灯校正背景，峰面积定量，石墨炉升温程序具体操作参数如表17-4所示。

表 17-4 海水中铁价态测定的石墨炉升温程序

阶段	温度/℃	斜坡升温/(℃/s)	保持时间/s	Ar净化气流量/(L/min)
干燥1	65	3	20	2
干燥2	80	3	10	2
干燥3	95	5	10	2
干燥4	110	5	10	2
热解1	350	50	15	2
热解2	700	50	15	2
热解3	1250	300	20	2
自动调零	1250	0	6	0
原子化	2250	1600	4	0
清洗	2450	500	4	2

（5）方法评价　测定2.5～25nmol/L Fe(Ⅱ)，检出限（3*s*，*n*＝6）为1.38nmol/L，RSD（*n*＝3）为2.8%～6.2%，校正曲线动态线性范围上限是25nmol/L，线性相关系数r^2＝0.9993。测定2.5～25nmol/L Fe(Ⅱ＋Ⅲ)，检出限（3*s*，*n*＝6）为1.87nmol/L，RSD（*n*＝3）是0.28%～7.2%，校正曲线动态线性范围上限是25nmol/L，线性相关系数r^2＝0.9994。分析有证标准参考物质CASS-5和NASS-6中的Fe(Ⅱ＋Ⅲ)，测定值分别为(26.04±0.5)nmol/L和（8.67±0.69)nmol/L，与其标准值（25.71±1.96)nmol/L和(8.84±0.82)nmol/L相符。测定两组海水样品，Fe(Ⅱ)与Fe(Ⅱ＋Ⅲ)的加标回收率分别为（97.11±5.41)%、(98.11±4.63)%与（101.29±5.18)%、(99.64±3.97)%。

（6）注意事项　为了避免污染，所有的试剂和标准溶液的配制都应在干净空气的通风橱内进行，试剂和样品均储存在塑料瓶中，并用双层的塑料袋密封。

17.4.1.5 浊点萃取-FAAS测定饮料及生物样品中的Sb(Ⅲ)和Sb(Ⅴ)[20]

（1）方法提要　Sb(Ⅴ)与维多利亚纯蓝BO（VPB^+）在pH 10的条件下形成离子对螯合物，该离子对螯合物可被Triton X-114浊点萃取（CPE)，FAAS测定。用H_2O_2将Sb(Ⅲ)氧化为Sb(Ⅴ)后测定总锑，Sb(Ⅲ)由差值得出。

（2）仪器与试剂　AAS6300型火焰原子吸收分光光度计（日本岛津公司）。

1000mg/L的Sb(Ⅲ)和Sb(Ⅴ)的标准储备溶液：以三氯化锑和六羟基锑酸钾用超纯水溶解，储存在PE瓶里，4℃保存。

1.0×10^{-3}mol/L维多利亚纯蓝BO（VPB^+）。5%（*ρ*）Triton X-114溶液。0.04mol/L BR缓冲溶液（0.4mol/L H_3PO_4＋0.4mol/L乙酸＋0.4mol/L H_3BO_4＋0.4mol/L NaOH，pH10.0)。20%（*ρ*）NaCl溶液。

所用试剂为分析纯，实验用水为超纯水。

（3）样品制备　CPE：吸取3mL样品或标准溶液［保证Sb(Ⅲ)的浓度在10～400*μ*g/L范围内，Sb(Ⅴ)的浓度在1～250*μ*g/L范围内］加入50mL离心管中，再加入0.7mL 0.04mol/L BR缓冲溶液（pH10.0)、0.6mL 1.0×10^{-3}mol/L VPB^+溶液、0.9mL 20%（*ρ*）NaCl溶液、0.7mL 5%（*ρ*）Triton X-114溶液，用超纯水定容至50mL。将该溶液置于45℃的水浴中8min，3500r/min离心8min，冰浴冷却后，倒置离心管，分离表面活性剂

相和水相，加入 1.5mL 四氢呋喃（THF）降低表面活性剂相的黏度，FAAS 检测，用标准曲线法或者标准加入法定量。

饮料样品制备：将 10mL 样品加入到 100mL 烧杯中，再加入 15mL 65%（ψ）的浓 HNO_3、5mL 60%（ψ）$HClO_4$。该混合物在 180℃的电热板上加热，直到总体积约为原始体积的 1/4，用 2.0mol/L 的 NaOH 调节 pH 为 7.0，用 0.45μm 膜过滤，转移到 50mL 容量瓶中，超纯水定容。按照同样的程序制备试剂空白。

生物样品的制备：10mL 血液样品在 15000r/min 离心 10min，将分离后的血浆和血清转移到 100mL 烧杯中，加入 15mL 65%（ψ）浓 HNO_3、10mL 浓 H_2SO_4 和 5mL 60%（ψ）$HClO_4$。该混合物在 180℃电热板上加热，直到 $HClO_4$ 和 H_2SO_4 的白烟出现，将温度提高到 220℃，使 $HClO_4$ 沸腾，直到溶液的总体积为原始体积的 1/4 后停止消解。消解后的样品用 NaOH 调节 pH 为 7.0，经 0.45μm 膜过滤后，超纯水定容至 50mL。

（4）测定条件　使用 H_2O_2 将 Sb(Ⅲ）氧化成 Sb(Ⅴ）后测定总锑。加入 13mL 0.01mol/L 碱性 H_2O_2，在室温下放置 15min，氧化完成后用 1.5mol/L 的 NaOH 将溶液调节到 pH7.0，测定总锑。分析线 Sb 217.6nm。光谱通带 0.5nm。灯电流 10mA。燃烧器高度 7mm。乙炔气流量 2.0L/min，空气流量 10.0L/min。

（5）方法评价　对 50mL 样品进行 CPE 萃取，测定 Sb(Ⅴ）检出限（3s）是 0.25μg/L，定量限（10s）是 1.12μg/L（其中 s 是空白试样 12 次重复测量的标准偏差），灵敏度增强因子为 76.3，富集倍数为 135。测定 10μg/L 和 100μg/L 的 Sb(Ⅴ），RSD（$n=10$）分别为 0.24%和 0.45%，加标回收率为 96.5%～102.5%，校正曲线动态线性范围是 1～250μg/L，线性相关系数 $r^2=0.9974$。测定 Sb(Ⅲ），检出限（3s）是 5.15μg/L，定量限（10s）是 11.6μg/L。灵敏度增强因子为 48.5，富集倍数为 85。测定 10μg/L 和 100μg/L 的 Sb(Ⅲ），RSD（$n=10$）分别为 1.85%和 2.35%。测定 10 种饮料样品，加标回收率为 96.5%～101.7%，校正曲线动态线性范围是 10～400μg/L，线性相关系数是 $r^2=0.9860$。

测定 30μg/L Sb(Ⅴ），1～10 倍浓度的 Cu^{2+}、As^{3+} 和 MoO_4^{2-} 产生的相对误差≤±5.0%。添加 0.2mL 1.0×10^{-4}mol/L 抗坏血酸、0.1mL 0.02%（ρ）硫脲和 0.1mL 1.0×10^{-3}mol/L 柠檬酸可使干扰离子的容许量增加 4～25 倍。此外，由于 VPB^+ 作为 Sb(Ⅴ）的螯合剂具有很高的选择性，因此实际样品中的大部分共存离子不干扰 FAAS 测定 30μg/L 的 Sb(Ⅴ)。

（6）注意事项　所用玻璃及聚乙烯瓶在实验前用 10%（ψ）的 HNO_3 溶液浸泡、稀 HCl 溶液冲洗，最后用超纯水清洗。

17.4.1.6　超声辅助-离子液体分散液液微萃取-电热原子吸收光谱法测定食品和饮料中的 Se(Ⅳ)和 Se(Ⅵ)[21]

（1）方法提要　Se(Ⅳ）与 1-苯硫氨基脲螯合，超声辅助-离子液体（IL）[C_6MIM][Tf_2N] 分散液液微萃取（DLLME）石墨炉原子吸收光谱法测定，将 Se(Ⅵ）还原为 Se(Ⅳ）后测定总硒，Se(Ⅵ）由差值得出。

（2）仪器与试剂　700 型原子吸收分光光度计（美国珀金埃尔默公司），HGA-800 电热原子化器，AS-800 自动进样器。

实验试剂为分析纯。

（3）样品制备　超声辅助-离子液体分散液液微萃取（USA-IL-DLLME）：取 10mL 浓度为 0.5μg/L 的 Se(Ⅳ)、Se(Ⅵ）的混合样品溶液，加入 25mL 离心管中，用稀 HCl 调节 pH 为 2，加入 1mL 0.01% 1-苯硫氨基脲和 100μL [C_6MIM][Tf_2N] 萃取溶剂，旋涡 1min

后立刻转移到超声水浴 10min，[C_6MIM][Tf_2N] 分散到溶液中形成浊点溶液，3000r/min 离心 5min，相分离后放在冰水浴中冷却，用来增加富集相的黏度。倒转离心管，将水溶液倾倒出来。用 100μL 0.1mol/L 的 HNO_3-乙醇（ψ=1∶1）溶液处理离子液体富集相，以减少样品的黏度，GFAAS 检测。按照相同的步骤制备空白溶液。

饮料样品先用 0.45μm 滤膜过滤，用稀 HCl 调节 pH 为 2.0，再进行浊点萃取。标准物质 NIST SRM1573a、苹果、葡萄汁等样品需要先消解。取 1.0g 或 1.0mL 样品，加入 6mL 65%（ψ）HNO_3 和 2mL 30%（ψ）H_2O_2 在 300℃和 1450psi 的条件下进行密闭微波消解。

（4）测定条件　分析线 Se 196.0nm。光谱通带 2.0nm。灯电流 200mA。积分时间 5s。热解涂层平台一体化石墨管。20μL 样品和 10μL 化学改进剂 [0.015mg Pd＋0.010mg $Mg(NO_3)_2$] 通过自动进样器引入石墨炉。按表 17-5 的程序升温。氩气流量 250mL/min。

表 17-5　食品和饮料中 Se 的价态分析石墨炉升温程序

阶段	温度/℃	斜坡升温时间/s	保持时间/s
干燥 1	100	5	20
干燥 2	140	15	15
灰化	1200	10	20
原子化	2200	0	5
净化	2600	1	3

总硒的测定：在样品中加入 2mol/L HCl，250W 微波消解 2min，停止消解 2min，250W 消解 3min，400W 消解 5min，550W 消解 8min，将 Se(Ⅵ) 还原为 Se(Ⅳ)，通风 8min 后进行 USA-IL-DLLME，GFAAS 测定，得到总硒的含量，Se(Ⅵ) 的含量由差值得出。

（5）方法评价　测定 Se(Ⅳ) 的检出限（3*s*，*n*＝21）是 12ng/L，定量限（10*s*，*n*＝21）是 40ng/L。测定 0.50μg/L 的硒，RSD 为 4.2%。Se(Ⅳ) 的富集倍数为 150。测定饮料样品和有证标准参考物质 LGC6010 中的 Se(Ⅳ)，测定值（9.1±0.4）μg/L 与标准值 9.3μg/L 符合。测定 NIST SRM1573a 的 Se(Ⅳ)，测定值（0.052±0.003）μg/g 也与标准值 0.054μg/g 符合。Se(Ⅳ) 动态线性范围为 0.04～3.0μg/L。

以误差 5% 为容许限，500000 倍的 Cl^-，400000 倍的 Na^+ 和 NO_3^-，300000 倍的 PO_4^{3-}，150000 倍的 K^+，100000 倍的 Ca^{2+}、Mg^{2+}、SO_4^{2-}，50000 倍的 CO_3^{2-}，15000 倍的 Fe^{3+}，10000 倍的 Zn^{2+}、Pb^{2+}、Cr^{3+}、Cd^{2+} 和 Cu^{2+} 不干扰硒的测定。

17.4.1.7 悬浮分散固相微萃取-电感耦合等离子体原子发射光谱法测定水中 Se(Ⅳ) 和 Se(Ⅵ)[22]

（1）方法提要　Aliquat-36 修饰的铝纳米颗粒可选择性吸附 Se(Ⅳ)，利用悬浮分散固相微萃取（SDSPME）富集水中的 Se(Ⅳ)，ICP-AES 测定。用 5mol/L 的 HCl 将 Se(Ⅵ) 还原为 Se(Ⅳ)，再进行 SDSPME 和 ICP-AES 测定，得到硒总量。Se(Ⅵ) 的量由总硒与 Se(Ⅳ) 的差值得出。

（2）仪器与试剂　iCAP 6500 Duo ICP-AES 仪（美国赛默飞世尔科技公司），配电荷注入检测器（CID），样品通过同心雾化器和旋风喷雾室引入。

1000mg/L Se(Ⅳ) 和 Se(Ⅵ) 标准溶液外购，逐级稀释为 50μg/L 后用于悬浮分散固相微萃取（SDSPME）。浓度为 100mg/L 的多元素标准溶液用来制备标准工作溶液，用于样品溶液中分析物定量。

所用试剂为分析纯，实验用水为二次蒸馏水。

（3）样品制备　将涂覆 Aliquat-336 的 Al_2O_3 纳米颗粒置于 100mL 聚丙烯样品瓶中，样品先用 0.45μm 膜过滤，调节 pH 在 2～9，吸取 50mL 样品加入样品瓶中，盖上样品瓶的盖子，于超声水浴中萃取 5min。萃取结束后将样品立即转移至 50mL 离心管中，4700r/min 离心 5min，倾出上清液，分离纳米颗粒，吸附了 Se(Ⅳ) 或 Se(Ⅵ) 的纳米颗粒用 1.0～3.0mL 稀 HNO_3 洗脱 1～5min，4700r/min 离心 5min，ICP-AES 测定。

（4）测定条件　ICP-AES 测定条件见表 17-6。

表 17-6　水中 Se 的价态分析 ICP-AES 操作参数

操作参数	参数值	操作参数	参数值
射频发生器功率/W	1150	最大积分时间/s	15
射频发射器频率/MHz	40	泵速/(r/min)	50
冷却剂气体流速/(L/min)	12	查看配置/触摸模式	轴向
载气流速/(L/min)	0.7	重复次数	3
辅助气流速/(L/min)	1.0	清洗时间/s	30

总硒的测定：在含有 Se(Ⅵ) 的水样中加入 5mol/L 的 HCl，温和煮沸 50min，将 Se(Ⅵ) 还原为 Se(Ⅳ)，再进行 SDSPME 和 ICP-AES 测定。Se(Ⅵ) 的量由总硒与 Se(Ⅳ) 的差值得出。

（5）方法评价　Se(Ⅳ) 检出限（3s，n＝11）和定量限（10s，n＝11）分别为 1.4ng/L 和 4.6ng/L。日内精密度（重复性）和日间精密度（再现性）以 RSD（n＝11）表示，分别为 1.9%和 3.3%。分析有证标准参考物质 SRM1643e，测定值（11.81±0.32)μg/L 与标准值（11.97±0.14)μg/L 符合，回收率 98.7%。测定水样的加标回收率是 91.4%～101.5%，Se(Ⅳ) 的富集倍数为 850。样品分析频率是 72 个/h。校正曲线的动态线性范围为 4.6ng/L～120μg/L，线性相关系数 r^2＝0.9987。

以误差 5%为容许限，150mg/L 的 Cl^-，100mg/L 的 Na^+，50mg/L 的 Al^{3+} 和 K^+，20mg/L 的 SO_4^{2-}，10mg/L 的 NO_3^-，5.0mg/L Mg^{2+}、Ca^{2+}、F^-，3.0mg/L 的 Zn^{2+}，2.0mg/L 的 Fe^{3+}、Fe^{2+}，1.0mg/L 的 Cu^{2+}、Cr^{3+}，0.5mg/L 的 Mo^{4+}、V^{4+}、Sb^{5+}、As^{5+}，0.1mg/L 的 Cr^{6+}，不干扰测定。

17.4.2　化学形态分析

17.4.2.1　酸热浸提-高效液相色谱-原子荧光光谱法分析水产品中砷的形态[23]

（1）方法提要　经 0.15mol/L 硝酸溶液热浸提水产品中不同形态砷，采用高效液相色谱-原子荧光光谱联用技术，经阴离子交换柱分离，分析检测提取液中 As（Ⅴ)、As(Ⅲ)、一甲基胂（MMA)、二甲基胂（DMA）4 种砷形态，利用保留时间定性，外标法定量。

（2）仪器与试剂　LC-AFS 9800 高效液相色谱-原子荧光联用仪（北京海光仪器有限公司)。组织匀浆器（德国莱驰公司)。高速冷冻离心机（美国赛默飞世尔科技公司)。

75.7μg/g 亚砷酸盐标准溶液（GBW08666)，17.5μg/g 砷酸盐标准溶液（GBW08667)，25.1μg/g 一甲基胂标准溶液（GBW08668)，52.9μg/g 二甲基胂标准溶液（GBW08669）均由中国计量科学研究院研制。

HCl、HNO_3为优级纯，Na_2HPO_4、KH_2PO_4、KBH_4、NaOH、$NH_3 \cdot H_2O$、正己烷均为分析纯。实验用水为超纯水。

（3）样品制备　将水产品样品中可食用部分匀浆处理，然后保存在-80℃超低温冰箱里。准确称取1.0g解冻后样品于10mL聚丙烯离心管中，加入10mL 0.15mol/L HNO_3溶液，密闭。于90℃恒温箱中热浸提2.5h，每0.5h振摇1min。提取完毕，取出冷却至室温，5000r/min离心15min。取5mL上清液于离心管中，加入5mL正己烷。振摇1min后，5000r/min离心15min，弃去上层液体。按此过程重复一次。吸取下层清液，依次经C_{18}小柱净化及0.45μm有机滤膜过滤后进样。C_{18}小柱使用前需进行活化。依次用10mL甲醇、15mL水冲洗处理，静置活化30min后使用。

（4）测定条件　HPLC采用PRP X-100阴离子交换色谱柱（250mm×4.1mm，10μm），流动相是0.8954g Na_2HPO_4与3.026g KH_2PO_4溶解于500mL高纯蒸馏水中，调pH值至5.9，流动相流速为1.0mL/min。进样体积为100μL。原子荧光光谱仪的光电倍增管负高压为280V。砷灯主电流为60mA，辅电流为30mA。载流液为10%（ψ）HCl溶液，流速为4.0mL/min。还原剂为2%（ρ）KBH_4+5g/L NaOH溶液，流速为4.0mL/min。载气流速为400mL/min，屏蔽气流速为900mL/min。

（5）方法评价　As(Ⅴ)、As(Ⅲ)、MMA和DMA这4种形态砷检出限为0.02～0.05mg/kg，RSD（n=5）为4.5%～5.9%。样品在3种不同浓度水平下，As（Ⅴ）、As（Ⅲ）、MMA和DMA的加标回收率分别为93.5%～105.1%、71.1%～84.1%、72.1%～107.8%和80.2%～90.5%。

17.4.2.2 超声辅助酶水解-高效液相色谱-氢化物发生-原子荧光光谱测定贝壳类海产品中砷形态[24]

（1）方法提要　采用超声辅助胃蛋白酶水解法有效提取贝壳类海产品中的砷化合物，高效液相色谱-氢化物发生-原子荧光光谱法分析其中的As(Ⅴ)、As(Ⅲ)、一甲基胂（MMA）、二甲基胂（DMA）、胂甜菜碱（AsB）共5种砷形态。

（2）仪器与试剂　SA-10型原子荧光形态分析仪（北京吉天仪器有限公司）。KQ-500DE型超声波清洗仪（昆山市超声仪器有限公司）。FD-1C-80型冷冻干燥机（北京博医康实验仪器有限公司）。

一甲基胂（GBW08668）、二甲基胂（GBW08669）、胂甜菜碱（GBW08670）、砷酸盐（GBW08667）、亚砷酸盐（GBW08666）标准溶液均购于中国计量科学研究院。

胃蛋白酶（上海蓝季科技发展有限公司）。$(NH_4)_2HPO_4$、KBH_4、KOH均为分析纯。

（3）样品制备　称取0.2500g样品于试管中，加入7.5mL胃蛋白酶液（称取100mg胃蛋白酶，溶解于7.5mL超纯水中，用0.1mmol/L HCl调节pH至4.5），在35℃的条件下超声5min，提取液在6000r/min条件下离心20min，取其上清液。用超纯水稀释至10mL，备用。所有溶液测定前经0.45μm的水相膜过滤。

（4）测定条件　HPLC采用PRP X-100阴离子交换色谱柱，流动相为$(NH_4)_2HPO_4$溶液，进样体积为100μL。原子荧光光谱仪光电倍增管负高压为310V，灯电流为90mA，载液为5%（ψ）盐酸溶液，泵速为80r/min，还原剂为2.5%(ρ)KBH_4+4.0%(ρ)KOH溶液，载气流速为600mL/min，屏蔽气流速为800mL/min。

（5）方法评价　DMA、MMA、As(Ⅴ)、As(Ⅲ)、AsB 5种形态砷检出限分别为3.34μg/L、3.30μg/L、1.47μg/L、3.51μg/L和2.36μg/L，RSD（n=6）为1.04%～2.20%，样品加标回收率为89.6%～107.1%，线性相关系数均大于0.9990。

17.4.2.3　超声辅助提取-高效液相色谱-原子荧光光谱法测定饲料中砷的形态[25]

（1）方法提要　以甲醇-水（ψ=1∶1）溶液为提取剂，采用超声辅助的方法提取饲料中砷化合物，并采用高效液相色谱-原子荧光光谱法分析其中的As(Ⅲ)、As(Ⅴ)、MMA、DMA、对氨基苯胂酸、羟基苯胂酸和洛克沙胂共 7 种砷形态。保留时间定性，外标法定量分析。

（2）仪器与试剂　LC-AFS 6500 型高效液相色谱-原子荧光形态分析仪（北京海光仪器有限公司）。HG05 型超声波清洗机（德国 Fungilab 公司）。EYEL4 MG-2200 型氮吹仪（日本东京理化公司）。

亚砷酸盐溶液标准物质（GBW08666）、一甲基胂溶液标准物质（GBW08668）和二甲基胂溶液标准物质（GBW08669）（中国计量科学研究院）。砷酸根标准物质（美国 Chem Service 公司），对氨基苯胂酸和洛克沙胂标准物质（德国 Dr. Ehrenstorfer 公司）。羟基苯胂酸标准物质（北京曼哈格生物科技有限公司）。

$(NH_4)_2HPO_4$、邻苯二甲酸氢钾、氨水（国药集团化学试剂有限公司）。HCl、KOH、甲酸（北京化工厂）。KBH_4（山东西亚化学股份有限公司）。$K_2S_2O_8$（西陇化工股份有限公司）。实验用水为超纯水。

（3）样品制备　称取 2g（精确到 0.001g）饲料样品（大颗粒样品需先进行粉碎）于 50mL 离心管中，加入 10mL 甲醇-水（ψ=1∶1）溶液，涡旋混匀后，置于超声波清洗器中超声 40min 使样品溶解，然后以 11000r/min 离心 10min，取上清液。沉淀再加入 10mL 甲醇-水（ψ=1∶1）溶液，涡旋混匀，超声 30min，以 11000r/min 离心 10min，合并上清液。取 5mL 上清液氮吹至近干。用 2mL 超纯水复溶，过 0.45μm 水相滤膜。

（4）测定条件　HPLC 采用 Hamilton PRP-X100 阴离子交换柱（250mm×4.1mm，10μm），柱温 30℃，进样量为 100μL，流动相 A 为 15mmol/L $(NH_4)_2HPO_4$（用甲酸调至 pH 6.0），流动相 B 为 10mmol/L 邻苯二甲酸氢钾（用氨水调至 pH 6.0），采用梯度洗脱（0～3min：0% B；3～12min，0%～100%B；12～23min，100%B；23～26min，100%～0%B）。原子荧光光谱仪载流液为 7%（ψ）HCl，流速为 60mL/min。还原剂为 2%（ρ）KBH_4溶液（含 0.5%KOH），氧化剂为 2%(ρ)$K_2S_2O_8$溶液（含 0.5%KOH），载气流速为 300mL/min，屏蔽气流速为 900mL/min。光电倍增管负高压为 280V。炉温为 200℃。主灯电流为 60mA，辅灯电流为 30mA。原子化器高度为 9.0mm。

（5）方法评价　As(Ⅲ)、As(Ⅴ)、MMA、DMA、对氨基苯胂酸、羟基苯胂酸和洛克沙胂 7 种砷形态检出限为 5～30μg/kg。日内 RSD（n=4）≤7.7%，日间 RSD（n=4）≤17.4%。平均回收率 76.3%～108.1%，校正曲线的线性关系良好（r^2≥0.9964）。

17.4.2.4　高效液相色谱-氢化物发生-原子荧光光谱法分析急性早幼粒白血病（APL）患者血浆和血细胞中砷形态[26]

（1）方法提要　将 APL 患者血浆和血细胞经 HNO_3-H_2O_2消化处理后，利用 HG-AFS 法检测血浆和血细胞中总砷浓度。将患者血浆和溶解后的血细胞经 $HClO_4$沉淀蛋白，取上清液，采用 HPLC-HG-AFS 联用技术分析血浆中无机砷［As(Ⅲ) 和 As(Ⅴ)］和甲基化代谢产物（MMA 和 DMA）的浓度。

（2）仪器与试剂　LC-AFS 6500 型高效液相色谱-原子荧光联用仪（北京海光仪器有限公司）。Mars 6 微波消解仪（美国 CEM 公司）。

砷单元素标准储备液［GBW(E)080117］、亚砷酸根溶液标准物质（GBW08666）、砷酸根溶液标准物质（GBW08667）、一甲基胂溶液标准物质（GBW08668）和二甲基胂溶液标准物质（GBW08669）均由中国计量科学研究院提供。

实验所用试剂均为优级纯（上海国药集团化学试剂公司）。

（3）样品制备　分别准确称取0.3g血浆或0.2g血细胞（湿重）于消解罐中，加入消解液［6mL 65%(ψ)HNO_3和0.5mL 30%(ψ)H_2O_2的混合溶液］，摇匀，密封，置于微波消解仪。升温至190℃，维持2h。冷却后置于干浴锅（150℃）加热至残余液体约0.5mL，用适量的水转洗至25mL量瓶中，加入2.5mL预还原剂10%（ρ）抗坏血酸-10%（ρ）硫脲，临用现配和2.5mL浓盐酸，用水定容至刻度，测定总砷。

准确量取450μL血浆，加入50μL 20%(ψ)$HClO_4$沉淀蛋白，涡旋振荡120s，于4℃以15000r/min转速离心15min，取上清液100μL进样分析。精密称取50mg血细胞（湿重），通过490μL流动相和10μL 5%（ψ）氨水溶解，涡旋振荡充分混匀，再加入500μL流动相。移去450μL试液，加入50μL 20%（ψ）$HClO_4$沉淀蛋白，涡旋振荡120s，于4℃以15000r/min转速离心15min，取上清液100μL进样分析砷形态。

（4）测定条件　测定总砷的预还原剂为10%（ρ）抗坏血酸-10%（ρ）硫脲，还原液为3%(ρ)KBH_4-0.5%(ρ)KOH，载流液为10%(ψ)HCl。原子化器高度为8mm。负高压为280V，砷灯主电流为70mA，辅灯电流为35mA。屏蔽气和载气流量分别为800mL/min和300mL/min。泵速为80r/min，进样体积为1.5mL。

砷形态分析HPLC采用Hamilton PRP-X100阴离子交换色谱柱（250mm×4.1mm，10μm）。柱温为30℃，流速为1.0mL/min，流动相为13mmol/L NaAc-3mmol/L NaH_2PO_4-4mmol/L KNO_3-0.2mmol/L EDTA的混合溶液。

（5）方法评价　总砷检出限为0.08ng/mL，日内和日间RSD分别为0.89%～4.6%和0.62%～7.4%，血细胞样品加标回收率为89.4%～106.3%，血浆样品加标回收率为87.6%～100.2%，校正曲线动态线性范围为0.2～20ng/mL，线性相关系数r=0.9997。4种砷形态检出限是0.12～0.27ng/mL，日内和日间RSD分别为1.9%～9.4%和3.1%～13%，校正曲线动态线性范围为2.0～50ng/mL，线性相关系数r>0.9950，加标回收率为81.2%～108.6%。

17.4.2.5　分散液液微萃取-石墨炉原子吸收光谱法选择性测定环境样品中甲基汞[27]

（1）方法提要　Cu(Ⅱ)与二乙基二硫代氨基甲酸酯（DDTC）反应形成Cu-DDTC螯合物，甲基汞（MeHg）从Cu-DDTC中取代Cu，通过CCl_4分散液液微萃取实现MeHg的预富集，与无机汞分离，石墨炉原子吸收光谱法测定MeHg的含量。

（2）仪器与试剂　TAS-990型原子吸收分光光度计（北京普析通用仪器有限责任公司）。0412-1型离心机（上海手术器械厂）。

1000mg/L Cu和Hg标准储备溶液（国家标准物质研究中心），1000mg/L甲基汞标准溶液用氯化甲基汞（国家标准物质研究中心）溶于甲醇配制。

1000mg/L Pd用$Pd(NO_3)_2$溶于稀硝酸配制。DDTC用适量二乙基二硫代氨基甲酸酯溶于二次重蒸水配制。缓冲溶液是0.1mol/L NaAc-HAc。

所用试剂纯度至少为分析纯。

（3）样品制备　将0.3g鱼肉样品和5mL 5mol/L盐酸置于10mL离心管中，超声提取10min，4000r/min转速离心10min，清液转移至100mL烧瓶中，残余物继续按上述步骤提取，合并上清液，并用二次重蒸水定容至刻度。将含有铜和DDTC的溶液加入10mL刻度离心管中，形成Cu-DDTC螯合物，然后加入5mL试液，用0.1mol/L NaAc-HAc缓冲液将

pH 调至 6，用二次重蒸水稀释至刻度，30℃水浴加热 5min，Cu 被 MeHg 取代形成 MeHg-DDTC。然后，将含有 35μL CCl_4（萃取剂）的 0.3mL 甲醇（分散剂）快速注入试液中，MeHg-DDTC 被萃取入 CCl_4微滴中，形成混浊液，试液以 3000r/min 转速离心 5min，分散的富集有 MeHg-DDTC 的 CCl_4微滴沉积于离心管底部（约 25μL）。用微量注射器吸取 20μL 沉积相，供石墨炉原子吸收分光光度计测定。

（4）测定条件　分析线为 Hg 253.7nm。光谱通带 0.4nm。汞空心阴极灯电流为 2.0mA。石墨炉升温程序如表 17-7 所示。

表 17-7　甲基汞测定的石墨炉原子化器升温程序

参数	程序 1①			程序 2②			
	1	2	3	干燥	灰化	原子化	净化
温度/℃	110	130	800	110	200	1300	1800
升温时间/s	5	5	5	10	10	0	1
保持时间/s	20	20	15	20	10	3	3

① 用于 Pd 基体改进剂热沉积到石墨表面。
② 用于 MeHg 和 Hg 的测定。

（5）方法评价　甲基汞的检出限为 13.6ng/L（以 Hg 计）。测定 1.0μg/L 甲基汞标准溶液的 RSD（n=7）为 4.3%。对于 5mL 试液，富集倍数为 81。测定环境样品加标回收率为 98.6%～104%。甲基汞校正曲线动态线性范围为 0.05～10μg/L。

（6）注意事项　为保证较理想灵敏度，Cu-DDTC 螯合物生成反应中，控制 Cu 浓度为 10mg/L，DDTC 浓度为 60mg/L。

17.4.2.6　超声提取-高效液相色谱-原子荧光光谱法检测水产品中汞形态[28]

（1）方法提要　以 5mol/L 的 HCl 溶液作为提取剂，以超声水浴提取水产品中不同形态汞，采用高效液相色谱-原子荧光光谱联用方法测定水产品中无机汞和甲基汞的含量。

（2）仪器与试剂　LC-AFS 6500 型高效液相色谱-原子荧光联用仪（北京海光仪器有限公司），真空抽滤装置（天津奥特赛斯仪器有限公司）。

100mg/L 汞单元素标准溶液（中国计量科学研究院）。63.6μg/g 甲基汞甲醇标准溶液（中国计量科学研究院）。

L-半胱氨酸（生化试剂，国药集团化学试剂有限公司）。甲醇为色谱纯，HCl 为优级纯。NaOH、KOH、NH_4Ac、KBH_4及其他所用试剂均为分析纯。实验用水为一级水。

（3）样品制备　将水产品样品洗净晾干，取可食用部分匀浆处理后，装入干净的聚乙烯袋子中，于 4℃冰箱内冷藏备用。称取 1g 上述样品，置于 50mL 离心管中，加入 10mL 5mol/L 的 HCl 溶液，放置过夜。然后室温下超声水浴提取 60min，其间振摇数次。以 8000r/min 转速离心 15min。取 2mL 上清液于 5mL 刻度试管中，逐滴加入 6mol/L NaOH 溶液，调节 pH 值为 2～7；加入 0.1mL 10g/L L-半胱氨酸溶液，用水定容至刻度。用 0.45μm 滤膜过滤。

（4）测定条件　高效液相色谱色谱柱为 C_{18}柱（150mm×4.6mm，5μm，博纳-艾杰尔科技有限公司），流动相为 5%（ψ）甲醇-0.06mol/L NH_4Ac-0.1%（ρ）L-半胱氨酸混合液，流量为 1.0mL/min，进样体积为 100μL，载流液为 10%（ψ）HCl，还原剂为 2g/L 的 KBH_4溶液，氧化剂为 2g/L $K_2S_2O_8$。载气流量为 400mL/min，屏蔽气流量为 900mL/min。蠕动泵转速为 60r/min。原子化方式为冷原子蒸气发生。负高压为 300V。汞灯电流为 30mA。

（5）方法评价　无机汞和甲基汞检出限分别为 0.19ng/mL 和 0.17ng/mL，RSD（n=7）分别为 3.2%和 2.2%，加标回收率分别为 74%～100%和 71%～91%。校正曲线动态线性范围是 1～20ng/mL，线性相关系数分别为 0.9994 和 0.9991。

（6）注意事项　样品处理过程中的中和步骤 NaOH 溶液应缓慢滴加，以防中和反应迅速放热，造成汞的损失。

17.4.2.7　加速溶剂提取-液相色谱-原子荧光光谱法测定对虾饲料中 5 种形态的汞[29]

（1）方法提要　选择 HCl 和半胱氨酸混合溶液作为提取剂，采用加速溶剂提取法提取对虾饲料中的甲基汞、乙基汞、无机汞、硫柳汞（邻乙汞硫基苯甲酸钠）和苯基汞，C_{18} 反相色谱柱分离，原子荧光光谱法测定上述 5 种形态的汞。

（2）仪器与试剂　原子荧光形态分析仪。E-914 型加速溶剂提取仪（瑞士步琦公司）。

1000mg/L 汞标准溶液（GBW08617）、76.6mg/L 甲基汞标准溶液（GBW08675）、75.3mg/L 乙基汞标准溶液［GBW(E)081524］（中国计量科学研究院）。1000mg/L 硫柳汞、苯基汞标准溶液：分别称取 10mg 1ST21256 硫柳汞、1ST21257 苯基汞标准品，用流动相溶解定容至 10mL。

半胱氨酸、KOH、$K_2S_2O_8$、KBH_4 均为分析纯，NH_4Ac、乙腈、乙醇、甲醇均为色谱纯。

（3）样品制备　对虾饲料经高速粉碎机粉碎，过 0.180mm 筛。称取 1.0000g 样品，置于加速溶剂提取池中，加入 10mL 5mol/L 盐酸溶液、1mL 5mol/L 氯化钾溶液和 2mL 10mol/L 半胱氨酸溶液，在 8.0MPa 压力和 70℃下，预加热 2min，加热 5min，静态提取 5min，循环 2 次，合并提取液。加入 0.2mL 0.5mol/L 半胱氨酸溶液、1.5mL 6mol/L NaOH 溶液，以 10000r/min 转速离心 5min，将上清液氮吹浓缩，用 HNO_3（ψ=5%）溶液定容至 1mL，过 0.45μm 尼龙滤膜，在仪器工作条件下进行测定。同时做空白试验和对照试验。

（4）测定条件　液相色谱采用 Eclipse XDB-C_{18} 反相色谱柱（150mm×4.6mm，5.0μm），流动相为 50g/L 乙腈溶液-5g/L NH_4Ac 溶液-1g/L 半胱氨酸溶液（ψ=1∶1∶1），pH 为 6.8，流量为 1.0mL/min，进样量为 100μL，柱温为 35℃。高压液相泵泵速为 50r/min，紫外灯开。载流液为 7%（ψ）HCl 溶液，载流液流量 3.5mL/min。还原剂为 5g/L KOH-20g/L KBH_4 混合溶液，还原剂流量为 3.5mL/min；氧化剂为 5g/L KOH-10g/L $K_2S_2O_8$ 混合溶液，流量 1.5mL/min。清洗剂为 50%（ψ）甲醇溶液，原子荧光光谱仪负高压为 320V。灯电流为 35mA。载气流量为 550mL/min，屏蔽气流量为 800mL/min。

（5）方法评价　对虾饲料 5 种形态汞的定量限（10S/N）为 1.0～2.5μg/kg。RSD（n=6）为 0.94%～2.7%。加标回收率为 91.0%～98.3%。

17.4.2.8　顺序浊点萃取分离/富集-原子荧光光谱法测定水样中无机汞和甲基汞[30]

（1）方法提要　水样中无机汞和甲基汞通过连续浊点萃取法分离。首先采用碘化钾和甲基绿，选择性与水样中无机汞反应，形成疏水螯合物，通过非离子表面活性剂 Triton X-114（加热到浊点温度）萃取到表面活性剂相，实现无机汞与甲基汞的分离。然后，水相中甲基汞与吡咯烷二硫代氨基甲酸铵（APDC）形成螯合物，再次经 Triton X-114 萃取（加热到浊点温度），并通过溴化剂（溴酸钾-溴化钾混合溶液）使其转化为无机汞。通过原子荧光光谱法分析水样中无机汞和甲基汞的含量。

（2）仪器与试剂　原子荧光光谱仪（北京吉天仪器有限公司），TG12Y 离心机（湖南湘立科学仪器有限公司）。

1000mg/L Hg^{2+} 标准储备液（核工业北京化工冶金研究院）。实验所用试剂纯度至少为分析纯，所用溶液均由超纯水配制，甲基汞标准溶液由准确称取甲基汞（国家标准物质研究中心）通过甲醇溶解配制。

0.100mol/L $KBrO_3$-10g/L KBr 混合溶液，0.06mol/L APDC，6mmol/L 甲基绿溶液，0.3mol/L KI 溶液，5%（ρ）Triton X-114 溶液，100g/L 盐酸羟胺溶液。50%（ψ）消泡剂 204（美国 Sigma 公司）的 5%（ψ）盐酸溶液。

（3）样品制备　水样经 0.45μm 滤膜过滤，取 40mL 水样置于 50mL 塑料刻度离心管中，加入 1.50mL 0.3mol/L KI、0.50mL 6mmol/L 甲基绿、0.6mL 5%（ρ）Triton X-114 和 4mL HAc-NaAc 缓冲溶液，用去离子水定容至刻度。在 40℃水浴中加热 15min，然后以 3500r/min 离心 10min，冰水浴中放置 10min。密度较大的表面活性剂相变得黏稠位于底部，上层水相转移至另一 50mL 离心管用于测定甲基汞。在底层的表面活性剂层加入 0.4mL 消泡剂后，用 5%（ψ）HCl 稀释至 3mL，用于无机汞的测定。取 45mL 上层水相溶液，加入 2mL 0.06mol/L APDC 和 1mL 5%（ρ）Triton X-114，继续采用浊点萃取法，得到的表面活性剂相，加入 1.5mL 溴化剂和 0.5mL 50%（ψ）HCl，40℃水浴中加热 20min，冷却后加入 1～2 滴盐酸羟胺溶液，消除多余的溴化剂，加入 0.4mL 消泡剂，用于甲基汞的测定。

（4）测定条件　光电倍增管负高压 270V。灯电流为 30mA。原子化器高度 8mm，温度 200℃，载气和屏蔽气流量分别为 400mL/min 和 800mL/min。进样量 1.0mL，还原剂为 10g/L KBH_4+0.2%（ρ）KOH 溶液。载流选用 5%（ψ）HCl。

（5）方法评价　本法对无机汞和甲基汞的检出限分别为 0.007μg/L 和 0.018μg/L。对水中无机汞和甲基汞的富集倍数分别为 15.1 和 11.2。测定 2μg/L 无机汞和甲基汞，RSD（$n=6$）为 2.7%和 2.9%，加标回收率为 95%～104%。

17.4.2.9　多注射器流动注射-氢化物发生-原子荧光光谱法在线自动测定土壤中的 Sb(Ⅲ)、Sb(Ⅴ)、三甲基锑和总锑[31]

（1）方法提要　多注射器流动注射（MSFIA）-阀上实验室（LOV）与氢化物发生-原子荧光光谱法（HG-AFS）联用，测定土壤样品中三甲基锑（Ⅴ）和总锑。用 KI 和抗坏血酸将 Sb(Ⅴ) 还原为 Sb(Ⅲ)，测定总锑；用填充 Dowex 50w-X8 阳离子树脂的小柱保留有机锑，测定总无机锑，用 8-羟基喹啉作为 Sb(Ⅴ) 的掩蔽剂，测定 Sb(Ⅲ)，三甲基锑（Ⅴ）的量由总锑和总无机锑的差值得出。Sb(Ⅴ) 的量由总无机锑和 Sb(Ⅲ) 的差值得出。

（2）仪器与试剂　多注射器流动注射系统（MSFIA）（西班牙 Crison 仪器公司）。阀上实验室（LOV）（西班牙 Sciware 公司），配有 8 位选择阀，LOV 安装在 8 位选择阀的中心孔位置，树脂小柱装在 LOV 上。Millennium 型原子荧光光谱仪（英国 PSA 公司）。

1000mg/L 的 Sb(Ⅲ) 和 Sb(Ⅴ) 的标准储备溶液分别由酒石酸锑钾和焦锑酸钾溶解在 3mol/L 的 HCl 溶液中制备。三甲基锑(Ⅴ) 的标准储备液由溴化三甲基锑(Ⅴ) 溶解在水中制备。在聚乙烯瓶中 4℃可保存 6 个月。

1.5%（ρ）$NaBH_4$-0.05%（ρ）NaOH 溶液。1%（ρ）的 8-羟基喹啉-10%（ψ）甲醇-10%（ψ）HCl 溶液。10%（ρ）KI-2%（ρ）抗坏血酸溶液。100～200 目的 Dowex 50w-X8 树脂。所用试剂为分析纯或分析纯以上。实验用水为超纯水。

（3）样品制备　土壤样品先过 250μm 筛，在（50±2)℃的条件下干燥 48h，储存在塑料瓶中。①MSFIA 将样品吸入后，在线和 KI 还原剂混合，进入 HG-AFS 检测，得到总锑的量。②样品吸入后，先通过LOV上的小柱进行预处理，三甲基锑（Ⅴ）保留在小柱上，其余的样品在线和KI还原剂混合，进入HG-AFS检测，得到总无机锑的量。③与②类似，但不加KI还原剂，直接进入HG-AFS检测，得到Sb(Ⅲ)的量。

（4）测定条件　分析线Sb 217.6nm。主阴极电流17.5mA，辅阴极电流15mA。载气流速100mL/min，氢气流速30mL/min。测量方式峰高，外标法定量。

（5）方法评价　测定Sb检出限0.91ng/g，定量限3.1ng/g。RSD（$n=10$，5.0μg/L）为3.2%。分析土壤有证标准参考物质（CRM），Sb(Ⅲ)的测定值为（39.1±0.8）μg/g，与标准值（37.9±7.0）μg/g符合。测定土壤样品的Sb(Ⅲ)、Sb(Ⅴ)和三甲基锑（Ⅴ）的加标回收率分别为98%～118%、80%～114%和82%～116%。

（6）注意事项　所有玻璃和塑料实验器皿，都需在10%(φ)HNO_3中浸泡24h，最后用超纯水彻底冲洗干净。

17.4.2.10 高效液相色谱-氢化物发生-原子荧光光谱法测定土壤和沉积物中锑形态[32]

（1）方法提要　HPLC-HG-AFS联用、阴离子交换柱等度洗脱，酒石酸铵为流动相和萃取溶剂，测定土壤和沉积物中Sb(Ⅴ)、三甲基锑、Sb(Ⅲ)。

（2）仪器与试剂　原子荧光光谱仪（北京海光仪器有限公司），P600型液相色谱仪（北京莱伯泰科科技有限公司），配置泵、脱气机、自动进样器。100μL样品注入阀、阴离子交换柱（250mm×4.1mm，10μm）。

Sb(Ⅲ)、Sb(Ⅴ)和三甲基锑的标准储备液分别用氧化锑（99.6%，Sigma-Aldrich）、焦锑酸钾和三甲基锑（98%，Sigma-Aldrich）制备，放置在塑料瓶中于4℃保存，工作溶液用标准储备液逐级稀释，当天配制。

HPLC流动相：邻苯二甲酸氢钾、乙二胺四乙酸二钠、磷酸氢二铵、草酸、酒石酸铵和甲醇配制。5%（φ）HCl，2%（ρ）KBH_4-0.5%（ρ）NaOH。

化学试剂为分析纯及以上，实验用水为超纯水。

（3）样品制备　用100mmol/L的酒石酸铵萃取样品，萃取时间控制在1h之内，无机锑的萃取效率可达75%。

（4）测定条件　阴离子交换柱等度洗脱，流速1mL/min。进样量100μL，流动相是300mmol/L酒石酸铵-5%（φ）甲醇，用HCl调节pH为4.5。

AFS负高压230V。灯电流80mA。原子化器高度8mm。氩载气流速300mL/min。

（5）方法评价　Sb(Ⅲ)、Sb(Ⅴ)和三甲基锑的检出限分别为0.1mg/L、0.2mg/L和0.43mg/L。测定1mg/L的锑，RSD为1.2%～5.3%（峰面积定量）。环境样品一步萃取的回收率为26%。土壤和沉积物样品消解后测总锑的量与形态分析测得的各形态的总量有很好的一致性。三甲基锑校正曲线动态线性范围是1～10mg/L，线性相关系数r^2为0.9991～0.9995。Sb(Ⅲ)和Sb(Ⅴ)校正曲线的动态线性范围是2～50mg/L，线性相关系数$r^2>0.9994$。Sb(Ⅴ)、三甲基锑和Sb(Ⅲ)的保留时间分别为2.6min、3.9min和5.2min。

（6）注意事项　所用的玻璃器皿、塑料瓶、样品瓶均需在10%（φ）HNO_3溶液中浸泡至少24h，最后用超纯水清洗干净。

17.4.2.11 5-磺基水杨酸修饰的磁性纳米颗粒选择性萃取-毛细管电泳-电热原子吸收光谱法测定硒形态[33]

（1）方法提要　5-磺基水杨酸（SSA）修饰的磁性纳米颗粒（SMNPs）选择性萃取，毛细管电泳（CE）分离，用改装的ETAAS检测腐乳厂的废水和腐乳汁中的Se(Ⅵ)、Se(Ⅳ)、硒代蛋氨酸（SeMet）、硒代半胱氨酸（$SeCys_2$）四种硒形态。

（2）仪器与试剂　TAS-986 原子吸收分光光度计（北京普析通用仪器有限责任公司），配横向加热石墨炉。HV-303P1 毛细管电泳仪（天津圣火科技有限公司），熔融石英毛细管（河北永年光导纤维厂）用于 CE 分离。

1g/L 的硒储备溶液由氧化硒（SeO_2）、硒酸钠、L-硒代蛋氨酸（SeMet）、L-硒代半胱氨酸（$SeCys_2$）制备。逐级稀释制备标准溶液。

十六烷基三甲基溴化铵（CTAB）等试剂均为分析纯。实验用水为二次蒸馏水，所有的试剂使用前用 0.45μm 滤膜过滤。

（3）样品制备　腐乳废水和腐乳汁先用 30μm 孔径的滤纸、4μm 孔径的玻璃磨砂漏斗过滤，最后用 0.45μm 的滤膜过滤。

加入 10mL 含硒样液和 10mg SSA-SMNPs 到烧杯中，用 0.1mol/L HCl 调节 pH 为 4，超声 5min，用外磁场移去吸附了硒化合物的 SSA-SMNPs，用 0.5mL 0.5mol/L Na_2CO_3 洗脱 SSA-SMNPs，超声 4min，用外磁场移去洗脱后的 SSA-SMNPs。

（4）测定条件　毛细管电泳测定条件：毛细管 80cm×75μm(id)。分离缓冲液是 20mmol/L Na_3PO_4、20mmol/L Na_2HPO_4、0.2mol/L CTAB、10%甲醇（pH 10.0）。CE 新毛细管用甲醇、0.1mol/L NaOH 溶液和二次蒸馏水依次冲洗 30min、40min 和 10min。分离前，用缓冲液冲洗毛细管 8min。每天用 0.1mol/L NaOH 溶液和二次蒸馏水分别冲洗毛细管 10min 和 15min。分离电压 21kV。注射方式 0.04MPa×10s。

原子吸收分光光度计测定条件：分析线 Se 196.09nm。光谱通带 0.4nm。灯电流 0.9mA。峰面积定量。载气流速 0.81L/min。石墨炉的升温程序列于表 17-8。

表 17-8　硒形态测定的石墨炉升温程序

阶段	温度/℃	斜坡升温时间/s	保持时间/s	阶段	温度/℃	斜坡升温时间/s	保持时间/s
1	300	5	190	6	1900	5	50
2	1900	5	50	7	300	5	60
3	300	5	30	8	1900	5	50
4	1900	5	50	9	300	5	30
5	300	5	55	10	2400	2	3

（5）方法评价　Se(Ⅵ)、Se(Ⅳ)、SeMet 和 $SeCys_2$ 的检出限（3s，n=11，ng/mL）分别为 0.18、0.17、0.54 和 0.49，不使用 SSA-SMNPs 时，检出限（ng/mL）分别为 3.2、2.5、6.3 和 5.2。富集倍数分别是 21、29、18 和 12。日间 RSD（n=6，5ng/mL）分别为 2.2%、0.7%、2.5%和 2.9%。废水和腐乳汁的加标回收率为 99.14%～104.5%。校正曲线动态线性范围（ng/mL）分别为 0.5～200、0.5～200、2～500 和 2～1000，线性相关系数 r>0.9993。SSA-SMNPs 可重复使用 3 次。

17.4.2.12　高效液相色谱在线热还原氢化物发生原子荧光光谱法测定水栽培富硒草莓中的 5 种硒形态[34]

（1）方法提要　HPLC-HG-AFS 分析富硒草莓中的 Se(Ⅳ)、Se(Ⅵ)、硒代蛋氨酸（SeMet）、硒代半胱氨酸（SeCys）、硒甲基硒代半胱氨酸（SeMeSeCys）5 种硒形态，在线热还原-氢化物发生 AFS 检测获得的 H_2Se。

（2）仪器与试剂　Millenium Excalibur 型原子荧光光谱仪（英国 PSA 公司）。色谱柱后连接 150℃加热管，加入 KBr-HCl 溶液，在线热还原 Se(Ⅵ) 和硒代氨基酸，HD2200 超声探头（德国 Bandelin Sonopulse 公司）。

500mg/L 及 1000mg/L 的标准储备液由 Na_2SeO_3、Na_2SeO_4、SeMet、SeCys、Se-MeSeCys 制备。工作溶液由标准储备液逐级稀释。

蛋白酶ⅩⅥ和脂肪酶Ⅶ（Sigma-Aldrich）。实验用水为超纯水。

（3）样品制备　草莓样品在冷冻干燥机上用液氮冷冻 48h，用玛瑙研钵研磨均质化，取 50mg 样品，加入 15mg 蛋白酶ⅩⅥ-脂肪酶Ⅶ（1∶2）和 3mL 蒸馏水的混合物，50%功率超声 2min，5000r/min 离心 15min，上清液用于分析。

（4）测定条件

色谱条件：色谱柱是 Hamilton PRP-X100（250mm×4.1mm×10μm）。流动相是 80mmol/L 的 KH_2PO_4/K_2HPO_4 缓冲溶液（pH 6.0），流速为 1.0mL/min。进样体积 200μL。分析时间 20min。柱后热还原条件：加热块温度 150℃；反应环 3m×0.5mm（id），还原剂是 5%（ρ）KBr-6mol/L HCl 溶液。

氢化物发生条件：还原剂 1.2%（ρ）$NaBH_4$-0.4%（ρ）NaOH，还原剂流速 1.0mL/min。载气流速 400mL/min，空气流速 2.0L/min，氢气流速 50mL/min。主阴极电流和辅阴极电流为 25mA，增益 100。检测波段 190～210nm。

（5）方法评价　20min 可完成 5 种硒形态的分离，洗脱顺序为 SeCys、SeMetSeCys、Se(Ⅳ)、SeMet 和 Se(Ⅵ)。检出限：Se(Ⅳ) 为 0.4μg/L，Se(Ⅵ) 为 2.6μg/L，SeMet 为 2.6μg/L，SeCys 为 0.2μg/L，SeMeSeCys 为 0.5μg/L。RSD（$n=3$）为 2%～4%。分析有证标准参考物质 SELM-1，测定值为（3389±173)mg SeMet/kg 与其标准值（3283±216) mg SeMet/kg 符合。动态线性范围 Se(Ⅳ) 和 SeCys 为 5～40μg/L；Se(Ⅵ) 和 SeMetSeCys 为 5～80μg/L；SeMet 为 10～80μg/L。

17.4.2.13 高效液相色谱-原子荧光光谱联用检测海产品中 4 种锡形态[35]

（1）方法提要　HPLC-AFS 测定海产品中三甲基锡（TMT）、一丁基锡（MBT）、二丁基锡（DBT）、三丁基锡（TBT）。

（2）仪器与试剂　AFS-9230 双道原子荧光光谱仪及 SAP10 形态分析预处理装置（北京吉天仪器有限公司）。LC-20AT 高压液相泵［日本岛津（苏州）公司］。TC-C_{18} 色谱柱（250mm×4.6mm，5μm，安捷伦科技公司）；7725i 进样阀（美国 Rheodyne 公司）；100μL 定量环。

TMT 标准物质（Dr ehrenstorfer 公司）、MBT 标准物质（Aldrich Chem）、DBT 标准物质（Dr ehrenstorfer 公司）、TBT 标准物质（Dr ehrenstorfer 公司）。

氩气纯度 99.99%。流动相是乙腈-水-乙酸-三乙胺（ψ=65∶23∶12∶0.005）。20g/L KBH_4+1%KOH 混合溶液。1%（ψ）HCl 溶液（需蒸馏提纯）。

乙腈、乙酸、三乙胺和甲醇为色谱纯，其他试剂纯度为优级纯，实验用水为符合 GB/T 6682 中规定的一级水。

（3）样品制备　鲜活海产品去外壳，取出软组织，依次用去离子水和超纯水冲洗干净。晾干后在超低温冰箱中冷冻 24h，冷冻干燥 72h 后取出粉碎，过 0.18mm 孔径筛备用。准确称取 0.2g 冻干样品，分别加入 3mL 流动相，低温超声萃取 20min，6000r/min 低温离心 15min，取上清液用 0.45μm 滤膜过滤后冷藏备用。

（4）测定条件　色谱条件：流动相的流速 0.4mL/min，进样体积 100μL，泵速 50r/min，紫外灯开。AFS 测定条件：负高压 270V，灯电流 100mA，原子化器高度 8mm，载气流量 600mL/min，屏蔽气流量 1000mL/min，读数方式峰高。

（5）方法评价　4 种锡化合物的检出限（$3S/N$）为 0.05mg/kg。分析扇贝、海鱼等样品中的 4 种锡形态，在浓度（mg/kg）水平 10、20、50、100 的平均加标回收率（$n=6$）为 81.5%～95.7%，RSD 为 1.0%～5.1%。校正曲线动态线性范围为 10～100μg/L，线性相关系数 $r^2>0.998$。

17.4.3　赋存状态分析

17.4.3.1　ICP-AES 法测定邻苯二甲酸氢钾-氢氧化钠作用下土壤中 9 种重金属元素全量及形态分析[36]

（1）方法提要　以空白土壤作为质量控制样品，采用邻苯二甲酸氢钾-氢氧化钠处理的土壤样品进行对照，用 HNO_3-HF-$HClO_4$ 混酸对样品进行消化，ICP-AES 法测定提取处理后土壤样品中的 Mo、Pb、As、Hg、Cr、Cd、Zn、Cu、Ni 的全量以及酸可提取态、氧化结合态、有机结合态三种化学形态的含量。

（2）仪器与试剂　电感耦合等离子体原子发射光谱仪（美国瓦里安公司）。

1.000mg/mL 标准储备液（国家环保总局标准样品研究所）。

邻苯二甲酸氢钾-NaOH 缓冲溶液（pH5.2～6.2）。

HNO_3、HF、$HClO_4$、H_2O_2、HAc、$NH_2OH \cdot HCl$、NH_4Ac 等均为分析纯或优级纯。

（3）样品制备　土壤风干后，混匀磨碎，将过 100 目塑料筛的土壤采用四分法平分为两部分，其中一份作为质量控制样品，另一份分别加入 20mL 不同 pH 的 0.2mol/L 邻苯二甲酸氢钾-氢氧化钠缓冲溶液，在室温下振荡 16h 后，放入干燥箱中烘干。称取 1.000g 样品于 PTFE 坩埚中，向样品中分别加入 5mL HNO_3、10mL HF、12mL $HClO_4$，于恒温下振荡 10h 后，消化到近干，加入 10mL 50%(ψ)HNO_3 继续溶解，转移至 50mL 比色管中。样液用于测定各元素全量。采用欧盟参比司的三步连续提取程序（BCR）分别提取土壤中重金属的各形态。称取土样 1.000g，用 40mL 0.1mol/L HAc 在 20℃振荡 16h，提取酸可提取态元素；提取后的残物用 40mL 0.5mol/L $NH_2OH \cdot HCl$、10mL 0.05mol/L HNO_3 在 20℃振荡 16h，提取氧化结合态元素；残余物再用 10mL H_2O_2（pH2～3），在 20℃下放置 1h 后，加热至 85℃（1h），再加 10mL H_2O_2，继续在 85℃下加热 1h 后，加 50mL 1mol/L NH_4Ac（pH=2），振荡 16h，提取有机结合态元素。

（4）测定条件　各重金属元素测定波长分别是 As 188.980nm、Cr 205.560nm、Cd 226.502nm、Cu 327.395nm、Hg 184.887nm、Mo 202.032nm、Pb 220.353nm、Ni 231.604nm 和 Zn 202.548nm。ICP-AES 的测定条件列于表 17-9。

表 17-9　重金属全量及形态分析的 ICP-AES 测定条件

参数	优化值	参数	优化值
高频发生器/kW	1.10	仪器稳定延时/s	15
等离子气流量/(L/min)	15.0	进样延时/s	10
辅助气流量/(L/min)	1.50	泵速/(r/min)	15
雾化气流量/(L/min)	0.08	清洗时间/s	10
一次读数时间/s	5		

（5）方法评价　取各含 10mg/L 重金属元素的混合标准溶液，按实验方法测定，进行

11 次平行测定，得到的检出限和标准偏差列于表 17-10。

表 17-10 检出限和标准偏差（$n=11$） 单位：mg/L

元素	As	Cd	Cr	Cu	Hg	Mo	Ni	Pb	Zn
标准偏差	0.013	0.004	0.001	0.002	0.002	0.002	0.005	0.006	0.002
检出限	0.039	0.013	0.003	0.006	0.018	0.006	0.015	0.018	0.006

（6）注意事项 除 Pb、Zn 外，加入不同 pH 值的邻苯二甲酸氢钾-NaOH 缓冲溶液对土壤中重金属全量的消解和提取有促进作用。

17.4.3.2 微波消解 ICP-AES 法测定三水铝土矿中的有效铝、活性铝和活性硅[37]

（1）方法提要 利用微波消解技术，模拟拜耳法氧化铝生产工艺，将三水铝土矿样品在一定的溶出温度、溶出时间及溶出碱度条件下快速进行溶出，之后对溶出的全部试液进行酸化加热处理，以钴为内标，采用 ICP-AES 法同时测定样品中的活性铝和活性硅，并计算出有效铝。

（2）仪器与试剂 iCAP 6300 Radial 全谱直读电感耦合等离子体发射光谱仪（美国赛默飞世尔科技公司）。ETHOS 密闭微波消解仪（意大利迈尔斯通公司），配 DRN-41 高通量转子与 TFM-10 高压转子。

1mg/mL Al_2O_3、SiO_2标准储备溶液（国家标准物质研究中心）。

钴内标溶液浓度为 20μg/mL，介质为 5%HCl。

NaOH、HCl 均为分析纯。实验用水为去离子交换水（电阻率≥18MΩ·cm）。

（3）样品制备 称取 1.0000g（精确至 0.0002g）样品放入消解罐中，加入 10.0mL 90g/L NaOH 溶液，摇匀，装入微波消解仪对样品进行消解处理。微波消解设定的加热程序为：5min 升温到 50℃，再经 10min 升温到 145℃，保持 30min，完毕后降至 80℃，取出。将消解液转入盛有 100.0mL 0.6mol/L HCl 的 250mL 烧杯中，加热微沸 5min 溶解其中的水合铝硅酸钠，冷却后将溶液转入 250mL 容量瓶中定容。分取样液 5mL，加水稀释至 20～30mL 后，加入 10mL 50%（φ）的 HCl，用水稀释至 100mL，用 ICP-AES 法同时测定活性铝和活性硅的含量，有效铝含量则由如下公式计算得出：有效铝 Al_2O_3(%)＝活性铝Al_2O_3(%)－活性硅 SiO_2(%)。

（4）测定条件 分析线 Al 167.079nm，Si 251.611nm。射频发生器功率 1150W，Ar 辅助气流量 1.0L/min，雾化器压力 0.2MPa，蠕动泵泵速 30r/min。

（5）方法评价 Al_2O_3的加标回收率为 97.0%～101.2%，SiO_2的加标回收率为 98.0%～102.6%。RSD（$n=13$）小于 3%。分析国际标准物质 BXGO-1、BXPA-2、BXMG-2、BXSP-1、BXMG-3，测定值在推荐值的允差范围之内。

（6）注意事项 实验所需 Al_2O_3、SiO_2标准工作液，需按基体匹配的原理，含有与样品基体一致的 NaCl 及 HCl 浓度。

17.4.3.3 原子吸收光谱法测定烟叶中的重金属总量及形态分析[38]

（1）方法提要 以 HNO_3-H_2O_2为消解液，微波消解烟叶中重金属总量，以超声水提取法获取水溶态重金属进行初级形态分析，以 Tessier 逐级提取法获取 5 种形态的重金属，进行次级形态分析。采用火焰原子吸收光谱法测定烟叶中 Mn、Cu 和 Zn 含量，电热原子吸收光谱法测定 Cd、Cr、Pb 含量。

（2）仪器与试剂　Z-2000 火焰/石墨炉原子吸收分光光度计（日本日立公司）。Mars-Xpress 型高压密闭微波消解仪（美国 CEM 公司）。

1.0mg/mL Mn、Cu、Zn、Cd、Cr、Pb 标准溶液（国家标准物质研究中心）。

65%(φ) HNO_3、30%(φ) H_2O_2 为优级纯，HCl、$MgCl_2$、NaAc、$NH_2OH \cdot HCl$、HAc、NH_4Ac 均为分析纯。实验用水为二次去离子水。

（3）样品制备　将烟叶在不高于 40℃的烘箱中烘干，研磨，过筛。在（100±1）℃下烘干 2h，测定样品的含水量。称取 0.4g 烟叶试样于消解罐中，消解液为 10mL HNO_3 和 4mL H_2O_2。微波消解后，将消解罐中的试样溶液定容至 50mL。用同样的方法制备样品空白溶液。溶液用于重金属总量测定。

称取 0.4g 烟叶试样，加入 15mL 去离子水，超声提取 1h，分离上层清液和不溶物，上层清液定容至 50mL。用于重金属初级形态的含量测定。

称取 1.0g 烟叶于 50mL 锥形瓶中，加入 20mL 1mol/L $MgCl_2$ 溶液（pH＝7.0±0.2），超声提取 1h，分离清液和不溶物。清液定容至 50mL，用于测定重金属的离子交换态含量。不溶物采用 20mL 1mol/L NaAc 溶液（pH＝5.0±0.2）超声提取 1h，清液定容至 50mL 后用于测定重金属的碳酸盐结合态。其后采用相同的方法，以 20mL 0.04mol/L $NH_2OH \cdot HCl$、25%(φ)HAc 为提取液，清液定容 50mL 后测定重金属的铁锰氧化物结合态。以 5mL 0.02mol/L HNO_3-15mL 30%(φ) H_2O_2 溶液为提取液超声 0.5h 后，再加入 5mL 用 20% HNO_3 溶解的 3.2mol/L NH_4Ac 超声提取，清液定容至 50mL，测定重金属的有机结合态。最后，将提取有机结合态后的不溶物于 80℃烘干，称重，微波消解，消解液定容至 50mL，用于测定重金属的残渣态含量。

（4）测定条件　测定 Mn、Cu、Zn、Cd、Cr、Pb 的分析线依次为 Mn 279.5nm、Cu 324.8nm、Zn 213.9nm、Cd 228.8nm、Cr 359.3nm、Pb 283.3nm，光谱通带依次为 0.4nm、1.3nm、1.3nm、1.3nm、0.2nm 和 1.3nm。Cd、Cr、Pb 的灰化温度依次为 300℃、700℃、400℃，原子化温度依次为 1500℃、2600℃、2000℃。

（5）方法评价　火焰原子吸收光谱法测定 Mn、Cu、Zn 的检出限依次为 3.0μg/L、3.1μg/L 和 2.0μg/L，线性相关系数 r^2 依次为 0.9998、0.9995、0.9988。电热原子吸收光谱法测定 Cd、Cr、Pb 的检出限依次为 1.29μg/L、0.16μg/L 和 2.77μg/L，线性相关系数 r^2 依次为 0.9912、0.9990、0.9989。

17.4.3.4　原子荧光光谱法分析灯盏花中汞和砷的形态[39]

（1）方法提要　选取 5 种化学浸提液（80%乙醇、亚沸重蒸水、1mol/L NaCl、2% HAc、0.6mol/L HCl），用超声连续浸提法提取灯盏花中汞和砷的形态，原子荧光光谱法测定其总量及赋存形态浓度，考查灯盏花样品中汞和砷在 5 种浸提液中的溶出率。

（2）仪器与试剂　AFS-920 型双道原子荧光光谱仪（北京海光仪器有限公司），SK 3300LK 超声波提取器（上海科导超声仪器有限公司）。

实验所用 0.2mg/L 的标准工作液由 0.1g/L 的汞和砷标准储备液，以 2%的 HCl 稀释而成。

称取硫脲 5g 和抗坏血酸 1g，加水溶于 100mL 棕色瓶中，作为混合还原掩蔽剂。

实验所用 HNO_3 为优级纯，KBH_4、NaOH 等其他试剂均为分析纯，实验用水为石英亚沸蒸馏水并用超纯水仪处理，电阻率≥18MΩ·cm。

（3）样品制备　将灯盏花全草样品洗净、自然风干、碾细，过 40 目筛，于 60℃烘箱中干燥，存放于干燥器中备用。准确称 10g 样品于具塞锥形瓶中，采用超声连续提取法浸提。

加入 100mL 80%乙醇，超声提取 1h 后过滤，再补加 50mL 该浸提液，超声提取 1h 后过滤、洗涤残渣，合并滤液及洗涤液。残渣用于下一步浸提。按照上述提取方法，再依次选取亚沸重蒸水、1mol/L NaCl、2%HAc 和 0.69mol/L HCl 作为化学提取剂，提取样品中不同活性的汞和砷。同时做空白试验。测定汞和砷总量时，采用 $HClO_4$-HNO_3 消化处理样品制备试样。

（4）测定条件　光电倍增管负高压为 280V，灯电流汞为 30mA、砷为 60mA，原子化温度为 220℃，原子化器高度为 8mm，载气流量为 400mL/min，屏蔽气流量为 1L/min。其他参数按仪器默认值。

（5）方法评价　汞和砷检出限均为 0.035μg/L，RSD（$n=5$）为 2.0%～3.4%，加标回收率为 93%～96%。动态线性范围分别为 0.1～150μg/L 和 0.1～200μg/L。

参考文献

[1] https：//goldbook. iupac. org/html/C/CT06859. html.
[2] https：//goldbook. iupac. org/html/S/ST06848. html.
[3] 秦玉燕，王运儒，时鹏涛，等．土壤中砷形态分析研究进展．分析科学学报，2017，33（4）：573-581.
[4] 杨杰．食品中甲基汞和汞形态分析技术的研究进展．国外医学卫生学分册，2008，35（3）：181-187.
[5] 程新伟．土壤铅污染研究进展．地下水，2011，33（1）：65-68.
[6] 陈建国，彭国俊，朱晓艳．多元素形态同时分析的研究进展．理化检验（化学分册），2015，51（6）：881-887.
[7] Kolb B，Kemmner G，Schleser H. Element-specific determination of gas-chromatographically separated metal compounds by use of atomic absorption spectroscopy-determination of lead alkyls in gasoline. Angewandte Chemie-international edition，1966，5（7）：678-681.
[8] Van Loon J C，Radziuk B. Quartz T tube furnace atomic absorption spectroscopy system for metal speciation studies. Canadian. J spectrosc，1976，21（2）：46-50.
[9] Van Loon J C，Lichwa J，Radziuk B. Non-dispersive atomic fluorescence spectroscopy，a new detector for chromatography. Journal of Chromatography，1977，136（2）：301-305.
[10] Windsor D L，Denton M B. Evaluation of inductively coupled plasma optical emission spectrometry as a method for elemental analysis of organic compounds. Applied spectroscopy，1978，32（4）：366-371.
[11] Fraley D M，YatesD，Manahan S E. Inductively coupled plasma emission spectrometric detection of simulated high performance liquid chromatographic peaks. Anal Chem，1979，51（13），2225-2229.
[12] 李妍，严秀平．毛细管电泳-原子光（质）谱联用技术在金属形态与生物分子相互作用研究中的应用．光谱学与光谱分析，2015，35（9）：2397-2400.
[13] Khaligh A，Mousavi H Z，Shirkhanloo H，et al. Speciation and determination of inorganic arsenic species in water and biological samples by ultrasound assisted-dispersive-micro-solid phase extraction on carboxylated nanoporous grapheme coupled with flow injection-hydride generation atomic absorption spectrometry. The Royal Society of Chemistry，2015，5：93347-93359.
[14] Tessier A，Campbell P G C，Bisson M. Sequential extraction procedure for the speciation of particulate. Trace Metal，Anal Chem，1979，51（7）：844-851.
[15] Rauret G，Lopez Sanchez J F，Sahuquillo A，et al. Improvement of the BCR three step sequential extraction procedure prior to the certification of new sediment and soil reference materials. J Environ Monit，1999，1：57-61.
[16] Rizwan A Z，Mustafa T，Muhammad Y K. Ultrasound assisted deep eutectic solvent based on dispersive liquid liquid microextraction of arsenic speciation in water and environmental samples by elec-

trothermal atomic absorption spectrometry. Journal of molecular liquids，2017，242：441-446.

[17] Lai Guoxin，Chen Guoying，Chen Tuanwei. Speciation of AsⅢ and AsⅤ in fruit juices by dispersive liquid-liquid microextraction and hydride generation-atomic fluorescence spectrometry. Food Chemistry，2016，190：158-163 .

[18] Diniz K M，Ricardo C，Tarley T. Speciation analysis of chromium in water samples through sequential combination of dispersive magnetic solid phase extraction using mesoporous amino-functionalized Fe_3O_4/SiO_2 nanoparticles and cloud point extraction. Microchemical Journal，2015，123：185-195.

[19] Chen Y，Feng S，Huang Y，et al. Redox speciation analysis of dissolved iron in estuarine and coastal waters with on-line solid phase extraction and graphite furnace atomic absorption spectrometry detection. Talanta，2015，137：25-30.

[20] Altunay N，Gürkan R. A new cloud point extraction procedure for determination of inorganic antimony species in beverages and biological samples by flame atomic absorption spectrometry. Food Chemistry，2015，175：507-515.

[21] Tuzen M，Pekine O Z. Ultrasound-assisted ionic liquid dispersive liquid-liquid microextraction combined with graphite furnace atomic absorption spectrometric for selenium speciation in foods and beverages. Food Chemistry，2015，188：619-624.

[22] Nyaba L，Matong J M，Dimpe K M，et al. Speciation of inorganic selenium in environmental samples after suspended dispersive solid phase microextraction combined with inductively coupled plasma spectrometric determination. Talanta，2016，159：174-180.

[23] 易路遥，章红，李杰，等．高效液相色谱-原子荧光光谱法分析水产品中砷的形态．卫生检验杂志，2016，26 (21)：3045-3048.

[24] 王继霞，张颜，叶明德，等．超声辅助酶水解-高效液相色谱-氢化物发生-原子荧光光谱测定贝壳类海产品中砷形态．分析科学学报，2018，34 (1)：145-148.

[25] 刘成新，肖志明，贾铮，等．液相色谱-氢化物发生原子荧光光谱法测定饲料中砷的形态．分析化学，2018 (4)：537-542.

[26] Guo Meihua，Wang Wenjing，Hai Xin，et al. HPLC-HG-AFS determination of arsenic species in acute promyelocytic leukemia (APL) plasma and blood cells. J Pharmaceut iomed，2017，145：356-363.

[27] Liang Pei，Kang Caiyan，Mo Yajun. One-step displacement dispersive liquid-liquid micro extraction coupled with graphite furnace atomic absorption spectrometry for the selective determination of methylmercury in environmental samples. Talanta，2016，149：1-5.

[28] 魏洪敏，林建奇，逯玉凤，等．液相色谱-原子荧光光谱法检测水产品中汞形态．化学分析计量，2016，25 (5)：99-103.

[29] 陈德泉，李岩，叶泽波．加速溶剂提取-液相色谱-原子荧光光谱法测定对虾饲料中 5 种形态的汞．理化检验（化学分册），2018，54 (6)：698-702.

[30] Zheng Han，Hong Jiajia，Luo Xingling，et al. Combination of sequential cloud point extraction and hydride generation atomic fluorescence spectrometry for preconcentration and determination of inorganic and methylmercury in water samples. Microchemical Journal，2019，145：806-812 .

[31] Silva Junio M M，Portugal L A，Serra A M，et al. On line automated system for the determination of Sb(Ⅴ)，Sb(Ⅲ)，thrimethyl antimony (Ⅴ) and total antimony in soil employing multisyringe flow injection analysis coupled to HG-AFS. Talanta，2017，165：502-507.

[32] Yang Hailin，He Mengchang. Speciation of antimony in soils and sediments by liquid chromatography-hydride generation-atomic fluorescence spectrometry. Analytical Letters，2015，48：1941-1953.

[33] Yan Lizhen，Deng Biyang，Shen Caiying，et al. Selenium speciation using capillary electrophoresis coupled with modified electrothermal atomic absorption spectrometry after selective extraction with 5-sulfosalicylic acid functionalized magnetic nanoparticles. Journal of Chromatography A，2015，1395：173-179.

[34] Sánchez-Rodas D，Mellano F，Martínez，et al. Speciation analysis of Se-enriched strawberries

(Fragaria ananassa Duch) cultivated on hydroponics by HPLC-TR-HG-AFS. Microchemical Journal, 2016, 127: 120-124.

[35] 李勇，林燕奎，李莉．液相色谱-原子荧光光谱联用检测海产品中不同形态锡的研究．食品安全质量检测学报，2014，5 (11)：3467-3675.

[36] 曲蛟，袁星，丛俏．ICP-AES测定邻苯二甲酸氢钾-氢氧化钠作用下土壤中重金属全量及形态分析．光谱学与光谱分析，2008，28 (11)：2674-2678.

[37] 杨惠玲，班俊生，夏辉，等．微波消解电感耦合等离子发射光谱法测定三水铝土矿中的有效铝、活性铝和活性硅．岩矿测试，2017，36 (3)：246-251.

[38] 古君平，胡静，周朗君，等．原子吸收光谱法测定烟叶中的重金属总量及形态分析．分析测试学报，2015，34 (1)：111-114.

[39] 马莎，杨晓梅，杨光宇．原子荧光光谱法分析灯盏花中汞和砷的形态．云南中医学院学报，2009，32 (6)：9-11.

元素周期表

IUPAC 2013

原子序数、元素符号等图例	
氧化态(单质的氧化态为0，未列入；常见的为红色)	+2 +3 +4 +5 +6
原子序数	95
元素符号(红色的为放射性元素)	Am
元素名称(注⅄的为人造元素)	镅⅄
价层电子构型	$5f^{7}7s^{2}$
以 $^{12}C=12$ 为基准的原子量(注✦的是半衰期最长同位素的原子量)	243.06138(2)✦

s区元素　p区元素　d区元素　ds区元素　f区元素　稀有气体

周期＼族	1 ⅠA	2 ⅡA	3 ⅢB	4 ⅣB	5 ⅤB	6 ⅥB	7 ⅦB	8 ⅧB(Ⅷ)	9 ⅧB(Ⅷ)	10 ⅧB(Ⅷ)	11 ⅠB	12 ⅡB	13 ⅢA	14 ⅣA	15 ⅤA	16 ⅥA	17 ⅦA	18 ⅧA(0)	电子层
1	−1 +1 1 H 氢 $1s^{1}$ 1.008																	2 He 氦 $1s^{2}$ 4.002602(2)	K
2	+1 3 Li 锂 $2s^{1}$ 6.94	+2 4 Be 铍 $2s^{2}$ 9.0121831(5)											+3 5 B 硼 $2s^{2}2p^{1}$ 10.81	−4 +2 +4 6 C 碳 $2s^{2}2p^{2}$ 12.011	−3 −2 −1 +1 +2 +3 +4 +5 7 N 氮 $2s^{2}2p^{3}$ 14.007	−2 −1 8 O 氧 $2s^{2}2p^{4}$ 15.999	−1 9 F 氟 $2s^{2}2p^{5}$ 18.998403163(6)	10 Ne 氖 $2s^{2}2p^{6}$ 20.1797(6)	L K
3	−1 +1 11 Na 钠 $3s^{1}$ 22.98976928(2)	+2 12 Mg 镁 $3s^{2}$ 24.305											+3 13 Al 铝 $3s^{2}3p^{1}$ 26.9815385(7)	−4 +2 +4 14 Si 硅 $3s^{2}3p^{2}$ 28.085	−3 −2 +1 +3 +5 15 P 磷 $3s^{2}3p^{3}$ 30.973761998(5)	−2 +2 +4 +6 16 S 硫 $3s^{2}3p^{4}$ 32.06	−1 +1 +3 +5 +7 17 Cl 氯 $3s^{2}3p^{5}$ 35.45	18 Ar 氩 $3s^{2}3p^{6}$ 39.948(1)	M L K
4	−1 +1 19 K 钾 $4s^{1}$ 39.0983(1)	+2 20 Ca 钙 $4s^{2}$ 40.078(4)	+3 21 Sc 钪 $3d^{1}4s^{2}$ 44.955908(5)	−1 0 +2 +3 +4 22 Ti 钛 $3d^{2}4s^{2}$ 47.867(1)	0 ±1 +2 +3 +4 +5 23 V 钒 $3d^{3}4s^{2}$ 50.9415(1)	−3 0 ±1 ±2 +3 +4 +5 +6 24 Cr 铬 $3d^{5}4s^{1}$ 51.9961(6)	−2 0 ±1 +2 ±3 +4 +5 +6 +7 25 Mn 锰 $3d^{5}4s^{2}$ 54.938044(3)	−2 0 ±1 +2 +3 +4 +5 +6 26 Fe 铁 $3d^{6}4s^{2}$ 55.845(2)	0 ±1 +2 +3 +4 +5 27 Co 钴 $3d^{7}4s^{2}$ 58.933194(4)	0 ±1 +2 +3 +4 28 Ni 镍 $3d^{8}4s^{2}$ 58.6934(4)	+1 +2 +3 +4 29 Cu 铜 $3d^{10}4s^{1}$ 63.546(3)	+1 +2 30 Zn 锌 $3d^{10}4s^{2}$ 65.38(2)	+1 +3 31 Ga 镓 $4s^{2}4p^{1}$ 69.723(1)	+2 +4 32 Ge 锗 $4s^{2}4p^{2}$ 72.630(8)	−3 +3 +5 33 As 砷 $4s^{2}4p^{3}$ 74.921595(6)	−2 +2 +4 +6 34 Se 硒 $4s^{2}4p^{4}$ 78.971(8)	−1 +1 +3 +5 +7 35 Br 溴 $4s^{2}4p^{5}$ 79.904	+2 +4 36 Kr 氪 $4s^{2}4p^{6}$ 83.798(2)	N M L K
5	−1 +1 37 Rb 铷 $5s^{1}$ 85.4678(3)	+2 38 Sr 锶 $5s^{2}$ 87.62(1)	+3 39 Y 钇 $4d^{1}5s^{2}$ 88.90584(2)	+1 +2 +3 +4 40 Zr 锆 $4d^{2}5s^{2}$ 91.224(2)	0 ±1 +2 +3 +4 +5 41 Nb 铌 $4d^{4}5s^{1}$ 92.90637(2)	0 ±1 ±2 +3 +4 +5 +6 42 Mo 钼 $4d^{5}5s^{1}$ 95.95(1)	0 ±1 +2 +3 +4 +5 +6 +7 43 Tc 锝⅄ $4d^{5}5s^{2}$ 97.90721(3)✦	0 +1 ±2 +3 +4 +5 +6 +7 +8 44 Ru 钌 $4d^{7}5s^{1}$ 101.07(2)	0 ±1 +2 +3 +4 +5 +6 45 Rh 铑 $4d^{8}5s^{1}$ 102.90550(2)	0 +1 +2 +3 +4 46 Pd 钯 $4d^{10}$ 106.42(1)	+1 +2 +3 47 Ag 银 $4d^{10}5s^{1}$ 107.8682(2)	+1 +2 48 Cd 镉 $4d^{10}5s^{2}$ 112.414(4)	+1 +3 49 In 铟 $5s^{2}5p^{1}$ 114.818(1)	+2 +4 50 Sn 锡 $5s^{2}5p^{2}$ 118.710(7)	−3 +3 +5 51 Sb 锑 $5s^{2}5p^{3}$ 121.760(1)	−2 +2 +4 +6 52 Te 碲 $5s^{2}5p^{4}$ 127.60(3)	−1 +1 +3 +5 +7 53 I 碘 $5s^{2}5p^{5}$ 126.90447(3)	+2 +4 +6 +8 54 Xe 氙 $5s^{2}5p^{6}$ 131.293(6)	O N M L K
6	−1 +1 55 Cs 铯 $6s^{1}$ 132.90545196(6)	+2 56 Ba 钡 $6s^{2}$ 137.327(7)	57~71 La~Lu 镧系	+1 +2 +3 +4 72 Hf 铪 $5d^{2}6s^{2}$ 178.49(2)	0 ±1 +2 +3 +4 +5 73 Ta 钽 $5d^{3}6s^{2}$ 180.94788(2)	0 ±1 ±2 +3 +4 +5 +6 74 W 钨 $5d^{4}6s^{2}$ 183.84(1)	0 ±1 +2 +3 +4 +5 +6 +7 75 Re 铼 $5d^{5}6s^{2}$ 186.207(1)	0 +1 +2 +3 +4 +5 +6 +7 +8 76 Os 锇 $5d^{6}6s^{2}$ 190.23(3)	0 ±1 +2 +3 +4 +5 +6 77 Ir 铱 $5d^{7}6s^{2}$ 192.217(3)	0 +2 +3 +4 +5 +6 78 Pt 铂 $5d^{9}6s^{1}$ 195.084(9)	+1 +2 +3 +5 79 Au 金 $5d^{10}6s^{1}$ 196.966569(5)	+1 +2 +3 80 Hg 汞 $5d^{10}6s^{2}$ 200.592(3)	+1 +3 81 Tl 铊 $6s^{2}6p^{1}$ 204.38	+2 +4 82 Pb 铅 $6s^{2}6p^{2}$ 207.2(1)	−3 +3 +5 83 Bi 铋 $6s^{2}6p^{3}$ 208.98040(1)	−2 +2 +3 +4 +6 84 Po 钋 $6s^{2}6p^{4}$ 208.98243(2)✦	±1 +5 +7 85 At 砹 $6s^{2}6p^{5}$ 209.98715(5)✦	+2 86 Rn 氡 $6s^{2}6p^{6}$ 222.01758(2)✦	P O N M L K
7	+1 87 Fr 钫⅄ $7s^{1}$ 223.01974(2)✦	+2 88 Ra 镭 $7s^{2}$ 226.02541(2)✦	89~103 Ac~Lr 锕系	104 Rf 𬬻⅄ $6d^{2}7s^{2}$ 267.122(4)✦	105 Db 𬭊⅄ $6d^{3}7s^{2}$ 270.131(4)✦	106 Sg 𬭳⅄ $6d^{4}7s^{2}$ 269.129(3)✦	107 Bh 𬭛⅄ $6d^{5}7s^{2}$ 270.133(2)✦	108 Hs 𬭶⅄ $6d^{6}7s^{2}$ 270.134(2)✦	109 Mt 鿏⅄ $6d^{7}7s^{2}$ 278.156(5)✦	110 Ds 𫟼⅄ 281.165(4)✦	111 Rg 𬬭⅄ 281.166(6)✦	112 Cn 鿔⅄ 285.177(4)✦	113 Nh 鿭⅄ 286.182(5)✦	114 Fl 𫓧⅄ 289.190(4)✦	115 Mc 镆⅄ 289.194(6)✦	116 Lv 𫟷⅄ 293.204(4)✦	117 Ts 石田⅄ 293.208(6)✦	118 Og 气奥⅄ 294.214(5)✦	Q P O N M L K

★ 镧系	+3 57 La★ 镧 $5d^{1}6s^{2}$ 138.90547(7)	+2 +3 +4 58 Ce 铈 $4f^{1}5d^{1}6s^{2}$ 140.116(1)	+3 +4 59 Pr 镨 $4f^{3}6s^{2}$ 140.90766(2)	+2 +3 +4 60 Nd 钕 $4f^{4}6s^{2}$ 144.242(3)	+3 61 Pm 钷⅄ $4f^{5}6s^{2}$ 144.91276(2)✦	+2 +3 62 Sm 钐 $4f^{6}6s^{2}$ 150.36(2)	+2 +3 63 Eu 铕 $4f^{7}6s^{2}$ 151.964(1)	+3 64 Gd 钆 $4f^{7}5d^{1}6s^{2}$ 157.25(3)	+3 +4 65 Tb 铽 $4f^{9}6s^{2}$ 158.92535(2)	+3 +4 66 Dy 镝 $4f^{10}6s^{2}$ 162.500(1)	+3 67 Ho 钬 $4f^{11}6s^{2}$ 164.93033(2)	+3 68 Er 铒 $4f^{12}6s^{2}$ 167.259(3)	+2 +3 69 Tm 铥 $4f^{13}6s^{2}$ 168.93422(2)	+2 +3 70 Yb 镱 $4f^{14}6s^{2}$ 173.045(10)	+3 71 Lu 镥 $4f^{14}5d^{1}6s^{2}$ 174.9668(1)
★ 锕系	+3 89 Ac★ 锕 $6d^{1}7s^{2}$ 227.02775(2)✦	+3 +4 90 Th 钍 $6d^{2}7s^{2}$ 232.0377(4)	+3 +4 +5 91 Pa 镤 $5f^{2}6d^{1}7s^{2}$ 231.03588(2)	+2 +3 +4 +5 +6 92 U 铀 $5f^{3}6d^{1}7s^{2}$ 238.02891(3)	+3 +4 +5 +6 +7 93 Np 镎 $5f^{4}6d^{1}7s^{2}$ 237.04817(2)✦	+3 +4 +5 +6 +7 94 Pu 钚 $5f^{6}7s^{2}$ 244.06421(4)✦	+2 +3 +4 +5 +6 95 Am 镅⅄ $5f^{7}7s^{2}$ 243.06138(2)✦	+3 +4 96 Cm 锔⅄ $5f^{7}6d^{1}7s^{2}$ 247.07035(3)✦	+3 +4 97 Bk 锫⅄ $5f^{9}7s^{2}$ 247.07031(4)✦	+2 +3 +4 98 Cf 锎⅄ $5f^{10}7s^{2}$ 251.07959(3)✦	+2 +3 99 Es 锿⅄ $5f^{11}7s^{2}$ 252.0830(3)✦	+2 +3 100 Fm 镄⅄ $5f^{12}7s^{2}$ 257.09511(5)✦	+2 +3 101 Md 钔⅄ $5f^{13}7s^{2}$ 258.09843(3)✦	+2 +3 102 No 锘⅄ $5f^{14}7s^{2}$ 259.1010(7)✦	+3 103 Lr 铹⅄ $5f^{14}6d^{1}7s^{2}$ 262.110(2)✦